Excel 関数 逆引き辞典パーフェクト

第3版

きたみ あきこ 著

本書内容に関するお問い合わせについて

このたびは翔泳社の書籍をお買い上げいただき、誠にありがとうございます。弊社では、読者の皆様からのお問い合わせに適切に対応させていただくため、以下のガイドラインへのご協力をお願い致しております。下記項目をお読みいただき、手順に従ってお問い合わせください。

●ご質問される前に

弊社Webサイトの「正誤表」をご参照ください。これまでに判明した正誤や追加情報を掲載しています。

正誤表　https://www.shoeisha.co.jp/book/errata/

●ご質問方法

弊社Webサイトの「刊行物Q&A」をご利用ください。

刊行物Q&A　https://www.shoeisha.co.jp/book/qa/

インターネットをご利用でない場合は、FAXまたは郵便にて、下記“翔泳社 愛読者サービスセンター”までお問い合わせください。
電話でのご質問は、お受けしておりません。

●回答について

回答は、ご質問いただいた手段によってご返事申し上げます。ご質問の内容によっては、回答に数日ないしはそれ以上の期間を要する場合があります。

●ご質問に際してのご注意

本書の対象を越えるもの、記述個所を特定されないもの、また読者固有の環境に起因するご質問等にはお答えできませんので、予めご了承ください。

●郵便物送付先およびFAX番号

送付先住所　〒160-0006　東京都新宿区舟町5
FAX番号　03-5362-3818
宛先　（株）翔泳社 愛読者サービスセンター

※本書の解説では、Microsoft Excel 2016を使用しています。
※本書に記載されたURL等は予告なく変更される場合があります。
※本書の出版にあたっては正確な記述につとめましたが、著者や出版社などのいずれも、本書の内容に対してなんらかの保証をするものではなく、内容やサンプルに基づくいかなる運用結果に関してもいっさいの責任を負いません。
※本書に掲載されているサンプルプログラムやスクリプト、および実行結果を記した画面イメージなどは、特定の設定に基づいた環境にて再現される一例です。

まえがき

Excelにどのくらいの数の関数があるかご存知でしょうか？　Excel 2016 / 2013には約470個、Excel 2010には約410個、Excel 2007には約350個もの関数があります。このような膨大な数の関数を、すべて頭に入れて使いこなすのは難しいことです。知りたいときに即座に調べられるヘルプなり書籍なりが必要でしょう。

本書はそんなニーズに応えるべく、“網羅性”と“検索性”と“わかりやすさ”をコンセプトに掲げて制作した1冊です。

網羅性

巻末に全関数の書式、機能、対応バージョンを掲載しました。そのうち350個の関数については、実例付きで使い方を詳しく紹介しました。もちろん最新バージョンのExcel 2016の新関数も紹介しています。さらに、関数を使ううえで知っていると便利な基本ワザや、ビジネスシーンで欠かせない関数の応用テクニックなども網羅しました。実例付きの関数とテクニックは、700以上に及びます。そして、そのサンプルファイルをWebサイトで提供しています。

検索性

「関数名から引く」「やりたいことから引く」「関連事項から引く」「目的の分類から引く」という具合に、引きやすさを徹底的に追求し、ありとあらゆる方向から引けるように工夫しました。まさに縦横無尽のインデックスを搭載した1冊となっています。

わかりやすさ

関数の実例を紹介するページでは、実際のExcelの画面を掲載し、どのセルにどのような数式を入力すると、どのような結果が得られるかをわかりやすく解説しました。また、関数の背景となる基本操作や基礎知識も盛り込みました。初心者から上級者まで幅広くご利用いただけます。

本書をお手元において、関数のヘルプとして、教科書として、テクニック集として、ぜひお役立てください。

最後に、本書の執筆にあたり、さまざまな形で手を貸してくださった、たくさんの方々に心よりお礼申し上げます。

2016年6月　きたみあきこ

本書の読み方

本書内の各項目は、以下の要素で解説しています。

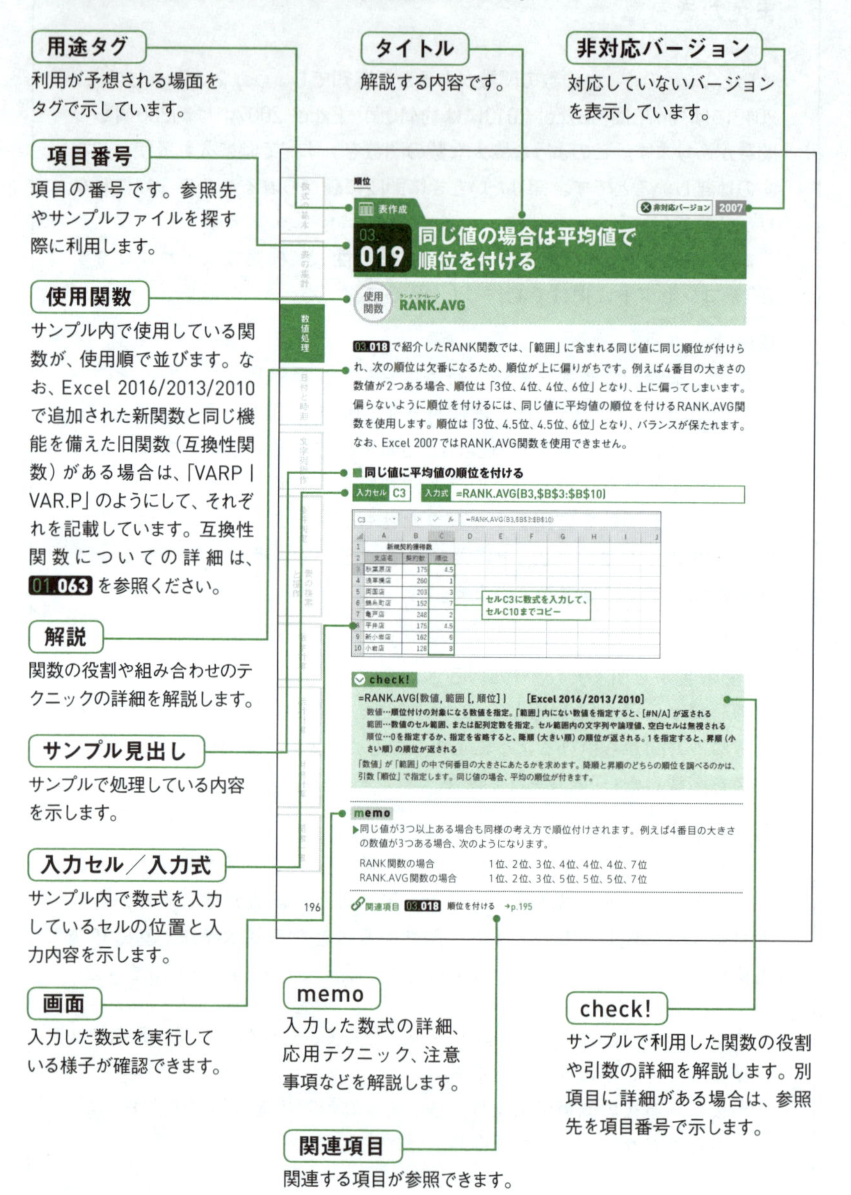

注意事項

本書に掲載されているサンプルは、Excel 2016/2013/2010/2007にて動作を検証しています。

サンプルファイルについて

各項目で解説しているサンプルのファイルをダウンロードすることができます。以下のURLにアクセスしてください。

https://www.shoeisha.co.jp/book/download/9784798146720

ファイル名に付いている番号が、そのまま項目番号になります。

本書の構成

本書ではExcel関数を使ったさまざまなテクニックを全706項目で解説しています。各章は、以下のように構成されています。

章	内容
第1章　数式の基本	Excel関数を利用するための基礎知識とテクニックを解説
第2章　表の集計	表活用のための各種集計テクニックやデータベース操作を解説
第3章　数値処理	連番や累計、端数処理などのテクニックを解説
第4章　日付と時刻	日付／日時の作成、表示、期間計算などのテクニックを解説
第5章　文字列操作	検索／置換のテクニック、文字種や表記変換のテクニックを解説
第6章　条件判定	条件分岐や入力内容の判定テクニックを解説
第7章　表の検索と操作	表内の値／位置の検索や表作成のテクニックを解説
第8章　数学計算	平方計算や三角関数、基数変換など、各種の数学計算テクニックを解説
第9章　統計計算	回帰分析、確率分布など、各種の統計計算テクニックを解説
第10章　財務計算	ローン計算や減価償却費計算など、各種の財務計算テクニックを解説

また、巻末には全関数の書式、機能、対応バージョンをまとめた「関数一覧」を掲載しています。本編で具体的な活用テクニックを紹介している関数については、ここから参照することもできます。あわせて活用してください。

(注)「Office 365」は2020年4月に名称が「Microsoft 365」に変わりました。

Contents

第1章　数式の基本　1

第2章 表の集計 75

Contents

第5章　文字列操作　351

第6章 条件判定 415

第8章 数学計算 529

第1章

数式の基本

数式入力

01. 001 数式を入力する

Excelで計算を行うには、結果を表示したいセルを選択して、「=」に続けて計算式を入力します。ここでは単価と数量を掛けて金額を計算する例を見てみましょう。

単価と数量を掛けて金額を計算する

VLOOKUP　=

	A	B	C	D	E	F
1	売上明細書					
2	商品	単価	数量	金額		
3	鉛筆	80	5	=		
4	赤鉛筆	80	1			
5	消しゴム	100	2			
6	ノート	150	3			
7						

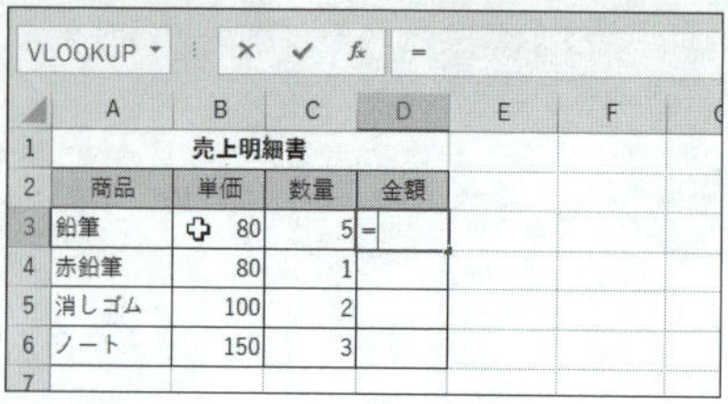

❶セルB3の単価「80」とセルC3の数量「5」の積を求めて、その結果をセルD3に表示したい。まずセルD3を選択して「=」を入力する。続いてセルB3をクリックする。

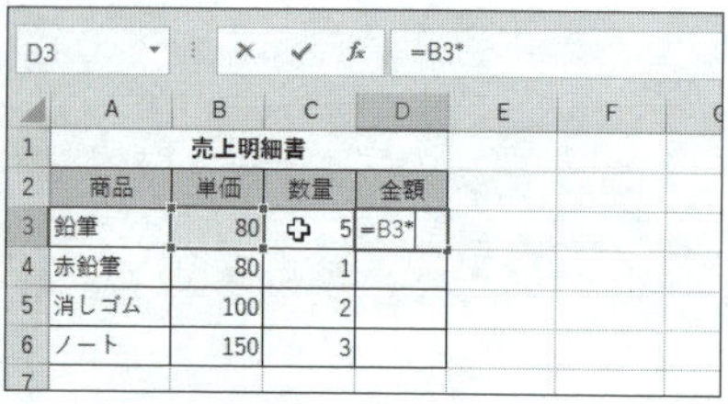

D3　=B3*

	A	B	C	D	E	F
1	売上明細書					
2	商品	単価	数量	金額		
3	鉛筆	80	5	=B3*		
4	赤鉛筆	80	1			
5	消しゴム	100	2			
6	ノート	150	3			
7						

❷セルに「=B3」が入力されたら、「*」を入力して、セルC3をクリックする。

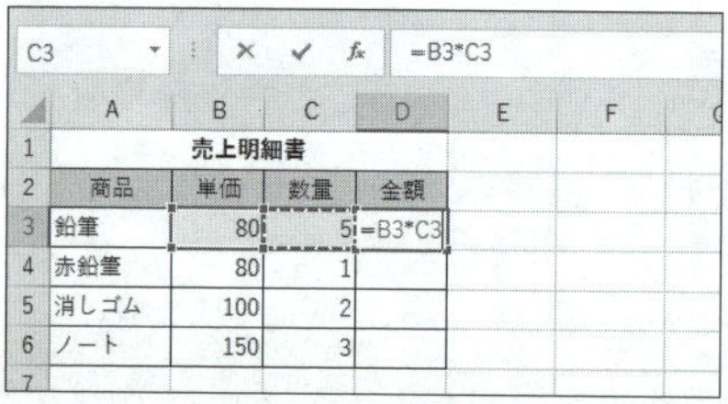

C3　=B3*C3

	A	B	C	D	E	F
1	売上明細書					
2	商品	単価	数量	金額		
3	鉛筆	80	5	=B3*C3		
4	赤鉛筆	80	1			
5	消しゴム	100	2			
6	ノート	150	3			
7						

❸セルD3に「=B3*C3」という数式が入力されたことを確認して、[Enter] キーを押す。

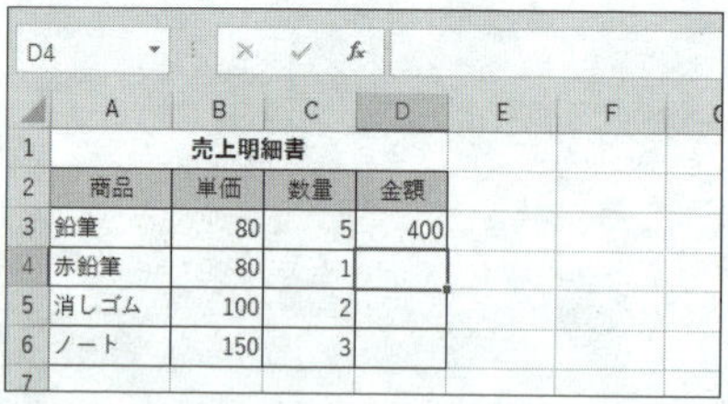

D4

	A	B	C	D	E	F
1	売上明細書					
2	商品	単価	数量	金額		
3	鉛筆	80	5	400		
4	赤鉛筆	80	1			
5	消しゴム	100	2			
6	ノート	150	3			
7						

❹入力した数式が確定されて、セルD3に単価と数量の積「400」が表示された。

memo

▶「=」を入力してから、[Enter] キーを押して数式を確定するまでの間に、[Esc] キーを押すと数式の入力を取り消せます。

数式入力

01.002 演算子の種類を理解する

「演算子」とは、「+」なら加算、「-」なら減算というように、演算が割り当てられた記号のことです。四則演算のための算術演算子、文字列を連結するための文字列演算子、値の比較に使用するための比較演算子、セルを指定するための参照演算子の4種類があります。

▼算術演算子（セルA1に「10」、セルA2に「3」が入力されている場合を想定）

演算子	意味	使用例	使用例の結果
+	加算	=A1+A2	13　(=10+3)
−	減算	=A1−A2	7　(=10−3)
*	乗算	=A1*A2	30　(=10*3)
/	除算	=A1/A2	3.333333　(=10/3)
^	べき乗	=A1^A2	1000　(=10^3)
%	パーセント	=A1*A2%	0.3　(=10*3%)

▼文字列演算子（セルA1に「ABC」、セルA2に「DE」が入力されている場合を想定）

演算子	意味	使用例	使用例の結果
&	文字列結合	=A1&A2	ABCDE　(="ABC"&"DE")

▼比較演算子（セルA1に「10」、セルA2に「3」が入力されている場合を想定）

演算子	意味	使用例	使用例の結果
=	等しい	=A1=A2	FALSE　(=10=3)
<>	等しくない	=A1<>A2	TRUE　(=10<>3)
>	より大きい	=A1>A2	TRUE　(=10>3)
<	より小さい	=A1<A2	FALSE　(=10<3)
>=	以上	=A1>=A2	TRUE　(=10>=3)
<=	以下	=A1<=A2	FALSE　(=10<=3)

▼参照演算子

演算子	意味	使用例	使用例の結果
:（コロン）	セル範囲	B2:B6	セルB2～B6
,（カンマ）	複数のセル	B2:B6,C4:C5	セルB2～B6とC4～C5
（半角スペース）	セルの共通部分	B2:B6 A4:C5	セルB4～B5 （セルB2～B6とセルA4～C5の共通部分）

数式入力

01. 003 演算子の優先順位を理解する

数式の中で複数の演算子が使用されているとき、どの演算から計算を行うかによって、計算結果は変わります。目的の結果を得るためには、演算の順序を理解することが大切です。

◎演算子の優先順位

演算子の優先順位は下表のとおりです。同順位の演算子の場合、数式の中で左にある演算子が優先されます。

順位	演算子	説明
1	: ,(半角スペース)	参照演算子
2	-	負の符号
3	%	パーセンテージ
4	^	べき乗
5	* /	乗算、除算
6	+ -	加算、減算
7	&	文字列結合
8	= <> > < >= <=	比較演算子

◎計算の順序の変更

計算の順序を変更するには、優先したい演算を括弧「()」で囲みます。例えば「=2+5*3」は「5*3」が先に実行されるため結果は「17」ですが、「=(2+5)*3」とすると「2+5」が先に実行されて結果は「21」になります。

1つの数式の中で括弧を複数使用したり、括弧の中に括弧を入れたりすることも可能です。下図のように、括弧の有無で計算の順序がまったく異なるので注意してください。

= A1 ^ B1 - 1 * C1 - 1
① ② ③ ④

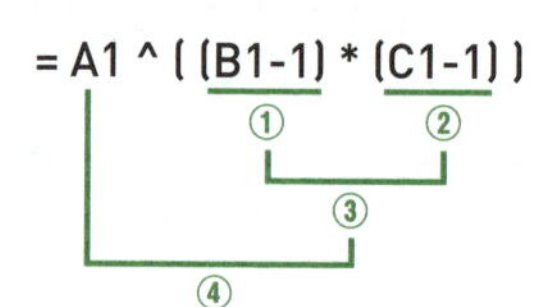

数式入力

01.004 論理式を理解する

「論理式」とは、結果が「TRUE」または「FALSE」のどちらかになる式のことです。比較演算子を使用した論理式と、関数を使用した論理式に大別できます。

比較演算子を使用した論理式では、2つの値の大小関係や等値関係を判定し、式が成り立っていれば「TRUE」、成り立っていなければ「FALSE」という結果になります。「TRUE」は「真」を表す論理値、「FALSE」は「偽」を表す論理値です。

下図では、セルC4に「=A4>B4」という論理式を入力して、セルA4の値がセルB4の値より大きいかどうかを調べています。セルA4の値が大きいので結果として「TRUE」が表示されています。

また、セルC8には「=A8=B8」という論理式を入力して、セルA8の値とセルB8の値が等しいかどうかを調べています。最初の「=」は数式の始まりを意味する記号、2番目の「=」は比較演算子の「=」です。2つの値は等しくないので、「FALSE」という結果が表示されています。

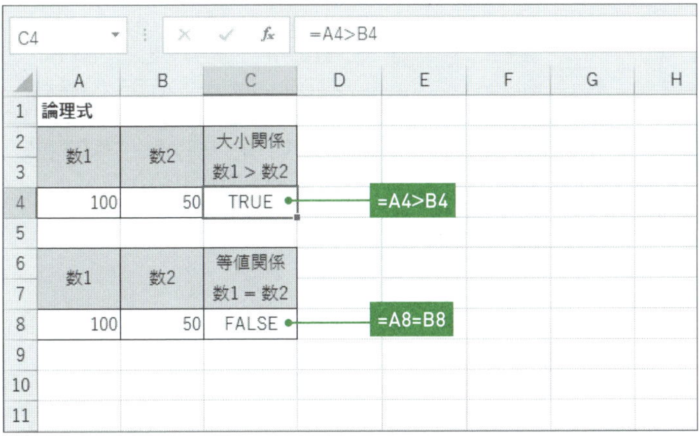

C4 =A4>B4

	A	B	C	D	E
1	論理式				
2	数1	数2	大小関係		
3			数1 > 数2		
4	100	50	TRUE		=A4>B4
5					
6	数1	数2	等値関係		
7			数1 = 数2		
8	100	50	FALSE		=A8=B8
9					
10					
11					

memo

▶結果が論理値となる関数を使用して論理式を組み立てることもできます。例えば「=ISTEXT(A1)」は、セルA1に文字列が入力されているかどうかを判定する論理式で、文字列が入力されている場合の結果は「TRUE」、文字列が入力されていない場合の結果は「FALSE」になります。

数式入力

01.005 隣接するセルに数式をコピーする

数式をコピーする方法はリボンのボタン操作やショートカットキー操作など複数ありますが、コピー先が隣接するセル範囲の場合は、「オートフィル」を利用する方法が簡単です。ここでは、セルD3に入力した「=B3*C3」という数式を、セルD4～D6にコピーします。

■ セルの数式を下のセルにコピーする

D3 =B3*C3

	A	B	C	D	E	F
1	売上明細書					
2	商品	単価	数量	金額		
3	鉛筆	80	5	400		
4	赤鉛筆	80	1			
5	消しゴム	100	2			
6	ノート	150	3			
7						

❶セルD3を選択する。セルの右下隅にあるフィルハンドルにマウスポインターを合わせると、十字の形になる。その状態でセルD6までドラッグする。

D4 =B4*C4

	A	B	C	D	E	F
1	売上明細書					
2	商品	単価	数量	金額		
3	鉛筆	80	5	400		
4	赤鉛筆	80	1	80		
5	消しゴム	100	2	200		
6	ノート	150	3	450		
7						
8						

❷数式がコピーされたらセルD4を選択する。数式バーを確認すると、「=B4*C4」というように、元の数式の行番号が1増えているのがわかる。このようにコピー先に応じて数式内のセル番号の行や列が自動でずれるので、正しい結果が得られる。

memo

▶ここではオートフィルを使用して数式をコピーしましたが、リボンのボタン操作やショートカットキー操作でコピーした場合も、コピー先に応じて数式内のセル番号が自動でずれます。このようなセル参照の方式を「相対参照」と呼びます。

▶数式の中にセル番号を入れると、そのセルに入力されている値を使用した計算が行えます。セル番号でセルの値を参照することを「セル参照」と呼びます。また、数式中のセル番号のことを「セル参照」と呼ぶこともあります。

関連項目 01.010 絶対参照で数式をコピーする →p.11
01.011 複合参照で数式をコピーする →p.12

数式入力

01.006 オートフィル実行後に崩れた書式を元に戻す

塗りつぶしの色や罫線などの書式が設定されている表で、オートフィルを使用して数式をコピーすると、表の書式が崩れてしまうことがあります。そのようなときは、コピー直後に表示される［オートフィルオプション］ボタンを使用して書式を元に戻します。

オートフィルで数式だけをコピーする

D3　=B3*C3

	A	B	C	D	E	F
1	売上明細書					
2	商品	単価	数量	金額		
3	鉛筆	80	5	400		
4	赤鉛筆	80	1			
5	消しゴム	100	2			
6	ノート	150	3			
7						

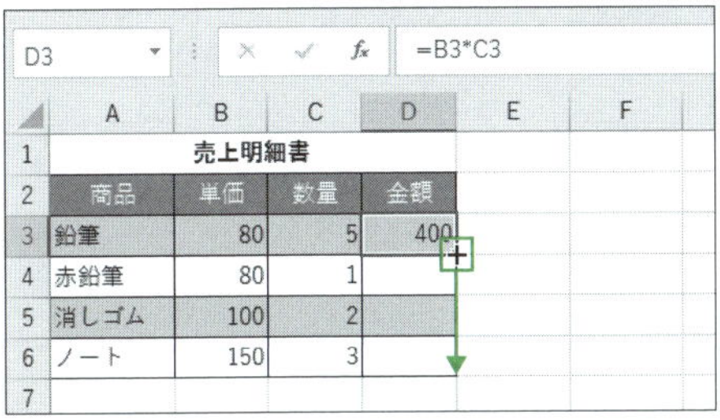

❶縞模様の表で、セルD3の数式をセルD6までコピーしたい。まず、セルD3のフィルハンドルにマウスポインターを合わせ、セルD6までドラッグする。

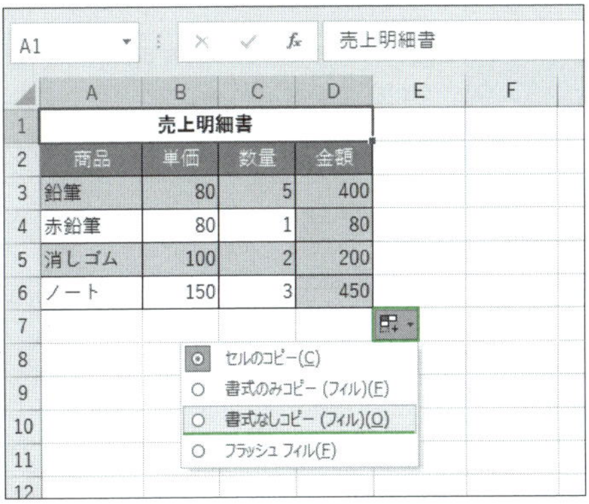

A1　売上明細書

	A	B	C	D	E	F
1	売上明細書					
2	商品	単価	数量	金額		
3	鉛筆	80	5	400		
4	赤鉛筆	80	1	80		
5	消しゴム	100	2	200		
6	ノート	150	3	450		

セルのコピー(C)
書式のみコピー（フィル）(F)
書式なしコピー（フィル）(O)
フラッシュ フィル(F)

❷セルD3の数式と一緒に書式もコピーされたため、書式が崩れてしまった。このようなときは、［オートフィルオプション］ボタンをクリックして、［書式なしコピー（フィル）］を選択する。

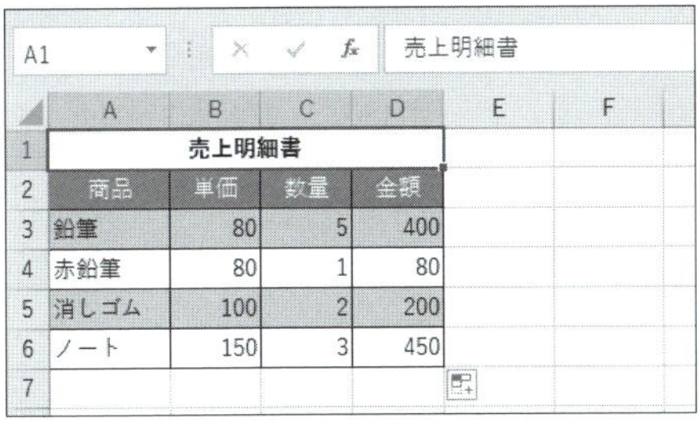

A1　売上明細書

	A	B	C	D	E	F
1	売上明細書					
2	商品	単価	数量	金額		
3	鉛筆	80	5	400		
4	赤鉛筆	80	1	80		
5	消しゴム	100	2	200		
6	ノート	150	3	450		
7						

❸書式が元の縞模様に戻った。なお、［オートフィルオプション］ボタンは他の操作を行うと消えてしまう。オートフィルの実行後、他の操作を行う前に、すぐに書式を元に戻しておく。

関連項目　01.005　隣接するセルに数式をコピーする　→p.6
01.007　書式はコピーせずに数式だけをコピーする　→p.8

数式入力

01.007 書式はコピーせずに数式だけをコピーする

すでに書式を整えた表に数式をコピーするときは、コピー元の書式を無視して数式だけをコピーできると便利です。貼り付けを行うときに、[貼り付け] のメニューから [数式] を選択すると、数式だけをコピー／貼り付けできます。

コピー／貼り付けで数式だけをコピーする

D3　=C3/B3

	A	B	C	D	E	F	G	H	I	J
1	東日本					西日本				
2	支店	目標	実績	達成度		支店	目標	実績	達成度	
3	札幌	1,000	912	91%		大阪	2,500	2,641		
4	仙台	800	836	105%		神戸	1,000	1,136		
5	東京	3,000	3,158	105%		福岡	1,200	1,123		
6										

1 セルD3の数式「=C3/B3」を確認しておく。セル範囲D3:D5を選択して、[ホーム] タブにある [コピー] ボタンをクリックする。

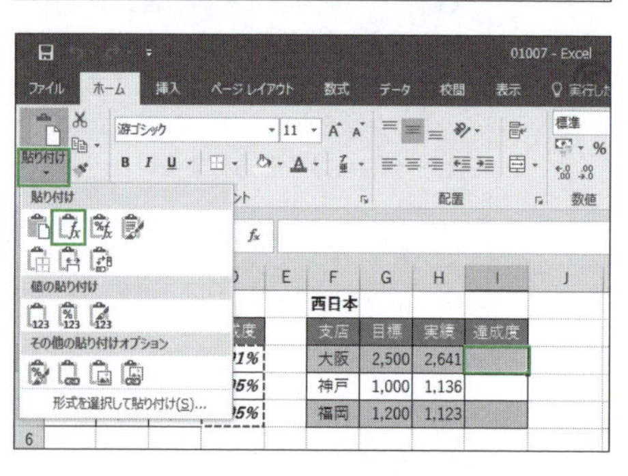

2 貼り付け先のセルI3を選択して、[貼り付け] ボタンの [▼] をクリックする。表示されるメニューから [数式] を選択する。

I3　=H3/G3

	A	B	C	D	E	F	G	H	I	J	K
1	東日本					西日本					
2	支店	目標	実績	達成度		支店	目標	実績	達成度		
3	札幌	1,000	912	91%		大阪	2,500	2,641	1.0564		
4	仙台	800	836	105%		神戸	1,000	1,136	1.136		
5	東京	3,000	3,158	105%		福岡	1,200	1,123	0.9358		
6									(Ctrl)		
7											
8											

3 設定済みの書式のまま、数式だけを貼り付けできた。セルI3を選択して数式バーを確認すると、「=H3/G3」のように列番号が変化していて、貼り付け先でも正しい計算が行われているのがわかる。

関連項目 01.006 オートフィル実行後に崩れた書式を元に戻す →p.7

数式入力

01.008 数式の結果の値だけをコピーする

セルに入力されている数式ではなく、セルに表示されている数式の結果の値だけをコピー／貼り付けしたいことがあります。そのようなときは、貼り付けを行うときに、[貼り付け] のメニューから [値] を選択します。

数式を値に変換して貼り付ける

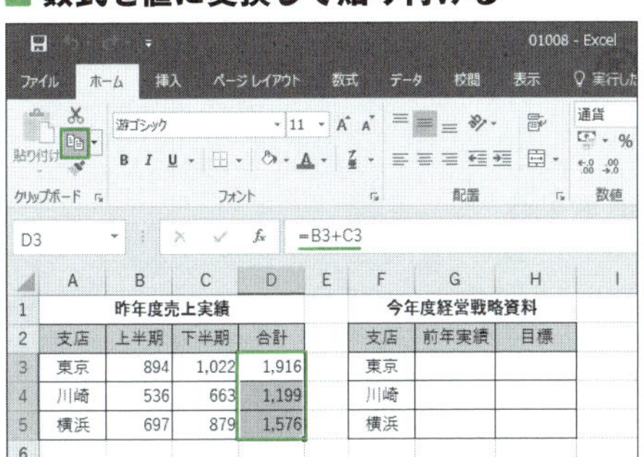

1 セルD3に数式「=B3+C3」が入力されていることを確認しておく。セル範囲D3:D5を選択して、[ホーム] タブにある [コピー] ボタンをクリックする。

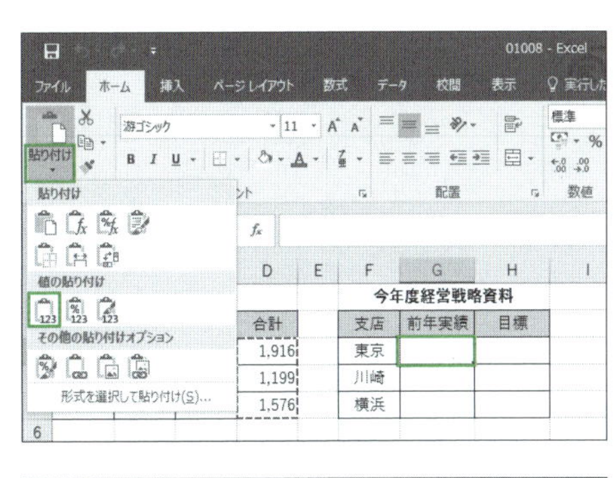

2 貼り付け先のセルG3を選択して、[貼り付け] ボタンの [▼] をクリックする。表示されるメニューから [値] を選択する。

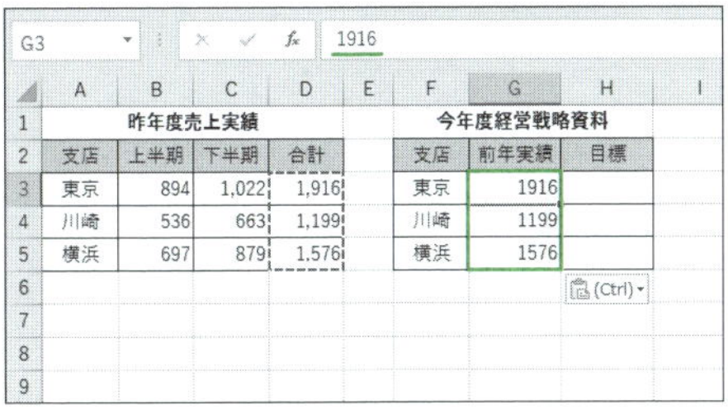

G3 ｜ 1916

	A	B	C	D	E	F	G	H	I
1		昨年度売上実績					今年度経営戦略資料		
2	支店	上半期	下半期	合計		支店	前年実績	目標	
3	東京	894	1,022	1,916		東京	1916		
4	川崎	536	663	1,199		川崎	1199		
5	横浜	697	879	1,576		横浜	1576		
6								(Ctrl)	
7									
8									
9									

3 セル範囲D3:D5の数式の結果の値を貼り付けできた。セルG3を確認すると、数式バーにもセルにも値が表示されている。

関連項目
01.007 書式はコピーせずに数式だけをコピーする →p.8
01.047 計算結果だけを残して数式を削除する →p.54

数式入力

01.009 相対参照と絶対参照を切り替える

「=A1」のように入力した数式は、1つ下のセルにコピーすると「=A2」、1つ右のセルにコピーすると「=B1」というように、コピー元とコピー先の位置関係に応じてセル参照が変化します。このような参照形式を「相対参照」と呼びます。
それに対して、「=$A$1」のように列番号と行番号の前に「$」記号を付けた参照形式を「絶対参照」と呼びます。数式をどの位置にコピーしても、絶対参照で指定したセル参照は変化しません。絶対参照の「$」記号は、セル参照を入力後に［F4］キーを押すと、簡単に入力できます。

数式中のセル参照を絶対参照で指定する

❶セルB1を選択して「=」を入力し、セルA1をクリックすると、「=A1」が入力される。その状態で［F4］キーを1回押す。

[F4] キーを押す

❷数式が「=$A$1」に変わった。

memo

▶参照形式は次表の4種類あり、［F4］キーを押すごとに互いに切り替わります。

[F4] キーを押す回数	参照形式	例
1回目	絶対参照	$A$1
2回目	行のみ絶対参照	A$1
3回目	列のみ絶対参照	$A1
4回目	相対参照	A1

▶絶対参照のセル参照を入力するときに、［F4］キーを使用せずに直接キーボードから「$」記号を入力してもかまいません。

関連項目 01.010 絶対参照で数式をコピーする →p.11
01.011 複合参照で数式をコピーする →p.12
01.012 相対参照で入力した数式のセル参照を変えずに他のセルにコピーする →p.13

数式入力

01.010 絶対参照で数式をコピーする

数式をコピーするときに、数式内のセル参照を変化させたくないことがあります。例えば下図のような表で売上構成比を求める場合、どの部署の計算を行うときも分母は売上合計のセルB6です。数式にセルB6のセル参照を入力するときに「$B$6」のように絶対参照で指定すれば、どこにコピーしてもセルB6を参照できます。

絶対参照の参照先を固定してコピーする

C3 =B3/$B$6

	A	B	C	D	E
1	売上実績				
2	部署	売上	構成比		
3	第1課	12,548,877	49.0%		
4	第2課	8,821,478			
5	第3課	4,214,783			
6	合計	25,585,138			
7					

1セルC3に「=B3/$B$6」と入力して、第1課の売上構成比を求める。セルC3のフィルハンドルをドラッグして、数式をセルC5までコピーする。

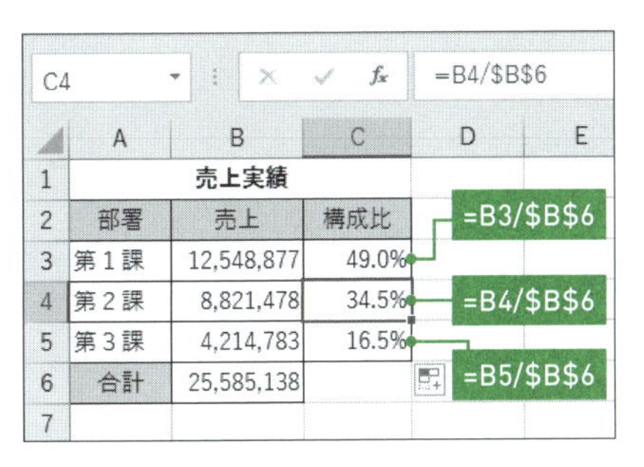

2セルC4を選択して、数式バーを確認する。「=B4/$B$6」というように、相対参照で指定した「B3」は「B4」に変化したが、絶対参照で指定した「$B$6」は変化していないことがわかる。

関連項目
01.005 隣接するセルに数式をコピーする →p.6
01.009 相対参照と絶対参照を切り替える →p.10
01.012 相対参照で入力した数式のセル参照を変えずに他のセルにコピーする →p.13

数式入力

01.011 複合参照で数式をコピーする

行だけを固定したり、列だけを固定したいときは、「複合参照」という参照形式を使用します。下図の掛け算九九の表では、セルB3に「=B$2*$A3」という数式を入力しています。この数式を右方向や下方向にコピーすると、「$」記号が付いている2行目とA列は固定されたまま、「$」記号のない行番号と列番号が相対的に変化します。

■行のみまたは列のみを固定してコピーする

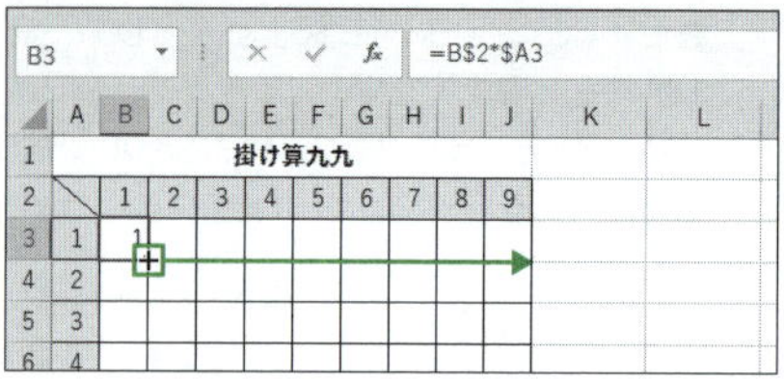

B3 =B$2*$A3

	A	B	C	D	E	F	G	H	I	J	K	L
1		掛け算九九										
2		1	2	3	4	5	6	7	8	9		
3	1	1										
4	2											
5	3											
6	4											

❶セルB3に「=B$2*$A3」と入力して、フィルハンドルをセルJ3までドラッグする。

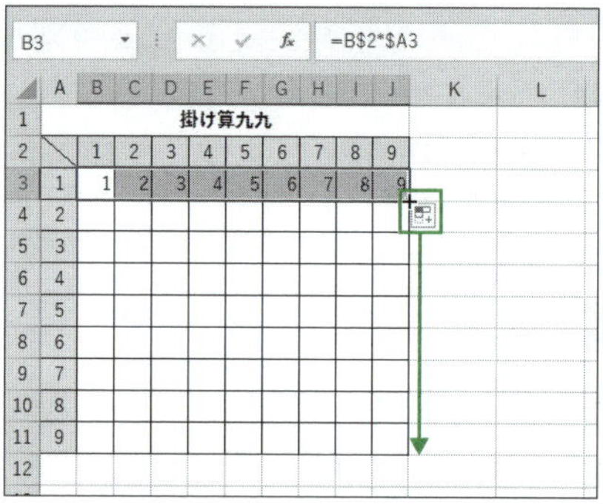

B3 =B$2*$A3

	A	B	C	D	E	F	G	H	I	J	K	L
1		掛け算九九										
2		1	2	3	4	5	6	7	8	9		
3	1	1	2	3	4	5	6	7	8	9		
4	2											
5	3											
6	4											
7	5											
8	6											
9	7											
10	8											
11	9											
12												

❷数式がコピーされた。セル範囲B3:J3が選択された状態になるので、そのままフィルハンドルをドラッグして、11行目までコピーする。

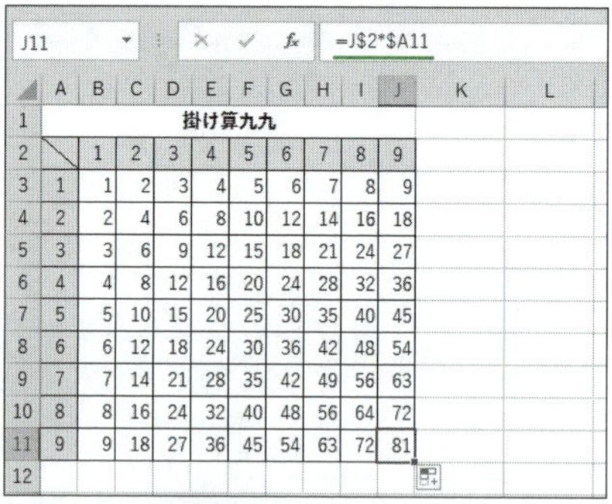

J11 =J$2*$A11

	A	B	C	D	E	F	G	H	I	J	K	L
1		掛け算九九										
2		1	2	3	4	5	6	7	8	9		
3	1	1	2	3	4	5	6	7	8	9		
4	2	2	4	6	8	10	12	14	16	18		
5	3	3	6	9	12	15	18	21	24	27		
6	4	4	8	12	16	20	24	28	32	36		
7	5	5	10	15	20	25	30	35	40	45		
8	6	6	12	18	24	30	36	42	48	54		
9	7	7	14	21	28	35	42	49	56	63		
10	8	8	16	24	32	40	48	56	64	72		
11	9	9	18	27	36	45	54	63	72	81		
12												

❸セルJ11を選択して、数式バーを確認する。「=J$2*$A11」というように、2行目とA列は固定されたまま変化していないことがわかる。

関連項目
01.005 隣接するセルに数式をコピーする →p.6
01.009 相対参照と絶対参照を切り替える →p.10
01.010 絶対参照で数式をコピーする →p.11

数式の基本 表の集計 数値処理 日付と時刻 文字列操作 条件判定 表の検索と操作 数学計算 統計計算 財務計算 関数一覧

数式入力

01.012 相対参照で入力した数式のセル参照を変えずに他のセルにコピーする

相対参照を使用した数式をコピーする際に、コピー元と同じセルを参照したままコピーしたいときは、セルをコピーするのではなく、数式自体を直接コピーして貼り付けます。ここでは、セルD4の数式「=C4/B4」をセルF3に貼り付けます。

■数式の文字列をコピー／貼り付けする

IF　=C4/B4

	A	B	C	D	E	F
1	支店別売上達成率					東京本店
2	支店	目標	実績	達成率		達成率
3	札幌	1,000	912	91%		
4	東京	3,000	3,158	=C4/B4		
5	大阪	2,500	2,641	106%		
6	福岡	1,200	1,123	94%		
7						

[Ctrl] + [C] キーでコピー

❶セルD4を選択して、数式バーで数式をドラッグし、[Ctrl] キーを押しながら [C] キーを押す。この操作で数式をコピーできたので、[Esc] キーを押して数式の選択を解除する。

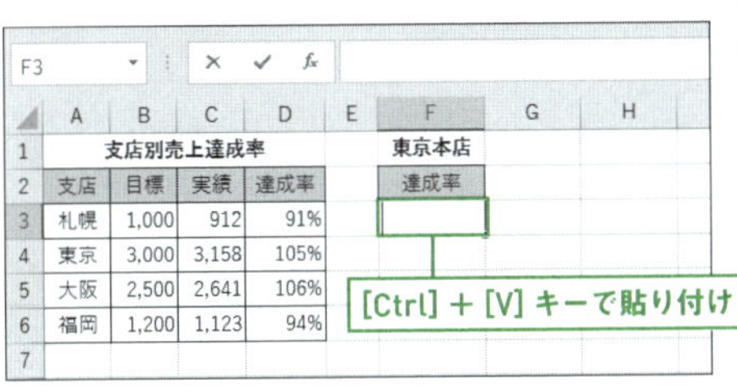

❷貼り付け先のセルF3をダブルクリックする。セルの中にカーソルが表示されるので、[Ctrl] キーを押しながら [V] キーを押す。

IF　=C4/B4

	A	B	C	D	E	F
1	支店別売上達成率					東京本店
2	支店	目標	実績	達成率		達成率
3	札幌	1,000	912	91%		=C4/B4
4	東京	3,000	3,158	105%		
5	大阪	2,500	2,641	106%		
6	福岡	1,200	1,123	94%		
7						

❸コピーした数式が貼り付けられるので、[Enter] キーを押して確定する。

F3　=C4/B4

	A	B	C	D	E	F
1	支店別売上達成率					東京本店
2	支店	目標	実績	達成率		達成率
3	札幌	1,000	912	91%		1.0526667
4	東京	3,000	3,158	105%		
5	大阪	2,500	2,641	106%		
6	福岡	1,200	1,123	94%		
7						

❹セルF3を選択し直して、数式バーを確認する。元のセル参照「=C4/B4」のまま、数式がコピーされている。セルをコピーしたわけではないので、書式はコピーされない。

関連項目 01.010 絶対参照で数式をコピーする →p.11
01.011 複合参照で数式をコピーする →p.12

数式の基本
表の集計
数値処理
日付と時刻
文字列操作
条件判定
表の検索と操作
数学計算
統計計算
財務計算
関数一覧

データ入力

01.013 その場で計算した結果の値を入力する

セルに計算結果の値を入力したいときは、[F9] キーを使うと便利です。下図では、セルB3に「125×34」の結果の「4250」を入力しています。「125」や「34」など、計算の元になる数値を記録しておく必要がなく、結果の値のみが必要なときに、電卓感覚で使用できるテクニックです。

■ セルに入力した数式を計算結果に変換して確定する

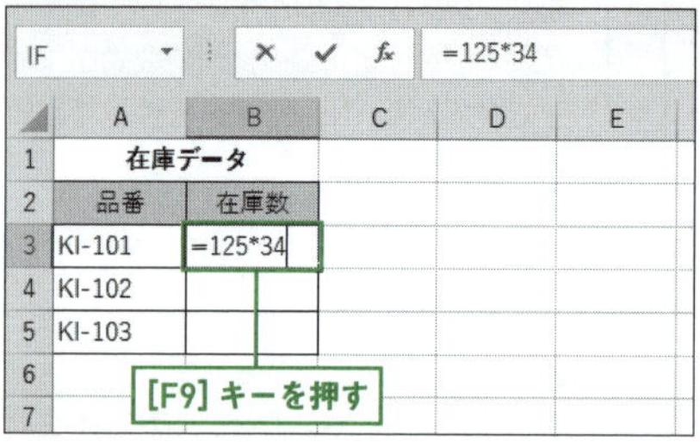

IF　=125*34

	A	B	C	D	E
1	在庫データ				
2	品番	在庫数			
3	KI-101	=125*34			
4	KI-102				
5	KI-103				
6					
7					

[F9] キーを押す

❶セルB3に「=125*34」と入力して、[F9] キーを押す。

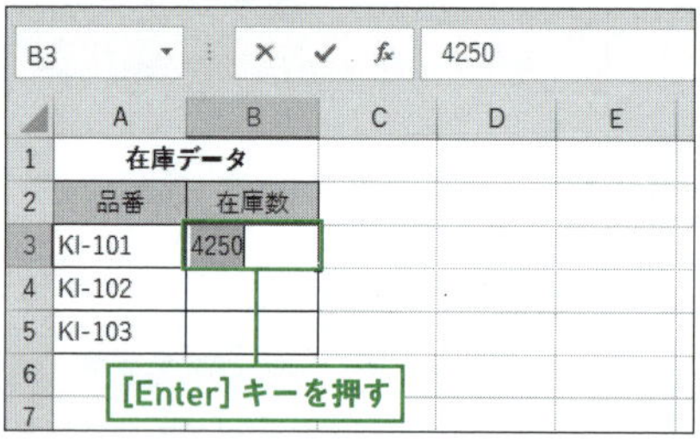

B3　4250

	A	B	C	D	E
1	在庫データ				
2	品番	在庫数			
3	KI-101	4250			
4	KI-102				
5	KI-103				
6					
7					

[Enter] キーを押す

❷計算結果の「4250」が表示されるので、[Enter] キーを押す。

B3　4250

	A	B	C	D	E
1	在庫データ				
2	品番	在庫数			
3	KI-101	4250			
4	KI-102				
5	KI-103				
6					
7					

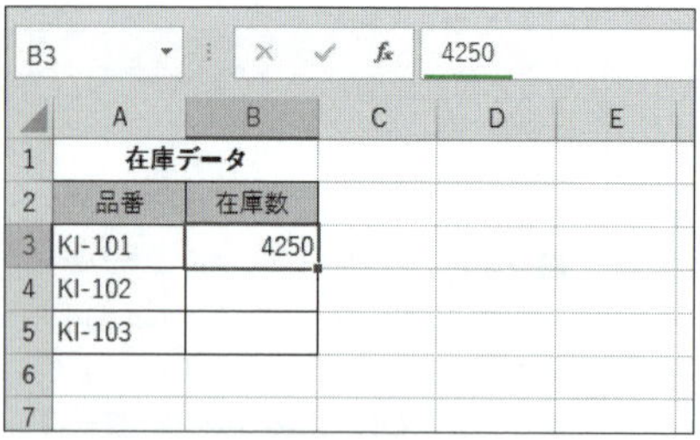

❸セルB3を選択し直して、数式バーを確認すると、「=125*34」ではなく「4250」が入力されていることがわかる。

関連項目 01.055 数式の一部だけを実行して検証する →p.63

表作成

01.014 表から重複しないようにデータを抜き出す

費目ごとの経費や顧客ごとの売上を集計する際に、「費目」や「顧客」といった集計対象の項目を表から抜き出す必要があります。「フィルターオプション」の機能を使用すると、重複がないように自動でデータを抜き出せます。

「費目」欄から費目を1つずつ取り出す

❶経費帳から、重複がないように費目を抜き出したい。まず、見出しを含めた費目のセル範囲B2:B10を選択し、[データ] タブの [並べ替えとフィルター] グループにある [詳細設定] ボタンをクリックする。下図のダイアログが表示されるので、[抽出先] 欄で [指定した範囲] を選択し、[抽出範囲] 欄に抽出先の先頭セルを指定する。[重複するレコードは無視する] にチェックを付けて、[OK] ボタンをクリックする。

フィルター オプションの設定　?　×
抽出先
○ 選択範囲内(F)
◉ 指定した範囲(O)
リスト範囲(L): $B$2:$B$10
検索条件範囲(C):
抽出範囲(T): before!$E$2
☑ 重複するレコードは無視する(R)
OK　キャンセル

	A	B	C	D	E	F
1		経費帳				
2	日付	費目	金額		費目	
3	9月1日	交通費	560		交通費	
4	9月1日	雑費	1,200		雑費	
5	9月4日	図書費	2,800		図書費	
6	9月10日	交通費	880		光熱費	
7	9月12日	図書費	780			
8	9月12日	雑費	2,900			
9	9月15日	光熱費	13,620			
10	9月18日	交通費	560			
11						

❷経費帳から費目を重複なく抜き出せた。抜き出したデータは元の表とリンクしないので、並べ替えるなど自由に操作してよい。

memo

▶抜き出したデータは元の表とリンクしないので、元の表に費目の追加や削除があっても、抜き出したデータには反映されません。しかし、リンクしていないために自由に操作できるというメリットもあります。抜き出したデータを目的に応じて他のセルに移動したり、並べ替えたりするなどして構いません。

▶抜き出したデータごとに集計を行う方法は、02.021 を参照してください。

関連項目 02.021 商品ごとの集計表を作成する →p.98
07.038 表から重複しないデータを別のセルに抜き出す →p.496

データ入力

01.015 セルに入力できるデータを制限する

セルに特定の種類のデータしか入力できないようにするには、「入力規則」の機能を使用します。サンプルでは、「ご予約数量」欄のセルB4に、1以上5以下の整数しか入力できないようにします。さらに、それ以外の値が入力されたときに、独自のエラーメッセージを表示するように設定します。

■「ご予約数量」欄に1以上5以下の整数しか入力できないようにする

1「ご予約数量」欄のセルB4を選択して、[データ] タブの [データツール] グループにある [データの入力規則] ボタンをクリックする。

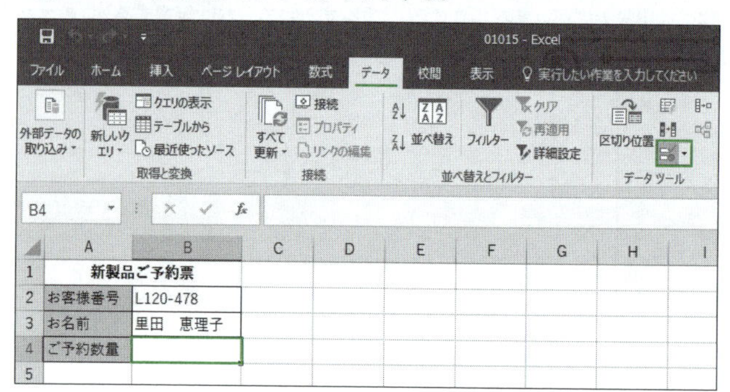

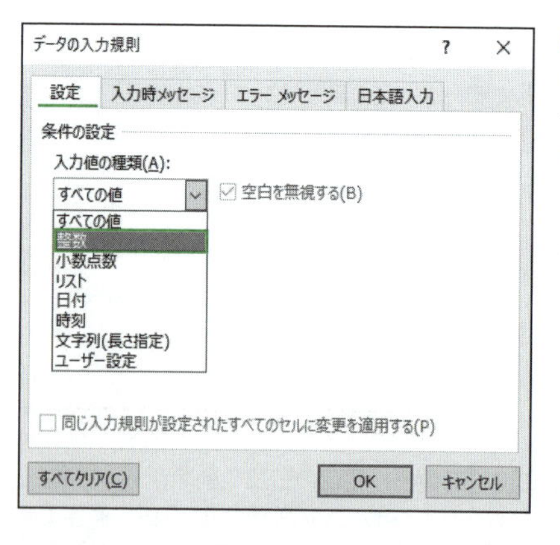

2 [データの入力規則] ダイアログが開く。[設定] タブの [入力値の種類] 欄で入力するデータの種類を指定する。ここでは [整数] を選択する。

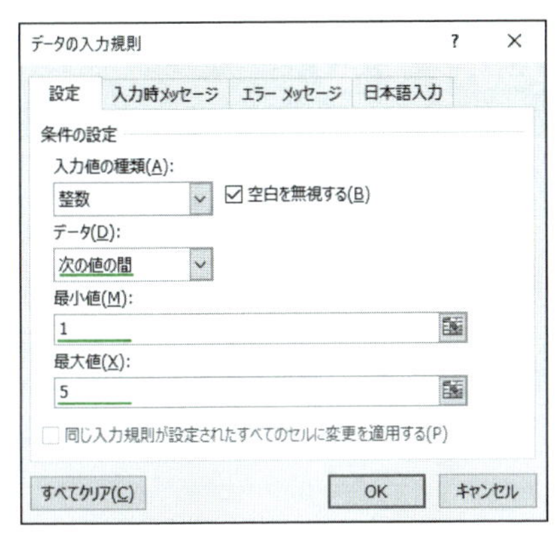

3 [データ] 欄で [次の値の間] を選択し、[最小値] に「1」、[最大値] に「5」を入力する。

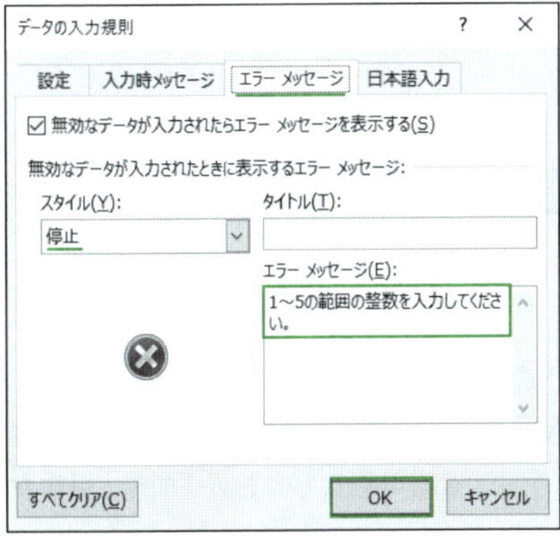

4 [エラーメッセージ] タブに切り替え、[スタイル] 欄で [停止] が選択されていることを確認する。[エラーメッセージ] 欄に警告用のメッセージ文を入力して、[OK] ボタンをクリックする。

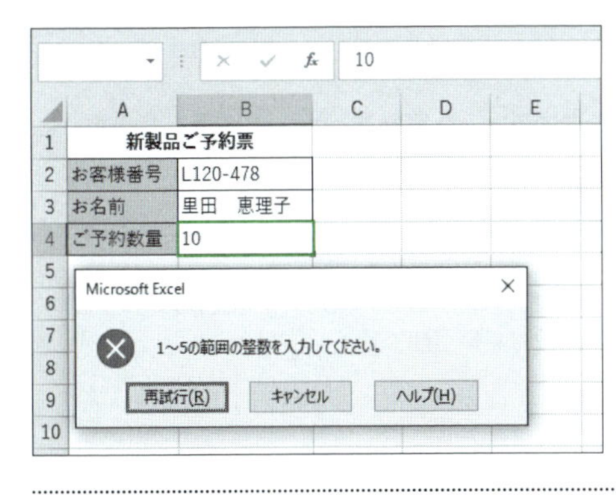

5「ご予約数量」欄に1以上5以下の範囲外の値を入力すると、手順4で設定したエラーメッセージが表示される。[再試行] ボタンをクリックすると、データを再入力できる。[キャンセル] ボタンをクリックすると、入力した「10」が消去され、入力がキャンセルされる。

memo

▶入力を禁止できるのは、キーボードから打ち込んだ値です。コピー／貼り付けを使用してデータを貼り付けた場合、入力規則で設定した以外の値でも入力できてしまうので注意してください。

基礎知識

01.016 関数の構造を理解する

「関数」とは、複雑な計算を1つの式で行うための仕組みです。Excelには数値処理のための関数、日付を扱う関数、文字列操作のための関数など、多くの関数が用意されており、関数を使用してさまざまな処理が行えます。例えば下図ではCOUNTIFという関数を使用して、「選択」欄のセル範囲B3:B7から「営業部」と入力されているセルを数えています。とても単純な式で複雑な処理を行っていることがわかります。

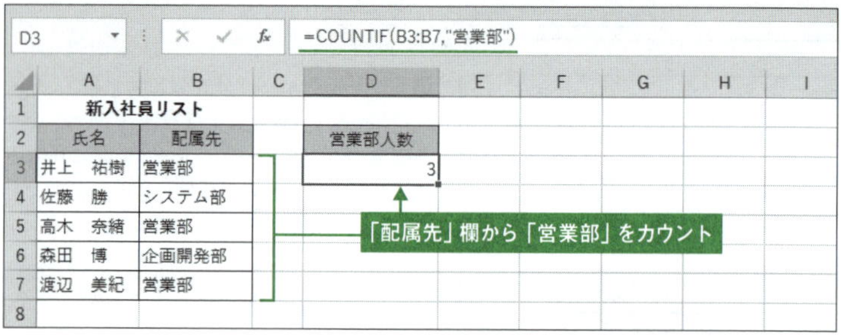

D3　=COUNTIF(B3:B7,"営業部")

	A	B	C	D	E	F	G	H	I
1	新入社員リスト								
2	氏名	配属先		営業部人数					
3	井上　祐樹	営業部		3					
4	佐藤　勝	システム部							
5	高木　奈緒	営業部							
6	森田　博	企画開発部							
7	渡辺　美紀	営業部							
8									

「配属先」欄から「営業部」をカウント

関数を入力するときは、「=関数名」に続けて、半角の括弧の中に引数（ひきすう）を入力します。「引数」とは、関数の計算に使用するデータのことです。引数の数や種類は関数ごとに決められており、引数によっては省略可能なものもあります。引数が複数ある場合は半角のカンマ「,」で区切ります。

=関数名(引数1,引数2,……)

関数をその書式にしたがってセルに入力すると、計算結果がセルに表示されます。この計算結果のことを「戻り値」と呼びます。

memo

▶本書では関数の書式を紹介するときに、省略可能な引数を角括弧（[]）で囲んで示しています。以下の場合、引数1は必ず指定、引数2は省略可能です。

=関数名(引数1 [,引数2])

引数1：必須指定　引数2：省略可能

関連項目 01.017 引数の指定方法を理解する →p.19

基礎知識

01.017 引数の指定方法を理解する

関数の引数には、数値、日付、文字列、セル参照などさまざまな種類を使用します。引数の種類に応じて、指定方法には決まりがあります。

▼引数の指定方法

引数	指定方法	例
セル（セル参照）	セル番号をそのまま入力。セルに入力されている値が、関数の計算に使用される	=LEN(A1)
セル範囲（セル参照）	先頭のセルと末尾のセルのセル番号をコロン「:」で区切って入力。セル範囲に入力されている値が、関数の計算に使用される	=SUM(A1:A10)
名前（セル参照）	セルに設定した名前を入力。その名前に対応するセルやセル範囲の値が、関数の計算に使用される	=SUM(売上)
数値（定数）	数値をそのまま入力	=INT(1.234)
日付（定数）	日付をダブルクォーテーション「"」で囲んで入力	=YEAR("2016/10/13")
時刻（定数）	時刻をダブルクォーテーション「"」で囲んで入力	=HOUR("12:34:56")
文字列（定数）	文字列をダブルクォーテーション「"」で囲んで入力	=LEN("エクセル")
論理値（定数）	「TRUE」または「FALSE」を入力	=AND(TRUE,FALSE)
配列定数（定数）	列をカンマ「,」、行をセミコロン「;」で区切り、全体を中括弧「{}」で囲んで入力。例えば「{1,2,3}」は1行3列、「{1,2,3;4,5,6}」は2行3列の配列になる	=ROWS({1,2,3;4,5,6})
論理式	結果が論理値となる式を入力。主に比較演算子を使用した判定や、関数を使用した判定の式を指定する	=OR(A1>60,A2>60)
数式	「=」を付けずに数式を入力。引数に指定した数式の結果が、その関数の計算に使用される	=INT(100/3)
関数	「=」を付けずに「関数(引数,引数)」の形式で関数を入力。引数に指定した関数の結果が、その関数の計算に使用される	=INT(AVERAGE(A1:A5))

memo

▶引数に指定した値が指定すべき種類とは異なる場合でも、できる限りその値を使用して関数の計算が行われます。例えば文字列を指定すべき引数に数値を指定すると、その数値を文字列とみなして計算が行われます。しかし、数値を指定すべき引数にアルファベットを指定した場合など、指定した値で関数の計算を行えないときはエラーになります。

▶ダブルクォーテーション「"」で囲んだデータは文字列扱いになりますが、日付を指定すべき引数に「"2016/10/13"」と指定すると、日付文字列が日付に変換されて関数の計算が行われます。なお、日付用の引数ではない引数に「"2016/10/13"」を指定した場合、例えば「=IF(A1="2016/10/13","OK","NG")」などと指定した場合、「"2016/10/13"」は文字列として扱われます。このようなケースでは、「DATE(2016,10,13)」のように04.013を参考にDATE関数を使用してください。同様に、時刻は04.015を参考にTIME関数で指定します。

関連項目 01.016 関数の構造を理解する →p.18

数式入力

01.018 関数をダイアログから入力する

関数を入力する方法は複数ありますが、最も簡単なのは［関数の挿入］ダイアログから入力する方法です。関数の機能や書式がうろ覚えの場合でも、ダイアログに表示される説明をヒントに、関数の構文を完成させることができます。ここでは文字列操作関数のLEFT関数を例に、［関数の挿入］ダイアログの使用方法を説明します。

■［関数の挿入］ダイアログから関数を入力する

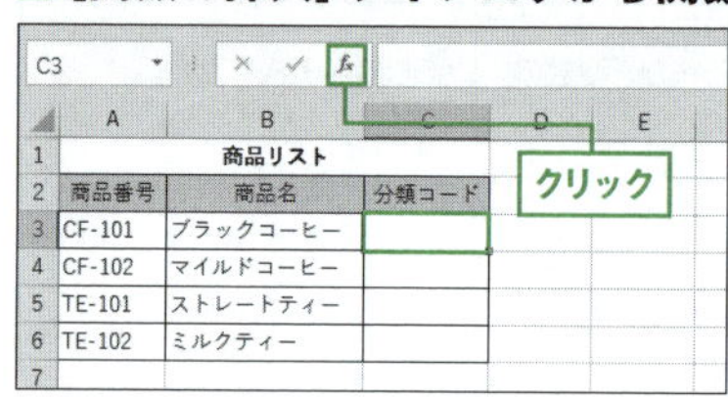

❶関数を入力するセルを選択し、数式バーの［関数の挿入］ボタンをクリックする。

❷［関数の挿入］ダイアログが表示される。［関数の分類］の一覧から使用したい関数の分類を選択する。ここでは［文字列操作］を選択した。

❸［関数名］欄に文字列操作関数が一覧表示される。この一覧から使用したい関数を選ぶ。ここでは［LEFT］を選択して、［OK］ボタンをクリックする。

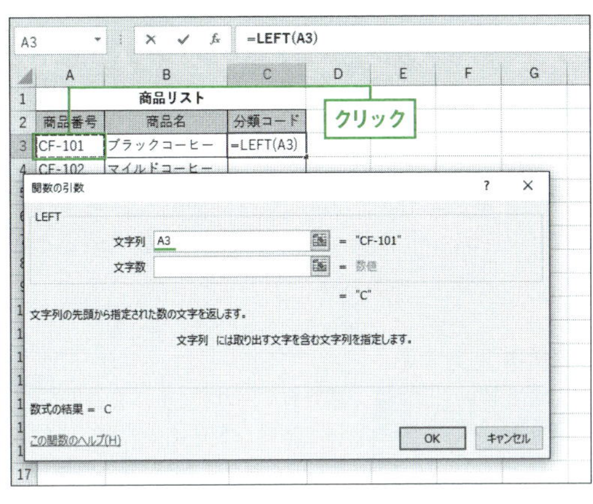

4 [関数の引数] ダイアログが表示される。[文字列] 欄をクリックしてカーソルを表示した状態で、シート上のセルA3をクリックする。すると、引数ボックスにセル参照「A3」が入力される。

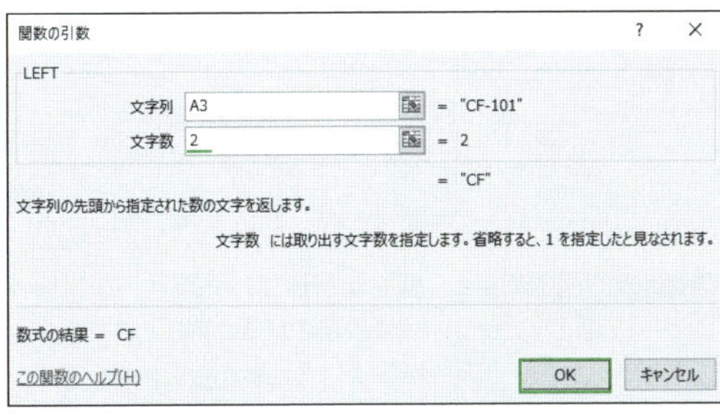

5 [文字数] 欄に「2」を入力し、[OK] ボタンをクリックする。

C3 =LEFT(A3,2)

	A	B	C	D	E	F
1	商品リスト					
2	商品番号	商品名	分類コード			
3	CF-101	ブラックコーヒー	CF			
4	CF-102	マイルドコーヒー				
5	TE-101	ストレートティー				
6	TE-102	ミルクティー				
7						
8						

6 セルにLEFT関数の戻り値が表示された。入力した数式は、数式バーで確認できる。

memo

- [数式] タブの [関数ライブラリ] グループにある [関数の挿入] ボタンをクリックしても、[関数の挿入] ダイアログを表示できます。
- 使用したい関数の分類がわからない場合は、手順2の画面で [関数の分類] から [すべて表示] を選択します。[関数名] 欄にすべての関数がアルファベット順に表示されるので、そこから目的の関数を選びます。
- 手順3の画面の [関数名] 欄から関数を選び、[この関数のヘルプ] をクリックすると、選択した関数に関するヘルプを表示できます。

数式入力

01.019 関数を関数ライブラリから入力する

リボンの［数式］タブには関数の分類が表示されており、これを使用して関数を入力することができます。途中で関数に関するヒントが表示されるので、関数を選ぶときの参考になります。

■関数ライブラリの分類から関数を入力する

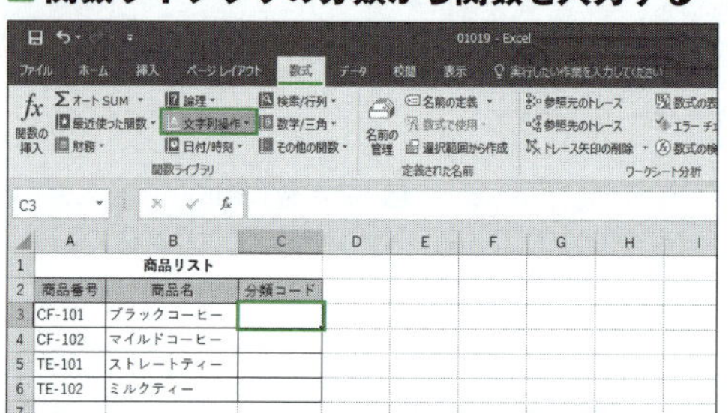

1 関数を入力するセルを選択する。［数式］タブをクリックして、［関数ライブラリ］グループから使用したい関数の分類を選ぶ。ここでは［文字列操作］ボタンをクリックする。

2 文字列操作に分類される関数が一覧表示される。関数名にマウスポインターを合わせると、ポップヒントに書式と機能が表示される。ここでは［LEFT］を選択する。

3 ［関数の引数］ダイアログが表示されるので、あとは 01.018 と同様に引数を入力して数式を確定する。

memo

▶関数の分類のうち、［統計］［エンジニアリング］［キューブ］［情報］［互換性］は［数式］タブの［関数ライブラリ］グループにある［その他の関数］ボタンに含まれています。Excel 2016/2013では、［Web］も［その他の関数］ボタンに含まれています。

関連項目 01.018 関数をダイアログから入力する →p.20

数式入力

01.020 関数を履歴から入力する

最近使用した関数は、数式バーの［関数ボックス］に一覧表示されます。これを利用すると、関数をすばやく入力できます。なお、目的の関数が履歴の一覧に表示されなかった場合は、最下行の［その他の関数］を選ぶと、［関数の挿入］ダイアログが表示されます。

最近使用した関数の一覧から関数を入力する

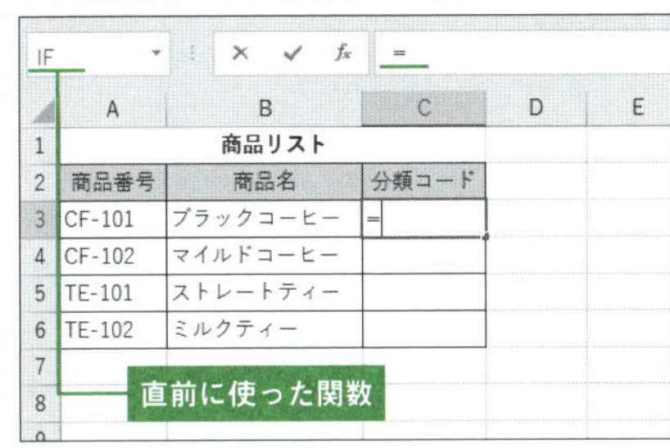

1関数を入力するセルを選択して、「=」を入力する。すると、［関数ボックス］に直前に使用した関数名が表示される。

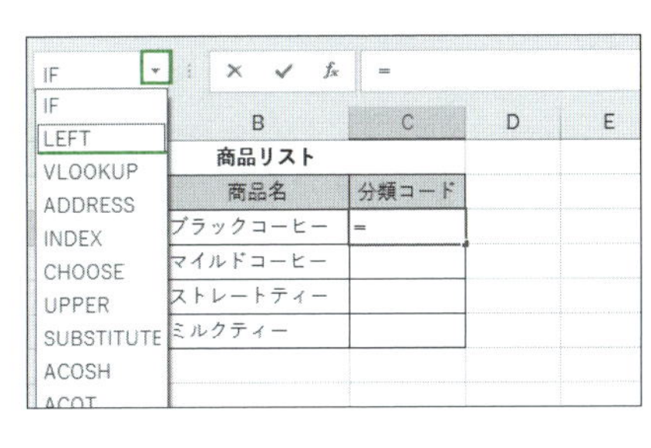

2［関数ボックス］の［▼］ボタンをクリックして、履歴の一覧から使用したい関数を選ぶ。ここでは［LEFT］を選択した。

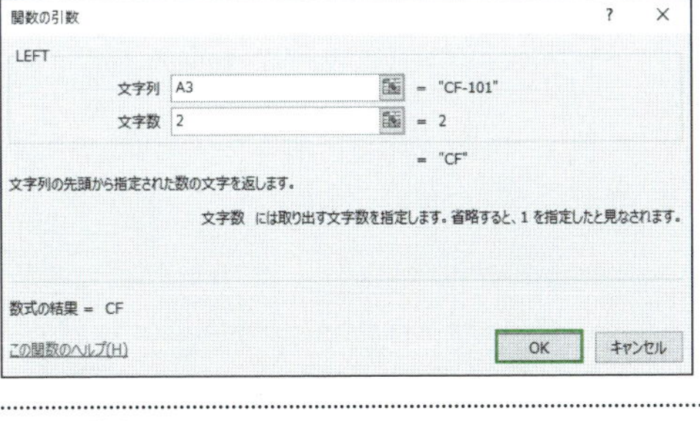

3［関数の引数］ダイアログが表示されるので、あとは 01.018 と同様に引数を入力して数式を確定する。

memo

▶［数式］タブの［関数ライブラリ］グループにある［最近使用した関数］ボタンをクリックしても、履歴から関数を選択できます。

関連項目 01.018 関数をダイアログから入力する →p.20

数式入力

01. 021 関数をキーボードから直接入力する

キーボードから関数を直接入力することもできます。ダイアログを表示する手間が省けるので、キー入力に慣れている場合は、直接入力したほうが速いでしょう。ここでは、LEFT関数を例に説明します。

関数を手入力する

LEFT | =LEFT(

	A	B	C	D
1		商品リスト		
2	商品番号	商品名	分類コード	
3	CF-101	ブラックコーヒー	=LEFT(	
4	CF-102	マイルドコーヒー	LEFT(文字列, [文字数])	
5	TE-101	ストレートティー		
6	TE-102	ミルクティー		
7				

❶関数を入力するセルを選択して、「=LEFT(」と入力する。すると、ポップヒントに関数の書式が表示される。

C3 | =LEFT(A3,2

	A	B	C	D
1		商品リスト		
2	商品番号	商品名	分類コード	
3	CF-101	ブラックコーヒー	=LEFT(A3,2	
4	CF-102	マイルドコーヒー	LEFT(文字列, [文字数])	
5	TE-101	ストレートティー		
6	TE-102	ミルクティー		
7				

❷ポップヒントの書式を参考に、引数を入力する。書式の中で「[]」で囲まれた引数は省略可能であることを示す。

C3 | =LEFT(A3,2)

	A	B	C	D
1		商品リスト		
2	商品番号	商品名	分類コード	
3	CF-101	ブラックコーヒー	=LEFT(A3,2)	
4	CF-102	マイルドコーヒー		
5	TE-101	ストレートティー		
6	TE-102	ミルクティー		
7				

❸必要な引数を入力し終えたら、「)」を入力して、[Enter] キーを押して確定する。手順1で「=left」と小文字で入力した場合でも、確定すると大文字に変わる。

memo

▶ポップヒントの関数名をクリックすると、ヘルプが表示され、その関数について調べることができます。

	A	B	C	D
1		商品リスト		
2	商品番号	商品名	分類コード	
3	CF-101	ブラックコーヒー	=LEFT(	
4	CF-102	マイルドコーヒー	LEFT(文字列, [文字数])	
5	TE-101	ストレートティー		
6	TE-102	ミルクティー		
7				

数式入力

01.022 数式オートコンプリートを利用して関数を入力する

「数式オートコンプリート」と呼ばれる関数の入力補助機能を利用すると、関数の先頭文字を入力して一覧から選ぶだけで、関数名をすばやく正確に入力できます。また、関数によっては引数の入力候補が表示されるので大変便利です。

数式オートコンプリートを使って関数を入力する

LEFT　=W

	A	B
1	旅行日程	
2	日付	曜日番号
3	10月1日	=w
4	10月2日	
5	10月3日	
6	10月4日	

WEBSERVICE
WEEKDAY　日付に対応する曜日を 1 から 7 までの整数で返します。
WEEKNUM
WEIBULL.DIST
WORKDAY
WORKDAY.INTL
WEIBULL

1 WEEKDAY関数を入力するには、日本語入力をオフにした状態で「=W」と入力する。大文字／小文字のいずれで入力しても構わない。すると「W」で始まる関数が一覧表示されるので、[WEEKDAY] をダブルクリックする。

LEFT　=WEEKDAY(

	A	B
1	旅行日程	
2	日付	曜日番号
3	10月1日	=WEEKDAY(
4	10月2日	
5	10月3日	
6	10月4日	

WEEKDAY(シリアル値, [種類])

2 「=WEEKDAY(」までが自動入力された。ポップヒントの書式を参考に、引数を入力する。

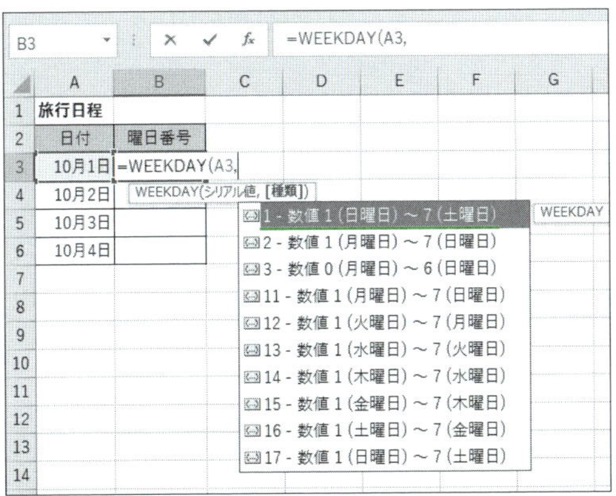

3 第1引数に続いてカンマ「,」を入力すると、第2引数の入力候補が表示される。ここから目的の引数をダブルクリックして入力できる。

関連項目 01.021 関数をキーボードから直接入力する →p.24

数式入力

01.023 関数の引数に別の関数を入力する

関数の引数に関数を入力することを、「ネスト」または「入れ子」と呼びます。関数をネストさせることで、複雑な計算を1つの式にまとめて実行できます。サンプルでは、四捨五入を行うROUND関数の引数として、平均を求めるAVERAGE関数を指定し、平均値を四捨五入します。

関数をネストする

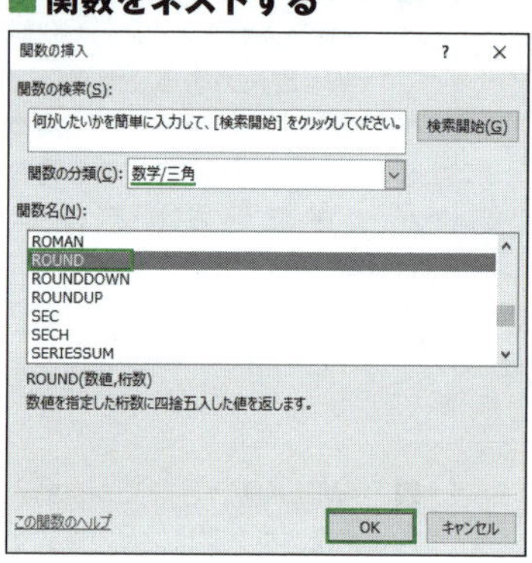

❶ 01.018 を参考に［関数の挿入］ダイアログを開く。［関数の分類］欄で［数学／三角］を選択し、［関数名］ボックスから［ROUND］を選択して、［OK］ボタンをクリックする。

❷［関数の引数］ダイアログが表示された。引数［数値］にAVERAGE関数を入力したい。［数値］欄をクリックしてカーソルを表示させた状態で、［関数ボックス］の［▼］ボタンをクリックし、［その他の関数］を選択する。

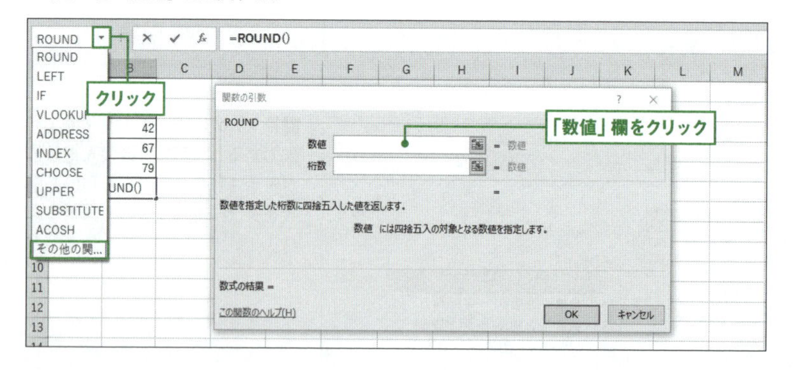

memo

▶ここでは［関数の挿入］ダイアログを使用しましたが、ネストした関数の数式を直接セルに入力しても構いません。

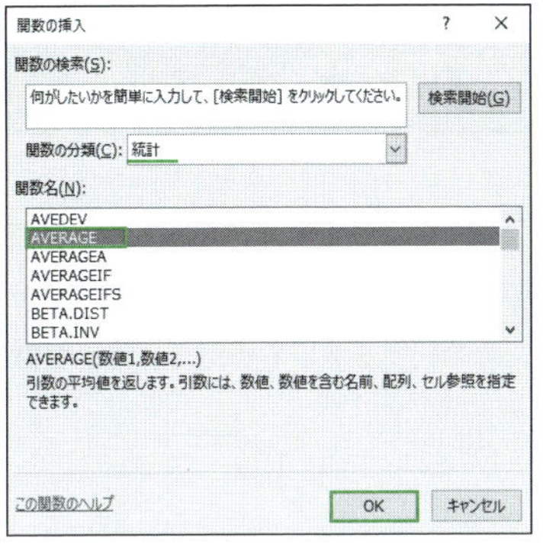

3 [関数の挿入] ダイアログが表示されるので、[関数の分類] 欄で [統計] を選択し、[関数名] ボックスから [AVERAGE] を選択して、[OK] ボタンをクリックする。

4 AVERAGE関数の [関数の引数] ダイアログが表示されるので、[数値1] 欄に平均対象のセル範囲を指定する。[数値2] は省略可能な引数なので空欄にしておく。ROUND関数の指定に戻るため、数式バーの「ROUND」の部分をクリックする。

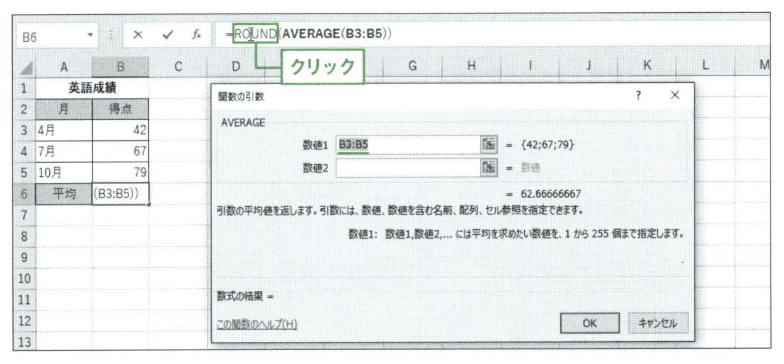

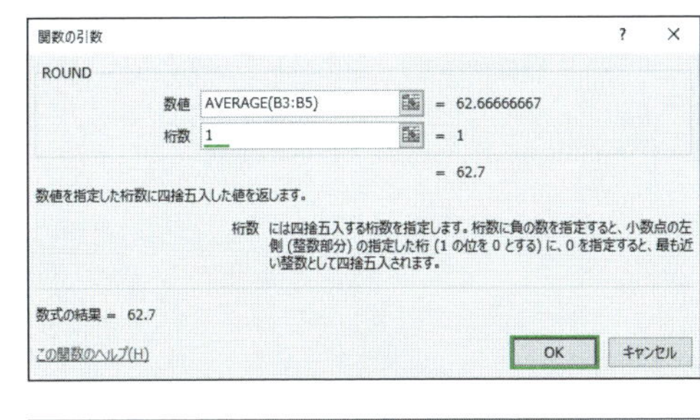

5 ROUND関数の [関数の引数] ダイアログに戻った。[数値] 欄にAVERAGE関数が入力されていることを確認し、[桁数] 欄に四捨五入後の小数点以下の桁として「1」を入力して、[OK] ボタンをクリックする。

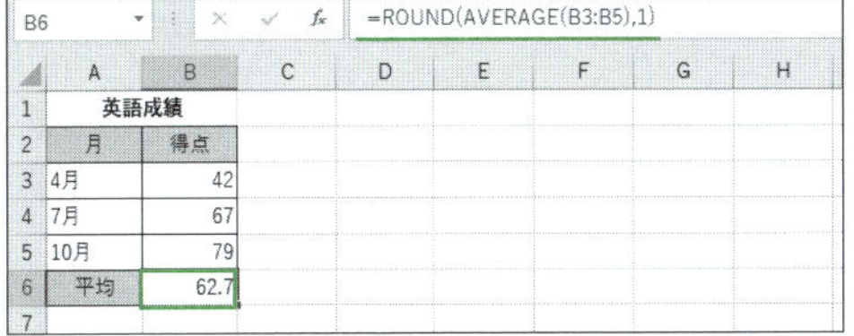

6 セルに計算結果が表示される。入力した数式は数式バーで確認できる。

関連項目 01.018 関数をダイアログから入力する →p.20
01.021 関数をキーボードから直接入力する →p.24

数式入力

01.024 カラーリファレンスを利用して引数のセル参照を修正する

関数が入力されているセルを選択して、数式バーをクリックすると、引数のセル参照に色が付きます。また、対応するセルが同じ色の枠で囲まれます。この枠を「カラーリファレンス」と呼びます。カラーリファレンスをドラッグして移動すると、引数のセル参照を修正できます。

■引数の「B2」を「C2」に修正する

❶セルE3に入力されたDATE関数の第1引数のセル参照を「B2」から「C2」に修正したい。まず、セルE3を選択して、数式バーをクリックする。

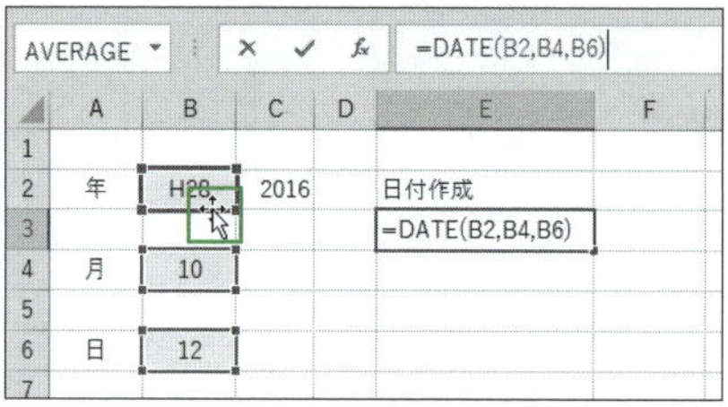

❷カラーリファレンスが表示された。セルB2の青いカラーリファレンスの枠線にマウスポインターを合わせる。

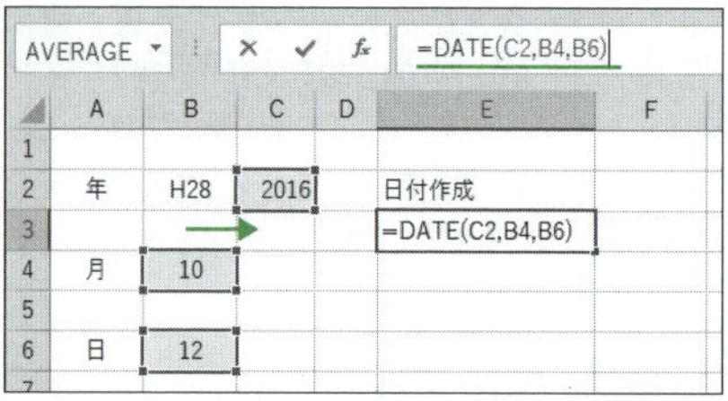

❸枠線をセルC2までドラッグすると、数式中の「B2」が「C2」に修正される。

❹[Enter]キーを押して数式を確定する。セルE3を選択し直すと、数式が修正されていることを確認できる。

関連項目 01.025 カラーリファレンスを利用して引数の参照範囲を修正する →p.29

数式入力

01.025 カラーリファレンスを利用して引数の参照範囲を修正する

カラーリファレンスの四隅には、サイズ変更用のハンドルが表示されます。これをドラッグしてカラーリファレンスのサイズを変更すると、数式中のセル参照の大きさを簡単に変更できます。

■ 引数の「B3:B5」を「B3:B7」に修正する

❶セルD3に入力されたAVERAGE関数の引数の参照範囲を「B3:B5」から「B3:B7」に修正したい。まず、セルD3を選択して、数式バーをクリックする。

❷表示されるカラーリファレンスの右下隅にマウスポインターを合わせる。

❸セルB7までドラッグしてカラーリファレンスを広げると、数式中の「B3:B5」が「B3:B7」に修正される。

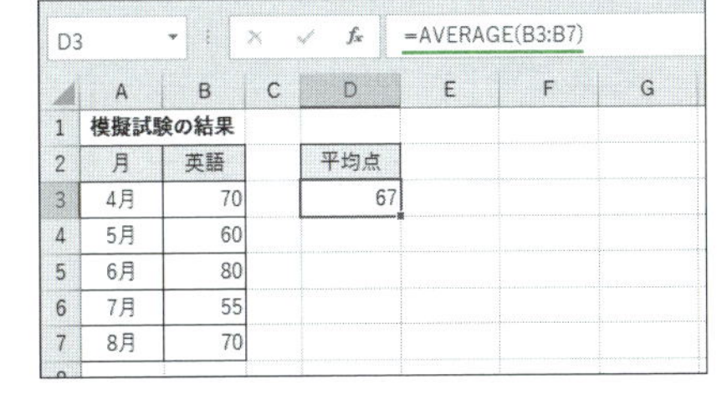

❹[Enter]キーを押して数式を確定する。セルD3を選択し直すと、数式が修正されていることを確認できる。

関連項目 01.024 カラーリファレンスを利用して引数のセル参照を修正する →p.28

数式入力

01.026 [関数の引数]ダイアログを呼び出して修正する

普段［関数の引数］ダイアログを使用して関数を入力している場合は、修正するときもダイアログを使用したほうが効率的に入力できます。関数が入力されたセルを選択して、数式バーの［関数の挿入］ボタンをクリックすると、入力済みの関数の［関数の引数］ダイアログを呼び出せます。

■［関数の引数］ダイアログを再表示して修正する

C3　=RANK(B3,$B$3:$B$7,1)

	A	B	C
1	学年末試験		
2	氏名	得点	順位
3	井上　祐樹	65	2
4	佐藤　勝	90	
5	高木　奈緒	80	
6	森田　博	75	
7	渡辺　美紀	60	

クリック
選択

❶セルC3に入力されたRANK関数の引数を修正したい。まず、セルC3を選択して、数式バーの［関数の挿入］ボタンをクリックする。

❷［関数の引数］ダイアログが表示されるので、引数を修正して［OK］ボタンをクリックする。

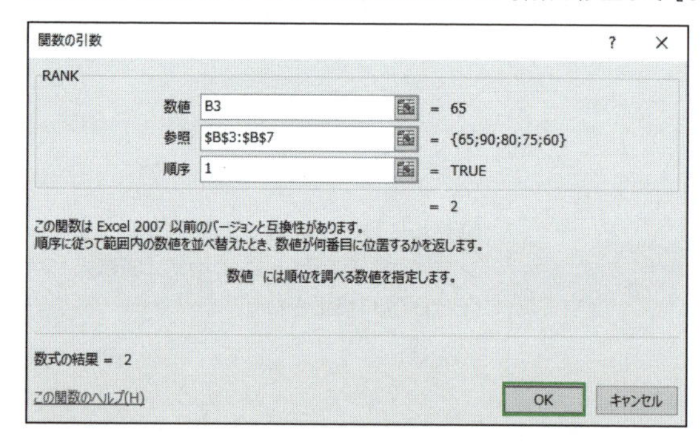

memo

▶セルを選択して、数式バーの数式上をクリックすると、関数の書式がポップヒントに表示されます。ポップヒントの引数名をクリックすると、数式バー上でその引数が選択されるので、即座に入力し直せます。

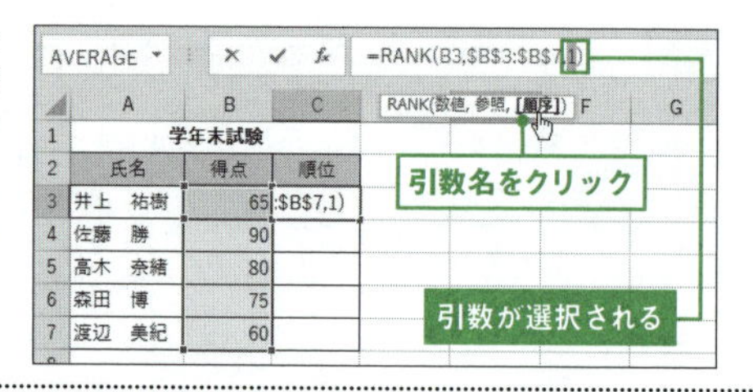

関連項目
01.024　カラーリファレンスを利用して引数のセル参照を修正する　→p.28
01.025　カラーリファレンスを利用して引数の参照範囲を修正する　→p.29

数式入力

01.027 テーブルで構造化参照を使用して計算する

Excelには、「テーブル」と呼ばれるデータベース機能が用意されています。テーブルでは、列見出しを「[]」で囲んだ「構造化参照」と呼ばれる参照形式で数式を作成します。数式を入力する際、参照するセルをクリックすれば、簡単に構造化参照のセル参照を入力できます。

テーブル内のセルに関数を入力する

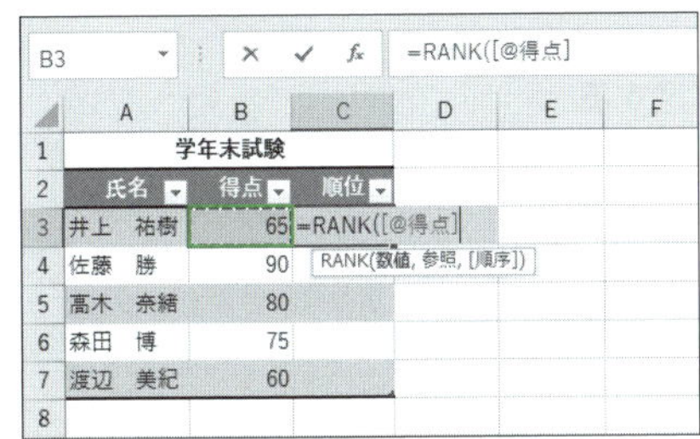

❶セルC3に「=RANK(B3,$B$3:$B$7,0)」を入力したい。「=RANK(」まで入力してセルB3をクリックすると、「B3」の代わりに「[@得点]」が入力される。これは「得点」列の現在行のセルを意味する。

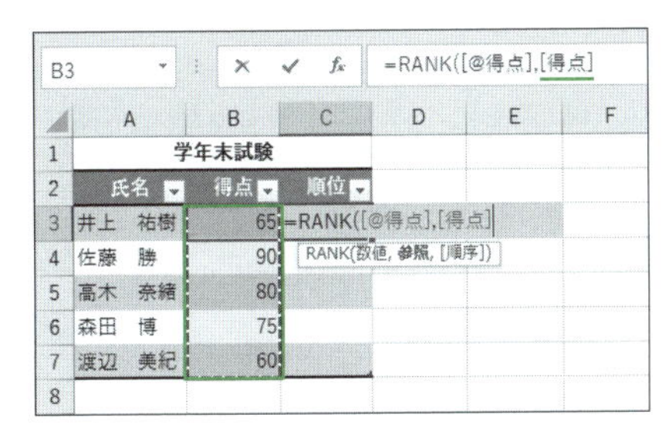

❷カンマ「,」を入力したあと、セル範囲B3:B7をドラッグすると、「[得点]」が入力される。これは「得点」列全体を意味する。

C4 =RANK([@得点],[得点],0)

	A	B	C	D	E	F
1	学年末試験					
2	氏名	得点	順位			
3	井上　祐樹	65	4			
4	佐藤　勝	90	1			
5	高木　奈緒	80	2			
6	森田　博	75	3			
7	渡辺　美紀	60	5			
8						

❸「,0)」を入力して、[Enter]キーで確定すると、列全体に「=RANK([@得点],[得点],0)」が入力され、各自の順位が自動計算される。新しい行にデータを追加すると、新しい行の「順位」欄に上と同じ数式が自動入力され、列全体に新しいデータを含めた順位が振り直される。

memo

▶Excel 2007では、構造化参照は「=RANK(テーブル1[[#この行],[得点]],[得点],0)」という形式で入力されます。

数式入力

01.

028 他のシートのセルを参照する

関数の引数として他のシートのセル参照を指定するには、

シート名!セル番号

の形式で入力します。例えば［商品］シートのセル範囲A3:C6を参照するには、「商品!A3:C6」と入力します。数式を入力する際、シートを切り替えて参照するセルを指定すれば、簡単に他シートのセルを参照できます。

■ 関数の引数に他のシートのセルを指定する

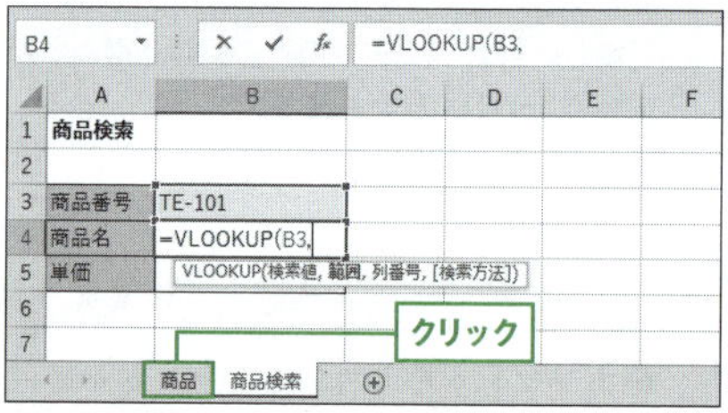

B4 =VLOOKUP(B3,

	A	B	C	D	E	F
1	商品検索					
2						
3	商品番号	TE-101				
4	商品名	=VLOOKUP(B3,				
5	単価	VLOOKUP(検索値, 範囲, 列番号, [検索方法])				
6						
7						

商品　商品検索　クリック

❶セルB4にVLOOKUP関数を入力し、第2引数で［商品］シートのセル範囲を参照したい。まず、「=VLOOKUP(B3,」までを入力し、［商品］シートのシート見出しをクリックする。

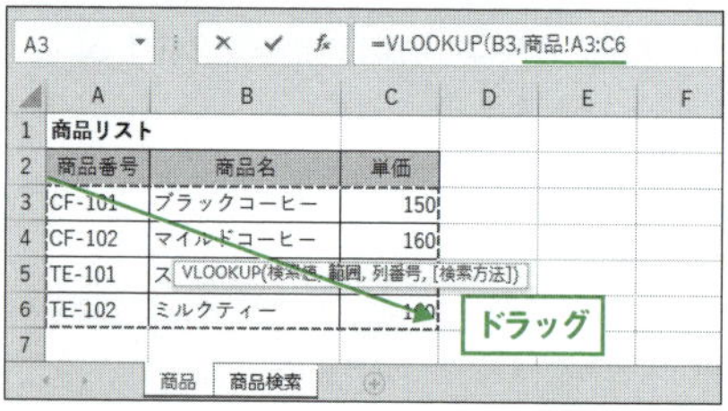

A3 =VLOOKUP(B3,商品!A3:C6

	A	B	C	D	E	F
1	商品リスト					
2	商品番号	商品名	単価			
3	CF-101	ブラックコーヒー	150			
4	CF-102	マイルドコーヒー	160			
5	TE-101	ス VLOOKUP(検索値, 範囲, 列番号, [検索方法])				
6	TE-102	ミルクティー	1[illegible]			
7						

商品　商品検索　ドラッグ

❷［商品］シートに切り替わった。セル範囲A3:C6をドラッグすると、数式に「商品!A3:C6」が入力される。

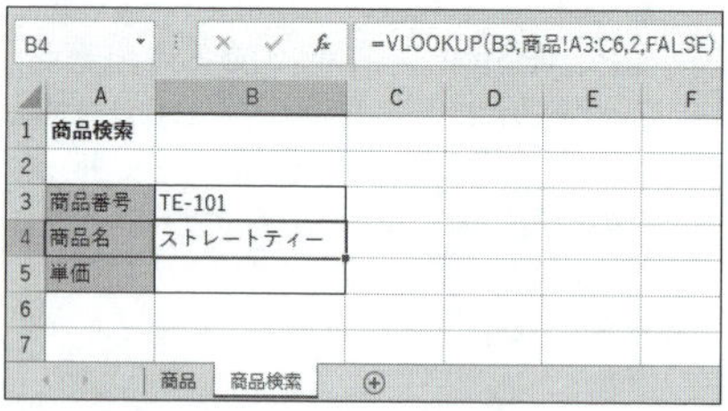

B4 =VLOOKUP(B3,商品!A3:C6,2,FALSE)

	A	B	C	D	E	F
1	商品検索					
2						
3	商品番号	TE-101				
4	商品名	ストレートティー				
5	単価					
6						
7						

商品　商品検索

❸あとは残りの引数を入力して、数式を確定すればよい。

memo

▶シート名の先頭文字が数字の場合や、シート名にスペースが含まれている場合は、

'シート名'!セル番号

のように、シート名を半角のシングルクォーテーション「'」で囲んで指定します。［4月］シートのセルA1の場合、「'4月'!A1」になります。

数式入力

01.029 他のブックのセルを参照する

関数の引数として他のブックのセル参照を指定するには、

[ブック名.拡張子]シート名!セル参照

の形式で入力します。例えば「商品情報.xslx」というブックの［商品］シートのセル範囲A3:C6を参照するには「[商品情報.xslx]商品!A3:C6」と入力します。数式を入力する際、ブックを切り替えて参照するセルを指定すれば、簡単に他のブックのセルを参照できます。

関数の引数に他のブックのセルを指定する

1 セルB4にVLOOKUP関数を入力し、第2引数で「商品情報.xslx」のセル範囲を参照したい。あらかじめ「商品情報」を開いておく。セルB4に「=VLOOKUP(B3,」までを入力してから、［表示］タブの［ウィンドウの切り替え］ボタンをクリックして、［商品情報］を選択する。

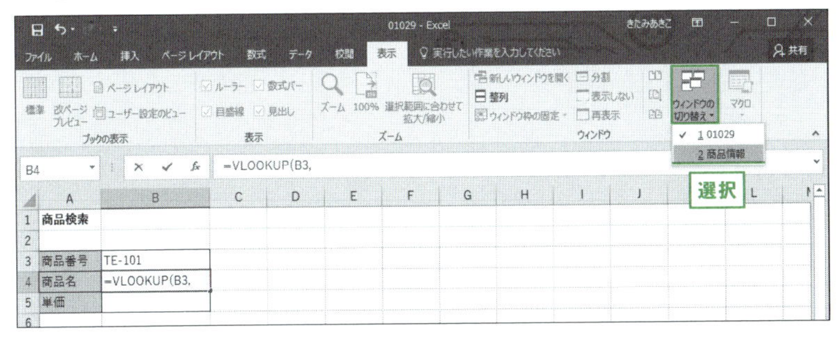

2 「商品情報.xslx」に切り替わった。［商品］シートのセル範囲A3:C6をドラッグすると、数式に「[商品情報.xlsx]商品!$A$3:$C$6」が入力されるので、必要に応じて相対参照と絶対参照を切り替える。あとは残りの引数を入力すればよい。

A1　=VLOOKUP(B3,[商品情報.xlsx]商品!$A$3:$C$6

	A	B	C
1	商品リスト		
2	商品番号	商品名	単価
3	CF-101	ブラックコーヒー	150
4	CF-102	マイルドコーヒー	160
5	TE-101	ストレートティー	140
6	TE-102	ミルクティー	160

ドラッグ

memo

▶拡張子とは、ファイルの種類を表す記号です。Excel 2016/2013/2010/2007のブックの拡張子は「.xlsx」で、Excel 2003のブックの拡張子は「.xls」です。

関連項目 01.028 他のシートのセルを参照する →p.32

数式入力

01.030 セル範囲に名前を付ける

セルやセル範囲に「名前」を付けておくと、数式の中でセル番号の代わりに名前を使用してそのセルを参照できます。ここでは、セル範囲B3:B5に「売上」という名前を設定します。

■ セル範囲B3:B5に「売上」という名前を付ける

名前ボックス：売上　数式バー：226

	A	B	C	D	E
1	売上実績				
2	支店	売上			
3	お台場店	226			
4	品川店	389			
5	汐留店	216			
6					

❶セル範囲B3:B5を選択する。[名前ボックス]に「売上」と入力して[Enter]キーを押す。

名前ボックス：売上　数式バー：226

	A	B	C	D	E
1	売上実績				
2	支店	売上			
3	お台場店	226			
4	品川店	389			
5	汐留店	216			
6					

❷セル範囲B3:B5に「売上」という名前が付いた。

memo

▶[名前ボックス]で設定した名前は、適用範囲がブックになります。そのため、どのシートから参照するときも、シート名を指定せずに名前を指定するだけで参照できます。

▶[数式]タブの[定義された名前]グループにある[名前の定義]ボタンをクリックして、表示される[新しい名前]ダイアログを使用しても、名前を設定できます。その場合、名前の適用範囲をブックにするか、シートにするかを選択できます。

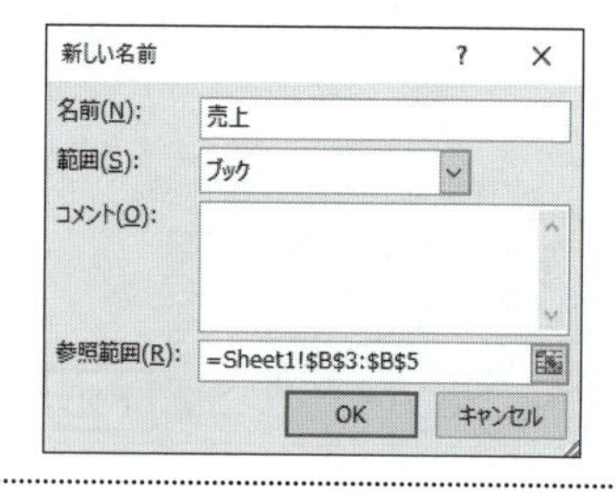

関連項目 01.031 セル参照の代わりに名前を使用する →p.35
01.032 名前の参照範囲を変更する →p.36

数式入力

01.031 セル参照の代わりに名前を使用する

セルやセル範囲に付けた名前は、数式の中でセル参照として使用できます。数式を入力中に直接名前を入力するだけなので簡単です。名前を覚えていない場合は、下図のように一覧から選択して入力する方法もあります。

「売上」という名前のセルの数値を合計する

1 セル範囲B3:B5に付けた「売上」という名前を使用して、合計を求めたい。「=SUM(」まで入力して、[数式]タブの[定義された名前]グループにある[数式で使用]ボタンをクリックし、[売上]を選択する。

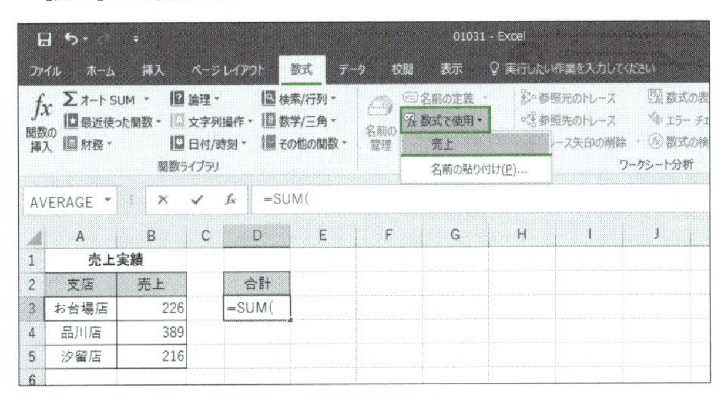

2 数式に「売上」が入力された。あとは「)」を入力して、数式を確定すればよい。

D3 =SUM(売上

	A	B	C	D
1	売上実績			
2	支店	売上		合計
3	お台場店	226		=SUM(売上
4	品川店	389		SUM(数値1, [数値2], ...)
5	汐留店	216		
6				

memo

▶「=SUM(」まで入力したあと[F3]キーを押すと、[名前の貼り付け]ダイアログが表示されます。そこから目的の名前を選択して、数式に名前を入力することもできます。

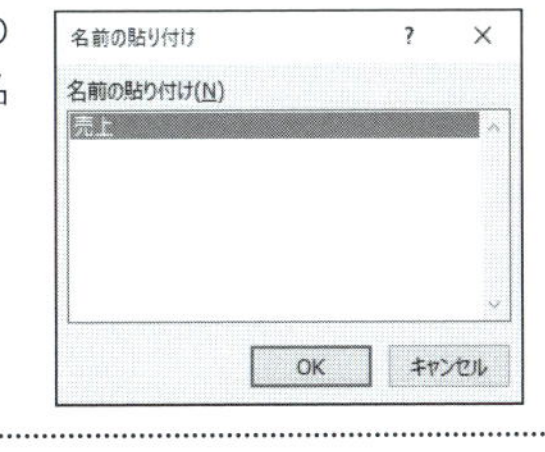

関連項目 01.030 セル範囲に名前を付ける →p.34
01.032 名前の参照範囲を変更する →p.36

数式入力

01.032 名前の参照範囲を変更する

名前を付けた範囲にあとからデータを追加したときは、以下の手順で名前の参照範囲を修正します。名前を使用した数式自体は、修正の必要はありません。名前の参照範囲を修正するだけで、その名前を使用しているすべての数式の結果を一括更新できます。

■「売上」という名前のセル範囲を変更する

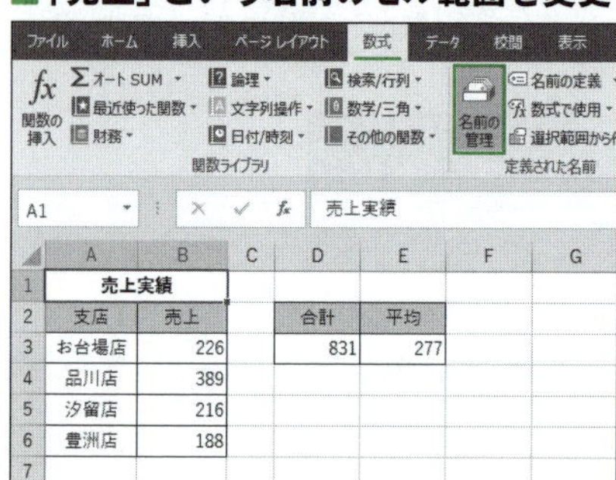

	A	B	C	D	E
1	売上実績				
2	支店	売上		合計	平均
3	お台場店	226		831	277
4	品川店	389			
5	汐留店	216			
6	豊洲店	188			

❶データを追加したので名前の参照範囲を修正したい。[数式]タブの[定義された名前]グループにある[名前の管理]ボタンをクリックする。

名前の管理
新規作成(N)... 編集(E)... 削除(D) フィルター(F)
名前 値 参照範囲 範囲 コメント
売上 {"226";"389";"... =Sheet1!B... ブック
参照範囲(R):
=Sheet1!$B$3:$B$6
閉じる

❷[名前の管理]ダイアログが表示された。一覧から名前を選択して、[参照範囲]欄で参照範囲を変更し、チェックマークの形のボタンをクリックして閉じる。

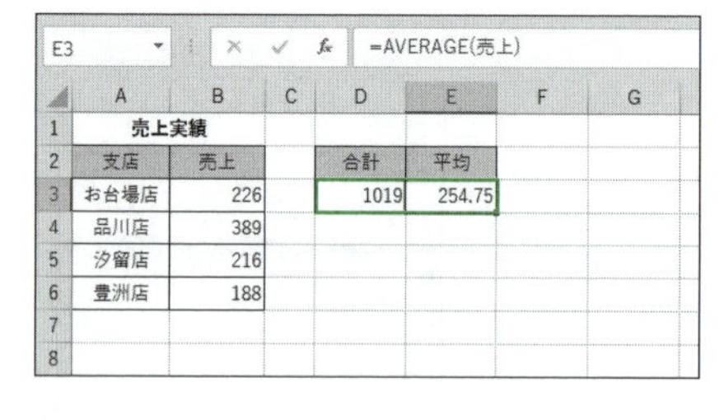

	A	B	C	D	E
1	売上実績				
2	支店	売上		合計	平均
3	お台場店	226		1019	254.75
4	品川店	389			
5	汐留店	216			
6	豊洲店	188			

❸新しいデータを名前の参照範囲に加えたので、合計「=SUM(売上)」と平均「=AVERAGE(売上)」の結果が更新された。

関連項目 01.030 セル範囲に名前を付ける →p.34
07.033 データの追加に応じて名前の参照範囲を自動拡張する →p.491

数式入力

01.033 不要になった名前を削除する

名前が不要になったときは、以下の手順で名前を削除します。ブックにその名前を使用した数式が存在する場合、名前を削除すると数式が［#NAME?］エラーになるので注意してください。

「売上」という名前を削除する

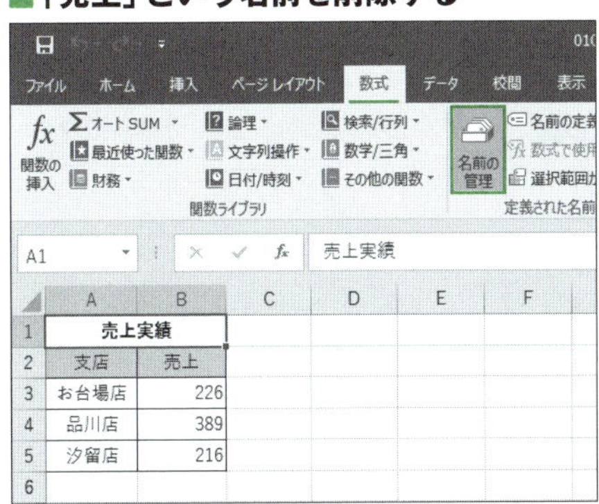

❶［数式］タブの［定義された名前］グループにある［名前の管理］ボタンをクリックする。

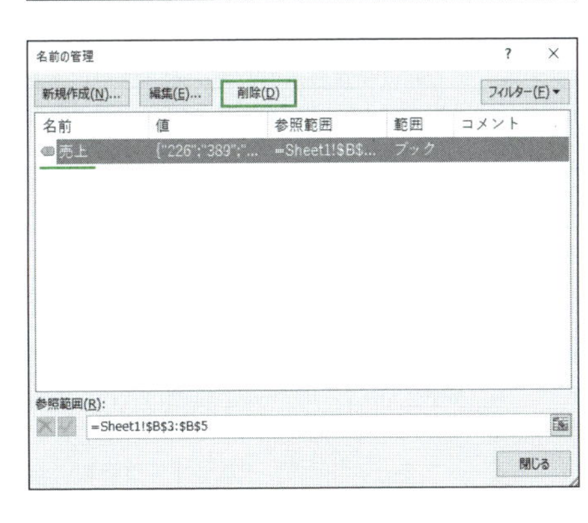

❷［名前の管理］ダイアログが表示された。一覧から名前を選択して、［削除］ボタンをクリックする。削除確認のメッセージが表示されるので、［OK］ボタンをクリックする。

関連項目 01.030 セル範囲に名前を付ける →p.34
01.032 名前の参照範囲を変更する →p.36

数式入力

01.034 定数に名前を付ける

特定の値に名前を付けると、数式の中でその値の代わりに名前を使用することができます。桁の多い数値や長い文字列、よく使う値などに名前を付けておくと数式の入力や修正が楽になります。ここでは「0.08」という値に「消費税率」という名前を付けます。

■「0.08」という数値に「消費税」という名前を付ける

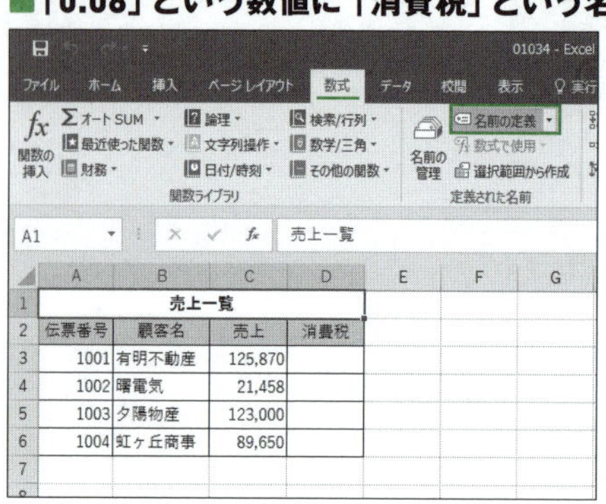

	A	B	C	D
1	売上一覧			
2	伝票番号	顧客名	売上	消費税
3	1001	有明不動産	125,870	
4	1002	曙電気	21,458	
5	1003	夕陽物産	123,000	
6	1004	虹ヶ丘商事	89,650	

❶［数式］タブの［定義された名前］グループにある［名前の定義］ボタンをクリックする。

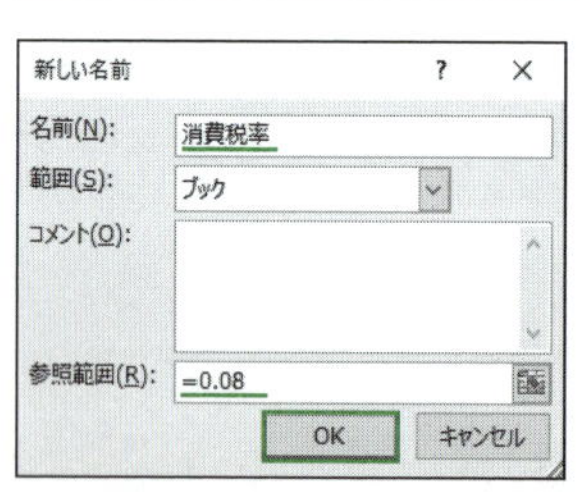

❷［新しい名前］ダイアログが表示された。［名前］欄に「消費税率」と入力して、［参照範囲］に「=0.08」と入力し、［OK］ボタンをクリックする。これ以降、「0.08」の代わりに「消費税率」という名前を使用できる。

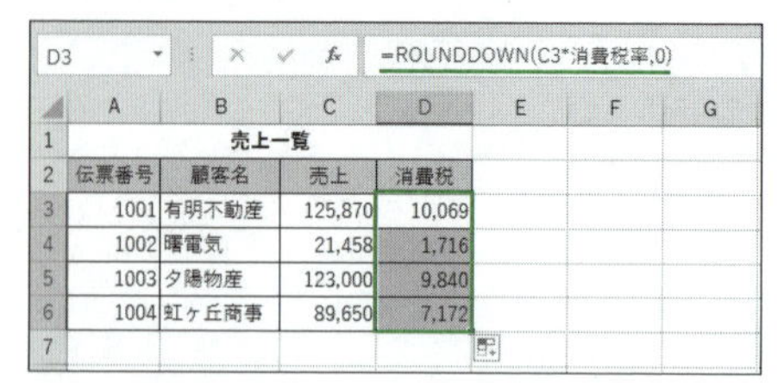

	A	B	C	D
1	売上一覧			
2	伝票番号	顧客名	売上	消費税
3	1001	有明不動産	125,870	10,069
4	1002	曙電気	21,458	1,716
5	1003	夕陽物産	123,000	9,840
6	1004	虹ヶ丘商事	89,650	7,172

❸セルD3に「=ROUNDDOWN(C3*消費税率,0)」と入力してセルD6までコピーすると、C列の売上に対する消費税の額が求められる。

memo

▶消費税率が変わったときは、01.032 を参考に［参照範囲］欄で値を変更します。名前の定義を変更するだけで、「消費税率」という名前を使用しているすべての数式を新しい税率で一括変更できます。

セルの書式

01.035 データを目的の表示形式で表示する

セルに入力したデータや関数の戻り値は、表示形式を設定することで、同じ値のまま別の表示に変更できます。ここでは例として、日付の表示形式を変更します。

[セルの書式設定] ダイアログで表示形式を指定する

1 日付のセルB2を選択して、[ホーム] タブの [数値] グループにある [ダイアログボックス起動ツール] をクリックする。

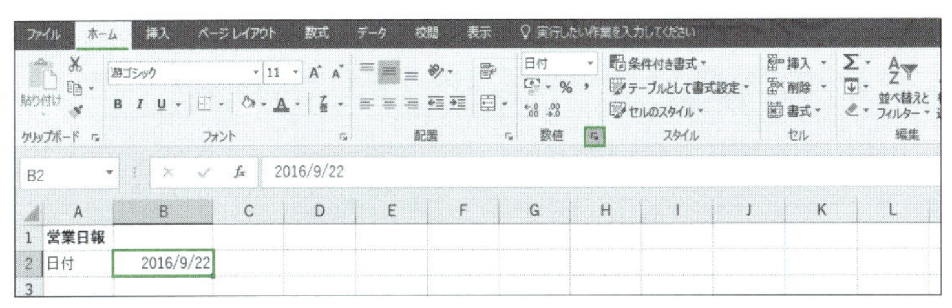

2 [セルの書式設定] ダイアログが表示された。[表示形式] タブの [分類] 欄で [日付] を選択し、[種類] 欄で [3月14日] を選択して、[OK] ボタンをクリックする。

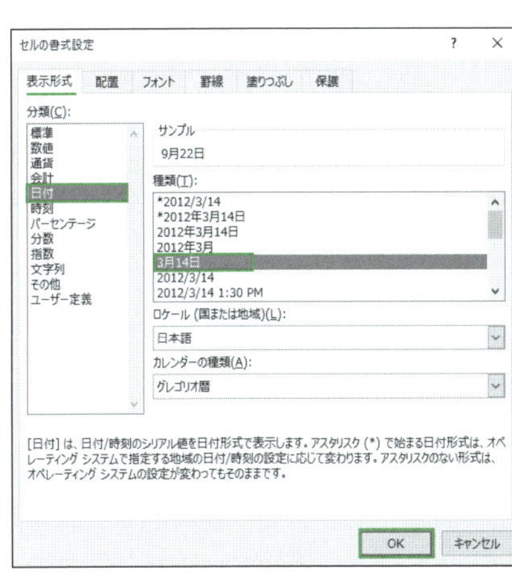

3 セルB2の日付が「3月14日」形式で表示された。

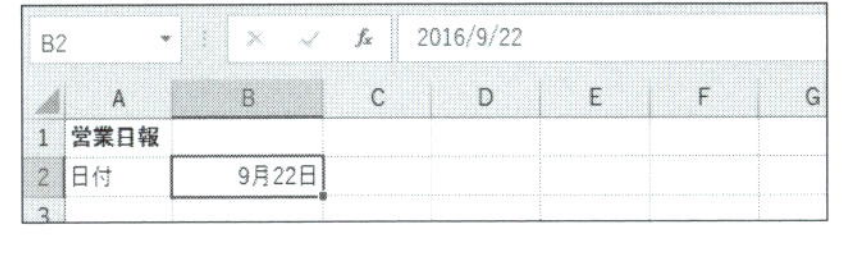

memo

▶ [ホーム] タブの [数値] グループにある [表示形式] の [▼] ボタンをクリックすると、よく使う表示形式の一覧が表示されます。そこから表示形式を設定することも可能です。

関連項目 01.036 表示形式を初期状態に戻す →p.40
01.037 独自の表示形式を設定する →p.41

セルの書式

01.036 表示形式を初期状態に戻す

数値に設定した表示形式を解除するには、「標準」の表示形式を設定し直します。ここでは、「前年比」のセル範囲D4:D6に設定したパーセントスタイルの表示形式を解除して、小数の状態に戻します。

■ パーセント形式の数値を小数の状態に戻す

❶「前年比」のセル範囲D4:D6を選択する。[ホーム] タブの [数値] グループにある [表示形式] の [▼] ボタンをクリックして、一覧から [標準] を選択する。

D4　=C4/B4

	A	B	C	D
1	売上実績表			
2				
3	部署	前年	本年	前年比
4	第1課	82,345,874	102,356,987	124.3%
5	第2課	65,214,222	59,874,558	91.8%
6	第3課	36,987,445	40,236,998	108.8%

標準 特定の形式なし / 数値 1 / 通貨 ¥1 / 会計 ¥1 / 短い日付形式 1900/1/1 / 長い日付形式 1900年1月1日 / 時刻 5:49:56 / パーセンテージ 124%

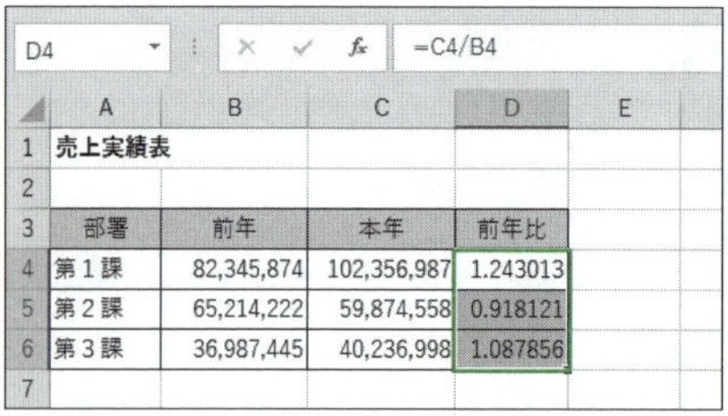

D4　=C4/B4

	A	B	C	D
1	売上実績表			
2				
3	部署	前年	本年	前年比
4	第1課	82,345,874	102,356,987	1.243013
5	第2課	65,214,222	59,874,558	0.918121
6	第3課	36,987,445	40,236,998	1.087856

❷セル範囲D4:D6の数値が、表示形式の設定されていない標準の状態に戻った。

memo

▶日付や時刻が入力されたセルに「標準」の表示形式を設定すると、日付や時刻が「シリアル値」と呼ばれる数値に変わってしまいます。そもそも日付と時刻は数値に表示形式を設定したものなので、別の表示にしたい場合は表示形式を設定し直すしかありません。

関連項目
01.035 データを目的の表示形式で表示する →p.39
01.037 独自の表示形式を設定する →p.41
04.001 シリアル値を理解する →p.262

セルの書式

01.037 独自の表示形式を設定する

「書式記号」と呼ばれる記号を使用すると、データに独自の表示形式を設定できます。ここでは日付の書式記号を使用して、日付を曜日付きで表示します。なお、「書式記号」の詳細については 01.038 および 01.039 参照してください。

日付を曜日付きで表示する

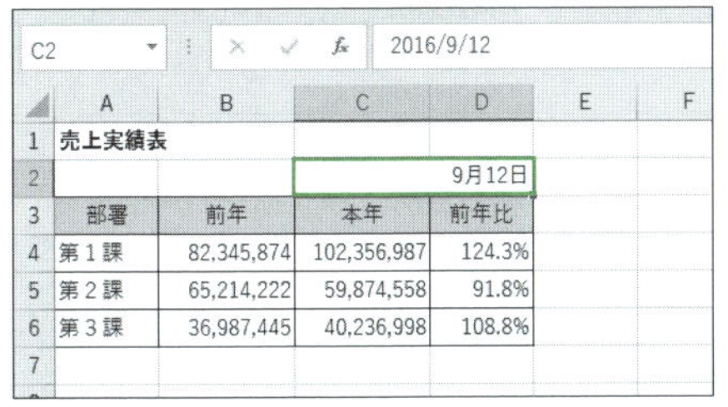

C2 | 2016/9/12

	A	B	C	D	E	F
1	売上実績表					
2				9月12日		
3	部署	前年	本年	前年比		
4	第1課	82,345,874	102,356,987	124.3%		
5	第2課	65,214,222	59,874,558	91.8%		
6	第3課	36,987,445	40,236,998	108.8%		
7						

❶日付のセルC2を選択して、01.035 を参考に［セルの書式設定］ダイアログを表示する。

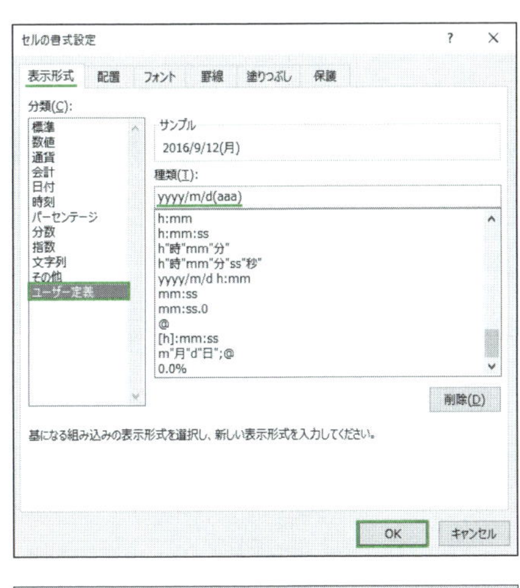

❷［表示形式］タブの［分類］欄で［ユーザー定義］を選択し、［種類］欄に「yyyy/m/d(aaa)」と入力して、［OK］ボタンをクリックする。

C2 | 2016/9/12

	A	B	C	D	E	F
1	売上実績表					
2				2016/9/12(月)		
3	部署	前年	本年	前年比		
4	第1課	82,345,874	102,356,987	124.3%		
5	第2課	65,214,222	59,874,558	91.8%		
6	第3課	36,987,445	40,236,998	108.8%		
7						

❸セルC2に入力されている日付が曜日付きで表示された。

関連項目
01.038 日付／時刻の書式記号を理解する →p.42
01.039 数値の書式記号を理解する →p.43

セルの書式

01.038 日付／時刻の書式記号を理解する

01.037 で説明したとおり、ユーザー定義の表示形式を設定することで、データを思いどおりの形式で表示できます。ここでは、日付と時刻の表示形式に使用する書式記号と、その使用例を紹介します。

▼日付の書式記号

記号	説明
yyyy、yy	西暦を4桁／2桁で表示する
e	和暦の年を表示する
ggg、gg、g	和暦の元号を「平成」／「平」／「H」のように表示する
mmmm、mmm	月を英語で「January」／「Jan」のように表示する
mm、m	月を2桁／1桁で表示する※
dd、d	日を2桁／1桁で表示する※
aaaa、aaa	曜日を「月曜日」／「月」のように表示する
dddd、ddd	曜日を英語で「Monday」／「Mon」のように表示する

※書式記号「mm」と「dd」では1桁の数値の先頭に「0」を補って2桁で表示する。例えば5月の日付の場合、「05」となる。元の月や日にちが2桁の場合、書式記号「mm」「m」「dd」「d」のいずれも2桁の数値を表示する。次表の「hh」「h」「mm」「m」「ss」「s」についても同様。

▼時刻の書式記号

記号	説明
hh、h	時を2桁／1桁で表示する
mm、m	分を2桁／1桁で表示する※
ss、s	秒を2桁／1桁で表示する
AM/PM	午前はAM、午後はPMを表示する
[h]、[mm]、[ss]	経過時間を表す

※書式記号「mm」と「m」は単独で使用すると「月」とみなされ、他の時刻の書式記号を共に使用したときだけ「分」とみなされる

▼表示形式の設定例

設定例	データ	表示例
yyyy/mm/dd	2016/7/8 13:02:03	2016/07/08
ggge"年"m"月"d"日"	2016/7/8 13:02:03	平成28年7月8日
ge.m.d	2016/7/8 13:02:03	H28.7.8
m"月"d"日"(aaa)	2016/7/8 13:02:03	7月8日(金)
yyyy"年"m"月"	2016/7/8 13:02:03	2016年7月
h"時"m"分"	2016/7/8 13:02:03	13時2分
h:mm AM/PM	2016/7/8 13:02:03	1:02 PM
h:mm	28:05:06	4:05
[h]:mm	28:05:06	28:05
[m]	3:05:00	185

関連項目 01.037 独自の表示形式を設定する →p.41

セルの書式

01.039 数値の書式記号を理解する

ここでは数値とその他のデータの表示形式に使用する書式記号、およびその使用例を紹介します。実際に表示形式を設定する手順は 01.037 を参照してください。

▼数値の書式記号

記号	説明
0	位を表す。「0」の数よりも数値の桁が少ない場合、数値に「0」を補う
#	位を表す。「#」の数よりも数値の桁が少ない場合、「0」を補わずに数値をそのまま表示する
?	位を表す。「?」の数よりも数値の桁が少ない場合、スペースを補う
.	小数点を表す
,	3桁区切りの記号を表す。位を表す書式記号の最後に付けると数値を千単位で表示する
%	パーセント表示にする
/	分数を表す
E、e	指数を表す

▼その他の書式記号

記号	説明
@	文字列を表す
[DBNum1]	漢数字(一、二、三)と位(十、百、千)を表示する
[DBNum2]	漢数字(壱、弐、参)と位(拾、百、阡)を表示する
[DBNum3]	全角数字と位(十、百、千)を表示する
[色]	色を表す。使用できる色は[黒]、[赤]、[青]、[緑]、[黄]、[紫]、[水]、[白]の8色

▼表示形式の設定例

設定例	データ	表示例	説明
0.00	123.4	123.40	小数点以下を2桁表示する
	123.456	123.46	
#,##0	123	123	3桁区切りの「,」を表示する
	12345	12,345	
#,##0,	12345	12	数値の下3桁を省略する
	1234567	1,235	
0.0%	0.1234	12.3%	小数点以下1桁のパーセント表示にする
???.??	12.345	12.35	小数点の位置を揃える
	123.4	123.4	
# ?/?	0.5	1/2	分母が1桁の分数で表示し、「/」の位置を揃える
	1.5	1 1/2	
0.00E+0	123456789	1.23E+8	指数で表示する

関連項目 01.037 独自の表示形式を設定する →p.41

セルの書式

01.040 セルの値に応じて書式を切り替える

「条件付き書式」の機能を使用すると、セルの値に応じて塗りつぶしの色や罫線などの書式を変えることができます。ここでは、前年比の計算結果が1以上（100%以上）のセルに塗りつぶしの色を設定します。

100%以上のセルに色を付ける

1 前年比のセル範囲D3:D8を選択して、［ホーム］タブの［スタイル］グループにある［条件付き書式］ボタンをクリックする。表示されるメニューから［新しいルール］を選択する。

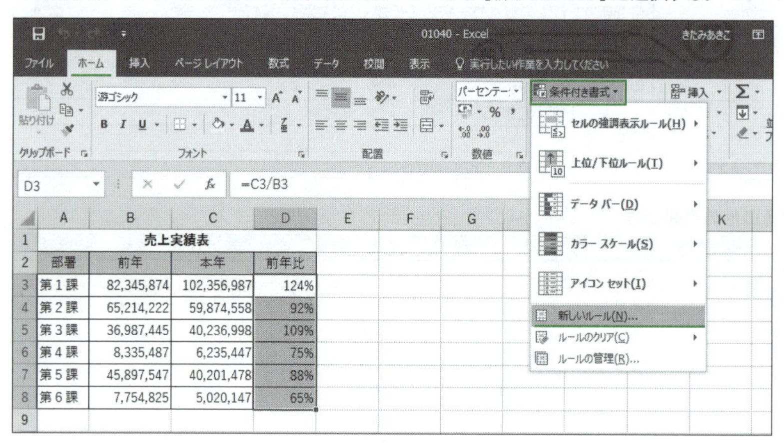

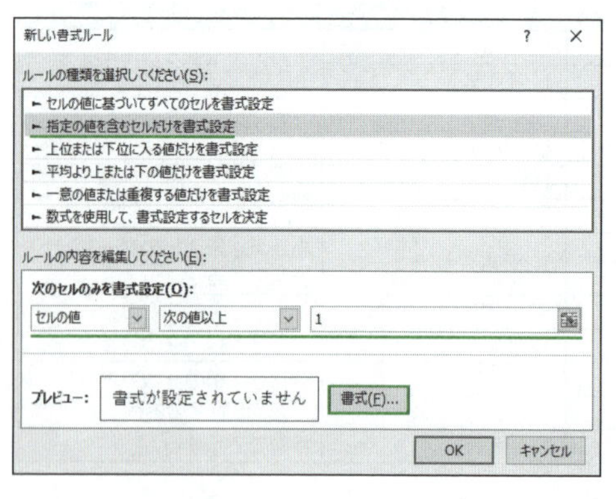

2 ［新しい書式ルール］ダイアログが表示された。まず、ルールの一覧から［指定の値を含むセルだけを書式設定］を選択する。続いて、条件の内容として［セルの値］［次の値以上］［1］を指定し、［書式］ボタンをクリックする。

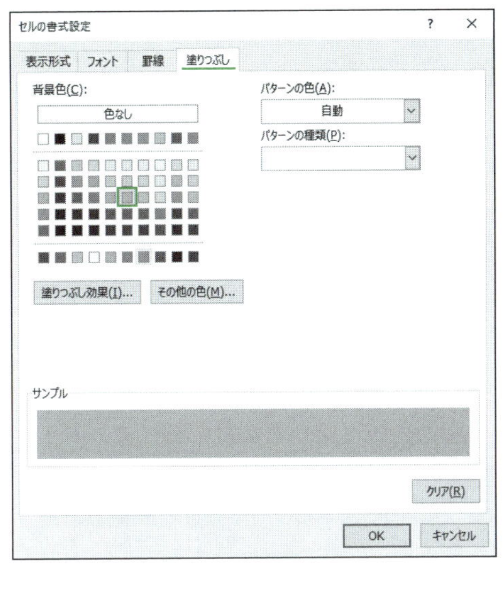

3 [セルの書式設定] ダイアログが開く。[塗りつぶし] タブで色を選択して、[OK] ボタンをクリックする。[新しい書式ルール] ダイアログに戻るので、[OK] ボタンをクリックして閉じる。

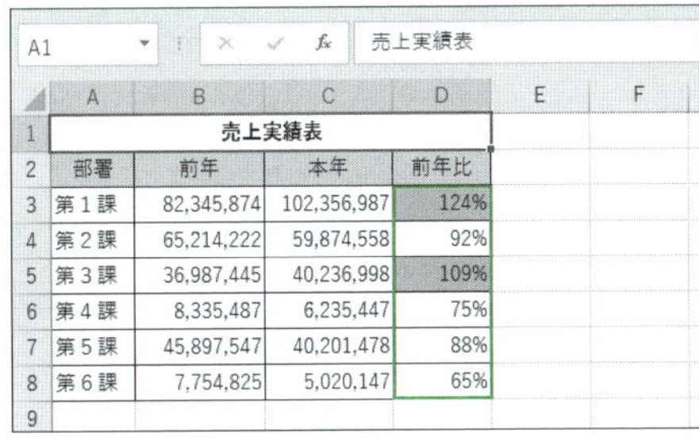

	A	B	C	D
1	売上実績表			
2	部署	前年	本年	前年比
3	第 1 課	82,345,874	102,356,987	124%
4	第 2 課	65,214,222	59,874,558	92%
5	第 3 課	36,987,445	40,236,998	109%
6	第 4 課	8,335,487	6,235,447	75%
7	第 5 課	45,897,547	40,201,478	88%
8	第 6 課	7,754,825	5,020,147	65%

4 100%以上のセルに色が付いた。

memo

▶条件付き書式を解除するには、解除するセルを選択して、[ホーム] タブの [スタイル] グループにある [条件付き書式] ボタンをクリックし、[ルールのクリア] → [選択したセルからルールをクリア] を選択します。

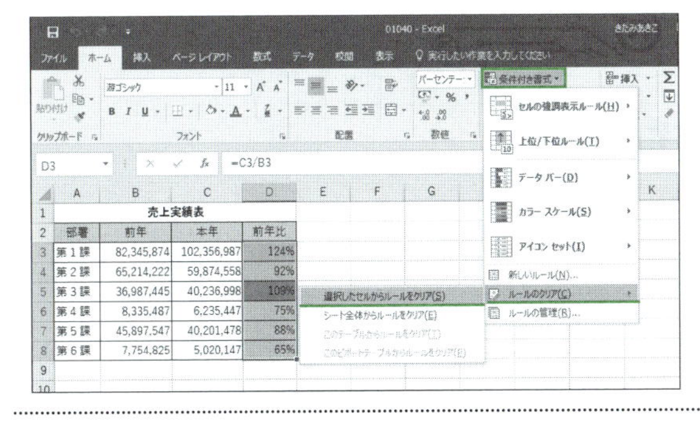

関連項目 01.041 セルの値に応じて複数の書式を切り替える →p.46

セルの書式

01.041 セルの値に応じて複数の書式を切り替える

同じセル範囲に複数の条件を設定して、複数の書式を切り替えることもできます。ここでは 01.040 で設定した「値が1以上のセルに色を塗る」という条件に、「値が0.8以上のセルに色を塗る」という条件を追加します。複数の条件を設定するときは、条件の優先順位に気を付ける必要があります。

条件付き書式を追加設定する

1 前年比のセル範囲D3:D8を選択して、[ホーム] タブの [スタイル] グループにある [条件付き書式] ボタンをクリックする。表示されるメニューから [ルールの管理] を選択する。

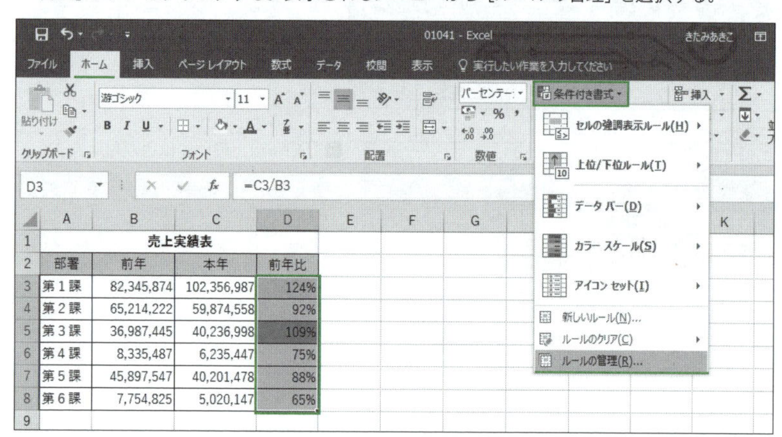

2 [条件付き書式ルールの管理] ダイアログが表示された。01.040 で設定した条件 [セルの値>=1] が表示されていることを確認してから、[新規ルール] ボタンをクリックする。

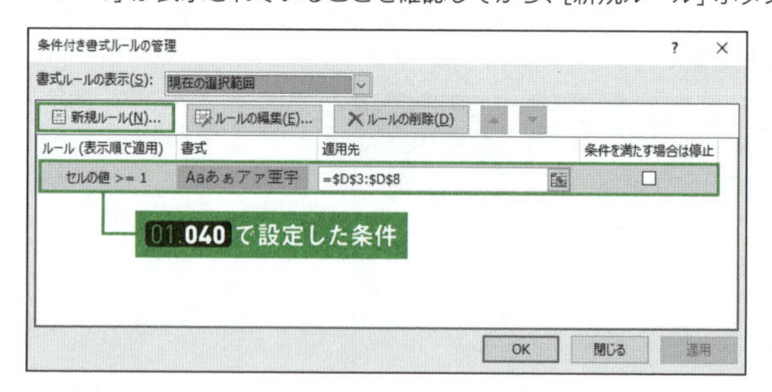

memo

▶ [条件付き書式ルールの管理] ダイアログで条件を選択して [ルールの削除] ボタンをクリックすると、複数のうち特定の条件だけを解除できます。

3 [新しい書式ルール] ダイアログが表示された。[指定の値を含むセルだけを書式設定] を選択し、条件の内容として [セルの値] [次の値以上] [0.8] を指定する。[書式] ボタンをクリックして色を指定したら、[OK] ボタンをクリックする。

4 [条件付き書式ルールの管理] ダイアログに戻るので、手順3で設定した条件 [セルの値>=0.8] が、いちばん上に追加されたことを確認する。その条件を選択して、[下へ移動] ボタンをクリックする。

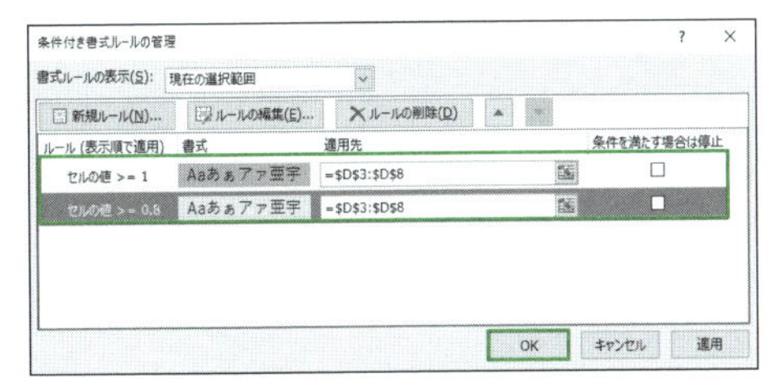

5 条件が [セルの値>=1] [セルの値>=0.8] の順に並んだことを確認して、[OK] ボタンをクリックして閉じる。

	A	B	C	D
1	売上実績表			
2	部署	前年	本年	前年比
3	第１課	82,345,874	102,356,987	124%
4	第２課	65,214,222	59,874,558	92%
5	第３課	36,987,445	40,236,998	109%
6	第４課	8,335,487	6,235,447	75%
7	第５課	45,897,547	40,201,478	88%
8	第６課	7,754,825	5,020,147	65%

6 100%以上のセルと80%以上100%未満のセルにそれぞれ色が付いた。

memo

▶同じセル範囲に複数の条件付き書式を設定すると、あとから設定した条件の優先順位が高くなります。手順4で条件の優先順位を変更しないと、[セルの値>=0.8] の条件が最優先となり、[セルの値>=1] に該当するセルにも [セルの値>=0.8] の条件付き書式が適用されてしまいます。

関連項目 01.040 セルの値に応じて書式を切り替える →p.44

資料作成

01.042 XYグラフを作成する

三角関数や2次関数など、「x」と「y」の組からXYグラフを作成したいときは、「散布図」を使用します。散布図とは、縦軸と横軸の両方が数値軸で構成されるグラフです。[散布図（平滑線）] を使用すれば、滑らかな曲線のXYグラフに仕上がります。

三角関数のグラフを作成する

B3 =SIN(RADIANS(A3))

	A	B	C	D	E	F
1	SIN関数					
2	x	y=sin(x)				
3	0	0				
4	15	0.258819				
5	30	0.5				
6	45	0.707107				
7	60	0.866025				
22	285	-0.96593				
23	300	-0.86603				
24	315	-0.70711				
25	330	-0.5				
26	345	-0.25882				
27	360	-2.5E-16				
28						

1 「x」と「y」の数値を並べた表を作成しておく。ここでは「x」列に0から360までの整数を15刻みで入力し、「y」列に「=SIN(RADIANS(A3))」という数式を入力した。

2 表（セル範囲A2:B27）を選択して、[挿入] タブの [グラフ] グループにある [散布図またはバブルチャートの挿入] → [散布図（平滑線）] を選択する。

3 sin関数のグラフが作成された。縦軸の目盛りの範囲を設定するには、数値上を右クリックして［軸の書式設定］を選ぶ。

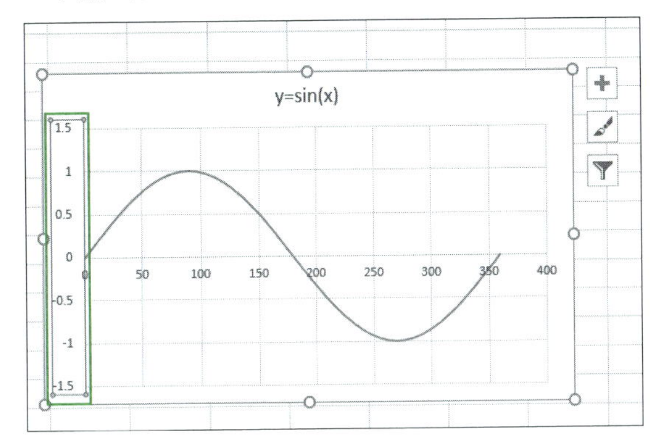

4 表示される画面の［軸のオプション］で［最小値］［最大値］［単位］（Excel2016以外のバージョンでは［目盛間隔］）を指定して、目盛りの範囲を調整する。同様に、横軸の目盛りの範囲も調整する。

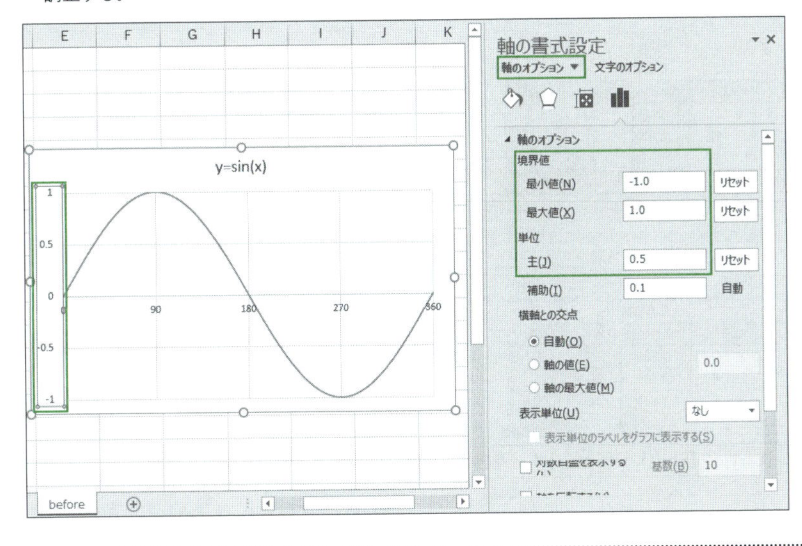

memo

▶Excel 2010/2007で目盛りの範囲を設定するには、［軸の書式設定］ダイアログの［目盛］タブで［最小値］［最大値］［目盛間隔］の［固定］をクリックしてから数値を入力します。

数式入力

01.043 配列数式を入力する

「配列数式」を使用すると、複数の値を組み合わせた計算を行えます。数式を入力後、[Ctrl] + [Shift] + [Enter] キーで確定すると、数式全体が「{}」で囲まれた配列数式になります。

■「単価×数量」を配列数式として入力する

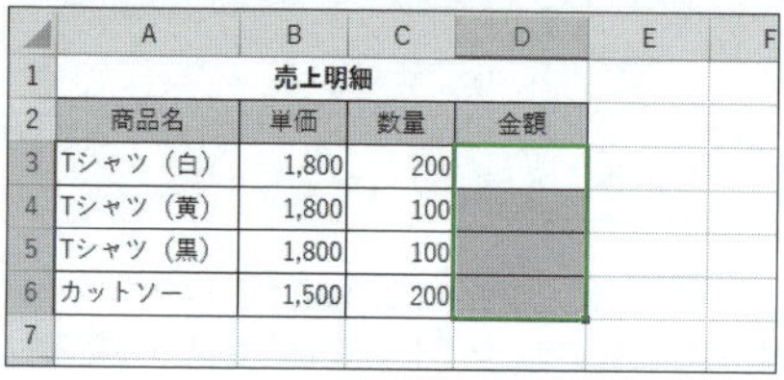

	A	B	C	D	E	F
1	売上明細					
2	商品名	単価	数量	金額		
3	Tシャツ（白）	1,800	200			
4	Tシャツ（黄）	1,800	100			
5	Tシャツ（黒）	1,800	100			
6	カットソー	1,500	200			
7						

❶「金額」欄の各セルに、配列数式を使用して「単価×数量」の計算結果を表示したい。まず「金額」欄のセル範囲D3:D6を選択する。

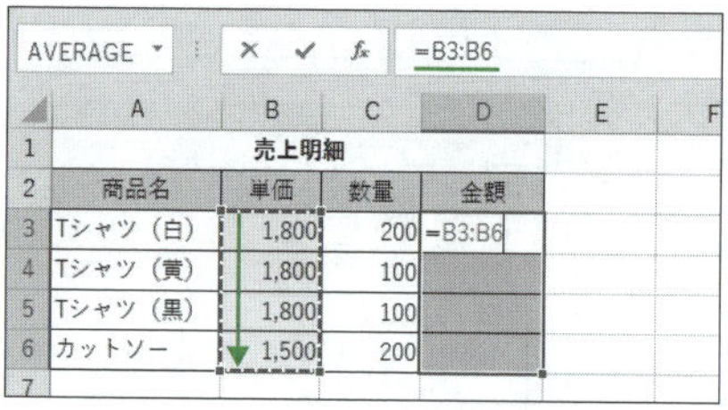

AVERAGE　=B3:B6

	A	B	C	D	E	F
1	売上明細					
2	商品名	単価	数量	金額		
3	Tシャツ（白）	1,800	200	=B3:B6		
4	Tシャツ（黄）	1,800	100			
5	Tシャツ（黒）	1,800	100			
6	カットソー	1,500	200			
7						

❷「=」を入力してから、「単価」のセル範囲B3:B6をドラッグする。すると数式が「=B3:B6」となる。

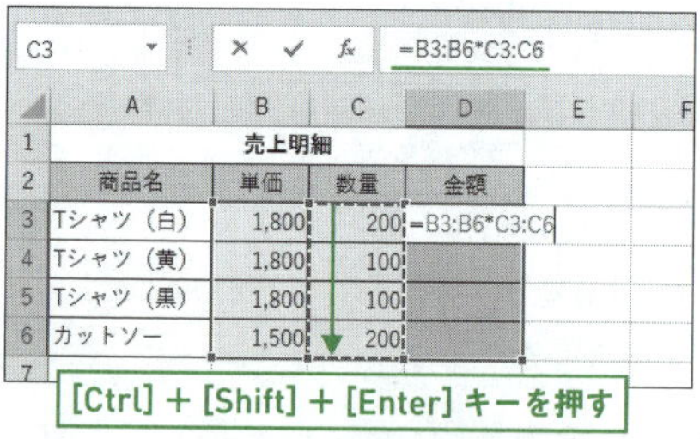

C3　=B3:B6*C3:C6

	A	B	C	D	E	F
1	売上明細					
2	商品名	単価	数量	金額		
3	Tシャツ（白）	1,800	200	=B3:B6*C3:C6		
4	Tシャツ（黄）	1,800	100			
5	Tシャツ（黒）	1,800	100			
6	カットソー	1,500	200			
7						

[Ctrl] + [Shift] + [Enter] キーを押す

❸続けて「*」を入力し、「数量」のセル範囲C3:C6をドラッグする。数式が「=B3:B6*C3:C6」になったことを確認して、[Ctrl] + [Shift] + [Enter] キーを押す。

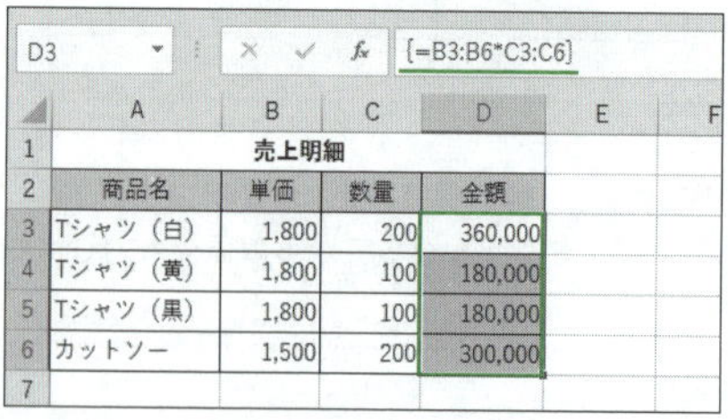

D3　{=B3:B6*C3:C6}

	A	B	C	D	E	F
1	売上明細					
2	商品名	単価	数量	金額		
3	Tシャツ（白）	1,800	200	360,000		
4	Tシャツ（黄）	1,800	100	180,000		
5	Tシャツ（黒）	1,800	100	180,000		
6	カットソー	1,500	200	300,000		
7						

❹数式が中括弧「{ }」で囲まれ、配列数式として入力された。「金額」欄の各セルに、「単価×数量」の結果が表示された。なお、キーボードから「{ }」で囲んだ数式を入力しても、配列数式にはならない。

関連項目 01.044 配列数式を修正する →p.51
01.045 配列数式を関数と組み合わせる →p.52

数式入力

01.044 配列数式を修正する

配列数式は、複数の値の組み合わせを元に計算を行う数式です。その戻り値は、01.043で紹介したように複数の値になる場合と、01.045で紹介するように1つの値になる場合があります。戻り値が複数の値になる場合、複数のセルに同じ配列数式が入力されます。配列数式を修正したいときは、同じ配列数式が入力されているセルをすべて選択して、数式バーで修正します。

配列数式を修正する

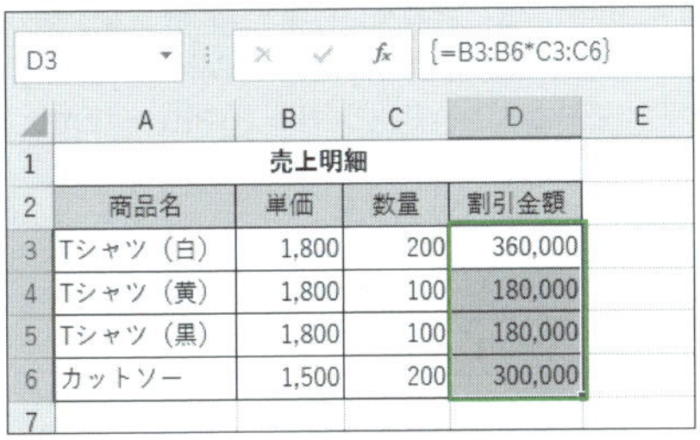

D3 | {=B3:B6*C3:C6}

	A	B	C	D	E
1	売上明細				
2	商品名	単価	数量	割引金額	
3	Tシャツ（白）	1,800	200	360,000	
4	Tシャツ（黄）	1,800	100	180,000	
5	Tシャツ（黒）	1,800	100	180,000	
6	カットソー	1,500	200	300,000	
7					

1「金額」欄の各セルに、配列数式を使用して「単価×数量」が計算されている。これを「単価×数量×0.9」に修正したい。まず「割引金額」欄のセル範囲D3:D6を選択する。

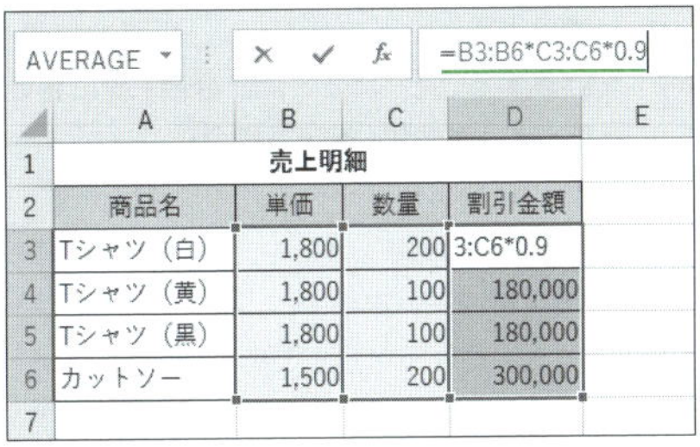

AVERAGE | =B3:B6*C3:C6*0.9

	A	B	C	D	E
1	売上明細				
2	商品名	単価	数量	割引金額	
3	Tシャツ（白）	1,800	200	3:C6*0.9	
4	Tシャツ（黄）	1,800	100	180,000	
5	Tシャツ（黒）	1,800	100	180,000	
6	カットソー	1,500	200	300,000	
7					

2数式バーをクリックすると、中括弧「{}」が非表示になる。数式の末尾に「*0.9」を追加し、数式が「=B3:B6*C3:C6*0.9」になったことを確認してから[Ctrl]＋[Shift]＋[Enter]キーを押す。

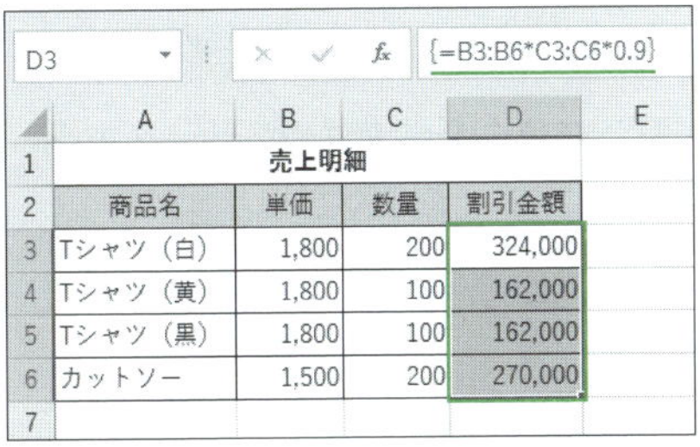

D3 | {=B3:B6*C3:C6*0.9}

	A	B	C	D	E
1	売上明細				
2	商品名	単価	数量	割引金額	
3	Tシャツ（白）	1,800	200	324,000	
4	Tシャツ（黄）	1,800	100	162,000	
5	Tシャツ（黒）	1,800	100	162,000	
6	カットソー	1,500	200	270,000	
7					

3「割引金額」欄の各セルに、「単価×数量×0.9」の結果が表示された。

memo

▶配列数式の削除の際も、一部のセルの配列数式だけを削除することはできません。同じ配列数式を入力したすべてのセルを選択して、[Delete]キーを押して削除します。

数式入力

01.045 配列数式を関数と組み合わせる

配列数式と関数を組み合わせると、関数の利用の幅が広がります。例えば 01.043 で紹介した配列数式は、戻り値として金額の配列を返しますが、これをSUM関数の引数に指定すれば、配列内の金額をすべて合計できます。商品ごとに金額を求める過程を飛ばして、一気に合計できるというわけです。

SUM関数と配列数式を組み合わせる

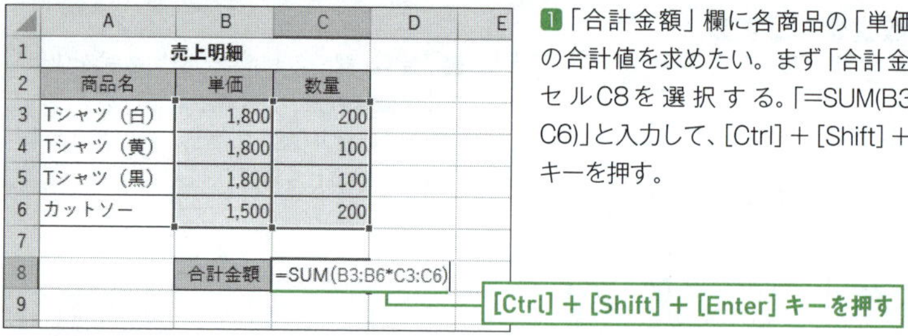

	A	B	C	D	E
1	売上明細				
2	商品名	単価	数量		
3	Tシャツ（白）	1,800	200		
4	Tシャツ（黄）	1,800	100		
5	Tシャツ（黒）	1,800	100		
6	カットソー	1,500	200		
7					
8		合計金額	=SUM(B3:B6*C3:C6)		
9					

[Ctrl] + [Shift] + [Enter] キーを押す

1「合計金額」欄に各商品の「単価×数量」の合計値を求めたい。まず「合計金額」欄のセルC8を選択する。「=SUM(B3:B6*C3:C6)」と入力して、[Ctrl] + [Shift] + [Enter] キーを押す。

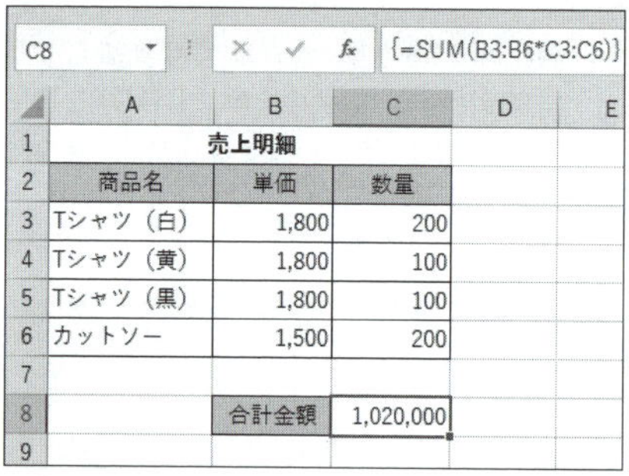

C8 {=SUM(B3:B6*C3:C6)}

	A	B	C	D	E
1	売上明細				
2	商品名	単価	数量		
3	Tシャツ（白）	1,800	200		
4	Tシャツ（黄）	1,800	100		
5	Tシャツ（黒）	1,800	100		
6	カットソー	1,500	200		
7					
8		合計金額	1,020,000		
9					

2数式が中括弧「{}」で囲まれ、配列数式として入力された。商品ごとに「単価×数量」を計算することなく、「合計金額」欄に各商品の「単価×数量」を一気に合計できた。

memo

- 上図の配列数式を修正するには、セルC8を選択して数式バーで数式を修正し、[Ctrl] + [Shift] + [Enter] キーを押して確定します。
- セルC8を選択し、数式バーで「B3:B6*C3:C6」の部分をドラッグして選択し、[F9] キーを押すと、金額の配列の中身を確認できます。確認が済んだら、[Esc] キーを押すと元の数式に戻せます。

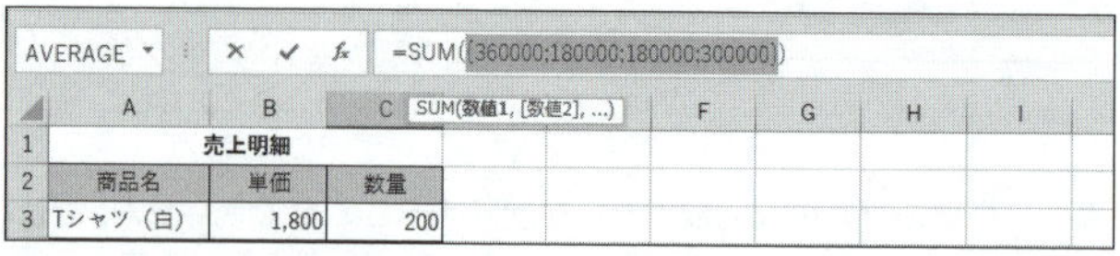

AVERAGE =SUM({360000;180000;180000;300000})

SUM(数値1, [数値2], ...)

	A	B	C	F	G	H	I
1	売上明細						
2	商品名	単価	数量				
3	Tシャツ（白）	1,800	200				

数式入力

01.046 配列定数を関数と組み合わせる

「配列定数」とは、指定した値から作成する仮想的な表のことです。VLOOKUP関数やINDEX関数などで、引数にセル範囲を指定する代わりに配列定数を使用できます。数式を確定するときは、いつもどおり［Enter］キーで確定します。

関数の引数に配列定数を指定する

1 セルB4にINDEX関数を入力して、セルB2の「学年」、セルB3の「クラス」に対応する担任名を表示したい。「=INDEX({"高橋","松本";"峰","山田";"市川","広瀬"},B2,B3)」と入力して［Enter］キーで確定する。

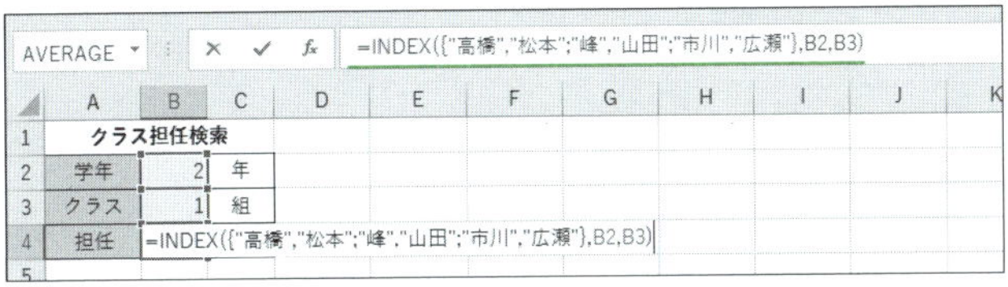

AVERAGE　=INDEX({"高橋","松本";"峰","山田";"市川","広瀬"},B2,B3)

	A	B	C
1	クラス担任検索		
2	学年	2	年
3	クラス	1	組
4	担任	=INDEX({"高橋","松本";"峰","山田";"市川","広瀬"},B2,B3)	

2 INDEX関数は、第2引数で指定した行と第3引数で指定した列のデータを配列から取り出す関数。セルB2に「2」、セルB3に「1」が入力されているので、配列定数で指定した仮想表から2行1列目の「峰」が取り出された。

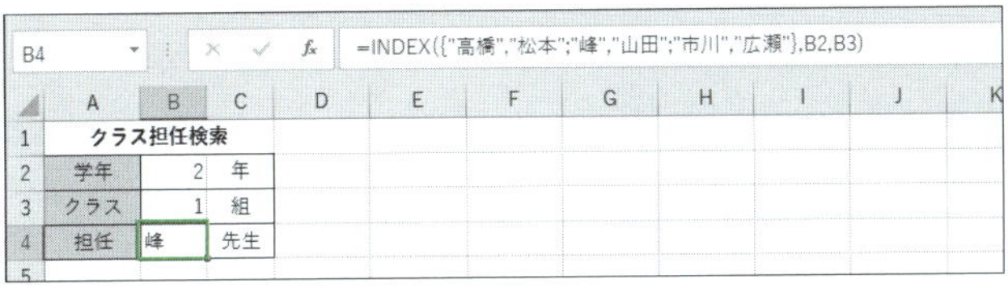

B4　=INDEX({"高橋","松本";"峰","山田";"市川","広瀬"},B2,B3)

	A	B	C
1	クラス担任検索		
2	学年	2	年
3	クラス	1	組
4	担任	峰	先生

memo

▶ここで指定した配列定数「{"高橋","松本";"峰","山田";"市川","広瀬"}」は、右図の3行2列のセル範囲F3:G5と同じ役割をします。

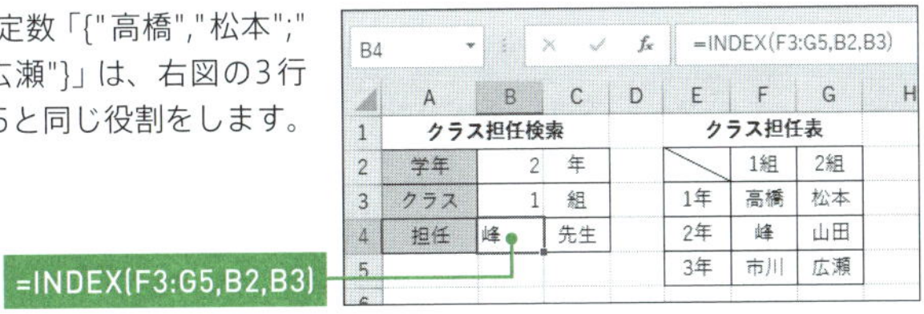

B4　=INDEX(F3:G5,B2,B3)

	A	B	C	D	E	F	G
1	クラス担任検索				クラス担任表		
2	学年	2	年			1組	2組
3	クラス	1	組		1年	高橋	松本
4	担任	峰	先生		2年	峰	山田
5					3年	市川	広瀬

=INDEX(F3:G5,B2,B3)

▶配列定数は、列をカンマ「,」、行をセミコロン「;」で区切り、全体を中括弧「{}」で囲んで指定します。

指定例	説明
{1,2,3,4}	1行4列の配列定数
{1;2;3;4}	4行1列の配列定数
{1,2,3,4;5,6,7,8}	2行4列の配列定数

データの整形

01.047 計算結果だけを残して数式を削除する

関数の引数に使用しているセルを削除すると、数式にエラー値 [#REF!] が表示されます。エラーが出ないように削除するには、関数式を計算結果の値に置き換えてから削除します。

■ 値のコピーを利用して数式を計算結果に変換する

C3 =JIS(B3)

この列を削除したい

	A	B	C
1	商品リスト		
2	商品番号	商品名（入力データ）	商品名（全半角を統一）
3	GD-101	ﾊﾟｿｺﾝ	パソコン
4	GD-332	ノートパソコン	ノートパソコン
5	PR-354	ｶﾗｰﾌﾟﾘﾝﾀｰ	カラープリンター
6	PR-520	レーザープリンター	レーザープリンター
7	HD-908	ﾊｰﾄﾞﾃﾞｨｽｸ	ハードディスク
8			

1 B列に入力されている商品名は全角／半角がばらばらなので、C列に関数を入力して統一した。B列は不要になったので削除したい。

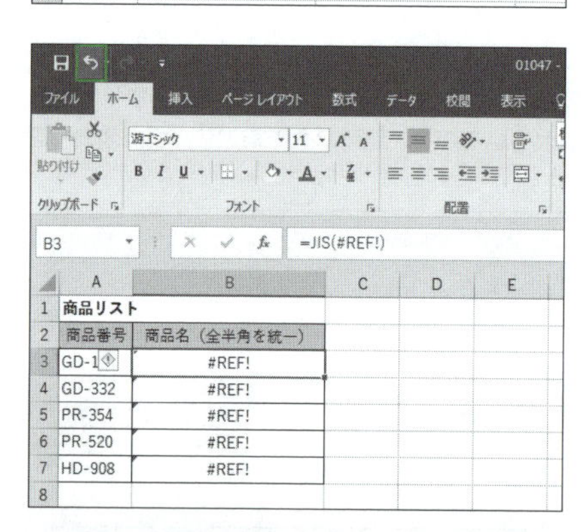

2 B列をそのまま削除すると、数式で参照していたセルがなくなったため、元のC列（現在のB列）がエラーになる。元に戻すため、クイックアクセスツールバーの［元に戻す］ボタンをクリックする。

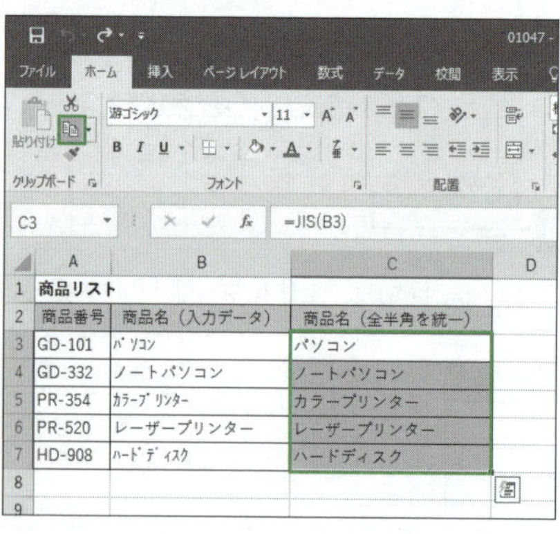

3 B列を正しく削除するには、事前にB列を参照しているC列の数式を値に置き換える。それにはまずセル範囲C3:C7を選択して、［コピー］ボタンをクリックする。

4セル範囲C3:C7を選択したまま、[貼り付け] ボタンの [▼] をクリックして、[値] を選択する。Excel 2007の場合は、[値の貼り付け] を選択する。

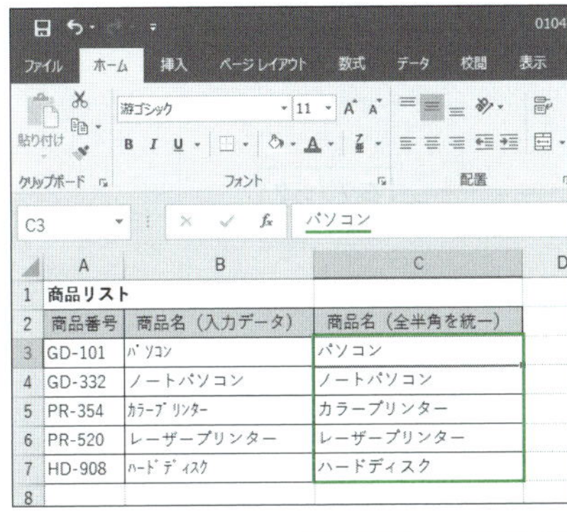

5セル範囲C3:C7の見た目は変化しないが、数式バーを確認すると、数式がその計算結果に置き換えられたことがわかる。この状態で、再度B列を削除する。

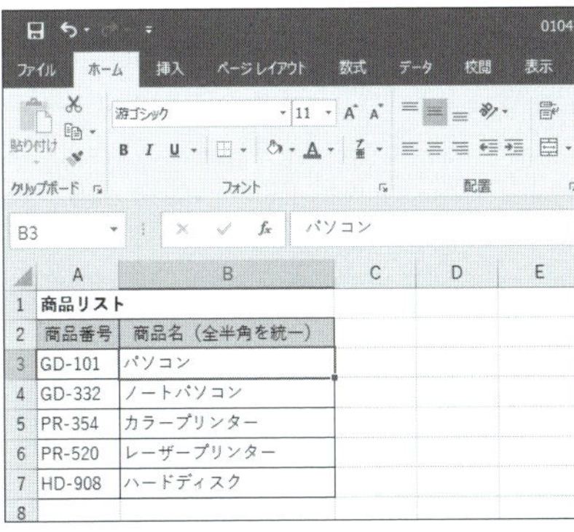

6B列を削除しても、元のC列（現在のB列）に影響はない。

memo

▶列を削除するには、削除したい列の列番号を右クリックして、[削除] を選択します。

データの整形

01.048 作業用の列を非表示にする

計算の過程で、途中の計算結果を作業列に求め、それを元に最終的な値を求めたい場合があります。印刷するときに、作業列を表示したままでは体裁がよくありません。以下の手順で作業列を非表示にしましょう。

作業用のD列を非表示にする

❶下図では作業列のD列に、1行ごとに「1」と「0」を表示して、「0」を条件に偶数行の合計を求めている。作業列を非表示にするには、D列の列番号を右クリックして［非表示］を選択する。

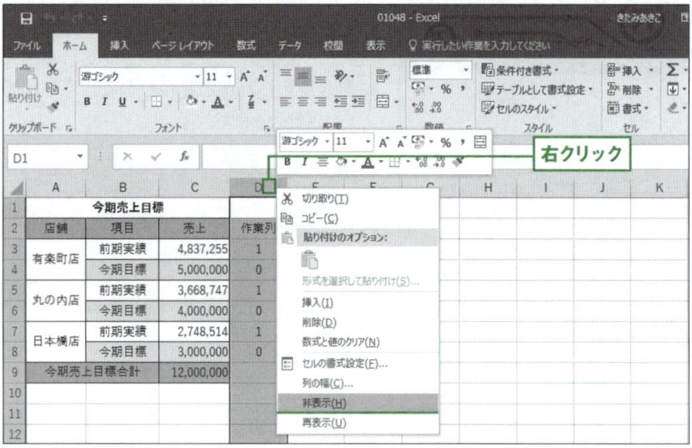

	A	B	C	D
1	今期売上目標			
2	店舗	項目	売上	作業列
3	有楽町店	前期実績	4,837,255	1
4		今期目標	5,000,000	0
5	丸の内店	前期実績	3,668,747	1
6		今期目標	4,000,000	0
7	日本橋店	前期実績	2,748,514	1
8		今期目標	3,000,000	0
9	今期売上目標合計		12,000,000	

右クリック

切り取り(T)
コピー(C)
貼り付けのオプション:
形式を選択して貼り付け(S)...
挿入(I)
削除(D)
数式と値のクリア(N)
セルの書式設定(F)...
列の幅(C)...
非表示(H)
再表示(U)

❷D列が非表示になった。

A1 今期売上目標

	A	B	C
1	今期売上目標		
2	店舗	項目	売上
3	有楽町店	前期実績	4,837,255
4		今期目標	5,000,000
5	丸の内店	前期実績	3,668,747
6		今期目標	4,000,000
7	日本橋店	前期実績	2,748,514
8		今期目標	3,000,000
9	今期売上目標合計		12,000,000

memo

▶非表示の列を再表示するには、まず非表示の列を囲むように両隣の列を選択します。上図の場合はC列～E列を選択します。選択範囲を右クリックして、［再表示］を選択すると、非表示の列が再表示されます。なお、A列を非表示にした場合は、B列の列見出しから全セル選択ボタンまでをドラッグして選択します。

数式入力

01.049 再計算されないようにする

Excelでは、データや数式を入力/修正すると、自動的に再計算が行われます。シート上に複雑な数式が数多く入力されており、再計算に時間がかかる場合、データを1つ入力するごとに再計算が行われると効率がよくありません。そのようなときは、再計算の設定を初期設定の［自動］から［手動］に変更します。必要なデータをすべて入力/修正してから手動で再計算を実行すれば、再計算が1回で済みます。

◎計算方法を変更する

［数式］タブの［計算方法］グループにある［計算方法の設定］ボタンをクリックする。初期設定で［自動］にチェックが付いており、自動的に再計算される設定になっている。再計算が自動で行われないようにするには、［手動］をクリックする。

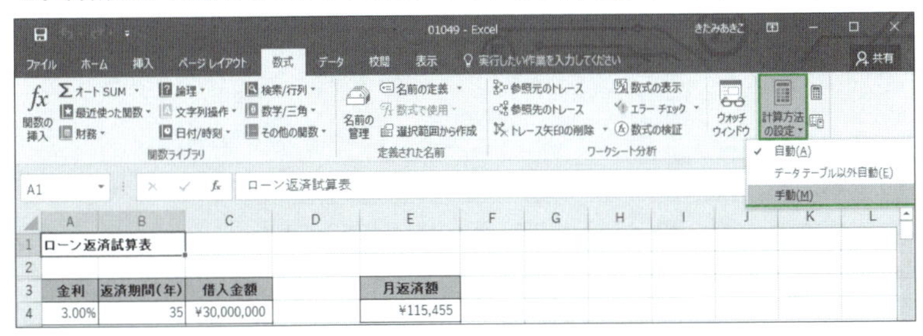

◎再計算を手動で実行する

再計算を［手動］に変更すると、計算対象のセルの値を修正しても、計算結果は変化しない。再計算を実行するには、［F9］キーを押すか、［数式］タブの［計算方法］グループにある［再計算実行］ボタンをクリックする。

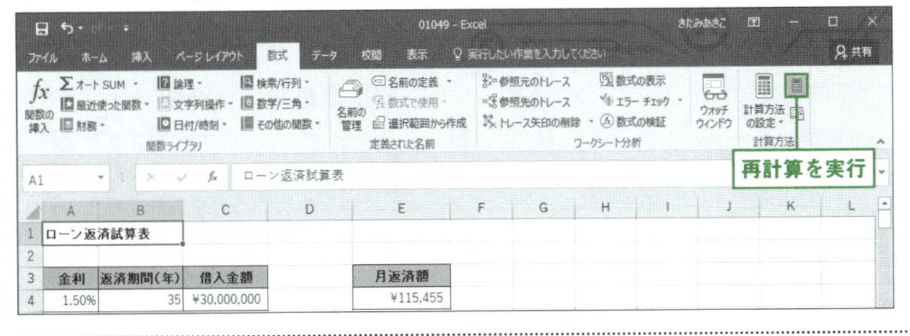

memo

▶計算方法を変更すると、そのとき同時に開いていたすべてのブックにその変更が適用されてしまいます。変更するときは、設定対象のブックだけを開いた状態で設定しましょう。

セルの書式

01.050 入力したデータや数式の編集を禁止する

入力したデータや数式が変更されないようにするには、[シートの保護] を実行します。不注意で上書きしてしまったり、削除してしまうといったミスを防げます。

■ シート全体を編集禁止にする

❶ 保護したいシートを前面に表示して、[校閲] タブの [変更] グループにある [シートの保護] ボタンをクリックする。

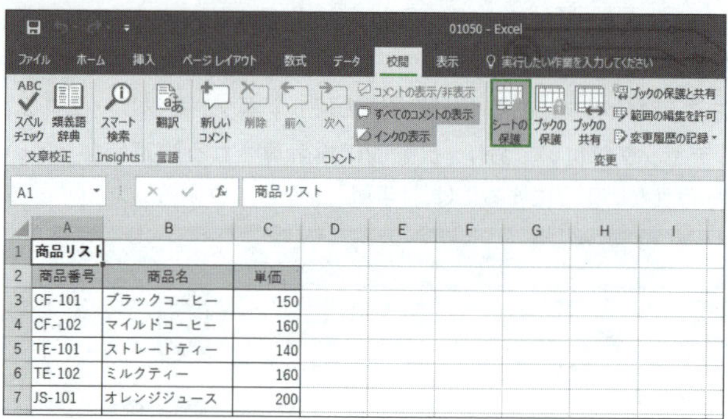

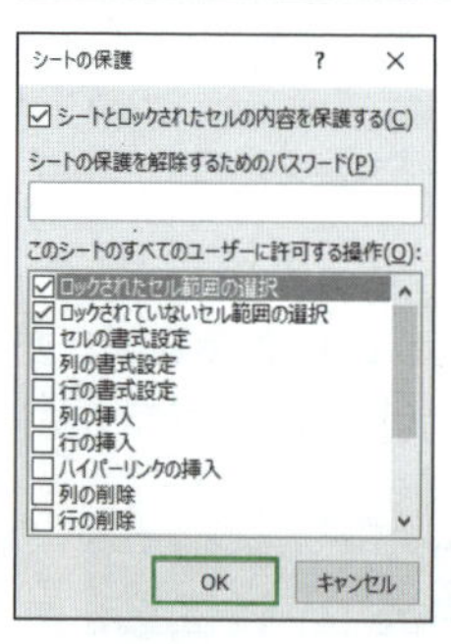

❷ [シートの保護] ダイアログが表示された。ここでユーザーに許可する操作を指定できる。初期設定ではセル選択のみが許可される。初期設定のまま [OK] ボタンをクリックする。

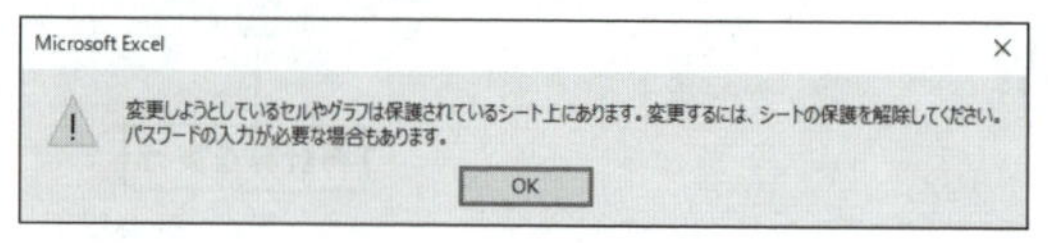

❸ シートが保護された。これ以降、このシートでデータや数式を変更しようとすると、変更できないことを通知するエラーメッセージが表示される。

memo

▶ データや数式を修正したいときは、[校閲] タブの [変更] グループにある [シート保護の解除] ボタンをクリックして、保護を解除します。

関連項目 01.051 データ欄のセルだけ入力できるようにする →p.59

セルの書式

01.051 データ欄のセルだけ入力できるようにする

01.050 でシートを保護する操作を説明しましたが、その際、事前にセルのロックをオフにしておくと、そのセルだけ自由に入力・編集できるようになります。ロックのオン／オフを使い分けることで、編集の禁止と許可を自由に制御できます。

入力欄を残してその他のセルを編集禁止にする

1 データの入力欄のセルを選択して右クリックし、表示されるメニューから［セルの書式設定］を選択する。

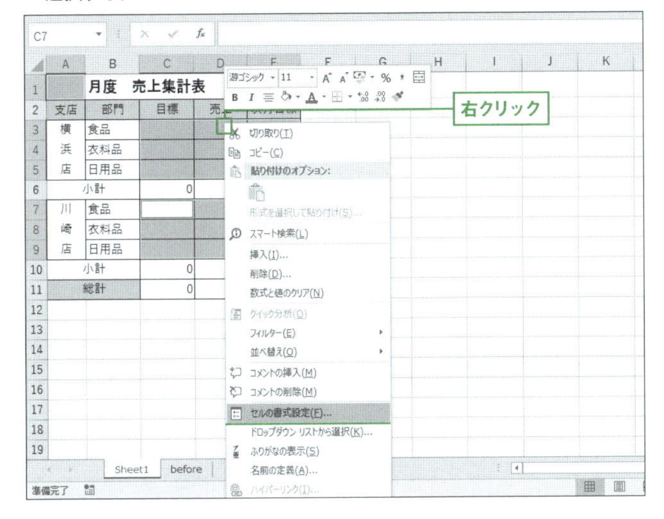

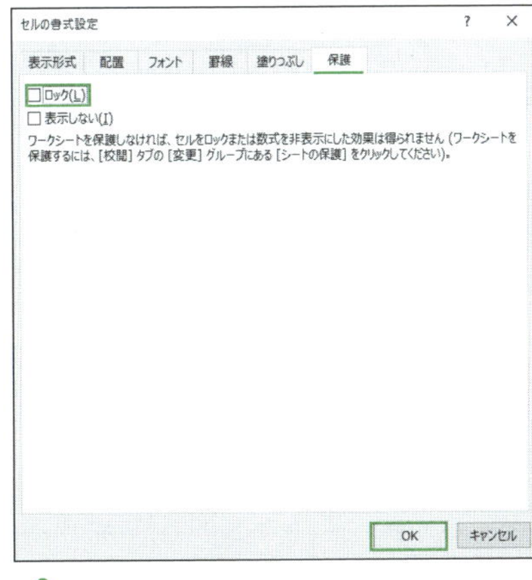

2 ［セルの書式設定］ダイアログが表示された。［保護］タブで［ロック］を初期設定のオンからオフに変更し、［OK］ボタンをクリックする。これで入力欄のロックはオフ、その他のセルのロックはオンの状態になる。01.050 を参考にシートを保護すると、手順1で選択した入力欄のみが編集可能になる。他のセルを編集しようとすると、変更できないことを通知するエラーメッセージが表示される。

関連項目 01.050 入力したデータや数式の編集を禁止する →p.58

数式入力

01.052 長い数式を改行して入力する

複数の関数をネストした長くて複雑な数式は、ぱっと見てその意味を把握するのは困難です。数式の意味の切れ目で改行しておくと、数式の構成が把握しやすくなり、意味もわかりやすくなります。

■ 数式の途中で改行する

❶ 長い数式を入力すると、数式の意味が把握しづらい。

C3 =IF(OR(MID(B3,3,1)={"都","道","府","県"}),LEFT(B3,3),IF(MID(B3,4,1)="県",LEFT(B3,4),""))

	A	B	C
1	住所録		
2	店番号	住所	都道府県
3	1	北海道札幌市中央区北2条西X-X	北海道
4	2	東京都中央区日本橋X-X	
5	3	神奈川県横浜市西区高島X-X	
6	4	大阪府大阪市北区梅田X-X	

❷ セルをダブルクリックして、編集モードにする。区切りのよい位置にカーソルを移動し、[Alt] キーを押しながら [Enter] キーを押す。

AVERAGE =IF(OR(MID(B3,3,1)={"都","道","府","県"}),LEFT(B3,3),IF(MID(B3,4,1)="県",LEFT(B3,4),""))

カーソルを置いて [Alt] + [Enter] キーを押す

	A	B	C
1	住所録		
2	店番号	住所	都道府県
3	1	北海道札幌市中央区北2条西X-X	=IF(OR(MID(B3,3,1)={"都","道","府","県"}),LEFT(B3,3),IF(MID(B3,4,1)="県",LEFT(B
4	2	東京都中央区日本橋X-X	IF(論理式, [真の場合], [偽の場合])
5	3	神奈川県横浜市西区高島X-X	
6	4	大阪府大阪市北区梅田X-X	

❸ 数式を区切りのよい位置で改行できた。このセルには引数を3つ持つIF関数が入力されているので、3つの引数が別々の行に表示されるように、同様にもう1カ所改行するとわかりやすい。

AVERAGE IF(MID(B3,4,1)="県",LEFT(B3,4),""))

	A	B	C
1	住所録		
2	店番号	住所	都道府県
3	1	北海道札幌市中央区北2条西X-X	=IF(OR(MID(B3,3,1)={"都","道","府","県"}),
4	2	東京都中央区日本橋X-X	LEFT(B3,3),
5	3	神奈川県横浜市西区高島X-X	IF(MID(B3,4,1)="県",LEFT(B3,4),""))
6	4	大阪府大阪市北区梅田X-X	IF(論理式, [真の場合], [偽の場合])
7	5	和歌山県和歌山市東蔵前X-X	

memo

▶引数を区切るカンマ「,」や演算子の前後で改行すると、長い数式の見た目がわかりやすくなります。入力の途中で [Alt] + [Enter] キーを押して改行することも、入力後に改行したい位置にカーソルを置いて [Alt] + [Enter] キーを押して改行することも可能です。

関連項目 01.053 数式バーに複数行を表示する →p.61

数式入力

01.
053 数式バーに複数行を表示する

複数行のデータや数式が入力されているセルを選択しても、数式バーには先頭の1行分しか表示されません。残りの行も表示したいときは、以下のように操作して数式バーを広げます。

数式バーを展開する

1 セルC3には、複数行にわたる数式が入力されている。しかし、セルC3を選択しても、数式バーには先頭の1行分しか表示されない。数式バーを広げるには、右端にある［数式バー］ボタンをクリックする。

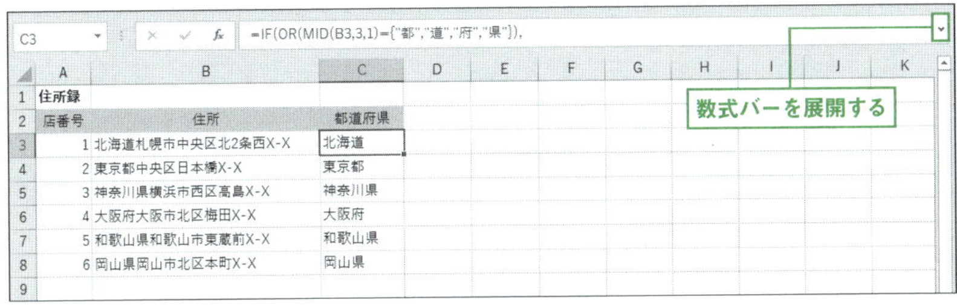

2 数式バーが展開し、複数行の数式が表示された。元の1行の状態に戻すには、再度同じボタンをクリックする。

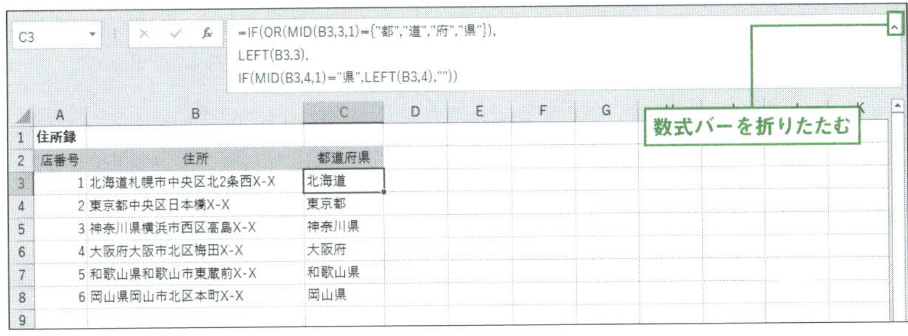

memo

▶数式バーの下端をドラッグすると、数式バーを任意の高さに広げることができます。

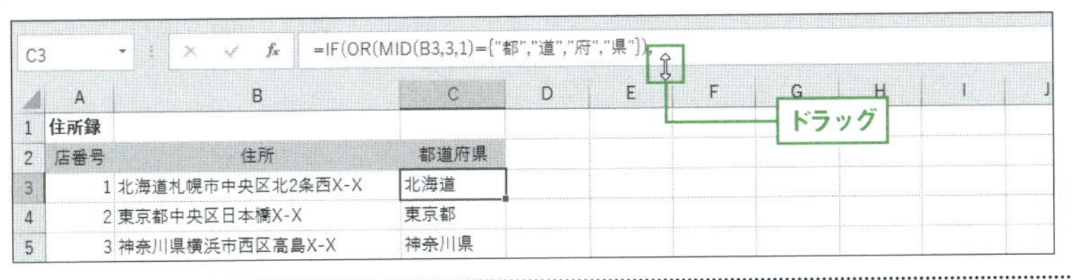

数式入力

01.054 数式を1段階ずつ計算して検証する

「数式の検証」という機能を使用すると、複雑な数式を1段階ずつ実行できます。予期したとおりに計算が進むかどうか確認したいときや、思いどおりの結果が得られない原因を探りたいときなどに利用するとよいでしょう。

■ 数式を1段階ずつ計算する

1 セルD3の数式を検証するには、セルD3を選択して、[数式] タブの [ワークシート分析] グループにある [数式の検証] ボタンをクリックする。

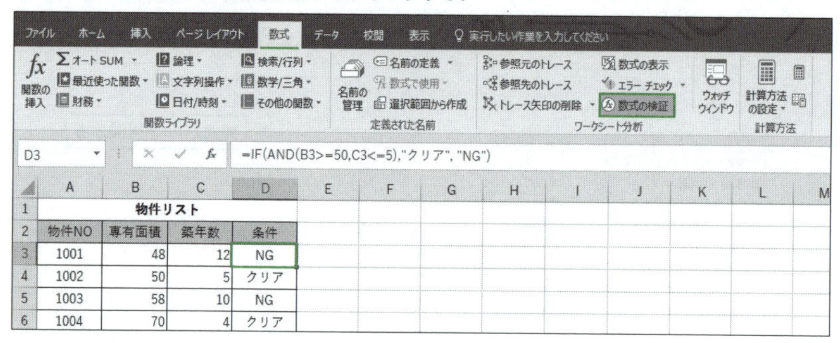

2 [数式の検証] ダイアログに、セルD3の数式が表示される。最初に実行される式には下線が引かれる。

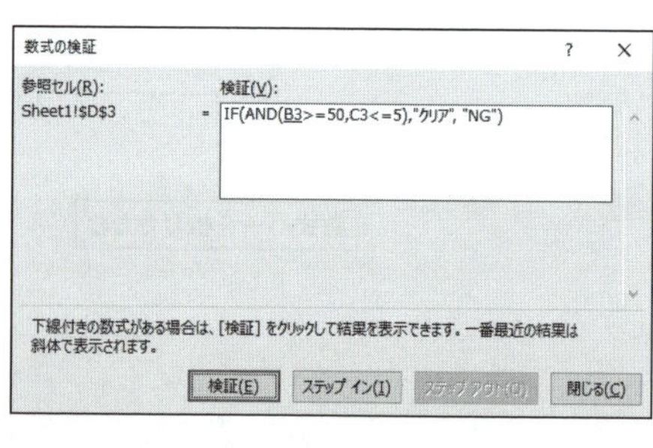

3 [検証] ボタンをクリックすると、手順2の下線部分が実行され、次に実行される式に下線が引かれる。[検証] ボタンをクリックするたびに、計算が1段階ずつ進む。検証が終わったら、[閉じる] ボタンをクリックする。

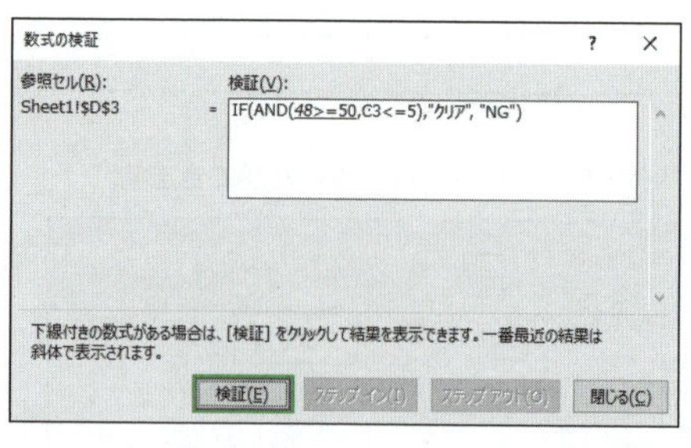

関連項目 01.055 数式の一部だけを実行して検証する →p.63

数式入力

01.055 数式の一部だけを実行して検証する

数式から思いどおりの結果が得られないとき、その原因の箇所が思い当たる場合は、[F9] キーを使用してその部分だけ数式を実行してみましょう。予期したとおりの結果が得られているかどうか、部分的に検証できます。

数式の一部だけを計算する

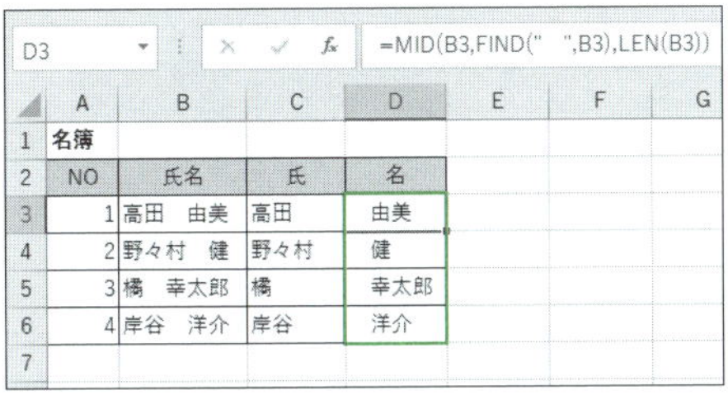

D3 =MID(B3,FIND(" ",B3),LEN(B3))

	A	B	C	D	E	F	G
1	名簿						
2	NO	氏名	氏	名			
3	1	高田　由美	高田	由美			
4	2	野々村　健	野々村	健			
5	3	橘　幸太郎	橘	幸太郎			
6	4	岸谷　洋介	岸谷	洋介			
7							

❶「氏名」から「名」を取り出したところ、1文字前のスペースまで取り出されてしまった。取り出しの開始位置を指定するMID関数の2番目の引数に問題があることが予想される。

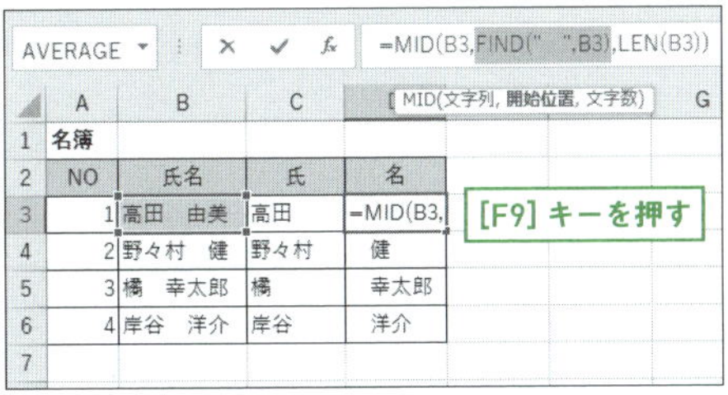

AVERAGE =MID(B3,FIND(" ",B3),LEN(B3))
MID(文字列, 開始位置, 文字数)

	A	B	C	D
1	名簿			
2	NO	氏名	氏	名
3	1	高田　由美	高田	=MID(B3,
4	2	野々村　健	野々村	健
5	3	橘　幸太郎	橘	幸太郎
6	4	岸谷　洋介	岸谷	洋介
7				

[F9] キーを押す

❷数式バーで第2引数の式をドラッグして選択し、[F9] キーを押す。

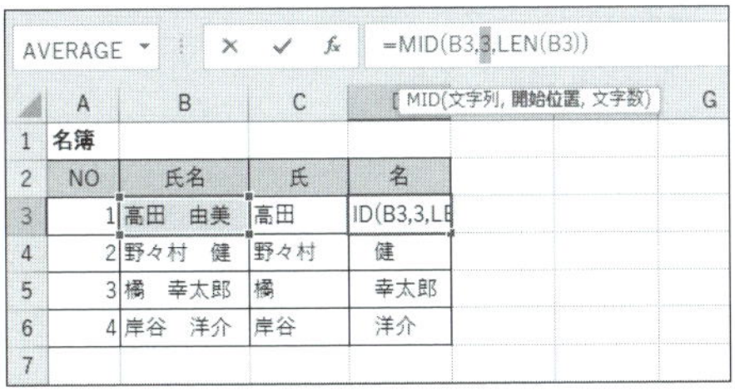

AVERAGE =MID(B3,3,LEN(B3))
MID(文字列, 開始位置, 文字数)

	A	B	C	D
1	名簿			
2	NO	氏名	氏	名
3	1	高田　由美	高田	ID(B3,3,LE
4	2	野々村　健	野々村	健
5	3	橘　幸太郎	橘	幸太郎
6	4	岸谷　洋介	岸谷	洋介
7				

❸選択した部分の数式の実行結果が表示された。4文字目から取り出しを開始すべきところが「3」を指定していたことがわかった。[Esc] キーで実行を解除し、これを手掛かりに数式を修正する。

memo

▶ [F9] キーを押して数式の一部を実行したあとは、必ず [Esc] キーを押して実行を解除しましょう。[Enter] キーを押すと、数式の一部が実行結果に置き換わったまま数式が確定されてしまうので注意してください。

関連項目 01.054 数式を1段階ずつ計算して検証する →p.62

数式入力

01.056 セルに数式を表示してシートを分析する

各セルに入力した数式を見比べたいときは、「ワークシート分析モード」を利用すると便利です。セルに入力した数式がセル内に表示されるので、シート全体の数式を検証できます。

■ セル内に数式を表示する

1 [数式] タブの [ワークシート分析] グループにある [数式の表示] ボタンをクリックする。

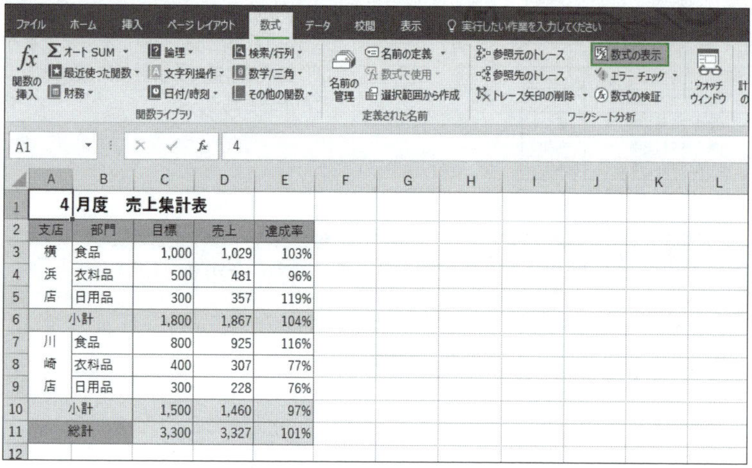

ファイル ホーム 挿入 ページレイアウト 数式 データ 校閲 表示 実行したい作業を入力してください

関数の挿入 オートSUM 最近使った関数 財務 論理 文字列操作 日付/時刻 検索/行列 数学/三角 その他の関数 関数ライブラリ
名前の管理 名前の定義 数式で使用 選択範囲から作成 定義された名前
参照元のトレース 参照先のトレース トレース矢印の削除 数式の表示 エラーチェック 数式の検証 ワークシート分析 ウォッチウィンドウ

A1 4

	A	B	C	D	E
1	4	月度　売上集計表			
2	支店	部門	目標	売上	達成率
3	横	食品	1,000	1,029	103%
4	浜	衣料品	500	481	96%
5	店	日用品	300	357	119%
6		小計	1,800	1,867	104%
7	川	食品	800	925	116%
8	崎	衣料品	400	307	77%
9	店	日用品	300	228	76%
10		小計	1,500	1,460	97%
11		総計	3,300	3,327	101%
12					

2 列幅が広がり、セルに数式が表示された。数式が入力されているセルを選択すると、カラーリファレンスが表示され、参照しているセルを視覚的に確認できる。

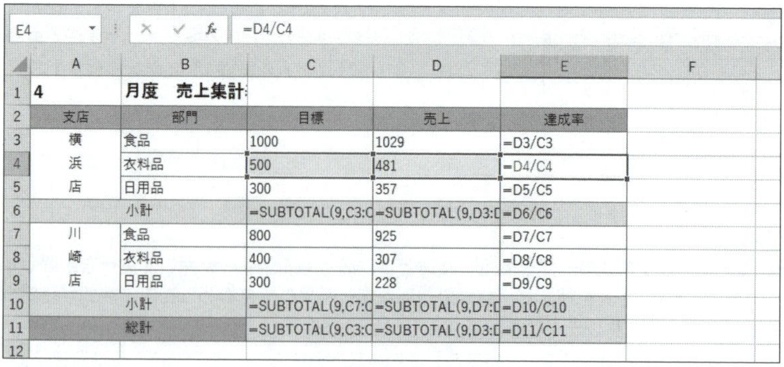

E4 =D4/C4

	A	B	C	D	E
1	4	月度　売上集計			
2	支店	部門	目標	売上	達成率
3	横	食品	1000	1029	=D3/C3
4	浜	衣料品	500	481	=D4/C4
5	店	日用品	300	357	=D5/C5
6		小計	=SUBTOTAL(9,C3:C	=SUBTOTAL(9,D3:D	=D6/C6
7	川	食品	800	925	=D7/C7
8	崎	衣料品	400	307	=D8/C8
9	店	日用品	300	228	=D9/C9
10		小計	=SUBTOTAL(9,C7:C	=SUBTOTAL(9,D7:D	=D10/C10
11		総計	=SUBTOTAL(9,C3:C	=SUBTOTAL(9,D3:D	=D11/C11
12					

memo

▶ワークシート分析モードを解除するには、再度手順1を実行します。

数式入力

01.057 エラーインジケータを非表示にする

計算結果が［#DIV/0!］［#VALUE!］などのエラー値になるセルの左上隅には緑色のエラーインジケータが表示されますが、計算結果が表示されているセルにもこのエラーインジケータが付くことがあります。これは、数式が間違っている可能性があることをExcelが指摘するマークです。数式が正しいことを確認したうえで、エラーインジケータを非表示にできます。

エラーインジケータを非表示にする

A1　売上実績

	A	B	C	D	E	F
1	売上実績					
2	支店	目標	上半期	下半期	合計	
3	青葉店	30,000	16,900	18,700	35,600	
4	海岸店	40,000	19,700	23,100	42,800	
5	港店	28,000	13,600	15,900	29,500	
6						

エラーインジケータ

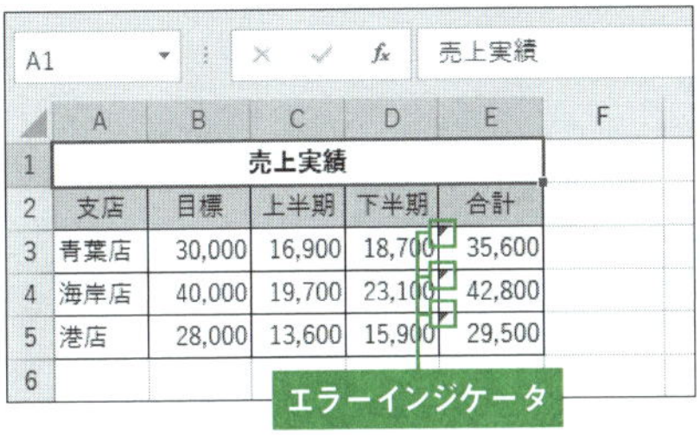

1エラーインジケータが表示されているセルがあるときは、数式に誤りがないかどうかきちんと確認する。ここでは「合計」欄で求めた合計値に「目標」の数値が含まれていないので、数式の誤りの可能性があるとみなされている。

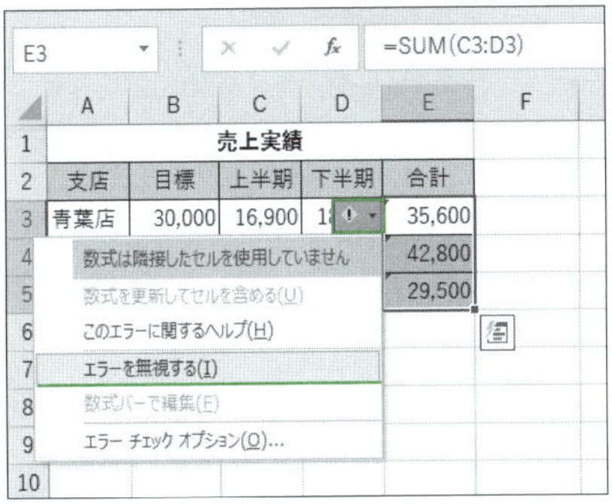

E3　=SUM(C3:D3)

	A	B	C	D	E	F
1	売上実績					
2	支店	目標	上半期	下半期	合計	
3	青葉店	30,000	16,900	1	35,600	
4					42,800	
5					29,500	

数式は隣接したセルを使用していません
数式を更新してセルを含める(U)
このエラーに関するヘルプ(H)
エラーを無視する(I)
数式バーで編集(F)
エラー チェック オプション(O)...

2数式に誤りがないので、エラーインジケータを非表示にしたい。セル範囲E3:E5を選択すると、［エラーチェックオプション］ボタンが表示される。これをクリックして、［エラーを無視する］を選択する。

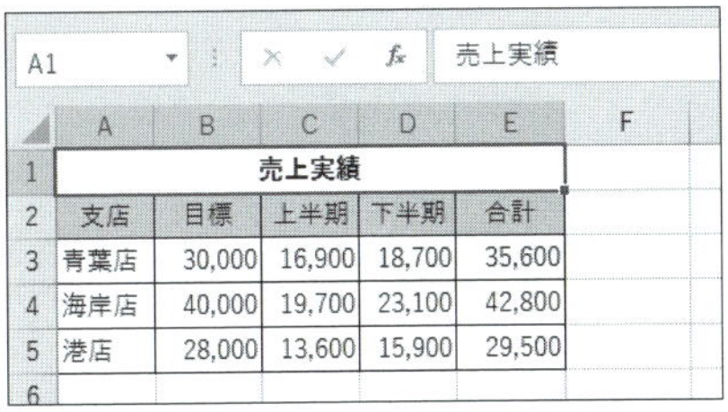

A1　売上実績

	A	B	C	D	E	F
1	売上実績					
2	支店	目標	上半期	下半期	合計	
3	青葉店	30,000	16,900	18,700	35,600	
4	海岸店	40,000	19,700	23,100	42,800	
5	港店	28,000	13,600	15,900	29,500	
6						

3エラーインジケータが非表示になった。

memo

▶エラーインジケータは、画面だけに表示されるもので、印刷はされません。

基礎知識

01.

058 エラー値の意味を理解する

数式の計算が正しく行えないときに、数式を入力したセルに「#」で始まる「エラー値」が表示されます。エラー値の種類を知ることは、エラーの原因究明に役立ちます。

#NULL!

半角スペースの参照演算子で指定した2つのセル範囲に共通部分がない場合に表示されます。参照演算子を使用したつもりがない場合でも、半角スペースが参照演算子とみなされたために、このエラーが表示されることもあるので注意しましょう。

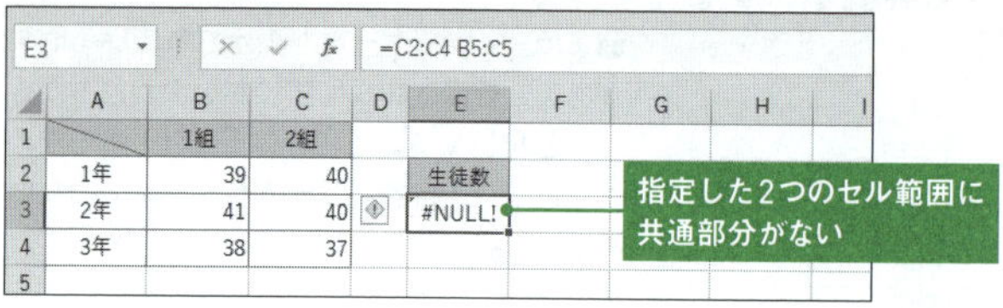

E3 =C2:C4 B5:C5

	A	B	C	D	E
1		1組	2組		
2	1年	39	40		生徒数
3	2年	41	40		#NULL!
4	3年	38	37		
5					

指定した2つのセル範囲に共通部分がない

#DIV/0!

計算過程に除算が含まれる数式において、0または空白のセルによる除算が行われた場合に表示されます。除数のセルを確認しましょう。

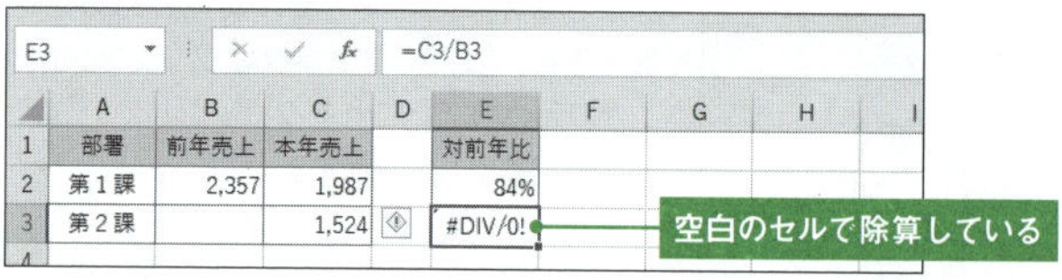

E3 =C3/B3

	A	B	C	D	E
1	部署	前年売上	本年売上		対前年比
2	第1課	2,357	1,987		84%
3	第2課		1,524		#DIV/0!

空白のセルで除算している

#VALUE!

数値を指定すべきところに文字列を指定した場合や、単一セルを指定すべきところにセル範囲を指定した場合など、データの種類を間違えたときに表示されます。データを確認しましょう。

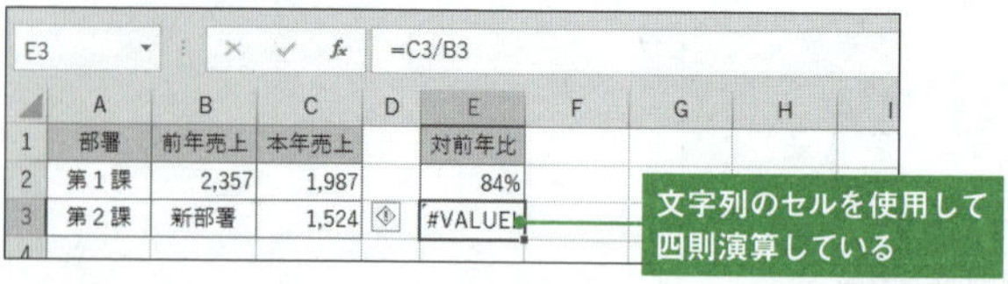

E3 =C3/B3

	A	B	C	D	E
1	部署	前年売上	本年売上		対前年比
2	第1課	2,357	1,987		84%
3	第2課	新部署	1,524		#VALUE!

文字列のセルを使用して四則演算している

#REF!

数式中のセル参照が無効なときに表示されます。数式で参照しているセルを削除すると、セルにこのエラーが表示されますが、それと同時に数式内にも「#REF!」が表示されるので、その部分を修正しましょう。

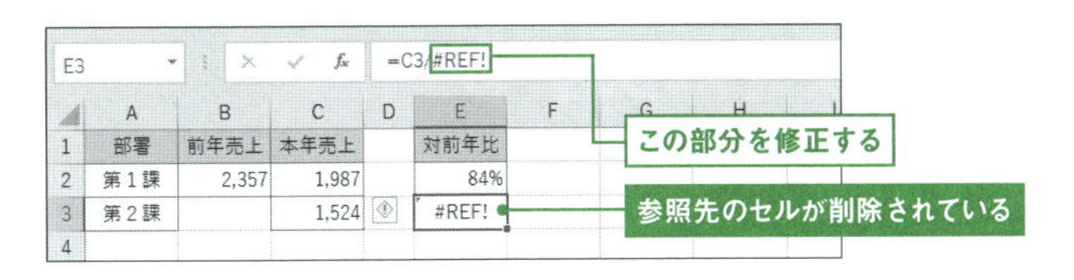
E3 =C3/#REF!

	A	B	C	D	E
1	部署	前年売上	本年売上		対前年比
2	第1課	2,357	1,987		84%
3	第2課		1,524		#REF!
4					

#NAME?

定義されていない関数名や名前を使用したときや、文字列データを「"」で囲み忘れたときに表示されます。関数名や名前のつづりなどをチェックしましょう。

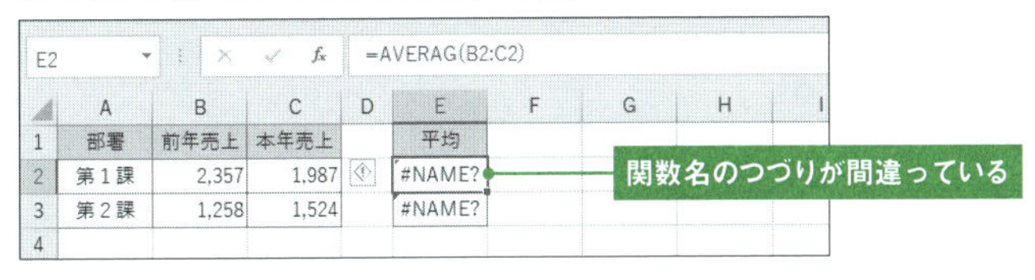
E2 =AVERAG(B2:C2)

	A	B	C	D	E
1	部署	前年売上	本年売上		平均
2	第1課	2,357	1,987		#NAME?
3	第2課	1,258	1,524		#NAME?
4					

#NUM!

数値に問題があるときに表示されます。計算結果がExcelで処理できる範囲の数値（-1×10^{307}～1×10^{307}）を超えていることや、RATE関数など反復計算を行う関数で解が見つからないことなどが原因です。

E3 =B3*C3

	A	B	C	D	E
1	品番	単価	数量		金額
2	A102	500	5		2,500
3	U201	400	1.E+306		#NUM!
4					

計算結果の数値が大きすぎる

#N/A

値が未定であることを示します。VLOOKUP関数などの検索関数で値が見つからないときや、配列数式を入力するセルを多めに指定したときなどに表示されます。

B4 =VLOOKUP(A4,$D$2:$E$4,2,FALSE)

	A	B	C	D	E
1	品番	品名		品番	品名
2	A101	机		A101	机
3	A102	椅子		A102	椅子
4	P333	#N/A		A103	本棚
5					

検索値が見つからない

memo

▶セルに「######」と表示される場合がありますが、これは数値や日付がセルの幅に収まらないときに表示されます。その場合、セルの幅を広げれば解決します。また、日付や時刻の表示形式が設定されたセルに負の数値を入力したときにも表示されます。その場合は、表示形式を解除するか、正しい日付／時刻を入力し直しましょう。

数式入力

01.059 循環参照を解決する

Excelには 01.058 で紹介したエラーの他に、「循環参照」と呼ばれるエラーがあります。これは、数式でそのセル自身を参照したときに起こるエラーです。循環参照を起こしたセルにはエラーインジケータが表示されずに、エラーメッセージが表示されます。

循環参照の数式を修正する

AVERAGE × ✓ fx =YEAR(D3)

	A	B	C	D	E	F
1	社員名簿					
2	NO	氏名	入社日	入社年		
3	1001	飯田　博人	2001/5/4	=YEAR(D3)		
4	1002	中川　雅彦	2003/6/2			
5	1003	遠藤　卓	2005/4/3			
6						

❶セルD3に入力した数式は、引数でそのセル自身を参照している。

❷[Enter] キーを押して数式を確定すると、循環参照が起こったことを知らせるエラーメッセージが表示されるので、[OK] ボタンをクリックする。Excel 2007の場合は [キャンセル] ボタンをクリックする。

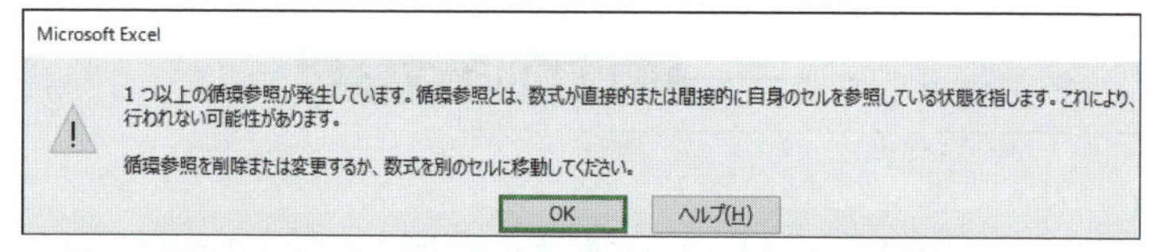

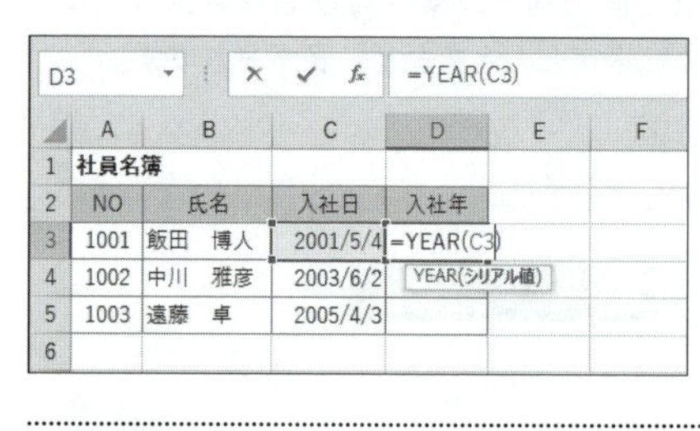

D3 × ✓ fx =YEAR(C3)

	A	B	C	D	E	F
1	社員名簿					
2	NO	氏名	入社日	入社年		
3	1001	飯田　博人	2001/5/4	=YEAR(C3)		
4	1002	中川　雅彦	2003/6/2	YEAR(シリアル値)		
5	1003	遠藤　卓	2005/4/3			
6						

❸循環参照にならないように、数式を修正する。

memo

▶手順2で表示されるメッセージはExcelのバージョンによって異なります。循環参照を自分で修正したいとき、Excel 2007では [キャンセル] ボタンをクリックするので注意してください。

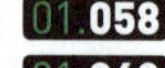
関連項目 01.058 エラー値の意味を理解する →p.66
01.060 循環参照を起こしているセルを探す →p.69

数式入力

01.060 循環参照を起こしているセルを探す

01.059 で循環参照を起こしたときの対処について説明しましたが、エラーメッセージを閉じたあと、すぐに循環参照を修正しないと、循環参照を起こしているセルを見失います。ここでは、見失った循環参照のセルを探す方法を説明します。

■ 循環参照を起こしているセルを探す

❶ [数式] タブの [ワークシート分析] グループにある [エラーチェック] → [循環参照] を選択する。すると、循環参照を起こしているセルのセル番号が一覧表示される。数式を修正するには、セル番号をクリックする。

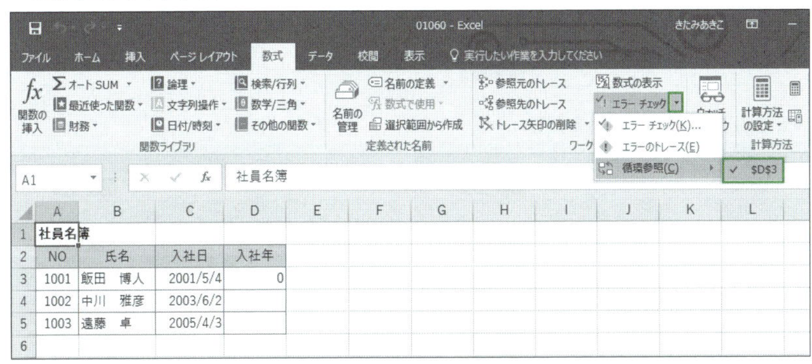

❷循環参照を起こしているセルが選択されるので、数式を修正する。

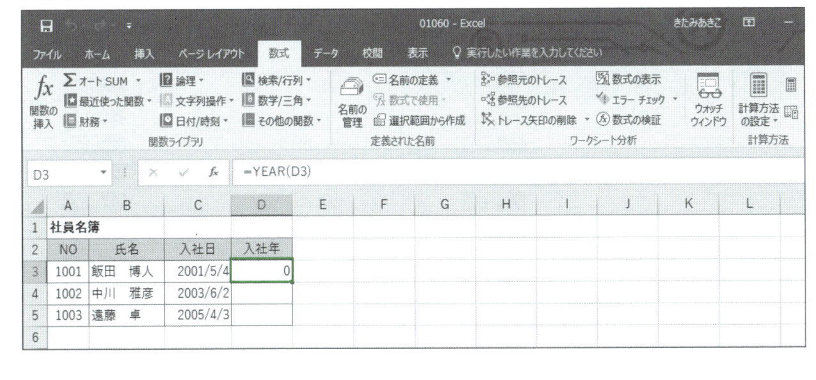

関連項目 01.059 循環参照を解決する →p.68

基礎知識

01.061 新関数の互換性

◎ Excelのバージョンと新関数

Excelでは、バージョンが上がるごとにさまざまな新関数が追加されています。実行できる処理が多彩になり便利ですが、新関数は追加される前のバージョンで使用できないので注意が必要です。複数のバージョンのExcelで同じブックを使用する場合は、新関数を使わないようにしましょう。

次の関数は、Excel 2007以降で追加された関数のうち、本書で扱う関数です。

▼Excel 2016で追加された関数

統計関数	
FORECAST.ETS	09.041
FORECAST.LINEAR	09.027

▼Excel 2013で追加された関数

数学／三角関数	
ARABIC	05.054
日付／時刻関数	
DAYS	04.006
ISOWEEKNUM	04.047
文字列操作関数	
UNICHAR	05.006
UNICODE	05.005

論理関数	
IFNA	06.041
検索／行列関数	
FORMULATEXT	07.053
情報関数	
ISFORMULA	06.020
SHEET	07.054
SHEETS	07.055

▼Excel 2010で追加された関数

数学／三角関数	
AGGREGATE	02.028
日付／時刻関数	
NETWORKDAYS.INTL	04.036
WORKDAY.INTL	04.033
統計関数	
BETA.DIST	09.074
BINOM.DIST	09.044
BINOM.INV	09.048
CHISQ.DIST	09.081
CHISQ.DIST.RT	09.082
CHISQ.INV.RT	09.083
CONFIDENCE.NORM	09.088
CONFIDENCE.T	09.089
COVARIANCE.P	09.021
COVARIANCE.S	09.022
EXPON.DIST	09.067

統計関数	
F.DIST	09.084
F.DIST.RT	09.085
F.INV.RT	09.086
GAMMA.DIST	09.069
GAMMA.INV	09.071
HYPGEOM.DIST	09.053
LOGNORM.DIST	09.066
MODE.MULT	09.003
MODE.SNGL	09.002
NEGBINOM.DIST	09.050
NORM.DIST	09.056
NORM.INV	09.059
NORM.S.DIST	09.062
NORM.S.INV	09.064
PERCENTILE.INC	03.027
PERSENTRANK.EXC	03.025

統計関数	
PERSENTRANK.INC	03.024
POISSON.DIST	09.054
QUARTILE.INC	03.028
RANK.AVG	03.019
RANK.EQ	03.018
STDEV.P	09.009
STDEV.S	09.010
T.DIST	09.075

統計関数	
T.DIST.RT	09.076
T.DIST.2T	09.077
T.INV.2T	09.079
T.TEST	09.096
VAR.P	09.007
VAR.S	09.008
WEIBULL.DIST	09.072
Z.TEST	09.092

▼Excel 2007で追加された関数

分類	関数	参照
数学／三角関数	SUMIFS	02.015
論理関数	IFERROR	06.040
統計関数	AVERAGEIF	02.047
	AVERAGEIFS	02.048
	COUNTIFS	02.038

新しい引数

Excelのバージョンによっては、同じ関数でも指定できる引数が異なる場合があります。新しく追加された引数を使用すると、下位のバージョンで再計算が実行されたときにエラー値になります。同じブックを複数のバージョンのExcelで使用する場合は、引数の違いにも注意しましょう。
次の関数は、バージョンによって指定できる引数が異なる関数のうち、本書で扱う関数です。

分類	関数	異なるバージョン	参照
日付／時刻関数	WEEKDAY	2016／2013／2010と2007	04.050
	WEEKNUM	2016／2013／2010と2007	04.046

関連項目 01.062 Office 365の新関数 →p.72
01.063 新関数と互換性関数 →p.73

基礎知識 ✕非対応バージョン 2013 2010 2007

01.062 Office 365の新関数

Excel 2016の入手方法には、Office 2016自体の製品を購入する他に、「Office 365」という製品を購入する方法があります。Office 365は言わば月払い形式のOfficeで、月額や年額の料金を支払うことで、常に最新のOfficeを使用できます。Office 365向けには、新機能や改善された機能がインターネット経由で提供されます。2016年6月現在、Office 365のExcel 2016には次表の新関数が追加されており、今後も便利な新関数が追加される可能性があります。

▼Office 365のExcel 2016で追加された関数

文字列操作関数	
CONCAT	05.029
TEXTJOIN	05.030

論理関数	
IFS	06.004
SWITCH	06.005

統計関数	
MAXIFS	02.066
MINIFS	02.068

memo

▶Office 365には、個人向けとビジネス向けの製品があります。個人で使用する場合は、個人向けの製品である「Office 365 Solo」を購入します。2016年6月現在、月額1,274円（消費税8％込み）で、MicrosoftのWebサイトから購入できます。Office 365 Soloは、常に最新版のOfficeを使用できるほか、スマートフォンやタブレットにもインストールできるというメリットがあります。

関連項目 01.061 新関数の互換性 →p.70
01.063 新関数と互換性関数 →p.73

基礎知識　非対応バージョン 2007

01.063 新関数と互換性関数

Excel 2010以降に追加された新関数には、従来の関数と同じ機能を持つものがあります。同じ機能の新関数に対応する従来版の関数は、「互換性関数」という分類に移動しました。
例えば順位を求めるときに使用するRANK関数は従来からある関数ですが、Excel 2010以降のExcelには機能がまったく同じRANK.EQ関数が追加されました。そのため、RANK関数は「互換性関数」の分類に移動しています。
Excelのヘルプには、下位互換の必要がない限り、互換性関数を使わずに新関数を使うことが推奨されています。互換性関数は、対応する新関数が追加された以降のバージョンでも現時点では従来どおりに使用できますが、何世代か先のバージョンで使用できなくなる可能性があることを心にとどめておきましょう。

▼同じ機能を持つ新関数と互換性関数の例

新関数	互換性関数	参照
FORECAST.LINEAR	FORECAST	09.027
MODE.SNGL	MODE	09.002
PERCENTRANK.INC	PERCENTRANK	03.024
PERCENTILE.INC	PERCENTILE	03.027
QUARTILE.INC	QUARTILE	03.028
RANK.EQ	RANK	03.018
STDEV.S	STDEV	09.010
STDEV.P	STDEVP	09.009
VAR.S	VAR	09.008
VAR.P	VARP	09.007

memo

- 新関数以降、従来の関数とほぼ同じ名称にもかかわらず機能が異なる関数があるので注意してください。例えば新関数のT.DIST関数と互換性関数のTDIST関数は名称が似ていますが、機能は異なります。TDIST関数に対応する新関数は、T.DIST.2T関数とT.DIST.RT関数になります。
- Excel 2013以降、従来のバージョンで「数学／三角」の分類に属していたCEILING関数とFLOOR関数も「互換性関数」に移動しました。「数学／三角」関数には新たにCEILING.MATH関数とFLOOR.MATH関数が追加されています。これらの関数はCEILING関数やFLOOR関数の強化版で、同じ機能ではありません。

関連項目 01.061 新関数の互換性 →p.70

数式の基本
表の集計
数値処理
日付と時刻
文字列操作
条件判定
表の検索と操作
数学計算
統計計算
財務計算
関数一覧

基礎知識

01.064 バージョンの違いによる関数の互換性をチェックする

新関数や新機能を含むファイルを下位バージョンのExcelで開くと、新関数にエラー値[#NAME?]が表示されたり、機能が削除されたりしてしまう可能性があります。[互換性チェック]を使用して、下位バージョンで開いたときに問題が出ないかどうかをチェックしましょう。

[互換性チェック]を実行する

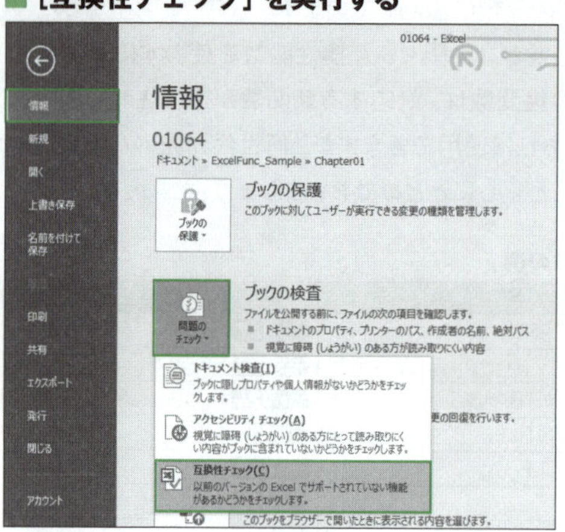

❶[ファイル]タブをクリックして、[情報]→[問題のチェック]→[互換性チェック]を選択する。Excel 2007の場合は、[Office]ボタンをクリックして、[配布準備]→[互換性チェックの実行]を選択する。

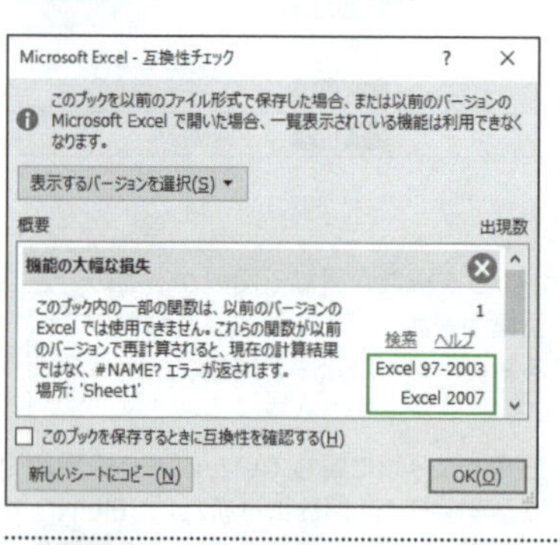

❷[互換性チェック]ダイアログが表示される。互換性に問題がある場合は、その内容と問題が出るバージョンが指摘される。例えばExcel 2010の新関数には、問題があるバージョンとして[Excel 2007]と[Excel 97-2003]が表示され、[検索]をクリックすると新関数を含むセルが選択される。

memo

▶互換性チェックでは、新関数や新機能など、互換性に問題が発生し得るさまざまな項目についてチェックが行われます。チェック項目は[機能の大幅な損失]と[再現性の低下]に大別されます。[機能の大幅な損失]に分類される項目は、下位バージョンで開いたときに、エラーになったり、機能が失われたりするので注意してください。

第**2**章

表の集計

数式入力

02.001 合計を簡単に求める

使用関数 SUM（サム）

表の集計の中で、最も頻繁に使用する計算は「合計」でしょう。合計を求めるには、「オートSUM」機能を使用するのが便利です。ボタンをクリックするだけで、合計計算用のSUM関数を入力できます。合計対象のセルも自動認識されます。

■「オートSUM」機能で売上数の合計を求める

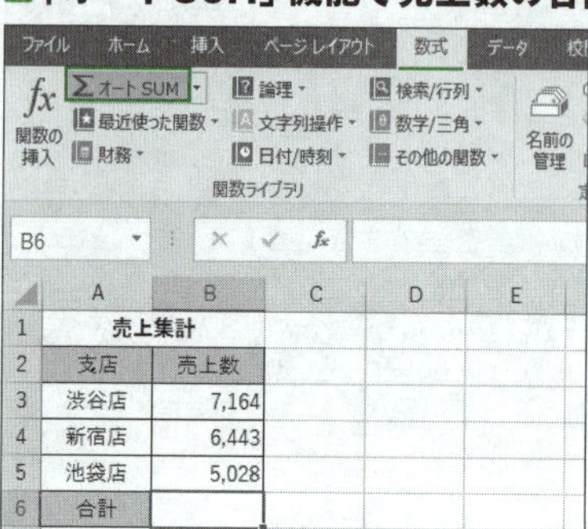

❶合計を表示するセルB6を選択して、[数式] タブの [関数ライブラリ] グループにある [オートSUM] ボタンをクリックする。もしくは、[ホーム] タブの [編集] グループにある [合計] ボタンをクリックしてもよい。

AVERAGE　=SUM(B3:B5)

	A	B	C	D	E
1	売上集計				
2	支店	売上数			
3	渋谷店	7,164			
4	新宿店	6,443			
5	池袋店	5,028			
6	合計	=SUM(B3:B5)			
7		SUM(数値1, [数値2], ...)			

❷セルにSUM関数が入力され、合計対象のセル範囲が点線で囲まれる。自動認識された範囲が正しいことを確認したら、もう一度 [オートSUM] ボタンをクリックするか、[Enter] キーを押す。

B6　=SUM(B3:B5)

	A	B	C	D	E
1	売上集計				
2	支店	売上数			
3	渋谷店	7,164			
4	新宿店	6,443			
5	池袋店	5,028			
6	合計	18,635			

❸SUM関数の数式が確定され、セルに合計値が表示された。

入力セル B6

入力式 =SUM(B3:B5)

check!

=SUM(数値1 [, 数値2] ……)

数値…数値、またはセル範囲を指定。空白セルや文字列は無視される

指定した「数値」の合計を返します。「数値」は255個まで指定できます。

 数式入力

02.002 誤認識された合計対象のセル範囲を修正する

使用関数 SUM（サム）

[オートSUM] ボタンをクリックすると合計対象のセル範囲が自動認識されますが、目的どおりのセル範囲が正しく認識されるとは限りません。きちんと確認し、間違っている場合は正しいセル範囲をドラッグして指定し直します。

■「オートSUM」実行時に合計対象のセルを手動で指定する

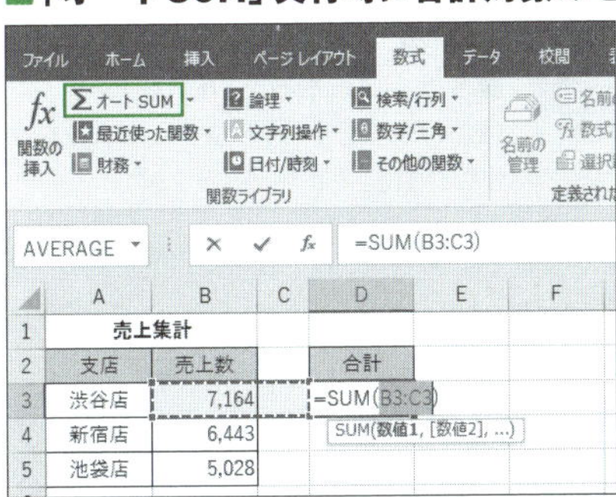

❶ [オートSUM] ボタンをクリックしたときに、合計したいセル範囲が正しく認識されないことがある。

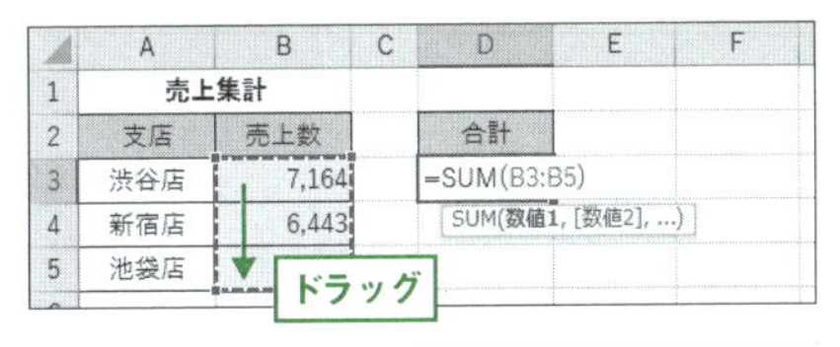

❷正しいセル範囲B3:B5をドラッグして指定し直す。ドラッグした範囲が点線で囲まれたら、[オートSUM] ボタンをクリックするか、[Enter] キーを押す。

D3　=SUM(B3:B5)

	A	B	C	D	E	F
1	売上集計					
2	支店	売上数		合計		
3	渋谷店	7,164		18,635		
4	新宿店	6,443				
5	池袋店	5,028				

❸SUM関数の数式が確定され、セルに合計値が表示された。

入力セル D3

入力式 =SUM(B3:B5)

check!

=SUM(数値1 [, 数値2] ……) → 02.001

memo

▶自動認識される合計対象のセルは、上または左に隣接する数値が入力されているセル範囲です。上にも左にも数値が入力されている場合は、上のセル範囲が優先されます。

数式入力

02.003 離れたセルを合計する

使用関数 SUM（サム）

離れたセル範囲にあるデータも、オートSUMの機能で簡単に合計できます。それには、[オートSUM] ボタンをクリックしたあと、[Ctrl] キーを使用して複数のセルを合計対象に加えます。ここでは東日本の売上（セル範囲B3:B5）と西日本の売上（セル範囲E3:E5）をまとめて合計します。

■ 東日本の売上と西日本の売上をまとめて合計する

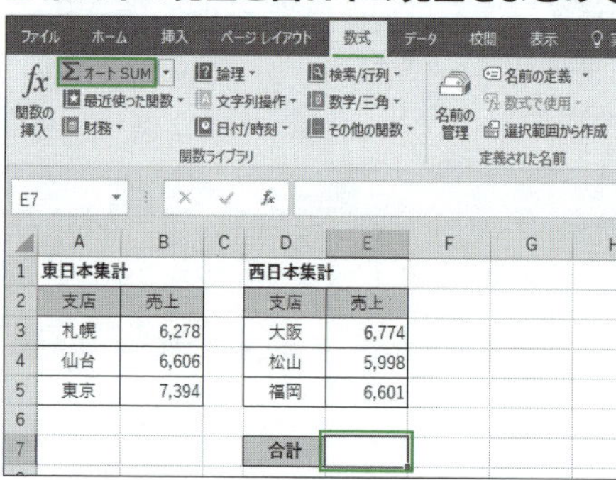

❶合計を表示するセルE7を選択して、[数式] タブの [オートSUM] ボタンをクリックする。

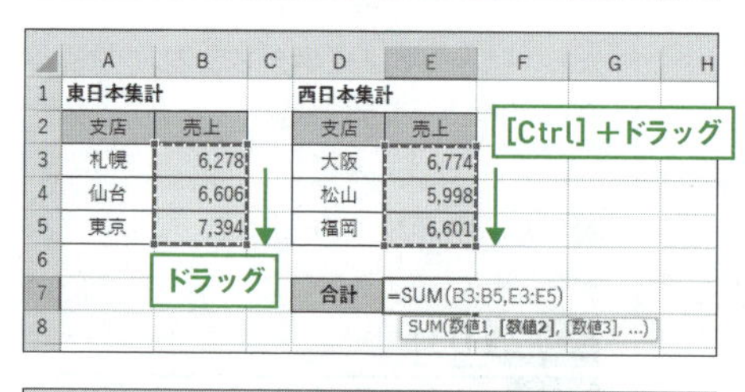

❷自動認識されたセル範囲を無視し、目的のセル範囲B3:B5をドラッグして選択する。続いて、[Ctrl] キーを押しながらセル範囲E3:E5をドラッグして選択し、[オートSUM] ボタンをクリックする。

E7　=SUM(B3:B5,E3:E5)

	A	B	C	D	E
1	東日本集計			西日本集計	
2	支店	売上		支店	売上
3	札幌	6,278		大阪	6,774
4	仙台	6,606		松山	5,998
5	東京	7,394		福岡	6,601
6					
7				合計	39,651

❸SUM関数の数式が確定され、セルに合計値が表示された。

入力セル E7

入力式 =SUM(B3:B5,E3:E5)

check!

=SUM(数値1 [, 数値2] ……) → 02.001

表作成

02.004 表の縦横の合計値を一発で求める

使用関数 SUM（サム）

右端と下端に合計欄があるクロス集計表の場合、表全体を選択してオートSUMを実行すると、縦計と横計をまとめて一気に計算できます。大変便利な機能なので、ぜひ試してみてください。

表の縦横の合計値を一発で求める

	A	B	C	D	E	F
1		支店別売上集計				
2	支店	4月	5月	6月	合計	
3	渋谷店	7,164	7,728	6,509		
4	新宿店	6,443	5,971	5,600		
5	池袋店	5,028	5,928	6,954		
6	合計					

❶数値データと合計欄のセル範囲B3:E6をまとめて選択し、［数式］タブの［オートSUM］ボタンをクリックする。

	A	B	C	D	E	F
1		支店別売上集計				
2	支店	4月	5月	6月	合計	
3	渋谷店	7,164	7,728	6,509	21,401	
4	新宿店	6,443	5,971	5,600	18,014	
5	池袋店	5,028	5,928	6,954	17,910	
6	合計	18,635	19,627	19,063	57,325	
7						
8						

❷合計欄のセルにSUM関数が入力され、縦横の合計値がそれぞれ正しく表示された。

check!

=SUM(数値1 [, 数値2] ……) → 02.001

memo

▶オートSUMを実行するためのボタンは、2つ用意されています。1つは手順1で使用した［数式］タブの［関数ライブラリ］グループにあるボタンで、もう1つは［ホーム］タブの［編集］グループにある「Σ」記号のボタンです。どちらも正式名称は「［合計］ボタン」です。［ホーム］タブが表示されている場合は、［数式］タブに切り替える必要はありません。［ホーム］タブの［合計］ボタンを使用しましょう。

関連項目 02.001 合計を簡単に求める →p.76
02.002 誤認識された合計対象のセル範囲を修正する →p.77

表作成

02.005 複数のシートの表を串刺し演算で集計する

使用関数 SUM（サム）

各支店のデータが、それぞれ異なるシートに入力されているようなケースで、全支店の集計を行いたいことがあります。データが各シートの同じ位置に入力されているのであれば、オートSUMで簡単に合計できます。このような計算は、シートを束ねて各セルに串を刺すようにセルごとの集計を行うので、「串刺し演算」と呼ばれます。

■ 3つのシートにある売上を集計する

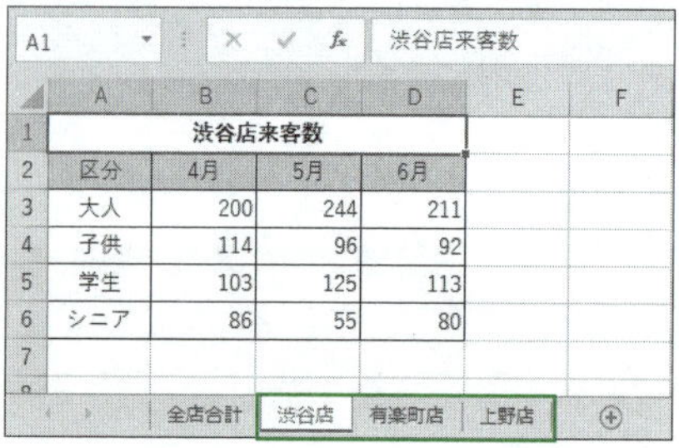

A1 | 渋谷店来客数

	A	B	C	D	E	F
1	渋谷店来客数					
2	区分	4月	5月	6月		
3	大人	200	244	211		
4	子供	114	96	92		
5	学生	103	125	113		
6	シニア	86	55	80		
7						

全店合計 | 渋谷店 | 有楽町店 | 上野店

❶［渋谷店］［有楽町店］［上野店］の3つのシートには、それぞれ店舗ごとの来客数が入力されている。これらのデータを［全店合計］シートに集計したい。

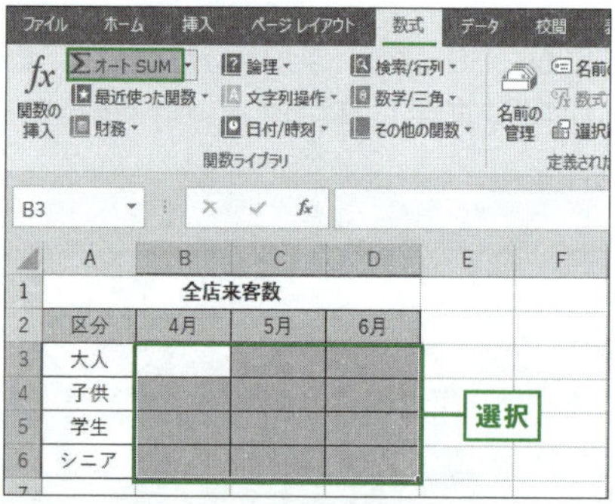

ファイル ホーム 挿入 ページレイアウト 数式 データ 校閲
関数の挿入 オートSUM 最近使った関数 財務 論理 文字列操作 日付/時刻 検索/行列 数学/三角 その他の関数 関数ライブラリ 名前の管理 定義された

B3

	A	B	C	D	E	F
1	全店来客数					
2	区分	4月	5月	6月		
3	大人					
4	子供					
5	学生					
6	シニア					

選択

❷［全店合計］シートにも、他の3つのシートと同じ形の表を用意しておく。合計値を表示するセル範囲B3:D6を選択して、［数式］タブの［オートSUM］ボタンをクリックする。

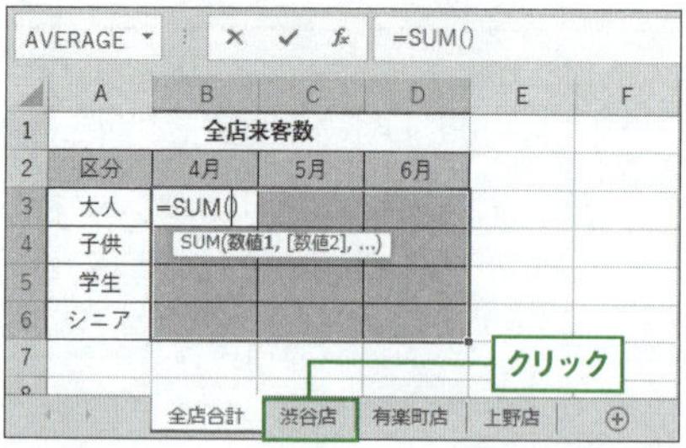

AVERAGE | =SUM()

	A	B	C	D	E	F
1	全店来客数					
2	区分	4月	5月	6月		
3	大人	=SUM()				
4	子供	SUM(数値1, [数値2], ...)				
5	学生					
6	シニア					
7						

クリック

全店合計 | 渋谷店 | 有楽町店 | 上野店

❸アクティブセルであるセルB3にSUM関数が入力され、引数の入力待ちの状態になる。集計対象のシートのうち、いちばん左にある［渋谷店］のシート見出しをクリックする。

B3 =SUM(渋谷店!B3)

	A	B	C	D
1	渋谷店来客数			
2	区分	4月	5月	6月
3	大人	200	244	211
4	子供	SUM(数値1, [数値2], ...)		92
5	学生	103	125	113
6	シニア	86	55	80

クリック

[Shift]+クリック

全店合計 渋谷店 有楽町店 上野店

4 [渋谷店] シートに切り替わったら、セルB3をクリックする。続いて [Shift] キーを押しながら、いちばん右にある [上野店] のシート見出しをクリックする。

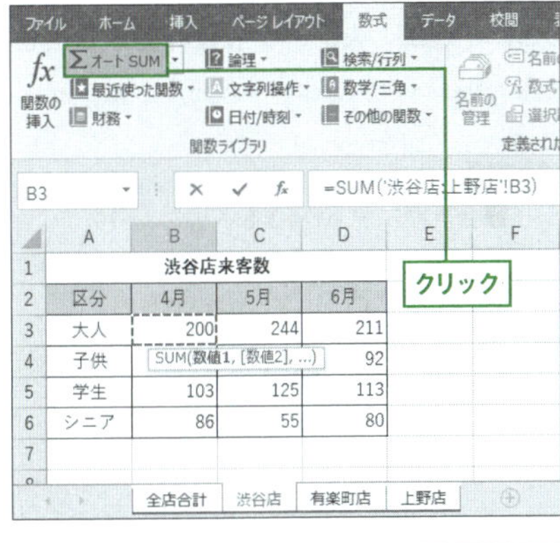

5 集計対象のシートがすべて選択された状態になる。最後に、もう一度 [オートSUM] ボタンをクリックする。

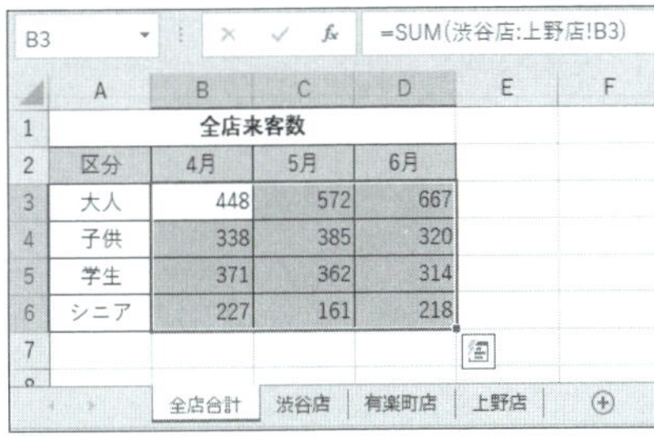

6 [全店合計] シートに、各シートの合計値が表示された。入力されたSUM関数は、「渋谷店:上野店!B3」のように「最初のシート名:最後のシート名!セル番号」の形式で引数が指定される。

入力セル B3　入力式 =SUM(渋谷店:上野店!B3)

check!

=SUM(数値1 [, 数値2] ……) → 02.001

memo

▶手順5では [オートSUM] ボタンをクリックして数式を確定しましたが、代わりに [Ctrl] キーを押しながら [Enter] キーを押しても、選択したセル範囲へ一気にSUM関数を入力できます。

関連項目 02.001 合計を簡単に求める →p.76
02.004 表の縦横の合計値を一発で求める →p.79

数式入力

02.006 表に追加したデータも自動的に合計する

使用関数 SUM（サム）

経費帳のように、最下行に日々のデータを追加していくタイプの表では、SUM関数の引数にどこまでのセルを指定すべきか迷うところです。そのようなときは、引数に列全体を指定しましょう。そうすれば、あとから追加したデータも自動的に合計値に加わります。

引数に列全体を指定して自動的に合計する

E3 =SUM(C:C)

	A	B	C	D	E	F
1	経費帳					
2	月日	費目	金額		合計	
3	6月1日	交際費	15,000		25,000	
4	6月1日	光熱費	7,000			
5	6月3日	図書費	2,500			
6	6月4日	交通費	500			
7						

❶合計欄にSUM関数を入力し、引数に「金額」の列全体を指定する。

入力セル E3

入力式 =SUM(C:C)

E3 =SUM(C:C)

	A	B	C	D	E	F
1	経費帳					
2	月日	費目	金額		合計	
3	6月1日	交際費	15,000		26,000	
4	6月1日	光熱費	7,000			
5	6月3日	図書費	2,500			
6	6月4日	交通費	500			
7	6月4日	会議費	1,000			
8						

❷新しいデータを追加すると、追加したデータが自動的に合計値に加えられる。

check!

=SUM(数値1 [, 数値2] ……) → 02.001

memo

▶サンプルのC列には列見出しとして「金額」という文字が入力されていますが、SUM関数では文字列データを無視して合計するので問題ありません。ただし、同じ列に日付が入力されていると、シリアル値として合計に加えられてしまいます。列全体をSUM関数の引数に指定する場合は、計算対象以外の数値や日付を同じ列に入力しないようにしてください。

関連項目 02.001 合計を簡単に求める →p.76
02.002 誤認識された合計対象のセル範囲を修正する →p.77

 表作成

02.007 4行ごとに合計を表示する

使用関数 SUM（サム）

四半期ごとにデータを合計したいときなど、「合計」列の決まった行数ごとにSUM関数を入力したいことがあります。ここでは「合計」列の4行ごとに合計を表示します。最初のSUM関数を入力したあと、空白セルと合計欄の合わせて4つのセルを選択して、オートフィルすることがポイントです。

四半期ごとの売上を1年分ずつ合計する

	A	B	C	D	E
1	四半期ごと売上集計				
2	年	四半期	売上	合計	
3	2011年	第1四半期	10,118,585		
4		第2四半期	9,613,384		
5		第3四半期	11,778,478		
6		第4四半期	10,201,943	41,712,390	
7	2012年	第1四半期	7,087,215		
8		第2四半期	14,426,291		
9		第3四半期	11,724,479		
10		第4四半期	12,543,728		
11	2013年	第1四半期	13,472,271		
12		第2四半期	14,233,643		
13		第3四半期	8,219,540		
14		第4四半期	11,762,175		
15					

ドラッグ

1 最初の合計欄のセルD6にSUM関数を入力して、合計を求めておく。先頭の4行分のセル範囲D3:D6を選択して、フィルハンドルを表の最下行までドラッグする。

入力セル D6

入力式 =SUM(C3:C6)

	A	B	C	D	E
1	四半期ごと売上集計				
2	年	四半期	売上	合計	
3	2011年	第1四半期	10,118,585		
4		第2四半期	9,613,384		
5		第3四半期	11,778,478		
6		第4四半期	10,201,943	41,712,390	
7	2012年	第1四半期	7,087,215		
8		第2四半期	14,426,291		
9		第3四半期	11,724,479		
10		第4四半期	12,543,728	45,781,713	
11	2013年	第1四半期	13,472,271		
12		第2四半期	14,233,643		
13		第3四半期	8,219,540		
14		第4四半期	11,762,175	47,687,629	
15					

2 4行ごとに合計値を計算できた。SUM関数を入力したセルの左上隅には、エラーインジケータが表示される。そのままにしておいて差し支えないが、気になるようなら01.057を参考に非表示にすればよい。

check!

=SUM(数値1 [, 数値2] ……) → 02.001

関連項目
01.057 エラーインジケータを非表示にする →p.65
02.001 合計を簡単に求める →p.76

数式入力

02.008 データの平均/個数/最大値/最小値を簡単に求める

使用関数 AVERAGE（アベレージ）

[オートSUM] ボタンの右横にある [▼] ボタンを使用すると、データの平均、個数、最大値、最小値を簡単に求めることができます。個数は数値データだけがカウントの対象です。ここでは、例として「得点」の平均値を求めます。

[オートSUM] ボタンを使用して平均を求める

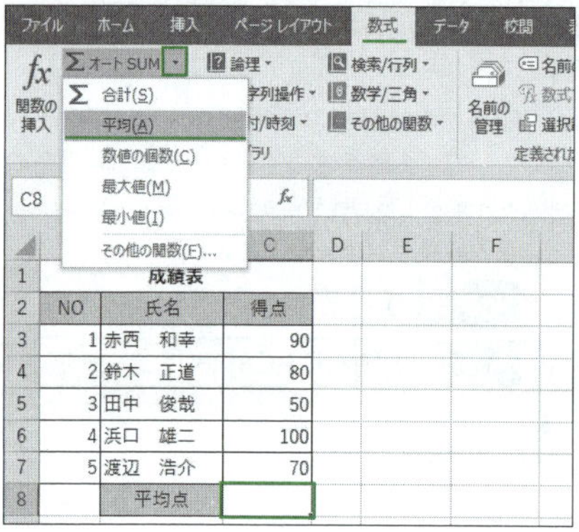

1 平均値を求めるセルC8を選択する。[数式] タブの [オートSUM] ボタンの右横にある [▼] ボタンをクリックして、[平均] を選択する。

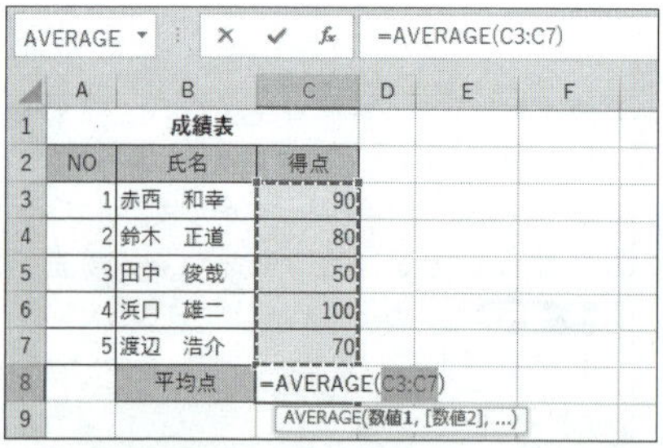

2「得点」欄のセル範囲C3:C7が正しく認識されたことを確認する。次に [オートSUM] ボタンをクリックするか、[Enter] キーを押して確定すると、「得点」の平均が表示される。

入力セル C8

入力式 =AVERAGE(C3:C7)

check!

=AVERAGE(数値1 [, 数値2] ……) → 02.045

memo

▶[オートSUM] ボタンから入力できる集計の種類と関数の対応は右表のとおりです。

集計の種類	関数
合計	SUM
平均	AVERAGE
数値の個数	COUNT
最大値	MAX
最小値	MIN

データベース

02.009 条件に合致するデータを合計する

使用関数 SUMIF（サム・イフ）

「会員／非会員の購入データのうち、会員のデータだけを合計したい」といったときに役に立つのがSUMIF関数です。この関数を使えば、指定した条件に合致するデータだけを合計できます。ここでは、「会員」という条件で「ご購入額」を合計します。

「会員」の購入額を合計する

入力セル E3　入力式 =SUMIF(B3:B9," 会員 ",C3:C9)

E3　=SUMIF(B3:B9,"会員",C3:C9)

	A	B	C	D	E
1	お得意様情報				
2	お得意様	区分	ご購入額		会員合計
3	松原弓子	会員	10,000		360,000
4	遠藤慶介	非会員	40,000		
5	杉浦希	会員	150,000		
6	本村芳樹	非会員	6,000		
7	高橋誠	会員	200,000		
8	野村由紀	非会員	30,000		
9	三谷幸男	非会員	100,000		

会員の購入額を合計できた
合計範囲
条件範囲

check!

=SUMIF(条件範囲, 条件 [, 合計範囲])

条件範囲…条件判定の対象となるデータが入力されているセル範囲を指定
条件…合計対象のデータを検索するための条件を指定
合計範囲…合計対象の数値データが入力されているセル範囲を指定。指定を省略すると、「条件範囲」のデータが合計対象となる

指定した「条件」に合致するデータを「条件範囲」から探し、条件に合致した行の「合計範囲」のデータを合計します。

memo

▶セルE3に入力したSUMIF関数の引数の指定内容は次のとおりです。

=SUMIF(B3:B9,"会員",C3:C9)

B3:B9 … 条件範囲（「区分」欄）
"会員" … 条件（「会員」）
C3:C9 … 合計範囲（「ご購入額」欄）

▶SUMIF関数の引数「条件」に文字列や日付を指定する場合は、「"会員"」「"2016/6/17"」のように半角ダブルクォーテーション「"」で囲みます。数値の場合は、そのまま「1234」のように指定します。

関連項目 02.010 「〇以上」のデータを合計する →p.86

データベース

02.010 「○以上」のデータを合計する

使用関数 SUMIF（サム・イフ）

SUMIF関数の引数「条件」に「比較演算子」を組み合わせると、「○以上」や「○未満」など、範囲を条件に合計を求めることができます。ここでは年齢が「40歳以上」という条件で、「ご購入額」を合計します。「以上」を表す比較演算子は「>=」で、条件は「">=40"」となります。

■「40歳以上」の顧客の購入額を合計する

入力セル E4　入力式 =SUMIF(B3:B9,">=40",C3:C9)

E4　=SUMIF(B3:B9,">=40",C3:C9)

	A	B	C	D	E	F	G	H	I
1	お得意様情報								
2	お得意様	年齢	ご購入額		40歳以上				
3	松原弓子	30	10,000		合計				
4	遠藤慶介	27	40,000		206,000				
5	杉浦希	34	150,000						
6	本村芳樹	40	6,000						
7	高橋誠	49	200,000						
8	野村由紀	39	30,000						
9	三谷幸男	25	100,000						
10									

40歳以上の顧客の購入額を合計できた

合計範囲

条件範囲

check!

=SUMIF(条件範囲, 条件 [, 合計範囲]) → 02.009

memo

▶比較演算子には、次表の種類があります。比較演算子を含む条件は、半角ダブルクォーテーション「"」で囲む必要があります。なお、「40に等しい」という条件は、「"=40"」としても、単に「40」としてもどちらでも構いません。

比較演算子	説明	使用例	意味
>	より大きい	">40"	40より大きい
>=	以上	">=40"	40以上
<	より小さい	"<40"	40より小さい
<=	以下	"<=40"	40以下
=	等しい	"=40"	40に等しい
<>	等しくない	"<>40"	40に等しくない

関連項目 02.011 セルに入力した数値以上のデータを合計する →p.87
02.012 「○○でない」データを合計する →p.88

データベース

02.011 セルに入力した数値以上のデータを合計する

使用関数 SUMIF（サム・イフ）

02.010 でSUMIF関数の引数「条件」に「">=40"」を指定して、「40歳以上」という条件で合計を求めましたが、条件を「30歳以上」に変更したい場合、数式を修正しなければならないので面倒です。そこでここでは、「セルに入力した年齢以上」という条件を指定することにします。そうすれば、セルの数値を変更するだけで、即座にその条件に応じた合計が求められます。

■ セルE3の年齢以上の顧客の購入額を合計する

入力セル E5　入力式 =SUMIF(B3:B9,">="&E3,C3:C9)

E5　=SUMIF(B3:B9,">="&E3,C3:C9)

	A	B	C	D	E
1	お得意様情報				
2	お得意様	年齢	ご購入額		条件（歳以上）
3	松原弓子	30	10,000		40
4	遠藤慶介	27	40,000		合計
5	杉浦希	34	150,000		206,000
6	本村芳樹	40	6,000		
7	高橋誠	49	200,000		
8	野村由紀	39	30,000		
9	三谷幸男	25	100,000		
10					

条件「40」を入力
40歳以上の顧客の購入額を合計できた
合計範囲
条件範囲

check!
=SUMIF(条件範囲, 条件 [, 合計範囲]) → 02.009

memo

▶セルと比較演算子を組み合わせた条件を指定するときは、比較演算子をダブルクォーテーション「"」で囲み、条件のデータと「&」演算子で文字列結合します。

指定例	意味
">"&E3	セルE3のデータより大きい
">="&E3	セルE3のデータ以上
"<"&E3	セルE3のデータより小さい
"<="&E3	セルE3のデータ以下
"="&E3	セルE3のデータに等しい
"<>"&E3	セルE3のデータに等しくない

関連項目
02.010 「○以上」のデータを合計する →p.86
02.012 「○○でない」データを合計する →p.88

データベース

02.012 「○○でない」データを合計する

使用関数 SUMIF（サム・イフ）

SUMIF関数を使用して、「○○でない」という条件でデータを合計するには、比較演算子「<>」を使用します。例えば「東京都でない」という条件なら「"<>東京都"」と指定し、「セルE3のデータではない」という条件なら「"<>"&E3」と指定します。ここでは後者の条件を使用したサンプルを紹介します。

■ セルE3とは異なる顧客の購入額を合計する

入力セル E5　入力式 =SUMIF(B3:B9,"<>"&E3,C3:C9)

E5　=SUMIF(B3:B9,"<>"&E3,C3:C9)

	A	B	C	D	E	F	G
1	お得意様情報						
2	お得意様	都道府県	ご購入額		条件（以外）		
3	松原弓子	東京都	10,000		東京都		
4	遠藤慶介	埼玉県	40,000		合計		
5	杉浦希	千葉県	150,000		226,000		
6	本村芳樹	神奈川県	6,000				
7	高橋誠	東京都	200,000				
8	野村由紀	埼玉県	30,000				
9	三谷幸男	東京都	100,000				
10							
11							

条件「東京都」を入力

「東京都」でない顧客の購入額を合計できた

合計範囲

条件範囲

check!

=SUMIF(条件範囲, 条件 [, 合計範囲]) → 02.009

memo

▶条件に応じて集計を行うCOUNTIF関数とAVERAGEIF関数は［統計関数］に分類されていますが、SUMIF関数の分類は［数学／三角］です。［関数の挿入］ダイアログや［関数ライブラリ］から関数を入力する際は、注意してください。

関連項目
02.010 「○以上」のデータを合計する →p.86
02.011 セルに入力した数値以上のデータを合計する →p.87

データベース

02.013 「○○を含む」データを合計する

使用関数 SUMIF（サム・イフ）

SUMIF関数で、「○○を含む」「○○で始まる」「○○で終わる」などのあいまいな条件を指定するには、「ワイルドカード文字」を使用します。ここではワイルドカード文字「*」を使用して、「"*"&E3&"*"」という条件を指定し、セルE3に入力した文字列を含むデータの「ご購入額」を合計します。

セルE3の文字列を含むデータの購入額を合計する

入力セル E5　入力式 =SUMIF(B3:B9,"*"&E3&"*",C3:C9)

E5　=SUMIF(B3:B9,"*"&E3&"*",C3:C9)

	A	B	C	D	E	F	G	H
1		お得意様情報						
2	お得意様	ご購入品	ご購入額		条件（含む）			
3	松原弓子	防水テレビ	10,000		テレビ			
4	遠藤慶介	食器洗浄機	40,000		合計			
5	杉浦希	プラズマテレビ	150,000		390,000			
6	本村芳樹	アイロン	6,000					
7	高橋誠	液晶テレビ	200,000					
8	野村由紀	テレビ台	30,000					
9	三谷幸男	洗濯乾燥機	100,000					
10								

条件「テレビ」を入力

「防水テレビ」「プラズマテレビ」「液晶テレビ」「テレビ台」の購入額が合計される

合計範囲

条件範囲

check!

=SUMIF(条件範囲, 条件 [, 合計範囲]) → 02.009

memo

▶ワイルドカード文字には以下の種類があります。文字列の前に付けるか、後ろに付けるかによって、「○○を含む」「○○で始まる」「○○で終わる」という条件を使い分けます。なお、「*」や「?」を通常の文字として検索したいときは、ワイルドカード文字の前に「"~*"」のように半角のチルダ「~」を付けます。

ワイルドカード文字	説明	使用例	一致例
*	0文字以上の任意の文字列	"*山*"	山、登山、富士山、山頂、山岳地帯、登山道（山を含む文字列）
		"*山"	山、登山、富士山（山で終わる文字列）
		"山*"	山、山頂、山岳地帯（山で始まる文字列）
?	任意の1文字	"??山"	富士山（山で終わる3文字）
		"山?"	山頂（山で始まる2文字）

関連項目 02.009 条件に合致するデータを合計する →p.85

データベース

02.014 AND条件でデータを合計する①

使用関数 サム・プロダクト SUMPRODUCT

「性別が女、かつ、区分が会員」というように、すべてを満たす場合の条件設定をAND条件と呼びます。AND条件でデータを合計するにはSUMIFS関数（02.015参照）を使用するのが一般的ですが、SUMPRODUCT関数を使用する方法もあります。考え方は複雑ですが、使い方を覚えておくと、いろいろな場面で応用できます。ここでは、セルF4に入力した性別と、セルG4に入力した区分を条件に「ご購入額」を合計します。

■ セルF4の性別、セルG4の区分を条件に購入額を合計する

入力セル F6　入力式 =SUMPRODUCT((B3:B9=F4)*(C3:C9=G4),D3:D9)

F6　=SUMPRODUCT((B3:B9=F4)*(C3:C9=G4),D3:D9)

	A	B	C	D	E	F	G	H	I
1	お得意様情報								
2	お得意様	性別	区分	ご購入額		AND条件			
3	松原弓子	女	会員	10,000		性別	区分		
4	遠藤慶介	男	非会員	40,000		女	会員		
5	杉浦希	女	会員	150,000		合計			
6	本村芳樹	男	非会員	6,000		160,000			
7	高橋誠	男	会員	200,000					
8	野村由紀	女	非会員	30,000					
9	三谷幸男	男	非会員	100,000					
10									

「性別が女、かつ、区分が会員」の顧客の購入額が合計される

check!

=SUMPRODUCT(配列1 [, 配列2] ……) → 03.041

memo

▶SUMPRODUCT関数を使用してAND条件でデータを合計する方法は、考え方が難しいのが難点ですが、検索条件を指定するためのセルがなくても計算できることはメリットです。この他に、SUMIFS関数を使用（02.015参照）、DSUM関数を使用（02.085参照）と、AND条件でデータを合計する方法は複数あります。いろいろ試して、使いやすい方法を選んでください。

▶SUMPRODUCT関数は配列の要素同士の積を合計するための関数ですが、次の書式にし

たがって数式を作成すると、条件1と条件2を同時に満たすデータの合計を求めるために使用できます。

=SUMPRODUCT((セル範囲1=条件1)*(セル範囲2=条件2),合計範囲)

この計算は、論理値の「TRUE」と「FALSE」がそれぞれ数値の「1」と「0」として扱えることを利用しています。計算の過程を、順を追って説明しましょう。

① 「性別」が「女」であれば「1」、そうでなければ「0」の配列を作成
② 「区分」が「会員」であれば「1」、そうでなければ「0」の配列を作成
③ ①と②の配列の要素同士を掛け合わせる
④ 「性別」が「女」かつ「区分」が「会員」であれば「1」、そうでなければ「0」の配列ができる
⑤ ④の配列と「ご購入額」の数値を掛け合わせる
⑥ 「性別」が「女」かつ「区分」が「会員」であれば購入額、そうでなければ「0」の配列ができる
⑦ ⑥の配列の要素を合計する

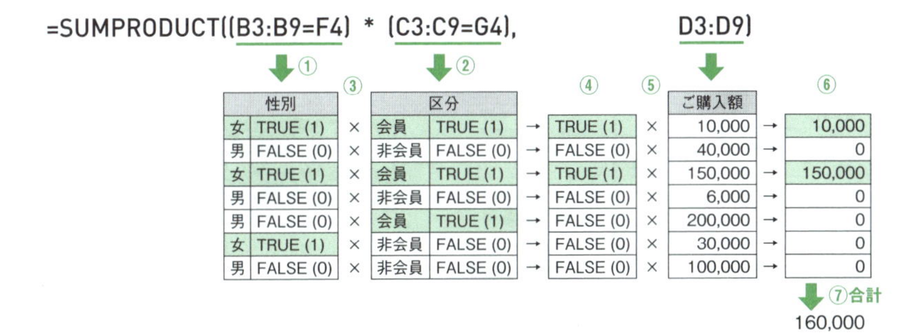

関連項目 02.015 AND条件でデータを合計する② →p.92
02.085 別表の条件を満たすデータの合計を求める →p.164

データベース

02.015 AND条件でデータを合計する②

使用関数 SUMIFS（サム・イフ・エス）

SUMIFS関数を使用すると、簡単にAND条件でデータを合計できます。ここでは、セルF4に入力した性別と、セルG4に入力した区分を条件に「ご購入額」を合計します。

■ セルF4の性別、セルG4の区分を条件に購入額を合計する

入力セル F6　入力式 =SUMIFS(D3:D9,B3:B9,F4,C3:C9,G4)

F6　=SUMIFS(D3:D9,B3:B9,F4,C3:C9,G4)

	A	B	C	D
1	お得意様情報			
2	お得意様	性別	区分	ご購入額
3	松原弓子	女	会員	10,000
4	遠藤慶介	男	非会員	40,000
5	杉浦希	女	会員	150,000
6	本村芳樹	男	非会員	6,000
7	高橋誠	男	会員	200,000
8	野村由紀	女	非会員	30,000
9	三谷幸男	男	非会員	100,000

	F	G
2	AND条件	
3	性別	区分
4	女	会員
5	合計	
6	160,000	

「性別が女、かつ、区分が会員」の顧客の購入額が合計される
合計範囲
条件範囲1
条件範囲2

check!

=SUMIFS(合計範囲, 条件範囲1, 条件1 [, 条件範囲2, 条件2] ……)

合計範囲…合計対象の数値データが入力されているセル範囲を指定
条件範囲…条件判定の対象となるデータが入力されているセル範囲を指定
条件…合計対象のデータを検索するための条件を指定

指定した「条件」に合致するデータを「条件範囲」から探し、条件に合致した行の「合計範囲」のデータを合計します。「条件範囲」と「条件」は必ずペアで指定します。最大127組のペアを指定できます。

memo

▶セルF6に入力したSUMIFS関数の引数の指定内容は次のとおりです。

=SUMIFS(D3:D9,B3:B9,F4,C3:C9,G4)

D3:D9	B3:B9	F4	C3:C9	G4
合計範囲	条件範囲1	条件1	条件範囲2	条件2
「ご購入額」欄	「性別」欄	「女」	「区分」欄	「会員」

AND条件

▶SUMIF関数とSUMIFS関数では、引数の「合計範囲」と「条件範囲」「条件」の順序が異なるので注意してください。

データベース

02.016 「○以上△未満」のデータを合計する

使用関数 SUMIFS(サム・イフ・エス)

「○以上△未満」という条件は、一見すると1つの条件のようですが、実は「○以上、かつ、△未満」というAND条件です。このような条件で合計するには、SUMIFS関数を使用します。引数の「条件範囲1」と「条件範囲2」には同じセル範囲を指定します。

セルE4以上、セルF4未満を条件に購入額を合計する

入力セル E6　入力式 =SUMIFS(C3:C9,B3:B9,">="&E4,B3:B9,"<"&F4)

E6　=SUMIFS(C3:C9,B3:B9,">="&E4,B3:B9,"<"&F4)

	A	B	C	D	E	F
1	お得意様情報					
2	お得意様	年齢	ご購入額		AND条件	
3	松原弓子	30	10,000		以上	未満
4	遠藤慶介	27	40,000		30	40
5	杉浦希	34	150,000		合計	
6	本村芳樹	40	6,000		190,000	
7	高橋誠	49	200,000			
8	野村由紀	39	30,000			
9	三谷幸男	25	100,000			

「30歳以上40歳未満」の顧客の購入額が合計される

合計範囲

条件範囲1　条件範囲2

check!

=SUMIFS(合計範囲, 条件範囲1, 条件1 [, 条件範囲2, 条件2] ……) → 02.015

関連項目 02.015 AND条件でデータを合計する② →p.92

データベース

02.017 OR条件でデータを合計する①

使用関数 SUMIF（サム・イフ）

「都道府県が埼玉県、または、都道府県が千葉県」というように、いずれかを満たす場合の条件設定を「OR条件」と呼びます。Excelには、OR条件による合計を求めるための専用の関数がありません。SUMIF関数で埼玉県の合計と千葉県の合計をそれぞれ求め、足し算することで「埼玉県または千葉県」の合計がわかります。

セルE4、またはセルF4を条件に購入額を合計する

入力セル E6　入力式 =SUMIF(B3:B9,E4,C3:C9)+SUMIF(B3:B9,F4,C3:C9)

E6　=SUMIF(B3:B9,E4,C3:C9)+SUMIF(B3:B9,F4,C3:C9)

	A	B	C	D	E	F
1	お得意様情報					
2	お得意様	都道府県	ご購入額		OR条件	
3	松原弓子	東京都	10,000		条件1	条件2
4	遠藤慶介	埼玉県	40,000		埼玉県	千葉県
5	杉浦希	千葉県	150,000		合計	
6	本村芳樹	神奈川県	6,000		220,000	
7	高橋誠	東京都	200,000			
8	野村由紀	埼玉県	30,000			
9	三谷幸男	東京都	100,000			
10						
11						

「埼玉県または千葉県」の顧客の購入額が合計される

合計範囲

条件範囲

check!

=SUMIF(条件範囲, 条件 [, 合計範囲]) → 02.009

memo

▶セルE6に入力した数式の内容は次のとおりです。

=SUMIF(B3:B9,E4,C3:C9) + SUMIF(B3:B9,F4,C3:C9)
「埼玉県」の合計　プラス　「千葉県」の合計

▶OR条件による合計の方法は、この他にSUM関数とSUMIF関数を組み合わせる方法（02.018 参照）、DSUM関数を使用する方法（02.085 参照）があります。

関連項目 02.018 OR条件でデータを合計する② →p.95
02.085 別表の条件を満たすデータの合計を求める →p.164

データベース

02.018 OR条件でデータを合計する②

使用関数 SUM（サム） ／ SUMIF（サム・イフ）

ここでは、SUM関数とSUMIF関数を組み合わせて、OR条件による合計を求める方法を紹介します。02.017で紹介した方法は条件の数が増えると数式が長くなりがちですが、こちらの方法なら1つの数式でスマートに複数の条件を指定できます。

■「埼玉県または千葉県」の顧客の購入額を合計する

入力セル E6　入力式 =SUM(SUMIF(B3:B9,{"埼玉県","千葉県"},C3:C9))

E6　=SUM(SUMIF(B3:B9,{"埼玉県","千葉県"},C3:C9))

	A	B	C	D	E
1	お得意様情報				
2	お得意様	都道府県	ご購入額		埼玉県または千葉県合計
3	松原弓子	東京都	10,000		
4	遠藤慶介	埼玉県	40,000		
5	杉浦希	千葉県	150,000		
6	本村芳樹	神奈川県	6,000		220,000
7	高橋誠	東京都	200,000		
8	野村由紀	埼玉県	30,000		
9	三谷幸男	東京都	100,000		

「埼玉県または千葉県」の顧客の購入額が合計される

合計範囲

条件範囲

check!

=SUM(数値1 [, 数値2] ……) → 02.001

=SUMIF(条件範囲, 条件 [, 合計範囲]) → 02.009

memo

▶セルに入力したデータを条件としたい場合は、数式を配列数式として入力します。例えば、セルE3に「埼玉県」、セルE4に「千葉県」と入力してある場合、次の数式を配列数式（01.045参照）として入力すると、「埼玉県または千葉県」の顧客の購入額の合計を求められます。

```
{=SUM(SUMIF(B3:B9,E3:E4,C3:C9))}
```

関連項目 02.017 OR条件でデータを合計する① →p.94
02.085 別表の条件を満たすデータの合計を求める →p.164

表作成

02.019 1行おきの数値を合計する①

使用関数 MOD(モッド) ／ ROW(ロウ) ／ SUMIF(サム・イフ)

ここでは作業列を使用する方法で、シートの偶数行に入力された数値の合計を求めます。作業列に、合計対象なら「0」、そうでなければ「1」を表示しておき、「0」を条件にSUMIF関数で合計します。条件となる「0」と「1」は、行番号を2で割った余りで求めます。使用するのは、余りを求めるMOD関数と、行番号を求めるROW関数です。

■偶数行に入力された「今期目標」を合計する

入力セル D3　入力式 =MOD(ROW(),2)

入力セル C9　入力式 =SUMIF(D3:D8,0,C3:C8)

C9　=SUMIF(D3:D8,0,C3:C8)

	A	B	C	D	E	F	G
1	今期売上目標						
2	店舗	項目	売上	作業列			
3	有楽町店	前期実績	4,837,255	1			
4		今期目標	5,000,000	0			
5	丸の内店	前期実績	3,668,747	1			
6		今期目標	4,000,000	0			
7	日本橋店	前期実績	2,748,514	1			
8		今期目標	3,000,000	0			
9	今期売上目標合計		12,000,000				

セルD3に数式を入力して、セルD8までコピー

「0」の行の数値を足すと「今期目標」の合計になる

check!

=MOD(数値, 除数) → 03.043
=ROW([参照]) → 07.028
=SUMIF(条件範囲, 条件 [, 合計範囲]) → 02.009

memo

▶シートの奇数行に入力された数値を合計したい場合は、SUMIF関数の引数「条件」に「1」を指定します。

=SUMIF(D3:D8,1,C3:C8)

▶数式が作成できたら、01.048 を参考に作業列を非表示にしておきましょう。

関連項目 01.048 作業用の列を非表示にする →p.56
02.020 1行おきの数値を合計する② →p.97

表作成

02.020 1行おきの数値を合計する②

使用関数 SUM（サム）／IF（イフ）／MOD（モッド）／ROW（ロウ）

ここでは配列数式を使用して、偶数行に入力された数値の合計を求めます。02.019で紹介した作業列を使用する場合に比べて難易度は上がりますが、1つの数式でスマートに合計計算できるのはメリットです。

■偶数行に入力された「売上」を合計する

入力セル C9　入力式 {=SUM(IF(MOD(ROW(C3:C8),2)=0,C3:C8,0))}

C9　{=SUM(IF(MOD(ROW(C3:C8),2)=0,C3:C8,0))}

	A	B	C
1	店舗別来客数と売上		
2	店舗	項目	目標
3	有楽町店	来客数	10,000
4		売上	5,000,000
5	丸の内店	来客数	8,000
6		売上	4,000,000
7	日本橋店	来客数	5,000
8		売上	3,000,000
9	売上合計		12,000,000

セルC9に数式を入力して、[Ctrl]＋[Shift]＋[Enter]キーで確定

「売上」だけを合計できた

check!

=SUM(数値1 [, 数値2] ……) → 02.001
=IF(論理式, 真の場合, 偽の場合) → 06.001
=MOD(数値, 除数) → 03.043
=ROW([参照]) → 07.028

memo

▶SUM関数の引数に指定した「IF(MOD(ROW(C3:C8),2)=0,C3:C8,0)」の結果は、奇数行を0に置き換えた「目標」欄の数値からなる配列「{0;5000000;0;4000000;0;3000000}」です。数式バーでこの部分をドラッグし、[F9]キーを押すと、配列になっていることを確認できます。確認したら、[Esc]キーを押してください。

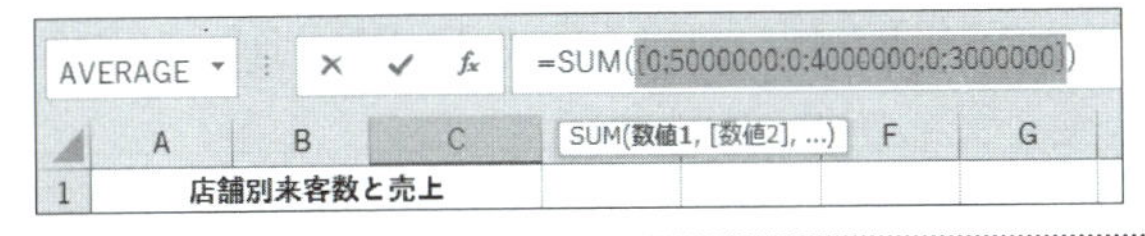

関連項目 01.043 配列数式を入力する →p.50
02.019 1行おきの数値を合計する① →p.96

データベース

02.021 商品ごとの集計表を作成する

使用関数 SUMIF（サム・イフ）

日々の売上を記録した表から、商品ごとの売上の集計表を作成してみましょう。集計表に商品名を入力しておき、それを条件にSUMIF関数で合計値を求めます。コピーしたときに条件範囲や合計範囲のセル番号がずれないように、絶対参照を使用することがポイントです。

■商品ごとの集計表を作成する

入力セル F3　入力式 =SUMIF($B$3:$B$10,E3,$C$3:$C$10)

F3 =SUMIF($B$3:$B$10,E3,$C$3:$C$10)

	A	B	C	D	E	F	G
1	売上記録				商品別売上集計		
2	日付	商品	売上		商品	売上合計	
3	4月1日	冷蔵庫	120,000		冷蔵庫	360,000	
4	4月1日	テレビ	250,000		テレビ	750,000	
5	4月2日	冷蔵庫	120,000		エアコン	400,000	
6	4月3日	エアコン	200,000				
7	4月5日	テレビ	250,000				
8	4月7日	冷蔵庫	120,000				
9	4月8日	テレビ	250,000				
10	4月8日	エアコン	200,000				
11							

セルF3に数式を入力して、セルF5までコピー

商品名を入力しておく

check!

=SUMIF(条件範囲, 条件 [, 合計範囲]) → 02.009

memo

▶SUMIF関数の1番目の引数「条件範囲」と3番目の引数「合計範囲」はどの商品の場合も同じなので、絶対参照で指定します。2番目の引数「条件」は商品ごとに異なるので、相対参照で指定します。

▶01.014 や 07.038 のテクニックを使用すると、「売上記録」の表から商品名を1つずつ自動で抜き出せます。

関連項目
01.014 表から重複しないようにデータを抜き出す →p.15
02.009 条件に合致するデータを合計する →p.85
07.038 表から重複しないデータを別のセルに抜き出す →p.496

データベース

02.022 月ごとの集計表を作成する

使用関数 MONTH（マンス） ／ SUMIF（サム・イフ）

日々の売上を記録した表から、月ごとの売上の集計表を作成してみましょう。「月ごと」を実現するために、MONTH関数で日付から月を取り出し、作業列に表示します。これを条件範囲として、SUMIF関数で合計値を求めます。コピーしたときに条件範囲や合計範囲のセル番号がずれないように、絶対参照を使用します。

■ 月ごとの集計表を作成する

入力セル C3 入力式 =MONTH(A3)

入力セル F3 入力式 =SUMIF($C$3:$C$10,E3,$B$3:$B$10)

F3 =SUMIF($C$3:$C$10,E3,$B$3:$B$10)

	A	B	C	D	E	F	G	H
1	売上記録				月別売上集計			
2	日付	売上	作業列		月	売上合計		
3	4月5日	250,000	4		4	400,000		
4	4月10日	100,000	4		5	550,000		
5	4月25日	50,000	4		6	480,000		
6	5月16日	200,000	5					
7	5月22日	350,000	5					
8	6月5日	330,000	6					
9	6月13日	50,000	6					
10	6月18日	100,000	6					
11								

セルF3に数式を入力して、セルF5までコピー

セルC3に数式を入力して、セルC10までコピー

check!

=MONTH(シリアル値) → 04.008

=SUMIF(条件範囲, 条件 [, 合計範囲]) → 02.009

memo

▶SUMIF関数の1番目の引数「条件範囲」と3番目の引数「合計範囲」はどの月の場合も同じなので、絶対参照で指定します。2番目の引数「条件」は月ごとに異なるので、相対参照で指定します。

▶数式が作成できたら、01.048 を参考に作業列を非表示にしておきましょう。

関連項目 01.048 作業用の列を非表示にする →p.56
02.023 月ごとの最終行に合計値を表示する →p.100

表作成

02.023 月ごとの最終行に合計値を表示する

使用関数 MONTH(マンス) ／ IF(イフ) ／ SUMIF(サム・イフ)

売上表の中に「月合計」の列を設けて、月ごとの最終行に合計値を表示してみましょう。まず、MONTH関数で日付から月を取り出し、作業列に表示します。現在行の月が下の行の月と異なる場合だけ、月ごとの合計値をSUMIF関数で求めます。

■月ごとの最終行に合計値を表示する

入力セル D3　入力式 =MONTH(A3)

入力セル C3　入力式 =IF(D3=D4,"",SUMIF($D$3:$D$10,D3,$B$3:$B$10))

C3　=IF(D3=D4,"",SUMIF($D$3:$D$10,D3,B

	A	B	C	D	E	F	G
1	売上記録						
2	日付	売上	月合計	作業列			
3	4月5日	250,000		4			
4	4月10日	100,000		4			
5	4月25日	50,000	400,000	4			
6	5月16日	200,000		5			
7	5月22日	350,000	550,000	5			
8	6月5日	330,000		6			
9	6月13日	50,000		6			
10	6月18日	100,000	480,000	6			

セルD3に数式を入力して、セルD10までコピー

セルC3に数式を入力して、セルC10までコピー

check!

=MONTH(シリアル値) → 04.008
=IF(論理式, 真の場合, 偽の場合) → 06.001
=SUMIF(条件範囲, 条件 [, 合計範囲]) → 02.009

memo

▶セルC3に入力した数式の内容は次のとおりです。

=IF(D3=D4, "", SUMIF($D$3:$D$10,D3,$B$3:$B$10))

- D3=D4：現在行の月と下の行の月が等しい
- ""：何も表示しない（真）
- SUMIF($D$3:$D$10,D3,$B$3:$B$10)：現在の月の合計を計算（偽）

関連項目
01.048 作業用の列を非表示にする →p.56
02.022 月ごとの集計表を作成する →p.99

データベース

02.024 クロス集計表を作成する

使用関数 サム・プロダクト **SUMPRODUCT**

日々の売上を記録した表を元に、商品ごと、担当者ごとに売上を集計するクロス集計表を作成してみましょう。それにはSUMPRODUCT関数を使用して、クロス集計表の行見出しと列見出しの文字を条件に合計を計算します。数式をコピーしたときに、行見出しと列見出しを正しく参照できるように、複合参照を使用することがポイントです。

■商品ごと、担当者ごとに売上をクロス集計する

入力セル G3

入力式 =SUMPRODUCT(($B$3:$B$11=$F3)*($C$3:$C$11=G$2),$D$3:$D$11)

G3 =SUMPRODUCT(($B$3:$B$11=$F3)*($C$3:$C$11=G

	A	B	C	D	E	F	G	H	I
1	売上記録					商品別担当別売上集計			
2	日付	商品名	担当者	売上			田中	小田切	
3	7月1日	冷蔵庫	田中	120,000		冷蔵庫	120,000	240,000	
4	7月1日	エアコン	小田切	200,000		テレビ	750,000	250,000	
5	7月1日	テレビ	田中	250,000		エアコン	200,000	200,000	
6	7月1日	冷蔵庫	小田切	120,000					
7	7月2日	テレビ	田中	250,000					
8	7月2日	テレビ	田中	250,000					
9	7月3日	冷蔵庫	小田切	120,000					
10	7月3日	テレビ	小田切	250,000					
11	7月3日	エアコン	田中	200,000					

セルG3に数式を入力して、セルG5までコピーし、さらにセルH5までコピー

check!

=SUMPRODUCT(配列1 [, 配列2] ……) → 03.041

memo

▶SUMPRODUCT関数は配列の要素同士の積を合計するための関数ですが、次の書式にしたがって数式を作成すると、条件1と条件2を同時に満たすデータの合計を求めるために使用できます。詳しくは、02.014 を参照してください。

=SUMPRODUCT((セル範囲1=条件1)*(セル範囲2=条件2),合計範囲)

関連項目 01.011 複合参照で数式をコピーする →p.12
02.014 AND条件でデータを合計する① →p.90

表作成

02.025 小計と総計を求める

使用関数 SUBTOTAL（サブトータル）

小計行と総計行のある表を作成するときは、SUBTOTAL関数が便利です。SUBTOTAL関数は、引数に指定したセル範囲の中にSUBTOTAL関数で求めた小計が含まれていると、自動的に小計を除外した数値だけを集計します。飛び飛びに入力された数値のセル範囲を指定しなくても、小計を含むセル範囲を一括で指定すれば済むので効率的です。

■ 小計と総計を求める

入力セル C6 入力式 =SUBTOTAL(9,C3:C5)

入力セル C10 入力式 =SUBTOTAL(9,C7:C9)

入力セル C11 入力式 =SUBTOTAL(9,C3:C10)

C11 =SUBTOTAL(9,C3:C10)

	A	B	C
1	支店別売上集計		
2	支店		売上
3	東日本	札幌	9,438,000
4		仙台	10,982,000
5		東京	15,587,000
6		小計	36,007,000
7	西日本	大阪	10,754,000
8		松山	7,196,000
9		福岡	8,055,000
10		小計	26,005,000
11	総計		62,012,000
12			

SUBTOTAL関数で小計を計算

SUBTOTAL関数で総計を計算

check!

=SUBTOTAL(集計方法, 範囲1 [, 範囲2] ……)

集計方法…集計のために使用する関数を次表の数値で指定。非表示の値も含める場合は1～11、非表示の値を無視する場合は101～111を指定

範囲…集計対象のセル範囲を指定

「集計方法」で指定した関数を使用して、「範囲」のデータを集計します。「範囲」は254個まで指定できます。

集計方法（非表示の値も含める）	集計方法（非表示の値を無視する）	関数
1	101	AVERAGE
2	102	COUNT
3	103	COUNTA
4	104	MAX
5	105	MIN
6	106	PRODUCT
7	107	STDEV.S（2016/2013/2010）／STDEV（2007）
8	108	STDEV.P（2016/2013/2010）／STDEVP（2007）
9	109	SUM
10	110	VAR.S（2016/2013/2010）／VAR（2007）
11	111	VAR.P（2016/2013/2010）／VARP（2007）

memo

- 列番号を右クリックして［非表示］を選択すると、行が非表示になりますが、そのような非表示の行のデータを集計対象とするかどうかを指定できます。引数「集計方法」に1～11を指定した場合は集計対象となり、101～111を指定した場合は集計対象から除外します。詳しくは 02.027 を参照してください。
- オートフィルターで抽出を実行した場合、SUBTOTAL関数では抽出されているデータのみが集計の対象になります。抽出されなかった非表示のデータは、引数「集計方法」の指定にかかわらず、集計対象から除外されます。詳しくは 02.026 を参照してください。
- SUBTOTAL関数は、引数「範囲」に指定したセル範囲内にSUBTOTAL関数で求めた集計値が挿入されている場合、集計の重複を防ぐために、それらの集計値を無視して集計を行います。
- Excel 2016 /2013 / 2010では、AGGREGATE関数を使用すると、SUBTOTAL関数よりも集計対象の条件を詳しく指定できます。詳しくは 02.028 を参照してください。

関連項目
02.026 フィルターで抽出されたデータのみを合計する →p.104
02.027 非表示の行を除外して合計する →p.105
02.028 エラー値を除外して小計と総計を求める →p.106

データ分析

02.026 フィルターで抽出されたデータのみを合計する

使用関数 SUBTOTAL（サブトータル）

Excelには「オートフィルター」と呼ばれる便利な抽出機能があり、表の列見出しの[▼]ボタンをクリックして、表示されるメニューから条件を選ぶだけで抽出を実行できます。SUBTOTAL関数を使用すると、オートフィルターで抽出されたデータだけを対象に集計を行えます。

■抽出されたデータのみを対象に合計する

入力セル C13　入力式 =SUBTOTAL(9,C4:C11)

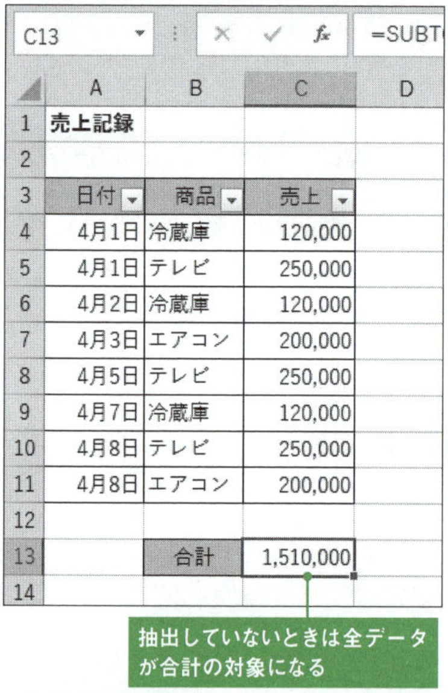

	A	B	C	D
1	売上記録			
2				
3	日付	商品	売上	
4	4月1日	冷蔵庫	120,000	
5	4月1日	テレビ	250,000	
6	4月2日	冷蔵庫	120,000	
7	4月3日	エアコン	200,000	
8	4月5日	テレビ	250,000	
9	4月7日	冷蔵庫	120,000	
10	4月8日	テレビ	250,000	
11	4月8日	エアコン	200,000	
12				
13		合計	1,510,000	
14				

抽出していないときは全データが合計の対象になる

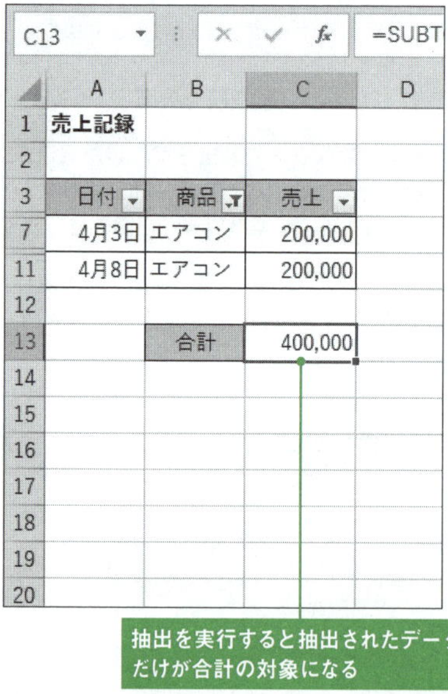

	A	B	C	D
1	売上記録			
2				
3	日付	商品	売上	
7	4月3日	エアコン	200,000	
11	4月8日	エアコン	200,000	
12				
13		合計	400,000	
14				
15				
16				
17				
18				
19				
20				

抽出を実行すると抽出されたデータだけが合計の対象になる

check!

=SUBTOTAL(集計方法, 範囲1 [, 範囲2] ……) → 02.025

memo

▶表の列見出しにオートフィルターの[▼]ボタンを表示するには、[データ]タブの[並べ替えとフィルター]グループにある[フィルター]ボタンをクリックします。

関連項目 02.025 小計と総計を求める →p.102
02.027 非表示の行を除外して合計する →p.105

表作成

02.027 非表示の行を除外して合計する

使用関数 SUBTOTAL(サブトータル)

SUBTOTAL関数の引数「集計方法」に101～111を指定すると、非表示の行を除外して集計を行えます。ここでは、非表示の行を除外して、売上の合計を求めます。

非表示の行を除外して合計する

入力セル C13　入力式 =SUBTOTAL(109,C4:C11)

	A	B	C	D
1	売上記録			
2				
3	日付	商品	売上	
4	4月1日	冷蔵庫	120,000	
5	4月1日	テレビ	250,000	
10	4月8日	テレビ	250,000	
11	4月8日	エアコン	200,000	
12				
13		合計	820,000	
14				
15				
16				
17				
18				

非表示の行を除外して合計できた

	A	B	C	D
1	売上記録			
2				
3	日付	商品	売上	
4	4月1日	冷蔵庫	120,000	
5	4月1日	テレビ	250,000	
6	4月2日	冷蔵庫	120,000	
7	4月3日	エアコン	200,000	
8	4月5日	テレビ	250,000	
9	4月7日	冷蔵庫	120,000	
10	4月8日	テレビ	250,000	
11	4月8日	エアコン	200,000	
12				
13		合計	1,510,000	
14				

非表示を解除すると全データが合計される

check!

=SUBTOTAL(集計方法, 範囲1 [, 範囲2] ……) → 02.025

memo

▶行を非表示にするには、行番号を右クリックして［非表示］を選択します。また、行の非表示を解除するには、非表示の行を含むように隣接する行番号をドラッグして選択し、右クリックして［再表示］を選択します。

関連項目 02.025 小計と総計を求める →p.102

表作成

非対応バージョン 2007

02.028 エラー値を除外して小計と総計を求める

使用関数 AGGREGATE（アグリゲイト）

AGGREGATE関数を使用すると、さまざまな条件を指定して集計を行えます。ここではエラー値を無視して、小計と総計を求めます。いくつかの過程を経て計算された結果を集計する場合、大元のデータが一部未入力のために集計対象のデータにエラーが含まれてしまうことがあります。SUBTOTAL関数を使用した場合、大元のデータが入力されるまで集計結果はエラーのままですが、AGGREGATE関数ならエラー値を無視して、常に暫定的な集計結果を表示できます。なお、Excel 2007では、AGGREGATE関数を使用できません。

エラーを無視して小計と総計を求める

入力セル D6　入力式 =AGGREGATE(9,2,D3:D5)

入力セル D10　入力式 =AGGREGATE(9,2,D7:D9)

入力セル D11　入力式 =AGGREGATE(9,2,D3:D10)

D11　=AGGREGATE(9,2,D3:D10)

	A	B	C	D
1	支店別売上集計			
2	支店		売上数	売上
3	東日本	札幌	241	241,000
4		仙台	未定	#VALUE!
5		東京	361	361,000
6		小計		602,000
7	西日本	大阪	288	288,000
8		松山	96	96,000
9		福岡	159	159,000
10		小計		543,000
11	総計			1,145,000

AGGREGATE関数で小計を計算

AGGREGATE関数で総計を計算

check!

= AGGREGATE(集計方法, 除外条件, 範囲1 [, 範囲2] ……)

[Excel 2016 / 2013/ 2010]

集計方法…集計のために使用する関数を次表の数値で指定

除外条件…集計対象のデータのうち無視するデータの条件を次表の数値で指定

範囲…集計対象のセル範囲を指定

「集計方法」で指定した関数を使用して、「除外条件」のデータを除いた「範囲」のデータを集計します。「範囲」を253個まで指定できます。

集計方法	関数
1	AVERAGE
2	COUNT
3	COUNTA
4	MAX
5	MIN
6	PRODUCT
7	STDEV.S
8	STDEV.P
9	SUM
10	VAR.S

集計方法	関数
11	VAR.P
12	MEDIAN
13	MODE.SNGL
14	LARGE
15	SMALL
16	PERCENTILE.INC
17	QUARTILE.INC
18	PERCENTILE.EXC
19	QUARTILE.EXC

除外条件	説明
0または省略	ネストされたSUBTOTAL関数とAGGREGATE関数を無視する
1	非表示の行、ネストされたSUBTOTAL関数とAGGREGATE関数を無視する
2	エラー値、ネストされたSUBTOTAL関数とAGGREGATE関数を無視する
3	非表示の行、エラー値、ネストされたSUBTOTAL関数とAGGREGATE関数を無視する
4	何も無視しない
5	非表示の行を無視する
6	エラー値を無視する
7	非表示の行とエラー値を無視する

memo

▶AGGREGATE関数は、従来からあるSUBTOTAL関数を発展させたものです。SUBTOTAL関数と比較すると、使用できる関数の種類は、11種類から19種類へと大幅に増えています。また、SUBTOTAL関数では非表示のデータを無視するかどうかしか選べませんでしたが、AGGREGATE関数ではエラー値や小計を無視するかどうかも選べるようになっています。

▶ここでは、エラー値と小計データを無視して総計を求めたかったので、セルD11のAGGREGATE関数の引数「除外条件」に「2」を使用しました。セルD6とD10については、引数のセル範囲の中に小計が含まれていないので、引数「除外条件」に、「2」の代わりに「6」を指定しても同じ結果になります。

関連項目 02.025 小計と総計を求める →p.102

データベース

02.029 数値データのセルをカウントする

使用関数 COUNT(カウント)

Excelには、データをカウントするための関数が豊富に用意されており、カウント対象のデータの種類に応じて使い分けます。カウントしたいデータが数値データの場合は、COUNT関数でカウントします。ここでは、セル範囲C3:C12に入力されたデータのうち、数値データのみをカウントします。

■ 数値データをカウントする

入力セル E3　入力式 =COUNT(C3:C12)

E3　=COUNT(C3:C12)

	A	B	C	D	E
1	売上強化週間来客数調査				
2	日付	曜日	来客数		営業日数
3	11月1日	火	108		8
4	11月2日	水	97		
5	11月3日	木	文化の日		
6	11月4日	金	128		
7	11月5日	土	106		
8	11月6日	日	88		
9	11月7日	月	定休日		
10	11月8日	火	112		
11	11月9日	水	105		
12	11月10日	木	135		

「来客数」欄に含まれる数値だけをカウントできた

check!

=COUNT(値1 [, 値2] ……)

値…数値の個数を調べる値やセル範囲を指定

指定した「値」に含まれる数値の数を返します。「値」は255個まで指定できます。

memo

▶数式の戻り値として数値が表示されているセルは、カウントの対象です。また、日付や時刻も「シリアル値」と呼ばれる数値データの一種なので、カウントの対象になります。

▶空白セルや、セルに文字列として入力された数値、論理値はカウントされません。なお、引数に直接指定した文字列の数値や論理値はカウントされます。例えば「=COUNT("1",TRUE)」の結果は2です。

関連項目 02.030 データが入力されたセルをカウントする →p.109
02.033 条件に合致するデータをカウントする →p.112

データベース

02.030 データが入力されたセルをカウントする

使用関数 COUNTA(カウント・エー)

何らかのデータが入力されているセルをカウントするには、COUNTA関数を使用します。ここでは、セル範囲C3:C9の「申請書類」欄にデータが入力されているセルを、「手続き完了者」とみなしてカウントします。

入力済みのセルをカウントする

入力セル E4　入力式 =COUNTA(C3:C9)

E4　=COUNTA(C3:C9)

	A	B	C	D	E	F	G
1	昇進試験受験者名簿						
2	氏名	年齢	申請書類		手続き完了者		
3	野崎　秀雄	38	提出済み				
4	松原　信彦	45			4		
5	遠田　惣一	42	提出済み				
6	岡崎　和夫	39					
7	三田　正敏	44					
8	保戸田　英之	40	提出済み				
9	加藤　健	42	提出済み				
10							

データの入力されたセルだけをカウントできた

check!

=COUNTA(値1 [, 値2] ……)

値…データの個数を調べる値やセル範囲を指定

指定した「値」に含まれるデータの数を返します。未入力のセルはカウントされません。「値」は255個まで指定できます。

memo

▶COUNT関数が数値と日付だけをカウントするのに対して、COUNTA関数は数値、日付、文字列、論理値などすべてのデータをカウントします。

▶COUNTA関数は、数式が入力されているセルもカウントします。数式の戻り値として「""」が返されたセルは、見た目は空白ですが、カウントの対象になります。

02.029 数値データのセルをカウントする →p.108
02.031 見た目が空白のセルをカウントする →p.110
02.032 見た目も中身も空白のセルをカウントする →p.111

データベース

02.031 見た目が空白のセルをカウントする

使用関数 COUNTBLANK（カウント・ブランク）

セル範囲に含まれる空白セルをカウントするには、COUNTBLANK関数を使用します。ここで言う「空白」とは、見た目が空白のセルです。未入力のセルと、数式の戻り値として「""」が返されたセルはカウント対象です。ここでは、セル範囲D3:D8から空白セルをカウントします。

空白のセルをカウントする

入力セル F3　入力式 =COUNTBLANK(D3:D8)

F3　=COUNTBLANK(D3:D8)

	A	B	C	D	E	F	G	H
1	アルバイト給与支払い覚書							
2	氏名	給与	支払日	支払い		未払い件数		
3	松下知美	¥56,000	4月26日	済み		2		
4	江川博信	¥12,000						
5	本村道行	¥115,000	4月26日	済み				
6	野村健	¥0		支給無				
7	杉田紀子	¥48,000						
8	木村真知	¥27,000	4月26日	済み				

空白のセルだけをカウントできた

check!

=COUNTBLANK(セル範囲)

セル範囲…空白セルの個数を調べるセル範囲を指定

指定した「セル範囲」に含まれる空白セルの数を返します。空白文字列「""」が入力されているセルもカウントの対象になります。数値の0はカウントされません。

memo

▶サンプルのセルD3:D8には「=IF(B3=0,"支給無",IF(C3<>"","済み",""))」という数式が入力されており、「給与」が0のセルに「支給無」、「支払日」が入力されているセルに「済み」、それ以外のセルに空白文字列「""」を表示しています。つまり、セルF3に入力したCOUNTBLANK関数で、見た目が空白のセル（実際には数式が入力されているセル）をカウントしています。

▶全角や半角のスペースが入力されているセルは、COUNTBLANK関数のカウントの対象になりません。

関連項目 02.030 データが入力されたセルをカウントする →p.109
02.032 見た目も中身も空白のセルをカウントする →p.111

データベース

02.032 見た目も中身も空白のセルをカウントする

使用関数 ROWS(ロウズ) / COLUMNS(カラムズ) / COUNTA(カウント・エー)

02.031 で紹介したCOUNTBLANK関数は、未入力のセルも、数式の結果が何も表示されていないセルも、区別せずにカウントします。未入力のセルだけをカウントしたいときは、COUNTBLANK関数を使わずに、すべてのセルの個数からデータが入力されているセルの個数を引き算します。指定したセル範囲に含まれるセルの個数は、行数と列数の積から求めます。データが入力されているセルの個数は、COUNTA関数で求めます。

■見た目も中身も空白のセルをカウントする

入力セル F4　入力式 =ROWS(A2:D5)*COLUMNS(A2:D5)-COUNTA(A2:D5)

F4　=ROWS(A2:D5)*COLUMNS(A2:D5)-COUNTA(A2:D5)

	A	B	C	D	E	F	G	H
1	会員登録							
2	氏名	岡村　由紀	登録日	2016/6/1		未入力		
3	生年月日		年齢			データ数		
4	電話番号	03-5544-XXXX	会員区分	ゴールド会員		2		
5	e-mail		支払方法	現金				
6								
7	※年齢は生年月日から自動計算されるので入力不要							

セルD3は見た目は空白だが、実は数式が入力されている

真に未入力のセル(セルB3とセルB5)だけをカウントできた

check!

=ROWS(配列) → 07.026
=COLUMNS(配列) → 07.026
=COUNTA(値1 [, 値2] ……) → 02.030

memo

▶セルD3には「=IF(B3="","",DATEDIF(B3,TODAY(),"Y"))」という数式が入力されており、セルB3に生年月日が入力されるまで年齢が表示されない仕掛けになっています。

▶ROWS関数は引数のセル範囲の行数を返し、COLUMNS関数は引数のセル範囲の列数を返します。

=ROWS(A2:D5)*COLUMNS(A2:D5)-COUNTA(A2:D5)

A2:D5の行数 × A2:D5の列数 － A2:D5の入力済みのセル数

A2:A5のセル数

関連項目
02.030 データが入力されたセルをカウントする →p.109
02.031 見た目が空白のセルをカウントする →p.110

データベース

02.033 条件に合致するデータをカウントする

使用関数 COUNTIF（カウント・イフ）

「会員／非会員が混在する名簿から会員数だけをカウントしたい」というときは、COUNTIF関数を使用します。この関数を使えば、指定した条件に合致するデータだけをカウントできます。ここでは、「区分」欄のうち、「会員」というデータだけをカウントします。

■「会員」だけをカウントする

入力セル D3　入力式 =COUNTIF(B3:B9," 会員 ")

D3　=COUNTIF(B3:B9,"会員")

	A	B	C	D	E	F	G	H
1	お得意様情報							
2	お得意様	区分		会員数				
3	松原弓子	会員		3				
4	遠藤慶介	非会員						
5	杉浦希	会員						
6	本村芳樹	非会員						
7	高橋誠	会員						
8	野村由紀	非会員						
9	三谷幸男	非会員						
10								

「会員」だけをカウントできた
条件範囲

check!

=COUNTIF(条件範囲, 条件)

条件範囲…条件判定の対象となるデータが入力されているセル範囲を指定
条件…カウント対象のデータを検索するための条件を指定

指定した「条件」に合致するデータを「条件範囲」から探し、見つかった個数を返します。

memo

▶セルD3に入力したCOUNTIF関数の引数の指定内容は次のとおりです。

=COUNTIF(B3:B9,"会員")

条件範囲（B3:B9）：「区分」欄
条件（"会員"）：「会員」

▶COUNTIF関数の引数「条件」に文字列や日付を指定する場合は、「"会員"」「"2016/6/17"」のように半角ダブルクォーテーション「"」で囲みます。数値の場合は、そのまま「1234」のように指定します。

関連項目 02.034 「○未満」のデータをカウントする →p.113

データベース

02.034 「○未満」のデータをカウントする

使用関数 COUNTIF（カウント・イフ）

COUNTIF関数の引数「条件」に「比較演算子」を組み合わせると、「○以上」や「○未満」など、範囲を条件にカウントすることができます。ここでは年齢が「30歳未満」という条件で、顧客数をカウントします。「未満」を表す比較演算子は「<」で、条件は「"<30"」となります。

「30歳未満」の顧客をカウントする

入力セル D4　入力式 =COUNTIF(B3:B9,"<30")

D4 =COUNTIF(B3:B9,"<30")

	A	B	C	D
1	お得意様情報			
2	お得意様	年齢		30歳未満カウント
3	松原弓子	30		
4	遠藤慶介	27		2
5	杉浦希	34		
6	本村芳樹	40		
7	高橋誠	49		
8	野村由紀	39		
9	三谷幸男	25		
10				

30歳未満の顧客をカウントできた

条件範囲

check!

=COUNTIF(条件範囲, 条件) → 02.033

memo

▶比較演算子の種類と使い方は、02.010 を参照してください。比較演算子を含む条件は、半角ダブルクォーテーション「"」で囲む必要があります。

関連項目 02.010 「○以上」のデータを合計する →p.86
02.035 「平均以上」のデータをカウントする →p.114

データベース

02.035 「平均以上」のデータをカウントする

使用関数 COUNTIF（カウント・イフ） ／ AVERAGE（アベレージ）

「平均以上」を条件にデータをカウントするには、COUNTIF関数とAVERAGE関数を組み合わせて使用します。別のセルに平均値を求めなくても、1つの式でカウントできます。ここでは、「得点」欄のセルB3:B7から平均以上のデータ数をカウントします。

■得点が平均以上の受験者をカウントする

入力セル D4　入力式 =COUNTIF(B3:B7,">="&AVERAGE(B3:B7))

D4　=COUNTIF(B3:B7,">="&AVERAGE(B3:B7))

	A	B	C	D	E	F	G	H
1	試験結果							
2	受験者	得点		平均以上の受験者数				
3	岡田百合	60						
4	小林博之	90		3				
5	田中正行	75						
6	星野弘子	50						
7	山本雄介	80						
8								

条件範囲

平均以上のデータをカウントできた

check!

=COUNTIF(条件範囲, 条件) → 02.033
=AVERAGE(数値1 [, 数値2] ……) → 02.045

memo

▶セルD4に入力したCOUNTIF関数の引数の指定内容は次のとおりです。

=COUNTIF(B3:B7,">="&AVERAGE(B3:B7))

- 条件範囲（B3:B7）：「得点」欄
- 条件（">="&AVERAGE(B3:B7)）：平均以上

関連項目 02.033 条件に合致するデータをカウントする →p.112
02.034 「○未満」のデータをカウントする →p.113

データベース

02.036 「○○を含む」データをカウントする

使用関数 COUNTIF（カウント・イフ）

COUNTIF関数で、「○○を含む」「○○で始まる」「○○で終わる」などのあいまいな条件を指定するには、ワイルドカード文字を使用します。ここではワイルドカード文字「*」を使用して、「"*"&D3&"*"」という条件を指定し、セルD3に入力した文字列を含むデータをカウントします。

セルD3の文字列を含むデータをカウントする

入力セル D5 入力式 =COUNTIF(B3:B9,"*"&D3&"*")

D5 =COUNTIF(B3:B9,"*"&D3&"*")

	A	B	C	D	E	F
1	お得意様情報					
2	お得意様	ご購入品		条件（含む）		
3	松原弓子	防水テレビ		テレビ		
4	遠藤慶介	食器洗浄機		カウント		
5	杉浦希	プラズマテレビ		4		
6	本村芳樹	アイロン				
7	高橋誠	液晶テレビ				
8	野村由紀	テレビ台				
9	三谷幸男	洗濯乾燥機				
10						

条件「テレビ」を入力

「防水テレビ」「プラズマテレビ」「液晶テレビ」「テレビ台」がカウントされる

条件範囲

check!

=COUNTIF(条件範囲, 条件) → 02.033

memo

▶ワイルドカード文字には、任意の文字列の代用となる「*」と、任意の1文字の代用となる「?」があります。詳しい使い方は、02.013 を参照してください。

関連項目 02.013 「○○を含む」データを合計する →p.89
02.033 条件に合致するデータをカウントする →p.112

表作成

02.037 月ごとの最終行にデータ数を表示する

使用関数 MONTH（マンス） / IF（イフ） / COUNTIF（カウント・イフ）

売上表の中に「月件数」の列を設けて、月ごとの最終行にデータ数を表示してみましょう。まず、MONTH関数で日付から月を取り出し、作業列に表示します。現在行の月が下の行の月と異なる場合だけ、月ごとのデータ数をCOUNTIF関数で求めます。なお、このテクニックは日付を基準にデータが並べられた表で有効です。

■月ごとの最終行にデータ数を表示する

入力セル D3　入力式 =MONTH(A3)

入力セル C3　入力式 =IF(D3=D4,"",COUNTIF($D$3:$D$10,D3))

C3 | =IF(D3=D4,"",COUNTIF($D$3:$D$10,D3))

	A	B	C	D
1	売上記録			
2	日付	売上	月件数	作業列
3	4月5日	250,000		4
4	4月10日	100,000		4
5	4月25日	50,000	3	4
6	5月16日	200,000		5
7	5月22日	350,000	2	5
8	6月5日	330,000		6
9	6月13日	50,000		6
10	6月18日	100,000	3	6

セルD3に数式を入力して、セルD10までコピー

セルC3に数式を入力して、セルC10までコピー

check!

=MONTH(シリアル値) → 04.008
=IF(論理式, 真の場合, 偽の場合) → 06.001
=COUNTIF(条件範囲, 条件) → 02.033

memo

▶セルC3に入力した数式の内容は次のとおりです。

=IF(D3=D4, "", COUNTIF($D$3:$D$10,D3))

- D3=D4：現在行の月と下の行の月が等しい
- ""：何も表示しない（真）
- COUNTIF($D$3:$D$10,D3)：現在の月のデータをカウント（偽）

関連項目 01.048 作業用の列を非表示にする →p.56
02.023 月ごとの最終行に合計値を表示する →p.100

データベース

02.038 AND条件でデータをカウントする①

使用関数 カウント・イフ・エス COUNTIFS

「性別が女、かつ、区分が会員」というように、すべてを満たす場合の条件設定をAND条件と呼びます。AND条件でデータをカウントするには、COUNTIFS関数を使います。ここではこの関数を使用して、セルE4に入力した性別と、セルF4に入力した区分を条件にデータをカウントします。

■ セルE4の性別、セルF4の区分を条件にデータをカウントする

入力セル E6　入力式 =COUNTIFS(B3:B9,E4,C3:C9,F4)

E6　=COUNTIFS(B3:B9,E4,C3:C9,F4)

	A	B	C	D	E	F
1	お得意様情報					
2	お得意様	性別	区分		AND条件	
3	松原弓子	女	会員		性別	区分
4	遠藤慶介	男	非会員		女	会員
5	杉浦希	女	会員		人数	
6	本村芳樹	男	非会員		2	
7	高橋誠	男	会員			
8	野村由紀	女	非会員			
9	三谷幸男	男	非会員			

「性別が女、かつ、区分が会員」の顧客がカウントされる

条件範囲2

条件範囲1

check!

=COUNTIFS(条件範囲1, 条件1 [, 条件範囲2, 条件2] ……)

条件範囲…条件判定の対象となるデータが入力されているセル範囲を指定

条件…カウント対象のデータを検索するための条件を指定

指定した「条件」に合致するデータを「条件範囲」から探し、条件に合致したデータの個数を返します。「条件範囲」と「条件」は必ずペアで指定します。最大127組のペアを指定できます。

memo

▶セルE6に入力したCOUNTIFS関数の引数の指定内容は次のとおりです。

=COUNTIFS(B3:B9,E4,C3:C9,F4)

条件範囲1 「性別」欄　条件1 「女」　条件範囲2 「区分」欄　条件2 「会員」

AND条件

関連項目 02.039 AND条件でデータをカウントする② →p.118

データベース

02.039 AND条件でデータをカウントする②

使用関数 SUMPRODUCT（サム・プロダクト）

AND条件でデータをカウントするにはCOUNTIFS関数（02.038参照）を使用するのが一般的ですが、SUMPRODUCT関数を使用する方法もあります。考え方は複雑ですが、使い方を覚えておくと、いろいろな場面で応用できます。

■セルE4の性別、セルF4の区分を条件にデータをカウントする

入力セル E6　入力式 =SUMPRODUCT((B3:B9=E4)*(C3:C9=F4))

E6　=SUMPRODUCT((B3:B9=E4)*(C3:C9=F4))

	A	B	C	D	E	F
1	お得意様情報					
2	お得意様	性別	区分		AND条件	
3	松原弓子	女	会員		性別	区分
4	遠藤慶介	男	非会員		女	会員
5	杉浦希	女	会員		人数	
6	本村芳樹	男	非会員		2	
7	高橋誠	男	会員			
8	野村由紀	女	非会員			
9	三谷幸男	男	非会員			
10						

「性別が女、かつ、区分が会員」の顧客がカウントされる

check!

=SUMPRODUCT(配列1 [, 配列2] ……) → 03.041

memo

▶SUMPRODUCT関数は配列の要素同士の積を合計するための関数ですが、次の書式にしたがって数式を作成すると、条件1と条件2を同時に満たすデータをカウントできます。

=SUMPRODUCT((セル範囲1=条件1)*(セル範囲2=条件2))

▶SUMPRODUCT関数の引数「(B3:B9=E4)*(C3:C9=F4)」の結果は配列「{1;0;1;0;0;0;0}」で、戻り値は配列の中の「1」の合計値です。

関連項目 02.038 AND条件でデータをカウントする① →p.117

データベース

02.040 「○以上△未満」のデータをカウントする

使用関数 COUNTIFS（カウント・イフ・エス）

「○以上△未満」という条件は、「○以上、かつ、△未満」というAND条件です。このような条件でカウントするには、COUNTIFS関数を使用します。引数の「条件範囲1」と「条件範囲2」には同じセル範囲を指定します。

■ セルD4以上、セルE4未満を条件に顧客数を求める

入力セル D6　入力式 =COUNTIFS(B3:B9,">="&D4,B3:B9,"<"&E4)

D6　=COUNTIFS(B3:B9,">="&D4,B3:B9,"<"&E4)

	A	B	C	D	E
1	お得意様情報				
2	お得意様	年齢		AND条件	
3	松原弓子	30		以上	未満
4	遠藤慶介	27		30	40
5	杉浦希	34		人数	
6	本村芳樹	40			3
7	高橋誠	49			
8	野村由紀	39			
9	三谷幸男	25			
10					

条件範囲

「30歳以上40歳未満」の顧客数が求められた

check!

=COUNTIFS(条件範囲1, 条件1 [, 条件範囲2, 条件2] ……) → 02.038

関連項目 02.038 AND条件でデータをカウントする① →p.117

データベース

02.041 OR条件でデータをカウントする①

使用関数 COUNTIF（カウント・イフ）

「都道府県が埼玉県、または、都道府県が千葉県」というように、いずれかを満たす場合の条件設定を「OR条件」と呼びます。Excelには、OR条件でカウントするための専用の関数がありません。COUNTIF関数で埼玉県のデータ数と千葉県のデータ数をそれぞれ求め、足し算することで「埼玉県または千葉県」のデータ数が求められます。

■ セルD4、またはセルE4を条件にカウントする

入力セル D6　入力式 =COUNTIF(B3:B9,D4)+COUNTIF(B3:B9,E4)

D6　=COUNTIF(B3:B9,D4)+COUNTIF(B3:B9,E4)

	A	B	C	D	E	F	G	H
1	お得意様情報							
2	お得意様	都道府県		OR条件				
3	松原弓子	東京都		条件1	条件2			
4	遠藤慶介	埼玉県		埼玉県	千葉県			
5	杉浦希	千葉県		人数				
6	本村芳樹	神奈川県		3				
7	高橋誠	東京都						
8	野村由紀	埼玉県						
9	三谷幸男	東京都						
10								

条件範囲

「埼玉県または千葉県」の顧客数が求められた

check!

=COUNTIF(条件範囲, 条件) → 02.033

memo

▶セルD6に入力した数式の内容は次のとおりです。

=COUNTIF(B3:B9,D4)　+　COUNTIF(B3:B9,E4)

「埼玉県」のデータ数　プラス　「千葉県」のデータ数

関連項目 02.042 OR条件でデータをカウントする② →p.121

データベース

02.042 OR条件でデータをカウントする②

使用関数 SUM(サム) ／ COUNTIF(カウント・イフ)

ここでは、COUNTIF関数とSUM関数を組み合わせて、OR条件でデータをカウントする方法を紹介します。02.041 で紹介した方法は条件の数が増えると数式が長くなりがちですが、この方法なら1つの数式にスマートに複数の条件を指定できます。

■「埼玉県または千葉県」の顧客数を求める

入力セル D6　入力式 =SUM(COUNTIF(B3:B9,{"埼玉県","千葉県"}))

D6　=SUM(COUNTIF(B3:B9,{"埼玉県","千葉県"}))

	A	B	C	D
1	お得意様情報			
2	お得意様	都道府県		埼玉県
3	松原弓子	東京都		または
4	遠藤慶介	埼玉県		千葉県
5	杉浦希	千葉県		人数
6	本村芳樹	神奈川県		3
7	高橋誠	東京都		
8	野村由紀	埼玉県		
9	三谷幸男	東京都		
10				

「埼玉県または千葉県」の顧客数を求められた

条件範囲

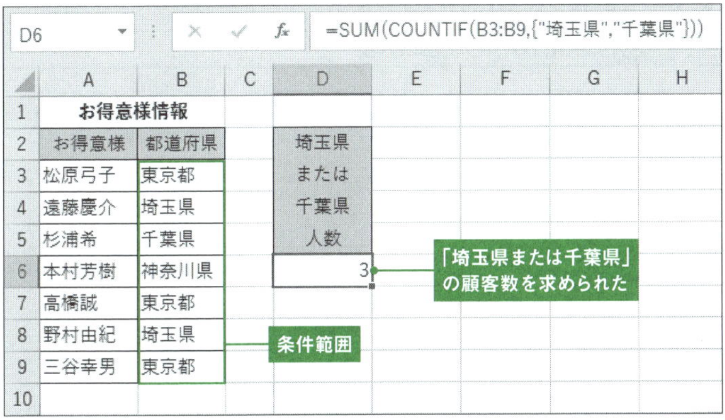

check!

=SUM(数値1 [, 数値2] ……) → 02.001

=COUNTIF(条件範囲, 条件) → 02.033

memo

▶SUM関数の引数に指定した「COUNTIF(B3:B9,{"埼玉県","千葉県"})」の結果は、埼玉県のデータ数と千葉県のデータ数からなる配列「{2,1}」です。数式バーでこの部分をドラッグし、[F9] キーを押すと、配列になっていることを確認できます。確認したら、[Esc] キーを押してください。

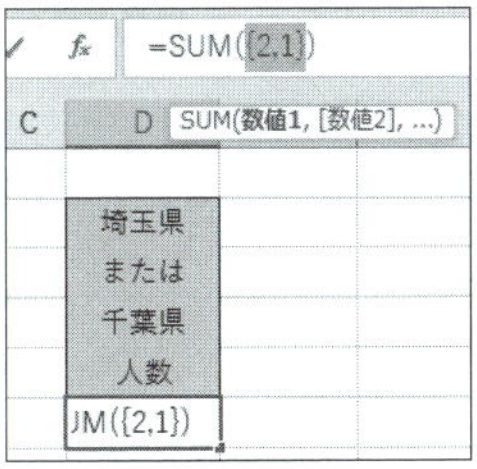

=SUM({2,1})

SUM(数値1, [数値2], ...)

埼玉県 または 千葉県 人数

JM({2,1})

関連項目 02.041 OR条件でデータをカウントする① →p.120

データ分析

02.043 フィルターで抽出されたデータのみをカウントする

使用関数 SUBTOTAL（サブトータル）

SUBTOTAL関数を使用すると、オートフィルターで抽出されたデータだけを対象に集計を行えます。集計方法としてカウントを実行したいときは、数値データをカウントしたいのか、データ全般をカウントしたいのかによって、引数「集計方法」の指定を変えます。ここでは文字データをカウントしたいので、「集計方法」に「3」を指定します。

■抽出されたデータのみを対象にカウントする

入力セル B12　入力式 =SUBTOTAL(3,B4:B10)

B12 =SUBT

	A	B	C	D
1		お得意様情報		
2				
3	NO	お得意様	区分	
4	1	松原弓子	会員	
5	2	遠藤慶介	非会員	
6	3	杉浦希	会員	
7	4	本村芳樹	非会員	
8	5	高橋誠	会員	
9	6	野村由紀	非会員	
10	7	三谷幸男	非会員	
11				
12	人数	7		

抽出していないときは全データがカウントされる

B12 =SUBT

	A	B	C	D
1		お得意様情報		
2				
3	NO	お得意様	区分	
4	1	松原弓子	会員	
6	3	杉浦希	会員	
8	5	高橋誠	会員	
11				
12	人数	3		
13				
14				
15				
16				

抽出を実行すると抽出されたデータだけがカウントされる

check!

=SUBTOTAL(集計方法, 範囲1 [, 範囲2] ……) → 02.025

memo

▶表の列見出にオートフィルターの［▼］ボタンを表示するには、［データ］タブの［並べ替えとフィルター］グループにある［フィルター］ボタンをクリックします。

▶数値データをカウントしたい場合は、SUBTOTAL関数の引数「集計方法」に「2」を指定します。

表作成

02.044 非表示の行を除外してカウントする

使用関数 SUBTOTAL（サブトータル）

SUBTOTAL関数の引数「集計方法」に101～111を指定すると、非表示の行を除外して集計を行えます。ここでは、非表示の行を除外して、データをカウントします。文字データをカウントしたいので、引数「集計対象」に「103」を指定します。

非表示の行を除外してカウントする

入力セル B12　入力式 =SUBTOTAL(103,C4:C10)

B12　=SUBT

	A	B	C	D
1		お得意様情報		
2				
3	NO	お得意様	区分	
4	1	松原弓子	会員	
5	2	遠藤慶介	非会員	
9	6	野村由紀	非会員	
10	7	三谷幸男	非会員	
11				
12	人数	4		
13				
14				
15				
16				

非表示の行を除外してカウントできた

B12　=SUBT

	A	B	C	D
1		お得意様情報		
2				
3	NO	お得意様	区分	
4	1	松原弓子	会員	
5	2	遠藤慶介	非会員	
6	3	杉浦希	会員	
7	4	本村芳樹	非会員	
8	5	高橋誠	会員	
9	6	野村由紀	非会員	
10	7	三谷幸男	非会員	
11				
12	人数	7		
13				

非表示を解除すると全データがカウントされる

check!

=SUBTOTAL(集計方法, 範囲1 [, 範囲2] ……) → 02.025

memo

▶行を非表示にするには、行番号を右クリックして［非表示］を選択します。また、行の非表示を解除するには、非表示の行を含むように隣接する行番号をドラッグして選択し、右クリックして［再表示］を選択します。

関連項目
02.025 小計と総計を求める →p.102
02.043 フィルターで抽出されたデータのみをカウントする →p.122

データベース

02.045 平均値を求める

使用関数 AVERAGE（アベレージ）

データの平均値を求めるには、AVERAGE関数を使用します。「平均」にはいくつかの種類がありますが、通常、平均と言うと、データの合計をデータ数で割って求めるAVERAGE関数の平均を指します。このような平均を、「相加平均」または「算術平均」と呼びます。ここでは売上高の平均を求めます。

■「売上高」の平均値を求める

入力セル B8　入力式 =AVERAGE(B3:B7)

B8 =AVERAGE(B3:B7)

	A	B	C	D	E	F
1	セール売上高					
2	販売員	売上高				
3	岡田百合	1,727,500				
4	小林博之	860,200				
5	田中正行	2,047,800				
6	星野弘子	905,200				
7	山本雄介	1,333,200				
8	平均	1,374,780				

「売上高」の平均値が求められた

check!

=AVERAGE(数値1 [, 数値2] ……)

数値…平均を求める値やセル範囲を指定

指定した「数値」の平均値を返します。セル範囲に含まれる文字列、論理値、空白セルは無視されます。「数値」は255個まで指定できます。

memo

▶空白セルや文字データのセルは平均の対象になりませんが、0は平均の対象になります。「10、20、空白」と入力されたセル範囲の平均は「(10＋20)÷2＝15」ですが、「10、20、0」の場合は「(10＋20＋0)÷3＝10」になります。

▶セルに入力された論理値は平均の対象になりませんが、引数に直接指定した論理値は、TRUEが1、FALSEが0として計算されます。例えば「=AVERAGE(TRUE,FALSE)」の結果は0.5になります。

関連項目 02.008 データの平均／個数／最大値／最小値を簡単に求める →p.84
02.033 条件に合致するデータをカウントする →p.112

データベース

02.046 文字データを0として平均値を求める

使用関数 AVERAGE(アベレージ) ／ AVERAGEA(アベレージ・エー)

平均計算の対象のセル範囲に文字データが含まれる場合、それをどのように扱うか、きちんと考える必要があります。文字データを無視するか、0として扱うかによって、データ数が変わり、それに伴い平均の値も変わるためです。文字データを無視する場合はAVERAGE関数、0として扱う場合はAVERAGEA関数を使用します。

「売上高」の平均値を求める

入力セル B8 入力式 =AVERAGE(B3:B7)

入力セル B9 入力式 =AVERAGEA(B3:B7)

B9 =AVERAGEA(B3:B7)

	A	B	C	D	E	F
1	セール売上高					
2	販売員	売上高				
3	岡田百合	1,727,500				
4	小林博之	860,200				
5	田中正行	休暇				
6	星野弘子	905,200				
7	山本雄介	1,333,200				
8	平均(休暇除外)	1,206,525				
9	平均(休暇は0)	965,220				
10						

AVERAGE関数で「休暇」の人を無視して求めた4人の平均値

AVERAGEA関数で「休暇」の人の売上高を0として求めた5人の平均値

check!

=AVERAGEA(数値1 [, 数値2] ……)

数値…平均を求める値やセル範囲を指定

指定した「数値」の平均値を返します。セル範囲に含まれる空白セルは無視されますが、文字列と論理値のFALSEは0、TRUEは1として計算されます。「数値」は255個まで指定できます。

=AVERAGE(数値1 [, 数値2] ……) → 02.045

関連項目 02.008 データの平均／個数／最大値／最小値を簡単に求める →p.84
02.033 条件に合致するデータをカウントする →p.112

データベース

02.047 条件に合致するデータの平均値を求める

使用関数 AVERAGEIF（アベレージ・イフ）

指定した条件に合致するデータだけを対象に平均値を求めたいときは、AVERAGEIF関数を使います。ここでは、「2016/9/2」という日付の条件で「ご購入額」の平均値を求めます。条件の日付は、「"2016/9/2"」のようにダブルクォーテーション「"」で囲んで指定します。

「2016/9/2」の購入額の平均を求める

入力セル E4　入力式 =AVERAGEIF(B3:B9,"2016/9/2",C3:C9)

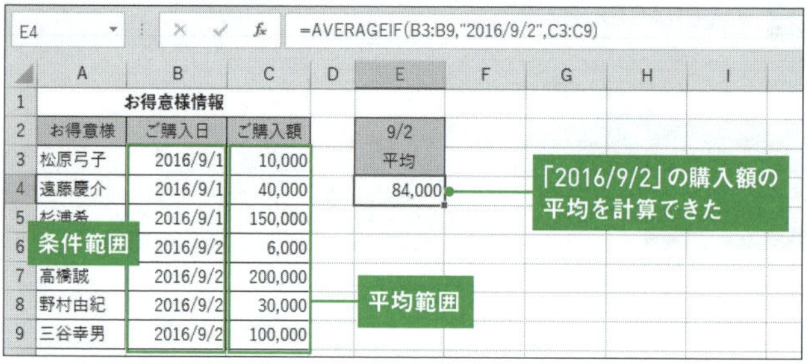

E4　=AVERAGEIF(B3:B9,"2016/9/2",C3:C9)

	A	B	C	D	E
1		お得意様情報			
2	お得意様	ご購入日	ご購入額		9/2
3	松原弓子	2016/9/1	10,000		平均
4	遠藤慶介	2016/9/1	40,000		84,000
5	杉浦希	2016/9/1	150,000		
6		2016/9/2	6,000		
7	高橋誠	2016/9/2	200,000		
8	野村由紀	2016/9/2	30,000		
9	三谷幸男	2016/9/2	100,000		

条件範囲　平均範囲　「2016/9/2」の購入額の平均を計算できた

check!

=AVERAGEIF(条件範囲, 条件 [, 平均範囲])

条件範囲…条件判定の対象となるデータが入力されているセル範囲を指定
条件…平均を求める対象のデータを検索するための条件を指定
平均範囲…平均を求める対象の数値データが入力されているセル範囲を指定。指定を省略すると、「条件範囲」のデータが計算の対象となる

指定した「条件」に合致するデータを「条件範囲」から探し、条件に合致した行の「平均範囲」のデータの平均を求めます。条件に合致するデータがない場合、[#DIV/0!] が返されます。

memo

▶セルE4に入力したAVERAGEIF関数の引数の指定内容は次のとおりです。

=AVERAGEIF(B3:B9,"2016/9/2",C3:C9)

B3:B9：条件範囲「ご購入日」欄　"2016/9/2"：条件「2016/9/2」　C3:C9：平均範囲「ご購入額」欄

▶AVERAGEIF関数の引数「条件」に文字列や日付を指定する場合は、「"会員"」「"2016/6/17"」のように半角ダブルクォーテーション「"」で囲みます。数値の場合は、そのまま「1234」のように指定します。

データベース

02.048 AND条件でデータの平均値を求める

使用関数 AVERAGEIFS（アベレージ・イフ・エス）

複数の条件をすべて満たすとき、つまり、AND条件でデータの平均を求めたいときは、AVERAGEIFS関数を使います。ここではこの関数を使用して、セルF4に入力した性別と、セルG4に入力した購入日を条件に平均値を求めます。

セルF4の性別、セルG4の購入日を条件に平均を求める

入力セル F6　入力式 =AVERAGEIFS(D3:D9,B3:B9,F4,C3:C9,G4)

F6　=AVERAGEIFS(D3:D9,B3:B9,F4,C3:C9,G4)

	A	B	C	D	E	F	G	H
1	お得意様情報							
2	お得意様	性別	ご購入日	ご購入額		AND条件		
3	松原弓子	女	2016/9/1	10,000		性別	ご購入日	
4	遠藤慶介	男	2016/9/1	40,000		女	2016/9/1	
5	杉浦希	女	2016/9/1	150,000		平均		
6	本村芳樹	男	2016/9/2	6,000		80,000		
7		男	2016/9/2	200,000				
8	野村由紀	女	2016/9/2	30,000				
9	三谷幸男	男	2016/9/2	100,000				

条件範囲1　条件範囲2

「性別が女、かつ、購入日が2016/9/1」の購入額の平均が求められた

check!

=AVERAGEIFS(平均範囲, 条件範囲1, 条件1 [, 条件範囲2, 条件2] ……)

平均範囲…平均を求める対象の数値データが入力されているセル範囲を指定
条件範囲…条件判定の対象となるデータが入力されているセル範囲を指定
条件…平均を求める対象のデータを検索するための条件を指定

指定した「条件」に合致するデータを「条件範囲」から探し、条件に合致した行の「平均範囲」のデータの平均を求めます。「条件範囲」と「条件」は必ずペアで指定します。最大127組のペアを指定できます。条件に合致するデータがない場合、[#DIV/0!] が返されます。

memo

▶セルF6に入力したAVERAGEIFS関数の引数の指定内容は次のとおりです。

=AVERAGEIFS(D3:D9 , B3:B9 , F4 , C3:C9 , G4)

D3:D9	B3:B9	F4	C3:C9	G4
平均範囲	条件範囲1	条件1	条件範囲2	条件2
「ご購入額」欄	「性別」欄	「女」	「ご購入日」欄	「2016/9/1」

AND条件（条件範囲1〜条件2）

関連項目 02.049 OR条件でデータの平均値を求める →p.128

データベース

02.049 OR条件でデータの平均値を求める

使用関数 IF（イフ） ／ OR（オア） ／ AVERAGE（アベレージ）

OR条件で平均を求めるには、IF関数とOR関数で条件判定を行い、条件に合致したデータだけ、作業列に計算対象の数値を表示します。それを元にAVERAGE関数で平均を求めます。

■ セルF4、またはセルG4を条件に平均を求める

入力セル	入力式
D3	=IF(OR(B3=$F$4,B3=$G$4),C3,"")
F6	=AVERAGE(D3:D9)

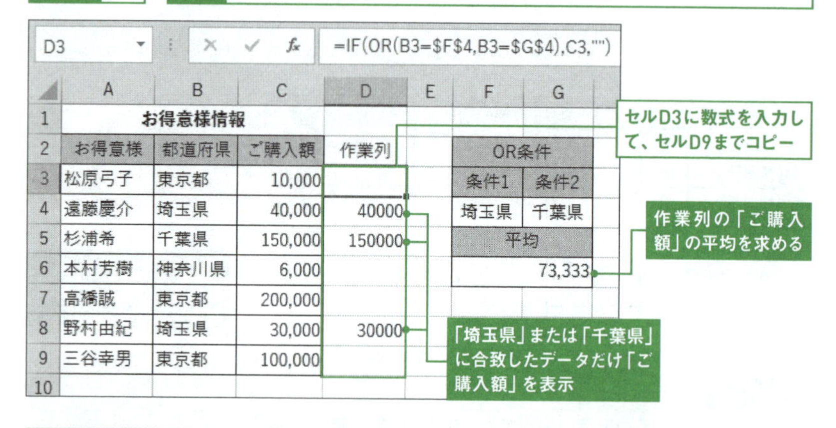

	A	B	C	D	E	F	G
1	お得意様情報						
2	お得意様	都道府県	ご購入額	作業列		OR条件	
3	松原弓子	東京都	10,000			条件1	条件2
4	遠藤慶介	埼玉県	40,000	40000		埼玉県	千葉県
5	杉浦希	千葉県	150,000	150000		平均	
6	本村芳樹	神奈川県	6,000				73,333
7	高橋誠	東京都	200,000				
8	野村由紀	埼玉県	30,000	30000			
9	三谷幸男	東京都	100,000				
10							

check!

=IF(論理式, 真の場合, 偽の場合) → 06.001
=OR(論理式1 [, 論理式2] ……) → 06.009
=AVERAGE(数値1 [, 数値2] ……) → 02.045

memo

▶セルD3に入力したIF関数の引数の指定内容は次のとおりです。条件が入力されたセルF4とセルG4は、数式をコピーしたときにずれないように、絶対参照で指定します。

=IF(OR(B3=$F$4, B3=$G$4), C3, "")

- B3=$F$4：論理式1 都道府県が「埼玉県」
- B3=$G$4：論理式2 都道府県が「千葉県」
- （論理式1・論理式2）OR条件
- C3：真 「ご購入額」を表示
- ""：偽 何も表示しない

関連項目 02.048 AND条件でデータの平均値を求める →p.127

セルの書式

02.050 平均以上のセルに色を付けて目立たせる

「売上高」欄の数値のうち、平均値以上の数値に色を付けるには、条件付き書式を設定します。条件の中でAVERAGE関数を使用して平均を求めるので、あらかじめセルに平均値を求めておく必要はありません。AVERAGE関数の引数に指定するセル範囲は固定したいので、絶対参照で指定しましょう。

平均以上の売上高に色を付ける

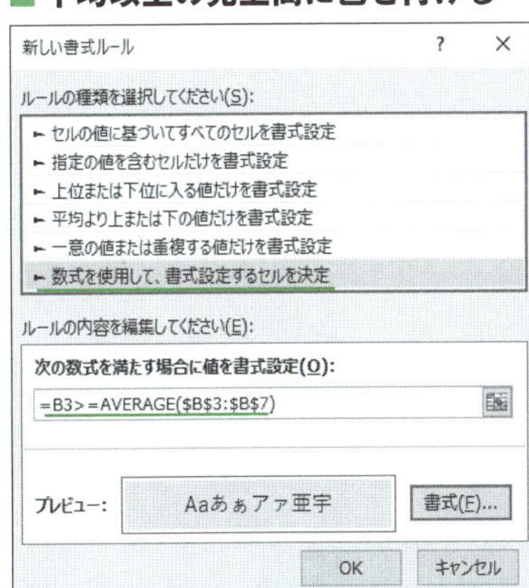

1「売上高」のセル範囲B3:B7を選択し、01.040を参考に［新しい書式ルール］ダイアログを開く。［数式を使用して、書式設定するセルを決定］を選択し、条件の式を入力し、書式を指定する。

入力式 =B3>=AVERAGE($B$3:$B$7)

A1 セール売上高

	A	B	C	D
1	セール売上高			
2	販売員	売上高		
3	岡田百合	1,727,500		
4	小林博之	860,200		
5	田中正行	2,047,800		
6	星野弘子	905,200		
7	山本雄介	1,333,200		
8				

2平均以上のセルに色が付いた。

check!

=AVERAGE(数値1 [, 数値2] ……) → 02.045

関連項目 02.045 平均値を求める →p.124

データベース

02.051 0を除外して平均値を求める

使用関数 AVERAGEIF（アベレージ・イフ）

休暇中の販売員の売上高が「0」と入力されている表からAVERAGE関数で平均値を計算すると、休暇中の販売員の「0」も計算の対象になります。「0」を除外した有効な売上高の数値だけから平均を計算したい場合は、AVERAGEIF関数を使用して、計算の条件として「"<>0"」を指定します。

0を除外した数値の平均値を求める

入力セル B9　入力式 =AVERAGEIF(B3:B7,"<>0")

B9　=AVERAGEIF(B3:B7,"<>0")

	A	B	C	D	E	F
1	セール売上高					
2	販売員	売上高				
3	岡田百合	1,727,500				
4	小林博之	860,200				
5	田中正行	0	(休暇中)			
6	星野弘子	905,200				
7	山本雄介	1,333,200				
8	平均(0含む)	965,220				
9	平均(0除外)	1,206,525				
10						

0を除外して平均が求められた

check!

=AVERAGEIF(条件範囲, 条件 [, 平均範囲]) → 02.047

関連項目
02.045 平均値を求める →p.124
02.046 文字データを0として平均値を求める →p.125
02.047 条件に合致するデータの平均値を求める →p.126

データ分析

02.052 最高点と最低点を除外して平均値を求める

使用関数 SUM（サム） ／ MAX（マックス） ／ MIN（ミニマム） ／ COUNT（カウント）

競技会の採点種目で、採点の公平・公正を保つために最高点と最低点を除外して、残りの点数で平均を求めることがあります。点数の合計から最大値と最小値を引き、それを「データ数−2」で割れば、そのような平均値が求められます。合計はSUM関数、最大値はMAX関数、最小値はMIN関数、データ数はCOUNT関数でそれぞれ求めます。

■ 最高点と最低点を除外して平均値を求める

入力セル B10

入力式 =(SUM(B3:B9)-MAX(B3:B9)-MIN(B3:B9))/(COUNT(B3:B9)-2)

B10 =(SUM(B3:B9)-MAX(B3:B9)-MIN(B3:B9))/(COUNT(B3:B9)-2)

	A	B
1	競技会採点表	
2	審判員	採点
3	斉藤	8
4	峰岸	10
5	小野寺	7
6	水沢	4
7	南	7
8	長谷川	8
9	森下	8
10	平均	7.6
11	※最高点/最低点除外	

最高点と最低点を除いた平均値が求められた

check!

=SUM(数値1 [, 数値2] ……) → 02.001
=MAX(数値1 [, 数値2] ……) → 02.063
=MIN(数値1 [, 数値2] ……) → 02.064
=COUNT(値1 [, 値2] ……) → 02.029

memo

▶AVERAGEIFS関数を使用しても、最高点と最低点を除外した平均値を求められます。ただし、最高点や最低点が複数存在する場合に、すべての最高点や最低点が除外されます。

=AVERAGEIFS(B3:B9,B3:B9,"<>" & MAX(B3:B9),B3:B9,"<>" & MIN(B3:B9))

関連項目 02.051 0を除外して平均値を求める →p.130

データ分析

02.053 基準から外れる値を除外して平均値を求める①

使用関数 AVERAGEIFS（アベレージ・イフ・エス）

極端な値を無効にして平均を求めたいときは、有効とみなす値の範囲を条件に、AVERAGEIFS関数で範囲内の値だけの平均を求めます。サンプルでは、Webページのアクセス解析の結果から、訪問者がそのページに滞在していた時間の平均を求めています。滞在中に席を離れた場合や、すぐにページを移動した場合を除外し、滞在中ずっと内容を読んでいたとみなせる訪問者だけを計算の対象にするため、30秒以上1800秒以下の数値のみを使います。

■ セルE2以下、セルE3以上の値の平均値を求める

入力セル E4

入力式 =AVERAGEIFS(B3:B10,B3:B10,"<="&E2,B3:B10,">="&E3)

E4 =AVERAGEIFS(B3:B10,B3:B10,"<="&E2,B3:B10,">="&E3)

	A	B	C	D	E
1	アクセス解析				
2	NO	滞在時間(秒)		上限基準	1,800
3	1	315		下限基準	30
4	2	128		平均	244
5	3	8			
6	4	125			
7	5	65			
8	6	8,542			
9	7	587			
10	8	5			
11	平均	1,222			
12					

上限と下限の基準値を入力しておく

「30秒以上1800秒以下」の滞在時間の平均が求められた

check!

=AVERAGEIFS(平均範囲, 条件範囲1, 条件1 [, 条件範囲2, 条件2] ……) → 02.048

memo

▶極端に大きい値だけを除きたい、または極端に小さい値だけを除きたい、というときは、AVERAGEIF関数に単一条件を指定して平均を求めます。例えばサンプルのシートでセルE2に入力した上限基準より大きい値だけを除きたいときは、次の数式になります。

=AVERAGEIF(B3:B10,"<="&E2)

関連項目 02.054 基準から外れる値を除外して平均値を求める② →p.133
02.055 上下10%ずつを除外して平均値を求める →p.134

データ分析

02.054 基準から外れる値を除外して平均値を求める②

使用関数 IF（イフ）／AND（アンド）／AVERAGE（アベレージ）

ここでは作業列を使用して、極端な値を除外した平均を求める方法を紹介します。まず、IF関数とAND関数で条件判定を行い、範囲内のデータだけを作業列に表示します。それを元にAVERAGE関数で平均を求めます。数式が作成できたら、01.048 を参考に作業列を非表示にしておきましょう。

セルF2以下、セルF3以上の値の平均値を求める

入力セル C3　入力式 =IF(AND(B3<=$F$2,B3>=$F$3),B3,"")

入力セル F4　入力式 =AVERAGE(C3:C10)

C3　=IF(AND(B3<=$F$2,B3>=$F$3),B3,"")

	A	B	C	D	E	F	G
1	アクセス解析						
2	NO	滞在時間(秒)	作業列		上限基準	1,800	
3	1	315	315		下限基準	30	
4	2	128	128		平均	244	
5	3	8					
6	4	125	125				
7	5	65	65				
8	6	8,542					
9	7	587	587				
10	8	5					
11	平均	1,222					
12							

上限と下限の基準値を入力しておく

「30秒以上1800秒以下」の滞在時間の平均が求められた

check!

=IF(論理式, 真の場合, 偽の場合) → 06.001
=AND(論理式1 [, 論理式2] ……) → 06.007
=AVERAGE(数値1 [, 数値2] ……) → 02.045

関連項目 02.053 基準から外れる値を除外して平均値を求める① →p.132
02.055 上下10%ずつを除外して平均値を求める →p.134

データ分析

02.055 上下10%ずつを除外して平均値を求める

使用関数 TRIMMEAN（トリム・ミーン）

TRIMMEAN関数を使用すると、上位と下位から一定の割合でデータを除外して平均を計算できます。例えば100個のデータについて除外する割合を「0.2」と指定した場合、上位10%の10個のデータと下位10%の10個のデータが除外されて、残りの80個の数値で平均が計算されます。ここでは、データ数10、割合0.2の場合を例に平均を求めます。

■ 上下10%ずつを除外して平均値を求める

入力セル B13　入力式 =TRIMMEAN(B3:B12,0.2)

B13　=TRIMMEAN(B3:B12,0.2)

	A	B
1	測定結果	
2	測定回数	測定値
3	1回目	12.3
4	2回目	10.0
5	3回目	11.5
6	4回目	31.0
7	5回目	13.3
8	6回目	10.4
9	7回目	11.7
10	8回目	13.6
11	9回目	5.1
12	10回目	12.8
13	平均	11.95
14		※上下10%除外

上下1個ずつを除いて、8個の数値から平均が求められた

check!

=TRIMMEAN(配列, 割合)

配列…平均の対象となるデータを含む配列定数、またはセル範囲を指定
割合…除外するデータの割合を0以上1未満の数値で指定

指定した「配列」のうち、上位と下位から指定した「割合」のデータ数のデータを除外して、残りの数値の平均値を返します。

memo

▶除外されるデータ数が奇数になるような割合を指定した場合、それ以下の最も近い偶数個のデータが除外されます。例えばデータの総数が10個で割合に0.3を指定した場合、除外されるデータ数は計算上10×0.3＝3となりますが、実際には上位1個、下位1個の合計2個のデータだけが除外されます。

関連項目 02.053 基準から外れる値を除外して平均値を求める① →p.132

データ分析

02.056 相乗平均(幾何平均)を求める

使用関数 GEOMEAN（ジオ・ミーン）

平均にはさまざまな種類があり、適切に使い分ける必要があります。数値の大きさの平均を調べたいときはAVERAGE関数で「相加平均（算術平均）」を求めますが、伸び率や下落率などの倍率の平均を調べたいときはGEOMEAN関数で「相乗平均（幾何平均）」を求めます。ここでは数年分の売上の前年比を元に相乗平均で平均伸び率を求めます。

相乗平均を使用して「前年比」の数値から「平均伸び率」を求める

入力セル C7　入力式 =GEOMEAN(C4:C6)

C7　=GEOMEAN(C4:C6)

	A	B	C
1	年度別売上表		
2	年	売上	前年比
3	2013年	40	
4	2014年	100	2.5
5	2015年	80	0.8
6	2016年	140	1.75
7	平均伸び率		1.518294

平均伸び率は約1.5

check!

=GEOMEAN(数値1 [, 数値2] ……)

数値…相乗平均を求める値やセル範囲を指定

指定した「数値」の相乗平均を返します。セル範囲に含まれる文字列、論理値、空白セルは無視されます。「数値」は255個まで指定できます。

memo

▶相乗平均の定義は以下のとおりです。例えばデータ数が2個の場合、相加平均が「足して2で割る」のに対して、相乗平均は「掛けて2乗根を取る」方法で計算します。

$$相乗平均 = \sqrt[n]{x_1 x_2 \cdots x_n}$$

▶検算を行うと、相乗平均の有効性が理解できます。サンプルの場合、セルD3に初年度売上の40を入力し、セルD4に「前年売上×平均伸び率」を求める「=D3*$C$7」を入力してセルD6までコピーすると、セルD6と実際の最終売上の数値が一致します。

	A	B	C	D
1	年度別売上表			
2	年	売上	前年比	検算
3	2013年	40		40
4	2014年	100	2.5	60.732
5	2015年	80	0.8	92.209
6	2016年	140	1.75	140
7	平均伸び率		1.518294	

データ分析

02.057 調和平均を求める

使用関数 HARMEAN（ハーミーン）

単位当たりの数値の平均を調べたいときは、HARMEAN関数で「調和平均」を求めます。例えば「行きと帰りの時速の平均」「作業員の1時間当たりの作業量の平均」などを調べたいときに使用します。ここでは、行きの時速40km/h、帰りの時速10km/hの場合の、往復の平均時速を求めます。

調和平均を使用して往復の平均時速を求める

入力セル B5　入力式 =HARMEAN(B3:B4)

B5　=HARMEAN(B3:B4)

	A	B
1	速度計算	
2		時速(km/h)
3	往路	40
4	復路	10
5	平均時速	16

平均時速は16km/h

check!

=HARMEAN(数値1 [, 数値2] ……)

数値…調和平均を求める値やセル範囲を指定

指定した「数値」の調和平均を返します。セル範囲に含まれる文字列、論理値、空白セルは無視されます。「数値」は255個まで指定できます。

memo

▶調和平均の定義は以下のとおりです。

$$調和平均 = \frac{n}{\frac{1}{x_1}+\frac{1}{x_2}+\cdots+\frac{1}{x_n}}$$

▶検算を行うと、調和平均の有効性が理解できます。サンプルの場合、まず片道を10kmとして所要時間を求めます。

往路：10km÷40km/h＝0.25時間
復路：10km÷10km/h＝1時間

以上により、往復の所要時間は合計1.25時間です。往復の距離を往復の所要時間で割って時速を求めると、サンプルで求めた平均時速と一致します。

往復の時速：20km÷1.25時間＝16km/h

データ分析

02.058 加重平均を求める

使用関数 SUMPRODUCT(サム・プロダクト) ／ SUM(サム)

それぞれの数値に何らかの重み付けをして求めた平均を「加重平均」と呼びます。ここでは、店ごとに異なる小売価格で販売している商品の平均小売価格を求めます。この場合、3店舗の小売価格を単純に平均するより、販売数を考慮して平均を求めたほうが合理的です。そこで、販売数を重みとして小売価格に掛け、その総和を販売数の総和で割ります。重み付けした小売価格の総和はSUMPRODUCT関数、販売数の総和はSUM関数で求めます。

加重平均を使用して平均小売価格を求める

入力セル C7　入力式 =SUMPRODUCT(B3:B5,C3:C5)/SUM(C3:C5)

C7　=SUMPRODUCT(B3:B5,C3:C5)/SUM(C3:C5)

	A	B	C	D	E	F	G
1	デジタルカメラEX2010　小売調査						
2	販売店	小売価格	販売数				
3	エクセル電気	23,000	200				
4	MSカメラ	27,000	10				
5	AVG電気	25,000	40				
6							
7	1台あたりの平均価格		23,480				
8							

平均小売価格は23,480円

check!

=SUMPRODUCT(配列1 [, 配列2] ……) → 03.041
=SUM(数値1 [, 数値2] ……) → 02.001

memo

▶データをx、重みをwとすると、加重平均の定義は以下のようになります。

$$\text{加重平均} = \frac{w_1x_1 + w_2x_2 + \cdots + w_nx_n}{w_1 + w_2 + \cdots + w_n}$$

▶サンプルの場合、3店舗の小売価格を単純に平均すると、25,000円です。しかし、安い価格の販売数は高い価格の販売数よりずっと多いので、販売数で重み付けした加重平均の23,480円のほうが現状に即した平均値と言えます。

関連項目 02.045 平均値を求める →p.124

データベース

02.059 オートフィルを使って移動平均を求める

使用関数 AVERAGE（アベレージ）

売上や株価など、時系列に並んだ数値データから、連続するn個ずつの平均を求めることがあります。このような平均を「移動平均」と呼びます。ここでは、売上の3カ月移動平均を求めます。AVERAGE関数で3カ月分の平均値を求め、オートフィルで数式をコピーするという簡単な作業です。

■3カ月移動平均を求める

入力セル C5　入力式 =AVERAGE(B3:B5)

C5　=AVERAGE(B3:B5)

	A	B	C	D	E	F	G
1	月別売上実績						
2	月	売上（万円）	3カ月移動平均				
3	1月	824					
4	2月	418					
5	3月	622	621				
6	4月	589	543				
7	5月	1,020	744				
8	6月	765	791				
9	7月	599	795				
10	8月	870	745				
11	9月	1,136	868				
12	10月	520	842				
13	11月	870	842				
14	12月	915	768				

セルC5に数式を入力して、セルC14までコピー

check!

=AVERAGE(数値1 [, 数値2] ……) → 02.045

memo

▶突発的な要因に左右されやすい数値の場合、移動平均を使用すると、長期的な傾向を把握しやすくなります。例えば水着のように季節変動のある商品の売上の場合、24カ月分の売上を並べても、夏の数値が大き過ぎて長期的に売上が上昇しているのか下降しているのかがわかりません。しかし、12カ月移動平均を並べれば、季節変動を除外した売上の傾向をつかめます。

関連項目 02.060 指定した期間の移動平均を求める →p.139
02.061 移動平均線の折れ線グラフを作成する →p.140

データベース

02.060 指定した期間の移動平均を求める

使用関数 IF（イフ） / COUNT（カウント） / AVERAGE（アベレージ） / OFFSET（オフセット）

株価の動きを分析する際、13週移動平均や26週移動平均など、決まった期間の移動平均が使用されます。そこでここでは、指定した期間の移動平均を求める方法を紹介します。AVERAGE関数の引数に指定するセル範囲は、OFFSET関数で求めます。n週移動平均の場合、最初の「n-1」週は計算できないので、IF関数で場合分けして空白にします。

■ セルC1で指定した期間の移動平均を求める

入力セル C3

入力式 =IF(COUNT($B$3:B3)<$C$1,"",AVERAGE(OFFSET(B3,0,0,-$C$1,1)))

C3 =IF(COUNT

	A	B	C	D
1	株価推移		13	
2	月	株価	13週移動平均	
3	1月8日	512		
4	1月15日	624		
5	1月22日	669		
6	1月29日	625		
7	2月5日	606		
8	2月12日	671		
9	2月19日	652		
10	2月26日	668		
11	3月4日	772		
12	3月11日	704		
13	3月18日	686		
14	3月25日	703		
15	4月1日	733	663	
16	4月8日	528	665	
17	4月15日	520	657	
18	4月22日	465	641	

セルC1に個数を入力

セルC3に数式を入力して、セルC54までコピー

最初の12週は計算できないので空白になる

13週目以降に13週移動平均が表示される

check!

=IF(論理式, 真の場合, 偽の場合) → 06.001
=COUNT(値1 [, 値2] ……) → 02.029
=AVERAGE(数値1 [, 数値2] ……) → 02.045
=OFFSET(基準, 行数, 列数 [, 高さ] [, 幅]) → 07.018

資料作成

02.061 移動平均線の折れ線グラフを作成する

使用関数 IF（イフ） ／ COUNT（カウント） ／ NA（エヌ・エー） ／ AVERAGE（アベレージ） ／ OFFSET（オフセット）

02.060 では、最初の「n-1」週の移動平均のセルに「""」を入れましたが、「""」は0とみなされるため、これをグラフにすると形が不自然になります。「""」の代わりにデータが未定であることを示すエラー値［#N/A］を表示すれば、最初の「n-1」週の折れ線を非表示にできます。

■ 移動平均の折れ線グラフを作成する

入力セル C3

入力式 =IF(COUNT($B$3:B3)<$C$1,NA(),AVERAGE(OFFSET(B3,0,0,-$C$1,1)))

	A	B	C
1	株価推移		13
2	月	株価	13週移動平均
3	1月8日	512	#N/A
4	1月15日	624	#N/A
5	1月22日	669	#N/A
6	1月29日	625	#N/A
7	2月5日	606	#N/A
8	2月12日	671	#N/A
9	2月19日	652	#N/A
10	2月26日	668	#N/A
11	3月4日	772	#N/A
12	3月11日	704	#N/A
13	3月18日	686	#N/A
14	3月25日	703	#N/A
15	4月1日	733	663

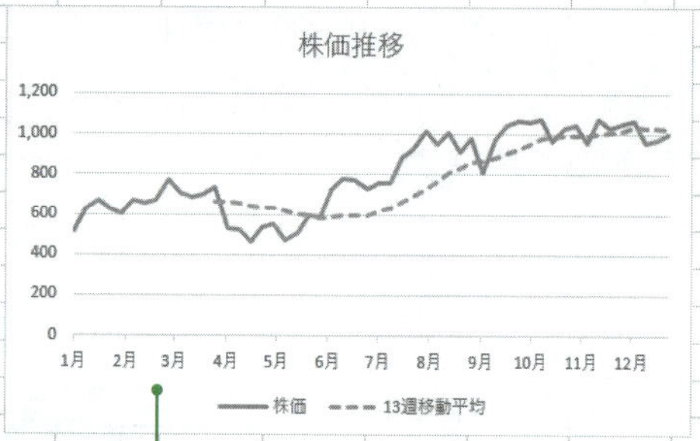

株価推移
1,200 1,000 800 600 400 200 0
1月 2月 3月 4月 5月 6月 7月 8月 9月 10月 11月 12月
株価 13週移動平均

セルC3に数式を入力してセルC54までコピー

セル範囲A2:C54から折れ線グラフを作成

check!

=IF(論理式, 真の場合, 偽の場合) → 06.001
=COUNT(値1 [, 値2] ……) → 02.029
=NA() → 07.045
=AVERAGE(数値1 [, 数値2] ……) → 02.045
=OFFSET(基準, 行数, 列数 [, 高さ] [, 幅]) → 07.018

memo

▶移動平均は数値を平滑化したものなので、短期的な変動が吸収されて折れ線がなめらかになり、データの長期的な傾向がわかりやすくなります。

関連項目 02.060 指定した期間の移動平均を求める →p.139

資料作成

02.062 [#N/A]エラーを非表示にする

使用関数　ISNA（イズ・エヌ・エー）

02.061 では、最初の「n-1」週の移動平均のセルにエラー値 [#N/A] を表示しました。このエラー値をセルに入れたまま見かけの上で非表示にするには、条件付き書式の機能を使用して、セルの値が [#N/A] の場合に文字の色を白にします。

[#N/A]エラーを非表示にする

新しい書式ルール
ルールの種類を選択してください(S):
- セルの値に基づいてすべてのセルを書式設定
- 指定の値を含むセルだけを書式設定
- 上位または下位に入る値だけを書式設定
- 平均より上または下の値だけを書式設定
- 一意の値または重複する値だけを書式設定
- 数式を使用して、書式設定するセルを決定

ルールの内容を編集してください(E):
次の数式を満たす場合に値を書式設定(O):
=ISNA(C3)
プレビュー:　書式(F)...
OK　キャンセル

❶「移動平均」のセル範囲C3:C54を選択して、01.040 を参考に [新しい書式ルール] ダイアログを開く。[数式を使用して、書式設定するセルを決定] を選択し、条件の式を入力し、書式として白いフォントを指定する。

入力式　=ISNA(C3)

❷エラー値 [#N/A] が非表示になった。

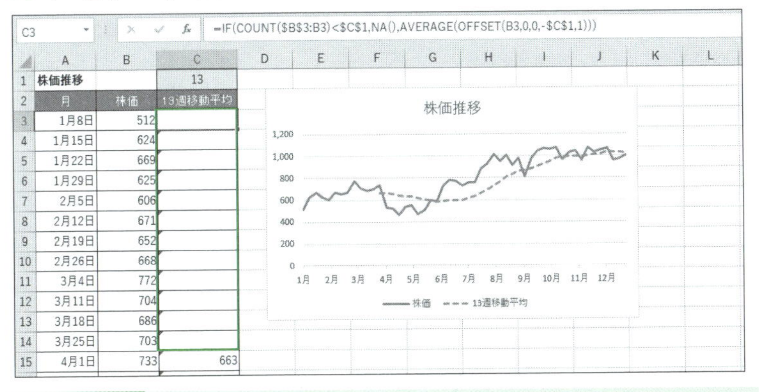

check!

=ISNA(テストの対象) → 06.035

データベース

02.063 最大値を求める

使用関数 MAX（マックス）

数値データの最大値を求めるには、MAX関数を使用します。ここでは売上表から、MAX関数を使用して最高売上を求めます。MAX関数は、この他、2つの数値の大きいほうを求めたいときや、2つの時刻の遅いほうを求めたいときなどにも役に立つので、ぜひ覚えておきましょう。

最高売上を求める

入力セル D3　入力式 =MAX(B3:B7)

D3　=MAX(B3:B7)

	A	B	C	D	E	F	G
1	セール売上高						
2	販売員	売上高		最高売上			
3	岡田百合	1,727,500		2,047,800			
4	小林博之	860,200					
5	田中正行	2,047,800					
6	星野弘子	905,200					
7	山本雄介	1,333,200					
8							

最高売上が求められた

check!

=MAX(数値1 [, 数値2] ……)

数値…最大値を求める値やセル範囲を指定

指定した「数値」の最大値を返します。セル範囲に含まれる文字列、論理値、空白セルは無視されます。「数値」は255個まで指定できます。

memo

- ［オートSUM］ボタンの右にある［▼］ボタンをクリックして、［最大値］を選択すると、MAX関数を自動で入力できます。
- 「=MAX(B2,D2)」のようにすると、セルB2とセルD2のうち、大きいほうを求めることができます。

関連項目
02.008 データの平均／個数／最大値／最小値を簡単に求める →p.84
02.064 最小値を求める →p.143

数式の基本 表の集計 数値処理 日付と時刻 文字列操作 条件判定 表の検索と操作 数学計算 統計計算 財務計算 関数一覧

データベース

02.064 最小値を求める

使用関数 MIN（ミニマム）

数値データの最小値を求めるには、MIN関数を使用します。ここでは売上表から、MIN関数を使用して最低売上を求めます。MIN関数は、この他、2つの数値の小さいほうを求めたいときや、2つの時刻の早いほうを求めたいときなどにも役に立つので、ぜひ覚えておきましょう。

最低売上を求める

入力セル D3　入力式 =MIN(B3:B7)

D3　=MIN(B3:B7)

	A	B	C	D
1	セール売上高			
2	販売員	売上高		最低売上
3	岡田百合	1,727,500		860,200
4	小林博之	860,200		
5	田中正行	2,047,800		
6	星野弘子	905,200		
7	山本雄介	1,333,200		
8				

最低売上が求められた

check!

=MIN(数値1 [, 数値2] ……)

数値…最小値を求める値やセル範囲を指定

指定した「数値」の最小値を返します。セル範囲に含まれる文字列、論理値、空白セルは無視されます。「数値」は255個まで指定できます。

memo

- [オートSUM] ボタンの右にある [▼] ボタンをクリックして、[最小値] を選択すると、MIN関数を自動で入力できます。
- 「=MIN(B2,D2)」のようにすると、セルB2とセルD2のうち、小さいほうを求めることができます。

関連項目
02.008 データの平均／個数／最大値／最小値を簡単に求める →p.84
02.063 最大値を求める →p.142

数式の基本
表の集計
数値処理
日付と時刻
文字列操作
条件判定
表の検索と操作
数学計算
統計計算
財務計算
関数一覧

データベース

02.065 条件に合致するデータの最大値を求める①

使用関数 MAX(マックス) ／ IF(イフ)

MAX関数とIF関数を組み合わせて配列数式を使用すると、条件付きで最大値を求めることができます。ここでは「区分」が「非会員」であることを条件に、「ご購入額」の最大値を求めます。

■ セルE3に入力した値を条件に購入額の最大値を求める

入力セル E5　入力式 {=MAX(IF(B3:B9=E3,C3:C9,""))}

E5　{=MAX(IF(B3:B9=E3,C3:C9,""))}

	A	B	C	D	E	F	G
1	お得意様情報						
2	お得意様	区分	ご購入額		条件		
3	松原弓子	会員	10,000		非会員		
4	遠藤慶介	非会員	40,000		最高額		
5	杉浦希	会員	150,000		100,000		
6	本村芳樹	非会員	6,000				
7	高橋誠	会員	200,000				
8	野村由紀	非会員	30,000				
9	三谷幸男	非会員	100,000				

セルE5に数式を入力して、[Ctrl]＋[Shift]＋[Enter]キーで確定

非会員の中から購入額の最大値が求められた

check!

=MAX(数値1 [, 数値2] ……) → 02.063
=IF(論理式, 真の場合, 偽の場合) → 06.001

memo

▶上記の配列数式は、作業列の先頭に「=IF(B3=$E$3,C3,"")」を入力して下端までコピーし、そのセル範囲からMAX関数で「=MAX(D3:D9)」のようにして最大値を求める操作に相当します。配列数式が難しくて理解できない場合は、作業列を使用してもよいでしょう。

E5　=MAX(D3:D9)

	A	B	C	D	E	F
1	お得意様情報					
2	お得意様	区分	ご購入額	作業列	条件	
3	松原弓子	会員	10,000		非会員	
4	遠藤慶介	非会員	40,000	40,000	最高額	
5	杉浦希	会員	150,000		100,000	
6	本村芳樹	非会員	6,000	6,000		
7	高橋誠	会員	200,000			
8	野村由紀	非会員	30,000	30,000		
9	三谷幸男	非会員	100,000	100,000		

関連項目 02.063 最大値を求める →p.142
02.067 条件に合致するデータの最小値を求める① →p.146

データベース　非対応バージョン 2013 2010 2007

02.066 条件に合致するデータの最大値を求める②

使用関数 MAXIFS（マックス・イフ・エス）

MAXIFS関数を使用すると、簡単に条件付きで最大値を求められます。配列数式や作業列などを使用せずに、1つの関数で求めることができるので便利です。ここでは、「区分」が「非会員」であることを条件に、「ご購入額」の最大値を求めます。なお、2016年6月現在、MAXIFS関数を使用できるバージョンは、Office 365に含まれるExcel 2016のみです。

セルE3に入力した値を条件に購入額の最大値を求める

入力セル E5　入力式 =MAXIFS(C3:C9,B3:B9,E3)

E5　=MAXIFS(C3:C9,B3:B9,E3)

	A	B	C	D	E	F	G
1	お得意様情報						
2	お得意様	区分	ご購入額		条件		
3	松原弓子	会員	10,000		非会員		
4	遠藤慶介	非会員	40,000		最高額		
5	杉浦希	会員	150,000		100,000		
6	本村芳樹	非会員	6,000				
7	高橋誠	会員	200,000				
8	野村由紀	非会員	30,000				
9	三谷幸男	非会員	100,000				

非会員の中から購入額の最大値が求められた

check!

=MAXIFS(最大範囲, 条件範囲1, 条件1, [条件範囲2, 条件2])
[Office 365のExcel 2016]

最大範囲…最大値を求める対象の数値データが入力されているセル範囲を指定
条件範囲…条件判定の対象となるデータが入力されているセル範囲を指定
条件…最大値を求める対象のデータを検索する条件を指定

指定した「条件」に合致するデータを「条件範囲」から探し、条件に合致した行の「最大範囲」のデータから最大値を求めます。「条件範囲」と「条件」は必ずペアで指定します。最大127組のペアを指定できます。

memo

▶合計、カウント、平均の場合、単一条件専用のSUMIF関数、COUNTIF関数、AVERAGEIF関数が存在しますが、最大値の場合は「MAXIF」という関数はありません。単一条件の場合も複数条件の場合も、MAXIFS関数を使用します。

関連項目 02.063 最大値を求める →p.142

データベース

02.067 条件に合致するデータの最小値を求める①

使用関数 MIN（ミニマム） ／ IF（イフ）

MIN関数とIF関数を組み合わせて配列数式を使用すると、条件付きで最小値を求めることができます。ここでは「区分」が「会員」であることを条件に、「ご購入額」の最小値を求めます。

セルE3に入力した値を条件に購入額の最小値を求める

入力セル E5　入力式 {=MIN(IF(B3:B9=E3,C3:C9,""))}

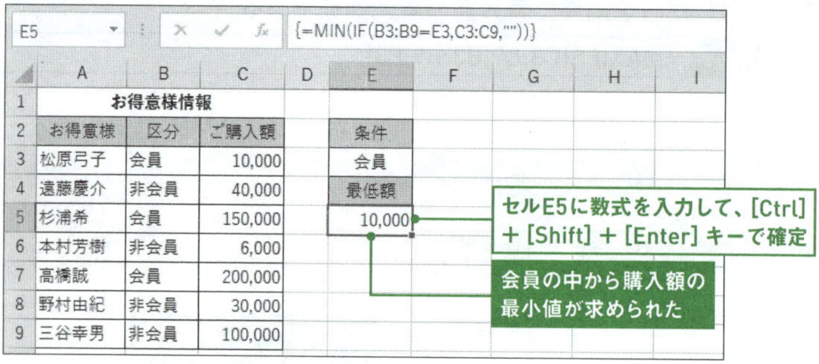

E5　{=MIN(IF(B3:B9=E3,C3:C9,""))}

	A	B	C	D	E
1	お得意様情報				
2	お得意様	区分	ご購入額		条件
3	松原弓子	会員	10,000		会員
4	遠藤慶介	非会員	40,000		最低額
5	杉浦希	会員	150,000		10,000
6	本村芳樹	非会員	6,000		
7	高橋誠	会員	200,000		
8	野村由紀	非会員	30,000		
9	三谷幸男	非会員	100,000		

セルE5に数式を入力して、[Ctrl]＋[Shift]＋[Enter]キーで確定

会員の中から購入額の最小値が求められた

check!

=MIN(数値1 [, 数値2] ……) → 02.064

=IF(論理式, 真の場合, 偽の場合) → 06.001

memo

▶上記の配列数式は、作業列の先頭に「=IF(B3=$E$3,C3,"")」を入力して下端までコピーし、そのセル範囲からMIN関数で「=MIN(D3:D9)」のようにして最小値を求める操作に相当します。MIN関数の引数「IF(B3:B9=E3,C3:C9,"")」の部分を数式バーでドラッグし、[F9]キーを押すと、作業列に表示されるはずの配列を確認できます。確認したら、[Esc]キーを押してください。

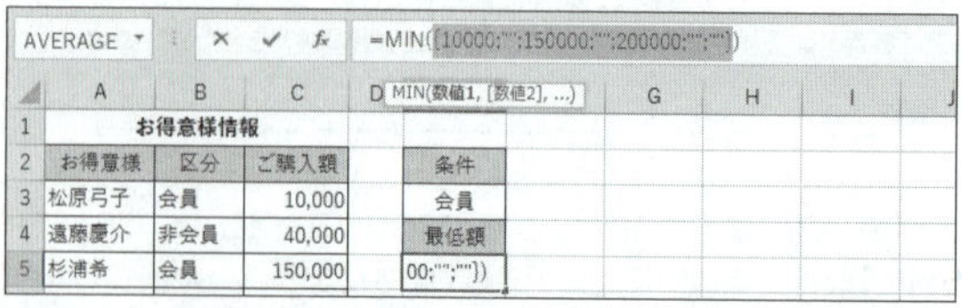

AVERAGE　=MIN({10000;"";150000;"";200000;"";""})

MIN(数値1, [数値2], ...)

	A	B	C	D	E
1	お得意様情報				
2	お得意様	区分	ご購入額		条件
3	松原弓子	会員	10,000		会員
4	遠藤慶介	非会員	40,000		最低額
5	杉浦希	会員	150,000		00;"";""})

関連項目
02.064 最小値を求める →p.143
02.065 条件に合致するデータの最大値を求める① →p.144

データベース

✕ 非対応バージョン 2013 2010 2007

02.068 条件に合致するデータの最小値を求める②

使用関数 MINIFS（ミニマム・イフ・エス）

MINIFS関数を使用すると、簡単に条件付きで最小値を求められます。配列数式や作業列などを使用せずに、1つの関数で求めることができるので便利です。ここでは、「区分」が「会員」であることを条件に、「ご購入額」の最小値を求めます。なお、2016年6月現在、MINIFS関数を使用できるバージョンは、Office 365に含まれるExcel 2016のみです。

セルE3に入力した値を条件に購入額の最小値を求める

入力セル E5　入力式 =MINIFS(C3:C9,B3:B9,E3)

E5　=MINIFS(C3:C9,B3:B9,E3)

	A	B	C	D	E
1	お得意様情報				
2	お得意様	区分	ご購入額		条件
3	松原弓子	会員	10,000		会員
4	遠藤慶介	非会員	40,000		最低額
5	杉浦希	会員	150,000		10,000
6	本村芳樹	非会員	6,000		
7	高橋誠	会員	200,000		
8	野村由紀	非会員	30,000		
9	三谷幸男	非会員	100,000		

会員の中から購入額の最小値が求められた

check!

=MINIFS(最小範囲, 条件範囲1, 条件1, [条件範囲2, 条件2])
[Office 365のExcel 2016]

最小範囲…最小値を求める対象の数値データが入力されているセル範囲を指定
条件範囲…条件判定の対象となるデータが入力されているセル範囲を指定
条件…最小値を求める対象のデータを検索する条件を指定

指定した「条件」に合致するデータを「条件範囲」から探し、条件に合致した行の「最小範囲」のデータから最小値を求めます。「条件範囲」と「条件」は必ずペアで指定します。最大127組のペアを指定できます。

memo

▶合計、カウント、平均の場合、単一条件専用のSUMIF関数、COUNTIF関数、AVERAGEIF関数が存在しますが、最小値の場合は「MINIF」という関数はありません。単一条件の場合も複数条件の場合も、MINIFS関数を使用します。

関連項目 02.064 最小値を求める →p.143

数式の基本
表の集計
数値処理
日付と時刻
文字列操作
条件判定
表の検索と操作
数学計算
統計計算
財務計算
関数一覧

データ分析

02.069 最大絶対値を求める

使用関数 MAX（マックス） ／ ABS（アブソリュート）

基準値からどれだけ離れているかという観点でデータの分布を調べたいとき、対象の数値は正負を含む値になります。そのようなときに基準値から最も離れている値を調べるには、「最大絶対値」を求めます。ここでは最大値を求めるMAX関数と絶対値を求めるABS関数を組み合わせて配列数式として入力し、年収と平均年収の差（セル範囲C3:C7）の最大絶対値を調べます。

年収と平均年収の差の最大値を調べる

入力セル E3　入力式 {=MAX(ABS(C3:C7))}

E3　{=MAX(ABS(C3:C7))}

	A	B	C	D	E
1	アンケート集計結果				
2	NO	年収	年収-平均		最大絶対値
3	1	260	-138		238
4	2	500	102		単位：万円
5	3	620	222		
6	4	160	-238		
7	5	450	52		
8	平均	398			

セルE3に数式を入力して、[Ctrl]＋[Shift]＋[Enter]キーで確定

絶対値の最大値は238

check!

=MAX(数値1 [, 数値2] ……) → 02.063
=ABS(数値) → 03.038

memo

▶上記の配列数式は、作業列の先頭に「=ABS(C3)」を入力して下端までコピーし、そのセル範囲からMAX関数で「=MAX(D3:D7)」のようにして最大値を求める操作に相当します。配列数式が難しくて理解できない場合は、作業列を使用するとよいでしょう。

D3　=ABS(C3)

	A	B	C	D	E
1	アンケート集計結果				
2	NO	年収	年収-平均	作業列	最大絶対値
3	1	260	-138	138	238
4	2	500	102	102	単位：万円
5	3	620	222	222	
6	4	160	-238	238	
7	5	450	52	52	
8	平均	398			

関連項目 02.063 最大値を求める →p.142
02.070 最小絶対値を求める →p.149

データ分析

02.070 最小絶対値を求める

使用関数 MIN(ミニマム) ／ ABS(アブソリュート)

基準値からどれだけ離れているかという観点でデータの分布を調べたいとき、対象の数値は正負を含む値になります。そのようなときに基準値に最も近い値を調べるには、「最小絶対値」を求めます。ここでは最小値を求めるMIN関数と絶対値を求めるABS関数を組み合わせて配列数式として入力し、年収と平均年収の差（セル範囲C3:C7）の最小絶対値を調べます。

年収と平均年収の差の最小値を調べる

入力セル E3　入力式 {=MIN(ABS(C3:C7))}

E3　{=MIN(ABS(C3:C7))}

	A	B	C	D	E
1	アンケート集計結果				
2	NO	年収	年収-平均		最小絶対値
3	1	260	-138		52
4	2	500	102		単位：万円
5	3	620	222		
6	4	160	-238		
7	5	450	52		
8	平均	398			

セルE3に数式を入力して、[Ctrl] + [Shift] + [Enter] キーで確定

絶対値の最小値は52

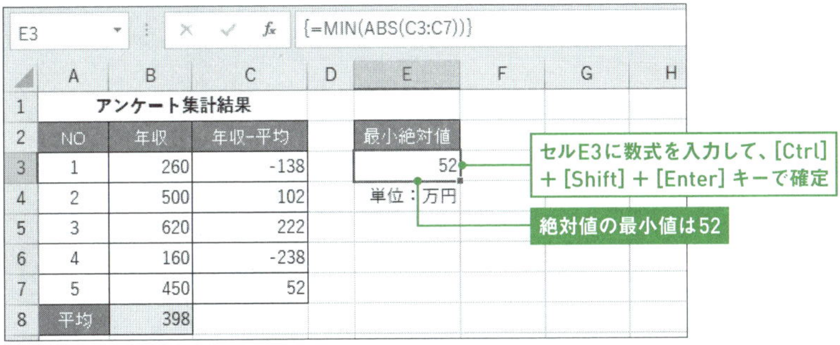

check!

=MIN(数値1 [, 数値2] ……) → 02.064

=ABS(数値) → 03.038

memo

▶上記の配列数式は、作業列の先頭に「=ABS(C3)」を入力して下端までコピーし、そのセル範囲からMIN関数で最小値を求める操作に相当します。MIN関数の引数「ABS(C3:C7)」の部分を数式バーでドラッグし、[F9] キーを押すと、作業列に表示されるはずの配列を確認できます。確認したら、[Esc] キーを押してください。

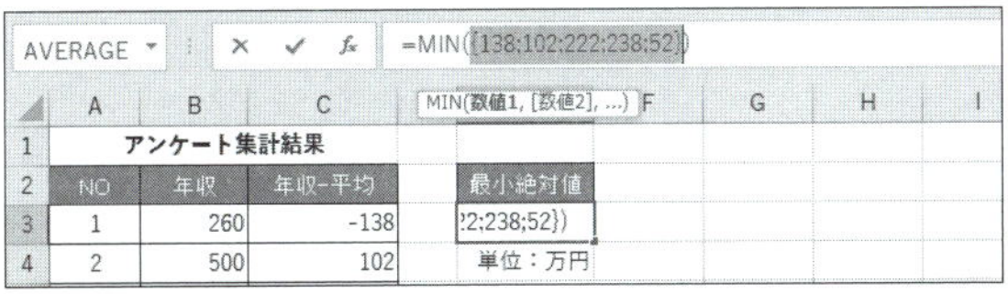

AVERAGE　=MIN({138;102;222;238;52})

MIN(数値1, [数値2], ...)

	A	B	C	D	E
1	アンケート集計結果				
2	NO	年収	年収-平均		最小絶対値
3	1	260	-138		2;238;52})
4	2	500	102		単位：万円

関連項目 02.071 0を無視して最小値を求める →p.150

データ分析

02.071 0を無視して最小値を求める

使用関数 MIN(ミニマム) / IF(イフ)

受験者は必ず得点しており、0点は欠席者だけ、というような状況で、0を除いた有効な得点だけで最低点を出したいことがあります。MIN関数と「0でない」という条件のIF関数を組み合わせて、配列数式を使用すれば、0を除外した最小値を求めることができます。

■0を除外した最小値を調べる

入力セル D3　入力式 {=MIN(IF(B3:B7<>0,B3:B7,""))}

D3　{=MIN(IF(B3:B7<>0,B3:B7,""))}

	A	B	C	D	E	F	G
1	ビジネスマナー検定						
2	受験者	得点		最低点			
3	飯田　祐樹	60		60			
4	里中　美香	90		※0点除外			
5	田島　恵子	75					
6	日村　猛	0					
7	渡辺　沙紀	80					
8							

セルD3に数式を入力して、[Ctrl] + [Shift] + [Enter] キーで確定

0を除外した最小値は60

check!

=MIN(数値1 [, 数値2] ……) → 02.064
=IF(論理式, 真の場合, 偽の場合) → 06.001

memo

▶上記の配列数式は、作業列の先頭に「=IF(B3<>0,B3,"")」を入力して下端までコピーし、そのセル範囲からMIN関数で「=MIN(C3:C7)」のようにして最小値を求める操作に相当します。配列数式が難しくて理解できない場合は、作業列を使用するとよいでしょう。

C3　=IF(B3<>0,B3,"")

	A	B	C	D	E
1	ビジネスマナー検定				
2	受験者	得点	作業列	最低点	
3	飯田　祐樹	60	60	60	
4	里中　美香	90	90	※0点除外	
5	田島　恵子	75	75		
6	日村　猛	0			
7	渡辺　沙紀	80	80		

▶MINIFS関数を使用できるバージョンでは、次の式でも求められます。
=MINIFS(B3:B7,B3:B7,"<>0")

セルの書式

02.072 最大値を含む行に色を付けて目立たせる

使用関数 MAX（マックス）

売上表の中で、最大売上高の行に色を付けるには、条件付き書式を設定します。条件の中でMAX関数を使用して最大値を求めるので、あらかじめセルに最大値を求めておく必要はありません。行全体に色を付けたいので、条件判定の対象となる「売上高」欄のセルは列固定の複合参照、MAX関数の引数に指定するセル範囲は絶対参照で指定することがポイントです。

■ 最大売上高の行に色を付けて目立たせる

新しい書式ルール ? ×

ルールの種類を選択してください(S):
- ► セルの値に基づいてすべてのセルを書式設定
- ► 指定の値を含むセルだけを書式設定
- ► 上位または下位に入る値だけを書式設定
- ► 平均より上または下の値だけを書式設定
- ► 一意の値または重複する値だけを書式設定
- ► 数式を使用して、書式設定するセルを決定

ルールの内容を編集してください(E):
次の数式を満たす場合に値を書式設定(O):
=$B3=MAX($B$3:$B$7)

プレビュー: Aaあぁアァ亜宇 書式(F)...

OK キャンセル

❶表のデータ範囲A3:B7を選択して、01.040を参考に［新しい書式ルール］ダイアログを開く。［数式を使用して、書式設定するセルを決定］を選択し、条件の式を入力し、書式を指定する。

入力式 =$B3=MAX($B$3:$B$7)

A1 セール売上高

	A	B	C	D
1	セール売上高			
2	販売員	売上高		
3	岡田百合	1,727,500		
4	小林博之	860,200		
5	田中正行	2,047,800		
6	星野弘子	905,200		
7	山本雄介	1,333,200		

❷最大売上高の行全体に色が付いた。

check!

=MAX(数値1 [, 数値2] ……) → 02.063

関連項目 02.063 最大値を求める →p.142

データベース

02.073 別表の条件を満たす数値の個数を求める

使用関数 DCOUNT（ディー・カウント）

DCOUNT関数を使用すると、別表で指定した条件を満たすデータをデータベースから探し、指定した列にある数値の個数を調べられます。ここでは、「日付」列の条件として「>=2016/6/1」を指定し、「支出」列の数値の個数を数えます。条件を満たすデータを探すときに列見出しを手掛かりとするので、別表には必ずデータベースと同じ「日付」という列見出しを付けておきましょう。

■ 2016/6/1以降に支出があった日数を求める

入力セル E7　入力式 =DCOUNT(A2:C7,C2,E2:E3)

E7 =DCOUNT(A2:C7,C2,E2:E3)

	A	B	C	D	E	F
1	データベース				条件	
2	日付	収入	支出		日付	
3	2016/5/20	2,500			>=2016/6/1	
4	2016/5/25		1,900			
5	2016/6/1	3,500			結果	
6	2016/6/8		2,500		支出があった日	
7	2016/6/10		400		2	
8						

データベース

条件範囲

2016/6/1以降で支出があったのは2日

check!

=DCOUNT(データベース, フィールド, 条件範囲)

データベース…データベースのセル範囲を指定。各列の上端に列見出しを入力しておくこと
フィールド…データベースのうち、集計対象の列見出し、または列番号を指定。列見出しは文字列を「"」で囲んで指定するか、列見出しが入力されたセルを指定。列番号は左端列を1として数える
条件範囲…条件を入力したセル範囲を指定。条件の上には列見出しを入力しておくこと

「条件範囲」で指定した条件を満たすデータを「データベース」から探し、指定した「フィールド」にある数値の個数を返します。「フィールド」に何も指定しないと、条件を満たす行数が返されます。

memo

▶セルE7のDCOUNT関数の2番目の引数「フィールド」に、「C2」を指定する代わりに「"支出"」や「3」を指定しても、サンプルと同じ結果になります。

関連項目 02.074 別表の条件を満たすデータの件数を求める →p.153
02.084 別表の条件を満たすデータの個数を求める →p.163

データベース

02.074 別表の条件を満たすデータの件数を求める

使用関数 DCOUNT（ディー・カウント）

DCOUNT関数は、数値の個数を求めるデータベース関数ですが、2番目の引数「フィールド」に何も指定しないと、条件を満たすデータの件数が求められます。ここでは、2016/6/1以降のデータの件数を求めます。

2016/6/1以降のデータの件数を求める

入力セル E7　入力式 =DCOUNT(A2:C7,,E2:E3)

E7　=DCOUNT(A2:C7,,E2:E3)

	A	B	C	D	E	F
1	データベース				条件	
2	日付	収入	支出		日付	
3	2016/5/20	2,500			>=2016/6/1	
4	2016/5/25		1,900			
5	2016/6/1	3,500			結果	
6	2016/6/8		2,500		データ件数	
7	2016/6/10		400		3	
8						

データベース
条件範囲
2016/6/1以降のデータは3件

check!

=DCOUNT(データベース, フィールド, 条件範囲) → 02.073

memo

▶データベース関数はDCOUNT、DCOUNTA、DSUM、DAVERAGE、DMAX、DMINなど、いずれも関数名が「D」で始まり、すべて「=データベース関数(データベース, フィールド, 条件範囲)」という書式です。

▶[数式] タブの関数ライブラリには、「データベース関数」という分類はありません。[関数の挿入] ダイアログから入力するか、手入力してください。

関連項目 02.073 別表の条件を満たす数値の個数を求める →p.152

データベース

02.075 完全一致の条件でデータを集計する

使用関数 DCOUNT（ディー・カウント）

ここから 02.083 まで、データベース関数の条件設定のテクニックを紹介します。DCOUNT関数を例にしますが、他のデータベース関数でデータを集計する際にも共通するテクニックです。まずは、文字列の完全一致検索です。「商品」が「ソファー」に完全一致するデータを探したいときは、条件として「="=ソファー"」と入力します。入力後、セルには「=ソファー」と表示されます。単に「ソファー」と指定すると、うまくいかない場合があるので注意してください。

■「ソファー」に完全一致するデータの件数を求める

入力セル E8　入力式 =DCOUNT(A2:C9,,E2:E3)

E3　="=ソファー"

	A	B	C	D	E
1	データベース				条件
2	処理番号	商品	売上		商品
3	10001	ソファー	100,000		=ソファー
4	10002	ソファーベッド	50,000		
5	10003	スツール	5,000		
6	10004	カウチソファー	180,000		結果
7	10005	ソファー	100,000		データ件数
8	10006	スツール	5,000		2
9	10007	ソファーベッド	50,000		

データベース
「="=ソファー"」と入力
条件範囲
「ソファー」に完全一致するデータは2件

check!

=DCOUNT(データベース, フィールド, 条件範囲) → 02.073

memo

▶「条件範囲」に単に「ソファー」と入力すると、データベースから「ソファー」で始まるデータがすべて検索されます。サンプルの場合、「ソファー」の他に「ソファーベッド」も条件を満たすとみなされます。

▶Excel 2002では条件の指定方法が異なり、「条件範囲」に単に「ソファー」と入力すると、「ソファー」に完全一致するデータが検索されました。Excel 2002で作成した古いファイルを新しいバージョンのExcelで使用する場合は注意しましょう。

関連項目 02.074 別表の条件を満たすデータの件数を求める →p.153
02.076 あいまいな条件でデータを集計する →p.155

データベース

02.076 あいまいな条件でデータを集計する

使用関数 DCOUNT（ディー・カウント）

「○○を含む」「○○で始まる」「○○で終わる」などのあいまいな条件を指定するには、ワイルドカード文字を使用します。例えばワイルドカード文字の「*」は、0文字以上の任意の文字列の代わりに使用できます。ここでは、「ソファー」で終わる「商品」のデータ件数を求めます。条件は、「="=*ソファー"」のように指定します。セルには「=*ソファー」と表示されます。

■「商品」が「ソファー」で終わるデータの件数を求める

入力セル E8　入力式 =DCOUNT(A2:C9,,E2:E3)

E3　="=*ソファー"

	A	B	C	D	E
1	データベース				条件
2	処理番号	商品	売上		商品
3	10001	ソファー	100,000		=*ソファー
4	10002	ソファーベッド	50,000		
5	10003	スツール	5,000		
6	10004	カウチソファー	180,000		結果
7	10005	ソファー	100,000		データ件数
8	10006	スツール	5,000		3
9	10007	ソファーベッド	50,000		

データベース

「="=*ソファー"」と入力

条件範囲

「ソファー」で終わるデータは3件

check!

=DCOUNT(データベース, フィールド, 条件範囲) → 02.073

memo

▶「条件範囲」に単に「'ソファー」と入力しただけでは、「ソファーで終わる」を指定したことになりません。「ソファーベッド」のように、「ソファー」の後ろに文字が付くデータも検索されてしまいます。サンプルのように「="=*ソファー"」と入力して、「ソファー」の後ろに何も付かないことを明示しましょう。

▶ワイルドカード文字には、0文字以上の任意の文字列の代用となる「*」と、任意の1文字の代用となる「?」があります。例えば「="=*ソファー*"」は「ソファーを含む」、「="=ソファー???"」は「ソファーで始まる7文字」を表します。詳しくは、02.013 を参照してください。

関連項目 02.074 別表の条件を満たすデータの件数を求める →p.153
02.075 完全一致の条件でデータを集計する →p.154

データベース

02.077 「未入力」の条件でデータを集計する

ディー・カウント
DCOUNT

指定した列にデータが入力されていないことを条件にしたいときは、条件として「="="」を入力します。入力後、セルには「=」と表示されます。ここでは「入金」列の条件として「="="」を指定し、「入金」列にデータが入力されていないものを探します。

■ 入金がないデータの件数を求める

入力セル **E8** 入力式 **=DCOUNT(A2:C9,,E2:E3)**

E3 ="="

	A	B	C	D	E
1	データベース				条件
2	伝票番号	売上	入金		入金
3	1011	100,000	済み		=
4	1012	300,000	済み		
5	2001	50,000	済み		
6	2002	50,000			結果
7	2003	100,000	済み		データの個数
8	2004	200,000	済み		2
9	2005	150,000			
10					

データベース
「="="」と入力
条件範囲
入金がないデータは2件

check!

=DCOUNT(データベース, フィールド, 条件範囲) → 02.073

memo

▶サンプルではDCOUNT関数を使用していますが、他のデータベース関数でも条件範囲の指定方法は同じです。例えばサンプルで入金がないデータの売上の合計を求めるには、次のような数式を入力します。結果は「200,000」になります。

=DSUM(A2:C9,B2,E2:E3)

関連項目 02.075 完全一致の条件でデータを集計する →p.154
02.076 あいまいな条件でデータを集計する →p.155

データベース

02.078 OR条件でデータを集計する

使用関数 DCOUNT(ディー・カウント)

複数の条件のいずれかを満たすデータを検索したいときは、「条件範囲」の別表の異なる行に条件を入力します。サンプルでは別表の異なる行に「="=田中"」と「="=南"」が入力されているので、「田中、または、南」というOR条件でデータの件数が求められます。

「田中、または、南」を満たすデータの件数を求める

入力セル E8　入力式 =DCOUNT(A2:C9,,E2:E4)

E8　=DCOUNT(A2:C9,,E2:E4)

	A	B	C	D	E
1	データベース				条件
2	処理番号	担当	売上		担当
3	10001	田中	100,000		=田中
4	10002	長谷川	50,000		=南
5	10003	田中	5,000		
6	10004	南	180,000		結果
7	10005	長谷川	100,000		データ件数
8	10006	南	5,000		5
9	10007	田中	50,000		

データベース
条件範囲
OR条件は異なる行に入力する
田中、または南のデータは5件

check!

=DCOUNT(データベース, フィールド, 条件範囲) → 02.073

memo

▶ここでは同じ「担当」列に対して2つのOR条件を指定しましたが、異なる行に条件を入力することで、異なる列に対してOR条件を設定することもできます。例えば右図の場合、「処理番号が10006以上、または、担当が南」という条件になります。

E8　=DCOUNT(A2:C9,,E2:F4)

	A	B	C	D	E	F
1	データベース				条件	
2	処理番号	担当	売上		処理番号	担当
3	10001	田中	100,000		>=10006	
4	10002	長谷川	50,000			=南
5	10003	田中	5,000			
6	10004	南	180,000		結果	
7	10005	長谷川	100,000		データ件数	
8	10006	南	5,000		3	
9	10007	田中	50,000			

関連項目 02.079 AND条件でデータを集計する →p.158

データベース

02.079 AND条件でデータを集計する

使用関数 DCOUNT（ディー・カウント）

複数の条件をすべて満たすデータを検索したいときは、「条件範囲」の別表の同じ行に条件を入力します。サンプルでは別表の同じ行に「>=2016/8/1」と「="=田中"」が入力されているので、「2016/8/1以降、かつ、田中」というAND条件でデータの件数が求められます。同様に、同じ行に条件を入力することで、3つ以上のAND条件を指定することも可能です。

■「2016/8/1以降、かつ、田中」を満たすデータの件数を求める

入力セル E8　入力式 =DCOUNT(A2:C9,,E2:F3)

E8　=DCOUNT(A2:C9,,E2:F3)

	A	B	C	D	E	F
1	データベース				条件	
2	日付	担当	売上		日付	担当
3	2016/7/11	田中	100,000		>=2016/8/1	=田中
4	2016/7/22	長谷川	50,000			
5	2016/8/1	田中	5,000			
6	2016/8/1	南	180,000		結果	
7	2016/8/2	長谷川	100,000		データ件数	
8	2016/8/12	南	5,000		2	
9	2016/8/25	田中	50,000			

データベース

条件範囲

AND条件は同じ行に入力する

2016/8/1以降の田中のデータは2件

check!

=DCOUNT(データベース, フィールド, 条件範囲) → 02.073

memo

▶AND条件とOR条件を組み合わせた条件も指定可能です。右図では、1行目に「>=2016/8/1」と「="=田中"」、2行目に「>=2016/8/1」と「="=南"」を指定して、「2016/8/1以降かつ田中」または「2016/8/1以降かつ南」という条件でデータの件数を求めています。

E8　=DCOUNT(A2:C9,,E2:F4)

	A	B	C	D	E	F
1	データベース				条件	
2	日付	担当	売上		日付	担当
3	2016/7/11	田中	100,000		>=2016/8/1	=田中
4	2016/7/22	長谷川	50,000		>=2016/8/1	=南
5	2016/8/1	田中	5,000			
6	2016/8/1	南	180,000		結果	
7	2016/8/2	長谷川	100,000		データ件数	
8	2016/8/12	南	5,000		4	
9	2016/8/25	田中	50,000			

関連項目 02.078 OR条件でデータを集計する →p.157

データベース

02.080 「○以上△以下」の条件でデータを集計する

使用関数 DCOUNT（ディー・カウント）

「○以上△以下」の条件を指定するには、「条件範囲」の別表に「○以上、かつ、△以下」というAND条件を入力します。ここでは「日付」が「2016/8/1以降2016/8/15以前」という条件を指定します。それには「日付」という列見出しを2つ用意し、一方に「>=2016/8/1」、もう一方に「<=2016/8/15」を入力します。

2016/8/1以降から2016/8/15以前までのデータ件数を求める

入力セル E8　入力式 =DCOUNT(A2:C9,,E2:F3)

E8　=DCOUNT(A2:C9,,E2:F3)

	A	B	C	D	E	F	G
1	データベース				条件		
2	日付	担当	売上		日付	日付	
3	7月11日	田中	100,000		>=2016/8/1	<=2016/8/15	
4	7月22日	長谷川	50,000				
5	8月1日	田中	5,000				
6	8月1日	南	180,000		結果		
7	8月2日	長谷川	100,000		データ件数		
8	8月12日	南	5,000		4		
9	8月25日	田中	50,000				
10							

データベース

条件範囲

条件を満たすデータは4件

check!

=DCOUNT(データベース, フィールド, 条件範囲) → 02.073

memo

▶日付の条件を設定するとき、データベースの日付の表示形式と条件の表示形式を合わせる必要はありません。例えばデータベースの「日付」列に「8月1日」形式で日付が表示されている場合、見た目には「年」データが存在しないように見えますが、実際にはセルに「2016/8/1」のように年データが含まれています。したがって、正しく検索するためには、「>=2016/8/1」のように条件に「年」も含めて指定します。

関連項目 02.079 AND条件でデータを集計する →p.158

データベース

02.081 「日曜日」という条件でデータを集計する

使用関数 WEEKDAY(ウイークデイ) ／ DCOUNT(ディー・カウント)

データベース関数の条件には、データベースの列のデータの他に、論理式も指定できます。論理式とは、結果がTRUEまたはFALSEになる式のことです。ここでは、「=WEEKDAY(A3)=1」という論理式を使用します。式中の「A3」はデータベースの「日付」列の先頭のセル番号です。このように、先頭のセルを相対参照で指定することで、その列の各行を対象に条件判定を行えます。この論理式の意味は、「セルA3の曜日が日曜日である」です。なお、条件の列見出しには、データベースの列見出しとは異なる任意の文字列を付けてください。

■ 日付が日曜日に当たるデータの件数を求める

入力セル E3　入力式 =WEEKDAY(A3)=1

入力セル E8　入力式 =DCOUNT(A2:C9,,E2:E3)

E3　=WEEKDAY(A3)=1

	A	B	C	D	E
1	データベース				条件
2	日付	担当	売上		条件式
3	8月11日(木)	田中	100,000		FALSE
4	8月22日(月)	長谷川	50,000		
5	9月1日(木)	田中	5,000		
6	9月1日(木)	南	180,000		結果
7	9月2日(金)	長谷川	100,000		データ件数
8	9月12日(月)	南	5,000		1
9	9月25日(日)	田中	50,000		

データベース
条件範囲
日曜日のデータは1件

check!

=WEEKDAY(シリアル値 [, 種類]) → 04.050
=DCOUNT(データベース, フィールド, 条件範囲) → 02.073

memo

▶WEEKDAY関数は、引数に指定した日付の曜日番号を返す関数です。2番目の引数「種類」の指定を省略した場合、日、月、火……土に対する戻り値はそれぞれ1、2、3……7になります。ここでは「=WEEKDAY(A3)=1」のように「1」を指定したので、日曜日に当たるデータの件数が求められます。

関連項目 02.082 「平均以上」という条件でデータを集計する →p.161

データベース

02.082 「平均以上」という条件でデータを集計する

使用関数 AVERAGE（アベレージ） ／ DCOUNT（ディー・カウント）

「売上が平均以上のデータの件数を知りたい」というときは、条件として「=C3>=AVERAGE($C$3:$C$9)」という論理式を使用します。「売上」列の先頭のセルC3を相対参照で指定することで、「売上」列の各行を対象に条件判定が行われます。比較対象の「AVERAGE($C$3:$C$9)」は、平均計算が常に同じセル範囲で行われるように絶対参照で指定します。

売上が平均以上のデータの件数を求める

入力セル E3　入力式 =C3>=AVERAGE($C$3:$C$9)

入力セル E8　入力式 =DCOUNT(A2:C9,,E2:E3)

E3　=C3>=AVERAGE($C$3:$C$9)

	A	B	C	D	E
1	データベース				条件
2	処理番号	担当	売上		条件式
3	10001	田中	100,000		TRUE
4	10002	長谷川	50,000		
5	10003	田中	5,000		
6	10004	南	180,000		結果
7	10005	長谷川	100,000		データ件数
8	10006	南	5,000		3
9	10007	田中	50,000		

データベース　条件範囲　平均以上のデータは3件

check!

=AVERAGE(数値1 [, 数値2] ……) → 02.045

=DCOUNT(データベース, フィールド, 条件範囲) → 02.073

memo

▶別途、他のセルで売上の平均値を求めておき、そのセル番号を条件に使用することもできます。例えばセルG3に「=AVERAGE(C3:C9)」と入力して平均値を求め、「売上」列の条件として「=">=" & G3」を指定すると、売上が平均以上のデータを検索できます。

E3　=">=" & G3

	A	B	C	D	E	F	G
1	データベース				条件		
2	処理番号	担当	売上		売上		平均
3	10001	田中	100,000		>=70000		70,000
4	10002	長谷川	50,000				
5	10003	田中	5,000				
6	10004	南	180,000		結果		
7	10005	長谷川	100,000		データ件数		
8	10006	南	5,000		3		
9	10007	田中	50,000				

関連項目 02.081 「日曜日」という条件でデータを集計する →p.160

データベース

02.083 データベースに含まれる全データ数を求める

使用関数 DCOUNT(ディー・カウント)

データベース内の全データに対してデータ数や合計を求めたいときは、条件範囲の別表の列見出しの下を空白にしておきます。条件を空白にしておくことで、条件なしの集計が行われます。

■ データベースの全データ数を求める

入力セル E8　入力式 =DCOUNT(A2:C9,,E2:E3)

E8　=DCOUNT(A2:C9,,E2:E3)

	A	B	C	D	E
1	データベース				条件
2	処理番号	担当	売上		処理番号
3	10001	田中	100,000		
4	10002	長谷川	50,000		
5	10003	田中	5,000		
6	10004	南	180,000		結果
7	10005	長谷川	100,000		データ件数
8	10006	南	5,000		7
9	10007	田中	50,000		

データベース
条件範囲は空白にしておく
全データ数は7件

check!
=DCOUNT(データベース, フィールド, 条件範囲) → 02.073

memo

▶右図のように、「処理番号」の下を空白にして、「担当」の下に「="=南"」と入力した場合、条件は「処理番号は条件なし、かつ、担当は南」とみなされます。

E8　=DCOUNT(A2:C9,,E2:F3)

	A	B	C	D	E	F
1	データベース				条件	
2	処理番号	担当	売上		処理番号	担当
3	10001	田中	100,000			=南
4	10002	長谷川	50,000			
5	10003	田中	5,000			
6	10004	南	180,000		結果	
7	10005	長谷川	100,000		データ件数	
8	10006	南	5,000		2	
9	10007	田中	50,000			

▶条件を指定しているのに全データが集計の対象になってしまう場合は、データベース関数の引数「条件範囲」に余分な空白行を指定している可能性があります。例えばセルE2が列見出し、セルE3が条件、セルE4が空白の場合、「条件範囲」として「E2:E4」を指定すると、全データが集計の対象になってしまいます。引数を正しく指定し直しましょう。

関連項目 02.084 別表の条件を満たすデータの個数を求める →p.163

データベース

02.084 別表の条件を満たすデータの個数を求める

使用関数 DCOUNTA（ディー・カウント・エー）

DCOUNTA関数を使用すると、別表で指定した条件を満たすデータをデータベースから探し、指定した列にある空白以外のセルの個数を調べられます。ここでは、「伝票番号」列の条件として「>=2001」を指定し、「入金」列のデータの個数を数えます。条件を満たすデータを探すときに列見出しを手掛かりとするので、別表には必ずデータベースと同じ「伝票番号」という列見出しを付けておきましょう。

■伝票番号が「2001」以降の入金済みのデータ数を求める

入力セル E8　入力式 =DCOUNTA(A2:C9,C2,E2:E3)

E8　=DCOUNTA(A2:C9,C2,E2:E3)

	A	B	C	D	E
1	データベース				条件
2	伝票番号	売上	入金		伝票番号
3	1011	100,000	済み		>=2001
4	1012	300,000	済み		
5	2001	50,000	済み		
6	2002	50,000			結果
7	2003	100,000	済み		データの個数
8	2004	200,000	済み		3
9	2005	150,000			

データベース
条件範囲
伝票番号が2001以降で空白以外のデータは3つ

check!

=DCOUNTA(データベース, フィールド, 条件範囲)

データベース…データベースのセル範囲を指定。各列の上端に列見出しを入力しておくこと
フィールド…データベースのうち、集計対象の列見出し、または列番号を指定。列見出しは文字列を「"」で囲んで指定するか、列見出しが入力されたセルを指定。列番号は左端列を1として数える
条件範囲…条件を入力したセル範囲を指定。条件の上には列見出しを入力しておくこと

「条件範囲」で指定した条件を満たすデータを「データベース」から探し、指定した「フィールド」にある空白でないセルの個数を返します。「フィールド」に何も指定しないと、条件を満たす行数が返されます。

memo

▶セルE8のDCOUNTA関数の2番目の引数「フィールド」に、「C2」を指定する代わりに「"入金"」や「3」を指定しても、サンプルと同じ結果になります。

▶条件の指定方法は、02.075 ～ 02.083 を参照してください。

関連項目 02.073 別表の条件を満たす数値の個数を求める →p.152
02.074 別表の条件を満たすデータの件数を求める →p.153

データベース

02.085 別表の条件を満たすデータの合計を求める

使用関数 DSUM（ディー・サム）

DSUM関数を使用すると、別表で指定した条件を満たすデータをデータベースから探し、指定した列にある数値データの合計を求めることができます。ここでは、「受注日」列の条件として「>=2016/10/1」を指定し、「売上」列のデータの合計を求めます。条件を満たすデータを探すときに列見出しを手掛かりとするので、別表には必ずデータベースと同じ「受注日」という列見出しを付けておきましょう。

■2016/10/1以降の売上の合計を求める

入力セル E8　入力式 =DSUM(A2:C9,C2,E2:E3)

E8　=DSUM(A2:C9,C2,E2:E3)

	A	B	C	D	E	F
1	データベース				条件	
2	受注日	顧客区分	売上		受注日	
3	2016/9/10	法人	5,000		>=2016/10/1	
4	2016/9/15	法人	200,000			
5	2016/9/22	個人	50,000			
6	2016/9/28	個人	10,000		結果	
7	2016/10/1	個人	100,000		売上合計	
8	2016/10/3	法人	80,000		183,000	
9	2016/10/8	個人	3,000			

データベース
条件範囲
2016/10/1以降の売上の合計が求められた

check!

=DSUM(データベース, フィールド, 条件範囲)

データベース…データベースのセル範囲を指定。各列の上端に列見出しを入力しておくこと
フィールド…データベースのうち、集計対象の列見出し、または列番号を指定。列見出しは文字列を「"」で囲んで指定するか、列見出しが入力されたセルを指定。列番号は左端列を1として数える
条件範囲…条件を入力したセル範囲を指定。条件の上には列見出しを入力しておくこと

「条件範囲」で指定した条件を満たすデータを「データベース」から探し、指定した「フィールド」にある数値データの合計を返します。条件を満たすデータが見つからないときは、0が返されます。

memo

▶セルE8のDSUM関数の2番目の引数「フィールド」に、「C2」を指定する代わりに「"売上"」や「3」を指定しても、サンプルと同じ結果になります。

▶条件の指定方法は、02.075 〜 02.083 を参照してください。

関連項目 02.086 別表の条件を満たすデータの平均を求める →p.165

データベース

02.086 別表の条件を満たすデータの平均を求める

使用関数 DAVERAGE（ディー・アベレージ）

DAVERAGE関数を使用すると、別表で指定した条件を満たすデータをデータベースから探し、指定した列にある数値データの平均を求めることができます。ここでは、「伝票番号」列の条件として「="=?-10??"」を指定し、「売上」列のデータの平均を求めます。条件を満たすデータを探すときに列見出しを手掛かりとするので、別表には必ずデータベースと同じ「伝票番号」という列見出しを付けておきましょう。

伝票番号の枝番が「10」で始まる売上の平均を求める

入力セル E8　入力式 =DAVERAGE(A2:C9,C2,E2:E3)

E8　=DAVERAGE(A2:C9,C2,E2:E3)

	A	B	C	D	E
1	データベース				条件
2	伝票番号	顧客区分	売上		伝票番号
3	A-1001	法人	5,000		=?-10??
4	A-1002	法人	200,000		
5	A-2001	個人	50,000		
6	Y-1001	個人	10,000		結果
7	Y-1002	個人	100,000		売上平均
8	Y-2001	法人	80,000		78,750
9	Y-2002	個人	3,000		

データベース

条件範囲　「="=?-10??"」と入力

枝番が「10」で始まる売上の平均が求められた

check!

=DAVERAGE(データベース, フィールド, 条件範囲)

データベース…データベースのセル範囲を指定。各列の上端に列見出しを入力しておくこと

フィールド…データベースのうち、集計対象の列見出し、または列番号を指定。列見出しは文字列を「"」で囲んで指定するか、列見出しが入力されたセルを指定。列番号は左端列を1として数える

条件範囲…条件を入力したセル範囲を指定。条件の上には列見出しを入力しておくこと

「条件範囲」で指定した条件を満たすデータを「データベース」から探し、指定した「フィールド」にある数値データの平均を返します。条件を満たすデータが見つからないときは、[#DIV/0!] が返されます。

memo

- セルE8のDAVERAGE関数の2番目の引数「フィールド」に、「C2」を指定する代わりに「"売上"」や「3」を指定しても、サンプルと同じ結果になります。
- 「="=?-10??"」の「?」は、任意の1文字を表すワイルドカード文字です。サンプルで条件に合致するのは、「A-1001」「A-1002」「Y-1001」「Y-1002」の4つです。詳しくは 02.013 および 02.076 を参照してください。

 データベース

02.087 別表の条件を満たすデータの最大値を求める

使用関数 DMAX（ディー・マックス）

DMAX関数を使用すると、別表で指定した条件を満たすデータをデータベースから探し、指定した列にある数値データの最大値を求めることができます。ここでは、「顧客区分」列の条件として「="=個人"」を指定し、「売上」列のデータの最大値を求めます。条件を満たすデータを探すときに列見出しを手掛かりとするので、別表には必ずデータベースと同じ「顧客区分」という列見出しを付けておきましょう。

「個人」の顧客の売上の最大値を求める

入力セル E8　入力式 =DMAX(A2:C9,C2,E2:E3)

E8　=DMAX(A2:C9,C2,E2:E3)

	A	B	C	D	E
1	データベース				条件
2	伝票番号	顧客区分	売上		顧客区分
3	A-1001	法人	5,000		=個人
4	A-1002	法人	200,000		
5	A-2001	個人	50,000		
6	Y-1001	個人	10,000		結果
7	Y-1002	個人	100,000		最高売上
8	Y-2001	法人	80,000		100,000
9	Y-2002	個人	3,000		

データベース

条件範囲　「="=個人"」と入力

「個人」の売上の最大値が求められた

check!

=DMAX(データベース, フィールド, 条件範囲)

データベース…データベースのセル範囲を指定。各列の上端に列見出しを入力しておくこと
フィールド…データベースのうち、集計対象の列見出し、または列番号を指定。列見出しは文字列を「"」で囲んで指定するか、列見出しが入力されたセルを指定。列番号は左端列を1として数える
条件範囲…条件を入力したセル範囲を指定。条件の上には列見出しを入力しておくこと

「条件範囲」で指定した条件を満たすデータを「データベース」から探し、指定した「フィールド」にある数値データの最大値を返します。条件を満たすデータが見つからないときは、0が返されます。

memo

▶セルE8のDMAX関数の2番目の引数「フィールド」に、「C2」を指定する代わりに「"売上"」や「3」を指定しても、サンプルと同じ結果になります。

▶「="=個人"」は、「個人」に完全一致するという意味の条件です。詳しくは02.075を参照してください。その他の条件の指定方法は、02.076 ～ 02.083を参照してください。

関連項目 02.088 別表の条件を満たすデータの最小値を求める →p.167

データベース

02.088 別表の条件を満たすデータの最小値を求める

使用関数 DMIN（ディー・ミニマム）

DMIN関数を使用すると、別表で指定した条件を満たすデータをデータベースから探し、指定した列にある数値データの最小値を求めることができます。ここでは、「顧客区分」列の条件として「="=法人"」を指定し、「売上」列のデータの最小値を求めます。条件を満たすデータを探すときに列見出しを手掛かりとするので、別表には必ずデータベースと同じ「顧客区分」という列見出しを付けておきましょう。

「法人」の顧客の売上の最小値を求める

入力セル E8　入力式 =DMIN(A2:C9,C2,E2:E3)

E8　=DMIN(A2:C9,C2,E2:E3)

	A	B	C	D	E
1	データベース				条件
2	伝票番号	顧客区分	売上		顧客区分
3	A-1001	法人	5,000		=法人
4	A-1002	法人	200,000		
5	A-2001	個人	50,000		
6	Y-1001	個人	10,000		結果
7	Y-1002	個人	100,000		最低売上
8	Y-2001	法人	80,000		5,000
9	Y-2002	個人	3,000		

データベース
条件範囲　「="=法人"」と入力
「法人」の売上の最小値が求められた

check!

=DMIN(データベース, フィールド, 条件範囲)

データベース…データベースのセル範囲を指定。各列の上端に列見出しを入力しておくこと
フィールド…データベースのうち、集計対象の列見出し、または列番号を指定。列見出しは文字列を「"」で囲んで指定するか、列見出しが入力されたセルを指定。列番号は左端列を1として数える
条件範囲…条件を入力したセル範囲を指定。条件の上には列見出しを入力しておくこと

「条件範囲」で指定した条件を満たすデータを「データベース」から探し、指定した「フィールド」にある数値データの最小値を返します。条件を満たすデータが見つからないときは、0が返されます。

memo

▶セルE8のDMIN関数の2番目の引数「フィールド」に、「C2」を指定する代わりに「"売上"」や「3」を指定しても、サンプルと同じ結果になります。

▶「="=法人"」は、「法人」に完全一致するという意味の条件です。詳しくは 02.075 を参照してください。その他の条件の指定方法は、02.076 ～ 02.083 を参照してください。

関連項目 02.087 別表の条件を満たすデータの最大値を求める →p.166

データベース

02.089 別表の条件を満たすデータの不偏分散を求める

使用関数 ディー・バリアンス DVAR

DVAR関数を使用すると、別表で指定した条件を満たすデータをデータベースから探し、指定した列にある数値データの不偏分散を求めることができます。ここでは、「年齢」列の条件として「>=30」を指定し、「得点」列のデータの「不偏分散」を求めます。不偏分散とは、データの散らばり具合を測るための指標の1つです。詳しくは 09.005、09.008 を参照してください。

■ 30歳以上の受験者の得点の不偏分散を求める

入力セル F8　入力式 =DVAR(A2:D9,D2,F2:F3)

F8　=DVAR(A2:D9,D2,F2:F3)

	A	B	C	D	E	F	G
1	データベース					条件	
2	受験者	年齢	選択科目	得点		年齢	
3	青木	28	中国語	60		>=30	
4	近藤	35	ドイツ語	90			
5	鈴木	23	中国語	70			
6	野々村	30	ドイツ語	40		結果	
7	長谷川	39	中国語	80		不偏分散	
8	南	27	中国語	100		466.6666667	
9	山本	41	ドイツ語	70			

データベース
条件範囲
30歳以上の受験者の得点の不偏分散が求められた

check!

=DVAR(データベース, フィールド, 条件範囲)

データベース…データベースのセル範囲を指定。各列の上端に列見出しを入力しておくこと
フィールド…データベースのうち、集計対象の列見出し、または列番号を指定。列見出しは文字列を「"」で囲んで指定するか、列見出しが入力されたセルを指定。列番号は左端列を1として数える
条件範囲…条件を入力したセル範囲を指定。条件の上には列見出しを入力しておくこと

「条件範囲」で指定した条件を満たすデータを「データベース」から探し、指定した「フィールド」にある数値データの不偏分散を返します。条件を満たすデータが見つからないときは、[#DIV/0!] が返されます。

memo

▶セルF8のDVAR関数の2番目の引数「フィールド」に、「D2」を指定する代わりに「"得点"」や「4」を指定しても、サンプルと同じ結果になります。

▶条件の指定方法は、02.075 ～ 02.083 を参照してください。

関連項目 02.090 別表の条件を満たすデータの分散を求める →p.169
02.091 別表の条件を満たすデータの不偏標準偏差を求める →p.170

データベース

02.090 別表の条件を満たすデータの分散を求める

使用関数 DVARP（ディー・バリアンス・ピー）

DVARP関数を使用すると、別表で指定した条件を満たすデータをデータベースから探し、指定した列にある数値データの分散を求めることができます。ここでは、「選択科目」列の条件として「="=中国語"」を指定し、「得点」列のデータの「分散」を求めます。分散とは、データの散らばり具合を測るための指標の1つです。詳しくは 09.005 を参照してください。

■「中国語」選択者の得点の分散を求める

入力セル F8　入力式 =DVARP(A2:D9,D2,F2:F3)

F8　=DVARP(A2:D9,D2,F2:F3)

	A	B	C	D	E	F
1	データベース					条件
2	受験者	年齢	選択科目	得点		選択科目
3	青木	28	中国語	60		=中国語
4	近藤	35	ドイツ語	90		
5	鈴木	23	中国語	70		
6	野々村	30	ドイツ語	40		結果
7	長谷川	39	中国語	80		分散
8	南	27	中国語	100		218.75
9	山本	41	ドイツ語	70		

データベース
条件範囲　「="=中国語"」と入力
「中国語」選択者の得点の分散が求められた

check!

=DVARP(データベース, フィールド, 条件範囲)

データベース…データベースのセル範囲を指定。各列の上端に列見出しを入力しておくこと
フィールド…データベースのうち、集計対象の列見出し、または列番号を指定。列見出しは文字列を「"」で囲んで指定するか、列見出しが入力されたセルを指定。列番号は左端列を1として数える
条件範囲…条件を入力したセル範囲を指定。条件の上には列見出しを入力しておくこと

「条件範囲」で指定した条件を満たすデータを「データベース」から探し、指定した「フィールド」にある数値データの分散を返します。条件を満たすデータが見つからないときは、[#DIV/0!] が返されます。

memo

▶セルF8のDVARP関数の2番目の引数「フィールド」に、「D2」を指定する代わりに「"得点"」や「4」を指定しても、サンプルと同じ結果になります。

▶「="=中国語"」は、「中国語」に完全一致するという意味の条件です。詳しくは 02.075 を参照してください。その他の条件の指定方法は、02.076 ～ 02.083 を参照してください。

関連項目
02.089 別表の条件を満たすデータの不偏分散を求める →p.168
02.092 別表の条件を満たすデータの標準偏差を求める →p.171

データベース

02.091 別表の条件を満たすデータの不偏標準偏差を求める

使用関数 ディー・スタンダード・ディビエーション **DSTDEV**

DSTDEV関数を使用すると、別表で指定した条件を満たすデータをデータベースから探し、指定した列にある数値データの不偏標準偏差を求めることができます。ここでは、「年齢」列の条件として「<30」を指定し、「得点」列のデータの「不偏標準偏差」を求めます。不偏標準偏差とは、データの散らばり具合を測るための指標の1つです。詳しくは 09.006、09.010 を参照してください。

30歳未満の受験者の得点の不偏標準偏差を求める

入力セル **F8** 入力式 **=DSTDEV(A2:D9,D2,F2:F3)**

F8 =DSTDEV(A2:D9,D2,F2:F3)

	A	B	C	D	E	F
1	データベース					条件
2	受験者	年齢	選択科目	得点		年齢
3	青木	28	中国語	60		<30
4	近藤	35	ドイツ語	90		
5	鈴木	23	中国語	70		
6	野々村	30	ドイツ語	40		結果
7	長谷川	39	中国語	80		不偏標準偏差
8	南	27	中国語	100		20.81665999
9	山本	41	ドイツ語	70		

データベース
条件範囲
30歳未満の受験者の得点の不偏標準偏差が求められた

check!

=DSTDEV(データベース, フィールド, 条件範囲)

データベース…データベースのセル範囲を指定。各列の上端に列見出しを入力しておくこと
フィールド…データベースのうち、集計対象の列見出し、または列番号を指定。列見出しは文字列を「"」で囲んで指定するか、列見出しが入力されたセルを指定。列番号は左端列を1として数える
条件範囲…条件を入力したセル範囲を指定。条件の上には列見出しを入力しておくこと

「条件範囲」で指定した条件を満たすデータを「データベース」から探し、指定した「フィールド」にある数値データの不偏標準偏差を返します。条件を満たすデータが見つからないときは、[#DIV/0!] が返されます。

memo

▶セルF8のDSTDEV関数の2番目の引数「フィールド」に、「D2」を指定する代わりに「"得点"」や「4」を指定しても、サンプルと同じ結果になります。

▶条件の指定方法は、02.075 ～ 02.083 を参照してください。

関連項目
02.089 別表の条件を満たすデータの不偏分散を求める →p.168
02.092 別表の条件を満たすデータの標準偏差を求める →p.171

データベース

02.092 別表の条件を満たすデータの標準偏差を求める

使用関数 ディー・スタンダード・ディビエーション・ピー DSTDEVP

DSTDEVP関数を使用すると、別表で指定した条件を満たすデータをデータベースから探し、指定した列にある数値データの標準偏差を求めることができます。ここでは、「選択科目」列の条件として「="=中国語"」を指定し、「得点」列のデータの「標準偏差」を求めます。標準偏差とは、データの散らばり具合を測るための指標の1つです。詳しくは 09.006、09.009 を参照してください。

「中国語」選択者の得点の標準偏差を求める

入力セル F8　入力式 =DSTDEVP(A2:D9,D2,F2:F3)

F8 =DSTDEVP(A2:D9,D2,F2:F3)

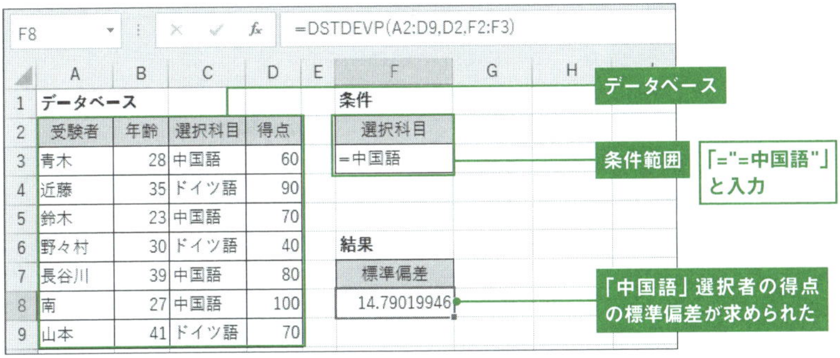

	A	B	C	D	E	F
1	データベース					条件
2	受験者	年齢	選択科目	得点		選択科目
3	青木	28	中国語	60		=中国語
4	近藤	35	ドイツ語	90		
5	鈴木	23	中国語	70		
6	野々村	30	ドイツ語	40		結果
7	長谷川	39	中国語	80		標準偏差
8	南	27	中国語	100		14.79019946
9	山本	41	ドイツ語	70		

データベース

条件範囲

「="=中国語"」と入力

「中国語」選択者の得点の標準偏差が求められた

check!

=DSTDEVP(データベース, フィールド, 条件範囲)

データベース…データベースのセル範囲を指定。各列の上端に列見出しを入力しておくこと

フィールド…データベースのうち、集計対象の列見出し、または列番号を指定。列見出しは文字列を「"」で囲んで指定するか、列見出しが入力されたセルを指定。列番号は左端列を1として数える

条件範囲…条件を入力したセル範囲を指定。条件の上には列見出しを入力しておくこと

「条件範囲」で指定した条件を満たすデータを「データベース」から探し、指定した「フィールド」にある数値データの標準偏差を返します。条件を満たすデータが見つからないときは、[#DIV/0!] が返されます。

memo

▶セルF8のDSTDEVP関数の2番目の引数「フィールド」に、「D2」を指定する代わりに「"得点"」や「4」を指定しても、サンプルと同じ結果になります。

▶「="=中国語"」は、「中国語」に完全一致するという意味の条件です。詳しくは 02.075 を参照してください。その他の条件の指定方法は、02.076 ～ 02.083 を参照してください。

関連項目 02.090 別表の条件を満たすデータの分散を求める →p.169
02.091 別表の条件を満たすデータの不偏標準偏差を求める →p.170

数式の基本
表の集計
数値処理
日付と時刻
文字列操作
条件判定
表の検索と操作
数学計算
統計計算
財務計算
関数一覧

データベース

02.093 別表の条件を満たすデータを取り出す

使用関数 DGET（ディー・ゲット）

DGET関数を使用すると、別表で指定した条件を満たすデータをデータベースから探し、指定した列にあるデータを取り出すことができます。他のデータベース関数が、条件を満たすデータすべてを対象に集計するのに対して、DGET関数は1つの値を取り出すために使用します。条件を満たすデータが複数ある場合、エラーになるので注意してください。ここでは「売れ行き」列に「1」が入力されている商品の「品番」を取り出します。

売れ行きが1位の商品の品番を調べる

入力セル E7　入力式 =DGET(A2:C7,A2,E2:E3)

E7 =DGET(A2:C7,A2,E2:E3)

	A	B	C	D	E	F
1	データベース				条件	
2	品番	単価	売れ行き		売れ行き	
3	AN-901	¥1,200	3		1	
4	DK-901	¥1,000	1			
5	H-901	¥1,200	5		結果	
6	TK-902	¥1,300	2		品番	
7	YYN-902	¥900	4		DK-901	

データベース
条件範囲
売れ行きが1位の商品がわかった

check!

=DGET(データベース, フィールド, 条件範囲)

データベース…データベースのセル範囲を指定。各列の上端に列見出しを入力しておくこと
フィールド…データベースのうち、集計対象の列見出し、または列番号を指定。列見出しは文字列を「"」で囲んで指定するか、列見出しが入力されたセルを指定。列番号は左端列を1として数える
条件範囲…条件を入力したセル範囲を指定。条件の上には列見出しを入力しておくこと

「条件範囲」で指定した条件を満たすデータを「データベース」から探し、指定した「フィールド」にあるデータを返します。条件を満たすデータが見つからないときは［#VALUE!］、複数見つかったときは［#NUM!］が返されます。

memo

▶セルE7に入力したDGET関数の2番目の引数「フィールド」に、「"品番"」や「1」と指定しても、サンプルと同じ結果になります。

▶条件の指定方法は、02.075 ～ 02.083 を参照してください。

07.021 商品名から商品コードを逆引きする① →p.478
07.022 商品名から商品コードを逆引きする② →p.479

データベース

02.094 ピボットテーブルから総計の値を取り出す

使用関数 GETPIVOTDATA（ゲット・ピボット・データ）

Excelには、シートに入力した表のデータから集計表を作成する「ピボットテーブル」という機能があります。GETPIVOTDATA関数を使用すると、ピボットテーブルから指定したデータを取り出せます。「=」と入力して、取り出したいデータのセルをクリックするだけで、GETPIVOTDATA関数を入力できるので簡単です。ここではピボットテーブルの縦横の総計を取り出します。

ピボットテーブルから総計の値を取り出す

入力セル B12　入力式 =GETPIVOTDATA(" 数量 ",$A$3)

B12　=GETPIVOTDATA("数量",$A$3)

	A	B	C	D	E	F	G
1	販売員	(すべて)					
2							
3	合計 / 数量	列ラベル					
4	行ラベル	ピンク	ブルー	ホワイト	総計		
5	タオルケット	156	254		410		
6	バスタオル	134	136	100	370		
7	バスマット	149	165	232	546		
8	ハンカチ	92	221	118	431		
9	フェイスタオル	167	183	108	458		
10	総計	698	959	558	2215		
11							
12	総計	2215					
13							

セルB12に「=」と入力して、セルE10をクリックすると、自動でGETPIVOTDATA関数を入力できる

総計の値を取り出せた

check!

=GETPIVOTDATA(データフィールド, ピボットテーブル [, フィールド1, アイテム1] [,フィールド2, アイテム2] ……)

データフィールド…取り出すデータのフィールド名を「"」で囲んで指定

ピボットテーブル…ピボットテーブル内のセルを指定

フィールド、アイテム…取り出すデータを表すフィールド名とアイテムをペアで指定。フィールド名やアイテム名を直接「"」で囲んで指定するか、フィールド名やアイテム名が入力されたセルを指定

「ピボットテーブル」から、指定した「データフィールド」のデータを取り出します。取り出すデータの位置は、「フィールド」と「アイテム」で指定します。「フィールド」と「アイテム」のペアは、126組まで指定できます。指定を省略すると、ピボットテーブルの右下隅に表示される総計が取り出されます。

データベース

02.095 ピボットテーブルから総計行や総計列の値を取り出す

使用関数 GETPIVOTDATA（ゲット・ピボット・データ）

行エリアと列エリアに1つずつフィールドを追加した単純な二次元のピボットテーブルでは、GETPIVOTDATA関数の引数「フィールド」と「アイテム」を1組指定すると、ピボットテーブルから行や列の集計値を取り出せます。02.094で紹介したとおり、「=」に続けて取り出したいセルをクリックすれば関数や引数を自動入力できますが、その場合、取り出すデータが固定されてしまいます。ここでは、取り出すデータを簡単に変更できるように、セルに入力したフィールドやアイテムを取り出します。

セルB12のフィールド、セルB13のアイテムの集計値を取り出す

入力セル B14　入力式 =GETPIVOTDATA(" 数量 ",$A$3,B12,B13)

B14　=GETPIVOTDATA("数量",$A$3,B12,B13)

	A	B	C	D	E
1	販売員	(すべて)			
2					
3	合計 / 数量	列ラベル			
4	行ラベル	ピンク	ブルー	ホワイト	総計
5	タオルケット	156	254		410
6	バスタオル	134	136	100	370
7	バスマット	149	165	232	546
8	ハンカチ	92	221	118	431
9	フェイスタオル	167	183	108	458
10	総計	698	959	558	2215
11					
12	フィールド	色			
13	アイテム	ピンク			
14	数量	698			

取り出すデータ

取り出したいフィールドとアイテムを入力

「色」フィールドのアイテム「ピンク」の総計が表示された

check!

=GETPIVOTDATA(データフィールド, ピボットテーブル [, フィールド1, アイテム1] [,フィールド2, アイテム2] ……) → 02.094

memo

▶［関数の挿入］ダイアログや関数ライブラリからGETPIVOTDATA関数を入力する場合、［検索／行列］の分類から入力します。

▶サンプルのセルB12を「商品名」、セルB13を「ハンカチ」に変更すると、セルB14に「商品名」フィールドのアイテム「ハンカチ」の総計が取り出されます。

	A	B
12	フィールド	商品名
13	アイテム	ハンカチ
14	数量	431

▶引数「データフィールド」や引数「フィールド1」には、［ピボットテーブルのフィールドリスト］に表示されているフィールド名を指定します。

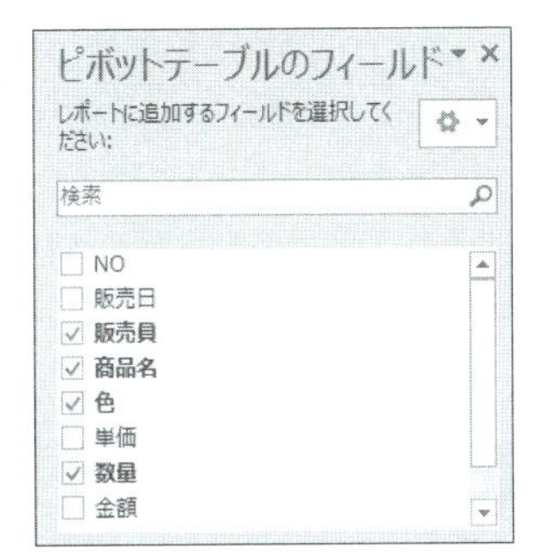

▶行フィールドや列フィールドに日付のフィールドを追加して、年単位や四半期単位などにグループ化した場合、引数「アイテム」にはグループ化した数値を指定します。例えば年単位にグループ化した場合は、「2016」など年の数値を指定し、四半期単位にグループ化した場合は「1」や「2」など四半期の数値を指定します。下図では［販売日］フィールドを四半期単位でグループ化し、第2四半期の集計値を取り出しています。

B14 =GETPIVOTDATA("数量",$A$3,B12,B13)

	A	B	C	D	E	F	G
1	販売員	(すべて)					
2							
3	合計 / 数量	列ラベル					
4	行ラベル	第1四半期	第2四半期	第3四半期	第4四半期	総計	
5	タオルケット	151	107	75	77	410	
6	バスタオル	74	107	102	87	370	
7	バスマット	132	161	111	142	546	
8	ハンカチ	110	69	118	134	431	
9	フェイスタオル	130	114	130	84	458	
10	総計	597	558	536	524	2215	
11							
12	フィールド	販売日					
13	アイテム	2					
14	数量	558					

▶ピボットテーブルとは別のシートにGETPIVOTDATA関数を入力する場合は、2番目の引数「ピボットテーブル」にシート名付きでセル番号を指定します。次の式では、Sheet2シートにあるピボットテーブルから「色」フィールドのアイテム「ピンク」の総計を取り出します。

=GETPIVOTDATA("数量",Sheet2!$A$3,"色","ピンク")

関連項目 02.094 ピボットテーブルから総計の値を取り出す →p.173
02.096 ピボットテーブルから行と列の交差位置のデータを取り出す →p.176

数式の基本
表の集計
数値処理
日付と時刻
文字列操作
条件判定
表の検索と操作
数学計算
統計計算
財務計算
関数一覧

データベース

02.096 ピボットテーブルから行と列の交差位置のデータを取り出す

使用関数 GETPIVOTDATA（ゲット・ピボット・データ）

行エリアと列エリアに1つずつフィールドを追加した単純な二次元のピボットテーブルで、GETPIVOTDATA関数の引数「フィールド」と「アイテム」を2組指定すると、ピボットテーブルの行と列の交差位置のデータを取り出せます。サンプルでは、セルB12、B13、B14、B15に指定した2組から、交差位置のデータを取り出しています。セルB13の商品名の種類とセルB15の色の種類を入力し直すと、即座に取り出されるデータが切り替わります。

■ セルB12 ～セルB15で指定した位置の値を取り出す

入力セル B16　入力式 =GETPIVOTDATA(" 数量 ",$A$3,B12,B13,B14,B15)

B16　=GETPIVOTDATA("数量",$A$3,B12,B13,B14,B15)

	A	B	C	D	E
1	販売員	(すべて)			
2					
3	合計 / 数量	列ラベル			
4	行ラベル	ピンク	ブルー	ホワイト	総計
5	タオルケット	156	254		410
6	バスタオル	134	136	100	370
7	バスマット	149	165	232	546
8	ハンカチ	92	221	118	431
9	フェイスタオル	167	183	108	458
10	総計	698	959	558	2215
11					
12	フィールド1	商品名			
13	アイテム1	バスマット			
14	フィールド2	色			
15	アイテム2	ブルー			
16	数量	165			
17					

取り出すデータ

フィールドとアイテムを2組指定

「バスマット」と「ブルー」の交差位置の数値が表示された

check!

=GETPIVOTDATA(データフィールド, ピボットテーブル [, フィールド1, アイテム1] [,フィールド2, アイテム2] ……) → 02.094

関連項目 02.095 ピボットテーブルから総計行や総計列の値を取り出す →p.174

第3章

数値処理

表作成

03.001 すぐ上のセルを元に連番を振る

使用関数 なし

表に連番を振る最も簡単な方法は、先頭のセルに「1」を入力して、それ以降のセルで「上のセル+1」を計算することです。1、2、3……と数値を手入力した場合、途中で行の増減があると、最下行まで番号を入力し直さなければならず、数が多いときに大変です。ここで紹介する方法なら、挿入や削除した行の付近だけ数式を直せばよいので簡単です。

表に連番を振る

入力セル A4 入力式 =A3+1

A4 =A3+1

	A	B	C	D	E	F	G
1	スタッフ名簿						
2	NO	氏名	入社年	所属			
3	1	中岡　健介	1998	営業部			
4	2	森本　勇気	1998	システム部			
5	3	遠藤　薫	2000	総務部			
6	4	松村　博之	2002	営業部			
7	5	岡村　幸一	2005	システム部			
8	6	野島　まり	2008	営業部			
9	7	杉田　正弘	2008	総務部			
10	8	吉岡　恵	2009	システム部			
11							

セルA3に「1」を入力

セルA4に数式を入力して、セルA10までコピー

memo

▶途中の行を削除すると、それ以降のセルに[#REF!]エラーが表示されますが、連番が正しく表示されている最後のセル（右図ではセルA4）の数式を1つ下にコピーすれば、以降のセルも正しい連番が振り直されます。表の最下行まで数式をコピーし直す必要はないので、大きな表の場合も簡単です。

A4 =A3+1

	A	B	C	D
1	スタッフ名簿			
2	NO	氏名	入社年	所属
3	1	中岡　健介	1998	営業部
4	2	森本　勇気	1998	システム部
5	#REF!	松村　博之	2002	営業部
6	#REF!	岡村　幸一	2005	システム部
7	#REF!	野島　まり	2008	営業部
8	#REF!	杉田　正弘	2008	総務部
9	#REF!	吉岡　恵	2009	システム部

関連項目 03.002 行番号を元に連番を振る →p.179
03.003 データが入力されている行に連番を振る →p.180

表作成

03.002 行番号を元に連番を振る

使用関数 ROW（ロウ）

03.001 ですぐ上の行の番号を元に連番を振る方法を紹介しましたが、数式が平易でわかりやすい反面、行の移動や削除のときに、数式をコピーし直す手間がかかります。そこでここでは、行の移動や削除があっても常に正しい連番を表示できる方法を紹介します。それには、ROW関数でシートの行番号を求め、それを元に番号を計算します。例えばシートの3行目が先頭なら、各行の行番号から2を引けば正しい番号を表示できます。

常に正しい連番を振る

入力セル A3　入力式 =ROW()-2

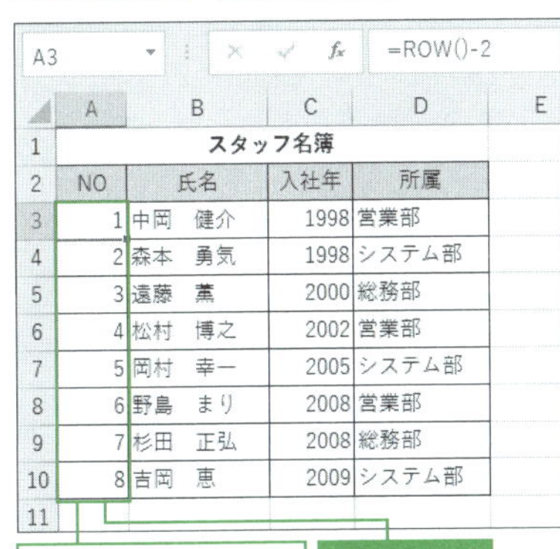

A3　=ROW()-2

	A	B	C	D
1	スタッフ名簿			
2	NO	氏名	入社年	所属
3	1	中岡　健介	1998	営業部
4	2	森本　勇気	1998	システム部
5	3	遠藤　薫	2000	総務部
6	4	松村　博之	2002	営業部
7	5	岡村　幸一	2005	システム部
8	6	野島　まり	2008	営業部
9	7	杉田　正弘	2008	総務部
10	8	吉岡　恵	2009	システム部

セルA3に数式を入力して、セルA10までコピー

正しい連番が表示された

A1　スタッフ名簿

	A	B	C	D
1	スタッフ名簿			
2	NO	氏名	入社年	所属
3	1	中岡　健介	1998	営業部
4	2	森本　勇気	1998	システム部
5	3	野島　まり	2008	営業部
6	4	杉田　正弘	2008	総務部
7	5	吉岡　恵	2009	システム部

行を削除すると、自動で正しい番号が振り直される

check!

=ROW([参照]) → 07.028

memo

▶同じシートの上下2カ所に連番を振る場合、この方法はお勧めできません。例えばシートの3行目に「=ROW()−2」、シートの13行目に「=ROW()−12」と入力して、3行目と13行目からそれぞれ始まる連番を振った場合、上の表に行の増減があると、下の表の開始番号がずれてしまうからです。03.001 の方法なら、上の表の行の増減が下の表の番号に影響することはありません。特徴を理解して使い分けてください。

関連項目 03.001 すぐ上のセルを元に連番を振る →p.178
03.003 データが入力されている行に連番を振る →p.180

数式の基本
表の集計
数値処理
日付と時刻
文字列操作
条件判定
表の検索と操作
数学計算
統計計算
財務計算
関数一覧

表作成

03.003 データが入力されている行に連番を振る

使用関数 IF（イフ） ／ COUNTA（カウント・エー）

ここでは表の「氏名」列に入力されている氏名に対して、上から順に連番を振ります。それには、COUNTA関数で現在行までの氏名データを数えます。その際、COUNTA関数に指定するセル範囲の先頭セルを絶対参照で、末尾のセルを相対参照で指定することがポイントです。こうすることで、常に先頭の位置を固定したまま、現在行までのセル範囲のデータ数を数えることができます。氏名が入力されていない行に番号が表示されないように、忘れずにIF関数で場合分けしましょう。

「氏名」に連番を振る

入力セル D4　入力式 =IF(C4="","",COUNTA($C$4:C4))

D4　=IF(C4="","",COUNTA($C$4:C4))

	A	B	C	D
1	スタッフ名簿			
2	所属	入社年	氏名	NO
3	営業部			
4		1998	中岡　健介	1
5		2002	松村　博之	2
6		2008	野島　まり	3
7	システム部			
8		1998	森本　勇気	4
9		2005	岡村　幸一	5
10		2009	吉岡　恵	6
11	総務部			
12		2000	遠藤　薫	7
13		2008	杉田　正弘	8
14				

セルD4に数式を入力して、セルD13までコピー

[オートフィルオプション] をクリックして、[書式なしコピー] を選択

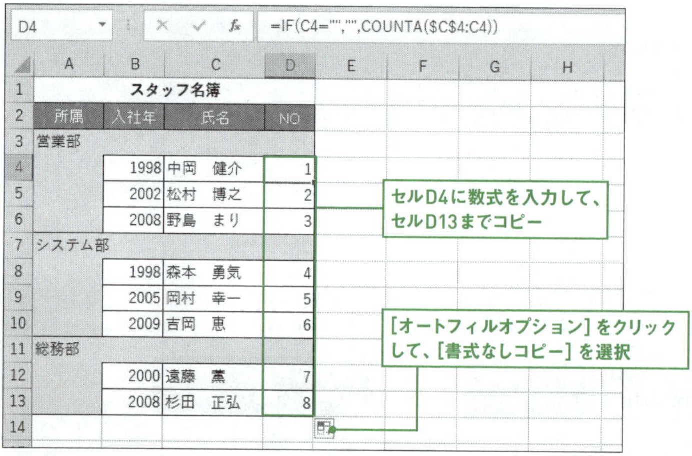

check!

=IF(論理式, 真の場合, 偽の場合) → 06.001
=COUNTA(値1 [, 値2] ……) → 02.030

memo

▶セルD4の数式をコピーすると、COUNTA関数の引数「$C$4:C4」は、1つ下で「$C$4:C5」、2つ下で「$C$4:C6」のように変わります。常に先頭をセルC4に固定したまま、カウント対象の範囲が広がります。このように「絶対参照:相対参照」でセル範囲を指定する方法は、連番入力や累計計算に欠かせないテクニックです。

表作成

03.004 1行おきに連番を振る

使用関数 IF(イフ) ／ MOD(モッド) ／ ROW(ロウ)

1行おきに連番を振るには、先頭のセルに「1」を入力して、以降のセルでシートの行番号が偶数行（または奇数行）なら2つ上のセルに1を足し、奇数行（または偶数行）なら何も表示しない、という処理を行います。条件判定にはIF関数、行番号を調べるにはROW関数、偶数か奇数かを調べるにはMOD関数を使用します。ここでは行番号が偶数の行にだけ連番を振ります。

■偶数行に連番を振る

入力セル A4　入力式 =IF(MOD(ROW(),2)=0,A2+1,"")

A4　=IF(MOD(ROW(),2)=0,A2+1,"")

	A	B	C	D	E	F
1	Address Book					
2	1	Name		Tel		
3		Address				
4	2	Name		Tel		
5		Address				
6	3	Name		Tel		
7		Address				
8	4	Name		Tel		
9		Address				
10	5	Name		Tel		
11		Address				
12						

セルA2に「1」を入力

セルA4に数式を入力して、セルA11までコピー

check!

=IF(論理式, 真の場合, 偽の場合) → 06.001
=MOD(数値, 除数) → 03.043
=ROW([参照]) → 07.028

memo

▶サンプルのセルA4に入力した数式では、「行番号を2で割った余りが0なら（偶数なら）、2つ上のセルの数値に1を足す」という処理を行って、偶数行にのみ連番を表示しています。奇数行に連番を表示したい場合は、「行番号を2で割った余りが1」という条件で処理を行います。

関連項目 03.001 すぐ上のセルを元に連番を振る →p.178

表作成

03.005 同じデータごとに連番を振り直す

使用関数 COUNTIF（カウント・イフ）

サンプルのような表でA列に入力された地区ごとに1から始まる連番を振るには、COUNTIF関数を使用して、A列の先頭セルから現在行までの範囲に、現在行と同じ地区がいくつあるかをカウントします。「大阪」「兵庫」のセルがそれぞれまとまって入力されている場合でも、ばらばらに入力されている場合でも、常に「大阪の中で○番目」「兵庫の中で○番目」が求められます。

■同じ地区ごとに連番を振る

入力セル D3　入力式 =COUNTIF($A$3:A3,A3)

D3　=COUNTIF($A$3:

	A	B	C	D	E
1	店舗リスト				
2	地区	店舗	席数	地区別連番	
3	大阪	堺店	140	1	
4	大阪	津久野店	80	2	
5	大阪	東大阪店	120	3	
6	大阪	八尾店	150	4	
7	兵庫	明石店	70	1	
8	兵庫	神戸店	130	2	
9	兵庫	加古川店	100	3	
10					
11					

セルD3に数式を入力して、セルD9までコピー

それぞれの地区に通し番号が振られた

D3　=COUNTIF($A$3:

	A	B	C	D	E
1	店舗リスト				
2	地区	店舗	席数	地区別連番	
3	大阪	八尾店	150	1	
4	大阪	堺店	140	2	
5	兵庫	神戸店	130	1	
6	大阪	東大阪店	120	3	
7	兵庫	加古川店	100	2	
8	大阪	津久野店	80	4	
9	兵庫	明石店	70	3	
10					
11					

席数（C列）順に並べ替えると、通し番号が振り直される

check!

=COUNTIF(条件範囲, 条件) → 02.033

memo

▶COUNTIF関数は、引数「条件範囲」で指定したセル範囲に、引数「条件」で指定したデータがいくつあるかを数える関数です。例えば、セルD6の数式「=COUNTIF($A$3:A6,A6)」では、セル範囲A3:A6の中に含まれる、セルA6データ数がカウントされます。

関連項目 03.006 連続するデータごとに連番を振り直す →p.183

表作成

03.006 連続するデータごとに連番を振り直す

使用関数 IF(イフ)

サンプルのシートのB列には、「大阪」ブロック、「京都」ブロック、「大阪」ブロック、「京都」ブロックと、2つの地区名が数個ずつ2回繰り返し入力されています。このような表でブロックごとに1から連番を振り直したいときは、IF関数で現在行の地区がすぐ上の地区と同じかどうかを判定します。同じなら「上の行の番号+1」を表示し、同じでなければ「1」を表示します。

連続するデータごとに連番を振る

入力セル C3　入力式 =IF(B3=B2,C2+1,1)

C3　=IF(B3=B2,C2+1,1)

	A	B	C	D	E
1	地区別売上集計				
2		地区	NO	店舗	売上
3	前期	大阪	1	堺店	6,516,000
4		大阪	2	津久野店	5,857,700
5		大阪	3	東大阪店	6,717,000
6		京都	1	宇治店	5,667,500
7		京都	2	京都店	7,749,500
8	後期	大阪	1	堺店	7,473,500
9		大阪	2	津久野店	5,009,700
10		大阪	3	東大阪店	7,213,600
11		京都	1	宇治店	5,343,200
12		京都	2	京都店	5,921,900
13					

セルC3に数式を入力して、セルC12までコピー

離れたセルに同じデータがある場合でも、連番が振り直される

check!

=IF(論理式, 真の場合, 偽の場合) → 06.001

memo

▶行ごとに異なる色が設定された表で数式をコピーすると、書式が崩れます。その場合は、01.006 を参考に、[オートフィルオプション] をクリックして、[書式なしコピー] を選択してください。

関連項目 03.001 すぐ上のセルを元に連番を振る →p.178
03.005 同じデータごとに連番を振り直す →p.182

データベース

03.007 フィルターで抽出されたデータだけに連番を振る

使用関数 SUBTOTAL（サブトータル）

表に手入力した数値の連番は、オートフィルターで抽出を実行すると、番号が飛び飛びになってしまいます。抽出されて見えている行だけに連番を自動表示するには、SUBTOTAL関数を使用して、抽出されているデータを対象に先頭から現在行までのデータ数を表示します。カウント対象には、表のすべての行に必ずデータが入力されている列を使用してください。

■ 見えている行だけに連番を振る

入力セル A4　入力式 =SUBTOTAL(3,$B$4:B4)

A4　=SUBTOTAL

	A	B	C	D
1	売上記録			
2				
3	NO	伝票番号	担当者	売上
4	1	1011	松下	10,000
5	2	1012	野々村	8,500
6	3	1013	松下	25,000
7	4	1014	松下	40,000
8	5	1015	野々村	100,000
9	6	1016	野々村	3,000

セルA4に数式を入力して、セルA9までコピー

全データに連番が表示された

A4　=SUBTOTAL

	A	B	C	D
1	売上記録			
2				
3	NO	伝票番号	担当者	売上
5	1	1012	野々村	8,500
8	2	1015	野々村	100,000
9	3	1016	野々村	3,000
10				
11				
12				

オートフィルターで抽出を実行すると、連番が振り直される

check!

=SUBTOTAL(集計方法, 範囲1 [, 範囲2] ……) → 02.025

memo

- サンプルのように表に隣接するセルにSUBTOTAL関数を入力した場合、オートフィルターの設定時に表のセル範囲がうまく認識されないことがあります。あらかじめSUBTOTAL関数を入力した列以外の表のセル範囲（ここではセル範囲B3:D9）を選択してから、オートフィルターを設定してください。
- 連番を求めたセルにエラーインジケータが表示されます。そのままにしておいても差し支えありませんが、気になるようなら01.057を参考に非表示にしてください。

関連項目
02.026 フィルターで抽出されたデータのみを合計する →p.104
03.017 フィルターで抽出されたデータだけに累計を表示する →p.194

表作成

03.008 ローマ数字の連番を振る

使用関数 ROMAN（ローマン）／ROW（ロウ）

ローマ数字で連番を振りたいときは、ROMAN関数を使用します。この関数は、引数に指定した数値をローマ数字に変換する機能を持ちます。引数に指定する数値は、シートの行番号を返すROW関数で求めます。「ROW()－先頭セルの行番号+1」を指定すると、うまく番号が振れます。例えばシートの2行目から連番を開始するのであれば、ROMAN関数の引数に「ROW()－1」を指定します。

Ⅰ、Ⅱ、Ⅲ……とローマ数字の連番を振る

入力セル A2　入力式 =ROMAN(ROW()-1)

A2　=ROMAN(ROW()-1)

	A	B	C
1	イベントスペース　御使用上の注意		
2	I	ご使用の3ヶ月前から予約を受け付けます。	
3	II	前日のキャンセルはできません。	
4	III	商品の販売にはご利用いただけません。	
5	IV	公序良俗に反する内容にはご利用いただけません。	
6	V	看板等の掲示は所定の場所でお願いします。	
7	VI	危険物の持ち込みはできません。	
8	VII	ゴミはすべてお持ち帰りください。	
9			

セルA2に数式を入力して、セルA8までコピー

ローマ数字の連番が表示された

check!

=ROMAN(数値 [, 書式]) → 05.053
=ROW([参照]) → 07.028

memo

▶左から右に向かって横方向にローマ数字の連番を振るには、ROW関数の代わりに、列番号を求めるCOLUMN関数を使用します。このように、縦方向に1ずつ増える数値を作成するにはROW関数、横方向に1ずつ増える数値を作成するにはCOLUMN関数を使用するのがExcelの定番テクニックです。

=ROMAN(COLUMN()-先頭セルの列番号+1)

関連項目
03.009 A、B、C……とアルファベットの連番を振る →p.186
03.010 丸数字の連番を振る →p.187
05.053 数値をローマ数字に変換する →p.404

表作成

03.009 A、B、C……とアルファベットの連番を振る

使用関数 CHAR（キャラクター）／CODE（コード）／ROW（ロウ）

文字にはそれぞれ文字コードが割り当てられています。アルファベットの文字コードはAが65、Bが66……、Zが90というように連続しており、これを利用すると簡単にアルファベットの連続データを作成できます。文字から文字コードを求めるCODE関数、文字コードから文字に変換するCHAR関数、シートの行番号を求めるROW関数を使用します。

■ A、B、C……とアルファベットの連番を振る

入力セル A3　入力式 =CHAR(CODE("A")+ROW()-3)

A3　=CHAR(CODE("A")+ROW()-3)

	A	B	C	D	E	F	G
1	4月5日 会議室予約状況						
2	会議室	部署	担当				
3	A	営業1課	松原　恵子				
4	B	海外事業部	平沢　信夫				
5	C	経理部	森中　雄介				
6	D	空き					
7	E	人事部	野村　英俊				
8	F	空き					

セルA3に数式を入力して、セルA8までコピー

アルファベットの連番が表示された

check!

=CHAR(数値) → 05.004
=CODE(文字列) → 05.003
=ROW([参照]) → 07.028

memo

▶サンプルのセルA3に入力した数式の「CODE("A")」は、アルファベットの先頭である「A」の文字コード65を返します。この65を「=CHAR(65)」のようにCHAR関数の引数に指定すれば、「A」という文字が返されます。「B」の文字コードは「CODE("A")+1」、「C」の文字コードは「CODE("A")+2」というように、「A」の文字コードに「1」ずつ増加させていったものです。そこでROW関数を使用して、縦方向に1ずつ増やす処理を行いました。

▶セルA3の数式を、アルファベットの数を超える26行以上のセルにコピーした場合、91以上の文字コードに対応する記号が表示されてしまうので注意してください。

関連項目 03.008 ローマ数字の連番を振る →p.185
03.010 丸数字の連番を振る →p.187

表作成

03.010 丸数字の連番を振る

使用関数 CHAR（キャラクター）／CODE（コード）／ROW（ロウ）

丸数字の連番を手入力するのは意外と手間がかかります。丸数字は1から20まで文字コードが連続しているので、文字から文字コードを求めるCODE関数と、文字コードから文字に変換するCHAR関数を利用して、自動で連番を作成しましょう。併せて、数字を1ずつ増加させるために、ROW関数も使用します。

①、②、③……と丸数字の連番を振る

入力セル A3　入力式 =CHAR(CODE(" ① ")+ROW()-3)

A3　=CHAR(CODE("①")+ROW()-3)

	A	B	C
1	スタッフ名簿		
2	NO	氏名	年齢
3	①	中岡　健介	41
4	②	森本　勇気	35
5	③	遠藤　薫	32
6	④	松村　博之	28
7	⑤	岡村　幸一	28
8	⑥	野島　まり	25
9	⑦	杉田　正弘	24
10	⑧	吉岡　恵	23

セルA3に数式を入力して、セルA10までコピー

丸数字の連番が表示された

check!

=CHAR(数値) → 05.004
=CODE(文字列) → 05.003
=ROW([参照]) → 07.028

memo

- セルA3の数式中の「3」を他の数値に変えると、その数値の行が連番の先頭になるように調整されます。例えば「=CHAR(CODE(" ① ")+ROW()-10)」とした場合、シートの10行目が「①」、11行目が「②」になります。
- 丸数字が用意されているのは1から20までの数値です。セルA3の数式を、20行以上のセルにコピーした場合、丸数字の次の文字コードに対応するローマ数字が表示されてしまうので注意してください。

関連項目 03.008 ローマ数字の連番を振る →p.185

表作成

03.011 1、2、3、1、2、3……と繰り返し番号を振る

使用関数 MOD（モッド） ／ ROW（ロウ）

1ずつ増加する番号を作りたいときの定番の関数はROW関数とCOLUMN関数ですが、同じ数値を繰り返したいときの定番は、割り算の余りを求めるMOD関数です。例えば1から3までの数値を繰り返したいなら、3で割った余りをMOD関数で求めます。ここでは縦方向に1、2、3、1、2、3……と番号を繰り返したいので、ROW関数で求めた行番号を3で割り、その余りを使用します。

■1から3までの番号を繰り返す

入力セル B3　入力式 =MOD(ROW(),3)+1

B3 =MOD(ROW(),3)+1

	A	B	C	D	E	F
1	景品リスト					
2	プログラム	順位	景品			
3	クイズ	1	加湿器			
4		2	コーヒーメーカー			
5		3	目覚まし時計			
6	仮装	1	飛騨牛			
7		2	タラバガニ			
8		3	メロン			
9	ビンゴ	1	温泉ペア宿泊券			
10		2	ペアお食事券			
11		3	クッキーセット			

セルB3に数式を入力して、セルB11までコピー

1、2、3が繰り返し表示された

check!

=MOD(数値, 除数) → 03.043
=ROW([参照]) → 07.028

memo

▶番号を開始するセルの位置に応じて、MOD関数の引数「数値」の指定を変化させます。

1、4、7、10……行目から開始するとき：=MOD(ROW()-1,3)+1
2、5、8、11……行目から開始するとき：=MOD(ROW()-2,3)+1
3、6、9、12……行目から開始するとき：=MOD(ROW(),3)+1

▶4つの値を繰り返し表示したいときは、MOD関数の引数「除数」に4を指定します。

関連項目 03.012 ①、②、③、①、②、③……と繰り返し番号を振る →p.189

表作成

03.012 ①、②、③、①、②、③……と繰り返し番号を振る

使用関数 CHOOSE(チューズ) ／ MOD(モッド) ／ ROW(ロウ)

03.011 で紹介したとおり、MOD関数とROW関数を使用すると、同じ範囲の数値を繰り返し作成できます。これを利用すると、「①、②、③」「A、B、C」「甲、乙、丙、丁」など、任意の文字の繰り返しデータも作成できます。それにはCHOOSE関数を使用して、「1、2、3」の数値を「①、②、③」や「A、B、C」などの文字に振り分けます。

■「①、②、③」を繰り返す

入力セル B3　入力式 =CHOOSE(MOD(ROW(),3)+1," ① "," ② "," ③ ")

B3　=CHOOSE(MOD(ROW(),3)+1,"①","②",

	A	B	C	D	E	F
1	景品リスト					
2	プログラム	NO	景品			
3	クイズ	①	加湿器			
4		②	コーヒーメーカー			
5		③	目覚まし時計			
6	仮装	①	飛騨牛			
7		②	タラバガニ			
8		③	メロン			
9	ビンゴ	①	温泉ペア宿泊券			
10		②	ペアお食事券			
11		③	クッキーセット			

セルB3に数式を入力して、セルB11までコピー

①、②、③が繰り返し表示された

check!

=CHOOSE(インデックス, 値1 [, 値2] ……) → 07.016
=MOD(数値, 除数) → 03.043
=ROW([参照]) → 07.028

memo

▶CHOOSE関数は、引数「インデックス」に対応する「値」を返す関数です。ここでは「インデックス」に指定した「MOD(ROW(),3)+1」の部分が「1、2、3、1、2、3」と繰り返すので、それに対応する「値」である「①、②、③、①、②、③」が返されます。

▶番号を開始するセルの位置や繰り返すデータの個数に応じて、MOD関数の引数を変更する必要があります。詳しくは 03.011 を参照してください。

関連項目 03.011 1、2、3、1、2、3……と繰り返し番号を振る →p.188

表作成

03.013 累計を求める

使用関数 なし

隣接するセルに入力された数値の累計を求めたいとき、最も考え方が平易でわかりやすいのは、1つ手前の累計値に現在行の数値を加える方法です。ここでは、この方法を使用して、表に入力された売上の累計を求めます。

■ 売上の累計を求める

入力セル D3　入力式 =C3

入力セル D4　入力式 =D3+C4

D4　=D3+C4

	A	B	C	D
1	売上記録			
2	伝票番号	担当	売上	累計
3	1011	松下	10,000	10,000
4	1012	野々村	8,500	18,500
5	1013	松下	25,000	43,500
6	1014	松下	40,000	83,500
7	1015	野々村	100,000	183,500
8	1016	野々村	3,000	186,500
9				

セルD3に「=C3」を入力

セルD4に数式を入力して、セルD8までコピー

memo

▶途中の行を削除すると、それ以降のセルに[#REF!]エラーが表示されますが、累計が正しく表示されている最後のセル（右図ではセルD4）の数式を1つ下にコピーすれば、以降のセルも正しい連番が振り直されます。表の最下行まで数式をコピーし直す必要はないので、大きな表の場合も簡単です。

D4　=D3+C4

	A	B	C	D
1	売上記録			
2	伝票番号	担当	売上	累計
3	1011	松下	10,000	10,000
4	1012	野々村	8,500	18,500
5	1014	松下	40,000	#REF!
6	1015	野々村	100,000	#REF!
7	1016	野々村	3,000	#REF!
8				

関連項目 03.014 前の行に依存せずに累計を求める →p.191

表作成

03.014 前の行に依存せずに累計を求める

使用関数 SUM（サム）

累計を求める最も簡単な方法は1つ手前の累計値に現在行の数値を加えることですが、この方法では行の削除や入れ替えがあったときに、数式をコピーし直す必要があり、少し面倒です。ここでは、上の行に依存せずに累計を求める方法を紹介します。それにはSUM関数で、先頭行から現在行までの数値を合計します。絶対参照と相対参照を組み合わせて、合計対象のセル範囲を指定することがポイントです。

売上の累計を求める

入力セル D3　入力式 =SUM($C$3:C3)

D3 =SUM($C$3:C3)

	A	B	C	D
1	売上記録			
2	伝票番号	担当	売上	累計
3	1011	松下	10,000	10,000
4	1012	野々村	8,500	18,500
5	1013	松下	25,000	43,500
6	1014	松下	40,000	83,500
7	1015	野々村	100,000	183,500
8	1016	野々村	3,000	186,500
9				

セルD3に数式を入力して、セルD8までコピー

check!

=SUM(数値1 [, 数値2] ……) → 02.001

memo

▶セルD3の数式をコピーすると、各セルの数式は以下のようになります。引数のセル範囲のうち、先頭のセル番号は変わらず、末尾の行番号が1つずつ増えるので、1行ごとに合計対象のセル範囲が広がります。

セルD3：=SUM($C$3:C3)　(セルC3～セルC3の合計)
セルD4：=SUM($C$3:C4)　(セルC3～セルC4の合計)
セルD5：=SUM($C$3:C5)　(セルC3～セルC5の合計)
セルD6：=SUM($C$3:C6)　(セルC3～セルC6の合計)

関連項目 03.013 累計を求める →p.190

表作成

03. 015 同じデータごとに累計を表示する

使用関数 SUMIF（サム・イフ）

サンプルのような表でA列に入力された地区ごとにC列の客席数を累計するには、SUMIF関数を使用して、A列の先頭セルから現在行までの範囲の中で、現在行と同じ地区を検索し、見つかったデータの数値を合計します。「東京」「千葉」のセルがそれぞれ固めて入力されている場合でも、ばらばらに入力されている場合でも、「東京の累計」「千葉の累計」がそれぞれ求められます。

■同じ地区ごとに累計を表示する

入力セル D3　入力式 =SUMIF($A$3:A3,A3,$C$3:C3)

D3 =SUMIF(A

	A	B	C	D	E
1	店舗リスト				
2	地区	店舗	席数	累計	
3	東京	有楽町店	140	140	
4	東京	秋葉原店	80	220	
5	東京	八王子店	120	340	
6	東京	渋谷店	150	490	
7	千葉	津田沼店	70	70	
8	千葉	成田店	130	200	
9	千葉	安孫子店	100	300	
10					

セルD3に数式を入力して、セルD9までコピー

それぞれの地区の累計が表示された

D3 =SUMIF(A

	A	B	C	D	E
1	店舗リスト				
2	地区	店舗	席数	累計	
3	東京	秋葉原店	80	80	
4	千葉	安孫子店	100	100	
5	東京	渋谷店	150	230	
6	千葉	津田沼店	70	170	
7	千葉	成田店	130	300	
8	東京	八王子店	120	350	
9	東京	有楽町店	140	490	
10					

店舗名（B列）順に並べ替えると、計算し直される

check!

=SUMIF(条件範囲, 条件 [, 合計範囲]) → 02.009

memo

▶SUMIF関数は、「条件範囲」から「条件」で指定したデータを検索して、「合計範囲」の数値を合計する関数です。ここでは「条件範囲」と「合計範囲」を「絶対参照：相対参照」の形式で指定して、先頭セルから現在行までのセル範囲を対象に、条件に合致したデータの合計を求めました。

関連項目 03.016 連続するデータごとに累計を表示する →p.193

表作成

03.016 連続するデータごとに累計を表示する

使用関数 IF（イフ）

サンプルのシートのB列には、「大阪」ブロック、「京都」ブロック、「大阪」ブロック、「京都」ブロックと、2つの地区名が数個ずつ2回繰り返し入力されています。このような表でブロックごとに累計を表示したいときは、IF関数で現在行の地区がすぐ上の地区と同じかどうかを判定し、同じなら「上の行までの累計値+現在行の数値」を表示し、同じでなければ「現在行の数値」を表示します。

■連続するデータごとに累計を表示する

入力セル E3　入力式 =IF(B3=B2,E2+D3,D3)

E3　=IF(B3=B2,E2+D3,D3)

	A	B	C	D	E	F	G
1	地区別売上集計						
2		地区	店舗	売上	累計		
3	前期	大阪	堺店	6,516,000	6,516,000		
4		大阪	津久野店	5,857,700	12,373,700		
5		大阪	東大阪店	6,717,000	19,090,700		
6		京都	宇治店	5,667,500	5,667,500		
7		京都	京都店	7,749,500	13,417,000		
8	後期	大阪	堺店	7,473,500	7,473,500		
9		大阪	津久野店	5,009,700	12,483,200		
10		大阪	東大阪店	7,213,600	19,696,800		
11		京都	宇治店	5,343,200	5,343,200		
12		京都	京都店	5,921,900	11,265,100		
13							

セルE3に数式を入力して、セルE12までコピー

ブロックごとに累計が表示された

check!

=IF(論理式, 真の場合, 偽の場合) → 06.001

関連項目 03.013 累計を求める →p.190
03.015 同じデータごとに累計を表示する →p.192

データベース

03.017 フィルターで抽出されたデータだけに累計を表示する

使用関数 SUBTOTAL(サブトータル)

SUM関数を利用して累計を求めた場合、オートフィルターを実行すると、累計が合わなくなります。抽出されて見えている行だけに正しい累計を表示するには、SUBTOTAL関数を使用して、抽出されているデータを対象に先頭から現在行までのデータを合計します。

見えている行だけ累計を計算する

入力セル D4　入力式 =SUBTOTAL(9,$C$4:C4)

D4 =SUBTOTAL

	A	B	C	D
1	売上記録			
2				
3	伝票番号	担当者	売上	累計
4	1011	松下	10,000	10,000
5	1012	野々村	8,500	18,500
6	1013	松下	25,000	43,500
7	1014	松下	40,000	83,500
8	1015	野々村	100,000	183,500
9	1016	野々村	3,000	186,500
10				

セルD4に数式を入力して、セルD9までコピー

全データに累計が表示された

D4 =SUBTOTAL

	A	B	C	D
1	売上記録			
2				
3	伝票番号	担当者	売上	累計
4	1011	松下	10,000	10,000
6	1013	松下	25,000	35,000
7	1014	松下	40,000	75,000
10				
11				
12				
13				

オートフィルターで抽出を実行すると、累計が計算し直される

check!

=SUBTOTAL(集計方法, 範囲1 [, 範囲2] ……) → 02.025

memo

▶サンプルのように表に隣接するセルにSUBTOTAL関数を入力した場合、オートフィルターの設定時に表のセル範囲がうまく認識されないことがあります。あらかじめSUBTOTAL関数を入力した列以外の表のセル範囲(ここではセル範囲A3:C9)を選択してから、オートフィルターを設定してください。

▶累計を求めたセルにエラーインジケータが表示されます。そのままにしておいても差し支えありませんが、気になるようなら 01.057 を参考に非表示にしてください。

関連項目 02.026 フィルターで抽出されたデータのみを合計する →p.104
03.007 フィルターで抽出されたデータだけに連番を振る →p.184

表作成

03.018 順位を付ける

使用関数 RANK | RANK.EQ

数値に順位を付けるには、RANK関数を使用します。サンプルでは、支店別の契約数を元に、大きいほうから数えた順位を付けます。数式をコピーすることを考慮し、「契約数」欄のセル範囲B3:B10はずれないように絶対参照、順位付けの対象の数値のセルB3はコピーした位置に応じてずれるように相対参照で指定します。重複した値は同じ順位とみなされ、次の順位を飛ばして以降の順位が付けられます。

■ 契約数の多い支店順に順位を付ける

入力セル C3　入力式 =RANK(B3,$B$3:$B$10)

C3　=RANK(B3,$B$3:$B$10)

	A	B	C
1	新規契約獲得数		
2	支店名	契約数	順位
3	秋葉原店	175	4
4	浅草橋店	260	1
5	両国店	203	3
6	錦糸町店	152	7
7	亀戸店	248	2
8	平井店	175	4
9	新小岩店	162	6
10	小岩店	128	8

セルC3に数式を入力して、セルC10までコピー

同じ契約数の場合、同じ順位になる

4位が2店舗あるので5位が欠番となる

check!

=RANK(数値, 範囲 [, 順位])

=RANK.EQ(数値, 範囲 [, 順位])　[Excel 2016 / 2013 / 2010]

数値…順位付けの対象になる数値を指定。「範囲」内にない数値を指定すると、[#N/A] が返される

範囲…数値のセル範囲、または配列定数を指定。セル範囲内の文字列や論理値、空白セルは無視される

順位…0を指定するか、指定を省略すると、降順（大きい順）の順位が返される。1を指定すると、昇順（小さい順）の順位が返される

「数値」が「範囲」の中で何番目の大きさにあたるかを求めます。降順と昇順のどちらの順位を調べるのかは、引数「順位」で指定します。

memo

▶Excel 2016/2013/2010では、RANK関数とRANK.EQ関数のどちらを使用しても、同じ結果が得られます。

=RANK.EQ(B3,$B$3:$B$10)

関連項目 03.021 同じ値の場合は別の列を基準に異なる順位を付ける →p.198

表作成

非対応バージョン 2007

03.019 同じ値の場合は平均値で順位を付ける

使用関数 RANK.AVG（ランク・アベレージ）

03.018で紹介したRANK関数では、「範囲」に含まれる同じ値に同じ順位が付けられ、次の順位は欠番になるため、順位が上に偏りがちです。例えば4番目の大きさの数値が2つある場合、順位は「3位、4位、4位、6位」となり、上に偏ってしまいます。偏らないように順位を付けるには、同じ値に平均値の順位を付けるRANK.AVG関数を使用します。順位は「3位、4.5位、4.5位、6位」となり、バランスが保たれます。なお、Excel 2007ではRANK.AVG関数を使用できません。

■同じ値に平均値の順位を付ける

入力セル C3　入力式 =RANK.AVG(B3,$B$3:$B$10)

C3　=RANK.AVG(B3,$B$3:$B$10)

	A	B	C
1	新規契約獲得数		
2	支店名	契約数	順位
3	秋葉原店	175	4.5
4	浅草橋店	260	1
5	両国店	203	3
6	錦糸町店	152	7
7	亀戸店	248	2
8	平井店	175	4.5
9	新小岩店	162	6
10	小岩店	128	8

セルC3に数式を入力して、セルC10までコピー

check!

=RANK.AVG(数値, 範囲 [, 順位])　[Excel 2016/2013/2010]

数値…順位付けの対象になる数値を指定。「範囲」内にない数値を指定すると、[#N/A] が返される

範囲…数値のセル範囲、または配列定数を指定。セル範囲内の文字列や論理値、空白セルは無視される

順位…0を指定するか、指定を省略すると、降順（大きい順）の順位が返される。1を指定すると、昇順（小さい順）の順位が返される

「数値」が「範囲」の中で何番目の大きさにあたるかを求めます。降順と昇順のどちらの順位を調べるのかは、引数「順位」で指定します。同じ値の場合、平均の順位が付きます。

memo

▶同じ値が3つ以上ある場合も同様の考え方で順位付けされます。例えば4番目の大きさの数値が3つある場合、次のようになります。

RANK関数の場合　1位、2位、3位、4位、4位、4位、7位
RANK.AVG関数の場合　1位、2位、3位、5位、5位、5位、7位

関連項目 03.018 順位を付ける →p.195

表作成

03.020 同じ値の場合は上の行を上位とみなして異なる順位を付ける

使用関数 RANK（ランク） ／ COUNTIF（カウント・イフ）

順位を付けるときに、同じ値に別の順位を付けたいことがあります。同じ値に優劣を付けるための明確な基準がない場合は、先に出てきたほうを便宜的に上位とみなします。それにはRANK関数で求めた通常の順位に、「現在行までの出現回数−1」を加えます。そうすれば、最初の出現値にはRANK関数の順位がそのまま表示され、2回目の出現値には「RANK関数の順位+1」、3回目の出現値には「RANK関数の順位+2」が付きます。出現回数はCOUNTIF関数で求めます。

同じ値は上の行を上位とみなして順位を付ける

入力セル C3　入力式 =RANK(B3,$B$3:$B$10)+COUNTIF($B$3:B3,B3)-1

C3　=RANK(B3,$B$3:$B$10)+COUNTIF($B$3:B3,B3)-1

	A	B	C
1	新規契約獲得数		
2	支店名	契約数	順位
3	秋葉原店	175	4
4	浅草橋店	260	1
5	両国店	203	3
6	錦糸町店	152	7
7	亀戸店	248	2
8	平井店	175	5
9	新小岩店	162	6
10	小岩店	128	8

セルC3に数式を入力して、セルC10までコピー

同じ契約数の場合、上の行に上位の順位が付く

check!

=RANK(数値, 範囲 [, 順位]) → 03.018
=COUNTIF(条件範囲, 条件) → 02.033

memo

▶サンプルの場合、数式中の「RANK(B3,$B$3:$B$10)」の値と「COUNTIF($B$3:B3,B3)」の値は右表のようになります。

契約数	RANK	COUNTIF	順位
175	4	1	4 (4+1－1)
260	1	1	1 (1+1－1)
203	3	1	3 (3+1－1)
152	7	1	7 (7+1－1)
248	2	1	2 (2+1－1)
175	4	2	5 (4+2－1)
162	6	1	6 (6+1－1)
128	8	1	8 (8+1－1)

関連項目 03.021 同じ値の場合は別の列を基準に異なる順位を付ける →p.198

表作成

03.021 同じ値の場合は別の列を基準に異なる順位を付ける

使用関数 RANK（ランク）

順位を付けるときに、同じ値の場合は別の基準にしたがって異なる順位にしたいことがあります。例えば、「勝点が多いチームを上位として順位を付ける、ただし勝点が同じ場合は得失点差で順位を決める」というケースです。このようなときは、優先度の高い「勝点」に重み付けして「得失点差」を加えた値を基準に順位を付けます。サンプルでは、作業列に「勝点×100+得失点差」を求め、それを基準にRANK関数で順位を付けました。なお、表は見やすいように順位にしたがって並べ替えてあります。

■ 同じ値の場合は別の列を基準に異なる順位を付ける

入力セル E3　入力式 =B3*100+C3

入力セル D3　入力式 =RANK(E3,$E$3:$E$10)

D3　=RANK(E3,$E$3:$E$10)

	A	B	C	D	E	F	G
1	リーグ戦結果						
2	チーム	勝点	得失点差	順位	作業列		
3	溝の口	16	3	1	1603		
4	港	15	15	2	1515		
5	川崎	11	-1	3	1099		
6	小杉	10	1	4	1001		
7	町田	7	-1	5	699		
8	藤沢	6	-5	6	595		
9	みどり	6	-6	7	594		
10	青葉台	2	-6	8	194		
11							

セルE3とD3に数式を入力して、10行目までコピー

同じ勝点の場合、得失点差で上回るチームに上位の順位が付く

check!

=RANK(数値, 範囲 [, 順位]) → 03.018

memo

▶サンプルでは「得失点差」の最大値が2桁の数値なので、「勝点」に1桁多い100を掛けました。仮に「勝点」を10倍した場合、「溝の口」が「163」、「港」が「165」で「港」が上位になり、「勝点」の序列が崩れてしまいます。

関連項目 03.020 同じ値の場合は上の行を上位とみなして異なる順位を付ける →p.197
03.023 同順の次の番号を飛ばさずに続きの順位を付ける →p.200

データベース

03.022 フィルターで抽出されているデータだけに順位を付ける

使用関数　IF（イフ）／SUBTOTAL（サブトータル）／RANK（ランク）

オートフィルターで抽出されているデータだけに順位を付けるには、見えている行と折りたたまれている行を区別する必要があります。それにはSUBTOTAL関数で、現在行のいずれかのセルの個数をカウントします。その結果が1なら現在行は見えており、0なら折りたたまれています。見えている場合は作業列に得点の値を表示し、折りたたまれている場合は空白文字列「""」を表示します。この作業列を元にRANK関数で順位を付ければ、見えている行だけに順位が表示されます。

■抽出されているデータに順位を付ける

入力セル E3　入力式 =IF(SUBTOTAL(2,C3)=1,C3,"")

入力セル D3　入力式 =RANK(E3,$E$3:$E$10)

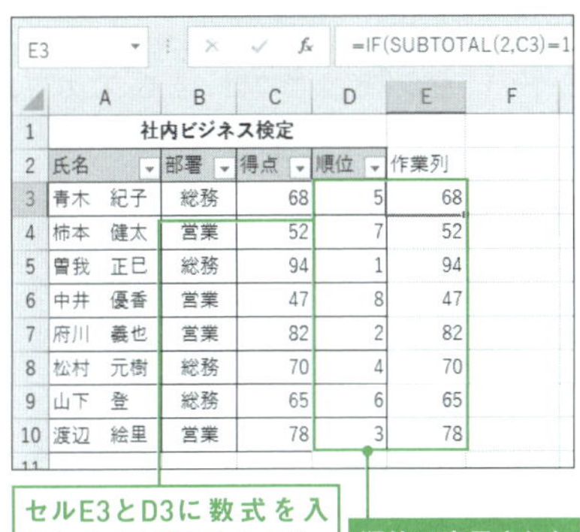

E3　=IF(SUBTOTAL(2,C3)=1

	A	B	C	D	E	F
1	社内ビジネス検定					
2	氏名	部署	得点	順位	作業列	
3	青木　紀子	総務	68	5	68	
4	柿本　健太	営業	52	7	52	
5	曽我　正巳	総務	94	1	94	
6	中井　優香	営業	47	8	47	
7	府川　義也	営業	82	2	82	
8	松村　元樹	総務	70	4	70	
9	山下　登	総務	65	6	65	
10	渡辺　絵里	営業	78	3	78	

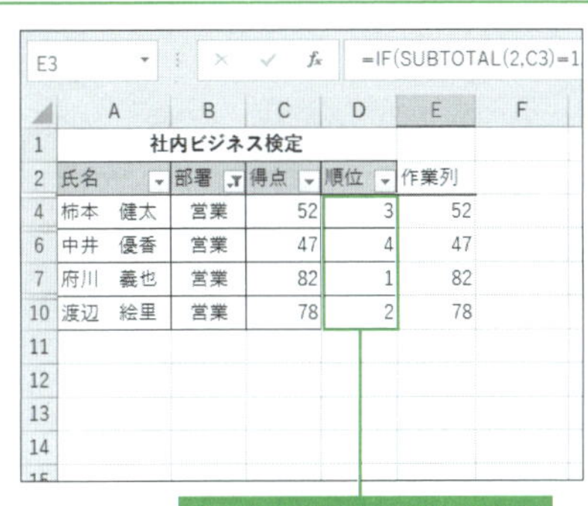

E3　=IF(SUBTOTAL(2,C3)=1

	A	B	C	D	E	F
1	社内ビジネス検定					
2	氏名	部署	得点	順位	作業列	
4	柿本　健太	営業	52	3	52	
6	中井　優香	営業	47	4	47	
7	府川　義也	営業	82	1	82	
10	渡辺　絵里	営業	78	2	78	
11						
12						
13						
14						

check!

=IF(論理式, 真の場合, 偽の場合) → 06.001
=SUBTOTAL(集計方法, 範囲1 [, 範囲2] ……) → 02.025
=RANK(数値, 範囲 [, 順位]) → 03.018

memo

▶サンプルのように表に隣接するセルにSUBTOTAL関数を入力した場合、オートフィルターの設定時に表のセル範囲がうまく認識されないことがあります。あらかじめSUBTOTAL関数を入力した列以外の表のセル範囲（ここではセル範囲A2:D10）を選択してから、オートフィルターを設定してください。

表作成

03.023 同順の次の番号を飛ばさずに続きの順位を付ける

使用関数 LARGE（ラージ）／IF（イフ）／VLOOKUP（ブイ・ルックアップ）

RANK関数で順位を付けると、同じ値に同じ順位が付き、次の順位が欠番となります。例えば4番目の大きさの数値が2つある場合、順位は「3位、4位、4位、6位」になり、「5位」が飛ばされます。「3位、4位、4位、5位」のように、順位を飛ばさずに連続させたい場合は、作業列に順位付けの対象の数値を降順で並べ、上から順に連番を振ります。その際、数値が上と同じかどうかを判定し、同じなら連番ではなく、上と同じ順位を表示します。こうして求めた順位を、元の表の「順位」欄に戻せば、目的どおりの順位になります。

欠番を出さずに連続した順位を付ける

F3 =LARGE($B$3:$B$10,E3)

	A	B	C	D	E	F	G
1	新規契約獲得数					作業列	
2	支店名	契約数	順位		NO	トップ値	順位
3	秋葉原店	175			1	260	
4	浅草橋店	260			2	248	
5	両国店	203			3	203	
6	錦糸町店	152			4	175	
7	亀戸店	248			5	175	
8	平井店	175			6	162	
9	新小岩店	162			7	152	
10	小岩店	128			8	128	
11							

❶作業列の「NO」欄に1から始まる連番を入力しておく。次に、セルF3にLARGE関数の数式を入力して、セルF10までコピーする。これで、契約数が降順に表示される。

入力セル F3　入力式 =LARGE($B$3:$B$10,E3)

G3 1

	A	B	C	D	E	F	G
1	新規契約獲得数					作業列	
2	支店名	契約数	順位		NO	トップ値	順位
3	秋葉原店	175			1	260	1
4	浅草橋店	260			2	248	
5	両国店	203			3	203	
6	錦糸町店	152			4	175	
7	亀戸店	248			5	175	
8	平井店	175			6	162	
9	新小岩店	162			7	152	
10	小岩店	128			8	128	

❷1行目の数値は必ず「1位」になるので、セルG3に「1」と入力する。

G4 =IF(F4=F3,G3,G3+1)

	A	B	C	D	E	F	G
1	新規契約獲得数					作業列	
2	支店名	契約数	順位		NO	トップ値	順位
3	秋葉原店	175			1	260	1
4	浅草橋店	260			2	248	2
5	両国店	203			3	203	3
6	錦糸町店	152			4	175	4
7	亀戸店	248			5	175	4
8	平井店	175			6	162	5
9	新小岩店	162			7	152	6
10	小岩店	128			8	128	7
11							

3 2行目以降は、現在行の契約数と上の行の契約数が同じなら上の行と同じ順位、同じでないなら「上の行の順位+1」位となる。セルG4にIF関数の数式を入力して、セルG10までコピーする。これで、連続した番号の順位が付く。

入力セル G4　入力式 =IF(F4=F3,G3,G3+1)

C3 =VLOOKUP(B3,$F$3:$G$10,2,FA

	A	B	C	D	E	F	G
1	新規契約獲得数					作業列	
2	支店名	契約数	順位		NO	トップ値	順位
3	秋葉原店	175	4		1	260	1
4	浅草橋店	260	1		2	248	2
5	両国店	203	3		3	203	3
6	錦糸町店	152	6		4	175	4
7	亀戸店	248	2		5	175	4
8	平井店	175	4		6	162	5
9	新小岩店	162	5		7	152	6
10	小岩店	128	7		8	128	7
11							

4 最後にC列に順位を求める。それにはVLOOKUP関数で、B列の「契約数」をF列から検索し、見つかった行にあるG列の「順位」を取り出せばよい。セルC3にVLOOKUP関数の数式を入力して、セルC10までコピーする。

入力セル C3　入力式 =VLOOKUP(B3,$F$3:$G$10,2,FALSE)

check!

=LARGE(範囲, 順位) → 03.029
=IF(論理式, 真の場合, 偽の場合) → 06.001
=VLOOKUP(検索値, 範囲, 列番号 [, 検索の型]) → 07.002

memo

▶手順1でLARGE関数を使用して契約数を降順に並べましたが、LARGE関数の代わりにSMALL関数を使用すれば、昇順の順位を付けることができます。

▶数式が作成できたら、01.048 を参考に作業列を非表示にしておきましょう。

関連項目 03.018 順位を付ける →p.195
03.020 同じ値の場合は上の行を上位とみなして異なる順位を付ける →p.197

表作成

03.024 0以上1以下の百分率で順位を付ける

使用関数 PERCENTRANK（パーセント・ランク） | PERCENTRANK.INC（パーセント・ランク・インクルード）

同じ5位でも、5人中の5位なのか、1000人中の5位なのかによって5位の価値が変わります。全体の中の相対的な順位が必要なときは、PERCENTRANK関数を使用して、0～1の範囲で百分率の順位を求めます。例えば0.5位であれば、全体の真ん中と判断できます。このような順位を「パーセンタイル順位」と呼びます。

■0以上1以下の範囲で百分率の順位を求める

入力セル C3　入力式 =PERCENTRANK($B$3:$B$12,B3)

C3　=PERCENTRANK($B$3:$B$12,B3)

	A	B	C
1	社内研修実力テスト		
2	氏名	得点	順位
3	井上　緑	65	0.444
4	熊沢　真	50	0.111
5	佐藤　由美	90	1
6	立花　信二	75	0.777
7	戸田　隆	70	0.666
8	丹羽　正行	65	0.444
9	原口　愛	80	0.888
10	前島　洋子	40	0
11	矢島　康太	55	0.222
12	山本　夏子	60	0.333

セルC3に数式を入力して、セルC12までコピー

百分率の順位が表示された

同じ値には同じ順位が付く

check!

=PERCENTRANK(範囲, 数値 [, 有効桁数])
=PERCENTRANK.INC(範囲, 数値 [, 有効桁数])　**[Excel 2016 / 2013 / 2010]**

範囲…数値のセル範囲、または配列定数を指定。セル範囲内の文字列や論理値、空白セルは無視される
数値…順位付けの対象になる数値を指定。「範囲」内にない値を指定すると、補間計算した順位が返される。ただし、「範囲」の数値の範囲を超える値を指定した場合は、[#N/A]が返される
有効桁数…結果を小数点以下第何位まで求めるかを指定。省略すると、第3位まで求められる

「数値」が「範囲」の中で何%の位置にあるかを求めます。「範囲」の中で最小値の戻り値は0、最大値の戻り値は1になります。

memo

▶Excel 2016 / 2013 / 2010では、PERCENTRANK関数とPERCENTRANK.INC関数のどちらを使用しても、同じ結果が得られます。

=PERCENTRANK.INC($B$3:$B$12,B3)

関連項目 03.026 相対評価で5段階の成績を付ける →p.204

03.025 0超1未満の百分率で順位を付ける

使用関数 PERCENTRANK.EXC（パーセント・ランク・エクスクルード）

03.024で紹介したPERCENTRANK関数とPERCENTRANK.INC関数は、百分率の順位を0以上1以下の数値で返します。それに対して、PERCENTRANK.EXC関数を使用すると、百分率の順位を0より大きく1より小さい数値で求めることができます。PERCENTRANK.EXC関数は、Excel 2010で追加された関数です。

■ 0超1未満の範囲で百分率の順位を求める

入力セル C3　入力式 =PERCENTRANK.EXC($B$3:$B$12,B3)

C3　=PERCENTRANK.EXC($B$3:$B$12,B3)

	A	B	C
1	社内研修実力テスト		
2	氏名	得点	順位
3	井上　緑	65	0.454
4	熊沢　真	50	0.181
5	佐藤　由美	90	0.909
6	立花　信二	75	0.727
7	戸田　隆	70	0.636
8	丹羽　正行	65	0.454
9	原口　愛	80	0.818
10	前島　洋子	40	0.09
11	矢島　康太	55	0.272
12	山本　夏子	60	0.363
13			

セルC3に数式を入力して、セルC12までコピー

百分率の順位が表示された

同じ値には同じ順位が付く

check!

=PERCENTRANK.EXC(範囲, 数値 [, 有効桁数])　[Excel 2016 / 2013 / 2010]

範囲…数値のセル範囲、または配列定数を指定。セル範囲内の文字列や論理値、空白セルは無視される
数値…順位付けの対象になる数値を指定。「範囲」内にない値を指定すると、補間計算した順位が返される。ただし、「範囲」の数値の範囲を超える値を指定した場合は、[#N/A] が返される
有効桁数…結果を小数点以下第何位まで求めるかを指定。省略すると、第3位まで求められる

「数値」が「範囲」の中で何%の位置にあるかを求めます。「範囲」の中で最小値の戻り値は0超、最大値の戻り値は1未満の数値になります。

関連項目
03.018 順位を付ける →p.195
03.024 0以上1以下の百分率で順位を付ける →p.202

表作成

03.026 相対評価で5段階の成績を付ける

使用関数 PERCENTRANK（パーセント・ランク）／ VLOOKUP（ブイ・ルックアップ）

「相対評価」で成績を付けたいときは、相対的な順位を求めるPERCENTRANK関数が役に立ちます。相対評価とは、全データの中で上から○%に「A」、△%に「B」……というように、相対順位に応じて付ける評価です。ここでは「A」から「E」の5段階の評価を付けます。配分は、10%、20%、40%、20%、10%とします。なお、数式が作成できたら、01.048 を参考に作業列を非表示にしておきましょう。

「A」は10%、「B」は20%…と、決めた配分で5段階評価する

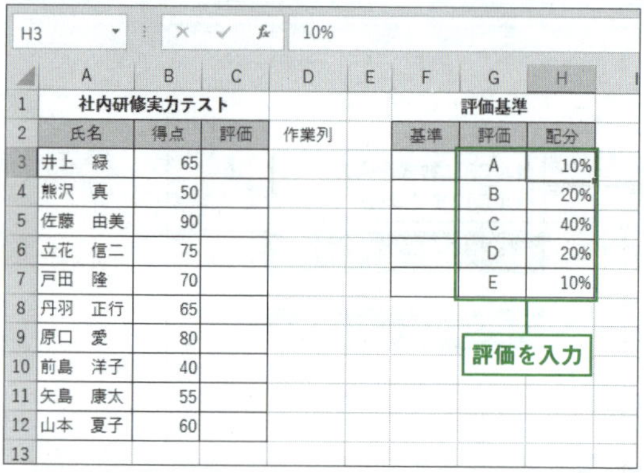

H3 | 10%

	A	B	C	D	E	F	G	H
1	社内研修実力テスト					評価基準		
2	氏名	得点	評価	作業列		基準	評価	配分
3	井上　緑	65					A	10%
4	熊沢　真	50					B	20%
5	佐藤　由美	90					C	40%
6	立花　信二	75					D	20%
7	戸田　隆	70					E	10%
8	丹羽　正行	65						
9	原口　愛	80						
10	前島　洋子	40						
11	矢島　康太	55						
12	山本　夏子	60						
13								

評価を入力

❶準備として、成績を検索するための表を作成する。まず、「A」から「E」を順に入力し、それぞれに割り当てたい人数の配分を入力しておく。

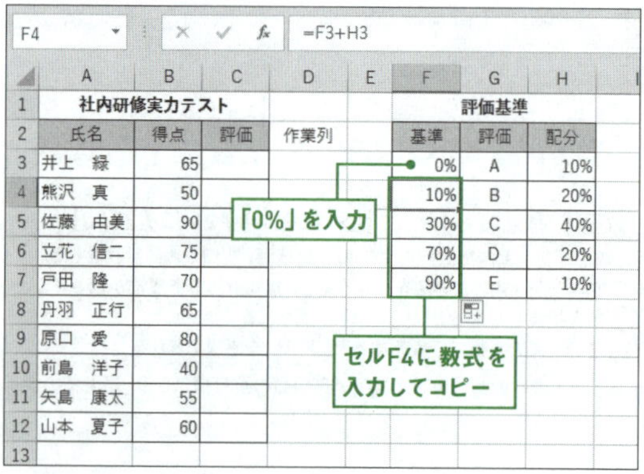

F4 | =F3+H3

	A	B	C	D	E	F	G	H
1	社内研修実力テスト					評価基準		
2	氏名	得点	評価	作業列		基準	評価	配分
3	井上　緑	65				0%	A	10%
4	熊沢　真	50				10%	B	20%
5	佐藤　由美	90				30%	C	40%
6	立花　信二	75				70%	D	20%
7	戸田　隆	70				90%	E	10%
8	丹羽　正行	65						
9	原口　愛	80						
10	前島　洋子	40						
11	矢島　康太	55						
12	山本　夏子	60						
13								

「0%」を入力

セルF4に数式を入力してコピー

❷あとでVLOOKUP関数を使用して成績を検索するので、検索の対象となる列を用意する。まず、セルF3に「0%」を入力する。次に、セルF4に数式を入力して、セルF7までコピーしておく。

入力セル F4

入力式 =F3+H3

memo

▶サンプルの「評価基準」の表は、成績の上位0～10%が「A」、10～30%が「B」、30～70%が「C」……、と読みます。

D3 =1-PERCENTRANK($B$3:$B$12,B3)

	A	B	C	D	E	F	G	H
1	社内研修実力テスト					評価基準		
2	氏名	得点	評価	作業列		基準	評価	配分
3	井上　緑	65		56%		0%	A	10%
4	熊沢　真	50		89%		10%	B	20%
5	佐藤　由美	90		0%		30%	C	40%
6	立花　信二	75		22%		70%	D	20%
7	戸田　隆	70		33%		90%	E	10%
8	丹羽　正行	65		56%				
9	原口　愛	80		11%				
10	前島　洋子	40		100%				
11	矢島　康太	55		78%				
12	山本　夏子	60		67%				

セルD3に数式を入力してコピー

❸相対順位を求めるため、セルD3にPERCENTRANK関数の数式を入力して、[パーセントスタイル] を設定し、セルD12までコピーしておく。

入力セル D3　入力式 =1-PERCENTRANK($B$3:$B$12,B3)

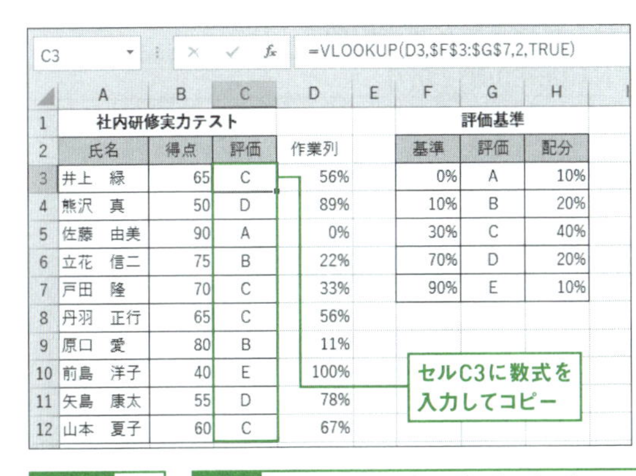
C3 =VLOOKUP(D3,$F$3:$G$7,2,TRUE)

	A	B	C	D	E	F	G	H
1	社内研修実力テスト					評価基準		
2	氏名	得点	評価	作業列		基準	評価	配分
3	井上　緑	65	C	56%		0%	A	10%
4	熊沢　真	50	D	89%		10%	B	20%
5	佐藤　由美	90	A	0%		30%	C	40%
6	立花　信二	75	B	22%		70%	D	20%
7	戸田　隆	70	C	33%		90%	E	10%
8	丹羽　正行	65	C	56%				
9	原口　愛	80	B	11%				
10	前島　洋子	40	E	100%				
11	矢島　康太	55	D	78%				
12	山本　夏子	60	C	67%				

❹手順3で求めた相対順位を元に「評価基準」の表を検索するため、セルC3にVLOOKUP関数の数式を入力し、セルC12までコピーする。これで、「A」から「E」まで指定した割合で5段階に評価できた。

入力セル C3　入力式 =VLOOKUP(D3,$F$3:$G$7,2,TRUE)

check!

=PERCENTRANK(範囲, 数値 [, 有効桁数]) → 03.024
=VLOOKUP(検索値, 範囲, 列番号 [, 検索の型]) → 07.002

memo

▶VLOOKUP関数の最後の引数「検索の型」に「TRUE」を指定すると、完全一致検索ではなく、検索値未満の最大値を検索できます。例えばセルC3の場合、検索値が「56%」です。これを「基準」欄（セル範囲F3:F7）から探すと、56%未満の最大値である30%が検索されます。その結果、評価は「C」となります。

▶VLOOKUP関数の最後の引数「検索の型」に「TRUE」を指定する場合、「評価基準」の表は、「基準」列の昇順に並べ替えておく必要があります。PERCENTLANK関数の結果は得点が低い人ほど小さい相対順位（高い順位）になりますが、ここでは得点が高い人ほど小さい相対順位にしたいので、手順3で1からPERCENTLANK関数の値を引きました。

関連項目 03.024 0以上1以下の百分率で順位を付ける →p.202

データ分析

03.027 上位○%を合格として合格ラインの点数を求める

使用関数 PERCENTILE（パーセンタイル） | PERCENTILE.INC（パーセンタイル・インクルード）

PERCENTILE関数を使用すると、「数値を小さい順に並べたときに○%の位置にあたる数値」を求めることができます。このような数値を「パーセンタイル」「百分位数」などと呼びます。ここでは、受験者のうち上位30%の人数を合格させるものとして、PERCENTILE関数で合格ラインを求めます。大きいほうから30%が合格なので、70パーセンタイルが合格ラインになります。

上位30%の人数を合格として合格ラインを求める

入力セル D3　入力式 =PERCENTILE(B3:B12,0.7)

D3　=PERCENTILE(B3:B12,0.7)

	A	B	C	D
1	社内研修実力テスト			
2	氏名	得点		合格ライン
3	井上　緑	65		71.5
4	熊沢　真	50		※上位30%合格
5	佐藤　由美	90		
6	立花　信二	75		
7	戸田　隆	70		
8	丹羽　正行	65		
9	原口　愛	80		
10	前島　洋子	40		
11	矢島　康太	55		
12	山本　夏子	60		

合格ラインの点数が求められた

check!

=PERCENTILE(範囲, 率)
=PERCENTILE.INC(範囲, 率)　[Excel 2016 / 2013 / 2010]

範囲…数値のセル範囲、または配列定数を指定
率…求めたい位置を0以上1以下の数値を指定。例えば0.7を指定すると、小さいほうから70%、大きいほうから30%の位置の数値がわかる

「範囲」の数値を小さい順に並べたときに、指定した「率」の位置にある数値を返します。「範囲」の中に「率」に一致する数値がない場合、補間計算した値が返されます。

memo

▶Excel 2016 / 2013 / 2010では、PERCENTILE関数とPERCENTILE.INC関数のどちらを使用しても、同じ結果が得られます。

=PERCENTRANK.INC($B$3:$B$12,B3)

関連項目 03.028 上位4分の1の値を調べる →p.207

データ分析

03.028 上位4分の1の値を調べる

使用関数 QUARTILE（クアタイル） | QUARTILE.INC（クアタイル・インクルード）

QUARTILE関数を使用すると、「四分位数」を求めることができます。四分位数とは、数値を小さい順に並べたときに、0%、25%、50%、75%、100%の位置にあたる数値のことです。ここでは、受験者のうち上位25%の人数を合格させるものとして、QUARTILE関数で合格ラインを求めます。

上位25%の人数を合格として合格ラインを求める

入力セル D3　入力式 =QUARTILE(B3:B12,3)

	A	B	C	D
1	社内研修実力テスト			
2	氏名	得点		合格ライン
3	井上　緑	65		73.75
4	熊沢　真	50		※上位25%合格
5	佐藤　由美	90		
6	立花　信二	75		
7	戸田　隆	70		
8	丹羽　正行	65		
9	原口　愛	80		
10	前島　洋子	40		
11	矢島　康太	55		
12	山本　夏子	60		

合格ラインの点数が求められた

check!

=QUARTILE(範囲, 位置)
=QUARTILE.INC(範囲, 位置)　[Excel 2016 / 2013 / 2010]

範囲…数値のセル範囲、または配列定数を指定
位置…求めたい位置を下表の数値で指定

位置	戻り値	備考
0	最小値(0%)	MIN関数の戻り値と同じ
1	第1四分位数(25%)	―
2	第2四分位数(50%)	MEDIAN関数の戻り値と同じ
3	第3四分位数(75%)	―
4	最大値(100%)	MAX関数の戻り値と同じ

「範囲」の数値を小さい順に並べたときに、指定した「位置」にある数値を返します。

memo

▶Excel 2016 / 2013 / 2010では、QUARTILE関数とQUARTILE.INC関数のどちらを使用しても、同じ結果が得られます。

=QUARTILE.INC(B3:B12,3)

データベース

03.029 トップ5の数値を求める

使用関数 LARGE（ラージ）

数値の一覧の中で、大きいほうから数えて○番目の値を調べるには、LARGE関数を使用します。サンプルでは、支店別契約数の一覧表から、トップ5の契約数を求めています。数式をコピーすることを考慮し、「契約数」欄のセル範囲B3:B10はずれないように絶対参照、「順位」欄のセルD3はコピーした位置に応じてずれるように相対参照で指定します。

■ トップ5の契約数を調べる

入力セル E3　入力式 =LARGE($B$3:$B$10,D3)

E3　=LARGE($B$3:$B$10,D3)

	A	B	C	D	E	F	G	H
1	新規契約獲得数			トップ5				
2	支店名	契約数		順位	トップ値			
3	秋葉原店	175		1	260			
4	浅草橋店	260		2	248			
5	両国店	203		3	203			
6	錦糸町店	152		4	175			
7	亀戸店	248		5	175			
8	平井店	175						
9	新小岩店	162						
10	小岩店	128						

セルE3に数式を入力して、セルE7までコピー

1から5の数値を入力しておく

check!

=LARGE(範囲, 順位)

範囲…数値のセル範囲、または配列定数を指定。セル範囲内の文字列や論理値、空白セルは無視される
順位…大きいほうから数えた順位を1以上の数値で指定

「範囲」に指定された数値の中から、大きいほうから数えて「順位」番目の数値を返します。

memo

▶LARGE関数の引数「順位」に「1」を指定すると、MAX関数の結果と同じになります。

▶「契約数」欄に同じ数値が複数ある場合、異なる順位として扱われます。サンプルの場合、4位と5位に同じ「175」が表示されます。5位に「175」の次の数値を表示したい場合は03.030、2つの「175」を同順位にしたい場合は03.037を参照してください。

関連項目 03.030 重複値を除外してトップ5の数値を求める →p.209
03.031 ワースト5の数値を求める →p.210

データベース

03.030 重複値を除外してトップ5の数値を求める

MAX（マックス）／IF（イフ）

LARGE関数でトップ値を調べると、03.029の例のように、同じ大きさの複数の数値が異なる順位として扱われます。同じ大きさの数値をひとまとめにして、次の大きさの数値の順位を繰り上げたいときは、LARGE関数は使えません。MAX関数とIF関数と配列数式を組み合わせて、1つ前までのトップ値を除いた中から、最大値を選びます。

■ 重複値を除外してトップ5の契約数を調べる

入力セル E3　入力式 =MAX(B3:B10)

入力セル E4　入力式 {=MAX(IF($B$3:$B$10<E3,$B$3:$B$10,""))}

E4　{=MAX(IF($B$3:$B$10<E3,$B$3:$B$10,""))}

	A	B	C	D	E
1	新規契約獲得数			トップ5	
2	支店名	契約数		順位	トップ値
3	秋葉原店	175		1	260
4	浅草橋店	260		2	248
5	両国店	203		3	203
6	錦糸町店	152		4	175
7	亀戸店	248		5	162
8	平井店	175			
9	新小岩店	162			
10	小岩店	128			

セルE3に最大値を求めておく

セルE4に数式を入力して、[Ctrl]＋[Shift]＋[Enter]キーで確定

セルE4の数式をセルE7までコピー

check!

=MAX(数値1 [, 数値2] ……) → 02.063

=IF(論理式, 真の場合, 偽の場合) → 06.001

memo

▶セルE4に入力したMAX関数の引数は、「契約数」欄のセル範囲B3:B10の数値のうち、直前の順位までの数値を空白文字列「""」に置き換えた配列になります。つまり、直前の順位までを除いた中から最大値を求めているわけです。

セルE4：=MAX({175;"";203;152;248;175;162;128}) →最大値は248
セルE5：=MAX({175;"";203;152;"";175;162;128}) →最大値は203
セルE6：=MAX({175;"";"";152;"";175;162;128}) →最大値は175
セルE7：=MAX({"";"";"";152;"";"";162;128}) →最大値は162

関連項目 03.032 重複値を除外してワースト5の数値を求める →p.211

データベース

03.031 ワースト5の数値を求める

使用関数 SMALL（スモール）

数値の一覧の中で、小さいほうから数えて○番目の値を調べるには、SMALL関数を使用します。サンプルでは、支店別契約数の一覧表から、ワースト5の契約数を求めています。数式をコピーすることを考慮し、「契約数」欄のセル範囲B3:B10はずれないように絶対参照、「順位」欄のセルD3はコピーした位置に応じてずれるように相対参照で指定します。

■ ワースト5の契約数を調べる

入力セル E3　入力式 =SMALL($B$3:$B$10,D3)

E3　=SMALL($B$3:$B$10,D3)

	A	B	C	D	E
1	新規契約獲得数			ワースト5	
2	支店名	契約数		順位	ワースト値
3	秋葉原店	175		1	128
4	浅草橋店	260		2	152
5	両国店	203		3	162
6	錦糸町店	152		4	175
7	亀戸店	248		5	175
8	平井店	175			
9	新小岩店	162			
10	小岩店	128			

セルE3に数式を入力して、セルE7までコピー

1から5の数値を入力しておく

check!

=SMALL(範囲, 順位)

範囲…数値のセル範囲、または配列定数を指定。セル範囲内の文字列や論理値、空白セルは無視される
順位…小さいほうから数えた順位を1以上の数値で指定

「範囲」に指定された数値の中から、小さいほうから数えて「順位」番目の数値を返します。

memo

▶SMALL関数の引数「順位」に「1」を指定すると、MIN関数の結果と同じになります。

▶「契約数」欄に同じ数値が複数ある場合、異なる順位として扱われます。サンプルの場合、4位と5位に同じ「175」が表示されます。

関連項目 03.029 トップ5の数値を求める →p.208
03.032 重複値を除外してワースト5の数値を求める →p.211

データベース

03.032 重複値を除外してワースト5の数値を求める

使用関数 MIN(ミニマム) / IF(イフ)

SMALL関数でワースト値を調べると、03.031の例のように、同じ大きさの複数の数値が異なる順位として扱われます。同じ大きさの数値をひとまとめにして、次の大きさの数値の順位を繰り上げたいときは、SMALL関数は使えません。MIN関数とIF関数と配列数式を組み合わせて、1つ前までのワースト値を除いた中から、最小値を選びます。

重複値を除外してワースト5の契約数を調べる

入力セル E3 入力式 =MIN(B3:B10)

入力セル E4 入力式 {=MIN(IF($B$3:$B$10>E3,$B$3:$B$10,""))}

E4 {=MIN(IF($B$3:$B$10>E3,$B$3:$B$10,""))}

	A	B	C	D	E
1	新規契約獲得数			ワースト5	
2	支店名	契約数		順位	ワースト値
3	秋葉原店	175		1	128
4	浅草橋店	260		2	152
5	両国店	203		3	162
6	錦糸町店	152		4	175
7	亀戸店	248		5	203
8	平井店	175			
9	新小岩店	162			
10	小岩店	128			

セルE3に最小値を求めておく

セルE4に数式を入力して、[Ctrl] + [Shift] + [Enter] キーで確定

セルE4の数式をセルE7までコピー

check!

=MIN(数値1 [, 数値2] ……) → 02.064

=IF(論理式, 真の場合, 偽の場合) → 06.001

memo

▶セルE4に入力したMIN関数の引数は、「契約数」欄のセル範囲B3:B10の数値のうち、直前の順位までの数値を空白文字列「""」に置き換えた配列になります。つまり、直前の順位までを除いた中から最小値を求めているわけです。

セルE4：=MIN({175;260;203;152;248;175;162;""}) →最小値は152
セルE5：=MIN({175;260;203;"";248;175;162;""}) →最小値は162
セルE6：=MIN({175;260;203;"";248;175;"";""}) →最小値は175
セルE7：=MIN({"";260;203;"";248;"";"";""}) →最小値は203

関連項目 03.030 重複値を除外してトップ5の数値を求める →p.209

セルの書式

03.033 トップ3の数値に色を付けて目立たせる

使用関数 LARGE（ラージ）

支店別契約数の表の中で、トップ3の契約数に色を付けるには、条件付き書式を設定します。条件の中でLARGE関数を使用してトップ値を求めます。条件判定の対象となる「契約数」欄のセルは相対参照、LARGE関数の引数に指定するセル範囲は絶対参照で条件式を指定することがポイントです。

■ トップ3の契約数に色を付ける

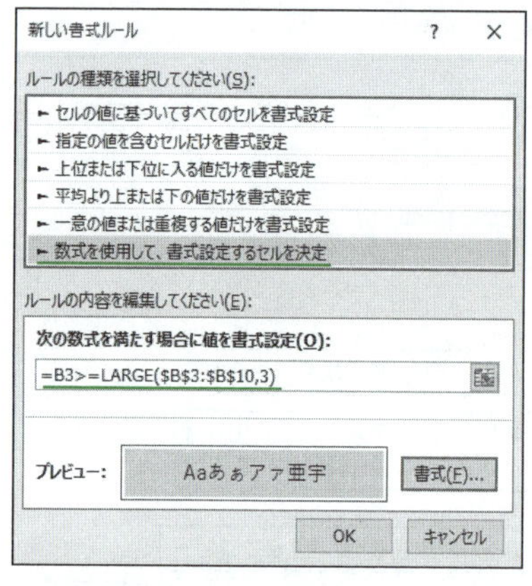

❶「契約数」欄のセル範囲B3:B10を選択して、01.040 を参考に［新しい書式ルール］ダイアログを開く。［数式を使用して、書式設定するセルを決定］を選択し、条件の式を入力し、書式を指定する。

入力式 =B3>=LARGE($B$3:$B$10,3)

	A	B	C	D	E
1	新規契約獲得数				
2	支店名	契約数			
3	秋葉原店	175			
4	浅草橋店	260			
5	両国店	203			
6	錦糸町店	152			
7	亀戸店	248			
8	平井店	175			
9	新小岩店	162			
10	小岩店	128			

❷トップ3の数値に色が付いた。なお、手順1で入力した条件式は、「現在のセルの数値が第3位の数値以上」という意味になる。

check!

=LARGE(範囲, 順位) → 03.029

memo

▶サンプルの条件で「=B3<=SMALL($B$3:$B$10,3)」のように、LARGE関数をSMALL関数に変え、不等号の向きを逆にすると、ワースト3の数値に色が付きます。

表作成

03.034 トップ3の支店名入りの順位表を作る

使用関数 LARGE(ラージ) / INDEX(インデックス) / MATCH(マッチ)

LARGE関数を使用すると表からトップ値を取り出せます。さらに、それを元に対応する支店名を検索するには、MATCH関数でトップ値が表の何番目にあるかを調べ、その番号をINDEX関数の引数に指定します。なお、この方法はトップ値に重複がない場合に有効です。重複がある場合は、03.035～03.037の方法を使用してください。

契約数トップ3の順位表を作成する

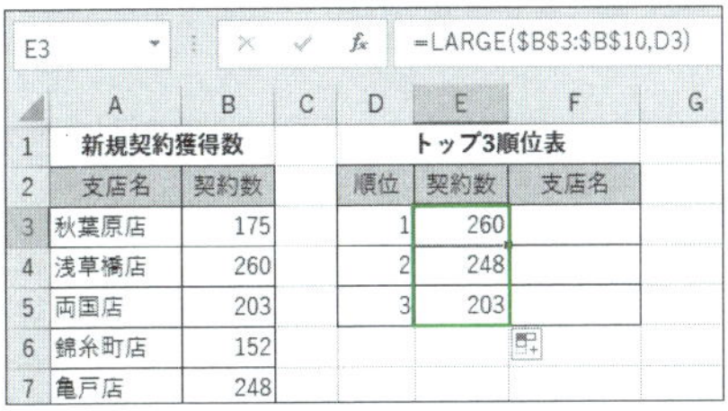

E3 =LARGE($B$3:$B$10,D3)

	A	B	C	D	E	F	G
1	新規契約獲得数			トップ3順位表			
2	支店名	契約数		順位	契約数	支店名	
3	秋葉原店	175		1	260		
4	浅草橋店	260		2	248		
5	両国店	203		3	203		
6	錦糸町店	152					
7	亀戸店	248					

1「トップ3順位表」の「順位」欄に「1､2､3」を入力する。続いてセルE3に数式を入力して、セルE5までコピーする。これでトップ3の値が求められる。

入力セル E3

入力式 =LARGE($B$3:$B$10,D3)

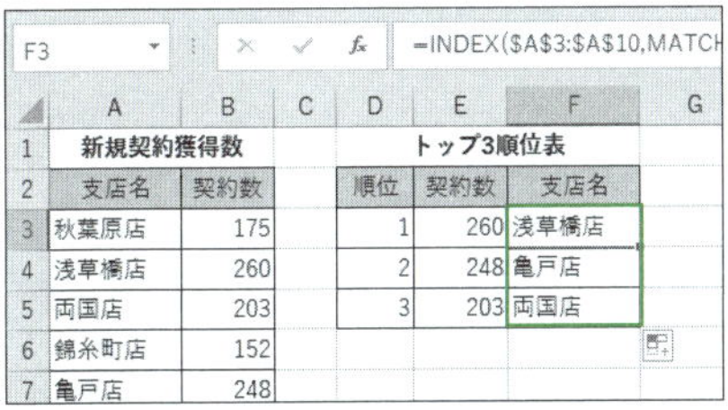

F3 =INDEX($A$3:$A$10,MATCH

	A	B	C	D	E	F	G
1	新規契約獲得数			トップ3順位表			
2	支店名	契約数		順位	契約数	支店名	
3	秋葉原店	175		1	260	浅草橋店	
4	浅草橋店	260		2	248	亀戸店	
5	両国店	203		3	203	両国店	
6	錦糸町店	152					
7	亀戸店	248					

2トップ値に対応する支店名を取り出すために、セルF3に数式を入力して、セルF5までコピーする。これで「トップ3順位表」が完成する。

入力セル F3

入力式 =INDEX($A$3:$A$10,MATCH(E3,$B$3:$B$10,0))

check!

=LARGE(範囲, 順位) → 03.029

=INDEX(参照, 行番号 [, 列番号] [, 領域番号]) → 07.017

=MATCH(検査値, 検査範囲 [, 照合の型]) → 07.020

memo

▶MATCH関数は「検査値」が「検査範囲」の何番目の位置にあるかを調べる関数です。また、INDEX関数は「参照」のセル範囲の中から、指定した「行番号」の値を返す関数です。サンプルのセルF3（1位のセル）の場合、MATCH関数の戻り値は「2」なので、A列の「支店名」欄から2番目の値である「浅草橋店」が取り出されます。

表作成

03.035 売上高順に並べた順位表を作る

使用関数 LARGE(ラージ) ／ RANK(ランク)

ここでは、売上高の高い順に並べた順位表を作成します。03.029 で紹介した順位表の作成方法では、同じ売上高が異なる順位として表示されます。同じ売上高を同順位とするには、作業列に入力した連番を元にLARGE関数で売上高を求め、その売上高を元にRANK関数で順位付けをします。

売上高順の順位表を作成する

F3 =LARGE($B$3:B

	A	B	C	D	E	F
1	売上表	(万円)			順位表	
2	支店	売上高		連番	順位	売上高
3	東京店	350		1		1010
4	神田店	1010		2		850
5	四ツ谷店	850		3		700
6	新宿店	600		4		700
7	中野店	700		5		650
8	荻窪店	700		6		600
9	三鷹店	650		7		500
10	国分寺店	500		8		350
11						

1 順位表の左（D列）に連番を入力しておく。次に、セルF3に数式を入力してセルF10までコピーし、D列の連番を元に売上高を表示する。

入力セル F3

入力式 =LARGE($B$3:$B$10,D3)

E3 =RANK(F3,$F$3:$F

	A	B	C	D	E	F
1	売上表	(万円)			順位表	
2	支店	売上高		連番	順位	売上高
3	東京店	350		1	1	1010
4	神田店	1010		2	2	850
5	四ツ谷店	850		3	3	700
6	新宿店	600		4	3	700
7	中野店	700		5	5	650
8	荻窪店	700		6	6	600
9	三鷹店	650		7	7	500
10	国分寺店	500		8	8	350
11						

2 手順1で求めた売上高を元に順位を計算するため、セルE3に数式を入力して、セルE10までコピーする。2つの「700」万円が同じ「3位」になる。作業列は、01.048 を参考に非表示にするとよい。

入力セル E3

入力式 =RANK(F3,$F$3:$F$10)

check!

=LARGE(範囲, 順位) → 03.029
=RANK(数値, 範囲 [, 順位]) → 03.018

表作成

03.036 売上高順に並べた支店名入りの順位表を作る

使用関数 RANK(ランク) / COUNTIF(カウント・イフ) / INDEX(インデックス) / MATCH(マッチ)

03.035 で作成した順位表に、支店名を追加してみましょう。各支店に重複しない仮順位を付け、それを元にINDEX関数とMATCH関数で支店名を取り出します。

売上高順の順位表に支店名を追加する

C3 =RANK(B3,$B$3:$B$10)+COUNTI

	A	B	C	D	E	F	G	H
1	売上表	(万円)					順位表	
2	支店	売上高	仮順位		連番	順位	売上高	支店
3	東京店	350	8		1	1	1010	
4	神田店	1010	1		2	2	850	
5	四ツ谷店	850	2		3	3	700	
6	新宿店	600	6		4	3	700	
7	中野店	700	3		5	5	650	
8	荻窪店	700	4		6	6	600	
9	三鷹店	650	5		7	7	500	
10	国分寺店	500	7		8	8	350	

❶「仮順位」欄の先頭のセルC3に数式を入力して、セルC10までコピーする。7行目と8行目は同じ「700」万円だが、「3位」「4位」という異なる順位が付けられる。入力式の考え方については 03.020 を参照。

入力セル C3　入力式 =RANK(B3,$B$3:$B$10)+COUNTIF($B$3:B3,B3)-1

❷「連番」を元に「仮順位」欄を検索して「氏名」を取り出す。セルH3に数式を入力して、セルH10までコピーする。入力式の考え方については 03.034 のmemoを参照。

H3 =INDEX($A$3:$A$10,MATCH(E3,$C$3:$C$10,0))

	A	B	C	D	E	F	G	H
1	売上表	(万円)					順位表	
2	支店	売上高	仮順位		連番	順位	売上高	支店
3	東京店	350	8		1	1	1010	神田店
4	神田店	1010	1		2	2	850	四ツ谷店
5	四ツ谷店	850	2		3	3	700	中野店
6	新宿店	600	6		4	3	700	荻窪店
7	中野店	700	3		5	5	650	三鷹店
8	荻窪店	700	4		6	6	600	新宿店
9	三鷹店	650	5		7	7	500	国分寺店
10	国分寺店	500	7		8	8	350	東京店

入力セル H3　入力式 =INDEX($A$3:$A$10,MATCH(E3,$C$3:$C$10,0))

check!

=RANK(数値, 範囲 [, 順位]) → 03.018
=COUNTIF(条件範囲, 条件) → 02.033
=INDEX(参照, 行番号 [, 列番号] [, 領域番号]) → 07.017
=MATCH(検査値, 検査範囲 [, 照合の型]) → 07.020

表作成

03.037 同順がいる場合のトップ3の順位表を作る

使用関数 なし

トップ3の順位表を作成する際に、1位～3位に同順位が存在する場合、3位までの行数が定まりません。そこで、あらかじめ3位よりも多めの順位表を作成しておき、全順位を非表示にします。条件付き書式を利用して、3位以内の行の文字と罫線を表示すれば、トップ3の順位表になります。ここでは、03.035と03.036で作成した順位表をトップ3の表に作り変えます。

■3位を複数表示できるトップ3順位表を作成する

A1 | 売上表

	A	B	D	F	G	H
1	売上表	(万円)		トップ3順位表		
2	支店	売上高		順位	売上高	支店
3	東京店	350		1	1010	神田店
4	神田店	1010		2	850	四ツ谷店
5	四ツ谷店	850		3	700	中野店
6	新宿店	600		3	700	荻窪店
7	中野店	700		5	650	三鷹店
8	荻窪店	700		6	600	新宿店
9	三鷹店	650		7	500	国分寺店
10	国分寺店	500		8	350	東京店

1「トップ3順位表」のデータ欄のセル範囲F3:H10の罫線を削除しておく。

F3 | =RANK(G3,$G$3:$G$10)

	A	B	D	F	G	H
1	売上表	(万円)		トップ3順位表		
2	支店	売上高		順位	売上高	支店
3	東京店	350				
4	神田店	1010				
5	四ツ谷店	850				
6	新宿店	600				
7	中野店	700				
8	荻窪店	700				
9	三鷹店	650				
10	国分寺店	500				

2さらに、セル範囲F3:H10のフォントの色を白に変更して、文字が見えないようにしておく。引き続きセル範囲を選択したまま、01.040を参考に［新しい書式ルール］ダイアログを開く。

memo

▶手順1では「トップ3順位表」にあらかじめ支店の順位を求めていますが、同順の可能性が低い場合は、あらかじめ上位5～6位を求めておき、そこから3位までを表示するようにしてもよいでしょう。

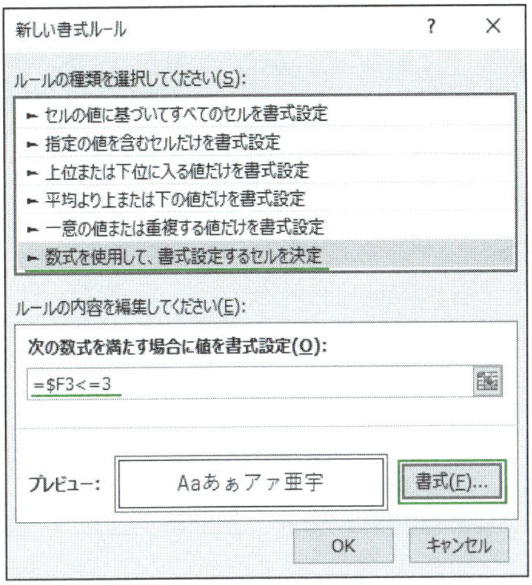

新しい書式ルール

ルールの種類を選択してください(S):
- セルの値に基づいてすべてのセルを書式設定
- 指定の値を含むセルだけを書式設定
- 上位または下位に入る値だけを書式設定
- 平均より上または下の値だけを書式設定
- 一意の値または重複する値だけを書式設定
- 数式を使用して、書式設定するセルを決定

ルールの内容を編集してください(E):

次の数式を満たす場合に値を書式設定(O):

=$F3<=3

プレビュー: Aaあぁアァ亜宇　書式(F)...

OK　キャンセル

❸［数式を使用して、書式設定するセルを決定］を選択し、条件の式を入力する。［書式］ボタンをクリックして、開く画面の［フォント］タブで［色］から［黒］を選び、［罫線］タブで［外枠］を選ぶ。これで、3位以内の行の文字が黒になり、罫線が表示される。

入力式 =$F3<=3

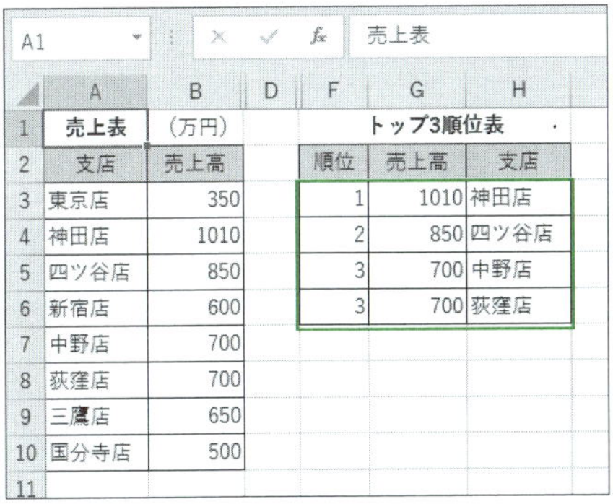

A1　売上表

	A	B	D	F	G	H
1	売上表	(万円)		トップ3順位表		
2	支店	売上高		順位	売上高	支店
3	東京店	350		1	1010	神田店
4	神田店	1010		2	850	四ツ谷店
5	四ツ谷店	850		3	700	中野店
6	新宿店	600		3	700	荻窪店
7	中野店	700				
8	荻窪店	700				
9	三鷹店	650				
10	国分寺店	500				
11						

❹3位までが罫線付きの黒い文字で表示された。

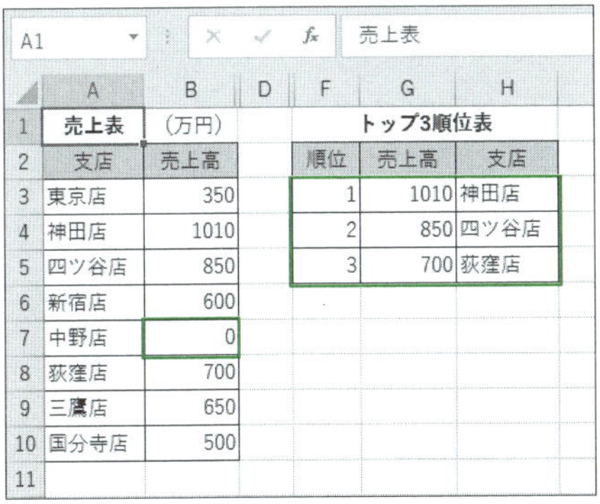

A1　売上表

	A	B	D	F	G	H
1	売上表	(万円)		トップ3順位表		
2	支店	売上高		順位	売上高	支店
3	東京店	350		1	1010	神田店
4	神田店	1010		2	850	四ツ谷店
5	四ツ谷店	850		3	700	荻窪店
6	新宿店	600				
7	中野店	0				
8	荻窪店	700				
9	三鷹店	650				
10	国分寺店	500				
11						

❺試しに3位の売上高のセルB7を「0」に変えると、「トップ3順位表」に表示される行数が自動で変化する。

関連項目
03.034 トップ3の支店名入りの順位表を作る →p.213
03.035 売上高順に並べた順位表を作る →p.214
03.036 売上高順に並べた支店名入りの順位表を作る →p.215

数値計算

03.038 数値の絶対値を求める

使用関数 ABS（アブソリュート）

数値の絶対値を求めるには、ABS関数を使用します。「絶対値」とは、数値からプラス「+」やマイナス「-」の符号を除いたもので、数値の大きさを表します。ここでは、いくつかの数値について絶対値を求めます。

絶対値を求める

入力セル C3　入力式 =ABS(B3)

C3　=ABS(B3)

	A	B	C	D	E	F	G	H
1	数値の絶対値							
2	数値		絶対値					
3	正	20	20					
4		2	2					
5		1.5	1.5					
6	0	0	0					
7	負	-1.5	1.5					
8		-2	2					
9		-20	20					
10								

セルC3に数式を入力して、セルC9までコピーする

check!

=ABS(数値)

数値…絶対値を求める実数を指定

「数値」の絶対値を返します。

memo

▶サンプルのように、行によって色が異なる表で数式をコピーすると、表の書式が崩れます。その場合は、01.006 を参考に、[オートフィルオプション] をクリックして、[書式なしコピー] を選択してください。

関連項目 03.039 数値の正負を調べる →p.219

数値計算

03.039 数値の正負を調べる

使用関数 SIGN（サイン）

数値の正負の符号を調べるには、SIGN関数を使用します。戻り値は、数値が正の数のときは「1」、0のときは「0」、負の数のときは「-1」になります。ここでは、いくつかの数値について正負を調べます。

■ 数値の正負を調べる

入力セル C3　入力式 =SIGN(B3)

C3　=SIGN(B3)

	A	B	C
1	数値の符号		
2		数値	正負
3	正	20	1
4		2	1
5		1.5	1
6	0	0	0
7	負	-1.5	-1
8		-2	-1
9		-20	-1
10			

セルC3に数式を入力して、セルC9までコピー

check!

=SIGN(数値)

数値…正負を求める実数を指定

「数値」の正負を表す値を返します。戻り値は、数値が正の数のときは「1」、0のときは「0」、負の数のときは「-1」になります。

memo

▶サンプルのように、行によって色が異なる表で数式をコピーすると、表の書式が崩れます。その場合は、01.006 を参考に、[オートフィルオプション] をクリックして、[書式なしコピー] を選択してください。

関連項目 03.038 数値の絶対値を求める →p.218

数値計算

03.040 複数の数値を掛け合わせる

使用関数 PRODUCT（プロダクト）

PRODUCT関数を使用すると、複数の数値をすべて掛け合わせることができます。ここでは、PRODUCT関数を使用して、「定価×掛け率×数量」を計算し、各商品の仕入れの金額を求めます。「掛け率」は、仕入れ値が定価の何掛けかを表す数値とします。

■ 数値の積を求める

入力セル E3　入力式 =PRODUCT(B3:D3)

E3 =PRODUCT(B3:D3)

	A	B	C	D	E	F	G
1	仕入明細						
2	品番	定価	掛け率	数量	金額		
3	K-101	2,000	70%	100	140,000		
4	K-102	1,000	60%	100	60,000		
5	K-103	800	40%	100	32,000		
6	K-104	1,000	70%	200	140,000		
7	K-105	800	80%	200	128,000		
8							
9							

セルE3に数式を入力して、セルE7までコピー

数値の積が求められた

check!

=PRODUCT(数値1 [, 数値2] ……)

数値…数値、またはセル範囲を指定。空白セルや文字列は無視される

指定した「数値」の積を返します。「数値」は255個まで指定できます。

memo

▶「*」演算子でも積を求められますが、計算対象が連続したセル範囲に入力されている場合はPRODUCT関数のほうが入力が簡単で、式も簡潔です。例えば「=A1*A2*A3*A4*A5*A6*A7*A8」は、簡潔に「=PRODUCT(A1:A8)」で表せます。

関連項目 03.041 配列の要素を掛け合わせて合計する →p.221

数値計算

03.041 配列の要素を掛け合わせて合計する

使用関数 SUMPRODUCT(サム・プロダクト)

SUMPRODUCT関数を使用すると、複数の配列の要素同士を掛け合わせて、その合計を求めることができます。前もって積を計算しておかなくても、直接、積の合計が求められるのが特徴です。ここでは、「定価」欄、「掛け率」欄、「数量」欄のセル範囲をそれぞれ配列として指定して、各行の「定価×掛け率×数量」を合計します。

数値の積の合計を求める

入力セル D9　入力式 =SUMPRODUCT(B3:B7,C3:C7,D3:D7)

D9　=SUMPRODUCT(B3:B7,C3:C7,D3:D7)

	A	B	C	D	E	F	G
1	仕入明細						
2	品番	定価	掛け率	数量			
3	K-101	2,000	70%	100			
4	K-102	1,000	60%	100			
5	K-103	800	40%	100			
6	K-104	1,000	70%	200			
7	K-105	800	80%	200			
8							
9		仕入合計金額		500,000			
10							
11							

仕入れの合計金額が求められた

check!

=SUMPRODUCT(配列1 [, 配列2] ……)

配列…計算の対象となる数値が入力されたセル範囲、または配列定数を指定

指定した「配列」の対応する要素の積を合計します。「配列」は255個まで指定できます。指定した複数の「配列」の行数と列数が異なる場合は[#VALUE!]が返されます。

memo

▶サンプルの場合、次の計算が行われています。

=B3*C3*D3+B4*C4*D4+B5*C5*D5+B6*C6*D6+B7*C7*D7

関連項目 03.040 複数の数値を掛け合わせる →p.220

数値計算

03.042 割り算の整数商を求める

使用関数 QUOTIENT(クオーシャント)

QUOTIENT関数を使用すると、割り算の整数商を求めることができます。「/」演算子を使用すると、割り切れない場合に小数点以下が計算されますが、QUOTIENT関数では一の位までしか計算されません。

■割り算の整数商を求める

入力セル C3　入力式 =QUOTIENT(A3,B3)

C3　=QUOTIENT(A3,B3)

	A	B	C	D	E	F	G
1	整数商の計算						
2	数値	除数	整数商				
3	24	9	2				
4	24	7	3				
5	24	5	4				
6	24	3	8				
7	24	1	24				
8							
9							

セルC3に数式を入力して、セルC7までコピー

整数商が求められた

check!

=QUOTIENT(数値, 除数)

数値…被除数(割られる数)を指定

除数…除数(割る数)を指定

「数値」を「除数」で割り、その商の整数部分を返します。「除数」に0を指定すると[#DIV/0!]が返されます。

memo

▶割り算を行ったときに、割り切れずに残った余りはMOD関数で求められます。例えば「24÷9＝2 余り6」という計算の場合、「=QUOTIENT(24,9)」で商の「2」、「=MOD(24,9)」で余りの「6」が求められます。

関連項目 03.043 割り算の剰余を求める →p.223

数値計算

03.043 割り算の剰余を求める

使用関数 MOD（モッド）

MOD関数を使用すると、割り算の「剰余」を求めることができます。剰余とは、割り算で一の位まで商を求めたときに割り切れずに残った余りの数値のことです。割り切れるときは、剰余は「0」となります。

割り算の剰余を求める

入力セル C3　入力式 =MOD(A3,B3)

C3　=MOD(A3,B3)

	A	B	C
1	剰余の計算		
2	数値	除数	剰余
3	24	9	6
4	24	7	3
5	24	5	4
6	24	3	0
7	24	1	0

セルC3に数式を入力して、セルC7までコピー

剰余が求められた

check!

=MOD(数値, 除数)

数値…被除数（割られる数）を指定

除数…除数（割る数）を指定

「数値」を「除数」で割ったときの剰余（余り）を返します。「除数」に0を指定すると［#DIV/0!］が返されます。

memo

▶2で割った余りは「0」か「1」、3で割った余りは「0」か「1」か「2」というように、MOD関数の戻り値は「除数」に応じて決まった範囲の整数になります。

関連項目 03.042 割り算の整数商を求める →p.222

数値計算

03.044 べき乗を求める

使用関数 POWER(パワー)

POWER関数を使用すると、数値の「べき乗」を求めることができます。べき乗とは、「2の3乗」とか「3の4乗」のような計算のことです。「2の3乗」であれば「2×2×2」、「3の4乗」であれば「3×3×3×3」が求められます。ここでは、例として2のべき乗と3のべき乗を求めます。

数値のべき乗を求める

入力セル B3　入力式 =POWER(2,A3)

入力セル C3　入力式 =POWER(3,A3)

B3　=POWER(2,A3)

	A	B	C
1	べき乗の計算		
2	指数 x	y=2^x	y=3^x
3	-3	0.125	0.037037
4	-2	0.25	0.111111
5	-1	0.5	0.333333
6	0	1	1
7	1	2	3
8	2	4	9
9	3	8	27
10	4	16	81

セルB3とセルC3に数式を入力して、10行目までコピー

2の4乗は16、3の4乗は81

check!

=POWER(数値, 指数)

数値…べき乗の底となる数値を指定

指数…べき乗の指数を指定。負数や実数も指定できる

「数値」の「指数」乗を返します。「数値」と「指数」の両方に0を指定すると[#NUM!]が返されます。

memo

▶POWER関数の引数「指数」には、負数を指定することもできます。「指数」に「-r」を指定した場合、「r」を指定したときの戻り値の逆数が得られます。

$$Power(a, r) = a^r \qquad Power(a, -r) = \frac{1}{a^r}$$

▶POWER関数の代わりに、「^」演算子を使用してべき乗を計算することもできます。

$$Power(a, r) = a\text{^}r$$

数値計算

03.045 平方根を求める

スクエアルート
SQRT

SQRT関数を使用すると、数値の正の「平方根」を求めることができます。平方根は、いわゆるルートの計算です。4の平方根であれば「$\sqrt{4}=2$」、9の平方根であれば「$\sqrt{9}=3$」となります。ここでは、いくつかの数値の平方根を求めてみましょう。

数値の平方根を求める

入力セル B3　入力式 =SQRT(A3)

B3　=SQRT(A3)

	A	B
1	平方根の計算	
2	数値	平方根
3	0	0
4	1	1
5	2	1.41421356
6	3	1.73205081
7	4	2
8	5	2.23606798
9		
10		

セルB3に数式を入力して、セルB8までコピー

平方根が求められた

check!

=SQRT(数値)

数値…平方根を求める数値を指定

「数値」の正の平方根を返します。「数値」に負数を指定すると [#NUM!] が返されます。

memo

- 0以外の数値の平方根は、正と負の2つがあります。例えば4の平方根は「±2」、5の平方根は「$\pm\sqrt{5}$」です。SQRT関数では、2つのうち、正の平方根だけを返します。
- SQRT関数の引数に負数を指定するとエラーになりますが、複素数の平方根を求めるIMSQRT関数の引数に指定した場合は結果が「x＋yi」形式の文字列として求められます。

関連項目 03.046 べき乗根を求める →p.226

数式の基本
表の集計
数値処理
日付と時刻
文字列操作
条件判定
表の検索と操作
数学計算
統計計算
財務計算
関数一覧

数値計算

03.046 べき乗根を求める

使用関数 POWER（パワー）

03.045 で紹介したSQRT関数を使用すると平方根（2乗根）を求めることができますが、それ以外のべき乗根は求められません。3乗根や4乗根など、指定したべき乗根を求めるには、POWER関数の引数「指数」に分数を指定します。例えば3の4乗根を求めたいときは、「数値」に「3」、「指数」に「1/4」を指定すれば求められます。

■数値のべき乗根を求める

入力セル C3　入力式 =POWER(A3,1/B3)

C3 =POWER(A3,1/B3)

	A	B	C	D	E	F	G
1	べき乗根の計算						
2	数値	指数	結果				
3	2	1	2				
4	2	2	1.414214				
5	2	3	1.259921				
6	2	4	1.189207				
7	3	1	3				
8	3	2	1.732051				
9	3	3	1.44225				
10	3	4	1.316074				
11							

セルC3に数式を入力して、セルC10までコピー

3の4乗根

check!

=POWER(数値, 指数) → 03.044

memo

▶POWER関数の引数「指数」に分数「1/r」を指定すると、r乗根が得られます。

$$Power(a,\frac{1}{r}) = a^{\frac{1}{r}} = \sqrt[r]{a}$$

▶POWER関数の引数「指数」に「1/2」または「0.5」を指定した結果は、SQRT関数の結果と同じです。

関連項目 03.044 べき乗を求める →p.224
03.045 平方根を求める →p.225

データの整形

03. 047 指定した位で四捨五入する

使用関数 ROUND（ラウンド）

ROUND関数を使用すると、数値を指定した位で四捨五入できます。引数の「桁数」の指定に応じて、小数部を四捨五入することも、整数部を四捨五入することも可能です。サンプルは、「桁数」に「1」「0」「-1」を指定した場合の実行例です。なお、列幅が狭いと小数点以下の桁が正しく表示されないことがあるので注意してください。

数値を四捨五入する

入力セル E3　入力式 =ROUND(C3,D3)

E3　=ROUND(C3,D3)

四捨五入

処理対象の位	正負	数値	桁数	結果
小数点第2位	正	1111.14	1	1111.1
		1111.15	1	1111.2
	負	-1111.14	1	-1111.1
		-1111.15	1	-1111.2
小数点第1位	正	1111.4	0	1111
		1111.5	0	1112
	負	-1111.4	0	-1111
		-1111.5	0	-1112
一の位	正	1114	-1	1110
		1115	-1	1120
	負	-1114	-1	-1110
		-1115	-1	-1120

「桁数」に「1」を指定すると、結果は小数点以下1桁になる

「桁数」に「0」を指定すると、結果は整数になる

「桁数」に「-1」を指定すると、結果は10単位の数値になる

check!

=ROUND(数値, 桁数)

数値…四捨五入の対象となる数値を指定

桁数…四捨五入の桁数を指定

「数値」を四捨五入した値を返します。処理対象の位は「桁数」で指定します。

memo

▶四捨五入の処理対象の位と引数「桁数」の対応は以下のとおりです。

桁数	処理対象の位	結果の数値
2	小数点第3位	小数点以下2桁
1	小数点第2位	小数点以下1桁
0	小数点第1位	整数
－1	一の位	10単位の数値
－2	十の位	100単位の数値

データの整形

03.048 指定した位で三捨四入／五捨六入する

使用関数 ROUNDDOWN（ラウンドダウン）

3以下の数値を切り捨て、4以上の数値を切り上げる「三捨四入」を行うには、数値に補正値の0.6を加えて小数点以下を切り捨てます。補正値の値を変えれば、他の計算にも対応できます。例えば補正値を0.4にすれば、五捨六入が可能です。処理の桁を変えたい場合は、サンプルのように補正値の桁で調整します。なお、これは正の数を三捨四入する場合の方法です。処理対象に負数が含まれる場合は、03.049を参照してください。

■数値を三捨四入する

入力セル E3　入力式 =ROUNDDOWN(B3+C3,D3)

E3 =ROUNDDOWN(B3+C3,D3)

	A	B	C	D	E
1	三捨四入				
2	処理対象の位	数値	補正値	桁数	結果
3	小数点第2位	1111.13	0.06	1	1111.1
4		1111.14	0.06	1	1111.2
5	小数点第1位	1111.3	0.6	0	1111
6		1111.4	0.6	0	1112
7	一の位	1113	6	-1	1110
8		1114	6	-1	1120

小数点第2位を三捨四入したいときの補正値は「0.06」

小数点第1位を三捨四入したいときの補正値は「0.6」

一の位を三捨四入したいときの補正値は「6」

check!

=ROUNDDOWN(数値, 桁数) → 03.051

memo

▶数値の小数点第1位を三捨四入して整数にする仕組みは以下のとおりです。他の位の場合も、考え方は同じです。

元の数値	→	元の数値に補正値を加える	→	小数点以下を切り捨てる
1111.3	→	1111.3+0.6=1111.9	→	1111
1111.4	→	1111.4+0.6=1112.0	→	1112

▶数値の小数点第1位を五捨六入する場合の補正値は「0.4」です。

元の数値	→	元の数値に補正値を加える	→	小数点以下を切り捨てる
1111.5	→	1111.5+0.4=1111.9	→	1111
1111.6	→	1111.6+0.4=1112.0	→	1112

関連項目 03.047 指定した位で四捨五入する →p.227

データの整形

03.049 負数を考慮して三捨四入／五捨六入する

使用関数 ROUNDDOWN（ラウンドダウン）／SIGN（サイン）

03.048 で正の数値を三捨四入／五捨六入する方法を紹介しましたが、負数を処理することはできません。対象の値が負数の場合、補正値も負数にしなければいけないからです。元の数値に応じて補正値の正負を切り替えるには、SIGN関数で元の数値の正負を調べ、その結果を補正値に掛けます。考え方は少々複雑ですが、正数と負数の両方を扱う場合はこちらの方法を使用しましょう。

正負の数値を三捨四入する

入力セル F3　入力式 =ROUNDDOWN(C3+D3*SIGN(C3),E3)

F3　=ROUNDDOWN(C3+D3*SIGN(C3),E3)

三捨四入（負数考慮）

処理対象の位	正負	数値	補正値	桁数	結果
小数点第2位	正	1111.13	0.06	1	1111.1
		1111.14	0.06	1	1111.2
	負	-1111.13	0.06	1	-1111.1
		-1111.14	0.06	1	-1111.2
小数点第1位	正	1111.3	0.6	0	1111
		1111.4	0.6	0	1112
	負	-1111.3	0.6	0	-1111
		-1111.4	0.6	0	-1112
一の位	正	1113	6	-1	1110
		1114	6	-1	1120
	負	-1113	6	-1	-1110
		-1114	6	-1	-1120

正数も負数も正しく三捨四入できた

check!

=ROUNDDOWN(数値, 桁数) → 03.051
=SIGN(数値) → 03.039

memo

▶SIGN関数の戻り値は、引数の数値が正の場合「1」、負の場合「-1」になります。これを補正値に掛けるので、補正値の正負と元の数の正負が揃います。

元の数値	→	元の数値に補正値を加える	→	小数点以下を切り捨てる
1111.3	→	1111.3+0.6=1111.9	→	1111
1111.4	→	1111.4+0.6=1112.0	→	1112
-1111.3	→	-1111.3-0.6=-1111.9	→	-1111
-1111.4	→	-1111.4-0.6=-1112.0	→	-1112

03.050 指定した位で切り上げる

使用関数 ROUNDUP（ラウンドアップ）

ROUNDUP関数を使用すると、数値を指定した位で切り上げることができます。引数の「桁数」の指定に応じて、小数部を切り上げることも、整数部を切り上げることも可能です。サンプルは、「桁数」に「1」「0」「-1」を指定した場合の実行例です。なお、列幅が狭いと小数点以下の桁が正しく表示されないことがあるので、気を付けてください。

■数値を切り上げる

入力セル E3　入力式 =ROUNDUP(C3,D3)

E3 =ROUNDUP(C3,D3)

	A	B	C	D	E
1	切り上げ				
2	処理対象の位	正負	数値	桁数	結果
3	小数点第2位	正	1111.14	1	1111.2
4			1111.15	1	1111.2
5		負	-1111.14	1	-1111.2
6			-1111.15	1	-1111.2
7	小数点第1位	正	1111.4	0	1112
8			1111.5	0	1112
9		負	-1111.4	0	-1112
10			-1111.5	0	-1112
11	一の位	正	1114	-1	1120
12			1115	-1	1120
13		負	-1114	-1	-1120
14			-1115	-1	-1120

「桁数」に「1」を指定すると、結果は小数点以下1桁になる

「桁数」に「0」を指定すると、結果は整数になる

「桁数」に「-1」を指定すると、結果は10単位の数値になる

check!

=ROUNDUP(数値, 桁数)

数値…切り上げの対象となる数値を指定

桁数…切り上げの桁数を指定

「数値」を切り上げた値を返します。処理対象の位は「桁数」で指定します。

memo

▶ROUNDUP関数では、切り上げの処理対象の位以下に数値が存在する場合に切り上げが行われます。例えば「=ROUNDUP(1.0001,0)」の場合、処理対象の小数点第1位の数値は「0」ですが、その下の位に「1」があるので切り上げが実行されて、結果は「2」となります。なお、切り上げの処理対象の位と引数「桁数」の対応は、03.047のmemoを参照してください。

関連項目 03.047 指定した位で四捨五入する →p.227

データの整形

03.051 指定した位で切り捨てる①

使用関数 ROUNDDOWN（ラウンドダウン）

ROUNDDOWN関数を使用すると、数値を指定した位で切り捨てることができます。引数の「桁数」の指定に応じて、小数部を切り捨てることも、整数部を切り捨てることも可能です。サンプルは、「桁数」に「1」「0」「-1」を指定した場合の実行例です。なお、列幅が狭いと小数点以下の桁が正しく表示されないことがあるので、気を付けてください。

数値を切り捨てる

入力セル E3　入力式 =ROUNDDOWN(C3,D3)

E3　=ROUNDDOWN(C3,D3)

	A	B	C	D	E
1	切り捨て（ROUNDDOWN）				
2	処理対象の位	正負	数値	桁数	結果
3	小数点第2位	正	1111.14	1	1111.1
4			1111.15	1	1111.1
5		負	-1111.14	1	-1111.1
6			-1111.15	1	-1111.1
7	小数点第1位	正	1111.4	0	1111
8			1111.5	0	1111
9		負	-1111.4	0	-1111
10			-1111.5	0	-1111
11	一の位	正	1114	-1	1110
12			1115	-1	1110
13		負	-1114	-1	-1110
14			-1115	-1	-1110

「桁数」に「1」を指定すると、結果は小数点以下1桁になる

「桁数」に「0」を指定すると、結果は整数になる

「桁数」に「-1」を指定すると、結果は10単位の数値になる

check!

=ROUNDDOWN(数値, 桁数)

数値…切り捨ての対象となる数値を指定

桁数…切り捨ての桁数を指定

「数値」を切り捨てた値を返します。処理対象の位は「桁数」で指定します。

memo

▶切り捨ての処理対象の位と引数「桁数」の対応は、03.047 のmemoを参照してください。

関連項目 03.047 指定した位で四捨五入する →p.227
03.050 指定した位で切り上げる →p.230

データの整形

03.052 指定した位で切り捨てる②

使用関数 TRUNC（トランク）

TRUNC関数を使用すると、数値を指定した位で切り捨てることができます。引数の「桁数」の指定に応じて、小数部や整数部を切り捨てることもできますし、「桁数」の指定を省略することもできます。指定を省略すると、戻り値は整数になります。サンプルでは、指定を省略して数値の切り捨てを行っています。

数値を切り捨てる

入力セル C3　入力式 =TRUNC(B3)

C3　=TRUNC(B3)

	A	B	C	D	E	F	G
1	切り捨て（TRUNC）						
2	正負	数値	結果				
3	正数	0.5	0				
4		1.5	1				
5		2.5	2				
6	負数	-0.5	0				
7		-1.5	-1				
8		-2.5	-2				
9							

「数値」の正負にかかわらず、小数部分が取り除かれる

check!

=TRUNC(数値 [, 桁数])

数値…切り捨ての対象となる数値を指定

桁数…切り捨ての桁数を指定。省略した場合は、小数点以下が切り捨てられる

「数値」を切り捨てた値を返します。処理対象の位は「桁数」で指定します。「桁数」の指定方法は、03.047のmemoを参照してください。

memo

▶TRUNC関数とROUNDDOWN関数に、同じ引数を指定した場合の戻り値は同じです。2つの関数の違いは、TRUNC関数が引数「桁数」を省略できるのに対して、ROUNDDOWN関数はできないことです。

関連項目 03.051 指定した位で切り捨てる① →p.231
03.053 小数点以下を切り捨てる →p.233

データの整形

03.053 小数点以下を切り捨てる

使用関数 INT(インテジャー)

INT関数を使用すると、数値の小数部分を切り捨てることができます。切り捨ての対象となる位を指定できないため柔軟性に欠けますが、戻り値を整数で得たいときには短い数式で済むため、かえって便利です。ただし、この関数は負数の切り捨てに特徴があります。正数の場合も負数の場合も、一貫して数値の大きさが小さくなるように小数点以下が処理されます。

小数点以下を切り捨てる

入力セル C3　入力式 =INT(B3)

C3 =INT(B3)

	A	B	C
1	切り捨て（INT）		
2	正負	数値	結果
3	正数	0.5	0
4		1.5	1
5		2.5	2
6	負数	-0.5	-1
7		-1.5	-2
8		-2.5	-3

「数値」が正の場合、小数部分が取り除かれる

「数値」が負の場合、「数値」以下で最も近い整数になる

check!

=INT(数値)

数値…切り捨ての対象となる数値を指定

「数値」を切り捨てた値を返します。戻り値は、「数値」以下で最も近い整数になります。

memo

▶TRUNC関数とROUNDDOWN関数で小数点以下を切り捨てると、絶対値が小さくなる方向へ処理されます。それに対して、INT関数の場合は、数値の大きさが小さくなる方向へ処理されます。

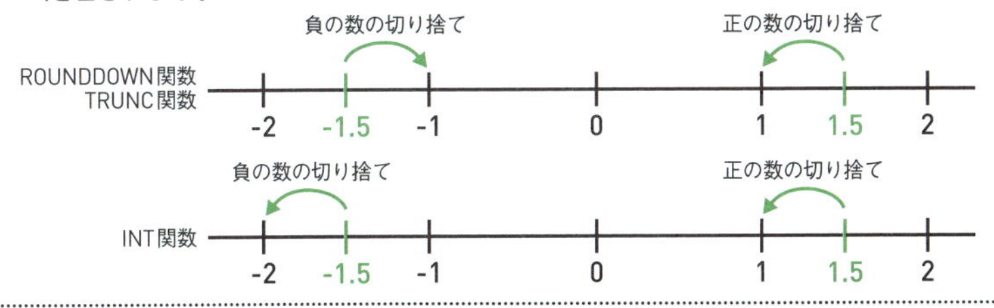

データの整形

03.054 数値を整数部分と小数部分に分解する

使用関数 TRUNC（トランク）

数値から整数部分を取り出すには、小数点以下の数値を取り除くTRUNC関数を利用します。求めた整数部分の数値を元の数値から引けば、小数部分を取り出せます。

数値を整数部分と小数部分に分解する

入力セル C3　入力式 =TRUNC(B3)

入力セル D3　入力式 =B3-C3

C3　=TRUNC(B3)

	A	B	C	D	E	F	G
1	数値の分解						
2	正負	数値	整数部分	小数部分			
3	正数	0.12	0	0.12			
4		0.1	0	0.1			
5		1	1	0			
6		12.3	12	0.3			
7		12.34	12	0.34			
8	負数	-0.12	0	-0.12			
9		-0.1	0	-0.1			
10		-1	-1	0			
11		-12.3	-12	-0.3			
12		-12.34	-12	-0.34			
13							

セルC3とセルD3に数式を入力して、12行目までコピー

check!

=TRUNC(数値 [, 桁数]) → 03.052

memo

▶サンプルのように、行によって罫線が異なる表で数式をコピーすると、表の書式が崩れます。その場合は、01.006 を参考に、[オートフィルオプション] をクリックして、[書式なしコピー] を選択してください。

関連項目 03.052 指定した位で切り捨てる② →p.232
03.055 数値の整数部分の桁数を求める →p.235

数値計算

03.055 数値の整数部分の桁数を求める

使用関数 LEN(レングス) ／ TRUNC(トランク) ／ ABS(アブソリュート)

文字列の長さを求めるLEN関数を使用すると、数値の文字数も調べられます。例えば「=LEN(1234)」の結果は「4」になります。ただし、負数の場合はマイナス記号が文字数に含まれてしまい、うまくいきません。また、小数の場合は、全部の桁数を求めてもあまり意味がありません。実際に必要になるのは、正の場合も負の場合も、数値の整数部分の桁数でしょう。それを求めるには、ABS関数で数値を絶対値にし、TRUNC関数で小数部分を取り除いてから、LEN関数で文字数を調べます。

数値の整数部分の桁数を求める

入力セル C3　入力式 =LEN(TRUNC(ABS(B3)))

C3　=LEN(TRUNC(ABS(B3)))

	A	B	C
1	整数部の桁数		
2	正負	数値	桁数
3	正数	1	1
4		12	2
5		123	3
6		1234	4
7		1234.56	4
8	負数	-1	1
9		-12	2
10		-123	3
11		-1234	4
12		-1234.56	4

セルC3に数式を入力して、セルC12までコピー

整数部分の桁数が求められた

check!

=LEN(文字列) → 05.007
=TRUNC(数値 [, 桁数]) → 03.052
=ABS(数値) → 03.038

memo

▶サンプルのように、行によって罫線が異なる表で数式をコピーすると、表の書式が崩れます。その場合は、01.006 を参考に、[オートフィルオプション] をクリックして、[書式なしコピー] を選択してください。

関連項目 03.054 数値を整数部分と小数部分に分解する →p.234

データの整形

03.056 偶数になるように小数点以下を切り上げる

使用関数 EVEN（イーブン）

EVEN関数を使用すると、数値を最も近い偶数に切り上げることができます。例えば「0<x≦2」の範囲の数値は「2」に、「2<x≦4」の範囲の数値は「4」に切り上げられます。切り上げる対象の桁は指定できません。戻り値は必ず整数になります。

偶数になるように端数を切り上げる

入力セル C3　入力式 =EVEN(B3)

C3 =EVEN(B3)

	A	B	C	D	E	F	G
1		偶数に丸める					
2	正負	数値	結果				
3	正数	1.4	2				
4		2	2				
5		2.3	4				
6		3	4				
7		3.5	4				
8	負数	-1.4	-2				
9		-2	-2				
10		-2.3	-4				
11		-3	-4				
12		-3.5	-4				
13							

セルC3に数式を入力して、セルC12までコピー

偶数に切り上げられた

check!

=EVEN(数値)

数値…切り上げの対象となる数値を指定

「数値」を最も近い偶数に切り上げた値を返します。切り上げられた値の絶対値は「数値」の絶対値以上になります。数値がすでに偶数になっている場合、切り上げは行われません。

memo

▶サンプルのように、行によって罫線が異なる表で数式をコピーすると、表の書式が崩れます。その場合は、01.006 を参考に、[オートフィルオプション] をクリックして、[書式なしコピー] を選択してください。

関連項目 03.057 奇数になるように小数点以下を切り上げる →p.237

数式の基本 表の集計 数値処理 日付と時刻 文字列操作 条件判定 表の検索と操作 数学計算 統計計算 財務計算 関数一覧

データの整形

03.057 奇数になるように小数点以下を切り上げる

使用関数 ODD(オッド)

ODD関数を使用すると、数値を最も近い奇数に切り上げることができます。例えば「1＜x≦3」の範囲の数値は「3」に、「3＜x≦5」の範囲の数値は「5」に切り上げられます。切り上げる対象の桁は指定できません。戻り値は必ず整数になります。

■ 奇数になるように端数を切り上げる

入力セル C3　入力式 =ODD(B3)

C3 =ODD(B3)

	A	B	C
1	奇数に丸める		
2	正負	数値	結果
3	正数	2.4	3
4		3	3
5		3.6	5
6		4	5
7		4.5	5
8	負数	-2.4	-3
9		-3	-3
10		-3.6	-5
11		-4	-5
12		-4.5	-5
13			

セルC3に数式を入力して、セルC12までコピー

奇数に切り上げられた

check!

=ODD(数値)

数値…切り上げの対象となる数値を指定

「数値」を最も近い奇数に切り上げた値を返します。切り上げられた値の絶対値は「数値」の絶対値以上になります。数値がすでに奇数になっている場合、切り上げは行われません。

memo

▶サンプルのように、行によって罫線が異なる表で数式をコピーすると、表の書式が崩れます。その場合は、01.006 を参考に、[オートフィルオプション] をクリックして、[書式なしコピー] を選択してください。

関連項目 03.056 偶数になるように小数点以下を切り上げる →p.236

データの整形

03.058 単価を500円単位に切り上げる

使用関数 CEILING（シーリング）

仕入れ価格に利益や諸経費を上乗せするなどして算出した暫定定価を、切りのよい数値に切り上げたいときは、数値を指定した基準値の倍数に切り上げるCEILING関数を使用します。ここでは暫定定価を500円単位に切り上げます。例えば「22,890円」なら「23,000円」、「23,210円」なら「23,500円」になります。

500円単位に切り上げる

入力セル C3　入力式 =CEILING(B3,500)

C3　=CEILING(B3,500)

	A	B	C
1	定価計算		
2	品番	暫定定価	定価
3	D-101	22,890	23,000
4	D-102	23,000	23,000
5	D-103	23,210	23,500
6	D-104	23,430	23,500
7	D-105	23,500	23,500
8	D-106	23,610	24,000
9	D-107	23,780	24,000

セルC3に数式を入力して、セルC9までコピー

500円単位に切り上げられた

check!

=CEILING(数値, 基準値)

数値…切り上げの対象となる数値を指定

基準値…切り上げ後の倍数の基準となる数値を指定

「数値」を「基準値」の倍数のうち、最も近い値に切り上げます。

memo

▶引数「基準値」を「500」とした場合、CEILING関数の戻り値はすべて500の倍数となります。500の倍数の目盛を振った数直線の目盛間にある数値は、すべて右側の目盛の数値に切り上げられます。

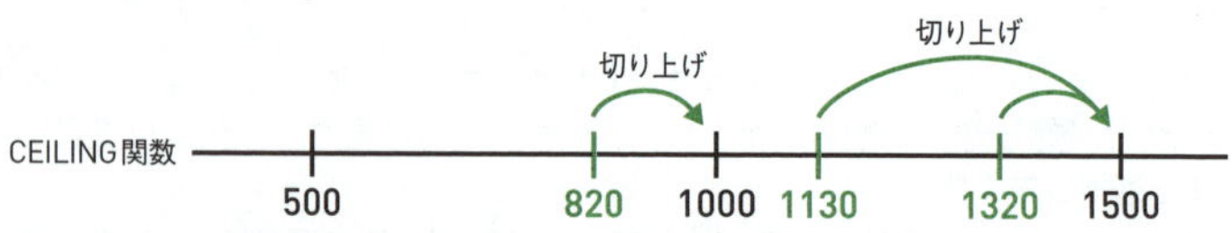

関連項目
03.059 単価を500円単位に切り捨てる →p.239
03.060 単価を500円単位に丸める →p.240

データの整形

03.059 単価を500円単位に切り捨てる

使用関数 FLOOR（フロア）

仕入れ価格に利益や諸経費を上乗せするなどして算出した暫定定価を、切りのよい数値に切り捨てたいときは、数値を指定した基準値の倍数に切り捨てるFLOOR関数を使用します。ここでは暫定定価を500円単位に切り捨てます。例えば「22,890円」なら「22,500円」、「23,210円」なら「23,000円」になります。

500円単位に切り捨てる

入力セル C3　入力式 =FLOOR(B3,500)

C3　=FLOOR(B3,500)

	A	B	C
1	定価計算		
2	品番	暫定定価	定価
3	D-101	22,890	22,500
4	D-102	23,000	23,000
5	D-103	23,210	23,000
6	D-104	23,430	23,000
7	D-105	23,500	23,500
8	D-106	23,610	23,500
9	D-107	23,780	23,500

セルC3に数式を入力して、セルC9までコピー

500円単位に切り捨てられた

check!

=FLOOR(数値, 基準値)

数値…切り捨ての対象となる数値を指定
基準値…切り捨て後の倍数の基準となる数値を指定

「数値」を「基準値」の倍数のうち、最も近い値に切り捨てます。

memo

▶引数「基準値」を「500」とした場合、FLOOR関数の戻り値はすべて500の倍数となります。500の倍数の目盛を振った数直線の目盛間にある数値は、すべて左側の目盛の数値に切り捨てられます。

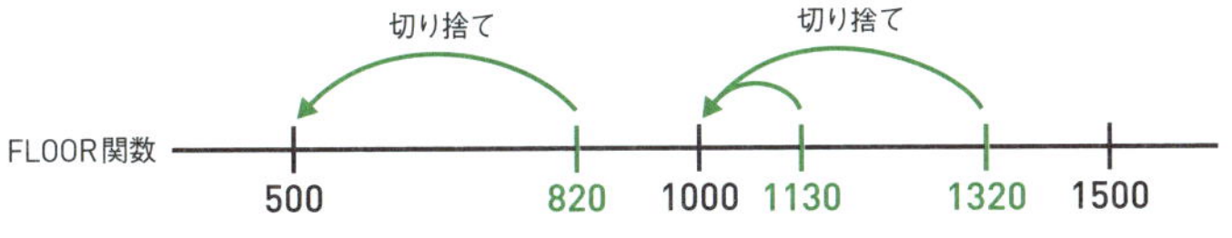

関連項目
03.058 単価を500円単位に切り上げる →p.238
03.060 単価を500円単位に丸める →p.240

データの整形

03.060 単価を500円単位に丸める

使用関数 MROUND（エム・ラウンド）

単価を500円単位に丸めるときに、より近い金額になるように自動で切り上げ、または切り捨てを行うには、MROUND関数を使用します。「23,210円」なら「210円」をマイナスして「23,000円」、「23,430円」なら「70円」をプラスして「23,500円」というように、500の半分である250をプラスマイナスの上限として切り上げまたは切り捨てが行われます。

500円単位に丸める

入力セル C3　入力式 =MROUND(B3,500)

C3 =MROUND(B3,500)

	A	B	C
1		定価計算	
2	品番	暫定定価	定価
3	D-101	22,890	23,000
4	D-102	23,000	23,000
5	D-103	23,210	23,000
6	D-104	23,430	23,500
7	D-105	23,500	23,500
8	D-106	23,610	23,500
9	D-107	23,780	24,000

セルC3に数式を入力して、セルC9までコピー

500円単位に丸められた

check!

=MROUND(数値, 基準値)

数値…丸めの対象となる数値を指定

基準値…丸め後の倍数の基準となる数値を指定

「数値」を「基準値」の倍数のうち、最も近い値に切り上げ、または切り捨てます。「数値」が「基準値」の倍数の中間の値の場合は、0から遠いほうの数値に丸められます。

memo

▶MROUND関数の引数「基準値」を「500」とした場合、戻り値はより近い500の倍数になるように、切り上げ、または切り捨てが行われます。

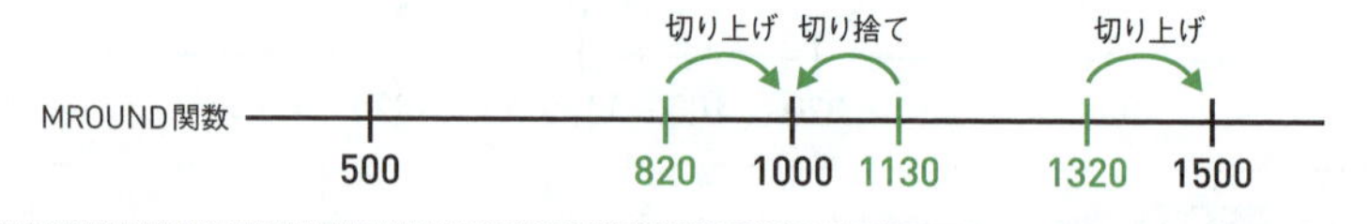

実務計算

03.061 多少の無駄に目をつぶってケース買い商品を発注する

使用関数 シーリング CEILING

ケース買い商品の場合、必要な個数がケースの数にぴったり一致するとは限りません。多少の無駄が出ても必要な個数を確保したい場合は、CEILING関数を使用して発注数を求めます。ここでは発注の個数とケース数、および余分に発注する商品の個数を求めます。

必要数を確保するためのケース数を求める

入力セル D4　入力式 =CEILING(B4,C4)

入力セル E4　入力式 =D4/C4

入力セル F4　入力式 =D4-B4

D4　=CEILING(B4,C4)

	A	B	C	D	E	F
1	発注管理					
2	品番	必要個数	1ケース当たり個数	発注数		余剰分
3				個数	ケース数	
4	T-101	40	24	48	2	8
5	T-102	48	24	48	2	0
6	T-103	50	24	72	3	22
7	W-101	82	20	100	5	18
8	W-102	116	20	120	6	4
9						
10						

セルD4、E4、F4に数式を入力して、8行目までコピー

発注する商品の個数　発注するケース数　余分に発注する商品の個数

check!

=CEILING(数値, 基準値) → 03.058

memo

▶サンプルの1行目の商品の場合、必要数は40個ですが、1ケース当たりの個数が24個なので、24の倍数でしか注文できません。40個を確保するための最低の数量をCEILING関数で求めると、48個と算出されます。これを1ケース当たりの個数である24で割れば、発注するケース数が「2」であることがわかります。また、48個から必要数の40個を引けば、余分な発注数が「8」であることがわかります。

▶CEILING関数の分類は、Excel 2010までは「数学／三角」でしたが、Excel 2013以降では「互換性」に変わったので注意してください。

03.062 多少の不足に目をつぶってケース買い商品を発注する →p.242
03.063 無駄と不足のバランスを見ながらケース買い商品を発注する →p.243

実務計算

03.062 多少の不足に目をつぶってケース買い商品を発注する

使用関数 FLOOR（フロア）

ケース買い商品の場合、必要な個数がケースの数にぴったり一致するとは限りません。多少の不足があっても余分な発注はしたくないという場合は、FLOOR関数を使用して発注数を求めます。ここでは発注の個数とケース数、および次回の発注に回す不足数を求めます。

■ 無駄な注文をしないためのケース数を求める

入力セル	入力式
D4	=FLOOR(B4,C4)
E4	=D4/C4
F4	=D4-B4

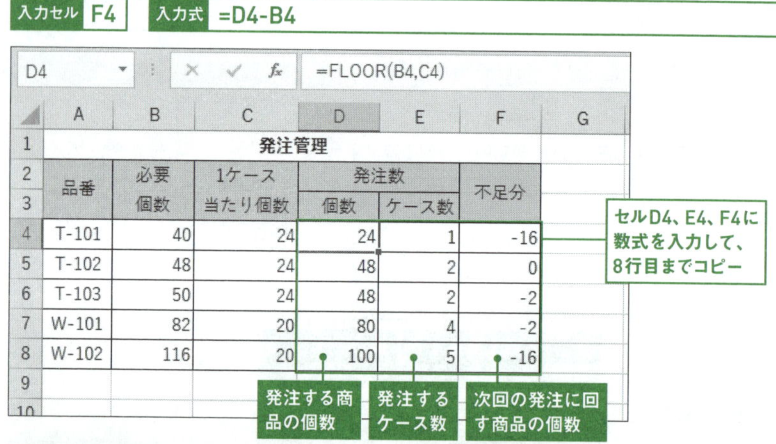

D4　=FLOOR(B4,C4)

	A	B	C	D	E	F
1	発注管理					
2	品番	必要個数	1ケース当たり個数	発注数		不足分
3				個数	ケース数	
4	T-101	40	24	24	1	-16
5	T-102	48	24	48	2	0
6	T-103	50	24	48	2	-2
7	W-101	82	20	80	4	-2
8	W-102	116	20	100	5	-16

check!

=FLOOR(数値, 基準値) → 03.059

memo

▶ケース買いとバラ買いを組み合わせて必要な数量をぴったり発注する際にも、サンプルと同じ計算が使えます。E列に求めたケース数がケース買いの注文数、F列に求めた不足数がバラ買いの注文数になります。

▶FLOOR関数の分類は、Excel 2010までは「数学／三角」でしたが、Excel 2013以降では「互換性」に変わったので注意してください。

関連項目
03.061 多少の無駄に目をつぶってケース買い商品を発注する →p.241
03.063 無駄と不足のバランスを見ながらケース買い商品を発注する →p.243

実務計算

03.063 無駄と不足のバランスを見ながらケース買い商品を発注する

使用関数 MROUND（エム・ラウンド）

ケース買い商品で、必要な個数がケースの数に一致しない場合、少し余計に発注するか、若干少なく発注するかの、二者択一となります。余計に発注する場合は 03.061 で紹介したCEILING関数、少なく発注する場合は 03.062 で紹介したFLOOR関数を使用します。それに対して、余計に発注するか少なく発注するかを、臨機応変に自動で判断したい場合は、MROUND関数を使用します。その場合、過不足分がなるべく少なくなるように、発注数が調整されます。

臨機応変に発注するケース数を求める

入力セル	入力式
D4	=MROUND(B4,C4)
E4	=D4/C4
F4	=D4-B4

D4 =MROUND(B4,C4)

	A	B	C	D	E	F
1	発注管理					
2	品番	必要個数	1ケース当たり個数	発注数		過不足
3				個数	ケース数	
4	T-101	40	24	48	2	8
5	T-102	48	24	48	2	0
6	T-103	50	24	48	2	-2
7	W-101	82	20	80	4	-2
8	W-102	116	20	120	6	4
9						
10						

セルD4、E4、F4に数式を入力して、8行目までコピー

発注する商品の個数 / 発注するケース数 / 正の数は余剰分、負の数は不足分を表す

check!

=MROUND(数値, 基準値) → 03.060

memo

▶サンプルの1行目の商品の場合、必要数は40個、1ケース当たりの個数は24個です。多めに発注する場合の発注数は2ケース、余剰分は8個です。逆に、少なめに発注する場合の発注数は1ケース、不足分は16個です。MROUND関数では過不足分が少なくなるほうに調整されるので、発注数として「2ケース」が採用されます。

関連項目 03.061 多少の無駄に目をつぶってケース買い商品を発注する →p.241
03.062 多少の不足に目をつぶってケース買い商品を発注する →p.242

実務計算

03.064 本体価格から税込価格を求める

使用関数 ROUNDDOWN（ラウンドダウン）

ここでは、本体価格から消費税を求める際に発生する端数を切り捨てるものとして、税込価格と消費税額を求めます。税込価格は本体価格に「1+消費税率」を掛けて求め、ROUNDDOWN関数で端数を切り捨てます。消費税額は、税込価格から本体価格を引いて求めます。数式をコピーしたときに消費税率のセルがずれないように、セルD2は絶対参照で指定します。

■本体価格から税込価格を求める

入力セル C4　入力式 =ROUNDDOWN(B4*(1+$D$2),0)

入力セル D4　入力式 =C4-B4

C4　=ROUNDDOWN(B4*(1+$D$2),0)

	A	B	C	D	E	F	G
1	価格計算						
2			消費税率：	8%			
3	品番	本体価格	税込価格	消費税額			
4	Y-101	885	955	70			
5	Y-102	1,200	1,296	96			
6	Y-103	1,270	1,371	101			
7	Y-104	1,275	1,377	102			
8	Y-105	1,580	1,706	126			
9	Y-106	1,990	2,149	159			
10							
11							
12							

セルC4とセルD4に数式を入力して、9行目までコピー

税込価格　消費税額

check!

=ROUNDDOWN(数値, 桁数) → 03.051

memo

▶セルD4の消費税額は、次式でも求められます。

=ROUNDDOWN(B4*$D$2,0)

関連項目 03.065 税込価格から本体価格を求める →p.245

実務計算

03.065 税込価格から本体価格を求める

使用関数 ROUNDUP（ラウンドアップ）

ここでは、税込価格から本体価格を求める際に発生する端数を切り上げるものとして、本体価格と消費税額を求めます。本体価格は税込価格を「1＋消費税率」で割って求め、ROUNDUP関数で端数を切り上げます。消費税額は税込価格から本体価格を引いて求めます。数式をコピーしたときに消費税率のセルがずれないように、セルD2は絶対参照で指定します。

税込価格から本体価格を求める

入力セル C4　入力式 =ROUNDUP(B4/(1+$D$2),0)

入力セル D4　入力式 =B4-C4

C4　=ROUNDUP(B4/(1+$D$2),0)

	A	B	C	D	E	F	G
1	価格計算						
2			消費税率：	8%			
3	品番	税込価格	本体価格	消費税額			
4	Y-101	955	885	70			
5	Y-102	1,296	1,200	96			
6	Y-103	1,371	1,270	101			
7	Y-104	1,377	1,275	102			
8	Y-105	1,706	1,580	126			
9	Y-106	2,149	1,990	159			
10							
11							
12							

セルC4とセルD4に数式を入力して、9行目までコピー

本体価格　消費税額

check!

=ROUNDUP(数値, 桁数) → 03.050

memo

▶03.064 で本体価格から税込価格を求め、ここでは税込価格から本体価格を求めましたが、数値を見比べると、互いに逆算していることがわかります。

関連項目 03.064 本体価格から税込価格を求める →p.244

実務計算

03.066 上限を1万円として交通費を支給する

使用関数 MIN（ミニマム）

交通費や資格取得費用など、申請された実費を、上限を決めて支給したいことがあります。そのようなときはMIN関数を使用して、実費と上限額の低いほうを支給額とします。例えば上限を1万円とした場合、実費が「12,800円」なら支給額は上限の「10,000円」、実費が「5,780円」なら実費を満額支給します。

■ 上限を1万円として交通費の支給額を求める

入力セル C3　入力式 =MIN(B3,10000)

C3 =MIN(B3,10000)

	A	B	C	D	E	F
1	交通費補助支給額計算					
2	氏名	申請額（実費）	支給額			
3	松原　健二	12,800	10,000			
4	杉浦　直人	5,780	5,780			
5	遠藤　真一	10,000	10,000			
6	岡田　夏樹	2,670	2,670			
7	前岡　雄介	15,900	10,000			
8						
9	※交通費の支給額は上限1万円です。					
10						
11						

セルC3に数式を入力して、セルC7までコピー

実費と1万円のうち低い金額が支給額となる

check!

=MIN(数値1 [, 数値2] ……) → 02.064

memo

▶IF関数を使用しても同じ処理を行えますが、MIN関数を使用したほうが数式は簡潔です。ちなみにIF関数を使用した数式は次のようになります。

=IF(B3<10000,B3,10000)

関連項目 03.067 自己負担分を10万円として医療費を補助する →p.247

実務計算

03.067 自己負担分を10万円として医療費を補助する

使用関数 MAX(マックス)

10万円までを自己負担として、10万円を超える医療費を補助する場合、MAX関数を使用して「実費−10万円」と「0」の大きいほうを補助金とします。例えば実費が「134,500円」なら補助金は10万円を超える分の「34,500円」、実費が「69,000円」なら補助金は「0円」になります。

10万円までを自己負担として補助金の額を求める

入力セル C3　入力式 =MAX(B3-100000,0)

C3　=MAX(B3-100000,0)

	A	B	C	D	E	F
1	高額医療費補助金計算					
2	氏名	申請額（実費）	補助金			
3	松原　健二	134,500	34,500			
4	杉浦　直人	69,000	0			
5	遠藤　真一	100,000	0			
6	岡田　夏樹	169,800	69,800			
7	前岡　雄介	72,500	0			
8						
9	※10万円までは自己負担です。					
10						
11						

セルC3に数式を入力して、セルC7までコピー

「実費−10万円」と「0円」のうち高い金額が支給額となる

check!

=MAX(数値1 [, 数値2] ……) → 02.063

memo

▶IF関数を使用しても同じ処理を行えますが、MAX関数を使用したほうが数式は簡潔です。ちなみにIF関数を使用した数式は次のようになります。

=IF(B3>100000,B3-100000,0)

関連項目 03.066 上限を1万円として交通費を支給する →p.246

実務計算

03.068 金種表を作成する

使用関数 INT（インテジャー）／MOD（モッド）／SUM（サム）

従業員に現金で給与を支給する場合に、どの金種を何枚ずつ用意したらよいかを計算しましょう。それにはまず、いちばん大きい金種の1万円の枚数を求めます。残りの金種は、1つ上の金種で賄えた金額の残金から枚数を計算します。

給与払いに必要な各紙幣の枚数を求める

1 金種表の列見出しの左から、金額の大きい順に金種を入力しておく。

C2 10000

	A	B	C	D	E	F	G	H	I	J	K	L	M
1	アルバイト給与　金種表												
2	氏名	給与	10,000	5,000	1,000	500	100	50	10	5	1		
3	高橋絵里	86,700											
4	三浦正人	12,586											
5	岡崎里香	125,800											
6	野村健太	34,874											
7	村上浩二	25,000											
8	合計	284,960											

2 1万円札の枚数は、給与を10,000で割った商の整数部分となる。例えば「86,700円」の場合、「86,700÷10,000＝8.67」なので8枚となる。セルC3に数式を入力して、セルC7までコピーする。

入力セル C3　入力式 =INT(B3/$C$2)

C3 =INT(B3/$C$2)

	A	B	C	D	E	F	G	H	I	J	K	L	M
1	アルバイト給与　金種表												
2	氏名	給与	10,000	5,000	1,000	500	100	50	10	5	1		
3	高橋絵里	86,700	8										
4	三浦正人	12,586	1										
5	岡崎里香	125,800	12										
6	野村健太	34,874	3										
7	村上浩二	25,000	2										
8	合計	284,960											

3 5千円札の枚数は、給与を10,000で割った余りを、5,000で割り、その商の整数部分となる。例えば「86,700円」の場合、10,000で割った余りは「6,700円」なので、「6,700÷5,000＝1.34」から1枚となる。セルD3に数式を入力して、セルD7までコピーする。なお、この数式は行方向と列方向にコピーするので、各セルを複合参照で指定すること。

入力セル D3　入力式 =INT(MOD($B3,C$2)/D$2)

D3 =INT(MOD($B3,C$2)/D$2)

	A	B	C	D	E	F	G	H	I	J	K	L	M
1	アルバイト給与　金種表												
2	氏名	給与	10,000	5,000	1,000	500	100	50	10	5	1		
3	高橋絵里	86,700	8	1									
4	三浦正人	12,586	1	0									
5	岡崎里香	125,800	12	1									
6	野村健太	34,874	3	0									
7	村上浩二	25,000	2	1									
8	合計	284,960											

4 セル範囲D3:D7を選択し、フィルハンドルをK列までドラッグする。これで各自の金種ごとの枚数が求められた。

D3 =INT(MOD($B3,C$2)/D$2)

	A	B	C	D	E	F	G	H	I	J	K	L	M
1	アルバイト給与　金種表												
2	氏名	給与	10,000	5,000	1,000	500	100	50	10	5	1		
3	高橋絵里	86,700	8	1	1	1	2	0	0	0	0		
4	三浦正人	12,586	1	0	2	1	0	1	3	1	1		
5	岡崎里香	125,800	12	1	0	1	3	0	0	0	0		
6	野村健太	34,874	3	0	4	1	3	1	2	0	4		
7	村上浩二	25,000	2	1	0	0	0	0	0	0	0		
8	合計	284,960											

5 セルC8にSUM関数で1万円札の合計枚数を求める。これをセルK8までコピーすると、各金種の合計枚数が求められる。

入力セル C8　入力式 =SUM(C3:C7)

C8 =SUM(C3:C7)

	A	B	C	D	E	F	G	H	I	J	K	L	M
1	アルバイト給与　金種表												
2	氏名	給与	10,000	5,000	1,000	500	100	50	10	5	1		
3	高橋絵里	86,700	8	1	1	1	2	0	0	0	0		
4	三浦正人	12,586	1	0	2	1	0	1	3	1	1		
5	岡崎里香	125,800	12	1	0	1	3	0	0	0	0		
6	野村健太	34,874	3	0	4	1	3	1	2	0	4		
7	村上浩二	25,000	2	1	0	0	0	0	0	0	0		
8	合計	284,960	26	3	7	4	8	2	5	1	5		

check!

=INT(数値) → 03.053
=MOD(数値, 除数) → 03.043
=SUM(数値1 [, 数値2] ……) → 02.001

memo

▶SUMPRODUCT関数を使用すると、検算を行えます。例えばL列で検算する場合、セルL3に次の数式を入力して、セルL8までコピーします。

=SUMPRODUCT(C3:K3,C$2:K$2)

データの整形

03. 069 数値を右詰めで1桁ずつ別のセルに表示する

使用関数 LEFT(レフト) / RIGHT(ライト) / COLUMN(カラム)

領収書などで、金額を右詰めで1桁ずつ別のセルに表示したいことがあります。ここでは、金額の頭に「¥」記号を付けて、9個のセルに右詰めで表示します。数値の各桁を自動で各列に振り分けるため、列番号を求めるCOLUMN関数を使用するのがポイントです。

■ 領収証の金額を1桁ずつ右詰めで表示する

❶ここでは、セルO7に入力した数値を、先頭に「¥」記号を付けて、セル範囲C7:K7に右詰めで1桁ずつ表示する。まずは、罫線や塗りつぶしの色など、領収書の体裁を整えておく。

❷セルC7に数式を入力する。その際、「" ¥"」の部分の「¥」記号の前に半角スペースを忘れずに入れること。なお、セルO7の数値が8桁に満たない場合、数式を入力してもセルC7には何も表示されない。

入力セル C7　入力式 =LEFT(RIGHT(" ¥"&$O$7,9+COLUMN($C$7)-COLUMN(C7)))

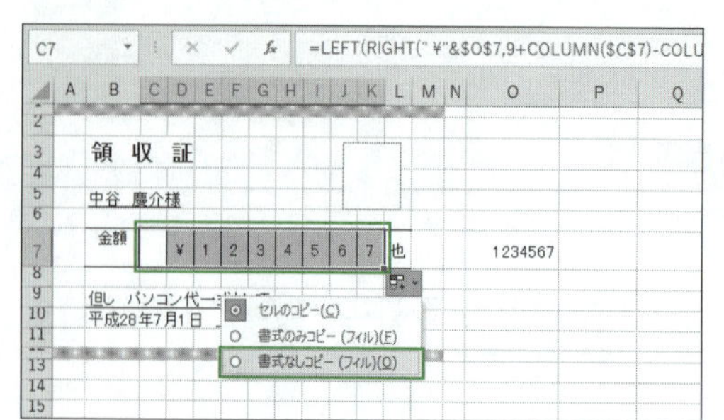

❸セルC7の数式をセルK7までコピーすると、セルO7の数値が各セルに1桁ずつ右詰めで表示される。コピー後に罫線が崩れるが、[オートフィルオプション] をクリックして、[書式なしコピー] を選ぶと元の書式に戻る。

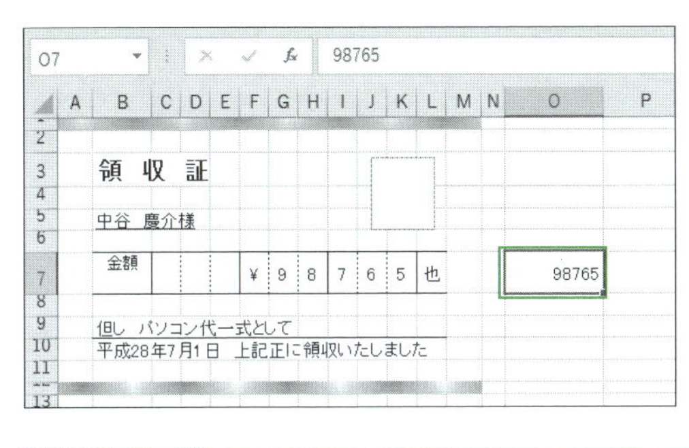

4 セルO7の数値を変更すると、領収書の金額も自動で変わる。金額のセル数が9個なので、正しく表示できる金額は「¥」記号の分を除いて8桁まで。

check!

=LEFT(文字列 [, 文字数]) → 05.037

=RIGHT(文字列 [, 文字数]) → 05.038

=COLUMN([参照]) → 07.028

memo

▶セルC7に入力した数式の計算の過程は次のとおりです。

① 9+COLUMN($C$7)-COLUMN(C7)
金額の文字列から取り出す文字数を求める

② RIGHT(" ¥"&$O$7,9+COLUMN($C$7)-COLUMN(C7))
すでに前のセルに表示した桁を除いた文字列を作成

③ LEFT(RIGHT(" ¥"&$O$7,9+COLUMN($C$7)-COLUMN(C7)))
②の文字列の先頭から1文字取り出す

セルO7に「1234567」が入力されている場合、「金額」欄の各セルの上記①②③の値は次表のとおりです。文字列中の「□」は半角スペースとします。

セル	③	②	①
C7	"□"	"□¥1234567"	9
D7	"¥"	"¥1234567"	8
E7	"1"	"1234567"	7
F7	"2"	"234567"	6
G7	"3"	"34567"	5
H7	"4"	"4567"	4
I7	"5"	"567"	3
J7	"6"	"67"	2
K7	"7"	"7"	1

▶数式中の「9」を他の数値に変えると、数値を表示するセルの数を変更できます。

実務計算

03.070 グラム数をポンドの単位に変換する

使用関数 CONVERT（コンバート）

「グラムからポンド」「メートルからヤード」「摂氏から華氏」というように、単位の付いた数値を別の単位に変換するには、CONVERT関数を使用します。ここではいくつかの単位の変換例を紹介します。

■ 数値の単位を変換する

入力セル D3　入力式 =CONVERT(A3,B3,E3)

D3　=CONVERT(A3,B3,E3)

	A	B	C	D	E
1	単位換算				
2	変換前			変換後	
3	10	kg	⇒	22.04623	lbm
4	10	m	⇒	10.93613	yd
5	10	cm	⇒	3.937008	in
6	10	atm	⇒	7600.021	mmHg
7	10	C	⇒	50	F
8					

セルD3に数式を入力して、セルD7までコピー

単位が変換された

check!

=CONVERT(数値, 変換前単位, 変換後単位)

数値…変換前の単位の数値を指定
変換前単位…変換前の単位を次表の「単位」欄の文字列で指定。「"」で囲むこと
変換後単位…変換後の単位を次表の「単位」欄の文字列で指定。「"」で囲むこと

「変換前単位」で表された「数値」を、「変換後単位」に換算して返します。「変換前単位」と「変換後単位」は同じカテゴリから指定します。

memo

▶CONVERT関数で変換できる単位のカテゴリは10種類あります。下表はその一例です。詳しくは、ヘルプを参照してください。

重量	単位
グラム	g
ポンド	lbm
オンス	ozm

温度	単位
摂氏	C
華氏	F
絶対温度	K

時間	単位
年	yr
日	day
時	hr
分	mn
秒	sec

容積	単位
ティースプーン	tsp
テーブルスプーン	tbs
オンス	oz
カップ	cup
ガロン	gal
リットル	l

距離	単位
メートル	m
法定マイル	mi
海里	Nmi
インチ	in
フィート	ft
ヤード	yd

エネルギー	単位
ジュール	J
カロリー（物理化学的熱量）	c
カロリー（生理学的代謝熱量）	cal
電子ボルト	eV
ワット時	Wh

圧力	単位
パスカル	Pa
気圧	atm
ミリメートルHg	mmHg

磁力	単位
テスラ	T
ガウス	ga

▶単位には次表の略語を付けて指定することができます。例えば「1000」を表す略語「k」と「メートル」を表す単位「m」を合わせた「km」は、「m」の1000倍の単位（キロメートル）を表します。

名称	大きさ	略語
exa	10^{18}	E
peta	10^{15}	P
tera	10^{12}	T
giga	10^{9}	G
mega	10^{6}	M
kilo	10^{3}	k
hecto	10^{2}	h
dekao	10^{1}	e
deci	10^{-1}	d
centi	10^{-2}	c
milli	10^{-3}	m
micro	10^{-6}	u
nano	10^{-9}	n
pico	10^{-12}	p
femto	10^{-15}	f
atto	10^{-18}	a

資料作成

03.071 乱数を発生させる

使用関数 RAND（ランド）

「数式の入力が終わり、あとはデータを入れるだけ」という表で数式が正しい結果を表示できるかをテストするには、乱数によるテストデータが欠かせません。RAND関数を使用すると、0以上1未満の実数の乱数を発生させることができます。ここでは10個のテストデータを作成します。

0以上1未満の乱数を10個作成する

入力セル B3　入力式 =RAND()

B3　=RAND()

	A	B	C	D	E	F	G
1	テストデータ（実数）						
2	NO	数値					
3	1	0.15440642					
4	2	0.59132309					
5	3	0.7074285					
6	4	0.8536697					
7	5	0.55566435					
8	6	0.13061342					
9	7	0.73244219					
10	8	0.68684446					
11	9	0.14576632					
12	10	0.69265297					

セルB3に数式を入力して、セルB12までコピー

0以上1未満の乱数が表示された

[F9] キーを押すと新しい乱数が表示される

check!

=RAND()

0以上1未満の乱数を発生させます。

memo

▶RAND関数は、シートが再計算されるたびに、新しい乱数が返されます。作成した乱数が変更されないようにするには、01.047 を参考に数式を値に変換します。

▶RAND関数で作成できるのは、どの数値も均等に発生する一様分布の乱数です。身長のテストデータなど、何らかの分布にしたがうテストデータが必要な場合は、その分布の逆関数とRAND関数を組み合わせます。09.060 の正規乱数の例を参考にしてください。

関連項目 03.072 整数の乱数を発生させる →p.255
09.060 正規分布にしたがうサンプルデータを作成する →p.651

資料作成

03.072 整数の乱数を発生させる

RANDBETWEEN関数を使用すると、指定した範囲内の整数の乱数を発生させることができます。整数のテストデータが欲しいときに役に立ちます。また、日付や文字データなどのランダムなデータを作成したいときにも使えます。ここでは1から10までの整数の乱数を10個作成します。

■ 1から10までの整数の乱数を10個作成する

入力セル B3　入力式 =RANDBETWEEN(1,10)

B3 fx =RANDBETWEEN(1,10)

	A	B	C	D	E	F	G
1	テストデータ（整数）						
2	NO	数値					
3	1	5					
4	2	10					
5	3	6					
6	4	7					
7	5	5					
8	6	10					
9	7	5					
10	8	5					
11	9	7					
12	10	1					
13							

セルB3に数式を入力して、セルB12までコピー

1以上10以下の整数の乱数が表示された

[F9]キーを押すと新しい乱数が表示される

check!

=RANDBETWEEN(最小値, 最大値)

最小値…求める乱数の範囲の最小値を指定
最大値…求める乱数の範囲の最大値を指定

「最小値」以上「最大値」以下の整数の乱数を発生させます。

memo

▶RANDBETWEEN関数は、シートが再計算されるたびに、新しい乱数が返されます。作成した乱数が変更されないようにするには、01.047 を参考に数式を値に変換します。

関連項目 03.071 乱数を発生させる →p.254

資料作成

03.073 乱数を利用して日付のサンプルデータを作成する

使用関数 RANDBETWEEN（ランド・ビットウィーン）

業務システム用のテストデータとして日付データが欲しいことがあります。日付はシリアル値という数値の一種なので、セルに「日付」の表示形式を設定すれば、数値の乱数と同じように作成できます。ここでは「2016/10/1」から「2016/10/31」までの範囲の10個の日付データを作成します。

ランダムな日付データを10個作成する

入力セル B3　入力式 =RANDBETWEEN("2016/10/1","2016/10/31")

B3　=RANDBETWEEN("2016/10/1","2016/1

	A	B	C	D	E	F	G
1	テストデータ（日付）						
2	NO	日付					
3	1	2016/10/22					
4	2	2016/10/4					
5	3	2016/10/12					
6	4	2016/10/8					
7	5	2016/10/5					
8	6	2016/10/19					
9	7	2016/10/22					
10	8	2016/10/27					
11	9	2016/10/11					
12	10	2016/10/9					
13							

あらかじめセル範囲B3:B12に［日付］の表示形式を設定しておく

セルB3に数式を入力して、セルB12までコピー

［F9］キーを押すと新たな日付データに変わる

check!

=RANDBETWEEN(最小値, 最大値) → 03.072

memo

▶「日付」の表示形式を設定する方法は、01.035 を参照してください。

▶昇順の日付データが必要なときは、01.047 を参考に数式を値に変換して乱数が変更されないようにしたうえで、並べ替えを行います。

関連項目 03.074 乱数を利用して文字のサンプルデータを作成する →p.257
09.060 正規分布にしたがうサンプルデータを作成する →p.651

資料作成

03.074 乱数を利用して文字のサンプルデータを作成する

使用関数 VLOOKUP(ブイ・ルックアップ) / RANDBETWEEN(ランド・ビットウィーン)

業務システム用のテストデータとして文字データが欲しいことがあります。そのようなときは、RANDBETWEEN関数で1以上文字データ数以下の乱数を求め、VLOOKUP関数で乱数と文字データを対応付けます。ここでは、3種類の商品データをランダムに並べた10個のデータを作成します。商品が3種類なので、RANDBETWEEN関数で「1以上3以下」の乱数を作成します。

■ ランダムな商品データを10個作成する

入力セル B3 入力式 =VLOOKUP(RANDBETWEEN(1,3),$D$3:$E$5,2,FALSE)

B3 =VLOOKUP(RANDBETWEEN(1,3),$D$3:$E$5,2,FALSE)

	A	B	C	D	E
1	テストデータ(文字列)				
2	NO	商品名		乱数	商品名
3	1	ボールペン		1	ボールペン
4	2	フェルトペン		2	鉛筆
5	3	ボールペン		3	フェルトペン
6	4	フェルトペン			
7	5	鉛筆			
8	6	鉛筆			
9	7	ボールペン			
10	8	鉛筆			
11	9	フェルトペン			
12	10	フェルトペン			

乱数と商品の対応表を作成しておく

セルB3に数式を入力して、セルB12までコピー

[F9]キーを押すと新たな商品データに変わる

check!

=VLOOKUP(検索値, 範囲, 列番号 [, 検索の型]) → 07.002

=RANDBETWEEN(最小値, 最大値) → 03.072

memo

▶作成した文字データは、再計算が行われるたびに変化してしまいます。変化しないようにするには、01.047 を参考に数式を値に変換します。

▶商品データを入力した表を用意したくない場合は、CHOOSE関数を使用して、乱数と文字データを対応付けます。

=CHOOSE(RANDBETWEEN(1,3),"ボールペン","鉛筆","フェルトペン")

03.073 乱数を利用して日付のサンプルデータを作成する →p.256
09.060 正規分布にしたがうサンプルデータを作成する →p.651

資料作成

03.075 乱数を利用して当選者を決める

使用関数 RAND（ランド）／IF（イフ）／LARGE（ラージ）

応募者の中からランダムに数名の当選者を選びたいとき、乱数を利用できます。ここでは応募者から3名の当選者を選びます。それには、それぞれの応募者にRAND関数で乱数を割り当て、LARGE関数で大きい順に3つの乱数を選びます。再計算が行われると当選者が変わってしまうので、抽選後、01.047を参考に必ず数式を値に変換しておきましょう。

■当選者を3名選ぶ

入力セル D3　入力式 =RAND()

入力セル C3　入力式 =IF(D3>=LARGE($D$3:$D$12,3)," ○ ","")

C3　=IF(D3>=LARGE($D$3:$D$12,3),"○","")

	A	B	C	D
1	応募者名簿			
2	応募NO	氏名	当否	作業列
3	1	松村　由美		0.70230014
4	2	遠藤　香		0.04488655
5	3	杉本　武	○	0.93412878
6	4	川崎　幸一	○	0.98306081
7	5	山下　望海		0.16176527
8	6	河合　真琴		0.18997275
9	7	溝口　健		0.73958351
10	8	野田　直子		0.17885496
11	9	木下　良美	○	0.79895664
12	10	鈴木　光男		0.49806347

セルD3とC3に数式を入力して、12行目までコピー

当選者3名に「○」印が付いた

check!

=RAND() → 03.071
=IF(論理式, 真の場合, 偽の場合) → 06.001
=LARGE(範囲, 順位) → 03.029

memo

▶RAND関数で作成される乱数は15桁なので、重複した乱数が発生する可能性は限りなく低いと考えられます。しかし、もし重複が心配なら、COUNTIF関数を使用して、当選者の「○」印の数を確認しましょう。

関連項目 03.071 乱数を発生させる →p.254
03.076 乱数を利用してパスワードを作成する →p.259

資料作成

03.076 乱数を利用してパスワードを作成する

使用関数 MID(ミッド) / RANDBETWEEN(ランド・ビットウィーン) / LEN(レングス)

第三者から解読されない強固なパスワードを作成するには、乱数を利用して無作為に文字を並べるのが効果的です。ここでは、使用可能な文字がセルA1に入力されているものとして、8文字のパスワードを作成します。RANDBETWEEN関数で「1以上セルA1の文字数以下」の乱数nを作成し、MID関数でセルA1の文字列からn番目の文字を取り出します。これを8つ並べれば、パスワードになります。なお、セルA1の文字数はLEN関数で求めます。

8文字のパスワードを作成する

入力セル A4　入力式 =MID($A$1,RANDBETWEEN(1,LEN($A$1)),1)

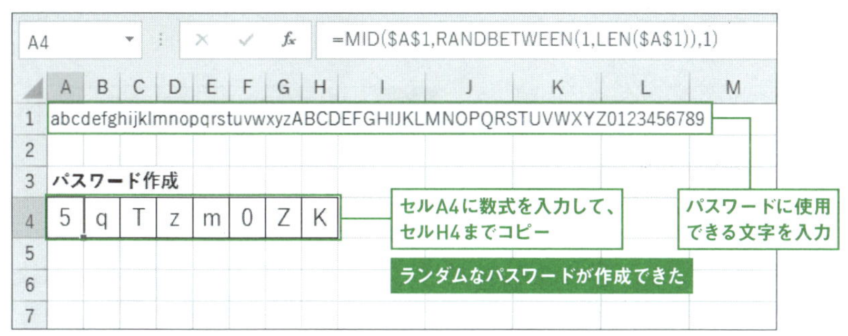

check!

=MID(文字列, 開始位置, 文字数) → 05.039
=RANDBETWEEN(最小値, 最大値) → 03.072
=LEN(文字列) → 05.007

memo

▶再計算が行われるたびに、パスワードが変化してしまいます。変化しないようにするには、01.047 を参考に数式を値に変換します。

▶セルA1には、パスワードとして使用が認められている文字を並べて入力します。ここでは、アルファベットと数字が使用でき、アルファベットは大文字と小文字を区別するものとして、62文字を入力しました。

関連項目 03.072 整数の乱数を発生させる →p.255
03.075 乱数を利用して当選者を決める →p.258

データ入力

03.077 500個単位でしか入力できないようにする

使用関数 AND(アンド) / MOD(モッド)

「注文数」欄に入力するデータを500単位の数値に限定したいときは、「入力規則」の機能を使用します。「500で割った余りが0になる、かつ、数値が0より大きい」ことを条件に入力規則を設定します。余りの計算にはMOD関数、「かつ」の条件判定にはAND関数を使用します。

■「注文数」欄に500個単位でしか入力できないようにする

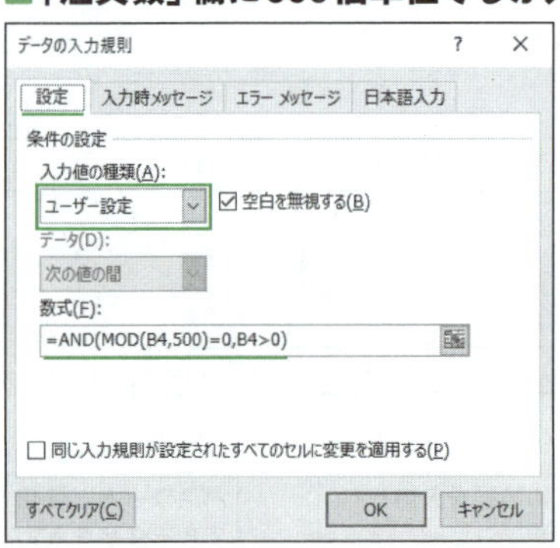

❶「注文数」欄のセルB4を選択して、01.015 を参考に［データの入力規則］ダイアログを開く。［設定］タブの［入力値の種類］欄で［ユーザー設定］を選択し、［数式］欄に数式を入力する。続いて［エラーメッセージ］タブでメッセージ文を入力して、［OK］ボタンをクリックする。

入力式 =AND(MOD(B4,500)=0,B4>0)

	A	B	C	D	E
1	注文票				
2	注文日	2016/7/1			
3	品番	DK-1024			
4	注文数	1234			
5	※500個単位でご注文ください。				

Microsoft Excel

500個単位でご注文ください。

再試行(R)　キャンセル　ヘルプ(H)

❷「注文数」欄に負の数や500の倍数でない数値を入力すると、手順1で設定したエラーメッセージが表示される。

check!

=AND(論理式1 [, 論理式2] ……) → 06.007
=MOD(数値, 除数) → 03.043

関連項目 01.015 セルに入力できるデータを制限する →p.16

数式の基本 表の集計 数値処理 日付と時刻 文字列操作 条件判定 表の検索と操作 数学計算 統計計算 財務計算 関数一覧

第4章

日付と時刻

基礎知識

04.001 シリアル値を理解する

日付のシリアル値

Excelの内部では、日付と時刻は「シリアル値」と呼ばれる数値で管理されています。日付のシリアル値は「1900/1/1」を1として、以降1日に1ずつ加算されます。例えば「2016/8/1」は「1900/1/1」から数えて42583日目なので、シリアル値は42583になります。

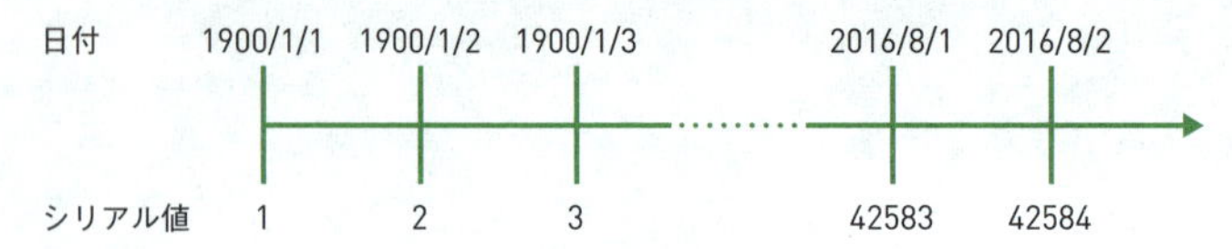

時刻のシリアル値

時刻のシリアル値は、日付と連動させるために、24時間を1とした小数で表されます。例えば「6:00」は1日の4分の1なので、シリアル値は0.25になります。また、日付と時刻を組み合わせたデータをシリアル値で表現することも可能です。例えば「2016/8/1 6:00」は、「2016/8/1」の42583と「6:00」の0.25を足して42583.25になります。

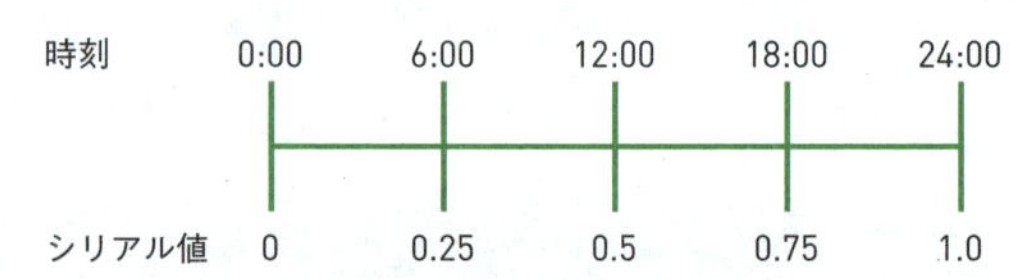

日付／時刻とシリアル値の変換

日付／時刻データと数値データは、Excelにとってはどちらも数値であり、両者を区別するのは「表示形式」です。日付／時刻が入力されたセルに「標準」の表示形式を設定すると、セルにその日付／時刻のシリアル値が表示されます。反対に、数値が入力されたセルに「日付」や「時刻」の表示形式を設定すると、その数値をシリアル値とみなした日付／時刻データが表示されます。表示形式の設定については、01.035～01.039で詳しく解説しているので参照してください。

	A	B
1	2016/8/1	
2	2016/8/2	
3	2016/8/3	
4		

[標準] の表示形式を設定 →

← [日付] の表示形式を設定

	A	B
1	42583	
2	42584	
3	42585	
4		

関連項目 04.003 日付／時刻からシリアル値を求める ➔p.264

実務計算

04.002 日付／時刻の計算の注意

日付／時刻の計算

Excelの内部では日付や時刻をシリアル値という数値で扱うため、日付データや時刻データは一般の数値と同じように計算できます。試しにセルに「="2016/8/1"+2」と入力してみましょう。「42585」という結果になります。これは、「2016/8/1」(シリアル値は「42583」)の2日後の日付のシリアル値です。日付に2を加えれば2日後、日付から2を引けば2日前の日付が求められるというわけです。

1904年日付システムの注意

これまで説明してきたとおりシリアル値は「1900/1/1」を1としますが、Excelにはこの1900年日付システムの他に「1904/1/1」を1とする1904年日付システムが存在します。後者はMac版のExcelで使用されているシステムです。1904年日付システムのファイルをWindows版Excelで開いて日付を入力すると、自動的にそのファイルに1904年日付システムのシリアル値が保存されるので問題ありません。しかし、Windows版Excelで作成した他のファイルから日付データをコピーして貼り付けた場合、日付が4年後の日付に変わってしまうので注意してください。

memo

▶04.001で「2016/8/1は1900/1/1から数えて42583日目」と紹介しましたが、実はその中に実際には存在しない「1900/2/29」がカウントされています。したがって「1900/3/1」以降のシリアル値は、「1900/1/1」から数えた本当の日数よりも1ずつ大きくなります。「1900/2/29」以降の日付のみを扱う場合、1ずつずれたもの同士で計算するので実務上差し支えありません。しかし、「1900/2/29」の前後で日付を比較するような場合は、存在しない「1900/2/29」の日数を差し引いて考える必要があります。

▶Windows版Excelの初期設定では1900年日付システムが採用されていますが、この日付システムはファイルごとに変更できます。Excel 2016/2010では[ファイル]タブ→[オプション]、Excel 2007では[Office]ボタン→[Excelのオプション]をクリックすると[Excelのオプション]ダイアログが表示されます。[詳細設定]にある[1904年から計算する]にチェックを付けると、ファイルが1904年日付システムに変わります。

関連項目 04.003 日付／時刻からシリアル値を求める →p.264

 データの整形

04.003 日付／時刻からシリアル値を求める

使用関数 VALUE（バリュー）

04.001 で解説したとおり、日付や時刻を入力したセルの表示形式を「標準」に変更すれば、日付や時刻をシリアル値に変換できます。ただし、その場合、元の日付と時刻が残りません。元の日付／時刻を残したまま、別のセルにシリアル値を表示するには、VALUE関数を使用します。サンプルでは、表の1列目に入力した日付／時刻のシリアル値を、その右隣のセルに求めます。

■ 日付／時刻からシリアル値を求める

入力セル B3　入力式 =VALUE(A3)

B3　=VALUE(A3)

	A	B
1	シリアル値を求める	
2	日付／時刻	シリアル値
3	2016/8/1	42583
4	2016/8/2	42584
5	6:00	0.25
6	12:00	0.5
7	2016/8/1 6:00	42583.25
8		
9		

セルB3に数式を入力して、セルB7までコピー

シリアル値が表示された

check!

=VALUE(文字列) → 05.057

memo

▶サンプルとは反対に、セルにシリアル値を表示したまま、対応する日付や時刻を別のセルに表示するには、「=B3」のように入力してシリアル値を参照したセルに日付や時刻の表示形式を設定します。

▶Excelで扱える日付は「1900/1/1」(シリアル値1) から「9999/12/31」までですが、時刻用のシリアル値は「0」から始まるので、便宜上シリアル値「0」にあたる「1900/1/0」も日付として扱えます。そのため数値の「0」や時刻の「0:00」が入力されているセルに「日付」の表示形式を設定すると、「1900/1/0」になります。

関連項目 04.001 シリアル値を理解する →p.262

実務計算

04.004 現在の日付を自動表示する

使用関数 TODAY（トゥデイ）

現在の日付を表示するにはTODAY関数を使用します。この関数は、ブックを開くたびに、あるいは［F9］キーを押して再計算を実行するたびに、その時点の日付に更新されます。最新の日付を表示したいときに役に立ちます。

現在の日付を表示する

入力セル A2　入力式 =TODAY()

	A	B	C	D	E	F
1	現在の日付					
2	2016/4/17					
3						
4						
5						
6						
7						
8						

数式バー：A2　=TODAY()

現在の日付が表示された

check!

=TODAY()

システム時計を元に現在の日付を返します。引数はありませんが、括弧「()」の入力は必要です。

memo

▶表示形式が「標準」に設定されているセルにTODAY関数を入力すると、自動的にセルの表示形式が変わります。初期設定では「yyyy/m/d」になります。

▶TODAY関数はブックが開いたときに自動的に再計算される揮発性関数です。そのため、ブックに変更を加えていなくても、閉じるときに「変更を保存しますか？」というメッセージが表示されます。

▶TODAY関数でセルに表示した日付は、次にブックを開いたときに更新されます。更新されたくない場合は、TODAY関数を使わずにショートカットキーを利用しましょう。［Ctrl］＋［;］キーを押すと、その時点の日付を自動入力できます。

関連項目
04.005 現在の日付と時刻を自動表示する →p.266
04.006 行事までの日数をカウントダウンする →p.267

実務計算

04.005 現在の日付と時刻を自動表示する

使用関数 NOW（ナウ）

現在の日付と時刻を表示するにはNOW関数を使用します。この関数は、ブックを開くたびに、あるいは［F9］キーを押して再計算を実行するたびに、その時点の日付と時刻に更新されます。最新の日付や時刻を表示したいときに役に立ちます。

現在の日付と時刻を表示する

入力セル A2　入力式 =NOW()

A2　=NOW()

	A	B	C	D	E	F
1	現在の日付と時刻					
2	2016/4/17 14:03					
3						
4						
5						
6						

現在の日付と時刻が表示された

check!

=NOW()

システム時計を元に現在の日付と時刻を返します。引数はありませんが、括弧「()」の入力は必要です。

memo

▶表示形式が「標準」に設定されているセルにNOW関数を入力すると、自動的にセルの表示形式が変わります。初期設定では「yyyy/m/d h:mm」になります。なお、現在の時刻だけを表示したい場合は、NOW関数を入力したセルに「h:mm」のような時刻のみの表示形式を設定します。

▶NOW関数はブックが開いたときに自動的に再計算される「揮発性関数」です。そのため、ブックに変更を加えていなくても、閉じるときに「変更を保存しますか？」というメッセージが表示されます。

▶NOW関数でセルに表示した日付と時刻は、次にブックを開いたときに更新されます。更新されたくない場合は、NOW関数を使わずにショートカットキーを利用しましょう。［Ctrl］＋［;］キーで現在の日付、［Ctrl］＋［:］キーで現在の時刻を入力できます。また、［Ctrl］＋［;］キーを押したあとに半角スペースを入れて［Ctrl］＋［:］キーを押せば、1つのセルに日付と時刻の両方を入力できます。

関連項目 04.004 現在の日付を自動表示する →p.265

実務計算

04.006 行事までの日数をカウントダウンする

使用関数 TODAY（トゥデイ）

行事までの日数をカウントダウンするには、行事の日付から現在の日付を引き算します。ただし、Excelでは日付同士の引き算の結果が日付で表示されることがあるので注意が必要です。日付で表示された日数を数値の日数に直すには、「標準」の表示形式を設定します。

本日からクリスマスイブまでの日数をカウントする

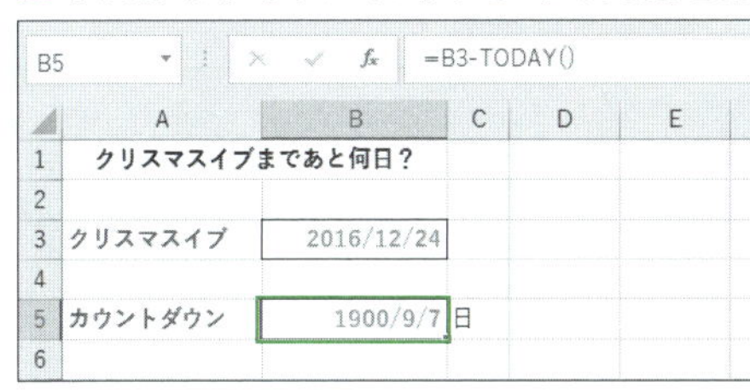

1 セルに数式を入力すると、結果が日付の表示になる。

入力セル B5

入力式 =B3-TODAY()

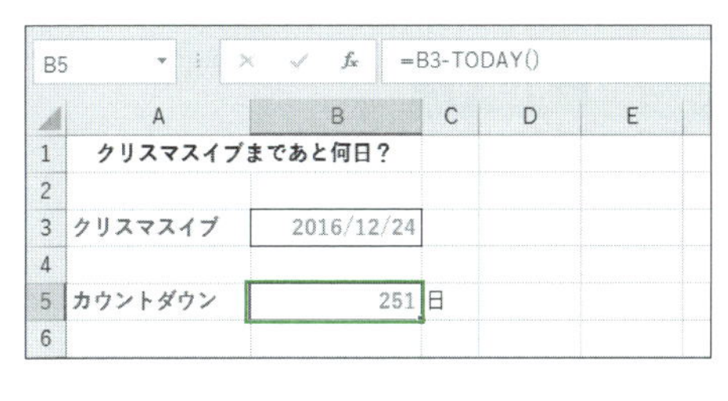

2 01.036 を参考に「標準」の表示形式を設定すると、日数が正しく表示される。

check!

=TODAY() → 04.004

memo

▶ブックを開き直すと、ブックを開いた時点でのカウントダウンの日数が表示されます。ブックを開いている最中に日付が変わったときは、[F9] キーを押して再計算を実行すると、新しい日付でカウントダウンの日数が計算し直されます。

▶VALUE関数と組み合わせて、「=VALUE(B3-TODAY())」のようにすれば、最初から日数の数値が正しく表示されるので、表示形式を設定し直す必要はありません。

▶Excel 2016/2013では新関数のDAYS関数を「=DAYS(B3,TODAY())」のように入力すると、引数に指定した2つの日付の間の日数を最初から数値で正しく表示できます。

関連項目 04.004 現在の日付を自動表示する →p.265

データの整形

04.007 日付から年を取り出す

使用関数 YEAR（イヤー）

YEAR関数を使用すると、日付データから「年」の数値を取り出せます。入社年月日から入社年を求めるときなどに使用できます。ここでは、表の1列目に入力された日付データの「年」を取り出します。日付に和暦の表示形式が設定されている場合でも、取り出されるのは西暦の数値です。

■ 日付データから「年」の数値を取り出す

入力セル B3　入力式 =YEAR(A3)

B3　=YEAR(A3)

	A	B	C	D	E	F	G
1	日付から「年」を取り出す						
2	日付	年					
3	2016/8/1	2016					
4	平成28年8月1日	2016					
5	42583	2016					
6	1986/4/25 12:30	1986					
7	04-Jun-87	1987					
8							
9							
10							
11							

セルB3に数式を入力して、セルB7までコピー

「年」の数値を取り出せた

check!

=YEAR(シリアル値)

シリアル値…日付／時刻データやシリアル値を指定

「シリアル値」が表す日付から「年」にあたる数値を取り出します。

memo

▶「2016/8/1」「平成28年8月1日」「42583」のいずれも同じ日付を表し、YEAR関数の引数に指定すると、いずれも戻り値は「2016」になります。

▶「=YEAR(TODAY())」とすると、常にその時点での「今年」を取り出せます。

関連項目 04.008 日付から月を取り出す →p.269
04.009 日付から日を取り出す →p.270

04.008 日付から月を取り出す

使用関数 MONTH（マンス）

MONTH関数を使用すると、日付データから「月」の数値を取り出せます。生年月日から誕生月を求めるときなどに使用できます。ここでは、表の1列目に入力された日付データの「月」を取り出します。月に英語の表示形式が設定されている場合でも、取り出されるのは数値です。

日付データから「月」の数値を取り出す

入力セル B3　入力式 =MONTH(A3)

B3　=MONTH(A3)

	A	B	C	D	E	F	G
1	日付から「月」を取り出す						
2	日付	月					
3	2016/8/1	8					
4	平成28年8月1日	8					
5	42583	8					
6	1986/4/25 12:30	4					
7	04-Jun-87	6					
8							
9							
10							
11							

セルB3に数式を入力して、セルB7までコピー

「月」の数値を取り出せた

check!

=MONTH(シリアル値)

シリアル値…日付／時刻データやシリアル値を指定

「シリアル値」が表す日付から「月」にあたる数値を取り出します。

memo

▶「2016/8/1」「平成28年8月1日」「42583」のいずれも同じ日付を表し、MONTH関数の引数に指定すると、いずれも戻り値は「8」になります。

▶「=MONTH(TODAY())」とすると、常にその時点での「今月」を取り出せます。

関連項目 04.007 日付から年を取り出す →p.268

04.009 日付から日を取り出す →p.270

データの整形

04.009 日付から日を取り出す

使用関数 DAY（デイ）

DAY関数を使用すると、日付データから「日」の数値を取り出せます。本日が毎月20日の締日にあたるかどうかを調べたいときなどに使用できます。ここでは、表の1列目に入力された日付データの「日」を取り出します。

■ 日付データから「日」の数値を取り出す

入力セル B3　入力式 =DAY(A3)

B3　=DAY(A3)

	A	B	C	D	E	F	G
1	日付から「日」を取り出す						
2	日付	日					
3	2016/8/1	1					
4	平成28年8月1日	1					
5	42583	1					
6	1986/4/25 12:30	25					
7	04-Jun-87	4					
8							
9							
10							

セルB3に数式を入力して、セルB7までコピー

「日」の数値を取り出せた

check!

=DAY(シリアル値)

シリアル値…日付／時刻データやシリアル値を指定

「シリアル値」が表す日付から「日」にあたる数値を取り出します。

memo

▶「2016/8/1」「平成28年8月1日」「42583」のいずれも同じ日付を表し、DAY関数の引数に指定すると、いずれも戻り値は「1」になります。

▶本日が毎月20日の締日にあたるかどうかを調べたいときは、「=DAY(TODAY())=20」という論理式を使います。20日であればTRUE、そうでなければFALSEという結果が返されます。

関連項目 04.007 日付から年を取り出す →p.268
04.008 日付から月を取り出す →p.269

データの整形

04.010 時刻から時、分、秒を取り出す

使用関数 HOUR（アワー）／MINUTE（ミニット）／SECOND（セコンド）

HOUR関数を使用すると、時刻データから「時」の数値を取り出せます。また、MINUTE関数で「分」、SECOND関数で「秒」の数値を取り出せます。ここでは、表の1列目に入力された時刻データの「時」「分」「秒」を取り出します。「AM/PM」が付いた12時間制の表示の場合でも、HOUR関数で取り出されるのは24時間制の数値になります。また、分や秒が「01」のような2桁表示の場合でも、取り出されるのは1桁の数値になります。

■時刻データから「時」「分」「秒」の数値を取り出す

入力セル B3　入力式 =HOUR(A3)

入力セル C3　入力式 =MINUTE(A3)

入力セル D3　入力式 =SECOND(A3)

B3　=HOUR(A3)

	A	B	C	D
1	時刻から「時」「分」「秒」を取り出す			
2	時刻	時	分	秒
3	15:01:02	15	1	2
4	3:01:02 PM	15	1	2
5	0.625717593	15	1	2
6	3時4分5秒	3	4	5
7	2016/8/1 12:34:56	12	34	56
8				

セルB3～セルC3に数式を入力して、7行目までコピー

「時」「分」「秒」の数値を取り出せた

check!

=HOUR(シリアル値)

シリアル値…日付／時刻データやシリアル値を指定

「シリアル値」が表す時刻から「時」にあたる数値を取り出します。

=MINUTE(シリアル値)

シリアル値…日付／時刻データやシリアル値を指定

「シリアル値」が表す時刻から「分」にあたる数値を取り出します。

=SECOND(シリアル値)

シリアル値…日付／時刻データやシリアル値を指定

「シリアル値」が表す時刻から「秒」にあたる数値を取り出します。

データの整形

04.011 日付から四半期を求める

使用関数 CHOOSE（チューズ）／MONTH（マンス）

日付から四半期を求めるには、MONTH関数で日付から月を取り出し、取り出した月に対応する四半期をCHOOSE関数で求めます。CHOOSE関数は、1から始まる整数にデータを割り振る関数です。第1引数に月を指定し、第2～13引数に1～12月に対応する四半期を指定します。ここでは、年度の始まりを1月とする場合と4月とする場合の2通りの求め方を紹介します。

1月始まりの「四半期」と4月始まりの「四半期」を求める

入力セル B3　入力式 =CHOOSE(MONTH(A3),1,1,1,2,2,2,3,3,3,4,4,4)

入力セル C3　入力式 =CHOOSE(MONTH(A3),4,4,4,1,1,1,2,2,2,3,3,3)

B3　=CHOOSE(MONTH(A3),1,1,1,2,2,2,3,

	A	B	C	D	E
1	日付から「四半期」を取り出す				
2	日付	四半期（1月始）	四半期（4月始）		
3	2016/1/1	1	4		
4	2016/2/1	1	4		
5	2016/3/1	1	4		
6	2016/4/1	2	1		
7	2016/5/1	2	1		
8	2016/6/1	2	1		
9	2016/7/1	3	2		
10	2016/8/1	3	2		
11	2016/9/1	3	2		
12	2016/10/1	4	3		
13	2016/11/1	4	3		
14	2016/12/1	4	3		
15					
16					
17					

セルB3とセルC3に数式を入力して、14行目までコピー

日付から「四半期」が求められた

check!

=CHOOSE(インデックス, 値1 [, 値2] ……) → 07.016
=MONTH(シリアル値) → 04.008

04.012 日付から「年月」や「月日」を取り出す

使用関数 TEXT（テキスト）

TEXT関数を使用すると、日付データから目的のデータを目的の形式で取り出せます。例えば、「2016/4/25」から「201604」「2016/04」「20160425」「0425」「04/25」のようなデータを取り出せます。取り出されるデータは文字列なので、左揃えで表示されます。

■ 日付から6桁の「年月」と4桁の「月日」を取り出す

入力セル B3　入力式 =TEXT(A3,"yyyymm")

入力セル C3　入力式 =TEXT(A3,"mmdd")

B3　=TEXT(A3,"yyyymm")

	A	B	C	D	E
1	日付から「年月」や「月日」を取り出す				
2	日付	年月	月日		
3	2016/1/1	201601	0101		
4	2016/10/8	201610	1008		
5	平成28年6月5日	201606	0605		
6	25-Apr-16	201604	0425		
7					
8					
9					
10					
11					

セルB3とセルC3に数式を入力して、6行目までコピー

6桁の「年月」と4桁の「月日」を取り出せた

check!

=TEXT(値, 表示形式) → 05.055

memo

▶TEXT関数の引数「表示形式」の指定次第で、さまざまなデータを取り出せます。

表示形式	結果例
"yyyy/mm"	2016/04
"mm/dd"	04/25
"yyyymmdd"	20160425

データの整形

04.013 別々に入力された年、月、日から日付データを作成する

使用関数 DATE（デイト）

DATE関数を使用すると、年、月、日の3つの数値から日付データを作成できます。ここでは、別々のセルに入力された年、月、日の数値から日付を作成します。年、月、日として、そのままでは日付にならない数値を指定したときは、自動で繰り上げや繰り下げが行われて、正しい日付データが求められるので便利です。

■年、月、日から日付データを作成する

入力セル D3　入力式 =DATE(A3,B3,C3)

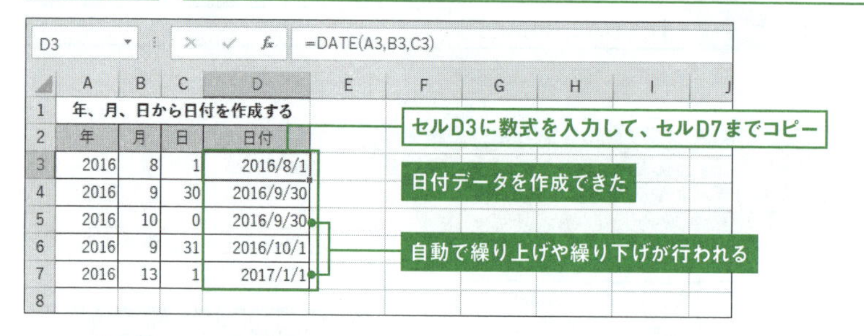

check!

=DATE(年, 月, 日)

年…年の数値を指定
月…月を1～12の数値で指定。1より小さい数値や12より大きい数値を指定した場合は、前年の月、または翌年の月として自動調整される
日…日を1～31の数値で指定。1より小さい数値や月の最終日より大きい数値を指定した場合は、前月の日、または翌月の日として自動調整される

「年」「月」「日」の数値から日付を表すシリアル値を返します。表示形式が「標準」のセルに入力した場合は、戻り値に自動的に「日付」の表示形式が設定されます。

memo

▶「月」に1より小さい数値を指定すると、前年の月になります。例えば「=DATE(2016,0,5)」で「2015/12/5」、「=DATE(2016,-1,5)」で「2015/11/5」が求められます。反対に12より大きい数値を指定すると、翌年の月になります。

▶「日」に1より小さい数値を指定すると、前月の日になります。例えば「=DATE(2016,9,0)」で「2016/8/31」、「=DATE(2016,9,-1)」で「2016/8/30」が求められます。反対に月の最終日より大きい数値を指定すると、翌月の日になります。

関連項目 04.015 別々に入力された時、分、秒から時刻データを作成する →p.276

 データの整形

04.014 8桁の数値から日付データを作成する

使用関数 DATE（デイト）／MID（ミッド）

「19980203」のような8桁の数値から「1998/2/3」という日付を作成したいときは、DATE関数とMID関数を使用します。まず、MID関数で「年」として1文字目から4文字分、「月」として5文字目から2文字分、「日」として7文字目から2文字分を取り出します。それらをDATE関数で日付データに組み立てます。

8桁の数値から日付データを作成する

入力セル B3　入力式 =DATE(MID(A3,1,4),MID(A3,5,2),MID(A3,7,2))

B3　=DATE(MID(A3,1,4),MID(A3,5,2),MID(A3,7,2))

	A	B
1	8桁の数値から日付を作成	
2	数値	日付
3	19980203	1998/2/3
4	20001213	2000/12/13
5	20100624	2010/6/24
6	20130801	2013/8/1
7	20161224	2016/12/24

セルB3に数式を入力して、セルB7までコピー

日付データを作成できた

check!

=DATE(年, 月, 日) → 04.013

=MID(文字列, 開始位置, 文字数) → 05.039

memo

▶MID関数は、「文字列」の「開始位置」から「文字数」分の文字列を取り出す関数です。サンプルの「MID(A3,5,2)」の部分の戻り値は「02」という文字列ですが、それをDATE関数の引数に指定することで「2」という数値とみなされます。

=DATE(MID(A3,1,4) , MID(A3,5,2) , MID(A3,7,2))

年：1文字目から4文字　月：5文字目から2文字　日：7文字目から2文字

関連項目 04.013 別々に入力された年、月、日から日付データを作成する →p.274

データの整形

04.015 別々に入力された時、分、秒から時刻データを作成する

使用関数 TIME（タイム）

TIME関数を使用すると、時、分、秒の3つの数値から時刻データを作成できます。ここでは、別々のセルに入力された時、分、秒の数値から時刻を作成します。時、分、秒として、そのままでは時刻にならない数値を指定したときは、自動で繰り上げや繰り下げが行われて、正しい時刻データが求められるので便利です。なお、サンプルでは戻り値のセル範囲に「h:mm:ss」という表示形式を設定しています。

■時、分、秒から時刻データを作成する

入力セル D3　入力式 =TIME(A3,B3,C3)

D3　=TIME(A3,B3,C3)

	A	B	C	D
1	時、分、秒から時刻を作成する			
2	時	分	秒	時刻
3	5	12	3	5:12:03
4	15	25	45	15:25:45
5	65	22	33	17:22:33
6	3	-5	33	2:55:33
7	3	15	61	3:16:01

セルD3に数式を入力して、セルD7までコピー

時刻データを作成できた

自動で繰り上げや繰り下げが行われる

check!

=TIME(時, 分, 秒)

時…時を0～23の数値で指定。23より大きい数値を指定すると、24で割った余りが指定される

分…分を0～59の数値で指定。0より小さい数値や60より大きい数値を指定した場合は、時と分の値が自動調整される

秒…秒を0～59の数値で指定。0より小さい数値や60より大きい数値を指定した場合は、分と秒の値が自動調整される

「時」「分」「秒」の数値から時刻を表す0以上1未満のシリアル値を返します。表示形式が「標準」のセルに入力した場合は、戻り値に自動的に「時刻」の表示形式が設定されます。

memo

▶「標準」の表示形式が設定されているセルにTIME関数を入力すると、「h:mm AM/PM」という時刻の表示形式が設定されるので、秒の数値が表示されません。秒の数値を表示したいときは、「h:mm:ss」のような秒を表示できる表示形式を設定しましょう。

▶TIME関数の時、分、秒が0の場合、数値の指定を省略できます。ただし、カンマ「,」の指定は省略できません。例えば「5時0分0秒」を指定したいときは、「=TIME(5,,)」とします。

関連項目 04.013 別々に入力された年、月、日から日付データを作成する →p.274

データの整形

04.016 別々に入力された年、月、日、時、分、秒から日付と時刻を一緒にしたデータを作成する

使用関数 DATE（デイト）／TIME（タイム）

年、月、日、時、分、秒の6つの数値から1つのセルに日付と時刻を表示するには、DATE関数で作成した日付とTIME関数で作成した時刻を加算します。DATE関数の戻り値は整数のシリアル値、TIME関数の戻り値は小数のシリアル値で、両者を加算すると日付と時刻を表すシリアル値になります。なお、戻り値には適宜日付と時刻の表示形式を設定する必要があります。

年、月、日、時、分、秒から日時データを作成する

入力セル G3　入力式 =DATE(A3,B3,C3)+TIME(D3,E3,F3)

G3　=DATE(A3,B3,C3)+TIME(D3,E3,F3)

	A	B	C	D	E	F	G	H	I
1	年、月、日、時、分、秒から日時を作成する								
2	年	月	日	時	分	秒	日時		
3	2016	8	1	6	0	0	2016/8/1 6:00:00		
4	2016	9	20	12	3	5	2016/9/20 12:03:05		
5	2016	1	1	1	1	1	2016/1/1 1:01:01		
6	2016	12	31	24	59	59	2016/12/31 0:59:59		
7	2016	12	32	11	22	33	2017/1/1 11:22:33		
8									
9									
10									
11									

セルG3に数式を入力して、セルG7までコピー

日時データを作成できた

check!

=DATE(年, 月, 日) → 04.013
=TIME(時, 分, 秒) → 04.015

memo

▶「標準」の表示形式が設定されているセルに上記の数式を入力すると、「2016/8/1」のように日付しか表示されません。サンプルでは「yyyy/m/d h:mm:ss」という表示形式を設定して、日付と時刻の両方が表示されるようにしています。表示形式の設定方法は 01.037 を参照してください。

関連項目 04.013 別々に入力された年、月、日から日付データを作成する →p.274
04.015 別々に入力された時、分、秒から時刻データを作成する →p.276

データの整形

04.017 日付文字列から日付データを作成する

使用関数 DATEVALUE（デイト・バリュー）

文字列として入力された日付や他のアプリケーションから文字列として取り込まれた日付を、日付データに変換するには、DATEVALUE関数を使用します。日付文字列がシリアル値に変換されるので、あとは表示形式を設定すれば、日付として表示できます。なお、サンプルのセルA3:A7には「文字列」の表示形式が設定されています。

■文字列として入力された日付を日付データに変換する

B3 =DATEVALUE(A3)

	A	B	C	D
1	日付文字列をシリアル値に変換			
2	日付の文字列	シリアル値		
3	2016年8月1日	42583		
4	8月2日	42584		
5	平成28年8月3日	42585		
6	H28.8.4	42586		
7	2016/8/1 6:00	42583		
8				
9				

1 セルB3にDATEVALUE関数を入力して、セルB7までコピーする。日付文字列に対応するシリアル値が表示される。元の日付文字列に「年」が含まれない場合は、現在の年が補われる。また、日付文字列の時刻部分は無視される。

入力セル B3

入力式 =DATEVALUE(A3)

B3 =DATEVALUE(A3)

	A	B	C	D
1	日付文字列をシリアル値に変換			
2	日付の文字列	シリアル値		
3	2016年8月1日	2016/8/1		
4	8月2日	2016/8/2		
5	平成28年8月3日	2016/8/3		
6	H28.8.4	2016/8/4		
7	2016/8/1 6:00	2016/8/1		
8				
9				

2 01.035 を参考に「日付」の表示形式を設定すると、シリアル値が日付の表示に変わる。

check!

=DATEVALUE(日付文字列)

日付文字列…日付文字列が入力されたセルや日付をダブルクォーテーション「"」で囲んだ文字列を指定

「日付文字列」をその日付を表すシリアル値に変換します。「日付文字列」に「年」が含まれていないときは、現在の「年」が補われます。「日付文字列」に含まれている時刻は無視されます。

関連項目 04.001 シリアル値を理解する →p.262
04.018 時刻文字列から時刻データを作成する →p.279

データの整形

04.018 時刻文字列から時刻データを作成する

使用関数 TIMEVALUE（タイム・バリュー）

他のアプリケーションからデータをインポートしたときに、時刻データが文字列として取り込まれることがあります。そのような時刻文字列を、時刻として計算したり、他の時刻の表示形式に変更したりできるようにするには、TIMEVALUE関数を使用して時刻文字列をシリアル値に変換し、時刻の表示形式を設定します。なお、サンプルのセルA3:A7には「文字列」の表示形式が設定されています。

■文字列として入力された時刻を時刻データに変換する

B3 =TIMEVALUE(A3)

	A	B	C	D
1	時刻文字列をシリアル値に変換			
2	時刻の文字列	シリアル値		
3	6:00:00	0.25		
4	6:30	0.270833333		
5	12:00	0.5		
6	24:00	0		
7	2016/8/1 6:00	0.25		
8				
9				

1 セルB3にTIMEVALUE関数を入力して、セルB7までコピーする。時刻文字列に対応するシリアル値が表示される。その際、「24:00」は「0:00」とみなされる。また、日付部分は無視される。

入力セル B3

入力式 =TIMEVALUE(A3)

B3 =TIMEVALUE(A3)

	A	B	C	D
1	時刻文字列をシリアル値に変換			
2	時刻の文字列	シリアル値		
3	6:00:00	6:00:00		
4	6:30	6:30:00		
5	12:00	12:00:00		
6	24:00	0:00:00		
7	2016/8/1 6:00	6:00:00		
8				

2 01.035 を参考に「時刻」の表示形式を設定すると、シリアル値が時刻の表示に変わる。

check!

=TIMEVALUE(時刻文字列)

時刻文字列…時刻文字列が入力されたセルや時刻をダブルクォーテーション「"」で囲んだ文字列を指定

「時刻文字列」をその時刻を表すシリアル値に変換します。戻り値は0以上1未満の小数になります。「時刻文字列」に含まれている日付は無視されます。

関連項目
04.001 シリアル値を理解する →p.262
04.017 日付文字列から日付データを作成する →p.278

データの整形

04.019 日付と文字列を組み合わせて表示する

使用関数 TEXT（テキスト）

日付が入力されたセルを参照して文字列と結合しようとすると、日付がシリアル値に変わってしまい、うまく表示できません。このようなときはTEXT関数を使用して、日付の表示形式をきちんと指定してから文字列と結合します。サンプルでは、セルB3に入力されている日付を和暦の形式にして文字列と結合します。

日付と文字列を組み合わせて表示する

入力セル A6　入力式 =TEXT(B3,"ggge年m月d日")&"までにお支払いください。"

A6　=TEXT(B3,"ggge年m月d日")&"までにお支払いください。

	A	B	C	D	E	F
1	御請求書					
2						
3	お支払期限	平成28年9月10日				
4	請求金額	¥1,250,000				
5						
6	平成28年9月10日までにお支払いください。					
7						
8						

日付を和暦にして文字列と結合できた

check!

=TEXT(値, 表示形式) → 05.055

memo

▶TEXT関数を使わずに「=B3&"までにお支払いください。"」とすると、セルB3の日付のシリアル値がそのまま表示されてしまいます。

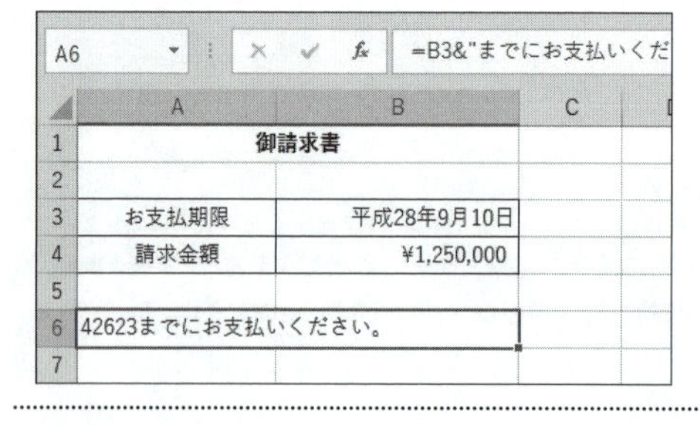

関連項目 04.001 シリアル値を理解する →p.262

データの整形

04.020 年月日の桁を揃えて表示する

使用関数 SUBSTITUTE（サブスティチュート）／TEXT（テキスト）

同じ列に入力した日付は、通常、桁の位置が不揃いになります。月日を2桁で表示すれば桁の位置は揃いますが、月日の先頭に「0」が付いてしまいます。「0」を外して桁を揃えるには、TEXT関数で月日を2桁に統一したあと、SUBSTITUTE関数を使用して十の位の「0」を半角のスペースに置き換えます。サンプルでは十の位の「0」の前に「/」があることに着目し、「/0」を「/ 」（スラッシュと半角スペース）で置き換えました。

年月日の桁を揃えて表示する

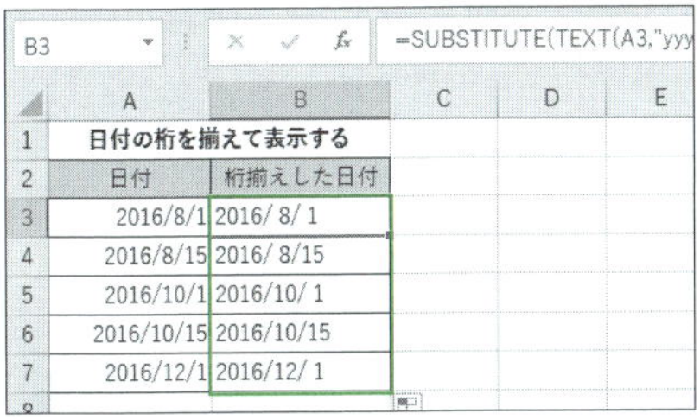

B3 =SUBSTITUTE(TEXT(A3,"yyy

	A	B	C	D	E
1	日付の桁を揃えて表示する				
2	日付	桁揃えした日付			
3	2016/8/1	2016/ 8/ 1			
4	2016/8/15	2016/ 8/15			
5	2016/10/1	2016/10/ 1			
6	2016/10/15	2016/10/15			
7	2016/12/1	2016/12/ 1			

1 セルB3に数式を入力して、セルB7までコピーする。

入力セル B3　入力式 =SUBSTITUTE(TEXT(A3,"yyyy/mm/dd"),"/0","/ ")

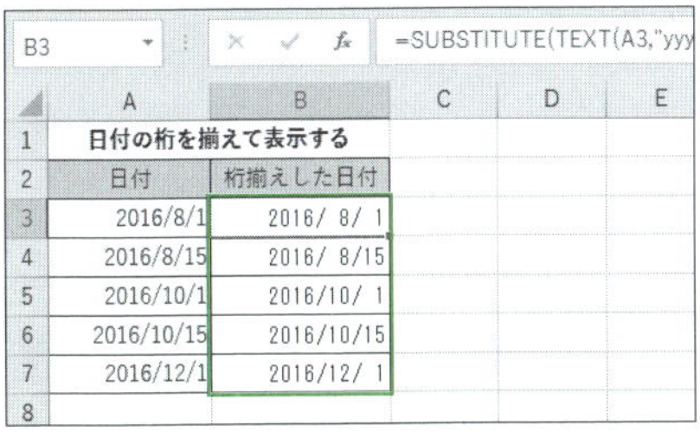

B3 =SUBSTITUTE(TEXT(A3,"yyy

	A	B	C	D	E
1	日付の桁を揃えて表示する				
2	日付	桁揃えした日付			
3	2016/8/1	2016/ 8/ 1			
4	2016/8/15	2016/ 8/15			
5	2016/10/1	2016/10/ 1			
6	2016/10/15	2016/10/15			
7	2016/12/1	2016/12/ 1			
8					

2 桁をぴったり揃えて表示するため、フォントを［MSゴシック］、配置を［右揃え］に変更する。

check!

=SUBSTITUTE(文字列, 検索文字列, 置換文字列 [, 置換対象]) → 05.021

=TEXT(値, 表示形式) → 05.055

memo

▶Excelの既定のフォントである［游ゴシック］や［MS Pゴシック］は、「W」は広く、「I」は狭くというように、文字の形に合わせて文字幅が変わるプロポーショナルフォントです。一方、手順2で設定した［MSゴシック］は、一定の幅で文字が表示される等幅フォントです。

データの整形

04.021 平成1年を平成元年として日付を漢数字で表示する

使用関数 IF（イフ）／TEXT（テキスト）

表示形式を設定したり、TEXT関数を使用したりするなどして日付を漢数字の和暦表示にすると、「平成1年」は「平成一年」と表示されます。「平成元年」と表示したいときは、IF関数を使用して和暦の年の数値が「1」かどうかで場合分けします。和暦の年は、「TEXT(A3,"e")」とすると調べられます。

■平成1年を平成元年と表示する

入力セル B3

入力式 =IF(TEXT(A3,"e")="1",TEXT(A3,"[DBNum1]ggg元年m月d日"),TEXT(A3,"[DBNum1]ggge年m月d日"))

B3 =IF(TEXT(A3,"e")="1",TEXT(A3,"[DBNum1]ggg元年m月d

	A	B	C	D	E	F	G
1	和暦表示						
2	日付	和暦					
3	1987/8/1	昭和六十二年八月一日					
4	1988/9/4	昭和六十三年九月四日					
5	1989/12/10	平成元年十二月十日					
6	1989/3/25	平成元年三月二十五日					
7	1990/6/18	平成二年六月十八日					
8	1991/12/24	平成三年十二月二十四日					
9							
10							
11							
12							

セルB3に数式を入力して、セルB8までコピー

日付を漢数字の和暦で表示できた

check!

=IF(論理式, 真の場合, 偽の場合) → 06.001

=TEXT(値, 表示形式) → 05.055

memo

▶上図の数式に含まれる「[DBNum1]」は、数字を漢数字で表示するための書式記号です。また、「e」は和暦の「年」を表示する書式記号で、「ggg」は「平成」や「昭和」などの元号を表示する書式記号です。

関連項目 04.019 日付と文字列を組み合わせて表示する →p.280
04.022 日付を簡単に和暦表示にする →p.283

数式の基本 表の集計 数値処理 日付と時刻 文字列操作 条件判定 表の検索と操作 数学計算 統計計算 財務計算 関数一覧

データの整形

04.022 日付を簡単に和暦表示にする

使用関数 DATESTRING（デイト・ストリング）

DATESTRING関数を使用すると、日付を「平成28年08月01日」形式の和暦に変換できます。TEXT関数を使用するときのように表示形式を指定しなくても済むので手軽に使用できます。

日付を和暦で表示する

入力セル B3　入力式 =DATESTRING(A3)

B3　=DATESTRING(A3)

	A	B
1	日付を和暦表示にする	
2	日付	和暦
3	2016/8/1	平成28年08月01日
4	2016/8/15	平成28年08月15日
5	2016/10/1	平成28年10月01日
6	2016/10/15	平成28年10月15日
7	2016/12/1	平成28年12月01日

セルB3に数式を入力して、セルB7までコピー

日付を和暦で表示できた

check!

=DATESTRING(シリアル値)

シリアル値…日付データやシリアル値を指定

「シリアル値」を和暦の文字列に変換します。

memo

- DATESTRING関数は、［関数の挿入］ダイアログや［関数ライブラリ］に表示されないため、セルに直接入力する必要があります。
- DATESTRING関数の戻り値は、日付ではなく文字列です。そのため、戻り値のセルに日付の表示形式を設定しても、表示を変更できません。

関連項目 04.021 平成1年を平成元年として日付を漢数字で表示する →p.282

実務計算

04.023 翌月10日を求める

使用関数 DATE（デイト）／YEAR（イヤー）／MONTH（マンス）

下図のような仕入れの支払予定表で、月末締め翌月10日払いの支払日を求めてみましょう。それにはDATE関数を使用して、仕入日の「年」、仕入日の「月+1」、「10」の3つの数値から日付を作成します。仕入日が12月の場合は、自動で翌年1月10日の日付が求められます。

■仕入日の翌月10日を支払日として求める

入力セル C3　入力式 =DATE(YEAR(A3),MONTH(A3)+1,10)

C3　=DATE(YEAR(A3),MONTH(A3)+1,10

	A	B	C	D	E	F
1	支払予定表（翌月10日払い）					
2	仕入日	金額	支払日			
3	2015/10/16	258,000	2015/11/10			
4	2015/11/20	321,000	2015/12/10			
5	2015/12/15	398,000	2016/1/10			
6	2016/1/10	485,000	2016/2/10			
7	2016/2/18	276,000	2016/3/10			
8						
9						
10						

セルC3に数式を入力して、セルC7までコピー

翌月10日の支払日が求められた

check!

=DATE(年, 月, 日) → 04.013
=YEAR(シリアル値) → 04.007
=MONTH(シリアル値) → 04.008

memo

▶セルC3に入力した数式では、DATE関数の引数「年」「月」「日」に下図の内容を指定しています。

=DATE(YEAR(A3) , MONTH(A3)+1 , 10)

- 年：仕入日の年
- 月：仕入日の月+1
- 日：10

関連項目 04.024 ○カ月後や○カ月前の日付を求める →p.285
04.025 当月末や翌月末の日付を求める →p.286

実務計算

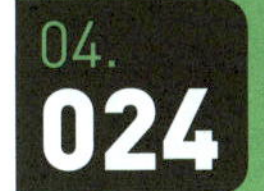

04.024 ○カ月後や○カ月前の日付を求める

使用関数 EDATE（イー・デイト）

EDATE関数を使用すると、指定した日付を基準に○カ月後や○カ月前の日付を計算できます。ここでは、セルB2に入力された日付を元に、0カ月後から3カ月後までの日付を求めます。なお、新しいセルにEDATE関数を入力するとシリアル値が表示されるので、適宜表示形式を「日付」に変更してください。

セルB2の日付を基準に○カ月後の日付を求める

入力セル B5　入力式 =EDATE($B$2,A5)

B5　=EDATE($B$2,A5)

	A	B	C	D	E	F
1	赤ちゃんの成長記録					
2	生年月日	2016/5/3				
3						
4	月数	記録日	体重			
5	0	2016/5/3	30.1			
6	1	2016/6/3	47.2			
7	2	2016/7/3	55.4			
8	3	2016/8/3	63.5			
9						
10						

セルB5に数式を入力して、セルB8までコピー

○カ月後の日付が求められた

check!

=EDATE(開始日, 月)

開始日…計算の基準となる日付を指定

月…月数を指定。正数を指定すると「開始日」の「月」数後、負数を指定すると「開始日」の「月」数前の日付が求められる

「開始日」から「月」数後、または「月」数前の日付のシリアル値を求めます。

memo

▶DATE関数とYEAR関数、MONTH関数、DAY関数を組み合わせて次のような数式を使用しても○カ月後や○カ月前の日付を求めることができます。

=DATE(YEAR($B$2),MONTH($B$2)+A5,DAY($B$2))

関連項目 04.023 翌月10日を求める →p.284
04.025 当月末や翌月末の日付を求める →p.286

 実務計算

04.025 当月末や翌月末の日付を求める

使用関数 EOMONTH（エンド・オブ・マンス）

EOMONTH関数を使用すると、指定した日付を基準に○カ月後や○カ月前の月末日の日付を計算できます。ここでは、表の1列目に入力された売掛日を元に、その月の月末日を求めます。なお、新しいセルにEOMONTH関数を入力するとシリアル値が表示されるので、適宜表示形式を「日付」に変更してください。

■売掛日の当月末にあたる日付を求める

入力セル C3　入力式 =EOMONTH(A3,0)

C3　=EOMONTH(A3,0)

	A	B	C
1	売掛金回収予定表（月末締め）		
2	売掛日	売掛金	締日
3	2015/10/16	258,000	2015/10/31
4	2015/11/20	321,000	2015/11/30
5	2015/12/15	398,000	2015/12/31
6	2016/1/10	485,000	2016/1/31
7	2016/2/18	276,000	2016/2/29
8			
9			

セルC3に数式を入力して、セルC7までコピー

売掛日の当月末日が求められた

check!

=EOMONTH(開始日, 月)

開始日…計算の基準となる日付を指定

月…月数を指定。正数を指定すると「開始日」の「月」数後、負数を指定すると「開始日」の「月」数前の月末日が求められる

「開始日」から「月」数後、または「月」数前の月末日を求めます。

memo

▶セルC3のEOMONTH関数の引数「月」に指定した「0」を「-1」に変えると先月末、「1」に変えると翌月末の日付が求められます。

▶DATE関数とYEAR関数、MONTH関数を組み合わせて「翌月0日」を求める方法でも、今月末日の日付を表示できます。

=DATE(YEAR(A3),MONTH(A3)+1,0)

関連項目 04.023 翌月10日を求める →p.284
04.026 当月1日や翌月1日の日付を求める →p.287

04.026 当月1日や翌月1日の日付を求める

使用関数 EOMONTH（エンド・オブ・マンス）

賃貸物件や保険の契約などで、手続き日の翌月1日が契約開始日になることがあります。月末日を求めるEOMONTH関数を利用して、当月末の日付を求め、それに1を加えれば、簡単に翌月1日を求められます。なお、新しいセルにEOMONTH関数を入力するとシリアル値が表示されるので、適宜表示形式を「日付」に変更してください。

手続き日の翌月1日にあたる日付を求める

入力セル C3　入力式 =EOMONTH(B3,0)+1

C3　=EOMONTH(B3,0)+1

	A	B	C	D	E	F
1	賃貸物件契約一覧					
2	顧客名	手続き完了日	入居可能日			
3	高橋元也	2015/10/16	2015/11/1			
4	夏目義之	2015/11/20	2015/12/1			
5	岡村健二	2015/12/15	2016/1/1			
6	鈴木孝雄	2016/1/10	2016/2/1			
7	松村雄介	2016/2/18	2016/3/1			
8						
9						
10						
11						

セルC3に数式を入力して、セルC7までコピー

手続き日の翌月1日が求められた

check!

=EOMONTH(開始日, 月) → 04.025

memo

▶ セルC3に入力した数式の「0」を「-1」に変えると当月1日の日付が求められます。

▶ DATE関数とYEAR関数、MONTH関数を組み合わせて「翌月1日」を求める方法でも、翌月1日の日付を表示できます。

=DATE(YEAR(B3),MONTH(B3)+1,1)

関連項目
04.023 翌月10日を求める →p.284
04.025 当月末や翌月末の日付を求める →p.286

実務計算

04.027 土日祝日を除いた翌営業日を求める

使用関数 WORKDAY（ワークデイ）

WORKDAY関数を使用すると、土日と休業日を除いた○日後や○日前の営業日を求めることができます。ここでは、注文日の5営業日後を納品日として、納品日の日付を求めます。なお、新しいセルにWORKDAY関数を入力するとシリアル値が表示されるので、適宜表示形式を「日付」に変更してください。

■注文日の5営業日後を納品日として求める

入力セル B3　入力式 =WORKDAY(A3,5,$D$10:$F$11)

B3　=WORKDAY(A3,5,$D$10:$F$11)

	A	B	C	D	E	F	G	H	I	J
1	納品日早見表（5営業日後）			2016年8月営業カレンダー						
2	ご注文日	納品日		日	月	火	水	木	金	土
3	2016/8/1(月)	2016/8/8(月)			1	2	3	4	5	6
4	2016/8/2(火)	2016/8/9(火)		7	8	9	10	11	12	13
5	2016/8/3(水)	2016/8/10(水)		14	15	16	17	18	19	20
6	2016/8/4(木)	2016/8/12(金)		21	22	23	24	25	26	27
7	2016/8/5(金)	2016/8/16(火)		28	29	30	31			
8	2016/8/6(土)	2016/8/16(火)								
9	2016/8/7(日)	2016/8/16(火)		休業日						
10	2016/8/8(月)	2016/8/17(水)		2016/8/11		山の日				
11	2016/8/9(火)	2016/8/18(木)		2016/8/15		夏季休業				
12										

セルB3に数式を入力して、セルB11までコピー

5営業日後が求められた

休業日の日付を入力しておく

check!

=WORKDAY(開始日, 日数 [, 祭日])

開始日…計算の基準となる日付を指定
日数…日数を指定。正数を指定すると「開始日」の「日数」後、負数を指定すると「開始日」の「日数」前の稼働日が求められる
祭日…祝日や夏季休暇など、非稼働日の日付を指定。省略した場合は、土曜日と日曜日だけが非稼働日とみなされる

土曜日と日曜日、および指定した「祭日」を非稼働日として、「開始日」から「日数」後、または「日数」前の稼働日を求めます。

memo

▶サンプルでは引数「祭日」に指定する休業日をセルに入力しましたが、次式のように配列定数として指定することもできます。

=WORKDAY(A3,5,{"2016/8/11","2016/8/15"})

関連項目 04.035 土日祝日を除いた営業日数を求める →p.297

実務計算

04.028 10日締め翌月5日払いの支払日を求める

使用関数 EOMONTH（エンド・オブ・マンス） ／ IF（イフ） ／ DAY（デイ）

「10日締め翌月5日払い」という条件で支払日を求めるには、購入日が10日以前かどうかで場合分けします。10日以前であれば翌月5日払い、10日よりあとであれば翌々月5日払いとなります。なお、結果はシリアル値で表示されるので、適宜表示形式を「日付」に変更してください。休日の調整が必要な場合は、04.029 または 04.030 を参照してください。

■ 10日締め翌月5日払いの支払日を求める

入力セル C3　入力式 =EOMONTH(A3,IF(DAY(A3)<=10,0,1))+5

C3　=EOMONTH(A3,IF(DAY(A3)<=10,0,1))+5

	A	B	C
1	カード使用覚書（10日締め翌月5日払い）		
2	購入日	購入額	支払日
3	2016/3/25	18,000	2016/5/5
4	2016/4/3	7,500	2016/5/5
5	2016/4/21	20,000	2016/6/5
6	2016/5/10	8,000	2016/6/5
7	2016/5/11	8,000	2016/7/5
8			

セルC3に数式を入力して、セルC7までコピー

支払日が求められた

check!

=EOMONTH(開始日, 月) → 04.025
=IF(論理式, 真の場合, 偽の場合) → 06.001
=DAY(シリアル値) → 04.009

memo

▶EOMONTH関数は月末日を求める関数です。引数「月」に0を指定すると購入日の当月末、1を指定すると購入日の翌月末の日付が求められます。その日付に5を加えれば、翌月5日または翌々月5日の日付になります。

=EOMONTH(A3 , IF(DAY(A3)<=10,0,1)) +5

- A3：開始日　購入日
- IF(DAY(A3)<=10,0,1)：月　10日以前の場合は0カ月後　10日より後の場合は1カ月後
- +5：5日後

関連項目

04.029 休日にあたる支払日を翌営業日に振り替える →p.290
04.030 休日にあたる支払日を前営業日に振り替える →p.291

実務計算

04.029 休日にあたる支払日を翌営業日に振り替える

使用関数 EOMONTH（エンド・オブ・マンス） / IF（イフ） / DAY（デイ） / WORKDAY（ワークデイ）

「10日締め翌月5日払い」という条件で求めた支払日が休日にあたる場合、支払日を翌営業日に振り替えて計算しましょう。それには、まず 04.028 を参考に支払日前日となる「10日締め翌月4日」の日付を求めます。その日付を基準に、WORKDAY関数を使用して1日後の営業日を求めれば、5日が営業日であれば5日、休業日であれば5日以降の直近の営業日が求められます。結果はシリアル値で表示されるので、適宜表示形式を「日付」に変更してください。

■休日にあたる支払日を翌営業日に振り替える

入力セル C3　入力式 =EOMONTH(A3,IF(DAY(A3)<=10,0,1))+4

入力セル D3　入力式 =WORKDAY(C3,1,$F$2:$F$7)

D3　=WORKDAY(C3,1,$F$2:$F$7)

	A	B	C	D	E	F	G
1	カード使用覚書（10日締め翌月5日払い）					休日一覧	
2	購入日	購入額	支払日前日	支払日		2016/4/29(金)	
3	2016/3/25	18,000	2016/5/4(水)	2016/5/6(金)		2016/5/3(火)	
4	2016/4/3	7,500	2016/5/4(水)	2016/5/6(金)		2016/5/4(水)	
5	2016/4/21	20,000	2016/6/4(土)	2016/6/6(月)		2016/5/5(木)	
6	2016/5/10	8,000	2016/6/4(土)	2016/6/6(月)		2016/7/18(月)	
7	2016/5/11	8,000	2016/7/4(月)	2016/7/5(火)		2016/8/11(木)	
8							
9							
10							
11							
12							
13							

支払日前日　支払日　休日を入力しておく

セルC3とセルD3に数式を入力して、7行目までコピー

check!

=EOMONTH(開始日, 月) → 04.025
=IF(論理式, 真の場合, 偽の場合) → 06.001
=DAY(シリアル値) → 04.009
=WORKDAY(開始日, 日数 [, 祭日]) → 04.027

関連項目 04.028 10日締め翌月5日払いの支払日を求める →p.289
04.030 休日にあたる支払日を前営業日に振り替える →p.291

実務計算

04.030 休日にあたる支払日を前営業日に振り替える

使用関数 EOMONTH（エンド・オブ・マンス） / IF（イフ） / DAY（デイ） / WORKDAY（ワークデイ）

「10日締め翌月5日払い」という条件で求めた支払日が休日にあたる場合、支払日を5日より前の営業日に前倒しして求めましょう。それには、まず 04.028 を参考に支払日翌日となる「10日締め翌月6日」の日付を求めます。その日付を基準に、WORKDAY関数を使用して1日前の営業日を求めれば、5日が営業日であれば5日、休業日であれば5日以前の直近の営業日が求められます。結果はシリアル値で表示されるので、適宜表示形式を「日付」に変更してください。

■休日にあたる支払日を前営業日に振り替える

入力セル C3　入力式 =EOMONTH(A3,IF(DAY(A3)<=10,0,1))+6

入力セル D3　入力式 =WORKDAY(C3,-1,$F$2:$F$7)

D3　=WORKDAY(C3,-1,$F$2:$F$7)

	A	B	C	D	E	F	G
1	カード使用覚書（10日締め翌月5日払い）					休日一覧	
2	購入日	購入額	支払日翌日	支払日		2016/4/29(金)	
3	2016/3/25	18,000	2016/5/6(金)	2016/5/2(月)		2016/5/3(火)	
4	2016/4/3	7,500	2016/5/6(金)	2016/5/2(月)		2016/5/4(水)	
5	2016/4/21	20,000	2016/6/6(月)	2016/6/3(金)		2016/5/5(木)	
6	2016/5/10	8,000	2016/6/6(月)	2016/6/3(金)		2016/7/18(月)	
7	2016/5/11	8,000	2016/7/6(水)	2016/7/5(火)		2016/8/11(木)	

支払日翌日

支払日

休日を入力しておく

セルC3とセルD3に数式を入力して、7行目までコピー

check!

=EOMONTH(開始日, 月) → 04.025

=IF(論理式, 真の場合, 偽の場合) → 06.001

=DAY(シリアル値) → 04.009

=WORKDAY(開始日, 日数 [, 祭日]) → 04.027

関連項目 04.028 10日締め翌月5日払いの支払日を求める →p.289

04.029 休日にあたる支払日を翌営業日に振り替える →p.290

 実務計算

04.031 月の最初の営業日を求める

使用関数 WORKDAY(ワークデイ) ／ EOMONTH(エンド・オブ・マンス)

月の最初の営業日を求めましょう。準備として、表の1列目に各月の日付を入力します。サンプルでは毎月1日の日付を入れましたが、何日でも構いません。まず、EOMONTH関数を使用して各月の前月末日を求めます。求めた日付を基準に、WORKDAY関数で土日と休業日を除いた翌営業日を求めれば、月の最初の営業日になります。結果はシリアル値で表示されるので、適宜表示形式を「日付」に変更してください。

月の最初の営業日を求める

入力セル B3　入力式 =WORKDAY(EOMONTH(A3,-1),1,$D$2:$D$6)

B3　=WORKDAY(EOMONTH(A3,-1),1,$D$2:$D$6)

	A	B	C	D
1	月の最初の営業日			休業日一覧
2	月	最初の営業日		2016/4/29(金)
3	2016/4/1	2016/4/1(金)		2016/5/3(火)
4	2016/5/1	2016/5/2(月)		2016/5/4(水)
5	2016/6/1	2016/6/1(水)		2016/5/5(木)
6	2016/7/1	2016/7/1(金)		2016/7/18(月)
7				

休業日の日付を入力しておく

セルB3に数式を入力して、セルB6までコピー

月の最初の営業日が求められた

check!

=WORKDAY(開始日, 日数 [, 祭日]) → 04.027

=EOMONTH(開始日, 月) → 04.025

memo

▶セルA3に「2016/4/1」と入力してセルA6までオートフィルを実行し、[オートフィルオプション] から [連続データ (月単位)] を選択すると、サンプルのように毎月1日の連続データを作成できます。

▶01.039 を参考に、セル範囲A3:A6に「m」というユーザー定義の表示形式を設定すると、表の1列目に「5、6、7……」と月の数値だけを表示できます。

▶セルB3のWORKDAY関数の引数の内容は下図のとおりです。

=WORKDAY(EOMONTH(A3,-1) , 1 , $D$2:$D$6)

開始日：前月末日　日数：1日後　祭日：休業日

関連項目 04.032 月の最終の営業日を求める →p.293

実務計算

04.032 月の最終の営業日を求める

使用関数 WORKDAY(ワークデイ) ／ EOMONTH(エンド・オブ・マンス)

月の最終営業日を求めましょう。準備として、表の1列目に各月の日付を入力します。サンプルでは1日の日付を入れましたが、何日でも構いません。まず、EOMONTH関数を使用して各月の翌月1日の日付を求めます。求めた日付を基準に、WORKDAY関数で土日と休業日を除いた1日前の営業日を求めれば、月の最終の営業日になります。結果はシリアル値で表示されるので、適宜表示形式を「日付」に変更してください。

月の最終の営業日を求める

入力セル B3　入力式 =WORKDAY(EOMONTH(A3,0)+1,-1,$D$2:$D$6)

B3　=WORKDAY(EOMONTH(A3,0)+1,-1,$D

	A	B	C	D	E	F
1	月の最終の営業日			休業日一覧		
2	月	最終の営業日		2016/4/29(金)		
3	2016/4/1	2016/4/28(木)		2016/5/3(火)		
4	2016/5/1	2016/5/31(火)		2016/5/4(水)		
5	2016/6/1	2016/6/30(木)		2016/5/5(木)		
6	2016/7/1	2016/7/29(金)		2016/7/18(月)		
7						
8						

休業日の日付を入力しておく

セルB3に数式を入力して、セルB6までコピー

月の最終の営業日が求められた

check!

=WORKDAY(開始日, 日数 [, 祭日]) → 04.027

=EOMONTH(開始日, 月) → 04.025

memo

▶ 01.039 を参考に、セル範囲A3:A6に「m」というユーザー定義の表示形式を設定すると、表の1列目に「3、4、5……」と月の数値だけを表示できます。

▶ セルB3のWORKDAY関数の引数の内容は下図のとおりです。

=WORKDAY(EOMONTH(A3,0)+1, -1 , $D$2:$D$6)

開始日：翌月1日　日数：1日前　祭日：休業日

関連項目 04.031 月の最初の営業日を求める →p.292

数式の基本
表の集計
数値処理
日付と時刻
文字列操作
条件判定
表の検索と操作
数学計算
統計計算
財務計算
関数一覧

実務計算　✖非対応バージョン 2007

04.033 木曜日を定休日として翌営業日を求める

使用関数 WORKDAY.INTL（ワークデイ・インターナショナル）

04.027で紹介したWORKDAY関数は、○日後や○日前の営業日を求める関数ですが、土日は一律に休業日として扱われます。しかし、実際には土日は営業して、他の曜日を定休日とすることも多いでしょう。WORKDAY.INTL関数を使用すると、定休日の曜日と不定期の休業日の両方を指定して、休日を除いた営業日を求めることができます。ここでは、木曜日を定休日として、注文日の5営業日後を求めます。結果はシリアル値で表示されるので、適宜表示形式を「日付」に変更してください。なお、Excel 2007ではWORKDAY.INTL関数を使用できません。

■木曜定休として注文日の5営業日後を求める

入力セル B3　入力式 =WORKDAY.INTL(A3,5,15,$D$10:$F$11)

B3　=WORKDAY.INTL(A3,5,15,$D$10:$F$11)

	A	B	C	D	E	F	G	H	I	J	K
1	納品日早見表（5営業日後）			2017年3月営業カレンダー							
2	ご注文日	納品日		日	月	火	水	木	金	土	
3	2017/3/1(水)	2017/3/7(火)					1	2	3	4	
4	2017/3/2(木)	2017/3/7(火)		5	6	7	8	9	10	11	
5	2017/3/3(金)	2017/3/10(金)		12	13	14	15	16	17	18	
6	2017/3/4(土)	2017/3/11(土)		19	20	21	22	23	24	25	
7	2017/3/5(日)	2017/3/12(日)		26	27	28	29	30	31		
8	2017/3/6(月)	2017/3/13(月)						※木曜定休			
9	2017/3/7(火)	2017/3/14(火)		休業日							
10	2017/3/8(水)	2017/3/14(火)		2017/3/8			定期点検日				
11	2017/3/9(木)	2017/3/14(火)		2017/3/20			春分の日				
12											
13											
14											

休業日の日付を入力しておく

セルB3に数式を入力して、セルB11までコピー

5営業日後が求められた

check!

=WORKDAY.INTL(開始日, 日数 [, 週末] [, 祭日])　[Excel 2016 / 2013 / 2010]

開始日…計算の基準となる日付を指定
日数…日数を指定。正数を指定すると「開始日」の「日数」後、負数を指定すると「開始日」の「日数」前の稼働日が求められる
週末…非稼働日の曜日を下表の数値、または文字列で指定。省略した場合は土曜日と日曜日が非稼働日とみなされる。文字列の指定方法は、memoを参照
祭日…祝日や夏季休暇など、非稼働日の日付を指定。省略した場合は、「週末」だけが非稼働日とみなされる

数値	週末の曜日
1または省略	土曜日と日曜日
2	日曜日と月曜日
3	月曜日と火曜日
4	火曜日と水曜日
5	水曜日と木曜日
6	木曜日と金曜日
7	金曜日と土曜日
11	日曜日のみ
12	月曜日のみ
13	火曜日のみ
14	水曜日のみ
15	木曜日のみ
16	金曜日のみ
17	土曜日のみ

指定した「週末」および「祭日」を非稼働日として、「開始日」から「日数」後、または「日数」前の稼働日を求めます。

memo

▶引数「週末」に上記の表以外の曜日を指定したいときは、稼働日を0、非稼働日を1として、月曜日から日曜日までを7文字の文字列で指定します。例えば「0001001」と指定した場合、木曜日と日曜日が非稼働日となります。具体的な例は、04.034 を参照してください。

▶サンプルでは引数「祭日」に指定する休業日をセルに入力しましたが、次式のように配列定数として指定することもできます。

=WORKDAY.INTL(A3,5,15,{"2017/3/8","2017/3/20"})

関連項目 04.027 土日祝日を除いた翌営業日を求める →p.288
04.034 木曜日と日曜日を定休日として翌営業日を求める →p.296

実務計算　✖非対応バージョン 2007

04.034 木曜日と日曜日を定休日として翌営業日を求める

使用関数　WORKDAY.INTL（ワークデイ・インターナショナル）

WORKDAY.INTL関数の3番目の引数「週末」に文字列値を指定すると、定休日の曜日を自由に指定できます。ここでは、木曜日と日曜日を定休日として、注文日の5営業日後を求めます。結果はシリアル値で表示されるので、適宜表示形式を「日付」に変更してください。

■木曜日と日曜日を定休日として注文日の5営業日後を求める

入力セル B3　入力式 =WORKDAY.INTL(A3,5,"0001001",$D$10:$F$11)

B3　=WORKDAY.INTL(A3,5,"0001001",$D$10:$F$11)

	A	B
1	納品日早見表（5営業日後）	
2	ご注文日	納品日
3	2017/3/1(水)	2017/3/10(金)
4	2017/3/2(木)	2017/3/10(金)
5	2017/3/3(金)	2017/3/11(土)
6	2017/3/4(土)	2017/3/13(月)
7	2017/3/5(日)	2017/3/13(月)
8	2017/3/6(月)	2017/3/14(火)
9	2017/3/7(火)	2017/3/15(水)
10	2017/3/8(水)	2017/3/15(水)
11	2017/3/9(木)	2017/3/15(水)

2017年3月営業カレンダー

日	月	火	水	木	金	土
			1	2	3	4
5	6	7	8	9	10	11
12	13	14	15	16	17	18
19	20	21	22	23	24	25
26	27	28	29	30	31	

※木曜・日曜定休

休業日

日付	内容
2017/3/8	定期点検日
2017/3/20	春分の日

休業日の日付を入力しておく

セルB3に数式を入力して、セルB11までコピー

5営業日後が求められた

check!

=WORKDAY.INTL(開始日, 日数 [, 週末] [, 祭日]) → 04.033

memo

▶サンプルの数式の中にある「0001001」は、7文字のうち4番目と7番目が非稼働日を示す「1」になっています。7文字の順序は「月火水木金土日」なので、木曜日と日曜日が非稼働日となります。

関連項目 04.027 土日祝日を除いた翌営業日を求める →p.288
04.033 木曜日を定休日として翌営業日を求める →p.294

実務計算

04.035 土日祝日を除いた営業日数を求める

使用関数 NETWORKDAYS（ネットワークデイズ）

NETWORKDAYS関数を使用すると、開始日から終了日までの中で土日と休業日を除いた日数を求めることができます。与えられた期間の中で、実際に作業にあたれる日数を調べたいときに役に立ちます。ここでは、この関数を使用して、工事の開始日から終了日までの実作業日数を求めます。

開始日から終了日までの実作業日数を求める

入力セル D3　入力式 =NETWORKDAYS(B3,C3,$B$8:$B$9)

D3　=NETWORKDAYS(B3,C3,$B$8:$B$9)

	A	B	C	D
1	沢井邸　リフォーム　実作業日数計算書			
2	工程	工事開始日	工事終了日	日数
3	防音	2017/3/6(月)	2017/3/9(木)	3
4	水回り	2017/3/6(月)	2017/3/13(月)	5
5	外壁	2017/3/10(金)	2017/3/17(金)	6
6	壁紙	2017/3/16(木)	2017/3/21(火)	3
7				
8	休み	2017/3/8	定期点検日	
9		2017/3/20	春分の日	
10				

2017年3月営業カレンダー

日	月	火	水	木	金	土
			1	2	3	4
5	6	7	8	9	10	11
12	13	14	15	16	17	18
19	20	21	22	23	24	25
26	27	28	29	30	31	

休業日の日付を入力しておく

セルD3に数式を入力して、セルD6までコピー

実作業日数が求められた

check!

=NETWORKDAYS(開始日, 終了日 [, 祭日])

開始日…開始日の日付を指定
終了日…終了日の日付を指定。「開始日」と同じ日付や前の日付を指定することも可能
祭日…祝日や夏季休暇など、非稼働日の日付を指定。省略した場合は、土曜日と日曜日だけが非稼働日とみなされる

土曜日と日曜日、および指定した「祭日」を非稼働日として、「開始日」から「終了日」までの稼働日数を求めます。

memo

▶サンプルでは引数「祭日」に指定する休業日をセルに入力しましたが、次式のように配列定数として指定することもできます。

=NETWORKDAYS(B3,C3,{"2017/3/8","2017/3/20"})

実務計算　✕非対応バージョン 2007

04.036 木曜日を定休日として営業日数を求める

使用関数　NETWORKDAYS.INTL（ネットワークデイズ・インターナショナル）

04.035で紹介したNETWORKDAYS関数は、期間内の営業日数を求める関数ですが、土日は一律に休業日として扱われます。しかし、実際には土日は営業して、他の曜日を定休日とすることも多いでしょう。NETWORKDAYS.INTL関数を使用すると、定休日の曜日と不定期の休業日の両方を指定して、休日を除いた営業日数を求めることができます。ここでは、木曜日を定休日として、工事の開始日から終了日までの実作業日数を求めます。なお、Excel 2007ではNTEWORKDAYS.INTL関数を使用できません。

■ 木曜定休として開始日から終了日までの実作業日数を求める

入力セル D3　入力式 =NETWORKDAYS.INTL(B3,C3,15,$B$8:$B$9)

D3　=NETWORKDAYS.INTL(B3,C3,15,$B$8:$B$9)

	A	B	C	D
1	沢井邸　リフォーム　実作業日数計算書			
2	工程	工事開始日	工事終了日	日数
3	防音	2017/3/6(月)	2017/3/10(金)	3
4	水回り	2017/3/6(月)	2017/3/13(月)	6
5	外壁	2017/3/10(金)	2017/3/17(金)	7
6	壁紙	2017/3/17(金)	2017/3/21(火)	4
7				
8	休み	2017/3/8	定期点検日	
9		2017/3/20	春分の日	
10				

	F	G	H	I	J	K	L
1	2017年3月営業カレンダー						
2	日	月	火	水	木	金	土
3				1	2	3	4
4	5	6	7	8	9	10	11
5	12	13	14	15	16	17	18
6	19	20	21	22	23	24	25
7	26	27	28	29	30	31	
8					※木曜定休		

休業日の日付を入力しておく

セルD3に数式を入力して、セルD6までコピー

実作業日数が求められた

check!

=NETWORKDAYS.INTL(開始日, 終了日 [, 週末] [, 祭日])

[Excel2016 / 2013 / 2010]

開始日…開始日の日付を指定

終了日…終了日の日付を指定。「開始日」と同じ日付や前の日付を指定することも可能

週末…非稼働日の曜日をP.295の表の数値、または文字列で指定。省略した場合は土曜日と日曜日が非稼働日とみなされる。文字列の指定方法は、memoを参照

祭日…祝日や夏季休暇など、非稼働日の日付を指定。省略した場合は「週末」だけが非稼働日とみなされる

指定した「週末」および「祭日」を非稼働日として、「開始日」から「終了日」までの稼働日数を求めます。

memo

▶引数「週末」にP.295の表以外の曜日を指定したいときは、稼働日を0、非稼働日を1として、月曜日から日曜日までを7文字の文字列で指定します。

実務計算　✕非対応バージョン 2007

04.037 木曜日と日曜日を定休日として営業日数を求める

使用関数 NETWORKDAYS.INTL（ネットワークデイズ・インターナショナル）

NETWORKDAYS.INTL関数の3番目の引数「週末」に文字列値を指定すると、定休日の曜日を自由に指定できます。ここでは、木曜日と日曜日を定休日として、工事の開始日から終了日までの実作業日数を求めます。

■木曜日と日曜日を定休日として、開始日から終了日までの実作業日数を求める

入力セル D3　入力式 =NETWORKDAYS.INTL(B3,C3,"0001001",$B$8:$B$9)

D3　=NETWORKDAYS.INTL(B3,C3,"0001001",$B$8:$B$9)

	A	B	C	D
1	沢井邸　リフォーム　実作業日数計算書			
2	工程	工事開始日	工事終了日	日数
3	防音	2017/3/6(月)	2017/3/10(金)	3
4	水回り	2017/3/6(月)	2017/3/13(月)	5
5	外壁	2017/3/10(金)	2017/3/17(金)	6
6	壁紙	2017/3/17(金)	2017/3/21(火)	3
7				
8	休み	2017/3/8	定期点検日	
9		2017/3/20	春分の日	

2017年3月営業カレンダー

日	月	火	水	木	金	土
			1	2	3	4
5	6	7	8	9	10	11
12	13	14	15	16	17	18
19	20	21	22	23	24	25
26	27	28	29	30	31	

※木曜・日曜定休

休業日の日付を入力しておく

セルD3に数式を入力して、セルD6までコピー

実作業日数が求められた

check!

=NETWORKDAYS.INTL(開始日, 終了日 [, 週末] [, 祭日]) → 04.036

memo

▶サンプルの数式の中にある「0001001」は、7文字のうち4番目と7番目が非稼働日を示す「1」になっています。7文字の順序は「月火水木金土日」なので、木曜日と日曜日が非稼働日となります。

関連項目 04.035 土日祝日を除いた営業日数を求める →p.297
04.036 木曜日を定休日として営業日数を求める →p.298

実務計算

04.038 生年月日から年齢を求める

使用関数 DATEDIF（デイト・ディフ） ／ TODAY（トゥデイ）

DATEDIF関数を使用すると、開始日から終了日までの期間の長さを指定した単位で求めることができます。生年月日から年齢を求めたいときは、単位として「年」を表す「"Y"」を指定し、開始日として生年月日、終了日としてTODAY関数で求めた本日の日付を指定します。

■ 生年月日から年齢を求める

入力セル D3　入力式 =DATEDIF(C3,TODAY(),"Y")

D3　=DATEDIF(C3,TODAY(),"Y")

	A	B	C	D
1		会員名簿		
2	NO	氏名	生年月日	年齢
3	1	村上　恵美	1978/5/20	37
4	2	町田　隆	1981/6/15	34
5	3	大村　陽子	1987/10/3	28
6	4	佐藤　絵里	1991/5/16	24
7				

セルD3に数式を入力して、セルD6までコピー

年齢が求められた

check!

=DATEDIF(開始日, 終了日, 単位)

開始日…開始日の日付を指定
終了日…終了日の日付として「開始日」以降の日付を指定
単位…求める期間の単位を次表の定数で指定

単位	戻り値
"Y"	満年数
"M"	満月数
"D"	満日数

単位	戻り値
"YM"	1年未満の月数
"YD"	1年未満の日数
"MD"	1カ月未満の日数

「開始日」から「終了日」までの期間の長さを、指定した「単位」で求めます。

=TODAY() → 04.004

memo

▶DATEDIF関数は、［関数の挿入］ダイアログや［関数ライブラリ］に表示されないため、セルに直接入力する必要があります。

▶法律上では、誕生日の前日に年齢が1加算されます。したがって法律上の年齢を求めるときは、「=DATEDIF(C3,TODAY()+1,"Y")」とします。

実務計算

04.039 生年月日から学年を求める

使用関数 IF(イフ) ／ MONTH(マンス) ／ TODAY(トゥデイ) ／ YEAR(イヤー) ／ DATEDIF(デイト・ディフ) ／ DATE(デイト) ／ VLOOKUP(ブイ・ルックアップ)

生年月日から学年を求めるには、まず準備として、年齢と学年の対応表を作成しておきます。さらに、3月までは前年度、4月以降は今年度というように、現在の月に応じた年度を計算しておきます。生年月日から今年度4月1日時点での年齢を求め、VLOOKUP関数で対応表を参照して、該当する学年を求めます。こうして求めると、4月1日生まれと4月2日生まれの境目で学年を分けることができます。

■生年月日から学年を求める

入力セル A1 入力式 =IF(MONTH(TODAY())<4,YEAR(TODAY())-1,YEAR(TODAY()))

入力セル C4 入力式 =DATEDIF(B4,DATE($A$1,4,1),"Y")

入力セル D4 入力式 =VLOOKUP(C4,$F$3:$G$10,2)

D4 =VLOOKUP(C4,$F$3:$G$10,2)

	A	B	C	D	E	F	G
1	2016	年度 子供会名簿				対応表	
2	氏名	生年月日	年齢 (4/1現在)	学年		年齢	学年
3						0	未就学
4	大橋　愛	2010/8/20	5	未就学		6	小学1年
5	広田　圭介	2009/10/7	6	小学1年		7	小学2年
6	岡本　愛美	2007/4/2	8	小学3年		8	小学3年
7	柿村　玲奈	2007/4/1	9	小学4年		9	小学4年
8	前田　勇気	2007/3/31	9	小学4年		10	小学5年
9	野田　遥	2004/10/5	11	小学6年		11	小学6年
10	遠藤　大地	2002/5/7	13	その他		12	その他
11							

セルA1に現在の年度を求める

年齢と学年の対応表

今年度4月1日時点の年齢

今年度の学年

セルC4とセルD4に数式を入力して、10行目までコピー

check!

=IF(論理式, 真の場合, 偽の場合) → 06.001

=MONTH(シリアル値) → 04.008

=TODAY() → 04.004

=YEAR(シリアル値) → 04.007

=DATEDIF(開始日, 終了日, 単位) → 04.038

=DATE(年, 月, 日) → 04.013

=VLOOKUP(検索値, 範囲, 列番号 [, 検索の型]) → 07.002

実務計算

04.040 入社日を算入して勤続期間を求める

使用関数 DATEDIF（デイト・ディフ）

DATEDIF関数では「開始日」が期間に算入されません。そのため、例えば入社日が「2000/4/1」、退社日が「2001/3/31」の場合、DATEDIF関数で勤続期間を求めると「0年11カ月30日」という結果になります。入社日も期間に参入して「1年0カ月0日」という結果が得たい場合は、「終了日」に1を加えて計算します。

■入社日を算入して勤続期間を求める

入力セル D3　入力式 =DATEDIF(B3,C3+1,"Y")

入力セル E3　入力式 =DATEDIF(B3,C3+1,"YM")

入力セル F3　入力式 =DATEDIF(B3,C3+1,"MD")

D3　=DATEDIF(B3,C3+1,"Y")

	A	B	C	D	E	F
1	2000年入社組　勤続期間の計算					
2	社員名	入社日	退社日	年数	月数	日数
3	田中	2000/4/1	2000/4/30	0	1	0
4	水谷	2000/4/1	2001/3/31	1	0	0
5	小村	2000/4/1	2001/5/20	1	1	20
6	谷中	2000/4/1	2010/6/8	10	2	8
7						

セルD3～セルF3に数式を入力して、6行目までコピー

勤続期間が求められた

check!

=DATEDIF(開始日, 終了日, 単位) → 04.038

memo

▶サンプルの「小村」の場合、「2000/4/1」から「2001/5/20+1」の期間を下図のように計算しています。「"YM"」は全期間から満年数を引いた余りの月数、さらに「"MD"」はその余りの日数を求めるための値です。この例では期間が正しく計算されていますが、実はDATEDIF関数では「"MD"」と「"YD"」を指定したときに、まれに正確な結果が得られないことがあります。今回は「開始日」算入の説明のためにあえて「"MD"」を使用しました。

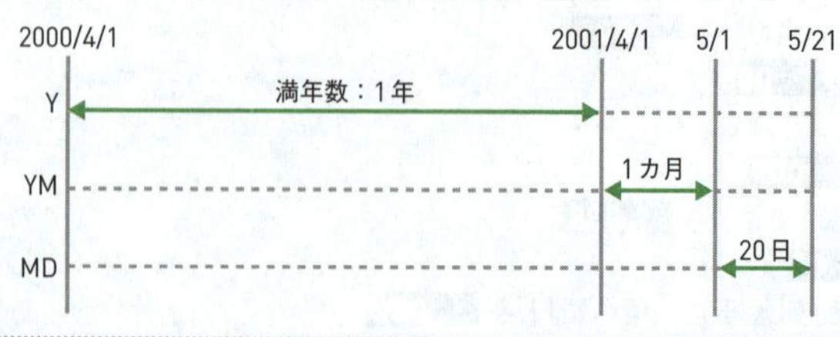

実務計算

04.041 入社月と退社月を1カ月在籍とみなして勤続期間を求める

使用関数 DATE（デイト） ／ YEAR（イヤー） ／ MONTH（マンス） ／ DATEDIF（デイト・ディフ）

入社日と退社日から勤続期間を求める場合、月の途中の入退社をどのように扱うか、それぞれの会社の規則に応じて計算式を変える必要があります。04.040 では単純に日付同士の差から年月を求めましたが、ここでは入社月や退社月は丸々１カ月在籍していたものとみなして計算します。それには、入社月の１日の日付と退社月の翌月１日の日付を求め、その２つの日付の期間をDATEDIF関数で調べます。

入社月と退社月を１カ月在籍とみなして勤続期間を求める

入力セル D3　入力式 =DATE(YEAR(B3),MONTH(B3),1)

入力セル E3　入力式 =DATE(YEAR(C3),MONTH(C3)+1,1)

入力セル F3　入力式 =DATEDIF(D3,E3,"Y") & " 年 " & DATEDIF(D3,E3,"YM") & " カ月 "

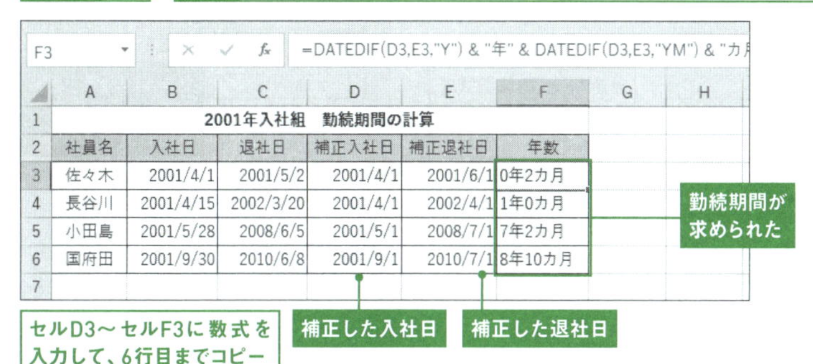
F3　=DATEDIF(D3,E3,"Y") & "年" & DATEDIF(D3,E3,"YM") & "カ月

	A	B	C	D	E	F
1	2001年入社組　勤続期間の計算					
2	社員名	入社日	退社日	補正入社日	補正退社日	年数
3	佐々木	2001/4/1	2001/5/2	2001/4/1	2001/6/1	0年2カ月
4	長谷川	2001/4/15	2002/3/20	2001/4/1	2002/4/1	1年0カ月
5	小田島	2001/5/28	2008/6/5	2001/5/1	2008/7/1	7年2カ月
6	国府田	2001/9/30	2010/6/8	2001/9/1	2010/7/1	8年10カ月

check!

=DATE(年, 月, 日) → 04.013
=YEAR(シリアル値) → 04.007
=MONTH(シリアル値) → 04.008
=DATEDIF(開始日, 終了日, 単位) → 04.038

memo

▶退社日を補正する際、退社月の月末日ではなく、退社月の翌月１日を求めたのは、DATEDIF関数で「開始日」が期間に算入されないのを補正するためです。

▶入社月や退社月の半端な日数の扱いは会社の規則によって異なりますが、ここで紹介した例のように規則に応じて日付を補正してから期間を求めるとよいでしょう。

実務計算

04.042 西暦と和暦の早見表を作成する

使用関数　ROW（ロウ）／TEXT（テキスト）／DATE（デイト）

西暦と和暦の早見表を作成しましょう。ここではセルA1の年を変更すると、自動で早見表もその年のものになるような仕組みにします。まず1列目に、セルA1の年から「行番号−1」を引くことによって、1ずつ減っていく西暦の数値を表示します。2列目ではTEXT関数を使用して、A列の年の12月31日時点の和暦を求めます。

■ 西暦和暦早見表を作成する

入力セル A3　入力式 =$A$1-ROW(A1)+1

入力セル B3　入力式 =TEXT(DATE(A3,12,31),"ggge")

A1　1992

	A	B	C	D
1	1992	年版　和暦早見表		
2	西暦	和暦		
3	1992	平成4		
4	1991	平成3		
5	1990	平成2		
6	1989	平成1		
7	1988	昭和63		
8	1987	昭和62		
9	1986	昭和61		
10	1985	昭和60		
11	1984	昭和59		
12	1983	昭和58		
13	1982	昭和57		
14	1981	昭和56		
15	1980	昭和55		

セルA3とB3に数式を入力して、113行目までコピー

西暦と和暦が表示された

A1　2016

	A	B	C	D
1	2016	年版　和暦早見表		
2	西暦	和暦		
3	2016	平成28		
4	2015	平成27		
5	2014	平成26		
6	2013	平成25		
7	2012	平成24		
8	2011	平成23		
9	2010	平成22		
10	2009	平成21		
11	2008	平成20		
12	2007	平成19		
13	2006	平成18		
14	2005	平成17		
15	2004	平成16		

セルA1の「年」を変更すると、早見表の数値も更新される

check!

=ROW([参照]) → 07.028
=TEXT(値, 表示形式) → 05.055
=DATE(年, 月, 日) → 04.013

memo

▶各年12月31日時点での和暦を求めることで、年初が昭和64年、年末が平成1年にあたる1989年には「平成1」、同様に1926年に「昭和1」が表示されます。これを「昭和64」「大正15」のように表示したい場合は、各年1月1日時点での年を求めます。

=TEXT(DATE(A3,1,1),"ggge")

04.043 西暦と干支の早見表を作成する →p.305
04.044 生まれ年と年齢の早見表を作成する →p.306

実務計算

04.043 西暦と干支の早見表を作成する

使用関数 MID／MOD

西暦／和暦と干支の早見表を作成しましょう。ここではA列の西暦に対応する干支をC列に表示します。割り算の余りを求めるMOD関数と、文字列の途中から指定した文字数を取り出すMID関数を利用します。

干支早見表を作成する

入力セル C3　入力式 =MID(" 申酉戌亥子丑寅卯辰巳午未 ",MOD(A3,12)+1,1)

	A	B	C
1	2016	年版	干支早見表
2	西暦	和暦	干支
3	2016	平成28	申
4	2015	平成27	未
5	2014	平成26	午
6	2013	平成25	巳
7	2012	平成24	辰
8	2011	平成23	卯
9	2010	平成22	寅
10	2009	平成21	丑
11	2008	平成20	子
12	2007	平成19	亥
13	2006	平成18	戌
14	2005	平成17	酉
15	2004	平成16	申

セルC3に数式を入力して、セルC113までコピー

干支が表示された

check!

=MID(文字列, 開始位置, 文字数) → 05.039

=MOD(数値, 除数) → 03.043

memo

▶干支は、西暦を12で割ったときの余りによって決まります。「申酉戌亥子丑寅卯辰巳午未」という12文字の文字列の「余り＋1」文字目がその年の干支になります。例えば、2013年は巳年ですが、「2013÷12」の余りは9で、10番目（9＋1番目）の文字は「巳」となります。

余り	0	1	2	3	4	5	6	7	8	9	10	11
余り＋1	1	2	3	4	5	6	7	8	9	10	11	12
干支	申	酉	戌	亥	子	丑	寅	卯	辰	巳	午	未

関連項目 04.042 西暦と和暦の早見表を作成する →p.304
04.044 生まれ年と年齢の早見表を作成する →p.306

数式の基本
表の集計
数値処理
日付と時刻
文字列操作
条件判定
表の検索と操作
数学計算
統計計算
財務計算
関数一覧

実務計算

04.044 生まれ年と年齢の早見表を作成する

使用関数 DATEDIF（デイト・ディフ） ／ DATE（デイト）

生年月日から年齢を調べる早見表を作成しましょう。早見表の1列目に表示されている生まれ年に対応する年齢を4列目に求めます。年齢は、セルA1の年の誕生日後の満年齢とします。表を引くときの日付が誕生日前の場合は、早見表の年齢から1を引いた数値が実際の年齢になります。

■年齢早見表を作成する

入力セル D3　入力式 =DATEDIF(DATE(A3,1,1),DATE($A$1,1,1),"Y")

D3　=DATEDIF(DATE(A3,1,1),DATE($A$1,1,1),"Y")

	A	B	C	D	E	F	G	H
1	2016 年版　年齢早見表							
2	生年	和暦	干支	年齢				
3	2016	平成28	申	0				
4	2015	平成27	未	1				
5	2014	平成26	午	2				
6	2013	平成25	巳	3				
7	2012	平成24	辰	4				
8	2011	平成23	卯	5				
9	2010	平成22	寅	6				
10	2009	平成21	丑	7				
11	2008	平成20	子	8				
12	2007	平成19	亥	9				
13	2006	平成18	戌	10				
14	2005	平成17	酉	11				
15	2004	平成16	申	12				
16	2003	平成15	未	13				

セルD3に数式を入力して、セルD113までコピー

年齢が表示された

check!

=DATEDIF(開始日, 終了日, 単位) → 04.038
=DATE(年, 月, 日) → 04.013

memo

▶この表の構成ではセルA1とセルA3が同じ数値なので、年齢は「0、1、2……」となります。

関連項目 04.042 西暦と和暦の早見表を作成する →p.304
04.043 西暦と干支の早見表を作成する →p.305

実務計算

04.045 今月の日数を求めて日割り計算する

使用関数 DAY（デイ） ／ EOMONTH（エンド・オブ・マンス） ／ ROUND（ラウンド）

月の途中で解約したときに、日割りで料金を支払うことがあります。そのような計算を行うには、まずその月の日数を求めます。それにはEOMONTH関数を使用してその月の月末日を求め、DAY関数でその月末日から「日」を取り出します。求めた日数で解約日までの日数を割り、月額料金を掛ければ、日割りの料金が求められます。なお、サンプルでは小数点以下の端数をROUND関数で四捨五入しました。

■ 解約日までの日割り料金を求める

入力セル C5 入力式 =DAY(EOMONTH(B5,0))

入力セル D5 入力式 =ROUND($D$2*DAY(B5)/C5,0)

C5 =DAY(EOMONTH(B5,0))

	A	B	C	D	E	F	G
1		解約月 日割り料金の計算					
2			月額	30,000			
3							
4	契約番号	解約日	月日数	日割り料金			
5	120455	2016/2/14	29	14,483			
6	120657	2016/2/28	29	28,966			
7	145024	2016/3/10	31	9,677			
8	163320	2016/4/10	30	10,000			
9	165501	2016/5/8	31	7,742			
10							
11							
12							
13							

セルC5とセルD5に数式を入力して、9行目までコピー

日割り料金

解約月の全日数

check!

=DAY(シリアル値) → 04.009

=EOMONTH(開始日, 月) → 04.025

=ROUND(数値, 桁数) → 03.047

関連項目 04.025 当月末や翌月末の日付を求める →p.286

実務計算

04.046 1月1日を含む週を第1週として指定した日付の週数を求める

使用関数 ウィーク・ナンバー WEEKNUM

WEEKNUM関数を使用すると、指定した日付データが年初から数えて何週目にあたるかを求めることができます。ここでは、1月1日を含む週を第1週とし、日曜日ごとに週が変わるものとして、週数を求めます。

■日付データから「週数」を求める

入力セル B3　入力式 =WEEKNUM(A3)

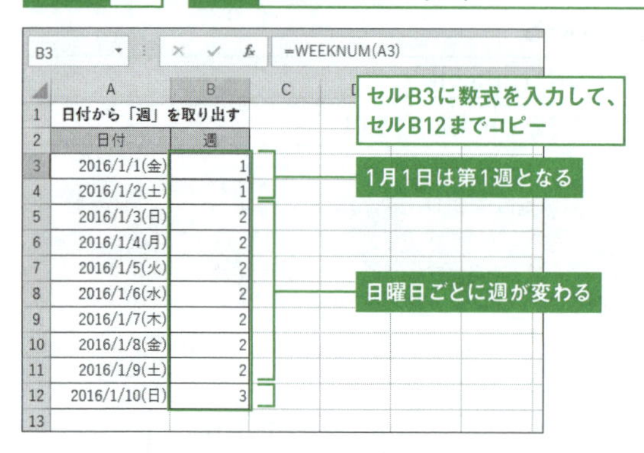

check!

=WEEKNUM(シリアル値 [, 週の基準])

シリアル値…日付／時刻データやシリアル値を指定

週の基準…週の始まりを何曜日とするか、および週計算に使用するシステムを次表の数値で指定。システム1の場合は1月1日を含む週がその年の第1週、システム2の場合は最初の木曜日を含む週がその年の第1週となる。指定できる値は、Excel 2016 / 2013 / 2010とExcel 2007で異なる

週の基準	週の始まり	システム	バージョン
1または省略	日曜日	システム1	2016/2013/2010/2007
2	月曜日	システム1	2016/2013/2010/2007
11	月曜日	システム1	2016/2013/2010
12	火曜日	システム1	2016/2013/2010
13	水曜日	システム1	2016/2013/2010
14	木曜日	システム1	2016/2013/2010
15	金曜日	システム1	2016/2013/2010
16	土曜日	システム1	2016/2013/2010
17	日曜日	システム1	2016/2013/2010
21	月曜日	システム2	2016/2013/2010

「シリアル値」が表す日付から週数を求めます。

実務計算

04.047 その年の最初の木曜日を第1週として指定した日付の週数を求める

使用関数 WEEKNUM（ウィーク・ナンバー）

ISO（国際標準化機構）では、最初の木曜日を含む週がその年の第1週であると規定されています。例えば1月1日が金曜日の場合、その週は前年の第52週、あるいは第53週とみなされます。また、1月1日が火曜日の場合、前年12月31日も第1週とみなされます。Excel 2016/2013/2010では、WEEKNUM関数の引数「週の基準」に「21」を指定すると、この規定にしたがった週数を求めることができます。

■日付データから「週数」を求める

入力セル B3　入力式 =WEEKNUM(A3,21)

	A	B
1	日付から「週」を取り出す	
2	日付	週
3	2016/1/1(金)	53
4	2016/1/2(土)	53
5	2016/1/3(日)	53
6	2016/1/4(月)	1
7	2016/1/5(火)	1
8	2016/1/6(水)	1
9	2016/1/7(木)	1
10	2016/1/8(金)	1
11	2016/1/9(土)	1
12	2016/1/10(日)	1
13	2016/1/11(月)	2

セルB3に数式を入力して、セルB21までコピー

1月1日は金曜日なので前年第53週となる

月曜日ごとに週が変わる

check!

=WEEKNUM(シリアル値 [, 週の基準]) → 04.046

memo

▶Excel 2007では、WEEKNUM関数の引数「週の基準」に「21」を指定することはできません。次式のように入力すると、ISOの規定にしたがった週数が求められます。

=INT((A3-DATE(YEAR(A3-WEEKDAY(A3-1)+4),1,3)+WEEKDAY(DATE(YEAR(A3-WEEKDAY(A3-1)+4),1,3))+5)/7)

▶Excel 2016 / 2013では、新関数のISOWEEKNUM関数を使用してもISO週番号を求められます。引数は「日付」のみです。

=ISOWEEKNUM(A3)

実務計算

04.048 第1土曜日までを第1週として日付がその月の何週目にあたるかを計算する

使用関数 WEEKNUM（ウィーク・ナンバー） / DATE（デイト） / YEAR（イヤー） / MONTH（マンス）

スケジュール表に週数を表示してみましょう。ここでは、日曜日から土曜日までを1つの週として計算します。つまり、1日から第1土曜日までが「1」となり、それ以降日曜日ごとに週数を「1」ずつ加算します。WEEKNUM関数を使用して、現在の日付の週数からその月の1日の週数を減算して1を加えれば、目的どおりの表示になります。

■ スケジュール表に週数を表示する

入力セル A3

入力式 =WEEKNUM(B3)-WEEKNUM(DATE(YEAR(B3),MONTH(B3),1))+1

A3 =WEEKNUM(B3)-WEEKNUM(DATE(YEAR(B3),MONTH(B3),1))+1

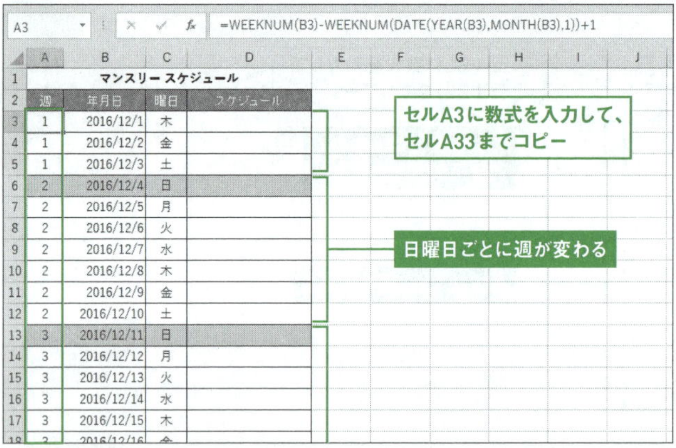

	A	B	C	D
1	マンスリー スケジュール			
2	週	年月日	曜日	スケジュール
3	1	2016/12/1	木	
4	1	2016/12/2	金	
5	1	2016/12/3	土	
6	2	2016/12/4	日	
7	2	2016/12/5	月	
8	2	2016/12/6	火	
9	2	2016/12/7	水	
10	2	2016/12/8	木	
11	2	2016/12/9	金	
12	2	2016/12/10	土	
13	3	2016/12/11	日	
14	3	2016/12/12	月	
15	3	2016/12/13	火	
16	3	2016/12/14	水	
17	3	2016/12/15	木	
18	3	2016/12/16	金	

セルA3に数式を入力して、セルA33までコピー

日曜日ごとに週が変わる

check!

=WEEKNUM(シリアル値 [, 週の基準]) → 04.046
=DATE(年, 月, 日) → 04.013
=YEAR(シリアル値) → 04.007
=MONTH(シリアル値) → 04.008

memo

▶週が変わる曜日を月曜日にしたい場合は、WEEKNUM関数の引数「週の基準」に「2」を指定します。

=WEEKNUM(B3,2)-WEEKNUM(DATE(YEAR(B3),MONTH(B3),1),2)+1

関連項目 04.049 7日までを第1週として日付がその月の何週目にあたるかを計算する →p.311

04.049 7日までを第1週として日付がその月の何週目にあたるかを計算する

使用関数 INT（インテジャー）／DAY（デイ）

「第3日曜日は特売日」「第2土曜日は粗大ゴミの回収日」と表現した場合、一般的に1日から7日までを第1週、8日から14日までを第2週と数えます。この考え方に則り、月初から7日ごとに週が変わるものとして、スケジュール表に週数を表示してみましょう。日付の「日」に6を加えて7で割った整数部分が、求める週数となります。

■ スケジュール表に週数を表示する

入力セル A3　入力式 =INT((DAY(B3)+6)/7)

A3　=INT((DAY(B3)+6)/7)

	A	B	C	D	E	F
1	マンスリー スケジュール					
2	週	年月日	曜日	スケジュール		
3	1	2016/12/1	木			
4	1	2016/12/2	金			
5	1	2016/12/3	土			
6	1	2016/12/4	日			
7	1	2016/12/5	月			
8	1	2016/12/6	火			
9	1	2016/12/7	水			
10	2	2016/12/8	木			
11	2	2016/12/9	金			
12	2	2016/12/10	土			
13	2	2016/12/11	日			
14	2	2016/12/12	月			
15	2	2016/12/13	火			
16	2	2016/12/14	水			
17	3	2016/12/15	木			
18	3	2016/12/16	金			
19	3	2016/12/17	土			

セルA3に数式を入力して、セルA33までコピー

7日ごとに週が変わる

check!

=INT(数値) → 03.053

=DAY(シリアル値) → 04.009

関連項目 04.048 第1土曜日までを第1週として日付がその月の何週目にあたるかを計算する →p.310
04.052 指定した年月の第3木曜日の日付を求める →p.314

実務計算

04.050 日付から曜日番号を求める

ウィークデイ
WEEKDAY

WEEKDAY関数を使用すると、日付データから曜日番号を求めることができます。何曜日をどの数値に割り当てるかは、引数で指定します。ここでは、日曜日を1として、表の1列目に入力された日付データの曜日番号を求めます。

■ 日付データから曜日番号を求める

入力セル **B3**　入力式 **=WEEKDAY(A3)**

B3　=WEEKDAY(A3)

	A	B	C	D	E	F	G	H
1	日付から曜日番号を求める							
2	日付	曜日番号						
3	2016/8/1(月)	2						
4	2016/8/2(火)	3						
5	2016/8/3(水)	4						
6	2016/8/4(木)	5						
7	2016/8/5(金)	6						
8	2016/8/6(土)	7						
9	2016/8/7(日)	1						
10								

セルB3に数式を入力して、セルB9までコピー

曜日番号が求められた

check!

=WEEKDAY(シリアル値 [, 種類])

シリアル値…日付／時刻データやシリアル値を指定
種類…戻り値の種類を次表の数値で指定。指定できる値は、Excel 2016 / 2013 / 2010とExcel 2007で異なる

種類	戻り値	バージョン
1または省略	1(日曜)～7(土曜)	2016/2013/2010/2007
2	1(月曜)～7(日曜)	2016/2013/2010/2007
3	0(月曜)～6(日曜)	2016/2013/2010/2007
11	1(月曜)～7(日曜)	2016/2013/2010
12	1(火曜)～7(月曜)	2016/2013/2010
13	1(水曜)～7(火曜)	2016/2013/2010
14	1(木曜)～7(水曜)	2016/2013/2010
15	1(金曜)～7(木曜)	2016/2013/2010
16	1(土曜)～7(金曜)	2016/2013/2010
17	1(日曜)～7(土曜)	2016/2013/2010

「シリアル値」が表す日付から曜日番号を求めます。

関連項目 04.051 日付から曜日を求める →p.313

実務計算

04.051 日付から曜日を求める

使用関数 TEXT

日付から曜日を求めたいときは、TEXT関数を使用して、曜日の表示形式を指定します。ここでは表示形式として「aaaa」を指定して、曜日を「日曜日、月曜日、火曜日……」の形式で表示します。

日付データから曜日を求める

入力セル B3　入力式 =TEXT(A3,"aaaa")

	A	B
1	日付から曜日を求める	
2	日付	曜日
3	2016/8/1(月)	月曜日
4	2016/8/2(火)	火曜日
5	2016/8/3(水)	水曜日
6	2016/8/4(木)	木曜日
7	2016/8/5(金)	金曜日
8	2016/8/6(土)	土曜日
9	2016/8/7(日)	日曜日

セルB3に数式を入力して、セルB9までコピー

曜日が求められた

check!

=TEXT(値, 表示形式) → 05.055

memo

▶曜日の表示形式には以下の種類があります。

表示形式	曜日の表示
aaa	日、月、火、水、木、金、土
aaaa	日曜日、月曜日、火曜日、水曜日、木曜日、金曜日、土曜日
ddd	Sun、Mon、Tue、Wed、Thu、Fri、Sat
dddd	Sunday、Monday、Tuesday、Wednesday、Thursday、Friday、Saturday

▶「=A3」のように入力して元の日付を参照したセルに、01.037 を参考に曜日の表示形式を設定しても、曜日を表示できます。

関連項目 04.050 日付から曜日番号を求める →p.312

実務計算

04.052 指定した年月の第3木曜日の日付を求める

使用関数 WEEKDAY（ウィーク・デイ） ／ DATE（デイト）

「2016年8月の第3木曜日」のように、指定した年、月、週、曜日を条件に、日付を求めましょう。まずは準備として、セルB2に「年」として「2016」、セルB3に「月」として「8」、セルB4に「週」として「3」、セルB5に「木曜日」を表す「5」を入力します。曜日は日曜日を1、月曜日を2……、土曜日を7で表すことにします。セルB6に以下の数式を入力すると、目的の日付が表示されます。セル範囲B2:B5の条件を変更すると、セルB6の計算結果も変わります。

■「2016年8月の第3木曜日」を求める

入力セル B6　入力式 =DATE(B2,B3,B4*7-WEEKDAY(DATE(B2,B3,-B5+2),3))

B6　=DATE(B2,B3,B4*7-WEEKDAY(DATE(B2,B3,-B5+2),3))

	A	B	C	D	E	F	G	H	I	J
1	第3木曜日を求める			2016年8月カレンダー						
2	年	2016		日	月	火	水	木	金	土
3	月	8			1	2	3	4	5	6
4	週	3		7	8	9	10	11	12	13
5	曜日	5		14	15	16	17	18	19	20
6	日付	2016/8/18		21	22	23	24	25	26	27
7				28	29	30	31			
8										

「2016年8月の第3木曜日」が求められた

check!

=WEEKDAY(シリアル値 [, 種類]) → 04.050
=DATE(年, 月, 日) → 04.013

memo

▶セルA1に次の数式を入力すると、セル範囲B2:B5の条件に応じて、タイトル「第○○曜日を求める」の週番号と曜日名が自動で切り替わります。

="第" & B4 & MID("日月火水木金土",B5,1) & "曜日を求める"

A1　="第"&

	A	B	C	D	E
1	第4土曜日を求める			2016年	
2	年	2016		日	月
3	月	8			1
4	週	4		7	8
5	曜日	7		14	15
6	日付	2016/8/27		21	22

関連項目 04.049 7日までを第1週として日付がその月の何週目にあたるかを計算する →p.311
04.050 日付から曜日番号を求める →p.312

実務計算

04.053 土日と平日で配送料金を区別する

使用関数 WEEKDAY（ウィーク・デイ） ／ IF（イフ）

配送希望日が土曜日または日曜日のときは配送料金を「500」、それ以外の曜日のときは「0」、未入力のときは何も表示しないようにしましょう。それには、IF関数とWEEKDAY関数を組み合わせて使用します。WEEKDAY関数の引数「種類」に「2」を指定して、土曜日と日曜日を1つの条件で判定できるようにすることがポイントです。

配送料を土日は「500」、平日は「0」とする

入力セル B5　入力式 =IF(B4="","",IF(WEEKDAY(B4,2)>=6,500,0))

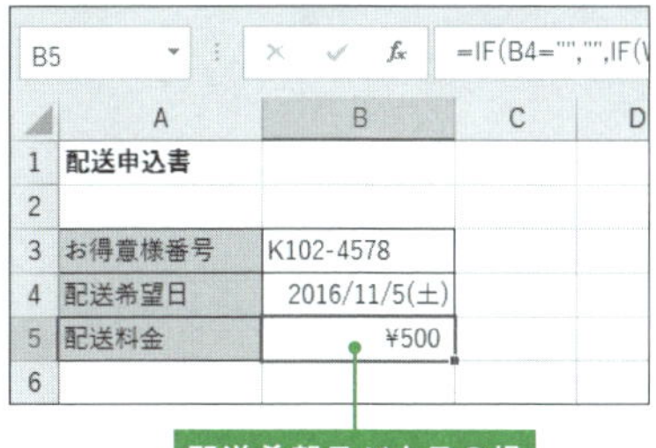

配送希望日が土日の場合は「500」と表示される

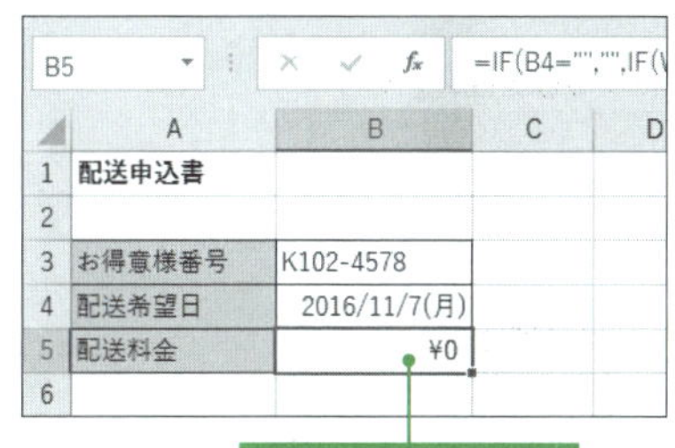

配送希望日が平日の場合は「0」と表示される

check!

=WEEKDAY(シリアル値 [, 種類]) → 04.050
=IF(論理式, 真の場合, 偽の場合) → 06.001

memo

▶ WEEKDAY関数の2番目の引数「種類」に「2」を指定すると、戻り値は平日が「1（月曜日）～5（金曜日）」、土日が「6（土曜日）～7（日曜日）」となります。したがって、WEEKDAY関数の戻り値が6以上の場合は土日、それ以外の場合は平日と判断できます。

▶ WEEKDAY関数の1番目の引数「シリアル値」として未入力のセルを指定すると、「0」とみなして計算されるため、予期しない結果になることがあります。サンプルでは、配送希望日が未入力のときに「500」が表示されるのを防ぐために、IF関数を使用して場合分けしました。

関連項目
04.050 日付から曜日番号を求める →p.312
04.054 指定した日が日曜日かを調べる →p.316

データ分析

04.054 指定した日が日曜日かを調べる

使用関数 IF(イフ) ／ WEEKDAY(ウィーク・デイ)

指定した日付が日曜日かどうかを調べるには、まずWEEKDAY関数で曜日番号を取得します。曜日番号が「1」であれば日曜日と判定できます。サンプルでは日程表の日曜日のセルに「日曜日」、それ以外の曜日のセルに何も表示しないようにIF関数を使用して場合分けしました。

■ 日曜日の日付に「日曜日」と表示する

入力セル B3　入力式 =IF(WEEKDAY(A3)=1,"日曜日","")

B3　=IF(WEEKDAY(A3)=1,"日曜日","")

	A	B	C	D	E	F	G	H
1	日曜日の判定							
2	日付	判定						
3	2016/11/1(火)							
4	2016/11/2(水)							
5	2016/11/3(木)							
6	2016/11/4(金)							
7	2016/11/5(土)							
8	2016/11/6(日)	日曜日						
9	2016/11/7(月)							
10	2016/11/8(火)							
11	2016/11/9(水)							
12	2016/11/10(木)							
13	2016/11/11(金)							
14	2016/11/12(土)							
15	2016/11/13(日)	日曜日						
16	2016/11/14(月)							
17	2016/11/15(火)							
18								

check!

=IF(論理式, 真の場合, 偽の場合) → 06.001
=WEEKDAY(シリアル値 [, 種類]) → 04.050

memo

▶指定した日が土日かどうか調べるには、次の数式を使います。考え方は、04.053 を参考にしてください。

=IF(A3="","",IF(WEEKDAY(A3,2)>=6,"土日",""))

関連項目 04.050 日付から曜日番号を求める →p.312
04.053 土日と平日で配送料金を区別する →p.315

データ分析

04.055 指定した日が休業日か営業日かを調べる

使用関数 NETWORKDAYS(ネットワークデイズ) ／ IF(イフ)

土日と指定した日付を休業日として、日付が休業日か営業日かを調べましょう。それにはNETWORKDAYS関数の引数「開始日」と「終了日」の両方に調べたい日付を指定します。この関数の戻り値は営業日数なので、日付が休業日であれば結果は「0」、営業日であれば結果は「1」になります。サンプルではIF関数を使用して、休業日の日付に「休」と表示しました。

休業日の日付に「休」と表示する

入力セル B3　入力式 =IF(A3="","",IF(NETWORKDAYS(A3,A3,$E$3:$E$4)=0,"休",""))

B3　=IF(A3="","",IF(NETWORKDAYS(A3,A3,$E$3:$E$4)=0,"休",""))

	A	B	C	D	E
1	休業日の判定				
2	日付	判定		休業日	
3	2016/10/1(土)	休		定期点検日	2016/10/5
4	2016/10/2(日)	休		体育の日	2016/10/10
5	2016/10/3(月)				
6	2016/10/4(火)				
7	2016/10/5(水)	休			
8	2016/10/6(木)				
9	2016/10/7(金)				
10	2016/10/8(土)	休			
11	2016/10/9(日)	休			
12	2016/10/10(月)	休			
13	2016/10/11(火)				
14	2016/10/12(水)				
15	2016/10/13(木)				
16	2016/10/14(金)				
17	2016/10/15(土)	休			

セルB3に数式を入力して、セルB17までコピー

休業日の日付に「休」と表示される

check!

=NETWORKDAYS(開始日, 終了日 [, 祭日]) → 04.035
=IF(論理式, 真の場合, 偽の場合) → 06.001

memo

▶NETWORKDAYS関数の引数「開始日」と「終了日」に未入力のセルを指定すると「0」とみなして計算され、結果が「休」になってしまいます。サンプルではそれを防ぐために、セルA3が未入力でないときだけNETWORKDAYS関数による判定を行いました。

関連項目 04.054 指定した日が日曜日かを調べる →p.316

04.056 指定した日が祝日かを調べる →p.318

データ分析

04.056 指定した日が祝日かを調べる

使用関数 COUNTIF(カウント・イフ) ／ IF(イフ)

指定した日付が祝日かどうかを調べるには、まず判断の基準となる祝日の表を用意します。COUNTIF関数を使用して、調べたい日付が祝日表の中にいくつあるかをカウントし、結果が1以上であれば祝日であると判断します。数式をコピーしたときに祝日表のセル範囲がずれないように、絶対参照で指定してください。

■祝日の日付に「祝日」と表示する

入力セル B3　入力式 =IF(COUNTIF($D$3:$D$10,A3)>=1," 祝日 ","")

B3　=IF(COUNTIF($D$3:$D$10,A3)>=1,"祝日","")

	A	B	C	D
1	祝日かどうかの判定			
2	日付	判定		祝日
3	2016/1/1	祝日		2016/1/1
4	2016/1/2			2016/1/11
5	2016/1/3			2016/2/11
6	2016/1/4			2016/3/20
7	2016/1/5			2016/4/29
8	2016/1/6			2016/5/3
9	2016/1/7			2016/5/4
10	2016/1/8			2016/5/5
11	2016/1/9			
12	2016/1/10			
13	2016/1/11	祝日		
14	2016/1/12			
15	2016/1/13			
16	2016/1/14			
17	2016/1/15			

セルB3に数式を入力して、セルB17までコピー

祝日の日付に「祝日」と表示される

check!

=COUNTIF(条件範囲, 条件) → 02.033
=IF(論理式, 真の場合, 偽の場合) → 06.001

memo

▶祝日の日付に「祝日」ではなく祝日の名称を表示したい場合は、04.064 を参照してください。

関連項目 04.055 指定した日が休業日か営業日かを調べる →p.317
04.064 日程表に祝日の名前を表示する →p.332

データ分析

04.057 指定した年がうるう年かを調べる

使用関数 DAY（デイ）／DATE（デイト）／IF（イフ）

指定した年がうるう年かどうかを調べるには、DATE関数を使用してその年の2月29日の日付を作成し、DAY関数で「日」を取り出します。2月29日が存在すれば、DAY関数の戻り値は「29」になるはずです。一方、2月29日が存在しない場合、DATE関数で作成される日付は自動で3月1日にずれるため、DAY関数の戻り値は「29」になりません。つまり、戻り値が「29」であればうるう年と判断できます。

■ うるう年のセルに「うるう年」と表示する

入力セル B3　入力式 =IF(DAY(DATE(A3,2,29))=29,"うるう年","")

B3　=IF(DAY(DATE(A3,2,29))=29,"うるう年","")

	A	B
1	うるう年かどうかの判定	
2	年	判定
3	2016	うるう年
4	2017	
5	2018	
6	2019	
7	2020	うるう年
8	2021	
9	2022	
10	2023	
11	2024	うるう年
12		

セルB3に数式を入力して、セルB11までコピー

うるう年のセルに「うるう年」と表示される

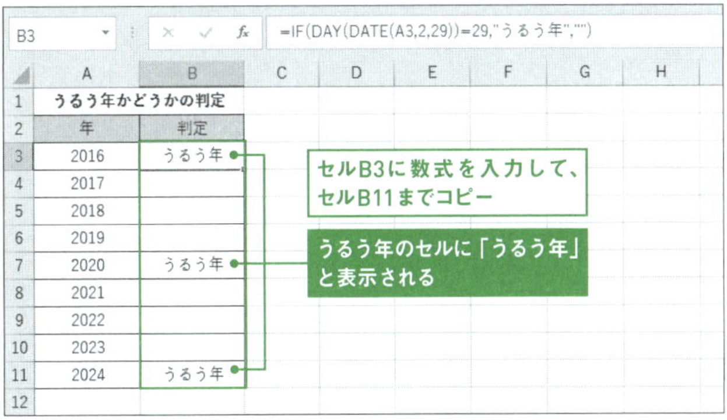

check!

=DAY(シリアル値) → 04.009
=DATE(年,月,日) → 04.013
=IF(論理式,真の場合,偽の場合) → 06.001

memo

▶Excelでは実際に存在しない「1900/2/29」が存在するものとして扱われます。そのため、1900年はうるう年ではありませんが、サンプルの式を使用すると「うるう年」と判定されます。1900年以前の年を判定する可能性がある場合は、サンプルの式ではなく、次のmemoの式を使用してください。

▶一般に4の倍数の年がうるう年ですが、100の倍数のうち400の倍数でない年はうるう年になりません。これを条件に、うるう年かどうかを判定することもできます。

```
=IF(OR(MOD(A3,400)=0,AND(MOD(A3,4)=0,MOD(A3,100)<>0)),"うるう年","")
```

資料作成

04.058 指定した月の日程表を自動作成する

使用関数 IF(イフ) ／ DAY(デイ) ／ DATE(デイト) ／ TEXT(テキスト)

年と月を指定するだけで、その月の日付を自動表示する日程表を作成します。月によって日数が異なるので、29日以降の日付が存在するかどうかを判定して、表示／非表示を切り替えることがポイントです。罫線は、条件付き書式を利用して、その月の日数に合わせて自動表示されるようにします。

指定した月の日数に合わせて日程表を作成する

	A	B	C	D
1	2016	年	スケジュール表	
2	11	月		
3				
4	日	曜日	スケジュール	
5	1			
6	2			
7	3			
8	4			
9	5			
10	6			
11	7			
12	8			
13	9			
14	10			
15	11			
16	12			
17	13			
29	25			
30	26			
31	27			
32	28			

❶2016年11月の日程表を作成する。まず、セルA1に年、セルA2に月を入力し、さらにセル範囲A5:A32に1から28を入力する。

A35

	A	B
31	27	
32	28	
33	29	
34	30	
35		
36		

❷その月に29～31日が存在するかを判定し、存在する場合だけ日付を表示する。セルA33、A34、A35にそれぞれ数式を入力すると、11月に存在する29、30だけが表示され、31は非表示になる。

入力セル A33

入力式 =IF(DAY(DATE($A$1,$A$2,29))=29,29,"")

入力セル A34

入力式 =IF(DAY(DATE($A$1,$A$2,30))=30,30,"")

入力セル A35

入力式 =IF(DAY(DATE($A$1,$A$2,31))=31,31,"")

	A	B	C	D
1	2016	年	スケジュール表	
2	11	月		
3				
4	日	曜日	スケジュール	
5	1	火		
6	2	水		
7	3	木		
8	4	金		
9	5	土		
10	6	日		
11	7	月		
12	8	火		
13	9	水		
14	10	木		
15	11	金		
16	12	土		
17	13	日		
18	14	月		
27	23	水		
28	24	木		
29	25	金		
30	26	土		
31	27	日		
32	28	月		
33	29	火		
34	30	水		
35				
36				

3 B列に曜日を表示するには、DATE関数で求めた日付にTEXT関数で曜日の表示形式を設定する。A列にデータが表示されていない場合は曜日も非表示になるように、IF関数で場合分けする。セルB5に数式を入力したら、セルB35までコピーする。

入力セル B5　**入力式** =IF(A5="","",TEXT(DATE($A$1,$A$2,A5),"aaa"))

	A	B	C	D	E
29	25	金			
30	26	土			
31	27	日			
32	28	月			
33	29	火			
34	30	水			
35					
36					

4 日程表のセル範囲A4:C35を選択する。現在35行目は何も表示されていないが、忘れずに選択に含めること。

新しい書式ルール

ルールの種類を選択してください(S):

- セルの値に基づいてすべてのセルを書式設定
- 指定の値を含むセルだけを書式設定
- 上位または下位に入る値だけを書式設定
- 平均より上または下の値だけを書式設定
- 一意の値または重複する値だけを書式設定
- 数式を使用して、書式設定するセルを決定

ルールの内容を編集してください(E):

次の数式を満たす場合に値を書式設定(O):

=$A4<>""

プレビュー: 書式が設定されていません　書式(F)...

OK　キャンセル

5 01.040 を参考に[新しい書式ルール]ダイアログを開く。[数式を使用して、書式設定するセルを決定]を選択し、条件の式を入力する。続いて、[書式]ボタンをクリックする。

入力式 =$A4<>""

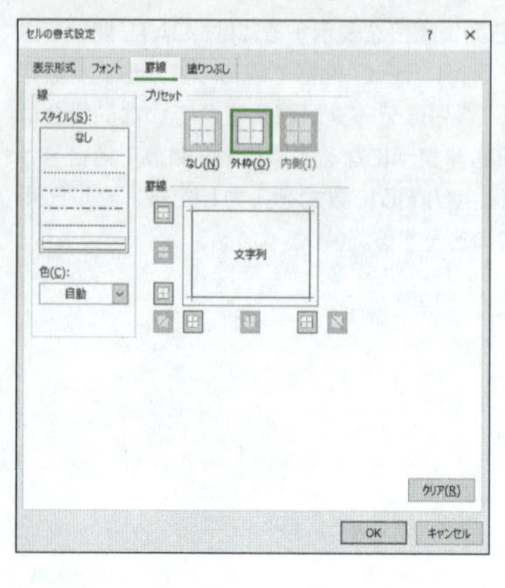

❻［罫線］タブの［プリセット］欄で［外枠］をクリックし、［OK］ボタンをクリックする。手順5の画面に戻るので、［OK］ボタンをクリックして閉じる。

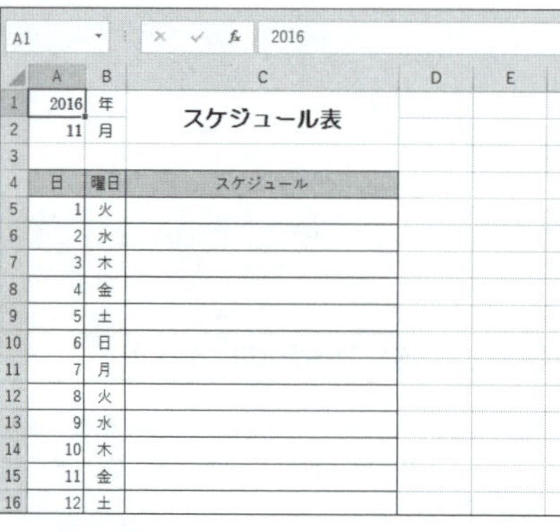

❼日付が入力されている行だけ、格子罫線が設定された。セルA1の年とセルA2の月を変更すると、日程表の日付、曜日、罫線の設定も変更される。

check!

=IF(論理式, 真の場合, 偽の場合) → 06.001
=DAY(シリアル値) → 04.009
=DATE(年, 月, 日) → 04.013
=TEXT(値, 表示形式) → 05.055

memo

▶手順2では、セルA35に次の式を入力しました。

=IF(DAY(DATE($A$1,$A$2,31))=31,31,"")

「DATE($A$1,$A$2,31)」の部分で、指定した年と月の31日の日付を作成しています。31日が存在すれば、作成された日付の「日」が31になります。一方31日が存在しない場合、作成される日付は翌月の1日の日付になります。つまり、DAY関数で「日」を取り出し、31に等しいかどうかを調べれば、その月に31日が存在するかどうかが判断できるわけです。29日、30日についても同様です。

関連項目 04.059 指定した月のカレンダーを自動作成する →p.323
04.062 日程表の土日の行を自動的に色分けする →p.328

資料作成

04.059 指定した月のカレンダーを自動作成する

使用関数 TEXT(テキスト) ／ DATE(デイト) ／ COLUMN(カラム) ／ WEEKDAY(ウィークデイ) ／ ROW(ロウ) ／ OR(オア) ／ DAY(デイ)

年と月を指定するだけで、その月の日付を自動表示するカレンダーを作成します。行と列に正しく日付が表示されるよう、COLUMN関数とROW関数を利用することがポイントです。カレンダーの6行7列のマス目を日付で埋めたあと、条件付き書式を利用して不要な日付を非表示にします。

指定した月の日数に合わせてカレンダーを作成する

B2 =TEXT(DATE(B1,A1,1),"m

	A	B	C	D	E	F	G
1	10	2016					Calendar
2		October					
3							
4	SUN	MON	TUE	WED	THU	FRI	SAT
5							

1 2016年10月のカレンダーを作成する。まず、セルA1に月、セルB1に年を入力する。次に、指定した月を英語表記するため、セルB2にTEXT関数を入力する。引数で指定した「mmmm」が月を英語表記するための書式記号。

入力セル B2 入力式 =TEXT(DATE(B1,A1,1),"mmmm")

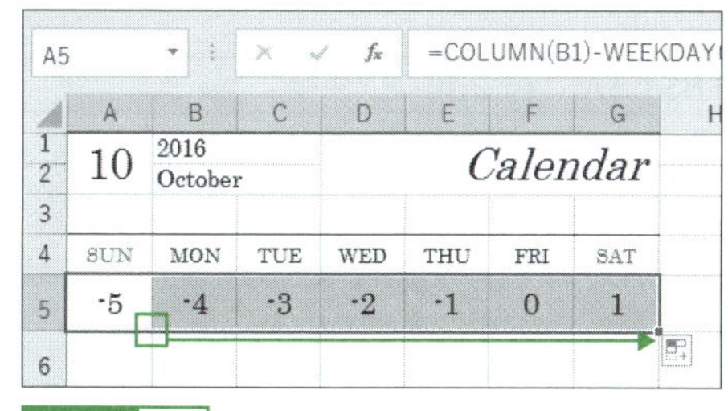

2 すべてのセルに同じ数式で日付を表示できるようにするには、COLUMN関数とROW関数を利用する。まず、セルA5に数式を入力して、セルG5までコピーする。横方向にコピーするとCOLUMN関数の戻り値が1ずつ増えるので、日付を1ずつ加算できる。

入力セル A5

入力式 =COLUMN(B1)-WEEKDAY(DATE($B$1,$A$1,1))+7*(ROW(A1)-1)

memo

▶手順2の数式の「WEEKDAY(DATE($B$1,$A$1,1))」は、今月1日の曜日番号です。「日、月、火……土」の曜日番号は「1、2、3……7」で、カレンダーの先頭の日にち（セルA5の数値）は「2－今月1日の曜日番号」になります。例えば2016/10/1（土）の曜日番号は7なので、セルA5の日にちは「-5」（＝2-7）になります。この「-5」を基準として右に1列ずれるごとに日にちを1増やしたいので、「2－今月1日の曜日番号」の「2」の代わりに「COLUMN(B1)」を指定しました。また、下に1行ずれるごとに日にちを7増やしたいので、「2－今月1日の曜日番号」に「7*(ROW(A1)-1)」を加算しました。

A5 =COLUMN(B1)-WEEKDAY(DATE($

	A	B	C	D	E	F	G	H
1	10	2016			Calendar			
2		October						
3								
4	SUN	MON	TUE	WED	THU	FRI	SAT	
5	-5	-4	-3	-2	-1	0	1	
6	2	3	4	5	6	7	8	
7	9	10	11	12	13	14	15	
8	16	17	18	19	20	21	22	
9	23	24	25	26	27	28	29	
10	30	31	32	33	34	35	36	
11								

3セル範囲A5:G5を選択し、フィルハンドルを下方向にドラッグして、10行目までコピーする。縦方向にコピーするとROW関数の戻り値が1ずつ増えるが、手順2の数式でROW関数の戻り値を7倍にしているため、日付が7ずつ加算される。

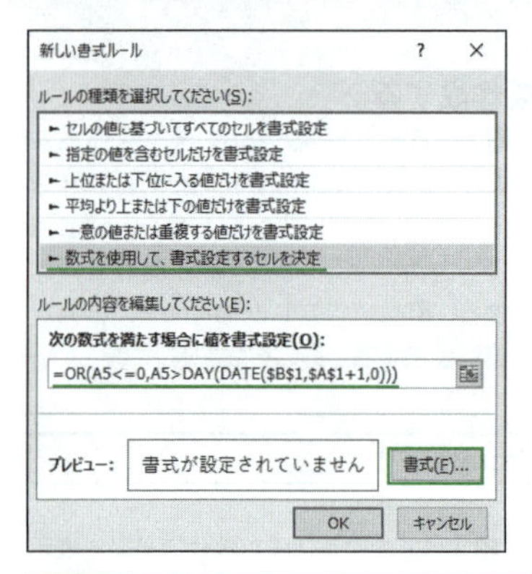

4日付のセル範囲A5:G10を選択して、01.040 を参考に［新しい書式ルール］ダイアログを開く。［数式を使用して、書式設定するセルを決定］を選択し、条件の式を入力する。続いて、［書式］ボタンをクリックする。

入力式 =OR(A5<=0,A5>DAY(DATE($B$1,$A$1+1,0)))

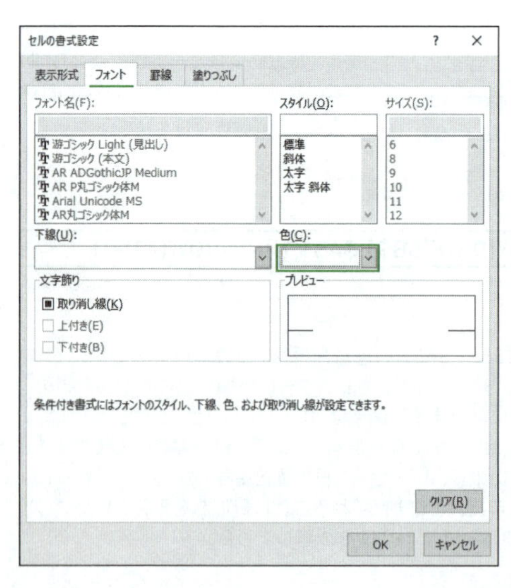

5［フォント］タブの［色］欄で［白］を選択し、［OK］ボタンをクリックする。手順4の画面に戻るので、［OK］ボタンをクリックして閉じる。

	A	B	C	D	E	F	G	H
1	10	2016			Calendar			
2		October						
3								
4	SUN	MON	TUE	WED	THU	FRI	SAT	
5							1	
6	2	3	4	5	6	7	8	
7	9	10	11	12	13	14	15	
8	16	17	18	19	20	21	22	
9	23	24	25	26	27	28	29	
10	30	31						
11								

6負の数値と「32」「33」など存在しない日付の色が白になり、見えなくなる。

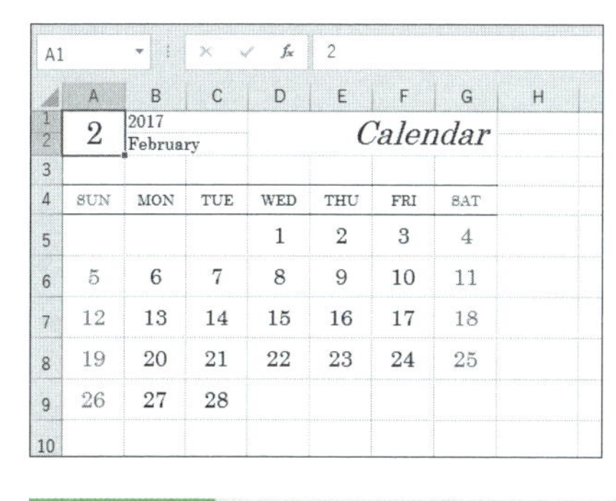

	A	B	C	D	E	F	G	H
1	2	2017			Calendar			
2		February						
3								
4	SUN	MON	TUE	WED	THU	FRI	SAT	
5				1	2	3	4	
6	5	6	7	8	9	10	11	
7	12	13	14	15	16	17	18	
8	19	20	21	22	23	24	25	
9	26	27	28					
10								

7日曜日のセル範囲A5:A10のフォントを赤、土曜日のセル範囲G5:G10のフォントを青に変更しておく。セルA1の月とセルA2の年を変更すると、カレンダーの日付も変更される。

check!

=TEXT(値, 表示形式) → 05.055
=DATE(年, 月, 日) → 04.013
=COLUMN([参照]) → 07.028
=WEEKDAY(シリアル値 [, 種類]) → 04.050
=ROW([参照]) → 07.028
=OR(論理式1 [, 論理式2] ……) → 06.009
=DAY(シリアル値) → 04.009

memo

▶祝日の日付に色を付けたいときは、あらかじめ他のシートに祝日と振替休日の一覧表を作成して、「祝日」という名前を付けておきます。セル範囲A5:G10に条件付き書式を設定し、次の条件式を指定して、フォントの色として赤を指定します。

=COUNTIF(祝日,DATE($B$1,$A$1,A5))>=1

さらに 01.041 を参考に、この条件が手順4で設定した条件より優先順位が低くなるように調整してください。

関連項目 04.058 指定した月の日程表を自動作成する →p.320

セルの書式

04.060 日程表の本日の行に自動的に色を付ける

使用関数 TODAY（トゥデイ）

日程表の本日の行に自動で色を付けるには、条件付き書式を設定し、本日の日付がTODAY関数の結果と一致する場合だけ行全体に色を塗ります。条件を入力する際、日付の列番号Aを絶対参照、行番号を相対参照で指定することが、行全体に色を付けるポイントです。

■ 日程表の本日の行に色を付ける

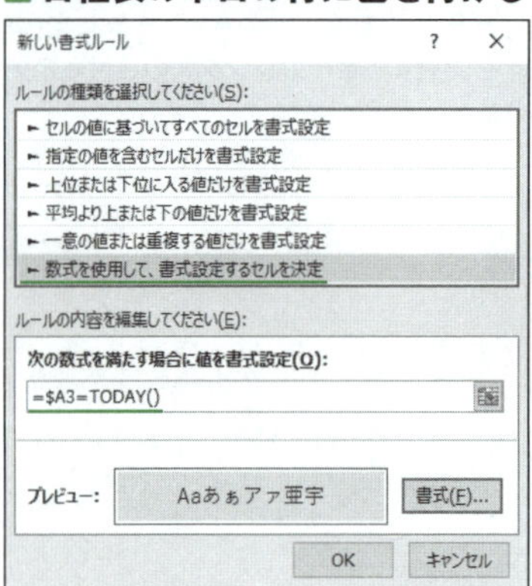

❶日程表のセル範囲A3:C33を選択して、01.040を参考に[新しい書式ルール]ダイアログを開く。[数式を使用して、書式設定するセルを決定]を選択し、条件の式を入力して塗りつぶしの色の書式を指定する。

入力式 =$A3=TODAY()

A1 日程表

	A	B	C	D
1	日程表			
2	月日	曜日	予定	
3	2016/4/1	金		
4	2016/4/2	土		
5	2016/4/3	日		
6	2016/4/4	月		
7	2016/4/5	火		
8	2016/4/6	水		
9	2016/4/7	木		
10	2016/4/8	金		
11	2016/4/9	土		
12	2016/4/10	日		

❷本日の行全体に色が付いた。

check!
=TODAY() → 04.004

関連項目 04.058 指定した月の日程表を自動作成する →p.320

セルの書式

04. 061 日程表の週の変わり目に自動的に線を引く

使用関数
ウィークデイ
WEEKDAY

日程表の週の変わり目に自動的に罫線を引くには、条件付き書式を設定します。WEEKDAY関数で調べた曜日番号が、日曜日を表す「1」に一致する行だけに下罫線を引きます。条件を入力する際、日付の列番号Aを絶対参照、行番号を相対参照で指定することが、行全体に下罫線を引くポイントです。なお、サンプルの日程表はあらかじめ表全体に、条件付き書式で設定する罫線より薄い格子線を引き、全体を濃い実線で囲んでいます。

■ 日曜日と月曜日の間に線を引く

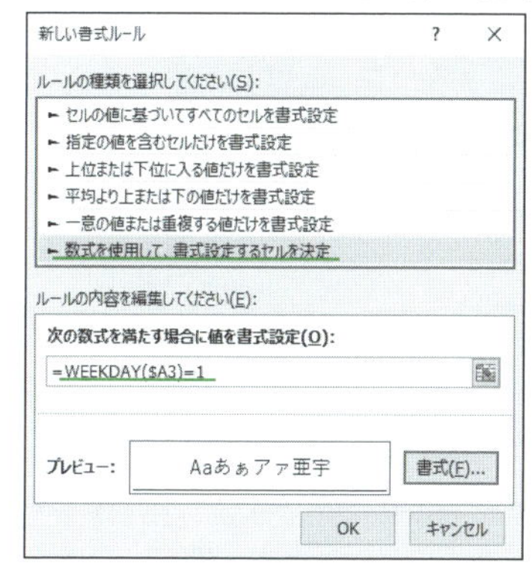

❶日程表のセル範囲A3:C33を選択して、01.040を参考に［新しい書式ルール］ダイアログを開く。［数式を使用して、書式設定するセルを決定］を選択し、条件の式を入力して下線の書式を指定する。

入力式 =WEEKDAY($A3)=1

A1 日程表

	A	B	C	D
1	日程表			
2	月日	曜日	予定	
3	2016/7/1	金		
4	2016/7/2	土		
5	2016/7/3	日		
6	2016/7/4	月		
7	2016/7/5	火		
8	2016/7/6	水		
9	2016/7/7	木		
10	2016/7/8	金		
11	2016/7/9	土		
12	2016/7/10	日		
13	2016/7/11	月		

❷日曜日と月曜日の境目ごとに罫線が引かれた。

check!

=WEEKDAY(シリアル値［, 種類］) → 04.050

セルの書式

04.062 日程表の土日の行を自動的に色分けする

ウィークデイ
WEEKDAY

土曜日の行は青、日曜日の行は赤というように、日付に応じて日程表を自動的に色分けしましょう。WEEKDAY関数を使用して曜日番号を求め、条件付き書式の条件として、「7のときに青」「1のときに赤」という2つの条件を指定します。条件を入力する際、日付の列番号Aを絶対参照、行番号を相対参照で指定することが、行全体に色を付けるポイントです。

■土曜日の行と日曜日の行にそれぞれ自動で色を付ける

1 色分けするセル範囲A3:C32を選択して、[ホーム] タブの [スタイル] グループにある [条件付き書式] ボタンをクリックし、[新しいルール] を選択する。

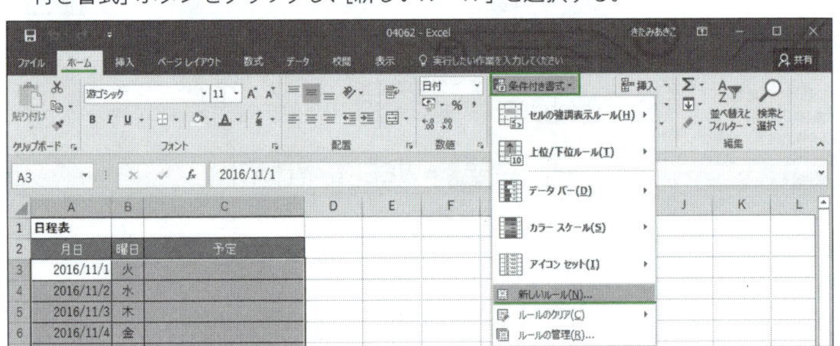

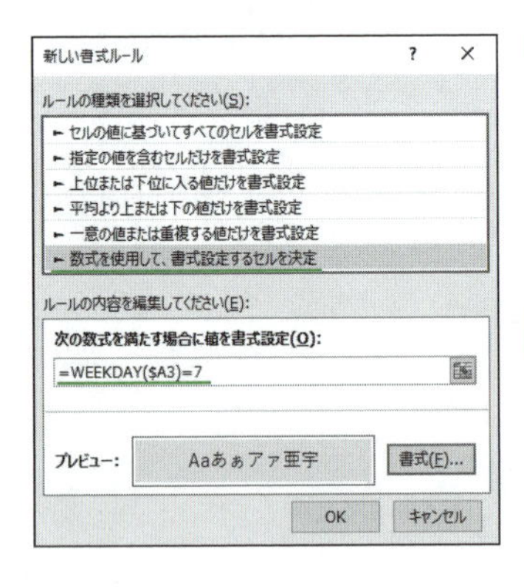

2 [新しい書式ルール] ダイアログが開いたら、[数式を使用して、書式設定するセルを決定] を選択し、土曜日の条件判定の式を入力する。続いて、[書式] ボタンをクリックして塗りつぶしの色を設定し、[OK] ボタンをクリックする。すると左図の画面に戻るので、[OK] ボタンをクリックして閉じる。

入力式 =WEEKDAY($A3)=7

	A	B	C	D	E
1	日程表				
2	月日	曜日	予定		
3	2016/11/1	火			
4	2016/11/2	水			
5	2016/11/3	木			
6	2016/11/4	金			
7	2016/11/5	土			
8	2016/11/6	日			
9	2016/11/7	月			
10	2016/11/8	火			

3土曜日に色を設定できた。引き続きセル範囲A3:C32を選択したまま、[条件付き書式] ボタンをクリックして、[新しいルール] を選択する。

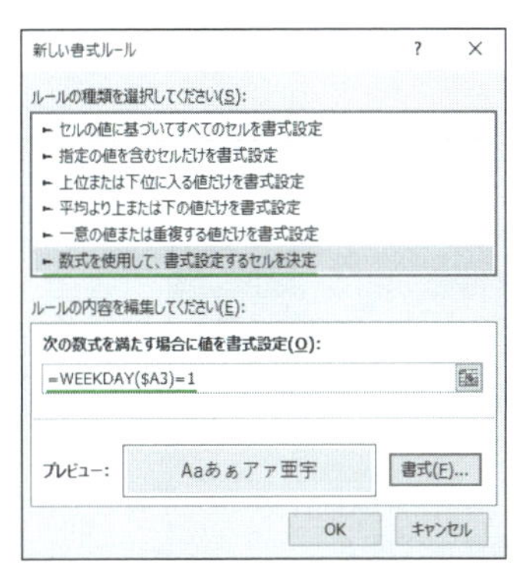

4 [数式を使用して、書式設定するセルを決定] を選択し、日曜日の条件判定の式を入力して、塗りつぶしの色を設定し、[OK] ボタンをクリックする。すると左図の画面に戻るので、[OK] ボタンをクリックして閉じる。

入力式 =WEEKDAY($A3)=1

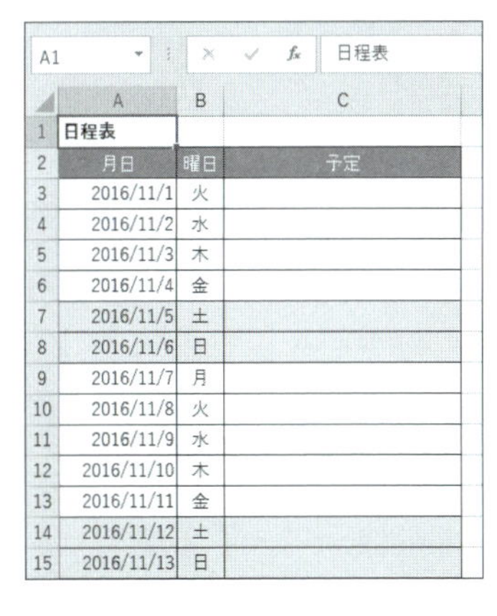

	A	B	C
1	日程表		
2	月日	曜日	予定
3	2016/11/1	火	
4	2016/11/2	水	
5	2016/11/3	木	
6	2016/11/4	金	
7	2016/11/5	土	
8	2016/11/6	日	
9	2016/11/7	月	
10	2016/11/8	火	
11	2016/11/9	水	
12	2016/11/10	木	
13	2016/11/11	金	
14	2016/11/12	土	
15	2016/11/13	日	

5日曜日に色を設定できた。

check!

=WEEKDAY(シリアル値 [, 種類]) → 04.050

関連項目

04.058 指定した月の日程表を自動作成する →p.320
04.063 日程表の祝日の行に自動的に色を付ける →p.330

セルの書式

04.063 日程表の祝日の行に自動的に色を付ける

使用関数 COUNTIF（カウント・イフ）

ここでは、04.062で土日を塗り分けた日程表に、さらに条件付き書式を追加して、祝日の行にも日曜日と同じ色を設定します。

■ 土日に加えて祝日にも色を付ける

1 祝日、振替休日、夏期休暇など、休日の日付を入力しておく。次にセル範囲A3:C32を選択して、[ホーム] タブの [スタイル] グループにある [条件付き書式] ボタンをクリックし、[新しいルール] を選択する。

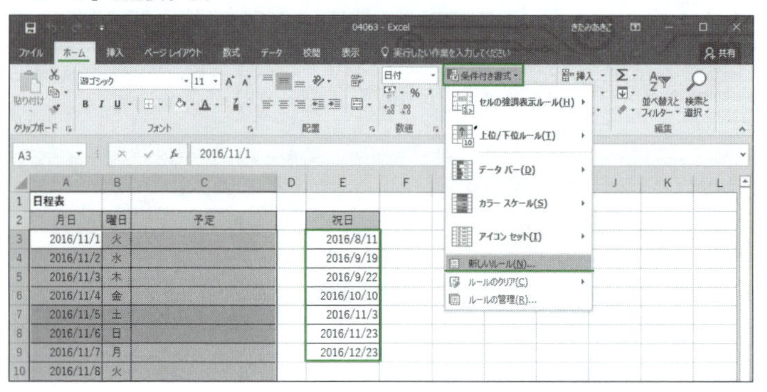

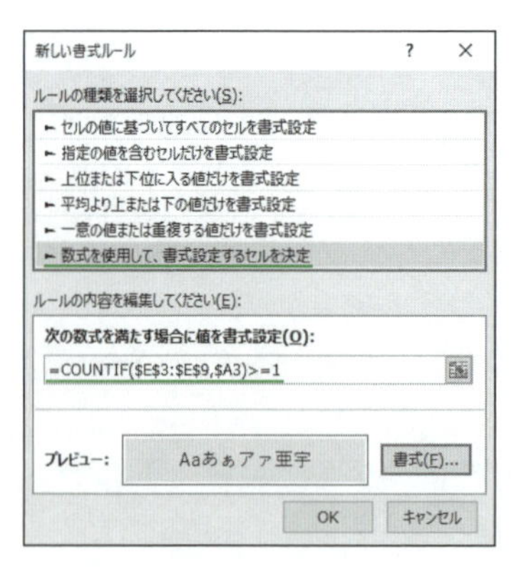

2 [新しい書式ルール] ダイアログが開いたら、[数式を使用して、書式設定するセルを決定] を選択し、条件の式を入力する。続いて、[書式] ボタンをクリックして塗りつぶしの色を設定し、[OK] ボタンをクリックする。

入力式 =COUNTIF($E$3:$E$9,$A3)>=1

数式の基本
表の集計
数値処理
日付と時刻
文字列操作
条件判定
表の検索と操作
数学計算
統計計算
財務計算
関数一覧

	A	B	C	D	E
1	日程表				
2	月日	曜日	予定		祝日
3	2016/11/1	火			2016/8/11
4	2016/11/2	水			2016/9/19
5	2016/11/3	木			2016/9/22
6	2016/11/4	金			2016/10/10
7	2016/11/5	土			2016/11/3
8	2016/11/6	日			2016/11/23
9	2016/11/7	月			2016/12/23
10	2016/11/8	火			
11	2016/11/9	水			
12	2016/11/10	木			
13	2016/11/11	金			
14	2016/11/12	土			
15	2016/11/13	日			
16	2016/11/14	月			

3 土曜日と日曜日に加えて、祝日の行にも色を設定できた。

check!

=COUNTIF(条件範囲, 条件) → 02.033

memo

▶同じセルに土曜日、日曜日、祝日の3つの条件を設定するときは、最優先となる祝日の条件を最後に設定しましょう。あとから設定した条件の優先順位は高くなるので、祝日が土曜日にあたる場合に、土曜日の色ではなく祝日の色を表示できます。なお、土曜日と日曜日は重なることがないのでどちらを先に設定してもかまいません。

▶設定した条件の優先順位は、01.041 を参考に［条件付き書式ルールの管理］ダイアログを開くと確認できます。上の行にある条件ほど、優先順位が高くなります。今回の例では、祝日の条件がいちばん上にあればOKです。設定の順序を間違えた場合は、移動したい行を選択して、［上へ移動］（▲）ボタンや［下へ移動］（▼）ボタンをクリックすると、優先順位を変更できます。

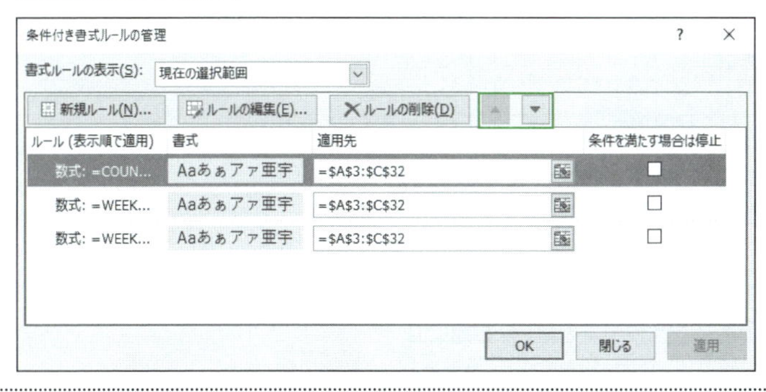

関連項目 04.058 指定した月の日程表を自動作成する →p.320
04.062 日程表の土日の行を自動的に色分けする →p.328

資料作成

04.064 日程表に祝日の名前を表示する

使用関数 IFERROR（イフエラー） ／ VLOOKUP（ブイ・ルックアップ）

日程表に祝日名を入れるには、あらかじめ祝日の日付と名称の対応表を作成しておき、VLOOKUP関数を使用して表引きします。なお、サンプルでは「予定」欄にVLOOKUP関数を入力しているので、同じセルに予定を入力することはできません。印刷して予定を書き込んで使用するイメージです。「予定」欄に予定を入力したい場合は、別途用意した列に祝日を表示するとよいでしょう。

■ 祝日の日の「予定」欄にその名称を表示する

入力セル C3　入力式 =IFERROR(VLOOKUP(A3,$E$3:$F$9,2,FALSE),"")

C3　=IFERROR(VLOOKUP(A3,$E$3:$F$9,2,FALSE),"")

	A	B	C	D	E	F	G	H
1	日程表							
2	月日	曜日	予定		祝日	名称		
3	2016/11/1	火			2016/8/11	山の日		
4	2016/11/2	水			2016/9/19	敬老の日		
5	2016/11/3	木	文化の日		2016/9/22	秋分の日		
6	2016/11/4	金			2016/10/10	体育の日		
7	2016/11/5	土			2016/11/3	文化の日		
8	2016/11/6	日			2016/11/23	勤労感謝の日		
9	2016/11/7	月			2016/12/23	天皇誕生日		
10	2016/11/8	火						
11	2016/11/9	水						
12	2016/11/10	木						
13	2016/11/11	金						
14	2016/11/12	土						

祝日表

セルC3に数式を入力して、セルC32までコピー

祝日に名称を表示できた

check!

=IFERROR(値, エラーの場合の値) → 06.040
=VLOOKUP(検索値, 範囲, 列番号 [, 検索の型]) → 07.002

関連項目 04.062 日程表の土日の行を自動的に色分けする →p.328
04.063 日程表の祝日の行に自動的に色を付ける →p.330

資料作成

04.065 平日だけの日程表を作成する

使用関数 WORKDAY（ワークデイ）

プロジェクトの日程管理をする場合など、作業予定を書き込む表では、休日の日付は不要です。そこで、ここでは稼働日だけの日付を並べた日程表を作成します。それには「日付」欄の先頭に初日の日付を入力しておき、以降のセルにWORKDAY関数を入力して、1日後の稼働日を表示します。

稼働日だけの日程表を作成する

入力セル A4　入力式 =WORKDAY(A3,1,{"2016/11/3","2016/11/23"})

A4　=WORKDAY(A3,1,{"2016/11/3","2016/11/23"})

	A	B
1	作業予定表	
2	作業日	予定
3	2016/11/1(火)	
4	2016/11/2(水)	
5	2016/11/4(金)	
6	2016/11/7(月)	
7	2016/11/8(火)	
8	2016/11/9(水)	
9	2016/11/10(木)	
10	2016/11/11(金)	
11	2016/11/14(月)	
12	2016/11/15(火)	
13	2016/11/16(水)	
14	2016/11/17(木)	
15	2016/11/18(金)	
16	2016/11/21(月)	
17	2016/11/22(火)	
18	2016/11/24(木)	
19	2016/11/25(金)	
20	2016/11/28(月)	
21	2016/11/29(火)	
22	2016/11/30(水)	

セルA3に初日の日付を入力

セルA4に数式を入力して、セルA22までコピー

稼働日だけの日付を表示できた

check!

=WORKDAY(開始日, 日数 [, 祭日]) → 04.027

memo

▶サンプルでは、WORKDAY関数の引数「祭日」に直接土日以外の休日を指定しましたが、あらかじめ休日の日付をセルに入力しておき、引数にそのセルを指定しても構いません。

関連項目 04.027 土日祝日を除いた翌営業日を求める →p.288

数式の基本
表の集計
数値処理
日付と時刻
文字列操作
条件判定
表の検索と操作
数学計算
統計計算
財務計算
関数一覧

データの整形

04.066 24時間を超える勤務時間合計を正しく表示する

使用関数 SUM（サム）

SUM関数は、数値だけでなく、勤務時間などの時間の合計にも使用できます。その際注意が必要なのは、時間の合計が24時間を超えるごとに、0に戻って表示されることです。「25:30」は「1:30」、「50:00」は「2:00」と表示されてしまいます。正しく表示するには、「[h]:mm」という表示形式を設定します。「[h]」は、24時間を超える時間を表示するための書式記号です。

24時間以上の合計時間を正しく表示する

B6 =SUM(B3:B5)

	A	B	C	D	E
1	勤務時間計算書				
2	月日	勤務時間			
3	9月1日	8:30			
4	9月2日	8:00			
5	9月3日	9:00			
6	合計時間	1:30			
7					

1 SUM関数を使用してセル範囲B3:B5に入力された勤務時間を合計すると、「25:30」と表示されるはずが「1:30」と表示されてしまう。

入力セル B6

入力式 =SUM(B3:B5)

B6 =SUM(B3:B5)

	A	B	C	D	E
1	勤務時間計算書				
2	月日	勤務時間			
3	9月1日	8:30			
4	9月2日	8:00			
5	9月3日	9:00			
6	合計時間	25:30			
7					

2 01.037 を参考に、セルB6にユーザー定義の表示形式「[h]:mm」を設定すると、合計時間が正しい表示の「25:30」に変化する。

check!

=SUM(数値1 [, 数値2] ……) → 02.001

memo

▶「分」は、60を超えるごとに0に戻り、時間が1繰り上がります。時間を繰り上げずに60以上の「分」をそのまま表示するには、ユーザー定義の表示形式「[m]:ss」または「[m]」を指定します。同様に、「[s]」を指定すると60以上の秒数をそのまま表示できます。例えば「1:03」と入力されたセルに「[m]」を指定すると「63」、「[s]」を指定すると「3780」と表示されます。

関連項目 04.067 「25:30」形式の時間を小数「25.5」と表示する →p.335
04.073 午前0時をまたぐ勤務の勤務時間を求める →p.341

データの整形

04.067 「25:30」形式の時間を小数「25.5」と表示する

使用関数 なし

勤務時間と時給を掛け合わせて賃金を計算するときは、あらかじめ勤務時間を「○時間」の単位にしておく必要があります。シリアル値の「1」が24時間に対応するので、シリアル値を24倍すれば「時間」の単位になります。つまり、「時：分」単位の値に24を掛ければ「時間」単位に変換できます。なお、24倍した結果のセルには元の「時：分」単位が継承されますが、「標準」の表示形式を設定すれば小数の表示になります。

■ 勤務時間を「時：分」単位から「時間」単位に変換する

B8 =B6*24

	A	B	C	D	E
1	勤務時間計算書				
2	月日	勤務時間			
3	9月1日	8:30			
4	9月2日	8:00			
5	9月3日	9:00			
6	合計時間	25:30			
7					
8	単位変換	612:00			
9					

1 勤務時間の「25:30」を小数の「25.5」に変換するため、「25:30」に24を掛ける。すると、元の表示形式を継承して「612:00」と表示されてしまう。

入力セル B8　入力式 =B6*24

B8 =B6*24

	A	B	C	D	E
1	勤務時間計算書				
2	月日	勤務時間			
3	9月1日	8:30			
4	9月2日	8:00			
5	9月3日	9:00			
6	合計時間	25:30			
7					
8	単位変換	25.5			
9					

2 01.036 を参考に「標準」の表示形式を設定すると、正しく「25.5」と表示される。

memo

▶結果を数値で返すVALUE関数を使用して、「=VALUE(B6*24)」と入力すると、最初から「25.5」という数値で表示できます。

関連項目 04.066 24時間を超える勤務時間合計を正しく表示する →p.334

実務計算

04.068 平日と土日に分けて勤務時間を合計する

使用関数 WEEKDAY（ウィークデイ） / SUMIF（サム・イフ）

平日と土日で時給を区別するときは、勤務時間表に作業列を追加し、WEEKDAY関数を使用して曜日番号を求めます。SUMIF関数を使用して、「曜日番号が5以下」を条件に合計すれば平日の勤務合計、「曜日番号が6以上」を条件に合計すれば土日の勤務合計がわかります。結果はシリアル値で表示されるので、01.037 を参考に「[h]:mm」の表示形式を設定してください。

■平日と土日に分けて勤務時間を合計する

入力セル C3　入力式 =WEEKDAY(A3,2)

入力セル E3　入力式 =SUMIF(C3:C9,"<=5",B3:B9)

入力セル E5　入力式 =SUMIF(C3:C9,">=6",B3:B9)

E3　=SUMIF(C3:C9,"<=5",B3:B9)

	A	B	C	D	E	F
1	勤務時間計算				合計時間	
2	月日	勤務時間	曜日		平日	
3	3月1日(火)	8:00	2		40:30	
4	3月2日(水)	7:00	3		土日	
5	3月3日(木)	8:30	4		18:00	
6	3月4日(金)	9:00	5			
7	3月5日(土)	8:00	6			
8	3月6日(日)	10:00	7			
9	3月7日(月)	8:00	1			
10						

セルC3に数式を入力して、セルC9までコピー

平日の勤務時間合計

休日の勤務時間合計

check!

=WEEKDAY(シリアル値 [, 種類]) → 04.050
=SUMIF(条件範囲, 条件 [, 合計範囲]) → 02.009

memo

▶サンプルで求めた時間を24倍して時給額に掛ければ、給与額が求められます。例えば平日の時給が900円、土日の時給が1,000円の場合、給与は「=900*E3*24+1000*E5*24」で求められます。なお、24を掛ける理由については 04.067 を参照してください。

関連項目
04.066 24時間を超える勤務時間合計を正しく表示する →p.334
04.067 「25:30」形式の時間を小数「25.5」と表示する →p.335
04.069 平日と土日祝日に分けて勤務時間を合計する →p.337

実務計算

04.069 平日と土日祝日に分けて勤務時間を合計する

使用関数 NETWORKDAYS（ネットワークデイズ） ／ SUMIF（サム・イフ）

平日と土日祝日で時給を区別するときは、勤務日が平日であるか土日祝日であるかを判断する必要があります。勤務時間表に作業列を追加し、04.055 の考え方にしたがって判定のための数式を入力します。SUMIF関数を使用して、「1」を条件に合計すれば平日の勤務合計、「0」を条件に合計すれば土日祝日の勤務合計がわかります。結果はシリアル値で表示されるので、01.037 を参考に「[h]:mm」の表示形式を設定してください。

■ 平日と土日祝日に分けて勤務時間を合計する

入力セル	入力式
C3	=NETWORKDAYS(A3,A3,$E$8:$E$9)
E3	=SUMIF(C3:C9,1,B3:B9)
E5	=SUMIF(C3:C9,0,B3:B9)

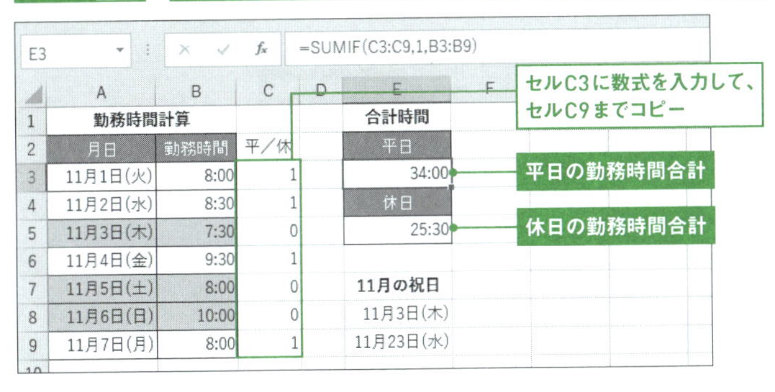

check!

=NETWORKDAYS(開始日, 終了日 [, 祭日]) → 04.035
=SUMIF(条件範囲, 条件 [, 合計範囲]) → 02.009

memo

▶サンプルで求めた時間を24倍して時給額に掛ければ、給与額が求められます。例えば平日の時給が900円、土日祝日の時給が1,000円の場合、給与は「=900*E3*24+1000*E5*24」で求められます。なお、24を掛ける理由については 04.067 を参照してください。

関連項目
04.066 24時間を超える勤務時間合計を正しく表示する →p.334
04.067 「25:30」形式の時間を小数「25.5」と表示する →p.335
04.068 平日と土日に分けて勤務時間を合計する →p.336

実務計算

04.070 「3時間後」や「2時間前」の時刻を求める

使用関数 TIME（タイム）

特定の時刻を基準に「3時間後」や「2時間前」を求めたいとき、単純に「時刻+3」や「時刻-2」を計算してもうまくいきません。TIME関数を使用して、「3」を「3:00」、「2」を「2:00」の時刻データに変換してから計算する必要があります。サンプルでは、セルD3で「3時間後」、セルD4で「2時間前」を求めています。

時刻の「○時間後」や「○時間前」を求める

入力セル D3　入力式 =A3+TIME(B3,0,0)

入力セル D4　入力式 =A4-TIME(B4,0,0)

D3　=A3+TIME(B3,0,0)

	A	B	C	D	E	F
1	時刻の計算					
2	基準時刻	経過時間		結果		
3	12:00	3	時間後	15:00		
4	12:00	2	時間前	10:00		
5						
6						
7						
8						
9						
10						

3時間後の時刻

2時間前の時刻

check!

=TIME(時, 分, 秒) → 04.015

関連項目 04.072 勤務時間から「30分」の休憩時間を引く →p.340

実務計算

04.071 海外支店の現地時間を求める

使用関数 NOW（ナウ）／SIGN（サイン）／TIME（タイム）／ABS（アブソリュート）

「+2」や「-2」の形式で入力されている時差の値をもとに、海外の現地時間を求めるには、NOW関数で求めた日本時間に2時間を加算、または減算します。このとき問題になるのは、「-2」のような負の時差です。2時間という値は「TIME(2,0,0)」で表現できますが、時差が「-2」の場合には「TIME(-2,0,0)」ではなく「-TIME(2,0,0)」と表現しなければなりません。それには、サンプルのようにSIGN関数とABS関数を使用して符号を調整します。

海外支店の現地時間を求める

入力セル C1　入力式 =NOW()

入力セル C4　入力式 =$C$1+SIGN(B4)*TIME(ABS(B4),0,0)

C4　=$C$1+SIGN(B4)*TIME(ABS(B4),0,0)

	A	B	C	D	E	F	G	H
1	現地時間早見表	日本時間	2016/6/30 11:49					
2								
3	支店	時差	現地時刻					
4	シドニー	+1	2016/6/30 12:49					
5	シドニー（夏）	+2	2016/6/30 13:49					
6	ソウル	0	2016/6/30 11:49					
7	バンコク	-2	2016/6/30 9:49					
8	ニューヨーク	-14	2016/6/29 21:49					
9	ニューヨーク（夏）	-13	2016/6/29 22:49					

日本時間を表示

セルC4に数式を入力して、セルC9までコピー

各支店の現地時間を表示できた

check!

=NOW() → 04.005
=SIGN(数値) → 03.039
=TIME(時, 分, 秒) → 04.015
=ABS(数値) → 03.038

memo

▶SIGN関数は数値の符号を求める関数で、戻り値は数値が正なら「1」、0なら「0」、負なら「-1」になります。また、ABS関数は数値の絶対値を求める関数です。SIGN関数とABS関数を使用して符号を調整することで、次のように時差が「+2」の場合は「日本時間+2時間」、時差が「-2」の場合は「日本時間-2時間」が求められます。

「+2」の場合：=$C$1+SIGN(2)*TIME(ABS(2),0,0)=$C$1+1*TIME(2,0,0)
▶「-2」の場合：=$C$1+SIGN(-2)*TIME(ABS(-2),0,0)=$C$1-1*TIME(2,0,0)

関連項目 04.005 現在の日付と時刻を自動表示する →p.266

実務計算

04.072 勤務時間から「30分」の休憩時間を引く

使用関数 TIME（タイム）

下図のような勤務時間表の出社時刻、退社時刻、休憩時間の3つのデータから実働時間を求めましょう。休憩時間は「分」の単位で入力されているので、TIME関数を使用して「時:分」の形式に変換してから減算するのがポイントです。

■勤務時間から「分」単位の休憩時間を引く

入力セル E3　入力式 =C3-B3-TIME(0,D3,0)

E3　=C3-B3-TIME(0,D3,0)

	A	B	C	D	E
1	勤務時間計算				
2	月日	出社	退社	休憩(分)	実働
3	9月1日	9:00	14:00	30	4:30
4	9月2日	9:00	19:00	60	9:00
5	9月3日	9:00	15:30	40	5:50
6	9月4日	9:00	20:00	100	9:20
7	9月5日	9:00	18:30	45	8:45

セルE3に数式を入力して、セルE7までコピー

実働時間を計算できた

check!

=TIME(時, 分, 秒) → 04.015

関連項目 04.070 「3時間後」や「2時間前」の時刻を求める →p.338

実務計算

04.073 午前0時をまたぐ勤務の勤務時間を求める

使用関数 IF（イフ）

出社時刻が「18:00」、退社時刻が「1:00」（午前1時）の場合、「1:00」から「18:00」を引いても勤務時間は求められません。IF関数を使用して、退社時刻が午前0時の前か後かを判断し、午前0時前なら単純な減算、午前0時以降なら24時間を加算して減算というように、計算式を切り替えます。なお、計算結果はシリアル値で表示されるので、適宜「時刻」の表示形式を設定してください。

午前0時をまたぐ勤務の勤務時間を求める

入力セル D3　入力式 =IF(B3<C3,C3-B3,C3-B3+"24:00")

D3　=IF(B3<C3,C3-B3,C3-B3+"24:00")

	A	B	C	D	E	F	G	H
1		勤務時間計算						
2	月日	出社	退社	勤務時間				
3	9月1日	18:00	1:00	7:00				
4	9月2日	14:00	22:30	8:30				
5	9月3日	20:30	4:00	7:30				
6								

セルD3に数式を入力して、セルD5までコピー

勤務時間を計算できた

check!

=IF(論理式, 真の場合, 偽の場合) → 06.001

memo

▶サンプルでは勤務時間表に退社時刻が「1:00」や「4:00」の形式で入力されているため、IF関数による場合分けが必要ですが、最初から「25:00」や「28:00」のように入力してある場合は、単純な減算で勤務時間を計算できます。

▶Excelでは、結果が負になる日付や時刻の計算がエラーとなり、「####」が表示されます。

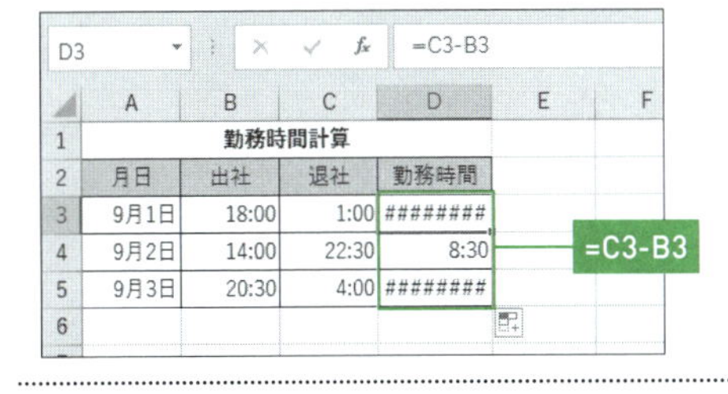

関連項目 04.066 24時間を超える勤務時間合計を正しく表示する →p.334

実務計算

04.074 9時前に出社しても出社時刻は9時とする

使用関数 MAX（マックス）

タイムカードの刻印時刻が9時前の場合の出社時刻は「9:00」、9時以降の場合の出社時刻は実際の刻印時刻としたいことがあります。例えば、刻印時刻が「8:36」の場合の出社時刻は「9:00」に補正し、「9:05」の場合は遅刻とみなしてそのまま表示するということです。そのようなときはMAX関数を使用して、刻印時刻と「9:00」の2つのうち遅い時刻を選びます。

9時前に出社しても出社時刻は9時とする

入力セル C3　入力式 =MAX(B3,"9:00")

C3　=MAX(B3,"9:00")

	A	B	C	D	E	F	G
1	出社時刻補正						
2	月日	刻印時刻	出社時刻				
3	9月1日	8:36	9:00				
4	9月2日	8:54	9:00				
5	9月3日	9:05	9:05				
6	9月4日	9:00	9:00				
7	9月5日	9:25	9:25				
8							
9							
10							
11							

セルC3に数式を入力して、セルC7までコピー

出社時刻を補正できた

check!

=MAX(数値1 [, 数値2] ……) → 02.063

memo

▶17時以降に退社しても退社時刻は17時としたい場合は、MIN関数を使用して、実際の退社時刻と17時のうち早いほうの時刻を選びます。その場合、刻印時刻が「17:08」のときの出社時刻は「17:00」に補正され、「15:32」のときは早退とみなして補正は行われません。

=MIN(B3,"17:00")

関連項目 04.075 勤務時間を早朝勤務、通常勤務、残業に分ける →p.343

04.075 勤務時間を早朝勤務、通常勤務、残業に分ける

使用関数 MIN（ミニマム）／MAX（マックス）

始業時刻を「9:00」、終業時刻を「17:00」として、出社してから退社するまでの勤務時間を、「早朝勤務」「通常勤務」「残業」の3通りに分けましょう。標準の通常勤務時間は「9:00」から「17:00」までの8時間ですが、遅刻や早退の場合を考慮して、MAX関数とMIN関数で調整します。なお、サンプルでは、セルB7に始業時刻、セルB8に終業時刻が入力してあります。数式をコピーしたときにずれないように、絶対参照で指定してください。

■ 勤務時間を早朝勤務、通常勤務、残業に分ける

入力セル D3　入力式 =$B$7-MIN(B3,$B$7)

入力セル E3　入力式 =MIN(C3,$B$8)-MAX(B3,$B$7)

入力セル F3　入力式 =MAX(C3,$B$8)-$B$8

D3　=$B$7-MIN(B3,$B$7)

	A	B	C	D	E	F	G
1	勤務時間計算						
2	月日	出社	退社	早朝	通常	残業	
3	9月1日	7:30	15:00	1:30	6:00	0:00	
4	9月2日	15:30	20:30	0:00	1:30	3:30	
5	9月3日	9:00	21:00	0:00	8:00	4:00	
6							
7	始業時刻	9:00					
8	終業時刻	17:00					
9							
10							
11							
12							

早朝勤務　通常勤務　残業

セルD3、セルE3、セルF3に数式を入力して、5行目までコピー

check!

=MIN(数値1 [, 数値2] ……) → 02.064

=MAX(数値1 [, 数値2] ……) → 02.063

関連項目 04.074 9時前に出社しても出社時刻は9時とする →p.342

実務計算

04.076 出社時刻の10分未満を切り上げる

使用関数 CEILING(シーリング)

「8:36」は「8:40」、「8:54」は「9:00」というように、出社時刻の10分未満を切り上げるには、CEILING関数を使用します。この関数は数値を指定した倍数に切り上げる関数です。第2引数に「"0:10"」を指定すれば、10分単位で時刻の切り上げを行えます。結果はシリアル値で表示されるので、適宜「時刻」の表示形式を設定してください。

■出社時刻の10分未満を切り上げる

入力セル C3　入力式 =CEILING(B3,"0:10")

C3　=CEILING(B3,"0:10")

	A	B	C	D	E	F	G
1		出社時刻補正					
2	月日	刻印時刻	出社時刻				
3	9月1日	8:36	8:40				
4	9月2日	8:54	9:00				
5	9月3日	9:05	9:10				
6	9月4日	9:00	9:00				
7	9月5日	9:25	9:30				
8							
9							
10							
11							

セルC3に数式を入力して、セルC7までコピー

10分未満を切り上げできた

check!

=CEILING(数値, 基準値) → 03.058

memo

▶CEILING関数の2番目の引数を変更することで、さまざまな単位で時刻を切り上げることができます。例えば「=CEILING(B3,"0:15")」とすると、時刻の15分未満を切り上げられます。その場合、「8:36」は「8:45」、「8:54」は「9:00」、「9:05」は「9:15」に補正されます。

関連項目 04.077 退社時刻の10分未満を切り捨てる →p.345
04.078 在社時間の10分未満を誤差なく切り捨てる →p.346

実務計算

04.077 退社時刻の10分未満を切り捨てる

使用関数 FLOOR（フロア）

「17:08」は「17:00」、「17:24」は「17:20」というように、退社時刻の10分未満を切り捨てるには、FLOOR関数を使用します。この関数は数値を指定した倍数に切り捨てる関数です。第2引数に「"0:10"」を指定すれば、10分単位で時刻の切り捨てを行えます。結果はシリアル値で表示されるので、適宜「時刻」の表示形式を設定してください。

■ 退社時刻の10分未満を切り捨てる

入力セル C3　入力式 =FLOOR(B3,"0:10")

C3　=FLOOR(B3,"0:10")

	A	B	C
1	退社時刻補正		
2	月日	刻印時刻	退社時刻
3	9月1日	17:08	17:00
4	9月2日	17:24	17:20
5	9月3日	15:32	15:30
6	9月4日	17:00	17:00
7	9月5日	14:51	14:50

セルC3に数式を入力して、セルC7までコピー

10分未満を切り捨てできた

check!

=FLOOR(数値, 基準値) → 03.059

memo

▶FLOOR関数の2番目の引数を変更することで、さまざまな単位で時刻を切り捨てることができます。例えば「=FLOOR(B3,"0:15")」とすると、時刻の15分未満を切り捨てられます。その場合、「17:08」は「17:00」、「17:24」は「17:15」、「17:40」は「17:30」に補正されます。

関連項目
04.076 出社時刻の10分未満を切り上げる →p.344
04.078 在社時間の10分未満を誤差なく切り捨てる →p.346

実務計算

04.078 在社時間の10分未満を誤差なく切り捨てる

使用関数 FLOOR / TIME / HOUR / MINUTE

退社時刻から出社時刻を引いて求めた在社時間の10分未満を切り捨てるとき、単純にFLOOR関数で切り捨てを行うと、間違った結果が表示されることがあります。誤差を防ぐには、時刻を整数化してから切り捨ての処理を行います。

在社時刻の10分未満を切り捨てる

入力セル E3　入力式 =TIME(HOUR(D3),FLOOR(MINUTE(D3),10),0)

E3　=TIME(HOUR(D3),FLOOR(MINUTE(D3),10),0)

	A	B	C	D	E
1	勤務時間補正				
2	月日	出社	退社	在社時間(退社-出社)	給与対象時間
3	9月1日	11:12	14:16	3:04	3:00
4	9月2日	11:50	12:50	1:00	1:00
5	9月3日	11:28	14:15	2:47	2:40
6	9月4日	11:38	13:08	1:30	1:30
7	9月5日	11:40	14:26	2:46	2:40
8					

「退社－出社」(C3-B3)が計算されている

セルE3に数式を入力して、セルE7までコピー

10分未満を切り捨てできた

check!

=FLOOR(数値, 基準値) → 03.059
=TIME(時, 分, 秒) → 04.015
=HOUR(シリアル値) → 04.010
=MINUTE(シリアル値) → 04.010

memo

▶時刻データの実体は、シリアル値という小数です。パソコンでは数値を2進数で扱いますが、小数を2進数に変換するときにわずかな誤差が発生します。通常この誤差は無視できますが、時刻同士の演算結果をFLOOR関数やCEILING関数で処理すると、誤差が無視できないほど大きくなり、右図のような間違った結果が表示されます。この誤差は小数の演算によるものなので、最初から時刻を整数化して処理すれば防ぐことができます。

E3　=FLOOR(D3,"0:10")

	A	B	C	D	E
1	勤務時間補正				
2	月日	出社	退社	在社時間(退社-出社)	給与対象時間
3	9月1日	11:12	14:16	3:04	3:00
4	9月2日	11:50	12:50	1:00	0:50
5	9月3日	11:28	14:15	2:47	2:40
6	9月4日	11:38	13:08	1:30	1:20
7	9月5日	11:40	14:26	2:46	2:40
8					
9					

実務計算

04.079 5分以上は切り上げ、5分未満は切り捨てる

使用関数 MROUND（エム・ラウンド）

MROUND関数の第2引数に「"0:10"」を指定すると、時刻の5分未満を切り捨て、5分以上を切り上げできます。その結果、「8:34」は「8:30」、「8:36」は「8:40」というように、時刻が10分単位の値に補正されます。結果はシリアル値で表示されるので、適宜「時刻」の表示形式を設定してください。

5分以上は切り上げ、5分未満は切り捨てる

入力セル D4　入力式 =MROUND(B4,"0:10")

D4　=MROUND(B4,"0:10")

	A	B	C	D	E	F	G
1	出退社時刻補正						
2	月日	刻印時刻		補正時刻			
3		出社	退社	出社	退社		
4	9月1日	8:34	17:08	8:30	17:10		
5	9月2日	8:36	17:24	8:40	17:20		
6	9月3日	9:05	15:32	9:10	15:30		
7	9月4日	9:00	17:00	9:00	17:00		
8							
9							
10							
11							

セルD4に数式を入力して、セルE4までコピーし、さらにセルE7までコピー

10分単位の値に補正できた

check!

=MROUND(数値, 基準値) → 03.060

memo

▶2番目の引数を「=MROUND(B4,"0:15")」のように変更すると、7分30秒以上を切り上げ、7分30秒未満を切り捨てして、15分単位の時刻に補正できます。

関連項目 04.076 出社時刻の10分未満を切り上げる →p.344
04.077 退社時刻の10分未満を切り捨てる →p.345

データ入力

04.080 本日から2週間以内の日付しか入力できないようにする

使用関数 TODAY（トゥデイ）

［入力規則］の機能を使用して、セルB4に本日から2週間以内の日付しか入力できないように設定しましょう。それには期間の開始日として本日の日付、終了日として「本日の日付＋14」を指定します。本日の日付はTODAY関数を使用すれば取得できます。

セルB4に本日から2週間以内の日付しか入力できないようにする

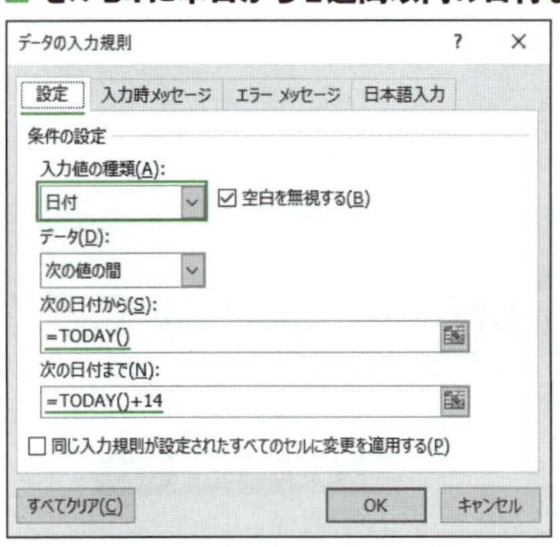

1 セルB4を選択して、01.015 を参考に［データの入力規則］ダイアログを開く。［設定］タブの［入力値の種類］欄で［日付］を選択し、［次の日付から］と［次の日付まで］に数式を入力する。続いて［エラーメッセージ］タブでメッセージ文を入力して、［OK］ボタンをクリックする。

入力式 =TODAY()

入力式 =TODAY()+14

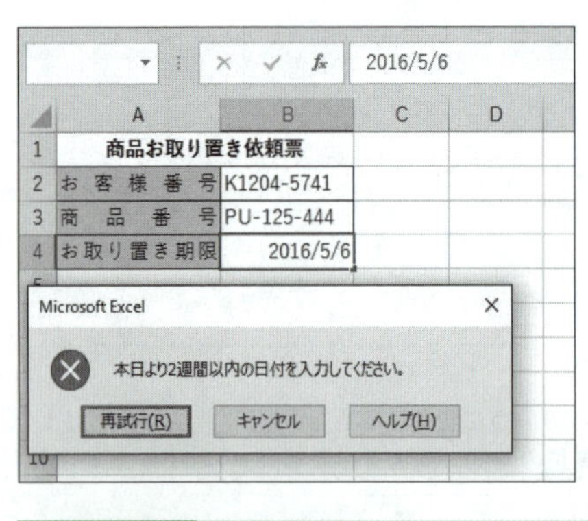

2 セルB4に本日より前、または2週間後より後の日付を入力すると、手順1で設定したエラーメッセージが表示される。［再試行］ボタンをクリックして期間内の日付を入力するか、［キャンセル］ボタンをクリックして入力をキャンセルする。

check!

=TODAY() → 04.004

関連項目 01.015 セルに入力できるデータを制限する →p.16

04.081 土日の日付が入力されたときに警告する

使用関数 WEEKDAY（ウィークデイ）

「配送希望日」欄に土日の日付が入力されたときに、土日の配送料金が500円加算されることを通知する警告文を表示しましょう。ポイントとなるのは、警告を出すだけで、入力を禁止するわけではないということです。それには、［データの入力規則］ダイアログの［エラーメッセージ］タブにある［スタイル］欄で［注意］を選択します。

土日の日付が入力されたときに確認メッセージを表示する

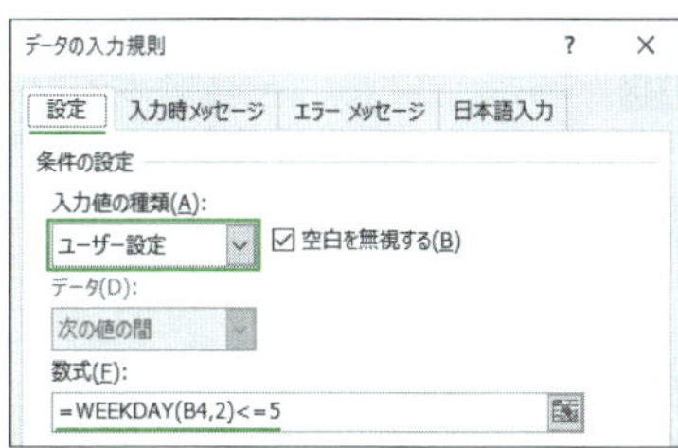

❶セルB4を選択して、01.015 を参考に［データの入力規則］ダイアログを開く。［設定］タブの［入力値の種類］欄で［ユーザー設定］を選択し、［数式］欄に数式を入力する。

入力式 =WEEKDAY(B4,2)<=5

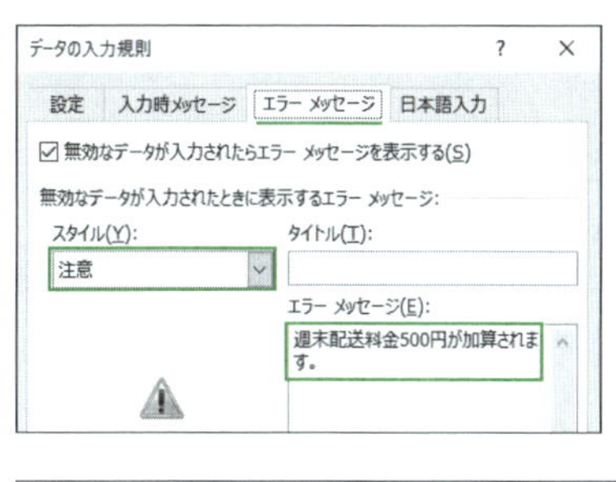

❷［エラーメッセージ］タブに切り替え、［スタイル］欄で［注意］を選択する。［エラーメッセージ］欄に警告用のメッセージ文を入力して、［OK］ボタンをクリックする。

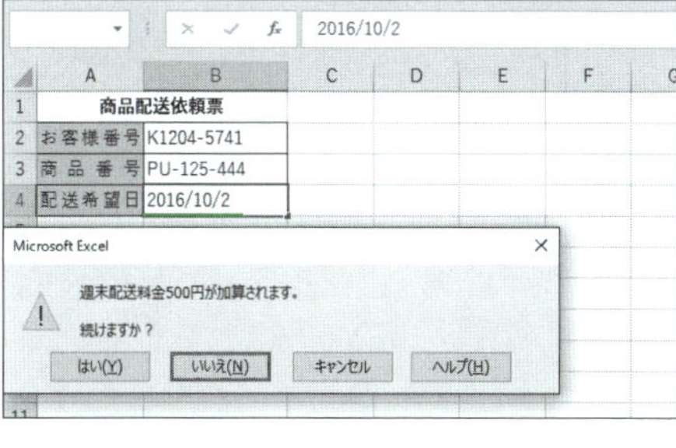

❸「配送希望日」欄に土日の日付を入力すると、手順2で設定したエラーメッセージが表示される。［はい］ボタンをクリックすると入力した日付のまま確定し、［いいえ］ボタンをクリックすると別の日付を再入力できる。

check!

=WEEKDAY(シリアル値［, 種類］) → 04.050

データ入力

04.082 10分刻みでしか入力できないようにする

使用関数 MINUTE（ミニット）／MOD（モッド）

[入力規則] の機能を使用して、表の「勤務時間」欄に10分刻みの時間しか入力できないように設定しましょう。それには入力された時間からMINUTE関数を使用して「分」の数値を取り出し、MOD関数を使用して10で割った余りを調べます。余りが0であれば入力を許可します。

■「分」が10の倍数の時間しか入力できないようにする

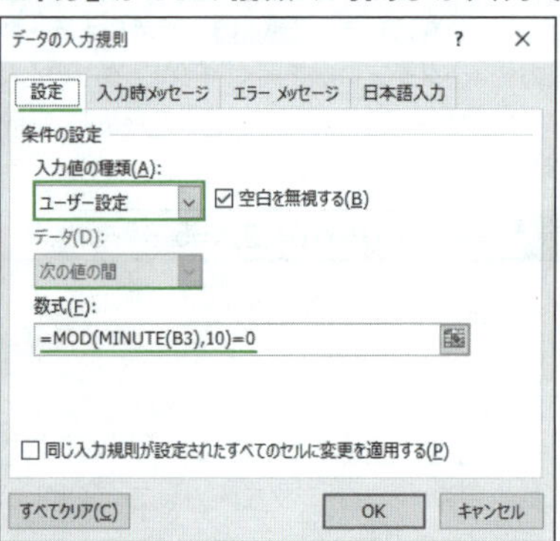

❶「勤務時間」欄のセル範囲B3:B7を選択して、01.015 を参考に [データの入力規則] ダイアログを開く。[設定] タブの [入力値の種類] 欄で [ユーザー設定] を選択し、[数式] 欄に数式を入力する。続いて [エラーメッセージ] タブでメッセージ文を入力して、[OK] ボタンをクリックする。

入力式 =MOD(MINUTE(B3),10)=0

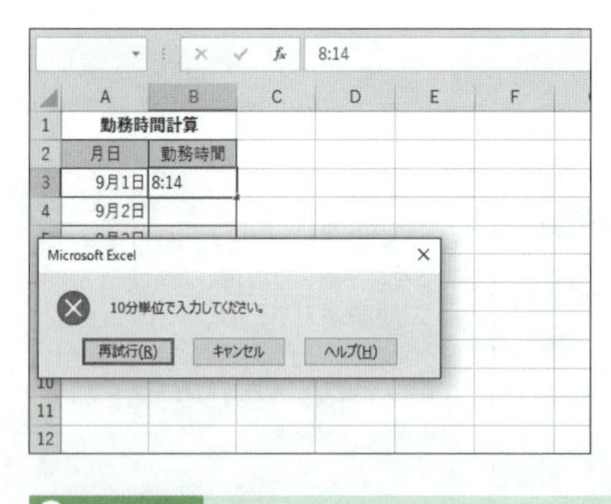

❷「勤務時間」欄に「分」が10の倍数でない時間を入力すると、手順1で設定したエラーメッセージが表示される。

check!

=MINUTE(シリアル値) → 04.010
=MOD(数値, 除数) → 03.043

関連項目 01.015 セルに入力できるデータを制限する →p.16

第5章

文字列操作

基礎知識

05.001 文字数とバイト数を理解する

Excelには、文字列の長さを求める単位として、「文字数」と「バイト数」の2種類があります。文字数単位の場合、文字が全角であるか半角であるかにかかわらず、単純に文字の個数を文字列の長さとします。例えば全角文字の「ミカン」と半角文字の「ﾐｶﾝ」は、いずれも3の長さです。

一方、バイト数単位の場合、半角文字を1、全角文字を2と数えます。例えば「Excel関数」は文字数で数えると長さは7ですが、バイト数で数えると半角の「Excel」の長さが5、全角の「関数」の長さが4なので、全体の長さは9になります。

なお、「ｶﾞ」や「ﾊﾟ」など、半角カタカナの濁音や半濁音は、濁点・半濁点が別の文字になるので、文字数もバイト数も2になります。

Excelの文字列操作関数の中で文字の長さに関連するものは、長さの単位に応じて2種類ずつ用意されています。例えば、文字列の先頭から指定した文字数を取り出す関数には、LEFT関数とLEFTB関数の2種類があります。末尾に「B」が付くLEFTB関数が、文字の長さを「バイト数」で数える関数です。

▼文字の長さに関連する関数

文字数単位	バイト数単位	機能
LEN	LENB	文字の長さを求める
FIND	FINDB	文字列を検索する
SEARCH	SEARCHB	文字列を検索する
REPLACE	REPLACEB	文字列を置換する
LEFT	LEFTB	先頭から文字列を取り出す
RIGHT	RIGHTB	末尾から文字列を取り出す
MID	MIDB	任意の位置から文字列を取り出す

関連項目 05.007 文字列の長さを調べる →p.358
05.008 全角の文字数と半角の文字数をそれぞれ調べる →p.359

基礎知識

05.002 ワイルドカード文字を理解する

処理の中で2つの文字列を比べたい場合があります。完全に一致しているかどうかを調べるのであれば、「=」演算子やEXACT関数を使用しますが、「○○」を含むかどうか、というあいまいな条件で調べたいときは、「ワイルドカード文字」を使用します。ワイルドカード文字には、0文字以上の任意の文字列を表す「*」(アスタリスク)と、任意の1文字を表す「?」(クエスチョンマーク)があります。また、ワイルドカード文字自体を検索するには「~」(チルダ)を使います。

▼ワイルドカード文字

ワイルドカード文字	意味
*	0文字以上の任意の文字列
?	任意の1文字
~	次に続くワイルドカード文字を文字として扱う

例えば「*山」という条件では、1文字の「山」、さらに「立山」や「富士山」など末尾に「山」が付く文字列が該当します。「?山」の場合は、「山」の前に必ず1文字が付く「立山」「登山」などが該当します。

▼ワイルドカード文字の使用例

(※「山、山頂、山茶花、立山、富士山、火山灰、海千山千、*山陰地方」から検索した場合)

使用例	意味	該当文字列
*山	「山」で終わる文字列	山、立山、富士山
?山	1文字+「山」の文字列	立山
山*	「山」で始まる文字列	山、山道、山茶花
山??	「山」+2文字の文字列	山茶花
*山?	『「山」+1文字』で終わる文字列	山頂、火山灰、海千山千
~*山*	「*山」で始まる文字列 (1文字目が「*」、2文字目が「山」)	*山陰地方

memo

▶一般的なキーボードの場合、「~」(チルダ)を入力するには、日本語入力をオフにした状態で[Shift]キーを押しながらひらがなの「へ」のキーを押します。

関連項目 05.018 あいまいな条件で文字列を検索する →p.369
05.027 2つの文字列が等しいかを調べる →p.378

データ分析

05.003 文字から文字コードを求める

使用関数 CODE（コード）

文字にはそれぞれ文字コードが割り当てられています。CODE関数を使用すると、指定した文字の文字コードを調べることができます。引数に2文字以上の文字列を指定した場合は、1文字目の文字コードが求められます。

文字の文字コードを調べる

入力セル B3　入力式 =CODE(A3)

B3　=CODE(A3)

	A	B
1	文字コードを調べる	
2	文字	文字コード
3	A	65
4	B	66
5	C	67
6	April	65
7	ｴｸｾﾙ	180
8	エクセル	9512
9	関数	13400
10		

セルB3に数式を入力して、セルB9までコピー

文字コードが表示された

文字列を指定した場合は1文字目の文字コードが求められる

check!

=CODE(文字列)

文字列…文字コードを調べたい文字列を指定

「文字列」の1文字目の文字コードを10進数の数値で返します。求められる文字コードはJISコードです。

memo

▶2文字目以降の文字の文字コードを調べるには、MID関数を使用して調べたい位置の文字を取り出します。例えばセルA6の2文字目（「April」の「p」）の文字コードを調べるには、「=CODE(MID(A6,2,1))」のようにします。

▶［挿入］タブや［挿入］メニューの［記号と特殊文字］からJISコードにない特殊な文字を挿入できますが、そのような文字は正しい文字コードを求められません。また、「Webdings」や「Wingdings」のような絵文字のフォントを使用するとアルファベットが絵文字で表示されますが、CODE関数で求められるのは元のアルファベットの文字コードです。

関連項目 05.004 文字コードから文字を求める →p.355

データの整形

05.004 文字コードから文字を求める

使用関数 CHAR(キャラクター)

指定した文字コードから対応する文字を求めるには、CHAR関数を使用します。文字コードは、0～127が制御文字／記号／アルファベットに対応しており、161～223が半角カタカナ／カナ記号、8481～32382が全角文字に対応しています。

文字コードから文字に変換する

入力セル B3　入力式 =CHAR(A3)

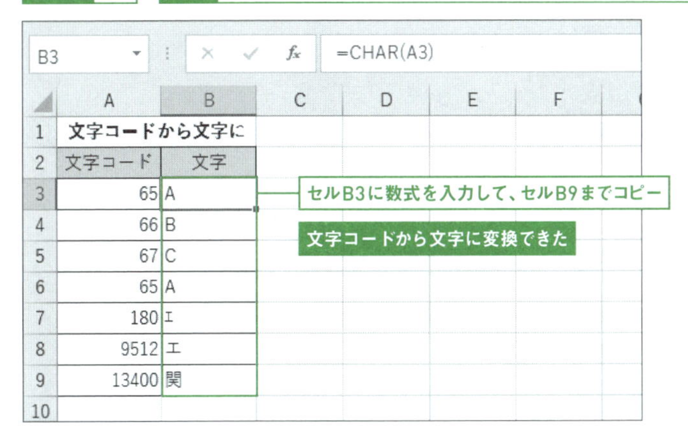

check!

=CHAR(数値)

数値…文字コードの数値を指定

指定した「数値」を文字コードとみなして、対応する文字を返します。変換に使用される文字コードはJISコードです。対応する文字がない場合は[#VALUE!]が返されます。

memo

▶文字コードにはJISコードの他にも複数の種類があります。JISコードをはじめとして多くの文字コードで0～127に対応する文字が共通しており、この部分はASCIIコードと呼ばれます。

▶ASCIIコードのうち0～31と127には、ディスプレイやプリンタなどの動作を制御するための制御文字が対応しています。Excelではセル内改行に制御文字が使われており、その文字コードは「10」です。したがって、セル内改行は「CHAR(10)」で表せます。

関連項目 05.003 文字から文字コードを求める →p.354

データ分析　　⊗非対応バージョン 2010 2007

05.005 文字からユニコードを求める

使用関数 UNICODE（ユニコード）

ユニコードとは、世界のほとんどの文字を収めた文字コード体系の1つです。UNICODE関数を使用すると、文字のユニコードを求めることができます。UNICODE関数は、Excel 2013で追加された関数です。

■文字のユニコードを調べる

入力セル B3　　入力式 =UNICODE(A3)

B3　=UNICODE(A3)

	A	B	C	D	E	F
1	ユニコードを調べる					
2	文字	文字コード				
3	A	65				
4	B	66				
5	C	67				
6	April	65				
7	ｴｸｾﾙ	65396				
8	エクセル	12456				
9	関数	38306				
10						
11						

セルB3に数式を入力して、セルB9までコピー

ユニコードが表示された

文字列を指定した場合は1文字目のユニコードが求められる

check!

=UNICODE(文字列)　　[Excel 2016 / 2013]

文字列…ユニコードを調べたい文字列を指定

「文字列」の1文字目の文字コードを10進数の数値で返します。

memo

▶2文字目以降の文字のユニコードを調べるには、MID関数を使用して調べたい位置の文字を取り出します。例えばセルA6の2文字目（「April」の「p」）のユニコードを調べるには、「=UNICODE(MID(A6,2,1))」のようにします。

関連項目 05.006 ユニコードから文字を求める →p.357

データの整形

非対応バージョン 2010 2007

05.006 ユニコードから文字を求める

使用関数 UNICHAR（ユニコード・キャラクター）

指定したユニコードから対応する文字を求めるには、UNICAHR関数を使用します。0 ～ 127に対応する文字は、05.004で紹介したCHAR関数と共通です。UNICHAR関数は、Excel 2013で追加された関数です。

ユニコードから文字に変換する

入力セル B3　入力式 =UNICHAR(A3)

B3 =UNICHAR(A3)

	A	B
1	ユニコードから文字に	
2	文字コード	文字
3	65	A
4	66	B
5	67	C
6	65	A
7	65396	ｴ
8	12456	エ
9	38306	関
10		
11		

セルB3に数式を入力して、セルB9までコピー

ユニコードから文字に変換できた

check!

=UNICHAR(数値)　[Excel 2016 / 2013]

数値…ユニコードの数値を指定

指定した「数値」をユニコードとみなして、対応する文字を返します。対応する文字がない場合は [#VALUE!] が返されます。

関連項目 05.005 文字からユニコードを求める →p.356

データ分析

05.007 文字列の長さを調べる

使用関数 LEN(レングス) ／ LENB(レングス・ビー)

05.001 で紹介したとおり、Excelでは文字列の長さを求める単位に「文字数」と「バイト数」があります。文字列の長さを求める関数も、文字数で長さを返すLEN関数と、バイト数で長さを返すLENB関数の2種類あります。ここでは、これら2つの関数を使用して、文字数とバイト数を調べます。

文字列の長さを文字数単位とバイト数単位で調べる

入力セル B3 入力式 =LEN(A3)

入力セル C3 入力式 =LENB(A3)

B3 =LEN(A3)

	A	B	C
1	文字列の長さ		
2	文字列	LEN	LENB
3	いちご	3	6
4	葡萄	2	4
5	ミカン	3	6
6	ﾐｶﾝ	3	3
7	リンゴ	3	6
8	ﾘﾝｺﾞ	4	4
9	Excel関数	7	9
10	JR渋谷駅	5	8
11			

セルB3とセルC3に数式を入力して、10行目までコピー

LEN関数は単純に文字数を数える

LENB関数は半角文字を1、全角文字を2と数える

check!

=LEN(文字列)

=LENB(文字列)

文字列…長さを調べたい文字列を指定

文字列の長さを返します。LEN関数は文字数を返し、LENB関数はバイト数（半角文字を1、全角文字を2と数える）を返します。文字、スペース、句読点、数字はすべて文字として扱われます。

memo

▶LEN関数やLENB関数の引数として、数値や日付を指定することもできます。数値の場合は、数式バーに表示されるデータがカウントの対象です。表示形式の設定により表示されている「¥」記号や「%」記号、桁区切りのカンマ「,」は対象外です。日付や時刻の場合は、対応するシリアル値の長さが対象になります。

関連項目 05.001 文字数とバイト数を理解する →p.352
05.008 全角の文字数と半角の文字数をそれぞれ調べる →p.359

データ分析

05.008 全角の文字数と半角の文字数をそれぞれ調べる

使用関数 LEN（レングス）／LENB（レングス・ビー）

全角文字と半角文字の文字数をそれぞれ調べたいときは、LEN関数とLENB関数を組み合わせて使用します。全角の文字数は、LENB関数で求めたバイト数からLEN関数で求めた文字数を引いて求めます。半角の文字数は、LEN関数で求めた文字数の2倍からLENB関数で求めたバイト数を引いて求めます。

■ 全角の文字数と半角の文字数をそれぞれ求める

入力セル B3　入力式 =LENB(A3)-LEN(A3)

入力セル C3　入力式 =LEN(A3)*2-LENB(A3)

B3　=LENB(A3)-LEN(A3)

	A	B	C
1	文字列の長さ		
2	文字列	全角	半角
3	いちご	3	0
4	葡萄	2	0
5	ミカン	3	0
6	ﾐｶﾝ	0	3
7	リンゴ	3	0
8	ﾘﾝｺﾞ	0	4
9	Excel関数	2	5
10	JR渋谷駅	3	2

セルB3とセルC3に数式を入力して、10行目までコピー

「JR渋谷駅」は全角3文字、半角2文字

check!

=LEN(文字列) → 05.007

=LENB(文字列) → 05.007

memo

▶「JR渋谷駅」の文字数は5（LEN関数）、バイト数（半角文字を1、全角文字を2と数える）は8（LENB関数）です。文字数とバイト数の差の3（8－5＝3）が全角文字の文字数と考えられます。また、文字数の2倍からバイト数を引いた2（5×2－8＝2）が半角文字数とわかります。

関連項目
05.001 文字数とバイト数を理解する →p.352
05.007 文字列の長さを調べる →p.358

データ分析

05.009 同じ文字がいくつ含まれているか調べる

使用関数 LEN(レングス) / SUBSTITUTE(サブスティチュート)

文字列の中に含まれている「A」の数を調べたい、といったときは、文字列から「A」をすべて削除して、その文字数を調べます。調べた文字数を元の文字列の文字数から引けば、「A」の文字数がわかります。文字列から「A」の文字を削除するには、SUBSTITUTE関数で「A」を空白文字列「""」に置き換えます。

■ 文字列中の「A」の数を調べる

入力セル C3　入力式 =LEN(B3)-LEN(SUBSTITUTE(B3,"A",""))

C3　=LEN(B3)-LEN(SUBSTITUTE(B3,"A",""))

	A	B	C	D	E	F	G	H
1	「A」の数を調べる							
2	学籍番号	成績	「A」の数					
3	12785	ACCBACDA	3					
4	12786	BCDDCBAB	1					
5	12787	AABAACAA	6					
6	12788	CBDDCCBD	0					
7								

セルC3に数式を入力して、セルC6までコピー

「A」の数が求められた

check!

=LEN(文字列) → 05.007

=SUBSTITUTE(文字列, 検索文字列, 置換文字列 [, 置換対象]) → 05.021

memo

▶SUBSTITUTE関数は、「文字列」中の「検索文字列」を「置換文字列」で置き換える関数です。下図のように、計算の過程を複数の列に分けると、理解しやすくなります。

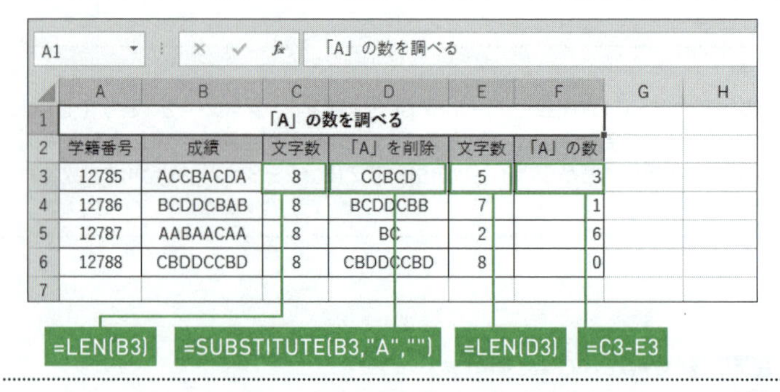
A1　「A」の数を調べる

	A	B	C	D	E	F	G	H
1	「A」の数を調べる							
2	学籍番号	成績	文字数	「A」を削除	文字数	「A」の数		
3	12785	ACCBACDA	8	CCBCD	5	3		
4	12786	BCDDCBAB	8	BCDDCBB	7	1		
5	12787	AABAACAA	8	BC	2	6		
6	12788	CBDDCCBD	8	CBDDCCBD	8	0		
7								

データ分析

05.010 強制改行を含むセルの行数を調べる

使用関数 LEN（レングス） ／ SUBSTITUTE（サブスティチュート） ／ CHAR（キャラクター）

入力中に [Alt] + [Enter] キーを押すと、セル内で強制改行が行われます。その際、セルには目に見えない改行文字が埋め込まれ、LEN関数で数えると改行文字も1文字と数えられます。改行文字の文字コードは「10」なので、改行文字は「CHAR(10)」で表せます。そこで、SUBSTITUTE関数を使用して、文字列中の「CHAR(10)」を空白文字列「""」に置き換え、その文字数を元の文字数から引けば、文字列中の改行文字の数がわかります。また、改行文字の数に1を加えれば行数がわかります。

セル内の行数を調べる

入力セル B3　入力式 =LEN(A3)-LEN(SUBSTITUTE(A3,CHAR(10),""))+1

B3　=LEN(A3)-LEN(SUBSTITUTE(A3,CHAR(10),""))+1

	A	B
1	セル内行数を求める	
2	データ	行数
3	いちご	1
4	りんご みかん	2
5	桃 葡萄 バナナ	3
6		
7		

セルB3に数式を入力して、セルB5までコピー

行数が求められた

check!

=LEN(文字列) → 05.007
=SUBSTITUTE(文字列, 検索文字列, 置換文字列 [, 置換対象]) → 05.021
=CHAR(数値) → 05.004

memo

▶下図のように、計算の過程を複数の列に分けると、理解しやすくなります。

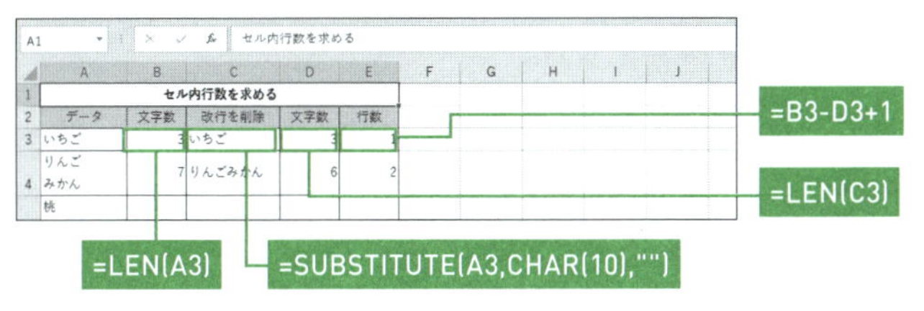

データの整形

05.011 指定した数だけ同じ文字を繰り返す

使用関数 REPT（リピート）

REPT関数を使用すると、指定した文字を指定した数だけ繰り返し表示できます。ここでは、REPT関数を利用して、1票につき「★」マークを1つ表示した人気投票の簡易グラフを作成します。なお、サンプルのセル範囲A4:B4には［折り返して全体を表示する］が設定してあります。

投票数を簡易グラフで表す

入力セル A4　入力式 =REPT(" ★ ",A3)

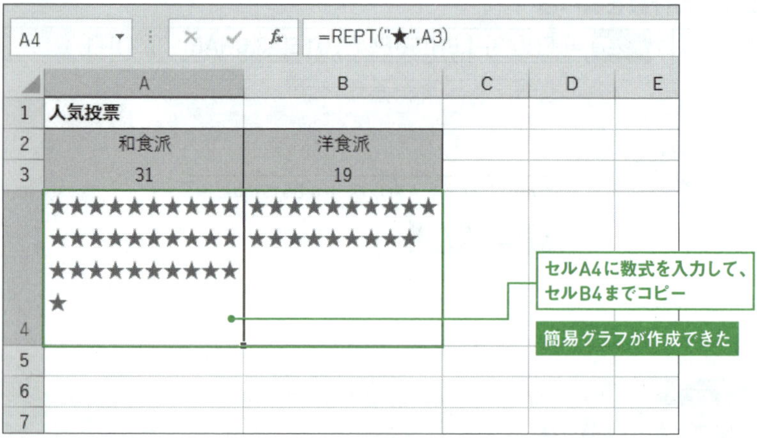

A4　=REPT("★",A3)

	A	B	C	D	E
1	人気投票				
2	和食派	洋食派			
3	31	19			
4	★★★★★★★★★★ ★★★★★★★★★★ ★★★★★★★★★★ ★	★★★★★★★★★★ ★★★★★★★★★			
5					
6					
7					

セルA4に数式を入力して、セルB4までコピー

簡易グラフが作成できた

check!

=REPT(文字列, 繰り返し回数)

文字列…繰り返す文字列を指定

繰り返し回数…文字列を繰り返す回数を正の数値で指定。0を指定すると空白文字列「""」が返される。小数を指定すると、小数点以下が切り捨てられる

「文字列」を指定した「繰り返し回数」だけ繰り返して表示します。返される文字列は32,767文字までで、これを超える場合は［#VALUE!］が返されます。

memo

▶セルに［折り返して全体を表示する］を設定するには、［ホーム］タブの［配置］グループにある［折り返して全体を表示する］ボタンをクリックします。

関連項目 05.012 評価「3」を「★★★☆☆」と表示する →p.363

データの整形

05.012 評価「3」を「★★★☆☆」と表示する

使用関数 REPT（リピート）

5段階評価の「5」を「★★★★★」、「3」を「★★★☆☆」のように表すことがあります。REPT関数を使用して、「★」を評価数だけ繰り返し、続けて「☆」を「5-評価数」だけ繰り返せば、このような表示になります。

■ 評価を星の数で表現する

入力セル C3　入力式 =REPT(" ★ ",B3) & REPT(" ☆ ",5-B3)

C3　=REPT("★",B3) & REPT("☆",5-B3)

	A	B	C	D	E	F	G	H
1	お客様の評価							
2	店舗	評価数	評価					
3	自由が丘店	5	★★★★★					
4	田園調布店	4	★★★★☆					
5	代官山店	3	★★★☆☆					
6	三軒茶屋店	2	★★☆☆☆					
7	用賀店	1	★☆☆☆☆					
8								
9								

セルC3に数式を入力して、セルC7までコピー

評価が「★」で表示された

check!

=REPT(文字列, 繰り返し回数) → 05.011

memo

▶REPT関数は、簡易横棒グラフの作成にも役に立ちます。
下図では、セルC3に「=REPT("|",B17/20)」という数式を入力して簡易グラフを表示しています。

A1　売上実績

<table>
<tr><th></th><th>A</th><th>B</th><th>C</th><th>D</th><th>E</th><th>F</th><th>G</th></tr>
<tr><td>1</td><td>売上実績</td><td></td><td></td><td></td><td></td><td></td><td></td></tr>
<tr><td>2</td><td>支店</td><td>売上</td><td>500</td><td>1000</td><td>1500</td><td></td><td></td></tr>
<tr><td>3</td><td>新宿店</td><td>864</td><td>|||||||||||||||||||||||||||||||||||||||||||</td><td></td><td></td><td></td><td></td></tr>
<tr><td>4</td><td>渋谷店</td><td>1,321</td><td>||||||||||||||||||||||||||||||||||||||||||||||||||||||||||||||||||</td><td></td><td></td><td></td><td></td></tr>
<tr><td>5</td><td>池袋店</td><td>418</td><td>||||||||||||||||||||</td><td></td><td></td><td></td><td></td></tr>
<tr><td>6</td><td></td><td></td><td></td><td></td><td></td><td></td><td></td></tr>
</table>

関連項目 05.011 指定した数だけ同じ文字を繰り返す →p.362

データ分析

05.013 文字列を検索する(FIND関数)

使用関数 FIND（ファインド）

文字列の中に特定の文字列が含まれているかどうかを調べるために、Excelには FIND関数とSEARCH関数の2つが用意されています。ここではFIND関数を使用して、商品コードの中からハイフン「-」の位置を調べます。ハイフンが複数含まれる場合は、1つ目のハイフンの位置だけがわかります。

1つ目のハイフン「-」の位置を調べる

入力セル C3　入力式 =FIND("-",B3)

C3　=FIND("-",B3)

	A	B	C	D	E	F	G	H
1	商品リスト							
2	商品区分	商品コード	検索					
3	SU	SU-1012-P1	3					
4		SU-1012-P2	3					
5	DDK	DDK-24-L1	4					
6		DDK-24-L2	4					
7	P	P-su305	2					
8		Psu104	#VALUE!					
9								

セルC3に数式を入力して、セルC8までコピー

ハイフンの位置が表示された

見つからない場合は[#VALUE!]が返る

check!

=FIND(検索文字列, 対象 [, 開始位置])

検索文字列…検索する文字列を指定
対象…検索の対象となる文字列を指定
開始位置…検索を開始する文字の位置を「対象」の先頭を1とした数値で指定。省略した場合は1を指定したとみなされる

「対象」の中に「検索文字列」が「開始位置」から数えて何文字目にあるかを調べます。見つからなかった場合は[#VALUE!]が返されます。英字の大文字と小文字を区別して検索します。

memo

▶サンプルの結果から、データの中にハイフンが含まれるかどうかと、含まれる場合は何文字目にあるか、という2つの情報が得られます。[#VALUE!]が表示される場合はハイフンが含まれず、数値が表示される場合はその位置に1つ目のハイフンが含まれると判断できます。

▶セルC3に入力した数式の「FIND」を「SEARCH」に変えても同じ結果が得られます。

関連項目 05.015 大文字と小文字を区別して検索する →p.366
05.016 文字列を検索する(SEARCH関数) →p.367

データ分析

05.014 2番目に現れる文字列を検索する（FIND関数）

使用関数 FIND（ファインド）

商品コードから2つ目のハイフンの位置を調べたいときは、FIND関数の3番目の引数「開始位置」に「1つ目のハイフンの位置+1」を指定します。「1つ目のハイフンの位置」もFIND関数で求めるので、FIND関数が入れ子になります。

2つ目のハイフン「-」の位置を調べる

入力セル C3　入力式 =FIND("-",B3,FIND("-",B3)+1)

C3 =FIND("-",B3,FIND("-",B3)+1)

	A	B	C	D	E	F	G
1	商品リスト						
2	商品区分	商品コード	検索				
3	SU	SU-1012-P1	8				
4		SU-1012-P2	8				
5	DDK	DDK-24-L1	7				
6		DDK-24-L2	7				
7	P	P-su305	#VALUE!				
8		Psu104	#VALUE!				
9							
10							
11							

セルC3に数式を入力して、セルC8までコピー

2つ目のハイフンの位置が表示された

2つ目が見つからない場合は[#VALUE!]が返る

check!

=FIND(検索文字列, 対象 [, 開始位置]) → 05.013

memo

▶[#VALUE!]が表示されるケースは、ハイフンが1つもない場合と、ハイフンが1つしかない場合の2通り考えられます。

▶セルC3に入力した数式の2カ所の「FIND」を「SEARCH」に変えても同じ結果が得られます。

関連項目 05.013 文字列を検索する（FIND関数） →p.364
05.016 文字列を検索する（SEARCH関数） →p.367

データ分析

05.015 大文字と小文字を区別して検索する

使用関数 FIND（ファインド）

文字列検索用の関数にはFIND関数とSEARCH関数の2種類ありますが、大文字と小文字を区別して検索したいときは、FIND関数を使用します。SEARCH関数では、大文字と小文字を区別できません。ここでは商品コードから小文字の「su」を検索します。「SU」「Su」「sU」は、すべて「su」とは異なる文字列として区別します。

■小文字の「su」の位置を調べる

入力セル C3　入力式 =FIND("su",B3)

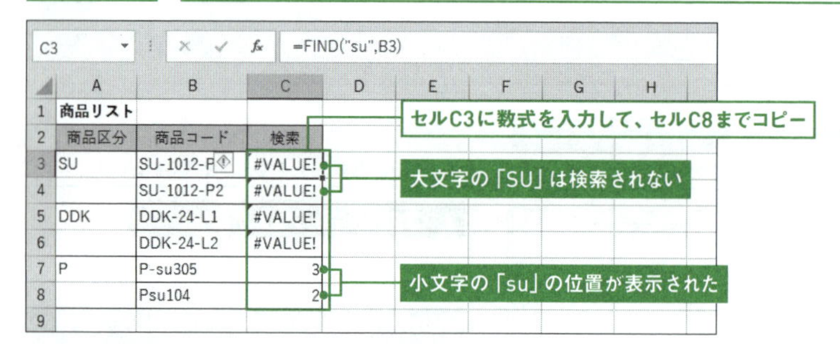

	A	B	C
1	商品リスト		
2	商品区分	商品コード	検索
3	SU	SU-1012-P1	#VALUE!
4		SU-1012-P2	#VALUE!
5	DDK	DDK-24-L1	#VALUE!
6		DDK-24-L2	#VALUE!
7	P	P-su305	3
8		Psu104	2

check!

=FIND(検索文字列, 対象 [, 開始位置]) → 05.013

memo

▶大文字と小文字を区別せずに検索したいときは、SEARCH関数を使用します。「=SEARCH("su",B3)」とすると、「su」と「SU」の両方が検索対象となります。

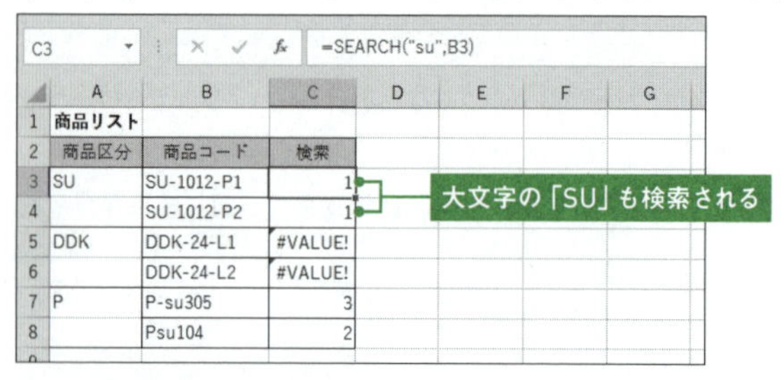

	A	B	C
1	商品リスト		
2	商品区分	商品コード	検索
3	SU	SU-1012-P1	1
4		SU-1012-P2	1
5	DDK	DDK-24-L1	#VALUE!
6		DDK-24-L2	#VALUE!
7	P	P-su305	3
8		Psu104	2

▶FIND関数とSEARCH関数のどちらも、全角と半角、ひらがなとカタカナは区別します。

関連項目 05.016 文字列を検索する（SEARCH関数） →p.367

データ分析

05.016 文字列を検索する(SEARCH関数)

使用関数 SEARCH(サーチ)

文字列の中に特定の文字列が含まれているかどうかを調べるために、ExcelにはFIND関数とSEARCH関数の2つが用意されています。ここではSEARCH関数を使用して、住所から「新宿」の位置を調べます。「新宿」が複数含まれる場合でも、1つ目の位置だけがわかります。

1つ目の「新宿」の位置を調べる

入力セル C3　入力式 =SEARCH(" 新宿 ",B3)

C3　=SEARCH("新宿",B3)

	A	B	C
1	支店名簿		
2	支店	住所	検索
3	新宿店	東京都新宿区新宿X-X	4
4	赤坂店	東京都港区赤坂X-X	#VALUE!
5	大久保店	東京都新宿区大久保X-X	4
6	西新宿店	東京都新宿区西新宿X-X	4
7	北新宿店	東京都新宿区北新宿X-X	4
8			

セルC3に数式を入力して、セルC7までコピー

「新宿」の位置が表示された

見つからない場合は[#VALUE!]が返る

check!

=SEARCH(検索文字列, 対象 [, 開始位置])

検索文字列…検索する文字列を指定
対象…検索の対象となる文字列を指定
開始位置…検索を開始する文字の位置を「対象」の先頭を1とした数値で指定。省略した場合は1を指定したとみなされる

「対象」の中に「検索文字列」が「開始位置」から数えて何文字目にあるかを調べます。見つからなかった場合は[#VALUE!]が返されます。英字の大文字と小文字は区別しません。

memo

- サンプルの結果から、データの中に「新宿」が含まれるかどうかと、含まれる場合は何文字目にあるか、という2つの情報が得られます。[#VALUE!]が表示される場合は「新宿」は含まれず、数値が表示される場合はその位置に1つ目の「新宿」が含まれると判断できます。
- セルC3に入力した数式の「SEARCH」を「FIND」に変えても同じ結果が得られます。

関連項目
05.013 文字列を検索する(FIND関数) →p.364
05.018 あいまいな条件で文字列を検索する →p.369

データ分析

05.017 2番目に現れる文字列を検索する（SEARCH関数）

使用関数 SEARCH（サーチ）

住所から2つ目の「新宿」の位置を調べたいときは、SEARCH関数の3番目の引数「開始位置」に「1つ目の新宿の位置+1」を指定します。「1つ目の新宿の位置」もSEARCH関数で求めるので、SEARCH関数が入れ子になります。

2つ目の「新宿」の位置を調べる

入力セル C3　入力式 =SEARCH(" 新宿 ",B3,SEARCH(" 新宿 ",B3)+1)

C3 =SEARCH("新宿",B3,SEARCH("新宿",B3)+1)

	A	B	C
1	支店名簿		
2	支店	住所	検索
3	新宿店	東京都新宿区新宿X-X	7
4	赤坂店	東京都港区赤坂X-X	#VALUE!
5	大久保店	東京都新宿区大久保X-X	#VALUE!
6	西新宿店	東京都新宿区西新宿X-X	8
7	北新宿店	東京都新宿区北新宿X-X	8
8			
9			
10			
11			

セルC3に数式を入力して、セルC7までコピー

2つ目の「新宿」の位置が表示された

2つ目が見つからない場合は[#VALUE!]が返る

check!

=SEARCH(検索文字列, 対象 [, 開始位置]) → 05.016

memo

▶「新宿」は2文字なので、2つ目の「新宿」を検索するとき、「1つ目の新宿の位置+2」としても同じ結果になります。

▶[#VALUE!]が表示されるケースは、「新宿」が1つもない場合と、「新宿」が1つしかない場合の2通り考えられます。

▶セルC3に入力した数式の2カ所の「SEARCH」を「FIND」に変えても同じ結果が得られます。

関連項目 05.013 文字列を検索する（FIND関数） →p.364
05.016 文字列を検索する（SEARCH関数） →p.367

データ分析

05.018 あいまいな条件で文字列を検索する

使用関数 SEARCH(サーチ)

Excelには文字列検索用の関数がFIND関数とSEARCH関数の2種類ありますが、「○○を含む」といったあいまいな条件で検索したいときは、ワイルドカード文字を使用できるSEARCH関数を使用します。FIND関数では、ワイルドカード文字を使用した検索が行えません。ここでは「検索文字列」として「"区?新宿"」と指定して検索を行います。「新宿区西新宿」や「新宿区北新宿」は検索されますが、「新宿区新宿」は検索されません。

■ワイルドカードを使用して検索する

入力セル C3　入力式 =SEARCH(" 区 ? 新宿 ",B3)

C3　=SEARCH("区?新宿",B3)

	A	B	C
1	支店名簿		
2	支店	住所	検索
3	新宿店	東京都新宿区新宿X-X	#VALUE!
4	赤坂店	東京都港区赤坂X-X	#VALUE!
5	大久保店	東京都新宿区大久保X-X	#VALUE!
6	西新宿店	東京都新宿区西新宿X-X	6
7	北新宿店	東京都新宿区北新宿X-X	6
8			
9			

セルC3に数式を入力して、セルC7までコピー

「新宿区新宿」は検索されない

「新宿区○新宿」の位置が表示された

check!

=SEARCH(検索文字列, 対象 [, 開始位置]) → 05.016

memo

▶SEARCH関数で「*」や「?」を文字として検索したいときは、前に半角のチルダ「~」を付けて、「"~*"」や「"~?"」という「検索文字列」を指定します。

▶FIND関数はワイルドカード文字を使用したあいまい検索を行えませんが、逆に「*」や「?」を文字として検索したいときは、FIND関数で簡単に検索できます。

関連項目
05.002 ワイルドカード文字を理解する →p.353
05.013 文字列を検索する（FIND関数） →p.364
05.016 文字列を検索する（SEARCH関数） →p.367

データの整形

05.019 決まった位置にある文字列を置換する

使用関数 REPLACE（リプレイス）

Excelには文字列置換用の関数として、REPLACE関数とSUBSTITUTE関数が用意されています。そのうちのREPLACE関数は、決まった位置にある文字列を置換します。サンプルでは、講座名の最初の2文字を「外国語」に置き換えています。最初の2文字にある「英語」「仏語」が置換の対象になります。内容にかかわらず位置だけを頼りに置換を行えるのが特徴です。

講座名の最初の2文字を「外国語」に置き換える

入力セル C3　入力式 =REPLACE(B3,1,2," 外国語 ")

C3　=REPLACE(B3,1,2,"外国語")

	A	B	C	D
1	講座一覧			
2	講座番号	講座名	分類	
3	1001	英語入門	外国語入門	
4	1002	英語実践	外国語実践	
5	1003	仏語入門	外国語入門	
6	1004	仏語実践	外国語実践	
7				

セルC3に数式を入力して、セルC6までコピー

最初の2文字が「外国語」に置き換えられた

check!

=REPLACE(文字列, 開始位置, 文字数, 置換文字列)

文字列…置換の対象となる文字列を指定
開始位置…置換を開始する文字の位置を「文字列」の先頭を1とした数値で指定
文字数…置換する文字数を指定
置換文字列…「文字列」の一部と置き換える文字列を指定

「文字列」の「開始位置」から「文字数」分の文字列を「置換文字列」で置き換えます。

memo

▶「開始位置」に「文字列」の文字数以上の数値を指定すると、「文字列」の末尾に「置換文字列」が付加されます。
=REPLACE("あいうえお",9,1,"ABC") ➡ あいうえおABC

▶「文字数」に「文字列」の文字数を超える数値を指定すると、「文字列」の末尾までが置換されます。
=REPLACE("あいうえお",4,9,"ABC") ➡ あいうABC

05.020 7桁の数字だけの郵便番号にハイフンを挿入する →p.371
05.021 特定の文字列を置換する →p.372

データの整形

05.020 7桁の数字だけの郵便番号にハイフンを挿入する

使用関数 REPLACE（リプレイス）

REPLACE関数の3番目の引数「文字数」に「0」を指定すると、決まった位置に文字を挿入することができます。ここでは7桁の数字が並んだ郵便番号の3桁目と4桁目の間にハイフン「-」を挿入します。4文字目の位置に挿入するので、2番目の引数「開始位置」に指定する値は「4」になります。

郵便番号の3桁目と4桁目の間にハイフンを挿入する

入力セル C3　入力式 =REPLACE(B3,4,0,"-")

C3　=REPLACE(B3,4,0,"-")

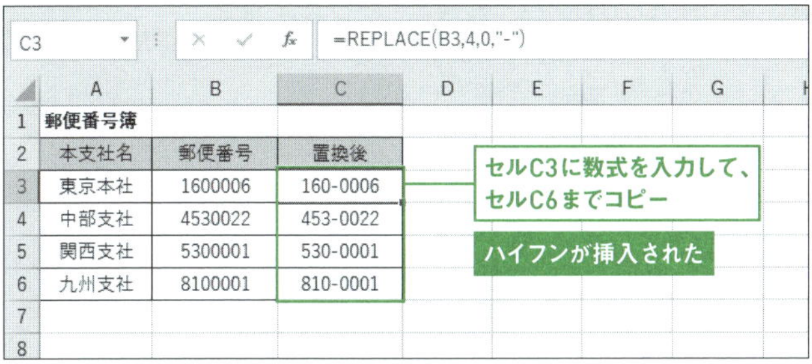

	A	B	C
1	郵便番号簿		
2	本支社名	郵便番号	置換後
3	東京本社	1600006	160-0006
4	中部支社	4530022	453-0022
5	関西支社	5300001	530-0001
6	九州支社	8100001	810-0001

セルC3に数式を入力して、セルC6までコピー

ハイフンが挿入された

check!

=REPLACE(文字列, 開始位置, 文字数, 置換文字列) → 05.019

memo

▶REPLACE関数の4番目の引数「置換文字列」に空白文字列「""」を指定すると、決まった位置の文字を削除できます。削除される文字の内容にかかわらず、位置だけを頼りに削除できるのが特徴です。例えば「AB-123-987」形式の商品番号から一律に中分類を削除したいときは、REPLACE関数で商品番号の3文字目から4文字分を削除します。

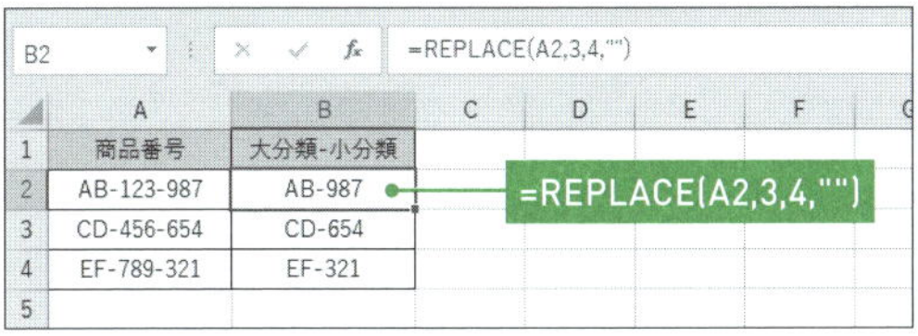

B2　=REPLACE(A2,3,4,"")

	A	B
1	商品番号	大分類-小分類
2	AB-123-987	AB-987
3	CD-456-654	CD-654
4	EF-789-321	EF-321

=REPLACE(A2,3,4,"")

関連項目
05.019 決まった位置にある文字列を置換する →p.370
05.021 特定の文字列を置換する →p.372

データの整形

05.021 特定の文字列を置換する

使用関数 SUBSTITUTE（サブスティチュート）

Excelには文字列の置換のための関数として、REPLACE関数とSUBSTITUTE関数が用意されています。そのうちのSUBSTITUTE関数は、特定の文字列を別の文字列に置き換えます。サンプルでは、講座名に含まれる「実践」を「ビジネス」に置き換えています。講座名の中のどの位置にあるかにかかわらず、「実践」という文字だけを頼りに置換できることが特徴です。

■「実践」を「ビジネス」に置き換える

入力セル C3　入力式 =SUBSTITUTE(B3,"実践","ビジネス")

C3　=SUBSTITUTE(B3,"実践","ビジネス")

	A	B	C	D	E	F	G
1	講座一覧						
2	講座番号	講座名	新講座名				
3	2001	英語入門	英語入門				
4	2002	実践英会話	ビジネス英会話				
5	2003	中国語入門	中国語入門				
6	2004	中国語実践	中国語ビジネス				
7							

セルC3に数式を入力して、セルC6までコピー

「実践」が「ビジネス」に置き換えられた

check!

=SUBSTITUTE(文字列, 検索文字列, 置換文字列 [, 置換対象])

文字列…置換の対象となる文字列を指定
検索文字列…「置換文字列」で置換される文字列を指定
置換文字列…「検索文字列」を置き換える文字列を指定
置換対象…何番目の「検索文字列」を置換するかを数値で指定。省略した場合は、「文字列」中のすべての「検索文字列」が置換される

「文字列」中の「検索文字列」を「置換文字列」で置き換えます。何番目の「検索文字列」を置換するかは「置換対象」で指定します。「文字列」の中に「検索文字列」が見つからない場合は、「文字列」がそのまま返されます。

memo

▶関数で文字列を置換しても、数式を入力した列に置換後のデータが表示されるだけで、元のデータ自体はそのままです。元データを置換後のデータで完全に置き換えたい場合は、 01.047 を参考に、数式のセルをコピーして、元データのセルに値として貼り付けます。

関連項目 05.019 決まった位置にある文字列を置換する →p.370
05.022 2番目に現れる文字列だけを置換する →p.373

データの整形

05.022 2番目に現れる文字列だけを置換する

使用関数 SUBSTITUTE(サブスティチュート)

SUBSTITUTE関数の4番目の引数「置換対象」を使用すると、何番目に現れる「検索文字列」を置換するかを指定できます。ここでは、部署名の中で2番目に現れる「総務」を「管理」に置き換えます。「総務部」や「営業部総務課」に含まれる「総務」は置換されませんが、「総務部総務課」の2番目の「総務」は置換されて「総務部管理課」になります。

2番目の「総務」を「管理」に置き換える

入力セル C3　入力式 =SUBSTITUTE(B3," 総務 "," 管理 ",2)

C3 =SUBSTITUTE(B3,"総務","管理",2)

	A	B	C
1	内線電話簿		
2	内線	旧部署名	新部署名
3	1001	総務部	総務部
4	1002	総務部総務課	総務部管理課
5	2001	営業部	営業部
6	2002	営業部総務課	営業部総務課
7	2003	営業部営業課	営業部営業課
8			

セルC3に数式を入力して、セルC7までコピー

2番目の「総務」が「管理」に置き換えられた

check!

=SUBSTITUTE(文字列, 検索文字列, 置換文字列 [, 置換対象]) → 05.021

memo

▶サンプルのセルC3に入力したSUBSTITUTE関数の4番目の引数「2」を指定しなかった場合は、部署名に含まれるすべての「総務」が「管理」に置き換えられます。

C3 =SUBSTITUTE(B3,"総務","管理")

	A	B	C
1	内線電話簿		
2	内線	旧部署名	新部署名
3	1001	総務部	管理部
4	1002	総務部総務課	管理部管理課
5	2001	営業部	営業部
6	2002	営業部総務課	営業部管理課
7	2003	営業部営業課	営業部営業課
8			

=SUBSTITUTE(B3,"総務","管理")

 データの整形

05.023 ハイフンで区切られた市内局番を括弧で囲む

使用関数 SUBSTITUTE（サブスティチュート）

「03-3211-XXXX」のようにハイフンで区切られた電話番号の市内局番を括弧で囲んで、「03(3211)XXXX」のように表示するには、2つのSUBSTITUTE関数を入れ子で使用します。1つ目のSUBSTITUTE関数で1つ目のハイフンを「(」に変更し、2つ目のSUBSTITUTE関数で残りのハイフンを「)」に変更します。

■ 市内局番を括弧で囲む

入力セル C3　入力式 =SUBSTITUTE(SUBSTITUTE(B3,"-","(",1),"-",")")

C3　=SUBSTITUTE(SUBSTITUTE(B3,"-","(",1),"-",

	A	B	C	D	E	F
1	電話番号簿					
2	本支社名	電話番号	置換後			
3	東京本社	03-3211-XXXX	03(3211)XXXX			
4	中部支社	052-389-XXXX	052(389)XXXX			
5	関西支社	06-6347-XXXX	06(6347)XXXX			
6	九州支社	092-722-XXXX	092(722)XXXX			
7						
8						

セルC3に数式を入力して、セルC6までコピー

市内局番が括弧で囲まれた

check!

=SUBSTITUTE(文字列, 検索文字列, 置換文字列 [, 置換対象]) → 05.021

memo

▶2つのSUBSTITUTE関数を2列に分けて入力し、2段階で置換を行っても同じ結果になります。下図ではC列で1つ目のハイフンを「(」に置換し、その結果を対象にD列でハイフンを「)」に置換しています。

	A	B	C	D	E	F	G
1	電話番号簿						
2	本支社名	電話番号	置換後1	置換後2			
3	東京本社	03-3211-XXXX	03(3211-XXXX	03(3211)XXXX			
4	中部支社	052-389-XXXX	052(389-XXXX	052(389)XXXX			
5	関西支社	06-6347-XXXX	06(6347-XXXX	06(6347)XXXX			
6	九州支社	092-722-XXXX	092(722-XXXX	092(722)XXXX			
7							

=SUBSTITUTE(B3,"-","(",1)

=SUBSTITUTE(C3,"-",")")

データの整形

05.024 ハイフンで区切られた市外局番を括弧で囲む

使用関数 SUBSTITUTE(サブスティチュート) ／ REPLACE(リプレイス)

「03-3211-XXXX」のようにハイフンで区切られた電話番号の市外局番を括弧で囲んで、「(03)3211-XXXX」のように表示してみましょう。市外局番の前に「(」を挿入するには、決まった位置にある文字を置換できるREPLACE関数を使用します。市外局番のあとに「)」を入れるには、1つ目のハイフンを置換すればよいので、特定の文字列を置換できるSUBSTITUTE関数を使用します。

■ 市外局番を括弧で囲む

入力セル C3　入力式 =SUBSTITUTE(REPLACE(B3,1,0,"("),"-",")",1)

C3　=SUBSTITUTE(REPLACE(B3,1,0,"("),"-",")",1)

	A	B	C	D	E	F
1	電話番号簿					
2	本支社名	電話番号	置換後			
3	東京本社	03-3211-XXXX	(03)3211-XXXX			
4	中部支社	052-389-XXXX	(052)389-XXXX			
5	関西支社	06-6347-XXXX	(06)6347-XXXX			
6	九州支社	092-722-XXXX	(092)722-XXXX			
7						

セルC3に数式を入力して、セルC6までコピーする

市外局番が括弧で囲まれた

check!

=SUBSTITUTE(文字列, 検索文字列, 置換文字列 [, 置換対象]) → 05.021
=REPLACE(文字列, 開始位置, 文字数, 置換文字列) → 05.019

memo

▶REPLACE関数とSUBSTITUTE関数を2列に分けて入力し、2段階で置換を行っても同じ結果になります。下図ではC列で先頭に「(」を挿入し、その結果を対象にD列で1つ目のハイフンを「)」に置換しています。

	A	B	C	D	E	F	G
1	電話番号簿						
2	本支社名	電話番号	置換後1	置換後2			
3	東京本社	03-3211-XXXX	(03-3211-XXXX	(03)3211-XXXX			
4	中部支社	052-389-XXXX	(052-389-XXXX	(052)389-XXXX			
5	関西支社	06-6347-XXXX	(06-6347-XXXX	(06)6347-XXXX			
6	九州支社	092-722-XXXX	(092-722-XXXX	(092)722-XXXX			
7							

=REPLACE(B3,1,0,"(")

=SUBSTITUTE(C3,"-",")",1)

データの整形

05.025 「(株)」を「株式会社」、「(有)」を「有限会社」に変更する

使用関数 SUBSTITUTE(サブスティチュート)

会社名の「(株)」を「株式会社」、「(有)」を「有限会社」に変更するには、2つのSUBSTITUTE関数を入れ子で使用します。1つ目のSUBSTITUTE関数で「(株)」を「株式会社」に変更し、2つ目のSUBSTITUTE関数で「(有)」を「有限会社」に変更します。どちらも含まない場合は、元の文字列がそのまま表示されます。

■「(株)」を「株式会社」、「(有)」を「有限会社」に変更する

入力セル C3

入力式 =SUBSTITUTE(SUBSTITUTE(B3,"(株)","株式会社"),"(有)","有限会社")

C3 =SUBSTITUTE(SUBSTITUTE(B3,"(株)","株式会社"),"(有)

	A	B	C
1	取引先リスト		
2	NO	取引先名	置換後
3	1	(株)エクセル	株式会社エクセル
4	2	(有)ワード	有限会社ワード
5	3	アクセス(株)	アクセス株式会社
6	4	パワポ(有)	パワポ有限会社
7	5	アウトルック	アウトルック
8			

セルC3に数式を入力して、セルC7までコピー

「(株)」と「(有)」を置換できた

check!

=SUBSTITUTE(文字列, 検索文字列, 置換文字列 [, 置換対象]) → 05.021

memo

▶2つのSUBSTITUTE関数を2列に分けて入力し、2段階で置換を行っても同じ結果になります。下図ではC列で「(株)」を「株式会社」に置換し、その結果を対象にD列で「(有)」を「有限会社」に置換しています。

	A	B	C	D
1	取引先リスト			
2	NO	取引先名	置換後1	置換後2
3	1	(株)エクセル	株式会社エクセル	株式会社エクセル
4	2	(有)ワード	(有)ワード	有限会社ワード
5	3	アクセス(株)	アクセス株式会社	アクセス株式会社
6	4	パワポ(有)	パワポ(有)	パワポ有限会社
7	5	アウトルック	アウトルック	アウトルック
8				

=SUBSTITUTE(B3,"(株)","株式会社")

=SUBSTITUTE(C3,"(有)","有限会社")

関連項目 05.021 特定の文字列を置換する →p.372

データの整形

05.026 「(株)」や「(有)」を削除して並べ替える

使用関数 SUBSTITUTE（サブスティチュート）

会社名を並べ替えるときは、「(株)」や「(有)」を外した固有名詞だけのほうが、目的の会社を見つけやすくなります。文字列から特定の文字列を削除するには、SUBSTITUTE関数を使用して、削除したい文字列を空白文字列「""」で置換します。

「(株)」や「(有)」を削除して並べ替える

入力セル C3　入力式 =SUBSTITUTE(SUBSTITUTE(B3,"（株）",""),"（有）","")

C3　=SUBSTITUTE(SUBSTITUTE(B3,"（株）",""),"（有）","")

	A	B	C
1	取引先リスト		
2	NO	取引先名	置換後
3	1	（株）エクセル	エクセル
4	2	（有）ワード	ワード
5	3	アクセス（株）	アクセス
6	4	パワポ（有）	パワポ
7	5	アウトルック	アウトルック

セルC3に数式を入力して、セルC7までコピー

「(株)」と「(有)」が削除された

C3　=SUBSTITUTE(SUBSTITUTE(B3,"（株）",""),"（有）","")

	A	B	C
1	取引先リスト		
2	NO	取引先名	置換後
3	5	アウトルック	アウトルック
4	3	アクセス（株）	アクセス
5	1	（株）エクセル	エクセル
6	4	パワポ（有）	パワポ
7	2	（有）ワード	ワード

C列を基準に並べ替えると固有名詞順に並ぶ

check!

=SUBSTITUTE(文字列, 検索文字列, 置換文字列 [, 置換対象]) → 05.021

memo

▶ここでは効果がわかりやすいカタカナの会社名を例にしましたが、漢字の会社名の場合も同様の方法で固有名詞の五十音順に並べ替えられます。その際、並べ替えの基準になるのは入力時の読みです。別の読みで入力したり、他のソフトからインポートしたりしたデータの場合は、05.059 の2つ目のmemoを参考にふりがな情報を修正すれば正しい並べ替えを行えます。

データ分析

05.027 2つの文字列が等しいかを調べる

使用関数 EXACT（イグザクト）

EXACT関数を使用すると、2つの文字列が等しいかどうかを調べられます。「=」演算子で調べた場合は、英字の大文字と小文字が同じ文字として扱われますが、EXACT関数では異なる文字として比較できます。ここでは表のB列とC列の文字列を比較します。等しければTRUE、等しくなければFALSEという結果になります。

B列とC列の文字列を比較する

入力セル D3　入力式 =EXACT(B3,C3)

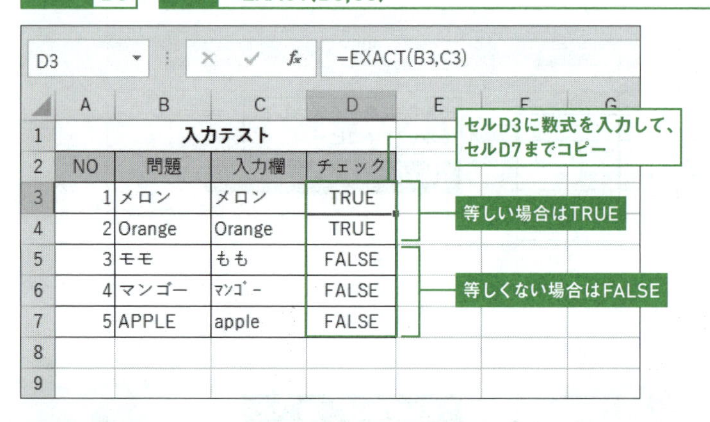

	A	B	C	D
1		入力テスト		
2	NO	問題	入力欄	チェック
3	1	メロン	メロン	TRUE
4	2	Orange	Orange	TRUE
5	3	モモ	もも	FALSE
6	4	マンゴー	ﾏﾝｺﾞｰ	FALSE
7	5	APPLE	apple	FALSE

check!

=EXACT(文字列1, 文字列2)

文字列1…比較する文字列を指定
文字列2…比較する文字列を指定

「文字列1」と「文字列2」が等しい場合はTRUE、等しくない場合はFALSEを返します。英字の大文字と小文字を区別します。

memo

- 全角と半角、ひらがなとカタカナは、EXACT関数と「=」演算子のどちらを使用しても、異なる文字として扱われます。
- EXACT関数と「=」演算子は、文字データ自体が等しいかどうかを調べます。文字に設定されているフォントや太字などの書式の違いは無視されます。

関連項目 05.063 大文字しか入力できないようにする →p.414

データの整形

05.028 文字列を連結する

使用関数 CONCATENATE（コンカティネイト）

CONCATENATE関数を使用すると、複数の文字列を連結して1つにまとめることができます。ここでは表のA列とB列に入力されているデータを使用して1つの文を作成します。

A列とB列の文字列を使用して文を作る

入力セル C3　入力式 =CONCATENATE(A3," の席数は ",B3," 席です。")

C3 =CONCATENATE(A3,"の席数は",B3,"

	A	B	C	D	E
1	会議室一覧				
2	名称	席数	連結文字列		
3	大会議室	60	大会議室の席数は60席です。		
4	中会議室	30	中会議室の席数は30席です。		
5	小会議室	10	小会議室の席数は10席です。		
6					
7					

セルC3に数式を入力して、セルC5までコピー

文字列を連結できた

check!

=CONCATENATE(文字列1 [, 文字列2] ……)

文字列…連結する文字列を指定

文字列を連結して返します。「文字列」は255個まで指定できます。

memo

- SUM関数やCOUNT関数は引数にセル範囲を指定できますが、CONCATENATE関数は引数にセル範囲を指定することはできません。注意してください。
- CONCATENATE関数の代わりに「&」演算子を使用しても、文字列を連結できます。例えば「=CONCATENATE(A1,B1)」と「=A1&B1」の結果は同じです。
- ダブルクォーテーション「"」を含む文字列を指定したいときは、ダブルクォーテーションを2つ重ねます。例えば「"He said ""yes""."」は「He said "yes".」という文字列を表します。また、セルA1のデータが「yes」のときに「=CONCATENATE("""",A1,"""")」とすると、結果は「"yes"」になります。

関連項目 05.031 改行を挟んで文字列を連結する →p.382

データの整形　✕非対応バージョン 2013 2007 2007

05.029 複数のセルに入力されている文字列を一気に連結する

使用関数 CONCAT（コンカット）

文字列を連結するのには、05.028で紹介したCONCATENATE関数の他に、CONCAT関数も使用できます。CONCAT関数は、引数にセル範囲を指定できるのが特長です。例えば、セルB3～セルF3に入力した文字列を連結する場合、CONCATENATE関数では引数を「B3,C3,D3,E3,F3」と指定しなければならず面倒ですが、CONCAT関数では「B3:F3」のように引数を1つ指定するだけで済み、大変便利です。なお、2016年6月現在、CONCAT関数を使用できるバージョンは、Office 365に含まれるExcel 2016のみです。

B列～F列のセルに入力した文字列を連結する

入力セル G3　入力式 =CONCAT(B3:F3)

G3　=CONCAT(B3:F3)

	A	B	C	D	E	F	G
1	住所連結						
2	郵便番号	県	市	区	町	番地	住所
3	220-0051	神奈川県	横浜市	西区	中央	x-x	神奈川県横浜市西区中央x-x
4	212-0011	神奈川県	川崎市	幸区	幸町	x-x	神奈川県川崎市幸区幸町x-x
5	226-0002	神奈川県	横浜市	緑区	鴨居	x-x	神奈川県横浜市緑区鴨居x-x
6							

セルG3に数式を入力して、セルG5までコピー

文字列を連結できた

check!

=CONCAT(文字列1 [, 文字列2] ……)　[Office 365のExcel 2016]

文字列…連結する文字列を指定。セル範囲も指定可能

文字列を連結して返します。「文字列」を254個まで指定できます。

memo

- Office 365のExcel 2016では、CONCAT関数の追加により、CONCATENATE関数は「互換性関数」の分類に移動しました。
- サンプルの表で、次のように入力すると、郵便番号と住所の間にスペースを入れて「〒220-0051　神奈川県横浜市西区中央x-x」のように連結できます。

=CONCAT("〒",A3,"　",B3:F3)

関連項目
05.028 文字列を連結する →p.379
05.030 指定した区切り文字を挟んで複数の文字列を一気に連結する →p.381

データの整形　非対応バージョン 2013 2007 2007

05.030 指定した区切り文字を挟んで複数の文字列を一気に連結する

使用関数 TEXTJOIN（テキストジョイン）

TEXTJOIN関数を使用すると、文字列を連結するときに指定した区切り文字を挟むことができます。表の一部のデータをカンマ区切りで連結して、テキストファイルにコピーしたい、というようなときに便利です。なお、2016年6月現在、TEXTJOIN関数を使用できるバージョンは、Office 365に含まれるExcel 2016のみです。

B列～F列のセルに入力した文字列を「,」を挟んで連結する

入力セル D3　入力式 =TEXTJOIN(",",TRUE,A3:C3)

D3　=TEXTJOIN(",",TRUE,A3:C3)

	A	B	C	D	E	F	G
1	商品リスト						
2	品番	品名	単価	連結データ			
3	A101	ノート	200	A101,ノート,200			
4	A102	鉛筆	60	A102,鉛筆,60			
5	A103	消しゴム	100	A103,消しゴム,100			
6							
7							

セルD3に数式を入力して、セルD5までコピー

「,」を挟んで文字列を連結できた

check!

=TEXTJOIN(区切り文字, 空のセルは無視, 文字列1 [, 文字列2] ……)
[Office 365のExcel 2016]

区切り文字…区切り文字を指定
空のセルは無視…TRUEを指定すると、空白セルは無視される。FALSEを指定すると、空白セルも区切り文字を挟んで連結される
文字列…連結する文字列を指定。セル範囲も指定可能

区切り文字を挟みながら文字列を連結して返します。「文字列」を252個まで指定できます。

memo

▶列ごとに異なる区切り文字を指定することもできます。右図の例では、各列のデータが「,」、各行のデータが「;」で区切られ、結果は「A101,ノート,200;A102,鉛筆,60;A103,消しゴム,100」になります。

=TEXTJOIN(A6:C6,TRUE,A3:C5)

	A	B	C	D
1	商品リスト			
2	品番	品名	単価	
3	A101	ノート	200	
4	A102	鉛筆	60	
5	A103	消しゴム	100	
6	,	,	;	
7				

データの整形

05.031 改行を挟んで文字列を連結する

使用関数 CONCATENATE（コンカティネイト） ／ CHAR（キャラクター）

CONCATENATE関数を使用すると、2つのセルに入力された文字列を1つのセルに連結できます。その際、間に改行を挟むには、改行を表す「CHAR (10)」を一緒に連結します。「10」は改行文字の文字コードで、CHAR関数は文字コードから文字を返す関数です。なお、文字列に改行文字を挟んでも、セルに［折り返して全体を表示する］を設定しないと、改行を入れた効果が得られないので注意してください。

■ 改行を挟んでA列とB列の文字列を連結する

入力セル C3　入力式 =CONCATENATE(A3,CHAR(10),B3)

C3　=CONCATENATE(A3,CHAR(10),B3)

	A	B	C
1	支店名簿		
2	支店	住所	連結
3	新宿店	東京都新宿区新宿X-X	新宿店 東京都新宿区新宿X-X
4	赤坂店	東京都港区赤坂X-X	赤坂店 東京都港区赤坂X-X
5	大久保店	東京都新宿区大久保X-X	大久保店 東京都新宿区大久保X-X
6			
7			

セル範囲C3:C5に［折り返して全体を表示する］を設定しておく

セルC3に数式を入力して、セルC5までコピー

改行を挟んで連結できた

check!

=CONCATENATE(文字列1 [, 文字列2] ……) → 05.028
=CHAR(数値) → 05.004

memo

▶CONCATINATE関数の代わりに「&」演算子を使用して、「=A3&CHAR(10)&B3」としても、同じ結果が得られます。

▶［折り返して全体を表示する］を設定するには、［ホーム］タブの［配置］グループにある［折り返して全体を表示する］ボタンをクリックします。

関連項目 05.028 文字列を連結する →p.379
05.032 スペースの位置を境に文字列をセル内改行する →p.383

 データの整形

05.032 スペースの位置を境に文字列をセル内改行する

使用関数 SUBSTITUTE（サブスティチュート）／CHAR（キャラクター）

スペースで区切られた文字列をセル内で2行に分けて表示するには、スペースを改行で置き換えます。改行文字に割り当てられている文字コードは「10」なので、改行文字は「CHAR(10)」で表せます。そこで、SUBSTITUTE関数を使用して、スペースを「CHAR(10)」に置き換えれば、文字列がスペースの位置を境に2行に分かれます。

スペースを改行で置き換える

入力セル B3　入力式 =SUBSTITUTE(A3,"　",CHAR(10))

B3 =SUBSTITUTE(A3,"　",CHAR(10))

	A	B
1	出席者名簿	
2	出席者	置換後
3	札幌支社　太田健介	札幌支社 太田健介
4	仙台支社　美濃部博	仙台支社 美濃部博
5	名古屋支社　水谷裕子	名古屋支社 水谷裕子
6	大阪支社　森田英之	大阪支社 森田英之

セルに［折り返して全体を表示する］を設定しておく

セルB3に数式を入力して、セルB6までコピー

セル内改行できた

check!

=SUBSTITUTE(文字列, 検索文字列, 置換文字列 [, 置換対象]) → 05.021

=CHAR(数値) → 05.004

memo

▶サンプルでは全角のスペースを改行で置き換えましたが、全角／半角にかかわらずスペースを改行で置き換えたい場合は、SUBSTITUTE関数を入れ子にして使用します。次の式では、内側のSUBSTITUTE関数で全角スペースを改行で置き換え、外側のSUBSTITUTE関数で半角スペースを改行で置き換えています。

=SUBSTITUTE(SUBSTITUTE(A3,"　",CHAR(10))," ",CHAR(10))

▶セルに［折り返して全体を表示する］を設定する方法は、05.031 の2つ目のmemoを参照してください。

データの整形

05. 033 セル内改行を削除して1行にまとめる

使用関数 CLEAN（クリーン）

CLEAN関数を使用すると、ASCIIコードの制御文字を削除できます。セル内改行も制御文字の1種で、CLEAN関数による削除の対象になります。ここでは、この関数を使用してセル内改行を削除します。

■ セル内改行を削除する

入力セル C3　入力式 =CLEAN(B3)

C3　=CLEAN(B3)

	A	B	C	D	E	F
1	支店名簿					
2	支店	住所	セル内改行削除			
3	新宿店	東京都新宿区 新宿X-X	東京都新宿区新宿X-X			
4	赤坂店	東京都港区 赤坂X-X	東京都港区赤坂X-X			
5	大久保店	東京都新宿区 大久保X-X	東京都新宿区大久保X-X			
6	西新宿店	東京都新宿区 西新宿X-X	東京都新宿区西新宿X-X			

セルC3に数式を入力して、セルC6までコピー

セル内改行を削除できた

check!

=CLEAN(文字列)

文字列…制御文字を削除する対象の文字列を指定

文字列に含まれる制御文字を削除します。制御文字とは、ディスプレイやプリンタなどの動作を制御するためのものです。削除できるのは、ASCIIコードの0～31に対応する制御文字です。

memo

▶別のアプリケーションからコピーして入力したセル、CHAR関数の引数に制御文字のコードを指定して入力したセル、VBAなどのプログラムを使用して入力したセルには、改行文字以外の制御文字が含まれている可能性があります。そのようなセルでCLEAN関数を使用すると、改行文字の他に、ASCIIコードの0～31に対応する制御文字も削除されます。

▶SUBSTITUTE関数を使用して、セル内改行を表す「CHAR(10)」を空白文字列「""」で置き換えても、セル内改行を削除できます。サンプルのシートの場合、「=SUBSTITUTE(B3,CHAR(10),"")」とします。

データの整形

05.034 全角と半角のスペースを全角に揃える

使用関数 SUBSTITUTE（サブスティテュート）

全角スペースと半角スペースが混在しているデータでスペースを全角に揃えるには、SUBSTITUTE関数を使用して、半角スペースを全角スペースで置き換えます。ここでは表のB列に入力されている氏名の氏と名の間のスペースを全角に統一します。

スペースを全角に統一する

入力セル C3　入力式 =SUBSTITUTE(B3," ","　")

C3　=SUBSTITUTE(B3," ","　")

	A	B	C
1	受験者名簿		
2	受験番号	氏名	統一
3	1001	北島 恵美	北島　恵美
4	1002	鈴木　雅彦	鈴木　雅彦
5	1003	遠藤 博	遠藤　博
6	1004	太田　栄子	太田　栄子
7	1005	森川 良行	森川　良行

セルC3に数式を入力して、セルC7までコピー

スペースを全角に統一できた

check!

=SUBSTITUTE(文字列, 検索文字列, 置換文字列 [, 置換対象]) → 05.021

memo

▶ 半角文字を全角文字に変換するJIS関数を使用しても、半角スペースを全角スペースに変換できます。ただし、文字列にスペース以外の半角文字が含まれていた場合、それらの文字も全角文字になります。

▶ セル範囲C3:C7をコピーし、01.047 を参考にセル範囲B3:B7に値として貼り付けると、「氏名」データ自体の全角と半角を統一できます。

関連項目 05.035 スペースを削除する →p.386
05.036 スペースを完全に削除する →p.387

データの整形

05.035 スペースを削除する

使用関数 TRIM（トリム）

文字列に含まれる余分なスペースを削除するには、TRIM関数を使用します。全角／半角にかかわらずスペースを削除できます。文字列の前後のスペースはすべて削除され、単語の間にあるスペースは1つ目のスペースを残して削除されます。

■ 余分なスペースを削除する

入力セル C3　入力式 =TRIM(B3)

C3　=TRIM(B3)

	A	B	C	D	E	F
1	商品一覧					
2	品番	商品名	スペース削除			
3	1001	Tシャツ　　白	Tシャツ　白			
4	1002	Tシャツ　黒	Tシャツ 黒			
5	1003	Tシャツ　青	Tシャツ　青			
6	1004	Tシャツ　　赤	Tシャツ　赤			
7						

セルC3に数式を入力して、セルC6までコピー

単語間のスペース1つ残して余分なスペースを削除できた

check!

=TRIM(文字列)

文字列…スペースを削除する対象の文字列を指定

文字列から余分な全角／半角のスペースを削除します。単語間のスペースは1つ残ります。

memo

▶単語と単語の間に複数のスペースが連続している場合、1つ目のスペースが残ります。残ったスペースの全角／半角を統一するには、SUBSTITUTE関数で半角スペースを全角スペースに置き換えます。

=SUBSTITUTE(TRIM(B3)," ","　")

	A	B	C	D	E
1	商品一覧				
2	品番	商品名	スペース削除		
3	1001	Tシャツ　　白	Tシャツ　白		
4	1002	Tシャツ　黒	Tシャツ　黒		
5	1003	Tシャツ　青	Tシャツ　青		
6	1004	Tシャツ　　赤	Tシャツ　赤		
7					

単語間のスペースを全角に統一

データの整形

05.036 スペースを完全に削除する

使用関数 SUBSTITUTE（サブスティチュート）

文字列に含まれるスペースを完全に削除したいときは、SUBSTITUTE関数を入れ子で使用して、全角のスペースと半角のスペースを削除します。TRIM関数を使用してスペースを削除すると単語間に1つスペースが残りますが、こちらの方法ではスペースを完全に削除できます。

スペースを完全に削除する

入力セル C3　入力式 =SUBSTITUTE(SUBSTITUTE(B3,"　","")," ","")

C3　=SUBSTITUTE(SUBSTITUTE(B3,"　","")," ","")

	A	B	C	D	E
1	商品一覧				
2	品番	商品名	スペース削除		
3	1001	Tシャツ　　　（白）	Tシャツ（白）		
4	1002	Tシャツ　（黒）	Tシャツ（黒）		
5	1003	Tシャツ　（青）	Tシャツ（青）		
6	1004	Tシャツ　　　（赤）	Tシャツ（赤）		
7	1005	Tシャツ　（黄）	Tシャツ（黄）		
8					
9					
10					

セルC3に数式を入力して、セルC7までコピー

スペースを完全に削除できた

check!

=SUBSTITUTE(文字列, 検索文字列, 置換文字列 [, 置換対象]) → 05.021

memo

▶セルC3に入力した数式では、内側のSUBSTITUTE関数で全角スペースを削除し、さらに外側のSUBSTITUTE関数で半角スペースを削除しています。

▶セル範囲C3:C7をコピーし、01.047 を参考にセル範囲B3:B7に値として貼り付けると、「商品名」データ自体のスペースを完全に削除できます。

関連項目 05.035 スペースを削除する →p.386

データの整形

05.037 文字列の先頭から指定した文字数の文字列を取り出す

使用関数 LEFT(レフト)

LEFT関数を使用すると、文字列の先頭から指定した文字数分の文字列を取り出せます。ここでは表のA列に入力した商品コードの先頭から2文字の大分類コードを取り出して、B列に表示します。

■ 商品コードの先頭から2文字を取り出す

入力セル B3　入力式 =LEFT(A3,2)

B3 =LEFT(A3,2)

	A	B
1	商品一覧	
2	品番	大分類
3	AB-123-1245	AB
4	AB-123-1261	AB
5	CC-303-1001	CC
6	CC-303-1002	CC
7	EF-220-1301	EF
8		

セルB3に数式を入力して、セルB7までコピー

大分類コードを取り出せた

check!

=LEFT(文字列 [, 文字数])

文字列…取り出す文字を含む元の文字列を指定

文字数…取り出す文字の文字数を指定。省略した場合は1が指定されたものとみなされる

「文字列」の先頭から「文字数」分の文字列を取り出します。「文字数」が「文字列」の文字数より大きい場合、「文字列」全体が返されます。

memo

▶取り出したい文字の長さをバイト数で指定したい場合は、LEFTB関数を使用します。バイト数は全角文字を2、半角文字を1と数えます。

使用例	戻り値
=LEFT("2014WorldCup",4)	2014
=LEFTB("2014WorldCup",4)	2014
=LEFT("商品一覧表",2)	商品
=LEFTB("商品一覧表",4)	商品

関連項目
05.038 文字列の末尾から指定した文字数の文字列を取り出す →p.389
05.039 文字列の途中から指定した文字数の文字列を取り出す →p.390

データの整形

05.038 文字列の末尾から指定した文字数の文字列を取り出す

使用関数 RIGHT（ライト）

RIGHT関数を使用すると、文字列の末尾から指定した文字数分の文字列を取り出せます。ここでは表のA列に入力した商品コードの末尾から4文字の小分類コードを取り出して、B列に表示します。

■商品コードの末尾から4文字を取り出す

入力セル B3　入力式 =RIGHT(A3,4)

B3　=RIGHT(A3,4)

	A	B	C	D	E	F
1	商品一覧					
2	品番	小分類				
3	AB-123-1245	1245				
4	AB-123-1261	1261				
5	CC-303-1001	1001				
6	CC-303-1002	1002				
7	EF-220-1301	1301				
8						

セルB3に数式を入力して、セルB7までコピー

小分類コードを取り出せた

check!

=RIGHT(文字列 [, 文字数])

文字列…取り出す文字を含む元の文字列を指定
文字数…取り出す文字の文字数を指定。省略した場合は1が指定されたものとみなされる

「文字列」の末尾から「文字数」分の文字列を取り出します。「文字数」が「文字列」の文字数より大きい場合、「文字列」全体が返されます。

memo

▶取り出したい文字の長さをバイト数で指定したい場合は、RIGHTB関数を使用します。バイト数は全角文字を2、半角文字を1と数えます。

使用例	戻り値
=RIGHT("2014WorldCup",3)	Cup
=RIGHTB("2014WorldCup",3)	Cup
=RIGHT("商品一覧表",3)	一覧表
=RIGHTB("商品一覧表",6)	一覧表

関連項目
05.037 文字列の先頭から指定した文字数の文字列を取り出す →p.388
05.039 文字列の途中から指定した文字数の文字列を取り出す →p.390

数式の基本
表の集計
数値処理
日付と時刻
文字列操作
条件判定
表の検索と操作
数学計算
統計計算
財務計算
関数一覧

05.039 文字列の途中から指定した文字数の文字列を取り出す

使用関数 MID（ミッド）

MID関数を使用すると、文字列の指定した位置から指定した文字数分の文字列を取り出せます。ここでは表のA列に入力した商品コードの4文字目から3文字の中分類コードを取り出して、B列に表示します。

■商品コードの4文字目から3文字を取り出す

入力セル B3　入力式 =MID(A3,4,3)

B3　=MID(A3,4,3)

	A	B
1	商品一覧	
2	品番	中分類
3	AB-123-1245	123
4	AB-123-1261	123
5	CC-303-1001	303
6	CC-303-1002	303
7	EF-220-1301	220
8		

セルB3に数式を入力して、セルB7までコピー

中分類コードを取り出せた

check!

=MID(文字列, 開始位置, 文字数)

文字列…取り出す文字を含む元の文字列を指定
開始位置…取り出しを開始する位置を、「文字列」の先頭の文字を1と数えた数値で指定
文字数…取り出す文字の文字数を指定

「文字列」の「開始位置」から「文字数」分の文字列を取り出します。「開始位置」と「文字数」の和が「文字列」を超える場合、「開始位置」から「文字列」の末尾までが取り出されます。「開始位置」が「文字列」の文字数を超える場合は、空白文字列「""」が返されます。

memo

▶取り出したい文字の長さや開始位置をバイト数で指定したい場合は、MIDB関数を使用します。バイト数は全角文字を2、半角文字を1と数えます。

使用例	戻り値
=MID("2014WorldCup",5,5)	World
=MIDB("2014WorldCup",5,5)	World
=MID("商品一覧表",3,2)	一覧
=MIDB("商品一覧表",5,4)	一覧

関連項目
05.037 文字列の先頭から指定した文字数の文字列を取り出す →p.388
05.038 文字列の末尾から指定した文字数の文字列を取り出す →p.389

データの整形

05.040 部署名から課名を取り出す

使用関数 MID（ミッド）／FIND（ファインド）

「○○部○○課○○」形式で入力されている部署名から「○○課」を取り出すには、FIND関数で「部」の位置と「課」の位置を求め、その位置を手掛かりにMID関数で課名を取り出します。この考え方は、2つの文字で挟まれた文字列を取り出すときに応用できます。

部署名から課名を取り出す

入力セル C3　入力式 =MID(B3,FIND("部",B3)+1,FIND("課",B3)-FIND("部",B3))

C3　=MID(B3,FIND("部",B3)+1,FIND("課",B3)-FIND("部",B3

	A	B	C	D	E	F	G
1	部署一覧						
2	部署コード	部署名	課名				
3	101	営業部営業１課A班	営業１課				
4	102	営業部営業１課B班	営業１課				
5	103	営業部営業２課	営業２課				
6	104	外商部法人外商課	法人外商課				
7	105	外商部家庭外商課	家庭外商課				
8							

セルC3に数式を入力して、セルC7までコピー

課名を取り出せた

check!

=MID(文字列, 開始位置, 文字数) → 05.039

=FIND(検索文字列, 対象 [, 開始位置]) → 05.013

memo

▶MID関数で課名を取り出す際、「部」の位置の次の文字から取り出しを開始します。取り出す文字数は「課」の位置から「部」の位置を引いて求めます。

=MID(B3,FIND("部",B3)+1,FIND("課",B3)-FIND("部",B3))

- 文字列：部署名
- 開始位置：(「部」の位置)＋1
- 文字数：(「課」の位置)－(「部」の位置)

▶ここでは、部署名に必ず「部」と「課」の文字が含まれているという前提で数式を組み立てました。これらの文字が含まれない部署では、エラー値［#VALUE!］が表示されます。また、部署名自体に「部」や「課」の文字が含まれる部署は、課名を正しく取り出せません。

関連項目
05.041 スペースで区切られた氏名から「氏」を取り出す →p.392
05.042 スペースで区切られた氏名から「名」を取り出す →p.393

データの整形

05.041 スペースで区切られた氏名から「氏」を取り出す

使用関数 LEFT（レフト） ／ FIND（ファインド）

全角スペースで区切られた氏名から「氏」を取り出すには、LEFT関数を使用して、氏名の先頭から全角スペースの前の文字までを取り出します。全角スペースの位置は、FIND関数で求めます。

氏名から「氏」を取り出す

入力セル C3　入力式 =LEFT(B3,FIND("　",B3)-1)

C3　=LEFT(B3,FIND("　",B3)-1)

	A	B	C	D	E	F	G	H
1	名簿							
2	NO	氏名	氏					
3	1	高田　由美	高田					
4	2	野々村　健	野々村					
5	3	橘　幸太郎	橘					
6	4	岸谷　洋介	岸谷					
7								
8								

セルC3に数式を入力して、セルC6までコピー

氏名から「氏」を取り出せた

check!

=LEFT(文字列 [, 文字数]) → 05.037
=FIND(検索文字列, 対象 [, 開始位置]) → 05.013

memo

▶LEFT関数で「氏」を取り出す際の文字数は、全角スペースの位置から1を引いて求めます。例えば「高田　由美」の場合、全角スペースの位置は「3」なので、取り出す文字数はそこから1を引いて2文字になります。

=LEFT(B3,FIND("　",B3)-1)

文字列：B3 氏名
文字数：FIND("　",B3)-1 （スペースの位置）−1

▶B列の氏名データを削除すると、関数で取り出した「氏」がエラーになります。削除する前に、01.047 を参考に数式のセルをコピーして値として貼り付けましょう。

▶氏名がスペースで区切られていない可能性がある場合は、05.043 を参照してください。

関連項目
05.042 スペースで区切られた氏名から「名」を取り出す →p.393
05.043 氏名にスペースが含まれない場合は全体を「氏」とみなす →p.394

データの整形

05.042 スペースで区切られた氏名から「名」を取り出す

使用関数 MID（ミッド） ／ FIND（ファインド） ／ LEN（レングス）

全角スペースで区切られた氏名から「名」を取り出すには、MID関数を使用して、全角スペースの次の文字以降をすべて取り出します。取り出す文字数は多めに指定すればよいので、LEN関数で求めた氏名全体の文字数を指定します。全角スペースの位置は、FIND関数で求めます。

■氏名から「名」を取り出す

入力セル C3　入力式 =MID(B3,FIND("　",B3)+1,LEN(B3))

C3　=MID(B3,FIND("　",B3)+1,LEN(B3))

	A	B	C	D	E	F	G	H
1	名簿							
2	NO	氏名	名					
3	1	高田　由美	由美					
4	2	野々村　健	健					
5	3	橘　幸太郎	幸太郎					
6	4	岸谷　洋介	洋介					
7								

セルC3に数式を入力して、セルC6までコピー

氏名から「名」を取り出せた

check!

=MID(文字列, 開始位置, 文字数) → 05.039
=FIND(検索文字列, 対象 [, 開始位置]) → 05.013
=LEN(文字列) → 05.007

memo

▶「高田　由美」の場合、全角スペースの位置は「3」なので、取り出しの開始位置はそれに1を加えた4文字目になります。MID関数では取り出す文字数を多めに指定した場合、末尾までが取り出されます。ここではLEN関数を使用して求めた氏名の文字数を指定しましたが、「100」など任意の数値を指定しても構いません。

=MID(B3,FIND("　",B3)+1,LEN(B3))

- 文字列：B3　氏名
- 開始位置：FIND("　",B3)+1　(スペースの位置)＋1
- 文字数：LEN(B3)　氏名の文字数

▶氏名がスペースで区切られていない可能性がある場合は、05.043 を参照してください。

関連項目
05.041 スペースで区切られた氏名から「氏」を取り出す →p.392
05.043 氏名にスペースが含まれない場合は全体を「氏」とみなす →p.394

データの整形

05.043 氏名にスペースが含まれない場合は全体を「氏」とみなす

使用関数 IF(イフ) / ISNUMBER(イズ・ナンバー) / FIND(ファインド) / LEFT(レフト) / MID(ミッド) / LEN(レングス)

05.041 と 05.042 では、氏名に必ず全角スペースが含まれているという前提で数式を作成しました。その場合、全角スペースが含まれない氏名には、エラー値[#VALUE!]が表示されてしまいます。そこでここでは、全角スペースがない場合は氏名全体を「氏」とし、「名」には何も表示しないようにします。それにはISNUMBER関数を使用して、FIND関数の戻り値が数値かどうかを判定します。数値であれば全角スペースが含まれるので、「氏」と「名」をそれぞれ取り出します。

氏名から「氏」と「名」を取り出す

入力セル C3

入力式 =IF(ISNUMBER(FIND("　",B3)),LEFT(B3,FIND("　",B3)-1),B3)

入力セル D3

入力式 =IF(ISNUMBER(FIND("　",B3)),MID(B3,FIND("　",B3)+1,LEN(B3)),"")

C3 =IF(ISNUMBER(FIND("　",B3)),LEFT(B3,FIND("　",B3)-

	A	B	C	D
1	名簿			
2	NO	氏名	氏	名
3	1	高田　由美	高田	由美
4	2	野々村　健	野々村	健
5	3	橘　幸太郎	橘	幸太郎
6	4	岸谷　洋介	岸谷	洋介
7	5	岡部	岡部	
8				
9				

セルC3とセルD3に数式を入力して、7行目までコピー

全角スペースのないデータには「氏」だけが表示される

check!

=IF(論理式, 真の場合, 偽の場合) → 06.001
=ISNUMBER(テストの対象) → 06.016
=FIND(検索文字列, 対象 [, 開始位置]) → 05.013
=LEFT(文字列 [, 文字数]) → 05.037
=MID(文字列, 開始位置, 文字数) → 05.039
=LEN(文字列) → 05.007

関連項目 05.041 スペースで区切られた氏名から「氏」を取り出す →p.392
05.042 スペースで区切られた氏名から「名」を取り出す →p.393

データの整形

05.044 住所から都道府県を取り出す

使用関数 IF(イフ) ／ MID(ミッド) ／ LEFT(レフト)

住所に必ず都道府県名が含まれているものとして都道府県を取り出すには、都道府県名の文字数に着目します。「神奈川県」「和歌山県」「鹿児島県」の3県以外の都道府県はすべて3文字です。そこで、住所の4文字目を調べ、「県」である場合は先頭から4文字取り出し、そうでない場合は3文字取り出します。

■住所から都道府県を取り出す

入力セル C3　入力式 =IF(MID(B3,4,1)="県",LEFT(B3,4),LEFT(B3,3))

C3　=IF(MID(B3,4,1)="県",LEFT(B3,4),LEFT(B3,3))

	A	B	C	D	E	F
1	住所録					
2	店番号	住所	都道府県			
3	1	北海道札幌市中央区北2条西X-X	北海道			
4	2	東京都中央区日本橋X-X	東京都			
5	3	神奈川県横浜市西区高島X-X	神奈川県			
6	4	大阪府大阪市北区梅田X-X	大阪府			
7	5	和歌山県和歌山市東蔵前X-X	和歌山県			
8	6	岡山県岡山市北区本町X-X	岡山県			
9						

セルC3に数式を入力して、セルC8までコピー

住所から都道府県を取り出せた

check!

=IF(論理式, 真の場合, 偽の場合) → 06.001
=MID(文字列, 開始位置, 文字数) → 05.039
=LEFT(文字列 [, 文字数]) → 05.037

memo

▶セルC3に入力した数式の内容は次のとおりです。

=IF(MID(B3,4,1)="県",LEFT(B3,4),LEFT(B3,3))

- MID(B3,4,1)="県"：住所の4文字目が「県」に等しい
- 真：LEFT(B3,4)：住所から4文字取り出す
- 偽：LEFT(B3,3)：住所から3文字取り出す

▶都道府県が含まれていない住所で上記の数式を使用すると、住所の先頭から3文字が都道府県として誤表示されてしまいます。都道府県名が含まれない可能性がある場合は 05.045 の数式を使用してください。

関連項目
05.045 住所に都道府県が含まれている場合だけ都道府県を取り出す →p.396
05.046 住所から都道府県以下を取り出す →p.397

データの整形

05.045 住所に都道府県が含まれている場合だけ都道府県を取り出す

使用関数 IF（イフ） / OR（オア） / MID（ミッド） / LEFT（レフト）

住所に都道府県データが含まれているかどうかわからない状況で都道府県を抜き出すには、住所の3文字目と4文字目の両方をきちんと調べる必要があります。住所の3文字目が「都、道、府、県」のいずれかであれば、先頭3文字が都道府県名であると判断できます。4文字目が「県」であれば、先頭4文字が都道府県名であると判断できます。それ以外の場合は、都道府県名が含まれていないと判断します。

住所から都道府県を取り出す

入力セル C3

入力式 =IF(OR(MID(B3,3,1)={"都","道","府","県"}),LEFT(B3,3),IF(MID(B3,4,1)="県",LEFT(B3,4),""))

C3 =IF(OR(MID(B3,3,1)={"都","道","府","県"}),LEFT(B3,3),IF(MID(B3,4,1)=

	A	B	C
1	住所録		
2	店番号	住所	都道府県
3	1	北海道札幌市中央区北2条西X-X	北海道
4	2	東京都中央区日本橋X-X	東京都
5	3	神奈川県横浜市西区高島X-X	神奈川県
6	4	大阪府大阪市北区梅田X-X	大阪府
7	5	和歌山県和歌山市東蔵前X-X	和歌山県
8	6	岡山市北区本町X-X	

セルC3に数式を入力して、セルC8までコピー

住所から都道府県を取り出せた

都道府県がない場合は空欄になる

check!

=IF(論理式, 真の場合, 偽の場合) → 06.001
=OR(論理式1 [, 論理式2] ……) → 06.009
=MID(文字列, 開始位置, 文字数) → 05.039
=LEFT(文字列 [, 文字数]) → 05.037

memo

▶セルC3に入力した数式の「OR(MID(B3,3,1)={"都","道","府","県"})」の部分は、住所の3文字目が「都」「道」「府」「県」のいずれかである場合にTRUE、そうでない場合にFALSEを返します。数式の全体の流れは以下のとおりです。

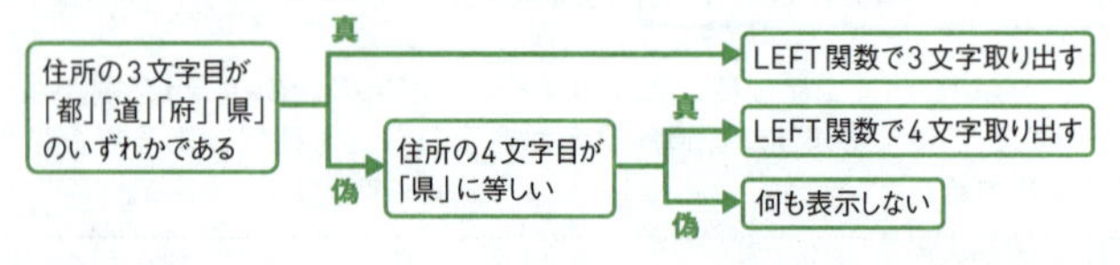

▶「太宰府市」など、3文字目に「都」「道」「府」「県」が含まれている市区町村の都道府県名が省略されている場合は、この方法ではうまくいかないので注意してください。

データの整形

05.046 住所から都道府県以下を取り出す

使用関数 SUBSTITUTE(サブスティチュート)

05.044 と 05.045 で住所から都道府県を取り出す方法を紹介しました。都道府県を取り出したあとで、市区町村を取り出すのは簡単です。住所の都道府県の部分を空白文字列「""」で置き換えるだけです。

住所から市区町村を取り出す

入力セル D3　入力式 =SUBSTITUTE(B3,C3,"")

D3　=SUBSTITUTE(B3,C3,"")

	A	B	C	D	E
1	住所録				
2	店番号	住所	都道府県	市区町村	
3	1	北海道札幌市中央区北2条西X-X	北海道	札幌市中央区北2条西X-X	
4	2	東京都中央区日本橋X-X	東京都	中央区日本橋X-X	
5	3	神奈川県横浜市西区高島X-X	神奈川県	横浜市西区高島X-X	
6	4	大阪府大阪市北区梅田X-X	大阪府	大阪市北区梅田X-X	
7	5	和歌山県和歌山市東蔵前X-X	和歌山県	和歌山市東蔵前X-X	
8	6	岡山市北区本町X-X		岡山市北区本町X-X	
9					
10					
11					
12					
13					
14					

セルD3に数式を入力して、セルD8までコピー

住所から市区町村を取り出せた

都道府県がない場合は住所がそのまま表示される

check!

=SUBSTITUTE(文字列, 検索文字列, 置換文字列 [, 置換対象]) → 05.021

memo

▶B列の住所データを削除すると、関数で取り出した「都道府県」や「市区町村」がエラーになります。削除する前に、01.047 を参考に数式のセルをコピーして値として貼り付けましょう。

関連項目
05.044 住所から都道府県を取り出す →p.395
05.045 住所に都道府県が含まれている場合だけ都道府県を取り出す →p.396

データの整形

05.047 全角文字を半角文字に変換する

使用関数 ASC（アスキー）

ASC関数を使用すると、文字列に含まれる全角のアルファベット、数字、カタカナをすべて半角文字に変換できます。また、半角が存在する記号も半角文字に変換できます。元から半角の文字や漢字、ひらがなは、そのまま返されます。

■ 文字列中の全角文字を半角文字に変換する

入力セル B3　入力式 =ASC(A3)

B3　=ASC(A3)

	A	B	C	D	E	F
1	全角を半角に変換					
2	元の単語	変換後				
3	ａｐｐｌｅ	apple				
4	リンゴ	ﾘﾝｺﾞ				
5	ビタミンＢ１２	ﾋﾞﾀﾐﾝB12				
6	林檎ジュース	林檎ｼﾞｭｰｽ				
7	りんごジュース	りんごｼﾞｭｰｽ				
8	Ｏｈ！	Oh!				
9						
10						
11						

セルB3に数式を入力して、セルB8までコピー

半角文字に変換できた

check!

=ASC(文字列)

文字列…変換元の文字列を指定

「文字列」に含まれる全角文字を半角文字に変換して返します。

memo

▶サンプルでは変換結果をわかりやすく表示するため、セルに等幅フォントのMSゴシックを設定しています。等幅フォントとは、文字の幅が統一されているフォントのことで、全角文字が半角文字の2倍の幅で表示されます。ちなみに、セルの初期設定はExcel 2016は游ゴシック、Excel 2013以前はMSPゴシックで、「W」は広く「I」は狭くというように、文字の幅が字体に応じて変わります。

関連項目 05.048 半角文字を全角文字に変換する →p.399

データの整形

05.048 半角文字を全角文字に変換する

使用関数 JIS（ジス）

JIS関数を使用すると、文字列に含まれる半角のアルファベット、数字、カタカナ、記号をすべて全角文字に変換できます。元から全角の文字や漢字、ひらがなは、そのまま返されます。

文字列中の半角文字を全角文字に変換する

入力セル B3　入力式 =JIS(A3)

B3　=JIS(A3)

	A	B	C	D	E	F
1	半角を全角に変換					
2	元の単語	変換後				
3	apple	ａｐｐｌｅ				
4	ﾘﾝｺﾞ	リンゴ				
5	ﾋﾞﾀﾐﾝB12	ビタミンＢ１２				
6	林檎ｼﾞｭｰｽ	林檎ジュース				
7	りんごｼﾞｭｰｽ	りんごジュース				
8	Oh!	Ｏｈ！				
9						
10						
11						

セルB3に数式を入力して、セルB8までコピー

全角文字に変換できた

check!

=JIS(文字列)

文字列…変換元の文字列を指定

「文字列」に含まれる半角文字を全角文字に変換して返します。

memo

▶JIS関数やASC関数で全角文字と半角文字を統一しても、数式を入力した列に置換後のデータが表示されるだけで、元のデータ自体はそのままです。元のデータを置換後のデータで完全に置き換えたい場合は、01.047 を参考に、数式のセルをコピーして、元のデータのセルに値として貼り付けます。

関連項目 05.047 全角文字を半角文字に変換する →p.398

データの整形

05.049 小文字を大文字に変換する

使用関数 UPPER（アッパー）

UPPER関数を使用すると、文字列に含まれるアルファベットをすべて大文字に変換できます。半角のアルファベットは半角の大文字に、全角のアルファベットは全角の大文字に変換されます。アルファベット以外の文字はそのまま返されます。

■ 文字列中のアルファベットを大文字に変換する

入力セル B3　入力式 =UPPER(A3)

B3　=UPPER(A3)

	A	B	C	D	E	F
1	小文字を大文字に変換					
2	元の単語	変換後				
3	apple	APPLE				
4	Apple	APPLE				
5	Ａｐｐｌｅ	ＡＰＰＬＥ				
6	apple ジュース	APPLE ジュース				
7	vitamin b12	VITAMIN B12				
8	I like apples.	I LIKE APPLES.				
9						
10						
11						

セルB3に数式を入力して、セルB8までコピー

大文字に変換できた

check!

=UPPER(文字列)

文字列…変換元の文字列を指定

「文字列」に含まれるアルファベットを大文字に変換して返します。

memo

▶アルファベットを半角の大文字に統一したいときは、UPPER関数とASC関数を入れ子で使用します。例えば「=ASC(UPPER("ａｐｐｌｅ"))」とすると、半角文字の「APPLE」が返されます。なお、指定した文字列にカタカナが含まれる場合、アルファベットと一緒にカタカナも半角になります。

関連項目 05.050 大文字を小文字に変換する →p.401
05.051 英単語の先頭を大文字に変換する →p.402

データの整形

05.050 大文字を小文字に変換する

使用関数 LOWER（ロウアー）

LOWER関数を使用すると、文字列に含まれるアルファベットをすべて小文字に変換できます。半角のアルファベットは半角の小文字に、全角のアルファベットは全角の小文字に変換されます。アルファベット以外の文字はそのまま返されます。

文字列中のアルファベットを小文字に変換する

入力セル B3　入力式 =LOWER(A3)

B3　=LOWER(A3)

	A	B	C	D	E
1	大文字を小文字に変換				
2	元の単語	変換後			
3	apple	apple			
4	Apple	apple			
5	ＡＰＰＬＥ	ａｐｐｌｅ			
6	APPLE ジュース	apple ジュース			
7	VITAMIN B12	vitamin b12			
8	I LIKE APPLES.	i like apples.			
9					
10					
11					

セルB3に数式を入力して、セルB8までコピー

小文字に変換できた

check!

=LOWER(文字列)

文字列…変換元の文字列を指定

「文字列」に含まれるアルファベットを小文字に変換して返します。

memo

▶UPPER関数やLOWER関数で大文字と小文字を統一しても、数式を入力した列に置換後のデータが表示されるだけで、元のデータ自体はそのままです。元のデータを置換後のデータで完全に置き換えたい場合は、01.047 を参考に、数式のセルをコピーして、元のデータのセルに値として貼り付けます。

関連項目
05.049 小文字を大文字に変換する →p.400
05.051 英単語の先頭を大文字に変換する →p.402

データの整形

05.051 英単語の先頭を大文字に変換する

使用関数 PROPER（プロパー）

PROPER関数を使用すると、文字列に含まれるアルファベットの単語を、先頭が大文字、2文字目以降が小文字の形式に変換できます。アルファベットの全角、半角の種類は変わりません。アルファベット以外の文字はそのまま返されます。

■ 英単語の先頭を大文字、2文字目以降を小文字に変換する

入力セル B3　入力式 =PROPER(A3)

B3　=PROPER(A3)

	A	B
1	先頭は大文字、以降は小文字に	
2	元の単語	変換後
3	apple	Apple
4	Apple	Apple
5	ＡＰＰＬＥ	Ａｐｐｌｅ
6	APPLE ジュース	Apple ジュース
7	VITAMIN B12	Vitamin B12
8	I LIKE APPLES.	I Like Apples.

セルB3に数式を入力して、セルB8までコピー

先頭を大文字、2文字目以降を小文字に変換できた

check!

=PROPER(文字列)

　文字列…変換元の文字列を指定

「文字列」に含まれる英単語の先頭文字を大文字に、2文字目以降を小文字に変換して返します。

memo

▶英単語の先頭文字を大文字、2文字目以降を小文字に変換し、さらに半角文字に統一したいときは、PROPER関数とASC関数を入れ子で使用します。例えば「=ASC(PROPER("ａｐｐｌｅ"))」とすると、半角文字の「Apple」が返されます。なお、指定した文字列にカタカナが含まれる場合、アルファベットと一緒にカタカナも半角になります。

関連項目 05.049 小文字を大文字に変換する →p.400
05.050 大文字を小文字に変換する →p.401

データの整形

05.052 英字表記の氏名を「YAMADA, Taro」形式に変換する

使用関数 UPPER（アッパー）／MID（ミッド）／FIND（ファインド）／LEN（レングス）／PROPER（プロパー）／LEFT（レフト）

氏名を英字で記述するときに、「FAMILY NAME, Given name」の形式を使用することがあります。ここでは名前、苗字の順に半角スペースで区切って入力された氏名をこのような形式に変換します。それにはFIND関数を使用して半角スペースの位置を探し、その前後で氏名を分解します。UPPER関数とPROPER関数で苗字と名前それぞれの文字種を整え、順番を入れ替え、半角カンマ「,」で区切って再連結します。

■ 氏名の英字表記を「YAMADA, Taro」形式に変換する

入力セル B3

入力式 =UPPER(MID(A3,FIND(" ",A3)+1,LEN(A3))) & ", " & PROPER(LEFT(A3,FIND(" ",A3)-1))

B3 =UPPER(MID(A3,FIND(" ",A3)+1,LEN(A3)))

	A	B	C	D	E	F
1	「FAMILY NAME, Given name」に					
2	名前	変換後				
3	Taro Yamada	YAMADA, Taro				
4	YOKO SATO	SATO, Yoko				
5	ai suzuki	SUZUKI, Ai				
6	Ken TAKADA	TAKADA, Ken				
7						
8						
9						
10						

セルB3に数式を入力して、セルB6までコピー

氏名の英字表記を変換できた

check!

=UPPER(文字列) → 05.049
=MID(文字列, 開始位置, 文字数) → 05.039
=FIND(検索文字列, 対象 [, 開始位置]) → 05.013
=LEN(文字列) → 05.007
=PROPER(文字列) → 05.051
=LEFT(文字列 [, 文字数]) → 05.037

関連項目 05.050 大文字を小文字に変換する →p.401
05.051 英単語の先頭を大文字に変換する →p.402

データの整形

05. 053 数値をローマ数字に変換する

使用関数 ROMAN（ローマン）

ROMAN関数を使用すると、数値をローマ数字に変換できます。引数の指定に応じて、正式なローマ数字から略式のものまで、5種類の形式が用意されています。ここでは、表のA列に入力した数値を、5種類の形式に変換します。なお、変換後のローマ数字は文字列扱いとなり、数値として計算に使用することはできません。

■数値をローマ数字に変換する

入力セル B4　入力式 =ROMAN($A4,B$3)

B4　=ROMAN($A4,B$3)

	A	B	C	D	E	F	G	H
1		ローマ数字に変換						
2	数字	正式	←		→	略式		
3		0	1	2	3	4		
4	1	I	I	I	I	I		
5	2	II	II	II	II	II		
6	3	III	III	III	III	III		
7	499	CDXCIX	LDVLIV	XDIX	VDIV	ID		
8	500	D	D	D	D	D		
9	501	DI	DI	DI	DI	DI		
10								

セルB4に数式を入力して、セルB9までコピーし、さらにセルF9までコピー

ローマ数字に変換できた

check!

=ROMAN(数値 [, 書式])

数値…変換元の数値を1～ 3999の範囲で指定

書式…ローマ数字の書式を0～ 4の数値、またはTRUEかFALSEで指定。0またはTRUEを指定するか、指定を省略すると、正式なローマ数字が返される。指定する値が大きくなるほど簡略化され、4またはFALSEを指定すると、略式のローマ数字が返される

「数値」を指定した「書式」のローマ数字に変換します。

memo

▶ROMAN関数で変換されるローマ数字は、基本的に下表の7つのアルファベットの組み合わせで表現されます。

数値	1	5	10	50	100	500	1000
ローマ数字	I	V	X	L	C	D	M

▶小さい数を大きい数の左に置くと、その値は「右の数－左の数」になります。例えば「CDXCIX」は、「CD」(500－100=400)、「XC」(100－10=90)、「IX」(10－1=9)を合計した「499」(400+90+9)を表します。

データの整形

非対応バージョン 2010 2007

05.054 ローマ数字を数値に変換する

使用関数 ARABIC（アラビック）

ARABIC関数を使用すると、ローマ数字をアラビア数字に変換できます。05.053で紹介したROMAN関数とは逆の働きをします。ここでは、正式なローマ数字をアラビア数字に変換します。ARABIC関数は、Excel 2013で追加された関数です。

ローマ数字を数値に変換する

入力セル B3　入力式 =ARABIC(A3)

B3　=ARABIC(A3)

	A	B
1	数値に変換	
2	ローマ数字	数値
3	I	1
4	II	2
5	III	3
6	IV	4
7	V	5
8	CDXCIX	499
9	D	500
10	DI	501

セルB3に数式を入力して、セルB10までコピー

数値に変換できた

check!

=ARABIC(文字列)　[Excel 2016 / 2013]

文字列…ローマ数字を指定

指定したローマ数字の「文字列」をアラビア数字に変換して返します。引数の最大長は255文字です。無効なローマ数字を指定した場合は [#VALUE!] が返されます。

関連項目 05.053 数値をローマ数字に変換する →p.404

データの整形

05.055 数値を指定した表示形式の文字に変換する

使用関数 TEXT（テキスト）

TEXT関数を使用すると、指定したデータを指定した表示形式で表示できます。通常、表示形式は［セルの書式設定］ダイアログで設定しますが、文字列と連結して表示する数値の場合、TEXT関数を使用すれば、表示形式の設定と連結を1つの数式で実行できます。ここでは対前年比の計算結果に直接「0.0%」という表示形式を設定して、文字列と連結します。

■対前年比をパーセント表示にして文字列と連結する

入力セル A8　入力式 =" ※対前年比は " & TEXT(C6/B6,"0.0%") & " です。"

A8　=" ※対前年比は " & TEXT(C6/B6,"0.0%") & " です。"

	A	B	C	D	E	F	G	H	I
1	売上実績								
2	部署	前年度	今年度						
3	第1課	2,824	3,014						
4	第2課	1,411	1,019						
5	第3課	682	797						
6	合計	4,917	4,830						
7									
8	※対前年比は 98.2% です。								
9									
10									

対前年比をパーセントで表示できた

check!

=TEXT(値, 表示形式)

値…表示形式を設定する数値や日付を指定
表示形式…表示形式を表す書式記号をダブルクォーテーション「"」で囲んで指定

「値」を指定した「表示形式」の文字列に変換します。

memo

▶入力式中の「0.0%」は、数値を小数点第1位までのパーセントスタイルで表示することを指示する表示形式です。「0」は数値の桁を表す書式記号です。書式記号について、詳しくは 01.039 を参照してください。

関連項目
04.019 日付と文字列を組み合わせて表示する →p.280
05.056 「0.3125」を「3割1分3厘」と表示する →p.407

データの整形

05.056 「0.3125」を「3割1分3厘」と表示する

使用関数 TEXT

小数を「○割○分○厘」の形式で表示するには、書式記号の「0」を使用して、「0割0分0厘」という表示形式を設定します。1つの「0」が1つの桁を表すので、「0割」が百の位、「0分」が十の位、「0厘」が一の位になるように、小数を1000倍して指定する必要があります。

■ 打率を「○割○分○厘」の形式で表示する

入力セル A7

入力式 =" ★ NO.1 の打率は " & TEXT(E3*1000,"0 割 0 分 0 厘 ") & " です。"

A7 　=" ★NO.1の打率は " & TEXT(E3*1000,"0割0分0厘") & " で

	A	B	C	D	E
1	月間打率ベスト3				
2	順位	氏名	打数	安打数	打率
3	1	高橋	96	30	0.3125
4	2	宮本	88	26	0.295455
5	3	佐々木	75	22	0.293333
6					
7	★NO.1の打率は 3割1分3厘 です。				

打率を「○割○分○厘」形式で表示できた

check!

=TEXT(値, 表示形式) → 05.055

memo

▶小数を「○割○分」の形式で表示するには、「=TEXT(E3*100,"0割0分")」のように、100倍した数値に「0割0分」という表示形式を設定します。

関連項目 05.055 数値を指定した表示形式の文字に変換する →p.406

データの整形

05.057 数値を表す文字列を数値に変換する

使用関数 VALUE（バリュー）

VALUE関数を使用すると、文字列として入力された数値を、実際の数値に変換できます。データを他のアプリケーションからコピーしたときに、数値や日付が文字列として貼り付けられることがありますが、この関数を使用すれば、数値やシリアル値に戻すことができます。

■文字列を数値に変換する

入力セル B3　入力式 =VALUE(A3)

B3 =VALUE(A3)

	A	B
1	数字を数値に変換	
2	数字の文字列	数値
3	12345	12345
4	12.3%	0.123
5	¥1,234	1234
6	$12.34	12.34
7	2010/7/6	40365
8	12:00	0.5
9		

セルB3に数式を入力して、セルB8までコピー

数字の文字列を数値に変換できた

日付や時刻の文字列は対応するシリアル値に変換される

check!

=VALUE(文字列)

文字列…数値、日付、時刻を表す文字列を指定。数値に変換できない文字列を指定した場合は［#VALUE!］が返される

「文字列」を数値に変換します。

memo

- サンプルのセル範囲A3:A8には［文字列］の表示形式が設定してあり、データが文字列として入力されています。
- Excel 2016 / 2013では、新関数のNUMBERVALUE関数も使えます。「=NUMBERVALUE(文字列［, 小数点記号］［, 桁区切り記号］)」のように引数を指定できるので、日本とは異なる小数点記号や桁区切り記号を使った数値の変換にも対応します。サンプルの場合、セルB3に「=NUMBERVALUE(A3)」と入力すると同じ結果になります。

関連項目 05.055 数値を指定した表示形式の文字に変換する →p.406

データの整形

05.058 数値を漢数字の「壱弐参」で表示する

使用関数 NUMBERSTRING（ナンバー・ストリング）

領収書や契約書などで、数値の改ざん防止のために、金額を漢数字で印刷したいことがあります。NUMBERSTRING関数を使用すると、指定した数値を漢数字に変換できます。ここではセルE3に入力された数値を漢数字に変換します。

数値を漢数字に変換する

入力セル B6　入力式 =" 金 " & NUMBERSTRING(E3,2) & " 円也 "

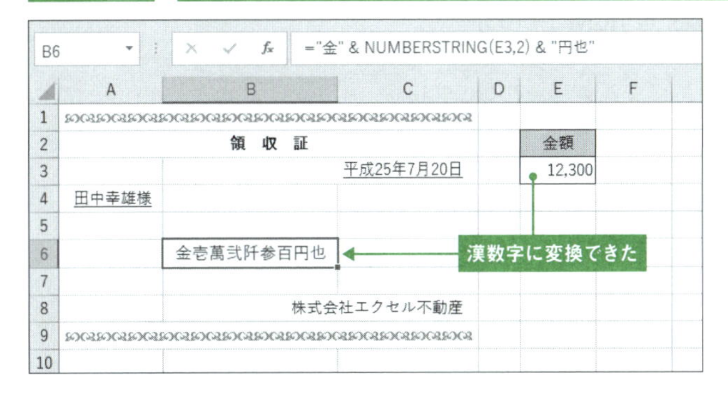

check!

=NUMBERSTRING(数値, 書式)

数値…変換元の数値を指定

書式…漢数字の書式を次表の数値で指定

数値を指定した書式の漢数字に変換します。

値	説明	12300の変換例
1	漢数字（一、二、三…）と位（十、百、千…）で表示	一万二千三百
2	大字（壱、弐、参…）と位（拾、百、阡…）で表示	壱萬弐阡参百
3	漢数字（一、二、三…）で表示	一二三〇〇

memo

▶NUMBERSTRING関数は［関数の挿入］ダイアログや［関数ライブラリ］に表示されないため、セルに直接入力する必要があります。

▶NUMBERSTRING関数の戻り値は文字列なので、計算に使用することはできません。漢数字で表示したあとで計算に使用したい場合は、01.039 を参考に数値に直接表示形式を設定しましょう。

数式の基本 表の集計 数値処理 日付と時刻 文字列操作 条件判定 表の検索と操作 数学計算 統計計算 財務計算 関数一覧

データの整形

05.059 ふりがなを自動的に表示する

使用関数 PHONETIC（フォネティック）

「氏名」欄に入力した氏名のふりがなを「フリガナ」欄に表示したい、といったときは、PHONETIC関数を使用します。先にPHONETIC関数を入力しておいても、「氏名」が入力されるまでは「フリガナ」欄に何も表示されないので、「氏名」が入力されているかどうかで条件分岐する必要はありません。

■「氏名」のふりがなを表示する

入力セル C3　入力式 =PHONETIC(B3)

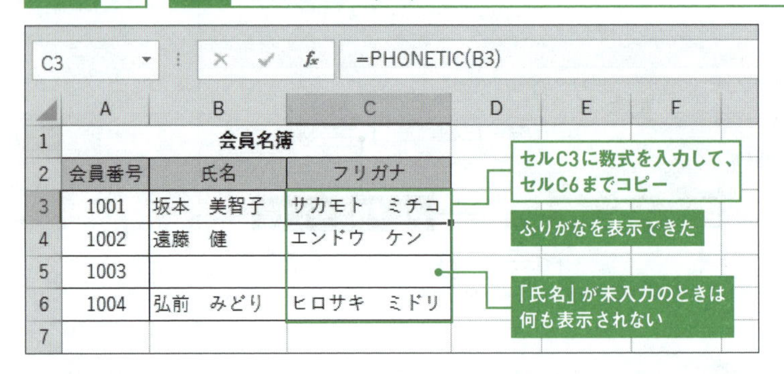

check!

=PHONETIC(範囲)

範囲…文字列が入力されたセル、またはセル範囲を指定

「範囲」に入力された文字列のふりがなを表示します。

memo

▶引数「範囲」には隣接するセル範囲を指定できます。例えばセルB3に「坂本」、セルC3に「美智子」が入力されている場合、「=PHONETIC(B3:C3)」の戻り値は「サカモトミチコ」になります。

▶PHONETIC関数を使用して表示されるふりがなは、漢字を入力したときにキーボードから打ち込んだ変換前の読みです。本来のふりがなとは異なる読みで入力した場合は、漢字を入力したセルを選択し、［ホーム］タブの［フォント］グループにある［ふりがなの表示／非表示］→［ふりがなの編集］を選択すると、ふりがなを修正できます。

関連項目 05.060 ひらがな／カタカナを統一する →p.411

データの整形

05. 060 ひらがな／カタカナを統一する

使用関数 フォネティック PHONETIC

ひらがなとカタカナが混在している列のデータを一方に統一するには、ふりがなを利用します。PHONETIC関数でデータのふりがなを取り出すと、初期設定ではカタカナに統一されます。ひらがなに統一したい場合は、元データのセルでふりがなの文字種として［ひらがな］を指定します。

■「会員名」欄の文字をひらがなに統一する

C3 =PHONETIC(B3)

セルC3に数式を入力して、セルC6までコピー

	A	B	C
1		会員名簿	
2	会員番号	会員名	ひらがな
3	1001	サカモト	サカモト
4	1002	ｴﾝﾄﾞｳ	エンドウ
5	1003	まつばら	マツバラ
6	1004	ヒロサキ	ヒロサキ
7			

❶B列にはひらがなとカタカナが混在している。PHONETIC関数を使うと、B列のデータがカタカナで表示される。カタカナに統一したい場合はこれで終了する。

入力セル C3

入力式 =PHONETIC(B3)

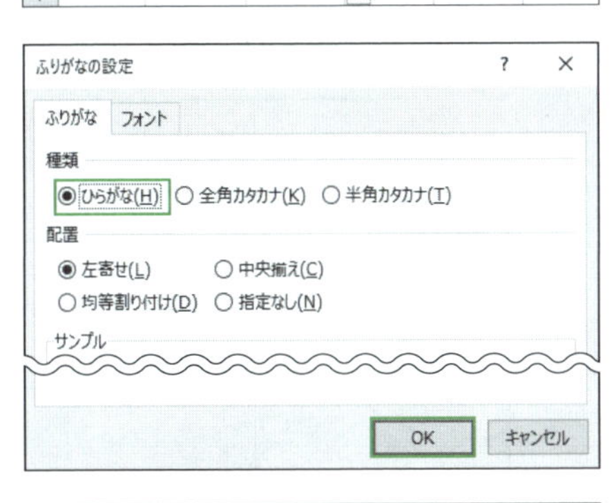

❷C列に取り出したカタカナをひらがなに変えたい場合は、B列のセル範囲B3:B6を選択して、［ホーム］タブの［フォント］グループにある［ふりがなの表示／非表示］→［ふりがなの設定］を選択する。設定画面が表示されるので、［ふりがな］タブの［種類］欄で［ひらがな］を選択して［OK］ボタンをクリックする。

	A	B	C	D	E
1		会員名簿			
2	会員番号	会員名	ひらがな		
3	1001	サカモト	さかもと		
4	1002	ｴﾝﾄﾞｳ	えんどう		
5	1003	まつばら	まつばら		
6	1004	ヒロサキ	ひろさき		
7					

❸B列のデータはそのまま、PHONTIC関数でC列に取り出したふりがながひらがなに変わった。

memo

▶手順2の設定は必ずふりがなの元となるB列のセルに対して行います。C列のセルで行ってもふりがなはひらがなに変わらないので注意してください。

データの整形

05.061 名簿に「ア」「イ」「ウ」と見出しを付ける

使用関数 PHONETIC（フォネティック）／LEFT（レフト）／IF（イフ）

ふりがなの先頭文字を抜き出して見出しを付けると、名簿が見やすくなります。ふりがなの先頭文字を取り出すには、LEFT関数の引数にPHONETIC関数を指定します。ここでは先頭文字の重複表示を避けるために、作業列にふりがなの先頭文字を取り出します。さらにIF関数を使用して、前後で文字が異なる場合だけ、「index」欄に先頭文字を表示します。「氏名」は五十音順に並べ替えてあるものとします。

■「氏名」の先頭文字からインデックスを作成する

入力セル E3　入力式 =LEFT(PHONETIC(B3))

入力セル A3　入力式 =IF(E3=E2,"",E3)

E3　=LEFT(PHONETIC(B3))

	A	B	C	D	E
1		電話帳			
2	index	氏名	電話番号		
3	ア	相川　良子	03-1245-XXXX		ア
4		赤羽　武	048-699-XXXX		ア
5	イ	伊藤　祐樹	044-235-XXXX		イ
6	サ	佐伯　まり	06-3366-XXXX		サ
7		佐藤　博	0428-58-XXXX		サ
8	ソ	曽我　由利	045-369-XXXX		ソ
9	タ	高橋　徹	042-369-XXXX		タ
10		橘　慶介	03-8574-XXXX		タ
11	チ	千葉　洋子	052-365-XXXX		チ
12	マ	前原　信雄	092-754-XXXX		マ
13	ワ	渡辺　美紀	03-2269-XXXX		ワ
14		渡辺　雄一	044-123-XXXX		ワ
15					

セルE3に数式を入力して、セルE14までコピー

セルA3に数式を入力して、セルA14までコピー

インデックスを作成できた

check!

=PHONETIC(範囲) → 05.059
=LEFT(文字列 [, 文字数]) → 05.037
=IF(論理式, 真の場合, 偽の場合) → 06.001

memo

▶数式の入力が済んだら、01.048 を参考に作業列を非表示にしておきましょう。

データ入力

05.062 半角しか入力できないようにする

使用関数 LEN（レングス）／LENB（レングス・ビー）

データが半角かどうかを調べるには、LEN関数で求めた文字数とLENB関数で求めたバイト数を比較します。バイト数は全角を2、半角を1と数えます。したがって、文字数とバイト数が等しくない場合は、元のデータに全角文字が混ざっていると判断できます。ここでは、「電話番号」欄に全角の電話番号が入力されたときにエラーを表示する仕組みを作成します。

「電話番号」欄で全角文字の入力を禁止する

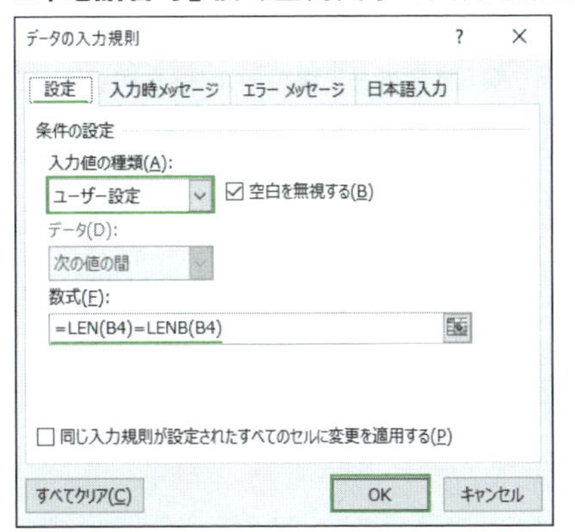

1「電話番号」欄のセルB3を選択して、01.015を参考に［データの入力規則］ダイアログを開く。［設定］タブの［入力値の種類］欄で［ユーザー設定］を選択し、［数式］欄に数式を入力する。続いて［エラーメッセージ］タブでメッセージ文を入力して、［OK］ボタンをクリックする。

入力式 =LEN(B4)=LENB(B4)

	A	B	C
1	予約票		
2	氏名	飯島　由香里	
3	電話番号	０３－１２３４－００００	

Microsoft Excel
電話番号は半角で入力してください。
再試行(R)　キャンセル　ヘルプ(H)

2「電話番号」欄に全角の電話番号を入力すると、手順1で設定したエラーメッセージが表示される。

check!

=LEN(文字列) → 05.007
=LENB(文字列) → 05.007

関連項目 01.015 セルに入力できるデータを制限する →p.16

データ入力

05.063 大文字しか入力できないようにする

使用関数 EXACT（イグザクト） ／ UPPER（アッパー）

入力されたデータが大文字かどうかを調べるには、データをUPPER関数で大文字に変換し、その変換結果を元のデータと比較します。両者が等しくない場合は、元のデータに小文字が混ざっていると判断できます。ここでは、これを入力規則の条件として使用して、「商品番号」欄に小文字が入力されたときにエラーを表示する仕組みを作成します。なお、比較にはEXACT関数を使用します。「=」演算子は、大文字と小文字を区別した比較が行えないので使えません。

■「商品番号」欄で小文字の入力を禁止する

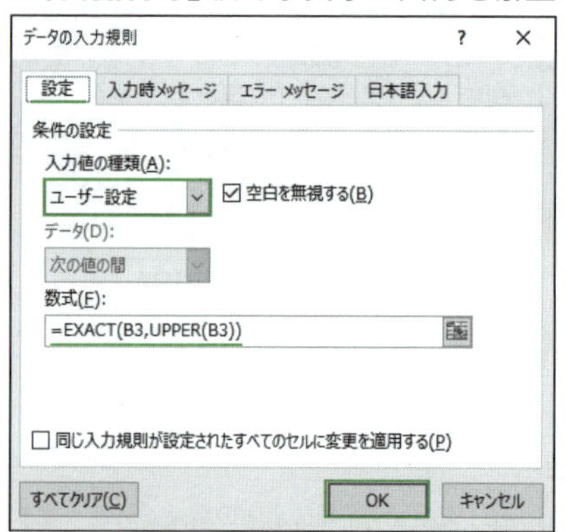

1 「商品番号」欄のセルB3を選択して、01.015 を参考に［データの入力規則］ダイアログを開く。［設定］タブの［入力値の種類］欄で［ユーザー設定］を選択し、［数式］欄に数式を入力する。続いて［エラーメッセージ］タブでメッセージ文を入力して、［OK］ボタンをクリックする。

入力式 =EXACT(B3,UPPER(B3))

2 「商品番号」欄に小文字の商品番号を入力すると、手順1で設定したエラーメッセージが表示される。

check!

=EXACT(文字列1, 文字列2) → 05.027
=UPPER(文字列) → 05.049

関連項目 01.015 セルに入力できるデータを制限する →p.16

第6章

条件判定

データ分析

06.001 条件により2つの結果を切り替える

使用関数 IF（イフ）

IF関数を使用すると、条件を満たす場合と満たさない場合とで、表示する値を切り替えることができます。ここでは、売上数が70個以上の場合に「達成」、そうでない場合に「未達成」と表示します。売上数がセルB3に入力されている場合、条件は「B3>=70」となります。

■70個以上に「達成」、それ以外に「未達成」と表示する

入力セル C3　入力式 =IF(B3>=70,"達成","未達成")

C3　=IF(B3>=70,"達成","未達成")

	A	B	C	D	E	F	G
1	新商品売上数						
2	店舗	売上数	目標				
3	品川店	75	達成				
4	深川店	69	未達成				
5	木場店	70	達成				
6	赤羽店	82	達成				
7	千住店	63	未達成				
8	※売上目標：70個						
9							

セルC3に数式を入力して、セルC7までコピー

判定結果が表示された

check!

=IF(論理式, 真の場合, 偽の場合)

- 論理式…TRUEまたはFALSEの結果を返す条件式を指定
- 真の場合…「論理式」がTRUEの場合に返す値、または式を指定。何も指定しない場合は0が返される
- 偽の場合…「論理式」がFALSEの場合に返す値、または式を指定。何も指定しない場合は0が返される

「論理式」がTRUE（真）のときに「真の場合」、FALSE（偽）のときに「偽の場合」を返します。「真の場合」と「偽の場合」を指定しない場合でも、「論理式」の後のカンマ「,」は省略できません。

memo

▶セルC3に入力したIF関数の内容は次のとおりです。

=IF(B3>=70 , "達成" , "未達成")

- B3>=70：売上数が70以上
- 真："達成"：「達成」と表示
- 偽："未達成"：「未達成」と表示

関連項目 06.003 条件により3つの結果を切り替える →p.418

基礎知識

06.002 条件の立て方を理解する

IF関数の引数「論理式」には、結果が論理値（TRUEまたはFALSE）となる条件式を指定します。比較演算子を使用した式や論理値を戻り値とする関数を利用できます。

比較演算子

比較演算子の両側に指定した2つの値を比べます。例えば、「B3>100」の結果は、セルB3の値が100より大きい場合にTRUE、そうでない場合にFALSEになります。また、「=IF(B3>100,"合格","不合格")」の結果は、セルB3の値が100より大きい場合に「合格」、そうでない場合に「不合格」となります。

演算子	説明	使用例	意味
>	より大きい	B3>100	セルB3の値が100より大きい
>=	以上	B3>=DATE(2016,1,1)	セルB3の値が「2016/1/1」以降
<	より小さい（未満）	B3<DATE(2016,1,1)	セルB3の値が「2016/1/1」より前
<=	以下	B3<=C3	セルB3の値がセルC3の値以下
=	等しい	B3="営業"	セルB3の値が「営業」に等しい
<>	等しくない	B3<>100	セルB3の値が100に等しくない

論理値を戻り値とする関数

以下の関数は、引数の内容を判定して、TRUEまたはFALSEの結果を返します。例えば「ISBLANK(B3)」の結果は、セルB3が空白セルである場合にTRUE、そうでない場合にFALSEになります。また、「=IF(ISBLANK(B3),"未入力","済み")」の結果は、セルB3が空白セルである場合に「未入力」、そうでない場合に「済み」になります。

関数	判定内容	参照
ISBLANK(テストの対象)	空白セル	06.021
ISTEXT(テストの対象)	文字列	06.015
ISNONTEXT(テストの対象)	文字列以外	−
ISLOGICAL(テストの対象)	論理値	06.019
ISREF(テストの対象)	セル参照	06.017
ISNUMBER(テストの対象)	数値	06.016
ISEVEN(テストの対象)	偶数	−
ISODD(テストの対象)	奇数	−
ISERROR(テストの対象)	エラー値	06.034
ISERR(テストの対象)	[#N/A] 以外のエラー値	06.036
ISNA(テストの対象)	[#N/A] エラー	06.035
ISFORMULA(テストの対象)	数式（Excel 2016 / 2013）	06.020

関連項目 01.002 演算子の種類を理解する →p.3
01.004 論理式を理解する →p.5

データ分析

06.003 条件により3つの結果を切り替える

使用関数 IF（イフ）

IF関数2つを入れ子にして使用すると、2つの条件に応じて3つの値を切り替えられます。ここでは売上高に応じて商品をA～Cの3段階にランク分けします。1つ目のIF関数で売上高が5000（万円）以上かどうかを判定し、そうである場合は「A」を表示します。そうでない場合は、もう1つIF関数を組み込んで、売上高が1000（万円）以上かどうかを判定し、そうである場合は「B」、そうでない場合は「C」を表示します。

売上高が5000以上をA、1000以上5000未満をB、それ以外をCとする

入力セル C3　入力式 =IF(B3>=5000,"A",IF(B3>=1000,"B","C"))

C3　=IF(B3>=5000,"A",IF(B3>=1000,"B","C"))

	A	B	C	D	E	F
1	売上評価					
2	商品	売上高（万円）	評価			
3	K-115	7,965	A			
4	B-204	5,472	A			
5	K-205	3,216	B			
6	R-113	2,122	B			
7	C-221	1,000	B			
8	B-312	897	C		※A	5000万円以上
9	R-237	715	C		※B	1000万円以上5000万円未満
10	K-116	657	C		※C	1000万円未満
11						

セルC3に数式を入力して、セルC10までコピー

評価が表示された

check!

=IF(論理式, 真の場合, 偽の場合) → 06.001

memo

▶セルC3に入力したIF関数の内容は次のとおりです。

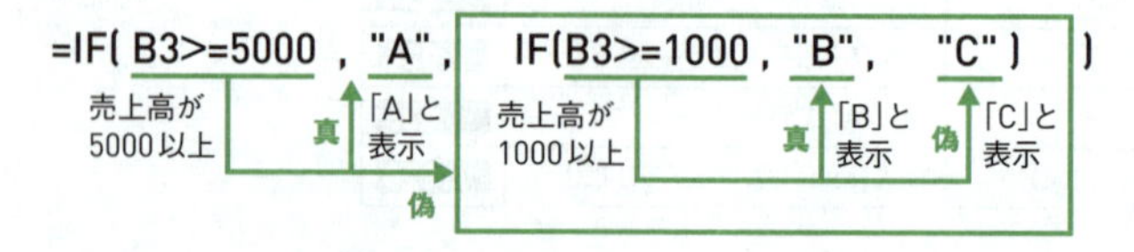

関連項目 06.001 条件により2つの結果を切り替える →p.416

 データ分析

06.004 条件により多数の結果を切り替える①

使用関数 VLOOKUP(ブイ・ルックアップ)

1つのセルの値に対して複数の条件のうちどれが成立するかを判定する場合、条件と結果の対応表を用意して、VLOOKUP関数で場合分けするのが簡単です。ここでは、契約数に応じて「AA」～「E」の6段階の評価を付けます。あらかじめ、評価基準の表に「○以上」にあたる契約数を小さい順に入力しておき、引数「検索の型」にTRUEを指定して近似検索することがポイントです。なお、評価基準のセル範囲は、数式をコピーしたときにずれないように絶対参照で指定します。

■ 契約数に応じて評価の表示を切り替える

入力セル C3　入力式 =VLOOKUP(B3,$E$3:$F$8,2,TRUE)

C3　=VLOOKUP(B3,$E$3:$F$8,2,TRUE)

	A	B	C	D	E	F
1	営業成績				評価基準	
2	氏名	契約数	評価		契約数（以上）	評価
3	田口義男	59	C		0	E
4	野村健二	60	B		20	D
5	岡本正志	32	D		40	C
6	二宮裕子	82	A		60	B
7	本橋博信	18	E		80	A
8	麻生久美	100	AA		100	AA
9	比村康介	78	B			
10	奈良真弓	40	C			
11						

セルC3に数式を入力して、セルC10までコピー

評価が表示された

check!

=VLOOKUP(検索値, 範囲, 列番号 [, 検索の型]) → 07.002

memo

▶IF関数でランク分けする場合、評価が3段階ならIF関数を2つ、4段階ならIF関数を3つというように、ランク分けの数が増えるごとに入れ子にするIF関数を増やす必要があります。今回のような6段階評価ではIF関数が5つ必要です。

```
=IF(B3=100,"AA",IF(B3>=80,"A",IF(B3>=60,"B",IF(B3>=40,"C",IF(B3>=20,"D",
"E")))))
```

一方、VLOOKUP関数の場合、ランク分けの数に応じて「評価基準」の表の行数は増えますが、使用する関数は1つで済むので簡単です。

データ分析

✖非対応バージョン 2013 2010 2007

06.005 条件により多数の結果を切り替える②

使用関数 IFS（イフ・エス）

IFS関数を使用すると、複数の条件による場合分けを効率よく行えます。「条件1が成立すればA、条件2が成立すればB、…、そうでなければX」という場合分けをIF関数で行うには、複数のIF関数を組み合わせる必要がありますが、IFS関数なら1つの関数で済むので簡単です。IFS関数で「そうでなければX」を指定したい場合は、「そうでなければ」という条件を「TRUE」で表します。なお、2016年6月現在、IFS関数を使用できるのは、Office 365に含まれるExcel 2016のみです。

■売上高が5000以上をA、1000以上5000未満をB、それ以外をCとする

入力セル C3　入力式 =IFS(B3>=5000,"A",B3>=1000,"B",TRUE,"C")

C3　=IFS(B3>=5000,"A",B3>=1000,"B",TRUE,"C")

	A	B	C	D	E	F	G
1		売上評価					
2	商品	売上高（万円）	評価				
3	K-115	7,965	A				
4	B-204	5,472	A				
5	K-205	3,216	B				
6	R-113	2,122	B				
7	C-221	1,000	B				
8	B-312	897	C		※A	5000万円以上	
9	R-237	715	C		※B	1000万円以上5000万円未満	
10	K-116	657	C		※C	1000万円未満	
11							

セルC3に数式を入力して、セルC10までコピー

評価が表示された

check!

=IFS(論理式1, 値1 [, 論理式2, 値2] ……)　[Office 365のExcel 2016]

論理式…TRUEまたはFALSEの結果を返す条件式を指定

値…「論理式」がTRUEの場合に返す値、または式を指定

「論理式」をチェックして、最初にTRUE（真）になる「論理式」に対応する「値」を返します。「論理式」にTRUEとなる条件が見つからない場合は、[#N/A] が返されます。「論理式」と「値」のペアは最大127組指定できます。どの条件も成立しない場合の値を指定するには、最後のペアの「論理式」にTRUEを指定します。

memo

▶セルC3に入力したIFS関数の内容は次のとおりです。

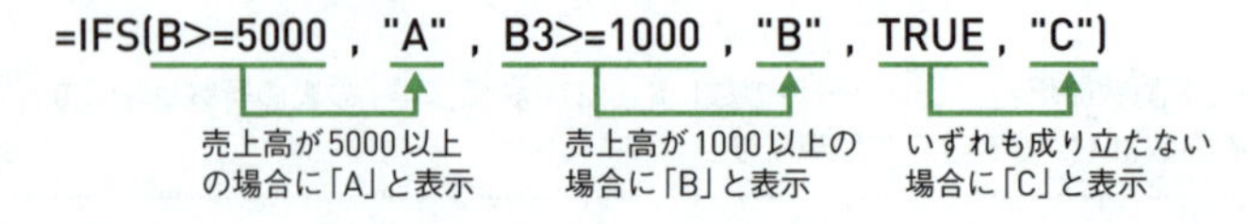

 データ分析

⊗非対応バージョン 2013 2010 2007

06.006 条件により多数の結果を切り替える③

使用関数 SWITCH（スイッチ）

「セルの値が値1ならA、値2ならB、…、それ以外はX」というような場合分けを行いたいことがあります。SWITCH関数を使用すると、セルの値や数式の結果に応じて複数の場合分けを簡単に行えます。ここでは、1位の場合は「牛肉」、2位の場合は「米」、3位の場合は「ハム」、それ以外はなしとして、順位に応じた賞品を表示します。なお、2016年6月現在、SWITCH関数を使用できるのは、Office 365に含まれるExcel 2016のみです。

1位に「牛肉」、2位に「米」、3位に「ハム」、それ以外に「---」を表示する

入力セル D3　入力式 =SWITCH(C3,1," 牛肉 ",2," 米 ",3," ハム ","---")

D3 =SWITCH(C3,1,"牛肉",2,"米",3,"ハム","---")

	A	B	C	D
1	営業部ボーリング大会			
2	参加者	スコア	順位	賞品
3	新井	124	3	ハム
4	岩清水	65	6	---
5	山本	197	1	牛肉
6	長谷部	65	6	---
7	川口	92	5	---
8	秋元	131	2	米
9	佐々木	102	4	---

セルD3に数式を入力して、セルD9までコピー

賞品が表示された

check!

=SWITCH(式, 値1, 結果1 [, 値2, 結果2] …… [, 既定値]) [Office 365のExcel 2016]

- 式…評価の対象となるセルや数式を指定
- 値…「式」に対する条件となる値を指定
- 結果…「式」が「値」に一致する場合に返される結果を指定
- 既定値…一致する「値」がなかった場合に返される結果を指定

「式」と「値」が一致するかどうかを調べ、最初に一致した「値」に対応する「結果」を返します。一致する「値」がなかった場合、「既定値」が返されます。一致する「値」が存在せず、なおかつ「既定値」を指定しない場合、[#N/A] が返されます。「値」と「結果」のペアは最大126組指定できます。

memo

▶セルC3では、「=RANK.EQ(B3,$B$3:$B$9)」という数式で順位を求めています。

▶C列に順位を求めずに、B列のスコアから直接賞金を計算するには、次のように数式を立てます。

=SWITCH(RANK.EQ(B3,$B$3:$B$9),1,"牛肉",2,"米",3,"ハム","---")

06.007 複数の条件がすべて成り立つことを判定する

使用関数 AND（アンド）

複数の条件がすべて成り立っているかどうかを調べるには、AND関数を使用します。ここでは、物件リストの中から、「専有面積が50m²以上」「築年数が5年以下」という両方の希望を満たす物件を探します。AND関数の引数に2つの条件を指定すると、希望を満たす物件に「TRUE」、満たさない物件に「FALSE」が表示されます。

■「50m²以上」かつ「築5年以下」の物件を探す

入力セル D3　入力式 =AND(B3>=50,C3<=5)

D3　=AND(B3>=50,C3<=5)

	A	B	C	D
1	物件リスト			
2	物件NO	専有面積	築年数	条件判定
3	1001	48	12	FALSE
4	1002	50	5	TRUE
5	1003	58	10	FALSE
6	1004	70	4	TRUE
7	1005	45	3	FALSE
8	※希望物件：専有面積50m²以上、築5年以内			
9				

セルD3に数式を入力して、セルD7までコピー

条件を満たす物件に「TRUE」、満たさない物件に「FALSE」が表示された

check!

=AND(論理式1 [, 論理式2] ……)

論理式…TRUEまたはFALSEの結果を返す条件式を指定

すべての「論理式」がTRUEの場合に戻り値はTRUE、1つでもFALSEのものがあれば戻り値はFALSEになります。「論理式」は255個まで指定できます。

memo

▶条件Aと条件Bの2つの条件があるとき、AND関数は「AかつB」（下図の網掛け部分）という条件を表します。この条件が成り立つ（TRUEになる）のは、条件Aと条件BがともにTRUEの場合のみです。

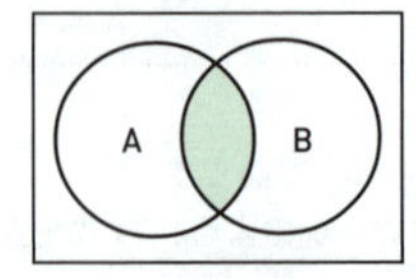

条件A	条件B	条件「AかつB」
TRUE	TRUE	TRUE
TRUE	FALSE	FALSE
FALSE	TRUE	FALSE
FALSE	FALSE	FALSE

関連項目
06.008 複数の条件がすべて成り立つときに条件分岐する →p.423
06.009 複数の条件のいずれかが成り立つことを判定する →p.424

データ分析

06.008 複数の条件がすべて成り立つときに条件分岐する

使用関数 IF（イフ）／AND（アンド）

2つの条件を同時に判定して、両方の条件が成り立つときに表示する値を切り替えるには、IF関数の引数「論理式」にAND関数を組み込みます。ここでは、合格基準を「筆記試験70点以上かつ実技試験60点以上」として、合格判定を行います。一方が基準点以上でも、もう一方が基準を下回れば不合格とします。

■「筆記70点以上かつ実技60点以上」に「合格」と表示する

入力セル D3　入力式 =IF(AND(B3>=70,C3>=60),"合格","")

D3　=IF(AND(B3>=70,C3>=60),"合格","")

	A	B	C	D
1	検定試験合格判定			
2	受験番号	筆記	実技	判定
3	1001	80	60	合格
4	1002	50	80	
5	1003	90	70	合格
6	1004	30	40	
7	1005	100	60	合格
8	※筆記70点以上かつ実技60点以上で合格			
9				

セルD3に数式を入力して、セルD7までコピー

判定評価が表示された

check!

=IF(論理式, 真の場合, 偽の場合) → 06.001

=AND(論理式1 [, 論理式2] ……) → 06.007

memo

▶ 06.003 で2つの条件を段階的に判定して3つの結果を切り替える方法を紹介しましたが、ここで紹介した方法では、2つの条件を同時に判定して2つの結果を切り替えます。セルD3に入力したIF関数の内容は次のとおりです。

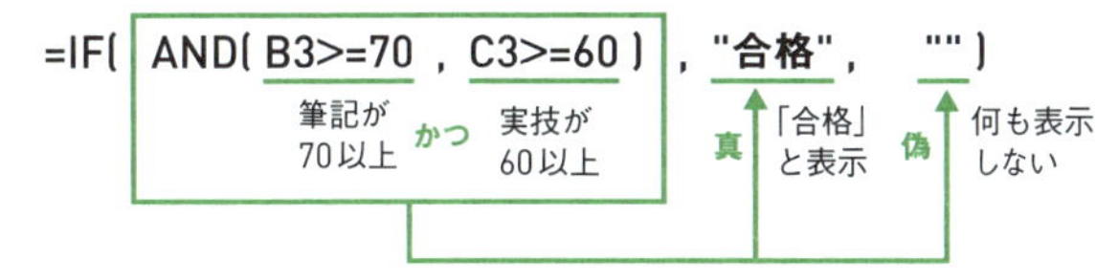

関連項目
06.007 複数の条件がすべて成り立つことを判定する →p.422
06.010 複数の条件のいずれかが成り立つときに条件分岐する →p.425

データ分析

06.009 複数の条件のいずれかが成り立つことを判定する

OR（オア）

複数の条件のうち1つでも成り立っていればOKとしたいときは、OR関数を使用します。ここでは海外営業と経理の人材を探すために、OR関数の引数として「TOEICのスコアが700以上」「簿記検定を取得している」という2つの条件を指定します。少なくとも1つの条件を満たす人材に「TRUE」、いずれも満たさない人材に「FALSE」が表示されます。

■「TOEIC700以上」または「簿記検定有」の人材を探す

入力セル D3　入力式 =OR(B3>=700,C3="有")

D3　=OR(B3>=700,C3="有")

	A	B	C	D
1	採用試験応募者一覧			
2	氏名	TOEIC	簿記検定	条件判定
3	三井洋介	740	有	TRUE
4	唐沢真知子	400	無	FALSE
5	佐藤博	550	無	FALSE
6	岡本美紀	360	有	TRUE
7	野村誠一	810	無	TRUE
8	採用条件：TOEICスコア700以上、または簿記検定有			

セルD3に数式を入力して、セルD7までコピー

条件を満たす人材に「TRUE」、満たさない人材に「FALSE」が表示された

check!

=OR(論理式1 [, 論理式2] ……)

論理式…TRUEまたはFALSEの結果を返す条件式を指定

指定した「論理式」のうち少なくとも1つがTRUEであれば戻り値はTRUE、すべての「論理式」がFALSEの場合に戻り値はFALSEになります。「論理式」は255個まで指定できます。

memo

▶条件Aと条件Bの2つの条件があるとき、OR関数は「AまたはB」（下図の網掛け部分）という条件を表します。この条件が成り立つ（TRUEになる）のは、少なくとも条件Aと条件BのいずれかがTRUEの場合です。

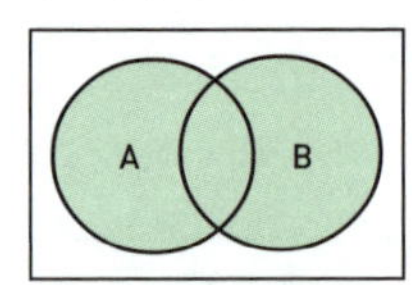

条件A	条件B	条件「AまたはB」
TRUE	TRUE	TRUE
TRUE	FALSE	TRUE
FALSE	TRUE	TRUE
FALSE	FALSE	FALSE

関連項目
06.007 複数の条件がすべて成り立つことを判定する →p.422
06.010 複数の条件のいずれかが成り立つときに条件分岐する →p.425

数式の基本 / 表の集計 / 数値処理 / 日付と時刻 / 文字列操作 / 条件判定 / 表の検索と操作 / 数学計算 / 統計計算 / 財務計算 / 関数一覧

データ分析

06.010 複数の条件のいずれかが成り立つときに条件分岐する

使用関数 IF(イフ) ／ OR(オア)

2つの条件を同時に判定して、少なくとも一方の条件が成り立つときに表示する値を切り替えるには、IF関数の引数「論理式」にOR関数を組み込みます。ここでは、「自宅が東京都または勤務先が東京都」である顧客の「DM」欄に「発送」と表示します。

■「自宅が東京都または勤務先が東京都」に「発送」と表示する

入力セル D3　入力式 =IF(OR(B3="東京都",C3="東京都"),"発送","")

D3　=IF(OR(B3="東京都",C3="東京都"),"発送","")

	A	B	C	D
1	顧客名簿			
2	顧客名	自宅	勤務先	DM
3	飯田博史	東京都	神奈川県	発送
4	野村真理	埼玉県	千葉県	
5	小川裕子	神奈川県	東京都	発送
6	広池勝也	東京都	東京都	発送
7	木島秀人	千葉県	千葉県	
8	※自宅または勤務先が東京都の場合にDMを発送			
9				

セルD3に数式を入力して、セルD7までコピー

東京都の顧客に「発送」と表示された

check!

=IF(論理式, 真の場合, 偽の場合) → 06.001
=OR(論理式1 [, 論理式2] ……) → 06.009

memo

▶06.003 で2つの条件を段階的に判定して3つの結果を切り替える方法を紹介しましたが、ここで紹介した方法では、2つの条件を同時に判定して2つの結果を切り替えます。セルD3に入力したIF関数の内容は次のとおりです。

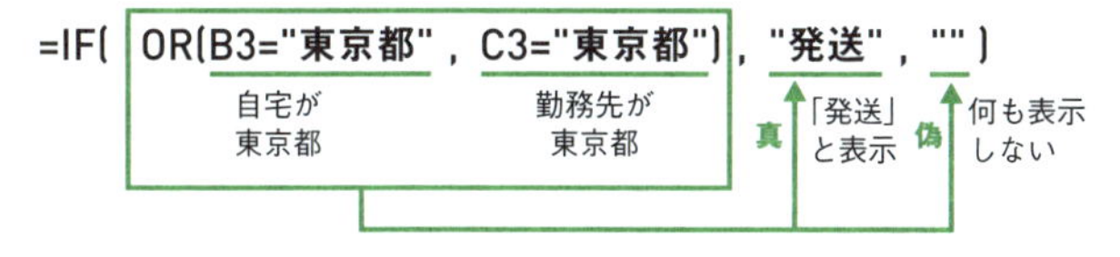

関連項目
06.008 複数の条件がすべて成り立つときに条件分岐する →p.423
06.009 複数の条件のいずれかが成り立つことを判定する →p.424

データ分析

06.011 OR関数の引数を簡潔に指定する①

使用関数 IF（イフ） ／ OR（オア）

AND関数やOR関数では、条件判定の対象となるセルが連続しており、比較する値が共通の場合は、条件を1つの式で簡潔に指定できます。ここではセル範囲B3:F3に入力された得点の少なくとも1つが100のときに、「科目賞」欄に「授与」と表示します。それには、IF関数の条件として「OR(B3:F3=100)」を指定し、配列数式として入力します。

少なくとも1科目が100点なら科目賞を授与する

入力セル G3　入力式 {=IF(OR(B3:F3=100)," 授与 ","")}

G3　{=IF(OR(B3:F3=100),"授与","")}

	A	B	C	D	E	F	G	H	I	J
1			模擬テスト成績一覧							
2	受験者	国語	数学	理科	社会	英語	科目賞			
3	大野	65	70	80	90	100	授与			
4	川口	85	65	70	85	55				
5	西田	80	100	55	80	50	授与			
6	前橋	60	55	80	100	50	授与			
7	山本	80	80	60	70	85				
8										

セルG3に数式を入力して、[Ctrl]＋[Shift]＋[Enter]キーで確定

セルG3の数式をセルG7までコピー

check!

=IF(論理式, 真の場合, 偽の場合) → 06.001
=OR(論理式1 [, 論理式2] ……) → 06.009

memo

▶次の数式は、セルG3に入力した数式と同じ条件判定をしています。2つの式を比較すると、セルG3の数式が簡潔なことがわかります。

=IF(OR(B3=100,C3=100,D3=100,E3=100,F3=100),"授与","")

▶次の数式を配列数式として入力すると、すべての科目が100のときに「最優秀賞」と表示できます。

{=IF(AND(B3:F3=100),"最優秀賞","")}

関連項目 06.012 OR関数の引数を簡潔に指定する② →p.427

データ分析

06.012 OR関数の引数を簡潔に指定する②

使用関数 IF(イフ) ／ OR(オア)

「セルに入力されたデータがAまたはBまたはC」という条件で判定を行いたいときは、比較する値を「{"A","B","C"}」のように配列定数として指定すると、数式が簡潔になります。ここでは「英検（セルB3）が2級または準1級または1級」の応募者の「採用基準」欄に「クリア」と表示します。それにはIF関数の条件として、「OR(B3={"2級","準1級","1級"})」を指定します。

採用基準を英検2級以上とする

入力セル C3　入力式 =IF(OR(B3={"2級","準1級","1級"}),"クリア","")

C3　=IF(OR(B3={"2級","準1級","1級"}),"クリア","")

	A	B	C	D	E	F	G
1	採用試験応募者一覧						
2	氏名	英検	採用基準				
3	三井洋介	1級	クリア				
4	唐沢真知子	準1級	クリア				
5	佐藤博	3級					
6	岡本美紀	2級	クリア				
7	野村誠一	4級					
8	採用条件：英検2級以上						
9							
10							

セルC3に数式を入力して、セルC7までコピー

採用基準を満たす人材に「クリア」と表示された

check!

=IF(論理式, 真の場合, 偽の場合) → 06.001

=OR(論理式1 [, 論理式2] ……) → 06.009

memo

▶次の数式は、セルC3に入力した数式と同じ条件判定をしています。2つの式を比較すると、セルC3の数式が簡潔なことがわかります。

=IF(OR(B3="2級",B3="準1級",B3="1級"),"クリア","")

関連項目 06.011 OR関数の引数を簡潔に指定する① →p.426

データ分析

06.013 条件が成り立たないことを判定する

使用関数 NOT(ノット) / ISBLANK(イズ・ブランク)

指定した条件が成り立っていないことを判定したいときは、NOT関数を使用します。ここでは会員登録に必要な入力項目がきちんと入力されているかどうかを、ISBLANK関数とNOT関数を使用してチェックします。ISBLANK関数の戻り値は入力済みの場合にFALSEになりますが、それをNOT関数の引数に指定することで、入力済みの場合にTRUE、未入力の場合にFALSEと表示できます。

■ 入力済みかどうかをチェックする

入力セル C3　入力式 =NOT(ISBLANK(B3))

C3　=NOT(ISBLANK(B3))

	A	B	C	D	E	F	G
1	会員登録						
2			入力チェック				
3	お名前	高橋　あかね	TRUE				
4	TEL		FALSE				
5	E-mail	akane@xxx.co.jp	TRUE				
6							
7							

セルC3に数式を入力して、セルC5までコピー

入力済みの項目に「TRUE」、未入力の項目に「FALSE」が表示された

check!

=NOT(論理式)

論理式…TRUEまたはFALSEの結果を返す条件式を指定

「論理式」がTRUEのときにFALSE、FALSEのときにTRUEを返します。

=ISBLANK(テストの対象) → 06.021

memo

▶Aという条件があるとき、NOT関数は「Aでない」(下図の網掛け部分)という条件を表します。この条件が成り立つ(TRUEになる)のは、条件AがFALSEの場合です。

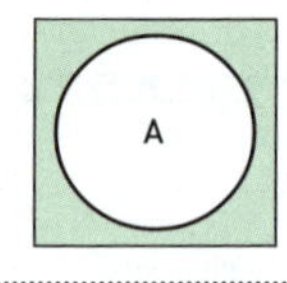

条件A	条件「Aでない」
TRUE	FALSE
FALSE	TRUE

関連項目 06.007 複数の条件がすべて成り立つことを判定する →p.422
06.009 複数の条件のいずれかが成り立つことを判定する →p.424

数式の基本 / 表の集計 / 数値処理 / 日付と時刻 / 文字列操作 / 条件判定 / 表の検索と操作 / 数学計算 / 統計計算 / 財務計算 / 関数一覧

データ分析

06.014 IF関数を使わずに条件式を直接数値計算に使用する

使用関数 なし

論理値の「TRUE」と「FALSE」は、それぞれ数値の「1」と「0」として扱えます。このことを知っていると、本来IF関数を使用して場合分けするような計算を、IF関数を使わずに求めることができます。ここでは、「配送先」が「県外」のときに「配送料金」を500円、それ以外のときに0円として、「商品代+配送料金」を求めます。

県外の配送料金を500、それ以外の配送料金を0とする

入力セル D3　入力式 =B3+500*(C3="県外")

D3　=B3+500*(C3="県外")

	A	B	C	D
1	商品配送リスト			
2	氏名	商品代	配送先	請求額
3	村田真紀	10,000	県内	10,000
4	遠藤薫	6,000	県外	6,500
5	前島聡	20,000	県内	20,000
6	大川良彦	15,000	県外	15,500
7	河合元也	8,000	県内	8,000
8				
9				

セルD3に数式を入力して、セルD7までコピー

「商品代+配送料金」を計算できた

memo

▶セルD3の数式では、「配送先が県外である」という条件式を500に掛けています。その結果、次のようになります。

・「県外」のとき　500×TRUE=500×1=500
・「県外」でないとき　500×FALSE=500×0=0

▶論理値を数値として扱う場合は、上記のように「TRUE」が「1」、「FALSE」が「0」として扱われます。一方、数値を論理値として扱う場合は、0以外の数値が「TRUE」、0が「FALSE」となります。例えば「=AND(1,2)」の結果はTRUE、「=AND(1,0)」の結果はFALSEになります。

データ分析

06.015 セルの内容が文字列かを調べる

使用関数 ISTEXT（イズ・テキスト）

ISTEXT関数を使用すると、セルに文字列が入力されているかどうかを判定できます。ここでは、表のB列に入力されたデータが文字列かどうかをチェックします。文字列が入力されていれば「TRUE」、文字列以外のデータが入力されている場合や未入力の場合は「FALSE」が表示されます。

■文字列データの入力をチェックする

入力セル C3　入力式 =ISTEXT(B3)

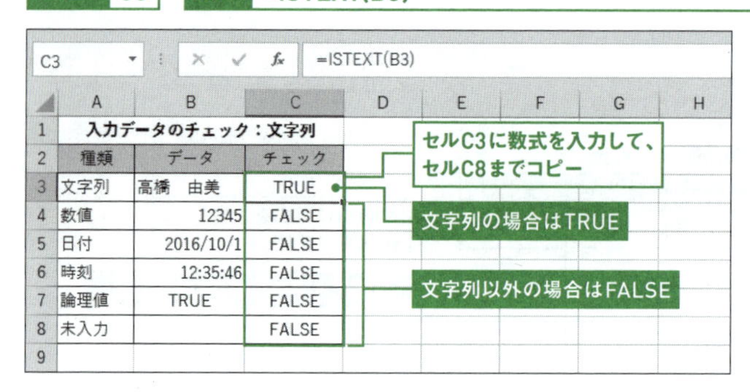

check!

=ISTEXT(テストの対象)

テストの対象…調べたいデータを指定

「テストの対象」が文字列の場合にTRUE、文字列でない場合にFALSEを返します。

memo

▶IF関数と組み合わせて使用すると、結果をよりわかりやすく表示できます。例えば次式では、セルB3に文字データが入力されていない場合に、「文字データを入力してください。」と表示します。

=IF(ISTEXT(B3),"OK","文字データを入力してください。")

▶ISNONTEXT関数を使用すると、ISTEXT関数と反対の結果が得られます。データが文字列でない場合、つまり数値や日付、論理値、未入力の場合にTRUE、文字列の場合にFALSEになります。

▶B7の「TRUE」は論理値として処理されています（FALSEも同様）。文字列として入力したい場合は「'TRUE」「'FALSE」と入力してください。

関連項目 06.016 セルの内容が数値かを調べる →p.431

データ分析

06.016 セルの内容が数値かを調べる

使用関数 ISNUMBER（イズ・ナンバー）

ISNUMBER関数を使用すると、セルに数値や日付／時刻が入力されているかどうかを判定できます。ここでは、表のB列に入力されたデータが数値、または日付／時刻かどうかをチェックします。数値または日付／時刻が入力されていれば「TRUE」、それ以外のデータが入力されている場合や未入力の場合は「FALSE」が表示されます。

数値と日付／時刻データの入力をチェックする

入力セル C3　入力式 =ISNUMBER(B3)

C3 =ISNUMBER(B3)

	A	B	C
1	入力データのチェック：数値・日付/時刻		
2	種類	データ	チェック
3	文字列	高橋　由美	FALSE
4	数値	12345	TRUE
5	日付	2016/10/1	TRUE
6	時刻	12:35:46	TRUE
7	論理値	TRUE	FALSE
8	未入力		FALSE
9			

セルC3に数式を入力して、セルC8までコピー

数値と日付／時刻の場合はTRUE

それ以外の場合はFALSE

check!

=ISNUMBER(テストの対象)

テストの対象…調べたいデータを指定

「テストの対象」が数値の場合にTRUE、数値でない場合にFALSEを返します。

memo

▶ Excelでは日付や時間をシリアル値と呼ばれる数値で管理しているため、ISNUMBER関数の引数に日付や時刻が入力されたセルを指定すると結果は「TRUE」になります。

▶ Excelでは文字列として入力した数字を対象に計算すると、自動で数値に変換されますが、ISNUMBER関数ではそのような変換は行われません。例えば「="1"+2」とすると「"1"」が数値の1とみなされて結果が「3」になりますが、「=ISNUMBER("1")」の結果はFALSEです。

関連項目 06.015 セルの内容が文字列かを調べる →p.430

データ分析

06.017 指定した引数が有効なセル参照かを調べる

使用関数 ISREF（イズ・リファレンス）

ISREF関数を使用すると、引数に指定した内容がセルを参照するかどうかを判定できます。例えば引数に「A1」を指定した場合、A1は有効なセル番号なので結果はTRUEです。また「A9999999」を指定した場合、そのようなセルは存在しないため、結果はFALSEになります。引数に名前を指定することも可能で、その場合は名前が定義されていればTRUE、定義されていなければFALSEになります。

セル参照をチェックする

入力セル	入力式
B3	=ISREF(A1)
B4	=ISREF(A9999999)
B5	=ISREF(商品リスト)

B3 =ISREF(A1)

	A	B	C	D	E
1	セル参照のチェック				
2	種類	チェック			
3	セル番地：A1	TRUE			
4	セル番地：A9999999	FALSE			
5	名前：商品リスト	TRUE			
6					
7					
8					

セル参照の場合はTRUE
セル参照でない場合はFALSE

check!

=ISREF(テストの対象)

テストの対象…調べたいデータを指定

「テストの対象」がセル参照の場合にTRUE、セル参照でない場合にFALSEを返します。

memo

▶サンプルファイルでは、あらかじめ「商品リスト」という名前が設定されているため、「=ISREF(商品リスト)」の結果がTRUEになります。

関連項目
01.030 セル範囲に名前を付ける →p.34
06.018 セルの内容が有効なセル参照かを調べる →p.433

データ分析

06.018 セルの内容が有効なセル参照かを調べる

使用関数 ISREF（イズ・リファレンス）／INDIRECT（インダイレクト）

セルに入力されているセル番号や名前が有効なセル参照かどうかを調べるには、ISREF関数とINDIRECT関数を使用します。例えば「=ISREF(INDIRECT(A1))」とすると、セルA1に有効なセル番号や定義されている名前が入力されている場合にTRUEとなります。

■ セルに入力されているセル参照をチェックする

入力セル B3　入力式 =ISREF(INDIRECT(A3))

B3　=ISREF(INDIRECT(A3))

	A	B	C	D	E	F
1	セル参照のチェック					
2	セル参照	チェック				
3	A1	TRUE				
4	A9999999	FALSE				
5	商品リスト	TRUE				
6						
7						
8						

セルB3に数式を入力して、セルB5までコピー

セル参照の場合はTRUE

セル参照でない場合はFALSE

check!

=ISREF(テストの対象) → 06.017

=INDIRECT(参照文字列 [, 参照形式]) → 07.030

memo

▶サンプルで「=ISREF(A4)」とすると結果はTRUE、「=ISREF(INDIRECT(A4))」とすると結果はFALSEになります。引数に「A4」を直接指定した前者では「A4」がセル参照かどうかが調べられ、INDIRECT関数を使った後者ではセルA4に入力された「A9999999」がセル参照とみなせるかどうかが調べられます。違いに注意して使い分けてください。

関連項目 06.017 指定した引数が有効なセル参照かを調べる →p.432
07.030 指定したセル番号のセルを間接的に参照する →p.488

データ分析

06.019 セルの内容が論理値かを調べる

使用関数 ISLOGICAL（イズ・ロジカル）

ISLOGICAL関数を使用すると、セルに論理値が入力されているかどうかを判定できます。ここでは、表のB列に入力されたデータが論理値かどうかをチェックします。論理値が入力されていれば「TRUE」、論理値以外のデータが入力されている場合や未入力の場合は「FALSE」が表示されます。

■論理値の入力をチェックする

入力セル C3　入力式 =ISLOGICAL(B3)

C3　=ISLOGICAL(B3)

	A	B	C	D	E	F	G
1	入力データのチェック：論理値						
2	種類	データ	チェック				
3	文字列	高橋　由美	FALSE				
4	数値	12345	FALSE				
5	日付	2016/10/1	FALSE				
6	時刻	12:35:46	FALSE				
7	論理値	TRUE	TRUE				
8	未入力		FALSE				
9							
10							

セルC3に数式を入力して、セルC8までコピー

論理値の場合はTRUE

論理値以外の場合はFALSE

check!

=ISLOGICAL(テストの対象)

テストの対象…調べたいデータを指定

「テストの対象」が論理値の場合にTRUE、論理値でない場合にFALSEを返します。

memo

▶セルB7は、セルに直接「TRUE」と入力しています。セルに「TRUE」「True」「ture」「FALSE」「False」「false」などと入力すると論理値とみなされ、自動的に大文字の「TRUE」「FALSE」に変換されて中央揃えで表示されます。この他、TRUE関数を「=TRUE()」、FALSE関数を「=FALSE()」と入力しても論理値の「TRUE」や「FALSE」を表示できます。

関連項目 06.016 セルの内容が数値かを調べる →p.431

データ分析　✕非対応バージョン 2010 2007

06.020 セルの内容が数式かを調べる

使用関数 ISFORMULA（イズ・フォーミュラ）

ISFORMULA関数を使用すると、セルに数式が入力されているかどうかを判定できます。セルに表示されているデータが直接入力されたデータなのか、数式の結果のデータなのかが区別できます。ここでは、表のB列に数式が入力されているかどうかをチェックします。数式が入力されていれば「TRUE」、数式以外のデータが入力されている場合や未入力の場合は「FALSE」が表示されます。なお、ISFORMULA関数はExcel 2013で追加された関数です。

数式の入力をチェックする

入力セル C3　入力式 =ISFORMULA(B3)

C3　=ISFORMULA(B3)

	A	B	C
1	入力データのチェック：数式		
2	B列の入力内容	データ	チェック
3	「100」	100	FALSE
4	「=50*2」	100	TRUE
5	「=MAX(100,20)	100	TRUE
6	「=B3」	100	TRUE
7			
8			
9			

セルC3に数式を入力して、セルC6までコピー

数式の場合はTRUE

数式でない場合はFALSE

check!

=ISFORMULA(テストの対象)　[Excel 2016 / 2013]

テストの対象…調べたいデータを指定

「テストの対象」が数式の場合にTRUE、数式でない場合にFALSEを返します。

関連項目 07.053 セルに入力した数式を別のセルに表示する →p.515

データ分析

06. 021 セルが未入力かを調べる

使用関数 ISBLANK（イズ・ブランク）

ISBLANK関数を使用すると、セルに入力漏れがないかどうかをチェックできます。ここでは表のB列のセルが未入力の場合に「TRUE」、何らかのデータが入力されている場合に「FALSE」を表示します。

■ セルが未入力かをチェックする

入力セル C3　入力式 =ISBLANK(B3)

C3　=ISBLANK(B3)

	A	B	C
1	入力漏れのチェック		
2	種類	データ	チェック
3	文字列	高橋　由美	FALSE
4	数値	12345	FALSE
5	日付	2016/10/1	FALSE
6	時刻	12:35:46	FALSE
7	論理値	TRUE	FALSE
8	未入力		TRUE
9			

セルC3に数式を入力して、セルC8までコピー

入力済みの場合はFALSE

未入力の場合はTRUE

check!

=ISBLANK(テストの対象)

テストの対象…調べたいデータを指定

「テストの対象」が空白セルの場合にTRUE、そうでない場合にFALSEを返します。ここでいう空白セルとは、未入力のセルのことです。

memo

▶IF関数とISBLANK関数を組み合わせて使用すると、結果をよりわかりやすく表示できます。例えば次式では、セルB3が未入力の場合に「データを入力してください。」と表示します。

=IF(ISBLANK(B3),"データを入力してください。","OK")

▶何も表示されていないセルには、未入力のセル、全角スペースや半角スペースが入力されたセル、数式の結果として空白文字列「""」が返されたセルがあります。ISBLANK関数では、そのうちの未入力のセルのみが「TRUE」と判定されます。

関連項目 02.031 見た目が空白のセルをカウントする →p.110
02.032 見た目も中身も空白のセルをカウントする →p.111

データ分析

06.022 セルに入力されているデータの型を調べる

使用関数 TYPE（タイプ）

TYPE関数を使用すると、引数で指定したデータの型を調べることができます。数値や文字列、論理値など、データの種類を知りたいときに役に立ちます。ここでは、表のB列のセルに入力されているデータのデータ型を調べます。

セルに入力されているデータの型を調べる

入力セル C3　入力式 =TYPE(B3)

C3 =TYPE(B3)

	A	B	C	D	E	F	G
1	セルの内容を調べる						
2	種類	データ	TYPE関数の戻り値				
3	数値	1234	1				
4	日付	7月16日	1				
5	未入力		1				
6	文字列	Excel	2				
7	論理値	TRUE	4				
8	エラー値	#N/A	16				
9							

セルC3に数式を入力して、セルC8までコピー

B列のデータの型を表す数値が表示された

check!

=TYPE(データ)

データ…型を調べたいデータを指定

「データ」の型を表す数値を返します。戻り値は次表のとおりです。

データの種類	戻り値
数値／日付／時刻、および未入力	1
文字列	2
論理値	4
エラー値	16
配列	64

memo

▶B7の「TRUE」は論理値として処理されています（FALSEも同様）。文字列として入力したい場合は「'TRUE」「'FALSE」と入力してください。

関連項目 06.015 セルの内容が文字列かを調べる →p.430
06.016 セルの内容が数値かを調べる →p.431

値のチェック

06.023 セルの内容が半角文字かどうかを調べる

使用関数 LEN（レングス） ／ LENB（レングス・ビー）

データがすべて半角文字で入力されているかどうかを調べるには、文字数を求めるLEN関数とバイト数を求めるLENB関数を使用します。バイト数は、半角を1、全角を2と数えます。半角文字は文字数とバイト数が同じなので、LEN関数で求めた文字数とLENB関数で求めたバイト数を比べ、等しければ半角文字と判断します。

■ データがすべて半角文字かどうかをチェックする

入力セル B3　入力式 =LEN(A3)=LENB(A3)

B3　=LEN(A3)=LENB(A3)

	A	B	C	D	E	F
1	入力データのチェック：半角					
2	データ	チェック				
3	Excel 2016	TRUE				
4	ｴｸｾﾙ	TRUE				
5	関数	FALSE				
6	Ｅｘｃｅｌ	FALSE				
7	ｴｸｾﾙ ２０１６	FALSE				
8	エクセル 2016	FALSE				
9						
10						

セルB3に数式を入力して、セルB8までコピー

すべて半角の場合はTRUE

check!

=LEN(文字列) → 05.007
=LENB(文字列) → 05.007

関連項目 05.008 全角の文字数と半角の文字数をそれぞれ調べる →p.359
06.024 セルの内容が全角文字かどうかを調べる →p.439

値のチェック

06.024 セルの内容が全角文字かどうかを調べる

使用関数 LEN(レングス) ／ LENB(レングス・ビー)

データがすべて全角文字で入力されているかどうかを調べるには、文字数を求めるLEN関数とバイト数を求めるLENB関数を使用します。バイト数は、半角を1、全角を2と数えます。全角文字は文字数の2倍とバイト数が等しいので、LEN関数で求めた文字数の2倍の値とLENB関数で求めたバイト数を比べ、等しければ全角文字と判断します。

■データがすべて全角文字かどうかをチェックする

入力セル B3　入力式 =LEN(A3)*2=LENB(A3)

B3　=LEN(A3)*2=LENB(A3)

	A	B	C	D	E	F
1	入力データのチェック：全角					
2	データ	チェック				
3	Excel 2016	FALSE				
4	ｴｸｾﾙ	FALSE				
5	関数	TRUE				
6	Ｅｘｃｅｌ	TRUE				
7	ｴｸｾﾙ ２０１６	FALSE				
8	エクセル 2016	FALSE				
9						
10						

セルB3に数式を入力して、セルB8までコピー

すべて全角の場合はTRUE

check!

=LEN(文字列) → 05.007
=LENB(文字列) → 05.007

関連項目 05.008 全角の文字数と半角の文字数をそれぞれ調べる →p.359
06.023 セルの内容が半角文字かどうかを調べる →p.438

データ分析

06.025 すべての入力欄にデータが入力されているかを調べる

使用関数 IF（イフ） ／ COUNTA（カウント・エー）

ISBLANK関数はセルが未入力かどうか調べたいときに役に立ちますが、一度に調べられるのは1つのセルのみです。入力欄のすべてのセルの入力漏れをまとめて調べたいときは、COUNTA関数で入力済みのセルをカウントするほうが簡単です。ここではセル範囲A3:C3の入力漏れチェックをしたいので、COUNTA関数の戻り値とセル数の3を比べ、等しければ入力済み、等しくなければ入力漏れがあると判断します。

1行ずつ入力漏れをチェックする

入力セル D3　入力式 =IF(COUNTA(A3:C3)=3," 済み "," 入力漏れ ")

D3　=IF(COUNTA(A3:C3)=3,"済み","入力漏れ")

	A	B	C	D
1	会員名簿			
2	氏名	年齢	登録日	チェック
3	大村　豊	38	2016/7/1	済み
4	杉田　直子		2016/7/1	入力漏れ
5	松本　玲子	28	2016/7/4	済み
6	野田　博文	30		入力漏れ
7	前沢　孝彦	25	2016/4/9	済み

セルD3に数式を入力して、セルD7までコピー

入力漏れがある場合に「入力漏れ」と表示される

check!

=IF(論理式, 真の場合, 偽の場合) → 06.001
=COUNTA(値1 [, 値2] ……) → 02.030

memo

▶セルD3の数式には、直接セルの数を「3」と入力しましたが、数式の中でセル数を数えたい場合はCOLUMNS関数を次のように使用します。

=IF(COUNTA(A3:C3)=COLUMNS(A3:C3),"済み","入力漏れ")

関連項目 06.021 セルが未入力かを調べる →p.436
06.026 すべての入力欄に数値が入力されているかを調べる →p.441

データ分析

06.026 すべての入力欄に数値が入力されているかを調べる

使用関数 IF（イフ）／COUNT（カウント）

入力欄のすべてのセルに数値が入力されていることを確認するには、COUNT関数を使用して数値の個数をカウントします。ここではセル範囲B3:F3に数値がそろっているかどうかをチェックしたいので、COUNT関数の戻り値とセル数の5を比べ、等しければ「OK」、等しくなければ「NG」と表示します。

数値がそろっているかどうかを1行ずつチェックする

入力セル G3　入力式 =IF(COUNT(B3:F3)=5,"OK","NG")

G3　=IF(COUNT(B3:F3)=5,"OK","NG")

	A	B	C	D	E	F	G
1	アンケートデータ						
2	回収No	Q1	Q2	Q3	Q4	Q5	チェック
3	001	3	4	1	2	1	OK
4	002	3	5	1	2	2	OK
5	003	3	5	3		3	NG
6	004	3	5	1	2	2	OK
7	005	3					NG
8							
9							

セルG3に数式を入力して、セルG7までコピー

数値が5つそろっている場合は「OK」と表示される

check!

=IF(論理式, 真の場合, 偽の場合) → 06.001
=COUNT(値1 [, 値2] ……) → 02.029

memo

▶セルG3の数式には、直接セルの数を「5」と入力しましたが、数式の中でセル数を数えたい場合はCOLUMNS関数を次のように使用します。

=IF(COUNT(B3:F3)=COLUMNS(B3:F3),"OK","NG")

関連項目 06.025 すべての入力欄にデータが入力されているかを調べる →p.440

データ分析

06.027 2つの表に同じデータが入力されているかを調べる

使用関数 IF(イフ) ／ AND(アンド)

同じ形の2つのセル範囲に同じデータが入力されているかどうかをチェックするには、AND関数の引数に「セル範囲1=セル範囲2」のような条件を配列数式として入力します。これをIF関数の「論理式」として使用すれば、判定結果に応じて表示する値を切り替えられます。ここでは、2つの表のデータが同一かどうかをチェックしますが、同様の方法で2つの列や2つの行が同一かどうかもチェックできます。

2つの表のデータが同一かどうかをチェックする

入力セル G3　入力式 {=IF(AND(A3:B6=D3:E6),"OK","NG")}

G3　{=IF(AND(A3:B6=D3:E6),"OK","NG")}

	A	B	C	D	E	F	G	H
1	表1			表2				
2	氏名	年齢		氏名	年齢		チェック	
3	安住　陽子	32		安住　陽子	32		NG	
4	佐々木　健	28		佐々木　健	20			
5	竹下　祐樹	36		竹下　祐樹	36			
6	野口　恵美	41		橘　恵美	41			
7								
8								
9								

セルG3に数式を入力して、[Ctrl]＋[Shift]＋[Enter]キーで確定

表のデータが同じであれば「OK」、同じでなければ「NG」が表示される

check!

=IF(論理式, 真の場合, 偽の場合) → 06.001
=AND(論理式1 [, 論理式2] ……) → 06.007

memo

▶セルG3の数式の「A3:B6=D3:E6」の部分を数式バーで選択して、[F9] キーを押すと、

{TRUE,TRUE;TRUE,FALSE;TRUE,TRUE;FALSE,TRUE}

という4行2列の配列定数（01.046 参照）が表示され、2行2列と4行1列の位置に「FALSE」が含まれることを確認できます。確認したら、[Esc] キーを押して元の数式に戻してください。

関連項目 06.028 データが小さい順に入力されているかを調べる →p.443

 データ分析

06.028 データが小さい順に入力されているかを調べる

使用関数 IF（イフ） ／ AND（アンド）

同じ列の隣接するセル範囲にデータが小さい順に入力されているかどうかを調べるには、「値が1つ下のセル以下になっているか」を先頭セルから最後の1つ手前のセルまで順に調べます。ただし、1つずつ条件式を並べると、データ数が多いときに大変です。配列数式を使用して、まとめてチェックしましょう。

小さい順に入力されているかどうかチェックする

入力セル C9　入力式 {=IF(AND(C3:C6<=C4:C7),"OK","NG")}

C9　{=IF(AND(C3:C6<

	A	B	C	D	E
1	参加者名簿				
2	NO	氏名	年齢		
3	1	井上　夏子	23		
4	2	野村　愛	24		
5	3	金子　正文	24		
6	4	遠藤　孝彦	30		
7	5	及川　加奈	32		
8					
9	並び順チェック		OK		
10					

セルC9に数式を入力して、[Ctrl]＋[Shift]＋[Enter] キーで確定

小さい順に入力されていれば「OK」が表示される

C9　{=IF(AND(C3:C6<

	A	B	C	D	E
1	参加者名簿				
2	NO	氏名	年齢		
3	1	井上　夏子	23		
4	2	野村　愛	24		
5	3	金子　正文	24		
6	4	遠藤　孝彦	33		
7	5	及川　加奈	32		
8					
9	並び順チェック		NG		
10					

小さい順に入力されていなければ「NG」が表示される

check!

=IF(論理式, 真の場合, 偽の場合) → 06.001
=AND(論理式1 [, 論理式2] ……) → 06.007

memo

▶セルC9の数式の「C3:C6<=C4:C7」の部分を数式バーで選択して、[F9] キーを押すと、計算の過程でどのような配列が作成されているかを確認できます。確認したら、[Esc] キーを押してください。

関連項目 06.027 2つの表に同じデータが入力されているかを調べる →p.442

データベース

06.029 重複データに「重複」と表示する

使用関数 IF(イフ) ／ COUNTIF(カウント・イフ)

名簿にデータを入力するときに、誤って同じデータを重複入力してしまうことがあります。ここでは名簿からそのような重複データを探します。COUNTIF関数を使用して、「氏名」欄のB列に現在行の氏名と同じデータがいくつあるかをカウントし、1つより多い場合に「重複」と表示します。

■ 重複データに「重複」と表示する

入力セル C3　入力式 =IF(COUNTIF(B:B,B3)>1," 重複 ","")

C3　=IF(COUNTIF(B:B,B3)>1,"重複","")

	A	B	C
1	名簿		
2	NO	氏名	チェック
3	1	佐藤隆弘	
4	2	野々村信二	
5	3	牧田のぞみ	重複
6	4	沢田太郎	
7	5	佐藤恵美	
8	6	浜田弘子	
9	7	牧田のぞみ	重複
10	8	水元幸一	
11			

セルC3に数式を入力して、セルC10までコピー

重複データに「重複」と表示された

check!

=IF(論理式, 真の場合, 偽の場合) → 06.001
=COUNTIF(条件範囲, 条件) → 02.033

memo

▶セルC3のCOUNTIF関数の引数「条件範囲」にB列全体を指定したので、あとから追加入力する氏名も重複チェックの対象になります。

▶COUNTIF関数の引数「条件範囲」に列全体ではなく、「氏名」欄のセル範囲だけを指定したい場合は、数式をコピーしたときにセル範囲がずれないように、絶対参照で指定します。

=IF(COUNTIF($B$3:$B$10,B3)>1,"重複","")

関連項目 06.030 2つ目以降の重複データに「重複」と表示する →p.445
07.038 表から重複しないデータを別のセルに抜き出す →p.496

数式の基本 表の集計 数値処理 日付と時刻 文字列操作 条件判定 表の検索と操作 数学計算 統計計算 財務計算 関数一覧

データベース

06.030 2つ目以降の重複データに「重複」と表示する

使用関数 IF（イフ） ／ COUNTIF（カウント・イフ）

06.029 では、データが重複する場合に、重複データすべてに「重複」と表示しました。ここでは、1つ目のデータには何も表示せず、2つ目以降の重複データに「重複」と表示します。COUNTIF関数の引数「条件範囲」に、絶対参照と相対参照を組み合わせて、「氏名」欄の先頭から現在行までのセル範囲「$B$3:B3」を指定することがポイントです。

2つ目以降の重複データに「重複」と表示したい

入力セル C3　入力式 =IF(COUNTIF($B$3:B3,B3)>1,"重複","")

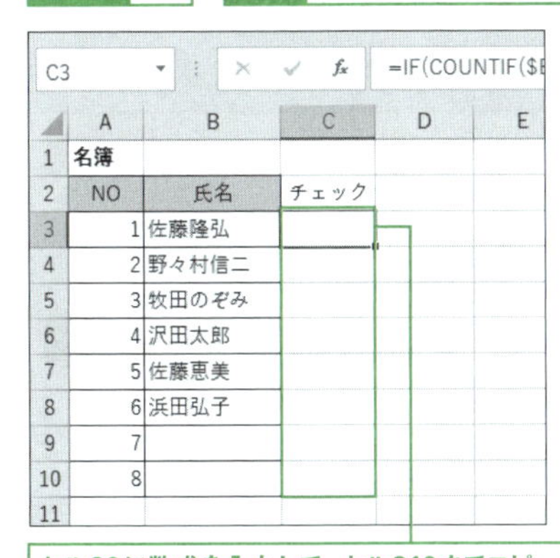

セルC3に数式を入力して、セルC10までコピー

重複しないデータには何も表示されない

C3　=IF(COUNTIF($B

	A	B	C	D	E
1	名簿				
2	NO	氏名	チェック		
3	1	佐藤隆弘			
4	2	野々村信二			
5	3	牧田のぞみ			
6	4	沢田太郎			
7	5	佐藤恵美			
8	6	浜田弘子			
9	7	牧田のぞみ	重複		
10	8				
11					

上の範囲に入力した氏名と同じデータを入力すると「重複」と表示される

check!

=IF(論理式, 真の場合, 偽の場合) → 06.001

=COUNTIF(条件範囲, 条件) → 02.033

memo

▶数式をコピーすると、COUNTIF関数の引数「条件範囲」に指定した「$B$3:B3」は先頭の「$B$3」が固定されたまま、末尾の「B3」が「B4」「B5」と変化します。例えばセルB6にコピーすると、「$B$3:B6」のように変化し、常に「氏名」欄の先頭（セルB3）から現在行（セルB6）までのセル範囲を参照できます。

関連項目 06.029 重複データに「重複」と表示する →p.444

データベース

06.031 2つの表を比較して重複データをチェックする

使用関数 IF ／ COUNTIF

「景品A」の応募者名簿と「景品B」の応募者名簿を比較して、両方に重複応募している人をチェックしましょう。それにはCOUNTIF関数を使用して、一方の表の特定のデータが、もう一方の表に含まれているかどうかをカウントします。カウントの結果が1以上であれば両方の表に重複していると判断できます。

2つの表に重複するデータをチェックする

入力セル D3　入力式 =IF(COUNTIF($A$3:$A$9,C3)>=1,"重複","")

D3　=IF(COUNTIF($A$3:$A$9,C3)>=1,"重複","")

	A	B	C	D
1	景品A 応募者名簿		景品B 応募者名簿	
2	氏名		氏名	重複チェック
3	野々村信二		佐藤隆弘	
4	伊藤歩		野々村信二	重複
5	沢田太郎		牧田のぞみ	
6	川島ゆかり		沢田太郎	重複
7	水元幸一		佐藤恵美	
8	太田博		浜田弘子	
9	三木本藍		浦田真理子	
10			水元幸一	重複
11				
12				
13				

セルD3に数式を入力して、セルD10までコピー

重複データに「重複」と表示された

check!

=IF(論理式, 真の場合, 偽の場合) → 06.001

=COUNTIF(条件範囲, 条件) → 02.033

関連項目 06.029 重複データに「重複」と表示する →p.444
06.030 2つ目以降の重複データに「重複」と表示する →p.445

データ入力

06.032 重複データを入力させない

使用関数 COUNTIF（カウント・イフ）

名簿にデータを入力するときに、誤って同じ氏名を重複入力してしまうことを防ぐには、入力規則の機能を使用します。入力した値が、同じ列にいくつあるかをCOUNTIF関数で数え、1であれば重複がないので入力を許可します。1でない場合は重複データなので、再入力を促します。

同じ氏名が入力されたときにエラーメッセージを表示する

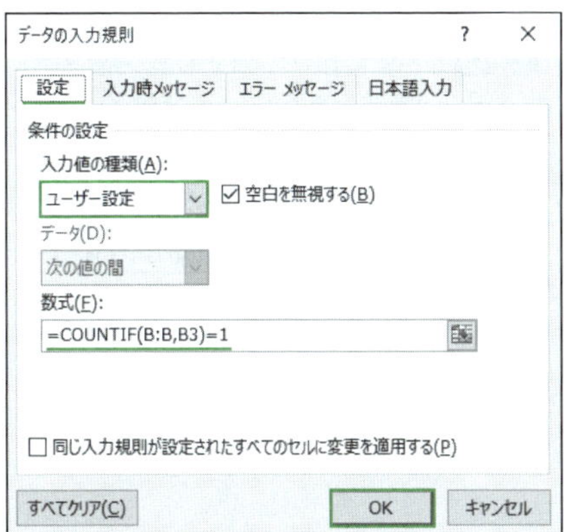

1「氏名」欄のB列全体を選択して、01.015を参考に[データの入力規則]ダイアログを開く。[設定]タブの[入力値の種類]欄で[ユーザー設定]を選択し、[数式]欄に数式を入力する。続いて[エラーメッセージ]タブでメッセージ文を入力して、[OK]ボタンをクリックする。

入力式 =COUNTIF(B:B,B3)=1

	A	B	C	D	E
1	名簿				
2	NO	氏名			
3	1	佐藤隆弘			
4	2	野々村信二			
5	3	牧田のぞみ			
6	4	沢田太郎			
7	5	牧田のぞみ			

Microsoft Excel
すでに入力されています。
再試行(R)　キャンセル　ヘルプ(H)

2「氏名」欄に重複する氏名を入力すると、手順1で設定したエラーメッセージが表示される。なお、セルB1とセルB2の入力規則を解除したい場合は、セル範囲B1:B2を選択して、手順1の画面[すべてクリア]ボタンをクリックする。

check!

=COUNTIF(条件範囲, 条件) → 02.033

関連項目 01.015 セルに入力できるデータを制限する →p.16

セルの書式

06.033 重複データに色を付ける

使用関数 COUNTIF（カウント・イフ）

重複データを発見するには、条件付き書式の機能を使用して、同じデータに色を付けるのが有効です。COUNTIF関数を使用して、「現在のセルのデータが同じ列に複数ある」ことを条件に、セルに色を付けます。条件式の中で、条件判定の対象となる「氏名」欄のセルを絶対参照で指定することがポイントです。

■ 重複する氏名のセルに色を付ける

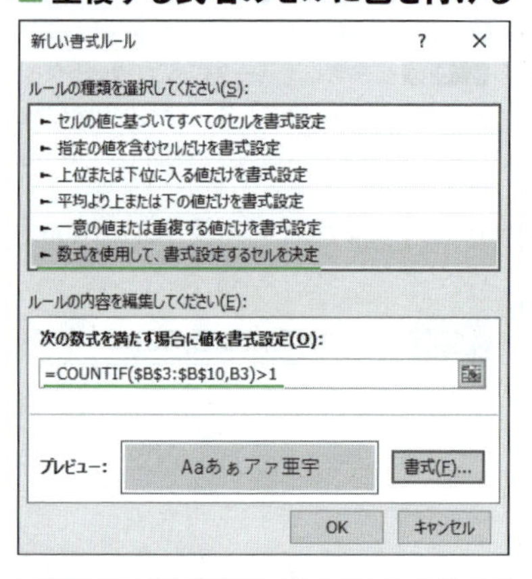

❶「氏名」欄のセル範囲B3:B10を選択して、01.040 を参考に［新しい書式ルール］ダイアログを開く。［数式を使用して、書式設定するセルを決定］を選択し、条件の式を入力し、書式を指定する。

入力式 =COUNTIF($B$3:$B$10,B3)>1

A1 名簿

	A	B	C	D	E
1	名簿				
2	NO	氏名			
3	1	佐藤隆弘			
4	2	野々村信二			
5	3	牧田のぞみ			
6	4	沢田太郎			
7	5	佐藤恵美			
8	6	浜田弘子			
9	7	牧田のぞみ			
10	8	水元幸一			
11					

❷重複データに色が付いた。なお、条件を「=COUNTIF($B$3:B3,B3)>1」のように変えると、1つ目の重複データはそのまま、2つ目以降の重複データだけに色を付けることができる。

check!

=COUNTIF(条件範囲, 条件) → 02.033

関連項目
06.029 重複データに「重複」と表示する →p.444
06.030 2つ目以降の重複データに「重複」と表示する →p.445

データ分析

06.034 セルの内容がエラー値かを調べる

使用関数 ISERROR（イズ・エラー）

文字列を使用して四則演算したり、数式で指定したセルが削除されたりすると、エラーになります。ISERROR関数を使用すると、数式の結果やセルの値がエラー値であるかどうかを調べられます。ここでは、表のB列に入力された数式がエラー値かどうかをチェックします。エラー値であれば「TRUE」、エラー値でなければ「FALSE」が表示されます。

エラー値かどうかをチェックする

入力セル C3　入力式 =ISERROR(B3)

C3　=ISERROR(B3)

	A	B	C
1	エラーチェック ： エラー値全般		
2	種類	データ	チェック
3	共通範囲なし	#NULL!	TRUE
4	0除算	#DIV/0!	TRUE
5	引数が違う	#VALUE!	TRUE
6	参照先がない	#REF!	TRUE
7	名前がない	#NAME?	TRUE
8	範囲外の数値	#NUM!	TRUE
9	値がない	#N/A	TRUE
10	通常	100	FALSE
11			
12			

セルC3に数式を入力して、セルC10までコピー

エラー値の場合はTRUE

エラー値でない場合はFALSE

check!

=ISERROR(テストの対象)

テストの対象…調べたいデータを指定

「テストの対象」がエラー値の場合にTRUE、エラー値でない場合にFALSEを返します。検出されるエラーは、[#NULL!] [#DIV/0!] [#VALUE!] [#REF!] [#NAME?] [#NUM!] [#N/A] [#GETTING_DATA] です。

memo

▶数値を入力したセルの幅が狭いときや、日付の表示形式が設定されているセルに負の数値を入力すると、セルに「####」が表示されます。このような表示は、ISERROR関数ではエラー値とされません。

関連項目 01.058 エラー値の意味を理解する →p.66
06.037 エラーの種類を調べる →p.452

データ分析

06.035 セルの内容が[#N/A]かを調べる

使用関数 ISNA（イズ・エヌ・エー）

[#N/A]は、値がないことを意味するエラー値です。VLOOKUP関数のような検索用の関数で、検索値が見つからない場合にこのエラー値が返されます。表のデータや数式が正しい場合でも発生し得るので、他のエラー値と区別して検出できるように、ISNA関数が用意されています。ここでは、表のB列に入力された数式が[#N/A]かどうかをチェックします。

[#N/A]かどうかをチェックする

入力セル C3　入力式 =ISNA(B3)

C3　=ISNA(B3)

	A	B	C
1	エラーチェック：#N/Aエラー		
2	種類	データ	チェック
3	共通範囲なし	#NULL!	FALSE
4	0除算	#DIV/0!	FALSE
5	引数が違う	#VALUE!	FALSE
6	参照先がない	#REF!	FALSE
7	名前がない	#NAME?	FALSE
8	範囲外の数値	#NUM!	FALSE
9	値がない	#N/A	TRUE
10	通常	100	FALSE
11			

セルC3に数式を入力して、セルC10までコピー

[#N/A]の場合はTRUE

[#N/A]でない場合はFALSE

check!

=ISNA(テストの対象)

テストの対象…調べたいデータを指定

「テストの対象」がエラー値[#N/A]の場合にTRUE、[#N/A]でない場合にFALSEを返します。

memo

▶エラー値かどうかを調べる関数には、ISERROR関数、ISNA関数、ISERR関数の3種類があります。そのうち、ここで紹介したISNA関数は、エラー値[#N/A]だけを検出します。

関連項目
06.034 セルの内容がエラー値かを調べる →p.449
06.036 セルの内容が[#N/A]以外のエラー値かを調べる →p.451
06.037 エラーの種類を調べる →p.452

データ分析

06.036 セルの内容が[#N/A]以外のエラー値かを調べる

使用関数 ISERR（イズ・エラー）

Excelではエラー値を検出する際に、[#N/A]と[#N/A]以外のエラー値を区別できるように、それぞれの検出用の関数が用意されています。[#N/A]以外のエラー値を検出したいときは、ISERR関数を使用します。ここでは、表のB列に入力された数式を、ISERR関数でチェックします。

[#N/A]以外のエラー値かどうかをチェックする

入力セル C3　入力式 =ISERR(B3)

	A	B	C
1	エラーチェック ： #N/A 以外のエラー		
2	種類	データ	チェック
3	共通範囲なし	#NULL!	TRUE
4	0除算	#DIV/0!	TRUE
5	引数が違う	#VALUE!	TRUE
6	参照先がない	#REF!	TRUE
7	名前がない	#NAME?	TRUE
8	範囲外の数値	#NUM!	TRUE
9	値がない	#N/A	FALSE
10	通常	100	FALSE

セルC3に数式を入力して、セルC10までコピー

[#N/A]以外のエラー値の場合はTRUE

[#N/A]の場合やエラー値でない場合はFALSE

check!

=ISERR(テストの対象)

テストの対象…調べたいデータを指定

「テストの対象」が[#N/A]以外のエラー値の場合にTRUE、[#N/A]の場合やエラー値でない場合にFALSEを返します。検出されるエラーは、[#NULL!][#DIV/0!][#VALUE!][#REF!][#NAME?][#NUM!][#GETTING_DATA]です。

memo

▶数値を入力したセルの幅が狭いときや、日付の表示形式が設定されているセルに負の数値を入力すると、セルに「####」が表示されます。このような表示は、ISERR関数ではエラー値とされません。

▶エラーの種類を区別したいときは、ERROR.TYPE関数を使用します。詳しくは06.037を参照してください。

関連項目 06.035 セルの内容が[#N/A]かを調べる →p.450
06.037 エラーの種類を調べる →p.452

データ分析

06.037 エラーの種類を調べる

使用関数 ERROR.TYPE（エラー・タイプ）

Excelには複数のエラー値が存在しますが、ERROR.TYPE関数を使用すると、エラーの種類を詳細に調べることができます。戻り値は、エラー値に対応する番号です。エラー値でない場合は、[#N/A] が返されます。エラーの種類に応じて処理を切り替えたいときなどに、役に立ちます。

■エラー値の種類を調べる

入力セル C3　入力式 =ERROR.TYPE(B3)

C3　=ERROR.TYPE(B3)

	A	B	C
1	エラーチェック ： エラー番号を調べる		
2	種類	データ	エラー番号
3	共通範囲なし	#NULL!	1
4	0除算	#DIV/0!	2
5	引数が違う	#VALUE!	3
6	参照先がない	#REF!	4
7	名前がない	#NAME?	5
8	範囲外の数値	#NUM!	6
9	値がない	#N/A	7
10	通常	100	#N/A
11			

セルC3に数式を入力して、セルC10までコピー

エラー値に対応する番号が表示された

エラー値でない場合は[#N/A] が表示される

check!

=ERROR.TYPE(エラー値)

エラー値…種類を調べたいエラー値を指定

「エラー値」に対応する数値を返します。エラー値でない場合は [#N/A] が返されます。返される数値は次表のとおりです。

▼ERROR.TYPE関数の戻り値

戻り値	エラー値	エラーの説明
1	#NULL!	セル範囲に共通部分がない
2	#DIV/0!	0または値が含まれていないセルで除算した
3	#VALUE!	引数のデータ型が間違っている
4	#REF!	セル参照が無効
5	#NAME?	存在しない名前や関数名を使用している
6	#NUM!	数値が無効
7	#N/A	値が見つからない
8	#GETTING_DATA	データの取得中

関連項目 01.058 エラー値の意味を理解する →p.66

セルの書式

06.038 エラー値だけ文字の色を白くして見えないようにする

イズ・エラー
ISERROR

エラー値を表示しないようにするテクニックとして、条件付き書式を利用する方法があります。ISERROR関数を使用して、エラー値の場合だけ文字の色をセルと同じ色にします。サンプルではセルの色が白なので、エラー値の文字の色を白に設定しています。

■ エラー値だけ見えないようにする

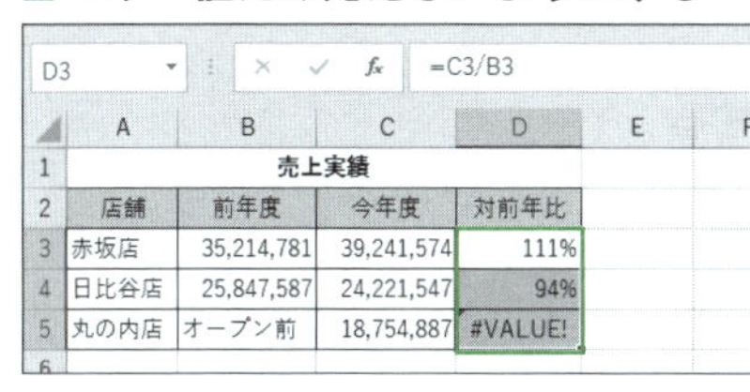

D3 =C3/B3

	A	B	C	D	E	F
1	売上実績					
2	店舗	前年度	今年度	対前年比		
3	赤坂店	35,214,781	39,241,574	111%		
4	日比谷店	25,847,587	24,221,547	94%		
5	丸の内店	オープン前	18,754,887	#VALUE!		

❶「対前年比」欄のセル範囲D3:D5を選択して、01.040を参考に［新しい書式ルール］ダイアログを開く。

新しい書式ルール

ルールの種類を選択してください(S):
- セルの値に基づいてすべてのセルを書式設定
- 指定の値を含むセルだけを書式設定
- 上位または下位に入る値だけを書式設定
- 平均より上または下の値だけを書式設定
- 一意の値または重複する値だけを書式設定
- 数式を使用して、書式設定するセルを決定

ルールの内容を編集してください(E):

次の数式を満たす場合に値を書式設定(O):

=ISERROR(D3)

プレビュー: 書式(F)...

OK キャンセル

❷［数式を使用して、書式設定するセルを決定］を選択し、条件の式を入力する。続いて書式として文字を白に設定する。

入力式 =ISERROR(D3)

A1 売上実績

	A	B	C	D	E	F
1	売上実績					
2	店舗	前年度	今年度	対前年比		
3	赤坂店	35,214,781	39,241,574	111%		
4	日比谷店	25,847,587	24,221,547	94%		
5	丸の内店	オープン前	18,754,887			

❸エラー値が見えなくなった。

check!

=ISERROR(テストの対象) → 06.034

データ分析

06.039 エラー値の数を調べる

使用関数 SUMPRODUCT（サム・プロダクト）／ISERROR（イズ・エラー）

ISERROR関数でセルの値を調べると、エラー値ならTRUE、エラー値でなければFALSEという結果になります。四則演算の中で「TRUE」は1、「FALSE」は0として扱えるので、ISERROR関数の結果に1を掛けると、エラー値なら1、エラー値でなければ0になります。その結果の合計をSUMPRODUCT関数で求めると、セル範囲の中からエラー値をカウントできます。

■「前月比」欄からエラー値をカウントする

入力セル F3　入力式 =SUMPRODUCT(ISERROR(D3:D7)*1)

F3　=SUMPRODUCT(ISERROR(D3:D7)*1)

	A	B	C	D	E	F	G	H	I
1	売上実績								
2	品番	前月	今月	前月比		エラー数			
3	P-101	2,681	3,452	129%		2			
4	P-102	2,247	未集計	#VALUE!					
5	P-103	3,301	2,355	71%					
6	P-104		847	#DIV/0!					
7	P-105	1,224	2,455	201%					
8									

エラー値の数が表示された

check!

=SUMPRODUCT(配列1 [, 配列2] ……)→03.041
=ISERROR(テストの対象)→06.036

memo

▶サンプルのセルF3に入力した数式は、次のように分解して考えるとわかりやすくなります。

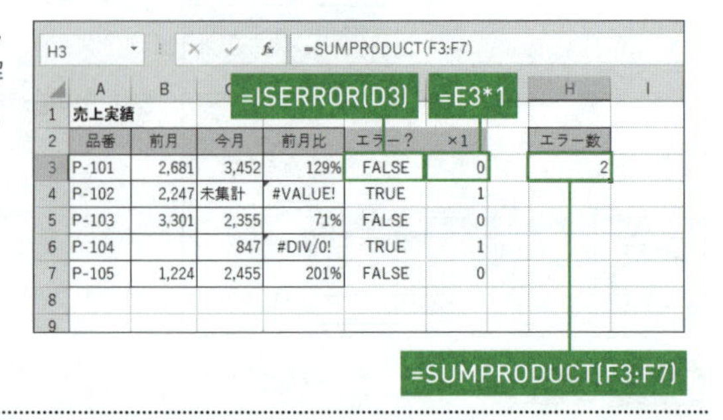

H3　=SUMPRODUCT(F3:F7)

	A	B	C	D	E	F	G	H	I
1	売上実績								
2	品番	前月	今月	前月比	エラー？	×1		エラー数	
3	P-101	2,681	3,452	129%	FALSE	0		2	
4	P-102	2,247	未集計	#VALUE!	TRUE	1			
5	P-103	3,301	2,355	71%	FALSE	0			
6	P-104		847	#DIV/0!	TRUE	1			
7	P-105	1,224	2,455	201%	FALSE	0			
8									
9									

データ分析

06.040 数式がエラーになるかをチェックしてエラーを防ぐ

使用関数 IFERROR(イフ・エラー)

IFERROR関数を使用すると、数式がエラーになるかどうかを調べ、エラーにならない場合は数式の結果を、エラーになる場合は指定した値を表示できます。ここでは、割り算の式「C3/B3」がエラーになる場合に何も表示されないようにします。IFERROR関数の2つの引数に、「C3/B3」と空白文字列「""」を指定するだけです。

割り算の結果がエラーにならないようにする

入力セル D3　入力式 =IFERROR(C3/B3,"")

D3　=IFERROR(C3/B3,"")

	A	B	C	D
1	売上実績			
2	品番	前月	今月	前月比
3	P-101	2,681	3,452	129%
4	P-102	2,247	未集計	
5	P-103	3,301	2,355	71%
6	P-104		847	
7	P-105	1,224	2,455	201%
8				
9				

セルD3に数式を入力して、セルD7までコピー

数式がエラーにならない場合だけ、割り算の結果が表示される

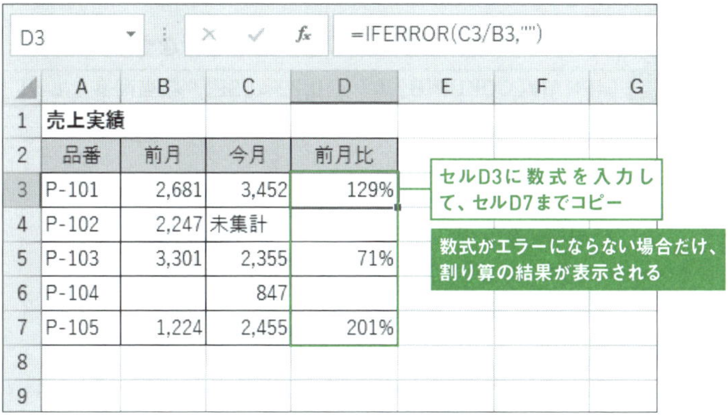

check!

=IFERROR(値, エラーの場合の値)

値…エラーかどうかをチェックする値を指定
エラーの場合の値…「値」がエラーの場合に返す値を指定

「値」がエラーになる場合は「エラーの場合の値」を返し、エラーにならない場合は「値」を返します。

memo

▶単に「=C3/B3」と入力するだけだと、06.039 のように「今月」欄に文字が入力されている場合にエラー値[#VALUE!]、「前月」欄が空欄の場合にエラー値[#DIV/0!]が表示されます。

関連項目 06.041 数式が[#N/A]エラーになるかをチェックしてエラーを防ぐ →p.456

 データ分析

❎非対応バージョン 2010 2007

06.041 数式が[#N/A]エラーになるかをチェックしてエラーを防ぐ

使用関数 IFNA（イフ・エヌ・エー）／VLOOKUP（ブイ・ルックアップ）

06.040で紹介したIFERROR関数はすべてのエラー値に対して一律に処理をしますが、IFNA関数を使用すれば［#N/A］エラーのみに対して処理を行えます。例えば、VLOOKUP関数は引数「検索値」が見つからないときに［#N/A］エラーを返しますが、IFERROR関数でエラー処理すると検索値が見つからないことによるエラーなのか、他の原因によるエラーなのか区別できません。IFNA関数を使えば、本当に「検索値」が見つからないときにだけエラー処理を行えます。なお、IFNA関数はExcel 2013で追加された関数です。

■指定した品番が商品リストにないときだけエラー処理を行なう

入力セル B3　入力式 =IFNA(VLOOKUP(B2,A7:B10,2,FALSE)," 該当商品なし ")

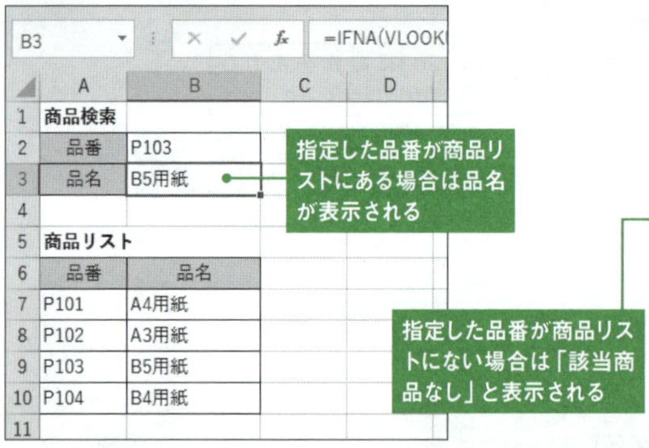

check!

=IFNA(値, NAの場合の値)　［Excel 2016 / 2013］

値…エラーかどうかをチェックする値を指定
NAの場合の値…「値」が［#N/A］エラーの場合に返す値を指定

「値」が［#N/A］エラーになる場合は「NAの場合の値」を返し、［#N/A］エラーにならない場合は「値」を返します。

=VLOOKUP(検索値, 範囲, 列番号 [, 検索の型]) → 07.002

memo

▶単に「=VLOOKUP(B2,A7:B10,2,FALSE)」とした場合、「検索値」が見つからないときに［#N/A］エラーが表示されます。

第7章

表の検索と操作

基礎知識

07.001 表を検索するパターンを見極める

使用関数 なし

Excelには表を検索してデータを求める検索関数が複数用意されています。検索したいデータと、戻り値として求めたいデータが表のどの位置にあるかによって、使用する関数やテクニックが決まります。ここでは検索のパターンを分類して紹介します。

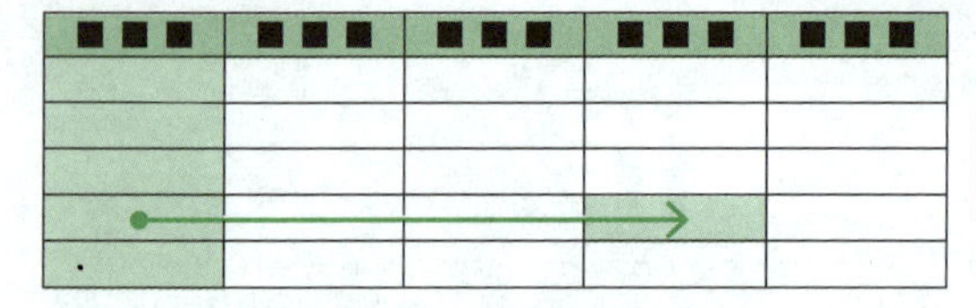

表の最左端の列を検索
07.002

表の複数の列を基準に検索
07.013・07.014

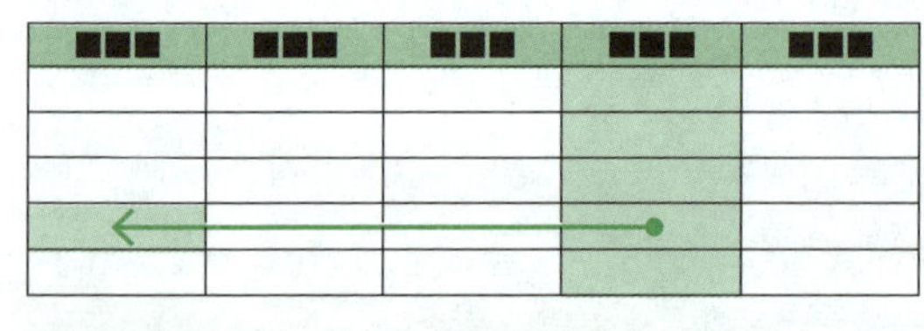

表の中央の列を検索
07.021・07.022

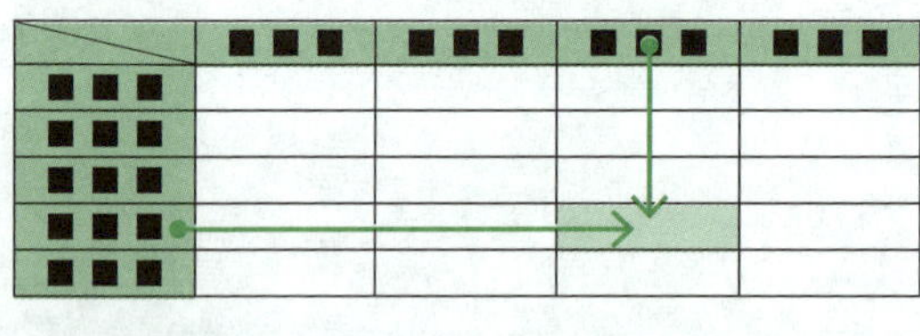

表の行見出しと列見出しを検索
07.024・07.025

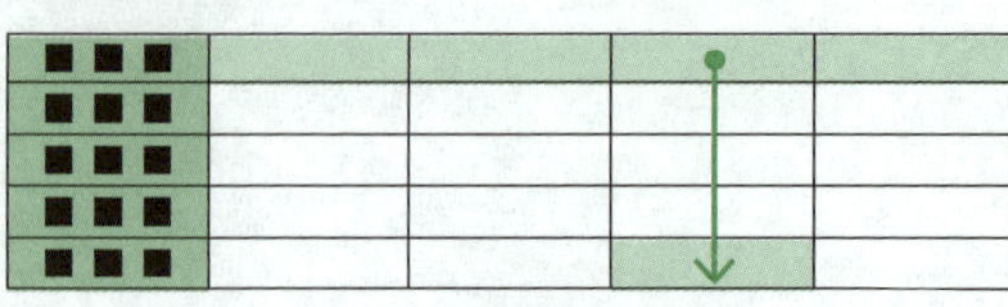

表の最上端の行を検索
07.015

データベース

07.002 コード番号が一致するデータを表から検索して料金を表示する

使用関数 VLOOKUP（ブイ・ルックアップ）

検索関数にはデータを元に検索する関数と、位置を元に検索する関数がありますが、ここでは前者の代表格であるVLOOKUP関数を紹介します。この関数で検索できるのは、表の最左列の値です。サンプルでは、セルB2に入力された「P-101」を検索値として、料金表の最左列（セル範囲A7:A10）を探し、見つかった行の3列目にある料金（セルC9の20,000）を求めています。

■ セルB2に入力されたコードに対応する料金を調べる

入力セル B3　入力式 =VLOOKUP(B2,A7:C10,3,FALSE)

B3　=VLOOKUP(B2,A7:C10,3,FALSE)

	A	B	C
1	料金検索		
2	コード	P-101	
3	料金	20,000	
4			
5	引っ越しオプション料金表		
6	コード	オプション	料金
7	C-101	マイカー搬送	30,000
8	C-102	バイク搬送	23,000
9	P-101	ピアノ搬送	20,000
10	P-102	ピアノ調律	12,000

検索値

検索結果（数式を入力するセル）

検索用の表

check!

=VLOOKUP(検索値, 範囲, 列番号 [, 検索の型])

検索値…検索する値を指定

範囲…検索する表のセル範囲または配列定数を指定

列番号…戻り値として返す値が入力されている列の列番号を指定。「範囲」の最左列を1とする

検索の型…TRUEを指定するか指定を省略すると、検索値が見つからなかったときに検索値未満の最大値が検索される。FALSEを指定すると、検索値と完全に一致する値だけが検索され、見つからなかったときに[#N/A]が返される

「範囲」の1列目から「検索値」を探し、見つかった行の「列番号」の列にある値を返します。英字の大文字と小文字は区別されません。「検索の型」にTRUEを指定するか、指定を省略する場合は、「範囲」を最左列の昇順に並べ替えておく必要があります。

memo

▶サンプルでセルB3に入力したVLOOKUP関数の引数「列番号」の「3」を「2」に変えると、「引っ越しオプション料金表」の2列目にあるオプション名を調べることができます。

=VLOOKUP(B2,A7:C10,2,FALSE)

データベース

07.003 新規データを自動で参照先に含めて検索する①

使用関数 VLOOKUP（ブイ・ルックアップ）

検索先の表に新しいデータを追加したら、VLOOKUP関数の引数「範囲」を修正しなければなりません。データの追加が頻繁にある場合は面倒です。そのようなときは表を新しい列に作成して、引数「範囲」に列全体を指定すると便利です。新規に追加したデータが自動的に「範囲」に含まれるので、数式を修正する手間が省けます。サンプルでは、表をA:C列に入力したので、VLOOKUP関数の引数「範囲」に「A:C」を指定しました。

■ 新しいデータも自動で参照されるようにする

入力セル F3　入力式 =VLOOKUP(F2,A:C,3,FALSE)

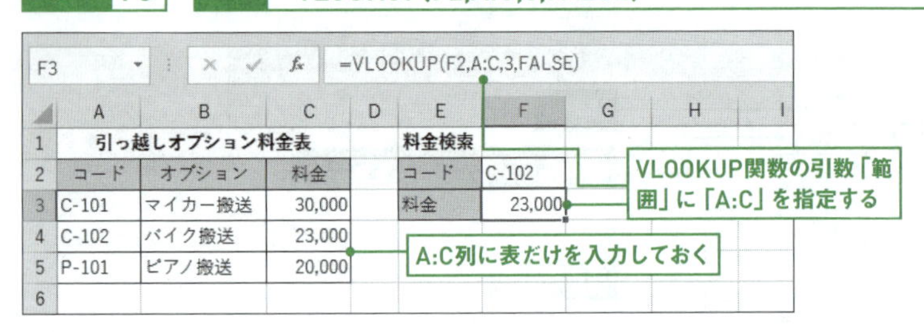

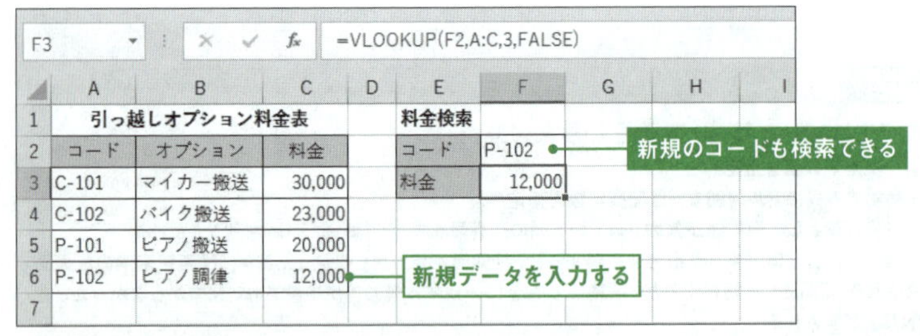

check!

=VLOOKUP(検索値, 範囲, 列番号 [, 検索の型]) → 07.002

memo

▶表のタイトルや最左列の列見出しは、最左列のデータと重複しない内容にしてください。重複すると、正しい検索を行えません。

データベース

07.004 新規データを自動で参照先に含めて検索する②

使用関数 VLOOKUP（ブイ・ルックアップ）

新規データを自動でVLOOKUP関数の参照先に含めるには、07.003の方法の他に、表をテーブルに変換しておく方法もあります。新規データを追加すると、テーブルは自動拡張します。したがって、VLOOKUP関数の引数「範囲」にテーブル名を指定すれば、常に新規データを参照先に含めて検索できます。サンプルでは表のテーブル名が「テーブル1」なので、引数「範囲」に「テーブル1」を指定しました。

新しいデータも自動で参照されるようにする

入力セル F3　入力式 =VLOOKUP(F2, テーブル 1,3,FALSE)

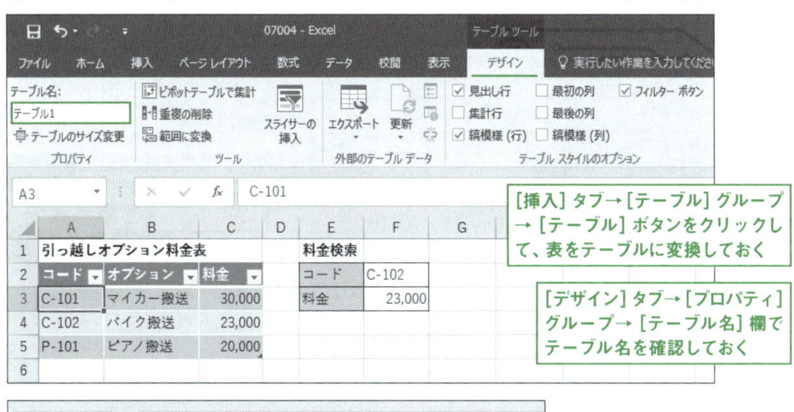

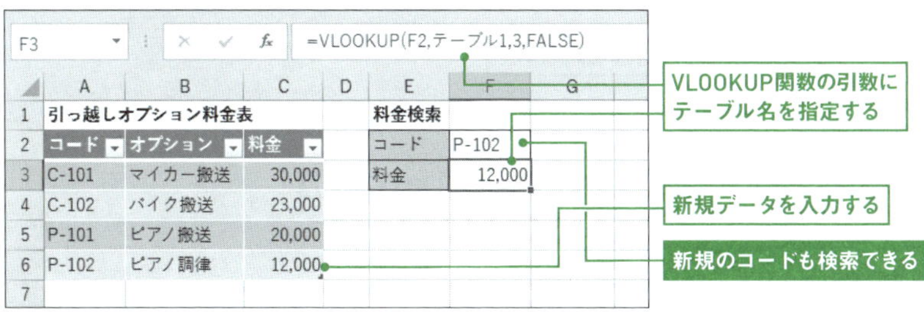

check!

=VLOOKUP(検索値, 範囲, 列番号 [, 検索の型]) → 07.002

関連項目 07.002 コード番号が一致するデータを表から検索して料金を表示する →p.459

データベース

07.005 別のシートに作成した表を検索する

使用関数 VLOOKUP（ブイ・ルックアップ）

VLOOKUP関数では、別のシートに入力された表を検索することもできます。その場合、引数「範囲」を「シート名!セル範囲」の形式で指定します。例えば［料金］シートのセル範囲A3:C8に表が入力されている場合、「料金!A3:C8」のように指定します。数式を手入力する場合は、引数を入力するときに［料金］シートのシート見出しをクリックし、セル範囲A3:C8をドラッグすると、数式に「料金!A3:C8」が自動入力されます。

■ 別のシートに作成した表を検索する

入力セル B3　入力式 =VLOOKUP(B2, 料金 !A3:C8,3,FALSE)

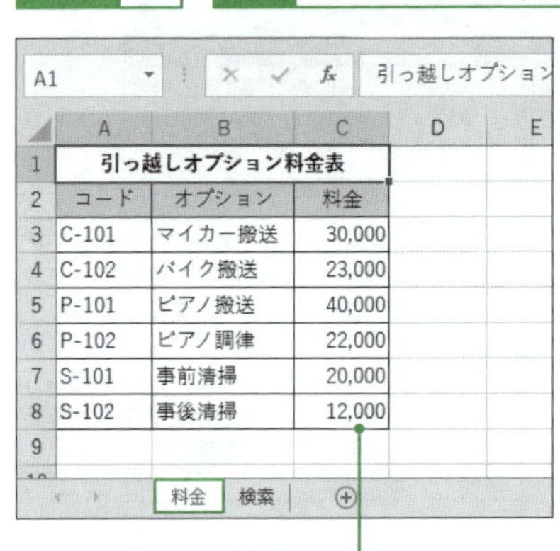

引っ越しオプション料金表		
コード	オプション	料金
C-101	マイカー搬送	30,000
C-102	バイク搬送	23,000
P-101	ピアノ搬送	40,000
P-102	ピアノ調律	22,000
S-101	事前清掃	20,000
S-102	事後清掃	12,000

［料金］シートに表を入力しておく

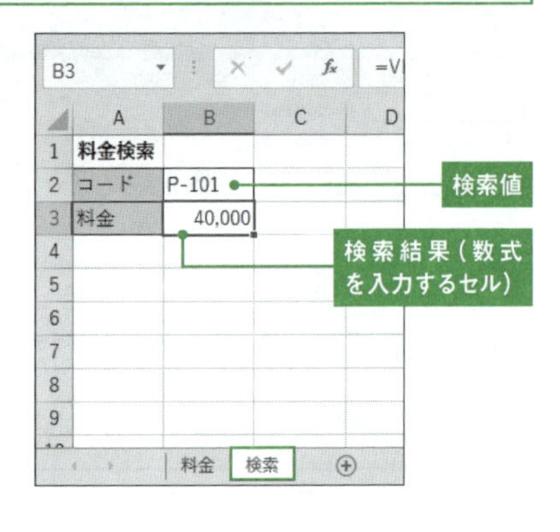

check!

=VLOOKUP(検索値, 範囲, 列番号 [, 検索の型]) → 07.002

memo

▶ 01.030 を参考に表に名前を付けておくと、引数の指定が簡単になります。例えばサンプルの［料金］シートのセル範囲A3:C8に「料金表」という名前を付けた場合、数式は次のようになります。

=VLOOKUP(B2,料金表,3,FALSE)

関連項目 07.002 コード番号が一致するデータを表から検索して料金を表示する →p.459

データベース

07.006 [#N/A] エラーが表示されない見積書を作成する

使用関数 IFERROR(イフ・エラー) ／ VLOOKUP(ブイ・ルックアップ)

VLOOKUP関数を使用して検索するときに、検索値のセルが未入力だと検索結果としてエラー値 [#N/A] が返されます。見積書や請求書のようにコード番号を入力しない行がある場合は、[#N/A] だらけになってしまいます。このようなエラーを防ぐには、IFERROR関数を使用して、エラーになる場合に何も表示されないようにします。

コード番号が未入力でもエラーが表示されないようにする

入力セル B3　入力式 =IFERROR(VLOOKUP(A3, 料金 !$A$3:$C$8,2,FALSE),"")

入力セル C3　入力式 =IFERROR(VLOOKUP(A3, 料金 !$A$3:$C$8,3,FALSE),"")

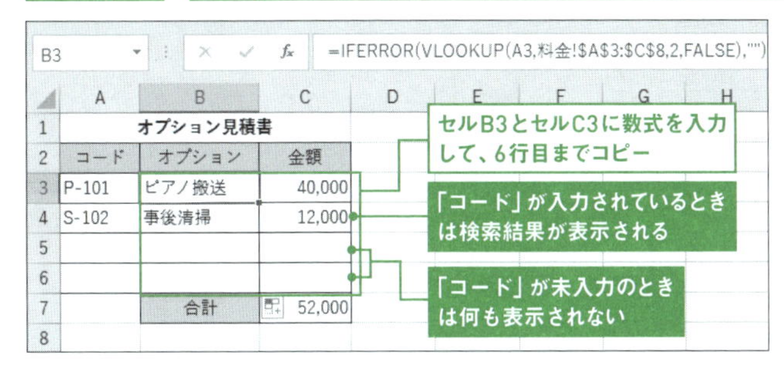

check!

=IFERROR(値 ,エラーの場合の値) → 06.040

=VLOOKUP(検索値, 範囲, 列番号 [, 検索の型]) → 07.002

memo

▶IFERROR関数による対処を行わない場合、「オプション」欄と「金額」欄に [#N/A] が表示され、さらに「合計」欄のSUM関数の結果も [#N/A] になります。

	A	B	C	D
1		オプション見積書		
2	コード	オプション	金額	
3	P-101	ピアノ搬送	40,000	
4	S-102	事後清掃	12,000	
5		#N/A	#N/A	
6		#N/A	#N/A	
7		合計	#N/A	
8				

=VLOOKUP(A3,料金!$A$3:$C$8,2,FALSE)

関連項目 07.002 コード番号が一致するデータを表から検索して料金を表示する →p.459

07.007 存在しないコード番号を入力できないようにしてエラーを防ぐ →p.464

データベース

07.007 存在しないコード番号を入力できないようにしてエラーを防ぐ

使用関数 なし

VLOOKUP関数で検索値が見つからないときにエラー値［#N/A］が表示されるのを防ぐには、検索値の入力欄に入力規則を設定して、参照先の表の最左列のデータしか入力できないようにしておくのが有効です。

■ リスト内のデータしか入力できないように設定する

コード ｜ C-101

	A	B	C	D	E
1	引っ越しオプション料金表				
2	コード	オプション	料金		
3	C-101	マイカー搬送	30,000		
4	C-102	バイク搬送	23,000		
5	P-101	ピアノ搬送	40,000		
6	P-102	ピアノ調律	22,000		
7	S-101	事前清掃	20,000		
8	S-102	事後清掃	12,000		

1 ［料金］シートの料金表の最左列のセル範囲A3:A8を選択する。［名前ボックス］に「コード」と入力して［Enter］キーを押すと、セル範囲A3:A8に「コード」という名前が付く。

2 VLOOKUP関数の引数「検索値」を入力する［見積書］シートのセル範囲A3:A6に、01.015を参考に入力規則を設定する。その際、［入力値の種類］欄で［リスト］を選択し、［元の値］欄に「=コード」を指定すると、「コード」という名前の範囲のデータが表示されるリストからデータを入力できる。なお、サンプルの「オプション」欄と「金額」欄の数式は07.006を参照。

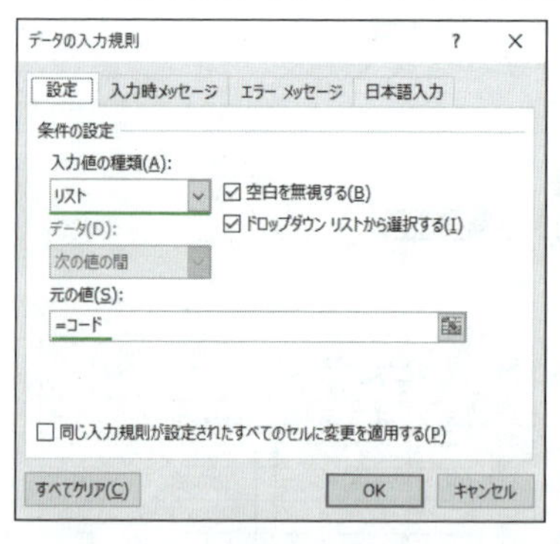

A5

	A	B	C	D
1	オプション見積書			
2	コード	オプション	金額	
3	P-101	ピアノ搬送	40,000	
4	S-102	事後清掃	12,000	
5				
6				
7		合計	52,000	

（ドロップダウンリスト：C-101 / C-102 / P-101 / P-102 / S-101 / S-102）

memo

▶Excel 2016/2013/2010では、［データの入力規則］ダイアログの［元の値］欄で、「シート名!セル番号」の形式で別のシートのセル範囲を参照できます。それ以前のバージョンで別のシートのセル範囲を指定したいときは、手順2のように名前を使用します。なお、表が同じシートにある場合は、名前の代わりに直接セル番号を指定できます。

データベース

07.008 表を作成せずにVLOOKUP関数で検索する

使用関数 VLOOKUP(ブイ・ルックアップ)

VLOOKUP関数の2番目の引数「範囲」には、配列定数を指定することも可能です。参照する表のデータ量が少ない場合など、別途表を作成したくないときに有効です。ここではVLOOKUP関数を使用して、評価が「A、B、C、D、E」のときにそれぞれ判定を「5、4、3、2、1」と表示します。配列定数は、列をカンマ「,」、行をセミコロン「;」で区切り、全体を中括弧「{ }」で囲んで指定します。

表を作成せずに検索する

入力セル C3

入力式 =VLOOKUP(B3,{"A",5;"B",4;"C",3;"D",2;"E",1},2,FALSE)

C3 =VLOOKUP(B3,{"A",5;"B",4;"C",3;"D",2;"E",1},2,FALSE)

	A	B	C
1	成績一覧		
2	氏名	評価	判定
3	小野　祐太	B	4
4	高村　則之	C	3
5	中村　愛	D	2
6	松尾　恭平	E	1
7	横田　鞠子	C	3
8	渡辺　仁	A	5
9			

セルC3に数式を入力して、セルC8までコピーする

「評価」の値に応じて5段階の数値が表示された

check!

=VLOOKUP(検索値, 範囲, 列番号 [, 検索の型]) → 07.002

memo

▶セルC3で指定した配列定数「{"A",5;"B",4;"C",3;"D",2;"E",1}」は、右図の表のセル範囲E3:F7を指定したことと同じ意味を持ちます。

C3 =VLOOKUP(B3,$E$3:$F$7,2,F

	A	B	C	D	E	F
1	成績一覧					
2	氏名	評価	判定		評価	判定
3	小野　祐太	B	4		A	5
4	高村　則之	C	3		B	4
5	中村　愛	D	2		C	3
6	松尾　恭平	E	1		D	2
7	横田　鞠子	C	3		E	1
8	渡辺　仁	A	5			

データベース

07.009 「○以上△未満」の条件で表を検索する

使用関数 VLOOKUP（ブイ・ルックアップ）

VLOOKUP関数の4番目の引数「検索の型」に「TRUE」を指定するか指定を省略すると、「○以上△未満」の条件で検索を行えます。ここでは、購入金額に応じた配送料金を求めます。「○以上△未満」の「○」にあたる数値を、参照する表の最左列に小さい順に入力しておくことが、正しく検索するためのポイントです。

■「○以上△未満」の条件で表を検索する

入力セル C3　入力式 =VLOOKUP(C2,A7:C9,3,TRUE)

C3　=VLOOKUP(C2,A7:C9,3,TRUE)

	A	B	C	D
1	配送料金計算			
2	購入金額		7,000	
3	配送料		400	
4				
5	配送料金表			
6	購入金額		配送料	
7	¥0	～	¥800	
8	¥5,000	～	¥400	
9	¥10,000	～	¥0	
10				

購入金額に応じた配送料金が表示された

「○以上」の数値を小さい順に入力しておく

check!

=VLOOKUP(検索値, 範囲, 列番号 [, 検索の型]) → 07.002

memo

▶「○以上△未満」の検索では、検索する表の作成がポイントです。表の読み方は下図のとおりです。

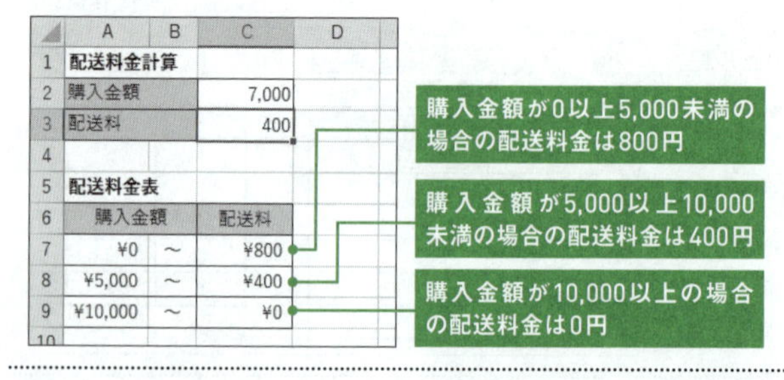

	A	B	C	D
1	配送料金計算			
2	購入金額		7,000	
3	配送料		400	
4				
5	配送料金表			
6	購入金額		配送料	
7	¥0	～	¥800	
8	¥5,000	～	¥400	
9	¥10,000	～	¥0	

関連項目 07.002 コード番号が一致するデータを表から検索して料金を表示する →p.459

データベース

07.010 横にコピーできるVLOOKUP関数の数式を作成する

使用関数 VLOOKUP(ブイ・ルックアップ) / COLUMN(カラム)

VLOOKUP関数を使用した検索で、見つかった行のデータを丸ごと取り出すには、通常先頭のセルにVLOOKUP関数を入力して、それを右方向にコピーします。その際、コピーした列に応じて、3番目の引数「列番号」を「2」「3」「4」と手修正する必要があり面倒です。そのようなときはCOLUMN関数で列番号を自動切り替えしましょう。この方法ならば、先頭の数式を入力したあと、コピーするだけで済むので簡単です。ここではセルB2に入力された値を表から検索して、見つかった1行分のデータを取り出します。

VLOOKUP関数をコピーするだけで使えるようにする

入力セル A5　入力式 =VLOOKUP($B$2,$A$8:$D$12,COLUMN(),FALSE)

A5 =VLOOKUP($B$2,$A$8:$D$12,COLUMN(),FALSE)

	A	B	C	D
1	商品検索			
2	型番	EL-101		
3				
4	検索結果			
5	EL-101	テレビ	120,000	家電
6				
7	型番	商品名	単価	分類
8	FN-101	ソファ	80,000	家具
9	FN-102	ベッド	58,000	家具
10	FB-101	カーテン	13,000	布製品
11	EL-101	テレビ	120,000	家電
12	EL-102	冷蔵庫	89,000	家電
13				

セルA5に数式を入力して、セルD5までコピー

1行分のデータを取り出せた

check!

=VLOOKUP(検索値, 範囲, 列番号 [, 検索の型]) → 07.002
=COLUMN([参照]) → 07.028

memo

▶COLUMN関数は、引数に何も指定しないと現在のセルの列番号の数値を返します。例えばセルA5の数式中の「COLUMN()」は「1」、セルB5の「COLUMN()」は「2」になります。

関連項目 07.002 コード番号が一致するデータを表から検索して料金を表示する →p.459

データベース

07.011 先頭の文字が一致するデータを表から検索する

使用関数 VLOOKUP（ブイ・ルックアップ） / LEFT（レフト）

「型番の先頭2文字を検索値として表を検索したい」という場合は、LEFT関数を使用して商品コードの先頭2文字を取り出します。それを検索値とすれば、VLOOKUP関数で通常どおりに検索できます。ここでは、型番の先頭2文字が分類コードを表すものとして、分類リストから分類名を調べます。

■ 型番の先頭2文字から分類名を調べる

入力セル C3　入力式 =VLOOKUP(LEFT(A3,2),$E$3:$F$5,2,FALSE)

C3　=VLOOKUP(LEFT(A3,2),$E$3:$F$5,2,FALSE)

	A	B	C	D	E	F	G	H
1	商品リスト				分類リスト			
2	型番	商品名	分類		分類コード	分類		
3	FN-101	ソファ	家具		FN	家具		
4	FN-102	ベッド	家具		FB	布製品		
5	FB-101	カーテン	布製品		EL	家電		
6	EL-101	テレビ	家電					
7	EL-102	冷蔵庫	家電					
8								
9								
10								

セルC3に数式を入力して、セルC7までコピー

分類名を表示できた

check!

=VLOOKUP(検索値, 範囲, 列番号 [, 検索の型]) → 07.002
=LEFT(文字列 [, 文字数]) → 05.037

memo

▶型番の中に、商品区分や色、サイズなど、商品を分類するためのコードが埋め込まれていることがあります。LEFT関数やMID関数などの文字列操作関数を使用して必要なコードを取り出せば、ここで行ったようにVLOOKUP関数を使用して、対応表から情報を引き出せます。

関連項目 05.037 文字列の先頭から指定した文字数の文字列を取り出す →p.388
07.002 コード番号が一致するデータを表から検索して料金を表示する →p.459

データベース

07.012 複数の表を切り替えて検索する

「分類」欄に「家具」が入力されたときは家具の表、「家電」が入力されたときは家電の表から商品名を検索しましょう。あらかじめ 01.030 を参考にセル範囲A3:C5に「家具」、セル範囲A9:C10に「家電」という名前を付けておきます。セルF2の「分類」欄に入力された名前をINDIRECT関数でセル参照に変換して、それをVLOOKUP関数の引数「範囲」に指定すると、目的の表から検索できます。

■ セルF2の「分類」欄で指定したほうの表から商品名を検索する

入力セル F4　入力式 =VLOOKUP(F3,INDIRECT(F2),2,FALSE)

F4　=VLOOKUP(F3,INDIRECT(F2),2,FALSE)

	A	B	C	D	E	F	G
1	家具				商品検索		
2	商品コード	商品名	単価		分類	家電	
3	101	ソファ	78,000		商品コード	102	
4	102	ベッド	56,000		商品名	冷蔵庫	
5	103	食器棚	34,000				
6							
7	家電						
8	商品コード	商品名	単価				
9	101	テレビ	125,000				
10	102	冷蔵庫	89,000				
11							

表の名前を入力
商品コードを入力
VLOOKUP関数で検索
名前：家具
名前：家電

check!

=VLOOKUP(検索値, 範囲, 列番号 [, 検索の型]) → 07.002
=INDIRECT(参照文字列 [, 参照形式]) → 07.030

memo

▶「=VLOOKUP(F3,F2,2,FALSE)」のように、セルF2をVLOOKUP関数の2番目の引数「範囲」に指定した場合、セルF2が検索先の表とみなされ、うまく検索できません。サンプルのように「INDIRECT(F2)」と指定すれば、セルF2に入力された「家電」という文字列から、家電のセル範囲を正しく参照できます。

関連項目 07.002 コード番号が一致するデータを表から検索して料金を表示する →p.459

データベース

07.013 表の複数の項目に一致するデータを検索する

使用関数 VLOOKUP（ブイ・ルックアップ）

VLOOKUP関数の検索値として指定できるデータは1つだけです。また、検索場所も表の最左列に限られます。「分類コードと商品コードの両方が一致するデータを検索して商品名を取り出したい」というときは、検索値と表の双方で、分類コードと商品コードを文字列結合します。その際、VLOOKUP関数では表の最左列しか検索できないので、取り出したい「商品名」列の左列で文字列結合してください。

■ 分類コードと商品コードの2つを検索値として商品名を調べる

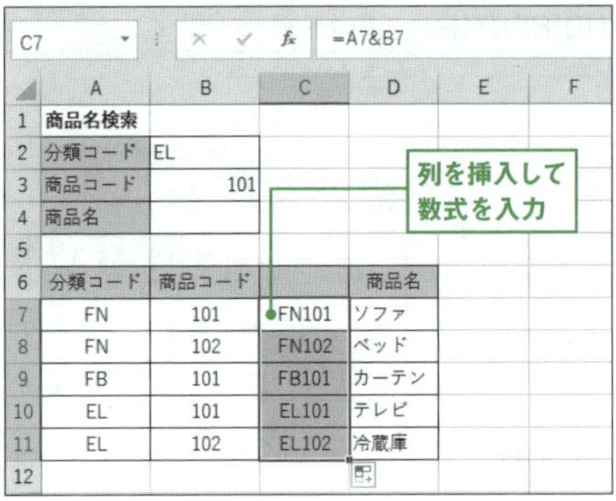

C7 =A7&B7

	A	B	C	D	E	F
1	商品名検索					
2	分類コード	EL				
3	商品コード	101				
4	商品名					
5						
6	分類コード	商品コード		商品名		
7	FN	101	FN101	ソファ		
8	FN	102	FN102	ベッド		
9	FB	101	FB101	カーテン		
10	EL	101	EL101	テレビ		
11	EL	102	EL102	冷蔵庫		
12						

列を挿入して数式を入力

❶「商品名」列の左隣に列を追加する。セルC7に数式を入力して分類コードと商品コードを文字列結合し、その数式をセルC11までコピーする。

入力セル C7

入力式 =A7&B7

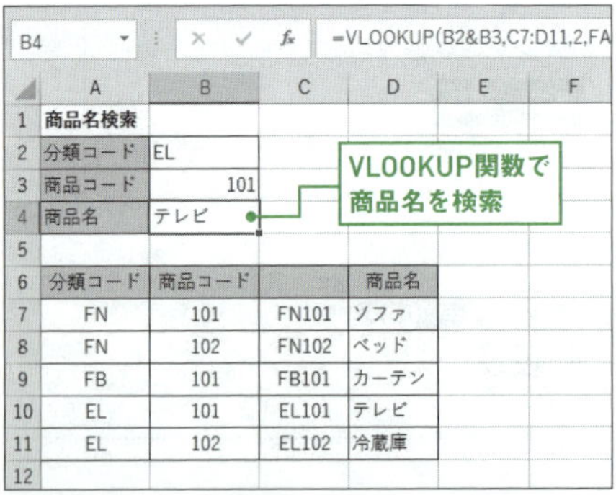

B4 =VLOOKUP(B2&B3,C7:D11,2,FA

	A	B	C	D	E	F
1	商品名検索					
2	分類コード	EL				
3	商品コード	101				
4	商品名	テレビ				
5						
6	分類コード	商品コード		商品名		
7	FN	101	FN101	ソファ		
8	FN	102	FN102	ベッド		
9	FB	101	FB101	カーテン		
10	EL	101	EL101	テレビ		
11	EL	102	EL102	冷蔵庫		
12						

VLOOKUP関数で商品名を検索

❷セルB2の分類コードとセルB3の商品コードを文字列結合した値を「検索値」として、セルB4にVLOOKUP関数を入力すると、該当の商品名が表示される。数式の作成が完了したら、作業列のC列は非表示にしておくとよい。

入力セル B4　入力式 =VLOOKUP(B2&B3,C7:D11,2,FALSE)

check!

=VLOOKUP(検索値, 範囲, 列番号 [, 検索の型]) → 07.002

データベース

07.014 複数の該当データのうち最新のデータを検索する

「受注一覧表から曙商会の最新の受注番号を調べたい」というときに、条件の対象となるのは表の「顧客名」と「受注日」の2列です。そこで、「顧客名」が「曙商会」に一致する「受注日」を絞り込み、その中からMAX関数とVLOOKUP関数を使用して最新の受注日に対応する「受注番号」を調べます。

指定した顧客の最新の受注番号を検索する

A6　=IF(C6=$C$2,D6,"")

	A	B	C	D
1		受注情報検索		
2		顧客名	曙商会	
3		最新取引		
4				
5		受注番号	顧客名	受注日
6	2016/9/1	1001	曙商会	2016/9/1
7		1002	ほたる商事	2016/9/6
8	2016/9/13	1003	曙商会	2016/9/13
9		1004	夕暮物産	2016/9/13
10		1005	ほたる商事	2016/9/22
11	2016/10/4	1006	曙商会	2016/10/4
12		1007	夕暮物産	2016/10/8
13				

曙商会だけ受注日が表示された

❶A列に列を挿入し、先頭にあたるセルA6に数式を入力して、セルA12までコピーする。すると、セルC2で指定した「曙商会」だけに「受注日」のシリアル値が表示されるので、01.035 を参考に日付の表示形式を設定しておく。

入力セル　A6

入力式　=IF(C6=$C$2,D6,"")

C3　=VLOOKUP(MAX(A6:A12),A6:D12,2,FALS

	A	B	C	D
1		受注情報検索		
2		顧客名	曙商会	
3		最新取引	1006	
4				
5		受注番号	顧客名	受注日
6	2016/9/1	1001	曙商会	2016/9/1
7		1002	ほたる商事	2016/9/6
8	2016/9/13	1003	曙商会	2016/9/13
9		1004	夕暮物産	2016/9/13
10		1005	ほたる商事	2016/9/22
11	2016/10/4	1006	曙商会	2016/10/4
12		1007	夕暮物産	2016/10/8
13				

数式を入力

❷セルC3に数式を入力して最新の受注番号を取り出す。それには、A列に取り出した「受注日」の中で最新の日付をMAX関数で求め、それを検索値として、VLOOKUP関数を使用して「受注番号」を取り出す。A列は非表示にしておくとよい。

入力セル　C3

入力式　=VLOOKUP(MAX(A6:A12),A6:D12,2,FALSE)

check!

=IF(論理式, 真の場合, 偽の場合) → 06.001
=VLOOKUP(検索値, 範囲, 列番号 [, 検索の型]) → 07.002
=MAX(数値1 [, 数値2] ……) → 02.063

データベース

07.015 表を横方向に検索する

使用関数 HLOOKUP（エイチ・ルックアップ）

VLOOKUP関数の仲間にHLOOKUP関数があります。VLOOKUP関数は表の最左列を上から下に向かって縦方向に検索しますが、HLOOKUP関数は表の最上行を左から右に向かって横方向に検索します。サンプルでは、セルB2に入力された「城東」という地区名を検索値として、売上表の最上行のセル範囲B6:F6を探し、見つかった列の5行目にある売上高（セルC10の188）を求めています。

■ セルB2に入力された地区名に対応する売上高を調べる

入力セル B3　入力式 =HLOOKUP(B2,B6:F10,5,FALSE)

B3　=HLOOKUP(B2,B6:F10,5,FALSE)

	A	B	C	D	E	F
1	第1四半期売上検索					
2	地域名	城東	エリア			
3	売上高	188	百万円			
4						
5	第1四半期売上表				(百万円)	
6		都心	城東	城西	城南	城北
7	4月	90	43	62	98	92
8	5月	88	59	99	64	92
9	6月	60	86	86	54	44
10	合計	238	188	247	216	228
11						

検索値
検索結果（数式を入力するセル）
検索用の表

check!

=HLOOKUP(検索値, 範囲, 行番号 [, 検索の型])

検索値…検索する値を指定
範囲…検索する表のセル範囲または配列定数を指定
行番号…戻り値として返す値が入力されている行の行番号を指定。「範囲」の最上行を1とする
検索の型…TRUEを指定するか指定を省略すると、検索値が見つからなかったときに検索値未満の最大値が検索される。FALSEを指定すると、検索値と完全に一致する値だけが検索され、見つからなかったときに[#N/A]が返される

「範囲」の1行目から「検索値」を探し、見つかった列の「行番号」の行にある値を返します。英字の大文字と小文字は区別されません。「検索の型」にTRUEを指定するか指定を省略する場合は、「範囲」を最上行の昇順に並べ替えておく必要があります。

memo

▶VLOOKUP関数とHLOOKUP関数は、検索の方向が異なるだけで、その他の違いはありません。

データベース

07.016 「1、2、3……」の番号によって表示する値を切り替える

使用関数 CHOOSE（チューズ）

数値の「1、2、3……」の番号に応じて表示するデータを切り替えるには、CHOOSE関数を使用します。ここでは「1」「2」「3」の種別コードに応じて「プラチナ」「ゴールド」「シルバー」の3種類の値を切り替えます。

■ 種別コードに応じて会員種別の表示を切り替える

入力セル D3　入力式 =CHOOSE(C3," プラチナ "," ゴールド "," シルバー ")

D3 =CHOOSE(C3,"プラチナ","ゴールド","シルバー")

	A	B	C	D	E	F	G	H
1	会員名簿							
2	NO	会員名	種別コード	会員種別				
3	10001	田中歩	1	プラチナ				
4	10002	加藤浩介	3	シルバー				
5	10003	古田真弓	2	ゴールド				
6	10004	秋元健二	1	プラチナ				
7	10005	渡辺雅美	2	ゴールド				
8								
9								
10								

セルD3に数式を入力して、セルD7までコピーする

種別コードに応じて会員種別を表示できた

check!

=CHOOSE(インデックス, 値1 [, 値2] ……)

インデックス…何番目の「値」を返すのかを指定
値…返す値を指定。数値、セル参照、名前、数式、関数、文字列を指定できる

「インデックス」で指定した番号の「値」を返します。「インデックス」が1より小さいか、「値」の個数より大きい場合、[#VALUE!] が返されます。「値」は254個まで指定できます。

memo

▶CHOOSE関数の引数「値」には、セル範囲への参照を指定することもできます。例えば次の数式では、「インデックス」の「1」「2」の値に応じて、セル範囲A1:A5の合計、またはセル範囲B1:B5の合計が返されます。

=SUM(CHOOSE(1,A1:A5,B1:B5)) ← 「=SUM(A1:A5)」が計算される
=SUM(CHOOSE(2,A1:A5,B1:B5)) ← 「=SUM(B1:B5)」が計算される

データベース

07.017 指定したセル範囲の○行△列目にあるデータを調べる

使用関数 INDEX（インデックス）

指定したセル範囲の中から○行△列目にあるデータを調べるには、INDEX関数を使用します。ここでは、「契約数一覧」表のデータ欄（セル範囲B8:E10）からデータを検索します。検索する行番号はセルB2、列番号はセルB3に入力されているものとします。サンプルではセル範囲B8:E10から2行3列目にあるセルD9の値「111」を求めています。

■「契約数一覧」表から○行△列目にあるデータを調べる

入力セル B4　入力式 =INDEX(B8:E10,B2,B3)

B4　=INDEX(B8:E10,B2,B3)

	A	B	C	D	E	F	G	H
1	位置検索							
2	行	2	(年)					
3	列	3	(四半期)					
4	検索結果	111						
5								
6	契約数一覧							
7	年	第1四半期	第2四半期	第3四半期	第4四半期			
8	1年目	133	161	79	138			
9	2年目	71	88	111	136			
10	3年目	154	150	151	89			

2行3列目のデータが表示された

2行3列目

check!

=INDEX(参照, 行番号 [, 列番号] [, 領域番号])

- 参照…セル範囲を指定。複数のセル範囲をカンマ「,」で区切り、全体を括弧「()」で囲んで指定できる
- 行番号…「参照」の先頭行を1として、取り出すデータの行番号を指定
- 列番号…「参照」の先頭列を1として、取り出すデータの列番号を指定。「参照」が1行または1列のときは、指定を省略できる
- 領域番号…「参照」に複数のセル範囲を指定した場合、何番目の範囲を検索対象にするかを数値で指定

「参照」の中から「行番号」と「列番号」で指定した位置のセル参照を返します。「行番号」または「列番号」に0を指定すると、列全体または行全体の参照が返されます。

memo

▶INDEX関数には2種類の書式があり、[関数の挿入] ダイアログから関数を入力する場合、[引数の選択] ダイアログに2種類の引数が表示されます。ここで紹介した書式を使用するには、[参照,行番号,列番号,領域番号] を選択してください。

関連項目 07.018 基準のセルから○行△列目にあるデータを調べる →p.475

データベース

07.018 基準のセルから○行△列目にあるデータを調べる

使用関数 OFFSET（オフセット）

指定したセルを基準に、そこから○行△列移動したセルのデータを調べるには、OFFSET関数を使用します。ここでは、「契約数一覧」表の先頭セルA7を基準に、セルB2で指定した行数、セルB3で指定した列数だけ移動したセルのデータを調べます。サンプルではセルA7から2行下、3列右に移動したセルD9の値「111」を求めています。

■「契約数一覧」表の先頭セルから○行△列移動したセルのデータを調べる

入力セル B4　入力式 =OFFSET(A7,B2,B3)

B4 =OFFSET(A7,B2,B3)

	A	B	C	D	E	F	G	H
1	位置検索							
2	行	2	(年)					
3	列	3	(四半期)					
4	検索結果	111						
5								
6	契約数一覧							
7	年	第1四半期	第2四半期	第3四半期	第4四半期			
8	1年目	133	161	79	138			
9	2年目	71	88	111	136			
10	3年目	154	150	151	89			
11								

セルA7から2行3列移動したセルのデータが表示された

基準のセル

check!

=OFFSET(基準, 行数, 列数 [, 高さ] [, 幅])

基準…基準とするセルまたはセル範囲を指定
行数…「基準」のセルから移動する行数を指定。負数を指定すると上方向、正数を指定すると下方向に移動する。0を指定すると移動しない
列数…「基準」のセルから移動する列数を指定。負数を指定すると左方向、正数を指定すると右方向に移動する。0を指定すると移動しない
高さ…戻り値となるセル参照の行数を指定。省略すると、「基準」と同じ行数になる
幅…戻り値となるセル参照の列数を指定。省略すると、「基準」と同じ列数になる

「基準」のセルから「行数」と「列数」だけ移動した位置のセル参照を返します。返されるセル参照の大きさを「高さ」と「幅」で指定することもできます。

memo

▶OFFSET関数はブックが開いたときに自動的に再計算される「揮発性関数」です。そのため、ブックに変更を加えていなくても、閉じるときに「変更を保存しますか？」というメッセージが表示されます。

データベース

07.019 基準のセルから○行目にあるデータを1行分取り出す

使用関数 OFFSET（オフセット）

OFFSET関数の4番目の引数「高さ」、または5番目の引数「幅」に2以上の数値を指定すると、戻り値がセル範囲への参照となります。この戻り値をセルに表示するには、戻り値と同じ大きさのセル範囲に配列数式として入力します。ここでは、セルB2に指定した行の1行分のデータを表から取り出します。表は5列あるので、1行5列のセル範囲に配列数式として入力します。

■「契約数一覧」表の先頭セルから○行下にあるデータを1行分取り出す

入力セル A4:E4　入力式 {=OFFSET(A7,B2,0,1,5)}

A4　{=OFFSET(A7,B2,0,1,5)}

	A	B	C	D	E	F	G	H
1	位置検索							
2	行	2	(年)					
3	検索結果							
4	2年目	71	88	111	136			
5								
6	契約数一覧							
7	年	第1四半期	第2四半期	第3四半期	第4四半期			
8	1年目	133	161	79	138			
9	2年目	71	88	111	136			
10	3年目	154	150	151	89			
11								

セル範囲A4:E4を選択してから数式を入力し、[Ctrl]＋[Shift]＋[Enter]キーで確定

セルA7から2行下にある1行5列分のデータを取り出せた

check!

=OFFSET(基準, 行数, 列数 [, 高さ] [, 幅]) → 07.018

memo

▶OFFSET関数をSUM関数やAVERAGE関数などの引数に指定することもできます。例えば「=SUM(OFFSET(A7,2,1,1,4))」とすると、セルA7から2行1列移動した1行4列分のセル範囲B9:E9の合計を求めることができます。

▶INDEX関数を使用して、同じ計算をすることも可能です。それには、セル範囲A4:E4に次の数式を配列数式として入力します。

{=INDEX(A8:E10,2,0)}

関連項目
07.017 指定したセル範囲の○行△列目にあるデータを調べる →p.474
07.018 基準のセルから○行△列目にあるデータを調べる →p.475

データベース

07.020 指定したデータが表の何番目にあるかを調べる

使用関数 MATCH（マッチ）

指定したデータが指定したセル範囲の中で何番目にあるかを求めたいときは、MATCH関数を使用します。ここでは、セルB2に入力した会員名が、会員名簿の「会員名」欄（セル範囲B7:B10）の上から何番目にあるかを調べます。

指定した会員名が表の何番目にあるか調べる

入力セル B3　入力式 =MATCH(B2,B7:B10,0)

B3　=MATCH(B2,B7:B10,0)

	A	B	C
1	位置検索		
2	会員名	加藤浩介	
3	検索結果	2	（行目）
4			
5	会員名簿		
6	NO	会員名	会員種別
7	10001	田中歩	プラチナ
8	10002	加藤浩介	シルバー
9	10003	古田真弓	ゴールド
10	10004	秋元健二	プラチナ
11			

ここに数式を入力して検索

「加藤浩介」は「会員名」欄の2行目にある

check!

=MATCH(検査値, 検査範囲 [, 照合の型])

検査値…検索する値を指定
検査範囲…検索対象となる1行または1列のセル範囲を指定
照合の型…「検査値」を探す方法を次表の数値で指定

照合の型	説明
1または省略	「検査値」以下の最大値を検索する。「検査範囲」のデータは昇順に並べておく必要がある
0	「検査値」に一致する値を検索する。見つからない場合は[#N/A]が返される
-1	「検査値」以上の最小値を検索する。「検査範囲」のデータは降順に並べておく必要がある

「検査範囲」の中から「検査値」を検索し、見つかったセルの位置を返します。セルの位置は、「検査範囲」の最初のセルを1として数えた数値です。英字の大文字と小文字は区別されません。

memo

▶「検査範囲」のセル範囲に同じデータが重複して入力されている場合、MATCH関数で返されるのは、最初に見つかったデータの位置です。

関連項目
07.021 商品名から商品コードを逆引きする① →p.478
07.024 表の行見出しと列見出しからデータを調べる① →p.481

データベース

07.021 商品名から商品コードを逆引きする①

使用関数 INDEX(インデックス) ／ MATCH(マッチ)

一般的な商品リストの場合、商品コードが表の最左端、商品名が表の2列目以降に入力されています。そのため、商品名から商品コードを調べたいとき、VLOOKUP関数は使えません。ここではINDEX関数とMATCH関数を使用する方法を紹介します。まず、MATCH関数で商品リスト内の商品の位置を調べます。それをINDEX関数の引数「行番号」に指定すれば、商品コードを調べられます。

商品名から商品コードを逆引きする

入力セル B3　入力式 =INDEX(A7:A10,MATCH(B2,B7:B10,0))

B3　=INDEX(A7:A10,MATCH(B2,B7:B10,0))

	A	B	C
1	商品コード逆引き検索		
2	商品名	テレビ	
3	商品コード	EL-101	
4			
5	商品リスト		
6	商品コード	商品名	単価
7	FN-101	ソファ	80,000
8	FN-102	ベッド	58,000
9	EL-101	テレビ	120,000
10	EL-102	冷蔵庫	89,000
11			

「テレビ」の商品コードが求められた

check!

=INDEX(参照, 行番号 [, 列番号] [, 領域番号]) → 07.017
=MATCH(検査値, 検査範囲 [, 照合の型]) → 07.020

memo

▶セルB3に入力した数式では、まずMATCH関数で「テレビ」が「商品名」欄の何番目にあるかを調べ、その結果の「3」をINDEX関数の引数「行番号」に指定しています。その結果、「商品コード」欄の3行目にある「EL-101」が求められます。

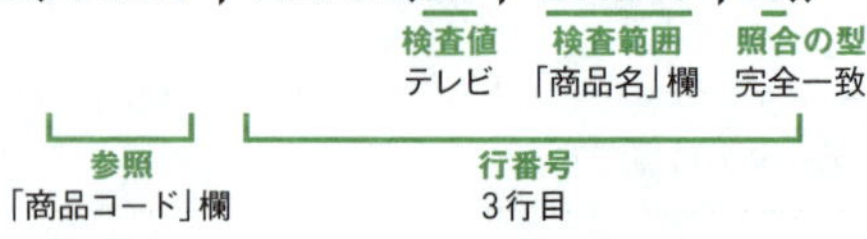

関連項目 07.017 指定したセル範囲の○行△列目にあるデータを調べる →p.474

データベース

07.022 商品名から商品コードを逆引きする②

使用関数 VLOOKUP（ブイ・ルックアップ）

一般的な商品リストの場合、商品コードが表の最左端、商品名が表の2列目以降に入力されています。VLOOKUP関数は表の最左列のデータを検索するため、一般的な商品リストでは商品名から商品コードを逆引きすることはできません。しかし、表の最左列の左隣に列を挿入し、そこに商品名を表示すれば、商品名が最左列になるのでVLOOKUP関数が使えるようになります。

商品名から商品コードを逆引きする

入力セル A7　入力式 =C7

入力セル C3　入力式 =VLOOKUP(C2,A7:B10,2,FALSE)

C3　=VLOOKUP(C2,A7:B10,2,FALSE)

	A	B	C	D
1		商品コード逆引き検索		
2		商品名	テレビ	
3		商品コード	EL-101	
4				
5		商品リスト		
6		商品コード	商品名	単価
7	ソファ	FN-101	ソファ	80,000
8	ベッド	FN-102	ベッド	58,000
9	テレビ	EL-101	テレビ	120,000
10	冷蔵庫	EL-102	冷蔵庫	89,000
11				

セルA7に数式を入力して、セルA10までコピー

A列の「商品名」とB列の「商品コード」を1つの表としてVLOOKUP関数で検索する

check!

=VLOOKUP(検索値, 範囲, 列番号 [, 検索の型]) → 07.002

memo

▶商品リストの左隣に新しい列を挿入するには、商品リストの最左列の列番号を右クリックして、表示されるメニューから［挿入］を選択します。

▶作業列のA列を非表示にするには、A列の列番号を右クリックして［非表示］を選択します。反対に非表示になっているA列を再表示するには、B列の列番号から全セル選択ボタンまでをドラッグして右クリックし、［再表示］を選択します。

関連項目
07.002 コード番号が一致するデータを表から検索して料金を表示する →p.459
07.021 商品名から商品コードを逆引きする① →p.478

データベース

07.023 縦1列に並んだデータを複数列に分割表示する

使用関数 INDEX（インデックス）

表に入力された1列分のデータを、複数列に分割して取り出したいことがあります。コピーアンドペーストを繰り返す方法も考えられますが、データ数が多いときや分割後の列数が多いときに面倒です。そんなときは、分割するセル範囲と同じ大きさのセル範囲に「1、2、3……12」と番号を入力します。その番号をINDEX関数の引数に指定すれば、即座にデータを分割できます。ここでは12個のデータを4行3列のセル範囲に表示します。

■ 縦1列に並んだ商品名を3列に分割表示する

入力セル D9　入力式 =INDEX($B$3:$B$14,D2)

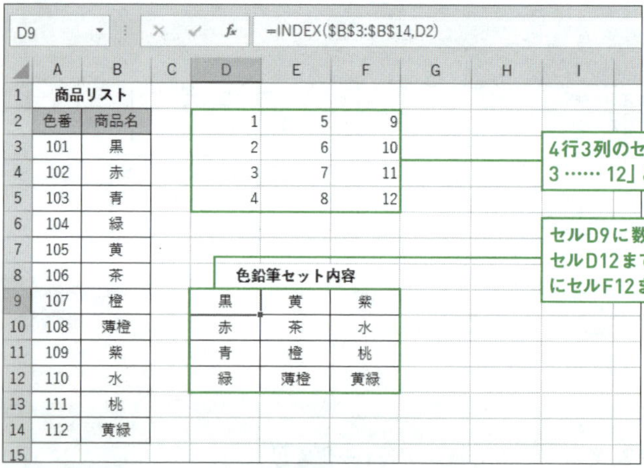

D9 =INDEX($B$3:$B$14,D2)

	A	B	C	D	E	F	G	H	I
1	商品リスト								
2	色番	商品名		1	5	9			
3	101	黒		2	6	10			
4	102	赤		3	7	11			
5	103	青		4	8	12			
6	104	緑							
7	105	黄							
8	106	茶		色鉛筆セット内容					
9	107	橙		黒	黄	紫			
10	108	薄橙		赤	茶	水			
11	109	紫		青	橙	桃			
12	110	水		緑	薄橙	黄緑			
13	111	桃							
14	112	黄緑							
15									

4行3列のセル範囲に「1、2、3 …… 12」と入力しておく

セルD9に数式を入力して、セルD12までコピーし、さらにセルF12までコピー

check!

=INDEX(参照, 行番号 [, 列番号] [, 領域番号]) → 07.017

memo

▶データ数が多い場合、「1、2、3……」を手入力するのは面倒なので、オートフィルを利用しましょう。サンプルの場合なら、左上端の4つのセルに「1、2、5、6」を手入力し、そのセル範囲を選択して下方向と右方向にオートフィルを実行します。

関連項目 07.017 指定したセル範囲の○行△列目にあるデータを調べる →p.474

データベース

07.024 表の行見出しと列見出しからデータを調べる①

使用関数 INDEX(インデックス)/MATCH(マッチ)

サンプルのシートの「在庫表」では、行見出しに「色」、列見出しに「サイズ」が入力されています。「黒のMサイズ」「白のLサイズ」という具合に、指定した色とサイズの在庫を調べるには、まずMATCH関数を使用して、指定した色の行番号と指定したサイズの列番号を求めます。それらをINDEX関数の引数に指定すれば、簡単に在庫を求めることができます。

指定した色（行見出し）とサイズ（列見出し）の在庫を調べる

入力セル B4　入力式 =INDEX(B8:D10,MATCH(B2,A8:A10,0),MATCH(B3,B7:D7,0))

B4　=INDEX(B8:D10,MATCH(B2,A8:A10,0),MATCH(B3,B7:D7,0))

	A	B	C	D
1	在庫数調べ			
2	色	白		
3	サイズ	S		
4	在庫数	89		
5				
6	在庫表			
7		L	M	S
8	黒	728	858	779
9	白	1,197	1,117	89
10	茶	96	624	1,315
11				

調べたい色とサイズを入力

指定した色とサイズの在庫が表示された

check!

=INDEX(参照, 行番号 [, 列番号] [, 領域番号]) → 07.017
=MATCH(検査値, 検査範囲 [, 照合の型]) → 07.020

memo

▶セルB4に入力した数式では、まずMATCH関数で「白」が行見出しの何番目にあるかと、「S」が列見出しの何番目にあるかを調べています。その結果の「2」行目と「3」列目をINDEX関数の引数「行番号」と「列番号」に指定することで、「白のSサイズ」の在庫が求められます。

=INDEX(B8:D10 , MATCH(B2 , A8:A10 , 0),MATCH(B3 , B7:D7 , 0))

- B8:D10：参照　在庫表のデータ
- MATCH(B2, A8:A10, 0)：行番号　2行目（B2：検査値　白／A8:A10：検査範囲　行見出し／0：照合の型　完全一致）
- MATCH(B3, B7:D7, 0)：列番号　3列目（B3：検査値　S／B7:D7：検査範囲　列見出し／0：照合の型　完全一致）

データベース

07.025 表の行見出しと列見出しからデータを調べる②

使用関数 INDIRECT（インダイレクト）

07.024 ではINDEX関数とMATCH関数を使用して、行見出しと列見出しから該当するデータを調べましたが、ここでは参照演算子を使用する方法を紹介します。参照演算子は、半角スペースの演算子で、2つのセル範囲に共通するセル範囲のセル参照を返します。表の各行と各列に見出しと同じ名前を設定し、参照演算子を使用して「=行見出し 列見出し」とすると、交差位置のセルの値が得られます。サンプルの場合、「=白 S」とすると「白」の行と「S」の列の交差位置にある「89」という値が得られます。

■指定した色（行見出し）とサイズ（列見出し）の在庫を調べる

❶表の見出しを元に各行、各列に名前を付けるには、見出しを含めた表のセル範囲A7:D10を選択して、［数式］タブの［定義された名前］グループにある［選択範囲から作成］ボタンをクリックする。

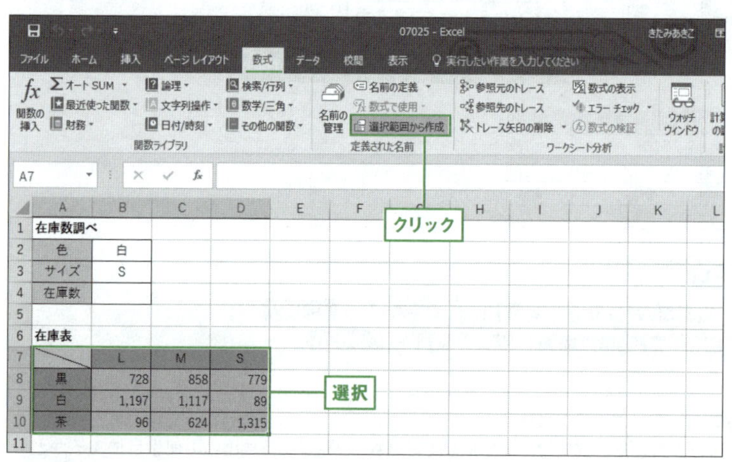

	A	B	C	D
1	在庫数調べ			
2	色	白		
3	サイズ	S		
4	在庫数			
5				
6	在庫表			
7		L	M	S
8	黒	728	858	779
9	白	1,197	1,117	89
10	茶	96	624	1,315

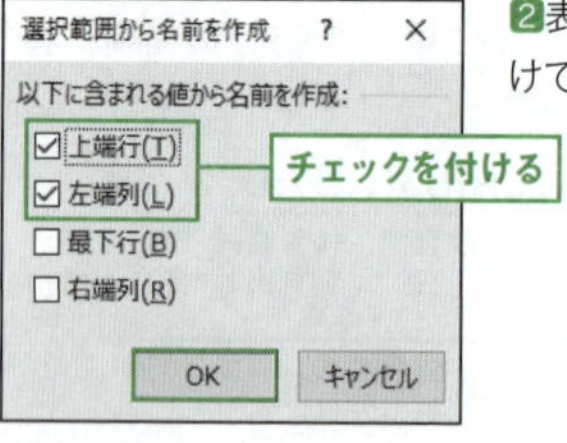

❷表示されるダイアログで［上端行］と［左端列］にチェックを付けて、［OK］ボタンをクリックする。

名前ボックス: 白 / 数式バー: 1197

	A	B	C	D	E	F	G
1	在庫数調べ						
2	色	白					
3	サイズ	S					
4	在庫数						
5							
6	在庫表						
7		L	M	S			
8	黒	728	858	779			
9	白	1,197	1,117	89			
10	茶	96	624	1,315			
11							

3以上で見出しから名前が設定できた。例えばセル範囲B9:D9を選択すると、[名前ボックス]に「白」と表示され、名前が正しく設定されたことを確認できる。

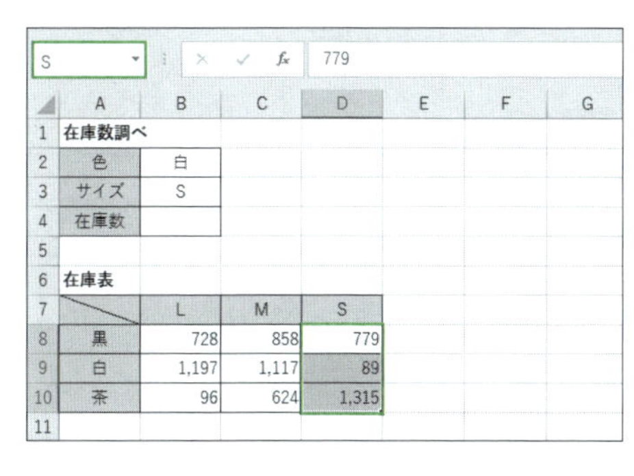

名前ボックス: S / 数式バー: 779

	A	B	C	D	E	F	G
1	在庫数調べ						
2	色	白					
3	サイズ	S					
4	在庫数						
5							
6	在庫表						
7		L	M	S			
8	黒	728	858	779			
9	白	1,197	1,117	89			
10	茶	96	624	1,315			
11							

4また、セル範囲D8:D10を選択すると、[名前ボックス]に「S」と表示されることを確認できる。

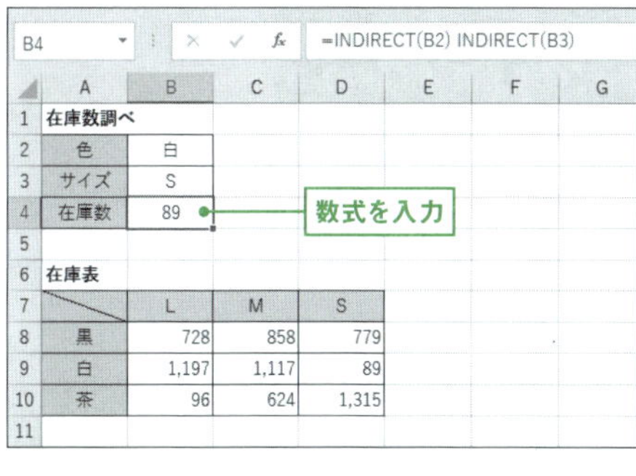

名前ボックス: B4 / 数式バー: =INDIRECT(B2) INDIRECT(B3)

	A	B	C	D	E	F	G
1	在庫数調べ						
2	色	白					
3	サイズ	S					
4	在庫数	89					
5							
6	在庫表						
7		L	M	S			
8	黒	728	858	779			
9	白	1,197	1,117	89			
10	茶	96	624	1,315			
11							

5参照演算子とINDIRECT関数を使用して、セルB2に入力された色とセルB3に入力されたサイズから在庫数を求める。2つのINDIRECT関数の間には半角のスペースを忘れずに入れること。サンプルの場合、色が「白」、サイズが「S」の在庫「89」が表示される。

入力セル B4 **入力式** =INDIRECT(B2) INDIRECT(B3)

check!

=INDIRECT(参照文字列 [, 参照形式]) → 07.030

memo

▶「=B2 B3」のようにセル番号を直接指定した場合、セルB2とセルB3の交差位置が求められないために[#NULL!]エラーになります。セルに入力された「白」や「S」を名前として正しく認識させるには、手順5のようにINDIRECT関数を使用する必要があります。

関連項目 07.024 表の行見出しと列見出しからデータを調べる① →p.481

セルの操作

07.026 指定したセル範囲の行数と列数を調べる

使用関数 ROWS(ロウズ) ／ COLUMNS(カラムズ)

セル範囲の行数を求めるにはROWS関数、列数を求めるにはCOLUMNS関数を使用します。引数には、セル番号を指定することも、名前を指定することも可能です。ここでは、「色範囲」という名前を付けたセル範囲（セル範囲A5:C8）に含まれる行数と列数を調べます。

■「色範囲」に含まれる行数と列数を調べる

入力セル B2　入力式 =ROWS(色範囲)

入力セル B3　入力式 =COLUMNS(色範囲)

B2　=ROWS(色範囲)

	A	B	C	D	E	F	G
1	行数と列数の取得						
2	行数	4					
3	列数	3					
4							
5	黒	黄	紫				
6	赤	茶	水				
7	青	橙	桃				
8	緑	薄橙	黄緑				
9							

「色範囲」（セル範囲A5:C8）の行数

「色範囲」（セル範囲A5:C8）の列数

check!

=ROWS(配列)

配列…行数を調べたいセル範囲や配列を指定

指定した「配列」に含まれるセルや要素の行数を求めます。

=COLUMNS(配列)

配列…列数を調べたいセル範囲や配列を指定

指定した「配列」に含まれるセルや要素の列数を求めます。

memo

▶ROWS関数とCOLUMNS関数の引数にはセル番号を指定することもできます。例えば「=ROWS(A5:C8)」とすると、セル範囲A5:C8の行数が求められます。

関連項目 07.027 指定したセル範囲のセル数を調べる →p.485
07.028 指定したセルの行番号と列番号を調べる →p.486

セルの操作

07.027 指定したセル範囲のセル数を調べる

使用関数 ROWS（ロウズ） ／ COLUMNS（カラムズ）

Excelには、指定したセル範囲のセル数を求めるための関数は用意されていません。しかし、ROWS関数で求めた行数とCOLUMNS関数で求めた列数を掛け合わせれば、簡単にセル数を求めることができます。ここでは、「色範囲」という名前を付けたセル範囲（セル範囲A5:C8）に含まれるセル数を調べます。

■「色範囲」に含まれるセル数を調べる

入力セル B2　入力式 =ROWS(色範囲)*COLUMNS(色範囲)

B2　=ROWS(色範囲)*COLUMNS(色範囲)

	A	B	C	D	E	F	G
1	セル数の取得						
2	セル数	12					
3							
4							
5	黒	黄	紫				
6	赤	茶	水				
7	青	橙	桃				
8	緑	薄橙	黄緑				
9							
10							

「色範囲」（セル範囲A5:C8）のセル数

check!

=ROWS(配列) → 07.026
=COLUMNS(配列) → 07.026

memo

▶セル数の計算は、データ数を求めるときに役に立ちます。例えば「売上」という名前が付いたセル範囲に入力された数値の数は「COUNT(売上)」で求められるので、「=ROWS(売上)*COLUMNS(売上)-COUNT(売上)」とすると、「売上」のセル範囲の中で数値が入力されていないセルの個数がわかります。

関連項目 07.026 指定したセル範囲の行数と列数を調べる →p.484
07.028 指定したセルの行番号と列番号を調べる →p.486

セルの操作

07.028 指定したセルの行番号と列番号を調べる

使用関数 ROW（ロウ） ／ COLUMN（カラム）

セルの行番号を求めるにはROW関数、列番号を求めるにはCOLUMN関数を使用します。列番号は、A列なら1、B列なら2というように数値で返されます。引数にセル範囲を指定した場合は、左上隅にあるセルの行番号と列番号が求められます。ここでは、「色範囲」という名前のセル範囲の先頭セルの行番号と列番号を調べます。

「色範囲」の先頭セルの位置を調べる

入力セル B2　入力式 =ROW(色範囲)

入力セル B3　入力式 =COLUMN(色範囲)

B2　=ROW(色範囲)

	A	B	C	D
1	行番号と列番号を求める			
2	行番号	5		
3	列番号	1		
4				
5	黒	黄	紫	
6	赤	茶	水	
7	青	橙	桃	
8	緑	薄橙	黄緑	
9				

「色範囲」の先頭セルの行番号

「色範囲」の先頭セルの列番号

check!

=ROW([参照])

参照…行番号を調べたいセルやセル範囲を指定。省略した場合は、ROW関数を入力したセルの行番号が返される

指定したセルの行番号を求めます。「参照」にセル範囲を指定した場合は、上端行の行番号が返されます。

=COLUMN([参照])

参照…列番号を調べたいセルやセル範囲を指定。省略した場合は、COLUMN関数を入力したセルの列番号が返される

指定したセルの列番号を求めます。「参照」にセル範囲を指定した場合は、左端列の列番号が返されます。

memo

▶「A列は1、B列は2…」という具合に列番号に対応する数値を知りたいときに、COLUMN関数が役に立ちます。例えばDT列の数値を調べたいときに、空いているセルに「=COLUMN(DT1)」と入力すると、列番号「DT」に対応する数値が124であることがわかります。

関連項目 07.026 指定したセル範囲の行数と列数を調べる →p.484

セルの操作

07.029 行番号と列番号からセル参照の文字列を求める

使用関数 ADDRESS（アドレス）

ADDRESS関数を使用すると、指定した行番号と列番号、さらに必要に応じてシート名からセル参照の文字列を作成できます。例えば、行番号として「1」、列番号として「2」を指定した場合、「$B$1」という文字列が作成されます。

行番号と列番号からセル参照の文字列を作成する

入力セル C3　入力式 =ADDRESS(A3,B3)

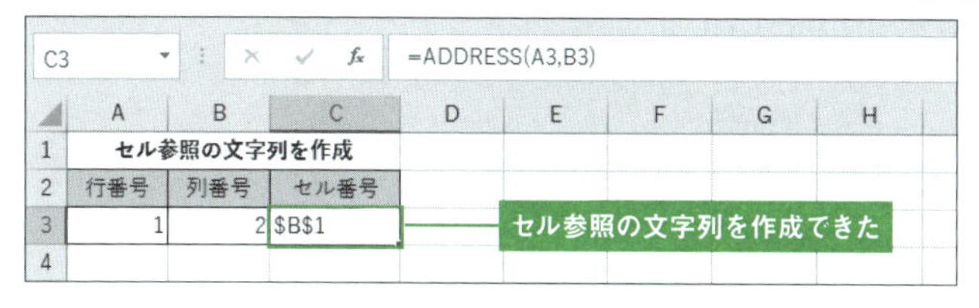

check!

=ADDRESS(行番号, 列番号 [, 参照の型] [, 参照形式] [, シート名])

行番号…求めたいセル参照の行番号を指定
列番号…求めたいセル参照の列番号を指定
参照の型…戻り値のセル参照の種類を次表の数値で指定
参照形式…TRUEを指定するか指定を省略した場合はA1形式、FALSEを指定した場合はR1C1形式でセル参照が返される
シート名…戻り値に含めたいブック名やシート名を指定。省略した場合は、セルの番号だけが返される

参照の型	戻り値のセル参照の種類
1または省略	絶対参照（例：$A$1）
2	行は絶対参照、列は相対参照（例：A$1）
3	行は相対参照、列は絶対参照（例：$A1）
4	相対参照（例：A1）

「行番号」「列番号」「シート名」からセル参照の文字列を作成します。作成されるセル参照の種類や形式は「参照の型」と「参照形式」で指定します。

memo

▶次表はADDRESS関数の使用例です。R1C1形式については、07.030 の最初のmemoを参照してください。

使用例	戻り値	説明
=ADDRESS(1,1,4)	A1	相対参照
=ADDRESS(1,1,1,FALSE)	R1C1	絶対参照、R1C1形式
=ADDRESS(1,1,4,FALSE)	R[1]C[1]	相対参照、R1C1形式
=ADDRESS(1,1,,,"Sheet1")	Sheet1!$A$1	別のシートへの参照
=ADDRESS(1,1,,,"[Book1]Sheet1")	[Book1]Sheet1!$A$1	別のブックへの参照

セルの操作

07.030 指定したセル番号のセルを間接的に参照する

使用関数 INDIRECT（インダイレクト）

INDIRECT関数は、「A4」のようなセル参照を表す文字列から実際のセル参照を求める関数です。サンプルでは、セルC3に「A4」という文字列が入力されています。セルC6に「=INDIRECT(C3)」と入力すると、セルC3に入力された「A4」が実際のセル参照となり、セルA4のデータ「青」がセルC6に表示されます。

■ セルC3に入力されているセル番号のセルを参照する

入力セル C6　入力式 =INDIRECT(C3)

C6　=INDIRECT(C3)

	A	B	C	D	E	F	G
1	データ						
2	黒		セル番号				
3	赤		A4				
4	青						
5	緑		そのセルの値				
6	黄		青				
7	茶						
8							

セル番号を指定するセル（C3）

セルC3で指定したセル番号のデータを表示するセル（C6）

check!

=INDIRECT(参照文字列 [, 参照形式])

参照文字列…セル番号や名前など、セル参照を表す文字列を指定。セル参照を表す文字列が入力されているセルを指定してもよい

参照形式…「参照文字列」がA1形式の場合はTRUEを指定するか指定を省略する。「参照文字列」がR1C1形式の場合はFALSEを指定する

「参照文字列」から実際のセル参照を返します。「参照文字列」からセルを参照できない場合は、[#REF!]が返されます。

memo

▶セル参照の形式には、「A1形式」と「R1C1形式」があります。A1形式では列をアルファベット、行を数値で表し、列、行の順に指定します。一方、R1C1形式では、「R」に続けて行を表す数値、「C」に続けて列を表す数値を指定します。例えばセルD2をR1C1形式で指定すると、「R2C4」になります。

▶INDIRECT関数はブックが開いたときに自動的に再計算される「揮発性関数」です。そのため、ブックに変更を加えていなくても、閉じるときに「変更を保存しますか？」というメッセージが表示されます。

関連項目 07.031 指定したシート名からそのシートのセルを間接的に参照する →p.489

セルの操作

07.031 指定したシート名からそのシートのセルを間接的に参照する

使用関数 INDIRECT（インダイレクト）

他のシートのセルの値は「=シート名!セル」で参照できますが、数式の中にシート名を入れてしまうと、参照するシートの数が多いときに数式の入力が面倒です。そのようなときは、セルにシート名を入力しておき、INDIRECT関数でそのシートを参照しましょう。数式をコピーするだけで他のシートの同じ位置のセルを参照できます。

「店舗」欄に入力されているシート名のセルを参照する

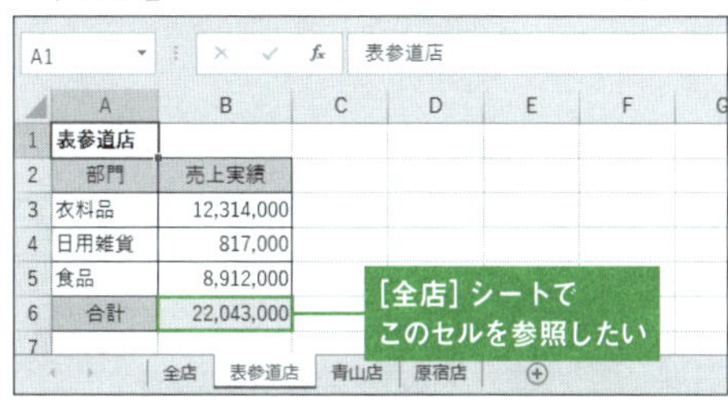

❶［表参道店］［青山店］［原宿店］の各シートのセルB6に、それぞれの店舗の売上合計が計算されている。この値を［全店］シートに表示したい。

B3　=INDIRECT("'"& A3 & "'!B6")

	A	B
1	各店売上	
2	店舗	売上
3	表参道店	22,043,000
4	青山店	12,701,000
5	原宿店	20,195,000

数式を入力
シート名を入力
全店　表参道店　青山店　原宿店

❷［全店］シートに切り替え、セル範囲A3:A5に各シート名を入力する。続いてセルB3に数式を入力して、セルB5までコピーすると、各シートのセルB6の値を表示できる。

入力セル B3　入力式 =INDIRECT("'"& A3 & "'!B6")

check!

=INDIRECT(参照文字列 [, 参照形式]) → 07.030

memo

▶シート名にスペースやハイフン「-」が含まれているときは、シート名をシングルクォーテーション「'」で囲まないとエラーになります。ここでは、そのようなシート名に対応できるようにシングルクォーテーションで囲む式を紹介しましたが、サンプルのシート構成の場合はシート名が漢字だけなので、単に「=INDIRECT(A3 & "!B6")」としても各シートのセルB6の値を正しく参照できます。

セルの操作

07.032 指定したシート名からそのシートの一連のセルを間接的に参照する

使用関数 INDIRECT（インダイレクト） ／ ADDRESS（アドレス） ／ ROW（ロウ） ／ COLUMN（カラム）

[店舗検索] シートの「店舗名」欄（セルB2）に「青山店」「原宿店」などのシート名を入れると、そのシートのセルB3から始まる3行2列のセル範囲のデータを表示する仕組みを作ります。[青山店] シートのセルB3は「=INDIRECT("青山店!B3")」で参照できますが、この数式を下のセルにコピーしても数式中のセル番号は文字列なので変化しません。そこで、ADDRESS関数、ROW関数、COLUMN関数を使用して「B3」というセル参照から「青山店!B3」という文字列を作成してINDIRECT関数の引数に指定します。

指定したシート名の3行2列のセル範囲を参照する

入力セル B5　入力式 =INDIRECT(ADDRESS(ROW(B3),COLUMN(B3),,,$B$2))

	A	B	C	D
1	売上検索			
2	店舗名	青山店		
3				
4	部門	売上実績	来期目標	
5	衣料品	8,821,000	10,000,000	
6	日用雑貨	338,000	500,000	
7	食品	3,542,000	5,000,000	
8				

シートタブ：店舗検索 / 表参道店

店舗名を入力

セルB5に数式を入力してセルC7までコピー

	A	B	C
1	青山店		
2	部門	売上実績	来期目標
3	衣料品	8,821,000	10,000,000
4	日用雑貨	338,000	500,000
5	食品	3,542,000	5,000,000
6	合計	12,701,000	15,500,000
7			
8			

シートタブ：店舗検索 / 表参道店 / 青山店 / 原宿店

参照するデータ

check!

=INDIRECT(参照文字列 [, 参照形式]) → 07.030
=ADDRESS(行番号, 列番号 [, 参照の型] [, 参照形式] [, シート名]) → 07.029
=ROW([参照]) → 07.028
=COLUMN([参照]) → 07.028

memo

▶セルB5に入力した数式の意味は、下図のとおりです。

=INDIRECT(ADDRESS(ROW(B3),COLUMN(B3),,,$B$2))

行番号 3 ／ 列番号 2 ／ シート名 青山店

参照文字列 青山店!$B$3

関連項目 07.030 指定したセル番号のセルを間接的に参照する →p.488

データベース

07.033 データの追加に応じて名前の参照範囲を自動拡張する

使用関数 OFFSET（オフセット）／COUNTA（カウント・エー）

通常、名前を設定したセル範囲にデータを追加すると、名前の定義を修正しなければならず面倒です。データの追加に応じて名前の参照範囲を自動拡張するには、名前を定義するときにOFFSET関数を使用します。サンプルの商品リストの場合、OFFSET関数の引数「基準」にセルA3、「高さ」にデータ数、「幅」に3を指定すれば、常にセルA3を基準に「データ数行×3列」のセル範囲を参照できます。なお、データ数はA列の全データ数から表タイトルと列見出しの分の2を引いて求めます。A列の「NO」欄のデータは、必ず上から連続して入力するものとします。

■ セルA3から始まるデータの範囲を自動取得して名前を付ける

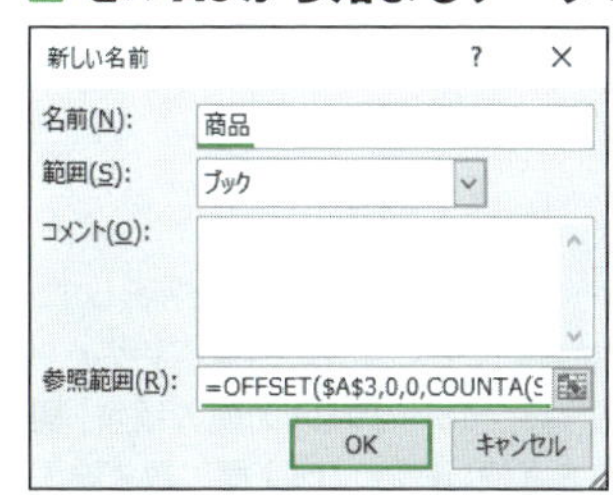

❶［数式］タブの［定義された名前］グループにある［名前の定義］ボタンをクリックする。表示されるダイアログの［名前］欄に任意の名前（ここでは「商品」）を入力し、［参照範囲］欄に数式を入力して、［OK］ボタンをクリックする。

入力式 =OFFSET($A$3,0,0,COUNTA($A:$A)-2,3)

	A	B	C	D	E
1	商品リスト				
2	品番	商品名	単価		
3	S-101	シャンプー	800		
4	R-101	リンス	800		
5	T-101	トリートメント	1,200		
6					

❷以上で名前が設定された。左図では、セル範囲「A3:C5」を「商品」という名前で参照できる。データを追加すると、追加したデータも「商品」という名前の参照範囲に自動で含まれる。

check!

=OFFSET(基準, 行数, 列数 [, 高さ] [, 幅]) → 07.018

=COUNTA(値1 [, 値2] ……) → 02.030

memo

▶設定した名前は、VLOOKUP関数などの引数として利用できます。商品データに増減があった場合でも、VLOOKUP関数の引数を修正したり、名前の設定を変更する必要がないので便利です。

関連項目 01.030 セル範囲に名前を付ける →p.34

セルの操作

07.034 リストに「名簿」という名前が付いたセル範囲の2列目のデータを表示する

使用関数 INDEX（インデックス）

リストに表示するデータを設定する際に名前を指定できますが、指定できるのは1行、または1列のセル範囲だけです。「名簿」という名前のセル範囲の2列目を指定したい、といったときはINDEX関数を使用します。引数「行番号」に0、「列番号」に2を指定すると、「名簿」のセル範囲から2列目全体を取り出せます。

■「名簿」の2列目のデータをリストに表示する

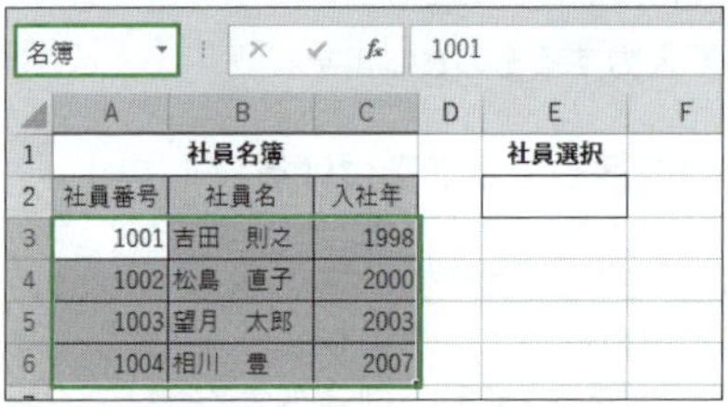

名前ボックス: 名簿　数式バー: 1001

	A	B	C	D	E	F
1	社員名簿				社員選択	
2	社員番号	社員名	入社年			
3	1001	吉田　則之	1998			
4	1002	松島　直子	2000			
5	1003	望月　太郎	2003			
6	1004	相川　豊	2007			

1 名簿のデータ範囲であるセル範囲A3:C6を選択して、[名前ボックス]に「名簿」と入力して名前を付けておく。

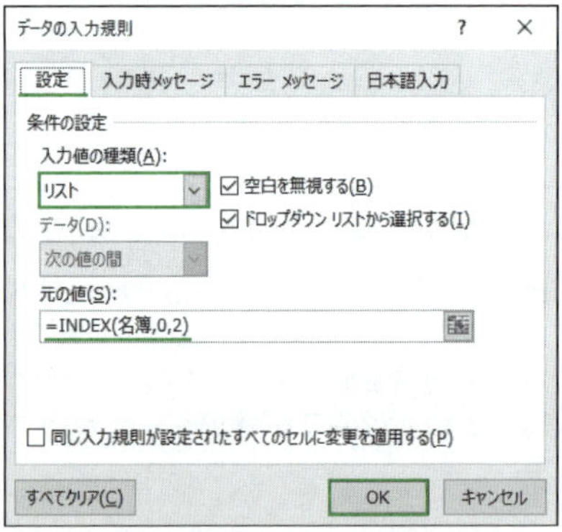

データの入力規則

設定　入力時メッセージ　エラー メッセージ　日本語入力

条件の設定
入力値の種類(A): リスト　☑空白を無視する(B)　☑ドロップダウン リストから選択する(I)
データ(D): 次の値の間
元の値(S): =INDEX(名簿,0,2)
☐同じ入力規則が設定されたすべてのセルに変更を適用する(P)
すべてクリア(C)　OK　キャンセル

2 リスト入力を設定したいセルE2を選択して、01.015 を参考に[データの入力規則]ダイアログを開く。[設定]タブの[入力値の種類]欄で[リスト]を選択し、[元の値]欄に数式を入力して[OK]ボタンをクリックする。

入力式 =INDEX(名簿,0,2)

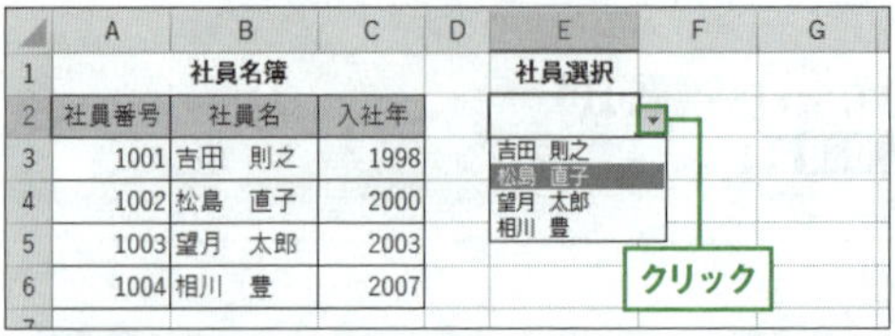

	A	B	C	D	E	F	G
1	社員名簿				社員選択		
2	社員番号	社員名	入社年		▼		
3	1001	吉田　則之	1998		吉田 則之		
4	1002	松島　直子	2000		松島 直子		
5	1003	望月　太郎	2003		望月 太郎		
6	1004	相川　豊	2007		相川 豊		

クリック

3 セルE2を選択すると[▼]ボタンが表示される。これをクリックすると、リストに「名簿」のセル範囲の2列目のデータが表示される。

check!

=INDEX(参照, 行番号 [, 列番号] [, 領域番号]) → 07.017

データ入力

07.035 指定した分類に応じてリストに表示する項目を変える

使用関数 INDIRECT（インダイレクト）

ここでは、「部名」欄に入力された部名に応じて、「課名」欄のリストの内容を切り替えます。課名のセル範囲に、名前として部名を設定しておけば、INDIRECT関数を使用して部名に応じたセル範囲を参照できます。

■「部名」に応じて「課名」欄のリストの表示項目を切り替える

営業部 | 第1課

	A	B	C	D	E	F	G
1	社内研修登録名簿				部署一覧		
2	氏名	部名	課名		営業部	総務部	
3	緒方　美緒	営業部			第1課	人事課	
4					第2課	経理課	
5					第3課	庶務課	
6					第4課		
7							

1 01.030 を参考に、「営業部」の課名のセル範囲E3:E6に「営業部」、「総務部」の課名のセル範囲F3:F5に「総務部」という名前を付ける。

データの入力規則

設定 | 入力時メッセージ | エラー メッセージ | 日本語入力

条件の設定
入力値の種類(A): リスト
☑ 空白を無視する(B)
☑ ドロップダウン リストから選択する(I)
データ(D): 次の値の間
元の値(S): =INDIRECT(B3)

☐ 同じ入力規則が設定されたすべてのセルに変更を適用する(P)

すべてクリア(C) | OK | キャンセル

2 名簿の「課名」欄のセル範囲C3:C7を選択して、01.015 を参考に［データの入力規則］ダイアログを開く。［設定］タブの［入力値の種類］欄で［リスト］を選択し、［元の値］欄に数式を入力して［OK］ボタンをクリックする。なお、引数の「B3」は相対参照で入力すること。

入力式 =INDIRECT(B3)

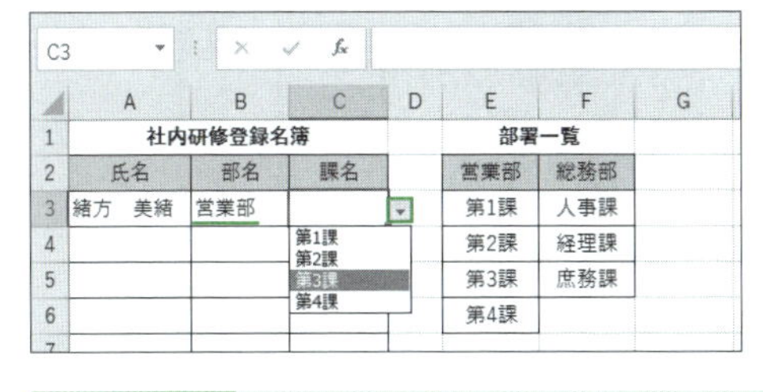

3 「部名」欄に「営業部」と入力して、「課名」欄の［▼］ボタンをクリックすると、リストに営業部の課名が表示される。なお、「課名」を入力したあとで「部名」を変更すると、部名と課名に矛盾が生じるので、必ず「課名」も変更すること。

check!

=INDIRECT(参照文字列 [, 参照形式]) → 07.030

数式の基本 / 表の集計 / 数値処理 / 日付と時刻 / 文字列操作 / 条件判定 / 表の検索と操作 / 数学計算 / 統計計算 / 財務計算 / 関数一覧

データ入力

07.036 データの追加に応じてリストに表示される項目を自動拡張する

使用関数 OFFSET（オフセット） ／ COUNTA（カウント・エー）

リストに表示する［元の値］として、実際のデータ数よりも大きい範囲を指定すると、あとから追加するデータも自動でリストに表示できますが、リストには空白の選択肢が含まれてしまいます。リストに入力されているデータだけを表示し、なおかつ今後追加するデータも自動でリストに表示されるようにするには、［元の値］を設定するときに、OFFSET関数を使用して基準のセル（ここではセルE2）からデータ数分の高さを指定します。

■ リストの表示項目を自動追加する

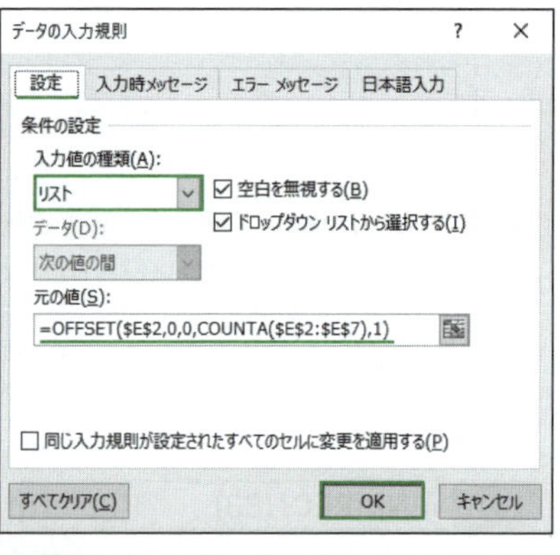

❶リスト入力を設定したいセル範囲B3:B7を選択して、01.015を参考に［データの入力規則］ダイアログを開く。［設定］タブの［入力値の種類］欄で［リスト］を選択し、［元の値］欄に数式を入力して［OK］ボタンをクリックする。

入力式 =OFFSET($E$2,0,0,COUNTA($E$2:$E$7),1)

❷「選択肢」欄の商品データがリストに表示されるようになる。「選択肢」欄に新しい商品を追加すると、追加した商品が自動でリストに表示される。

	A	B	C	D	E	F
1		注文書			選択肢	
2	NO	商品名	数量		デスク	
3	1	▼			チェア	
4	2	デスク チェア 本棚			本棚	
5	3					
6	4					
7	5					
8						

	A	B	C	D	E	F
1		注文書			選択肢	
2	NO	商品名	数量		デスク	
3	1	▼			チェア	
4	2	デスク チェア 本棚 ラック			本棚	
5	3				ラック	
6	4					
7	5					
8						

check!

=OFFSET(基準, 行数, 列数 [, 高さ] [, 幅]) → 07.018
=COUNTA(値1 [, 値2] ……) → 02.030

表作成

07.037 上のセルと同じデータは表示しない

使用関数 COUNTIF(カウント・イフ) ／ IF(イフ)

分類ごとに並べられた表では、上と同じデータを非表示にしたほうが同じグループを見分けやすくなります。それには、現在行までの中に現在と同じデータがいくつあるかをカウントします。その結果が1であれば分類名を表示し、それ以外は何も表示しないようにします。

A列の分類データのうち、1件目だけをB列に表示する

入力セル B3　入力式 =IF(COUNTIF($A$3:A3,A3)=1,A3,"")

B3 =IF(COUNTIF($A$3:A3,A

	A	B	C	D	E
1	商品リスト				
2	分類	分類	商品名	単価	
3	ヘアケア	ヘアケア	シャンプー	800	
4	ヘアケア		リンス	800	
5	ヘアケア		ヘアパック	1,200	
6	基礎化粧品	基礎化粧品	化粧水	2,400	
7	基礎化粧品		乳液	2,400	
8	メイク	メイク	ルージュ	1,500	
9	メイク		シャドウ	1,800	
10					

セルB3に数式を入力して、セルB9までコピー

A1 商品リスト

	B	C	D	E
1	商品リスト			
2	分類	商品名	単価	
3	ヘアケア	シャンプー	800	
4		リンス	800	
5		ヘアパック	1,200	
6	基礎化粧品	化粧水	2,400	
7		乳液	2,400	
8	メイク	ルージュ	1,500	
9		シャドウ	1,800	
10				

A列を非表示にすると、データが分類ごとに見やすくなる

check!

=COUNTIF(条件範囲, 条件) → 02.033
=IF(論理式, 真の場合, 偽の場合) → 06.001

memo

▶COUNTIF関数の引数「条件範囲」に指定した「$A$3:A3」は、下のセルにコピーすると、「$A$3:A4」「$A$3:A5」「$A$3:A6」のように先頭セルが固定されたまま末尾のセルが変化します。これにより、常にセルA3から現在行までのセルがカウントの条件の対象になります。

▶A列を非表示にするには、A列の列番号を右クリックして［非表示］を選択します。反対に非表示になっているA列を再表示するには、B列の列番号から全セル選択ボタンまでをドラッグして右クリックし、［再表示］を選択します。

関連項目 07.038 表から重複しないデータを別のセルに抜き出す →p.496

数式の基本
表の集計
数値処理
日付と時刻
文字列操作
条件判定
表の検索と操作
数学計算
統計計算
財務計算
関数一覧

表作成

07.038 表から重複しないデータを別のセルに抜き出す

使用関数 IF ／ COUNTIF ／ ROW ／ COUNT ／ INDEX ／ SMALL

表に入力されたデータのうち、重複を除いたデータを別のセルに抽出してみましょう。ここでは、営業成績の一覧表から社員名を重複なく抜き出します。まず、作業列を用意して各データに通し番号を振ります。その際、重複データの通し番号は非表示にします。次に、その通し番号を元に、上から順に社員名を取り出していきます。

■「社員名」欄から重複しないように社員名を抜き出す

D3 =IF(COUNTIF($B$3:B3,B3)=1,ROW(A1),"")

	A	B	C	D	E	F	G	H	I
1	営業成績					売上集計			
2	日付	社員名	売上			社員名			
3	9月1日	高橋	1,250,000	1					
4	9月1日	高橋	750,000						
5	9月2日	松永	280,000	3					
6	9月3日	小野寺	500,000	4					
7	9月6日	松永	80,000						
8	9月6日	南	360,000	6					
9	9月8日	須賀	1,000,000	7					
10									

❶営業成績表の各データに通し番号を振るため、セルD3に数式を入力して、セルD9までコピーする。重複データの通し番号は表示されないように場合分けしたので、重複しているセルD4の高橋の「2」とセルD7の松永の「5」は欠番になる。

入力セル D3　入力式 =IF(COUNTIF($B$3:B3,B3)=1,ROW(A1),"")

D1 =COUNT(D3:D9)

	A	B	C	D	E	F	G	H	I
1	営業成績			5		売上集計			
2	日付	社員名	売上			社員名			
3	9月1日	高橋	1,250,000	1					
4	9月1日	高橋	750,000						
5	9月2日	松永	280,000	3					
6	9月3日	小野寺	500,000	4					
7	9月6日	松永	80,000						
8	9月6日	南	360,000	6					
9	9月8日	須賀	1,000,000	7					
10									

❷セルD1にCOUNT関数を入力して、通し番号が表示されているデータの件数を数える。左図の場合、結果が5となったので、重複を除いた社員数は5とわかる。

入力セル D1　入力式 =COUNT(D3:D9)

F3 =IF(ROW(A1)<=$D$1,INDEX($B$3:$B$9,SMALL($D

	A	B	C	D	E	F	G	H	I
1	営業成績			5		売上集計			
2	日付	社員名	売上			社員名			
3	9月1日	高橋	1,250,000	1		高橋			
4	9月1日	高橋	750,000			松永			
5	9月2日	松永	280,000	3		小野寺			
6	9月3日	小野寺	500,000	4		南			
7	9月6日	松永	80,000			須賀			
8	9月6日	南	360,000	6					
9	9月8日	須賀	1,000,000	7					
10									

❸セルF3に社員名を取り出す数式を入力して、下方向へコピーする。手順2で社員名が5とわかっているのでセルF7までコピーすればよいが、ここでは多めにコピーしてもデータ件数以上は非表示になるようにIF関数で場合分けして、エラーを防いだ。

入力セル F3

入力式 =IF(ROW(A1)<=$D$1,INDEX($B$3:$B$9,SMALL($D$3:$D$9,ROW(A1))),"")

check!

=IF(論理式, 真の場合, 偽の場合) → 06.001
=COUNTIF(条件範囲, 条件) → 02.033
=ROW([参照]) → 07.028
=COUNT(値1[, 値2]……) → 02.029
=INDEX(参照, 行番号[, 列番号][, 領域番号]) → 07.017
=SMALL(範囲, 順位) → 03.031

memo

▶手順1と手順3で使用している「ROW(A1)」は、セルA1の行番号、すなわち「1」です。これを下方向にコピーすることで、「ROW(A2)」「ROW(A3)」と引数の行番号が1つずつ増えていき、「1、2、3……」という連番が作成されます。

▶手順3の「SMALL($D$3:$D$9,ROW(A1))」は、「ROW(A1)」が「1」なので、セル範囲D3:D9からいちばん小さいデータを取り出す働きをします。いちばん小さいのは「1」なので「INDEX($B$3:$B$9,1)」となり、セル範囲$B$3:$B$9の1番目のデータである「高橋」が取り出されます。
この数式をセルF4にコピーすると、「SMALL($D$3:$D$9,ROW(A2))」の結果は2番目に小さい「3」になります。したがって数式は「INDEX($B$3:$B$9,3)」となり、セル範囲$B$3:$B$9の3番目のデータである「松永」が取り出されます。

▶こうして取り出したデータは、入力規則のリストの元データとして使用したり、集計の項目名として使用したりできます。下図ではSUMIF関数を使用して、社員ごとの売上を集計しています。

G3 =SUMIF($B$3:$B$9,F3,$C$3:$C$9)

	A	B	C	D	E	F	G	H
1	営業成績			5		売上集計		
2	日付	社員名	売上			社員名	売上	
3	9月1日	高橋	1,250,000	1		高橋	2,000,000	
4	9月1日	高橋	750,000			松永	360,000	
5	9月2日	松永	280,000	3		小野寺	500,000	
6	9月3日	小野寺	500,000	4		南	360,000	
7	9月6日	松永	80,000			須賀	1,000,000	
8	9月6日	南	360,000	6				
9	9月8日	須賀	1,000,000	7				
10								

=SUMIF($B$3:$B$9,F3,$C$3:$C$9)

▶「フィルターオプション」という機能を使用して、表から重複しないデータを抽出するという方法もあります。しかし、ここで行ったように関数を使用すれば、同じ表を別の部署のデータに対して使用するなど、使い回しがきくので便利です。

関連項目 01.014 表から重複しないようにデータを抜き出す →p.15
07.037 上のセルと同じデータは表示しない →p.495

表作成

07.039 表の行と列を入れ替えて表示する

使用関数 TRANSPOSE（トランスポーズ）

TRANSPOSE関数を使用すると、表の縦横を入れ替えることができます。表全体の縦横を入れ替えると、元の表の行見出しは列見出しに、列見出しは行見出しに変わります。あらかじめ結果を表示するセル範囲を選択してから、配列数式として入力する必要があります。ここでは元の表が4行3列なので、3行4列のセル範囲を選択してから数式を入力します。

■表の行と列を入れ替える

入力セル E2:H4　入力式 {=TRANSPOSE(A2:C5)}

E2　{=TRANSPOSE(A2:C5)}

	A	B	C	D	E	F	G	H
1	集計表							
2	支店	上半期	下半期		支店	福岡店	長崎店	那覇店
3	福岡店	3,568	4,412		上半期	3568	2245	2245
4	長崎店	2,245	2,578		下半期	4412	2578	2578
5	那覇店	2,245	2,578					

セル範囲E2:H4を選択してから数式を入力し、[Ctrl]＋[Shift]＋[Enter]キーで確定

表の行と列が入れ替わった

check!

=TRANSPOSE(配列)

配列…行と列を入れ替えたいセル範囲、または配列定数を指定

指定した「配列」の行と列を入れ替えた配列を返します。結果を表示するセル範囲を選択して、配列数式として入力する必要があります。

memo

- ここでは表全体の行と列を逆転させる例を紹介しましたが、表の一部の項目の縦横を反転させるためにも利用できます。例えば、上の表で「{=TRANSPOSE(A3:A5)}」と入力すると、「福岡店」「長崎店」「那覇店」が横に並び、別の表の列見出しとして使用できます。
- 元の表に未入力のセルがある場合、TRANSPOSE関数で行列を入れ替えた表の該当セルに「0」が表示されます。
- 01.047 を参考にセル範囲E2:H4の数式を値に変換すれば、元の表を削除できます。

関連項目 07.040 列項目を上下逆に表示する →p.499

表作成

07.040 列項目を上下逆に表示する

使用関数 INDIRECT（インダイレクト） ／ ADDRESS（アドレス） ／ ROW（ロウ） ／ COLUMN（カラム）

サンプルのセルA2:A7に入力されている社員名を、上下逆に表示してみましょう。まず、末尾のセルA7のデータを先頭に表示させるには、ADDRESS関数の引数「行番号」にセルA7の行番号、「列番号」にセルA7の列番号を指定し、INDIRECT関数を使用してセルを参照します。次のセルでは1、その次のセルでは2、という具合に行番号を1つずつ減らす必要があります。そこで、ADDRESS関数の引数「行番号」の指定を、「セルA7の行番号－ROW(A1)+1」とします。「ROW(A1)」をコピーすると、「1, 2, 3……」という連続データになるので、行番号を1ずつ減らせるというわけです。

列項目を上下逆さまに表示する

入力セル C2

入力式 =INDIRECT(ADDRESS(ROW($A$7)-ROW(A1)+1,COLUMN($A$7)))

C2 =INDIRECT(ADD

	A	B	C	D	E
1	社員名		逆順		
2	野口		小田島		
3	鈴木		田中		
4	長谷部		岡村		
5	岡村		長谷部		
6	田中		鈴木		
7	小田島		野口		
8					

セルC2に数式を入力して、セルC7までコピー

社員名の順序が逆になった

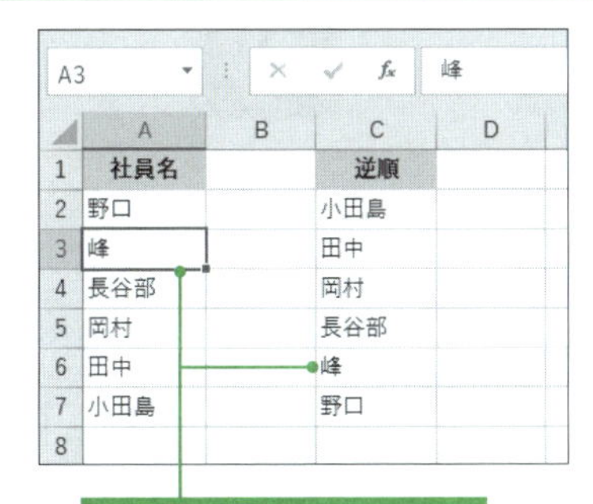

check!

=INDIRECT(参照文字列 [, 参照形式]) → 07.030
=ADDRESS(行番号, 列番号 [, 参照の型] [, 参照形式] [, シート名]) → 07.029
=ROW([参照]) → 07.028
=COLUMN([参照]) → 07.028

関連項目 07.039 表の行と列を入れ替えて表示する →p.498

セルの操作

07.041 セルのクリックで画像を表示する

HYPERLINK関数を使用すると、指定したリンク先にジャンプするハイパーリンクを作成できます。ここでは、クリックすると自動的に画像表示用のアプリケーションが起動して、指定した写真が表示される仕組みを作成します。

■ セルのクリックで写真が表示されるようにする

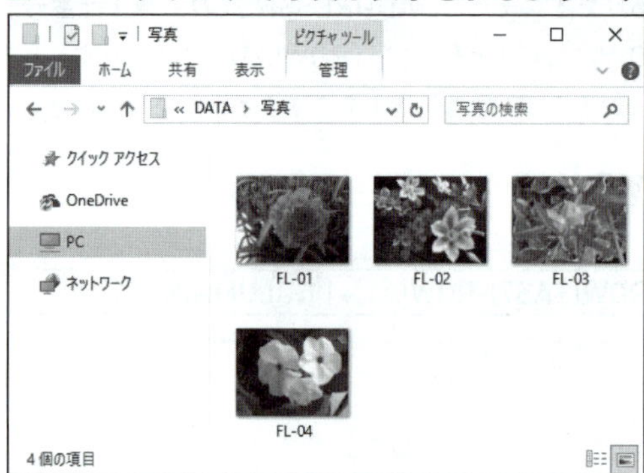

1 ここでは、「FL-01」「FL-02」「FL-03」「FL-04」という4つのファイル名のJPEG画像が「C:¥DATA¥写真¥」フォルダに保存されているものとします。

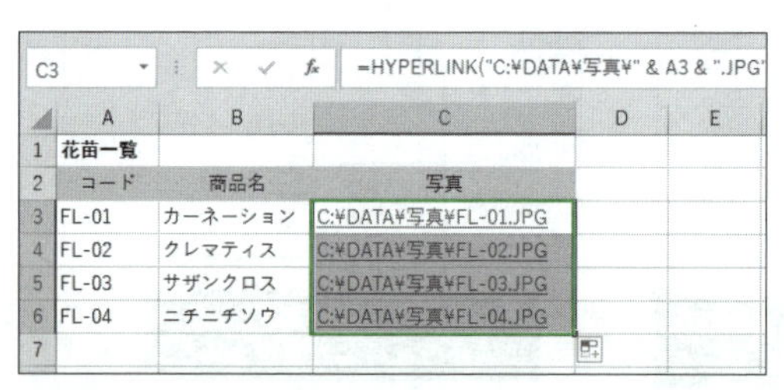

C3 =HYPERLINK("C:¥DATA¥写真¥" & A3 & ".JPG"

	A	B	C	D	E
1	花苗一覧				
2	コード	商品名	写真		
3	FL-01	カーネーション	C:¥DATA¥写真¥FL-01.JPG		
4	FL-02	クレマティス	C:¥DATA¥写真¥FL-02.JPG		
5	FL-03	サザンクロス	C:¥DATA¥写真¥FL-03.JPG		
6	FL-04	ニチニチソウ	C:¥DATA¥写真¥FL-04.JPG		
7					

2 セルC3にHYPERLINK関数を入力して、セルC6までコピーする。なお、数式中のフォルダ名「C:¥DATA¥写真¥」は、保存先に応じて適宜変更すること。

入力セル C3　入力式 =HYPERLINK("C:¥DATA¥ 写真 ¥" & A3 & ".JPG")

A1 花苗一覧

	A	B	C	D	E
1	花苗一覧				
2	コード	商品名	写真		
3	FL-01	カーネーション	C:¥DATA¥写真¥FL-01.JPG		
4	FL-02	クレマティス	C:¥DATA¥写真¥FL-02.JPG		
5	FL-03	サザンクロス	C:¥DATA¥写真¥FL-03.JPG		
6	FL-04	ニチニチソウ	C:¥DATA¥写真¥FL-04.JPG		
7					

3 動作を確認するため、セルC3に作成されたハイパーリンクをクリックする。

4 JPEGファイルに関連付けられているアプリケーションが起動し、写真が表示される。その際、環境によってはセキュリティの確認メッセージが表示されるが、保存場所や開くファイルなどの信頼性に問題がなければ続行する。

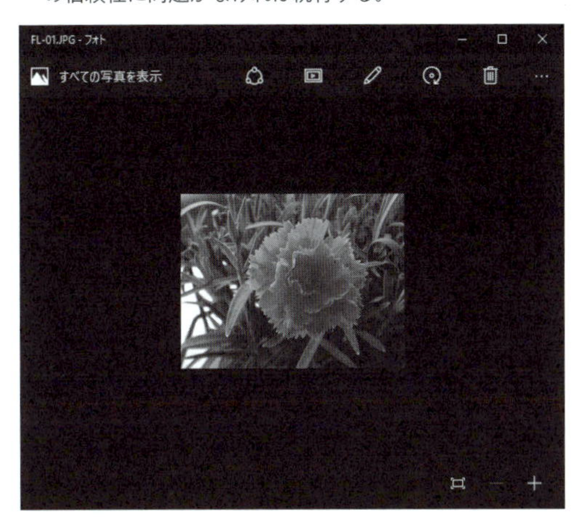

check!

=HYPERLINK(リンク先 [, 別名])

リンク先…リンク先を表す文字列をダブルクォーテーション「"」で囲んで指定。WebページのURLやメールアドレス、セルや他のファイルを指定できる

別名…セルに表示する文字列を指定。省略した場合は「リンク先」が表示される

指定した「リンク先」にジャンプするハイパーリンクを作成します。

memo

▶次表は引数「リンク先」の指定例です。

リンク先	指定例
WebページのURL	http://www.seshop.com/
メールアドレス	mailto:info@xxx.xxx
UNCパス	¥¥PC01¥DATA¥test.xlsx
ファイル	C:¥DATA¥test.xlsx
フォルダ	C:¥DATA
他のブックのセル	[C:¥DATA¥test.xlsx]Sheet1!C3
同じブックのセル	[test.xlsx]Sheet1!C3 ／ #Sheet1!C3

▶ハイパーリンクが挿入されたセルを選択するには、セル内のハイパーリンクの文字列以外の場所をクリックします。もしくは、ハイパーリンクの文字上を、マウスポインターの形が十字型に変わるまで長押しします。

関連項目 07.042 指定したデータが入力されているセルにジャンプする →p.502

セルの操作

07.042 指定したデータが入力されているセルにジャンプする

使用関数 HYPERLINK(ハイパーリンク) ／ ADDRESS(アドレス) ／ ROW(ロウ) ／ MATCH(マッチ) ／ COLUMN(カラム)

HYPERLINK関数を使用して、大量のデータから目的のデータに素早く移動する仕組みを作成します。ここでは、セルE3に入力されたデータがA列の「都道府県」欄のどこにあるのか、MATCH関数で検索します。求めた位置を手掛かりにADDRESS関数でセル参照の文字列を組み立て、それをリンク先とします。

■指定したデータのセルにすばやくジャンプする

入力セル E4

入力式 =HYPERLINK("#"&ADDRESS(ROW(A3)+MATCH(E3,A3:A49,0)-1,COLUMN(A3)))

E4 =HYPERLINK("#"&A

	A	B	C	D	E	F
1	地域別売上一覧				検索	
2	都道府県	コーヒー	紅茶		都道府県	
3	北海道	13,600	20,500		熊本	
4	青森	17,000	19,500		#$A$45	
5	岩手	16,400	23,700			
6	宮城	20,800	19,700			
7	秋田	21,000	23,200			
8	山形	24,000	26,100			
9	福島	21,500	18,100			
10	東京	33,000	33,900			
11	神奈川	18,100	16,800			
12	埼玉	19,500	23,800			

セルE3に検索したいデータを入力

セルE4に数式を入力

作成されたハイパーリンクをクリック

A45 熊本

	A	B	C	D
40	愛媛	21,500	15,400	
41	高知	19,500	22,100	
42	福岡	22,800	26,400	
43	佐賀	14,900	17,600	
44	長崎	17,200	25,800	
45	熊本	24,300	22,900	
46	大分	25,300	13,000	
47	宮崎	24,400	16,100	
48	鹿児島	22,500	22,100	
49	沖縄	23,300	16,900	
50				
51				

指定したデータにジャンプした

check!

=HYPERLINK(リンク先 [, 別名]) → 07.041
=ADDRESS(行番号, 列番号, [参照の型] [, 参照形式] [, シート名]) → 07.029
=ROW([参照]) → 07.028
=MATCH(検査値, 検査範囲 [, 照合の型]) → 07.020
=COLUMN([参照]) → 07.028

関連項目 07.041 セルのクリックで画像を表示する →p.500
07.043 指定したシートにジャンプできるシート目次を作成する →p.503

セルの操作

07.043 指定したシートにジャンプできるシート目次を作成する

使用関数 HYPERLINK（ハイパーリンク）

ブック内の各シートにすばやくジャンプできるシート見出しを作成します。まず準備として、シート名を入力しておきます。その隣のセルに、HYPERLINK関数を入力して、指定したシート名のセルA1にジャンプするように設定します。

■指定したシートにすばやくジャンプする

入力セル C4　入力式 =HYPERLINK("#" & B4 & "!A1"," ジャンプ ")

C4　=HYPERLINK("#" & B4 & "!A1","ジャンプ")

	A	B	C	D
1				
2		シート目次		
3				
4		表参道店	ジャンプ	
5		青山店	ジャンプ	
6		原宿店	ジャンプ	

セル範囲B4:B6にシート名を入力しておく

セルC4に数式を入力して、セルC6までコピー

作成されたハイパーリンクをクリック

シートタブ：目次　表参道店　青山店　原宿店

↓

A1　青山店

	A	B	C
1	青山店		
2	部門	売上実績	来期目標
3	衣料品	8,821,000	10,000,000
4	日用雑貨	338,000	500,000
5	食品	3,542,000	5,000,000
6	合計	12,701,000	15,500,000

クリックしたシートにジャンプした

シートタブ：目次　表参道店　青山店　原宿店

準備完了

check!

=HYPERLINK(リンク先 [, 別名]) → 07.041

関連項目 07.041 セルのクリックで画像を表示する →p.500
07.042 指定したデータが入力されているセルにジャンプする →p.502

セルの操作

07.044 ハイパーリンクを外してメールアドレスだけ表示する

使用関数 T（ティー）

名簿などにメールアドレスを入力すると、Excelの初期設定では自動でハイパーリンクが設定されます。クリックするだけでメーラーが起動して新規メールを作成できるので便利ですが、名簿を印刷するときは青字や下線などの書式が邪魔になります。T関数を使用して、ハイパーリンクを単なる文字列に変換すれば、元のハイパーリンクを残したまま、別の列にメールアドレスを取り出せます。

ハイパーリンクを解除する

入力セル D3　入力式 =T(C3)

D3　=T(C3)

	A	B	C	D	E	F
1	会員名簿					
2	NO	氏名	メールアドレス	メールアドレス		
3	1	田中　奈美	nami@xxx.xx.co.jp	nami@xxx.xx.co.jp		
4	2	野村　慶介	knomu@xxx.xxx.com	knomu@xxx.xxx.com		
5	3	曽我　良子	y-soga@xxx.co.jp	y-soga@xxx.co.jp		
6	4	三木本　隆	mikit@xxx.xxx.com	mikit@xxx.xxx.com		
7	5	吉川　博	yoshikawa@xxx.com	yoshikawa@xxx.com		
8						

セルD3に数式を入力して、セルD7までコピー

ハイパーリンクを解除できた

check!

=T(値)

値…文字列に変換する値を指定

「値」に指定された文字列を文字列に変換します。「値」に数値や日付、論理値を指定した場合は空白文字列「""」が返されます。

memo

▶印刷するときは、01.048 を参考にハイパーリンクが設定されているC列を非表示にします。

関連項目 07.041 セルのクリックで画像を表示する →p.500

資料作成

07.045 折れ線グラフの途切れを防ぐ

使用関数 NA（エヌ・エー）／IF（イフ）

数値データに漏れがある表から折れ線グラフを作成すると、折れ線が途切れてしまいます。折れ線の途切れを防ぐには、データが漏れているセルにデータが未定であることを示すエラー値［#N/A］を入力します。直接入力しても構いませんが、ここではNA関数を使用して入力する方法を紹介します。

途切れた折れ線の前後を結ぶ

	A	B	C
1	顧客満足度調査		
2	月	満足度	満足度
3	4月	55%	
4	5月	82%	
5	6月	67%	
6	7月		
7	8月	61%	
8	9月	86%	
9			
10			

❶調査を実施しなかった7月は「満足度」が空欄になるので、折れ線グラフが途切れてしまう。

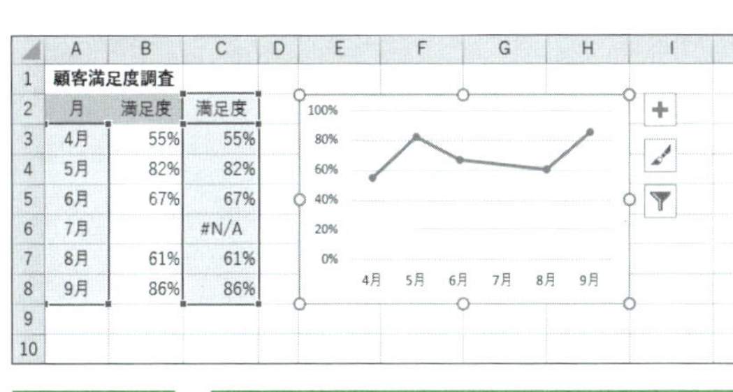

	A	B	C
1	顧客満足度調査		
2	月	満足度	満足度
3	4月	55%	55%
4	5月	82%	82%
5	6月	67%	67%
6	7月		#N/A
7	8月	61%	61%
8	9月	86%	86%
9			
10			

❷セルC3に数式を入力して、セルB3が未入力の場合は[#N/A]、そうでない場合はセルB3の値を表示させる。この数式をセルC8までコピーし、これを元に折れ線グラフを作成すれば、折れ線の途切れが結ばれる。

入力セル C3　入力式 =IF(B3="",NA(),B3)

check!

=NA()

エラー値［#N/A］を返します。引数はありませんが、括弧「()」の入力は必要です。

=IF(論理式, 真の場合, 偽の場合) → 06.001

memo

▶数式の戻り値から折れ線グラフを作成する場合、戻り値が空白文字列「""」だと折れ線が「0」に落ち込みます。そのようなときも、「""」の代わりに［#N/A］を戻すようにすれば、折れ線を前後の数値で結ぶことができます。

資料作成

07.046 表から1件ずつデータを取り出してグラフ表示する

使用関数 VLOOKUP（ブイ・ルックアップ）

顧客満足度アンケートの集計表から、特定の店舗の集計結果を取り出して、グラフを表示する仕組みを作りましょう。[店舗検索] シートのセルA3に店舗名を入力すると、[集計結果] シートから該当するデータを探して、セル範囲B3:F3に転記し、さらにそのデータからレーダーチャートが表示されるようにします。

指定した店舗の顧客満足度をグラフに表示する

A1 顧客満足度アンケート集計

	A	B	C	D	E	F	G
1	顧客満足度アンケート集計結果						
2	店舗	味	量	価格	立地	接客	
3	渋谷店	6.0	8.3	7.7	6.6	7.9	
4	代官山店	6.3	6.2	7.8	6.9	6.8	
5	中目黒店	7.9	8.8	6.9	7.4	7.9	
6	祐天寺店	6.7	7.3	6.6	6.7	7.1	
7	学芸大学店	7.8	6.6	6.9	5.3	6.9	
8	都立大学店	6.5	6.9	7.4	5.0	7.2	
9	自由が丘店	9.4	7.6	6.2	7.7	8.0	
10	田園調布店	6.3	6.3	5.0	7.6	9.1	
11	多摩川店	7.0	8.4	5.6	5.7	7.1	
12	新丸子店	7.9	6.3	7.4	6.9	7.4	
13						※10点満点	
14							
15							

集計結果　店舗検索

❶ [集計結果] シートに各店舗の顧客満足度の集計結果が入力されていることを確認する。

B3 =VLOOKUP($A$3,集計結

	A	B	C	D	E	F	G
1	店舗検索						
2	店舗	味	量	価格	立地	接客	
3	中目黒店	7.9	8.8	6.9	7.4	7.9	
4							
5							
6							

店舗名を入力

数式を入力してコピー

❷ [店舗検索] シートに切り替え、検索したい店舗の名前をセルA3に入力する。さらに、セルB3にVLOOKUP関数を入力して、セルF3までコピーする。VLOOKUP関数の引数「列番号」にはCOLUMN関数を指定したので列番号が自動で設定され、指定した店舗の5項目の集計結果が自動表示される。

入力セル B3

入力式 =VLOOKUP($A$3, 集計結果 !$A$3:$F$12,COLUMN(),FALSE)

	A	B	C	D	E	F
1	店舗検索					
2	店舗	味	量	価格	立地	接客
3	中目黒店	7.9	8.8	6.9	7.4	7.9

中目黒店

3 01.042 を参考に、セル範囲A2:F3を元にレーダーチャートグラフを作成する。満足度は10点満点なので、レーダーチャートの数値軸も最大値を10に固定しておくとよい。

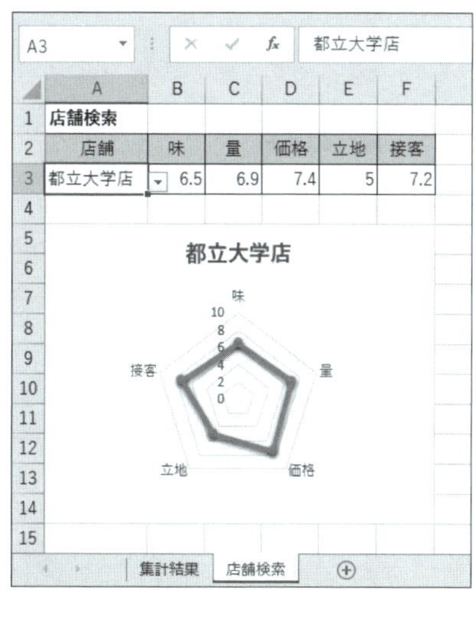

4 セルA3を別の店舗に変更すると、満足度の数値が入れ替わり、グラフもその店舗のレーダーチャートに変わる。

check!

=VLOOKUP(検索値, 範囲, 列番号 [, 検索の型]) → 07.002

memo

▶セルA3の店舗名をリストから入力できるようにしておくと、便利なうえ、入力ミスを防げるのでVLOOKUP関数にエラーが出る心配がなくなります。リスト入力の設定をするには、[集計結果] シートの店舗名のセル範囲A3:A12に「店舗」という名前を付け、[データの入力規則] ダイアログの [元の値] 欄に「=店舗」を指定します。詳しくは 07.007 を参照してください。

関連項目 01.042 XYグラフを作成する →p.48

資料作成

07.047 表に追加したデータを自動的にグラフにも追加する

使用関数 OFFSET(オフセット) / SERIES(シリーズ)

グラフ上のデータ系列を選択すると、数式バーにSERIES関数の式が表示されます。この関数は、グラフのデータ系列を定義する関数です。ここではOFFSET関数と組み合わせて、表に追加したデータが自動でグラフに追加されるような仕組みを作ります。データは表の3行目から隙間なく入力されているものとします。

■表に追加したデータがグラフにも自動追加されるようにする

1 セル範囲A2:B10から折れ線グラフが作成されている。セル範囲A3:A10の日付は項目軸に並び、セル範囲B3:B10の数値はデータ系列のもとになっている。表の末尾に新しいデータを追加したときに、追加したデータが自動的に折れ線グラフに含まれるように設定していく。

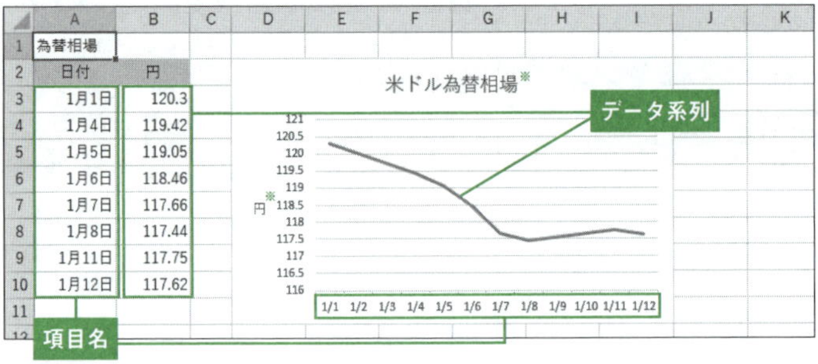

	A	B
1	為替相場	
2	日付	円
3	1月1日	120.3
4	1月4日	119.42
5	1月5日	119.05
6	1月6日	118.46
7	1月7日	117.66
8	1月8日	117.44
9	1月11日	117.75
10	1月12日	117.62

米ドル為替相場※

データ系列

項目名

円※

1/1 1/2 1/3 1/4 1/5 1/6 1/7 1/8 1/9 1/10 1/11 1/12

※このグラフタイトルとラベルは手入力

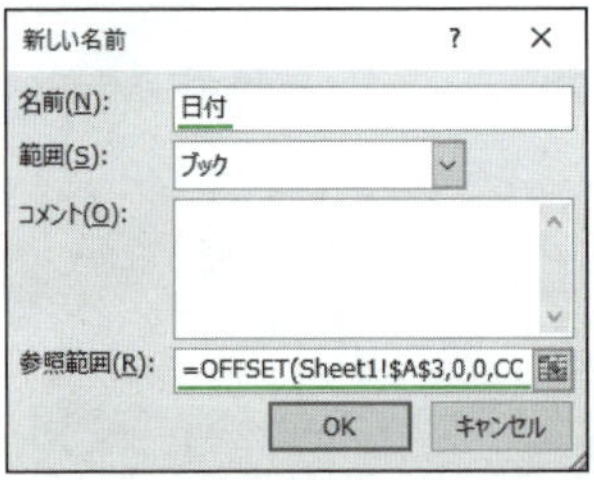

新しい名前
名前(N): 日付
範囲(S): ブック
コメント(O):
参照範囲(R): =OFFSET(Sheet1!$A$3,0,0,CC
OK キャンセル

2 項目名のセル範囲に「日付」という名前を付ける。ただし、新規データが追加されたときに名前の参照範囲が自動拡張するように設定する。それには、01.030 のmemoを参考に名前設定用のダイアログを開き、[名前]欄に「日付」、[参照範囲]欄に数式を入力して[OK]ボタンをクリックする。

入力式
```
=OFFSET(Sheet1!$A$3,0,0,
COUNTA(Sheet1!$A:$A)-2)
```

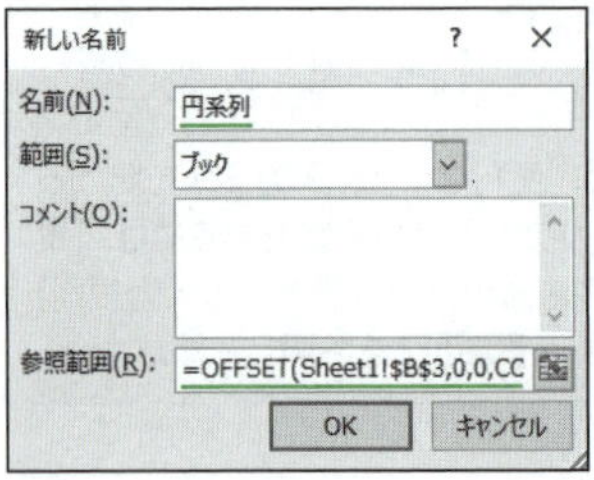

新しい名前
名前(N): 円系列
範囲(S): ブック
コメント(O):
参照範囲(R): =OFFSET(Sheet1!$B$3,0,0,CC
OK キャンセル

3 続いて、データ系列のセル範囲に「円系列」という名前を付ける。再度、名前設定用のダイアログを開き、[名前]欄に「円系列」、[参照範囲]欄に数式を入力して[OK]ボタンをクリックする。なお、手順2と手順3の数式の意味は 07.033 を参照すること。

入力式
```
=OFFSET(Sheet1!$B$3,0,0,
COUNTA(Sheet1!$B:$B)-1)
```

4 データ系列をクリックすると、数式バーにSERIES関数が表示される。第2引数に項目名のセル範囲「Sheet1!$A$3:$A$10」が指定されているので、これを「Sheet1!日付」に変える。また、第3引数にデータ系列のセル範囲「Sheet1!$B$3:$B$10」が指定されているので、これを「Sheet1!円系列」に変える。SERIES関数の引数に別の関数を指定できないので、ここではOFFSET関数の式に名前を付け、その名前をSERIES関数の引数に指定した。なお、数式を確定すると「Sheet1」の部分はブック名に変わる。

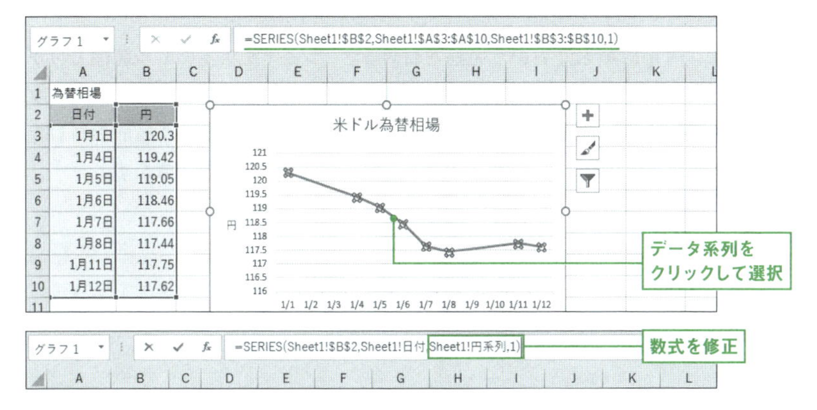

元の式	=SERIES(Sheet1!$B$2,Sheet1!$A$3:$A$10,Sheet1!$B$3:$B$10,1)
入力式	=SERIES(Sheet1!$B$2,Sheet1! 日付 ,Sheet1! 円系列 ,1)

5 表に新しいデータを入力すると、自動的にグラフにも追加される。サンプルでは、3月末までのデータを入力した。

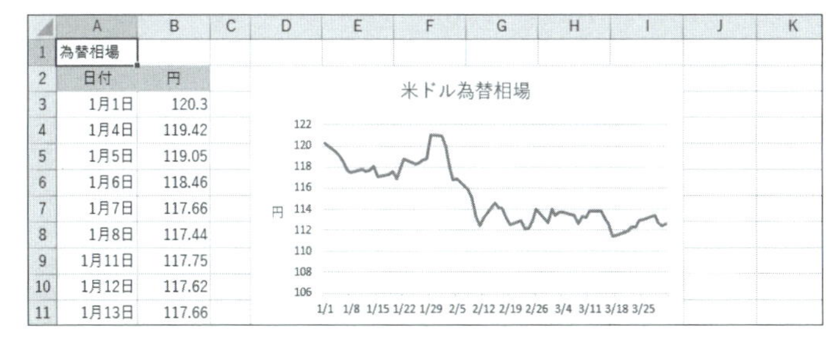

check!

=OFFSET(基準, 行数, 列数 [, 高さ] [, 幅]) → 07.018

=SERIES(系列名, 項目名, 数値, 順序)

系列名…系列名を指定。グラフの凡例に表示される
項目名…項目名を指定。グラフの項目軸に表示される
数値…データ系列の数値を指定。データ系列は、棒グラフでは同じ色の棒の集まり、折れ線グラフでは1本の折れ線のこと
順序…棒グラフや積み上げグラフなどでデータ系列を並べる順序

グラフのデータ系列を定義します。グラフでデータ系列を選択すると、数式バーに表示されます。この関数をセルに入力することはできません。また、引数に別の関数や数式を指定することもできません。

セルの操作

07.048 常にデータが入力されたセル範囲だけを印刷する

使用関数 OFFSET(オフセット) ／ COUNTA(カウント・エー)

セル範囲に「Print_Area」という名前を付けると、シート上のそのセル範囲だけが印刷の対象になります。ここでは、OFFSET関数とCOUNTA関数を使用してデータが入力されているセル範囲を求め、その範囲に「Print_Area」という名前を付けます。そうすることで、常にデータが入力されたセル範囲だけを印刷できます。

■ 月日が入力されている行だけを印刷する

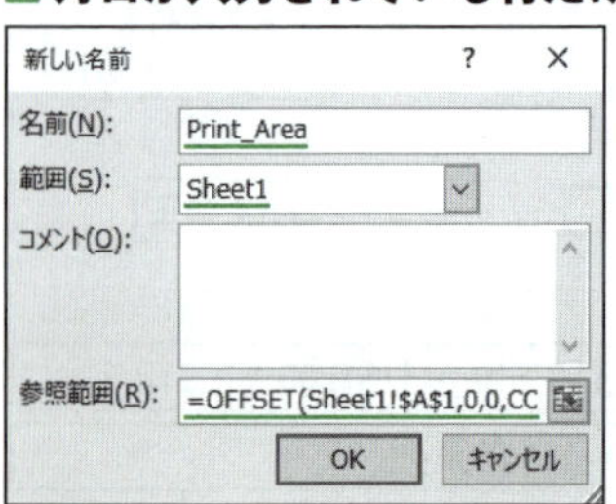

1 01.030 のmemoを参考に名前設定用のダイアログを開き、[名前] 欄に「Print_Area」と入力する。続いて [範囲] から現在のシート名を選択し、[参照範囲] 欄に数式を入力して、[OK] ボタンをクリックする。

入力式 =OFFSET(Sheet1!$A$1,0,0,COUNTA(Sheet1!$A:$A),4)

2 印刷を実行すると、A列に月日が入力されている行だけが印刷される。データを追加すると、追加したデータが自動的に印刷対象に含まれる。各データの月日は必ず入力し、空白行は作らないこと。

A1 経費帳

	A	B	C	D	E
1	経費帳				
2	月日	内容	金額	累計	
3	10月4日	交通費	1,200	1,200	
4	10月4日	書籍購入	580	1,780	
5	10月6日	セミナー受講	10,000	11,780	
6	10月6日	交通費	420	12,200	
7				12,200	
8				12,200	
9				12,200	
10				12,200	
11				12,200	
12				12,200	
13				12,200	

経費帳

月日	内容	金額	累計
10月4日	交通費	1,200	1,200
10月4日	書籍購入	580	1,780
10月6日	セミナー受講	10,000	11,780
10月6日	交通費	420	12,200

check!

=OFFSET(基準, 行数, 列数 [, 高さ] [, 幅]) → 07.018

=COUNTA(値1 [, 値2] ……) → 02.030

セルの操作

07.
049 指定した名前のセル範囲だけを印刷する

使用関数 INDIRECT(インダイレクト)

シートに複数ある表のうち、指定した名前の表だけを印刷する仕組みを作成しましょう。それには「Print_Area」という名前の参照範囲として、表の名前が入力されたセルを指定します。ただし、単純にセルを指定しただけではうまくいきません。INDIRECT関数で、セルに入力した名前の文字列を実際の名前に変換することがポイントです。

■ データの入力範囲に自動で罫線を引く

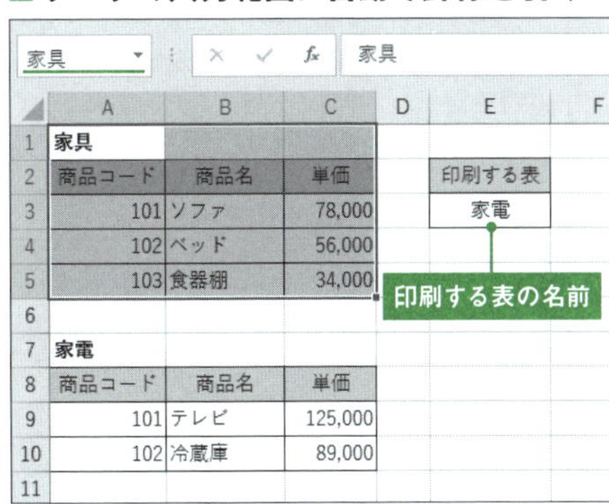

	A	B	C	D	E	F
1	家具					
2	商品コード	商品名	単価		印刷する表	
3	101	ソファ	78,000		家電	
4	102	ベッド	56,000			
5	103	食器棚	34,000			
6						
7	家電					
8	商品コード	商品名	単価			
9	101	テレビ	125,000			
10	102	冷蔵庫	89,000			
11						

1 上側の表のセル範囲A1:C5を選択して、[名前ボックス]に「家具」と入力して名前を設定する。同様に下側の表のセル範囲A7:C10には「家電」という名前を付ける。セルE3には、印刷したい表の名前を入力しておく。

2 01.030 のmemoを参考に名前設定用のダイアログを開き、[名前]欄に「Print_Area」と入力する。続いて[範囲]から現在のシート名を選択し、[参照範囲]欄に数式を入力して、[OK]ボタンをクリックする。印刷を実行すると、セルE3に入力した名前の表だけが印刷される。

入力式 =INDIRECT(Sheet1!$E$3)

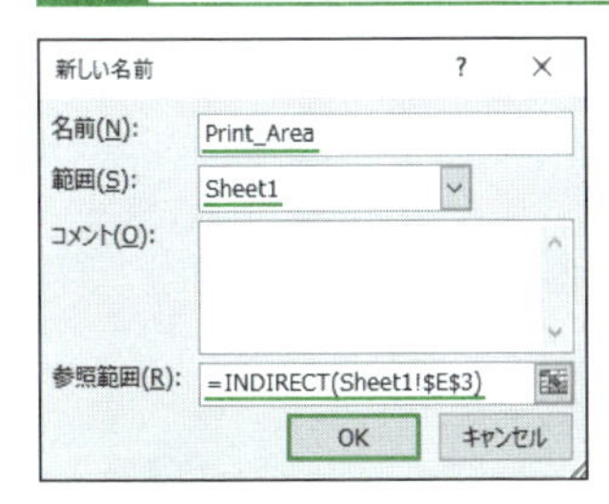

家電

商品コード	商品名	単価
101	テレビ	125,000
102	冷蔵庫	89,000

check!

=INDIRECT(参照文字列[, 参照形式]) → 07.030

セルの書式

07.050 1行おきに色を付ける

MOD(モッド) ／ ROW(ロウ)

表に対して1行おきに色を付けると、行ごとのデータが読み取りやすくなります。1行おきに色を付けるには、行番号を2で割った余りを条件に、条件付き書式を使用してセルに色を塗ります。余りとして「1」を指定すると奇数の行番号、「0」を指定すると偶数の行番号に色が付きます。

■表の1行おきに自動で色を付ける

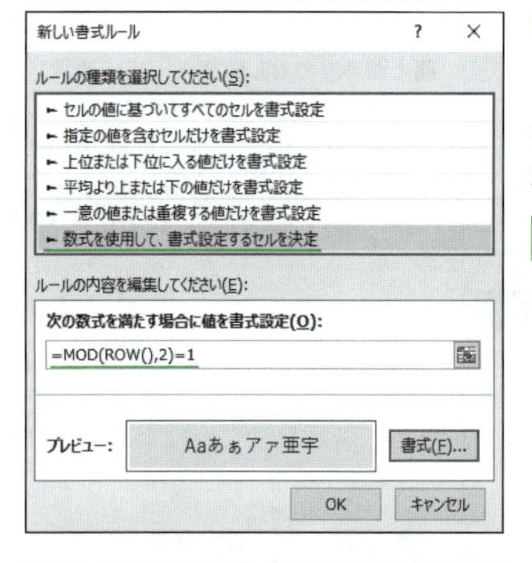

❶表のデータ範囲A3:C7を選択して、01.040を参考に［新しい書式ルール］ダイアログを開く。［数式を使用して、書式設定するセルを決定］を選択し、条件の式を入力し、書式として塗りつぶしの色を指定する。

入力式 =MOD(ROW(),2)=1

A1 会員名簿

	A	B	C	D
1	会員名簿			
2	NO	氏名	メールアドレス	
3	1	田中　奈美	nami@xxx.xx.co.jp	
4	2	野村　慶介	knomu@xxx.xxx.com	
5	3	曽我　良子	y-soga@xxx.co.jp	
6	4	三木本　隆	mikit@xxx.xxx.com	
7	5	吉川　博	yoshikawa@xxx.com	
8				

❷表の1行おきに色が付いた。

check!

=MOD(数値, 除数) → 03.043
=ROW([参照]) → 07.028

関連項目 07.051 データが入力されたセル範囲だけに罫線を引く →p.513
07.052 5行おきに罫線を引く →p.514

セルの書式

07.051 データが入力されたセル範囲だけに罫線を引く

使用関数 OR（オア）

データの入力範囲に自動で格子罫線が引かれるようにするには、条件付き書式の機能を使用します。OR関数を使用して、表の各行のいずれかのセルが空白文字列「""」でないことを条件に、罫線が表示されるようにします。

■ データの入力範囲に自動で罫線を引く

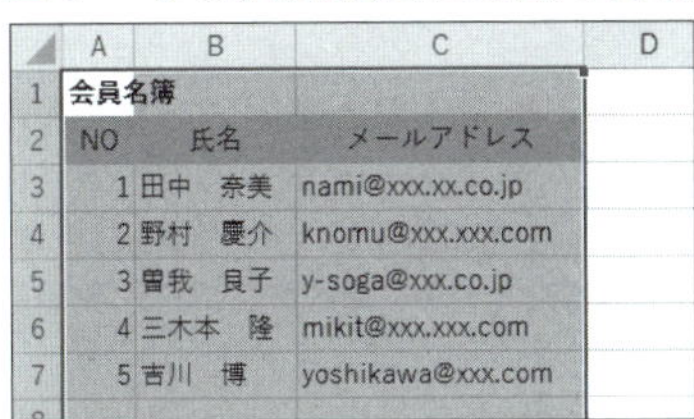

	A	B	C	D
1	会員名簿			
2	NO	氏名	メールアドレス	
3	1	田中　奈美	nami@xxx.xx.co.jp	
4	2	野村　慶介	knomu@xxx.xxx.com	
5	3	曽我　良子	y-soga@xxx.co.jp	
6	4	三木本　隆	mikit@xxx.xxx.com	
7	5	吉川　博	yoshikawa@xxx.com	

❶ここでは、左図のような会員名簿のデータの入力範囲に自動で罫線を引く。A:C列を列単位で選択して、01.040 を参考に条件付き書式設定用のダイアログを開く。

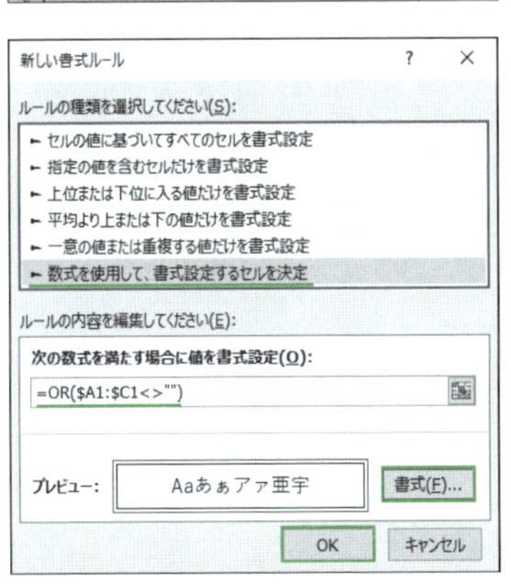

❷［数式を使用して、書式設定するセルを決定］を選択して、数式を入力する。その際、「$A2:$C2」を列は絶対参照、行は相対参照で指定すること。続いて［書式］ボタンをクリックして、［罫線］タブの［プリセット］欄で［外枠］を選び、［OK］ボタンをクリックする。

入力式　=OR($A1:$C1<>"")

	A	B	C	D
1	会員名簿			
2	NO	氏名	メールアドレス	
3	1	田中　奈美	nami@xxx.xx.co.jp	
4	2	野村　慶介	knomu@xxx.xxx.com	
5	3	曽我　良子	y-soga@xxx.co.jp	
6	4	三木本　隆	mikit@xxx.xxx.com	
7	5	吉川　博	yoshikawa@xxx.com	
8				

❸データが入力されている範囲に格子罫線が引かれた。タイトル行のセル範囲A1:C1は、01.040 のmemoを参考に条件付き書式を解除しておく。新しい行のいずれかのセルにデータを入力すると、自動的にその行全体に格子罫線が引かれる。

check!

=OR(論理式1 [, 論理式2] ……) → 06.009

セルの書式

07.052 5行おきに罫線を引く

使用関数 MOD（モッド）／ROW（ロウ）

一定間隔で表に罫線を引くと、データ数がわかりやすくなります。5行おきに罫線を引くには、行番号を5で割った余りを条件に、条件付き書式を使用して下罫線を引きます。サンプルではデータ行が3行目から始まっており、7、12、17……行目の下に罫線を引きたいので、余りとして「2」を指定します。

■ 表の5行おきに罫線を引く

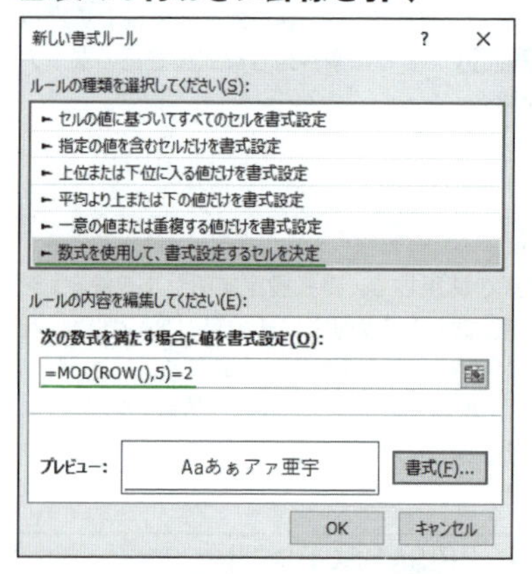

❶表のデータ範囲A2:D49を選択して、01.040を参考に［新しい書式ルール］ダイアログを開く。［数式を使用して、書式設定するセルを決定］を選択し、条件の式を入力し、書式として下罫線を指定する。

入力式 =MOD(ROW(),5)=2

A1 地域別売上一覧

	A	B	C	D	E	F
1	地域別売上一覧					
2	NO	都道府県	コーヒー	紅茶		
3	1	北海道	13,600	20,500		
4	2	青森	17,000	19,500		
5	3	岩手	16,400	23,700		
6	4	宮城	20,800	19,700		
7	5	秋田	21,000	23,200		
8	6	山形	24,000	26,100		
9	7	福島	21,500	18,100		
10	8	東京	33,000	33,900		
11	9	神奈川	18,100	16,800		
12	10	埼玉	19,500	23,800		
13	11	千葉	24,500	21,300		

❷表の5行おきに罫線が引けた。

check!

=MOD(数値, 除数) → 03.043
=ROW([参照]) → 07.028

セルの操作

❌ 非対応バージョン 2010 2007

07.053 セルに入力した数式を別のセルに表示する

使用関数 フォーミュラ・テキスト FORMULATEXT

FORMULATEXT関数を使用すると、指定したセルに入力されている数式を取得できます。数式をシートに表示して検証したいときなどに役立ちます。ここでは、C列の数式をD列に表示します。なお、FORMULATEXT関数は、Excel 2010 / 2007では使用できません。

■「累計」欄に入力した数式を調べる

入力セル D3　入力式 =FORMULATEXT(C3)

D3　=FORMULATEXT(C3)

	A	B	C	D	E	F
1		売上記録				
2	伝票番号	売上	累計			
3	1011	10,000	10,000	=B3		
4	1012	8,500	18,500	=C3+B4		
5	1013	25,000	43,500	=C4+B5		
6	1014	40,000	83,500	=C5+B6		
7	1015	100,000	183,500	=C6+B7		
8	1016	3,000	186,500	=C7+B8		
9						
10						

セルD3に数式を入力して、セルD8までコピー

「累計」欄の数式が表示された

check!

=FORMULATEXT(参照)　[Excel 2016 / 2013]

参照…セルまたはセル範囲を指定

指定したセルに入力されている数式を文字列として返します。セル範囲を指定した場合は先頭のセルの数式が返されます。セルに数式が含まれていない場合は、[#N/A] が返されます。

関連項目 06.020 セルの内容が数式かを調べる →p.435

セルの操作

✖非対応バージョン 2010 2007

07.054 シート名からシート番号を調べる

使用関数 SHEET（シート）

SHEET関数を使用すると、指定したシート名のシート番号を調べることができます。シート番号は、シート見出しの左から順に「1、2、3……」と数えたときの番号です。ここではセルに入力されたシート名のシート番号を調べます。SHEET関数の引数にはシート名を文字列として指定しなければならないので、T関数を使用してセルに入力されたシート名を文字列に変換します。なお、SHEET関数は、Excel 2010 / 2007では使用できません。

■「支店」欄のシート名のシート番号を調べる

入力セル B3　入力式 =SHEET(T(A3))

B3　=SHEET(T(A3))

	A	B
1	シート見出し	
2	支店	シート番号
3	札幌	3
4	東京	1
5	大阪	2
6	福岡	4
7		

シート見出し：東京　大阪　札幌　福岡　Sheet1

セルB3に数式を入力して、セルB6までコピー

シート番号が表示された

check!

=SHEET([値])　　[Excel 2016 / 2013]

値…シート番号を求めるシート名の文字列やセル参照、名前を指定。省略すると、この関数を含むシートの番号が返される

指定したシートのシート番号を求めます。シート名を指定した場合は、そのシートのシート番号が返ります。セル参照や名前を指定した場合は、参照先のセルを含むシートのシート番号が返ります。

=T(値) → 07.044

memo

▶「=SHEET(A3)」のように引数にセル参照を指定すると、セルA3を含むシートのシート番号、つまりこの数式を入力したシートのシート番号が返されます。セルA3に入力されているシート名のシート番号を調べるには、引数に「T(A3)」と指定します。そうすれば「=SHEET("札幌")」と指定したことになり、[札幌] シートのシート番号が求められます。

関連項目 07.058 セルにシート名を表示する →p.522

セルの操作　✕非対応バージョン 2010 2007

07.055 ブック内のシート数を調べる

使用関数 SHEETS（シーツ）

SHEETS関数を使用すると、ブック内のシートの数を取得できます。ここではブックに含まれる全ワークシートの数を調べます。なお、SHEET関数は、Excel 2010 / 2007では使用できません。

■ ブック内のワークシート数を調べる

入力セル A2　入力式 =SHEETS()

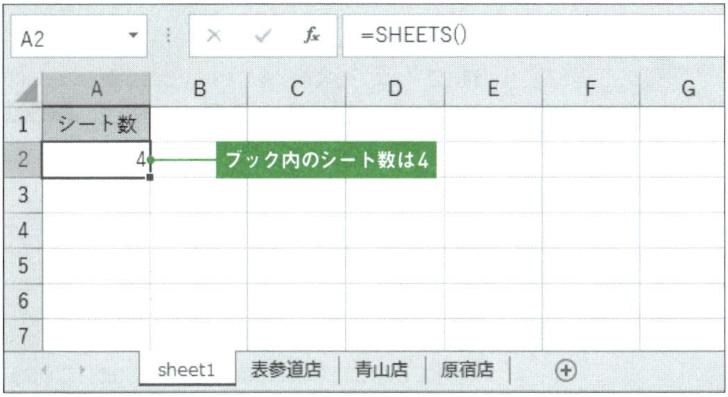

	A	B	C	D	E	F	G
1	シート数						
2	4						
3							
4							
5							
6							
7							

ブック内のシート数は4

sheet1 | 表参道店 | 青山店 | 原宿店

check!

=SHEETS([範囲])　[Excel 2016 / 2013]

範囲…シート数を求めるセル参照や名前を指定。省略すると、ブック内の全シート数が返される

指定した範囲のシート数を求めます。ブック内の全シート数を求めたいときは、引数を省略します。

memo

▶「=SHEET(表参道店:原宿店!A1)」のように3-Dのセル参照を指定すると、[表参道店] シートから [原宿店] シートまでのシート数を調べられます。

関連項目 07.054 シート名からシート番号を調べる →p.516
07.058 セルにシート名を表示する →p.522

データベース

07.056 セルに設定した色の色番号を調べる

使用関数 GET.CELL(ゲット・セル) ／ NOW(ナウ) ／ SUMIF(サム・イフ)

セルに設定されている塗りつぶしの色は、通常の関数では判別できません。「VBA」と呼ばれるプログラミング言語を使用して、塗りつぶしの色を判別するプログラムを作成するのが一般的です。しかし、VBAの知識のない人がプログラムを作成するのは困難です。そこで、ここではExcel 4.0マクロの関数であるGET.CELL関数を使用する方法を紹介します。この関数は特殊な関数で、セルに直接入力できないので、以下の手順のように名前の定義を行って使用します。

黄色のセルの数値を合計する

	A	B	C	D	E	F
1	店舗一覧					
2	店舗名	座席数			合計	
3	八重洲店	126				
4	日本橋店	80				
5	茅場町店	42				
6	銀座店	160				
7	有楽町店	50				
8	新橋店	38				

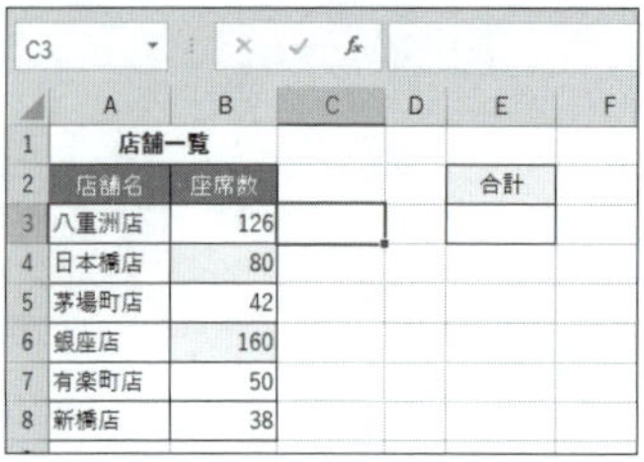

1ここでは、「座席数」欄のセルのうち、黄色のセルの数値を合計する。まず、セルC3を選択して、01.030のmemoを参考に名前設定用のダイアログを開く。

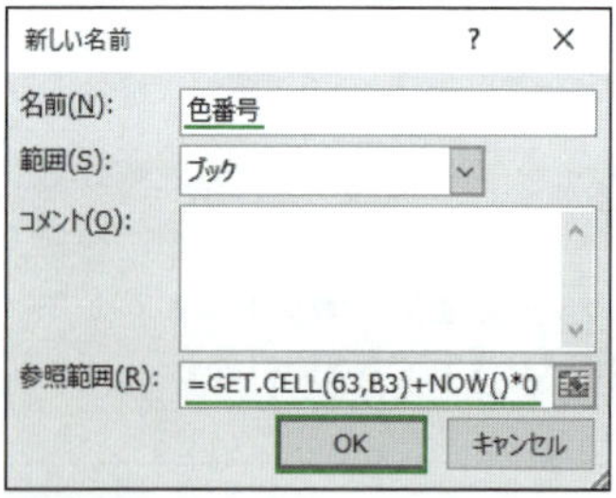

新しい名前
名前(N): 色番号
範囲(S): ブック
コメント(O):
参照範囲(R): =GET.CELL(63,B3)+NOW()*0
OK キャンセル

2表示されるダイアログの［名前］欄に任意の名前を入力する。ここでは「色番号」とした。続いて［参照範囲］欄にGET.CELL関数を入力し、［OK］ボタンをクリックする。なお、引数に指定した「63」は、セルの塗りつぶしの色を調べるための番号。

入力式 =GET.CELL(63,B3)+NOW()*0

memo

- GET.CELL関数でセルの塗りつぶしの色を調べる場合の戻り値は、色を表す0～56の数値です。Excel 2007以降、セルに設定できる色の種類が増えたため、複数の色を設定したシートでGET.CELL関数を使用すると、異なる色に重複する色番号が返されることがあります。そのような場合、GET.CELL関数は使用できません。
- GET.CELL関数を含むブックはマクロ有効ブックとして保存してください。なお、GET.CELL関数を含むブックは、開くときにセキュリティの確認のメッセージが表示される場合があります。

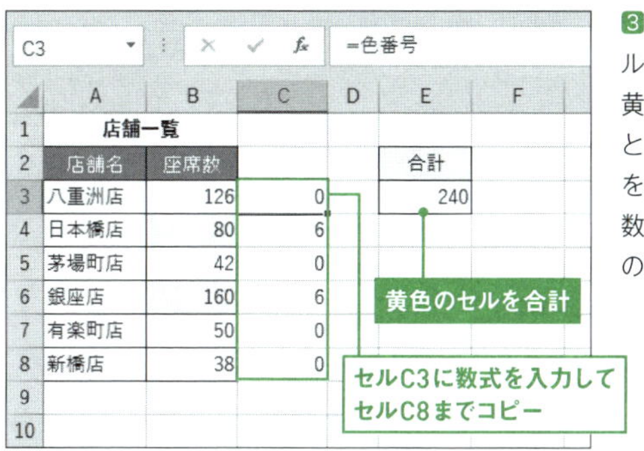

3セルC3に「=色番号」と入力してセルC8までコピーすると、左隣のセルが黄色の場合は「6」、色がない場合は「0」と表示される。セルE3にSUMIF関数を入力して、色番号「6」を条件に「座席数」欄のセルを合計すると、黄色のセルの数値だけが合計される。

入力セル	C3	入力式	= 色番号
入力セル	E3	入力式	=SUMIF(C3:C8,6,B3:B8)

check!

=GET.CELL(検査の種類 [, 範囲])

検査の種類…検査したい書式を数値で指定。指定できる主な値は次表を参照
範囲…検査するセルを指定。省略するとアクティブセルが対象になる

値	戻り値
20	太字が設定されていればTRUE、されていなければFALSE
21	斜体が設定されていればTRUE、されていなければFALSE
22	下線が設定されていればTRUE、されていなければFALSE
24	フォントの色番号([自動] に設定されている場合は「0」)
48	セルに数式が含まれていればTRUE、含まれていなければFALSE
63	塗りつぶしの色番号([自動] に設定されている場合は「0」)

「範囲」で指定したセルの書式を調べます。調べる書式の種類は「検査の種類」で指定します。戻り値は「検査の種類」の指定に応じて決まります。

=NOW() → 04.005
=SUMIF(条件範囲, 条件 [, 合計範囲]) → 02.009

memo

▶手順2で「色番号」という名前に設定した数式は次のとおりです。

=GET.CELL(63,B3)+NOW()*0

この数式のうち、「GET.CELL(63,B3)」の部分が塗りつぶしの色番号を返します。あらかじめセルC3を選択してから引数にセルB3を指定したため、「=色番号」という数式を入力したセルに、常にそのセルの左隣の塗りつぶしの色番号が表示されます。

▶GET.CELL関数だけでは再計算が行えないため、色を変更しても合計値を更新できません。そこで、GET.CELL関数にNOW関数を組み込んで、色の変更後に [F9] キーを押すと再計算が行われるようにしました。NOW関数は現在の日時のシリアル値を返す関数ですが、0を掛けて加えることにより、GET.CELL関数の戻り値には影響しません。

セルの操作

07.057 セルの情報を調べる

使用関数 CELL

CELL関数を使用すると、セルの書式や位置などの情報が得られます。どのような情報を得たいかは、引数で指定します。さまざまな情報を調べることができますが、ここでは例としてA列のセルに設定されている表示形式を調べてみます。その場合の戻り値は、表示形式を表す「文字列定数」になります。

■ セルに設定されている表示形式を調べる

入力セル B3　入力式 =CELL("format",A3)

	A	B
1	セルの表示形式を調べる	
2	データ	書式コード
3	1234	G
4	1.23	F2
5	¥1,234	C0-
6	12%	P0
7	1.E+03	S0
8	2016/7/16	D1
9	H28.7.16	D4
10	11:24	D9

セルB3に数式を入力して、セルB10までコピー

A列のセルの表示形式を表す文字列定数が表示された

check!

=CELL(検査の種類 [, 対象範囲])

検査の種類…調べたい情報の種類を次表の文字列で指定

対象範囲…調べたいセルを指定。セル範囲を指定した場合は、左上隅のセルの情報が返される。省略した場合は最後に変更されたセルが対象になる

「対象範囲」で指定したセルの情報を返します。返される情報は、「検査の種類」で指定します。

検査の種類	戻り値
"address"	セルの参照を表す文字列
"col"	セルの列番号
"color"	負の数を色で表す書式がセルに設定されている場合は「1」、それ以外の場合は「0」
"contents"	セルの値
"filename"	「対象範囲」を含むファイルのフルパス。シートが保存されていない場合は空白文字列「""」が返される
"format"	セルの表示形式に対応する文字列定数。文字列定数については次表Aを参照
"parentheses"	正の値またはすべての値を括弧「()」で囲む書式がセルに設定されている場合は「1」、それ以外の場合は「0」

検査の種類	戻り値
"prefix"	セルの文字配置に対応する文字列定数。文字列定数については次表Bを参照
"protect"	セルがロックされていない場合は「0」、ロックされている場合は「1」
"row"	セルの行番号
"type"	セルに含まれるデータのタイプに対応する文字列定数。文字列定数については次表Cを参照
"width"	セルの幅を整数で返す。セルの幅は、標準のフォントサイズの文字が何文字入るかで表される

表A：引数「検査の種類」に「"format"」を指定したときの戻り値の例

表示形式の例	戻り値
標準	G
# ?/?	G
0	F0
#,##0	,0
0.00	F2
#,##0.00	,2
¥#,##0_);(¥#,##0)	C0
¥#,##0_);[赤](¥#,##0)	C0-
0%	P0
0.00%	P2

表示形式の例	戻り値
0.00E+00	S2
yyyy/m/d	D1
yyyy"年"m"月"d"日"	
ge.m.d	D4
ggge"年"m"月"d"日"	
mm/dd	D5
h:mm:ss AM/PM	D6
h:mm AM/PM	D7
h:mm:ss	D8
h:mm	D9

表B：引数「検査の種類」に「"prefix"」を指定したときの戻り値の例

配置	戻り値
左揃え	単一引用符「'」
右揃え	二重引用符「"」
中央揃え	キャレット「^」
両端揃え	円記号「¥」
その他	空白文字列「""」

表C：引数「検査の種類」に「"type"」を指定したときの戻り値の例

配置	戻り値
空白	b (Blankの頭文字)
文字列定数	l (Labelの頭文字)
その他	v (Valueの頭文字)

memo

▶「検査の種類」に「"format"」「"parentheses"」「"prefix"」「"protect"」「"color"」を指定した場合、あとから「対象範囲」の表示形式や配置、ロックの設定を変更したときは、[F9] キーを押すなどして再計算を実行し、戻り値を更新する必要があります。

関連項目 07.058 セルにシート名を表示する →p.522
07.059 [F9] キーの押下でアクティブ行に色が付くようにする →p.523

セルの操作

07.058 セルにシート名を表示する

使用関数 MID（ミッド）／CELL（セル）／FIND（ファインド）

CELL関数の引数に「"filename"」を指定すると、パス付きのファイル名とシート名を取得できます。そこからシート名の部分だけを取り出して、各シートのセルA1にシート名を表示してみましょう。あらかじめシートをグループ化しておけば、各シートに一気に数式を入力できます。なお、保存していないブックでは、シート名は表示できないので注意してください。

各シートのセルA1にシート名を表示する

A1 =MID(CELL("filename",A1)

	A	B	C	D	E
1	表参道店				
2	部門	売上実績	来期目標		
3	衣料品	12,314,000	15,000,000		
4	日用雑貨	817,000	1,000,000		
5	食品	8,912,000	10,000,000		
6	合計	22,043,000	26,000,000		
7					

表参道店 青山店 原宿店

❶各シートのシート見出しを [Ctrl] キーを押しながらクリックして、シートをグループ化する。セルA1に数式を入力すると、シート名が表示される。

入力セル A1

入力式 =MID(CELL("filename",A1),FIND("]",CELL("filename",A1))+1,31)

	A	B	C	D	E
1	青山店				
2	部門	売上実績	来期目標		
3	衣料品	8,821,000	10,000,000		
4	日用雑貨	338,000	500,000		
5	食品	3,542,000	5,000,000		
6	合計	12,701,000	15,500,000		
7					

表参道店 青山店 原宿店

❷別のシート見出しをクリックすると、グループ化が解除される。各シートのセルA1にそれぞれのシート名が表示されていることを確認しておく。

check!

=MID(文字列, 開始位置, 文字数) → 05.039
=CELL(検査の種類 [, 対象範囲]) → 07.057
=FIND(検索文字列, 対象 [, 開始位置]) → 05.013

memo

▶「=CELL("filename",A1)」の戻り値の形式は「ドライブ名:¥フォルダ名¥[ファイル名.拡張子]シート名」です。したがってFIND関数で「]」の位置を検索し、MID関数を使用して「]」の次の文字から最後の文字までを取り出せば、シート名が取り出せます。なお、MID関数の3番目の引数に指定した「31」は、シート名の最大文字数です。

07.059 [F9]キーの押下でアクティブ行に色が付くようにする

使用関数 CELL／ROW

アクティブセルがある行に自動的に色が付くと、現在行のデータが見やすくなります。これを実現するには通常VBAのプログラムを使用します。しかし、CELL関数と条件付き書式を組み合わせれば、[F9] キーの押下でアクティブ行に色を付けられます。全自動とはいきませんが、VBAの力を借りることなく設定できる点が魅力です。

アクティブセルのある行に色を付ける

新しい書式ルール

ルールの種類を選択してください(S):
- セルの値に基づいてすべてのセルを書式設定
- 指定の値を含むセルだけを書式設定
- 上位または下位に入る値だけを書式設定
- 平均より上または下の値だけを書式設定
- 一意の値または重複する値だけを書式設定
- 数式を使用して、書式設定するセルを決定

ルールの内容を編集してください(E):
次の数式を満たす場合に値を書式設定(O):
=CELL("row")=ROW(B3)

プレビュー: Aaあぁアァ亜宇 書式(F)...

OK キャンセル

❶表のデータ範囲A3:F7を選択して、01.040 を参考に［新しい書式ルール］ダイアログを開く。［数式を使用して、書式設定するセルを決定］を選択し、条件の式を入力し、書式として塗りつぶしの色を指定する。

入力式 =CELL("row")=ROW(B3)

A5 柿沼　啓太

	A	B	C	D	E	F
1	四半期別営業成績　新規契約数					
2	氏名	1Q	2Q	3Q	4Q	合計
3	井上　良美	51	37	66	54	208
4	岡本　健	56	83	75	77	291
5	柿沼　啓太	57	73	60	31	221
6	瀬野　孝治	58	80	78	94	310
7	田辺　美紀	47	53	82	67	249
8						

❷アクティブセルの行に色が付いた。セルを移動したときは、[F9] キーを押すとその行に色が付く。

check!

=CELL(検査の種類 [, 対象範囲]) → 07.057
=ROW([参照]) → 07.028

07.057 セルの情報を調べる →p.520
07.058 セルにシート名を表示する →p.522

セルの操作

07.060 Excelのバージョンを調べる

使用関数 INFO（インフォメーション）

INFO関数を使用すると、現在の操作環境についての情報が得られます。これを利用して、使用中のExcelのバージョンなどを調べられます。

Excelのバージョンを調べる

入力セル A2　入力式 =INFO("RELEASE")

	A	B	C	D	E	F	G
1	Excelのバージョン						
2	16.0						
3							
4							
5							

Excelのバージョンを表す数値が表示された

check!

=INFO(検査の種類)

検査の種類…調べたい情報の種類を次表の文字列で指定

「検査の種類」で指定した情報を返します。環境が変わったときは、[F9] キーを押すと戻り値を更新できます。

検査の種類	戻り値
"directory"	カレントフォルダのパス名。カレントフォルダとは、[名前を付けて保存] ダイアログや [開く] ダイアログを開いたときにフォルダの指定欄に表示されるフォルダのこと
"numfile"	開かれているワークシートの枚数
"origin"	現在ウィンドウに表示されている範囲の左上隅のセル参照が「$A:」で始まる文字列として返される
"osversion"	現在使用されているオペレーティングシステムのバージョン
"recalc"	現在設定されている再計算のモード。戻り値は「自動」または「手動」
"release"	Excelのバージョン。Excel 2007は「12.0」、Excel 2010は「14.0」、Excel 2013は「15.0」、Excel 2016は「16.0」になる
"system"	操作環境の名前。Windows版Excelでは「pcdos」、Mac版Excelでは「mac」になる

memo

- INFO関数の戻り値は、セキュリティ上、外部に漏れると好ましくない情報も含まれます。使用の際は注意してください。
- INFO関数はブックが開いたときに自動的に再計算される「揮発性関数」です。そのため、ブックに変更を加えていなくても、閉じるときに「変更を保存しますか？」というメッセージが表示されます。

Web

❌非対応バージョン 2010 2007

07.061 文字列をURLエンコードする

使用関数 ENCODEURL（エンコード・ユーアールエル）／HYPERLINK（ハイパーリンク）

ENCODEURL関数を使用すると、日本語をエンコード（文字コードに変えること）して、URLに指定できる形式に変換できます。ここでは、「住所」欄に入力した住所をエンコードします。さらにエンコードした文字列をキーワードとしてGoogleマップを検索し、HYPERLINK関数を使用して検索結果へのリンクを作成します。リンクをクリックすると、ブラウザーが起動して指定した住所の地図が表示されます。

■「住所」欄に入力した住所の地図を表示するリンクを作成する

入力セル C3　入力式 =ENCODEURL(B3)

入力セル D3　入力式 =HYPERLINK("http://maps.google.co.jp/maps?q="&C3," 地図表示 ")

C3　=ENCODEURL(B3)

	A	B	C	D	E
1	顧客住所録				
2	顧客名	住所	エンコード	地図	
3	A商事	新宿区舟町5	%E6%96%B0%E5%AE%BF%E5%8C%BA%E8%88%9F%E7%94%BA5	地図表示	
4	B物産	港区高輪	%E6%B8%AF%E5%8C%BA%E9%AB%98%E8%BC%AA	地図表示	
5	C商会	渋谷区渋谷	%E6%B8%8B%E8%B0%B7%E5%8C%BA%E6%B8%8B%E8%B0%B7	地図表示	
6					
7					

「住所」欄の文字列をエンコード

エンコードした文字列をキーワードとしてGoogleマップへのリンクを作成

check!

=ENCODEURL(文字列)　[Excel 2016 / 2013]

文字列…エンコードする対象の文字列を指定

引数で指定した「文字列」をURLエンコードした結果の文字列を返します。「UTF-8」という文字コードでコード化されます。

=HYPERLINK(リンク先 [, 別名]) → 07.041

memo

▶セルC3に表示されている「%E6%96%B0%E5%AE%BF%E5%8C%BA%E8%88%9F%E7%94%BA5」が、「新宿区舟町5」をURLエンコードした結果の文字列です。

▶セルD3の数式の「C3」を「B3」に変えると、日本語が文字化けしてうまく検索できません。

▶07.061 ～ 07.064 の解説は、2016年6月現在のものです。各サイトのURLや仕様は今後変更される可能性があります。

Web　✖非対応バージョン 2010 2007

07.062 Webサービスからデータを取得する

使用関数 WEBSERVICE（ウェブサービス）

WEBSERVICE関数を使用すると、指定したURLのWebサービスからデータをダウンロードできます。ここではセルに入力した郵便番号から、「郵便番号検索API」というWebサービスを使用して住所情報を取得します。数式を入力するセルB3には、［折り返して全体を表示する］が設定してあります。

■ セルA3に入力した郵便番号に対応する住所情報を取得する

入力セル B3　入力式 =WEBSERVICE("http://zip.cgis.biz/xml/zip.php?zn="&A3)

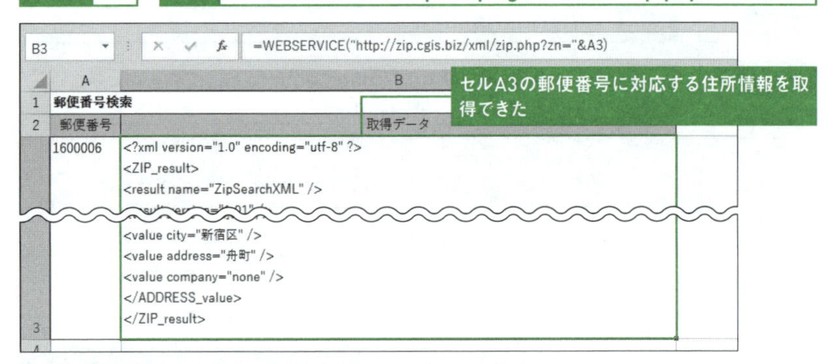

check!

=WEBSERVICE(URL)　　**[Excel 2016 / 2013]**

URL…Webサービスを提供するサイトのURLを指定

「URL」で指定したWebサービスにデータ提供のリクエストを送信し、その結果の文字列を受け取ります。指定した「URL」がデータを返せない場合、エラー値［#VALUE!］が返されます。

memo

- 引数「URL」の中に日本語を含める場合は、07.061 を参考にENCODEURL関数を使用して、URLエンコードした文字列を指定します。
- 「郵便番号検索API」は、「zip.cgis.biz」で提供されるWebサービスです。サンプルのように郵便番号をパラメータとしてリクエストを送信すると、住所情報を含むXMLデータが返されます。
- ブックを保存して初めて開いたときに標準では「セキュリティの警告」が表示されるので、「コンテンツの有効化」をクリックします。

✕ 非対応バージョン 2010 2007

07.063 XML形式のデータから情報を取り出す

使用関数 FILTERXML(フィルター・エックスエムエル)

07.062では、WEBSERVICE関数を使用して、住所情報を含むXMLデータを取得しました。ここでは、FILTERXML関数を使用して、XMLデータから必要な情報を引き出します。FILTERXML関数の引数として、XMLデータ、および、取り出す情報を指定するための「パス」を指定します。サンプルのセルB3に入力されている数式は、07.062で紹介した数式です。

セルB3のXMLデータから情報を取り出す

入力セル C3　入力式 =FILTERXML(B3,"/ZIP_result/ADDRESS_value/value[@state]/@state")

入力セル D3　入力式 =FILTERXML(B3,"/ZIP_result/ADDRESS_value/value[@city]/@city")

入力セル E3　入力式 =FILTERXML(B3,"/ZIP_result/ADDRESS_value/value[@address]/@address")

入力セル F3　入力式 =C3&D3&E3

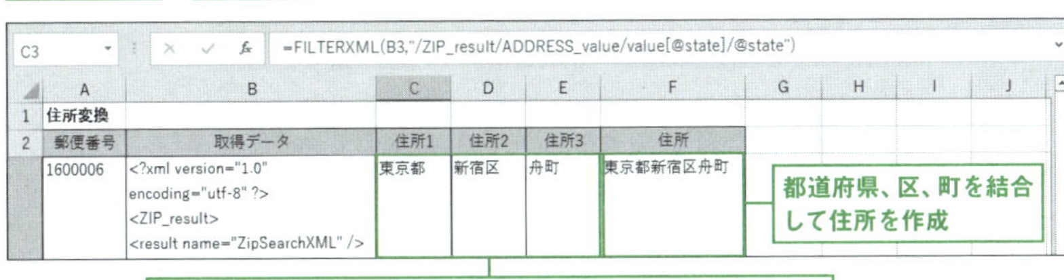

check!

=FILTERXML(XML, XPath)　　**[Excel 2016 / 2013]**

XML…XML形式の文字列を指定

XPath…取り出したい情報を指定するためのパスをXPath形式で指定

XMLデータから、指定したパスにあるデータを取り出します。指定されたパスが複数存在する場合は、配列が返されます。

memo

▶XMLデータはツリー構造をしており、ツリーの節にあたる部分を「ノード」と呼びます。「XPath」は、ノードを指定するための記述方式です。XMLの構造に合わせて、指定する必要があります。

Web

非対応バージョン 2010 2007

07.064 XML形式のデータから特定の情報を取り出す

使用関数 WEBSERVICE（ウェブサービス）／ FILTERXML（フィルター・エックスエムエル）／ INDEX（インデックス）

FILTERXML関数で指定したパスが指定したXMLデータに複数存在する場合、配列が返されます。INDEX関数を使用すると、配列から特定のデータを取り出せます。ここでは、「Yahoo!天気・災害」で提供されるXMLデータから、本日より3日間の天気情報を取り出します。

XMLデータから天気情報を取り出す

入力セル B2　入力式 =WEBSERVICE("http://rss.weather.yahoo.co.jp/rss/days/4410.xml")

入力セル B3　入力式 =INDEX(FILTERXML($B$2,"//channel/item/title"),A3)

B3 =INDEX(FILTERXML($B$2,"//channel/item/title"),A3)

	A	B	C	D
1	東京の天気			
2	XML	<?xml version="1.0" encoding="utf-8"?> <rss version="2.0"><channel><title>Yahoo!天気・災害 - 東京（東京）の天気		
3	1	【20日（金）東京（東京）】曇後晴 - 21°C/14°C - Yahoo!天気・災害		
4	2	【21日（土）東京（東京）】晴時々曇 - 25°C/13°C - Yahoo!天気・災害		
5	3	【22日（日）東京（東京）】晴時々曇 - 27°C/16°C - Yahoo!天気・災害		
6				
7				

天気情報を含むXMLデータを取得

セルB3の数式をセルB5までコピーすると、XMLデータから本日から3日間の天気が取り出される

check!

=WEBSERVICE(URL) → 07.062
=FILTERXML(XML, XPath) → 07.063
=INDEX(参照, 行番号 [, 列番号] [, 領域番号]) → 07.017

memo

▶「Yahoo!天気・災害」で提供されるXMLデータには「//channel/item/title」というパスで指定されるデータが複数あり、FILTERXML関数の結果は配列になります。配列の1番目の要素は本日、2番目の要素は明日、3番目の要素は明後日の天気の情報です。ここでは、INDEX関数を使用して、配列の1～3番目の要素を取り出しました。

▶セルB3のサイズが小さいので、サンプルにはXMLデータの一部しか表示されていません。セルB3をコピーしてWordファイルに貼り付けるなどすると、XMLデータを確認しやすくなります。

第8章

数学計算

数値計算

08.001 最大公約数を求める

使用関数 GCD（ジー・シー・ディー）

複数の整数に共通する約数のうち、最も大きい約数を「最大公約数」と呼びます。GCD関数を使用すると、引数に指定した数値の最大公約数を求めることができます。GCDは、Greatest Common Divisorの略です。

■最大公約数を求める

入力セル D3　入力式 =GCD(A3:C3)

D3　=GCD(A3:C3)

	A	B	C	D	E	F
1	最大公約数の計算					
2	数値1	数値2	数値3	最大公約数		
3	8	12	6	2		
4	12	18	24	6		
5	24	28	36	4		
6	10	5	-2	#NUM!		
7						
8						
9						
10						

セルD3に数式を入力して、セルD6までコピー

負数を指定するとエラーになる

check!

=GCD(数値1 [, 数値2] ……)

数値…数値、またはセル範囲を指定。数値以外のデータを指定すると、[#VALUE!] が返される。負数を指定すると、[#NUM!] が返される

指定した「数値」の最大公約数を返します。「数値」は255個まで指定できます。

memo

▶引数に整数以外の数値を指定すると、小数点以下が切り捨てられて、最大公約数が求められます。

▶最大公約数は、それぞれの数値を素因数分解して、共通の素因数を掛け合わせることで求められます。例えば、12=2×2×3、30=2×3×5なので、12と30の最大公約数は2×3=6となります。

関連項目 08.002 最小公倍数を求める →p.531

 数値計算

08.002 最小公倍数を求める

使用関数 LCM（エル・シー・エム）

複数の整数に共通する倍数のうち、最も小さい倍数を「最小公倍数」と呼びます。LCM関数を使用すると、引数に指定した数値の最小公倍数を求めることができます。LCMは、Least Common Multipleの略です。

■ 最小公倍数を求める

入力セル D3　入力式 =LCM(A3:C3)

D3　=LCM(A3:C3)

	A	B	C	D	E	F
1	最小公倍数の計算					
2	数値1	数値2	数値3	最小公倍数		
3	6	9	4	36		
4	3	4	5	60		
5	12	18	24	72		
6	10	5	-2	#NUM!		
7						
8						
9						

セルD3に数式を入力して、セルD6までコピー

負数を指定するとエラーになる

check!

=LCM(数値1 [, 数値2] ……)

数値…数値、またはセル範囲を指定。数値以外のデータを指定すると、[#VALUE!] が返される。負数を指定すると、[#NUM!] が返される

指定した「数値」の最小公倍数を返します。「数値」は255個まで指定できます。

memo

▶引数に整数以外の数値を指定すると、小数点以下が切り捨てられて、最小公倍数が求められます。

▶最小公倍数は、それぞれの数値を素因数分解して、重複する素因数を除いた残りを掛け合わせることで求められます。例えば、12=2×2×3、30=2×3×5なので、12と30の最小公倍数は2×2×3×5=60となります。

関連項目 08.001 最大公約数を求める →p.530

数値計算

08.003 階乗を求める

使用関数 FACT(ファクト)

FACT関数を使用すると、数値の「階乗」を求めることができます。階乗は、1からnまでの整数を掛け合わせた数値のことで、一般に「n!」で表されます。例えば、4の階乗は「4!=4×3×2×1」で24になります。ここでは0から6までの整数の階乗を求めてみます。

■階乗を求める

入力セル B3　入力式 =FACT(A3)

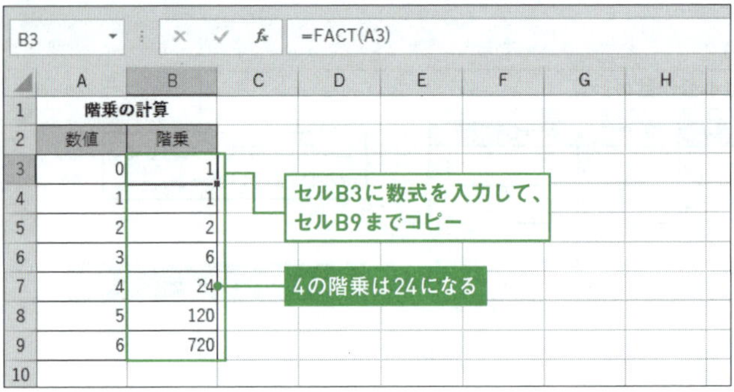

B3　=FACT(A3)

	A	B
1	階乗の計算	
2	数値	階乗
3	0	1
4	1	1
5	2	2
6	3	6
7	4	24
8	5	120
9	6	720
10		

セルB3に数式を入力して、セルB9までコピー

4の階乗は24になる

check!

=FACT(数値)

数値…数値を指定。数値以外のデータを指定すると、[#VALUE!] が返される。負数を指定すると、[#NUM!] が返される

指定した「数値」の階乗を返します。

memo

▶引数に整数以外の数値を指定すると、小数点以下が切り捨てられて計算されます。

▶一般にnの階乗は次の式で求められます。

n! = n×(n-1)×(n-2)×…×2×1　ただし0! = 1

▶Excelの数値の有効桁数は15桁なので、21以上の階乗に誤差が出ます。また、171以上の階乗は、Excelで扱える数値の範囲を超えるためエラー値 [#NUM!] になります。

関連項目 08.004 二重階乗を求める →p.533

 数値計算

08.004 二重階乗を求める

使用関数 FACTDOUBLE（ファクト・ダブル）

FACTDOUBLE関数を使用すると、数値の「二重階乗」を計算できます。二重階乗とは、一般に「n!!」で表される計算で、nが奇数のときは1からnまでの奇数の総乗、nが偶数のときは2からnまでの偶数の総乗になります。ここでは0から6までの整数の二重階乗を求めてみます。

0から6までの整数の二重階乗を求める

入力セル B3　入力式 =FACTDOUBLE(A3)

B3　=FACTDOUBLE(A3)

	A	B
1	二重階乗の計算	
2	数値	二重階乗
3	0	1
4	1	1
5	2	2
6	3	3
7	4	8
8	5	15
9	6	48
10		

セルB3に数式を入力して、セルB9までコピー

4の二重階乗は「4×2」で8になる

5の二重階乗は「5×3×1」で15になる

check!

=FACTDOUBLE(数値)

数値…数値を指定。数値以外のデータを指定すると、[#VALUE!] が返される。負数を指定すると、[#NUM!] が返される

指定した「数値」の二重階乗を返します。

memo

▶引数に整数以外の数値を指定すると、小数点以下が切り捨てられて計算されます。

▶一般にnの二重階乗は次の式で求められます。-1の階乗は1ですが、その他の負数の階乗は求められません。

nが偶数の場合：n!! = n×(n-2)×(n-4)×…×4×2
nが奇数の場合：n!! = n×(n-2)×(n-4)×…×3×1
ただし0!! = 1、(-1)!! = 1

関連項目 08.003 階乗を求める →p.532

数値計算

08.005 平方和を求める

サム・スクエア
SUMSQ

SUMSQ関数を使用すると、複数の数値の2乗（平方）の和（平方和）を求めることができます。平方和は、分散や変動など、統計の公式の中によく出てくる基本的な計算です。ここでは、3つの数値から平方和を求めます。

平方和を求める

入力セル D3　入力式 =SUMSQ(A3:C3)

D3　=SUMSQ(A3:C3)

	A	B	C	D	E	F	G
1	平方和の計算						
2	x	y	z	$x^2+y^2+z^2$			
3	1	1	1	3			
4	2	2	2	12			
5	1	2	3	14			
6	2	3	4	29			
7							
8							
9							

セルD3に数式を入力して、セルD6までコピー

1の2乗と2の2乗と3の2乗の合計で14になる

check!

=SUMSQ(数値1 [, 数値2] ……)

数値…数値を指定。数値以外のデータは無視される

「数値」の2乗の和を返します。「数値」は255個まで指定できます。

関連項目 08.006 2つの配列の平方和を合計する →p.535

数値計算

08.006 2つの配列の平方和を合計する

使用関数 SUMX2PY2（サム・エックスジジョウ・プラス・ワイジジョウ）

SUMX2PY2関数を使用すると、2つの配列で対になる数値の平方和を合計できます。平方和とは、2乗した値の和のことです。ひとつひとつ2乗の計算をしなくても、一気に結果が求められるため便利です。

平方和の合計を求める

入力セル D3　入力式 =SUMX2PY2(A3:A6,B3:B6)

D3　=SUMX2PY2(A3:A6,B3:B6)

	A	B	C	D	E	F	G
1	平方和の合計						
2	配列1 x	配列2 y		平方和の合計			
3	3	2		53			
4	1	2					
5	3	1					
6	4	3					
7							
8							

check!

= SUMX2PY2(配列1, 配列2)

配列1…計算の対象となる一方の配列定数、またはセル範囲を指定
配列2…計算の対象となるもう一方の配列定数、またはセル範囲を指定

「配列1」と「配列2」の要素同士の平方和を合計します。「配列1」の要素数と「配列2」の要素数が異なると[#N/A]が返されます。

memo

▶平方和の合計は次の式で計算できます。

$$\mathrm{SUMX2PY2} = \sum(x^2 + y^2)$$

▶サンプルでは、「$(3^2+2^2)+(1^2+2^2)+(3^2+1^2)+(4^2+3^2)=53$」という計算が行われています。なお、「=SUMSQ(A3:B6)」としても、同じ結果になります。

関連項目 08.005 平方和を求める →p.534
08.007 2つの配列の平方差を合計する →p.536

数値計算

08.007 2つの配列の平方差を合計する

使用関数 SUMX2MY2(サム・エックスジジョウ・マイナス・ワイジジョウ)

SUMX2MY2関数を使用すると、2つの配列で対になる数値の「平方差」を合計できます。平方差とは、2乗した値の差のことです。ひとつひとつ2乗の計算をしなくても、一気に結果が求められるため便利です。

平方差の合計を求める

入力セル D3　入力式 =SUMX2MY2(A3:A6,B3:B6)

D3　=SUMX2MY2(A3:A6,B3:B6)

	A	B	C	D	E	F	G
1	平方差の合計						
2	配列1 x	配列2 y		平方差の合計			
3	3	2		17			
4	1	2					
5	3	1					
6	4	3					
7							
8							

配列1　配列2　平方差の合計が求められた

check!

=SUMX2MY2(配列1, 配列2)

配列1…計算の対象となる一方の配列定数、またはセル範囲を指定
配列2…計算の対象となるもう一方の配列定数、またはセル範囲を指定

「配列1」と「配列2」の要素同士の平方差を合計します。「配列1」の要素数と「配列2」の要素数が異なると[#N/A]が返されます。

memo

▶平方差の合計は次の式で計算できます。

$$\mathrm{SUMX2MY2}=\sum(x^2-y^2)$$

▶サンプルでは、「$(3^2-2^2)+(1^2-2^2)+(3^2-1^2)+(4^2-3^2)=17$」という計算が行われています。なお、「=SUMSQ(A3:A6)-SUMSQ(B3:B6)」としても同じ結果になります。

関連項目
08.006 2つの配列の平方和を合計する →p.535
08.008 2つの配列の差の平方を合計する →p.537

数値計算

08.008 2つの配列の差の平方を合計する

使用関数
サム・エックス・マイナス・ワイジジョウ
SUMXMY2

SUMXMY2関数を使用すると、2つの配列で対になる数値の差をそれぞれ平方して合計できます。差の平方和は、分散や標準偏差など、さまざまな統計値を求める過程で必要になる計算です。

差の平方の合計を求める

入力セル D3　入力式 =SUMXMY2(A3:A6,B3:B6)

D3　=SUMXMY2(A3:A6,B3:B6)

	A	B	C	D	E	F
1	差の平方の合計					
2	配列1 x	配列2 y		差の平方の 合計		
3	3	2		7		
4	1	2				
5	3	1				
6	4	3				
7						
8						

配列1　配列2

差の平方の合計が求められた

check!

=SUMXMY2(配列1, 配列2)

配列1…計算の対象となる一方の配列定数、またはセル範囲を指定
配列2…計算の対象となるもう一方の配列定数、またはセル範囲を指定

「配列1」と「配列2」の要素同士の差を平方して合計します。「配列1」の要素数と「配列2」の要素数が異なると[#N/A]が返されます。

memo

▶差の平方の合計は次の式で計算できます。

$$\mathrm{SUMXMY2} = \sum (x-y)^2$$

▶サンプルでは、「$(3-2)^2+(1-2)^2+(3-1)^2+(4-3)^2=7$」という計算が行われています。

関連項目 08.006 2つの配列の平方和を合計する →p.535
08.007 2つの配列の平方差を合計する →p.536

 数値計算

08.009 対数を求める

使用関数 LOG（ログ）

LOG関数を使用すると、数値と底を指定して、「対数」を求めることができます。Excelには対数計算のためにLOG10関数とLN関数も用意されていますが、LOG関数では底を指定できるのがメリットです。ここでは、底が0.5の場合と2の場合の2通りの計算を行います。

■対数を求める

入力セル B3　入力式 =LOG(A3,0.5)

入力セル C3　入力式 =LOG(A3,2)

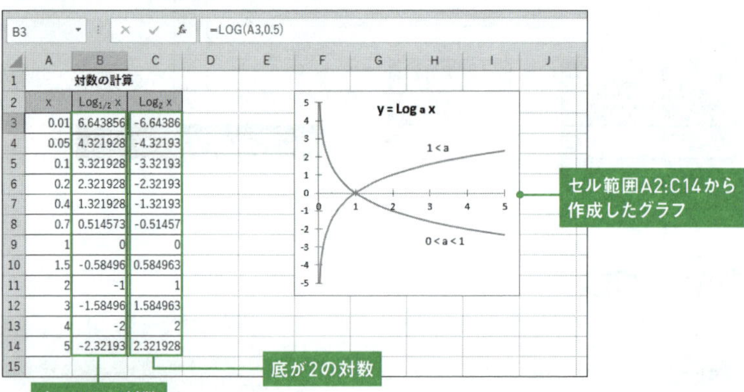

B3 =LOG(A3,0.5)

対数の計算

x	$Log_{1/2}$ x	Log_2 x
0.01	6.643856	-6.64386
0.05	4.321928	-4.32193
0.1	3.321928	-3.32193
0.2	2.321928	-2.32193
0.4	1.321928	-1.32193
0.7	0.514573	-0.51457
1	0	0
1.5	-0.58496	0.584963
2	-1	1
3	-1.58496	1.584963
4	-2	2
5	-2.32193	2.321928

check!

=LOG(数値 [, 底])

数値…対数を求める正の実数を指定。0以下の値を指定すると [#NUM!] が返される

底…底を指定。省略すると、10を指定したとみなされる。0以下の値を指定すると [#NUM!] が返される。1を指定すると [#DIV/0!] が返される

指定した「底」を底とする「数値」の対数を求めます。「=LOG(a, x)」は、「aを底とするxの対数」と表現します。

memo

▶LOG関数は、POWER関数の逆関数です。aを底とすると、以下の式が成り立ちます。ただし、a>0、a≠1、R>0です。なお、底の値にかかわらず、「$\log_a 1 = 0$」になります。

POWER(a, r)： $R = a^r$

LOG(a, R)： $r = \log_a R$

数値計算

08.010 常用対数を求める

使用関数 LOG10（ログ10）

LOG10関数を使用すると、数値を指定するだけで、底を10とする対数を求めることができます。底が10の対数は「常用対数」と呼ばれ、数値の整数部分の桁数を求めるときなどに使用されます。ここではいろいろな数値の常用対数を求めてみましょう。

常用対数を求める

入力セル B3　入力式 =LOG10(A3)

B3　=LOG10(A3)

	A	B
1	常用対数の計算	
2	x	Log x
3	0.001	-3
4	0.01	-2
5	0.1	-1
6	1	0
7	5	0.69897
8	10	1
9	50	1.69897
10	100	2
11	500	2.69897
12	1000	3
13		

セルB3に数式を入力して、セルB12までコピー

check!

=LOG10(数値)

数値…対数を求める正の実数を指定。0以下の値を指定すると[#NUM!]が返される

「数値」の常用対数を求めます。常用対数は10を底とする対数です。

memo

- 常用対数は、「10のべき乗」のべき乗部分の値になります。例えば1000は「10の3乗」なので、1000の常用対数は「3」になります。また、0.01は「10の−2乗」なので、0.01の常用対数は「−2」になります。
- Nがn桁の整数とすると、「$n-1 \leqq \log_{10} N < n$」が成り立ちます。このことから、例えば「$\log_{10} x = 2.7$」の場合、「$2 \leqq 2.7 < 3$」なのでxの整数部分は3桁であることがわかります。

関連項目
08.009 対数を求める →p.538
08.011 自然対数を求める →p.540

数値計算

08.011 自然対数を求める

使用関数 LN（ログ・ナチュラル）

LN関数を使用すると、数値を指定するだけで、底がネピア数eである対数を簡単に求めることができます。底がeの対数を「自然対数」と呼びます。自然対数は、数学の分野で非常に重要な関数です。ここではいろいろな数値の自然対数を求めてみましょう。

■ 自然対数を求める

入力セル B3　入力式 =LN(A3)

B3　=LN(A3)

	A	B	C	D	E	F	G	H
1	自然対数の計算							
2	x	Ln x						
3	0.001	-6.907755						
4	0.01	-4.60517						
5	0.1	-2.302585						
6	1	0						
7	5	1.6094379						
8	10	2.3025851						
9	50	3.912023						
10	100	4.6051702						
11	500	6.2146081						
12	1000	6.9077553						
13								

セルB3に数式を入力して、セルB12までコピー

check!

=LN(数値)

数値…対数を求める正の実数を指定。0以下の値を指定すると［#NUM!］が返される

「数値」の自然対数を求めます。自然対数はネピア数eを底とする対数です。

memo

▶LN関数は、次の式で表せます。

$$\mathrm{LN}(x) = \log_e x$$

▶ネピア数については、08.012 を参照してください。

関連項目 08.009 対数を求める →p.538
08.012 自然対数の底（ネピア数）のべき乗を求める →p.541

数値計算

08.012 自然対数の底(ネピア数)のべき乗を求める

使用関数 EXP(エクスポーネンシャル)

EXP関数は、自然対数の底e(ネピア数)のべき乗を求める関数です。引数に「1」を指定すれば、ネピア数自体を求めることもできます。ここでは、0乗～5乗を求めてみます。

eのべき乗を求める

入力セル B3　入力式 =EXP(A3)

B3　=EXP(A3)

	A	B	C	D	E	F	G	H
1	eのべき乗計算							
2	x	ex						
3	0	1						
4	1	2.7182818						
5	2	7.3890561						
6	3	20.085537						
7	4	54.59815						
8	5	148.41316						
9								

セルB3に数式を入力して、セルB8までコピー

引数が1のときの戻り値はe

check!

=EXP(数値)

数値…指数となる数値を指定

ネピア数eを底とする数値のべき乗を返します。

memo

▶「ネピア数」は、円周率πと並ぶ重要な数学の定数で、記号eで表します。ネピア数は無理数(分数で表せない数値)ですが、Excelでは有効桁数が15桁なので、「e=2.71828182845905」として扱います。

▶LN関数はEXP関数の逆関数で、以下の式が成り立ちます。

EXP(r)： $R = e^r$

LN(R)： $r = \log_e R$

関連項目 03.044 べき乗を求める →p.224
08.011 自然対数を求める →p.540

数値計算

08.013 円周率を求める

使用関数 PI（パイ）

PI関数は、Excelの有効桁数である15桁の精度で円周率πを返します。得られる結果は「3.14159265358979」です。円周率の数値を手入力する手間が省けること、円周率を使用した計算をしていることが見た目にわかりやすい数式になることが、PI関数を使用するメリットです。

円周率を求める

入力セル A2　入力式 =PI()

A2 | =PI()

	A	B	C	D	E
1	円周率π				
2	3.14159265358979				
3					
4					
5					

円周率が求められた

check!

=PI()

円周率を15桁の精度で返します。引数はありませんが、括弧「()」の入力は必要です。

memo

▶表示形式が「標準」に設定されているセルにPI関数を入力したとき、表示される円周率の桁数は列幅に依存します。列幅が狭いと、表示される桁数は少なくなります。列幅が十分広い場合、円周率が10桁（小数点以下は9桁）表示されますが、リボンの［ホーム］タブの［数値］グループにある［小数点以下の表示桁数を増やす］ボタンをクリックすれば、表示される桁数を増やせます。ただし、16桁目以降は「0」が表示されます。

関連項目 08.014 円周率の倍数の平方根を求める →p.543

数値計算

08.014 円周率の倍数の平方根を求める

使用関数 SQRTPI（スクエアルート・パイ）

SQRTPI関数を使用すると、円周率をx倍した数値の平方根が求められます。このような計算は、正規分布の確率密度関数やスターリングの公式など、さまざまな式に出てきます。ここでは、xが0～5の整数の場合について計算します。

円周率の倍数の平方根を求める

入力セル B3　入力式 =SQRTPI(A3)

B3　=SQRTPI(A3)

	A	B	C	D	E	F
1	円周率の倍数の平方根					
2	数値	計算結果				
3	0	0				
4	1	1.772453851				
5	2	2.506628275				
6	3	3.069980124				
7	4	3.544907702				
8	5	3.963327298				
9						
10						
11						

セルB3に数式を入力して、セルB8までコピー

check!

=SQRTPI(数値)

数値…円周率に掛ける数値を指定。負数を指定すると、[#NUM!] が返される

引数で指定した「数値」を円周率に掛けて、その平方根を返します。

memo

▶SQRTPI関数による計算は、以下の式で表されます。

$$\mathrm{SQRTPI}(x) = \sqrt{x \cdot \pi}$$

▶SQRTPI関数の代わりにSQRT関数とPI関数を使用して同じ計算を行うこともできます。例えばサンプルの場合、「=SQRT(A3*PI())」としても同じ結果が得られます。

03.045 平方根を求める →p.225
08.013 円周率を求める →p.542

数値計算

08.015 角度の単位を度からラジアンに変換する

使用関数 RADIANS（ラジアン）

角度の単位には、一般に馴染み深い「度」と、数学などでよく使用される「ラジアン」があります。RADIANS関数を使用すると、度単位の角度をラジアン単位に変換できます。SIN関数やCOS関数などの三角関数の引数はラジアン単位ですが、度単位の角度からサインやコサインを求めたいときに、この関数が役に立ちます。

■ 角度の単位を「ラジアン」に変換する

入力セル B3　入力式 =RADIANS(A3)

B3　=RADIANS(A3)

	A	B	C	D	E	F
1	角度の単位変換					
2	度	ラジアン				
3	-90	-1.5707963				
4	0	0				
5	90	1.57079633				
6	180	3.14159265				
7	270	4.71238898				
8	360	6.28318531				
9	450	7.85398163				
10						
11						
12						

セルB3に数式を入力して、セルB9までコピー

check!

=RADIANS(角度)

角度…ラジアンに変換する度単位の角度を指定

「角度」に指定した値をラジアン単位の角度に変換します。

memo

▶「360°＝2πラジアン」なので、度単位の角度に「π/180」を掛けてもラジアン単位に変換できます。例えばサンプルの場合、「=A3*PI()/180」としても同じ結果が得られます。

関連項目 08.013 円周率を求める →p.542
08.016 角度の単位をラジアンから度に変換する →p.545

数値計算

08.016 角度の単位をラジアンから度に変換する

使用関数 DEGREES（デグリーズ）

角度の単位には、一般に馴染み深い「度」と、数学などでよく使用される「ラジアン」があります。DEGREES関数を使用すると、ラジアン単位の角度を度単位に変換できます。ASIN関数やACOS関数などの逆三角関数の戻り値はラジアン単位ですが、戻り値を度単位で得たいときに、この関数が役に立ちます。

■ 角度の単位を「度」に変換する

入力セル B3　入力式 =DEGREES(A3)

B3　=DEGREES(A3)

	A	B	C	D	E	F
1	角度の単位変換					
2	ラジアン	度				
3	-1	-57.29578				
4	0	0				
5	1	57.2957795				
6	2	114.591559				
7	3	171.887339				
8	4	229.183118				
9	5	286.478898				
10						
11						
12						

セルB3に数式を入力して、セルB9までコピー

check!

=DEGREES(角度)

角度…度に変換するラジアン単位の角度を指定

「角度」に指定した値を度単位の角度に変換します。

memo

▶「360°＝2πラジアン」なので、ラジアン単位の角度に「180/π」を掛けても度単位に変換できます。サンプルの場合は、「=A3*180/PI()」としても同じ結果が得られます。

関連項目 08.013 円周率を求める →p.542
08.015 角度の単位を度からラジアンに変換する →p.544

数値計算

08.017 正弦（サイン）を求める

使用関数 SIN（サイン）／PI（パイ）

三角関数の「正弦（サイン）」を求めるには、SIN関数を使用します。引数の角度は、ラジアン単位で指定します。ここでは、$-\pi$～πラジアンを0.25πラジアン刻みにして正弦を計算します。

■ 正弦（サイン）を求める

入力セル B3　入力式 =SIN(A3*PI())

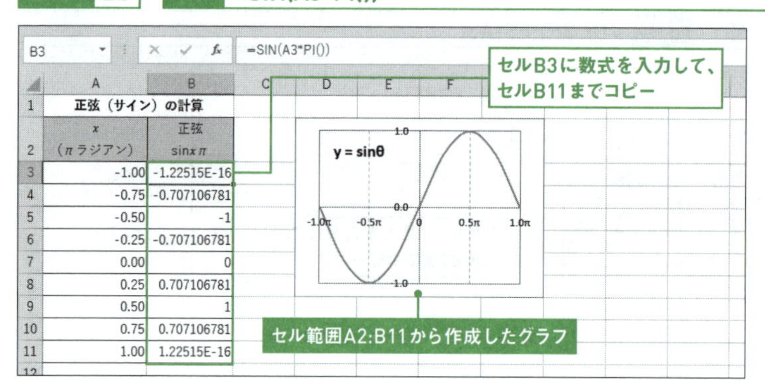

	A	B
1	正弦（サイン）の計算	
2	x（πラジアン）	正弦 sinxπ
3	-1.00	-1.22515E-16
4	-0.75	-0.707106781
5	-0.50	-1
6	-0.25	-0.707106781
7	0.00	0
8	0.25	0.707106781
9	0.50	1
10	0.75	0.707106781
11	1.00	1.22515E-16

check!

=SIN(数値)

数値…正弦（サイン）を求める角度をラジアン単位で指定

「数値」に指定した角度の正弦（サイン）を返します。2π（360°）を周期とする周期関数で、戻り値は2πごとに同じ値になります。戻り値の範囲は-1以上1以下です。

=PI() → 08.013

memo

▶原点を中心とした半径rの円周上に点P(a, b)をとったとき、x軸と線分OPのなす角をθとすると、正弦は次のように定義されます。

$$\mathrm{SIN}(\theta) = \sin\theta = \frac{b}{r}$$

なお、$\sin\pi$は0ですが、SIN関数で求めると誤差が生じて「1.22515E-16」になります。

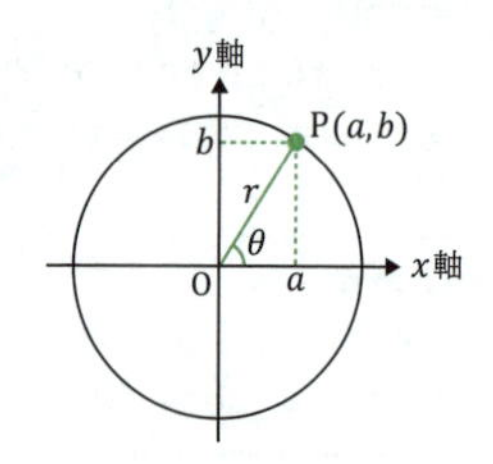

数値計算

08.018 余弦(コサイン)を求める

コサイン COS ／ パイ PI

三角関数の「余弦（コサイン）」を求めるには、COS関数を使用します。引数の角度は、ラジアン単位で指定します。ここでは、-π～πラジアンの範囲のいくつかの値について余弦を計算します。

■ 余弦（コサイン）を求める

入力セル B3　入力式 =COS(A3*PI())

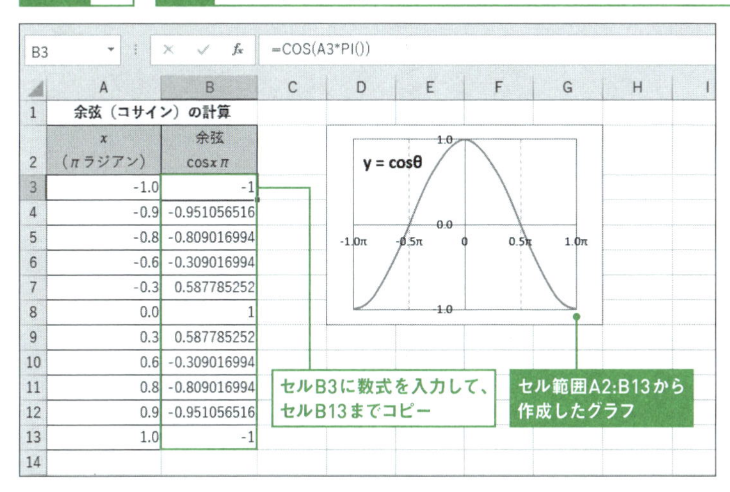

B3　=COS(A3*PI())

	A	B
1	余弦（コサイン）の計算	
2	x（πラジアン）	余弦 cosxπ
3	-1.0	-1
4	-0.9	-0.951056516
5	-0.8	-0.809016994
6	-0.6	-0.309016994
7	-0.3	0.587785252
8	0.0	1
9	0.3	0.587785252
10	0.6	-0.309016994
11	0.8	-0.809016994
12	0.9	-0.951056516
13	1.0	-1

check!

=COS(数値)

数値…余弦（コサイン）を求める角度をラジアン単位で指定

「数値」に指定した角度の余弦（コサイン）を返します。2π（360°）を周期とする周期関数で、戻り値は2πごとに同じ値になります。戻り値の範囲は-1以上1以下です。

=PI() → 08.013

memo

▶原点を中心とした半径rの円周上に点P(a, b)をとったとき、x軸と線分OPのなす角をθとすると、余弦は次のように定義されます。

$$\mathrm{COS}(\theta) = \cos\theta = \frac{a}{r}$$

数値計算

08.019 正接(タンジェント)を求める

使用関数 TAN（タンジェント）／PI（パイ）

三角関数の「正接（タンジェント）」を求めるには、TAN関数を使用します。引数の角度は、ラジアン単位で指定します。ここでは、-0.4 π ～ 0.4 π ラジアンの範囲のいくつかの値について正接を計算します。

■正接（タンジェント）を求める

入力セル B3　入力式 =TAN(A3*PI())

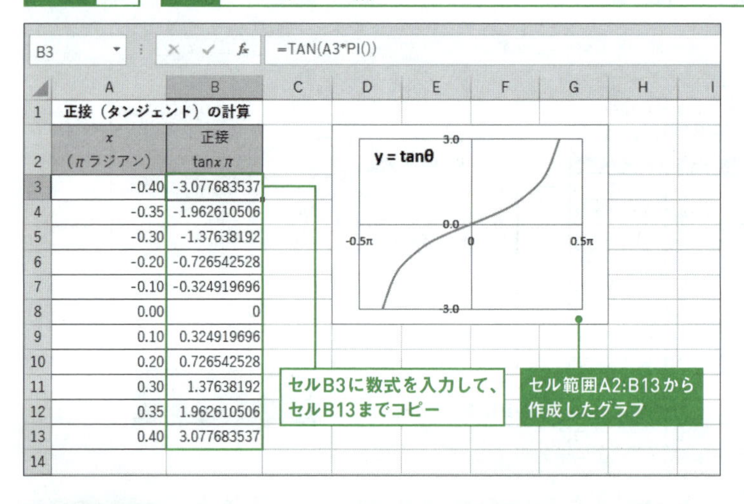

B3 =TAN(A3*PI())

	A	B
1	正接（タンジェント）の計算	
2	x（π ラジアン）	正接 tan x π
3	-0.40	-3.077683537
4	-0.35	-1.962610506
5	-0.30	-1.37638192
6	-0.20	-0.726542528
7	-0.10	-0.324919696
8	0.00	0
9	0.10	0.324919696
10	0.20	0.726542528
11	0.30	1.37638192
12	0.35	1.962610506
13	0.40	3.077683537
14		

check!

=TAN(数値)

数値…正接（タンジェント）を求める角度をラジアン単位で指定

「数値」に指定した角度の正接（タンジェント）を返します。π（180°）を周期とする周期関数で、戻り値はπごとに同じ値になります。

=PI() → 08.013

memo

▶原点を中心とした半径rの円周上に点P(a, b)をとったとき、x軸と線分OPのなす角をθとすると、正接は次のように定義されます。

$$\mathrm{TAN}(\theta) = \tan\theta = \frac{\sin\theta}{\cos\theta} = \frac{b}{a}$$

数値計算

08.020 度単位の数値から三角関数を計算する

使用関数 SIN（サイン）／COS（コサイン）／RADIANS（ラジアン）

三角関数の引数には、ラジアン単位で角度を指定します。「40°の正弦」のように度単位の角度から三角関数を求めたいときは、RADIANS関数を使用して、度単位からラジアン単位に角度を変換します。ここでは例として、0°～360°を30°刻みにして正弦と余弦を計算します。

度単位の角度から正弦と余弦を求める

入力セル B3　入力式 =SIN(RADIANS(A3))

入力セル C3　入力式 =COS(RADIANS(A3))

B3　=SIN(RADIANS(A3))

	A	B	C
1	正弦と余弦の計算		
2	角度（°）	正弦	余弦
3	0	0	1
4	30	0.5	0.8660254
5	60	0.8660254	0.5
6	90	1	6.126E-17
7	120	0.8660254	-0.5
8	150	0.5	-0.866025
9	180	1.225E-16	-1
10	210	-0.5	-0.866025
11	240	-0.866025	-0.5
12	270	-1	-1.84E-16
13	300	-0.866025	0.5
14	330	-0.5	0.8660254
15	360	-2.45E-16	1
16			

セル範囲A2:C15から作成したグラフ

セルB3とセルC3に数式を入力して、15行目までコピー

check!

=SIN(数値) → 08.017
=COS(数値) → 08.018
=RADIANS(角度) → 08.015

関連項目

08.015 角度の単位を度からラジアンに変換する →p.544
08.017 正弦（サイン）を求める →p.546
08.018 余弦（コサイン）を求める →p.547

数値計算

08.021 逆正弦(アークサイン)を求める

使用関数 ASIN(アークサイン) / DEGREES(デグリーズ)

数値の「逆正弦(アークサイン)」を求めるには、ASIN関数を使用します。この関数はSIN関数の逆関数で、例えば「SIN(θ)=0.5」となるようなθを知りたいときに、「=ASIN(0.5)」のようにして求めます。戻り値はラジアン単位の数値になるので、度単位の結果が必要なときはDEGREES関数を使用して単位を変換します。ここでは、-1～1の範囲のいくつかの数値について、逆正弦をラジアン単位と度単位で求めます。

■逆正弦(アークサイン)を求める

入力セル B3 入力式 =ASIN(A3)

入力セル C3 入力式 =DEGREES(B3)

B3 =ASIN(A3)

	A	B	C	D	E	F
1	逆正弦(アークサイン)の計算					
2	正弦 sinθ	θ (ラジアン)	θ (°)			
3	-1.0	-1.570796327	-90			
4	-0.5	-0.523598776	-30			
5	0.0	0	0			
6	0.5	0.523598776	30			
7	1.0	1.570796327	90			
8						
9						
10						

セルB3とセルC3に数式を入力して、7行目までコピー

「SIN(θ)=0.5」となるθは30°

check!

=ASIN(数値)

数値…求める角度の正弦(サイン)の値を-1以上1以下の範囲の数値で指定。範囲外の数値を指定すると、[#NUM!]が返される

「数値」を正弦(サイン)の値とみなして、対応する角度を-π/2～π/2の範囲のラジアン単位の数値で返します。

=DEGREES(角度) → 08.016

関連項目 08.016 角度の単位をラジアンから度に変換する →p.545
08.017 正弦(サイン)を求める →p.546

数値計算

08.022 逆余弦(アークコサイン)を求める

使用関数 ACOS(アークコサイン) / DEGREES(デグリーズ)

数値の「逆余弦(アークコサイン)」を求めるには、ACOS関数を使用します。この関数はCOS関数の逆関数で、例えば「COS(θ)=0.5」となるようなθを知りたいときに、「=ACOS(0.5)」のようにして求めます。戻り値はラジアン単位の数値になるので、度単位の結果が必要なときはDEGREES関数を使用して単位を変換します。ここでは、-1～1の範囲のいくつかの数値について、逆余弦をラジアン単位と度単位で求めます。

■逆余弦(アークコサイン)を求める

入力セル B3　入力式 =ACOS(A3)

入力セル C3　入力式 =DEGREES(B3)

B3　=ACOS(A3)

	A	B	C	D	E	F
1	逆余弦(アークコサイン)の計算					
2	余弦 cos θ	θ (ラジアン)	θ (°)			
3	-1.0	3.141592654	180			
4	-0.5	2.094395102	120			
5	0.0	1.570796327	90			
6	0.5	1.047197551	60			
7	1.0	0	0			
8						
9						
10						

セルB3とセルC3に数式を入力して、7行目までコピー

「COS(θ)=0.5」となるθは60°

check!

=ACOS(数値)

数値…求める角度の余弦(コサイン)の値を-1以上1以下の範囲の数値で指定。範囲外の数値を指定すると、[#NUM!]が返される

「数値」を余弦(コサイン)の値とみなして、対応する角度を0～πの範囲のラジアン単位の数値で返します。

=DEGREES(角度) → 08.016

関連項目 08.016 角度の単位をラジアンから度に変換する →p.545
08.018 余弦(コサイン)を求める →p.547

数式の基本 表の集計 数値処理 日付と時刻 文字列操作 条件判定 表の検索と操作 数学計算 統計計算 財務計算 関数一覧

数値計算

08.023 逆正接(アークタンジェント)を求める

使用関数 ATAN(アークタンジェント) / DEGREES(デグリーズ)

数値の「逆正接(アークタンジェント)」を求めるには、ATAN関数を使用します。この関数はTAN関数の逆関数で、例えば「TAN(θ)=0.5」となるようなθを知りたいときに、「=ATAN(0.5)」のようにして求めます。戻り値はラジアン単位の数値になるので、度単位の結果が必要なときはDEGREES関数を使用して単位を変換します。ここでは、−1〜1の範囲のいくつかの数値について、逆正接をラジアン単位と度単位で求めます。

■ 逆正接(アークタンジェント)を求める

入力セル B3 入力式 =ATAN(A3)

入力セル C3 入力式 =DEGREES(B3)

B3 =ATAN(A3)

	A	B	C	D	E	F
1	逆正接(アークタンジェント)の計算					
2	正接 tan θ	θ (ラジアン)	θ (°)			
3	-1.0	-0.785398163	-45			
4	-0.5	-0.463647609	-26.56505			
5	0.0	0	0			
6	0.5	0.463647609	26.565051			
7	1.0	0.785398163	45			
8						
9						

セルB3とセルC3に数式を入力して、7行目までコピー

「TAN(θ)=0.5」となるθは約26.6°

check!

=ATAN(数値)

数値…求める角度の正接(タンジェント)の値を指定

「数値」を正接(タンジェント)の値とみなして、対応する角度を−π/2〜π/2の範囲のラジアン単位の数値で返します。

=DEGREES(角度) → 08.016

関連項目
08.016 角度の単位をラジアンから度に変換する →p.545
08.019 正接(タンジェント)を求める →p.548
08.024 XY座標からX軸との角度を求める →p.553

数値計算

08.024 XY座標からX軸との角度を求める

使用関数 ATAN2(アークタンジェント2) ／ DEGREES(デグリーズ)

ATAN2関数を使用すると、XY座標から逆正接（アークタンジェント）を求めることができます。ここではいくつかの座標について、逆正接をラジアン単位と度単位で求めます。

XY座標から逆正接（アークタンジェント）を求める

入力セル C3 入力式 =ATAN2(A3,B3)

入力セル D3 入力式 =DEGREES(C3)

C3 =ATAN2(A3,B3)

	A	B	C	D
1	逆正接（アークタンジェント）の計算			
2	x座標	y座標	θ（ラジアン）	θ（°）
3	1.0	0.0	0	0
4	0.5	0.5	0.785398163	45
5	0.0	1.0	1.570796327	90
6	-0.5	0.5	2.35619449	135
7	-1.0	0.0	3.141592654	180
8	-0.5	-0.5	-2.35619449	-135
9	0.0	-1.0	-1.570796327	-90
10	0.5	-0.5	-0.785398163	-45
11				

セルC3とセルD3に数式を入力して、10行目までコピー

check!

=ATAN2(x座標, y座標)

x座標…逆正接（アークタンジェント）を求めたい座標のx座標を指定
y座標…逆正接（アークタンジェント）を求めたい座標のy座標を指定

指定されたXY座標から逆正接の値を返します。戻り値は $-\pi \sim \pi$（ただし $-\pi$ は除く）の範囲のラジアン単位の数値になります。「x座標」と「y座標」の両方に0を指定すると[#DEV/0!]が返されます。

=DEGREES(角度) → 08.016

memo

▶ATAN2関数では、座標P(a, b)について、線分OPとx軸がなす角を求めます。「=ATAN2(a,b)」と「=ATAN(b/a)」の結果は同じ値になります。ただし、ATAN関数の場合はaに0を指定すると[#DEV/0!]が返されるのに対して、ATAN2関数では同時にbに0を指定しない限りエラーになりません。

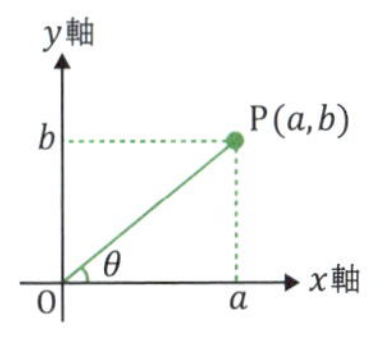

数値計算

08.025 双曲線正弦（ハイパボリックサイン）を求める

使用関数 SINH（ハイパボリック・サイン）

「双曲線正弦（ハイパボリックサイン）」を求めるには、SINH関数を使用します。ここでは、−4～4の範囲の整数の双曲線正弦を計算します。SINH(x)とSINH(−x)で戻り値の正負が逆になり、グラフは原点を中心とする点対象になります。

■双曲線正弦（ハイパボリックサイン）を求める

入力セル B3　入力式 =SINH(A3)

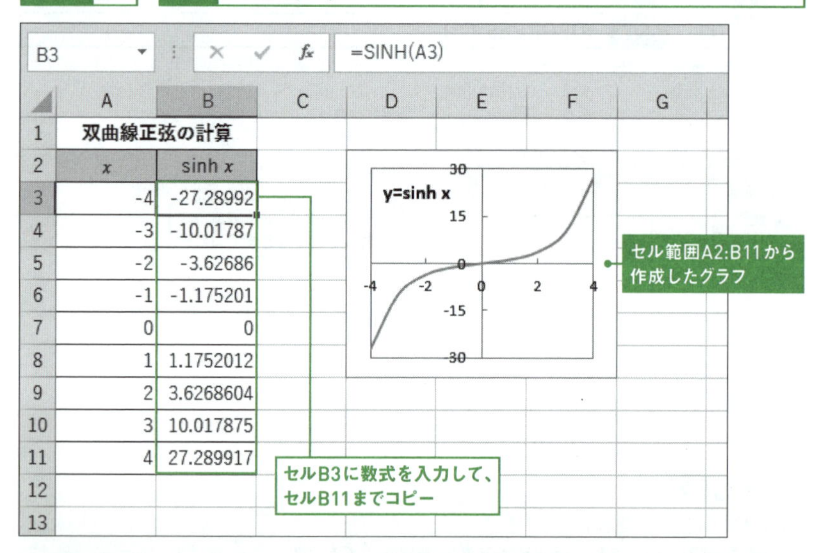

check!

=SINH(数値)

数値…双曲線正弦（ハイパボリックサイン）を求める数値を指定

指定した「数値」の双曲線正弦（ハイパボリックサイン）を返します。

memo

▶双曲線正弦（ハイパボリックサイン）は、次の式で定義されます。

$$\mathrm{SINH(x)} = \sinh x = \frac{e^x - e^{-x}}{2}$$

関連項目 08.028 双曲線逆正弦（ハイパボリックアークサイン）を求める →p.557

数値計算

08.026 双曲線余弦（ハイパボリックコサイン）を求める

使用関数 COSH（ハイパボリックコサイン）

「双曲線余弦（ハイパボリックコサイン）」を求めるには、COSH関数を使用します。ここでは、−4〜4の範囲の整数の双曲線余弦を計算します。COSH(x)とCOSH(-x)は同じ戻り値になり、グラフはy軸を対象の軸とする線対象になります。

双曲線余弦（ハイパボリックコサイン）を求める

入力セル B3　入力式 =COSH(A3)

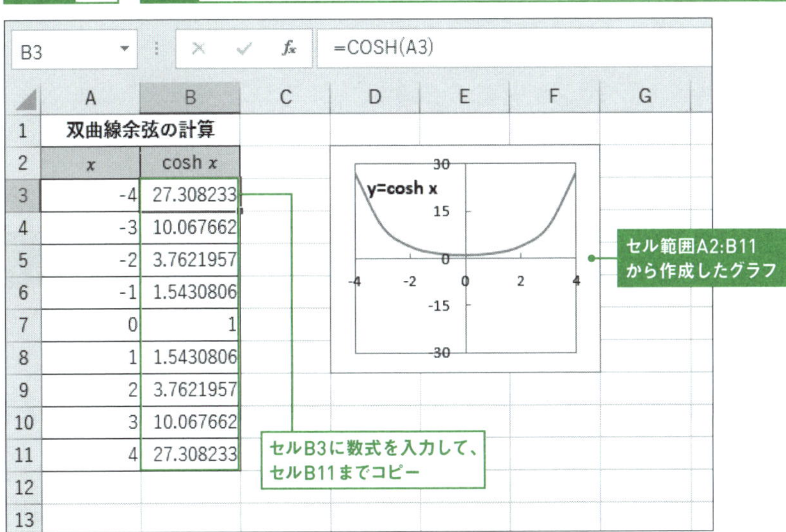

check!

=COSH(数値)

数値…双曲線余弦（ハイパボリックコサイン）を求める数値を指定

指定した「数値」の双曲線余弦（ハイパボリックコサイン）を返します。

memo

▶双曲線余弦（ハイパボリックコサイン）は、次の式で定義されます。

$$\mathrm{COSH}(x) = \cosh x = \frac{e^x + e^{-x}}{2}$$

関連項目 08.029 双曲線逆余弦（ハイパボリックアークコサイン）を求める →p.558

数値計算

08.027 双曲線正接（ハイパボリックタンジェント）を求める

使用関数 TANH（ハイパボリック・タンジェント）

「双曲線正接（ハイパボリックタンジェント）」を求めるには、TANH関数を使用します。ここでは、-4～4の範囲の整数の双曲線正接を計算します。TANH(x)とTANH(-x)で戻り値の正負が逆になり、グラフは原点を中心とする点対象になります。

双曲線正接（ハイパボリックタンジェント）を求める

入力セル B3　入力式 =TANH(A3)

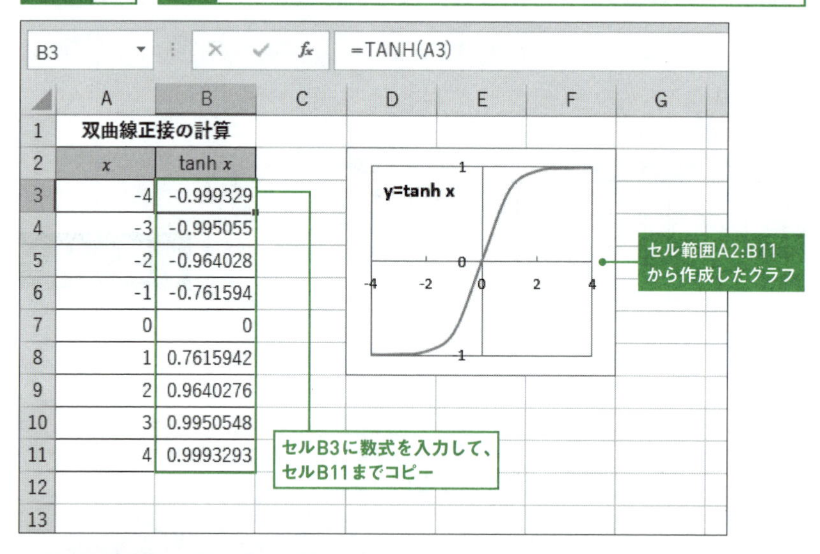

B3　=TANH(A3)

	A	B
1	双曲線正接の計算	
2	x	tanh x
3	-4	-0.999329
4	-3	-0.995055
5	-2	-0.964028
6	-1	-0.761594
7	0	0
8	1	0.7615942
9	2	0.9640276
10	3	0.9950548
11	4	0.9993293
12		
13		

check!

=TANH(数値)

数値…双曲線正接（ハイパボリックタンジェント）を求める数値を指定

指定した「数値」の双曲線正接（ハイパボリックタンジェント）を返します。

memo

▶双曲線正接（ハイパボリックタンジェント）は、次の式で定義されます。

$$\mathrm{TANH}(\mathrm{x}) = \frac{\sinh x}{\cosh x} = \frac{e^{x} - e^{-x}}{e^{x} + e^{-x}}$$

関連項目 08.030 双曲線逆正接（ハイパボリックアークタンジェント）を求める →p.559

数値計算

08.028 双曲線逆正弦(ハイパボリックアークサイン)を求める

使用関数 ハイパボリック・アークサイン **ASINH**

「双曲線逆正弦（ハイパボリックアークサイン）」を求めるには、ASINH関数を使用します。この関数はSINH関数の逆関数で、例えば「SINH(x)=6」となるようなxを知りたいときに、「=ASINH(6)」とすれば簡単に求められます。ここでは、-8～8の範囲のいくつかの値について双曲線逆正弦を計算します。

■双曲線逆正弦（ハイパボリックアークサイン）を求める

入力セル B3　入力式 =ASINH(A3)

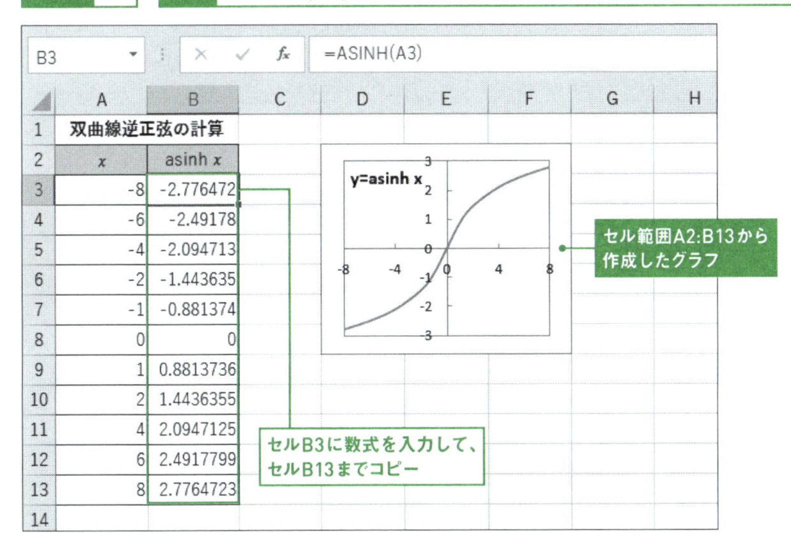

B3　=ASINH(A3)

	A	B
1	双曲線逆正弦の計算	
2	x	asinh x
3	-8	-2.776472
4	-6	-2.49178
5	-4	-2.094713
6	-2	-1.443635
7	-1	-0.881374
8	0	0
9	1	0.8813736
10	2	1.4436355
11	4	2.0947125
12	6	2.4917799
13	8	2.7764723
14		

check!

=ASINH(数値)

数値…双曲線逆正弦（ハイパボリックアークサイン）を求める数値を指定

指定した「数値」の双曲線逆正弦（ハイパボリックアークサイン）を返します。

memo

▶双曲線逆正弦（ハイパボリックアークサイン）は、次の式で表されます。

$$\mathrm{ASINH}(x)=\log\left(x+\sqrt{x^2+1}\right)$$

関連項目 08.025 双曲線正弦（ハイパボリックサイン）を求める →p.554

数値計算

08.029 双曲線逆余弦(ハイパボリックアークコサイン)を求める

使用関数　ACOSH（ハイパボリック・アークコサイン）

「双曲線逆余弦（ハイパボリックアークコサイン）」を求めるには、ACOSH関数を使用します。この関数はCOSH関数の逆関数で、例えば「COSH(x)=5」となるようなxを知りたいときに、「=ACOSH(5)」とすれば簡単に求められます。ここでは、1～6の範囲のいくつかの値について双曲線逆余弦を計算します。

■ 双曲線逆余弦（ハイパボリックアークコサイン）を求める

入力セル　B3　　入力式　=ACOSH(A3)

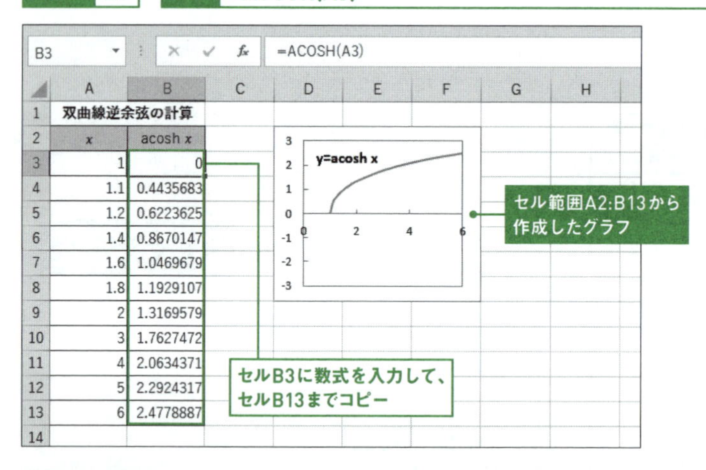

B3　=ACOSH(A3)

	A	B
1	双曲線逆余弦の計算	
2	x	acosh x
3	1	0
4	1.1	0.4435683
5	1.2	0.6223625
6	1.4	0.8670147
7	1.6	1.0469679
8	1.8	1.1929107
9	2	1.3169579
10	3	1.7627472
11	4	2.0634371
12	5	2.2924317
13	6	2.4778887
14		

check!

=ACOSH(数値)

数値…双曲線逆余弦（ハイパボリックアークコサイン）を求める数値を指定。1未満の数値を指定すると[#NUM!]が返される

指定した「数値」の双曲線逆余弦（ハイパボリックアークコサイン）を返します。戻り値は0以上の数値になります。

memo

▶双曲線逆余弦（ハイパボリックアークコサイン）は、次の式で表されます。

$$\mathrm{ACOSH}(x) = \log\left(x \pm \sqrt{x^2-1}\right)$$

▶xの双曲線逆余弦にはyと-yの2つの値がありますが、ACOSH(x)は正のyを返します。

数値計算

08.030 双曲線逆正接(ハイパボリックアークタンジェント)を求める

使用関数 ハイパボリック・アークタンジェント **ATANH**

「双曲線逆正接（ハイパボリックアークタンジェント）」を求めるには、ATANH関数を使用します。この関数はTANH関数の逆関数で、例えば「TANH(x)=0.8」となるようなxを知りたいときに、「=ATANH(0.8)」とすれば簡単に求められます。ここでは、-0.99～0.99の範囲のいくつかの値について双曲線逆正接を計算します。

双曲線逆正接（ハイパボリックアークタンジェント）を求める

入力セル B3　入力式 =ATANH(A3)

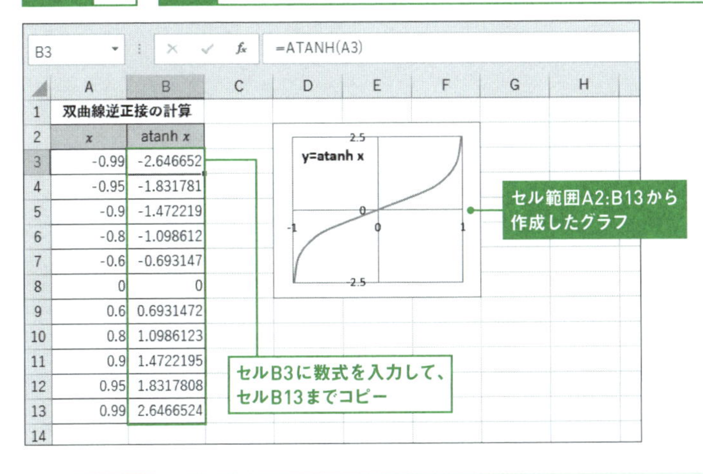

	A	B
1	双曲線逆正接の計算	
2	x	atanh x
3	-0.99	-2.646652
4	-0.95	-1.831781
5	-0.9	-1.472219
6	-0.8	-1.098612
7	-0.6	-0.693147
8	0	0
9	0.6	0.6931472
10	0.8	1.0986123
11	0.9	1.4722195
12	0.95	1.8317808
13	0.99	2.6466524
14		

check!

=ATANH(数値)

数値…双曲線逆正接（ハイパボリックアークタンジェント）を求める数値を指定。-1以下の数値や1以上の数値を指定すると[#NUM!]が返される

指定した「数値」の双曲線逆正接（ハイパボリックアークタンジェント）を返します。

memo

▶双曲線逆正接（ハイパボリックアークタンジェント）は、次の式で表されます。

$$\mathrm{ATANH}(x) = \frac{1}{2}\log\left(\frac{1+x}{1-x}\right)$$

関連項目 08.027 双曲線正接（ハイパボリックタンジェント）を求める →p.556

数値計算

08. 031 クラスから委員長、副委員長、書記を選ぶ選び方（順列）を求める

使用関数 PERMUT（パーミュテーション）

PERMUT関数を使用すると、異なるn個のものから異なるk個のものを抜き出して並べる並べ方の数、すなわち「順列」を計算できます。サンプルでは36人のクラスメートの中から、委員長、副委員長、書記を1人ずつ選ぶときの選び方は何通りあるかを調べます。

■順列を求める

入力セル B4　入力式 =PERMUT(B3,3)

B4　=PERMUT(B3,3)

	A	B	C	D	E	F	G	H
1	委員長、副委員長、書記の選び方							
2								
3	生徒数	36	人					
4	選び方	42,840	通り					
5								

セルB3の人数から3人を抜き出して並べる並べ方の数を求める

check!

=PERMUT(総数, 抜き取り数)

総数…対象の総数を指定。0以下の数値を指定すると［#NUM!］が返される

抜き取り数…総数の中から抜き出して並べる個数を指定。負数を指定すると［#NUM!］が返される

「総数」個から「抜き取り数」個を取り出して並べるときに、何通りの並べ方があるかを返します。

memo

▶n個からk個を抜き出して並べる順列は、次の式で表されます。サンプルの場合、求めた結果は「36×35×34」の結果と同じです。

$$ {}_nP_k = n(n-1)(n-2)\cdots(n-k+1) = \frac{n!}{(n-k)!} $$

▶PERMUT関数は、［数学／三角関数］ではなく［統計関数］に分類されています。［関数の挿入］ダイアログや［関数ライブラリ］から入力するときは、注意してください。

▶Excel 2016 / 2013では、PERMUTATIONA関数を「=PERMUTATIONA(総数, 抜き取り数)」の書式で使用すると、重複順列（異なるn個のものから重複を許してk個取り出して並べる並べ方）を求められます。例えば、1～3の数字を使ってできる2桁の数値は、「=PERMUTATIONA(3, 2)」で9通り（11、12、13、21、22、23、31、32、33）となります。重複順列はnのk乗でも計算できるので、Excel 2010 / 2007の場合は「=3^2」とすると結果の9が求められます。

数値計算

08. 032 クラスから掃除当番を3人選ぶ選び方（組み合わせの数）を求める

使用関数 COMBIN（コンビネーション）

COMBIN関数を使用すると、異なるn個のものから異なるk個のものを抜き出すときの組み合わせの数を計算できます。ここでは、36人のクラスメートの中から、掃除当番を3人選ぶときの選び方は何通りあるかを調べます。

組み合わせの数を求める

入力セル B4　入力式 =COMBIN(B3,3)

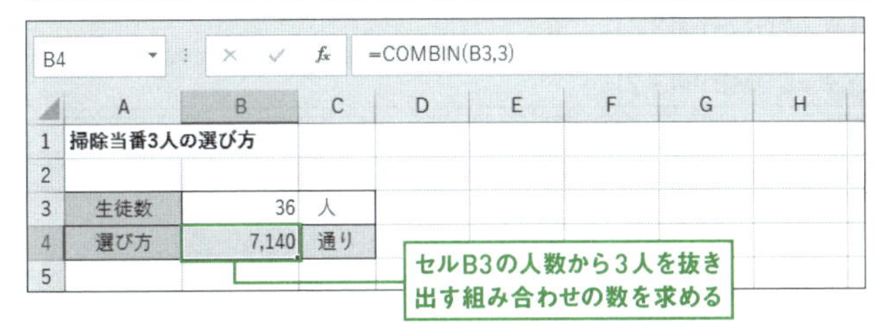

check!

=COMBIN(総数, 抜き取り数)

総数…対象の総数を指定。0以下の数値を指定すると［#NUM!］が返される

抜き取り数…総数の中から抜き出す個数を指定。負数を指定すると［#NUM!］が返される

「総数」個から「抜き取り数」個を取り出す組み合わせの数を返します。

memo

▶n個からk個を抜き出す組み合わせの数は、次の式で表されます。サンプルの場合、求めた結果は「(36×35×34)÷(3×2×1)」の結果と同じです。

$$ {}_nC_k = \frac{{}_nP_k}{k!} = \frac{n!}{k!(n-k)!} $$

▶上記の公式にしたがい、階乗計算のFACT関数を使用して組み合わせの数を求めることもできます。ただし、FACT関数では「総数」が171以上ある場合に、Excelが扱える数値の範囲を超えるためエラーになります。一方、COMBIN関数は「総数」が171ではエラーにならないので、COMBIN関数を使用したほうがよいでしょう。

▶Excel 2016 / 2013では、COMBINA関数を「=COMBINA(総数, 抜き取り数)」の書式で使用すると、重複組み合わせを求められます。例えば、赤バラの木と白バラの木から花を摘んで4本の花束を作る組み合わせは、「=COMBINA(2, 4)」で5通り（赤赤赤赤、赤赤赤白、赤赤白白、赤白白白、白白白白）となります。「=COMBINA(n, k)」は「=COMBIN(n+k-1, k)」と等しいので、Excel 2010 / 2007ではCOMBIN関数を使うとよいでしょう。

数値計算

08.033 二項係数を求める

使用関数 COMBIN（コンビネーション）

COMBIN関数は、「二項係数」の計算にも使用できます。二項係数とは、「$(a+b)^n$」を展開したときの各項の係数のことです。ここでは「$(a+b)^3$」について、係数を求めます。

■ 二項係数を求める

入力セル	入力式
H3	=COMBIN(3,0)
K3	=COMBIN(3,1)
N3	=COMBIN(3,2)
Q3	=COMBIN(3,3)

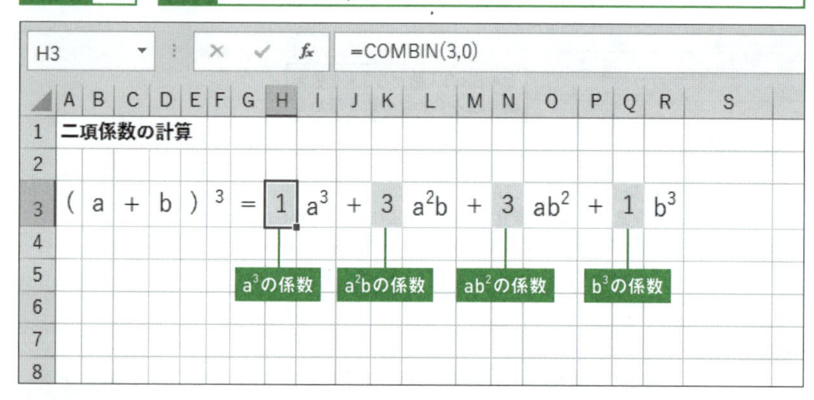

check!

=COMBIN(総数, 抜き取り数) → 08.032

memo

▶「$(a+b)^n$」を展開すると、下記のようになります。一般に「$a^{n-k}b^k$」の係数は「${}_nC_k$」です。

$$(a+b)^n = \sum_{k=0}^{n} {}_nC_k a^{n-k}b^k = {}_nC_0 a^n + {}_nC_1 a^{n-1}b + {}_nC_2 a^{n-2}b^2 + \cdots + {}_nC_n b^n$$

関連項目 08.034 多項係数を求める →p.563

 数値計算

08.034 多項係数を求める

使用関数 MULTINOMIAL (マルチノミアル)

MULTINOMIAL関数を使用すると、「多項係数」を求めることができます。多項係数とは、「$(a_1+a_2+\cdots+a_k)^n$」を展開したときの各項の係数のことです。ここでは「$(a+b+c)^3$」について、係数を求めます。

多項係数を求める

入力セル B7　入力式 =MULTINOMIAL(B4:B6)

B7　=MULTINOMIAL(B4:B6)

多項係数の計算　$(a+b+c)^3$の係数

項	a^3	b^3	c^3	a^2b	a^2c	ab^2	b^2c	ac^2	bc^2	abc
aのべき乗	3	0	0	2	2	1	0	1	0	1
bのべき乗	0	3	0	1	0	2	2	0	1	1
cのべき乗	0	0	3	0	1	0	1	2	2	1
係数	1	1	1	3	3	3	3	3	3	6

セルB7に数式を入力して、セルK7までコピー

check!

=MULTINOMIAL(数値1 [, 数値2] ……)

数値…数値、またはセル範囲を指定。数値以外のデータを指定すると、[#VALUE!] が返される

「数値」の和の階乗を「数値」の階乗の積で割った商、すなわち多項係数を返します。

memo

▶「$(a_1+a_2+\cdots+a_k)^{n_1+n_2+\cdots+n_k}$」を展開したとき、「$a_1^{n_1}a_2^{n_2}\cdots a_k^{n_k}$」の係数は次の式で求められます。

$$\mathrm{MULTINOMINAL}(\mathrm{n}_1,\mathrm{n}_2,\cdots \mathrm{n}_k)=\frac{(n_1+n_2+\cdots+n_k)!}{n_1!\,n_2!\cdots n_k!}$$

▶サンプルの結果をまとめると、次式になります。

$$(a+b+c)^3=a^3+b^3+c^3+3a^2b+3a^2c+3ab^2+3b^2c+3ac^2+3bc^2+6abc$$

関連項目 08.033 二項係数を求める →p.562

数値計算

08.035 べき級数を求める

使用関数 RADIANS(ラジアン) / FACT(ファクト) / SERIESSUM(シリーズ・サム)

SERIESSUM関数を使用すると、「べき級数」を求めることができます。手計算では結果を求められない計算でも、べき級数展開によって近似計算を行える場合があります。ここでは例として、SERIESSUM関数を使用して、「sin 30°」を求めます。

べき級数を使用して「sin 30°」を求める

入力セル	入力式
A4	=RADIANS(30)
C4	=-1/FACT(3)
D4	=1/FACT(5)
E4	=-1/FACT(7)
F4	=SERIESSUM(A4,1,2,B4:E4)

F4 =SERIESSUM(A4,1,2,B4:E4)

	A	B	C	D	E	F	G	H
1	べき級数でsin 30° を求める							
2								
3	x	係数1	係数2	係数3	係数4	sin 30°		
4	0.523599	1	-0.16667	0.008333	-0.0002	0.5		
5								

「sin 30°」が求められた

check!

=RADIANS(角度) → 08.015
=FACT(数値) → 08.003
=SERIESSUM(x, 初期値, 増分, 係数)

x…べき級数に代入する値を指定
初期値…べき級数の最初のxのべき乗の値を指定
増分…各項のべき乗の増分を指定
係数…べき級数の各項の係数を指定

memoにある式で定義されるべき級数を返します。

memo

▶SERIESSUM関数は、次の式で定義されます。

$$\mathrm{SERIESSUM(x, n, m, a)} = a_1x^n + a_2x^{(n+m)} + a_3x^{(n+2m)} + \cdots + a_ix^{(n+(i-1)m)}$$

▶正弦(サイン)は、右の式で近似できます。サンプルではこれをSERIESSUM関数に当てはめました。

$$\sin x = x - \frac{x^3}{3!} + \frac{x^5}{5!} - \frac{x^7}{7!} + \cdots$$

関連項目 08.017 正弦(サイン)を求める →p.546

数値計算

08.036 行列の積を求める

使用関数 MMULT（エム・マルチ）

MMULT関数を使用すると、2つの行列の積を計算できます。あらかじめ1つ目の行列と同じ行数、2つ目の行列と同じ列数のセル範囲を選択して、配列数式として入力します。ここでは2行3列と3行2列の行列の積を求めるので、2行2列のセル範囲にMMULT関数を入力します。

行列の積を求める

入力セル H2:I3　入力式 {=MMULT(A2:C3,E2:F4)}

H2　{=MMULT(A2:C3,E2:F4)}

	A	B	C	D	E	F	G	H	I
1	行列1				行列2			積	
2	2	3	2		2	-3		7	8
3	1	-4	3		-1	2		15	1
4					3	4			
5									

セル範囲H2:I3を選択してから数式を入力

[Ctrl]＋[Shift]＋[Enter]キーで確定

check!

=MMULT(配列1, 配列2)

配列1…行列が入力されたセル範囲、または配列定数を指定

配列2…行列が入力されたセル範囲、または配列定数を指定

「配列1」と「配列2」の積を返します。「配列1」の列数と「配列2」の行数は同じ必要があります。結果は「配列1」の行数と「配列2」の列数と同じ大きさになります。結果が配列になる場合は、配列数式として入力します。

memo

▶求められる積のi行j列の成分は、「配列1」のi行目と「配列2」のj列目の各成分の積の総和です。例えば2行3列と3行2列の行列の積の場合、下図のように計算します。

$$\begin{pmatrix} a & b & c \\ d & e & f \end{pmatrix} \begin{pmatrix} u & v \\ w & x \\ y & z \end{pmatrix} = \begin{pmatrix} au+bw+cy & av+bx+cz \\ du+ew+fy & dv+ex+fz \end{pmatrix}$$

関連項目
01.043 配列数式を入力する →p.50
08.037 行列式を求める →p.566
08.038 逆行列を求める →p.567

数値計算

08.037 行列式を求める

使用関数

エム・デターム
MDETERM

MDETERM関数を使用すると、正方行列（行数と列数が等しい数値配列）の行列式を求めることができます。行列式は、行列に逆行列があるかどうかを判断したいときなどに使用します。

■正方行列の行例式を求める

入力セル **E2** 入力式 **=MDETERM(A2:C4)**

E2 =MDETERM(A2:C4)

	A	B	C	D	E	F	G	H	I
1	3次正方行列				行列式				
2	6	-2	4		32				
3	3	2	1						
4	1	-2	3						
5									

行列式

行列

check!

=MDETERM(配列)

配列…行数と列数が等しいセル範囲、または配列定数を指定。行数と列数が等しくない場合や配列に空白や文字列が含まれる場合、[#VALUE!] が返される

指定した「配列」の配列式を返します。

memo

▶2次正方行列（2行2列）の行列式と、3次正方行列（3行3列）の行列式の計算方法は下図のとおりです。これ以上大きい行列についても、同様に計算します。

$\begin{pmatrix} a & b \\ d & e \end{pmatrix}$ の行列式：$ae-bd$　　$\begin{pmatrix} a & b & c \\ d & e & f \\ g & h & i \end{pmatrix}$ の行列式：$aei+bfg+dhc-ceg-afh-ibd$

▶行列を配列定数で指定する場合は、列をカンマ「,」、行をセミコロン「;」で区切り、全体を中括弧「{}」でくくります。例えばサンプルの行列の場合、「=MDETERM({6,−2,4;3,2,1;1,−2,3})」で行列式を計算できます。

関連項目 08.036 行列の積を求める →p.565
08.038 逆行列を求める →p.567

数値計算

08.038 逆行列を求める

使用関数 MINVERSE（エム・インバース）

MINVERSE関数を使用すると、正方行列（行数と列数が等しい数値配列）の逆行列を求めることができます。あらかじめ元の行列と同じ大きさのセル範囲を選択して、配列数式として入力します。サンプルでは3次正方行列（3行3列）の逆行列を求めるので、3行3列のセル範囲に配列数式として入力しています。

■逆行列を求める

入力セル E2:G4　入力式 {=MINVERSE(A2:C4)}

E2　{=MINVERSE(A2:C4)}

	A	B	C	D	E	F	G	H
1	3次正方行列				逆行列			
2	6	-2	4		0.25	-0.0625	-0.3125	
3	3	2	1		-0.25	0.4375	0.1875	
4	1	-2	3		-0.25	0.3125	0.5625	
5								

セル範囲E2:G4を選択してから数式を入力

[Ctrl] + [Shift] + [Enter] キーで確定

check!

=MINVERSE(配列)

配列…行数と列数が等しいセル範囲、または配列定数を指定。行数と列数が等しくない場合や配列に空白や文字列が含まれる場合、[#VALUE!] が返される

指定した「配列」の逆行列を返します。指定した「配列」に逆行列がない場合は、[#NUM!] が返されます。逆行列がない行列の行列式は0になります。

memo

▶逆行列は、行列と掛け合わせたときに結果が単位行列（右下がりの対角線上にある成分がすべて1で、その他の成分がすべて0である正方行列）になる行列です。

$$\begin{pmatrix} 6 & -2 & 4 \\ 3 & 2 & 1 \\ 1 & -2 & 3 \end{pmatrix} \begin{pmatrix} 0.25 & -0.0625 & -0.3125 \\ -0.25 & 0.4375 & 0.1875 \\ -0.25 & 0.3125 & 0.5625 \end{pmatrix} = \begin{pmatrix} 1 & 0 & 0 \\ 0 & 1 & 0 \\ 0 & 0 & 1 \end{pmatrix}$$

行列　×　逆行列　=　単位行列

▶MINVERSE関数の結果に、計算の過程でわずかな誤差が生じることがあります。

▶逆行列の成分は、分数で表したほうがわかりやすいことがあります。例えば「# ???/???」というユーザー定義の表示形式を設定すると、分母が3桁以内の分数表示になります。

	A	B	C	D	E	F	G
1	3次正方行列				逆行列		
2	6	-2	4		1/4	- 1/16	- 5/16
3	3	2	1		- 1/4	7/16	3/16
4	1	-2	3		- 1/4	5/16	9/16
5							

数値計算

08. 039 10進数をn進数に変換する

使用関数 DEC2BIN（デシマル・トゥ・バイナリ） ／ DEC2OCT（デシマル・トゥ・オクタル） ／ DEC2HEX（デシマル・トゥ・ヘキサデシマル）

身近にある馴染み深い数値は10進数ですが、情報処理の分野では2進数、8進数、16進数がよく使われます。10進数から2進数への変換にはDEC2BIN関数、8進数への変換にはDEC2OCT関数、16進数の変換にはDEC2HEX関数を使用します。変換結果は文字列なのでセルに左揃えで表示されますが、サンプルでは、セル範囲B3:D23に右揃えを設定して見やすく表示しています。

■A列に入力した10進数を他の進数表記に変換する

入力セル B3 入力式 =DEC2BIN(A3)

入力セル C3 入力式 =DEC2OCT(A3)

入力セル D3 入力式 =DEC2HEX(A3)

	A	B	C	D
1	10進数の変換			
2	10進数	2進数	8進数	16進数
3	0	0	0	0
4	1	1	1	1
5	2	10	2	2
6	3	11	3	3
7	4	100	4	4
8	5	101	5	5
9	6	110	6	6
10	7	111	7	7
11	8	1000	10	8
12	9	1001	11	9
13	10	1010	12	A
14	11	1011	13	B
15	12	1100	14	C
16	13	1101	15	D
17	14	1110	16	E
18	15	1111	17	F
19	16	10000	20	10
20	250	11111010	372	FA
21	-1	1111111111	7777777777	FFFFFFFFFF
22	-2	1111111110	7777777776	FFFFFFFFFE
23	-250	1100000110	7777777406	FFFFFFFF06
24				

Sheet1 before

2進表記で1の次が10（10進表記の2）

8進表記で7の次が10（10進表記の8）

16進表記でFの次が10（10進表記の16）

check!

=DEC2BIN(数値 [, 桁数])

数値…10進数の整数を指定。指定できる範囲は-512以上511以下
桁数…戻り値の桁数を1以上10以下の整数で指定。変換結果の桁が少ない場合、先頭に0が補われる。省略した場合は、必要最小限の桁数で結果が返される

10進数の「数値」を指定した「桁数」の2進数に変換します。「数値」が負数の場合、「桁数」は無視され、先頭が1の10桁の2進数が返されます。

=DEC2OCT(数値 [, 桁数])

数値…10進数の整数を指定。指定できる範囲は-536,870,912以上536,870,911以下
桁数…戻り値の桁数を1以上10以下の整数で指定。変換結果の桁が少ない場合、先頭に0が補われる。省略した場合は、必要最小限の桁数で結果が返される

10進数の「数値」を指定した「桁数」の8進数に変換します。「数値」が負数の場合、「桁数」は無視され、先頭が7の10桁の8進数が返されます。

=DEC2HEX(数値 [, 桁数])

数値…10進数の整数を指定。指定できる範囲は-549,755,813,888以上549,755,813,887以下
桁数…戻り値の桁数を1以上10以下の整数で指定。変換結果の桁が少ない場合、先頭に0が補われる。省略した場合は、必要最小限の桁数で結果が返される

10進数の「数値」を指定した「桁数」の16進数に変換します。「数値」が負数の場合、「桁数」は無視され、先頭がFの10桁の16進数が返されます。

memo

▶n進数は、「n−1」の次に桁上がりして「10」になります。
・2進数　「0, 1」の次に桁上がりして「10」になる
・8進数　「0, 1, 2, 3, 4, 5, 6, 7」の次に桁上がりして「10」になる
・10進数「0, 1, 2, 3, 4, 5, 6, 7, 8, 9」の次に桁上がりして「10」になる
・16進数「0, 1, 2, 3, 4, 5, 6, 7, 8, 9, A, B, C, D, E, F」の次に桁上がりして「10」になる

▶10進数の正の整数mをn進数に変換するには、まずmをnで割り、次に商を繰り返しnで割って、その余りを逆順に並べます。例えば10進数の250を8進数の372に変換する過程は次のようになります。

250÷8＝31 余り2
31÷8＝3 余り7
3÷8＝0 余り3

余りを並べると「372」

▶2進数、8進数、16進数の正負の符号を反転させるには、次表の計算を行います。例えば8進数の「372」(10進数の250) の負数にあたる表記は、「7777777777」から「372」を引いて1を加えた「7777777406」です。「372」(10進数の250) と「7777777406」(10進数の−250) を足すと、8進数では7の次に桁上がりするため、11桁の「10000000000」になります。Excelで扱うn進数の最大桁は10桁なので、先頭の「1」は無視され「0」とみなされます。「372」(10進数の250) ＋「7777777406」(10進数の−250) の和が0になるので、このような負数表記は理にかなっていると言えます。

n進数	n進数で表されたmの正負を反転する方法
2進数	「1」を10桁並べた「1111111111」からmを引いて1を加える
8進数	「7」を10桁並べた「7777777777」からmを引いて1を加える
16進数	「F」を10桁並べた「FFFFFFFFFF」からmを引いて1を加える

数値計算

08.040 10進数をm桁のn進数に変換する

使用関数 DEC2BIN（デシマル・トゥ・バイナリ）

基数変換用の関数の引数「桁数」の指定を行うと、変換結果の先頭に0を補って、指定した桁に変換できます。ここでは10進数を8桁の2進数に変換してみましょう。

10進数を8桁の2進数に変換する

入力セル B3　入力式 =DEC2BIN(A3,8)

B3 =DEC2BIN(A3,8)

	A	B
1	10進数の変換	
2	10進数	2進数
3	1	00000001
4	2	00000010
5	3	00000011
6	4	00000100
7		

10進数から8桁の2進数に変換できた

check!

=DEC2BIN(数値 [, 桁数]) → 08.039

memo

▶Excelには、2進数、8進数、10進数、16進数の表記を互いに変換する関数が12種類用意されています。いずれも［エンジニアリング関数］に分類されます。

関数	説明
=BIN2OCT(数値 [, 桁数])	2進数を8進数に変換
=BIN2DEC(数値)	2進数を10進数に変換
=BIN2HEX(数値 [, 桁数])	2進数を16進数に変換
=DEC2BIN(数値 [, 桁数])	10進数を2進数に変換
=DEC2OCT(数値 [, 桁数])	10進数を8進数に変換
=DEC2HEX(数値 [, 桁数])	10進数を16進数に変換
=OCT2BIN(数値 [, 桁数])	8進数を2進数に変換
=OCT2DEC(数値)	8進数を10進数に変換
=OCT2HEX(数値 [, 桁数])	8進数を16進数に変換
=HEX2BIN(数値 [, 桁数])	16進数を2進数に変換
=HEX2OCT(数値 [, 桁数])	16進数を8進数に変換
=HEX2DEC(数値)	16進数を10進数に変換

▶Excel 2016 / 2013では、DECIMAL関数を「=DECIMAL(数値, 基数)」の書式で使用すると、2以上36以下の基数の数値を10進数に変換できます。例えば36進数の「ABC」を10進数にするには「=DECIMAL("ABC",36)」（結果は13368）とします。

数値計算

08.041 n進数を10進数に変換する

使用関数 BIN2DEC（バイナリ・トゥ・デシマル）／HEX2DEC（ヘキサデシマル・トゥ・デシマル）

ここでは2進数と16進数の表記を10進数表記に変換する関数を紹介します。2進数からの変換にはBIN2DEC関数、16進数からの変換にはHEX2DEC関数を使用します。

他の進数表記から10進数に変換する

入力セル C3　入力式 =BIN2DEC(B3)

入力セル C6　入力式 =HEX2DEC(C6)

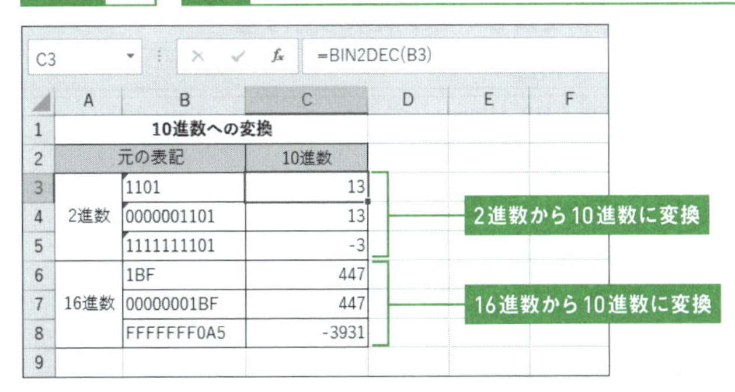

C3　=BIN2DEC(B3)

	A	B	C
1	10進数への変換		
2	元の表記		10進数
3	2進数	1101	13
4		0000001101	13
5		1111111101	-3
6	16進数	1BF	447
7		00000001BF	447
8		FFFFFFF0A5	-3931

check!

=BIN2DEC(数値)

数値…変換する2進数を10桁以内で指定

2進数を10進数に変換します。

=HEX2DEC(数値)

数値…変換する16進数を10桁以内で指定

16進数を10進数に変換します。

memo

▶n進数表記のmを10進数に変換するには、mの各桁に$n^{桁数-1}$を掛けた値を合計します。16進数の場合、Aを10、Bを11、… Fを15に換算して計算します。

・2進数の「1101」を10進数の「13」に変換

$1\times2^3+1\times2^2+0\times2^1+1\times2^0=8+4+0+1=13$

・16進数の「1BF」を10進数の「447」に変換

$1\times16^2+11\times16^1+15\times16^0=256+176+15=447$

関連項目 08.039 10進数をn進数に変換する →p.568

数値計算

08.042 広範囲の正負の10進数を2進数に変換する

使用関数 DEC2HEX(デシマル・トゥ・ヘキサデシマル) ／ MID(ミッド) ／ HEX2BIN(ヘキサデシマル・トゥ・バイナリ) ／ CONCATENATE(コンカティネート)

08.039 で紹介したDEC2BIN関数は、変換可能な10進数の範囲が-512以上511以下と狭いのが難点です。そこでここでは、16進数の1桁が4桁の2進数に対応することを利用し、10進数→16進数→2進数と2段階で変換する方法を紹介します。これなら、DEC2HEX関数と同じ広範囲の10進数を2進数に変換できます。変換後の桁数は40桁固定とします。

■ セルB2の10進数を2進数に変換してセルB3に表示する

入力セル	入力式
B6	=DEC2HEX(B2,10)
B8	=MID($B$6,B7,1)
B9	=HEX2BIN(B8,4)
B3	=CONCATENATE(B9,C9,D9,E9,F9,G9,H9,I9,J9,K9)

B3 =CONCATENATE(B9,C9,D9,E9,F9,G9,H9,I9,J9,K9)

	A	B	C	D	E	F	G	H	I	J	K
1	10進数から2進数に変換										
2	10進数	123,456,789,123									
3	2進数	0001110010111110100110010001101010000011									
4											
5	★作業領域										
6	16進数	1CBE991A83									
7	桁	1	2	3	4	5	6	7	8	9	10
8	16進数	1	C	B	E	9	9	1	A	8	3
9	2進数	0001	1100	1011	1110	1001	1001	0001	1010	1000	0011
10											

変換結果の2進数

変換結果の16進数

16進数を分解して2進数に変換

check!

=DEC2HEX(数値 [, 桁数]) → 08.039

=MID(文字列, 開始位置, 文字数) → 05.039

=HEX2BIN(数値 [, 桁数])

数値…変換する16進数を10桁以内で指定

桁数…戻り値の桁数を1以上10以下の整数で指定。変換結果の桁が少ない場合、先頭に0が補われる。省略した場合は、必要最小限の桁数で結果が返される

16進数の「数値」を指定した「桁数」の2進数に変換します。「数値」が負数の場合、「桁数」は無視され、先頭が1の10桁の2進数が返されます。

=CONCATENATE(文字列1 [, 文字列2] ……) → 05.030

数値計算

08.043 広範囲の正負の10進数を指定した桁の2進数に変換する

使用関数 POWER（パワー）／IF（イフ）／OR（オア）／RIGHT（ライト）

08.042 で、セルB2の10進数を40桁の2進数に変換してセルB3に表示しました。これを改良して結果の桁数を指定できるようにするには、まず変換結果が指定した桁に収まるかどうかを判断します。収まる場合は、40桁の2進数の右端から指定した桁だけを取り出します。

■ セルB3の2進数をセルB8で指定した桁数で表示する

入力セル B13　入力式 =POWER(2,B12-1)-1

入力セル B14　入力式 =-POWER(2,B12-1)

入力セル B15　入力式 =IF(OR(B12>40,B2>B13,B2<B14),"変換不可",RIGHT(B3,B12))

	A	B	C	D	E	F	G	H	I	J	K	L	M
1	10進数から2進数に変換												
2	10進数			-2,010									
3	2進数	1111111111111111111111111111100000100110											
4													
5	★作業領域												
6	16進数	FFFFFFF826											
7	桁	1	2	3	4	5	6	7	8	9	10		
8	16進数	F	F	F	F	F	F	F	8	2	6		
9	2進数	1111	1111	1111	1111	1111	1111	1111	1000	0010	0110		
10													
11	★桁数指定												
12	表示桁数	16											
13	最大値			32,767									
14	最小値			-32,768									
15	2進数	1111100000100110											

指定した表示桁数で表示できる最大値

指定した表示桁数で表示できる最小値

表示できる場合は2進数、できない場合は「変換不可」と表示

check!

=POWER(数値, 指数) → 03.044

=IF(論理式, 真の場合, 偽の場合) → 06.001

=OR(論理式1 [, 論理式2] ……) → 06.009

=RIGHT(文字列 [, 文字数]) → 05.038

memo

▶16桁で表現できる2進数の範囲は-32,768以上32,767以下です。セルB2に指定した10進数がこの数値の範囲内であれば、17桁～40桁の数値は正ならすべて0、負ならすべて1になるはずで、この部分は切り落としても構いません。最大値や最小値を求めるときは、POWER関数の引数「指数」に表示桁数から1を引いた数を指定します。表示桁数の先頭は正負を表し、実際の数値の大きさは残りの桁数で表現するからです。

データの整形

08.044 16進表記のカラーコードを10進数のRGB値に分解する

使用関数 HEX2DEC（ヘキサデシマル・トゥ・デシマル）／MID（ミッド）

ディスプレイに表示する色は、光の三原色である赤（R）、緑（G）、青（B）の掛け合わせです。例えばWebページの色は、「#6699FF」のように、記号「#」と赤2桁、緑2桁、青2桁の16進数のカラーコードで指定します。一方、Excelのカラーパレットでは、赤、緑、青の割合をそれぞれ0～255の範囲の10進数で指定します。ここでは、HEX2DEC関数とMID関数を使用して、16進表記のカラーコードを10進数のRGB値に分解します。

16進表記のカラーコードからRGB値を求める

入力セル	入力式
D2	=HEX2DEC(MID(A3,2,2))
D3	=HEX2DEC(MID(A3,4,2))
D4	=HEX2DEC(MID(A3,6,2))

D2 =HEX2DEC(MID(A3,2,2))

	A	B	C	D	E	F	G	H
1	16進表記のカラーコードをRGB値に変換							
2	カラーコード		R（赤）	102				
3	#6699FF		G（緑）	153				
4			B（青）	255				
5								
6								

RGB値に分解できた

check!

=HEX2DEC(数値) → 08.041

=MID(文字列, 開始位置, 文字数) → 05.039

memo

▶サンプルでは、MID関数を使用してカラーコードから目的の色の16進数を取り出し、HEX2DEC関数で10進数に変換しています。例えばセルD2の場合、カラーコード「#6699FF」の2文字目から2文字分の「66」を取り出し、それを10進数に変換した結果、「102」が得られます。

05.039 文字列の途中から指定した文字数の文字列を取り出す →p.390
08.041 n進数を10進数に変換する →p.571
08.045 10進数のRGB値から16進表記のカラーコードを作成する →p.575

08.045 10進数のRGB値から16進表記のカラーコードを作成する

使用関数 DEC2HEX（デシマル・トゥ・ヘキサデシマル）

08.044 では16進表記のカラーコードを10進数のRGB値に分解しましたが、ここでは反対に、10進数のR、G、Bの各値から16進表記のカラーコードを求めます。各値をDEC2HEX関数で16進表記に変換し、先頭に16進表記であることを示す「#」を付けて文字列結合すれば簡単に求められます。

RGBの各値から16進表記のカラーコードを作成する

入力セル D3

入力式 ="#" & DEC2HEX(B2,2) & DEC2HEX(B3,2) & DEC2HEX(B4,2)

D3　=“#” & DEC2HEX(B2,2) & DEC2HEX(B3,2) & DEC2HE

	A	B	C	D	E	F	G	H
1	RGB値から16進表記のカラーコードを作成							
2	R（赤）	79		カラーコード				
3	G（緑）	129		#4F81BD				
4	B（青）	189						
5								
6								
7								

カラーコードを作成できた

check!

=DEC2HEX(数値 [, 桁数]) → 08.039

memo

▶色の16進表記は、アプリケーションやプログラミング言語によって、先頭に付ける記号やRGBの並び順が異なるので注意してください。Webページの色を設定するスタイルシートでは、サンプルの「#4F81BD」のように「#赤緑青」の形式で指定します。VBAでは赤、緑、青の順が逆で、「&HBD814F&」のように「&H青緑赤&」の形式で指定します。

関連項目 08.041 n進数を10進数に変換する →p.571
08.044 16進表記のカラーコードを10進数のRGB値に分解する →p.574

数値計算

08.046 実部と虚部から複素数を作成する

使用関数 COMPLEX（コンプレックス）

複素数は、虚数単位 $i = \sqrt{-1}$ 、実数a、bを用いて、「a+bi」の形で表される数です。このときaを「実部」、bを「虚部」と呼びます。COMPLEX関数を使用すると、指定した実部と虚部から簡単に複素数形式「a+bi」のデータを作成できます。戻り値は文字列です。

■実部と虚部から複素数形式のデータを作成する

入力セル C3　入力式 =COMPLEX(A3,B3)

C3　=COMPLEX(A3,B3)

	A	B	C
1	複素数の作成		
2	実部	虚部	複素数
3	3	1	3+i
4	1	0.2	1+0.2i
5	0	5	5i
6	1.2	-4	1.2-4i
7	-4	3	-4+3i
8	-2	0	-2
9			

セルC3に数式を入力して、セルC8までコピー

check!

=COMPLEX(実部, 虚部 [, 虚数単位])

実部…作成する複素数の実部の数値を指定
虚部…作成する複素数の虚部の数値を指定
虚数単位…虚数単位を小文字の「"i"」または「"j"」で指定。大文字や他のアルファベットは指定できない。省略した場合は「"i"」が指定されたものとみなされる

指定した「実部」「虚部」「虚数単位」から複素数形式の文字列データを作成します。

memo

▶横軸が実部、縦軸が虚部に対応する平面を「複素平面」と呼びます。複素数を複素平面上の座標として表すことで、さまざまな計算に応用できます。

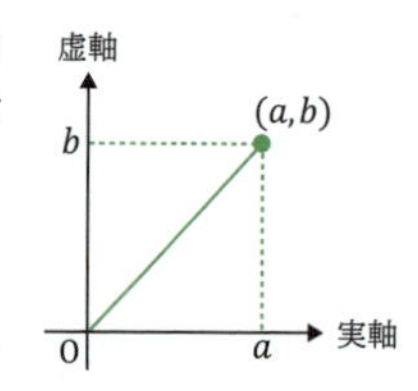

関連項目 08.047 複素数から実部を取り出す →p.577

数値計算

08.047 複素数から実部を取り出す

使用関数 イマジナリー・リアル IMREAL

「a+bi」または「a+bj」の形式で指定された複素数から実部aを取り出すにはIMREAL関数を使用します。戻り値は数値になります。ここでは、A列に入力された複素数の実部をB列に取り出します。

複素数形式のデータから実部を取り出す

入力セル B3　入力式 =IMREAL(A3)

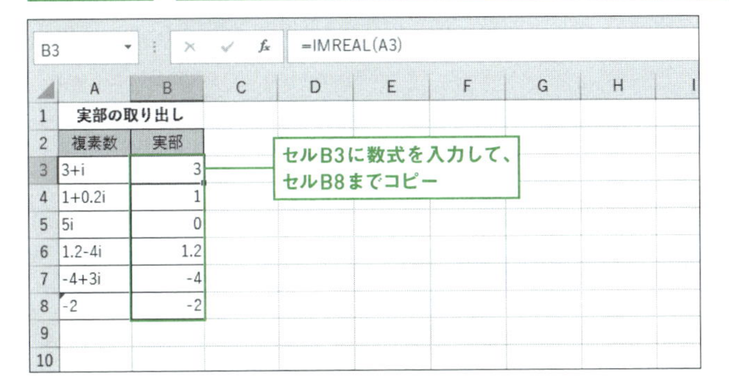

check!

=IMREAL(複素数)

複素数…実部を取り出す元の複素数を「a+bi」または「a+bj」の形式の文字列で指定

指定した「複素数」から実部の数値を取り出します。

関連項目 08.046 実部と虚部から複素数を作成する →p.576
08.048 複素数から虚部を取り出す →p.578

数値計算

08.048 複素数から虚部を取り出す

使用関数 IMAGINARY（イマジナリー）

「a+bi」または「a+bj」の形式で指定された複素数から虚部bを取り出すにはIMAGINARY関数を使用します。戻り値は数値になります。ここでは、A列に入力された複素数の虚部をB列に取り出します。

複素数形式のデータから虚部を取り出す

入力セル B3　入力式 =IMAGINARY(A3)

B3　=IMAGINARY(A3)

	A	B	C	D	E	F	G
1	虚部の取り出し						
2	複素数	虚部					
3	3+i	1					
4	1+0.2i	0.2					
5	5i	5					
6	1.2-4i	-4					
7	-4+3i	3					
8	-2	0					
9							
10							
11							

セルB3に数式を入力して、セルB8までコピー

check!

=IMAGINARY(複素数)

　複素数…虚部を取り出す元の複素数を「a+bi」または「a+bj」の形式の文字列で指定

指定した「複素数」から虚部の数値を取り出します。

関連項目 08.046 実部と虚部から複素数を作成する →p.576
08.047 複素数から実部を取り出す →p.577

数値計算

08.049 共役複素数を求める

使用関数 イマジナリー・コンジュゲイト IMCONJUGATE

複素数「a−bi」を、複素数「a+bi」の共役複素数と表現します。共役複素数は、数学的に重要な意味を持ちます。IMCONJUGATE関数を使用すると、複素数から共役複素数を求めることができます。

複素数から共役複素数を求める

入力セル B3　入力式 =IMCONJUGATE(A3)

B3　=IMCONJUGATE(A3)

	A	B	C	D	E	F
1	共役複素数を求める					
2	複素数	共役複素数				
3	3+i	3-i				
4	1+0.2i	1-0.2i				
5	5i	-5i				
6	1.2-4i	1.2+4i				
7	-4+3i	-4-3i				
8	-2	-2				
9						

セルB3に数式を入力して、セルB8までコピー

check!

=IMCONJUGATE(複素数)

複素数…共役複素数を求める複素数を「a+bi」または「a+bj」の形式の文字列で指定

指定した「複素数」から共役複素数を文字列として返します。

memo

▶複素数と共役複素数は、複素平面の実軸を軸とした対象の位置にあります。
複素数zの共役複素数を$\overline{z}$とすると、「$z+\overline{z}=$実数」「$z\overline{z}=$実数」となります。また、複素数zが実数であるための条件は「$z=\overline{z}$」、純虚数であるための条件は「$\overline{z}=-z$」です。さらに、実数係数のn次方程式が虚数解zを持つ場合、共役複素数$\overline{z}$もこの方程式の解となります。

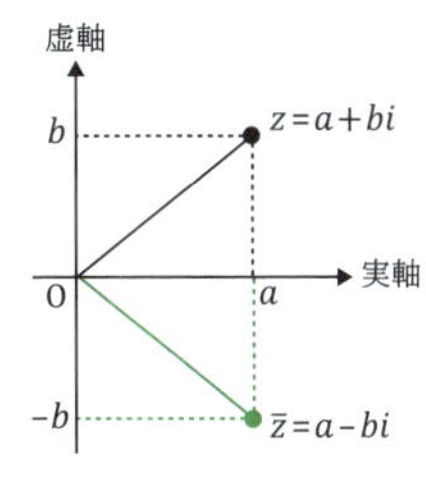

関連項目 08.046 実部と虚部から複素数を作成する →p.576

数値計算

08.050 複素数の絶対値を求める

使用関数 IMABS(イマジナリー・アブソリュート)

複素数を複素平面上の座標と考えたとき、原点からの距離は複素数の絶対値となります。実数を数直線上に書き入れたときに、原点からの距離を絶対値と呼ぶのと同じです。実数の場合は正負の符号を外せば絶対値になりますが、複素数の場合はそう単純ではありません。IMABS関数を使用すれば、簡単に複素数の絶対値を求められます。

複素数から絶対値を求める

入力セル B3　入力式 =IMABS(A3)

B3 =IMABS(A3)

	A	B	C	D	E	F	G
1	絶対値を求める						
2	複素数	絶対値					
3	3+i	3.16227766					
4	1+0.2i	1.0198039					
5	5i	5					
6	1.2-4i	4.1761226					
7	-4+3i	5					
8	-2	2					
9							

セルB3に数式を入力して、セルB8までコピー

check!

=IMABS(複素数)

複素数…絶対値を求める複素数を「a+bi」または「a+bj」の形式で指定

指定した「複素数」の絶対値を返します。

memo

▶複素数zの絶対値 $|z|$ は原点からの距離にあたるので、三平方の定理により次の式で求められます。

$$|z| = \sqrt{a^2+b^2}$$

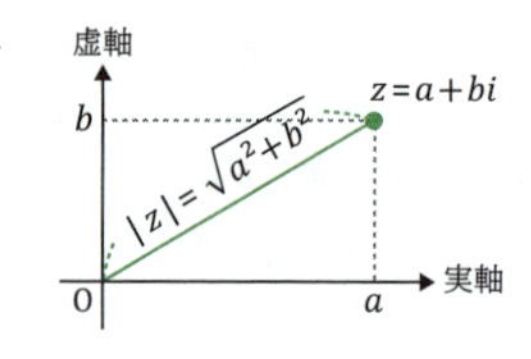

関連項目
08.046 実部と虚部から複素数を作成する →p.576
08.051 複素数の偏角を求める →p.581

数値計算

08.051 複素数の偏角を求める

使用関数 IMARGUMENT(イマジナリー・アーギュメント) ／ DEGREES(デグリーズ)

複素数を複素平面上の座標と考えたとき、実軸からの角度を偏角と呼びます。IMARGUMENT関数を使用すると、複素数の偏角を求められます。戻り値はラジアン単位ですが、ここではDEGREES関数を使用して度単位の偏角も求めます。

複素数から偏角を求める

入力セル B3　入力式 =IMARGUMENT(A3)

入力セル C3　入力式 =DEGREES(B3)

B3　=IMARGUMENT(A3)

	A	B	C
1	偏角を求める		
2	複素数	偏角（ラジアン）	偏角（°）
3	3+i	0.321750554	18.43494882
4	1+0.2i	0.19739556	11.30993247
5	5i	1.570796327	90
6	1.2-4i	-1.279339532	-73.30075577
7	-4+3i	2.498091545	143.1301024
8	-2	3.141592654	180
9			

セルB3とセルC3に数式を入力して、8行目までコピーする

check!

=IMARGUMENT(複素数)

複素数…偏角を求める複素数を「a+bi」または「a+bj」の形式で指定

指定した「複素数」の偏角を返します。戻り値は $-\pi \sim \pi$（ただし $-\pi$ は除く）の範囲のラジアン単位の数値になります。「複素数」に0を指定すると[#DEV/0!]が返されます。

=DEGREES(角度) → 08.016

memo

▶複素数「z=a+bi」の偏角は、点(a,b)の逆正接（アークタンジェント）の値です。サンプルのセルB3に「=ATAN2(IMREAL(A3),IMAGINARY(A3))」と入力しても、同じ結果が得られます。

▶複素数zの絶対値をr、偏角をθとすると、次の式が成り立ちます。このような複素数の表現方法を「極形式」と呼びます。

$$z = r(\cos\theta + i\sin\theta)$$

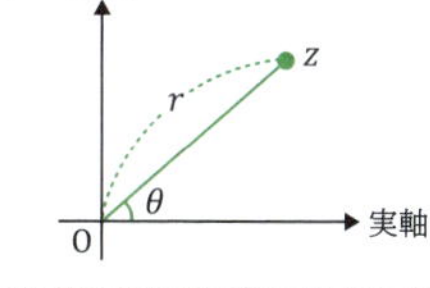

数値計算

08.052 複素数の和を求める

使用関数 IMSUM（イマジナリー・サム）

IMSUM関数を使用すると、複数の複素数の和を求めることができます。複素数の和は、実部と虚部それぞれの和「(a+bi)+(c+di)=(a+c)+(b+d)i」となります。ここでは、2つの複素数の和を求めます。

■2つの複素数の和を求める

入力セル C3　入力式 =IMSUM(A3:B3)

C3　=IMSUM(A3:B3)

	A	B	C
1	複素数の和の計算		
2	複素数1	複素数2	和
3	3+i	2-3i	5-2i
4	1+0.2i	3	4+0.2i
5	5i	5i	10i
6	1.2-4i	3+1.5i	4.2-2.5i
7	-4+3i	-4	-8+3i
8	-2	-2	-4
9			

セルC3に数式を入力して、セルC8までコピー

check!

=IMSUM(複素数1 [, 複素数2] ……)

複素数…和を求める複素数を「a+bi」または「a+bj」の形式で指定

指定した「複素数」の和を文字列として返します。「複素数」は255個まで指定できます。

memo

▶複素平面上で、複素数$z_1 = a + bi$と複素数$z_2 = c + di$の和は、ベクトル$\overrightarrow{z_1} = (a, b)$とベクトル$\overrightarrow{z_2} = (c, d)$の和と同じです。

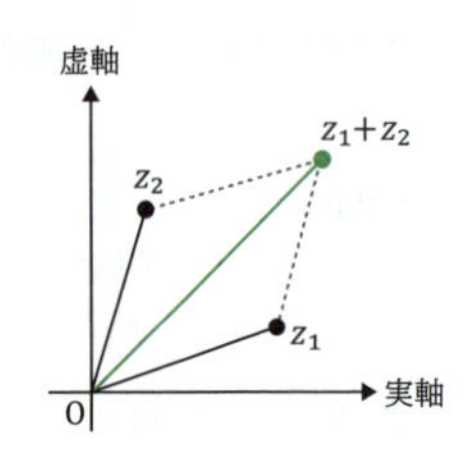

関連項目 08.053 複素数の差を求める →p.583

数値計算

08.053 複素数の差を求める

使用関数 イマジナリー・サブトラクト **IMSUB**

IMSUB関数を使用すると、2つの複素数の差を求めることができます。複素数の差は、実部と虚部それぞれの差「(a+bi)-(c+di)=(a-c)+(b-d)i」となります。引数に複素数が入力されたセルを指定する場合、和を求めるIMSUM関数はセル範囲を指定できるのに対して、IMSUB関数はセル範囲を指定できないことに注意してください。

複素数の差を求める

入力セル C3　入力式 =IMSUB(A3,B3)

C3　=IMSUB(A3,B3)

	A	B	C
1	複素数の差の計算		
2	複素数1	複素数2	差
3	3+i	2-3i	1+4i
4	1+0.2i	3	-2+0.2i
5	5i	5i	0
6	1.2-4i	3+1.5i	-1.8-5.5i
7	-4+3i	-4	3i
8	-2	-2	0
9			

セルC3に数式を入力して、セルC8までコピー

check!

=IMSUB(複素数1, 複素数2)

複素数1…引かれる複素数を「a+bi」または「a+bj」の形式で指定
複素数2…引く複素数を「a+bi」または「a+bj」の形式で指定

「複素数1」から「複素数2」を引いた結果を文字列として返します。

memo

▶複素平面上で、複素数$z_1 = a + bi$と複素数$z_2 = c + di$の差は、ベクトル$\overrightarrow{z_1} = (a, b)$とベクトル$\overrightarrow{z_2} = (c, d)$の差と同じです。

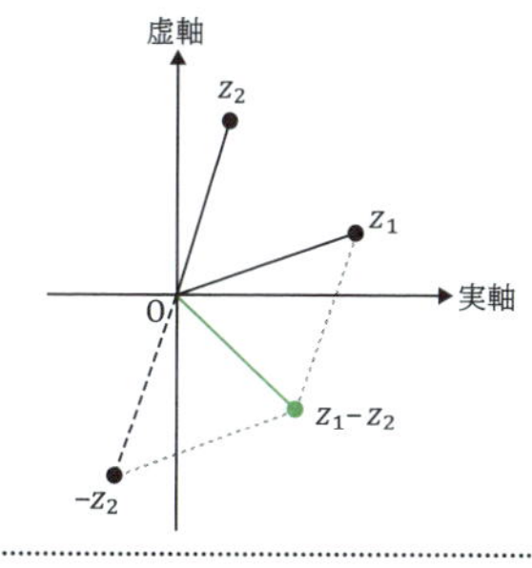

数値計算

08.054 複素数の積を求める

使用関数 IMPRODUCT（イマジナリー・プロダクト）

IMPRODUCT関数を使用すると、複数の複素数の積を求めることができます。複素数の積は、「(a+bi)(c+di)=(ac-bd)+(bc+ad)i」のようになります。ここでは、2つの複素数の積を求めます。

2つの複素数の積を求める

入力セル C3　入力式 =IMPRODUCT(A3:B3)

C3　=IMPRODUCT(A3:B3)

	A	B	C
1	複素数の積の計算		
2	複素数1	複素数2	積
3	3+i	4-3i	15-5i
4	1+0.2i	3	3+0.6i
5	5i	5i	-25
6	1.2-4i	3+1.5i	9.6-10.2i
7	-4+3i	-4	16-12i
8	-2	-2	4
9			

セルC3に数式を入力して、セルC8までコピー

check!

=IMPRODUCT(複素数1 [, 複素数2] ……)

複素数…積を求める複素数を「a+bi」または「a+bj」の形式で指定

指定した「複素数」の積を文字列として返します。「複素数」は255個まで指定できます。

memo

▶複素数z_1の絶対値r_1、偏角θ_1、複素数z_2の絶対値r_2、偏角θ_2とすると、積z_3の絶対値r_3は絶対値同士の積、偏角θ_3は偏角同士の和になります。

$$r_3 = r_1 r_2$$
$$\theta_3 = \theta_1 + \theta_2$$

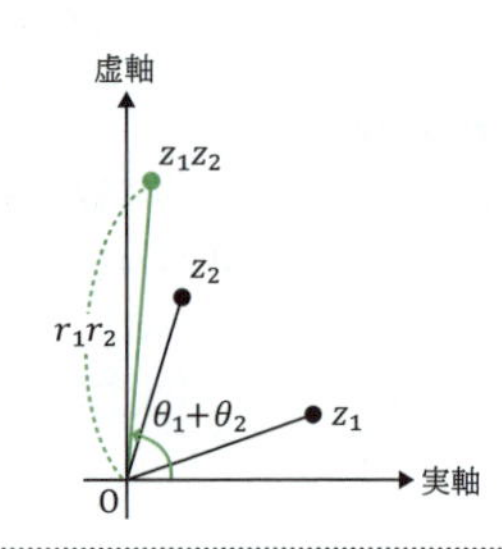

関連項目 08.055 複素数の商を求める →p.585

数値計算

08.055 複素数の商を求める

使用関数 イマジナリー・ディバイデッド **IMDIV**

IMDIV関数を使用すると、2つの複素数から商を求めることができます。引数に複素数が入力されたセルを指定する場合、積を求めるIMPRODUCT関数はセル範囲を指定できるのに対して、IMDIV関数はセル範囲を指定できないことに注意してください。

複素数の商を求める

入力セル C3　入力式 =IMDIV(A3,B3)

C3 =IMDIV(A3,B3)

	A	B	C	D	E
1	複素数の商の計算				
2	複素数1	複素数2	商		
3	3+i	4-3i	0.36+0.52i		
4	1+0.2i	3	0.333333333333333+0.0666666666666667i		
5	5i	5i	1		
6	1.2-4i	3+1.5i	-0.213333333333333-1.22666666666667i		
7	-4+3i	-4	1-0.75i		
8	-2	-2	1		
9					

セルC3に数式を入力して、セルC8までコピー

check!

=IMDIV(複素数1, 複素数2)

複素数1…割られる複素数を「a+bi」または「a+bj」の形式で指定

複素数2…割る複素数を「a+bi」または「a+bj」の形式で指定。0を指定すると、「#NUM!」が返される

「複素数1」を「複素数2」で割った結果を文字列として返します。

memo

▶複素数の商は、右のように計算します。

$$\frac{a+bi}{c+di}=\frac{(ac+bd)+(bc-ad)i}{c^2+d^2}$$

▶複素数z_1の絶対値r_1、偏角θ_1、複素数z_2の絶対値r_2、偏角θ_2とすると、積z_3の絶対値r_3は絶対値の商、偏角θ_3は偏角の差になります。

$$r_3=\frac{r_1}{r_2}$$

$$\theta_3=\theta_1-\theta_2$$

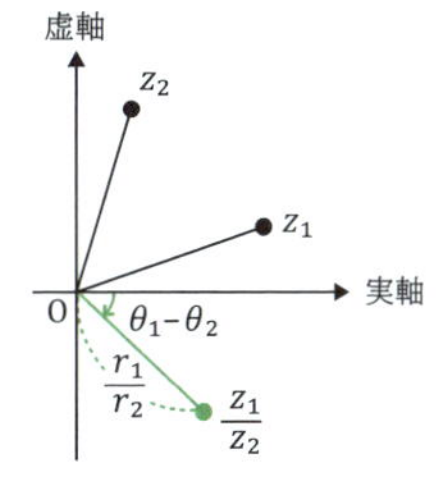

数値計算

08.056 複素数のべき乗を求める

使用関数 IMPOWER（イマジナリー・パワー）

IMPOWER関数を使用すると、複素数のべき乗を求めることができます。指数には、負の数値や小数も指定できます。ここでは、A列に複素数、B列に指数を入力して、C列に整数乗を計算します。

■ 複素数の整数乗を求める

入力セル C3　入力式 =IMPOWER(A3,B3)

C3 =IMPOWER(A3,B3)

	A	B	C	D	E
1			べき乗を求める		
2	複素数	指数	べき乗		
3	3+i	-2	0.08-0.06i		
4	1+0.2i	0	1		
5	5i	1.5	-7.90569415042095+7.90569415042095i		
6	1.2-4i	2	-14.56-9.6i		
7	-4+3i	3	44+117i		
8	-2	3	-8+2.94035629178069E-15i		
9					

セルC3に数式を入力して、セルC8までコピー

check!

=IMPOWER(複素数, 指数)

複素数…複素数を「a+bi」または「a+bj」の形式で指定

指数…指数となる数値を指定

「複素数」の「指数」乗を文字列として返します。

memo

▶ 08.054 のmemoで紹介したとおり、2つの複素数の積では、絶対値が積、偏角が和になります。これを応用して考えると、複素数のべき乗は次式のようになります。つまり、複素数をn乗すると、絶対値はn乗、偏角はn倍になります。元の複素数の絶対値が1の場合、n乗は複素平面上で半径1の円周上を回転することになります。

$$z^n = \{r(\cos\theta + i\sin\theta)\}^n$$
$$= r^n\{\cos(n\theta) + i\sin(n\theta)\}$$

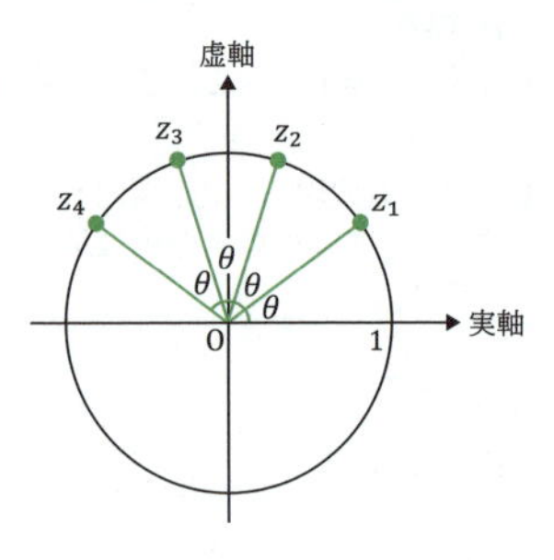

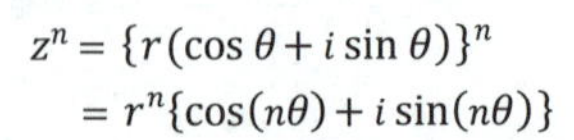
関連項目 08.054 複素数の積を求める →p.584

第9章

統計計算

データ分析

09.001 中央値(メディアン)を求める

使用関数 MEDIAN(メディアン)

MEDIAN関数を使用して、10個の数値から「中央値」を求めます。数値を小さい順に並べると「200、300、300、400、400、500、500、600、900、1500」なので、結果は5番目の「400」と6番目の「500」の平均値である「450」になります。

■10個の数値の中央値を求める

入力セル D3　入力式 =MEDIAN(B3:B12)

D3 =MEDIAN(B3:B12)

	A	B	C	D
1	顧客アンケート 問1			
2	回収番号	年収(万円)		中央値
3	1	500		450
4	2	300		
5	3	600		平均値
6	4	200		560
7	5	400		
8	6	1,500		
9	7	500		
10	8	900		
11	9	400		
12	10	300		

中央値が求められた

check!

=MEDIAN(数値1 [, 数値2] ……)

数値…数値、またはセル範囲を指定。数値以外のデータは無視される

数値データの中央値(メディアン)を返します。中央値とは、数値を大きさ順に並べたときに、ちょうど中央に位置する値のことです。数値が奇数個の場合は中央の値そのもの、偶数個の場合は中央の数値2つの平均値が返されます。「数値」は255個まで指定できます。

memo

▶複数の数値データの中心を量る指標には、平均値、中央値、最頻値があります。そのうち中央値や最頻値は、平均値に比べて極端なデータの影響を受けにくいというメリットがあります。例えば所得データの場合、10名の中に極端な高所得者が1名いると平均値は吊り上がりますが、中央値や最頻値は影響を受けません。

関連項目 02.045 平均値を求める →p.124
09.002 最頻値(モード)を求める →p.589

データ分析

09.002 最頻値(モード)を求める

使用関数 MODE | MODE.SNGL

MODE関数を使用して、10個の数値から「最頻値」を求めます。表には「5」が3個、「6」が2個、その他の数値が1個ずつ入力されているので、最頻値は「5」になります。

10個の数値の最頻値を求める

入力セル D3　入力式 =MODE(B3:B12)

	A	B	C	D
1	商品Aアンケート			
2	回収番号	評価		最頻値
3	1	5		5
4	2	4		
5	3	6		
6	4	9		
7	5	5		
8	6	6		
9	7	5		
10	8	7		
11	9	10		
12	10	3		

最頻値が求められた

check!

=MODE(数値1 [, 数値2] ……)
=MODE.SNGL(数値1 [, 数値2] ……)　[Excel 2016 / 2013 / 2010]
数値…数値、またはセル範囲を指定。数値以外のデータは無視される

数値データの最頻値(モード)を返します。最頻値とは、指定された数値データの中で、最も頻繁に出現する値です。最頻値が複数ある場合は、最初に現れた最頻値が返されます。最頻値が存在しない(すべてのデータが異なる)場合は、エラー値#N/Aが返されます。「数値」は、255個まで指定できます。

memo

▶Excel 2016 / 2013 / 2010では、MODE関数とMODE.SNGL関数のどちらを使用しても、同じ結果が得られます。

=MODE.SNGL(B3:B12)

関連項目 09.003 最頻値(モード)をすべて求める →p.590

データ分析

非対応バージョン 2007

09.003 最頻値（モード）をすべて求める

使用関数 MODE.MULT（モード・マルチ）

Excel 2016/2013/2010では、あらかじめ複数のセルを選択してから、MODE.MULT関数を配列数式として入力すると、複数の最頻値をすべて求めることができます。サンプルの場合、数式を入力したセルは4つですが、最頻値は「5」と「6」の2つだけなので、空いたセルにはエラー値［#N/A］が表示されます。

10個の数値の最頻値をすべて求める

入力セル D3:D6　入力式 {=MODE.MULT(B3:B12)}

D3　{=MODE.MULT(B3:B12)}

	A	B	C	D
1	商品Bアンケート			
2	回収番号	評価		最頻値
3	1	6		6
4	2	4		5
5	3	5		#N/A
6	4	10		#N/A
7	5	5		
8	6	6		
9	7	5		
10	8	6		
11	9	2		
12	10	8		

セル範囲D3:D6を選択して数式を入力し、[Ctrl]＋[Shift]＋[Enter]キーで確定

check!

=MODE.MULT(数値1[, 数値2]……)　**[Excel 2016 / 2013 / 2010]**

数値…数値、またはセル範囲を指定。数値以外のデータは無視される

数値データの最頻値（モード）を返します。複数のセルを選択して配列数式として入力することで、最頻値が複数ある場合に、すべての最頻値を表示できます。最頻値が存在しない場合は、エラー値［#N/A］が返されます。「数値」は255個まで指定できます。

memo

▶最頻値を求める関数には、MODE関数、MODE.SNGL関数、MODE.MULT関数の3種類があります。そのうち前者2つは最頻値が複数ある場合でも、結果として返されるのは最初に出現する値1つです。例えば引数「5,3,1,3,5」を指定した場合、「5」と「3」が2個ずつありますが、最初に出現する「5」が最頻値として返されます。一方、MODE.MULT関数の場合は、複数の最頻値がすべて返されます。

関連項目 09.002 最頻値（モード）を求める →p.589

データ分析

09.004

度数分布表を作成する

使用関数 FREQUENCY（フリーケンシー）

年齢を「～ 29」「30～ 39」「40～ 49」「50～」に分けて、度数分布表（各区間の人数を求めた表）を作成してみましょう。度数分布表に各区間の上限値（ここでは「29」「39」「49」）を入力し、人数欄（セル範囲G3:G6）を選択してからFREQUENCY関数を配列数式として入力すると、区間ごとの人数が一度に求められます。

度数分布表を作成する

入力セル G3:G6　入力式 {=FREQUENCY(B3:B10,F3:F5)}

G3　{=FREQUENCY(B3:B10,F3:F5)}

	A	B	C	D	E	F	G
1	お客様アンケート			度数分布表			
2	回収番号	年齢		年齢			人数
3	1	26			～	29	1
4	2	53		30	～	39	4
5	3	46		40	～	49	2
6	4	30		50	～		1
7	5	33					
8	6	37					
9	7	49					
10	8	34					

セル範囲G3:G6を選択して数式を入力し、[Ctrl]＋[Shift]＋[Enter]キーで確定

各区分の上限値を入れておく

check!

=FREQUENCY(データ配列, 区間配列)

データ配列…カウント対象のデータを指定
区間配列…各区間の上限値を指定

「データ配列」の数値が、「区間配列」に指定した区間ごとにいくつ含まれるかをカウントし、それぞれの個数を返します。縦方向の配列数式として入力する必要があります。

memo

▶結果として返される要素数は、「区間配列」の個数より1つ多くなります。最後の要素は、「区間配列」の最大値（ここでは「49」）を超えるデータの個数が返ります。

▶FREQUENCY関数で実際に求められるのは「x≦29」「29<x≦39」「39<x≦49」「49<x」の人数ですが、年齢は整数なので「x≦29」「30≦x≦39」「40≦x≦49」「50≦x」の人数を求めたのと同じことになります。なお、セル範囲D3:E6に入力した「30 ～」などのデータは、表をわかりやすくするために入力したもので、FREQUENCY関数の計算には必要ありません。

関連項目 01.043 配列数式を入力する →p.50

基礎知識

09.005 分散を理解する

◎母集団と標本

データ全体の集合のことを「母集団（Population）」と呼びます。また、母集団から無作為に取り出したデータのことを「標本（Sample）」と呼びます。

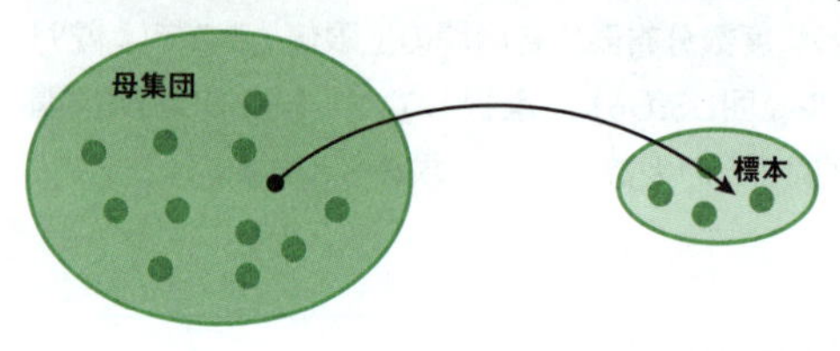

◎分散

「分散」は、データの散らばり具合を測るための指標です。VARP関数、またはVAR.P関数で分散を求めると（09.007参照）、引数に指定したデータ自体の散らばりを調べることができます。引数に母集団を指定すれば母集団の散らばり具合（母分散）が求められ、標本を指定すれば標本自体の散らばり具合が求められます。関数の末尾の「P」は「Population（母集団）」の頭文字です。

なお、Excelのヘルプでは母集団の分散を「標本分散」と呼んでいますが、統計学の文献では下記の「不偏分散」のことを「標本分散」と呼ぶものもあるため注意してください。

$$\mathrm{VARP} = \frac{\sum(\text{データ} - \text{平均値})^2}{\text{データ数}}$$ （母集団や標本自体の分散を求める）

◎不偏分散

製品の重量検査などで、母集団をすべて検査することが困難な場合に、無作為に取り出した標本を検査して、そのデータから母集団の分散を推定することがあります。VAR関数、またはVAR.S関数を使用すると（09.008参照）、引数に標本のデータを指定して、母分散の推定値である「不偏分散」が求められます。標本は母集団に比べてデータ数が少ないため、標本自体の分散は、母分散に比べて小さくなる傾向にあります。これを補正するために、不偏分散の分母は「データ数」ではなく「データ数－1」とします。

$$\mathrm{VAR} = \frac{\sum(\text{データ} - \text{平均値})^2}{\text{データ数} - 1}$$ （標本から母集団の分散の推定値を求める）

基礎知識

09.006 標準偏差を理解する

標準偏差

「標準偏差」は、分散の正の平方根の値です。分散は計算の過程でデータを2乗するため、データと分散を直接比較できません。一方、標準偏差は、分散の平方根をとるので元のデータと同じ単位になり、比較が容易です。

Excelでは、母集団の標準偏差、および標本自体の標準偏差を求めるために、STDEVP関数とSTDEV.P関数が用意されています（09.009 参照）。また、母集団の標準偏差の推定値を求めるために、STDEV関数とSTDEV.S関数が用意されています（09.010 参照）。

$STDEVP = \sqrt{VARP}$ （母集団や標本自体の標準偏差を求める）

$STDEV = \sqrt{VAR}$ （標本から母集団の標準偏差の推定値を求める）

指標の値とデータの散らばり

分散や標準偏差は、データが平均値の周りにどの程度散らばっているかの目安です。例えば模試の得点を横軸、人数を縦軸にとったグラフを描いたときに、その形が正規分布と呼ばれる左右対称の山になる場合、「平均点±標準偏差」の範囲に全データの約68%が分布していると考えられます。山が左右対称にならない場合でも、分散や標準偏差の値が大きいほど、平均からの散らばりは大きいと言えます。

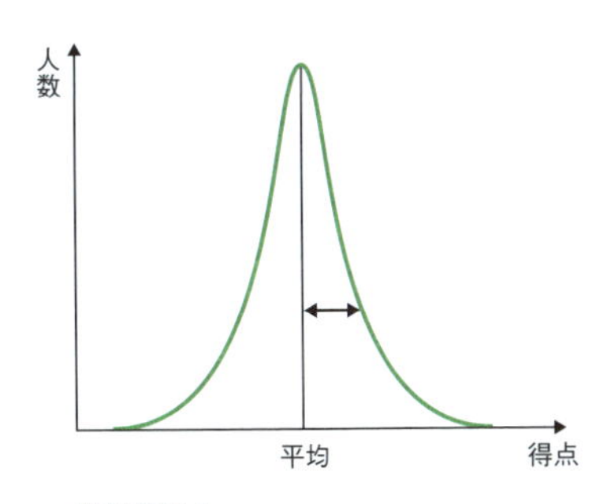

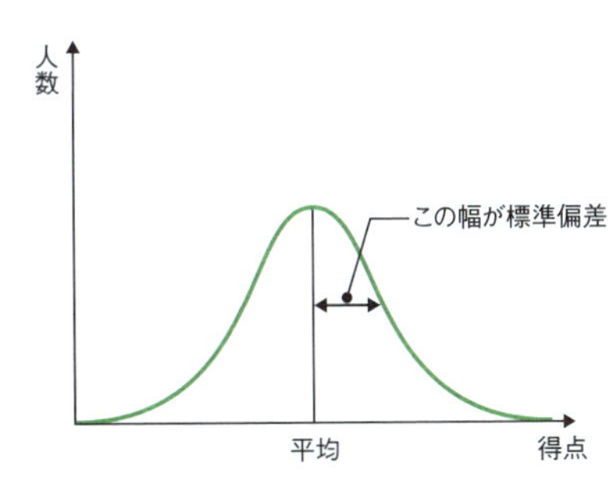

memo

▶データの散らばり具合を測る指標には、分散と標準偏差の他に、平均偏差（09.011 参照）、変動（09.012 参照）、歪度（09.013 参照）、尖度（09.014 参照）、レンジ（09.015 参照）、四分位範囲（09.016 参照）などがあります。

データ分析

09.007 分散を求める

使用関数 VARP（バリアンス・ピー） | VAR.P（バリアンス・ピー）

全数検査した製品の重量（セル範囲B3:B10）から、「分散」を求めます。全製品のデータを使用して計算するので、VARP関数を使います。分散は、平均値の周りにデータがどの程度散らばっているかの目安になります。

■ 全数検査した製品の重量の分散を求める

入力セル D3　入力式 =VARP(B3:B10)

D3　=VARP(B3:B10)

	A	B	C	D	E	F	G	H	I
1	全数検査								
2	検品番号	重量（g）		分散					
3	1	98		1.25					
4	2	101							
5	3	99		平均					
6	4	100		99.5					
7	5	101							
8	6	99							
9	7	100							
10	8	98							
11									

重量の分散

check!

=VARP(数値1 [, 数値2] ……)

=VAR.P(数値1 [, 数値2] ……)　[Excel 2016 / 2013 / 2010]

数値…数値、またはセル範囲を指定。数値以外のデータは無視される

引数を母集団そのものとみなして、分散を返します。「数値」は255個まで指定できます。

memo

▶Excel 2016/2013/2010では、VARP関数とVAR.P関数のどちらを使用しても、同じ結果が得られます。

=VAR.P(B3:B10)

▶VARP関数やVAR.P関数で分散を求めると、個々のデータと平均値の差の2乗を合計して、データ数で割った数値が返されます。

$$\text{VARP} = \frac{1}{8}\{(98-99.5)^2+(101-99.5)^2+(99-99.5)^2+(100-99.5)^2+(101-99.5)^2+(99-99.5)^2+(100-99.5)^2+(98-99.5)^2\}$$

$$= 1.25$$

データ分析

09.008 不偏分散を求めて母分散を推定する

使用関数 VAR（バリアンス） | VAR.S（バリアンス・エス）

抜き取り検査した製品の重量データ（標本）があるとき、VAR関数を使用すると全製品（母集団）の分散を推定できます。母集団の分散の推定値を、「不偏分散」と呼びます。

全製品の重量の分散を推定する

入力セル D3　入力式 =VAR(B3:B10)

D3　=VAR(B3:B10)

	A	B	C	D
1	抜き取り検査			
2	検品番号	重量（g）		不偏分散
3	1	98		1.42857143
4	2	101		
5	3	99		平均
6	4	100		99.5
7	5	101		
8	6	99		
9	7	100		
10	8	98		

全製品の分散の推定値

check!

=VAR(数値1 [, 数値2] ……)
=VAR.S(数値1 [, 数値2] ……)　[Excel 2016 / 2013 / 2010]
数値…数値、またはセル範囲を指定。数値以外のデータは無視される

引数を標本とみなして、母集団の分散の推定値（不偏分散）を返します。「数値」は、255個まで指定できます。

memo

▶ Excel 2016 / 2013 / 2010では、VAR関数とVAR.S関数のどちらを使用しても、同じ結果が得られます。

=VAR.S(B3:B10)

▶ VAR関数やVAR.S関数で不偏分散を求めると、個々のデータと平均値の差の2乗を合計して、「データ数-1」で割った数値が返されます。サンプルの表の場合、関数の結果は下記のように検算できます。

$$\mathrm{VAR} = \frac{1}{7}\{(98-99.5)^2+(101-99.5)^2+(99-99.5)^2+(100-99.5)^2+(101-99.5)^2+(99-99.5)^2+(100-99.5)^2+(98-99.5)^2\}$$
$$= 1.42857\cdots\cdots$$

データ分析

09.009 標準偏差を求める

使用関数 STDEVP（スタンダード・ディビエーション・ピー） | STDEV.P（スタンダード・ディビエーション・ピー）

全数検査した製品の重量（セル範囲B3:B10）から、「標準偏差」を求めます。全製品のデータを使用して計算するので、STDEVP関数を使います。標準偏差の単位は元のデータと同じ「g（グラム）」です。例えば標準偏差が「1.1」であれば、「平均±1.1gの範囲に○%のデータが分布している」といった表現が可能で、分散より直感的なイメージがつかみやすいのがメリットです。

■ 全数検査した製品の重量の標準偏差を求める

入力セル D3　入力式 =STDEVP(B3:B10)

D3　=STDEVP(B3:B10)

	A	B	C	D	E	F	G	H
1	全数検査							
2	検品番号	重量（g）		標準偏差				
3	1	98		1.11803399				
4	2	101						
5	3	99		平均				
6	4	100		99.5				
7	5	101						
8	6	99						
9	7	100						
10	8	98						
11								

重量の標準偏差

check!

= STDEVP(数値1 [, 数値2] ……)

= STDEV.P(数値1 [, 数値2] ……)　[Excel 2016 / 2013 / 2010]

数値…数値、またはセル範囲を指定。数値以外のデータは無視される

引数を母集団そのものとみなして、標準偏差を返します。「数値」は、255個まで指定できます。

memo

▶Excel 2016/2013/2010では、STDEVP関数とSTDEV.P関数のどちらを使用しても、同じ結果が得られます。

=STDEV.P(B3:B10)

▶標準偏差と分散は、「標準偏差 = $\sqrt{分散}$」の関係にあります。09.007 でサンプルと同じデータを使用して求めた分散は1.25でしたので、「$\sqrt{1.25} = 1.118$……」としても標準偏差を計算できます。

データ分析

09.010 母集団の標準偏差を推定する

使用関数 STDEV（スタンダード・ディビエーション） | STDEV.S（スタンダード・ディビエーション・エス）

抜き取り検査した製品の重量データ（標本）があるとき、STDEV関数を使用すると全製品（母集団）の標準偏差を推定できます。すべての製品の検査ができない場合でも、この推定値から母集団の様子がつかめます。

全製品の重量の標準偏差を推定する

入力セル D3　入力式 =STDEV(B3:B10)

D3 =STDEV(B3:B10)

	A	B	C	D	E	F	G	H
1	抜き取り検査							
2	検品番号	重量（g）		標準偏差				
3	1	98		1.19522861				
4	2	101						
5	3	99		平均				
6	4	100		99.5				
7	5	101						
8	6	99						
9	7	100						
10	8	98						
11								
12								

全製品の標準偏差の推定値

check!

= STDEV(数値1 [, 数値2] ……)
= STDEV.S(数値1 [, 数値2] ……)　[Excel 2016 / 2013 / 2010]

数値…数値、またはセル範囲を指定。数値以外のデータは無視される

引数を標本とみなして、母集団の標準偏差の推定値を返します。「数値」は、255個まで指定できます。

memo

▶Excel 2016 / 2013 / 2010では、STDEV関数とSTDEV.S関数のどちらを使用しても、同じ結果が得られます。　=STDEV.S(B3:B10)

▶09.008 でサンプルと同じデータを使用して求めた不偏分散は1.42857でしたので、「$\sqrt{1.42857} = 1.1952……$」としても標準偏差の推定値を計算できます。

関連項目 09.008 不偏分散を求めて母分散を推定する →p.595
09.009 標準偏差を求める →p.596

データ分析

09.011 平均偏差を求める

使用関数 AVEDEV（アベレージ・ディビエーション）

製品の重量検査の結果（セル範囲B3:B10）を元に、AVEDEV関数を使用して「平均偏差」を求めましょう。平均偏差はデータの散らばり具合を測る指標の1つで、それぞれのデータが平均値から、平均してどの程度離れているかを示します。

平均偏差を求める

入力セル D3　入力式 =AVEDEV(B3:B10)

D3　=AVEDEV(B3:B10)

	A	B	C	D	E	F	G	H
1	製品検査							
2	検品番号	重量（g）		平均偏差				
3	1	98		1				
4	2	101						
5	3	99		平均				
6	4	100		99.5				
7	5	101						
8	6	99						
9	7	100						
10	8	98						

平均偏差が求められた

check!

=AVEDEV(数値1 [, 数値2] ……)

数値…数値、またはセル範囲を指定。数値以外のデータは無視される

平均偏差を返します。偏差とは各値と平均値との差で、平均偏差とは偏差の平均値です。「数値」は255個まで指定できます。

memo

▶平均偏差は、偏差（データと平均値の差）の絶対値をデータ数で割ったものです。サンプルの表の場合、平均偏差は下記のように検算できます。

$$\text{平均偏差} = \frac{\sum|\text{データ} - \text{平均値}|}{\text{データ数}}$$

$$= \frac{1}{8}(|98-99.5| + |101-99.5| + |99-99.5| + |100-99.5| + |101-99.5| + |99-99.5| + |100-99.5| + |98-99.5|)$$

$$= 1$$

データ分析

09.012 変動(偏差平方和)を求める

使用関数 DEVSQ(ディビエーション・スクエア)

製品の重量検査(セル範囲B3:B10)を元に、DEVSQ関数を使用して「変動」を求めましょう。変動はデータの散らばり具合を測る指標の1つで、分散を求める式の分子にあたる数値です。

変動を求める

入力セル D3 入力式 =DEVSQ(B3:B10)

D3 =DEVSQ(B3:B10)

	A	B	C	D	E	F	G
1	製品検査						
2	検品番号	重量(g)		変動			
3	1	98		10			
4	2	101					
5	3	99		平均			
6	4	100		99.5			
7	5	101					
8	6	99					
9	7	100					
10	8	98					
11							

変動が求められた

check!

=DEVSQ(数値1 [, 数値2] ……)

数値…数値、またはセル範囲を指定。数値以外のデータは無視される

変動を返します。変動とは、偏差(各値と平均値の差)の2乗の総和です。「数値」は255個まで指定できます。

memo

▶変動は、偏差(データと平均値の差)の2乗の総和で、「偏差平方和」とも呼ばれます。サンプルの表の場合、変動は下記のように検算できます。

$$変動 = \sum(データ - 平均値)^2$$
$$= (98-99.5)^2+(101-99.5)^2+(99-99.5)^2+(100-99.5)^2+(101-99.5)^2+(99-99.5)^2+(100-99.5)^2+(98-99.5)^2$$
$$= 10$$

関連項目 09.011 平均偏差を求める →p.598

データ分析

09.013 歪度(分布の偏り)を求める

使用関数 SKEW（スキュー）

ある大学で無作為に選んだ学生の仕送り金額の調査結果から、SKEW関数を使用して、学生全体の分布の「歪度（わいど）」を推定しましょう。歪度は分布の歪み具合を測る指標です。サンプルの場合、歪度が約1.2なので、分布のピークはやや左に傾いています。

分布の歪度を求める

入力セル D3　入力式 =SKEW(B3:B10)

D3 =SKEW(B3:B10)

	A	B	C	D	E	F	G	H
1	学生生活実態調査							
2	NO	仕送り（万円）		歪度				
3	1	7		1.208848237				
4	2	8						
5	3	14						
6	4	2						
7	5	7						
8	6	4						
9	7	5						
10	8	6						

歪度が求められた

check!

=SKEW(数値1 [, 数値2] ……)

数値…数値、またはセル範囲を指定。数値以外のデータは無視される

母集団の歪度の推定値を返します。歪度は、分布が左右対称であるかどうかを示します。分布が平均値を中心に左右対称であれば、歪度は0になります。また、分布のピークが左にあり、裾が右に長く伸びていると歪度は正の値になり、その逆の形のときは負の値になります。「数値」は255個まで指定できます。

memo

▶歪度の値と分布の形の対応は下図のとおりです。

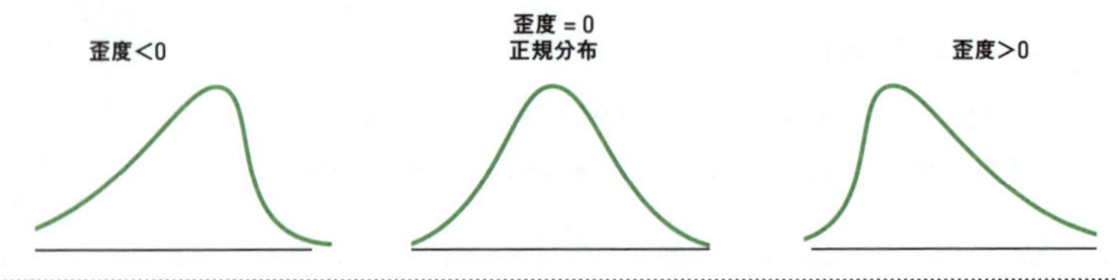

データ分析

09.014 尖度（分布の集中具合）を求める

使用関数 KURT（カートト）

ある大学で無作為に選んだ学生の仕送り金額の調査結果から、KURT関数を使用して、学生全体の分布の「尖度（せんど）」を推定しましょう。尖度は分布の集中の具合を測る指標です。サンプルの場合、尖度が約2.7なので、正規分布に比べてやや尖った形になります。

分布の尖度を求める

入力セル D3　入力式 =KURT(B3:B10)

D3　=KURT(B3:B10)

	A	B	C	D	E	F	G	H
1	学生生活実態調査							
2	NO	仕送り（万円）		尖度				
3	1	7		2.658285867				
4	2	8						
5	3	14						
6	4	2						
7	5	7						
8	6	4						
9	7	5						
10	8	6						

尖度が求められた

check!

=KURT(数値1 [, 数値2] ……)

数値…数値、またはセル範囲を指定。数値以外のデータは無視される

母集団の尖度の推定値を返します。尖度は、正規分布に比べて分布が尖った形か、平坦な形かを示します。正規分布の尖度は0で、それより尖っていれば尖度は正の値、平坦であれば尖度は負の値になります。「数値」は255個まで指定できます。

memo

▶尖度の値と分布の形の対応は以下のとおりです。

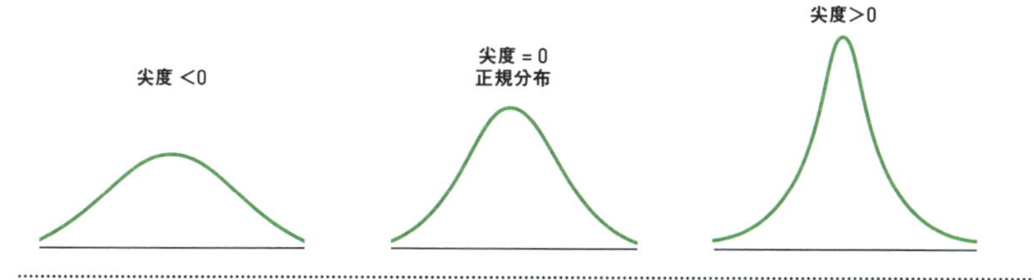

データ分析

09.015 レンジ(値の範囲)を求める

使用関数 MAX(マックス) ／ MIN(ミニマム)

データの散らばり具合を示す指標は複数ありますが、最も単純なのは「レンジ」です。レンジとは値の範囲のことで、最大値から最小値を引くことで求められます。最大値はMAX関数、最小値はMIN関数を使用して求めます。

■レンジを求める

入力セル D3　入力式 =MAX(B3:B10)-MIN(B3:B10)

D3　=MAX(B3:B10)-MIN(B3:B10)

	A	B	C	D	E	F	G
1	製品検査						
2	検品番号	重量（g）		レンジ			
3	1	98		3			
4	2	101					
5	3	99					
6	4	100					
7	5	101					
8	6	99					
9	7	100					
10	8	98					
11							

レンジが求められた

check!

=MAX(数値1 [, 数値2] ……) → 02.063
=MIN(数値1 [, 数値2] ……) → 02.064

memo

▶データの散らばり具合を測る指標には、レンジ、分散、標準範囲、四分位範囲など、さまざまな種類があります。その中でレンジは、最も単純な指標と言えます。データの中に極端な値があるとその影響を受け、レンジが大きくなってしまうのが欠点ですが、その反面、計算が簡単で理解しやすいというメリットがあります。

関連項目 02.063 最大値を求める →p.142
02.064 最小値を求める →p.143

データ分析

09.016 四分位数を求める

使用関数 QUARTILE（クアタイル）

四分位数を求めるには、QUARTILE関数を使用します。四分位数とは、数値を小さい順に並べたときに、最小値、第1四分位数（25%）、第2四分位数（中央値、50%）、第3四分位数（75%）、最大値にあたる数値のことです。データの散らばり具合を示す指標の1つです。

■ 四分位数を求める

入力セル B13　入力式 =QUARTILE(B$3:B$10,$E13)

B13　=QUARTILE(B$3:B$10,$E13)

製品重量検査（標準：1000g）

検品番号	A工場	B工場	C工場
1	1019	1003	1037
2	1026	995	1034
3	1016	1004	1042
4	993	1012	1027
5	976	1002	1034
6	984	999	1040
7	1007	1008	1041
8	999	1016	1030

	A工場	B工場	C工場	作業列
最小値	976	995	1027	0
第1四分位	990.75	1001.3	1033	1
中央値	1003	1003.5	1035.5	2
第3四分位	1016.8	1009	1040.3	3
最大値	1026	1016	1042	4

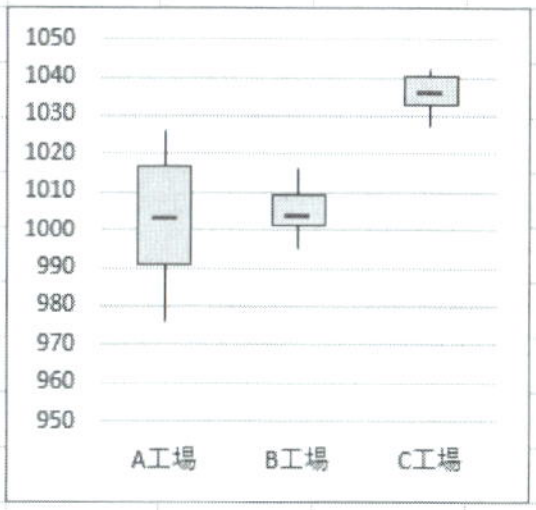

セルB13に数式を入力して、セルB17までコピーし、さらにセルD17までコピー

1050
1040
1030
1020
1010
1000
990
980
970
960
950
A工場 B工場 C工場

check!

=QUARTILE(範囲, 位置) → 03.028

memo

▶サンプルのグラフは、四分位数から作成した箱ひげ図です。棒の上端が最大値、箱の上端が第3四分位数、箱の中の横棒が中央値、箱の下端が第1四分位数、棒の下端が最小値を表します。グラフから、製品の重量の誤差の具合がわかります。

データ分析

09.017 データを標準化して異種のデータを同じ尺度で評価する

使用関数 STANDARDIZE（スタンダーダイズ）

通常、物理と化学の得点をそのまま比較しても、どちらの成績が上なのか判断できません。STANDARDIZE関数を使用して各科目の「標準化変量」を求め、それを比較すれば、どちらの科目が上位にあるか判断できます。サンプルの表では、物理は64点、化学は75点で得点では化学のほうが上です。しかし、標準化変量はそれぞれ1.4と1.25で、物理のほうが上位の成績であると考えられます。

■ 物理と化学、どちらの成績が上位にあるかを判定する

入力セル E3　入力式 =STANDARDIZE(B3,C3,D3)

E3　=STANDARDIZE(B3,C3,D3)

	A	B	C	D	E	F	G	H
1	模試結果		3年B組		高橋雅之			
2	受験科目	得点	平均点	標準偏差	標準化変量			
3	物理	64	57	5	1.4			
4	化学	75	65	8	1.25			
5								

セルE3に数式を入力して、セルE4にコピー

check!

=STANDARDIZE(値, 平均値, 標準偏差)

値…標準化したい数値を指定
平均値…平均値（算術平均）を指定
標準偏差…標準偏差の値を指定

標準化変量を返します。標準化変量とは、「値」が、「平均値」から「標準偏差」の何倍離れているかを示す指標です。

memo

▶科目ごとに平均点と標準偏差が異なるため、素点のままでは比較できません。そこで、次式を使用して科目ごとの平均点が「0」、標準偏差が「1」になるように得点を換算します。この換算を「標準化」、結果の値を「標準化変量」と呼びます。標準化により、物理と化学の尺度が揃い、比較が可能になります。

$$\text{標準化変量} = \frac{\text{値} - \text{平均値}}{\text{標準偏差}}$$

関連項目 09.018 偏差値を求める →p.605

データ分析

09.018 偏差値を求める

使用関数 STANDARDIZE（スタンダーダイズ）

受験生の成績を評価する指標として馴染み深い「偏差値」は、平均値が50、標準偏差が10になるように、各自の成績を調整したものです。8月、10月、12月の模試の得点をそのまま比較しても成績が伸びているのかどうか判断できませんが、得点を偏差値に換算すれば判断が可能になります。

■ 各月の得点から偏差値を求める

入力セル E3　入力式 =STANDARDIZE(B3,C3,D3)*10+50

E3　=STANDARDIZE(B3,C3,D3)*10+50

	A	B	C	D	E	F	G	H
1	模試結果							
2	月	得点	平均点	標準偏差	偏差値			
3	8月	420	410	20	55			
4	10月	460	460	18	50			
5	12月	380	350	15	70			
6								

セルE3に数式を入力して、セルE5までコピー

check!

=STANDARDIZE(値, 平均値, 標準偏差) → 09.017

memo

▶偏差値は、標準化変量を10倍した値に50を加えたものです。標準化変量の平均値は0、標準偏差は1なので、偏差値の平均値は50、標準偏差は10になります。

$$偏差値 = 標準化変量 \times 10 + 50 = \frac{値 - 平均値}{標準偏差} \times 10 + 50$$

関連項目 09.017 データを標準化して異種のデータを同じ尺度で評価する →p.604

基礎知識

09.019 相関と回帰分析を理解する

相関

気温と売上高、広告費と来客数、年収と購買力など、2項目の関連の度合いを知りたいとき、「相関係数」を求めると、2項目の間にどの程度の直線状の関係があるかがわかります。相関係数は「-1以上1以下」の値をとりますが、データが右上がりの直線の周りに集中していると「1」、右下がりの直線の周りに集中していると「-1」に近い値になります。相関がない場合は「0」付近の値になります。

相関係数が1に近い場合

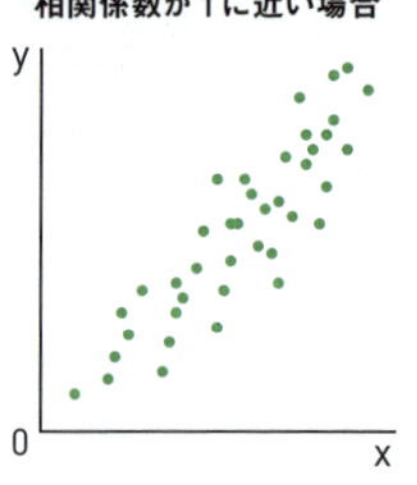

相関係数≒0の場合

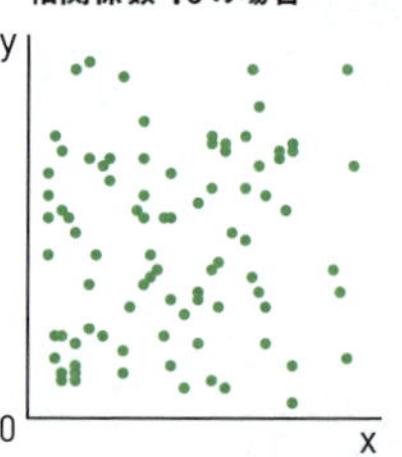

相関係数が－1に近い場合

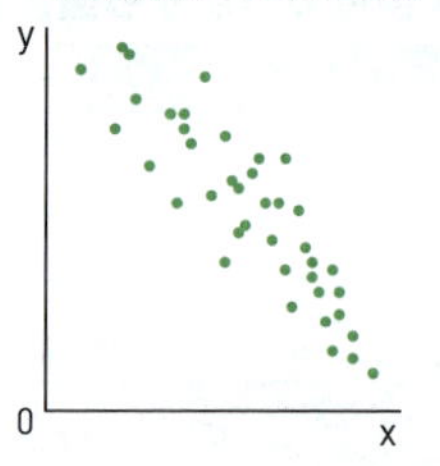

回帰分析

「気温が売上に及ぼす影響」「広告費が来客数に与える効果」など、データを元に数式を使用して項目の関係を明らかにすることを「回帰分析」と呼びます。例えば気温（xとする）と売上（yとする）に直線の相関がある場合、その関係は「y=a+bx」という「回帰式」で表せます。xは「独立変数」、yは「従属変数」と呼びます。また、aは「切片」と呼ばれ、「x=0」のときのyの値を表します。bは「回帰係数」と呼ばれ、直線の傾きを表します。測定値や実験値のデータを元に回帰分析することで、現状の分析や未知のデータの予測に役立ちます。

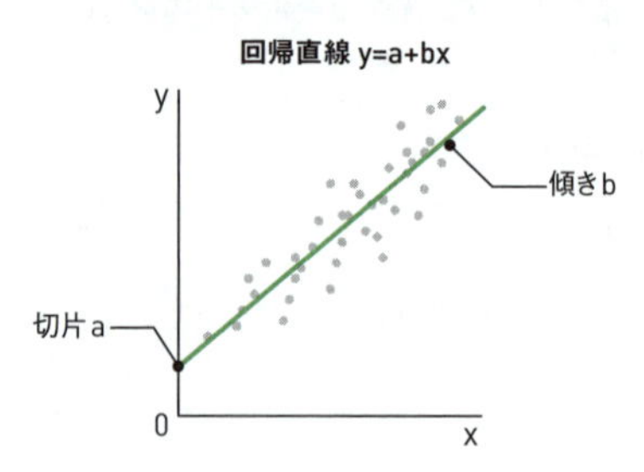

データ分析

09.020 2種類のデータの相関関係(相関係数)を調べる

使用関数 CORREL(コーレル) ／ PEARSON(ピアソン)

気温と売上、広告費と来客数など、2項目の関連の度合いを調べたいことがあります。CORREL関数、またはPEARSON関数を使用して「相関係数」を求めると、2項目に直線状の関係があるのかどうかを調べられます。サンプルの場合、相関係数が1に近いので、強めの正の相関があると言えます。

気温と売上数の相関係数を求める

入力セル F2　入力式 =CORREL(B3:B12,C3:C12)

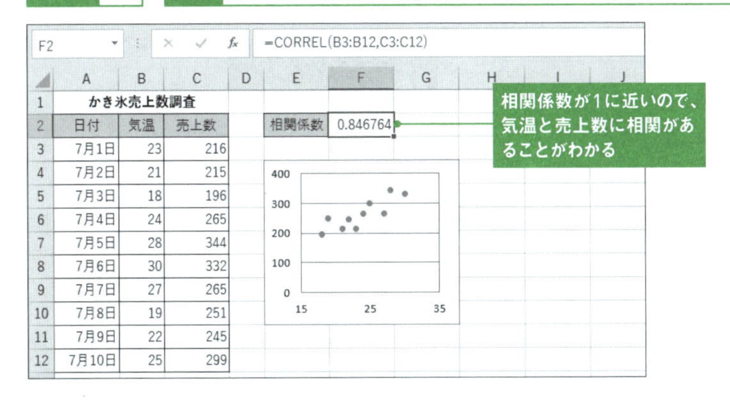

	A	B	C	D	E	F
1	かき氷売上数調査					
2	日付	気温	売上数		相関係数	0.846764
3	7月1日	23	216			
4	7月2日	21	215			
5	7月3日	18	196			
6	7月4日	24	265			
7	7月5日	28	344			
8	7月6日	30	332			
9	7月7日	27	265			
10	7月8日	19	251			
11	7月9日	22	245			
12	7月10日	25	299			

check!

=CORREL(配列1, 配列2)

=PEARSON(配列1, 配列2)

配列1…一方のデータのセル範囲を指定

配列2…もう一方のデータのセル範囲を指定

「配列1」と「配列2」の相関係数を返します。「配列1」と「配列2」は、同じデータ数に揃える必要があります。

memo

▶CORREL関数とPEARSON関数のどちらを使用しても、同じ引数で同じ結果が得られます。なお、相関係数で調べられるのは直線の相関です。曲線の相関は測れません。

=PEARSON(B3:B12,C3:C12)

▶相関係数は、次の式で求められます。対象が母集団と標本のどちらの場合でも、相関係数の値は同じになります。

$$\text{相関係数} = \frac{x\text{と}y\text{の共分散}}{x\text{の標準偏差} \times y\text{の標準偏差}}$$

データ分析

09. 021 2種類のデータの共分散を求める

使用関数 COVAR（コバリアンス） | COVARIANCE.P（コバリアンス・ピー）

データを母集団とみなして、「共分散」を求めます。共分散とは、2項目の相関を調べるための指標の1つで、相関係数を求めるときの元になる値です。

気温と売上数の共分散を求める

入力セル E3　入力式 =COVAR(B3:B12,C3:C12)

E3　=COVAR(B3:B12,C3:C12)

	A	B	C	D	E
1	かき氷売上数調査				
2	日付	気温	売上数		共分散
3	7月1日	23	216		146.84
4	7月2日	21	215		
5	7月3日	18	196		
6	7月4日	24	265		
7	7月5日	28	344		
8	7月6日	30	332		
9	7月7日	27	265		
10	7月8日	19	251		
11	7月9日	22	245		
12	7月10日	25	299		

気温と売上数の共分散が求められた

check!

=COVAR(配列1, 配列2)
=COVARIANCE.P(配列1, 配列2)　　[Excel 2016 / 2013 / 2010]

配列1…一方のデータのセル範囲を指定
配列2…もう一方のデータのセル範囲を指定

引数を母集団そのものとみなして、「配列1」と「配列2」の共分散を返します。「配列1」と「配列2」は、同じデータ数に揃える必要があります。

memo

▶Excel 2016 / 2013 / 2010では、COVAR関数とCOVARIANCE.P関数のどちらを使用しても、同じ結果が得られます。

=COVARIANCE.P(B3:B12,C3:C12)

▶共分散は、次の式で求められます。2項目に正の相関があるとき共分散は正になり、負の相関があるとき共分散は負になります。

$$共分散 = \frac{\sum(x-xの平均値)(y-yの平均値)}{データ数}$$

（母集団や標本自体の共分散を求める）

データ分析

非対応バージョン 2007

09.022 2種類のデータから母集団の共分散を推定する①

使用関数 COVARIANCE.S（コバリアンス・エス）

データを標本とみなして、母集団の共分散を推定します。COVARIANCE.S関数を使用することで、母集団の共分散の推定値を簡単に求められます。なお、Excel 2007ではCONVARIANCE.S関数を使用できません。

■母集団の共分散の推定値を求める

入力セル E3　入力式 =COVARIANCE.S(B3:B12,C3:C12)

E3 =COVARIANCE.S(B3:B12,C3:C12)

	A	B	C	D	E
1	かき氷売上数調査				
2	日付	気温	売上数		共分散
3	7月1日	23	216		163.1556
4	7月2日	21	215		
5	7月3日	18	196		
6	7月4日	24	265		
7	7月5日	28	344		
8	7月6日	30	332		
9	7月7日	27	265		
10	7月8日	19	251		
11	7月9日	22	245		
12	7月10日	25	299		

共分散の推定値が求められた

check!

=COVARIANCE.S(配列1, 配列2)　[Excel 2016 / 2013 / 2010]

配列1…一方のデータのセル範囲を指定

配列2…もう一方のデータのセル範囲を指定

引数を標本とみなして、母集団の共分散の推定値を返します。「配列1」と「配列2」は、同じデータ数に揃える必要があります。

memo

▶母集団の共分散の推定値は、次の式で求められます。

$$共分散 = \frac{\sum(x-xの平均値)(y-yの平均値)}{データ数-1}$$ （標本から母集団の共分散の推定値を求める）

関連項目 09.021 2種類のデータの共分散を求める →p.608
09.023 2種類のデータから母集団の共分散を推定する② →p.610

データ分析

09.023 2種類のデータから母集団の共分散を推定する②

使用関数 COVAR(コバリアンス) ／ COUNT(カウント)

Excel 2007には、母集団の共分散の推定値を一発で求める関数がありません。しかし、共分散を求めるCOVAR関数と、データ数を求めるCOUNT関数を使用すれば、推定値を計算できます。

母集団の共分散の推定値を求める

入力セル E3

入力式 =COVAR(B3:B12,C3:C12)*COUNT(B3:B12)/(COUNT(B3:B12)-1)

E3 =COVAR(B3:B12,C3:C12)*COUNT(B3:B12)/(COUNT(B3:B12)-1)

	A	B	C	D	E	F	G	H	I	J
1	かき氷売上数調査									
2	日付	気温	売上数		共分散					
3	7月1日	23	216		163.1556					
4	7月2日	21	215							
5	7月3日	18	196							
6	7月4日	24	265							
7	7月5日	28	344							
8	7月6日	30	332							
9	7月7日	27	265							
10	7月8日	19	251							
11	7月9日	22	245							
12	7月10日	25	299							

共分散の推定値が求められた

check!

=COVAR(配列1, 配列2) → 09.021
=COUNT(値1 [, 値2] ……) → 02.029

memo

▶Excel 2016／2013／2010では、09.022で紹介したCOVARIANCE.S関数を使用すれば、母集団の共分散の推定値を一発で求められます。

▶共分散も、共分散の推定値も、求める式の分子は同じです。分母は前者が「データ数」、後者が「データ数−1」になります。したがって、COVAR関数で求めた共分散に「データ数」を掛けて「データ数−1」で割れば、共分散の推定値が求められます。

関連項目
09.021 2種類のデータの共分散を求める →p.608
09.022 2種類のデータから母集団の共分散を推定する① →p.609

資料作成

09.024

回帰式を簡単に求める

使用関数 **なし**

2項目の間に直線の相関がある場合、その関係は「y=a+bx」という「回帰式」で表せます。2項目のデータから散布図を作成し、そこに近似曲線を追加すると、回帰式を簡単に求めることができます。なお、求められる回帰式は、最小二乗法という手法で計算されたものです。

■ グラフに近似曲線を追加して回帰式を表示する

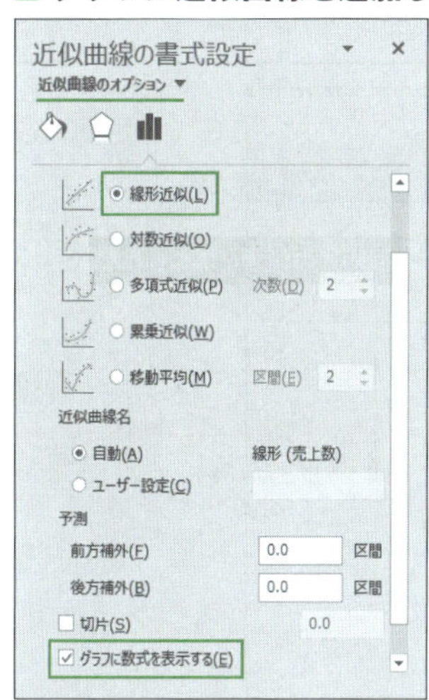

1 2項目からマーカーのみの散布図を作成しておく。グラフを選択して、Excel 2016/2013の場合は［デザイン］タブの［グラフ要素を追加］→［近似曲線］→［その他の近似曲線オプション］、Excel 2010/2007の場合は［レイアウト］タブの［近似曲線］→［その他の近似曲線オプション］を選択する。［線形近似］を選択し、［グラフに数式を表示する］にチェックを付ける。

2 グラフに近似曲線が追加され、その回帰式が表示された。ドラッグして見やすい位置に移動しておく。

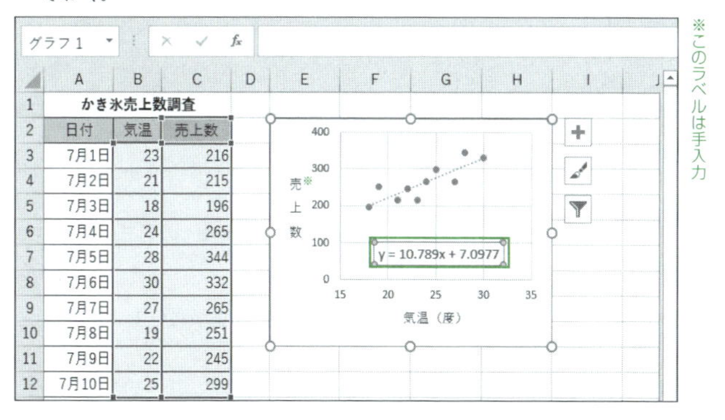

	A	B	C
1	かき氷売上数調査		
2	日付	気温	売上数
3	7月1日	23	216
4	7月2日	21	215
5	7月3日	18	196
6	7月4日	24	265
7	7月5日	28	344
8	7月6日	30	332
9	7月7日	27	265
10	7月8日	19	251
11	7月9日	22	245
12	7月10日	25	299

統計計算

データ分析

09.025 単回帰分析における回帰直線の傾きを求める

使用関数 SLOPE（スロープ）

回帰直線の回帰式「y=a+bx」の回帰係数bは、回帰直線の傾きを表します。SLOPE関数を使用すると、2項目のデータから、この回帰係数bを求めることができます。サンプルでは回帰係数が約11なので、気温が1度上がると売上数が11個増えると予測されます。

回帰係数を求める

入力セル F2　入力式 =SLOPE(C3:C12,B3:B12)

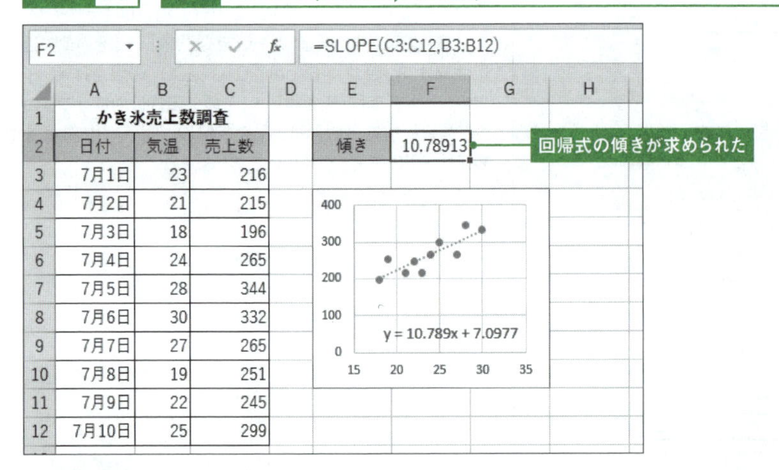

F2　=SLOPE(C3:C12,B3:B12)

	A	B	C	D	E	F
1	かき氷売上数調査					
2	日付	気温	売上数		傾き	10.78913
3	7月1日	23	216			
4	7月2日	21	215			
5	7月3日	18	196			
6	7月4日	24	265			
7	7月5日	28	344			
8	7月6日	30	332			
9	7月7日	27	265			
10	7月8日	19	251			
11	7月9日	22	245			
12	7月10日	25	299			

check!

=SLOPE(yの範囲, xの範囲)

yの範囲…yの値（従属変数）を指定

xの範囲…xの値（独立変数）を指定

「yの範囲」と「xの範囲」を元に、「y=a+bx」で表される回帰直線の傾きbを求めます。

memo

- グラフに近似曲線を追加して回帰式を表示すると、回帰式は「y=bx+a」の形式で表示されます。そのbの値が、SLOPE関数の戻り値と一致します。
- 2項目に直線の相関がない場合は、SLOPE関数で傾きを求めても意味がありません。

関連項目
09.024 回帰式を簡単に求める →p.611
09.026 単回帰分析における回帰直線の切片を求める →p.613

データ分析

09.026 単回帰分析における回帰直線の切片を求める

使用関数 INTERCEPT（インターセプト）

回帰直線の回帰式「y=a+bx」の切片aは、「x=0」のときのyの値を表します。INTERCEPT関数を使用すると、2項目のデータから、この切片aを求めることができます。サンプルでは切片が約7なので、理論上、気温が0度のときに売上数は7個になると予測されます。

切片を求める

入力セル F2　入力式 =INTERCEPT(C3:C12,B3:B12)

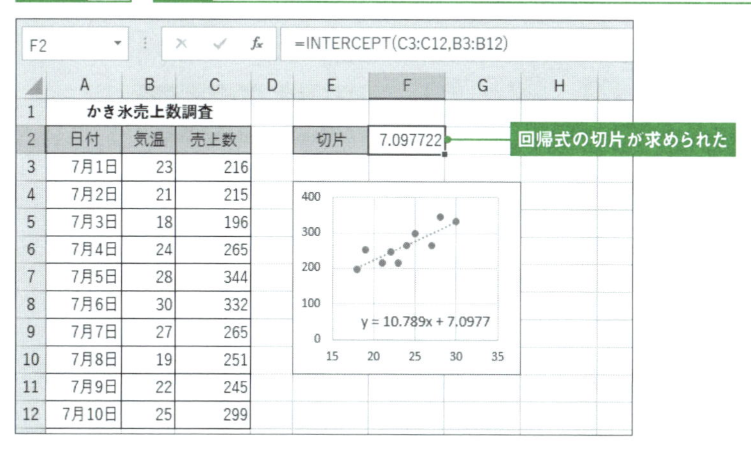

	A	B	C	D	E	F
1	かき氷売上数調査					
2	日付	気温	売上数		切片	7.097722
3	7月1日	23	216			
4	7月2日	21	215			
5	7月3日	18	196			
6	7月4日	24	265			
7	7月5日	28	344			
8	7月6日	30	332			
9	7月7日	27	265			
10	7月8日	19	251			
11	7月9日	22	245			
12	7月10日	25	299			

check!

=INTERCEPT(yの範囲, xの範囲)

yの範囲…yの値（従属変数）を指定

xの範囲…xの値（独立変数）を指定

「yの範囲」と「xの範囲」を元に、「y=a+bx」で表される回帰直線の切片aを求めます。

memo

- グラフに近似曲線を追加して回帰式を表示すると、回帰式は「y=bx+a」の形式で表示されます。そのaの値が、INTERCEPT関数の戻り値と一致します。
- 2項目に直線の相関がない場合、INTERCEPT関数で切片を求めても意味がありません。また、直線の相関がある場合でも、実際の測定値の範囲を大きく超えたxで予測するケースでは、精度が落ちます。

データ分析

09.027 単回帰分析における回帰直線から売上を予測する

使用関数 FORECAST（フォーキャスト） | FORECAST.LINEAR（フォーキャスト・リニア）

気温と売上数に直線の相関がある場合、FORECAST関数を使用すると「気温が○度のときの売上数」を予測できます。明日の予想気温から売上数を予測し、仕入れの量に反映させるなど、業務に役立ちます。

■ 気温が20度のときの売上数を予測する

入力セル F3　入力式 =FORECAST(E3,C3:C12,B3:B12)

F3　=FORECAST(E3,C3:C12,B3:B12)

	A	B	C	D	E	F
1	かき氷売上数調査				予測	
2	日付	気温	売上数		気温	売上数
3	7月1日	23	216		20	222.8802
4	7月2日	21	215			
5	7月3日	18	196			
6	7月4日	24	265			
7	7月5日	28	344			
8	7月6日	30	332			
9	7月7日	27	265			
10	7月8日	19	251			

気温が20度のときの売上は223個と予測される

check!

=FORECAST(新しいx, yの範囲, xの範囲)
=FORECAST.LINEAR(新しいx, yの範囲, xの範囲)　[Excel 2016]

新しいx…予測するyに対するxの値を指定
yの範囲…yの値（従属変数）を指定
xの範囲…xの値（独立変数）を指定

「yの範囲」と「xの範囲」から、回帰直線に基づいて「新しいx」に対するyの予測値を返します。実験や測定で求めたxとyの値を元に、未知の予測を行えます。

memo

▶予測値は、回帰式にxの値を代入したものです。サンプルの場合、回帰式は「y =10.789x +7.0977」です（09.024 参照）。したがって、気温が20度のときの売上数は、回帰式のxに20を代入して、「=10.789×20＋7.0977」としても求められます。

▶Excel 2016では、FORECAST関数とFORECAST.LINEAR関数のどちらを使用しても、同じ結果が得られます。

=FORECAST.LINEAR(E3,C3:C12,B3:B12)

データ分析

09.028 単回帰分析における予測値と残差を求める

使用関数 FORECAST（フォーキャスト）

回帰分析において、実際のyの値からyの予測値を引いたものを「残差」と呼びます。回帰式は残差の2乗の総和が最小になるように計算されるなど、回帰分析において残差は重要な要素です。ここではFORECAST関数を使用して各xに対する予測値を求め、それをyから引いて残差を求めます。

予測値と残差を求める

入力セル D3　入力式 =FORECAST(B3,$C$3:$C$12,$B$3:$B$12)

入力セル E3　入力式 =C3-D3

D3　=FORECAST(B3,$C$3:$C$12,$B$3:$B$12)

	A	B	C	D	E
1	かき氷売上数調査				
2	日付	気温	売上数	予測値	残差
3	7月1日	23	216	255.2476	-39.2476
4	7月2日	21	215	233.6694	-18.6694
5	7月3日	18	196	201.302	-5.30198
6	7月4日	24	265	266.0367	-1.03674
7	7月5日	28	344	309.1932	34.80676
8	7月6日	30	332	330.7715	1.228508
9	7月7日	27	265	298.4041	-33.4041
10	7月8日	19	251	212.0911	38.90889
11	7月9日	22	245	244.4585	0.541514
12	7月10日	25	299	276.8259	22.17414

セルD3とセルE3に数式を入力して、12行目までコピー

check!

=FORECAST(新しいx, yの範囲, xの範囲) → 09.027

memo

▶残差を調べると、各データが回帰直線からどれだけ離れているかがわかります。

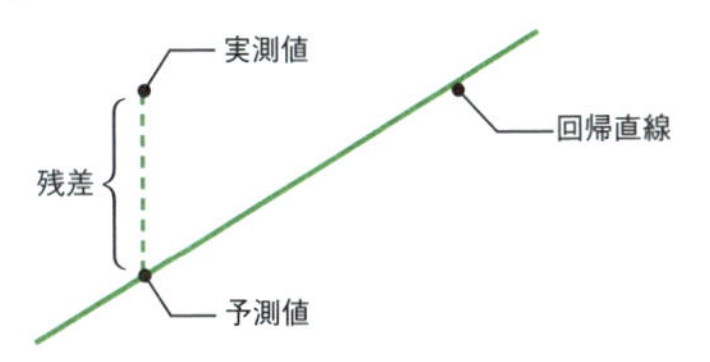

データ分析

09.029 単回帰分析における回帰直線の決定係数(精度)を求める

使用関数 RSQ(アール・エス・キュー)

回帰式は、データがなるべく回帰直線上に乗るように、最小二乗法という手法で計算されます。求められた回帰式にデータがうまくあてはまっているかどうかは、RSQ関数で「決定係数」を求めて判断します。決定係数は「0以上1以下」の値をとり、1に近いほど回帰式の精度が高く、あてはまりがよいことを表します。

回帰直線の決定係数を求める

入力セル E3　入力式 =RSQ(C3:C12,B3:B12)

E3　=RSQ(C3:C12,B3:B12)

	A	B	C	D	E
1	かき氷売上数調査				
2	日付	気温	売上数		決定係数
3	7月1日	23	216		0.717009
4	7月2日	21	215		
5	7月3日	18	196		
6	7月4日	24	265		
7	7月5日	28	344		
8	7月6日	30	332		
9	7月7日	27	265		
10	7月8日	19	251		
11	7月9日	22	245		
12	7月10日	25	299		

決定係数が求められた

check!

=RSQ(yの範囲, xの範囲)

yの範囲…yの値(従属変数)を指定
xの範囲…xの値(独立変数)を指定

「yの範囲」と「xの範囲」を元に、回帰直線の決定係数を求めます。この値は、回帰直線のあてはまりのよさ、すなわち回帰式の精度を表します。

memo

- 決定係数は、yの予測値の変動を実際のyの変動で割った値です。例えば 09.028 で作成した表の場合、決定係数は「=DEVSQ(D3:D12)/DEVSQ(C3:C12)」としても求められます。
- なお、単回帰分析の場合、回帰直線の決定係数は相関係数の二乗の値「=CORREL(C3:C12,B3:B12)^2」に一致します。

関連項目 09.012 変動(偏差平方和)を求める →p.599

データ分析

09.030 単回帰分析における回帰直線の標準誤差を求める

使用関数 STEYX（スタンダード・エラー・ワイエックス）

回帰直線の標準誤差を求めると、データが直線からどの程度離れているかを知る目安になります。標準誤差が小さいほど、回帰式の精度が高いと判断できます。単回帰分析における回帰直線の標準誤差は、STEYX関数で求めます。

回帰直線の標準誤差を調べる

入力セル E3　入力式 =STEYX(C3:C12,B3:B12)

E3　=STEYX(C3:C12,B3:B12)

	A	B	C	D	E	F	G	H
1	かき氷売上数調査							
2	日付	気温	売上数		標準誤差			
3	7月1日	23	216		27.95722			
4	7月2日	21	215					
5	7月3日	18	196					
6	7月4日	24	265					
7	7月5日	28	344					
8	7月6日	30	332					
9	7月7日	27	265					
10	7月8日	19	251					
11	7月9日	22	245					
12	7月10日	25	299					
13								

標準誤差が求められた

check!

=STEYX(yの範囲, xの範囲)

yの範囲…yの値（従属変数）を指定
xの範囲…xの値（独立変数）を指定

「yの範囲」と「xの範囲」を元に、回帰直線の標準誤差を求めます。

memo

▶標準誤差は、残差の変動を「データ数－独立変数の数－1」で割った値の正の平方根です。例えば 09.028 で作成した表の場合、標準誤差は「=SQRT(DEVSQ(E3:E12)/(COUNT(E3:E12)-1-1))」としても求められます。

関連項目
09.012 変動（偏差平方和）を求める →p.599
09.029 単回帰分析における回帰直線の決定係数（精度）を求める →p.616

データ分析

09.031 重回帰分析における回帰直線の情報を調べる

使用関数 LINEST（ライン・エスティメーション）

「気温が売上に及ぼす影響」「広告費が来客数に与える効果」など、単一の要因による影響を調べる回帰分析を「単回帰分析」と呼びます。一方、「売場面積と広告費が売上に及ぼす影響」など、2種類以上の要因による回帰分析は、「重回帰分析」と呼びます。要因となる項目を独立変数、要因によって影響を受ける項目を従属変数と呼びます。

独立変数と従属変数の関係が直線になる場合、回帰式は「$y = a + b_1x_1 + b_2x_2 + b_3x_3 + \cdots\cdots$」で表せます。LINEST関数を配列数式として入力すると、回帰式の回帰係数や切片、および精度を表す決定係数や標準誤差などをまとめて求めることができます。ここでは、面積、広告費、売上の3種類のデータから、重回帰分析を行います。この場合、独立変数は面積と広告費、従属変数は売上になります。

■回帰直線の情報を調べる

入力セル G3:I7　入力式 {=LINEST(D3:D10,B3:C10,TRUE,TRUE)}

G3　{=LINEST(D3:D10,B3:C10,TRUE,TRUE)}

	A	B	C	D	E	F	G	H	I
1		店舗別売上調査							
2	店舗番号	面積（m²）	広告費（万円）	売上（万円）		回帰直線 $y = a + b_1x_1 + b_2x_2$	広告費 x2	面積 x1	切片 a
3	1	39	30	168		係数	3.71175	1.73785	14.1876
4	2	60	23	191		係数に対する標準誤差	1.29886	0.7348	24.7341
5	3	42	9	106		決定係数と標準誤差	0.88879	22.3848	#N/A
6	4	18	8	82		分散比と残差の自由度	19.9795	5	#N/A
7	5	28	17	150		回帰の変動と残差の変動	20022.6	2505.39	#N/A
8	6	46	26	190					
9	7	63	29	260					
10	8	33	15	121					
11									

セル範囲G3:I7を選択してから数式を入力

[Ctrl] + [Shift] + [Enter] キーで確定

check!

=LINEST(yの範囲 [, xの範囲] [, 切片の扱い] [, 補正項の扱い])

yの範囲…yの値（従属変数）を指定
xの範囲…xの値（独立変数）を指定。複数の独立変数を指定可能。省略した場合は「yの範囲」と同じサイズの{1, 2, 3, ……}を指定したものとみなされる
切片の扱い…TRUEを指定するか省略すると、切片aの値が計算される。FALSEを指定すると切片aの値が0になるように係数が調整される
補正項の扱い…TRUEを指定すると、回帰直線のさまざまな情報が返される。FALSEを指定するか省略すると、回帰直線の係数と切片だけが返される

「yの範囲」と「xの範囲」を元に、「$y=a+b_1x_1+b_2x_2+b_3x_3+\cdots\cdots$」で表される回帰直線の情報を返します。配列が返されるので、配列数式として入力する必要があります。

memo

▶返されるデータの列数は「独立変数の数＋1」になります。また、返されるデータの行数は、引数「補正項の扱い」にTRUEを指定した場合は5行、FALSEを指定するか省略した場合は1行になります。ここでは独立変数は面積と広告費の2つあり、「補正項の扱い」にTRUEを指定したので、5行3列のセル範囲を選択して、LINEST関数を配列数式として入力します。

▶2つの独立変数が、表の左から順にx1、x2と並んでいる場合、戻り値の内容は以下のとおりです。3～5行目は、独立変数の数にかかわらず2列分のデータが返され、残りの列にはエラー値［#N/A］が表示されます。

▼戻り値

	1列目	2列目	3列目
1行目	x2の係数	x1の係数	切片
2行目	x2の標準誤差	x1の標準誤差	切片の標準誤差
3行目	回帰直線の決定係数	回帰直線の標準誤差	#N/A
4行目	分散比（F値）	残差の自由度	#N/A
5行目	回帰の変動	残差の変動	#N/A

▶LINEST関数は、単回帰分析と重回帰分析のどちらにも使用できます。なお、単回帰分析には単回帰専用の関数も用意されており、xの係数はSLOPE関数（09.025 参照）、切片はINTERCEPT関数（09.026 参照）、回帰直線の決定係数はRSQ関数（09.029 参照）、回帰直線の標準誤差はSTEYX関数（09.030 参照）を使用しても求められます。

関連項目
01.043 配列数式を入力する →p.50
09.032 重回帰分析における回帰直線の各係数と切片だけを求める →p.620
09.033 重回帰分析における回帰直線の各係数と切片を個別に求める →p.621

データ分析

09.032 重回帰分析における回帰直線の各係数と切片だけを求める

使用関数 LINEST（ライン・エスティメーション）

LINEST関数は、4番目の引数「補正項の扱い」の指定によって、戻り値が変化します。09.031ではTRUEを指定した場合のケースを紹介しましたが、ここでは指定を省略して、xの係数と切片だけを求めてみましょう。この場合、戻り値の行数は1行、列数は「独立変数の数＋1」になります。サンプルでは独立変数が面積と広告費の2つあるので、1行3列のセル範囲にLINEST関数を配列数式として入力します。

■ LINEST関数で係数と切片だけを表示する

入力セル B13:D13　入力式 { =LINEST(D3:D10,B3:C10)}

B13　{=LINEST(D3:D10,B3:C10)}

	A	B	C	D
1	店舗別売上調査			
2	店舗番号	面積（m^2）	広告費（万円）	売上（万円）
3	1	39	30	168
4	2	60	23	191
5	3	42	9	106
6	4	18	8	82
7	5	28	17	150
8	6	46	26	190
9	7	63	29	260
10	8	33	15	121
11				
12		広告費	面積	切片
13	係数	3.711754134	1.737854036	14.1875779

セル範囲B13:D13を選択してから数式を入力

[Ctrl] + [Shift] + [Enter] キーで確定

check!

=LINEST(yの範囲 [, xの範囲] [, 切片の扱い] [, 補正項の扱い]) → 09.031

memo

▶LINEST関数の戻り値は、元の表の独立変数の順序と逆になるので注意しましょう。ここでは元の表は「面積」「広告費」の順ですが、戻り値は「広告費」「面積」の順になります。

関連項目
01.043 配列数式を入力する →p.50
09.031 重回帰分析における回帰直線の情報を調べる →p.618
09.033 重回帰分析における回帰直線の各係数と切片を個別に求める →p.621

データ分析

09.033 重回帰分析における回帰直線の各係数と切片を個別に求める

使用関数 INDEX(インデックス) ／ LINEST(ライン・エスティメーション)

LINEST関数の戻り値は配列になるため、戻り値を自由な位置に表示できません。配列から個々のデータを取り出すINDEX関数と組み合わせて使用すれば、LINEST関数の戻り値から必要なデータだけを自由なセルに表示できます。ここでは、xの係数と切片を取り出して、回帰式の形で表示してみます。

LINEST関数の戻り値から係数と切片だけを個別に取り出す

入力セル C13 入力式 =INDEX(LINEST(D3:D10,B3:C10),3)

入力セル E13 入力式 =INDEX(LINEST(D3:D10,B3:C10),2)

入力セル I13 入力式 =INDEX(LINEST(D3:D10,B3:C10),1)

C13 =INDEX(LINEST(D3:D10,B3:C10),3)

	A	B	C	D	E	F	G	H	I	J	K	L
1	店舗別売上調査											
2	店舗番号	面積	広告費	売上								
3	1	39	30	168								
4	2	60	23	191								
5	3	42	9	106								
6	4	18	8	82								
7	5	28	17	150								
8	6	46	26	190								
9	7	63	29	260								
10	8	33	15	121								
11												
12	y		a		b_1		x_1		b_2		x_2	
13	売上	=	14.188	+	1.7379	×	面積	+	3.7118	×	広告費	

切片 / 面積の係数 / 広告費の係数

check!

=INDEX(配列, 行番号 [, 列番号]) → 07.017

=LINEST(yの範囲 [, xの範囲] [, 切片の扱い] [, 補正項の扱い]) → 09.031

memo

▶INDEX関数の引数「行番号」に指定する値は、独立変数の数によって変わります。独立変数がn個ある場合、「行番号」に「n+1」を指定すると切片が取り出せます。また、独立変数は元の表の先頭列から順に「n」「n−1」……「2」「1」を指定して取り出します。

データ分析

09.034 重回帰分析における回帰直線の決定係数(精度)と標準誤差を求める

使用関数 INDEX(インデックス) / LINEST(ライン・エスティメーション)

LINEST関数の4番目の引数「補正項の扱い」にTRUEを指定すると、回帰直線に関するさまざまな情報が配列として得られます。戻り値の配列の中で、決定係数は3行1列、標準誤差は3行2列目にあります。これらの行番号と列番号をINDEX関数の引数として指定すれば、決定係数と標準誤差を求められます。

■LINEST関数の戻り値から決定係数と標準誤差を取り出す

入力セル G3

入力式 =INDEX(LINEST($D$3:$D$10,$B$3:$C$10,TRUE,TRUE),3,1)

入力セル G6

入力式 =INDEX(LINEST($D$3:$D$10,$B$3:$C$10,TRUE,TRUE),3,2)

G3 =INDEX(LINEST($D$3:$D$10,$B$3:$C$1

	A	B	C	D	E	F	G	H
1	店舗別売上調査							
2	店舗番号	面積(m²)	広告費(万円)	売上(万円)		★回帰式の精度		
3	1	39	30	168		決定係数	0.888788	
4	2	60	23	191				
5	3	42	9	106		★売上の標準誤差		
6	4	18	8	82		標準偏差	22.38479	
7	5	28	17	150				
8	6	46	26	190				
9	7	63	29	260				
10	8	33	15	121				
11								

決定係数と標準誤差が求められた

check!

=INDEX(配列, 行番号 [, 列番号]) → 07.017
=LINEST(yの範囲 [, xの範囲] [, 切片の扱い] [, 補正項の扱い]) → 09.031

memo

▶決定係数の意味と定義は 09.029 、標準誤差の意味と定義は 09.030 を参照してください。

関連項目 09.031 重回帰分析における回帰直線の情報を調べる →p.618
09.033 重回帰分析における回帰直線の各係数と切片を個別に求める →p.621

データ分析

09.035 売場面積と広告費のどちらが売上に影響しているかを調べる

使用関数 INDEX（インデックス）／LINEST（ライン・エスティメーション）

重回帰分析で売場面積と広告費が売上に及ぼす影響を分析する場合、売場面積と広告費のどちらの影響度が高いかを知ることも重要です。独立変数（面積、広告費）が従属変数（売上）に与える影響度は、「t値」と呼ばれる数値で比較します。t値は独立変数の係数を独立変数の標準誤差で割ったものです。t値の絶対値が大きい独立変数ほど、従属変数への影響度は高くなります。サンプルの場合、面積より広告費のほうが、若干影響度が高いと言えます。

面積と広告費のどちらが売上に影響するかを調べる

入力セル B11

入力式 =INDEX(LINEST(D3:D10,B3:C10),2)/INDEX(LINEST(D3:D10,B3:C10,TRUE,TRUE),2,2)

入力セル C11

入力式 =INDEX(LINEST(D3:D10,B3:C10),1)/INDEX(LINEST(D3:D10,B3:C10,TRUE,TRUE),2,1)

B11 =INDEX(LINEST(D3:D10,B3:C10),2)/IND

	A	B	C	D
1	店舗別売上調査			
2	店舗番号	面積 (m^2)	広告費 (万円)	売上 (万円)
3	1	39	30	168
4	2	60	23	191
5	3	42	9	106
6	4	18	8	82
7	5	28	17	150
8	6	46	26	190
9	7	63	29	260
10	8	33	15	121
11	t値	2.365075	2.8577018	
12				

t値が大きい広告費のほうが面積より売上に影響している

check!

=INDEX(配列, 行番号 [, 列番号]) → 07.017

=LINEST(yの範囲 [, xの範囲] [, 切片の扱い] [, 補正項の扱い]) → 09.031

09.031 重回帰分析における回帰直線の情報を調べる →p.618

09.033 重回帰分析における回帰直線の各係数と切片を個別に求める →p.621

データ分析

09.036 重回帰分析における回帰直線から売上を予測する

使用関数 TREND（トレンド）

TREND関数を使用すると、回帰直線を元に、未知のデータを予測できます。例えば既存店舗の売場面積、広告費、売上のデータから、新規店舗の売上を予測したいときに役立ちます。サンプルの場合は、新規店舗の面積が52平方メートル、広告費に18万円をかけると、171万円の売上が見込めるという予測が立ちます。

■面積が52平方メートル、広告費が18万円の店舗の売上を予測する

入力セル D11　入力式 =TREND(D3:D10,B3:C10,B11:C11)

D11 =TREND(D3:D10,B3:C10,B11:C11)

	A	B	C	D
1	店舗別売上調査			
2	店舗番号	面積（m²）	広告費（万円）	売上（万円）
3	1	39	30	168
4	2	60	23	191
5	3	42	9	106
6	4	18	8	82
7	5	28	17	150
8	6	46	26	190
9	7	63	29	260
10	8	33	15	121
11	新規店舗	52	18	171.3675622

新規店舗は171万円の売上が見込める

check!

=TREND(yの範囲 [, xの範囲] [, 新しいx] [, 切片の扱い])

yの範囲…yの値（従属変数）を指定
xの範囲…xの値（独立変数）を指定。複数の独立変数を指定可能。省略した場合は「yの範囲」と同じサイズの{1, 2, 3, ……}を指定したものとみなされる
新しいx…予測するyに対するxの値を指定
切片の扱い…TRUEを指定するか省略すると、切片aの値が計算される。FALSEを指定すると切片aの値が0になるように係数が調整される

「yの範囲」と「xの範囲」から、回帰直線に基づいて「新しいx」に対するyの予測値を返します。

memo

▶ 09.032 で求めた回帰式に面積と広告費を代入しても同じ予測値が得られます。

▶回帰直線の精度が低いと、予測が意味を成しません。あらかじめ決定係数（09.033 参照）を求めるなどして、精度を確認しておきましょう。

データ分析

09.037 重回帰分析における回帰直線から売上の理論値を求める

使用関数 TREND(トレンド)

TREND関数を配列数式として入力すると、回帰直線を元に複数の予測をまとめて計算できます。下図では、既存の店舗のデータから理論値を求めています。理論値を求める場合、TREND関数の3番目の引数「新しいx」は省略できます。

売上の理論値を求める

入力セル E3:E10　入力式 {=TREND(D3:D10,B3:C10)}

E3　{=TREND(D3:D10,B3:C10)}

	A	B	C	D	E
1	店舗別売上調査				
2	店舗番号	面積(m^2)	広告費(万円)	売上(万円)	売上(理論値)
3	1	39	30	168	193.31651
4	2	60	23	191	203.82917
5	3	42	9	106	120.58323
6	4	18	8	82	75.162984
7	5	28	17	150	125.94731
8	6	46	26	190	190.63447
9	7	63	29	260	231.31325
10	8	33	15	121	127.21307
11					

セル範囲E3:E10を選択してから数式を入力

[Ctrl]+[Shift]+[Enter]キーで確定

check!

=TREND(yの範囲 [, xの範囲] [, 新しいx] [, 切片の扱い]) → 09.036

memo

▶回帰直線を元に予測値を求める関数には、09.027 で紹介したFORECAST関数と、ここで紹介したTREND関数があります。前者は単回帰分析専用ですが、後者は単回帰分析と重回帰分析の両方に使用できます。

関連項目 01.043 配列数式を入力する →p.50
09.027 単回帰分析における回帰直線から売上を予測する →p.614

データ分析

09.038 指数回帰曲線の係数と底を求める

使用関数 LOGEST（ログ・エスティメーション）

回帰分析では、データの関係が直線になるケースの他に、曲線になるケースもあります。例えば「口コミ数が増えると売上数が指数的に増加する」といった場合は、「$y = bm^x$」で表される指数回帰曲線による回帰分析を行います。回帰式の中のbを「係数」、mを「底」と呼びます。LOGEST関数を配列数式として入力すると、指数回帰曲線の係数や底など、さまざまな情報が得られます。ここでは、独立変数が「口コミ数」1つの単回帰分析を例に、関数の使用例を紹介します。

■指数回帰曲線の係数と底を求める

入力セル F3:G7　入力式 {=LOGEST(C3:C7,B3:B7,TRUE,TRUE)}

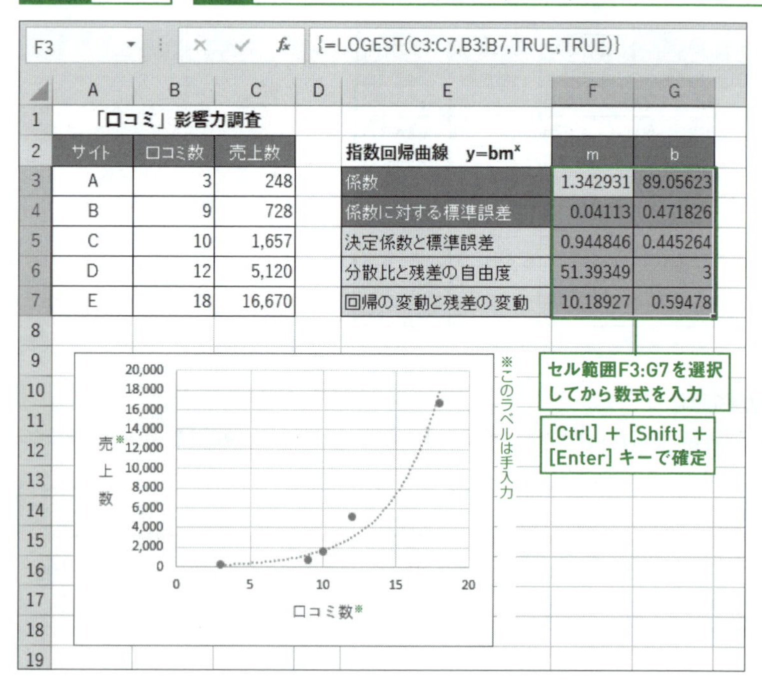

F3　{=LOGEST(C3:C7,B3:B7,TRUE,TRUE)}

「口コミ」影響力調査

サイト	口コミ数	売上数
A	3	248
B	9	728
C	10	1,657
D	12	5,120
E	18	16,670

指数回帰曲線　y=bm^x	m	b
係数	1.342931	89.05623
係数に対する標準誤差	0.04113	0.471826
決定係数と標準誤差	0.944846	0.445264
分散比と残差の自由度	51.39349	3
回帰の変動と残差の変動	10.18927	0.59478

check!

=LOGEST(yの範囲 [, xの範囲] [, 係数の扱い] [, 補正項の扱い])

yの範囲…yの値(従属変数)を指定

xの範囲…xの値(独立変数)を指定。複数の独立変数を指定可能。省略した場合は「yの範囲」と同じサイズの{1, 2, 3, ……}を指定したものとみなされる

係数の扱い…TRUEを指定するか省略すると、係数bの値が計算される。FALSEを指定すると係数bの値が1になるよう底mの値が調整される

補正項の扱い…TRUEを指定すると、指数回帰曲線のさまざまな情報が返される。FALSEを指定するか省略すると、指数回帰曲線の底と係数だけが返される

「yの範囲」と「xの範囲」を元に、「$y = bm^x$」で表される指数回帰曲線の情報を返します。配列が返されるので、配列数式として入力する必要があります。

memo

▶返されるデータの列数は「独立変数の数＋1」になります。また、返されるデータの行数は、引数「補正項の扱い」にTRUEを指定した場合は5行、FALSEを指定するか省略した場合は1行になります。ここでは独立変数は1つ、「補正項の扱い」にTRUEを指定したので、5行2列のセル範囲を選択して、LOGEST関数を配列数式として入力しました。戻り値の内容は以下のとおりです。この結果、回帰式は「$y = 89.056 \times 1.343^x$」と求められます。

▼戻り値

	1列目	2列目
1行目	底	係数
2行目	底の標準誤差	切片の標準誤差
3行目	回帰曲線の決定係数	回帰曲線の標準誤差
4行目	分散比(F値)	残差の自由度
5行目	回帰の変動	残差の変動

▶ここでは単回帰分析(独立変数が1つの回帰分析)の例を紹介しましたが、LOGEST関数は重回帰分析(独立変数が複数の回帰分析)でも使用できます。重回帰分析の場合、回帰式は「$y = b \times m1^{x1} \times m2^{x2} \times m3^{x3} \times$ ……」のようになります。

関連項目
01.043 配列数式を入力する →p.50
09.031 重回帰分析における回帰直線の情報を調べる →p.618
09.039 単回帰分析における指数回帰曲線から売上を予測する →p.628

データ分析

09.039 単回帰分析における指数回帰曲線から売上を予測する

使用関数 GROWTH（グロウス）

GROWTH関数を使用すると、指数回帰曲線に基づいて、未知のデータを予測できます。ここでは調査済みの口コミ数と売上数のデータを使用して、口コミ数が20件ある場合の売上数を予測します。

口コミ数が20件ある場合の売上数を予測する

入力セル C8　入力式 =GROWTH(C3:C7,B3:B7,B8)

C8　=GROWTH(C3:C7,B3:B7,B8)

	A	B	C
1	「口コミ」影響力調査		
2	サイト	口コミ数	売上数
3	A	3	248
4	B	9	728
5	C	10	1,657
6	D	12	5,120
7	E	18	16,670
8	予測	20	32414.34

口コミが20件の場合、売上数は約32000件見込める

check!

=GROWTH(yの範囲 [, xの範囲] [, 新しいx] [, 係数の扱い])

yの範囲…yの値（従属変数）を指定

xの範囲…xの値（独立変数）を指定。省略した場合は「yの範囲」と同じサイズの{1, 2, 3, ……}を指定したものとみなされる

新しいx…予測するyに対するxの値を指定。複数の独立変数を指定可能。省略した場合は「xの範囲」と同じ値を指定したものとみなされる

係数の扱い…TRUEを指定するか省略すると、係数bの値が計算される。FALSEを指定すると係数bの値が1になるよう底mの値が調整される

「yの範囲」と「xの範囲」から、指数回帰曲線に基づいて「新しいx」に対するyの予測値を返します。実験や測定で求めたxとyの値を元に、未知の予測を行えます。

memo

▶ここでは単回帰分析（独立変数が1つの回帰分析）で未知のデータを予測しましたが、GROWTH関数は重回帰分析（独立変数が複数の回帰分析）でも使用できます。

▶09.038で求めた回帰式に口コミ数「20」を代入しても、同じ予測値が得られます。

関連項目
09.036 重回帰分析における回帰直線から売上を予測する →p.624
09.038 指数回帰曲線の係数と底を求める →p.626

データ分析

09.040 単回帰分析における指数回帰曲線から売上の理論値を求める

使用関数 GROWTH(グロウス)

GROWTH関数を配列数式として使用すると、指数回帰曲線を元に複数の予測をまとめて計算できます。下図では、既存のデータから理論値を求めています。理論値を求める場合、GROWTH関数の3番目の引数「新しいx」は省略できます。

売上数の理論値を求める

入力セル D3:D7　入力式 { =GROWTH(C3:C7,B3:B7)}

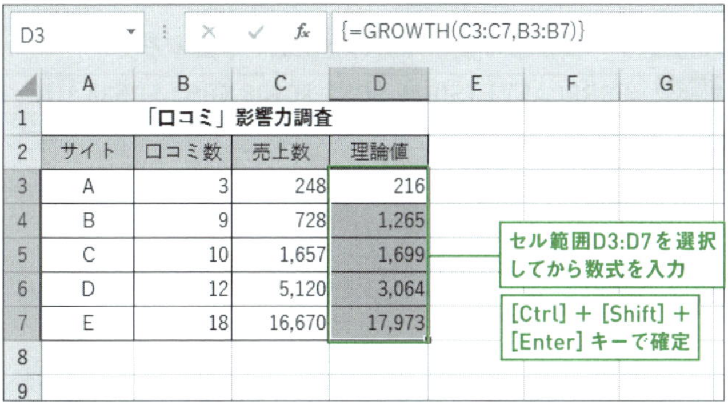

D3　{=GROWTH(C3:C7,B3:B7)}

	A	B	C	D
1	「口コミ」影響力調査			
2	サイト	口コミ数	売上数	理論値
3	A	3	248	216
4	B	9	728	1,265
5	C	10	1,657	1,699
6	D	12	5,120	3,064
7	E	18	16,670	17,973

セル範囲D3:D7を選択してから数式を入力

[Ctrl] + [Shift] + [Enter] キーで確定

check!

=GROWTH(yの範囲 [, xの範囲] [, 新しいx] [, 係数の扱い]) → 09.039

関連項目 01.043 配列数式を入力する →p.50

データ分析　✕ 非対応バージョン 2013 2010 2007

09.041 時系列データから未来のデータを予測する

使用関数　FORECAST.ETS（フォーキャスト・イーティーエス）

Excel 2016ではFORECAST.ETS関数を使用すると、一定間隔で入力された時系列データ（日付や時刻のデータ）から、未来のデータを予測できます。ここでは、毎月の売上数データから、今後の売上数を予測します。なお、サンプルの「年月」欄のセルには毎月1日の日付を入力し、「○年○月」と表示されるように「yyyy"年"m"月"」というユーザー定義の表示形式が設定してあります。また、グラフはセル範囲B2:C44から作成したものです。

■ 過去3年分の売上数データから今後半年分の売上数を予測する

入力セル　C39　　入力式　=FORECAST.ETS(B39,$C$3:$C$38,$B$3:$B$38,1,1)

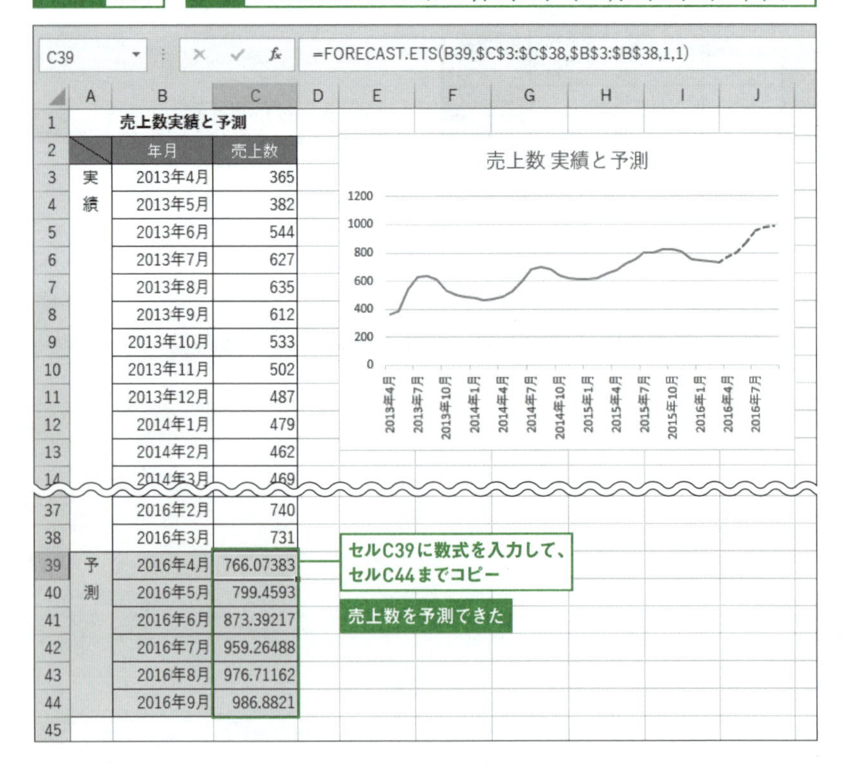

	A	B	C
1		売上数実績と予測	
2		年月	売上数
3	実績	2013年4月	365
4		2013年5月	382
5		2013年6月	544
6		2013年7月	627
7		2013年8月	635
8		2013年9月	612
9		2013年10月	533
10		2013年11月	502
11		2013年12月	487
12		2014年1月	479
13		2014年2月	462
14		2014年3月	469
37		2016年2月	740
38		2016年3月	731
39	予測	2016年4月	766.07383
40		2016年5月	799.4593
41		2016年6月	873.39217
42		2016年7月	959.26488
43		2016年8月	976.71162
44		2016年9月	986.8821
45			

check!

=FORECAST.ETS(目標期日, 値, タイムライン [, 季節性] [, データ補完] [, 集計])

[Excel 2016]

目標期日…値を予測する期日を指定
値…過去の値を指定
タイムライン…一定間隔の日付や時刻の並びを指定。データは一定の間隔である必要があるが、日付順や時刻順に並べ替えておく必要はない
季節性…データの季節パターンの長さを正の整数で指定。季節性をExcelに自動検出させる場合は「1」を指定。データに季節性がない場合は「0」を指定。省略した場合は「1」を指定した場合と同様になる
データ補完…タイムラインのデータ間隔が一定ではない場合の調整方法を「0」か「1」で指定。「0」は不足データを0とし、「1」は不足データが隣接データの平均となるように補完される
集計…タイムラインに同じ日付や時刻が入力されていた場合の、データの集計方法を下表の数値で指定。既定値は「1」のAVERAGE

「タイムライン」と「値」を元に、「目標期日」に対応するデータを予測します。

集計	関数
1	AVERAGE
2	COUNT
3	COUNTA
4	MAX
5	MEDIAN
6	MIN
7	SUM

memo

▶「予測シート」機能を使用すると、より簡単にデータの予測を行えます。サンプルの場合、セル範囲B2:C38を選択して、[データ] タブにある [予測シート] ボタンをクリックし、表示される設定画面で予測の最終日を指定すると、新しいシートに予測値とグラフが自動表示されます。

基礎知識

09.042 離散型の確率分布を理解する

確率変数と確率分布、累積分布

コインを2回投げたとき、「表」が出る回数をxとすると、「xが0のときの確率」「xが1のときの確率」「xが2のときの確率」というように、xの値を元に確率を計算できます。xを「確率変数」、xと確率の関係を「確率分布」と呼びます。また、xとx以下の確率の関係を「累積分布」と呼びます。

離散型の確率分布

コイントスやサイコロ振りのように、確率変数xが飛び飛びの値になる確率分布を「離散型」と呼びます。離散型の確率分布をグラフにするときは、飛び飛びの状態を表現できる棒グラフがよく使われます。棒グラフの高さは、それぞれのxに対する確率を表します。また、累積分布のグラフは階段状になり、最後の値は1になります。階段の高さは、xまでの確率を表します。離散型の場合、確率分布も累積分布も確率を表すので、どちらを使用しても確率を計算できます。

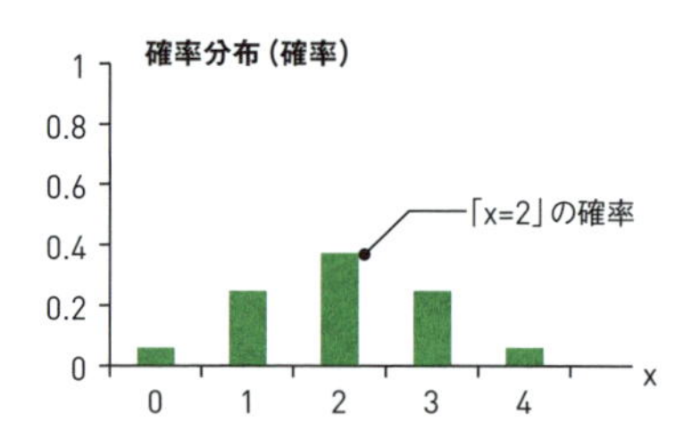

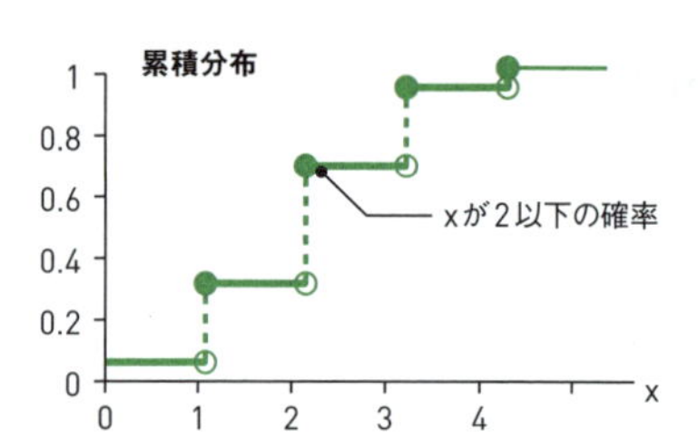

▼離散型の確率分布とそれに対応するExcelの関数

離散型の確率分布	関数	参照項目
二項分布	BINOMDIST関数、BINOM.DIST関数	09.044～09.047
負の二項分布	NEGBINOMDIST関数、NEGBINOM.DIST関数	09.049～09.050
超幾何分布	HYPGEOMDIST関数、HYPGEOM.DIST関数	09.051～09.053
ポアソン分布	POISSON関数、POISSON.DIST関数	09.054～09.055

memo

▶離散型の場合、累積分布を求めるための関数がExcelに用意されていない分布もありますが、累積分布は確率分布を累計することで簡単に計算できます。反対に、連続型の場合は確率分布を求めるための関数がExcelに用意されていない分布もありますが、確率の計算には累積分布を使用するので問題ないでしょう。

数式の基本 表の集計 数値処理 日付と時刻 文字列操作 条件判定 表の検索と操作 数学計算 統計計算 財務計算 関数一覧

基礎知識

09.043 連続型の確率分布を理解する

連続型の確率分布

身長や体重のように、確率変数が連続的な値になる確率分布を「連続型」と呼びます。連続型の確率分布をグラフにする場合は、散布図（平滑線）がよく使用されます。連続型の確率分布では、xに対応するグラフの高さは、厳密には確率ではなく確率密度となります。一方、累積分布のグラフの高さは、xまでの確率を表します。連続型の場合、確率を表すのは累積分布なので、確率の計算には累積分布を使用します。

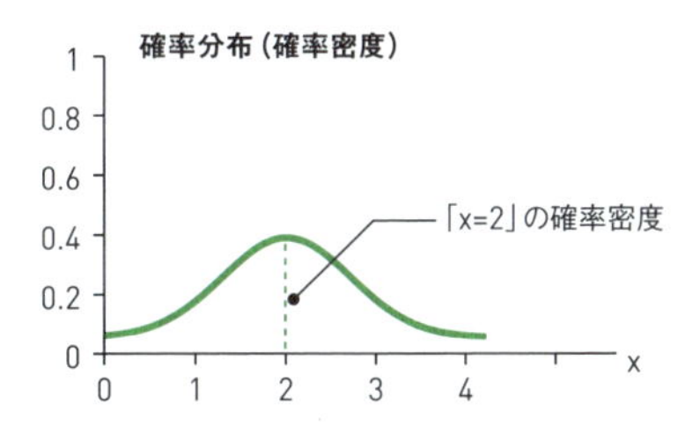

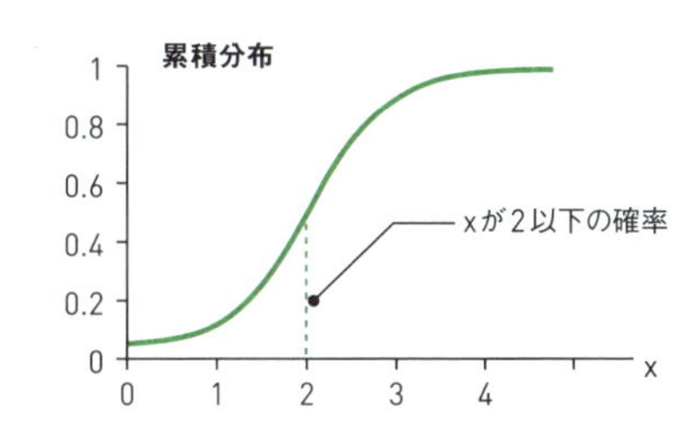

▼連続型の確率分布とそれに対応するExcelの関数

連続型の確率分布	関数	参照項目
正規分布	NORMDIST関数、NORM.DIST関数	09.056～09.060
標準正規分布	NORMSDIST関数、NORM.S.DIST関数	09.061～09.064
対数正規分布	LOGNORMDIST関数、LOGNORM.DIST関数	09.065～09.066
指数分布	EXPONDIST関数、EXPON.DIST関数	09.067～09.068
ガンマ分布	GAMMADIST関数、GAMMA.DIST関数	09.069～09.071
ワイブル分布	WEIBULL関数、WEIBULL.DIST関数	09.072
ベータ分布	BETADIST関数、BETA.DIST関数	09.073～09.074

memo

▶ 09.042 とここで紹介した確率分布は、くじが当たる確率、事故の確率、故障の確率など、実際の現象を説明するのによく使用されるものです。確率分布にはこの他、統計値の検定によく使用されるt分布、f分布、カイ二乗分布があります。いずれも連続型の確率分布です。検定では上側確率（x以上の確率）を使用することが多いため、Excelの検定用の確率分布の関数は、上側確率を簡単に求められるようになっています。

数値計算

09. 044 二項分布に基づいてコイントスで表が出る確率を求める

使用関数 BINOMDIST（バイノミアル・ディストリビューション） | BINOM.DIST（バイノミアル・ディストリビューション）

コインを4回投げたときに表が出る確率は、「二項分布」にしたがいます。二項分布の確率は、BINOMDIST関数で求めます。コインを4回投げるので、表が出る回数は「0, 1, 2, 3, 4」のいずれかです。それぞれの確率を求めると、下図のようになります。下図の表から、例えば表が3回出る確率は0.25であることがわかります。

■ コイントスで表が出る確率を求める

入力セル B3　入力式 =BINOMDIST(A3,4,1/2,FALSE)

B3　=BINOMDIST(A3,4,1/2,FALSE)

	A	B
1	4回中表が x 回出る確率	
2	表が出る回数 x	確率 f（x）
3	0	0.0625
4	1	0.25
5	2	0.375
6	3	0.25
7	4	0.0625
8	合計	1

セルB3に数式を入力して、セルB7までコピー

表が3回出る確率

check!

=BINOMDIST(成功数, 試行回数, 成功率, 関数形式)
=BINOM.DIST(成功数, 試行回数, 成功率, 関数形式)　[Excel 2016 / 2013 / 2010]

成功数…「試行回数」のうち、目的の事象が起こる回数（確率変数）を指定
試行回数…試行の回数を指定
成功率…目的の事象が起こる確率を指定
関数形式…TRUEを指定した場合の戻り値は累積分布、FALSEを指定した場合の戻り値は確率になる

二項分布の確率分布、または累積分布を返します。「成功率」の確率で起こる事象について、「試行回数」のうち「成功数」だけ事象が起こる確率や累積確率を求めることができます。

memo

▶Excel 2016 / 2013 / 2010では、BINOMDIST関数とBINOM.DIST関数のどちらを使用しても、同じ結果が得られます。

=BINOM.DIST(A3,4,1/2,FALSE)

▶ここではコインを4回投げるので、引数「試行回数」に4を指定します。引数「成功率」は表が出る確率のことで、「1/2」を指定します。

数値計算

09.045 二項分布に基づいてコイントスで表が出る累積確率を求める

使用関数 BINOMDIST（バイノミアル・ディストリビューション） | BINOM.DIST（バイノミアル・ディストリビューション）

BINOMDIST関数の4番目の引数「関数形式」にTRUEを指定すると、「累積確率」を計算できます。ここではコインを4回投げたときに表が出る累積確率を求めます。累積確率からは、引数「成功数」で指定した回数以下の確率がわかります。例えばサンプルの場合、表が出る回数が2回以下の確率は0.6875です。

■コイントスで表が出る累積確率を求める

入力セル C3　入力式 =BINOMDIST(A3,4,1/2,TRUE)

C3 =BINOMDIST(A3,4,1/2,TRUE)

	A	B	C
1	4回中表が x 回出る確率		
2	表が出る回数 x	確率 f (x)	累積 F (x)
3	0	0.0625	0.0625
4	1	0.25	0.3125
5	2	0.375	0.6875
6	3	0.25	0.9375
7	4	0.0625	1
8	合計	1	

セルC3に数式を入力して、セルC7までコピー

表が出る回数が2回以下の確率

check!

=BINOMDIST(成功数, 試行回数, 成功率, 関数形式) → 09.044
=BINOM.DIST(成功数, 試行回数, 成功率, 関数形式)
[Excel 2016 / 2013 / 2010] → 09.044

memo

▶Excel 2016/2013/2010では、BINOMDIST関数とBINOM.DIST関数のどちらを使用しても、同じ結果が得られます。

=BINOM.DIST(A3,4,1/2,TRUE)

▶ここではコインを4回投げるので、引数「試行回数」に4を指定します。引数「成功率」は表が出る確率のことで、「1/2」を指定します。

▶確率の合計は1になります。また、累積確率の最後の値も1になります。

関連項目
09.042 離散型の確率分布を理解する →p.632
09.044 二項分布に基づいてコイントスで表が出る確率を求める →p.634

数値計算

09.046 表が4回中1～3回出る確率を求める

使用関数 PROB（プロバビリティ）

PROB関数を使用すると、確率分布の表の中から、指定した範囲の確率を求めることができます。ここでは、コインを4回投げたときに表が1～3回出る確率を求めます。結果は、「表が1回出る確率」「表が2回出る確率」「表が3回出る確率」の合計値になります。

■表が1～3回出る確率を求める

入力セル E5　入力式 =PROB(A3:A7,B3:B7,E3,E4)

E5 =PROB(A3:A7,B3:B7,E3,E4)

	A	B	C	D	E	F	G
1	4回中表が x 回出る確率						
2	表が出る回数 x	確率 f（x）		※表が1～3回出る確率			
3	0	0.0625		下限	1		
4	1	0.25		上限	3		
5	2	0.375		確率	0.875		
6	3	0.25					
7	4	0.0625					
8	合計	1					

表が出る回数の下限と上限を入力しておく

この部分の確率の合計が求められる

check!

=PROB(x範囲, 確率範囲, 下限 [, 上限])

x範囲…確率変数のセル範囲を指定
確率範囲…x範囲に対応する確率のセル範囲を指定
下限…計算対象の確率変数の下限値を指定
上限…計算対象の確率変数の上限値を指定。省略した場合は、下限に対応する確率が返る

離散型の確率分布表において、「x範囲」の中で「下限」から「上限」に含まれる範囲に対応する「確率範囲」の確率の合計値を返します。

memo

▶引数「確率範囲」の合計が1にならない場合は、エラー値 [#NUM!] が返されます。そのため、「確率範囲」の確率の値を四捨五入するなどした場合、PROB関数でエラーが出る可能性があります。

▶サンプルの場合、「=SUM(B4:B6)」としても同じ結果が得られます。

関連項目 09.042 離散型の確率分布を理解する →p.632
09.044 二項分布に基づいてコイントスで表が出る確率を求める →p.634

数値計算

09.047 二項分布に基づいて不良品が100個中2個以内に収まる確率を求める

使用関数 BINOMDIST（バイノミアル・ディストリビューション） | BINOM.DIST（バイノミアル・ディストリビューション）

ある大量生産の製品に含まれる不良品の個数が二項分布にしたがうものとする場合、不良品が出る確率はBINOMDIST関数で求められます。ここでは、長年の経験で不良率が1%であることがわかっている生産ラインのあるロットから100個取り出して検査したとき、不良品が2個以内に収まる確率を求めます。「以内」を求めるので、累積確率を計算します。

不良品が2個以内に収まる確率を求める

入力セル B5　入力式 =BINOMDIST(B2,B3,B4,TRUE)

B5　=BINOMDIST(B2,B3,B4,TRUE)

	A	B	C	D	E	F	G	H
1	不良品検査							
2	不良品数	2						
3	サンプル数	100						
4	不良率	1%						
5	累積確率	0.9206268						

「2個以内」の確率は累積確率で求められる

check!

=BINOMDIST(成功数, 試行回数, 成功率, 関数形式) → 09.044

=BINOM.DIST(成功数, 試行回数, 成功率, 関数形式)
[Excel 2016 / 2013 / 2010] → 09.044

memo

▶Excel 2016/2013/2010では、BINOMDIST関数とBINOM.DIST関数のどちらを使用しても、同じ結果が得られます。

=BINOM.DIST(B2,B3,B4,TRUE)

▶引数「成功数」は、よいことが起こる回数という意味ではありません。目的となる事象が起こる回数です。ここでの目的の事象は不良品が出ることなので、「成功数」には不良品数を指定し、「成功率」には不良品が出る確率を指定します。

▶ここでは引数「関数形式」にTRUEを指定して累積確率を求めたので、「2個以内」の確率が求められます。「2個」の確率を求めたい場合は、引数「関数形式」にFALSEを指定します。また、ここで求めた確率を1から引くと、不良品が2個より多い場合の確率が求められます。

数値計算

09.048 二項分布の逆関数を使用して不良品の許容数を求める

使用関数 CRITBINOM（クライテリア・バイノミアル） | BINOM.INV（バイノミアル・インバース）

09.047 でBINOMDIST関数を使用して不良品の個数から累積確率を求めましたが、反対にCRITBINOM関数を使用すると、累積確率から不良品の個数を逆算できます。ここでは、不良率1%の生産ラインのあるロットから100個検査したときに、95%の信頼度でそのロットが合格するための不良品の許容数を求めます。

不良品の許容数を求める

入力セル B5　入力式 =CRITBINOM(B2,B3,B4)

B5　=CRITBINOM(B2,B3,B4)

	A	B
1	不良品検査	
2	サンプル数	100
3	不良率	1%
4	累積確率	95%
5	不良品数	3

不良品の許容数は100個中3個とわかる

check!

=CRITBINOM(試行回数, 成功率, 基準値)
=BINOM.INV(試行回数, 成功率, 基準値)　[Excel 2016 / 2013 / 2010]

試行回数…試行の回数を指定
成功率…目的の事象が起こる確率を指定
基準値…基準となる累積確率を指定

指定した「試行回数」「成功率」の二項分布で、累積確率の値が「基準値」以上になるような最小の値を返します。

memo

▶Excel 2016/2013/2010では、CRITBINOM関数とBINOM.INV関数のどちらを使用しても、同じ結果が得られます。

=BINOM.INV(B2,B3,B4)

▶サンプルでは、不良率1%の製品を100個検査したときに、累積確率が95%以上になるための不良品の個数を求めています。つまり、不良率1%の場合、95%の確率で不良品は100個中3個に収まるはずです。不良品がそれより多く見つかった場合、そのロットは製造過程で何らかの問題があったと考えられます。

数値計算

09.049 負の二項分布に基づいて不良品が出るまでに良品が10個出る確率を求める

使用関数 ネガティブ・バイノミアル・ディストリビューション NEGBINOMDIST

NEGBINOMDISTを使用すると、k回目の成功を得るまでの失敗の回数xに対する確率を計算できます。このような確率分布を負の二項分布と呼びます。ここでは、不良品が1つ出るまでに、良品が10個続く確率を求めます。

不良品が出るまでに良品が10個出る確率を求める

入力セル B5 入力式 =NEGBINOMDIST(B2,B3,B4)

B5 =NEGBINOMDIST(B2,B3,B4)

	A	B
1	不良品検査	
2	良品数	10
3	不良品数	1
4	不良率	1%
5	確率	0.0090438
6		
7		

不良品が1つ出るまでに良品が10個出る確率

check!

=NEGBINOMDIST(失敗数, 成功数, 成功率)

失敗数…目的の事象が起こらない回数を指定
成功数…目的の事象が起こる回数を指定
成功率…目的の事象が起こる確率を指定

負の二項分布の確率分布を返します。「成功率」の確率で起こる事象について、「成功数」だけ事象が起こるまでに、その事象が「失敗数」だけ起こらない確率を求めることができます。

memo

▶ここでの目的の事象は不良品が出ることなので、「失敗数」には不良品が出ない回数、「成功数」には不良品が出る回数、「成功率」には不良品が出る確率を指定します。

▶Excel 2016/2013/2010では、09.050で紹介するNEGBINOM.DIST関数を使用しても、負の二項分布の確率を求められます。

関連項目
09.047 二項分布に基づいて不良品が100個中2個以内に収まる確率を求める →p.637
09.048 二項分布の逆関数を使用して不良品の許容数を求める →p.638
09.050 負の二項分布に基づいて不良品が出るまでに良品が10個出る確率と累積確率を求める →p.640

数値計算

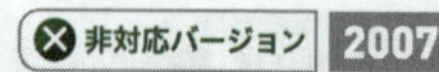

09.050 負の二項分布に基づいて不良品が出るまでに良品が10個出る確率と累積確率を求める

使用関数 NEGBINOM.DIST（ネガティブ・バイノミアル・ディストリビューション）

Excel 2016 / 2013 / 2010ではNEGBINOM.DIST関数を使用すると、負の二項分布の確率と累積確率の両方を求めることができます。ここでは、不良品が1つ出るまでに、良品が10個続く確率を求めます。

■不良品が出るまでに良品が10個出る確率を求める

入力セル B5　入力式 =NEGBINOM.DIST(B2,B3,B4,FALSE)

B5　=NEGBINOM.DIST(B2,B3,B4,FALSE)

	A	B	C	D	E	F
1	不良品検査					
2	良品数	10				
3	不良品数	1				
4	不良率	1%				
5	確率	0.0090438				
6						

不良品が1つ出るまでに良品が10個出る確率

check!

=NEGBINOM.DIST(失敗数, 成功数, 成功率, 関数形式)　[Excel 2016 / 2013 / 2010]

失敗数…目的の事象が起こらない回数を指定
成功数…目的の事象が起こる回数を指定
成功率…目的の事象が起こる確率を指定
関数形式…TRUEを指定した場合の戻り値は累積分布、FALSEを指定した場合の戻り値は確率分布になる

負の二項分布の確率分布、または累積分布を返します。「成功率」の確率で起こる事象について、「成功数」だけ事象が起こるまでに、その事象が「失敗数」だけ起こらない確率を求めることができます。

memo

▶09.049で紹介したNEGBINOMDIST関数は、引数「関数形式」を持たない確率計算専用の関数です。一方、ここで紹介したNEGBINOM.DIST関数は、引数「関数形式」の指定によって、確率と累積確率を計算できます。

▶ここでの目的の事象は不良品が出ることなので、「失敗数」には不良品が出ない回数、「成功数」には不良品が出る回数、「成功率」には不良品が出る確率を指定します。

関連項目
09.047 二項分布に基づいて不良品が100個中2個以内に収まる確率を求める →p.637
09.048 二項分布の逆関数を使用して不良品の許容数を求める →p.638
09.049 負の二項分布に基づいて不良品が出るまでに良品が10個出る確率を求める →p.639

数値計算

09.051 超幾何分布に基づいて4本中○本のくじが当たる確率を求める

使用関数 ハイパー・ジオメトリック・ディストリビューション HYPGEOMDIST

25本の当たりを含む100本のくじの中から4本のくじを引いたときに、くじが当たる確率は「超幾何分布」にしたがいます。超幾何分布の確率は、HYPGEOMDIST関数で求めます。4本のくじを引くので、くじが当たる本数は「0, 1, 2, 3, 4」のいずれかです。それぞれの確率を求めると、下図のようになります。下図の表から、例えばくじが2本当たる確率は約0.21であることがわかります。

4本引いたうちx本当たる確率を求める

入力セル B7　入力式 =HYPGEOMDIST(A7,$B$2,$B$3,$B$4)

B7　=HYPGEOMDIST(A7,$B$2,$B$3,$B$4)

	A	B
1	くじがx本当たる確率	
2	引く本数	4
3	当たりの総数	25
4	くじの総数	100
5		
6	当たりの数 x	確率 f(x)
7	0	0.309967
8	1	0.43051
9	2	0.212306
10	3	0.043991
11	4	0.003226
12	合計	1

セルB7に数式を入力して、セルB11までコピーする

くじが2本当たる確率

check!

=HYPGEOMDIST(標本の成功数, 標本数, 母集団の成功数, 母集団の大きさ)

標本の成功数…目的の事象が起こる回数（確率変数）を指定
標本数…取り出した標本数を指定
母集団の成功数…母集団の中で目的の事象が起こる回数を指定
母集団の大きさ…母集団の数を指定

超幾何分布の確率分布を返します。「母集団の大きさ」と「母集団の成功数」がわかっている母集団から「標本数」の標本を取り出したときに、「標本の成功数」だけ事象が起こる確率を求めることができます。

memo

▶Excel 2016/2013/2010では、09.053で紹介するHYPGEOM.DIST関数を使用しても、超幾何分布の確率を求められます。

数式の基本 表の集計 数値処理 日付と時刻 文字列操作 条件判定 表の検索と操作 数学計算 統計計算 財務計算 関数一覧

数値計算

09.052 超幾何分布に基づいて当たりくじの累積確率を求める

使用関数 SUM（サム）

09.051 で紹介したHYPGEOMDIST関数は、確率を求めるだけの関数で、累積確率を求めることはできません。累積確率を求めるには、HYPGEOMDIST関数で求めた確率を、SUM関数で累計します。ここでは、09.051 で求めた確率を累計します。

■ 4本中x本のくじが当たる累積確率を求める

入力セル C7　入力式 =SUM($B$7:B7)

C7　=SUM($B$7:B7)

	A	B	C	D	E	F
1	くじが *x* 本当たる確率					
2	引く本数	4				
3	当たりの総数	25				
4	くじの総数	100				
5						
6	当たりの数 *x*	確率 f(*x*)	累積 F(*x*)			
7	0	0.309967	0.309967			
8	1	0.43051	0.740477			
9	2	0.212306	0.952783			
10	3	0.043991	0.996774			
11	4	0.003226	1			
12	合計	1				

セルC7に数式を入力して、セルC11までコピーする

4本中2本までのくじが当たる確率

check!

=SUM(数値1 [, 数値2] ……) → 02.001

memo

▶ Excel 2016 / 2013 / 2010では、09.053 で紹介するHYPGEOM.DIST関数を使用すれば、超幾何分布の累積確率を簡単に求められます。

▶ 累計結果から、例えば4本中2本までのくじが当たる確率は約0.95であることがわかります。これを1から引くと、4本中3本以上のくじが当たる確率になります。

関連項目
03.013 累計を求める →p.190
09.051 超幾何分布に基づいて4本中○本のくじが当たる確率を求める →p.641
09.053 超幾何分布に基づいて当たりくじの確率と累積確率を求める →p.643

数値計算　　✕ 非対応バージョン 2007

09.053 超幾何分布に基づいて当たりくじの確率と累積確率を求める

使用関数　ハイパー・ジオメトリック・ディストリビューション
HYPGEOM.DIST

Excel 2016 / 2013 / 2010では、HYPGEOM.DIST関数を使用すると、超幾何分析の確率と累積確率の両方を求めることができます。ここでは、25本の当たりを含む100本のくじの中から4本のくじを引いたときに、くじが当たる確率と累積確率を求めます。

4本中x本のくじが当たる確率と累積確率を求める

入力セル B7　入力式 =HYPGEOM.DIST(A7,$B$2,$B$3,$B$4,FALSE)

入力セル C7　入力式 =HYPGEOM.DIST(A7,$B$2,$B$3,$B$4,TRUE)

C7　=HYPGEOM.DIST(A7,$B$2,$B$3,$B$4,TRUE)

	A	B	C
1	くじが x 本当たる確率		
2	引く本数	4	
3	当たりの総数	25	
4	くじの総数	100	
5			
6	当たりの数 x	確率 f(x)	累積 F(x)
7	0	0.309967	0.309967
8	1	0.43051	0.740477
9	2	0.212306	0.952783
10	3	0.043991	0.996774
11	4	0.003226	1
12	合計	1	

セルB7とC7に数式を入力して、11行目までコピー

check!

=HYPGEOM.DIST(標本の成功数, 標本数, 母集団の成功数, 母集団の大きさ, 関数形式)

[Excel 2016 / 2013 / 2010]

標本の成功数…目的の事象が起こる回数（確率変数）を指定
標本数…取り出した標本数を指定
母集団の成功数…母集団の中で目的の事象が起こる回数を指定
母集団の大きさ…母集団の数を指定
関数形式…TRUEを指定した場合の戻り値は累積分布、FALSEを指定した場合の戻り値は確率分布になる

超幾何分布の確率分布、または累積分布を返します。「母集団の大きさ」と「母集団の成功数」がわかっている母集団から「標本数」の標本を取り出したときに、「標本の成功数」だけ事象が起こる確率や累積確率を求めることができます。

memo

▶ 09.051 で紹介したHYPGEOMDIST関数は、引数「関数形式」を持たない確率計算専用の関数です。一方、ここで紹介したHYPGEOM.DIST関数は、引数「関数形式」の指定によって、確率と累積確率を計算できます。

数値計算

09.054 ポアソン分布に基づいて事故の確率と累積確率を求める

使用関数 POISSON（ポアソン） | POISSON.DIST（ポアソン・ディストリビューション）

交通事故件数、火災件数、破産件数など、一定の期間にまれに起こる事象の数は、「ポアソン分布」にしたがうとされます。ここでは県内の交通事故による死亡者が1日平均0.2人であるとき、死亡者がx人いる日の確率と累計確率を、POISSON関数で求めます。下図の表から、例えば死亡者が1人いる日の確率は約0.16、1人以内の確率は約0.98であることがわかります。

交通事故の死亡者数がx人の日の確率を求める

入力セル B5　入力式 =POISSON(A5,$B$2,FALSE)

入力セル C5　入力式 =POISSON(A5,$B$2,TRUE)

C5　=POISSON(A5,$B$2,TRUE)

	A	B	C
1	死亡事故の確率		
2	県内死亡事故 平均死亡者数	0.2	人/1日
3			
4	死亡者数	確率	累積
5	0	0.818731	0.818731
6	1	0.163746	0.982477
7	2	0.016375	0.998852
8	3	0.001092	0.999943
9	4	5.46E-05	0.999998

セルB5とC5に数式を入力して、9行目までコピー

check!

=POISSON(事象の数, 事象の平均, 関数形式)

=POISSON.DIST(事象の数, 事象の平均, 関数形式)　[Excel 2016 / 2013 / 2010]

事象の数…目的の事象が起こる回数（確率変数）を指定

事象の平均…目的の事象が単位時間当たりに発生する平均回数を指定

関数形式…TRUEを指定した場合の戻り値は累積分布、FALSEを指定した場合の戻り値は確率分布になる

ポアソン分布の確率分布、または累積分布を返します。単位時間当たりの発生回数がわかっている事象において、「事象の数」だけ事象が起こる確率や累積確率を求めることができます。

memo

▶Excel 2016/2013/2010では、POISSON関数とPOISSON.DIST関数のどちらを使用しても、同じ結果が得られます。

```
=POISSON.DIST(A5,$B$2,FALSE)
=POISSON.DIST(A5,$B$2,TRUE)
```

数値計算

09.055 ポアソン分布に基づいて1時間に3人の客が来る確率を求める

使用関数 POISSON（ポアソン） | POISSON.DIST（ポアソン・ディストリビューション）

POISSON関数は、単位時間中にある事象が発生する平均回数を元に、単位時間中にその事象が発生する確率や累積確率を求めるものです。これを利用して、1時間に平均5人の客が来る店で、1時間に3人の客が来る確率を求めてみましょう。

1時間に3人の客が来る確率を求める

入力セル B4　入力式 =POISSON(B2,B3,FALSE)

B4　=POISSON(B2,B3,FALSE)

	A	B	C	D	E	F
1	1時間当たりの来客数					
2	求める来客数	3	人/時間			
3	平均来客数	5	人/時間			
4	確率	0.140374				
5						
6						

1時間に3人の客が来る確率

check!

=POISSON(事象の数, 事象の平均, 関数形式) → 09.054
=POISSON.DIST(事象の数, 事象の平均, 関数形式) → 09.054
[Excel 2016 / 2013 / 2010]

memo

▶Excel 2016/2013/2010では、POISSON関数とPOISSON.DIST関数のどちらを使用しても、同じ結果が得られます。

=POISSON.DIST(B2,B3,FALSE)

▶引数「事象の数」の時間の単位は、「事象の平均」の時間の単位と同じになります。サンプルでは、「事象の平均」が「5人／時間」なので、「事象の数」で指定した数が1時間当たりに起こる確率が求められます。

関連項目 09.054 ポアソン分布に基づいて事故の確率と累積確率を求める →p.644

資料作成

09.056 正規分布のグラフを作成する

使用関数 NORMDIST（ノーマル・ディストリビューション） | NORM.DIST（ノーマル・ディストリビューション）

「正規分布」は、自然現象や社会現象に多く見られる重要な分布です。NORMDIST関数を使用すると、正規分布の確率分布と累積分布を求めることができます。ここでは平均が50、標準偏差が15の正規分布のグラフを描いてみましょう。正規分布は連続型なので、xは連続した値をとりますが、便宜的に0から100までを5刻みにして確率分布を求め、それをグラフにすることにします。

■ 正規分布の確率密度を求めてグラフを作成する

C6 =NO

	A	B	C	D
1	正規分布			
2	平均	標準偏差		
3	50	15		
4				
5	x	確率密度	累積分布	
6	0	0.000103	0.000429	
7	5	0.000295	0.00135	
8	10	0.00076	0.00383	
9	15	0.001748	0.009815	
10	20	0.003599	0.02275	
11	25	0.006632	0.04779	
12	30	0.010934	0.091211	
24	90	0.00076	0.99617	
25	95	0.000295	0.99865	
26	100	0.000103	0.999571	

❶xの値として、「0, 5, 10, ……, 100」を入力しておく。セルB6とセルC6に数式を入力し、26行目までコピーする。

入力セル B6

入力式 =NORMDIST(A6,$A$3,$B$3,FALSE)

入力セル C6

入力式 =NORMDIST(A6,$A$3,$B$3,TRUE)

❷セル範囲A5:B26から、01.042 を参考に［散布図（平滑線）］を作成し、サイズや書式を整える。

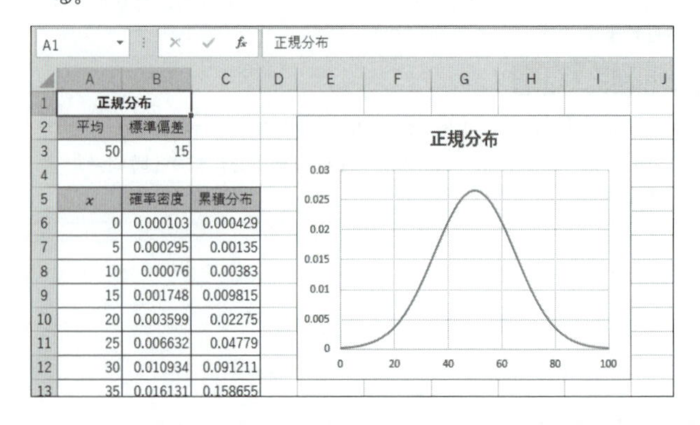
A1 正規分布

	A	B	C
1	正規分布		
2	平均	標準偏差	
3	50	15	
4			
5	x	確率密度	累積分布
6	0	0.000103	0.000429
7	5	0.000295	0.00135
8	10	0.00076	0.00383
9	15	0.001748	0.009815
10	20	0.003599	0.02275
11	25	0.006632	0.04779
12	30	0.010934	0.091211
13	35	0.016131	0.158655

check!

=NORMDIST(x, 平均, 標準偏差, 関数形式)
=NORM.DIST(x, 平均, 標準偏差, 関数形式)　　**[Excel 2016 / 2013 / 2010]**

x…確率変数を指定
平均…対象となる正規分布の平均値を指定
標準偏差…対象となる正規分布の標準偏差を指定
関数形式…TRUEを指定した場合の戻り値は累積分布、FALSEを指定した場合の戻り値は確率密度になる

正規分布の確率密度、または累積分布を返します。指定した「平均」と「標準偏差」で表される正規分布で、「x」の確率密度や「x」までの確率を求めることができます。

memo

▶Excel 2016 / 2013 / 2010では、NORMDIST関数とNORM.DIST関数のどちらを使用しても、同じ結果が得られます。

```
=NORM.DIST(A6,$A$3,$B$3,FALSE)
=NORM.DIST(A6,$A$3,$B$3,TRUE)
```

▶「平均」に0、「標準偏差」に1を指定すると、標準正規分布のグラフになります。

▶正規分布のグラフを描くと、左右対称の釣鐘型になります。釣鐘のピークの位置は平均値に一致します。また、「平均値±標準偏差」はグラフの変曲点（グラフの曲線のふくらみ方〔凹凸〕が変化する点）に一致し、標準偏差の値によって、グラフの高さと裾の広がり方が変わります。

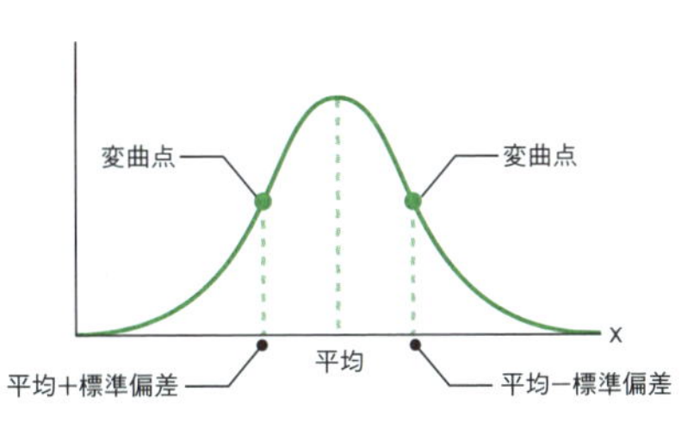

▶セル範囲A5:C26から［散布図（平滑線）］を作成すると、同じプロットエリアに確率分布と累積分布の両方のグラフを表示できます。

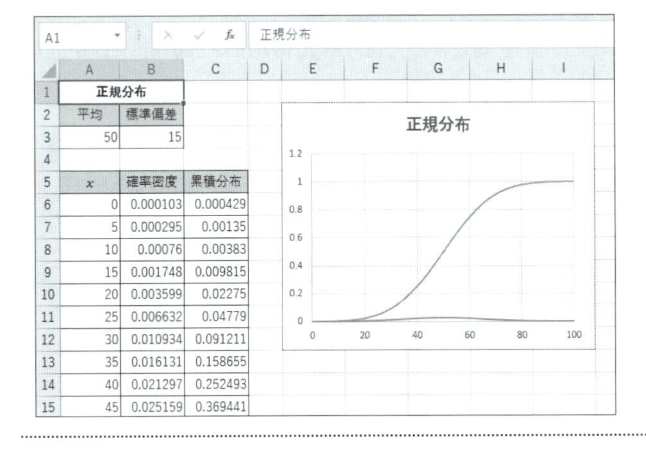

A1　正規分布

	A	B	C
1	正規分布		
2	平均	標準偏差	
3	50	15	
4			
5	x	確率密度	累積分布
6	0	0.000103	0.000429
7	5	0.000295	0.00135
8	10	0.00076	0.00383
9	15	0.001748	0.009815
10	20	0.003599	0.02275
11	25	0.006632	0.04779
12	30	0.010934	0.091211
13	35	0.016131	0.158655
14	40	0.021297	0.252493
15	45	0.025159	0.369441

関連項目 09.043 連続型の確率分布を理解する →p.633

数値計算

09.057 正規分布に基づいて60点以下の受験者の割合を求める

使用関数 NORMDIST（ノーマル・ディストリビューション） | NORM.DIST（ノーマル・ディストリビューション）

試験の結果が平均50点、標準偏差15点の正規分布にしたがうものとする場合に、60点以下の受験者がどのくらいいるかを求めましょう。それには、NORMDIST関数を使用して、60点の位置の累積分布の値を求めます。サンプルでは割合が約0.75と算出されました。これにより、例えば受験者が100名いる場合、60点以下の人は75名いると考えられます。

60点以下の受験者の割合を求める

入力セル B5　入力式 =NORMDIST(B2,B3,B4,TRUE)

B5　=NORMDIST(B2,B3,B4,TRUE)

	A	B	C	D	E	F
1	試験結果					
2	得点（x 以下）	60				
3	平均	50				
4	標準偏差	15				
5	確率	0.747507				
6						

60点以下の受験者の割合

check!

=NORMDIST(x, 平均, 標準偏差, 関数形式) → 09.056
=NORM.DIST(x, 平均, 標準偏差, 関数形式)　[Excel 2016 / 2013 / 2010] → 09.056

memo

▶連続型の確率分布では、xに対応する確率分布の値は、確率ではなく確率密度になります。確率を求めるときは、「xのときの確率」を求めるのではなく、xの区間に対する確率を計算します。60点以下の受験者の割合は、「x=60」のときの累積確率に等しく、確率分布のグラフの「x≦60」の区間の面積に一致します。

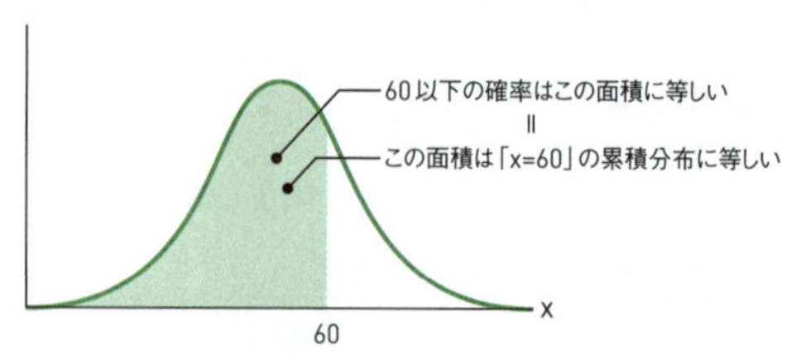

数値計算

09.058 正規分布に基づいて40点以上60点以下の受験者の割合を求める

使用関数 NORMDIST（ノーマル・ディストリビューション） | NORM.DIST（ノーマル・ディストリビューション）

試験の結果が平均50点、標準偏差15点の正規分布にしたがうものとする場合に、40点以上60点以下の受験者がどのくらいいるかを求めましょう。それには、NORMDIST関数を使用して、60点以下の割合と40点以下の割合を求め、引き算をします。

40点以上60点以下の受験者の割合を求める

入力セル B6

入力式 =NORMDIST(B3,B4,B5,TRUE)-NORMDIST(B2,B4,B5,TRUE)

B6 | =NORMDIST(B3,B4,B5,TRUE)-NORMD

	A	B	C	D	E	F
1	試験結果					
2	得点（x 以上）	40				
3	得点（x 以下）	60				
4	平均	50				
5	標準偏差	15				
6	確率	0.495015				
7						

40点以上60点以下の受験者の割合

check!

=NORMDIST(x, 平均, 標準偏差, 関数形式) → 09.056

=NORM.DIST(x, 平均, 標準偏差, 関数形式) ［Excel 2016 / 2013 / 2010］ → 09.056

memo

▶Excel 2016 / 2013 / 2010では、NORMDIST関数とNORM.DIST関数のどちらを使用しても、同じ結果が得られます。

=NORM.DIST(B3,B4,B5,TRUE)-NORM.DIST(B2,B4,B5,TRUE)

▶「40≦x≦60」の区間の確率は、確率分布のグラフの「40≦x≦60」の区間の面積に一致します。

▶60点以上の受験者の割合を求めたいときは、1から60点以下の人の割合を引いて求めます。

関連項目 09.056 正規分布のグラフを作成する →p.646

09.057 正規分布に基づいて60点以下の受験者の割合を求める →p.648

数値計算

09.059 正規分布の逆関数を使用して上位20%に入るための点数を求める

使用関数 NORMINV（ノーマル・インバース） | NORM.INV（ノーマル・インバース）

NORMINV関数は、NORMDIST関数の逆関数です。NORMDIST関数で確率変数xから累積分布を求めることができますが、反対にNORMINV関数を使用すると累積分布からxの値を逆算できます。これを利用して、平均50点、標準偏差15点の試験で、上位20%に入るための点数を求めましょう。

■上位20%に入るための点数を求める

入力セル B5　入力式 =NORMINV(B2,B3,B4)

B5 =NORMINV(B2,B3,B4)

	A	B	C	D	E	F	G
1	試験結果						
2	確率	0.8					
3	平均	50					
4	標準偏差	15					
5	得点（x）	62.62432					
6							

63点取れば上位20%に入ると考えられる

check!

=NORMINV(確率, 平均, 標準偏差)
=NORM.INV(確率, 平均, 標準偏差)　[Excel 2016 / 2013 / 2010]

確率…正規分布の確率（累積分布の確率）を指定
平均…対象となる正規分布の平均値を指定
標準偏差…対象となる正規分布の標準偏差を指定

指定した「平均」「標準偏差」で表される正規分布で、累積分布の確率に対応する確率変数xを返します。

memo

▶Excel 2016 / 2013 / 2010では、NORMINV関数とNORM.INV関数のどちらを使用しても、同じ結果が得られます。

=NORM.INV(B2,B3,B4)

関連項目
09.056 正規分布のグラフを作成する →p.646
09.057 正規分布に基づいて60点以下の受験者の割合を求める →p.648
09.060 正規分布にしたがうサンプルデータを作成する →p.651

資料作成

09.060 正規分布にしたがうサンプルデータを作成する

使用関数 NORMINV | NORM.INV ／ RAND

Excelで業務向けのシステムを作成するときに、テスト用のサンプルデータが必要になることがあります。その際、正規分布に従うデータを扱うシステムであれば、テストも正規分布にしたがうデータで行う必要があります。RAND関数を使用すると、0以上で1より小さい実数の乱数が得られますが、これをNORMINV関数と組み合わせれば、正規分布にしたがうデータになります。ここでは、平均が150、標準偏差が10の正規分布にしたがうデータを100個作成します。

■ 正規分布にしたがうデータを100個作成する

入力セル D2　入力式 =NORMINV(RAND(),$B$2,$B$3)

D2　=NORMINV(RAND(),$B$2,$B$3)

	A	B	C	D	E	F	G	H
1	サンプルデータ作成			データ				
2	平均	150		159.1347				
3	標準偏差	10		146.6359				
4				151.0091				
5				156.7811				
6				151.0873				
7				142.3299				
8				135.2266				
9				144.3883				

セルD2に数式を入力して、セルD101までコピー

check!

=NORMINV(確率, 平均, 標準偏差) → 09.059
=NORM.INV(確率, 平均, 標準偏差)　[Excel 2016 / 2013 / 2010] → 09.059
=RAND() → 03.071

memo

▶Excel 2016/2013/2010では、NORMINV関数とNORM.INV関数のどちらを使用しても、同じ結果が得られます。

=NORM.INV(RAND(),$B$2,$B$3)

▶RAND関数を入力したセルは、再計算が行われるたびに値が変わってしまいます。求めた値をそのまま残したい場合は、01.047を参考に戻り値を値としてコピー／貼り付けしましょう。

資料作成

09.061 標準正規分布のグラフを作成する①

使用関数 NORMDIST(ノーマル・ディストリビューション) ／ NORMSDIST(ノーマル・スタンダード・ディストリビューション)

標準正規分布は、平均0、標準偏差1の正規分布です。NORMSDIST関数を使用すると、標準正規分布の累積分布を計算できます。ただし、この関数で確率分布は求められないので、NORMDIST関数で求めます。ここでは「-4≦x≦4」の範囲の確率分布と累積分布を求め、グラフを描きます。

■標準正規分布のグラフを作成する

入力セル B3　入力式 =NORMDIST(A3,0,1,FALSE)

入力セル C3　入力式 =NORMSDIST(A3)

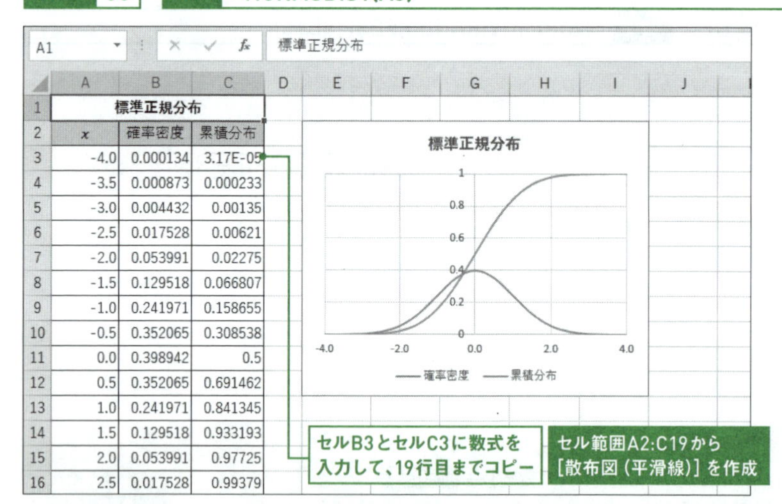

	A	B	C
1	標準正規分布		
2	x	確率密度	累積分布
3	-4.0	0.000134	3.17E-05
4	-3.5	0.000873	0.000233
5	-3.0	0.004432	0.00135
6	-2.5	0.017528	0.00621
7	-2.0	0.053991	0.02275
8	-1.5	0.129518	0.066807
9	-1.0	0.241971	0.158655
10	-0.5	0.352065	0.308538
11	0.0	0.398942	0.5
12	0.5	0.352065	0.691462
13	1.0	0.241971	0.841345
14	1.5	0.129518	0.933193
15	2.0	0.053991	0.97725
16	2.5	0.017528	0.99379

check!

=NORMDIST(x, 平均, 標準偏差, 関数形式) → 09.056

=NORMSDIST(z)

　z…確率変数を指定

標準正規分布の累積分布を返します。標準正規分布とは、平均0、標準偏差1の正規分布です。

memo

▶Excel 2016/2013/2010では、09.062 で紹介するNORM.S.DIST関数を使用すれば、簡単に確率分布と累積分布を計算できます。

資料作成

非対応バージョン 2007

09.062 標準正規分布のグラフを作成する②

使用関数 NORM.S.DIST（ノーマル・スタンダード・ディストリビューション）

Excel 2016 / 2013 / 2010では、NORM.S.DIST関数を使用すると、「標準正規分布」の確率分布と累積分布のどちらも計算できます。標準正規分布とは、平均0、標準偏差1の正規分布のことです。ここでは-4～4までを0.5刻みにして確率分布と累積分布を求め、グラフを描きます。

標準正規分布のグラフを作成する

入力セル B3　入力式 =NORM.S.DIST(A3,FALSE)

入力セル C3　入力式 =NORM.S.DIST(A3,TRUE)

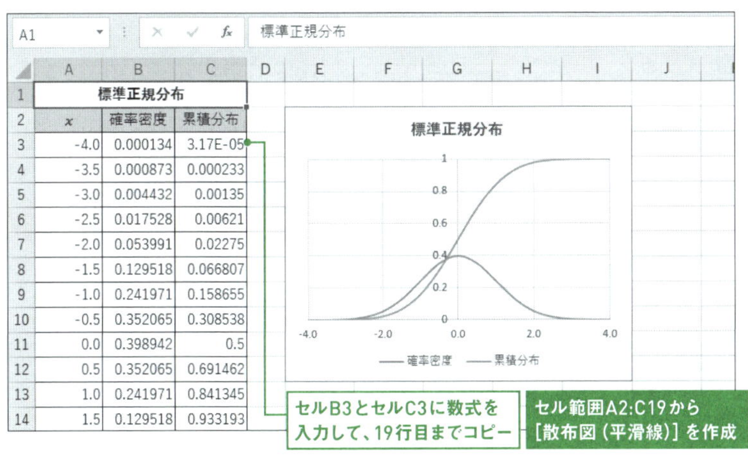

A1　標準正規分布

	A	B	C
1	標準正規分布		
2	x	確率密度	累積分布
3	-4.0	0.000134	3.17E-05
4	-3.5	0.000873	0.000233
5	-3.0	0.004432	0.00135
6	-2.5	0.017528	0.00621
7	-2.0	0.053991	0.02275
8	-1.5	0.129518	0.066807
9	-1.0	0.241971	0.158655
10	-0.5	0.352065	0.308538
11	0.0	0.398942	0.5
12	0.5	0.352065	0.691462
13	1.0	0.241971	0.841345
14	1.5	0.129518	0.933193

check!

=NORM.S.DIST(z, 関数形式)　　［Excel 2016 / 2013 / 2010］

z…確率変数を指定

関数形式…TRUEを指定した場合の戻り値は累積分布、FALSEを指定した場合の戻り値は確率密度になる

標準正規分布の確率密度、または累積分布を返します。標準正規分布とは、平均0、標準偏差1の正規分布です。

memo

▶ 09.061 で紹介したNORMSDIST関数は、引数「関数形式」を持たない累積分布計算専用の関数です。一方、ここで紹介したNORM.S.DIST関数は、「関数形式」の指定によって、確率分布と累積分布を計算できます。

資料作成

09.063 標準正規分布表を作成する

使用関数 NORMSDIST（ノーマル・スタンダード・ディストリビューション）

正規分布は、実際の現象の説明に使われる分布ですが、検定にも使用されます。その際、標準正規分布表があると、表を見るだけですぐに必要な値を知ることができます。ここでは、NORMSDIST関数を使用して、上側確率の一覧表を作成します。

標準正規分布表を作成する

入力セル B3　入力式 =1-NORMSDIST($A3+B$2)

B3　=1-NORMSDIST($A3+B$2)

	A	B	C	D	E	F	G	H	I	J	K
1	標準正規分布表（上側確率）										
2	μ	0.00	0.01	0.02	0.03	0.04	0.05	0.06	0.07	0.08	0.09
3	0.0	0.50000	0.49601	0.49202	0.48803	0.48405	0.48006	0.47608	0.47210	0.46812	0.46414
4	0.1	0.46017	0.45620	0.45224	0.44828	0.44433	0.44038	0.43644	0.43251	0.42858	0.42465
5	0.2	0.42074	0.41683	0.41294	0.40905	0.40517	0.40129	0.39743	0.39358	0.38974	0.38591
6	0.3	0.38209	0.37828	0.37448	0.37070	0.36693	0.36317	0.35942	0.35569	0.35197	0.34827
7	0.4	0.34458	0.34090	0.33724	0.33360	0.32997	[illegible]	[illegible]	[illegible]	0.31561	0.31207
8	0.5	0.30854	0.30503	0.30153	0.29806	0.29460	0.29116	0.28774	0.28434	0.28096	0.27760
9	0.6	0.27425	0.27093	0.26763	0.26435	0.26109	0.25785	0.25463	0.25143	0.24825	0.24510
10	0.7	0.24196	[illegible]	[illegible]	[illegible]	[illegible]	[illegible]	[illegible]	0.22065	0.21770	0.21476
11	0.8	0.21186	0.20897	0.20611	0.20327	0.20045	0.19766	0.19489	0.19215	0.18943	0.18673

「0.43」の上側確率

セルB3に数式を入力して、セルK43までコピー

check!

=NORMSDIST(z) → 09.061

memo

▶確率分布において、ある値の右の確率を「上側確率」、左の確率を「下側確率」と呼びます。標準正規分布は「x=0」を境に左右対称なので、「x= μ」の上側確率と「x=− μ」の下側確率は等しくなります。なお、上側確率と下側確率を合わせた確率を「両側確率」と呼びます。

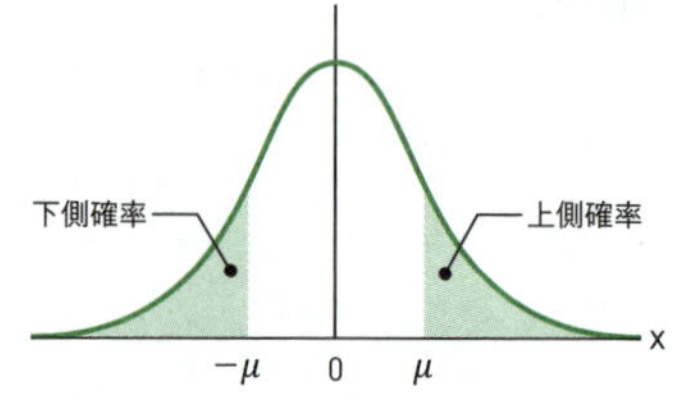

▶例えば0.43に対する上側確率は、標準正規分布表の左側の見出しの「0.4」と上側の見出しの「0.03」の交点にある「0.3336」になります。また、この値を2倍すれば、両側確率になります。

関連項目 09.061 標準正規分布のグラフを作成する① →p.652
09.062 標準正規分布のグラフを作成する② →p.653

数値計算

09.064 標準正規分布の逆関数の値を求める

使用関数 NORMSINV（ノーマル・スタンダード・インバース） | NORM.S.INV（ノーマル・スタンダード・インバース）

NORMSINV関数は、NORMSDIST関数の逆関数です。NORMSDIST関数で確率変数zから累積分布を求めることができますが、反対にNORMSINV関数を使用すると累積分布からzの値を逆算できます。これを利用して、上位20%の位置のzの値を求めましょう。

上位20%の位置の数値を求める

入力セル B3　入力式 =NORMSINV(B2)

B3　=NORMSINV(B2)

	A	B	C	D	E	F	G
1	標準正規分布						
2	確率	0.8					
3	x	0.841621					
4							
5							

上位20%の位置の確率変数

check!

=NORMSINV(確率)
=NORM.S.INV(確率)　[Excel 2016 / 2013 / 2010]
　確率…標準正規分布の確率（累積分布の確率）を指定
標準正規分布の累積分布の確率に対応する確率変数zを返します。

memo

▶Excel 2016/2013/2010では、NORMSINV関数とNORM.S.INV関数のどちらを使用しても、同じ結果が得られます。

=NORM.S.INV(B2)

関連項目
09.061 標準正規分布のグラフを作成する① →p.652
09.062 標準正規分布のグラフを作成する② →p.653

資料作成

09.065 対数正規分布のグラフを作成する①

使用関数 NORMDIST（ノーマル・ディストリビューション） ／ LN（ログ・ナチュラル） ／ LOGNORMDIST（ログ・ノーマル・ディストリビューション）

確率変数xの対数ln(x)が正規分布にしたがうとき、元のxは「対数正規分布」に従います。LOGNORMDIST関数を使用すると、対数正規分布の累積分布を計算できます。確率分布は、NORMDIST関数とLN関数を使用して求めます。ここでは平均が0、標準偏差が1として、「0≦x≦10」の範囲の確率分布と累積分布を求め、グラフを描きます。なお、「x=0」のとき対数正規分布は0ですが、LOGNORMDIST関数ではエラーになるので、サンプルでは直接0を入力しました。

■対数正規分布のグラフを作成する

入力セル B7　入力式 =NORMDIST(LN(A7),$A$3,$B$3,FALSE)/A7

入力セル C7　入力式 =LOGNORMDIST(A7,$A$3,$B$3)

	A	B	C
1	対数正規分布		
2	平均	標準偏差	
3	0	1	
4			
5	x	確率密度	累積分布
6	0.0	0	0
7	0.5	0.627496	0.244109
8	1.0	0.398942	0.5
9	1.5	0.244974	0.657432
10	2.0	0.156874	0.755891
25	9.5	0.003331	0.987816
26	10.0	0.002816	0.989349

セルB6とセルC6に「0」を入力

セルB7とセルC7に数式を入力して、26行目までコピー

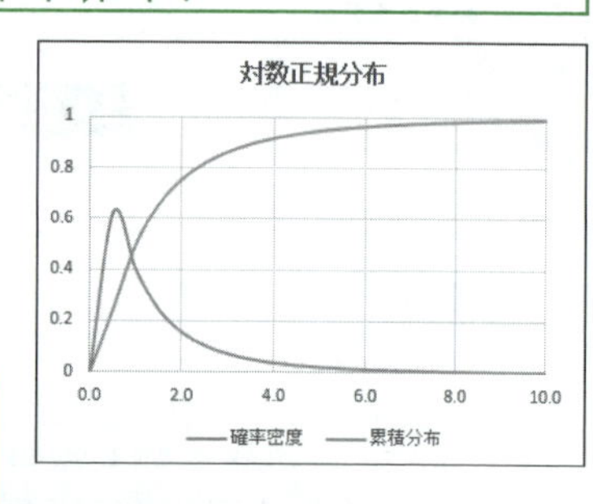

セル範囲A5:C26から[散布図（平滑線）]を作成

check!

=NORMDIST(x, 平均, 標準偏差, 関数形式) → 09.056

=LN(数値) → 08.011

=LOGNORMDIST(x, 平均, 標準偏差)

x…確率変数を指定。0以下の値を指定するとエラー値[#NUM!]が返される

平均…ln(x)の平均を指定

標準偏差…ln(x)の標準偏差を指定

対数正規分布の累積分布を返します。指定した「平均」「標準偏差」の対数正規分布で、「x」までの確率を求めることができます。

memo

▶Excel 2016/2013/2010では、09.066 で紹介するLOGNORM.DIST関数を使用すれば、簡単に確率分布と累積分布を計算できます。

資料作成　⊗非対応バージョン 2007

09.066 対数正規分布のグラフを作成する②

使用関数 LOGNORM.DIST（ログ・ノーマル・ディストリビューション）

確率変数xの対数ln(x)が正規分布にしたがうとき、元のxは「対数正規分布」にしたがいます。Excel 2016 / 2013 / 2010では、LOGNORM.DIST関数を使用すると、対数正規分布の確率分布と累積分布を計算できます。ここでは平均が0、標準偏差が1として、「0≦x≦10」の範囲の確率分布と累積分布を求め、グラフを描きます。なお、「x=0」のとき対数正規分布は0ですが、LOGNORM.DIST関数ではエラーになるので、サンプルでは直接0を入力しました。

■ 対数正規分布のグラフを作成する

入力セル B7　入力式 =LOGNORM.DIST(A7,$A$3,$B$3,FALSE)

入力セル C7　入力式 =LOGNORM.DIST(A7,$A$3,$B$3,TRUE)

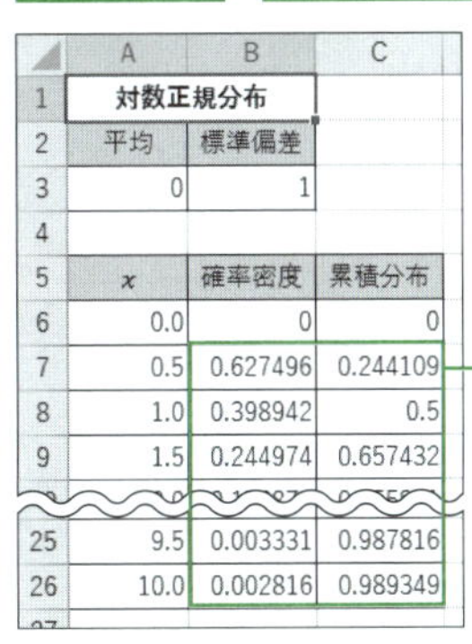

	A	B	C
1	対数正規分布		
2	平均	標準偏差	
3	0	1	
4			
5	x	確率密度	累積分布
6	0.0	0	0
7	0.5	0.627496	0.244109
8	1.0	0.398942	0.5
9	1.5	0.244974	0.657432
25	9.5	0.003331	0.987816
26	10.0	0.002816	0.989349

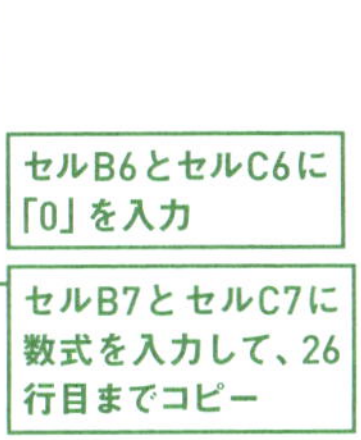

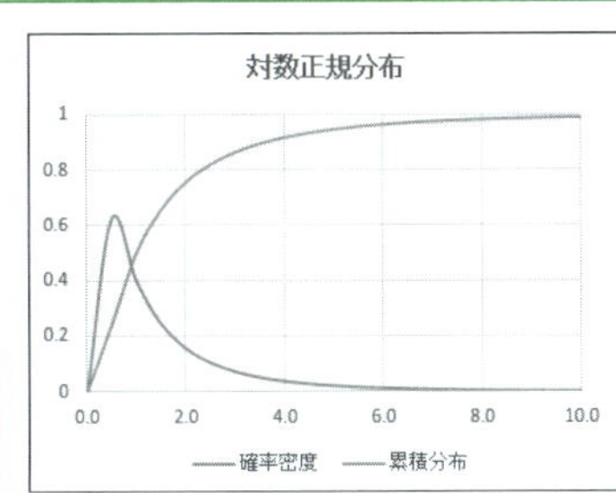

セル範囲A5:C26から［散布図（平滑線）］を作成

check!

=LOGNORM.DIST(x, 平均, 標準偏差, 関数形式)　　［Excel 2016 / 2013 / 2010］

- x…確率変数を指定。0以下の値を指定するとエラー値［#NUM!］が返される
- 平均…ln(x)の平均を指定
- 標準偏差…ln(x)の標準偏差を指定
- 関数形式…TRUEを指定した場合の戻り値は累積分布、FALSEを指定した場合の戻り値は確率密度になる

対数正規分布の確率密度、または累積分布を返します。指定した「平均」「標準偏差」の対数正規分布で、「x」の確率密度や「x」までの確率を求めることができます。

memo

▶ 09.065 で紹介したLOGNORMDIST関数は、引数「関数形式」を持たない累積分布計算専用の関数です。一方、ここで紹介したLOGNORM.DIST関数は、「関数形式」の指定によって、確率分布と累積分布を計算できます。

資料作成

09.067 指数分布のグラフを作成する

使用関数 EXPONDIST（エクスポネンシャル・ディストリビューション） | EXPON.DIST（エクスポネンシャル・ディストリビューション）

「指数分布」は、待ち時間を近似する分布としてよく使用されます。EXPONDIST関数を使用すると、指数分布の確率分布と累積分布を計算できます。ここでは「λ=0.5」として、「0≦x≦10」の範囲の確率分布と累積分布を求め、グラフを描きます。

■ 指数分布のグラフを作成する

入力セル B5　入力式 =EXPONDIST(A5,$B$2,FALSE)

入力セル C5　入力式 =EXPONDIST(A5,$B$2,TRUE)

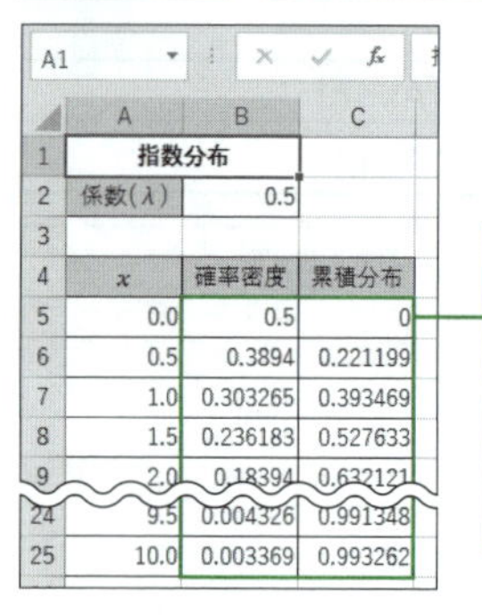

	A	B	C
1	指数分布		
2	係数(λ)	0.5	
3			
4	x	確率密度	累積分布
5	0.0	0.5	0
6	0.5	0.3894	0.221199
7	1.0	0.303265	0.393469
8	1.5	0.236183	0.527633
9	2.0	0.18394	0.632121
24	9.5	0.004326	0.991348
25	10.0	0.003369	0.993262

セルB5とセルC5に数式を入力して、25行目までコピー

セル範囲A4:C25から［散布図（平滑線）］を作成

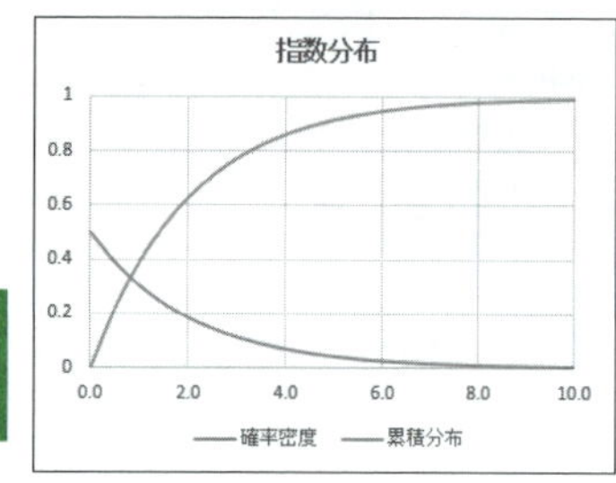

check!

=EXPONDIST(x, λ, 関数形式)

=EXPON.DIST(x, λ, 関数形式)　［Excel 2016 / 2013 / 2010］

x…確率変数を指定。負の値を指定するとエラー値［#NUM!］が返される

λ…単位時間当たりに事象が発生する平均回数を指定。0以下の数値を指定するとエラー値［#NUM!］が返される

関数形式…TRUEを指定した場合の戻り値は累積分布、FALSEを指定した場合の戻り値は確率密度になる

指数分布の確率密度、または累積分布を返します。指定した「λ」で表される指数分布の「x」の確率密度や「x」までの確率を求めることができます。

memo

▶Excel 2016 / 2013 / 2010では、EXPONDIST関数とEXPON.DIST関数のどちらを使用しても、同じ結果が得られます。

=EXPON.DIST(A5,$B$2,FALSE)
=EXPON.DIST(A5,$B$2,TRUE)

関連項目 09.068 指数分布に基づいて次の客が15分以内に来る確率を求める →p.659

数値計算

09.068 指数分布に基づいて次の客が15分以内に来る確率を求める

使用関数 EXPONDIST（エクスポネンシャル・ディストリビューション） | EXPON.DIST（エクスポネンシャル・ディストリビューション）

EXPONDIST関数を使用すると、単位時間中にある事象が発生する平均回数λを元に、その発生間隔がx時間である確率を計算できます。これを利用して、1時間に平均5人の客が来る店で、客が来てから次の客が来るまでの間隔が15分（0.25時間）以内である確率を求めてみましょう。

■ 次の客が15分以内に来る確率を求める

入力セル B4　入力式 =EXPONDIST(B2,B3,TRUE)

B4　=EXPONDIST(B2,B3,TRUE)

	A	B	C	D	E	F
1	来客の確率					
2	時間（x）	0.25	時間			
3	平均来客数（λ）	5	人/時間			
4	確率	0.713495				
5						
6						

次の客が15分以内に来る確率

check!

=EXPONDIST(x, λ, 関数形式) → 09.067
=EXPON.DIST(x, λ, 関数形式)　[Excel 2016 / 2013 / 2010] → 09.067

memo

▶Excel 2016 / 2013 / 2010では、EXPONDIST関数とEXPON.DIST関数のどちらを使用しても、同じ結果が得られます。

=EXPON.DIST(B2,B3,TRUE)

▶指数分布の確率分布f(x)と累積分布F(x)は、次の式で表されます。

確率分布 $f(x)=\lambda e^{-\lambda x}$　累積分布 $F(x)=1-e^{-\lambda x}$

関連項目 09.067 指数分布のグラフを作成する →p.658

資料作成

09.069 ガンマ分布のグラフを作成する

使用関数 GAMMADIST（ガンマ・ディストリビューション） | GAMMA.DIST（ガンマ・ディストリビューション）

GAMMADIST関数を使用すると、ガンマ分布の確率分布と累積分布を計算できます。ガンマ分布は待ち行列分析などで利用されます。ここでは「α=2」「β=1」として、「0≦x≦10」の範囲の確率分布と累積分布を求め、グラフを描きます。

■ ガンマ分布のグラフを作成する

入力セル B6　入力式 =GAMMADIST(A6,$A$3,$B$3,FALSE)

入力セル C6　入力式 =GAMMADIST(A6,$A$3,$B$3,TRUE)

	A	B	C
1	ガンマ分布		
2	α	β	
3	2	1	
4			
5	x	確率密度	累積分布
6	0.0	0	0
7	0.5	0.303265	0.090204
8	1.0	0.367879	0.264241
9	1.5	0.334695	0.442175
25	9.5	0.000711	0.999214
26	10.0	0.000454	0.999501

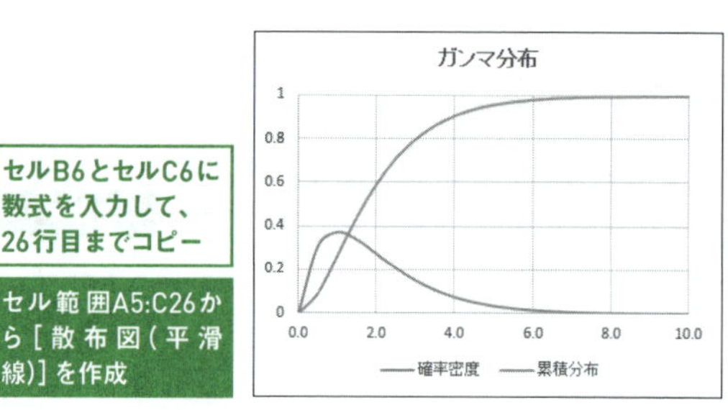

check!

=GAMMADIST(x, α, β, 関数形式)

=GAMMA.DIST(x, α, β, 関数形式)　**[Excel 2016 / 2013 / 2010]**

x…確率変数を指定。負の値を指定するとエラー値[#NUM!]が返される

α…形状パラメータ（分布の形状を決める要素）を指定。0以下の数値を指定するとエラー値[#NUM!]が返される

β…尺度パラメータ（分布の規模を決める要素）を指定。0以下の数値を指定するとエラー値[#NUM!]が返される

関数形式…TRUEを指定した場合の戻り値は累積分布、FALSEを指定した場合の戻り値は確率密度になる

ガンマ分布の確率密度、または累積分布を返します。指定した「α」「β」で表されるガンマ分布の「x」の確率密度や「x」までの確率を求めることができます。

memo

▶Excel 2016/2013/2010では、GAMMADIST関数とGAMMA.DIST関数のどちらを使用しても、同じ結果が得られます。

```
=GAMMA.DIST(A6,$A$3,$B$3,FALSE)
=GAMMA.DIST(A6,$A$3,$B$3,TRUE)
```

数値計算

09.070 ガンマ分布に基づいて来客が100人に達する時間の確率を求める

使用関数 GAMMADIST（ガンマ・ディストリビューション） | GAMMA.DIST（ガンマ・ディストリビューション）

GAMMADIST関数を使用すると、単位時間中にある事象が発生する平均回数λ（=1/β）を元に、その事象がα回発生するまでの時間がx時間である確率を計算できます。これを利用して、1分当たり平均5人の客が来る窓口で、来客数が15分で100人に達する確率を求めてみましょう。

■ 15分で100人に達する確率を求める

入力セル B5　入力式 =GAMMADIST(B2,B3,1/B4,TRUE)

B5　=GAMMADIST(B2,B3,1/B4,TRUE)

	A	B	C	D	E
1	来客の確率				
2	時間（x）	15	分		
3	来客数（α）	100	人		
4	平均来客数（λ=1/β）	5	人/分		
5	確率	0.003352			
6					

15分で100人に達する確率

check!

=GAMMADIST(x, α, β, 関数形式) → 09.069
=GAMMA.DIST(x, α, β, 関数形式)　[Excel 2016 / 2013 / 2010] → 09.069

memo

▶Excel 2016 / 2013 / 2010では、GAMMADIST関数とGAMMA.DIST関数のどちらを使用しても、同じ結果が得られます。

=GAMMA.DIST(B2,B3,1/B4,TRUE)

 関連項目  09.069 ガンマ分布のグラフを作成する →p.660
09.071 ガンマ分布の逆関数を使用して90%の確率で来客が100人に達する時間を求める →p.662

数値計算

09.071 ガンマ分布の逆関数を使用して90%の確率で来客が100人に達する時間を求める

使用関数 GAMMAINV（ガンマ・インバース） | GAMMA.INV（ガンマ・インバース）

GAMMAINV関数は、GAMMADIST関数の逆関数です。GAMMADIST関数で確率変数xから累積分布を求めることができますが、反対にGAMMAINV関数を使用すると累積分布からxの値を逆算できます。これを利用して、1分当たり平均5人の客が来る窓口で、90%の確率で来客が100人に達する時間を求めましょう。

来客が100人に達する時間を求める

入力セル B5　入力式 =GAMMAINV(B2,B3,1/B4)

B5　=GAMMAINV(B2,B3,1/B4)

	A	B	C	D	E
1	来客の確率				
2	確率	90%			
3	来客数（α）	100	人		
4	平均来客数（λ=1/β）	5	人/分		
5	時間（x）	22.6021	分		
6					
7					

90%の確率で客が100人に達する時間

check!

=GAMMAINV(確率, α, β)
=GAMMA.INV(確率, α, β)　[Excel 2016 / 2013 / 2010]

確率…正規分布の確率（累積分布の確率）を指定
α…形状パラメータ（分布の形状を決める要素）を指定。0以下の数値を指定するとエラー値［#NUM!］が返される
β…尺度パラメータ（分布の規模を決める要素）を指定。0以下の数値を指定するとエラー値［#NUM!］が返される

ガンマ分布の累積分布の確率に対応する確率変数xを返します。

memo

▶Excel 2016/2013/2010では、GAMMAINV関数とGAMMA.INV関数のどちらを使用しても、同じ結果が得られます。

=GAMMA.INV(B2,B3,1/B4)

関連項目
09.069 ガンマ分布のグラフを作成する →p.660
09.070 ガンマ分布に基づいて来客が100人に達する時間の確率を求める →p.661

資料作成

09. 072 ワイブル分布のグラフを作成する

使用関数 WEIBULL（ワイブル） | WEIBULL.DIST（ワイブル・ディストリビューション）

WEIBULL関数を使用すると、「ワイブル分布」の確率分布と累積分布を計算できます。ワイブル分布は信頼性の分布などに利用されます。ここでは「α=2」「β=1」として、「0≦x≦5」の範囲の確率分布と累積分布を求め、グラフを描きます。

ワイブル分布のグラフを作成する

入力セル B6 入力式 =WEIBULL(A6,$A$3,$B$3,FALSE)

入力セル C6 入力式 =WEIBULL(A6,$A$3,$B$3,TRUE)

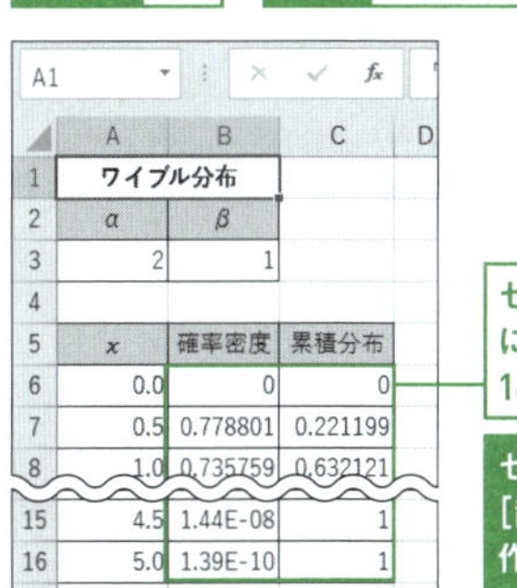

	A	B	C
1	ワイブル分布		
2	α	β	
3	2	1	
4			
5	x	確率密度	累積分布
6	0.0	0	0
7	0.5	0.778801	0.221199
8	1.0	0.735759	0.632121
15	4.5	1.44E-08	1
16	5.0	1.39E-10	1

セルB6とセルC6に数式を入力して、16行目までコピー

セル範囲A5:C16から[散布図（平滑線）]を作成

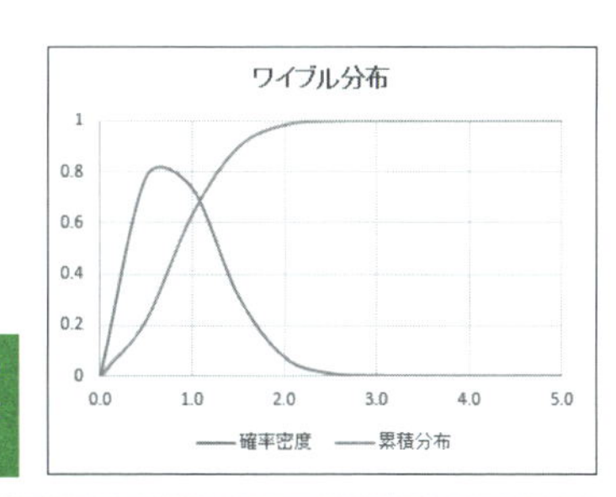

check!

=WEIBULL(x, α, β, 関数形式)

=WEIBULL.DIST(x, α, β, 関数形式)　[Excel 2016 / 2013 / 2010]

x…確率変数を指定。負の値を指定するとエラー値[#NUM!]が返される

α…形状パラメータ（分布の形状を決める要素）を指定。0以下の数値を指定するとエラー値[#NUM!]が返される

β…尺度パラメータ（分布の規模を決める要素）を指定。0以下の数値を指定するとエラー値[#NUM!]が返される

関数形式…TRUEを指定した場合の戻り値は累積分布、FALSEを指定した場合の戻り値は確率密度になる

ワイブル分布の確率密度、または累積分布を返します。指定した「α」「β」で表されるワイブル分布の「x」の確率密度や「x」までの確率を求めることができます。

memo

▶Excel 2016 / 2013 / 2010では、WEIBULL関数とWEIBULL.DIST関数のどちらを使用しても、同じ結果が得られます。

```
=WEIBULL.DIST(A6,$A$3,$B$3,FALSE)
=WEIBULL.DIST(A6,$A$3,$B$3,TRUE)
```

資料作成

09. 073 ベータ分布のグラフを作成する①

使用関数 BETADIST（ベータ・ディストリビューション）

BETADIST関数を使用すると、「ベータ分布」の累積分布を計算できます。ベータ分布は割合の変化を分析する場合などに利用されます。ここでは「α=3」「β=2」として、「0≦x≦1」の範囲の累積分布を求め、グラフを描きます。

■ ベータ分布のグラフを作成する

入力セル B6　入力式 =BETADIST(A6,$A$3,$B$3)

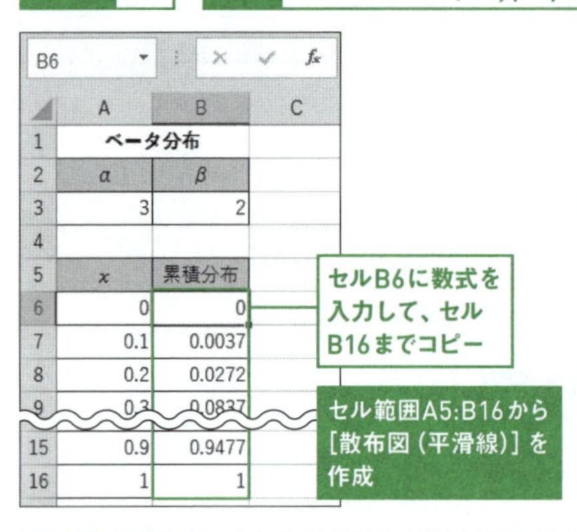

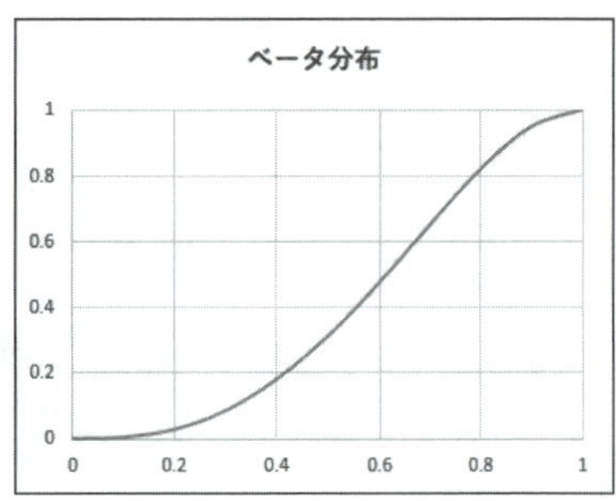

check!

=BETADIST(x, α, β [, A] [, B])

x…「A」以上「B」以下の範囲で確率変数を指定

α…パラメータを指定。0以下の数値を指定するとエラー値[#NUM!]が返される

β…パラメータを指定。0以下の数値を指定するとエラー値[#NUM!]が返される

A…区間の下限を指定。省略した場合は「0」として計算される。Bと同じ値を指定すると、エラー値[#NUM!]が返される

B…区間の上限を指定。省略した場合は「1」として計算される。Aと同じ値を指定すると、エラー値[#NUM!]が返される

ベータ分布の累積分布を返します。指定した「α」「β」「A」「B」で表されるベータ分布の「x」までの確率を求めることができます。

memo

▶ベータ分布の確率密度を求めたいときは、ベータ分布の定義にしたがいます。例えばサンプルのC列に求めるとすると、作業用のセルC3に「=EXP(GAMMALN(A3))*EXP(GAMMALN(B3))/EXP(GAMMALN(A3+B3))」と入力します。次にセルC6に「=A6^($A$3-1)*(1-A6)^($B$3-1)/$C$3」と入力してセルC16までコピーします。

 資料作成

✕ 非対応バージョン 2007

09.074 ベータ分布のグラフを作成する②

使用関数 BETA.DIST（ベータ・ディストリビューション）

Excel 2016 / 2013 / 2010では、BETA.DIST関数を使用すると、「ベータ分布」の確率分布と累積分布を計算できます。ここでは「α=3」「β=2」として、「0≦x≦1」の範囲の確率分布と累積分布を求め、グラフを描きます。

■ ベータ分布のグラフを作成する

入力セル B6　入力式 =BETA.DIST(A6,$A$3,$B$3,FALSE)

入力セル C6　入力式 =BETA.DIST(A6,$A$3,$B$3,TRUE)

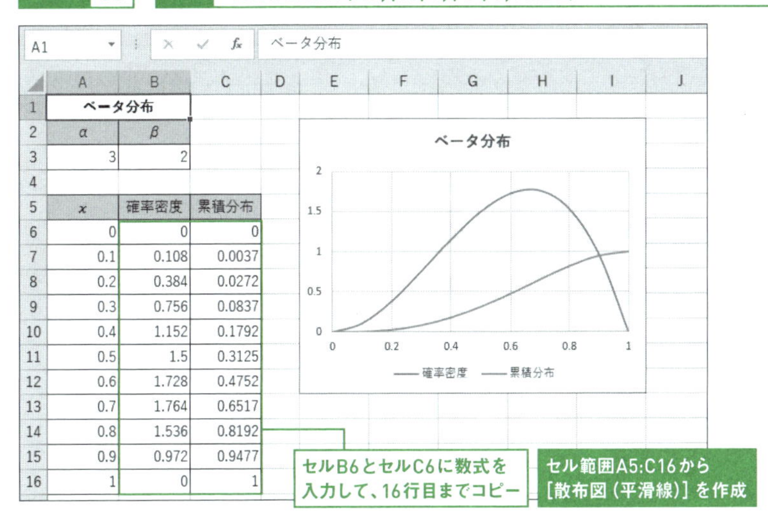

	A	B	C
1	ベータ分布		
2	α	β	
3	3	2	
4			
5	x	確率密度	累積分布
6	0	0	0
7	0.1	0.108	0.0037
8	0.2	0.384	0.0272
9	0.3	0.756	0.0837
10	0.4	1.152	0.1792
11	0.5	1.5	0.3125
12	0.6	1.728	0.4752
13	0.7	1.764	0.6517
14	0.8	1.536	0.8192
15	0.9	0.972	0.9477
16	1	0	1

check!

=BETA.DIST(x, α, β, 関数形式 [, A] [, B])　　**[Excel 2016 / 2013 / 2010]**

x…「A」以上「B」以下の範囲で確率変数を指定
α…パラメータを指定。0以下の数値を指定するとエラー値[#NUM!]が返される
β…パラメータを指定。0以下の数値を指定するとエラー値[#NUM!]が返される
関数形式…TRUEを指定した場合の戻り値は累積分布、FALSEを指定した場合の戻り値は確率密度になる
A…区間の下限を指定。省略した場合は「0」として計算される。Bと同じ値を指定すると、エラー値[#NUM!]が返される
B…区間の上限を指定。省略した場合は「1」として計算される。Aと同じ値を指定すると、エラー値[#NUM!]が返される

ベータ分布の確率密度、または累積分布を返します。指定した「α」「β」「A」「B」で表されるベータ分布の「x」の確率密度や「x」までの確率を求めることができます。

資料作成

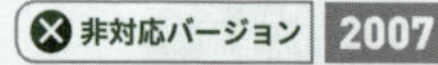

09.075 t分布のグラフを作成する

使用関数 T.DIST（ティー・ディストリビューション）

「t分布」は、小さい標本から母平均の区間推定をするときなどに使用される分布です。Excel 2016 / 2013 / 2010では、T.DIST関数を使用すると、t分布の確率分布と累積分布を計算できます。ここでは自由度を10として、「-3≦x≦3」の範囲の確率分布と累積分布を求め、グラフを描きます。

t分布のグラフを作成する

入力セル B5　入力式 =T.DIST(A5,$B$2,FALSE)

入力セル C5　入力式 =T.DIST(A5,$B$2,TRUE)

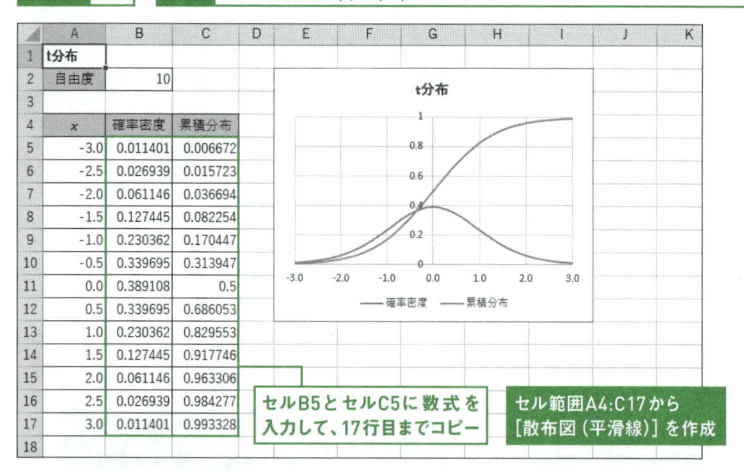

	A	B	C
1	t分布		
2	自由度	10	
3			
4	x	確率密度	累積分布
5	-3.0	0.011401	0.006672
6	-2.5	0.026939	0.015723
7	-2.0	0.061146	0.036694
8	-1.5	0.127445	0.082254
9	-1.0	0.230362	0.170447
10	-0.5	0.339695	0.313947
11	0.0	0.389108	0.5
12	0.5	0.339695	0.686053
13	1.0	0.230362	0.829553
14	1.5	0.127445	0.917746
15	2.0	0.061146	0.963306
16	2.5	0.026939	0.984277
17	3.0	0.011401	0.993328
18			

check!

=T.DIST(x, 自由度, 関数形式)　　**[Excel 2016 / 2013 / 2010]**

x…確率変数を指定

自由度…自由度を1以上の数値で指定

関数形式…TRUEを指定した場合の戻り値は累積分布、FALSEを指定した場合の戻り値は確率密度になる

t分布の確率密度、または累積分布を返します。指定した「自由度」で表されるt分布の「x」の確率密度や「x」までの確率を求めることができます。

memo

▶ Excel 2016 / 2013 / 2010の互換性関数にTDIST関数がありますが、TDIST関数は上側確率と両側確率を求める関数で、T.DIST関数とは機能が異なります。Excel 2016 / 2013 / 2010のT.DIST関数に該当する関数は、旧バージョンにはありません。

数値計算　　❌非対応バージョン 2007

09.076 t分布の上側確率を求める

使用関数　ティー・ディストリビューション・ライトテール **T.DIST.RT**

Excel 2016 / 2013 / 2010では、T.DIST.RT関数を使用すると、t分布の上側確率を計算できます。ここではxが1.5、自由度が10の場合の上側確率を求めてみましょう。

t分布の上側確率を求める

入力セル B4　入力式 =T.DIST.RT(B2,B3)

B4　=T.DIST.RT(B2,B3)

	A	B
1	t分布の片側確率	
2	t値（x）	1.5
3	自由度	10
4	片側確率	0.082254

x=1.5の上側確率

check!

=T.DIST.RT(x, 自由度)　　[Excel 2016 / 2013 / 2010]
　x…確率変数を指定
　自由度…自由度を1以上の数値で指定
指定した「自由度」で表されるt分布の「x」に対する上側確率を返します。

memo

▶xが1.5、自由度が10の場合の下側確率を求めるには、1から上側確率を引いて、「=1−T.DIST.RT(1.5,10)」のようにします。

▶確率分布において、ある値の右の確率を「上側確率」、左の確率を「下側確率」と呼びます。t分布は「x=0」を境に左右対称なので、「x=1.5」の上側確率と「x=−1.5」の下側確率は等しくなります。「x=0」のとき、上側確率は0.5になります。

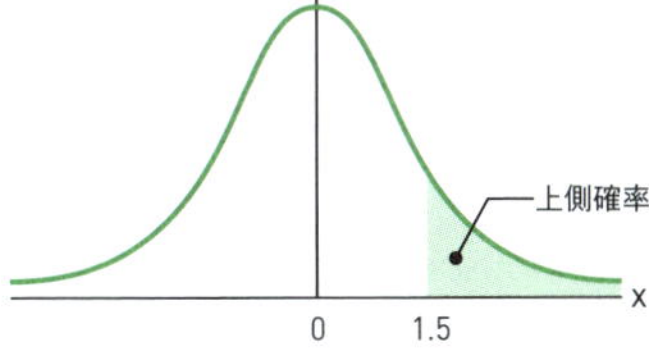

▶自由度とは、「自由に動ける変数の数」です。通常、何らかの条件の下で推定や検定を行いますが、条件が増えるごとにデータが制約され、自由度が減ります。例えば「11個のデータの平均が0」という条件がある場合、最初の10個の値は自由ですが、最後の値は平均を0にするために自ずと決まります。この場合、自由度は10となります。

関連項目
09.075 t分布のグラフを作成する →p.666
09.077 t分布の両側確率を求める →p.668

数値計算

✕ 非対応バージョン 2007

09.077 t分布の両側確率を求める

使用関数 T.DIST.2T（ティー・ディストリビューション・2テール）

Excel 2016 / 2013 / 2010では、T.DIST.2T関数を使用すると、t分布の両側確率を計算できます。ここではxが1.5、自由度が10の場合の両側確率を計算してみましょう。この場合、「x=1.5」の上側確率と「x=-1.5」の下側確率の合計が求められます。

t分布の両側確率を求める

入力セル B4　入力式 =T.DIST.2T(B2,B3)

B4　=T.DIST.2T(B2,B3)

	A	B	C	D	E	F	G
1	t分布の両側確率						
2	t値（x）	1.5					
3	自由度	10					
4	両側確率	0.164507					
5							
6							

x=1.5の両側確率

check!

=T.DIST.2T(x, 自由度)　[Excel 2016 / 2013 / 2010]

x…確率変数を0以上の数値で指定

自由度…自由度を1以上の数値で指定

指定した「自由度」で表されるt分布の「x」に対する両側確率を返します。

memo

▶「x=1.5」の両側確率は、「x=1.5」の上側確率と「x=−1.5」の下側確率の合計値です。「x=0」のとき、両側確率は1になります。

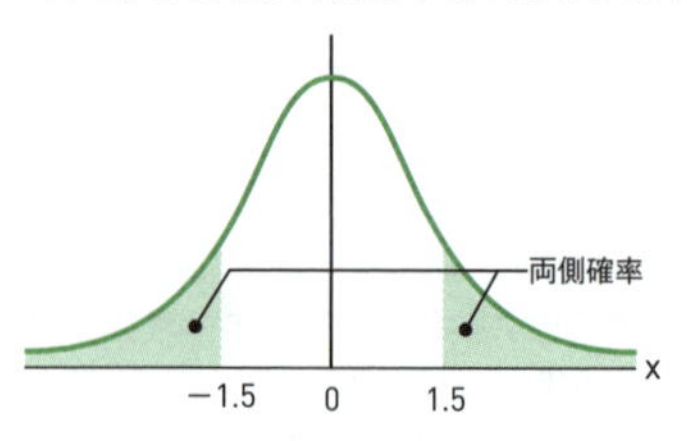

関連項目 09.075 t分布のグラフを作成する →p.666
09.076 t分布の上側確率を求める →p.667

09.078 t分布の上側／両側確率を求める

使用関数 ティー・ディストリビューション **TDIST**

TDIST関数を使用すると、t分布の上側確率、または両側確率を計算できます。ここではxが1.5、自由度が10の場合について計算してみましょう。

t分布の上側確率と両側確率を求める

入力セル B4　入力式 =TDIST(B2,B3,1)

入力セル B5　入力式 =TDIST(B2,B3,2)

B4　=TDIST(B2,B3,1)

	A	B	C	D	E	F	G
1	t分布の片側/両側確率						
2	t値（x）	1.5					
3	自由度	10					
4	片側確率	0.082254					
5	両側確率	0.164507					
6							

x=1.5の上側確率

x=1.5の両側確率

check!

=TDIST(x, 自由度, 尾部)

x…確率変数を0以上の数値で指定
自由度…自由度を1以上の数値で指定
尾部…1を指定した場合の戻り値は上側確率、2を指定した場合の戻り値は両側確率になる

指定した「自由度」で表されるt分布の「x」に対する上側確率、または両側確率を返します。

memo

▶xが1.5、自由度が10の場合の下側確率を求めるには、1から上側確率を引いて、「=1-TDIST(1.5,10,1)」のようにします。

▶上側確率、下側確率、両側確率の説明については、09.076 と 09.077 を参照してください。

▶自由度とは、「自由に動ける変数の数」です。通常、何らかの条件の下で推定や検定を行いますが、条件が増えるごとにデータが制約され、自由度が減ります。例えば「11個のデータの平均が0」という条件がある場合、最初の10個の値は自由ですが、最後の値は平均を0にするために自ずと決まります。この場合、自由度は10となります。

関連項目 09.076 t分布の上側確率を求める →p.667
09.077 t分布の両側確率を求める →p.668

数値計算

09.079 t分布の両側確率からt値を逆算する

使用関数 TINV（ティー・インバース） | T.INV.2T（ティー・インバース・2テール）

TINV関数を使用すると、t分布の両側確率の値から、対応する確率変数x（t値）を逆算できます。ここでは両側確率が0.16、自由度が10の場合についてt値を求めます。

両側確率からt値を逆算する

入力セル B4　入力式 =TINV(B2,B3)

B4 =TINV(B2,B3)

	A	B	C	D	E	F	G
1	t値の逆算						
2	両側確率	0.16					
3	自由度	10					
4	t値（x）	1.517898					
5							

両側確率が0.16にあたるt値

check!

=TINV(確率, 自由度)

=T.INV.2T(確率, 自由度)　[Excel 2016 / 2013 / 2010]

確率…両側確率を指定

自由度…自由度を1以上の数値で指定

指定した「自由度」で表されるt分布の両側確率からt値を返します。

memo

▶Excel 2016 / 2013 / 2010では、TINV関数とT.INV.2T関数のどちらを使用しても、同じ結果が得られます。

=T.INV.2T(B2,B3)

▶TINV関数とT.INV.2T関数の引数には両側確率を指定しますが、戻り値は上側のt値です。

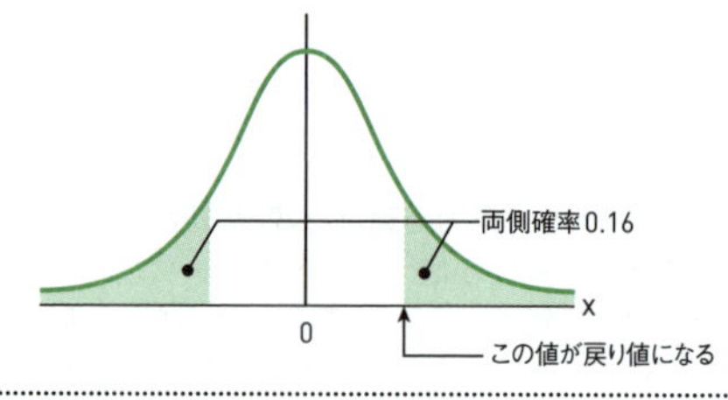

関連項目 09.077 t分布の両側確率を求める →p.668
09.078 t分布の上側／両側確率を求める →p.669

資料作成

09.080 t分布表を作成する

使用関数 TINV（ティー・インバース） | T.INV.2T（ティー・インバース・2テール）

推定や検定では、t分布の両側確率や片側確率の値から、t値が必要になることがあります。t分布表を作成しておくと、すぐにt値を知ることができます。ここではTINV関数を使用して、t分布表を作成します。

t分布表を作成する

入力セル B4　入力式 =TINV(B$3,$A4)

	A	B	C	D	E
1	t 分布表（パーセント点）				
2	α	0.050	0.025	0.010	0.005
3	自由度 2α	0.100	0.050	0.020	0.010
4	1	6.314	12.706	31.821	63.657
5	2	2.920	4.303	6.965	9.925
6	3	2.353	3.182	4.541	5.841
7	4	2.132	2.776	3.747	4.604
8	5	2.015	2.571	3.365	4.032
9	6	1.943	2.447	3.143	3.707
10	7	1.895	2.365	2.998	3.499
11	8	1.860	2.306	2.896	3.355
18	15	1.753	2.131	2.602	2.947
19	16	1.746	2.120	2.583	2.921
20	17	1.740	2.110	2.567	2.898
21	18	1.734	2.101	2.552	2.878
22	19	1.729	2.093	2.539	2.861
23	20	1.725	2.086	2.528	2.845

セルB4に数式を入力して、セルE23までコピー

check!

=TINV(確率, 自由度) → 09.079

=T.INV.2T(確率, 自由度)　[Excel 2016 / 2013 / 2010] → 09.079

memo

▶Excel 2016 / 2013 / 2010では、TINV関数とT.INV.2T関数のどちらを使用しても、同じ結果が得られます。

=T.INV.2T(B$3,$A4)

▶列見出しの1段目の値は片側確率、2段目の値は両側確率です。また、行見出しの値は自由度です。例えば両側確率が0.05、自由度が5のt値は2.571になります。

関連項目 09.079 t分布の両側確率からt値を逆算する →p.670

資料作成

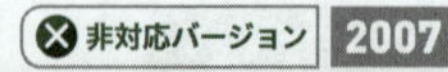

09.081 カイ二乗分布のグラフを作成する

使用関数 CHISQ.DIST（カイ・スクエア・ディストリビューション）

「カイ二乗分布」は、母分散の区間推定をするときなどに使用される分布です。Excel 2016 / 2013 / 2010では、CHISQ.DIST関数を使用すると、カイ二乗分布の確率分布と累積分布を計算できます。ここでは自由度を3として、「0≦x≦8」の範囲の確率分布と累積分布を求め、グラフを描きます。

カイ二乗分布のグラフを作成する

入力セル B5　入力式 =CHISQ.DIST(A5,$B$2,FALSE)

入力セル C5　入力式 =CHISQ.DIST(A5,$B$2,TRUE)

	A	B	C
1	χ^2分布		
2	自由度	3	
3			
4	x	確率密度	累積分布
5	0.0	0	0
6	0.5	0.219696	0.081109
7	1.0	0.241971	0.198748
19	7.0	0.031873	0.928102
20	7.5	0.025694	0.942442
21	8.0	0.020667	0.953988

セルB5とセルC5に数式を入力して、21行目までコピー

セル範囲A4:C21から[散布図（平滑線）]を作成

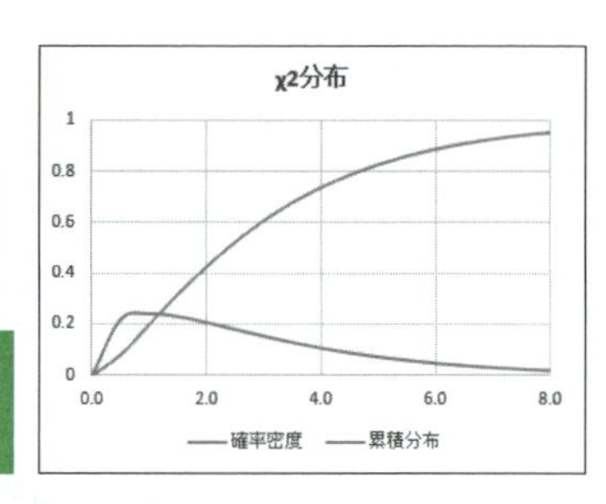

check!

=CHISQ.DIST(x, 自由度, 関数形式)　**[Excel 2016 / 2013 / 2010]**

x…確率変数を指定。負数を指定するとエラー値 [#NUM!] が返される

自由度…自由度を1以上の数値で指定

関数形式…TRUEを指定した場合の戻り値は累積分布、FALSEを指定した場合の戻り値は確率密度になる

カイ二乗分布の確率密度、または累積分布を返します。指定した「自由度」で表されるカイ二乗分布の「x」の確率密度や「x」までの確率を求めることができます。

memo

▶カイ二乗分布の確率密度のグラフは左右非対称で、自由度の値によって形が変わります。自由度が高いほど、山の高さが低く、中心が右に移動します。自由度が1のカイ二乗分布は、「x→0」で発散します。

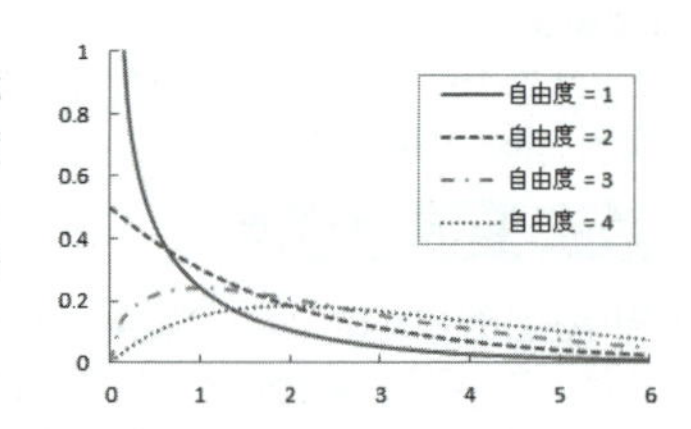

数値計算

09.082 カイ二乗分布の上側／下側確率を求める

使用関数 CHIDIST（カイ・ディストリビューション） | CHISQ.DIST.RT（カイ・スクエア・ディストリビューション・ライトテール）

CHIDIST関数を使用すると、カイ二乗分布の上側確率を計算できます。下側確率は、1から上側確率を引くことで求められます。ここではxが4、自由度が3の場合の上側確率と下側確率を求めてみましょう。

カイ二乗分布の上側確率と下側確率を求める

入力セル B4 入力式 =CHIDIST(B2,B3)

入力セル B5 入力式 =1-CHIDIST(B2,B3)

B4 =CHIDIST(B2,B3)

	A	B	C	D	E	F	G
1	χ^2分布の片側確率						
2	χ^2値（x）	4					
3	自由度	3					
4	上側確率	0.261464					
5	下側確率	0.738536					

x=4の上側確率

x=4の下側確率

check!

=CHIDIST(x, 自由度)

=CHISQ.DIST.RT(x, 自由度)　[Excel 2016 / 2013 / 2010]

x…確率変数を指定。負数を指定するとエラー値 [#NUM!] が返される

自由度…自由度を1以上の数値で指定

指定した「自由度」で表されるカイ二乗分布の「x」に対する上側確率を返します。

memo

▶Excel 2016 / 2013 / 2010では、CHIDIST関数とCHISQ.DIST.RT関数のどちらを使用しても、同じ結果が得られます。

```
=CHISQ.DIST.RT(B2,B3)
=1-CHISQ.DIST.RT(B2,B3)
```

▶確率分布において、ある値の右の確率を「上側確率」、左の確率を「下側確率」と呼びます。

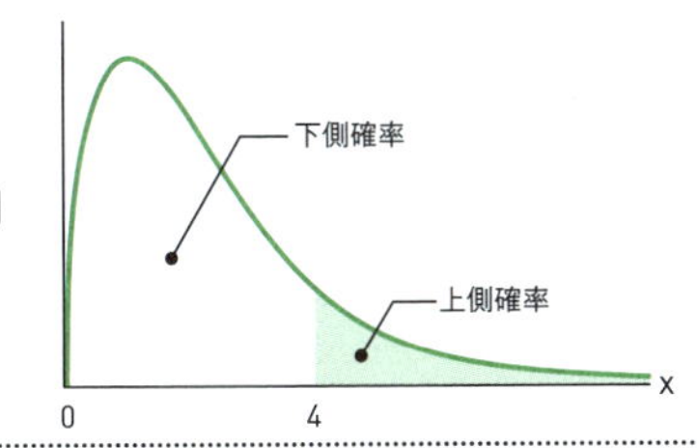

関連項目 09.083 カイ二乗分布の上側確率からカイ二乗値を逆算する →p.674

数値計算

09. 083 カイ二乗分布の上側確率からカイ二乗値を逆算する

使用関数 CHIINV（カイ・インバース） | CHISQ.INV.RT（カイ・スクエア・インバース・ライトテール）

CHIINV関数を使用すると、カイ二乗分布の上側確率の値から、対応する確率変数x（カイ二乗値）を逆算できます。ここでは上側確率が0.26、自由度が3の場合についてカイ二乗値を求めます。

■ 上側確率からカイ二乗値を逆算する

入力セル B4　入力式 =CHIINV(B2,B3)

B4　=CHIINV(B2,B3)

	A	B	C	D	E	F	G
1	χ^2分布の片側確率						
2	上側確率	0.26					
3	自由度	3					
4	χ^2値（x）	4.013594					
5							

上側確率が0.26にあたるカイ二乗値

check!

=CHIINV(確率, 自由度)
=CHISQ.INV.RT(確率, 自由度)　[Excel 2016 / 2013 / 2010]
確率…上側確率を指定
自由度…自由度を1以上の数値で指定
指定した「自由度」で表されるカイ二乗分布の上側「確率」から、カイ二乗値を返します。

memo

▶Excel 2016 / 2013 / 2010では、CHIINV関数とCHISQ.INV.RT関数のどちらを使用しても、同じ結果が得られます。

=CHISQ.INV.RT(B2,B3)

▶下側確率からカイ二乗値を逆算するには、引数「確率」に「1－下側確率」を指定します。Excel 2016 / 2013 / 2010では、CHISQ.INV関数を「=CHISQ.INV(下側確率, 自由度)」のように使用しても、下側確率からカイ二乗値を逆算できます。

関連項目
09.081 カイ二乗分布のグラフを作成する →p.672
09.082 カイ二乗分布の上側／下側確率を求める →p.673

資料作成　非対応バージョン 2007

09.084 f分布のグラフを作成する

使用関数　F.DIST（エフ・ディストリビューション）

「f分布」は、母分散の比の検定をするときなどに使用される分布です。Excel 2016 / 2013 / 2010では、F.DIST関数を使用すると、f分布の確率分布と累積分布を計算できます。ここでは一方の自由度が10、もう一方が8として、「0≦x≦6」の範囲の確率分布と累積分布を求め、グラフを描きます。

f分布のグラフを作成する

入力セル B6　入力式 =F.DIST(A6,$A$3,$B$3,FALSE)

入力セル C6　入力式 =F.DIST(A6,$A$3,$B$3,TRUE)

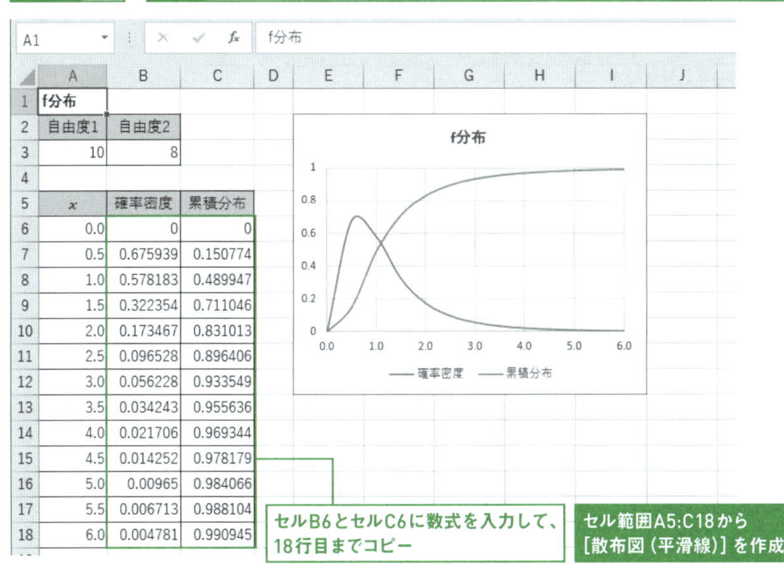

	A	B	C
1	f分布		
2	自由度1	自由度2	
3	10	8	
4			
5	x	確率密度	累積分布
6	0.0	0	0
7	0.5	0.675939	0.150774
8	1.0	0.578183	0.489947
9	1.5	0.322354	0.711046
10	2.0	0.173467	0.831013
11	2.5	0.096528	0.896406
12	3.0	0.056228	0.933549
13	3.5	0.034243	0.955636
14	4.0	0.021706	0.969344
15	4.5	0.014252	0.978179
16	5.0	0.00965	0.984066
17	5.5	0.006713	0.988104
18	6.0	0.004781	0.990945

check!

=F.DIST(x, 自由度1, 自由度2, 関数形式)　　[Excel 2016 / 2013 / 2010]

- x…確率変数を指定。負数を指定するとエラー値[#NUM!]が返される
- 自由度1…自由度（分子側の自由度）を1以上の数値で指定
- 自由度2…自由度（分母側の自由度）を1以上の数値で指定
- 関数形式…TRUEを指定した場合の戻り値は累積分布、FALSEを指定した場合の戻り値は確率密度になる

f分布の確率密度、または累積分布を返します。指定した「自由度1」「自由度2」で表されるf分布の「x」の確率密度や「x」までの確率を求めることができます。

数値計算

09.085 f分布の上側／下側確率を求める

使用関数 FDIST（エフ・ディストリビューション） | F.DIST.RT（エフ・ディストリビューション・ライトテール）

FDIST関数を使用すると、f分布の上側確率を計算できます。下側確率は、1から上側確率を引くことで求められます。ここでは一方の自由度が10、もう一方が8として、xが2のときの上側確率と下側確率を求めてみましょう。

■ f分布の上側確率と下側確率を求める

入力セル B5 入力式 =FDIST(B2,B3,B4)

入力セル B6 入力式 =1-FDIST(B2,B3,B4)

B5 =FDIST(B2,B3,B4)

	A	B	C	D	E	F	G
1	f分布の片側確率						
2	f 値（x）	2					
3	自由度1	10					
4	自由度2	8					
5	上側確率	0.168987					
6	下側確率	0.831013					
7							

x=2の上側確率

x=2の下側確率

check!

=FDIST(x, 自由度1, 自由度2)

=F.DIST.RT(x, 自由度1, 自由度2) **[Excel 2016 / 2013 / 2010]**

x…確率変数を指定。負数を指定するとエラー値［#NUM!］が返される

自由度1…自由度（分子側の自由度）を1以上の数値で指定

自由度2…自由度（分母側の自由度）を1以上の数値で指定

指定した「自由度1」「自由度2」で表されるf分布の「x」に対する上側確率を返します。

memo

▶Excel 2016 / 2013 / 2010では、FDIST関数とF.DIST.RT関数のどちらを使用しても、同じ結果が得られます。

```
=F.DIST.RT(B2,B3,B4)
=1-F.DIST.RT(B2,B3,B4)
```

▶確率分布において、ある値の右の確率を「上側確率」、左の確率を「下側確率」と呼びます。

関連項目 09.084 f分布のグラフを作成する →p.675
09.086 f分布の上側確率からf値を逆算する →p.677

数値計算

09.086

f分布の上側確率からf値を逆算する

使用関数 FINV（エフ・インバース） | F.INV.RT（エフ・スクエア・インバース・ライトテール）

FINV関数、またはF.INV.RT関数を使用すると、f分布の上側確率の値から、対応する確率変数x（f値）を逆算できます。ここでは上側確率が0.17、自由度が10と8の場合についてf値を求めます。

上側確率からf値を逆算する

入力セル B5 入力式 =FINV(B2,B3,B4)

B5 =FINV(B2,B3,B4)

	A	B	C	D	E	F	G
1	f値の逆算						
2	上側確率	0.17					
3	自由度1	10					
4	自由度2	8					
5	f 値（x）	1.99418					
6							

上側確率が0.17にあたるf値

check!

=FINV(確率, 自由度1, 自由度2)
=F.INV.RT(確率, 自由度1, 自由度2) [Excel 2016 / 2013 / 2010]

確率…上側確率を指定
自由度1…自由度（分子側の自由度）を1以上の数値で指定
自由度2…自由度（分母側の自由度）を1以上の数値で指定

指定した「自由度1」「自由度2」で表されるf分布の上側「確率」から、f値を返します。

memo

▶Excel 2016/2013/2010では、FINV関数とF.INV.RT関数のどちらを使用しても、同じ結果が得られます。

=F.INV.RT(B2,B3,B4)

▶下側確率からf値を逆算するには、引数「確率」に「1－下側確率」を指定します。Excel 2016/2013/2010では、F.INV関数を「=F.INV(下側確率, 自由度)」のように使用しても、下側確率からf値を逆算できます。

関連項目 09.084 f分布のグラフを作成する →p.675
09.085 f分布の上側／下側確率を求める →p.676

基礎知識

09.087 区間推定と仮説検定を理解する

◎区間推定

母集団の平均や分散が、ある確率のもとでどのくらいの区間に含まれるかを、確率分布を用いて推定することを「区間推定」と呼びます。例えば母平均の区間推定を行うと、「○%の信頼度で母平均は○以上○以下である」ことが導けます。このとき、「○以上○以下」を信頼区間と呼びます。信頼度は90%、95%、99%がよく使用され、信頼度が高いほど、信頼区間は広くなります。つまり、母平均を当てようとすると区間の絞り込みが甘くなり、反対に絞ろうとすると当たる確率が下がります。

母平均の区間推定（信頼度95%の場合）

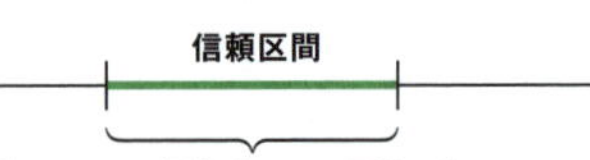

◎仮説検定

出荷基準が20gの製品（母集団）からいくつか標本を取り出して重さを測定したとき、その平均が21.2gだったとします。これを20gとみなせるのかどうか、判断が難しいところです。「仮説検定」を行うと、指定した水準で「製品（母集団）の重さが20gではない」ことを判定できます。この水準のことを、「有意水準」と呼びます。

判定のために、まず、帰無（きむ）仮説と対立仮説の2種類の仮説を立てます。帰無仮説は、一般に「母数は基準値に等しい」という形にします。対立仮説は、検証したい内容に応じて決めます。前述の例では、帰無仮説は「製品の重さは20gに等しい」、対立仮説は「製品の重さは20gに等しくない」になります。判定の対象は、対立仮説のほうです。

◎検定の流れ

まず、判定の境界基準となる有意水準を決めます。一般に5%がよく使用されますが、厳しく判定したい場合は1%とします。

次に、確率分布にしたがって帰無仮説が成立する両側確率Pを計算します。前述の例では、製品が21.2gになる両側確率を求めます。「P≦有意水準」であれば、帰無仮説は棄却、対立仮説は採択となり、「製品の重さは20gとみなせない」と判定されます。「P＞有意水準」である場合は、帰無仮説は棄却されません。ただし、積極的に採択されるというわけでもありません。

P値	結論
P≦有意水準	帰無仮説棄却、対立仮説採択
P＞有意水準	帰無仮説は棄却されない

◎ 両側検定と片側検定

重さが20gに等しいかどうかではなく、重いか軽いかを判定したい場合もあります。そのようなときは、「製品の重さは20gに等しい」という帰無仮説に対して、「20gより重い」または「20gより軽い」という対立仮説を立て、片側確率Pと有意水準を比較します。有意水準が5%の場合、両側検定では両側の棄却域の合計が5%、片側検定では片側だけで5%になります。

両側検定（有意水準5%の場合）

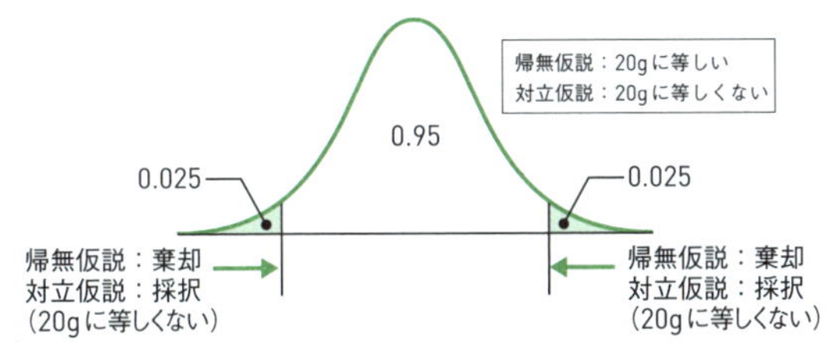

片側検定（有意水準5%の場合）

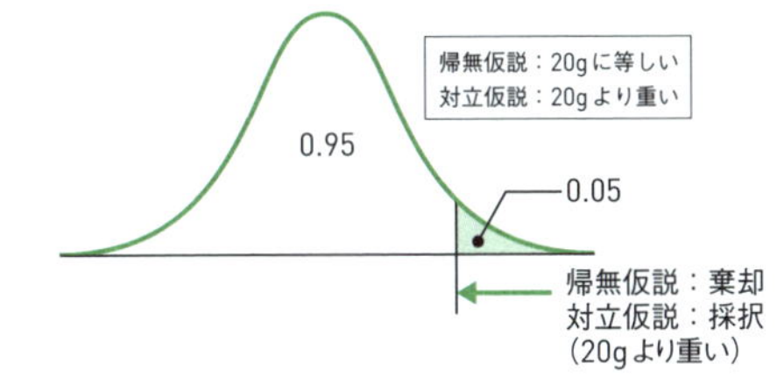

memo

▶一般の統計学では、仮説検定を行うときに、P値ではなくP値に対応する確率変数の値で棄却／採択を決定します。一方Excelの検定用の関数はP値を戻り値とするため、P値と有意水準を比較して判定します。

▶母平均の区間推定や仮説検定にどの確率分布を使用するかは、母集団の確率分布や、母集団の標準偏差がわかっているかどうかなど、条件によって決まります。具体的な条件は統計学の専門書を参照してください。

データ分析

09.088 正規分布に基づいて母平均の信頼区間を求める

使用関数 CONFIDENCE（コンフィデンス） | CONFIDENCE.NORM（コンフィデンス・ノーマル）

標本が大きい場合は、正規分布を使用して母平均を区間推定します。そのための関数が、CONFIDENCE関数です。ここでは、母標準偏差が1.8であることがわかっている母集団から100個の製品を取り出して重さを調べたところ、その平均が20.3gだったとして、信頼度95%で母平均を区間推定します。

■母平均を区間推定する

入力セル B6　入力式 =CONFIDENCE(1-A3,B3,C3)

B6　=CONFIDENCE(1-A3,B3,C3)

	A	B	C	D	E	F
1	品質チェック結果					
2	信頼度	母標準偏差	標本数	平均の重さ		
3	95%	1.8	100	20.3		
4						
5	母平均μの区間推定					
6	幅（1/2）	0.352793517				
7	信頼区間	19.94720648	≦ μ ≦	20.65279352		

信頼区間の幅の半分が求められる

信頼区間の下限は「=D3-B6」で求める

信頼区間の上限は「=D3+B6」で求める

check!

=CONFIDENCE(有意水準, 標準偏差, 標本数)

=CONFIDENCE.NORM(有意水準, 標準偏差, 標本数)　[Excel 2016 / 2013 / 2010]

有意水準…有意水準（信頼度を1から引いた数）を指定。信頼度95%の場合は0.05を指定する

標準偏差…母集団の標準偏差を指定

標本数…標本数を指定

正規分布を使用して、指定した信頼度（「有意水準」を1から引いた数）で、母平均の信頼区間の1/2の値を返します。

memo

▶Excel 2016/2013/2010では、CONFIDENCE関数とCONFIDENCE.NORM関数のどちらを使用しても、同じ結果が得られます。

=CONFIDENCE.NORM(1-A3,B3,C3)

▶セルB6のCONFIDENCE関数の戻り値は信頼区間の1/2の値なので、信頼区間の下限値は「標本の平均-B6」、上限値は「標本の平均+B6」で求めます。

データ分析　非対応バージョン 2007

09.089 t分布に基づいて母平均の信頼区間を求める①

使用関数 CONFIDENCE.T（コンフィデンス・テール）

標本が小さく、かつ母集団が正規分布をなす場合は、t分布を使用して母平均の区間推定を行います。Excel 2016/2013/2010には、そのためのCONFIDENCE.T関数が用意されているので、これを使います。ここでは、母標準偏差が1.8であることがわかっている母集団から10個の製品を取り出して重さを調べたところ、その平均が20.3gだったとして、信頼度95%で母平均を区間推定します。

母平均を区間推定する

入力セル B6　入力式 =CONFIDENCE.T(1-A3,B3,C3)

B6　=CONFIDENCE.T(1-A3,B3,C3)

	A	B	C	D
1	品質チェック結果			
2	信頼度	標準偏差	標本数	平均の重さ
3	95%	1.8	10	20.3
4				
5	母平均μの区間推定			
6	幅（1/2）	1.287642431		
7	信頼区間	19.01235757	≦ μ ≦	21.58764243

信頼区間の幅の半分が求められる

信頼区間の下限は「=D3-B6」で求める

信頼区間の上限は「=D3+B6」で求める

check!

=CONFIDENCE.T(有意水準, 標準偏差, 標本数)　[Excel 2016 / 2013 / 2010]

有意水準…有意水準（信頼度を1から引いた数）を指定。信頼度95%の場合は0.05を指定する

標準偏差…母集団の標準偏差を指定

標本数…標本数を指定

t分布を使用して、指定した信頼度（「有意水準」を1から引いた数）で、母平均の信頼区間の1/2の値を返します。

memo

- セルB6のCONFIDENCE.T関数の戻り値は信頼区間の1/2の値なので、信頼区間の下限値は「標本の平均-B6」、上限値は「標本の平均+B6」で求めます。
- 端数を処理する場合は、下限値は切り捨て、上限値は切り上げして信頼区間を広めに取ります。切り捨てにはROUNDDOWN関数、切り上げにはROUNDUP関数を使用できます。

関連項目 09.088 正規分布に基づいて母平均の信頼区間を求める →p.680
09.090 t分布に基づいて母平均の信頼区間を求める② →p.682

データ分析

09. 090 t分布に基づいて母平均の信頼区間を求める②

使用関数 TINV（ティー・インバース） ／ SQRT（スクエアルート）

Excel 2007には、t分布から母平均の信頼区間を求めるための関数がありませんが、両側確率からt値を逆算するTINV関数を使用すれば計算が可能です。ここでは、母標準偏差が1.8であることがわかっている母集団から10個の製品を取り出して重さを調べたところ、その平均が20.3gだったとして、信頼度95%で母平均を区間推定します。

母平均を区間推定する

入力セル B6　入力式 =TINV(1-A3,C3-1)*B3/SQRT(C3)

B6　=TINV(1-A3,C3-1)*B3/SQRT(C3)

	A	B	C	D	E	F	G
1	品質チェック結果						
2	信頼度	標準偏差	標本数	平均の重さ			
3	95%	1.8	10	20.3			
4							
5	母平均μの区間推定						
6	幅（1/2）	1.287642431					
7	信頼区間	19.01235757	≦ μ ≦	21.58764243			
8							

信頼区間の幅の半分が求められる

信頼区間の下限は「=D3-B6」で求める

信頼区間の上限は「=D3+B6」で求める

check!

=TINV(確率, 自由度) → 09.079

=SQRT(数値) → 03.045

memo

▶標本数をn、標本の平均をX、標準偏差をsとします。t分布を使用して信頼度95%で母平均μの信頼区間を求めるには、自由度が「n−1」のt分布の両側確率が0.05になるt値を、TINV関数で求めます。0.05とは、1から95%を引いた値です。これを下記の公式に当てはめて、区間の下限値と上限値を求めます。

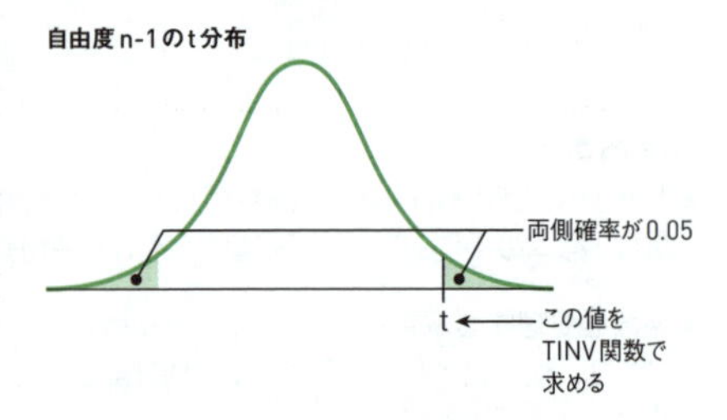

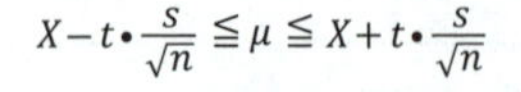

$$X-t\cdot\frac{s}{\sqrt{n}} \leqq \mu \leqq X+t\cdot\frac{s}{\sqrt{n}}$$

データ分析

09.091 カイ二乗分布に基づいて母分散の信頼区間を求める

使用関数 CHIINV（カイ・インバース）

母分散の区間推定にはカイ二乗分布を使用します。区間推定専用の関数はありませんが、上側確率からカイ二乗値を逆算するCHIINV関数を使用すれば、計算が可能です。ここでは、標本数10、不偏分散0.83というデータから、信頼度95％で母分散を区間推定します。

■母分散を区間推定する

入力セル B8　入力式 =(B3-1)*C3/CHIINV(B7,B3-1)

入力セル D8　入力式 =(B3-1)*C3/CHIINV(D7,B3-1)

B8　=(B3-1)*C3/CHIINV(B7,B3-1)

	A	B	C	D	E	F	G	H
1	品質チェック結果							
2	信頼度	標本数	不偏分散					
3	95%	10	0.83					
4								
5	母分散 σ^2 の区間推定							
6		下限		上限				
7	確率	0.025		0.975				
8	信頼区間	0.3926873	≦ σ^2 ≦	2.7662676				

信頼区間の下限値

信頼区間の上限値

check!

=CHIINV(確率, 自由度) → 09.083

memo

▶標本数をn、不偏分散をs^2とします。カイ二乗分布を使用して信頼度95％で母分散σ^2の信頼区間を求めるには、自由度が「n−1」のカイ二乗分布の上側確率が0.975（下側確率が0.025）になるk_1と、上側確率が0.025になるk_2を、CHIINV関数で求めます。こうすれば、両側の確率が0.05（1から95％を引いた値）になります。これを下記の公式に当てはめて、区間の下限値と上限値を求めます。

$$\frac{(n-1)s^2}{k_2} \leqq \sigma^2 \leqq \frac{(n-1)s^2}{k_1}$$

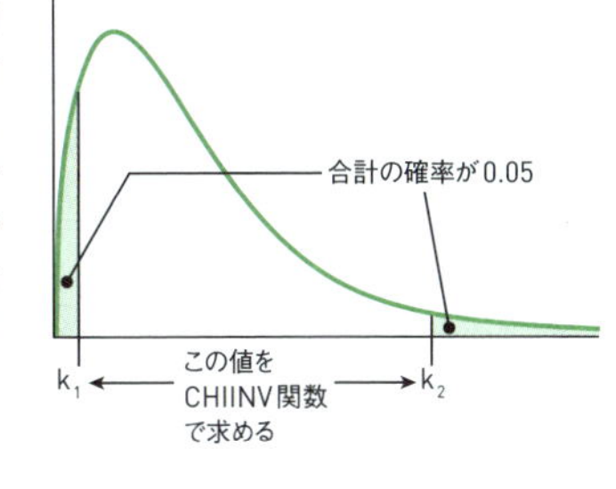

データ分析

09.092 正規分布を使用して母平均の片側検定を行う

使用関数 ZTEST（ゼット・テスト） | Z.TEST（ゼット・テスト）

母集団が正規分布で母標準偏差がわかっている場合など、正規分布を使用して母平均を検定するには、ZTEST関数を使用します。ここでは、過去の経験から平均が58.5、標準偏差が12.3であることがわかっている学力テストをある塾の生徒が受けたときに、塾生の平均が過去の平均より上かどうかを有意水準5%で検定します。その場合、帰無仮説「平均点は58.5に等しい」、対立仮説「平均点は58.5より高い」として、片側検定を行います。

母平均を検定する

入力セル D8　入力式 =ZTEST(B3:B10,D3,D5)

D8　=ZTEST(B3:B10,D3,D5)

	A	B	C	D
1	試験結果（標本）			z検定（片側）
2	NO	得点		基準値
3	1	75		58.5
4	2	42		母標準偏差
5	3	58		12.3
6	4	85		
7	5	60		P値（右片側）
8	6	68		0.030855148
9	7	57		
10	8	88		
11	平均	66.625		

P値が5%以下なので対立仮説が採択され、塾生の学力は基準より高いと判定できる

check!

=ZTEST(配列, 基準値 [, 標準偏差])
=Z.TEST(配列, 基準値 [, 標準偏差])　[Excel 2016 / 2013 / 2010]

配列…標本のセル範囲を指定
基準値…検定の対象となる数値を指定
標準偏差…母集団の標準偏差を指定。省略した場合は、標本から母標準偏差が推定される

正規分布を使用して、「配列」で指定した標本から母平均を検定し、「基準値」に対応する上側確率を返します。

memo

▶Excel 2016 / 2013 / 2010では、ZTEST関数とZ.TEST関数のどちらを使用しても、同じ結果が得られます。

=Z.TEST(B3:B10,D3,D5)

▶ZTEST関数は上側確率を返すので、対立仮説が「基準値より小さい」の場合は、「1−ZTEST関数の戻り値」を5%と比較し、5%以下であれば対立仮説を採択します。

データ分析

09.093 正規分布を使用して母平均の両側検定を行う

使用関数 ZTEST | Z.TEST ／ MIN

ZTEST関数の戻り値のP値は上側確率ですが、「=MIN(P値, 1-P値)*2」で両側確率が求められます。ここでは、ある食品に含まれる成分を平均8.0g、標準偏差0.6gで管理している場合について、母平均を有意水準5%で検定します。成分は多くても少なくてもいけないので、帰無仮説「平均は8.0gに等しい」、対立仮説「平均は8.0gに等しくない」の両側検定になります。

■ 母平均を検定する

入力セル D8　入力式 =ZTEST(B3:B10,D3,D5)

入力セル D10　入力式 =MIN(D8,1-D8)*2

D10　=MIN(D8,1-D8)*2

	A	B	C	D
1	検査結果（標本）			z検定（両側）
2	NO	重さ		基準値
3	1	8.0		8.0
4	2	7.7		母標準偏差
5	3	7.8		0.6
6	4	8.5		
7	5	7.2		P値（片側）
8	6	8.4		0.681324056
9	7	8.1		P値（両側）
10	8	7.5		0.637351888
11	平均	7.9		

P値が5%より大きいので帰無仮説は棄却されず、製品の品質に問題は認められない

check!

=ZTEST(配列, 基準値 [, 標準偏差]) → 09.092

=Z.TEST(配列, 基準値 [, 標準偏差]) [Excel 2016 / 2013 / 2010] → 09.092

=MIN (数値1 [, 数値2] ……) → 02.064

memo

▶Excel 2016/2013/2010では、セルD8に入力したZTEST関数の代わりにZ.TEST関数を使用しても、同じ結果が得られます。

=Z.TEST(B3:B10,D3,D5)

▶ZTEST関数の戻り値は0.5以上になることもあるので、単純に片側確率を2倍しても両側確率になりません。ここで行ったように、MIN関数を使用して両側確率を求めてください。

データ分析

09.094 t検定で母平均の検定を行う

使用関数 TDIST（ティー・ディストリビューション）／SQRT（スクエアルート）／ABS（アブソリュート）

t分布を使用した検定を行うには、まず「検定統計量」を求めます。次にその値に対応する両側確率をTDIST関数で求め、有意水準と比較します。ここではエアコンの設定温度を25度に合わせたときの室温を測定し、有意水準5%で両側検定します。帰無仮説「室温は25度に等しい」、対立仮説「室温は25度に等しくない」です。

■母平均を検定する

入力セル D6　入力式 =(B10-D3)/(B11/SQRT(B12))

入力セル D9　入力式 =TDIST(ABS(D6),B13,2)

	A	B	C	D	E	F	G	H
1	機能検査（標本）			t検定（両側）				
2	NO	室温		基準値				
3	1	23.4		25.0				
4	2	25.3						
5	3	24.7		検定統計量				
6	4	24.9		-0.32641734				
7	5	26.4						
8	6	24.3		P値（両側）				
9	7	25.2		0.755194052				
10	平均	24.885714						
11	不偏標準偏差	0.9263343						
12	データ数	7						
13	自由度	6						

標本のデータから、平均、不偏標準偏差、データ数、自由度を求めておく

P値が5%より大きいので帰無仮説は棄却されず、エアコンの機能に問題は認められない

check!

=TDIST(x, 自由度, 尾部) → 09.078
=SQRT(数値) → 03.045
=ABS(数値) → 03.038

memo

▶セルD6の検定統計量は、右の式にしたがって求めました。また、セルD9の値は、この値を確率変数として求めたt分布の両側確率です。その際、ABS関数で絶対値に変換したのは、TDIST関数の引数「x」に負の値を指定できないためです。t分布は「x=0」を境に左右対称なので、「x=t」と「x=−t」では同じ両側確率になります。

$$\text{検定統計量}t = \frac{\text{標本平均} - \text{基準値}}{\dfrac{\text{不偏標準偏差}}{\sqrt{\text{標本のデータ数}}}}$$

データ分析

09.095 f検定で分散に違いがあるかを検定する

使用関数 FTEST | F.TEST

2つの標本の母分散が等しいかどうかを検定するには、FTEST関数を使用します。ここでは、2つの高校の学生のテスト結果の分散を有意水準5%で検定します。帰無仮説「分散は等しい」、対立仮説「分散は等しくない」として、両側検定を行います。

分散の違いを検定する

入力セル E3　入力式 =FTEST(B3:B10,C3:C10)

E3 =FTEST(B3:B10,C3:C10)

	A	B	C	D	E
1	成績調査結果（標本）				f検定
2	NO	A高校	B高校		P値
3	1	58	80		0.024741353
4	2	62	74		
5	3	37	75		
6	4	89	80		
7	5	100	73		
8	6	55	69		
9	7	41	97		
10	8	72	83		
11	平均	64.25	78.875		
12	分散	480.5	74.125		

P値が5%以下なので対立仮説が採択され、A高校とB高校に成績のばらつきの差が認められる

check!

=FTEST(配列1, 配列2)
=F.TEST(配列1, 配列2)　[Excel 2016 / 2013 / 2010]

配列1…一方の標本のセル範囲を指定
配列2…もう一方の標本のセル範囲を指定

f検定を行います。f分布を使用して、2つの「配列」で指定した標本の母分散の分散比を検定し、両側確率を返します。

memo

▶Excel 2016/2013/2010では、FTEST関数とF.TEST関数のどちらを使用しても、同じ結果が得られます。

=F.TEST(B3:B10,C3:C10)

関連項目 09.087 区間推定と仮説検定を理解する →p.678

データ分析

09.096 t検定で対応のあるデータの平均値の差を検定する

使用関数 TTEST(ティー・テスト) | T.TEST(ティー・テスト)

同じ人の試験の得点など、対応のある2つの標本の平均値の差を検定するには、TTEST関数を使用します。ここでは、昼食の前後で暗算テストの結果に差が出るのかどうかを有意水準5%で検定します。その場合、帰無仮説「得点は同じである」、対立仮説「得点は異なる」として、両側検定を行います。サンプルでは、平均点を比べると昼食後に暗算力が落ちているように見えますが、検定の結果、この差に意味があるとは言えないという結論に達します。

平均の差を検定する

入力セル E3　入力式 =TTEST(B3:B10,C3:C10,2,1)

	A	B	C	D	E
1	暗算テスト得点（標本）				t検定（両側）
2	NO	昼食前	昼食後		P値（両側）
3	1	90	85		0.316927597
4	2	65	70		
5	3	80	75		
6	4	100	100		
7	5	95	80		
8	6	70	65		
9	7	50	60		
10	8	80	71		
11	平均	78.75	75.75		

P値が5%より大きいので帰無仮説は棄却されず、昼食の前後で暗算力に差は認められない

得点の平均値は昼食後のほうが低い

check!

=TTEST(配列1, 配列2, 尾部, 検定の種類)

=T.TEST(配列1, 配列2, 尾部, 検定の種類)　[Excel 2016 / 2013 / 2010]

配列1…一方の標本のセル範囲を指定

配列2…もう一方の標本のセル範囲を指定

尾部…1を指定した場合の戻り値は片側確率、2を指定した場合の戻り値は両側確率になる

検定の種類…t検定の種類を次表の値で指定

検定の種類	働き
1	対をなすデータのt検定
2	等分散の2標本を対象とするt検定
3	非等分散の2標本を対象とするt検定

t検定を行います。t分布を使用して、2つの「配列」で指定した標本から母平均の差を検定し、片側確率、または両側確率を返します。

memo

▶Excel 2016 / 2013 / 2010では、TTEST関数とT.TEST関数のどちらを使用しても、同じ結果が得られます。

=T.TEST(B3:B10,C3:C10,2,1)

データ分析

09.097 t検定で対応のあるデータの平均値の差を片側検定する

使用関数 TTEST（ティー・テスト） | T.TEST（ティー・テスト）

あるダイエット飲料の効果を調べるために1カ月間試飲を続け、試飲の前後の体重を、TTEST関数を使用して有意水準5%で検定します。この場合、帰無仮説「体重は同じである」、対立仮説「体重は減る」として、片側検定を行います。

平均の差を検定する

入力セル E3　入力式 =TTEST(B3:B10,C3:C10,1,1)

E3　=TTEST(B3:B10,C3:C10,1,1)

	A	B	C	D	E
1	体重測定結果（標本）				t検定（片側）
2	NO	試飲前	試飲後		P値（片側）
3	1	52.7	51.5		0.034550568
4	2	48.6	49.6		
5	3	60.7	52.3		
6	4	82.6	70.5		
7	5	54.2	54.1		
8	6	54.3	50.3		
9	7	60.5	59.7		
10	8	53.2	51.2		
11	平均	58.4	54.9		

P値が5%以下なので対立仮説が採択され、ダイエット飲料の効果が認められる

体重の平均値は試飲後のほうが低い

check!

=TTEST(配列1, 配列2, 尾部, 検定の種類) → 09.096

=T.TEST(配列1, 配列2, 尾部, 検定の種類)　[Excel 2016 / 2013 / 2010] → 09.096

memo

▶Excel 2016/2013/2010では、TTEST関数とT.TEST関数のどちらを使用しても、同じ結果が得られます。

=T.TEST(B3:B10,C3:C10,1,1)

▶配列1と配列2の指定を逆にしても、TTEST関数の戻り値は変わりません。帰無仮説の「配列1と配列2が等しい」を棄却できた場合に、配列1と配列2のどちらが大きいかは、平均値を比較して判断します。

関連項目 09.087 区間推定と仮説検定を理解する →p.678
09.096 t検定で対応のあるデータの平均値の差を検定する →p.688

データ分析

09.098 t検定で母分散が等しい場合の平均値の差を検定する

使用関数 TTEST（ティー・テスト） | T.TEST（ティー・テスト）

TTEST関数では、引数「検定の種類」で「2」を指定すると、分散の等しい2つの標本の平均値の差を検定できます。分散が等しいかどうかは、あらかじめFTEST関数で調べておきます。ここでは、製造工程の変更の前後で、製品に含まれる糖度が変化していないかどうかを検定します。帰無仮説は「糖度は同じ」、対立仮説は「糖度に差がある」として、両側検定を行います。

■ 平均の差を検定する

入力セル E7　入力式 =TTEST(B3:B10,C3:C10,2,2)

E7　=TTEST(B3:B10,C3:C10,2,2)

	A	B	C	D	E
1	糖度測定結果（標本）				f検定
2	NO	旧工程	新工程		P値
3	1	7.4	7.6		0.629820488
4	2	7.6	6.7		
5	3	6.4	7.4		t検定（両側）
6	4	6.8	7.3		P値（両側）
7	5	7.9	7.7		0.618172954
8	6	6.5	7.1		
9	7	7.1	7.3		
10	8	6.8	6.4		
11	平均	7.0625	7.1875		
12	分散	0.285536	0.195536		

分散が等しいことを調べておく

P値が5%より大きいので帰無仮説は棄却されず、製造工程の変更による品質の変化は認められない

check!

=TTEST(配列1, 配列2, 尾部, 検定の種類) → 09.096
=T.TEST(配列1, 配列2, 尾部, 検定の種類)　[Excel 2016 / 2013 / 2010] → 09.096

memo

▶Excel 2016 / 2013 / 2010では、TTEST関数とT.TEST関数のどちらを使用しても、同じ結果が得られます。

=T.TEST(B3:B10,C3:C10,2,2)

▶サンプルのセルE3ではFTEST関数を使用して、旧工程と新工程の分散の差を検定しています。

=FTEST(B3:B10,C3:C10)

データ分析

09.099 t検定で母分散が等しくない場合の平均値の差を検定する

使用関数 TTEST（ティー・テスト） | T.TEST（ティー・テスト）

TTEST関数では、引数「検定の種類」で「3」を指定すると、分散が等しくない2つの標本の平均値の差を検定できます。この検定を、一般にウェルチの検定と呼びます。分散が等しくないことは、あらかじめFTEST関数で調べておきます。ここでは、新人販売員とベテラン販売員の売上に差があるかどうかを検定します。帰無仮説は「売上は同じ」、対立仮説は「売上に差がある」として、両側検定を行います。

平均の差を検定する

入力セル E7　入力式 =TTEST(B3:B8,C3:C10,2,3)

E7　=TTEST(B3:B8,C3:C10,2,3)

	A	B	C	D	E
1	売上調査結果（標本）				f検定
2	NO	新人	ベテラン		P値
3	1	1,103	1,789		0.036048446
4	2	567	3,527		
5	3	1,269	1,903		t検定（両側）
6	4	789	2,697		P値（両側）
7	5	1,065	1,258		0.001086147
8	6	883	2,674		
9	7		2,044		
10	8		1,840		
11	平均	946	2,217		
12	分散	63,080	504,124		

分散が等しくないことを調べておく

P値が5%以下なので対立仮説が採択され、ベテラン販売員は新人より販売力があると認められる

check!

=TTEST(配列1, 配列2, 尾部, 検定の種類) → 09.096
=T.TEST(配列1, 配列2, 尾部, 検定の種類)　[Excel 2016 / 2013 / 2010] → 09.096

memo

▶ Excel 2016/2013/2010では、TTEST関数とT.TEST関数のどちらを使用しても、同じ結果が得られます。

=T.TEST(B3:B8,C3:C10,2,3)

▶ サンプルのセルE3ではFTEST関数を使用して、新人販売員とベテラン販売員の分散の差を検定しています。

=FTEST(B3:B8, C3:C10)

データ分析

09.100 カイ二乗検定で適合性の検定を行う

使用関数 CHITEST（カイ・テスト） | CHISQ.TEST（カイ・スクエア・テスト）

CHITEST関数を使用すると、2つのセル範囲のデータの適合度を検定できます。ここでは、サイコロを300回振って出た目の数の実測値を期待値と比較します。サイコロが正確な立方体であれば、それぞれの目が50回ずつ出ると期待できます。帰無仮説は「適合している」、対立仮説は「適合していない」です。CHITEST関数の戻り値が有意水準5%以下なら、実測値は期待値と適合していないことになります。

適合性を検定する

入力セル E3　入力式 =CHITEST(B3:B8,C3:C8)

E3　=CHISQ.TEST(B3:B8,C3:C8)

	A	B	C	D	E
1	サイコロの品質チェック				χ^2検定
2	目	出た回数	期待度数		P値
3	1	45	50		0.86548769
4	2	56	50		
5	3	52	50		
6	4	48	50		
7	5	53	50		
8	6	46	50		
9	合計	300	300		

P値が5%より大きいので帰無仮説は棄却されず、サイコロの品質に問題は認められない

check!

=CHITEST(実測値範囲, 期待値範囲)
=CHISQ.TEST(実測値範囲, 期待値範囲)　[Excel 2016 / 2013 / 2010]

実測値範囲…実測値のセル範囲を指定
期待値範囲…期待値のセル範囲を指定

カイ二乗検定を行います。カイ二乗分布を使用して、「実測値範囲」と「期待値範囲」の分布を検定し、上側確率を返します。

memo

▶Excel 2016/2013/2010では、CHITEST関数とCHISQ.TEST関数のどちらを使用しても、同じ結果が得られます。

=CHISQ.TEST(B3:B8,C3:C8)

▶CHITEST関数では、実測値範囲と期待値範囲の2つの分布が一致していれば、戻り値の上側確率は1になります。反対に、2つの分布が異なれば、戻り値の上側確率は0に近づきます。サンプルの場合、上側確率が「0.865」と有意水準より大きく、実測値と期待値はよく適合していると言えます。

数式の基本 表の集計 数値処理 日付と時刻 文字列操作 条件判定 表の検索と操作 数学計算 統計計算 財務計算 関数一覧

データ分析

09.101 カイ二乗検定で独立性の検定を行う

CHITEST（カイ・テスト） | CHISQ.TEST（カイ・スクエア・テスト）

CHITEST関数では、クロス集計表の行項目と列項目に関連性があるかどうかを調べることもできます。ここでは、文系／理系のコースと数学の成績の関連性について検定します。検定の流れは、「実測値のクロス集計表の作成」「期待度数表の作成」「検定」となります。期待度数表には、2項目に関連性がないことを仮定した場合の期待値（理論値のこと）を入力しておきます。帰無仮説は「コースと数学の成績に関連性がない」、対立仮説は「コースと数学の成績に関連性がある」です。このような検定を「独立性の検定」と呼びます。

独立性を検定する

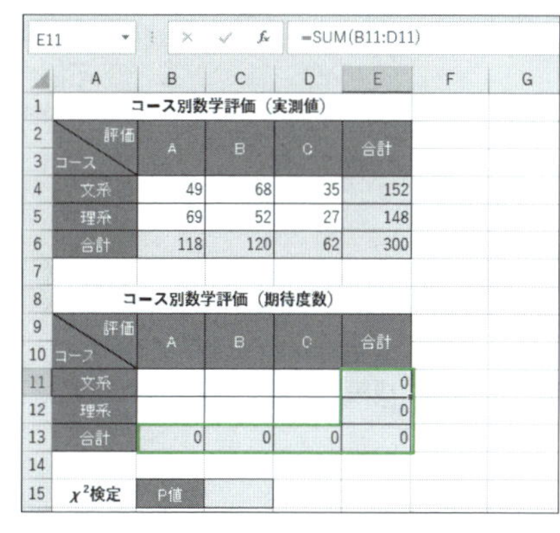

E11 =SUM(B11:D11)

	A	B	C	D	E	F	G
1	コース別数学評価（実測値）						
2	評価	A	B	C	合計		
3	コース						
4	文系	49	68	35	152		
5	理系	69	52	27	148		
6	合計	118	120	62	300		
7							
8	コース別数学評価（期待度数）						
9	評価	A	B	C	合計		
10	コース						
11	文系				0		
12	理系				0		
13	合計	0	0	0	0		
14							
15	χ^2検定	P値					

❶コースと成績のクロス集計表を作成して、人数を入力する。さらに同じ体裁の期待度数表を作成し、合計欄にSUM関数を入力してコピーしておく。

入力セル E11
入力式 =SUM(B11:D11)
入力セル B13
入力式 =SUM(B11:B12)

B11 =$E4*B$6/$E$6

	A	B	C	D	E	F	G
1	コース別数学評価（実測値）						
2	評価	A	B	C	合計		
3	コース						
4	文系	49	68	35	152		
5	理系	69	52	27	148		
6	合計	118	120	62	300		
7							
8	コース別数学評価（期待度数）						
9	評価	A	B	C	合計		
10	コース						
11	文系	59.7867	60.8	31.4133	152		
12	理系	58.2133	59.2	30.5867	148		
13	合計	118	120	62	300		
14							
15	χ^2検定	P値					

❷「コースと数学の成績に関連性がない」と仮定したときの期待値を求める。文系と理系の比率は152:148なので、数学の各評価がこの割合になるように比例計算して、数学の成績を無視した期待度数表を作る。それにはセルB11に数式を入力して、セルD12までコピーする。

入力セル B11
入力式 =$E4*B$6/$E$6

C15 =CHITEST(B4:D5,B11:D12)

	A	B	C	D	E
1	コース別数学評価（実測値）				
2–3	評価 / コース	A	B	C	合計
4	文系	49	68	35	152
5	理系	69	52	27	148
6	合計	118	120	62	300
7					
8	コース別数学評価（期待度数）				
9–10	評価 / コース	A	B	C	合計
11	文系	59.7867	60.8	31.4133	152
12	理系	58.2133	59.2	30.5867	148
13	合計	118	120	62	300
14					
15	χ^2検定	P値	0.03871		
16					

3 CHITEST関数を使用して確率を求める。「0.038…」と、有意水準の5%より小さいので、対立仮説「コースと数学の成績に関連性がある」が採択される。

入力セル C15

入力式 =CHITEST(B4:D5,B11:D12)

check!

=CHITEST(実測値範囲, 期待値範囲) → 09.100

=CHISQ.TEST(実測値範囲, 期待値範囲) [Excel 2016 / 2013 / 2010] → 09.100

memo

▶Excel 2016/2013/2010では、手順3のCHITEST関数の代わりにCHISQ.TEST関数を使用しても、同じ結果が得られます。

=CHISQ.TEST(B4:D5,B11:D12)

▶CHITEST関数の戻り値が有意水準以下なら、実測値は期待値と適合していないことになります。今回、期待値は「コースと数学の成績に関連性がない」と仮定した値が入力されています。したがって、実測値は「コースと数学の成績に関連性がない」とした期待値と適合していないことになり、結論として、コースと数学の成績に関連性が認められます。

関連項目 09.100 カイ二乗検定で適合性の検定を行う →p.692

第10章

財務計算

基礎知識

10.001 財務関数の基礎を理解する

◎ローン計算と積立計算

財務関数の中で最も身近なのは、NPER、PMT、PV、FVの4つでしょう。これらは一定の利率で定期的に定額の返済を行うタイプのローン計算、および一定の利率で定期的に定額の積立を行うタイプの預金計算に使用できます。

これら4つの関数は、「利率」「期間」「定期支払額」「現在価値」「将来価値」「支払期日」という6種類の共通の引数を使用します。各関数で実際に指定する引数はそのうちの5種類で、例えば「期間」を求めるNPER関数の場合、「期間」以外の5種類が引数となります。

▼関数の書式

求める値	使用する関数と書式
期間	=NPER(利率, 定期支払額, 現在価値 [, 将来価値] [, 支払期日])
定期支払額	=PMT(利率, 期間, 現在価値 [, 将来価値] [, 支払期日])
現在価値	=PV(利率, 期間, 定期支払額 [, 将来価値] [, 支払期日])
将来価値	=FV(利率, 期間, 定期支払額 [, 現在価値] [, 支払期日])

▼共通の引数

引数	内容
利率	ローンや積立の利率(借入金/預入金等の金額に対する利息の割合)。年払いの場合は年利、月払いの場合は月利(年利÷12)を指定する
期間	ローンや積立の支払回数。年払いの場合は年数、月払いの場合は月数(年数×12)を指定する
定期支払額	ローンや積立の毎回の支払額。年払いの場合は年額、月払いの場合は月額を指定する
現在価値	ローンや積立の現在の価値。ローンの場合は借入金、積立の場合は頭金を指定する
将来価値	最後の支払いのあとに残る金額。ローンの場合は返済後の残高、積立の場合は満期金を指定する
支払期日	支払いの期日を期末払いのときに0、期首払いのときに1で指定。省略すると0が指定されたものとみなされる

◎利率と期間の指定

引数を指定するとき、「利率」と「期間」は時間的な単位を一致させる必要があります。例えば、年利12%、期間5年とすると、年払い、半年払い、月払いのそれぞれの指定方法は次のようになります。

支払方法	利率	期間
年払い	12%	5
半年払い	6% (12%÷2)	10 (5年×2)
月払い	1% (12%÷12)	60 (5年×12)

定期支払額、現在価値、将来価値の指定

一般に財務計算では、支払う金額を負数、受け取る金額を正数で指定します。ローンと積立の場合で「定期支払額」、「現在価値」、「将来価値」の指定方法は次のようになります。

引数	ローン	積立
定期支払額	返済額を負数で指定する	積立額を負数で指定する
現在価値	借入金を正数で指定する	頭金を負数で指定する 頭金がない場合は「0」を指定する
将来価値	借入残高を負数で指定する 完済の場合は「0」を指定する	満期金を正数で指定する

支払期日の指定

「支払期日」とは、支払いがいつ行われるかを指定するものです。期の始めに支払うことを「期首払い」、期の終わりに支払うことを「期末払い」といいます。一般にローンの返済は期末払い、積立の払込は期首払いになります。

戻り値

PMT関数、PV関数、FV関数の戻り値には、自動で小数点以下の桁数が0の「通貨」の表示形式が設定されます。そのため、戻り値が整数のように見えても、小数点以下の数値が含まれている場合があります。必要に応じて端数処理の関数を使用して処理してください。

元利均等返済と元金均等返済

ローンの返済方法には、「元利均等返済」と「元金均等返済」があります。元利均等返済は、毎回の返済額（元金と利息の合計）を一定とする返済方法です。一方、元金均等返済は、毎回の元金の返済額を一定とします。どちらの返済方法を利用するかによって、Excelで使用する関数が異なるので注意してください。上記で紹介したNPER、PMT、PV、FV関数をはじめとして、ほとんどの関数は元利均等方式に基づいた計算を行います。本書で扱う財務関数で、元金均等方式に基づく関数は10.020で紹介するISPMT関数のみです。

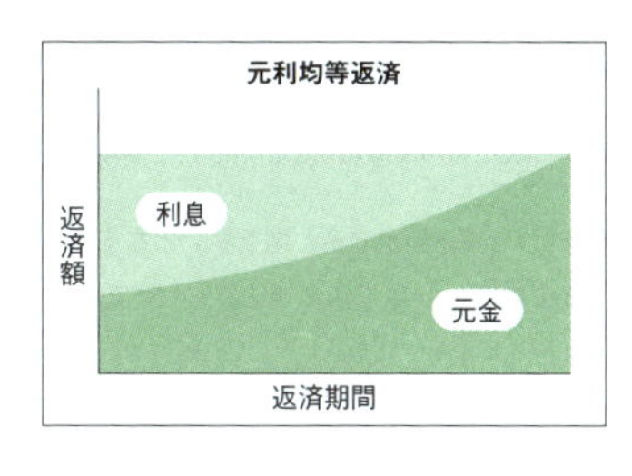

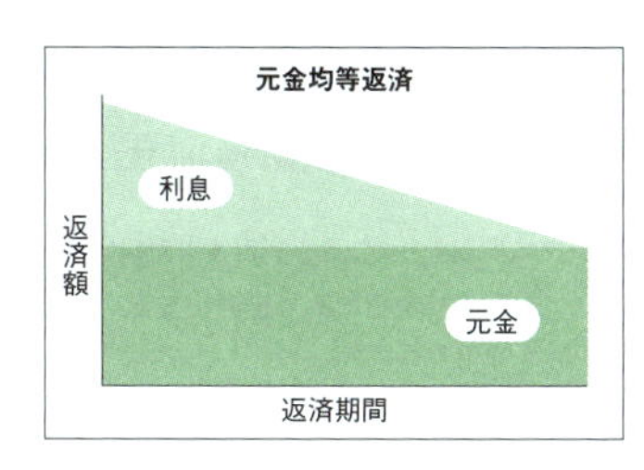

実務計算

10.002 ローンの返済期間を求める

使用関数 NPER（ナンバー・オブ・ピリオド）

NPER関数を使用して、ローンの支払回数を求めましょう。ここでは年利3%、返済月額3万円のローンで、何回支払いを行えば、100万円を完済できるかを求めます。時間の単位を揃えるため、年利は12で割って月利にします。返済月額は支払額なので負数で、借入金額は受取額なので正数で指定します。将来価値の「0」と支払期日の「期末」の指定は省略できます。サンプルの結果は34.848カ月なので、年で表すと2.9年（34.848÷12）となります。

■ 返済月額3万円、借入金額100万円のローンの支払回数を求める

入力セル B5　入力式 =NPER(B2/12,B3,B4)

B5　=NPER(B2/12,B3,B4)

	A	B	C	D	E
1	マイカーローン	返済期間計算			
2	年利	3.00%			
3	返済月額	¥-30,000			
4	借入金額	¥1,000,000			
5	返済期間（回）	34.84803838			
6					
7					
8					

返済月額を負数で入力しておく

返済回数が求められた

check!

=NPER(利率, 定期支払額, 現在価値 [, 将来価値] [, 支払期日])

利率…利率を指定。年払いの場合は年利、月払いの場合は月利（年利÷12）となる
定期支払額…毎回の支払額を指定。年払いの場合は年額、月払いの場合は月額となる
現在価値…ローンの場合は借入金、積立の場合は頭金を指定
将来価値…ローンの場合は返済後の残高、積立の場合は満期金を指定。省略すると0を指定したとみなされる
支払期日…支払期日を指定。0を指定するか指定を省略すると期末払い、1を指定すると期首払いとなる

ローンや積立において一定の利率で定額の支払いを定期的に行う場合の支払回数を求めます。元利均等方式に基づいて計算が行われます。

関連項目 10.001 財務関数の基礎を理解する →p.696

実務計算

10.003 ローンの毎月の返済額を求める

使用関数 PMT（ペイメント）

PMT関数を使用して、ローンの毎月の返済額を求めましょう。ここでは年利3%、期間3年のローンで、いくらずつ返済を行えば、100万円を完済できるかを求めます。時間の単位を揃えるため、年利は12で割って月利に、期間は12を掛けて月数にします。借入金額は受取額なので正数で指定します。将来価値の「0」と支払期日の「期末」の指定は省略できます。結果は支払額なので負数で求められます。

■期間3年、借入金額100万円のローンの毎月の返済額を求める

入力セル B5　入力式 =PMT(B2/12,B3*12,B4)

B5　=PMT(B2/12,B3*12,B4)

	A	B	C	D
1	マイカーローン	返済金計算		
2	年利	3.00%		
3	返済期間（年）	3		
4	借入金額	¥1,000,000		
5	返済月額	¥-29,081		
6				
7				
8				

返済額が求められた

check!

=PMT(利率, 期間, 現在価値 [, 将来価値] [, 支払期日])

利率…利率を指定。年払いの場合は年利、月払いの場合は月利（年利÷12）となる
期間…支払い回数を指定。年払いの場合は年数、月払いの場合は月数となる
現在価値…ローンの場合は借入金、積立の場合は頭金を指定
将来価値…ローンの場合は返済後の残高、積立の場合は満期金を指定。省略すると0を指定したとみなされる
支払期日…支払期日を指定。0を指定するか指定を省略すると期末払い、1を指定すると期首払いとなる

ローンや積立において一定の利率で定額の支払いを定期的に行う場合の定期支払額を求めます。元利均等方式に基づいて計算が行われます。

10.001 財務関数の基礎を理解する →p.696
10.005 月払いとボーナス払いを併用した場合の毎回の返済額を求める →p.701

実務計算

10.004 分割回数によって返済額がどう変わるかを試算する

使用関数 PMT(ペイメント)

年利3%、借入金100万円のローンにおいて、分割回数によって毎月の返済額がどのように変わるのかをシミュレーションしましょう。返済額を求めるので、PMT関数を使用します。PMT関数をローン計算に使用するときの使い方は、10.003 を参照してください。

■ 分割回数によって返済額がどう変わるかを調べる

入力セル C3　入力式 =PMT($A$3/12,B3,$A$5)

C3　=PMT($A$3/12,B3,$A$5)

	A	B	C	D	E
1	マイカーローン　返済シミュレーション				
2	年利	分割回数	返済月額		
3	3.00%	6	¥-168,128		
4	借入金額	12	¥-84,694		
5	¥1,000,000	18	¥-56,884		
6		24	¥-42,981		
7					
8					

セルC3に数式を入力して、セルC6までコピー

分割回数に応じた返済額が求められた

check!

=PMT(利率, 期間, 現在価値 [, 将来価値] [, 支払期日]) → 10.003

memo

▶財務計算では、支払う金額を負数、受け取る金額を正数で指定します。PMT関数の戻り値は支払額なので、結果は負数になります。結果を正数で表示したい場合は、「=-PMT($A$3/12,B3,$A$5)」のようにPMT関数の先頭にマイナス記号「-」を付けます。

関連項目 10.003 ローンの毎月の返済額を求める →p.699
10.005 月払いとボーナス払いを併用した場合の毎回の返済額を求める →p.701

実務計算

10.005 月払いとボーナス払いを併用した場合の毎回の返済額を求める

使用関数 PMT（ペイメント）

年利3%、期間3年、借入金100万円のローンにおいて、返済を月払いとボーナス払いで併用した場合の支払額を求めましょう。このようなときは、借入金100万円のうち、いくらをボーナス払いに充てるかを決めて、月払いの支払額とボーナス払いの支払額を別々に計算します。ここでは100万円のうち、40万円をボーナス時に支払うこととします。つまり、月払いの分は60万円です。サンプルの計算の結果、月払い17,449円、ボーナス払い70,210円となりました。

月払いの返済額とボーナス払いの返済額を求める

入力セル B6 入力式 =PMT(B2/12,B3*12,B4-B5)

入力セル B7 入力式 =PMT(B2/2,B3*2,B5)

B6 =PMT(B2/12,B3*12,B4-B5)

	A	B	C	D	E
1	マイカーローン	返済金計算			
2	年利	3.00%			
3	返済期間（年）	3			
4	借入金額	¥1,000,000			
5	うちボーナス時	¥400,000			
6	月返済額	¥-17,449	毎月の返済額		
7	ボーナス返済額	¥-70,210	ボーナス時の返済額		
8					
9					

check!

=PMT(利率, 期間, 現在価値 [, 将来価値] [, 支払期日]) → 10.003

memo

▶ローンをボーナス払いで返済する場合は、利率と期間を半年の単位に換算します。つまり、利率は年利を2で割り、期間は年数に2を掛けて指定します。

関連項目 10.003 ローンの毎月の返済額を求める →p.699
10.004 分割回数によって返済額がどう変わるかを試算する →p.700

実務計算

10.006 ローンの借入可能な金額を求める

使用関数 PV（プレゼント・バリュー）

PV関数を使用して、ローンの借入金額を求めましょう。ここでは年利3%、期間3年のローンで、毎月3万円ずつ返済する場合に、借入可能な金額がいくらになるかを求めます。時間の単位を揃えるため、年利は12で割って月利に、期間は12を掛けて月数にします。返済月額は支払額なので負数で指定します。将来価値の「0」と支払期日の「期末」の指定は省略できます。結果は受取額なので正数で求められます。

■期間3年、返済月額3万円のローンの借入可能金額を求める

入力セル **B5**　入力式 **=PV(B2/12,B3*12,B4)**

B5　=PV(B2/12,B3*12,B4)

	A	B	C	D
1	マイカーローン　借入可能金額計算			
2	年利	3.00%		
3	返済期間（年）	3		
4	返済月額	¥-30,000		
5	借入金額	¥1,031,594		
6				
7				
8				

借入可能金額が求められた

check!

=PV(利率, 期間, 定期支払額 [, 将来価値] [, 支払期日])

- 利率…利率を指定。年払いの場合は年利、月払いの場合は月利（年利÷12）となる
- 期間…支払い回数を指定。年払いの場合は年数、月払いの場合は月数となる
- 定期支払額…毎回の支払額を指定。年払いの場合は年額、月払いの場合は月額となる
- 将来価値…ローンの場合は返済後の残高、積立の場合は満期金を指定。省略すると0を指定したとみなされる
- 支払期日…支払期日を指定。0を指定するか指定を省略すると期末払い、1を指定すると期首払いとなる

ローンや積立において一定の利率で定額の支払いを定期的に行う場合の現在価値を求めます。ローンの場合は借入金額、積立の場合は頭金が求められます。元利均等方式に基づいて計算が行われます。

関連項目　10.001　財務関数の基礎を理解する　→p.696
10.007　支払可能な資金からマイホームの予算を決める　→p.703

実務計算

10.007 支払可能な資金からマイホームの予算を決める

使用関数 PV（プレゼント・バリュー）

年利、期間、現在用意できる頭金、月々の給与から返済に回せる金額、ボーナスから返済に回せる金額の5つの数値から、自分が購入できるマイホームの予算を計算しましょう。ここでは年利3%、期間35年、頭金500万円、月返済額7万円、ボーナス時返済額10万円として計算します。PV関数で月返済分の借入額とボーナス時返済分の借入額をそれぞれ求め、それらを合計して頭金を加えれば、マイホームの予算になります。

マイホームの予算を求める

入力セル B8　入力式 =PV(B2/12,B3*12,B5)

入力セル B9　入力式 =PV(B2/2,B3*2,B6)

入力セル B10　入力式 =B4+B8+B9

B8　=PV(B2/12,B3*12,B5)

	A	B	C	D	E
1	マイホーム予算計算				
2	年利	3.00%			
3	返済期間(年)	35			
4	頭金(貯畜より)	¥5,000,000			
5	返済額(月給より)	¥-70,000			
6	返済額(ボーナスより)	¥-100,000			
7					
8	月返済分借入額	¥18,188,896			
9	ボーナス返済分借入額	¥4,315,487			
10	購入可能な物件の予算	¥27,504,383			

月払い7万円の場合の借入額

ボーナス払い10万円の場合の借入額

マイホームの予算

check!

=PV(利率, 期間, 定期支払額 [, 将来価値] [, 支払期日]) → 10.006

memo

▶ローンをボーナス払いで返済する場合は、利率と期間を半年の単位に換算します。つまり、利率は年利を2で割り、期間は年数に2を掛けて指定します。

関連項目 10.001 財務関数の基礎を理解する →p.696
10.006 ローンの借入可能な金額を求める →p.702

 実務計算

10.008 返済開始1年後のローン残高を求める

使用関数 FV（フューチャー・バリュー）

FV関数を使用して、ローン開始後の残高を求めましょう。ここでは年利3%、返済月額3万円、借入金額100万円のローンを組んだときに、返済を開始して1年後（12カ月後）のローン残高を求めます。時間の単位を揃えるため、年利は12で割って月利に、期間は12を掛けて月数にします。返済月額は支払額なので負数で指定します。支払期日の「期末」の指定は省略できます。結果は今後の支払額なので負数で求められます。

■ 返済開始1年後のローン残高を求める

入力セル B6　入力式 =FV(B2/12,B3*12,B4,B5)

B6 =FV(B2/12,B3*12,B4,B5)

	A	B	C	D	E
1	マイカーローン	ローン残高計算			
2	年利	3.00%			
3	返済期間（年）	1			
4	返済月額	¥-30,000			
5	借入金額	¥1,000,000			
6	ローン残高	¥-665,424			
7					

ローン残高が求められた

check!

=FV(利率, 期間, 定期支払額 [, 現在価値] [, 支払期日])

利率…利率を指定。年払いの場合は年利、月払いの場合は月利（年利÷12）となる
期間…支払い回数を指定。年払いの場合は年数、月払いの場合は月数となる
定期支払額…毎回の支払額を指定。年払いの場合は年額、月払いの場合は月額となる
現在価値…ローンの場合は借入金、積立の場合は頭金を指定
支払期日…支払期日を指定。0を指定するか指定を省略すると期末払い、1を指定すると期首払いとなる

ローンや積立において一定の利率で定額の支払いを定期的に行う場合の将来価値を求めます。ローンの場合は「期間」後の残高、積立の場合は「期間」後の受取額が求められます。元利均等方式に基づいて計算が行われます。

関連項目 10.001 財務関数の基礎を理解する →p.696

実務計算

10.009 返済可能なローンの金利の上限を調べる

使用関数 RATE（レート）

RATE関数を使用すると、元利均等方式のローンの利率を求めることができます。ここでは100万円を借りて、毎月3万円ずつ返済して3年で完済するための金利を調べます。月々の返済なので、期間は12を掛けて月数にします。返済月額は支払額なので負数で、借入金額は受取額なので正数で指定します。将来価値の「0」と支払期日の「期末」の指定は省略できます。戻り値は月利になるので、12を掛けて年利とします。

■ローンの利率を求める

入力セル B5　入力式 =RATE(B2*12,B3,B4)*12

B5　=RATE(B2*12,B3,B4)*12

	A	B	C	D	E
1	マイカーローン　年利計算				
2	返済期間（年）	3			
3	返済月額	¥-30,000			
4	借入金額	¥1,000,000			
5	年利	5.06%			
6					

年利が約5.06%までなら返済可能とわかる

check!

=RATE(期間, 定期支払額, 現在価値 [, 将来価値] [, 支払期日] [, 推定値])

期間…支払い回数を指定。年払いの場合は年数、月払いの場合は月数となる
定期支払額…毎回の支払額を指定。年払いの場合は年額、月払いの場合は月額となる
現在価値…ローンの場合は借入金、積立の場合は頭金を指定
将来価値…ローンの場合は返済後の残高、積立の場合は満期金を指定。省略すると0を指定したとみなされる
支払期日…支払期日を指定。0を指定するか指定を省略すると期末払い、1を指定すると期首払いとなる
推定値…利率の推定値を指定。省略すると10%を指定したとみなされる。この値は、利率を求めるための反復計算の初期値として使用される

一定の利率で定額の支払いを定期的に行う場合の利率を求めます。元利均等方式に基づいて計算が行われます。反復計算を20回実行した時点で収束しない場合は[#NUM!]が返されます。

memo

▶「反復計算」とは、推定値から逆算して元の値を求め、その誤差が小さくなるように推定値を修正し、これを繰り返しながら誤差を小さくしていく手法です。

関連項目 10.001 財務関数の基礎を理解する →p.696

実務計算

10.010 元利均等方式のローンの返済額の元金相当分を求める

使用関数 PPMT（プリンシプル・ペイメント）

元利均等返済でローンを組んだ場合、毎回の返済額が一定になり、返済額のうちの元金相当額は毎回変わります。PPMT関数を使用すると、指定した回の元金相当額を求めることができます。ここでは、年利3%、期間10年、借入金1,000万円のローンにおいて、20回目の支払いの元金相当額を求めます。

20回目の支払いの元金相当額を求める

入力セル B6　入力式 =PPMT(B2/12,B3,B4*12,B5)

B6　=PPMT(B2/12,B3,B4*12,B5)

	A	B	C	D	E
1	住宅ローン　返済金計算（元金）				
2	年利	3.00%			
3	期（回目）	20			
4	返済期間（年）	10			
5	借入金額	¥10,000,000			
6	月返済額元金相当分	¥-75,037			

元金相当額が求められた

check!

=PPMT(利率, 期, 期間, 現在価値 [, 将来価値] [, 支払期日])

- 利率…利率を指定。年払いの場合は年利、月払いの場合は月利（年利÷12）となる
- 期…元金支払額を求める期を1～「期間」の範囲で指定
- 期間…支払い回数を指定。年払いの場合は年数、月払いの場合は月数となる
- 現在価値…ローンの場合は借入金を指定
- 将来価値…ローンの場合は返済後の残高を指定。省略すると0を指定したとみなされる
- 支払期日…支払期日を指定。0を指定するか指定を省略すると期末払い、1を指定すると期首払いとなる

一定の利率で定額の支払いを定期的に行う場合に、指定した「期」に支払う元金を求めます。元利均等方式に基づいて計算が行われます。

memo

▶ここで行った計算は、20回目の返済額のうち、元金相当額がいくらになるかを求めています。ちなみに、20回目の利息相当額はIPMT関数、元金と利息を合わせた返済額はPMT関数で求められます。

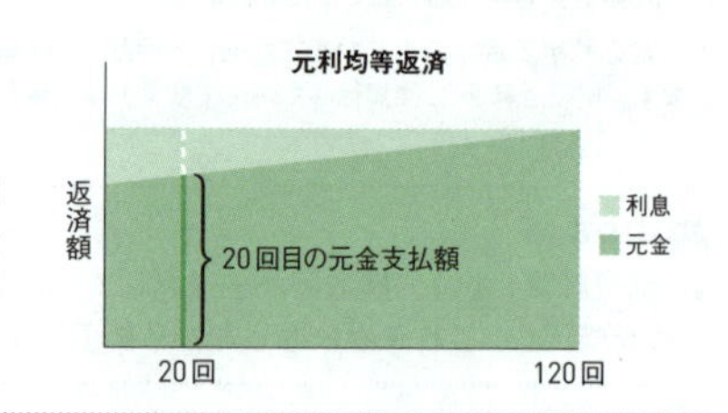

実務計算

10.011 元利均等方式のローンの返済額の元金の累計を求める

使用関数 CUMPRINC（キュムラティブ・プリンシパル）

元利均等返済でローンを組んだ場合、毎回の返済額が一定になり、返済額のうちの元金相当額は毎回変わります。CUMPRINC関数を使用すると、指定した期間の元金の累計を求めることができます。ここでは、年利3%、期間10年、借入金1,000万円のローンにおいて、1～20回目の支払いの元金の累計を求めます。

1～20回目の支払いの元金の累計を求める

入力セル B6　入力式 =CUMPRINC(B2/12,B3*12,B4,1,B5,0)

B6　=CUMPRINC(B2/12,B3*12,B4,1,B5,0)

	A	B	C	D	E
1	住宅ローン　返済金計算（元金累計）				
2	年利	3.00%			
3	返済期間（年）	10			
4	借入金額	¥10,000,000			
5	期（回目）	20			
6	元金累計額	¥-1,465,722			

元金の累計が求められた

check!

=CUMPRINC(利率, 期間, 現在価値, 開始期, 終了期, 支払期日)

利率…利率を指定。年払いの場合は年利、月払いの場合は月利（年利÷12）となる
期間…支払い回数を指定。年払いの場合は年数、月払いの場合は月数となる
現在価値…ローンの場合は借入金を指定
開始期…元金支払額累計を求める期間の最初の期を指定
終了期…元金支払額累計を求める期間の最後の期を指定
支払期日…支払期日を指定。0を指定すると期末払い、1を指定すると期首払いとなる

一定の利率で定額の支払いを定期的に行う場合に、指定した期間に支払う元金の累計を求めます。元利均等方式に基づいて計算が行われます。

memo

▶ここで行った計算は、1～20回目の返済額のうち、元金の累計を求めています。求めた金額を借入金の2,000万円と相殺すれば、20回目の支払い後のローン残高がわかります。

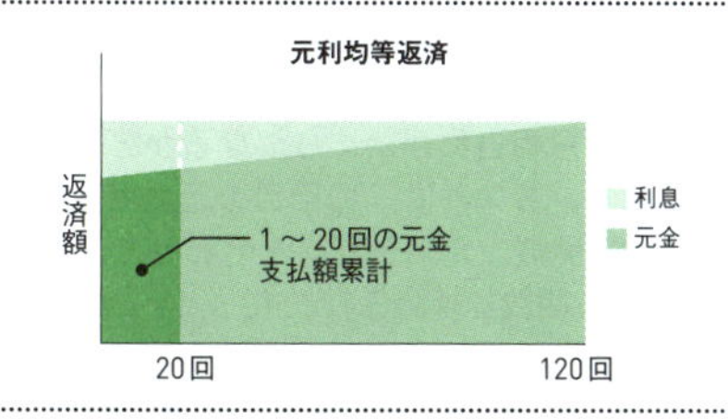

実務計算

10.012 元利均等方式のローンの返済額の利息相当分を求める

使用関数 IPMT（インタレスト・ペイメント）

元利均等返済でローンを組んだ場合、毎回の返済額が一定になり、返済額のうちの利息相当額は毎回変わります。IPMT関数を使用すると、指定した回の利息相当額を求めることができます。ここでは、年利3%、期間10年、借入金1,000万円のローンにおいて、20回目の支払いの利息相当額を求めます。

20回目の支払いの利息相当額を求める

入力セル B6　入力式 =IPMT(B2/12,B3,B4*12,B5)

B6　=IPMT(B2/12,B3,B4*12,B5)

	A	B	C	D	E
1	住宅ローン　返済金計算（利息）				
2	年利	3.00%			
3	期（回目）	20			
4	返済期間（年）	10			
5	借入金額	¥10,000,000			
6	月返済額利息相当分	¥-21,523			

利息相当額が求められた

check!

=IPMT(利率, 期, 期間, 現在価値 [, 将来価値] [, 支払期日])

- 利率…利率を指定。年払いの場合は年利、月払いの場合は月利（年利÷12）となる
- 期…元金支払額を求める期を1～「期間」の範囲で指定
- 期間…支払い回数を指定。年払いの場合は年数、月払いの場合は月数となる
- 現在価値…ローンの場合は借入金を指定
- 将来価値…ローンの場合は返済後の残高を指定。省略すると0を指定したとみなされる
- 支払期日…支払期日を指定。0を指定するか指定を省略すると期末払い、1を指定すると期首払いとなる

一定の利率で定額の支払いを定期的に行う場合に、指定した「期」に支払う利息を求めます。元利均等方式に基づいて計算が行われます。

memo

▶ここで行った計算は、20回目の返済額のうち、利息相当額がいくらになるかを求めています。ちなみに、20回目の元金相当額はPPMT関数、元金と利息を合わせた返済額はPMT関数で求められます。

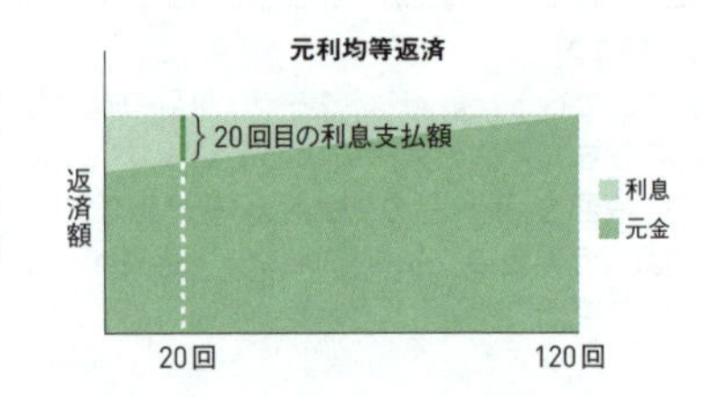

実務計算

10.013 元利均等方式のローンの返済額の利息の累計を求める

使用関数 キュムラティブ・インタレスト・ペイメント **CUMIPMT**

元利均等返済でローンを組んだ場合、毎回の返済額が一定になり、返済額のうちの利息相当額は毎回変わります。CUMIPMT関数を使用すると、指定した期間の利息の累計を求めることができます。ここでは、年利3%、期間10年、借入金1,000万円のローンにおいて、1～20回目の支払いの利息の累計を求めます。

1～20回目の支払いの利息の累計を求める

入力セル B6　入力式 =CUMIPMT(B2/12,B3*12,B4,1,B5,0)

B6　=CUMIPMT(B2/12,B3*12,B4,1,B5,0)

	A	B	C	D	E	F
1	住宅ローン　返済金計算(利息累計)					
2	年利	3.00%				
3	返済期間（年）	10				
4	借入金額	¥10,000,000				
5	期（回目）	20				
6	月返済額利息相当分	¥-465,493				
7						

利息の累計が求められた

check!

=CUMIPMT(利率, 期間, 現在価値, 開始期, 終了期, 支払期日)

- 利率…利率を指定。年払いの場合は年利、月払いの場合は月利（年利÷12）となる
- 期間…支払い回数を指定。年払いの場合は年数、月払いの場合は月数となる
- 現在価値…ローンの場合は借入金を指定
- 開始期…利息支払額累計を求める期間の最初の期を指定
- 終了期…利息支払額累計を求める期間の最後の期を指定
- 支払期日…支払期日を指定。0を指定すると期末払い、1を指定すると期首払いとなる

一定の利率で定額の支払いを定期的に行う場合に、指定した期間に支払う利息の累計を求めます。元利均等方式に基づいて計算が行われます。

memo

▶ここで行った計算は、1～20回目の返済額のうち、利息の累計を求めています。ちなみに1～120回目の利息累計を求めると、利息の総額がわかります。

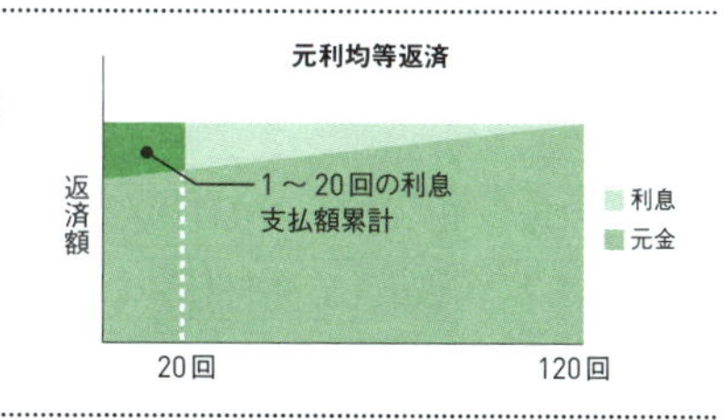

実務計算

10.014 元利均等方式の住宅ローン返済予定表を作成する

使用関数 PPMT(プリンシプル・ペイメント) ／ IPMT(インタレスト・ペイメント) ／ SUM(サム)

年利3%、期間35年、借入金2,000万円の固定金利ローンを組んだ場合の返済予定表を作成します。返済方法は元利均等方式とします。1回分の支払いの元金相当額はPPMT関数、利息相当額はIPMT関数で求めます。通常これらの関数の戻り値は負数となりますが、ここでは関数の先頭にマイナス「-」を付けて正数で求めます。

住宅ローンの返済予定表を作成する

	A	B	C	D	E
1	住宅ローン返済予定表				
2	年利	返済期間(年)	借入金額		
3	3.00%	35	¥20,000,000		
4					
5	回数			返済額	ローン残高
6		元金額	利息額		
7	1				
8	2				
9	3				
10	4				
11	5				
12	6				
13	7				
14	8				
15	9				

1 ローンの支払いの条件となる、年利、返済期間、借入金額を入力する。さらに、支払回数として35年分の回数である1～420を入力する。

B7 =-PPMT($A$3/12,A7,$B$3*12,$C$3

	A	B	C	D	E
1	住宅ローン返済予定表				
2	年利	返済期間(年)	借入金額		
3	3.00%	35	¥20,000,000		
4					
5	回数			返済額	ローン残高
6		元金額	利息額		
7	1	¥26,970	¥50,000	¥76,970	
8	2				
9	3				
10	4				

2 PPMT関数を使用して、セルB7に1回目の返済の元金相当額を求める。次に、IPMT関数を使用して、セルC7に1回目の返済の利息相当額を求める。さらに、元金と利息を合計して、セルD7に1回目の返済額を求める。

入力セル B7 入力式 =-PPMT($A$3/12,A7,$B$3*12,$C$3)

入力セル C7 入力式 =-IPMT($A$3/12,A7,$B$3*12,$C$3)

入力セル D7 入力式 =B7+C7

	A	B	C	D	E
1	住宅ローン返済予定表				
2	年利	返済期間(年)	借入金額		
3	3.00%	35	¥20,000,000		
4					
5	回数			返済額	ローン残高
6		元金額	利息額		¥20,000,000
7	1	¥26,970	¥50,000	¥76,970	¥19,973,030
8	2				
9	3				
10	4				
11	5				
12	6				
13	7				
14	8				
15	9				

3 セルE6で借入金額のセルC3を参照する。続いて、セルE7に1回目の支払い後の残高を求める。セル範囲B7:E7を選択して、420回目までコピーしておく。

入力セル	E6
入力式	=C3
入力セル	E7
入力式	=E6-B7

	A	B	C	D	E
422	416	¥76,015	¥955	¥76,970	¥305,965
423	417	¥76,205	¥765	¥76,970	¥229,760
424	418	¥76,396	¥574	¥76,970	¥153,365
425	419	¥76,587	¥383	¥76,970	¥76,778
426	420	¥76,778	¥192	¥76,970	¥-0
427	合計	¥20,000,000	¥12,327,416	¥32,327,416	
428					
429					
430					
431					
432					

返済した元金　支払った利息総額　返済総額

4 セルB427にSUM関数を入力して、セルD427まで書式なしでコピーする。これで返済総額とその内訳がわかる。

入力セル	B427
入力式	=SUM(B7:B426)

check!

=PPMT(利率, 期, 期間, 現在価値 [, 将来価値] [, 支払期日]) → 10.010
=IPMT(利率, 期, 期間, 現在価値 [, 将来価値] [, 支払期日]) → 10.012
=SUM(数値1 [, 数値2] ……) → 02.001

memo

▶ サンプルでは端数処理をしていないので、求めた各金額の小数部に端数が含まれます。必要に応じて、利用するローンの端数処理の方法に合わせた端数処理をしてください。

▶ ここで求めた元金と利息を積み上げてグラフに表すと、右図のようになります。返済当初は返済額に占める利息の割合が高く、返済が進むと徐々に元金の割合が高くなっていくことがわかります。

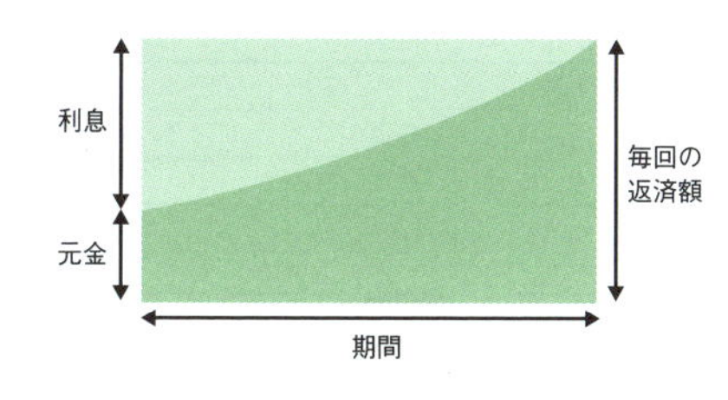

関連項目 10.021 元金均等方式の住宅ローン返済予定表を作成する →p.720

実務計算

10.015 返済額軽減型繰上返済で軽減された返済月額を求める

使用関数 PMT（ペイメント） / FV（フューチャー・バリュー）

返済額軽減型の繰上返済では、返済期間は変わらず、繰上返済後の月々の返済額が軽減されます。ここでは、年利3%、35年の元利均等方式の固定金利ローンで2,000万円の借入をしているものとします。返済開始から6年（72カ月）経過した時点で、200万円を内入れ金として繰上返済した場合の、繰上返済後の返済月額を求めます。繰上返済後の返済年数は、「35年−6年」で29年（348カ月）となります。

返済額軽減型繰上返済の返済月額を求める

	A	B	C	D
1	返済額軽減型繰上返済			
2	年利	返済期間(年)	借入金額	
3	3.00%	35	¥20,000,000	
4				
5	繰上返済　内入れ金		¥-2,000,000	
6	返済済み回数		72	
7	繰上返済後　返済回数		348	
8				
9	返済月額			
10	繰上返済時　ローン残高			
11	繰上返済後　ローン残高			
12	繰上返済後　返済月額			

❶年利3%、35年の元利均等方式の固定金利ローンで2,000万円の借入をしているものとする。セルC5に内入れ金「−200万」、セルC6に返済済みの回数「72」、セルC7に繰上返済後の返済回数「348」を入力する。内入れ金の200万円は支払額なので負数で入力すること。

	A	B	C	D
1	返済額軽減型繰上返済			
2	年利	返済期間(年)	借入金額	
3	3.00%	35	¥20,000,000	
4				
5	繰上返済　内入れ金		¥-2,000,000	
6	返済済み回数		72	
7	繰上返済後　返済回数		348	
8				
9	返済月額		¥-76,970	
10	繰上返済時　ローン残高		¥-17,875,317	
11	繰上返済後　ローン残高			
12	繰上返済後　返済月額			

❷PMT関数を使用して、セルC9に返済月額を求める。次に、FV関数を使用して、セルC10に72回返済後のローン残高を求める。

入力セル C9　入力式 =PMT(A3/12,B3*12,C3)

入力セル C10　入力式 =FV(A3/12,C6,C9,C3)

	A	B	C	D
1	返済額軽減型繰上返済			
2	年利	返済期間(年)	借入金額	
3	3.00%	35	¥20,000,000	
4				
5	繰上返済 内入れ金		¥-2,000,000	
6	返済済み回数		72	
7	繰上返済後 返済回数		348	
8				
9	返済月額		¥-76,970	
10	繰上返済時 ローン残高		¥-17,875,317	
11	繰上返済後 ローン残高		¥15,875,317	
12	繰上返済後 返済月額			

3 手順2で求めたローン残高から内入れ金を引くと、繰上返済後のローン残高になる。これをセルC11に求める。

入力セル C11

入力式 =-C10+C5

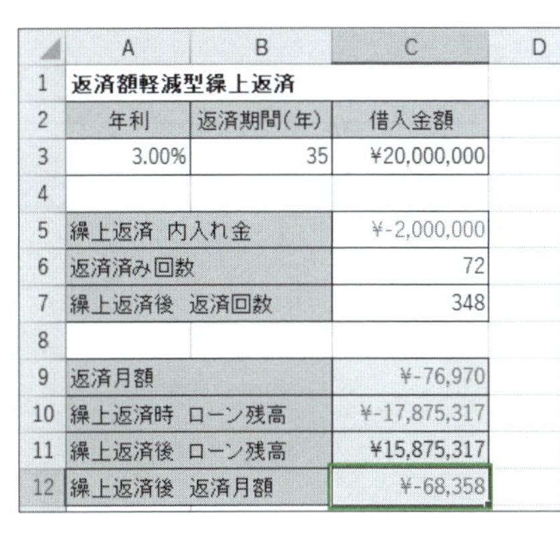

	A	B	C	D
1	返済額軽減型繰上返済			
2	年利	返済期間(年)	借入金額	
3	3.00%	35	¥20,000,000	
4				
5	繰上返済 内入れ金		¥-2,000,000	
6	返済済み回数		72	
7	繰上返済後 返済回数		348	
8				
9	返済月額		¥-76,970	
10	繰上返済時 ローン残高		¥-17,875,317	
11	繰上返済後 ローン残高		¥15,875,317	
12	繰上返済後 返済月額		¥-68,358	

4 手順3で求めた金額を「現在価値」として、セルC12にPMT関数で今後の返済月額を求める。この計算の結果、繰上返済前に76,970円（セルC9）だった返済月額が、繰上返済後に68,358円に減額することがわかった。

入力セル C12

入力式 =PMT(A3/12,C7,C11)

check!

=PMT(利率, 期間, 現在価値 [, 将来価値] [, 支払期日]) → 10.003

=FV(利率, 期間, 定期支払額 [, 現在価値] [, 支払期日]) → 10.008

memo

▶住宅ローンの返済途中で、ローン残高の一部を繰上返済する場合、期間短縮型と返済額軽減型の2つの方法があります。期間短縮型は、当初の予定より返済期間を短くする方法です（10.017 参照）。一方ここで紹介した返済額軽減型は、内入れ金を返済期間終了までの元金に均等に割り当て、繰上返済以降の返済金額を少なくします。

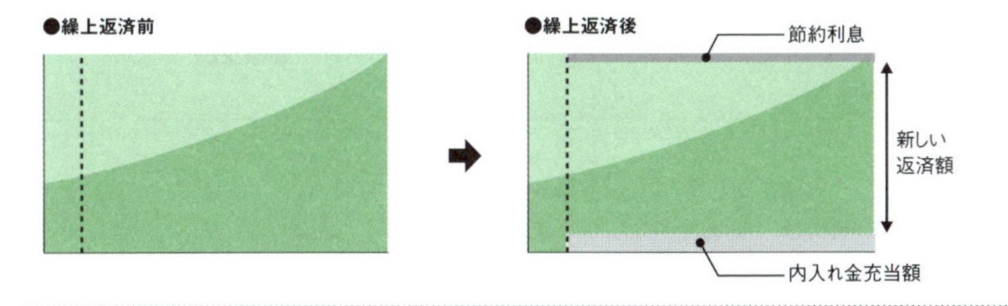

実務計算

10.016 返済額軽減型繰上返済の節約利息を求める

使用関数 CUMIPMT（キュムラティブ・インタレスト・ペイメント）

返済額軽減型の繰上返済では、内入れ金を返済期間終了までの元金に均等に割り当て、繰上返済以降の返済金額を少なくし、減額分の利息を節約します。ここでは、10.015 と同じ条件の繰上返済における節約利息を求めます。それには、繰上返済しない場合に73回以降に支払うはずだった利息の合計値から、現在のローン残高と返済回数による利息の合計を減算します。

■ 返済額軽減型繰上返済の節約利息を求める

入力セル C14

入力式 =CUMIPMT(A3/12,B3*12,C3,C6+1,B3*12,0)-CUMIPMT(A3/12,C7,C11,1,C7,0)

C14 =CUMIPMT(A3

	A	B	C
1	返済額軽減型繰上返済		
2	年利	返済期間(年)	借入金額
3	3.00%	35	¥20,000,000
4			
5	繰上返済　内入れ金		¥-2,000,000
6	返済済み回数		72
7	繰上返済後　返済回数		348
8			
9	返済月額		¥-76,970
10	繰上返済時　ローン残高		¥-17,875,317
11	繰上返済後　ローン残高		¥15,875,317
12	繰上返済後　返済月額		¥-68,358
13			
14	節約利息		¥-996,934

200万円を繰上返済すると、当初の返済計画より約100万円分の利息を節約できることがわかった

check!

=CUMIPMT(利率, 期間, 現在価値, 開始期, 終了期, 支払期日) → 10.013

memo

▶同じローンで同じ時期に同じ金額の繰上返済をする場合、通常、期間短縮型のほうが返済額軽減型より節約利息の額が大きくなります。

関連項目 10.015 返済額軽減型繰上返済で軽減された返済月額を求める →p.712
10.017 期間短縮型繰上返済の節約利息を求める →p.715

 実務計算

10.017 期間短縮型繰上返済の節約利息を求める

使用関数 CUMPRINC(キュムラティブ・プリンシパル)/CUMIPMT(キュムラティブ・インタレスト・ペイメント)

期間短縮型の繰上返済では、内入れ金をある期間の元金に充てて、それに相当する利息分を節約します。ここでは、年利3%、35年の元利均等方式の固定金利ローンで2,000万円の借入をしているものとします。返済開始から6年(72カ月)経過した時点で、5年分(60回分)の元金を内入れ金として繰上返済する場合の計算を行います。つまり、繰上返済の期間は73回から132回となります。CUMPRINC関数で内入れ金、CUMIPMT関数で節約利息を求めます。

期間短縮型繰上返済の節約利息を求める

入力セル C8　入力式 =CUMPRINC(A3/12,B3*12,C3,C5,C6,0)

入力セル C9　入力式 =CUMIPMT(A3/12,B3*12,C3,C5,C6,0)

	A	B	C	D	E	F	G
1	期間短縮型繰上返済						
2	年利	返済期間(年)	借入金額				
3	3.00%	35	¥20,000,000				
5	繰上返済の期間	開始期	73				
6		終了期	132				
8	繰上返済　内入れ金		¥-2,086,909				
9	繰上返済　節約利息		¥-2,531,294				

約200万円を繰上返済すると、当初の返済計画より約250万円分の利息が節約できることがわかった

check!

=CUMPRINC(利率, 期間, 現在価値, 開始期, 終了期, 支払期日) → 10.011

=CUMIPMT(利率, 期間, 現在価値, 開始期, 終了期, 支払期日) → 10.013

memo

▶期間短縮型の繰上返済では、内入れ金がある期間の元金分に充てられ、その期間の分だけ返済期間が短くなります。その結果、その期間に相当する利息を節約できます。

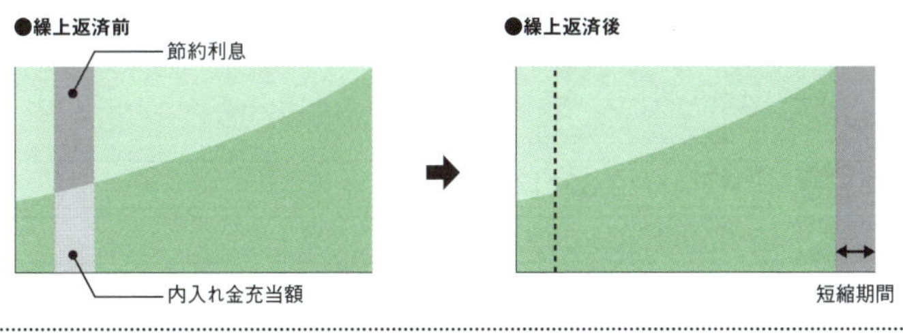

実務計算

10.018 予算200万円の期間短縮型繰上返済で短縮される期間を試算する

使用関数 PMT(ペイメント) / FV(フューチャー・バリュー) / NPER(ナンバー・オブ・ピリオド)

10.017では、短縮する年数を指定して期間短縮型の繰上返済の計算を行いましたが、ここでは内入れ金の額を指定して計算を行います。返済開始から6年（72カ月）経過した時点で、200万円を内入れ金として繰上返済した場合に、返済が何回分短縮されるかを求めます。

■期間短縮型繰上返済の短縮期間を求める

	A	B	C
1	期間短縮型繰上返済		
2	年利	返済期間(年)	借入金額
3	3.00%	35	¥20,000,000
4			
5	繰上返済 内入れ金		¥-2,000,000
6	返済済み回数		72
7			
8	返済月額		
9	繰上返済時 ローン残高		
10	繰上返済後 ローン残高		

❶年利3%、35年の元利均等方式の固定金利ローンで2,000万円の借入をしているものとする。内入れ金の200万円は支払額なので負数で入力する。返済済みの回数は月数の「72」を入力する。

	A	B	C
1	期間短縮型繰上返済		
2	年利	返済期間(年)	借入金額
3	3.00%	35	¥20,000,000
4			
5	繰上返済 内入れ金		¥-2,000,000
6	返済済み回数		72
7			
8	返済月額		¥-76,970
9	繰上返済時 ローン残高		¥-17,875,317
10	繰上返済後 ローン残高		¥15,875,317
11			
12	繰上返済後 返済回数		
13	短縮期間(回数)		

❷PMT関数を使用して、セルC8に返済月額を求める。続いて、FV関数を使用して、セルC9に72回返済直前のローン残高を求める。求めたローン残高から内入れ金を引くと、繰上返済後のローン残高になる。これをセルC10に求める。

入力セル C8 入力式 =PMT(A3/12,B3*12,C3)

入力セル C9 入力式 =FV(A3/12,C6,C8,C3)

入力セル C10 入力式 =-C9+C5

	A	B	C
1	期間短縮型繰上返済		
2	年利	返済期間(年)	借入金額
3	3.00%	35	¥20,000,000
4			
5	繰上返済 内入れ金		¥-2,000,000
6	返済済み回数		72
7			
8	返済月額		¥-76,970
9	繰上返済時 ローン残高		¥-17,875,317
10	繰上返済後 ローン残高		¥15,875,317
11			
12	繰上返済後 返済回数		290.3272715
13	短縮期間(回数)		

3手順2でセルC10に求めたローン残高を「現在価値」として、セルC12にNPER関数で返済期間を求めると、今後の返済回数がわかる。

入力セル C12
入力式 =NPER(A3/12,C8,C10)

	A	B	C
1	期間短縮型繰上返済		
2	年利	返済期間(年)	借入金額
3	3.00%	35	¥20,000,000
4			
5	繰上返済 内入れ金		¥-2,000,000
6	返済済み回数		72
7			
8	返済月額		¥-76,970
9	繰上返済時 ローン残高		¥-17,875,317
10	繰上返済後 ローン残高		¥15,875,317
11			
12	繰上返済後 返済回数		290.3272715
13	短縮期間(回数)		57.67272851

4最後に当初の返済予定回数から返済済みの回数と今後の返済回数を引けば、繰上返済によって短縮された期間が求められる。今回の例では、返済開始6年後に200万円の内入れ金で期間短縮型の繰上返済をした場合に、57.7回分(約4.8年)の期間が短縮されることがわかった。

入力セル C13
入力式 =B3*12-C6-C12

check!

=PMT(利率, 期間, 現在価値 [, 将来価値] [, 支払期日]) → 10.003
=FV(利率, 期間, 定期支払額 [, 現在価値] [, 支払期日]) → 10.008
=NPER(利率, 定期支払額, 現在価値 [, 将来価値] [, 支払期日]) → 10.002

memo

▶実際に期間短縮型の繰上返済を行うには、期間が整数になるように内入れ金を調整します。ここでは内入れ金の予算を200万円として試算した結果、短縮期間が57.7回となりました。内入れ金が200万円を超えてよいなら短縮期間を58回とし、200万円に収めたいなら短縮期間を57回として返済を行います。その際の内入れ金と節約利息は、10.017 のサンプルのセルC6に「=C5+57-1」または「=C5+58-1」と入力すると計算できます。

実務計算

10.019 段階金利型ローンの返済月額を求める

使用関数 PMT(ペイメント) ／ FV(フューチャー・バリュー)

住宅ローンには、返済開始から数年後に金利が上がるタイプのものがあります。ここでは、期間35年、借入金2,000万円のローンで、当初5年の金利が3%、それ以降30年の金利が4%のときの、返済月額を求めます。

段階金利型ローンの返済月額を求める

	A	B	C
1	段階金利型ローン		
2	返済期間(年)		35
3	借入金額		¥20,000,000
4			
5	1段階目	期間(年)	5
6		年利	3.00%
7	2段階目	期間(年)	30
8		年利	4.00%
9			
10	1段階目	返済月額	¥-76,970
11		ローン残高	¥18,256,476
12	2段階目	返済月額	

❶PMT関数を使用して、セルC10に当初5年の返済月額を求める。さらに、FV関数を使用して、セルC11に5年後のローン残高を求める。その際、結果が正数になるように、FV関数の先頭にマイナスを付けておく。

入力セル C10

入力式 =PMT(C6/12,C2*12,C3)

入力セル C11

入力式 =-FV(C6/12,C5*12,C10,C3)

	A	B	C
1	段階金利型ローン		
2	返済期間(年)		35
3	借入金額		¥20,000,000
4			
5	1段階目	期間(年)	5
6		年利	3.00%
7	2段階目	期間(年)	30
8		年利	4.00%
9			
10	1段階目	返済月額	¥-76,970
11		ローン残高	¥18,256,476
12	2段階目	返済月額	¥-87,159

❷手順1で求めたローン残高を「現在価値」として、セルC12にPMT関数で5年以降の返済月額を求める。この結果、当初5年の返済月額は76,970円、それ以降の返済月額は87,159円になることがわかった。

入力セル C12

入力式 =PMT(C8/12,C7*12,C11)

check!

=PMT(利率, 期間, 現在価値 [, 将来価値] [, 支払期日]) → 10.003

=FV(利率, 期間, 定期支払額 [, 現在価値] [, 支払期日]) → 10.008

実務計算

10.020 元金均等方式のローンの返済額の利息相当分を求める

使用関数 ISPMT（イズ・ペイメント）

元金均等返済でローンを組んだ場合、毎回の返済額のうち元金相当額が一定になり、利息相当額は変わります。ISPMT関数を使用すると、指定した回の利息相当額を求めることができます。ここでは例として、年利3%、期間10年、借入金1,000万円のローンにおいて、20回目の支払いの利息相当額を求めます。

20回目の支払いの利息相当額を求める

入力セル B6　入力式 =ISPMT(B2/12,B3,B4*12,B5)

B6 =ISPMT(B2/12,B3,B4*12,B5)

	A	B	C	D	E
1	住宅ローン　返済金計算(利息)				
2	年利	3.00%			
3	期（回目）	20			
4	返済期間（年）	10			
5	借入金額	¥10,000,000			
6	月返済額利息相当分	¥-20,833			
7					

利息相当額が求められた

check!

=ISPMT(利率, 期, 期間, 現在価値)

利率…利率を指定。年払いの場合は年利、月払いの場合は月利（年利÷12）となる
期…元金支払額を求める期を1～「期間」の範囲で指定
期間…支払い回数を指定。年払いの場合は年数、月払いの場合は月数となる
現在価値…ローンの場合は借入金を指定

一定の利率で定額の元金を定期的に行う場合に、指定した「期」に支払う利息を求めます。元金均等方式に基づいて計算が行われます。

memo

▶ここで行った計算は、20回目の返済額のうち、利息相当額がいくらになるかを求めています。ちなみに、元金相当額は借入金額を期間で割れば簡単に求められます。サンプルの例では1,000万円÷120回＝83,333円になります。

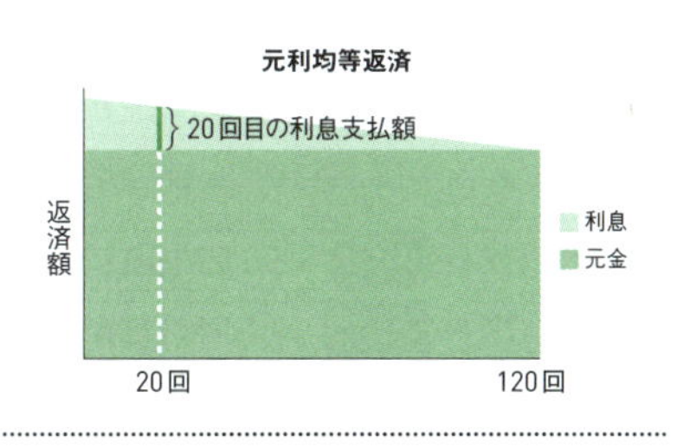

実務計算

10.021 元金均等方式の住宅ローン返済予定表を作成する

使用関数 ISPMT（イズ・ペイメント）／SUM（サム）

元金均等方式で年利3%、期間35年、借入金2,000万円の固定金利ローンを組んだ場合の返済予定表を作成しましょう。通常、財務計算では支払額を負数で表しますが、ここでは正数になるように求めます。ローンに使用する財務関数はほとんどが元利均等方式ですが、ISPMT関数は元金均等方式で利息を計算するので、これを利用します。

■住宅ローンの返済予定表を作成する

A1 ｜ 住宅ローン返済予定表（元金均等）

	A	B	C	D	E
1	住宅ローン返済予定表(元金均等)				
2	金利	返済期間(年)	借入金額		
3	3.00%	35	¥20,000,000		
4					
5	回数			返済額	ローン残高
6		元金額	利息額		
7	1				
8	2				
9	3				
10	4				
11	5				

❶ローンの支払いの条件となる、年利、返済期間、借入金額を入力する。さらに、支払回数として35年分の回数である1～420を入力する。

D7 ｜ =B7+C7

	A	B	C	D	E
1	住宅ローン返済予定表(元金均等)				
2	金利	返済期間(年)	借入金額		
3	3.00%	35	¥20,000,000		
4					
5	回数			返済額	ローン残高
6		元金額	利息額		
7	1	¥47,619	¥50,000	¥97,619	
8	2				
9	3				
10	4				

❷セルB7に、借入金額を返済回数で割って、元金の返済月額を求める。続いてセルC7に、ISPMT関数を使用して1回目の利息相当額を求める。さらに、セルD7で元金と利息を合計する。

入力セル	入力式
B7	=$C$3/($B$3*12)
C7	=-ISPMT($A$3/12,A7-1,$B$3*12,$C$3)
D7	=B7+C7

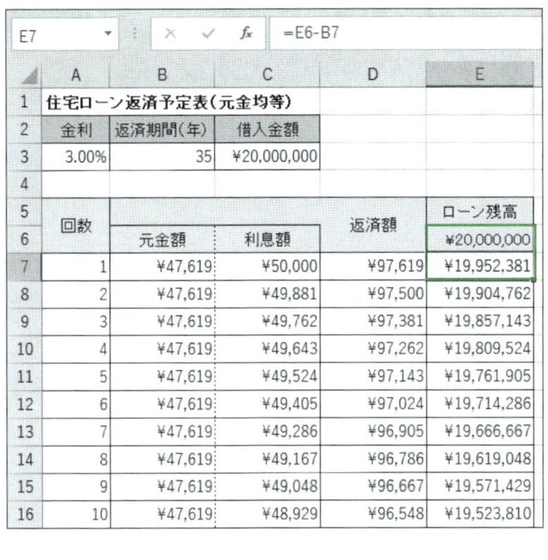

E7 =E6-B7

	A	B	C	D	E
1	住宅ローン返済予定表(元金均等)				
2	金利	返済期間(年)	借入金額		
3	3.00%	35	¥20,000,000		
4					
5	回数			返済額	ローン残高
6		元金額	利息額		¥20,000,000
7	1	¥47,619	¥50,000	¥97,619	¥19,952,381
8	2	¥47,619	¥49,881	¥97,500	¥19,904,762
9	3	¥47,619	¥49,762	¥97,381	¥19,857,143
10	4	¥47,619	¥49,643	¥97,262	¥19,809,524
11	5	¥47,619	¥49,524	¥97,143	¥19,761,905
12	6	¥47,619	¥49,405	¥97,024	¥19,714,286
13	7	¥47,619	¥49,286	¥96,905	¥19,666,667
14	8	¥47,619	¥49,167	¥96,786	¥19,619,048
15	9	¥47,619	¥49,048	¥96,667	¥19,571,429
16	10	¥47,619	¥48,929	¥96,548	¥19,523,810

❸セルE6で借入金額のセルC3を参照して、セルE7に1回目の支払い後の残高を求める。続いて、セル範囲B7:E7を選択して、420回目までコピーする。

入力セル	E6
入力式	=C3
入力セル	E7
入力式	=E6-B7

B427 =SUM(B7:B426)

	A	B	C	D	E
424	418	¥47,619	¥357	¥47,976	¥95,238
425	419	¥47,619	¥238	¥47,857	¥47,619
426	420	¥47,619	¥119	¥47,738	¥-0
427	合計	¥20,000,000	¥10,525,000	¥30,525,000	
428					
429					
430					
431					
432					

返済した元金
返済総額
支払った利息総額

❹セルB427にSUM関数を入力して、セルD427まで書式なしでコピーする。これで返済総額とその内訳がわかる。

入力セル	B427
入力式	=SUM(B7:B426)

check!

=ISPMT(利率, 期, 期間, 現在価値) → 10.020
=SUM(数値1 [, 数値2] ……) → 02.001

memo

▶10.014 で元利均等方式の住宅ローン返済予定表を作成しましたが、元利均等返済は毎回の返済額（D列の値）が一定なので返済計画が立てやすいことがメリットです。一方、元金均等返済は最終的な支払利息総額（セルC427の値）が元利均等返済に比べて少なくなることがメリットです。

関連項目 10.014 元利均等方式の住宅ローン返済予定表を作成する →p.710

実務計算

10.022 目標100万円の積立預金に必要な積立期間を求める

使用関数 NPER（ナンバー・オブ・ピリオド）

NPER関数を使用して、積立回数を求めましょう。ここでは年利0.3%、月額2万円の積立預金で何回積立を行えば目標の100万円に達するかを求めます。時間の単位を揃えるため、年利は12で割って月利にします。積立月額は支払額なので負数で、満期金は受取額なので正数で指定します。頭金はないので、「現在価値」として0を指定します。また、支払期日は期首とします。

■積立月額2万円、目標額100万円の積立預金に必要な積立回数を求める

入力セル B5　入力式 =NPER(B2/12,B3,0,B4,1)

B5　=NPER(B2/12,B3,0,B4,1)

	A	B	C	D	E
1	積立預金　積立期間計算				
2	年利	0.30%			
3	積立月額	¥-20,000			
4	満期受取額	¥1,000,000			
5	積立期間（回）	49.68394684			
6					
7					
8					

積立月額を負数で入力しておく

積立回数が求められた

check!

=NPER(利率, 定期支払額, 現在価値 [, 将来価値] [, 支払期日]) → 10.002

memo

▶NPER関数で得た支払回数を整数にしたいときは、次の式のようにROUNDUP関数で切り上げ計算を行います。サンプルの例では結果は50となり、50回払えば目標額に達します。

```
=ROUNDUP(NPER(B2/12,B3,0,B4,1),0)
```

▶目標に達するまでの年月を求めたい場合は、次の式のようにNPER関数の戻り値を12で割った整数商と余りを求めます。結果は「4年2カ月」となります。

```
=QUOTIENT(ROUNDUP(B5,0),12)&"年"&MOD(ROUNDUP(B5,0),12)&"カ月"
```

関連項目 10.001 財務関数の基礎を理解する →p.696

実務計算

10.023 目標100万円の積立預金に必要な毎月の積立額を求める

使用関数 PMT（ペイメント）

PMT関数を使用して、預金が目標額に達するまでの毎月の積立額を求めましょう。ここでは年利0.3%、期間3年の積立預金で、いくらずつ積立を行えば、目標の100万円に達するかを求めます。時間の単位を揃えるため、年利は12で割って月利に、期間は12を掛けて月数にします。頭金はないので、「現在価値」として0を指定します。満期金は受取額なので正数で指定します。また、支払期日は期首とします。

期間3年、目標額100万円の積立預金の毎月の積立額を求める

入力セル B5　入力式 =PMT(B2/12,B3*12,0,B4,1)

B5　=PMT(B2/12,B3*12,0,B4,1)

	A	B	C	D	E
1	積立預金　積立額計算				
2	年利	0.30%			
3	積立期間（年）	3			
4	満期受取額	¥1,000,000			
5	積立月額	¥-27,650			
6					
7					
8					

積立額が求められた

check!

=PMT(利率, 期間, 現在価値 [, 将来価値] [, 支払期日]) → 10.003

memo

▶一般に財務計算では、支払う金額を負数、受け取る金額を正数で指定します。PMT関数の戻り値は支払額なので負数になります。戻り値をセルに正数で表示したい場合は、PMT関数の先頭にマイナス記号「-」を付けます。

=-PMT(B2/12,B3*12,0,B4,1)

関連項目 10.001 財務関数の基礎を理解する →p.696

実務計算

10.024 目標100万円の積立預金に必要な頭金の金額を求める

使用関数 PV（プレゼント・バリュー）

預金計算にPV関数を使用すると、積立預金の頭金を計算できます。ここでは、年利0.3%、期間3年、積立月額2万円の積立預金で、100万円の満期金を受け取るために必要な頭金の金額を求めます。時間の単位を揃えるため、年利は12で割って月利に、期間は12を掛けて月数にします。積立月額は支払額なので負数で、満期金は受取額なので正数で指定します。また、支払期日は期首とします。結果は支払額なので負数で求められます。

■ 期間3年、積立月額2万円、目標額100万円に必要な頭金を求める

入力セル B6　入力式 =PV(B2/12,B3*12,B4,B5,1)

B6　=PV(B2/12,B3*12,B4,B5,1)

	A	B	C	D	E
1	積立預金	頭金計算			
2	年利	0.30%			
3	積立期間（年）	3			
4	積立月額	¥-20,000			
5	満期受取額	¥1,000,000			
6	積立頭金	¥-274,182			
7					
8					

頭金が求められた

check!

=PV(利率, 期間, 定期支払額 [, 将来価値] [, 支払期日]) → 10.006

memo

▶一般に財務計算では支払う金額を負数、受け取る金額を正数で指定しますが、すべて正数で指定したい場合は、数式の符号を調整します。例えばサンプルでセルB4の積立月額を正数の「20000」と入力した場合、数式の中で「-B4」と指定します。PV関数の先頭にもマイナス記号「-」を付けると、戻り値も正数で表示できます。

=-PV(B2/12,B3*12,-B4,B5,1)

関連項目 10.001 財務関数の基礎を理解する →p.696

実務計算

10.025 積立預金の満期受取額を求める

使用関数 FV（フューチャー・バリュー）

預金計算にFV関数を使用すると、満期受取額を求めることができます。ここでは年利0.3%、期間3年の積立預金に毎月2万円ずつ支払う場合の満期受取額を求めます。時間の単位を揃えるため、年利は12で割って月利に、期間は12を掛けて月数にします。積立月額は支払額なので負数で指定します。頭金はないので、「現在価値」として0を指定します。また、支払期日は期首とします。結果は受取額なので正数で求められます。

期間3年、積立月額2万円の積立預金の満期受取額を求める

入力セル B5　入力式 =FV(B2/12,B3*12,B4,0,1)

B5　=FV(B2/12,B3*12,B4,0,1)

	A	B	C	D	E
1	積立預金　満期受取額計算				
2	年利	0.30%			
3	積立期間（年）	3			
4	積立月額	¥-20,000			
5	満期受取額	¥723,340			
6					
7					
8					
9					

満期受取額が求められた

check!

=FV(利率, 期間, 定期支払額 [, 現在価値] [, 支払期日]) → 10.008

memo

▶一般に財務計算では、支払う金額を負数、受け取る金額を正数で指定します。すべて正数で指定したい場合は、数式の符号を調整します。例えばサンプルでセルB4の積立月額を正数の「20000」と入力した場合、数式の中で「-B4」と指定します。

=FV(B2/12,B3*12,-B4,0,1)

10.001 財務関数の基礎を理解する →p.696
10.026 半年複利の定期預金の満期受取額を求める →p.726

実務計算

10.026 半年複利の定期預金の満期受取額を求める

使用関数 FV（フューチャー・バリュー）

FV関数は、定期預金の満期受取額の計算にも使用できます。定期預金の場合、引数の「定期支払額」を「0」、「現在価値」を預入額として指定します。ここでは年利0.3%、期間5年の半年複利の定期預金に100万円を預けた場合の満期受取額を求めます。半年複利なので、「利率」には年利を2で割って指定します。また、期間には年数に2を掛けて指定します。預入額は支払額なので負数で入力しておきます。支払期日は期首とします。結果は受取額なので正数で求められます。

期間5年、預入額100万円の定期預金の満期受取額を求める

入力セル B5　入力式 =FV(B2/2,B3*2,0,B4,1)

B5　=FV(B2/2,B3*2,0,B4,1)

	A	B	C	D	E	F
1	定期預金　満期受取額計算					
2	年利	0.30%				
3	預入期間（年）	5				
4	預入額	¥-1,000,000				
5	満期受取額	¥1,015,102				
6						

満期受取額が求められた

check!

=FV(利率, 期間, 定期支払額 [, 現在価値] [, 支払期日]) → 10.008

memo

▶「複利」とは、元金に付いた利息を元金と合わせて、新たな元金として運用する利息の計算方法です。例えば年利1%の半年複利の商品に100万円預け入れたとすると、半年後に元金100万円に対して利息5,000円（1,000,000×1%÷2）が付きます。そして100万5000円が新たな元金となって、その半年後に元金100万5000円に対して利息5,025円（1,005,000×1%÷2）が付くという仕組みです。NPER関数、PMT関数、PV関数、FV関数はいずれも複利で計算されます。

関連項目 10.001 財務関数の基礎を理解する →p.696
10.025 積立預金の満期受取額を求める →p.725

実務計算

10.027 単利型の定期預金の満期受取額を求める

使用関数 なし

一般に期間の短い定期預金は単利型です。単利型であれば、関数を使用しなくても、単純に元金と利率の掛け合わせで利息が計算できます。ここでは複数の定期預金商品について、利息と満期受取額を計算してみます。

単利型の定期預金の満期受取額を求める

入力セル B7 入力式 =$B$2*B5*B6/12

入力セル B8 入力式 =$B$2+B7

B7 =$B$2*B5*B6/12

	A	B	C	D	E	F
1	定期預金 満期受取額計算					
2	預入額	¥1,000,000				
3						
4		1カ月定期	3カ月定期	6カ月定期	1年定期	
5	年利	0.05%	0.05%	0.08%	0.10%	
6	預入期間（月）	1	3	6	12	
7	受取利息	¥42	¥125	¥400	¥1,000	
8	満期受取額	¥1,000,042	¥1,000,125	¥1,000,400	¥1,001,000	
9						
10						

セルB7とセルB8に数式を入力して、E列までコピー

memo

▶単利型の定期預金の計算にあえてFV関数を使うとすると、第1引数の「利率」に預入の月数分の利率を指定し、第2引数の「期間」に「1」を指定します。サンプルの場合であれば、セルB8に次の式を入力すると、同じ結果が得られます。

=FV(B5*B6/12,1,0,-$B$2,1)

▶通常、預金の利息は課税対象となり、満期金を受け取るときに税金分が引かれます。税率を「国税＋地方税」で20%とした場合、サンプルで徴収される税額は「=B7*20%」で求められます。実際には国税と地方税を別々に計算して端数処理した合計が徴収されるので、一律20%とすると誤差が出ますが、おおよその額はわかるはずです。

関連項目 10.001 財務関数の基礎を理解する →p.696
10.025 積立預金の満期受取額を求める →p.725

実務計算

10.028 外貨預金の損益分岐レートを試算する

使用関数 なし

外貨預金における損益分岐レートを求めましょう。年利1.15%（単利型）、預入期間3カ月、預入額100万円、買付レート（手数料込みの為替レート）89.89円、課税率20%とします。損益分岐レートとは、満期時の円貨受取額が預入額と同額になる売却レート（手数料込みの為替レート）のことです。ここではセルD8に預入外貨額、セルD9に税引前の満期時外貨額、セルD10に税引後の満期時外貨額、セルD11に損益分岐レートを求めます。

外貨預金の損益分岐レートを求める

入力セル	入力式
D8	=D4/D5
D9	=D8*(1+D2*D3/12)
D10	=D9-(D9-D8)*D6
D11	=D4/D10

	A	B	C	D	E	F
1	外貨預金運用シミュレーション					
2	年利			1.15%		
3	預入期間（月）			3	月	
4	預入額			1,000,000	円	
5	買付レート（TTS）			89.89	円/豪ドル	
6	課税率			20.00%		
8	預入外貨額			11,124.71	豪ドル	
9	満期時外貨額（税引前）			11,156.69	豪ドル	
10	満期時外貨額（税引後）			11,150.29	豪ドル	
11	損益分岐レート			89.68	円/豪ドル	
12						

満期時の売却レートが89.68円なら損益は0となる

memo

▶「買付レート＝基準の為替レート＋手数料」、「売却レート＝基準の為替レートー手数料」なので、同時点の売却レートは買付レートより往復の手数料の分だけ安くなります。

▶ここではよくある短期の単利型の外貨定期預金を例に計算しましたが、中長期の複利型の商品の場合は、セルD3に年数を入力し、セルD9でFV関数を使用して複利計算を行います。半年複利の場合、次のように計算します。

=FV(D2/2,D3*2,0,-D8,1)

実務計算

10.029 外貨預金の運用シミュレーションをする

使用関数 **なし**

外貨預金の損益は、為替レートの変動に影響を受けます。ここでは 10.028 の外貨預金について、預入時の為替レートを基準として5円円安から5円円高の場合までの受取額と損益額をシミュレーションします。あらかじめ表のB列に「5」～「-5」の範囲の整数を入力しておき、C列に売却レート、D列に円貨受取額、E列に円貨損益を求めます。

外貨預金の運用シミュレーションをする

入力セル	入力式
C15	=$D$5-$D$12+B15
D15	=$D$10*C15
E15	=D15-$D$4

C15 =$D$5-$D$12+B15

	A	B	C	D	E	F
1	外貨預金運用シミュレーション					
2	年利			1.15%		
3	預入期間(月)			3	月	
4	預入額			1,000,000	円	
5	買付レート(TTS)			89.89	円/豪ドル	
6	課税率			20.00%		
7						
8	預入外貨額			11,124.71	豪ドル	
9	満期時外貨額(税引前)			11,156.69	豪ドル	
10	満期時外貨額(税引後)			11,150.29	豪ドル	
11	損益分岐レート			89.68	円/豪ドル	
12	往復の為替手数料			2.5	円	
13						
14	変動幅		売却レート	円貨受取額	円貨損益	
15	円	5	92.39	1,030,176	30,176	
16	安	4	91.39	1,019,025	19,025	
17	↑	3	90.39	1,007,875	7,875	
18		2	89.39	996,725	-3,275	
19		1	88.39	985,575	-14,425	
20		0	87.39	974,424	-25,576	
21		-1	86.39	963,274	-36,726	
22		-2	85.39	952,124	-47,876	
23	↓	-3	84.39	940,973	-59,027	
24	円	-4	83.39	929,823	-70,177	
25	高	-5	82.39	918,673	-81,327	

セルC15:E15にそれぞれ数式を入力して、25行目までコピーする

4円円安の場合、19,025円の利益

為替変動がない場合、25,576円の損失

4円円高の場合、70,177円の損失

memo

▶外貨預金の場合、往復の為替手数料がかかるため、満期時の為替レートが買付時より手数料分高くなければ元本部分が目減りします。そのため、為替変動幅が「0」(セルB20)のときの売却レート(セルC20)に、「買付レートー往復の為替手数料」の数値を入れました。

実務計算

10.030 変動金利型の定期預金の満期受取額を求める

使用関数 FVSCHEDULE（フューチャー・バリュー・スケジュール）

預金には固定金利型の商品の他、変動金利型のものがあります。そのような商品の満期受取額を求めるには、FVSCHEDULE関数を使用します。ここでは、半年複利の変動金利型の定期預金に100万円を3年間預けた場合の満期受取額を求めます。その場合、半年ごとの利率を並べて入力しておき、引数「利率配列」に指定します。預金商品の利率が年利で与えられた場合は、2で割った値を指定する必要があります。

変動金利型の定期預金の3年後の満期受取額を求める

入力セル C3　入力式 =FVSCHEDULE(A3,B3:B8)

C3　=FVSCHEDULE(A3,B3:B8)

	A	B	C	D	E	F
1	利率変動型定期預金　満期受取額計算					
2	元金	利率	満期受取額			
3	¥1,000,000	0.15%	¥1,009,537			
4		0.15%				
5		0.20%				
6		0.18%				
7		0.15%				
8		0.12%				

半年ごとの利率を3年分入力しておく

満期受取額が求められた

check!

=FVSCHEDULE(元金, 利率配列)

元金…投資の現在価値を指定。預金の場合は預入額を指定する
利率配列…利率を入力したセル範囲、または配列定数を指定

利率が変動する預金や投資の将来価値を求めます。

memo

▶FV関数など、預金を扱う他の財務関数と異なり、FVSCHEDULE関数では支払額を正の値で指定します。

▶FV関数など、預金を扱う他の財務関数と異なり、FVSCHEDULE関数の戻り値には［通貨］の表示形式が自動で適用されることはありません。必要に応じて手動で設定してください。

関連項目 10.001 財務関数の基礎を理解する →p.696
10.026 半年複利の定期預金の満期受取額を求める →p.726

実務計算

10.031 目標100万円達成に必要な利率を求める

使用関数 RATE（レート）

RATE関数を使用して、目標額に達するために必要な積立預金の利率を求めましょう。ここでは、毎月2万円ずつ4年間積み立てたときに100万円に達するための利率を年利で求めます。月々の積立なので、期間は12を掛けて月数にします。積立月額は支払額なので負数で指定します。頭金はないので、「現在価値」として0を指定します。また、支払期日は期首とします。戻り値は月利になるので、12を掛けて年利とします。

■積立預金の利率を求める

入力セル B5　入力式 =RATE(B2*12,B3,0,B4,1)*12

B5　=RATE(B2*12,B3,0,B4,1)*12

	A	B	C	D	E	F
1	積立預金	年利計算				
2	積立期間（年）	4				
3	積立月額	¥-20,000				
4	満期受取額	¥1,000,000				
5	年利	1.99%				
6						

100万円貯めるのに必要な年利は1.99%とわかる

check!

=RATE(期間, 定期支払額, 現在価値 [, 将来価値] [, 支払期日] [, 推定値]) → 10.009

memo

▶RATE関数の戻り値には、小数点以下の桁数が「0」の「パーセンテージ」の表示形式が自動設定されます。そのため、結果が1%に満たない場合に「0%」と表示されます。そのようなときは、［ホーム］タブの［数値］グループにある［小数点以下の表示桁数を増やす］ボタンを使用して、小数点以下の桁を表示してください。

関連項目 10.001 財務関数の基礎を理解する →p.696

実務計算

10.032 実効年利率を求める

使用関数 EFFECT（エフェクト）

同じ年利でも、複利の間隔が異なると、実質的な利率が変わります。この実質的な利率を「実効年利率」と呼び、それに対して元の名目上の年利のことを「名目年利率」と呼びます。実効年利率は、EFFECT関数を使用して求めます。ここでは、年利0.15%として、1カ月複利、半年複利、1年複利の場合について実効年利率を求めます。求めた結果を比べると、複利計算の回数が多いほど実効年利率が高くなることがわかります。

■実効年利率を求める

入力セル B6　入力式 =EFFECT($B$2,B5)

B6　=EFFECT($B$2,B5)

	A	B	C	D	E	F
1	実効年利率の計算					
2	名目年利率	0.40%				
3						
4		1カ月複利	半年複利	1年複利		
5	複利計算回数/年	12	2	1		
6	実効年利率	0.4007%	0.4004%	0.4000%		
7						

セルB6に数式を入力して、セルD6までコピー

1カ月複利の実効年利率が最も高い

check!

=EFFECT(名目年利率, 複利計算回数)

名目年利率…名目年利率を指定
複利計算回数…1年あたりの複利計算回数を指定。1年複利なら1、半年複利なら2、1カ月複利なら12となる

指定された「名目年利率」と1年あたりの「複利計算回数」を元に実効年利率を返します。

memo

▶名目年利率0.4%の半年複利の定期預金に100万円を預ける場合、半年後の元利合計は「1,000,000×(1+0.004÷2)＝1,002,000」になります。これが次の元金となり、次の半年後の元利合計は「1,002,000×(1+0.004÷2)＝1,004,004」になります。100万円に対して1年後に4004円の利息が付くので実効年利率は0.4004%になります。

関連項目 10.031 目標100万円達成に必要な利率を求める →p.731
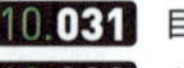 名目年利率を求める →p.733

実務計算

10.033 名目年利率を求める

使用関数 NOMINAL(ノミナル)

10.032 でEFFECT関数を使用して、名目年利率から実効年利率を求めました。反対に実効年利率から名目年利率を求めるにはNOMINAL関数を使用します。ここでは、実効年利率が0.4004%、半年複利の場合の名目年利率を求めます。

名目年利率を求める

入力セル B4　入力式 =NOMINAL(B2,B3)

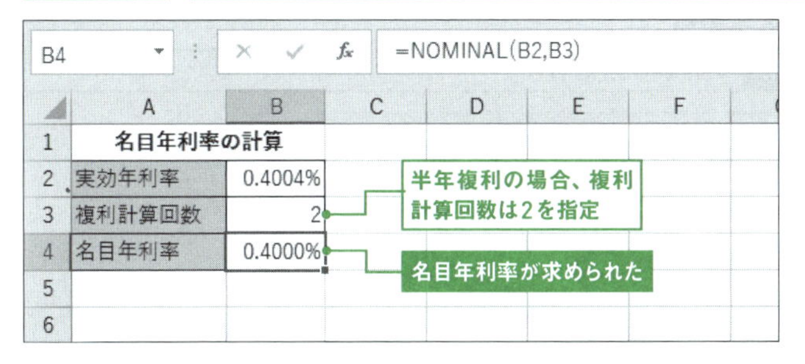

check!

=NOMINAL(実効年利率, 複利計算回数)

実効年利率…実効年利率を指定

複利計算回数…1年あたりの複利計算回数を指定。1年複利なら1、半年複利なら2、1カ月複利なら12となる

指定された「実効年利率」と1年あたりの「複利計算回数」を元に名目年利率を返します。

memo

▶NOMINAL関数とEFFECT関数の関係は、次の等式で表されます。

$$実効年利率 = \left(1+\frac{名目年利率}{複利計算回数}\right)^{複利計算回数} - 1$$

関連項目 10.031 目標100万円達成に必要な利率を求める →p.731
10.032 実効年利率を求める →p.732

10.034 定期的なキャッシュフローから正味現在価値を求める(初期投資が期末の場合)

使用関数 NPV（ネット・プレゼント・バリュー）

NPV関数を使用すると、各期の現金収入（キャッシュフロー）を元に、正味現在価値を計算できます。正味現在価値とは、将来の現金収支を現在の価値に換算したものです。ここでは100万円の初期投資に対して、その後の各年の収益が10万円、20万円、40万円、65万円見込めるときの正味現在価値を求めます。初期投資と収益の発生は期末とし、割引率は5%とします。

正味現在価値を求める

入力セル D6　入力式 =NPV(D3,B3:B7)

D6　=NPV(D3,B3:B7)

	A	B	C	D
1	正味現在価値を求める（期末払い）			
2	年数	収益見込み		割引率
3	初期投資	-1,000,000		5%
4	初年度	100,000		
5	2年目	200,000		正味現在価値
6	3年目	400,000		¥149,463
7	4年目	650,000		

キャッシュフロー
割引率を入力しておく
正味現在価値が求められた

check!

=NPV(割引率, 値1 [, 値2] ……)

割引率…投資期間に対する割引率を指定
値…定期的に発生する収支の値を指定。支払額は負数、収益額は正数で指定する。値は収支の発生順に指定すること

指定された「割引率」とキャッシュフローの「値」を元に正味現在価値を返します。「数値」は254個まで指定できます。

memo

▶指定した割引率から各年の収益の現在価値を求め、それを合計した値が正味現在価値になります。サンプルの場合、次のような過程で計算されています。

初期投資の現在価値	-952,381	=-1,000,000/(1+5%)
初年度の収益の現在価値	90,703	=100,000/(1+5%)^2
2年目の収益の現在価値	172,768	=200,000/(1+5%)^3
3年目の収益の現在価値	329,081	=400,000/(1+5%)^4
4年目の収益の現在価値	509,292	=650,000/(1+5%)^5
合計（正味現在価値）	149,463	

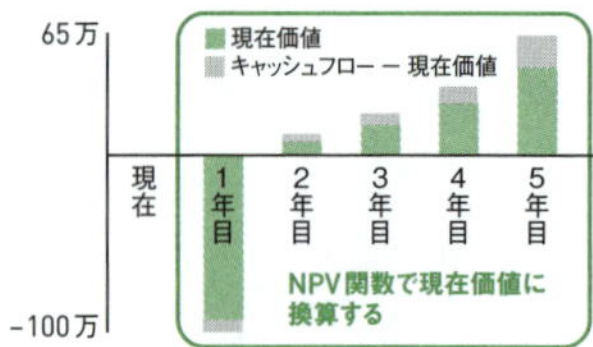

実務計算

10.035 定期的なキャッシュフローから正味現在価値を求める(初期投資が期首の場合)

使用関数 NPV(ネット・プレゼント・バリュー)

10.034では、初期投資も収益も期末に発生するものとして正味現在価値を求めましたが、初期投資は初年度の期首払いとするほうが自然です。その場合、初期投資の現在価値を割り引いて考えなくてよいので、初期投資額はNPV関数の引数に含めずに、NPV関数の戻り値に別途加算します。ここでは、100万円の初期投資に対して、その後の各年の収益が10万円、20万円、40万円、65万円見込めるときの正味現在価値を求めます。割引率は5%とします。

正味現在価値を求める

入力セル D6　入力式 =NPV(D3,B4:B7)+B3

	A	B	C	D
1	正味現在価値を求める(期首払い)			
2	年数	収益見込み		割引率
3	初期投資	-1,000,000		5%
4	初年度	100,000		
5	2年目	200,000		正味現在価値
6	3年目	400,000		¥156,936
7	4年目	650,000		

キャッシュフロー

割引率を入力しておく

正味現在価値が求められた

check!

=NPV(割引率, 値1 [, 値2] ……) → 10.034

memo

▶割引率には、将来の現金の価値を現在の現金の価値に換算する際の年利を指定します。初期投資の金額を安全な金融商品で運用する際の利率などを参考に決定します。投資のリスクが高い場合、割引率は高めに設定します。

▶初期投資が期首の場合、指定した割引率から各年の収益の現在価値を求め、その合計値に初期投資額を加算した値が正味現在価値になります。サンプルの場合、次のような過程で計算されています。

初期投資の現在価値	-1,000,000	
初年度の収益の現在価値	95,238	=100,000/(1+5%)
2年目の収益の現在価値	181,406	=200,000/(1+5%)^2
3年目の収益の現在価値	345,535	=400,000/(1+5%)^3
4年目の収益の現在価値	534,757	=650,000/(1+5%)^4
合計(正味現在価値)	156,936	

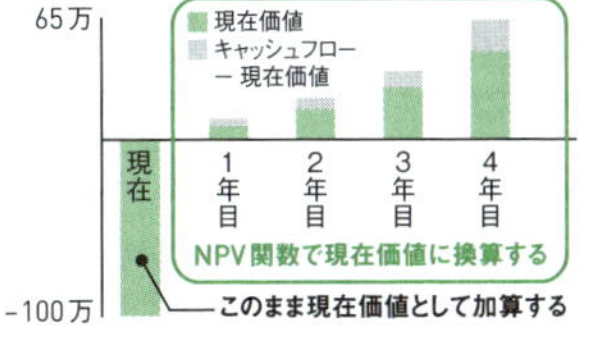

実務計算

10.036 定期的なキャッシュフローから内部利益率を求める

使用関数 IRR（アイ・アール・アール）

IRR関数を使用すると、「内部利益率」を求めることができます。内部利益率とは、投資に対する収益率を表し、正味現在価値と並んで投資判断の指標として使われます。ここでは、2つの投資案件について内部利益率を求め、どちらの利回り（期間あたりの収益率）が高いか調べます。両案件とも得られる収益は140万円で同じですが、計算の結果、案件Aのほうが利回りがよいことがわかります。

■内部利益率を求める

入力セル B8　入力式 =IRR(B3:B7)

B8　=IRR(B3:B7)

	A	B	C
1	内部利益率の計算		（万円）
2	年	案件A	案件B
3	現在	-100	-100
4	1年目	20	0
5	2年目	30	5
6	3年目	40	35
7	4年目	50	100
8	IRR	12.8%	9.6%

セルB8に数式を入力して、セルC8にコピー

内部利益率が求められた

check!

=IRR(範囲 [, 推定値])

範囲…定期的に発生する支払い（負数）と収益（正数）を発生順に入力したセル範囲、または配列を指定。「範囲」内には負数と正数がそれぞれ1つ以上含まれている必要がある

推定値…IRR関数の戻り値に近いと思われる数値を指定。省略した場合は10%が指定されたとみなされる。IRR関数では、「推定値」を初期値として誤差が小さくなるように反復計算を行って結果を求める

定期的なキャッシュフローに対する内部利益率を求めます。反復計算を20回実行した時点で解が見つからない場合は [#NUM!] が返されます。

memo

▶内部利益率は、正味現在価値を0にするための割引率に等しくなります。つまり、NPV関数の第1引数「割引率」に内部利益率を指定すると、NPV関数の戻り値が0になります。

▶IRR関数の結果は、整数のパーセンテージで表示されます。小数点以下を表示したい場合は、10.037 のmemoを参照してください。

実務計算

10.037 定期的なキャッシュフローから修正内部利益率を求める

使用関数 MIRR（モディファイド・アイ・アール・アール）

IRR関数では定期的なキャッシュフローのデータのみから内部利益率を求めますが、MIRR関数を使用すると他の条件を加味した修正内部利益率を求めることができます。加味できる条件は、初期投資で現金を借入したときの利率、および収益を再投資することにより得られる利率の2つです。前者の利率は「安全利率」、後者の利率は「危険利率」という引数で指定します。

修正内部利益率を求める

入力セル D7　入力式 =MIRR(B3:B7,D3,D5)

D7　=MIRR(B3:B7,D3,D5)

	A	B	C	D	E	F
1	修正内部利益率を求める					
2	年数	収益見込み		借入利率		
3	初期投資	-1,000,000		8%		
4	初年度	100,000		再投資利率		
5	2年目	200,000		12%		
6	3年目	400,000		修正内部利益率		
7	4年目	650,000		10.5%		
8						

借入利率と再投資利率を入力しておく

修正内部利益率が求められた

check!

=MIRR(範囲, 安全利率, 危険利率)

範囲…定期的に発生する支払い（負数）と収益（正数）を発生順に入力したセル範囲、または配列を指定。「範囲」内には負数と正数がそれぞれ1つ以上含まれている必要がある

安全利率…支払額（負のキャッシュフロー）に対する利率を指定

危険利率…収益額（正のキャッシュフロー）に対する利率を指定

一定の定期的なキャッシュフローに対して、投資に対する借入利率と収益の再投資による受取利率を考慮した内部利益率を求めます。

memo

▶MIRR関数の結果は、整数のパーセンテージで表示されます。小数点以下を表示したい場合は、[ホーム]タブの[数値]グループにある[小数点以下の表示桁数を増やす]ボタンをクリックしてください。

10.035 定期的なキャッシュフローから正味現在価値を求める（初期投資が期首の場合） →p.735
10.036 定期的なキャッシュフローから内部利益率を求める →p.736

実務計算

10.038 不定期なキャッシュフローから正味現在価値を求める

使用関数 XNPV（エクストラ・ネット・プレゼント・バリュー）

不定期なキャッシュフローから正味現在価値を求めるには、XNPV関数を使用します。この関数では、日付と収支データの組から正味現在価値を計算します。ここでは100万円の初期投資に対して、その後不定期に10万円、20万円、40万円、65万円の収益が見込まれる場合の正味現在価値を計算します。割引率は5%とします。

正味現在価値を求める

入力セル D6　入力式 =XNPV(D3,B3:B7,A3:A7)

D6　=XNPV(D3,B3:B7,A3:A7)

	A	B	C	D
1	正味現在価値を求める（不定期）			
2	日付	収益見込み		割引率
3	2015/4/1	-1,000,000		5%
4	2015/10/31	100,000		
5	2015/12/28	200,000		正味現在価値
6	2016/5/31	400,000		¥269,607
7	2016/10/30	650,000		
8				

キャッシュフロー
割引率を入力しておく
正味現在価値が求められた

check!

=XNPV(割引率, キャッシュフロー , 日付)

割引率…キャッシュフローに適用する割引率を指定
キャッシュフロー…不定期に発生する収支の値を指定。支払額は負数、収益額は正数で指定する
日付…「キャッシュフロー」の値に対応する日付を指定。最初の日付は先頭に指定する必要がある。以降の日付の指定順序は自由

指定された「割引率」と「キャッシュフロー」「日付」を元に正味現在価値を返します。

memo

▶XNPV関数は、次の式で表されます。式中の「n」はキャッシュフローの数、「d_i」はi回目の支払日とします。

$$XNPV = \sum_{i=0}^{n} \frac{値_i}{(1+割引率)^{\left(\frac{d_i - d_1}{365}\right)}}$$

関連項目
10.035 定期的なキャッシュフローから正味現在価値を求める（初期投資が期首の場合） →p.735
10.039 不定期なキャッシュフローから内部利益率を求める →p.739

 実務計算

10.039 不定期なキャッシュフローから内部利益率を求める

使用関数 XIRR（エクストラ・アイ・アール・アール）

不定期なキャッシュフローから内部利益率を求めるには、XIRR関数を使用します。この関数では、日付と収支データの組から内部利益率を計算します。ここでは100万円の初期投資に対して、その後不定期に10万円、20万円、40万円、65万円の収益が見込まれる場合の内部利益率を計算します。

内部利益率を求める

入力セル B8　入力式 =XIRR(B3:B7,A3:A7)

B8　=XIRR(B3:B7,A3:A7)

	A	B	C	D	E	F
1	内部利益率を求める（不定期）					
2	日付	収益見込み				
3	2015/4/1	-1,000,000				
4	2015/10/31	100,000				
5	2015/12/28	200,000				
6	2016/5/31	400,000				
7	2016/10/30	650,000				
8	内部利益率	27.2%				
9						

キャッシュフロー

内部利益率が求められた

check!

=XIRR(範囲, 日付 [, 推定値])

範囲…不定期に発生する収支の値を指定。支払額は負数、収益額は正数で指定する。「範囲」内には負数と正数がそれぞれ1つ以上含まれている必要がある

日付…「キャッシュフロー」の値に対応する日付を指定。最初の日付は先頭に指定する必要がある。以降の日付の指定順序は自由

推定値…XIRR関数の戻り値に近いと思われる数値を指定。省略した場合は10%が指定されたとみなされる。XIRR関数では、「推定値」を初期値として誤差が小さくなるように反復計算を行って結果を求める

指定された「範囲」「日付」を元に内部利益率を返します。

関連項目
10.036 定期的なキャッシュフローから内部利益率を求める →p.736
10.038 不定期なキャッシュフローから正味現在価値を求める →p.738

実務計算

10.040 割引債の年利回りを求める(YIELDDISC関数)

使用関数 YIELDDISC(イールド・ディスカウント)

YIELDDISC関数を使用すると、割引債の満期日受取額と購入時の価格から年利回りを求めることができます。ここでは、償還価額100の割引債を2015年10月1日に現在価格95で購入し、満期日の2016年10月1日まで保有した場合の年利回りを計算します。

割引債の利回りを求める

入力セル E3　入力式 =YIELDDISC(A3,B3,C3,D3,1)

E3 =YIELDDISC(A3,B3,C3,D3,1)

	A	B	C	D	E	F
1	割引債の利回りを求める					
2	受渡日	満期日	現在価格	償還価額	利回り	
3	2015/10/1	2016/10/1	95.00	100.00	5.26%	
4						

年利回りが求められた

check!

=YIELDDISC(受渡日, 満期日, 現在価格, 償還価額 [, 基準])

受渡日…債券の購入日を指定
満期日…債券の満期日(償還日)を指定
現在価格…債券の購入時の価格を額面100に対する値で指定
償還価額…債券の満期日受取額を額面100に対する値で指定
基準…基準日数を次表の値で指定

割引債の年利回りを求めます。

基準	基準日数(月/年)
0または省略	30日/360日(NASD方式)
1	実際の日数/実際の日数
2	実際の日数/360日
3	実際の日数/365日
4	30日/360日(ヨーロッパ方式)

memo

▶割引債とは、利息が支払われない代わりに利息相当額を額面から割り引いて発行される債券です。満期日には額面どおりの金額を受け取れます。新規に発行された新発債と途中転売された既発債があります。

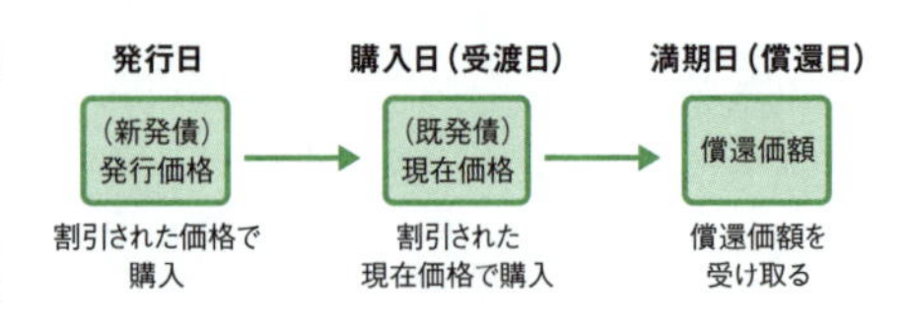

実務計算

10.041 割引債の年利回りを求める（INTRATE関数）

使用関数 INTRATE（イントレート）

10.040で紹介したYIELDDISC関数の他に、INTRATE関数を使用しても、割引債の満期日受取額と購入時の価格から年利回りを求めることができます。ここでは償還価額100の割引債を2015年10月1日に現在価格95で購入し、満期日の2016年10月1日まで保有した場合の年利回りを計算します。

割引債の利回りを求める

入力セル E3　入力式 =INTRATE(A3,B3,C3,D3,1)

E3　=INTRATE(A3,B3,C3,D3,1)

	A	B	C	D	E	F
1	割引債の利回りを求める					
2	受渡日	満期日	現在価格	償還価額	利回り	
3	2015/10/1	2016/10/1	95.00	100.00	5.26%	
4						

年利回りが求められた

check!

=INTRATE(受渡日, 満期日, 投資額, 償還価額 [, 基準])

受渡日…債券の購入日を指定

満期日…債券の満期日（償還日）を指定

投資額…債券の購入時の価格を指定

償還価額…債券の満期日受取額を指定

基準…基準日数を次表の値で指定

基準	基準日数（月／年）
0または省略	30日／360日（NASD方式）
1	実際の日数／実際の日数
2	実際の日数／360日
3	実際の日数／365日
4	30日／360日（ヨーロッパ方式）

割引債の年利回りを求めます。

memo

▶引数の「受渡日」には、割引債が発行された日付ではなく、割引債を購入した日付を指定します。

関連項目 10.040 割引債の年利回りを求める（YIELDDISC関数） →p.740

実務計算

10.042 割引債の現在価格を求める

使用関数 PRICEDISC（プライス・ディスカウント）

割引債の割引率と満期日受取額から現在価格を求めるには、PRICEDISC関数を使用します。ここでは、割引率5%、償還価額100、満期日2016年10月1日の割引債を2015年10月1日に購入した場合の現在価格を求めます。

割引債の現在価格を求める

入力セル E3　入力式 =PRICEDISC(A3,B3,C3,D3,1)

E3　=PRICEDISC(A3,B3,C3,D3,1)

	A	B	C	D	E	F
1	割引債の現在価格を求める					
2	受渡日	満期日	割引率	償還価額	現在価格	
3	2015/10/1	2016/10/1	5.00%	100.00	95.00	
4						

現在価格が求められた

check!

=PRICEDISC(受渡日, 満期日, 割引率, 償還価額 [, 基準])

受渡日…債券の購入日を指定
満期日…債券の満期日（償還日）を指定
割引率…債券の割引率を指定
償還価額…債券の満期日受取額を額面100に対する値で指定
基準…基準日数を次表の値で指定

基準	基準日数（月／年）
0または省略	30日／360日（NASD方式）
1	実際の日数／実際の日数
2	実際の日数／360日
3	実際の日数／365日
4	30日／360日（ヨーロッパ方式）

割引債の現在価格を額面100に対する値で返します。

関連項目
10.043 割引債の満期日受取額を求める →p.743
10.044 割引債の割引額を求める →p.744

実務計算

10.043 割引債の満期日受取額を求める

使用関数 RECEIVED（レシーブド）

割引債の割引率と投資額から満期日に受け取る金額を求めるには、RECEIVED関数を使用します。ここでは、割引率5%、満期日2016年10月1日の割引債を2015年10月1日に現在価格95で購入した場合の償還価額（満期日受取額）を求めます。

■割引債の満期日受取額を求める

入力セル E3　入力式 =RECEIVED(A3,B3,C3,D3,1)

E3　=RECEIVED(A3,B3,C3,D3,1)

	A	B	C	D	E	F
1	割引債の償還価額を求める					
2	受渡日	満期日	投資額	割引率	償還価額	
3	2015/10/1	2016/10/1	95.00	5.00%	100.00	
4						

満期日受取額が求められた

check!

=RECEIVED(受渡日, 満期日, 投資額, 割引率 [, 基準])

受渡日…債券の購入日を指定
満期日…債券の満期日（償還日）を指定
投資額…債券の投資額を指定
割引率…債券の割引率を指定
基準…基準日数を次表の値で指定

基準	基準日数(月／年)
0または省略	30日／360日(NASD方式)
1	実際の日数／実際の日数
2	実際の日数／360日
3	実際の日数／365日
4	30日／360日(ヨーロッパ方式)

割引債の満期日受取額を求めます。

関連項目
10.042 割引債の現在価格を求める →p.742
10.044 割引債の割引額を求める →p.744

実務計算

10.044 割引債の割引額を求める

使用関数 DISC（ディスカウント）

DISC関数を使用すると、割引債の満期日受取額と購入時の価格から割引率を求めることができます。ここでは、償還価額100、満期日2016年10月1日の割引債を2015年10月1日に現在価格95で購入した場合の割引率を計算します。

割引債の割引率を求める

入力セル E3　入力式 =DISC(A3,B3,C3,D3,1)

E3　=DISC(A3,B3,C3,D3,1)

	A	B	C	D	E	F
1	割引債の割引率を求める					
2	受渡日	満期日	投資額	償還価額	割引率	
3	2015/10/1	2016/10/1	95.00	100.00	5.00%	
4						

割引率が求められた

check!

=DISC(受渡日, 満期日, 現在価格, 償還価額 [, 基準])

受渡日…債券の購入日を指定
満期日…債券の満期日（償還日）を指定
現在価格…債券の購入時の価格を額面100に対する値で指定
償還価額…債券の満期日受取額を額面100に対する値で指定
基準…基準日数を次表の値で指定

基準	基準日数（月／年）
0または省略	30日／360日（NASD方式）
1	実際の日数／実際の日数
2	実際の日数／360日
3	実際の日数／365日
4	30日／360日（ヨーロッパ方式）

割引債の割引率を求めます。

関連項目 10.042 割引債の現在価格を求める →p.742
10.043 割引債の満期日受取額を求める →p.743

実務計算

10.045 定期利付債の利回りを求める

使用関数 YIELD(イールド)

YIELD関数を使用すると、定期利付債の利回りを求めることができます。ここでは、利率2%、償還価額100、利払い年2回の利付債を2016年10月1日に現在価格95で購入し、満期日の2020年4月1日まで保有した場合の利回りを計算します。

定期利付債の利回りを求める

入力セル G3　入力式 =YIELD(A3,B3,C3,D3,E3,F3,1)

G3 =YIELD(A3,B3,C3,D3,E3,F3,1)

	A	B	C	D	E	F	G
1	定期利付債の利回りを求める						
2	受渡日	満期日	利率	現在価格	償還価額	頻度	利回り
3	2016/10/1	2020/4/1	2.00%	95.00	100.00	2	3.53%
4							

利回りが求められた

check!

=YIELD(受渡日, 満期日, 利率, 現在価格, 償還価額, 頻度 [, 基準])

受渡日…債券の購入日を指定
満期日…債券の満期日(償還日)を指定
利率…債券の利率を指定
現在価格…債券の購入時の価格を額面100に対する値で指定
償還価額…債券の満期日受取額を額面100に対する値で指定
頻度…年間の利息支払い回数を指定
基準…基準日数を次表の値で指定

定期利付債の利回りを求めます。

基準	基準日数(月／年)
0または省略	30日／360日(NASD方式)
1	実際の日数／実際の日数
2	実際の日数／360日
3	実際の日数／365日
4	30日／360日(ヨーロッパ方式)

memo

▶「定期利付債」とは、定期的に「クーポン」と呼ばれる利息が支払われる債券です。新規に発行された新発債と、途中転売された既発債があります。

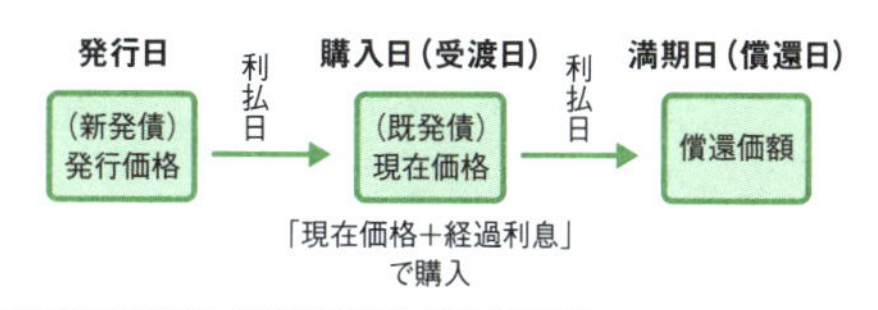

関連項目
10.046 定期利付債の現在価格を求める →p.746
10.047 定期利付債の経過利息を求める →p.747

数式の基本
表の集計
数値処理
日付と時刻
文字列操作
条件判定
表の検索と操作
数学計算
統計計算
財務計算
関数一覧

実務計算

10.046 定期利付債の現在価格を求める

使用関数 PRICE(プライス)

PRICE関数を使用すると、定期利付債の現在価格を求めることができます。ここでは、償還日2020年4月1日、利率2%、利回り3.5%、償還価額100、利払い年2回の利付債を2016年10月1日に購入する場合の現在価格を計算します。

■定期利付債の現在価格を求める

入力セル G3　入力式 =PRICE(A3,B3,C3,D3,E3,F3,1)

G3　=PRICE(A3,B3,C3,D3,E3,F3,1)

	A	B	C	D	E	F	G	H
1	定期利付債の現在価格を求める							
2	受渡日	満期日	利率	利回り	償還価額	頻度	現在価格	
3	2016/10/1	2020/4/1	2.00%	3.50%	100.00	2	95.10	
4								
5								

現在価格が求められた

check!

=PRICE(受渡日, 満期日, 利率, 利回り, 償還価額, 頻度 [, 基準])

受渡日…債券の購入日を指定
満期日…債券の満期日(償還日)を指定
利率…債券の利率を指定
利回り…債券の利回りを指定
償還価額…債券の満期日受取額を額面100に対する値で指定
頻度…年間の利息支払い回数を指定
基準…基準日数を次表の値で指定

基準	基準日数(月/年)
0または省略	30日/360日(NASD方式)
1	実際の日数/実際の日数
2	実際の日数/360日
3	実際の日数/365日
4	30日/360日(ヨーロッパ方式)

定期利付債の現在価格を額面100に対する値で返します。

関連項目
10.045 定期利付債の利回りを求める →p.745
10.047 定期利付債の経過利息を求める →p.747

実務計算

10.047 定期利付債の経過利息を求める

使用関数 ACCRINT（アクルード・インタレスト）

ACCRINT関数を使用すると、定期利付債の経過利息を求めることができます。ここでは、発行日2014年10月1日、利率2%、償還価額100、利払い年2回の利付債を2016年10月1日に購入した場合の経過利息を計算します。

定期利付債の経過利息を求める

入力セル H3　入力式 =ACCRINT(A3,B3,C3,D3,E3,F3,1,G3)

H3　=ACCRINT(A3,B3,C3,D3,E3,F3,1,G3)

	A	B	C	D	E	F	G	H
1	定期利付債の経過利息を求める							
2	発行日	初回利払日	受渡日	利率	額面	頻度	計算方式	経過利息
3	2014/10/1	2015/2/1	2016/10/1	2.00%	100.00	2	TRUE	4.00
4	2014/10/1	2015/2/1	2016/10/1	2.00%	100.00	2	FALSE	3.97
5								
6								

経過利息が求められた

check!

=ACCRINT(発行日, 初回利払日, 受渡日, 利率, 額面, 頻度 [, 基準] [, 計算方式])

発行日…債券の発行日を指定
初回利払日…利息が最初に支払われる日付を指定
受渡日…債券の購入日を指定
利率…債券の利率を指定
額面…債券の額面価格を指定
頻度…年間の利息支払い回数を指定
基準…基準日数を次表の値で指定
計算方式…発行日から受渡日までの経過利息を求める場合はTRUE、初回利払日から受渡日までの経過利息を求めるにはFALSEを指定。省略した場合はTRUEが指定されたものとみなされる

基準	基準日数(月／年)
0または省略	30日／360日(NASD方式)
1	実際の日数／実際の日数
2	実際の日数／360日
3	実際の日数／365日
4	30日／360日(ヨーロッパ方式)

定期利付債の経過利息を求めます。

10.045 定期利付債の利回りを求める →p.745
10.046 定期利付債の現在価格を求める →p.746

実務計算

10.048 定期利付債の受渡日直前の利払日を求める

使用関数 COUPPCD(クーポン・ピー・シー・ディー)

COUPPCD関数を使用すると、定期利付債の受渡日直前の利払日を求めることができます。ここでは、償還日(満期日)が2020年6月1日の利付債を2016年2月1日、4月1日、6月1日に購入した場合について、それぞれ直前の利払日を求めます。利払いの頻度は年4回とします。なお、戻り値はシリアル値と呼ばれる数値で表示されるので、01.035を参考に日付の表示形式を設定してください。

■受渡日直前の利払日を求める

入力セル D3　入力式 =COUPPCD(A3,B3,C3,1)

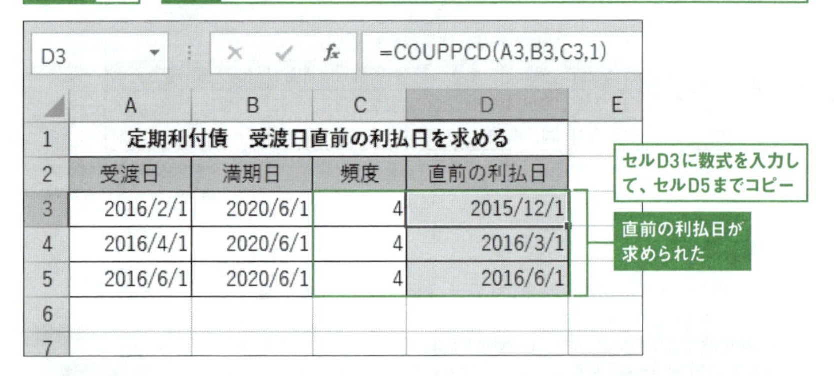

check!

=COUPPCD(受渡日, 満期日, 頻度 [, 基準])

受渡日…債券の購入日を指定
満期日…債券の満期日(償還日)を指定
頻度…年間の利息支払い回数を指定。年1回の場合は1、半年ごとの場合は2、四半期ごとの場合は4を指定する
基準…基準日数を次表の値で指定

基準	基準日数(月／年)
0または省略	30日／360日(NASD方式)
1	実際の日数／実際の日数
2	実際の日数／360日
3	実際の日数／365日
4	30日／360日(ヨーロッパ方式)

定期利付債の受渡日以前で最も近い利払日を返します。

関連項目 10.049 定期利付債の受渡日直後の利払日を求める →p.749

 実務計算

10.049 定期利付債の受渡日直後の利払日を求める

使用関数 クーポン・エヌ・シー・ディー COUPNCD

COUPNCD関数を使用すると、定期利付債の受渡日直後の利払日を求めることができます。ここでは、償還日（満期日）が2020年6月1日の利付債を2016年2月1日、4月1日、6月1日に購入した場合について、それぞれ直後の利払日を求めます。利払いの頻度は年4回とします。なお、戻り値はシリアル値と呼ばれる数値で表示されるので、01.035を参考に日付の表示形式を設定してください。

■受渡日直後の利払日を求める

入力セル D3　入力式 =COUPNCD(A3,B3,C3,1)

D3　=COUPNCD(A3,B3,C3,1)

	A	B	C	D	E
1	定期利付債　受渡日直後の利払日を求める				
2	受渡日	満期日	頻度	直後の利払日	
3	2016/2/1	2020/6/1	4	2016/3/1	
4	2016/4/1	2020/6/1	4	2016/6/1	
5	2016/6/1	2020/6/1	4	2016/9/1	
6					
7					

セルD3に数式を入力して、セルD5までコピー

直後の利払日が求められた

check!

=COUPNCD(受渡日, 満期日, 頻度 [, 基準])

受渡日…債券の購入日を指定
満期日…債券の満期日（償還日）を指定
頻度…年間の利息支払い回数を指定。年1回の場合は1、半年ごとの場合は2、四半期ごとの場合は4を指定する
基準…基準日数を次表の値で指定

基準	基準日数(月/年)
0または省略	30日／360日(NASD方式)
1	実際の日数／実際の日数
2	実際の日数／360日
3	実際の日数／365日
4	30日／360日(ヨーロッパ方式)

定期利付債の受渡日以降で最も近い利払日を返します。

関連項目 10.048 定期利付債の受渡日直前の利払日を求める →p.748

実務計算

10.050 定期利付債の受渡日から満期日までの利払回数を求める

使用関数 COUPNUM（クーポン・ナンバー）

COUPNUM関数を使用すると、定期利付債の受渡日と満期日の間に、何回利息が支払われるかを求めることができます。ここでは、償還日（満期日）が2020年6月1日の利付債を2016年2月1日、4月1日、6月1日に購入した場合について、利払回数を求めます。なお、利払いの頻度は年4回とします。

受渡日から満期日までの利払回数を求める

入力セル D3　入力式 =COUPNUM(A3,B3,C3,1)

D3　=COUPNUM(A3,B3,C3,1)

	A	B	C	D	E	F
1	受渡日から満期日までの利払回数を求める					
2	受渡日	満期日	頻度	利払回数		
3	2016/2/1	2020/6/1	4	18		
4	2016/4/1	2020/6/1	4	17		
5	2016/6/1	2020/6/1	4	16		
6						
7						

セルD3に数式を入力して、セルD5までコピー

利払回数が求められた

check!

=COUPNUM(受渡日, 満期日, 頻度 [, 基準])

受渡日…債券の購入日を指定
満期日…債券の満期日（償還日）を指定
頻度…年間の利息支払い回数を指定。年1回の場合は1、半年ごとの場合は2、四半期ごとの場合は4を指定する
基準…基準日数を次表の値で指定

基準	基準日数(月／年)
0または省略	30日／360日(NASD方式)
1	実際の日数／実際の日数
2	実際の日数／360日
3	実際の日数／365日
4	30日／360日(ヨーロッパ方式)

定期利付債の受渡日から満期日までに利息が支払われる回数を返します。

関連項目 10.048 定期利付債の受渡日直前の利払日を求める →p.748
10.049 定期利付債の受渡日直後の利払日を求める →p.749

実務計算

10.051 定期利付債の受渡日を含む利払期間の日数を求める

使用関数 COUPDAYS（クーポンデイズ）

COUPDAYS関数を使用すると、定期利付債の受渡日を含む利払期間の日数を求めることができます。ここでは、償還日（満期日）が2020年6月1日の利付債を2016年2月1日、4月1日、6月1日に購入した場合について、それぞれ利払日数を求めます。利払いの頻度は年4回とします。

受渡日を含む利払期間の日数を求める

入力セル D3　入力式 =COUPDAYS(A3,B3,C3,1)

D3　=COUPDAYS(A3,B3,C3,1)

	A	B	C	D
1	受渡日を含む利払期間の日数を求める			
2	受渡日	満期日	頻度	日数
3	2016/2/1	2020/6/1	4	91
4	2016/4/1	2020/6/1	4	92
5	2016/6/1	2020/6/1	4	92

セルD3に数式を入力して、セルD5までコピー

受渡日を含む利払期間の日数が求められた

check!

=COUPDAYS(受渡日, 満期日, 頻度 [, 基準])

受渡日…債券の購入日を指定
満期日…債券の満期日（償還日）を指定
頻度…年間の利息支払い回数を指定。年1回の場合は1、半年ごとの場合は2、四半期ごとの場合は4を指定する
基準…基準日数を次表の値で指定

基準	基準日数（月／年）
0または省略	30日／360日（NASD方式）
1	実際の日数／実際の日数
2	実際の日数／360日
3	実際の日数／365日
4	30日／360日（ヨーロッパ方式）

定期利付債の受渡日を含む利払期間の日数を返します。

memo

▶COUPDAYS関数では、受渡日直前の利払日から受渡日直後の利払日までの日数を求めます。次の数式を使用しても、同じ結果になります。

=COUPNCD(A3,B3,C3,1)-COUPPCD(A3,B3,C3,1)

実務計算

10.052 定期利付債の直前の利払日から受渡日までの日数を求める

使用関数 COUPDAYBS（クーポンデイ・ビー・エス）

COUPDAYBS関数を使用すると、定期利付債の受渡日直前の利払日から受渡日までの日数を求めることができます。ここでは、償還日（満期日）が2020年6月1日の利付債を2016年2月1日、4月1日、6月1日に購入した場合について、それぞれ日数を求めます。利払いの頻度は年4回とします。

■直前の利払日から受渡日までの日数を求める

入力セル D3　入力式 =COUPDAYBS(A3,B3,C3,1)

	A	B	C	D
1	直前の利払日から受渡日までの日数を求める			
2	受渡日	満期日	頻度	日数
3	2016/2/1	2020/6/1	4	62
4	2016/4/1	2020/6/1	4	31
5	2016/6/1	2020/6/1	4	0

セルD3に数式を入力して、セルD5までコピー

各日数が求められた

check!

=COUPDAYBS(受渡日, 満期日, 頻度 [, 基準])

受渡日…債券の購入日を指定
満期日…債券の満期日（償還日）を指定
頻度…年間の利息支払い回数を指定。年1回の場合は1、半年ごとの場合は2、四半期ごとの場合は4を指定する
基準…基準日数を次表の値で指定

定期利付債の受渡日直前の利払日から受渡日までの日数を返します。

基準	基準日数（月／年）
0または省略	30日／360日（NASD方式）
1	実際の日数／実際の日数
2	実際の日数／360日
3	実際の日数／365日
4	30日／360日（ヨーロッパ方式）

memo

▶COUPDAYBS関数では、受渡日直前の利払日から受渡日までの日数を求めます。受渡日直前の利払日はCOUPPCD関数で求められるので、次の数式を使用しても、同じ結果になります。

=A3-COUPPCD(A3,B3,C3,1)

 実務計算

10.053 定期利付債の受渡日から直後の利払日までの日数を求める

使用関数 クーポンデイ・エス・エヌ・シー COUPDAYSNC

COUPDAYSNC関数を使用すると、定期利付債の受渡日から直後の利払日までの日数を求めることができます。ここでは、償還日（満期日）が2020年6月1日の利付債を2016年2月1日、4月1日、6月1日に購入した場合について、それぞれ日数を求めます。利払いの頻度は年4回とします。

受渡日から直後の利払日までの日数を求める

入力セル D3　入力式 =COUPDAYSNC(A3,B3,C3,1)

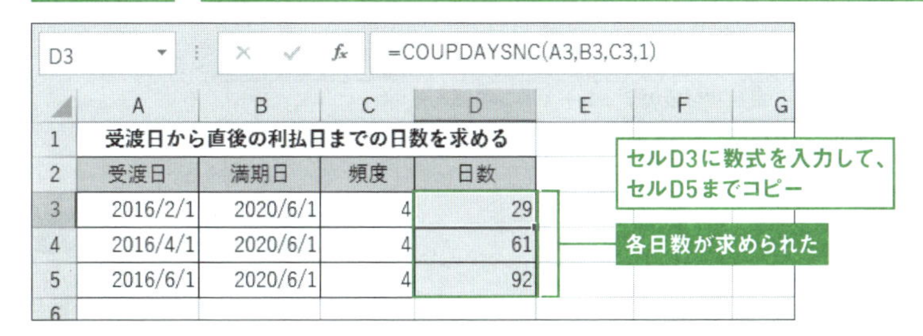

check!

=COUPDAYSNC(受渡日, 満期日, 頻度 [, 基準])

受渡日…債券の購入日を指定
満期日…債券の満期日（償還日）を指定
頻度…年間の利息支払い回数を指定。年1回の場合は1、半年ごとの場合は2、四半期ごとの場合は4を指定する
基準…基準日数を次表の値で指定

定期利付債の受渡日から直後の利払日までの日数を返します。

基準	基準日数（月／年）
0または省略	30日／360日（NASD方式）
1	実際の日数／実際の日数
2	実際の日数／360日
3	実際の日数／365日
4	30日／360日（ヨーロッパ方式）

memo

▶COUPDAYSNC関数では、受渡日から直後の利払日までの日数を求めます。受渡日直後の利払日はCOUPNCD関数で求められるので、次の数式を使用しても、同じ結果になります。

=COUPNCD(A3,B3,C3,1)−A3

実務計算

10.054 定期利付債のデュレーションを求める

使用関数 DURATION（デュレーション）

DURATION関数を使用すると、定期利付債のデュレーション（平均回収期間）を求めることができます。ここでは、償還日2020年4月1日、利率2%、利回り3%、利払い年2回の利付債を2016年10月1日に購入した場合のデュレーションを計算します。

■ 定期利付債のデュレーションを求める

入力セル F3　入力式 =DURATION(A3,B3,C3,D3,E3,1)

F3　=DURATION(A3,B3,C3,D3,E3,1)

	A	B	C	D	E	F	G
1	定期利付債のデュレーションを求める						
2	受渡日	満期日	利率	利回り	頻度	デュレーション	
3	2016/10/1	2020/4/1	2.00%	3.00%	2	3.40	
4							
5							

デュレーションが求められた

check!

=DURATION(受渡日, 満期日, 利率, 利回り, 頻度 [, 基準])

受渡日…債券の購入日を指定
満期日…債券の満期日（償還日）を指定
利率…債券の利率を指定
利回り…債券の利回りを指定
頻度…年間の利息支払い回数を指定
基準…基準日数を次表の値で指定

基準	基準日数（月／年）
0または省略	30日／360日（NASD方式）
1	実際の日数／実際の日数
2	実際の日数／360日
3	実際の日数／365日
4	30日／360日（ヨーロッパ方式）

定期利付債のデュレーションを求めます。

関連項目 10.055 定期利付債の修正デュレーションを求める →p.755

実務計算

10.055 定期利付債の修正デュレーションを求める

使用関数 MDURATION(モディファイド・デュレーション)

MDURATION関数を使用すると、定期利付債の修正デュレーション(価格弾力性)を求めることができます。ここでは、償還日2020年4月1日、利率2%、利回り3%、利払い年2回の利付債を2016年10月1日に購入した場合の修正デュレーションを計算します。

定期利付債の修正デュレーションを求める

入力セル F3　入力式 =MDURATION(A3,B3,C3,D3,E3,1)

F3　=MDURATION(A3,B3,C3,D3,E3,1)

	A	B	C	D	E	F	G
1	定期利付債の修正デュレーションを求める						
2	受渡日	満期日	利率	利回り	頻度	修正デュレーション	
3	2016/10/1	2020/4/1	2.00%	3.00%	2	3.35	
4							
5							

修正デュレーションが求められた

check!

=MDURATION(受渡日, 満期日, 利率, 利回り, 頻度 [, 基準])

受渡日…債券の購入日を指定
満期日…債券の満期日(償還日)を指定
利率…債券の利率を指定
利回り…債券の利回りを指定
頻度…年間の利息支払い回数を指定
基準…基準日数を次表の値で指定

基準	基準日数(月/年)
0または省略	30日/360日(NASD方式)
1	実際の日数/実際の日数
2	実際の日数/360日
3	実際の日数/365日
4	30日/360日(ヨーロッパ方式)

定期利付債の修正デュレーションを求めます。

関連項目 10.054 定期利付債のデュレーションを求める →p.754

実務計算

10.056 最初の利払期間が半端な定期利付債の利回りを求める

使用関数 ODDFYIELD（オッド・ファースト・イールド）

ODDFYIELD関数を使用すると、最初の利払期間が半端な定期利付債の利回りを求めることができます。ここでは、下図のような条件の利付債について、利回りを計算します。引数に指定する日付は、「満期日＞初回利払日＞受渡日＞発行日」になっている必要があります。

■ 最初の利払期間が半端な定期利付債の利回りを求める

入力セル E5　入力式 =ODDFYIELD(A3,B3,C3,D3,A5,B5,C5,D5,1)

E5 =ODDFYIELD(A3,B3,C3,D3,A5,B5,C5,D5,1)

	A	B	C	D	E	F
1	最初の利払期間が半端な定期利付債の利回りを求める					
2	受渡日	満期日	発行日	初回利払日		
3	2016/10/1	2026/2/1	2016/9/15	2017/2/1		
4	利率	現在価格	償還価額	頻度	利回り	
5	2.00%	85.00	100.00	2	3.94%	
6						

利回りが求められた

check!

=ODDFYIELD(受渡日, 満期日, 発行日, 初回利払日, 利率, 現在価格, 償還価額, 頻度 [, 基準])

受渡日…債券の購入日を指定
満期日…債券の満期日（償還日）を指定
発行日…債券の発行日を指定
初回利払日…債券の最初の利払日を指定
利率…債券の利率を指定
現在価格…債券の購入時の価格を額面100に対する値で指定
償還価額…債券の満期日受取額を額面100に対する値で指定
頻度…年間の利息支払い回数を指定
基準…基準日数を次表の値で指定

基準	基準日数（月／年）
0または省略	30日／360日（NASD方式）
1	実際の日数／実際の日数
2	実際の日数／360日
3	実際の日数／365日
4	30日／360日（ヨーロッパ方式）

最初の利払期間が半端な定期利付債の利回りを求めます。

実務計算

10.057 最初の利払期間が半端な定期利付債の現在価格を求める

使用関数 ODDFPRICE（オッド・ファースト・プライス）

ODDFPRICE関数を使用すると、最初の利払期間が半端な定期利付債の現在価格を求めることができます。ここでは、下図のような条件の利付債について、現在価格を計算します。引数に指定する日付は、「満期日＞初回利払日＞受渡日＞発行日」になっている必要があります。

最初の利払期間が半端な定期利付債の現在価格を求める

入力セル E5　入力式 =ODDFPRICE(A3,B3,C3,D3,A5,B5,C5,D5,1)

E5　=ODDFPRICE(A3,B3,C3,D3,A5,B5,C5,D5,1)

	A	B	C	D	E	F
1	最初の利払期間が半端な定期利付債の現在価格を求める					
2	受渡日	満期日	発行日	初回利払日		
3	2016/10/1	2026/2/1	2016/9/15	2017/2/1		
4	利率	利回り	償還価額	頻度	現在価格	
5	2.00%	4.00%	100.00	2	84.55	
6						

現在価格が求められた

check!

=ODDFPRICE(受渡日, 満期日, 発行日, 初回利払日, 利率, 利回り, 償還価額, 頻度[, 基準])

受渡日…債券の購入日を指定
満期日…債券の満期日（償還日）を指定
発行日…債券の発行日を指定
初回利払日…債券の最初の利払日を指定
利率…債券の利率を指定
利回り…債券の利回りを指定
償還価額…債券の満期日受取額を額面100に対する値で指定
頻度…年間の利息支払い回数を指定
基準…基準日数を次表の値で指定

基準	基準日数（月／年）
0または省略	30日／360日（NASD方式）
1	実際の日数／実際の日数
2	実際の日数／360日
3	実際の日数／365日
4	30日／360日（ヨーロッパ方式）

最初の利払期間が半端な定期利付債の現在価格を、額面100に対する値で返します。

実務計算

10.058 最後の利払期間が半端な定期利付債の利回りを求める

使用関数 ODDLYIELD（オッド・ラスト・イールド）

ODDLYIELD関数を使用すると、最後の利払期間が半端な定期利付債の利回りを求めることができます。ここでは、下図のような条件の利付債について、利回りを計算します。引数に指定する日付は、「満期日＞受渡日＞最終利払日」になっている必要があります。

最後の利払期間が半端な定期利付債の利回りを求める

入力セル E5　入力式 =ODDLYIELD(A3,B3,C3,A5,B5,C5,D5,1)

E5 =ODDLYIELD(A3,B3,C3,A5,B5,C5,D5,1)

	A	B	C	D	E	F
1	最後の利払期間が半端な定期利付債の利回りを求める					
2	受渡日	満期日	最終利払日			
3	2016/8/1	2017/10/15	2016/4/1			
4	利率	現在価格	償還価額	頻度	利回り	
5	2.00%	97.00	100.00	2	4.60%	
6						

利回りが求められた

check!

=ODDLYIELD(受渡日, 満期日, 最終利払日, 利率, 現在価格, 償還価額, 頻度 [, 基準])

受渡日…債券の購入日を指定
満期日…債券の満期日（償還日）を指定
最終利払日…債券の最後の利払日を指定
利率…債券の利率を指定
現在価格…債券の購入時の価格を額面100に対する値で指定
償還価額…債券の満期日受取額を額面100に対する値で指定
頻度…年間の利息支払い回数を指定
基準…基準日数を次表の値で指定

基準	基準日数（月／年）
0または省略	30日／360日（NASD方式）
1	実際の日数／実際の日数
2	実際の日数／360日
3	実際の日数／365日
4	30日／360日（ヨーロッパ方式）

最後の利払期間が半端な定期利付債の利回りを求めます。

関連項目
10.056 最初の利払期間が半端な定期利付債の利回りを求める →p.756
10.059 最後の利払期間が半端な定期利付債の現在価格を求める →p.759

実務計算

10.059 最後の利払期間が半端な定期利付債の現在価格を求める

使用関数 ODDLPRICE（オッド・ラスト・プライス）

ODDLPRICE関数を使用すると、最後の利払期間が半端な定期利付債の現在価格を求めることができます。ここでは、下図のような条件の利付債について、現在価格を計算します。引数に指定する日付は、「満期日＞受渡日＞最終利払日」になっている必要があります。

最後の利払期間が半端な定期利付債の現在価格を求める

入力セル E5　入力式 =ODDLPRICE(A3,B3,C3,A5,B5,C5,D5,1)

E5　=ODDLPRICE(A3,B3,C3,A5,B5,C5,D5,1)

	A	B	C	D	E	F
1	最後の利払期間が半端な定期利付債の現在価格を求める					
2	受渡日	満期日	最終利払日			
3	2016/8/1	2017/10/15	2016/4/1			
4	利率	利回り	償還価額	頻度	現在価格	
5	2.00%	4.00%	100.00	2	97.67	
6						

現在価格が求められた

check!

=ODDLPRICE(受渡日, 満期日, 最終利払日, 利率, 利回り, 償還価額, 頻度 [, 基準])

受渡日…債券の購入日を指定
満期日…債券の満期日（償還日）を指定
最終利払日…債券の最後の利払日を指定
利率…債券の利率を指定
利回り…債券の利回りを指定
償還価額…債券の満期日受取額を額面100に対する値で指定
頻度…年間の利息支払い回数を指定
基準…基準日数を次表の値で指定

基準	基準日数（月／年）
0または省略	30日／360日（NASD方式）
1	実際の日数／実際の日数
2	実際の日数／360日
3	実際の日数／365日
4	30日／360日（ヨーロッパ方式）

最後の利払期間が半端な定期利付債の現在価格を、額面100に対する値で返します。

関連項目
10.057 最初の利払期間が半端な定期利付債の現在価格を求める →p.757
10.058 最後の利払期間が半端な定期利付債の利回りを求める →p.758

実務計算

10.060 満期利付債の利回りを求める

使用関数 YIELDMAT（イールド・マット）

YIELDMAT関数を使用すると、満期利付債の利回りを求めることができます。ここでは、発行日2010年4月1日、利率2%の満期利付債を2016年10月1日に現在価格90で購入し、満期日の2020年4月1日まで保有した場合の利回りを計算します。

満期利付債の利回りを求める

入力セル F3　入力式 =YIELDMAT(A3,B3,C3,D3,E3,1)

F3　=YIELDMAT(A3,B3,C3,D3,E3,1)

	A	B	C	D	E	F	G
1	満期利付債の利回りを求める						
2	受渡日	満期日	発行日	利率	現在価格	利回り	
3	2016/10/1	2020/4/1	2010/4/1	2.00%	90.00	4.72%	
4							

利回りが求められた

check!

=YIELDMAT(受渡日, 満期日, 発行日, 利率, 現在価格 [, 基準])

受渡日…債券の購入日を指定
満期日…債券の満期日（償還日）を指定
発行日…債券の発行日を指定
利率…債券の利率を指定
現在価格…債券の購入時の価格を額面100に対する値で指定
基準…基準日数を次表の値で指定

基準	基準日数（月／年）
0または省略	30日／360日（NASD方式）
1	実際の日数／実際の日数
2	実際の日数／360日
3	実際の日数／365日
4	30日／360日（ヨーロッパ方式）

満期利付債の利回りを求めます。

memo

▶「満期利付債」とは、発行日から満期日までに付いた利息が、満期日に償還価額と一緒に支払われる債券です。新規に発行された新発債と途中転売された既発債があります。

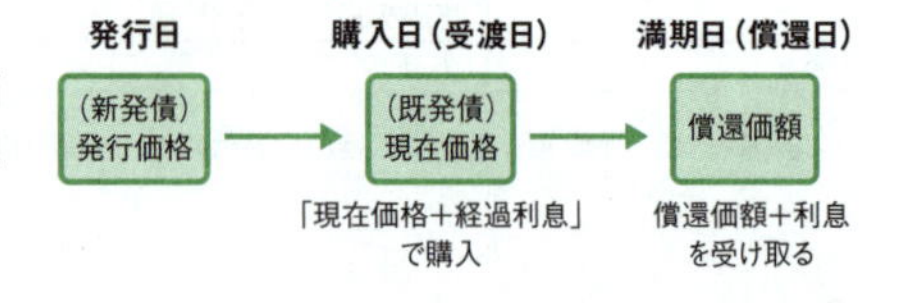

実務計算

10.061 満期利付債の現在価格を求める

使用関数 PRICEMAT（プライス・マット）

PRICEMAT関数を使用すると、満期利付債の現在価格を求めることができます。ここでは、発行日2010年4月1日、償還日2020年4月1日、利率2%、利回り5%の満期利付債を2016年10月1日に購入したときの現在価格を計算します。

満期利付債の現在価格を求める

入力セル F3　入力式 =PRICEMAT(A3,B3,C3,D3,E3,1)

F3 =PRICEMAT(A3,B3,C3,D3,E3,1)

	A	B	C	D	E	F
1	満期利付債の現在価格を求める					
2	受渡日	満期日	発行日	利率	利回り	現在価格
3	2016/10/1	2020/4/1	2010/4/1	2.00%	5.00%	89.13
4						

現在価格が求められた

check!

=PRICEMAT(受渡日, 満期日, 発行日, 利率, 利回り [, 基準])

受渡日…債券の購入日を指定
満期日…債券の満期日（償還日）を指定
発行日…債券の発行日を指定
利率…債券の利率を指定
利回り…債券の利回りを指定
基準…基準日数を次表の値で指定

基準	基準日数(月／年)
0または省略	30日／360日(NASD方式)
1	実際の日数／実際の日数
2	実際の日数／360日
3	実際の日数／365日
4	30日／360日(ヨーロッパ方式)

満期利付債の現在価格を額面100に対する値で返します。

関連項目
10.060 満期利付債の利回りを求める →p.760
10.062 満期利付債の経過利息を求める →p.762

実務計算

10.062 満期利付債の経過利息を求める

使用関数 ACCRINTM(アクルード・インタレスト・マット)

ACCRINTM関数を使用すると、満期利付債の経過利息を求めることができます。ここでは、発行日2010年4月1日、利率2%、償還価額100の利付債を2016年10月1日に購入した場合の経過利息を計算します。

満期利付債の経過利息を求める

入力セル E3　入力式 =ACCRINTM(A3,B3,C3,D3,1)

E3　=ACCRINTM(A3,B3,C3,D3,1)

	A	B	C	D	E	F
1	満期利付債の経過利息を求める					
2	発行日	受渡日	利率	償還価額	経過利息	
3	2010/4/1	2016/10/1	2.00%	100.00	13.00	
4						
5						
6						
7						

経過利息が求められた

check!

=ACCRINTM(発行日, 受渡日, 利率, 償還価額 [, 基準])

発行日…債券の発行日を指定
受渡日…債券の購入日を指定
利率…債券の利率を指定
額面…債券の額面価格を指定
基準…基準日数を次表の値で指定

基準	基準日数(月/年)
0または省略	30日/360日(NASD方式)
1	実際の日数/実際の日数
2	実際の日数/360日
3	実際の日数/365日
4	30日/360日(ヨーロッパ方式)

満期利付債の経過利息を求めます。

関連項目 10.060 満期利付債の利回りを求める →p.760
10.061 満期利付債の現在価格を求める →p.761

付録

関数一覧

Excel関数一覧

関数一覧の見方

関数名 / 関数名の読み方 / 対応バージョン / 本書の参照先

CONVERT コンバート 2013,2010,2007 → 03.070

関数の書式 ―― =CONVERT(数値, 変換前単位, 変換後単位)

関数の説明 ―― 「変換前単位」で表された「数値」を「変換後単位」に換算して返す

※Office 365のExcel 2016は、すべての関数に対応しています。Office 365のExcel 2016のみで使用できる関数には、「<Office 365のExcel 2016のみ対応>」と明記しています。

ABS アブソリュート 2016,2013,2010,2007 → 03.038

=ABS(数値)

「数値」の絶対値を求める

ACCRINT アクルード・インタレスト 2016,2013,2010,2007 → 10.047

=ACCRINT(発行日, 初回利払日, 受渡日, 利率, 額面, 頻度 [, 基準] [, 計算方式])

定期利付債の経過利息を求める

ACCRINTM アクルード・インタレスト・マット 2016,2013,2010,2007 → 10.062

=ACCRINTM(発行日, 受渡日, 利率, 償還価額 [, 基準])

満期利付債の経過利息を求める

ACOS アークコサイン 2016,2013,2010,2007 → 08.022

=ACOS(数値)

「数値」の逆余弦をラジアン単位で求める

ACOSH ハイパボリック・アークコサイン 2016,2013,2010,2007 → 08.029

=ACOSH(数値)

「数値」の双曲線逆余弦を求める

ACOT アークコタンジェント 2016,2013

=ACOT(数値)

「数値」の逆余接を求める

ACOTH ハイパボリック・アークコタンジェント 2016,2013

=ACOTH(数値)

「数値」の双曲線逆余接を求める

ADDRESS アドレス 2016,2013,2010,2007 → 07.029

=ADDRESS(行番号, 列番号, [参照の型] [, 参照形式] [, シート名])

「行番号」「列番号」「シート名」からセル参照の文字列を作成する

AGGREGATE アグリゲイト 2016,2013,2010 → 02.028

=AGGREGATE(集計方法, 除外条件, 範囲1 [, 範囲2] ……)

指定した「集計方法」で「範囲」のデータを集計する

AMORDEGRC アモルティスモン・デグレシフ・コンタビリテ 2016,2013,2010,2007

=AMORDEGRC(取得価額, 購入日, 開始期, 残存価額, 期, 率 [, 年の基準])

フランスの会計システムの減価償却費を求める

AMORLINC アモルティスモン・リネール・コンタビリテ 2016,2013,2010,2007

=AMORLINC(取得価額, 購入日, 開始期, 残存価額, 期, 率 [, 年の基準])

フランスの会計システムの減価償却費を求める

AND アンド 2016,2013,2010,2007 → 06.007

=AND(論理式1 [, 論理式2] ……)

「論理式」がすべてTRUEのときにTRUE、それ以外のときにFALSEを返す

ARABIC アラビック 2016,2013 → 05.054

=ARABIC(文字列)

ローマ数字の「文字列」をアラビア数字に変換する

AREAS エリアズ **2016,2013,2010,2007**

=AREAS(範囲)

指定した範囲に含まれる領域の個数を返す

ASC アスキー **2016,2013,2010,2007** → 05.047

=ASC(文字列)

「文字列」に含まれる全角文字を半角文字に変換する

ASIN アークサイン **2016,2013,2010,2007** → 08.021

=ASIN(数値)

「数値」の逆正弦をラジアン単位で求める

ASINH ハイパボリック・アークサイン **2016,2013,2010,2007** → 08.028

=ASINH(数値)

「数値」の双曲線逆正弦を求める

ATAN アークタンジェント **2016,2013,2010,2007** → 08.023

=ATAN(数値)

「数値」の逆正接をラジアン単位で求める

ATAN2 アークタンジェント2 **2016,2013,2010,2007** → 08.024

=ATAN2(x座標, y座標)

「x座標」と「y座標」から逆正接をラジアン単位で求める

ATANH ハイパボリック・アークタンジェント **2016,2013,2010,2007** → 08.030

=ATANH(数値)

「数値」の双曲線逆正接を求める

AVEDEV アベレージ・ディビエーション **2016,2013,2010,2007** → 09.011

=AVEDEV(数値1 [, 数値2] ……)

「数値」の平均偏差を求める

AVERAGE アベレージ **2016,2013,2010,2007** → 02.045

=AVERAGE(数値1 [, 数値2] ……)

「数値」の平均を求める

AVERAGEA アベレージ・エー **2016,2013,2010,2007** → 02.046

=AVERAGEA(数値1 [, 数値2] ……)

「数値」の平均を求める。文字列は0とみなされる

AVERAGEIF アベレージ・イフ **2016,2013,2010,2007** → 02.047

=AVERAGEIF(条件範囲, 条件 [, 平均範囲])

「条件」に合致するデータの平均を求める

AVERAGEIFS アベレージ・イフ・エス **2016,2013,2010,2007** → 02.048

=AVERAGEIFS(平均範囲, 条件範囲1, 条件1 [, 条件範囲2, 条件2] ……)

「条件」に合致するデータの平均を求める。「条件」を複数指定できる

BAHTTEXT バーツ・テキスト **2016,2013,2010,2007**

=BAHTTEXT(数値)

「数値」をバーツ形式（タイの通貨）の文字列に変換する

BASE ベース **2016,2013**

=BASE(数値, 基数 [, 最小長])

「数値」を特定の「基数」（底）を持つ文字列に変換する

BESSELI ベッセル・アイ **2016,2013,2010,2007**

=BESSELI(x, n)

修正ベッセル関数 In(x) を求める

BESSELJ ベッセル・ジェイ **2016,2013,2010,2007**

=BESSELJ(x, n)

ベッセル関数 Jn(x) を求める

BESSELK ベッセル・ケー 2016,2013,2010,2007
=BESSELK(x, n)
修正ベッセル関数 Kn(x) を求める

BESSELY ベッセル・ワイ 2016,2013,2010,2007
=BESSELY(x, n)
ベッセル関数 Yn(x) を求める

BETA.DIST ベータ・ディストリビューション 2016,2013,2010 → 09.074
=BETA.DIST(x, α, β, 関数形式 [, A] [, B])
ベータ分布の確率分布、または累積分布を返す

BETADIST ベータ・ディストリビューション 2016,2013,2010,2007 → 09.073
=BETADIST(x, α, β [, A] [, B])
ベータ分布の累積分布を返す

BETA.INV ベータ・インバース 2016,2013,2010
=BETAINV(確率, α, β [, A] [, B])
ベータ分布の累積分布の逆関数の値を返す

BETAINV ベータ・インバース 2016,2013,2010,2007
=BETAINV(確率, α, β [, A] [, B])
ベータ分布の累積分布の逆関数の値を返す

BIN2DEC バイナリ・トゥ・デシマル 2016,2013,2010,2007 → 08.041
=BIN2DEC(数値)
2進数を10進数に変換する

BIN2HEX バイナリ・トゥ・ヘキサデシマル 2016,2013,2010,2007
=BIN2HEX(数値 [, 桁数])
2進数を指定した「桁数」の16進数に変換する

BIN2OCT バイナリ・トゥ・オクタル 2016,2013,2010,2007
=BIN2OCT(数値 [, 桁数])
2進数を指定した「桁数」の8進数に変換する

BINOM.DIST バイノミアル・ディストリビューション 2016,2013,2010 → 09.044
=BINOM.DIST(成功数, 試行回数, 成功率, 関数形式)
二項分布の確率分布、または累積分布を返す

BINOMDIST バイノミアル・ディストリビューション 2016,2013,2010,2007 → 09.044
=BINOMDIST(成功数, 試行回数, 成功率, 関数形式)
二項分布の確率分布、または累積分布を返す

BINOM.DIST.RANGE バイノミアル・ディストリビューション・レンジ 2016,2013
=BINOM.DIST.RANGE(試行回数, 成功率, 成功数 [, 成功数2])
二項分布を使用した試行結果の確率を求める

BINOM.INV バイノミアル・インバース 2016,2013,2010 → 09.048
=BINOM.INV(試行回数, 成功率, 基準値)
二項分布の累積確率の値が「基準値」以上になる最小の値を返す

BITAND ビット・アンド 2016,2013
=BITAND(数値1, 数値2)
「数値1」と「数値2」のビット単位の論理積を求める

BITLSHIFT ビット・レフト・シフト 2016,2013
=BITLSHIFT(数値, 移動数)
「数値」を「移動数」ビットだけ左にシフトする

BITOR ビット・オア 2016,2013
=BITOR(数値1, 数値2)
「数値1」と「数値2」のビット単位の論理和を求める

BITRSHIFT ビット・ライト・シフト 2016,2013

=BITRSHIFT(数値, 移動数)

「数値」を「移動数」ビットだけ右にシフトする

BITXOR ビット・エックスオア 2016,2013

=BITXOR(数値1, 数値2)

「数値1」と「数値2」のビット単位の排他的論理和を求める

CEILING シーリング 2016,2013,2010,2007 → 03.058

=CEILING(数値, 基準値)

「数値」を「基準値」の倍数のうち最も近い値に切り上げる

CEILING.MATH シーリング・マス 2016,2013

=CEILING.MATH(数値 [, 基準値] [, モード])

「数値」を最も近い整数、または最も近い「基準値」の倍数に切り上げる

CEILING.PRECISE シーリング・プリサイス 2016,2013,2010

=CEILING.PRECISE(数値 [, 基準値])

正負に関係なく「数値」を「基準値」の倍数のうち最も近い値に切り上げる

CELL セル 2016,2013,2010,2007 → 07.057

=CELL(検査の種類 [, 対象範囲])

「対象範囲」で指定したセルの情報を返す

CHAR キャラクター 2016,2013,2010,2007 → 05.004

=CHAR(数値)

「数値」を文字コードとみなして対応する文字を返す

CHIDIST カイ・ディストリビューション 2016,2013,2010,2007 → 09.082

=CHIDIST(x, 自由度)

カイ二乗分布の「x」に対する上側確率を返す

CHIINV カイ・インバース 2016,2013,2010,2007 → 09.083

=CHIINV(確率, 自由度)

カイ二乗分布の上側確率からカイ二乗値を返す

CHISQ.DIST カイ・スクエア・ディストリビューション 2016,2013,2010 → 09.081

=CHISQ.DIST(x, 自由度, 関数形式)

カイ二乗分布の確率密度、または累積分布を返す

CHISQ.DIST.RT カイ・スクエア・ディストリビューション・ライトテール 2016,2013,2010 → 09.082

=CHISQ.DIST.RT(x, 自由度)

カイ二乗分布の「x」に対する上側確率を返す

CHISQ.INV カイ・スクエア・インバース 2016,2013,2010

=CHISQ.INV(確率, 自由度)

カイ二乗分布の下側確率からカイ二乗値を返す

CHISQ.INV.RT カイ・スクエア・インバース・ライトテール 2016,2013,2010 → 09.083

=CHISQ.INV.RT(確率, 自由度)

カイ二乗分布の上側確率からカイ二乗値を返す

CHISQ.TEST カイ・スクエア・テスト 2016,2013,2010 → 09.100

=CHISQ.TEST(実測値範囲, 期待値範囲)

実測値と期待値を元にカイ二乗検定を行う

CHITEST カイ・テスト 2016,2013,2010,2007 → 09.100

=CHITEST(実測値範囲, 期待値範囲)

実測値と期待値を元にカイ二乗検定を行う

CHOOSE チューズ 2016,2013,2010,2007 → 07.016

=CHOOSE(インデックス, 値1 [, 値2] ……)

「インデックス」で指定した番号の「値」を返す

CLEAN クリーン 2016,2013,2010,2007 → 05.033
=CLEAN(文字列)
文字列に含まれる制御文字を削除する

CODE コード 2016,2013,2010,2007 → 05.003
=CODE(文字列)
「文字列」の1文字目の文字コードを10進数の数値で返す

COLUMN カラム 2016,2013,2010,2007 → 07.028
=COLUMN([参照])
指定したセルの列番号を求める

COLUMNS カラムズ 2016,2013,2010,2007 → 07.026
=COLUMNS(配列)
「配列」に含まれるセルや要素の列数を求める

COMBIN コンビネーション 2016,2013,2010,2007 → 08.032
=COMBIN(総数, 抜き取り数)
「総数」個から「抜き取り数」個を取り出す組み合わせの数を求める

COMBINA コンビネーション・エー 2016,2013
=COMBINA(数値,抜き取り数)
「総数」個から「抜き取り数」個を取り出す組み合わせ（重複あり）の数を求める

COMPLEX コンプレックス 2016,2013,2010,2007 → 08.046
=COMPLEX(実部, 虚部 [, 虚数単位])
「実部」「虚部」「虚数単位」から複素数形式の文字列を作成する

CONCAT コンカット <Office 365のExcel 2016のみ対応> → 05.029
=CONCAT(文字列1 [, 文字列2] ……)
文字列を連結して返す

CONCATENATE コンカティネイト 2016,2013,2010,2007 → 05.028
=CONCATENATE(文字列1 [, 文字列2] ……)
文字列を連結して返す

CONFIDENCE コンフィデンス 2016,2013,2010,2007 → 09.088
=CONFIDENCE(有意水準, 標準偏差, 標本数)
母平均の信頼区間の1/2の値を求める

CONFIDENCE.NORM コンフィデンス・ノーマル 2016,2013,2010 → 09.088
=CONFIDENCE.NORM(有意水準, 標準偏差, 標本数)
母平均の信頼区間の1/2の値を求める

CONFIDENCE.T コンフィデンス・テール 2016,2013,2010 → 09.089
=CONFIDENCE.T(有意水準, 標準偏差, 標本数)
t分布を使用して、指定した信頼度（「有意水準」を1から引いた数）で、母平均の信頼区間の1/2の値を返す

CONVERT コンバート 2016,2013,2010,2007 → 03.070
=CONVERT(数値, 変換前単位, 変換後単位)
「変換前単位」で表された「数値」を「変換後単位」に換算して返す

CORREL コーレル 2016,2013,2010,2007 → 09.020
=CORREL(配列1, 配列2)
「配列1」と「配列2」の相関係数を求める

COS コサイン 2016,2013,2010,2007 → 08.018
=COS(数値)
「数値」で指定した角度の余弦を求める

COSH ハイパボリック・コサイン 2016,2013,2010,2007 → 08.026
=COSH(数値)
「数値」の双曲線余弦を求める

COT コタンジェント 2016,2013

=COT(数値)

「数値」で指定した角度の余接を求める

COTH ハイパボリック・コタンジェント 2016,2013

=COTH(数値)

「数値」の双曲線余接を求める

COUNT カウント 2016,2013,2010,2007 → 02.029

=COUNT(値1 [, 値2] ……)

「値」に含まれる数値の数を返す

COUNTA カウント・エー 2016,2013,2010,2007 → 02.030

=COUNTA(値1 [, 値2] ……)

「値」に含まれるデータの数を返す。未入力のセルはカウントしない

COUNTBLANK カウント・ブランク 2016,2013,2010,2007 → 02.031

=COUNTBLANK(セル範囲)

「セル範囲」に含まれる空白セルの数を返す。空白文字列「""」が入力されているセルもカウントされる

COUNTIF カウント・イフ 2016,2013,2010,2007 → 02.033

=COUNTIF(条件範囲, 条件)

「条件」に合致するデータの個数を求める

COUNTIFS カウント・イフ・エス 2016,2013,2010,2007 → 02.038

=COUNTIFS(条件範囲1, 条件1 [, 条件範囲2, 条件2] ……)

「条件」に合致するデータの個数を求める。「条件」を複数指定できる

COUPDAYBS クーポンデイ・ビー・エス 2016,2013,2010,2007 → 10.052

=COUPDAYBS(受渡日, 満期日, 頻度 [, 基準])

定期利付債の受渡日直前の利払日から受渡日までの日数を求める

COUPDAYS クーポンデイズ 2016,2013,2010,2007 → 10.051

=COUPDAYS(受渡日, 満期日, 頻度 [, 基準])

定期利付債の受渡日を含む利払期間の日数を求める

COUPDAYSNC クーポンデイ・エス・エヌ・シー 2016,2013,2010,2007 → 10.053

=COUPDAYSNC(受渡日, 満期日, 頻度 [, 基準])

定期利付債の受渡日から直後の利払日までの日数を求める

COUPNCD クーポン・エヌ・シー・ディー 2016,2013,2010,2007 → 10.049

=COUPNCD(受渡日, 満期日, 頻度 [, 基準])

定期利付債の受渡日以降で最も近い利払日を求める

COUPNUM クーポン・ナンバー 2016,2013,2010,2007 → 10.050

=COUPNUM(受渡日, 満期日, 頻度 [, 基準])

定期利付債の受渡日から満期日までに利息が支払われる回数を求める

COUPPCD クーポン・ピー・シー・ディー 2016,2013,2010,2007 → 10.048

=COUPPCD(受渡日, 満期日, 頻度 [, 基準])

定期利付債の受渡日以前で最も近い利払日を求める

COVAR コバリアンス 2016,2013,2010,2007 → 09.021

=COVAR(配列1, 配列2)

引数を母集団そのものとみなして「配列1」と「配列2」の共分散を求める

COVARIANCE.P コバリアンス・ピー 2016,2013,2010 → 09.021

=COVARIANCE.P(配列1, 配列2)

引数を母集団そのものとみなして「配列1」と「配列2」の共分散を求める

COVARIANCE.S コバリアンス・エス 2016,2013,2010 → 09.022

=COVARIANCE.S(配列1, 配列2)

引数を標本とみなして母集団の共分散の推定値を求める

CRITBINOM クライテリア・バイノミアル 2016,2013,2010,2007 → 09.048
=CRITBINOM(試行回数, 成功率, 基準値)
二項分布の累積確率の値が「基準値」以上になる最小の値を返す

CSC コセカント 2016,2013
=CSC(数値)
「数値」で指定した角度の余割を求める

CSCH ハイパボリック・コセカント 2016,2013
=CSCH(数値)
「数値」の双曲線余割を求める

CUBEKPIMEMBER キューブ・ケーピーアイ・メンバー 2016,2013,2010,2007
=CUBEKPIMEMBER(接続, KPI名, KPIのプロパティ [, キャプション])
キューブのKPIのプロパティを返す

CUBEMEMBER キューブ・メンバー 2016,2013,2010,2007
=CUBEMEMBER(接続, メンバー式 [, キャプション])
キューブのメンバーまたは組を返す

CUBEMEMBERPROPERTY キューブ・メンバー・プロパティ 2016,2013,2010,2007
=CUBEMEMBERPROPERTY(接続, メンバー式, プロパティ)
キューブ内のメンバープロパティの値を返す

CUBERANKEDMEMBER キューブ・ランク・メンバー 2016,2013,2010,2007
=CUBERANKEDMEMBER(接続, セット式, ランク [, キャプション])
キューブ内の指定した順位のメンバーを返す

CUBESET キューブ・セット 2016,2013,2010,2007
=CUBESET(接続, セット式 [, キャプション] [, 並べ替え順序] [, 並べ替えキー])
セット式をサーバー上のキューブに送信してメンバーを定義する

CUBESETCOUNT キューブ・セット・カウント 2016,2013,2010,2007
=CUBESETCOUNT(セット)
セット内のアイテム数を返す

CUBEVALUE キューブ・バリュー 2016,2013,2010,2007
=CUBEVALUE(接続 [, メンバー式1] [, メンバー式2,] ……)
キューブの集計値を返す

CUMIPMT キュムラティブ・インタレスト・ペイメント 2016,2013,2010,2007 → 10.013
=CUMIPMT(利率, 期間, 現在価値, 開始期, 終了期, 支払期日)
定期的なローンの返済で、指定した期間に支払う利息の累計を求める

CUMPRINC キュムラティブ・プリンシパル 2016,2013,2010,2007 → 10.011
=CUMPRINC(利率, 期間, 現在価値, 開始期, 終了期, 支払期日)
定期的なローンの返済で、指定した期間に支払う元金の累計を求める

DATE デイト 2016,2013,2010,2007 → 04.013
=DATE(年, 月, 日)
「年」「月」「日」の数値から日付を表すシリアル値を求める

DATEDIF デイト・ディフ 2016,2013,2010,2007 → 04.038
=DATEDIF(開始日, 終了日, 単位)
「開始日」から「終了日」までの期間の長さを、指定した「単位」で求める

DATESTRING デイト・ストリング 2016,2013,2010,2007 → 04.022
=DATESTRING(シリアル値)
「シリアル値」を和暦の文字列に変換する

DATEVALUE デイト・バリュー 2016,2013,2010,2007 → 04.017
=DATEVALUE(日付文字列)
「日付文字列」をその日付を表すシリアル値に変換する

DAVERAGE ディー・アベレージ 2016,2013,2010,2007 → 02.086
=DAVERAGE(データベース, フィールド, 条件範囲)
「条件範囲」で指定した条件を満たすデータの平均を求める

DAY デイ 2016,2013,2010,2007 → 04.009
=DAY(シリアル値)
「シリアル値」が表す日付から「日」にあたる数値を取り出す

DAYS デイズ 2016,2013
=DAYS(開始日,終了日)
「終了日」と「開始日」の間の日数を求める

DAYS360 デイズ360 2016,2013,2010,2007
=DAYS360(開始日,終了日[,方式])
1年を360日として指定した期間の日数を求める

DB ディクライニング・バランス 2016,2013,2010,2007
=DB(取得価額,残存価額,耐用年数,期[,月])
旧定率法を使用して減価償却費を求める

DCOUNT ディー・カウント 2016,2013,2010,2007 → 02.073
=DCOUNT(データベース,フィールド,条件範囲)
「条件範囲」で指定した条件を満たす数値データの個数を求める

DCOUNTA ディー・カウント・エー 2016,2013,2010,2007 → 02.084
=DCOUNTA(データベース,フィールド,条件範囲)
「条件範囲」で指定した条件を満たす空白でないセルの個数を求める

DDB ダブル・ディクライニング・バランス 2016,2013,2010,2007
=DDB(取得価額,残存価額,耐用年数,期間[,率])
倍額定率法を使用して減価償却費を求める

DEC2BIN デシマル・トゥ・バイナリ 2016,2013,2010,2007 → 08.039
=DEC2BIN(数値[,桁数])
10進数の「数値」を指定した「桁数」の2進数に変換する

DEC2HEX デシマル・トゥ・ヘキサデシマル 2016,2013,2010,2007 → 08.039
=DEC2HEX(数値[,桁数])
10進数の「数値」を指定した「桁数」の16進数に変換する

DEC2OCT デシマル・トゥ・オクタル 2016,2013,2010,2007 → 08.039
=DEC2OCT(数値[,桁数])
10進数の「数値」を指定した「桁数」の8進数に変換する

DECIMAL デシマル 2016,2013
=DECIMAL(数値,基数)
指定した「基数」(底)の「数値」を10進数に変換する

DEGREES デグリーズ 2016,2013,2010,2007 → 08.016
=DEGREES(角度)
「角度」に指定した値を度単位の角度に変換する

DELTA デルタ 2016,2013,2010
=DELTA(数値1[,数値2])
2つの数値が等しいかどうかを調べる

DEVSQ ディビエーション・スクエア 2016,2013,2010,2007 → 09.012
=DEVSQ(数値1[,数値2]……)
指定した「数値」から変動を求める

DGET ディー・ゲット 2016,2013,2010,2007 → 02.093
=DGET(データベース,フィールド,条件範囲)
「条件範囲」で指定した条件を満たすデータを返す

DISC ディスカウント 2016,2013,2010,2007 → 10.044
=DISC(受渡日,満期日,現在価格,償還価額[,基準])
割引債の割引率を求める

DMAX ディー・マックス 2016,2013,2010,2007 → 02.087
=DMAX(データベース,フィールド,条件範囲)
「条件範囲」で指定した条件を満たすデータの最大値を求める

DMIN ディー・ミニマム 2016,2013,2010,2007 → 02.088

=DMIN(データベース, フィールド, 条件範囲)

「条件範囲」で指定した条件を満たすデータの最小値を求める

DOLLAR ダラー 2016,2013,2010,2007

=DOLLAR(数値 [, 桁数])

数値を桁区切りしてドル記号を付けた文字列に変換する

DOLLARDE ダラー・デシマル 2016,2013,2010,2007

=DOLLARDE(分数表現, 分母)

分数表記のドル価格を小数表記のドル価格に変換する

DOLLARFR ダラー・フラクション 2016,2013,2010,2007

=DOLLARFR(小数値, 分母)

小数表記のドル価格を分数表記のドル価格に変換する

DPRODUCT ディー・プロダクト 2016,2013,2010,2007

=DPRODUCT(データベース, フィールド, 条件範囲)

「条件範囲」で指定した条件を満たすデータの積を求める

DSTDEV ディー・スタンダード・ディビエーション 2016,2013,2010,2007 → 02.091

=DSTDEV(データベース, フィールド, 条件範囲)

「条件範囲」で指定した条件を満たすデータの不偏標準偏差を求める

DSTDEVP ディー・スタンダード・ディビエーション・ピー 2016,2013,2010,2007 → 02.092

=DSTDEVP(データベース, フィールド, 条件範囲)

「条件範囲」で指定した条件を満たすデータの標準偏差を求める

DSUM ディー・サム 2016,2013,2010,2007 → 02.085

=DSUM(データベース, フィールド, 条件範囲)

「条件範囲」で指定した条件を満たすデータの合計を求める

DURATION デュレーション 2016,2013,2010,2007 → 10.054

=DURATION(受渡日, 満期日, 利率, 利回り, 頻度 [, 基準])

定期利付債のデュレーションを求める

DVAR ディー・バリアンス 2016,2013,2010,2007 → 02.089

=DVAR(データベース, フィールド, 条件範囲)

「条件範囲」で指定した条件を満たすデータの不偏分散を求める

DVARP ディー・バリアンス・ピー 2016,2013,2010,2007 → 02.090

=DVARP(データベース, フィールド, 条件範囲)

「条件範囲」で指定した条件を満たすデータの分散を求める

EDATE イー・デイト 2016,2013,2010,2007 → 04.024

=EDATE(開始日, 月)

「開始日」から「月」数後、または「月」数前の日付のシリアル値を求める

EFFECT エフェクト 2016,2013,2010,2007 → 10.032

=EFFECT(名目年利率, 複利計算回数)

「名目年利率」と「複利計算回数」を元に実効年利率を求める

ENCODEURL エンコード・ユーアールエル 2016,2013 → 07.061

=ENCODEURL(文字列)

URLにエンコードされた文字列を返す

EOMONTH エンド・オブ・マンス 2016,2013,2010,2007 → 04.025

=EOMONTH(開始日, 月)

「開始日」から「月」数後、または「月」数前の月末日を求める

ERF エラー・ファンクション 2016,2013,2010,2007

=ERF(下限 [, 上限])

誤差関数の積分値を求める

ERFC エラー・ファンクション・シー 2016,2013,2010,2007
=ERFC(x)
「x」から無限大の範囲で相補誤差関数の積分値を求める

ERFC.PRECISE エラー・ファンクション・シー・プリサイス 2016,2013,2010
=ERFC.PRECISE(x)
「x」から無限大の範囲で相補誤差関数の積分値を求める

ERF.PRECISE エラー・ファンクション・プリサイス 2016,2013,2010
=ERF.PRECISE(x)
誤差関数の積分値を求める

ERROR.TYPE エラー・タイプ 2016,2013,2010,2007 → 06.037
=ERROR.TYPE(エラー値)
「エラー値」に対応する数値を返す

EVEN イーブン 2016,2013,2010,2007 → 03.056
=EVEN(数値)
「数値」を最も近い偶数に切り上げる

EXACT イグザクト 2016,2013,2010,2007 → 05.027
=EXACT(文字列1, 文字列2)
「文字列1」と「文字列2」が等しいかどうか調べる

EXP エクスポーネンシャル 2016,2013,2010,2007 → 08.012
=EXP(数値)
ネピア数eを底とする数値のべき乗を求める

EXPON.DIST エクスポネンシャル・ディストリビューション 2016,2013,2010 → 09.067
=EXPON.DIST(x, λ, 関数形式)
指数分布の確率密度、または累積分布を返す

EXPONDIST エクスポネンシャル・ディストリビューション 2016,2013,2010,2007 → 09.067
=EXPONDIST(x, λ, 関数形式)
指数分布の確率密度、または累積分布を返す

FACT ファクト 2016,2013,2010,2007 → 08.003
=FACT(数値)
「数値」の階乗を求める

FACTDOUBLE ファクト・ダブル 2016,2013,2010,2007 → 08.004
=FACTDOUBLE(数値)
「数値」の二重階乗を求める

FALSE フォールス 2016,2013,2010,2007
=FALSE()
論理値FALSEを返す

F.DIST エフ・ディストリビューション 2016,2013,2010 → 09.084
=F.DIST(x, 自由度1, 自由度2, 関数形式)
f分布の確率密度、または累積分布を返す

FDIST エフ・ディストリビューション 2016,2013,2010,2007 → 09.085
=FDIST(x, 自由度1, 自由度2)
f分布の「x」に対する上側確率を返す

F.DIST.RT エフ・ディストリビューション・ライトテール 2016,2013,2010 → 09.085
=F.DIST.RT(x, 自由度1, 自由度2)
f分布の「x」に対する上側確率を返す

FILTERXML フィルター・エックスエムエル 2016,2013 → 07.063
=FILTERXML(xml, xpath)
指定したXPathに従ってXMLコンテンツの特定データを返す

FIND ファインド 2016,2013,2010,2007 → 05.013
=FIND(検索文字列, 対象 [, 開始位置])
「検索文字列」が「対象」の何文字目にあるかを調べる

FINDB ファインド・ビー 2016,2013,2010,2007
=FINDB(検索文字列, 対象 [, 開始位置])
「検索文字列」が「対象」の何バイト目にあるかを調べる

F.INV エフ・インバース 2016,2013,2010
=F.INV(確率, 自由度1, 自由度2)
f分布の下側確率からf値を返す

FINV エフ・インバース 2016,2013,2010,2007 → 09.086
=FINV(確率, 自由度1, 自由度2)
f分布の上側確率からf値を返す

F.INV.RT エフ・スクエア・インバース・ライトテール 2016,2013,2010 → 09.086
=F.INV.RT(確率, 自由度1, 自由度2)
f分布の上側確率からf値を返す

FISHER フィッシャー 2016,2013,2010,2007
=FISHER(x)
xをフィッシャー変換した値を求める

FISHERINV フィッシャー・インバース 2016,2013,2010,2007
=FISHERINV(y)
フィッシャー変換の逆関数の値を求める

FIXED フィックスト 2016,2013,2010,2007
=FIXED(数値 [, 桁位置] [, 桁区切り])
「数値」を「桁位置」で四捨五入して桁区切り記号のついた文字列に変換する

FLOOR フロア 2016,2013,2010,2007 → 03.059
=FLOOR(数値, 基準値)
「数値」を「基準値」の倍数のうち最も近い値に切り捨てる

FLOOR.MATH フロア・マス 2016,2013
=FLOOR.MATH(数値 [, 基準値] [, モード])
「数値」を最も近い整数、または最も近い「基準値」の倍数に切り下げる

FLOOR.PRECISE フロア・プリサイス 2016,2013,2010
=FLOOR.PRECISE(数値 [, 基準値])
正負に関係なく「数値」を「基準値」の倍数のうち最も近い値に切り捨てる

FORECAST フォーキャスト 2016,2013,2010,2007 → 09.027
=FORECAST(新しいx, yの範囲, xの範囲)
回帰直線に基づいて「新しいx」に対するyの予測値を返す

FORECAST.ETS フォーキャスト・イーティーエス Excel 2016 → 09.041
=FORECAST.ETS(目標期日, 値, タイムライン [, 季節性] [, データ補完] [, 集計])
「タイムライン」と「値」に基づいて、「目標期日」に対する予測値を返す

FORECAST.ETS.CONFINT フォーキャスト・イーティーエス・コンフィデンスインターバル Excel 2016
=FORECAST.ETS.CONFINT(目標期日, 値, タイムライン [,信頼レベル] [, 季節性] [, データ補完] [, 集計])
「目標期日」の予測値に対する信頼区間を返す

FORECAST.ETS.SEASONALITY フォーキャスト・イーティーエス・シーズナリティ Excel 2016
=FORECAST.ETS.SEASONALITY(値, タイムライン [, データ補完] [, 集計])
「タイムライン」と「値」に基づいて、反復パターン(季節性)の長さを返す

FORECAST.ETS.STAT フォーキャスト・イーティーエス・スタティスティック Excel 2016
FORECAST.ETS.STAT(値, タイムライン, 統計の種類 [, 季節性] [, データ補完] [, 集計])
時系列予測の結果に対する統計値を返す

FORECAST.LINEAR フォーキャスト・リニア **Excel 2016** → 05.027

=FORECAST.LINEAR(新しいx, yの範囲, xの範囲)

回帰直線に基づいて「新しいx」に対するyの予測値を返す

FORMULATEXT フォーミュラ・テキスト **2016,2013** → 07.053

=FORMULATEXT(参照)

「参照」のセルの数式を文字列として返す

FREQUENCY フリーケンシー **2016,2013,2010,2007** → 09.004

=FREQUENCY(データ配列, 区間配列)

「データ配列」の数値が「区間配列」に指定した区間ごとにいくつ含まれるかをカウントする

F.TEST エフ・テスト **2016,2013,2010** → 09.095

=F.TEST(配列1, 配列2)

2つの「配列」を元にf検定を行う

FTEST エフ・テスト **2016,2013,2010,2007** → 09.095

=FTEST(配列1, 配列2)

2つの「配列」を元にf検定を行う

FV フューチャー・バリュー **2016,2013,2010,2007** → 10.008

=FV(利率, 期間, 定期支払額 [, 現在価値] [, 支払期日])

定期的なローンの返済や積立預金において将来価値を求める

FVSCHEDULE フューチャー・バリュー・スケジュール **2016,2013,2010,2007** → 10.030

=FVSCHEDULE(元金, 利率配列)

利率が変動する預金や投資の将来価値を求める

GAMMA ガンマ **2016,2013**

=GAMMA(x)

「x」のガンマ関数値を求める

GAMMA.DIST ガンマ・ディストリビューション **2016,2013,2010** → 09.069

=GAMMA.DIST(x, α, β, 関数形式)

ガンマ分布の確率密度、または累積分布を返す

GAMMADIST ガンマ・ディストリビューション **2016,2013,2010,2007** → 09.069

=GAMMADIST(x, α, β, 関数形式)

ガンマ分布の確率密度、または累積分布を返す

GAMMA.INV ガンマ・インバース **2016,2013,2010** → 09.071

=GAMMA.INV(確率, α, β)

ガンマ分布の累積分布の確率に対応する確率変数xを返す

GAMMAINV ガンマ・インバース **2016,2013,2010,2007** → 09.071

=GAMMAINV(確率, α, β)

ガンマ分布の累積分布の確率に対応する確率変数xを返す

GAMMALN ガンマ・ログ・ナチュラル **2016,2013,2010,2007**

=GAMMALN(x)

ガンマ関数の自然対数の値を求める

GAMMALN.PRECISE ガンマ・ログ・ナチュラル・プリサイス **2016,2013,2010**

=GAMMALN.PRECISE(x)

ガンマ関数の自然対数の値を求める

GAUSS ガウス **2016,2013**

=GAUSS(x)

標準正規分布母集団のメンバーが、平均と平均から標準偏差の「x」倍の範囲になる確率を求める

GCD ジー・シー・ディー **2016,2013,2010,2007** → 08.001

=GCD(数値1 [, 数値2] ……)

「数値」の最大公約数を求める

GEOMEAN ジオ・ミーン 2016,2013,2010,2007 → 02.056
=GEOMEAN(数値1 [, 数値2] ……)
「数値」の相乗平均を求める

GESTEP ジー・イー・ステップ 2016,2013,2010,2007
=GESTEP(数値 [, しきい値])
「数値」を「しきい値」と比較する

GET.CELL ゲット・セル 2016,2013,2010,2007 → 07.056
=GET.CELL(検査の種類 [, 範囲])
「範囲」のセルについて「検査の種類」で指定した書式を調べる

GETPIVOTDATA ゲット・ピボット・データ 2016,2013,2010,2007 → 02.094
=GETPIVOTDATA(データフィールド, ピボットテーブル [, フィールド1, アイテム1] [,フィールド2, アイテム2] ……)
「ピボットテーブル」から指定した「データフィールド」のデータを取り出す

GROWTH グロウス 2016,2013,2010,2007 → 09.039
=GROWTH(yの範囲 [, xの範囲] [, 新しいx] [, 係数の扱い])
指数回帰曲線に基づいて「新しいx」に対するyの予測値を返す

HARMEAN ハーミーン 2016,2013,2010,2007 → 02.057
=HARMEAN(数値1 [, 数値2] ……)
「数値」の調和平均を返す

HEX2BIN ヘキサデシマル・トゥ・バイナリ 2016,2013,2010,2007 → 08.042
=HEX2BIN(数値 [, 桁数])
16進数を指定した「桁数」の2進数に変換する

HEX2DEC ヘキサデシマル・トゥ・デシマル 2016,2013,2010,2007 → 08.041
=HEX2DEC(数値)
16進数を10進数に変換する

HEX2OCT ヘキサデシマル・トゥ・オクタル 2016,2013,2010,2007
=HEX2OCT(数値 [, 桁数])
16進数を指定した「桁数」の8進数に変換する

HLOOKUP エイチ・ルックアップ 2016,2013,2010,2007 → 07.015
=HLOOKUP(検索値, 範囲, 行番号 [, 検索の型])
「範囲」の1行目から「検索値」を探し、見つかった列の「行番号」の行にある値を返す

HOUR アワー 2016,2013,2010,2007 → 04.010
=HOUR(シリアル値)
「シリアル値」が表す時刻から「時」にあたる数値を取り出す

HYPERLINK ハイパーリンク 2016,2013,2010,2007 → 07.041
=HYPERLINK(リンク先 [, 別名])
指定した「リンク先」にジャンプするハイパーリンクを作成する

HYPGEOM.DIST ハイパー・ジオメトリック・ディストリビューション 2016,2013,2010 → 09.053
=HYPGEOM.DIST(標本の成功数, 標本数, 母集団の成功数, 母集団の大きさ, 関数形式)
超幾何分布の確率分布、または累積分布を返す

HYPGEOMDIST ハイパー・ジオメトリック・ディストリビューション 2016,2013,2010,2007 → 09.051
=HYPGEOMDIST(標本の成功数, 標本数, 母集団の成功数, 母集団の大きさ)
超幾何分布の確率分布を返す

IF イフ 2016,2013,2010,2007 → 06.001
=IF(論理式, 真の場合, 偽の場合)
「論理式」がTRUE(真)のときに「真の場合」、FALSE(偽)のときに「偽の場合」を返す

IFERROR イフ・エラー 2016,2013,2010,2007 → 06.040
=IFERROR(値, エラーの場合の値)
「値」がエラーになる場合は「エラーの場合の値」を返し、エラーにならない場合は「値」を返す

IFNA イフ・エヌ・エー 2016,2013 → 06.041
=IFNA(値, NAの場合の値)
「値」が[#N/A]でない場合は「値」を返し、[#N/A]である場合は「NAの場合の値」を返す

IFS イフ・エス <Office 365のExcel 2016のみ対応> → 06.005
=IFS(論理式1, 値1 [, 論理式2, 値2] ……)
「論理式」をチェックして、最初にTRUE（真）になる「論理式」に対応する「値」を返す

IMABS イマジナリー・アブソリュート 2016,2013,2010,2007 → 08.050
=IMABS(複素数)
「複素数」の絶対値を返す

IMABS イマジナリー・アブソリュート 2016,2013,2010,2007 → 08.050
=IMABS(複素数)
「複素数」の絶対値を返す

IMAGINARY イマジナリー 2016,2013,2010,2007 → 08.048
=IMAGINARY(複素数)
「複素数」から虚部の数値を取り出す

IMARGUMENT イマジナリー・アーギュメント 2016,2013,2010,2007 → 08.051
=IMARGUMENT(複素数)
「複素数」の偏角を返す

IMCONJUGATE イマジナリー・コンジュゲイト 2016,2013,2010,2007 → 08.049
=IMCONJUGATE(複素数)
「複素数」から共役複素数を文字列として返す

IMCOS イマジナリー・コサイン 2016,2013,2010,2007
=IMCOS(複素数)
「複素数」の余弦を文字列として返す

IMCOSH イマジナリー・ハイパボリック・コサイン 2016,2013
=IMCOSH(複素数)
「複素数」の双曲線余弦を求める

IMCOT イマジナリー・コタンジェント 2016,2013
=IMCOT(複素数)
「複素数」の余弦を求める

IMCSC イマジナリー・コセカント 2016,2013
=IMCSC(複素数)
「複素数」の余割を求める

IMCSCH イマジナリー・ハイパボリック・コセカント 2016,2013
=IMCSCH(複素数)
「複素数」の双曲線余割を求める

IMDIV イマジナリー・ディバイデッド 2016,2013,2010,2007 → 08.055
=IMDIV(複素数1, 複素数2)
「複素数1」を「複素数2」で割った結果を文字列として返す

IMEXP イマジナリー・エクスポーネンシャル 2016,2013,2010,2007
=IMEXP(複素数)
「複素数」のべき乗を文字列として返す

IMLN イマジナリー・ログ・ナチュラル 2016,2013,2010,2007
=IMLN(複素数)
「複素数」の自然対数を文字列として返す

IMLOG10 イマジナリー・ログ10 2016,2013,2010,2007
=IMLOG10(複素数)
「複素数」の常用対数を文字列として返す

IMLOG2 イマジナリー・ログ2 **2016,2013,2010,2007**
=IMLOG2(複素数)
「複素数」の2を底とする対数を文字列として返す

IMPOWER イマジナリー・パワー **2016,2013,2010,2007** → **08.056**
=IMPOWER(複素数, 指数)
「複素数」の「指数」乗を文字列として返す

IMPRODUCT イマジナリー・プロダクト **2016,2013,2010,2007** → **08.054**
=IMPRODUCT(複素数1 [, 複素数2] ……)
「複素数」の積を文字列として返す

IMREAL イマジナリー・リアル **2016,2013,2010,2007** → **08.047**
=IMREAL(複素数)
「複素数」から実部の数値を取り出す

IMSEC イマジナリー・セカント **2016,2013**
=IMSEC(複素数)
「複素数」の正割を求める

IMSECH イマジナリー・ハイパボリック・セカント **2016,2013**
=IMSECH(複素数)
「複素数」の双曲線正割を求める

IMSIN イマジナリー・サイン **2016,2013,2010,2007**
=IMSIN(複素数)
「複素数」の正弦を文字列として返す

IMSINH イマジナリー・ハイパボリック・サイン **2016,2013**
=IMSINH(複素数)
「複素数」の双曲線正弦を求める

IMSQRT イマジナリー・スクエア・ルート **2016,2013,2010,2007**
=IMSQRT(複素数)
「複素数」の平方根を文字列として返す

IMSUB イマジナリー・サブトラクト **2016,2013,2010,2007** → **08.053**
=IMSUB(複素数1, 複素数2)
「複素数1」から「複素数2」を引いた結果を文字列として返す

IMSUM イマジナリー・サム **2013,2010,2007** → **08.052**
=IMSUM(複素数1 [, 複素数2] ……)
「複素数」の和を文字列として返す

IMTAN イマジナリー・タンジェント **2016,2013**
=IMTAN(複素数)
「複素数」の正接を求める

INDEX インデックス **2016,2013,2010,2007** → **07.017**
=INDEX(参照, 行番号 [, 列番号] [, 領域番号])
「参照」のセル範囲から「行番号」と「列番号」で指定した位置のセル参照を返す（セル参照形式）

INDEX インデックス **2016,2013,2010,2007**
=INDEX(配列, 行番号 [, 列番号])
「配列」から「行番号」と「列番号」で指定した位置の値を求める（配列形式）

INDIRECT インダイレクト **2016,2013,2010,2007** → **07.030**
=INDIRECT(参照文字列 [, 参照形式])
「参照文字列」から実際のセル参照を返す

INFO インフォメーション **2016,2013,2010,2007** → **07.060**
=INFO(検査の種類)
「検査の種類」で指定した情報を返す

INT インテジャー 2016,2013,2010,2007 → 03.053
=INT(数値)
「数値」以下で最も近い整数を返す

INTERCEPT インターセプト 2016,2013,2010,2007 → 09.026
=INTERCEPT(yの範囲, xの範囲)
「yの範囲」と「xの範囲」を元に回帰直線の切片aを求める

INTRATE イントレート 2016,2013,2010,2007 → 10.041
=INTRATE(受渡日, 満期日, 投資額, 償還価額 [, 基準])
割引債の年利回りを求める

IPMT インタレスト・ペイメント 2016,2013,2010,2007 → 10.012
=IPMT(利率, 期, 期間, 現在価値 [, 将来価値] [, 支払期日])
定期的なローンの返済で、指定した「期」に支払う利息を求める

IRR アイ・アール・アール 2016,2013,2010,2007 → 10.036
=IRR(範囲 [, 推定値])
定期的なキャッシュフローに対する内部利益率を求める

ISBLANK イズ・ブランク 2016,2013,2010,2007 → 06.021
=ISBLANK(テストの対象)
「テストの対象」が空白セルかどうかを調べる

ISERR イズ・エラー 2016,2013,2010,2007 → 06.036
=ISERR(テストの対象)
「テストの対象」が[#N/A]以外のエラー値かどうかを調べる

ISERROR イズ・エラー 2016,2013,2010,2007 → 06.034
=ISERROR(テストの対象)
「テストの対象」がエラー値かどうかを調べる

ISEVEN イズ・イーブン 2016,2013,2010,2007
=ISEVEN(テストの対象)
「テストの対象」が偶数かどうかを調べる

ISFORMULA イズ・フォーミュラ 2016,2013 → 06.020
=ISFORMULA(テストの対象)
「テストの対象」が数式かどうかを調べる

ISLOGICAL イズ・ロジカル 2016,2013,2010,2007 → 06.019
=ISLOGICAL(テストの対象)
「テストの対象」が論理値かどうかを調べる

ISNA イズ・エヌ・エー 2016,2013,2010,2007 → 06.035
=ISNA(テストの対象)
「テストの対象」がエラー値[#N/A]かどうかを調べる

ISNONTEXT イズ・ノン・テキスト 2016,2013,2010,2007
=ISNONTEXT(テストの対象)
「テストの対象」が文字列以外かどうかを調べる

ISNUMBER イズ・ナンバー 2016,2013,2010,2007 → 06.016
=ISNUMBER(テストの対象)
「テストの対象」が数値かどうかを調べる

ISODD イズ・オッド 2016,2013,2010,2007
=ISODD(テストの対象)
「テストの対象」が奇数かどうかを調べる

ISOWEEKNUM アイエスオー・ウィーク・ナンバー 2016,2013
=ISOWEEKNUM(日付)
「日付」からISO週番号を求める

ISPMT イズ・ペイメント 2016,2013,2010,2007 → 10.020

=ISPMT(利率, 期, 期間, 現在価値)

定期的なローンの返済で、指定した「期」に支払う利息を求める

ISREF イズ・リファレンス 2016,2013,2010,2007

=ISREF(テストの対象)

「テストの対象」がセル参照かどうかを調べる

ISTEXT イズ・テキスト 2016,2013,2010,2007 → 06.015

=ISTEXT(テストの対象)

「テストの対象」が文字列かどうかを調べる

JIS ジス 2016,2013,2010,2007 → 05.048

=JIS(文字列)

「文字列」に含まれる半角文字を全角文字に変換する

KURT カート 2016,2013,2010,2007 → 09.014

=KURT(数値1 [, 数値2] ……)

母集団の尖度の推定値を返す

LARGE ラージ 2016,2013,2010,2007 → 03.029

=LARGE(範囲, 順位)

「範囲」の数値のうち大きいほうから数えて「順位」番目の数値を返す

LCM エル・シー・エム 2016,2013,2010,2007 → 08.002

=LCM(数値1 [, 数値2] ……)

指定した「数値」の最小公倍数を返す

LEFT レフト 2016,2013,2010,2007 → 05.037

=LEFT(文字列 [, 文字数])

「文字列」の先頭から「文字数」分の文字列を取り出す

LEFTB レフト・ビー 2016,2013,2010,2007

=LEFTB(文字列 [, バイト数])

「文字列」の先頭から「バイト数」分の文字列を取り出す

LEN レングス 2016,2013,2010,2007 → 05.007

=LEN(文字列)

文字列の文字数を返す

LENB レングス・ビー 2016,2013,2010,2007 → 05.007

=LENB(文字列)

文字列のバイト数を返す

LINEST ライン・エスティメーション 2016,2013,2010,2007 → 09.031

=LINEST(yの範囲 [, xの範囲] [, 切片の扱い] [, 補正項の扱い])

「yの範囲」と「xの範囲」を元に回帰直線の情報を返す

LN ログ・ナチュラル 2016,2013,2010,2007 → 08.011

=LN(数値)

「数値」の自然対数を求める

LOG ログ 2016,2013,2010,2007 → 08.009

=LOG(数値 [, 底])

指定した「底」を底とする「数値」の対数を求める

LOG10 ログ10 2016,2013,2010,2007 → 08.010

=LOG10(数値)

「数値」の常用対数を求める

LOGEST ログ・エスティメーション 2016,2013,2010,2007 → 09.038

=LOGEST(yの範囲 [, xの範囲] [, 係数の扱い] [, 補正項の扱い])

「yの範囲」と「xの範囲」を元に指数回帰曲線の情報を返す

LOGINV ログ・インバース 2016,2013,2010,2007
=LOGINV(確率, 平均, 標準偏差)
対数正規分布の累積分布の確率に対応する確率変数xを返す

LOGNORM.DIST ログ・ノーマル・ディストリビューション 2016,2013,2010 → 09.066
=LOGNORM.DIST(x, 平均, 標準偏差, 関数形式)
対数正規分布の確率密度、または累積分布を返す

LOGNORMDIST ログ・ノーマル・ディストリビューション 2016,2013,2010,2007 → 09.065
=LOGNORMDIST(x, 平均, 標準偏差)
対数正規分布の累積分布を返す

LOGNORM.INV ログ・ノーマル・インバース 2016,2013,2010
=LOGNORM.INV(確率, 平均, 標準偏差)
対数正規分布の累積分布の確率に対応する確率変数xを返す

LOOKUP ルックアップ 2016,2013,2010,2007
=LOOKUP(検査値, 検査範囲 [, 対応範囲])
「検査値」を「検査範囲」から探し、「対応範囲」にある値を取り出す（ベクトル形式）

LOOKUP ルックアップ 2016,2013,2010,2007
=LOOKUP(検査値, 配列)
「検査値」を「配列」から探し、最終行または最終列の同じ位置にある値を取り出す（配列形式）

LOWER ロウアー 2016,2013,2010,2007 → 05.050
=LOWER(文字列)
「文字列」に含まれるアルファベットを小文字に変換する

MATCH マッチ 2016,2013,2010,2007 → 07.020
=MATCH(検査値, 検査範囲 [, 照合の型])
「検査範囲」の中から「検査値」を検索し、見つかったセルの位置を返す

MAX マックス 2016,2013,2010,2007 → 02.063
=MAX(数値1 [, 数値2] ……)
「数値」の最大値を求める

MAXA マックス・エー 2016,2013,2010,2007
=MAXA(数値1 [, 数値2] ……)
「数値」の最大値を求める。文字列は0とみなされる

MAXIFS マックス・イフ・エス <Office 365のExcel 2016のみ対応> → 02.066
=MAXIFS(最大範囲, 条件範囲1, 条件1, [条件範囲2, 条件2])
「条件」に合致するデータの最大値を求める。「条件」を複数指定できる

MDETERM エム・デターム 2016,2013,2010,2007 → 08.037
=MDETERM(配列)
指定した「配列」の配列式を求める

MDURATION モディファイド・デュレーション 2016,2013,2010,2007 → 10.055
=MDURATION(受渡日, 満期日, 利率, 利回り, 頻度 [, 基準])
定期利付債の修正デュレーションを求める

MEDIAN メディアン 2016,2013,2010,2007 → 09.001
=MEDIAN(数値1 [, 数値2] ……)
数値データの中央値を求める

MID ミッド 2016,2013,2010,2007 → 05.039
=MID(文字列, 開始位置, 文字数)
「文字列」の「開始位置」から「文字数」分の文字列を取り出す

MIDB ミッド・ビー 2016,2013,2010,2007
=MIDB(文字列, 開始位置, バイト数)
「文字列」の「開始位置」から「バイト数」分の文字列を取り出す

MIN ミニマム 2016,2013,2010,2007 → 02.064
=MIN(数値1 [, 数値2] ……)
「数値」の最小値を求める

MINA ミニマム・エー 2016,2013,2010,2007
=MINA(数値1 [, 数値2] ……)
「数値」の最小値を求める。文字列は0とみなされる

MINIFS ミニマム・イフ・エス <Office 365のExcel 2016のみ対応> → 02.068
=MINIFS(最小範囲, 条件範囲1, 条件1, [条件範囲2, 条件2])
「条件」に合致するデータの最小値を求める。「条件」を複数指定できる

MINUTE ミニット 2016,2013,2010,2007 → 04.010
=MINUTE(シリアル値)
「シリアル値」が表す時刻から「分」にあたる数値を取り出す

MINVERSE エム・インバース 2016,2013,2010,2007 → 08.038
=MINVERSE(配列)
指定した「配列」の逆行列を求める

MIRR モディファイド・アイ・アール・アール 2016,2013,2010,2007 → 10.037
=MIRR(範囲, 安全利率, 危険利率)
定期的なキャッシュフローから内部利益率を求める

MMULT エム・マルチ 2016,2013,2010,2007 → 08.036
=MMULT(配列1, 配列2)
「配列1」と「配列2」の積を求める

MOD モッド 2016,2013,2010,2007 → 03.043
=MOD(数値, 除数)
「数値」を「除数」で割ったときの剰余を求める

MODE モード 2016,2013,2010,2007 → 09.002
=MODE(数値1 [, 数値2] ……)
「数値」の最頻値を求める

MODE.MULT モード・マルチ 2016,2013,2010 → 09.003
=MODE.MULT(数値1 [, 数値2] ……)
「数値」の最頻値を求める。複数の最頻値を表示できる

MODE.SNGL モード・シングル 2016,2013,2010 → 09.002
=MODE.SNGL(数値1 [, 数値2] ……)
「数値」の最頻値を求める

MONTH マンス 2016,2013,2010,2007 → 04.008
=MONTH(シリアル値)
「シリアル値」が表す日付から「月」にあたる数値を取り出す

MROUND エム・ラウンド 2016,2013,2010,2007 → 03.060
=MROUND(数値, 基準値)
「数値」を「基準値」の倍数のうち最も近い値に切り上げ、または切り捨てる

MULTINOMIAL マルチノミアル 2016,2013,2010,2007 → 08.034
=MULTINOMIAL(数値1 [, 数値2] ……)
多項係数を求める

MUNIT エム・ユニット 2016,2013
=MUNIT(次元)
指定した「次元」の単位行列を返す

N ナンバー 2016,2013,2010,2007
=N(値)
「値」を数値に変換する

NA エヌ・エー 2016,2013,2010,2007 → 07.045
=NA()
エラー値 [#N/A] を返す

NEGBINOM.DIST ネガティブ・バイノミアル・ディストリビューション 2016,2013,2010 → 09.050
=NEGBINOM.DIST(失敗数, 成功数, 成功率, 関数形式)
負の二項分布の確率分布、または累積分布を返す

NEGBINOMDIST ネガティブ・バイノミアル・ディストリビューション 2016,2013,2010,2007 → 09.049
=NEGBINOMDIST(失敗数, 成功数, 成功率)
負の二項分布の確率分布を返す

NETWORKDAYS ネットワークデイズ 2016,2013,2010,2007 → 04.035
=NETWORKDAYS(開始日, 終了日 [, 祭日])
土曜日と日曜日、および指定した「祭日」を非稼働日として「開始日」から「終了日」までの稼働日数を求める

NETWORKDAYS.INTL ネットワークデイズ・インターナショナル 2016,2013,2010 → 04.036
=NETWORKDAYS.INTL(開始日, 終了日 [, 週末] [, 祭日])
指定した「週末」および「祭日」を非稼働日として「開始日」から「終了日」までの稼働日数を求める

NOMINAL ノミナル 2016,2013,2010,2007 → 10.033
=NOMINAL(実効年利率, 複利計算回数)
「実効年利率」と「複利計算回数」を元に名目年利率を求める

NORM.DIST ノーマル・ディストリビューション 2016,2013,2010 → 09.056
=NORM.DIST(x, 平均, 標準偏差, 関数形式)
正規分布の確率密度、または累積分布を返す

NORMDIST ノーマル・ディストリビューション 2016,2013,2010,2007 → 09.056
=NORMDIST(x, 平均, 標準偏差, 関数形式)
正規分布の確率密度、または累積分布を返す

NORM.INV ノーマル・インバース 2016,2013,2010 → 09.059
=NORM.INV(確率, 平均, 標準偏差)
正規分布の累積分布の確率に対応する確率変数xを返す

NORMINV ノーマル・インバース 2016,2013,2010,2007 → 09.059
=NORMINV(確率, 平均, 標準偏差)
正規分布の累積分布の確率に対応する確率変数xを返す

NORM.S.DIST ノーマル・スタンダード・ディストリビューション 2016,2013,2010 → 09.062
=NORM.S.DIST(z, 関数形式)
標準正規分布の確率密度、または累積分布を返す

NORMSDIST ノーマル・スタンダード・ディストリビューション 2016,2013,2010,2007 → 09.061
=NORMSDIST(z)
標準正規分布の累積分布を返す

NORM.S.INV ノーマル・スタンダード・インバース 2016,2013,2010 → 09.064
=NORM.S.INV(確率)
標準正規分布の累積分布の確率に対応する確率変数zを返す

NORMSINV ノーマル・スタンダード・インバース 2016,2013,2010,2007 → 09.064
=NORMSINV(確率)
標準正規分布の累積分布の確率に対応する確率変数zを返す

NOT ノット 2016,2013,2010,2007 → 06.013
=NOT(論理式)
「論理式」がTRUEのときにFALSE、FALSEのときにTRUEを返す

NOW ナウ 2016,2013,2010,2007 → 04.005
=NOW()
システム時計を元に現在の日付と時刻を返す

NPER ナンバー・オブ・ピリオド 2016,2013,2010,2007 → 10.002
=NPER(利率, 定期支払額, 現在価値 [, 将来価値] [, 支払期日])
定期的なローンの返済や積立預金において支払回数を求める

NPV ネット・プレゼント・バリュー 2016,2013,2010,2007 → 10.034
=NPV(割引率, 値1 [, 値2] ……)
「割引率」とキャッシュフローの「値」を元に正味現在価値を求める

NUMBERSTRING ナンバー・ストリング 2016,2013,2010,2007 → 05.058
=NUMBERSTRING(数値, 書式)
数値を指定した書式の漢数字に変換する

NUMBERVALUE ナンバー・バリュー 2016,2013
=NUMBERVALUE(文字列 [, 小数点記号] [, 桁区切り記号])
「文字列」をその文字列が表す数値に変換する

OCT2BIN オクタル・トゥ・バイナリ 2016,2013,2010,2007
=OCT2BIN(数値 [, 桁数])
8進数を指定した「桁数」の2進数に変換する

OCT2DEC オクタル・トゥ・デシマル 2016,2013,2010,2007
=OCT2DEC(数値)
8進数を10進数に変換する

OCT2HEX オクタル・トゥ・ヘキサデシマル 2016,2013,2010,2007
=OCT2HEX(数値 [, 桁数])
8進数を指定した「桁数」の16進数に変換する

ODD オッド 2016,2013,2010,2007 → 03.057
=ODD(数値)
「数値」を最も近い奇数に切り上げた値を返す

ODDFPRICE オッド・ファースト・プライス 2016,2013,2010,2007 → 10.057
=ODDFPRICE(受渡日, 満期日, 発行日, 初回利払日, 利率, 利回り, 償還価額, 頻度 [, 基準])
最初の利払期間が半端な定期利付債の現在価格を求める

ODDFYIELD オッド・ファースト・イールド 2016,2013,2010,2007 → 10.056
=ODDFYIELD(受渡日, 満期日, 発行日, 初回利払日, 利率, 現在価格, 償還価額, 頻度 [, 基準])
最初の利払期間が半端な定期利付債の利回りを求める

ODDLPRICE オッド・ラスト・プライス 2016,2013,2010,2007 → 10.059
=ODDLPRICE(受渡日, 満期日, 最終利払日, 利率, 利回り, 償還価額, 頻度 [, 基準])
最後の利払期間が半端な定期利付債の現在価格を求める

ODDLYIELD オッド・ラスト・イールド 2016,2013,2010,2007 → 10.058
=ODDLYIELD(受渡日, 満期日, 最終利払日, 利率, 現在価格, 償還価額, 頻度 [, 基準])
最後の利払期間が半端な定期利付債の利回りを求める

OFFSET オフセット 2016,2013,2010,2007 → 07.018
=OFFSET(基準, 行数, 列数 [, 高さ] [, 幅])
「基準」のセルから「行数」と「列数」だけ移動した位置のセル参照を返す

OR オア 2016,2013,2010,2007 → 06.009
=OR(論理式1 [, 論理式2] ……)
「論理式」のうち少なくとも1つがTRUEであればTRUE、それ以外のときはFALSEを返す

PDURATION ピー・デュレーション 2016,2013
=PDURATION(利率, 現在価値, 将来価値)
投資が指定した価値に達するまでの投資期間を求める

PEARSON ピアソン 2016,2013,2010,2007 → 09.020
=PEARSON(配列1, 配列2)
「配列1」と「配列2」の相関係数を返す

PERCENTILE パーセンタイル 2016,2013,2010,2007 → 03.027

=PERCENTILE(範囲, 率)

「範囲」の数値を小さい順に並べたときに、指定した「率」の位置にある数値を返す

PERCENTILE.EXC パーセンタイル・エクスクルード 2016,2013,2010

=PERCENTILE.EXC(範囲, 率)

「範囲」の数値を小さい順に並べたときに、指定した「率」の位置にある数値を返す

PERCENTILE.INC パーセンタイル・インクルード 2016,2013,2010 → 03.027

=PERCENTILE.INC(範囲, 率)

「範囲」の数値を小さい順に並べたときに、指定した「率」の位置にある数値を返す

PERCENTRANK パーセント・ランク 2016,2013,2010,2007 → 03.024

=PERCENTRANK(範囲, 数値 [, 有効桁数])

「数値」が「範囲」の中で何%の位置にあるかを求める。戻り値は0以上1以下の数値になる

PERCENTRANK.EXC パーセント・ランク・エクスクルード 2016,2013,2010 → 03.025

=PERCENTRANK.EXC(範囲, 数値 [, 有効桁数])

「数値」が「範囲」の中で何%の位置にあるかを求める。戻り値は0より大きく1より小さい数値になる

PERCENTRANK.INC パーセント・ランク・インクルード 2016,2013,2010 → 03.024

=PERCENTRANK.INC(範囲, 数値 [, 有効桁数])

「数値」が「範囲」の中で何%の位置にあるかを求める。戻り値は0以上1以下の数値になる

PERMUT パーミュテーション 2016,2013,2010,2007 → 08.031

=PERMUT(総数, 抜き取り数)

「総数」個から「抜き取り数」個を取り出して並べるときに何通りの並べ方があるかを求める

PERMUTATIONA パーミュテーション・エー 2016,2013

=PERMUTATIONA(数値, 抜き取り数)

「総数」個から「抜き取り数」個を取り出して並べるときに何通りの並べ方（重複あり）があるかを求める

PHI ファイ 2016,2013

=PHI(x)

標準正規分布の密度関数の値を返す

PHONETIC フォネティック 2016,2013,2010,2007 → 05.059

=PHONETIC(範囲)

「範囲」に入力された文字列のふりがなを表示する

PI パイ 2016,2013,2010,2007 → 08.013

=PI()

円周率を15桁の精度で返す

PMT ペイメント 2016,2013,2010,2007 → 10.003

=PMT(利率, 期間, 現在価値 [, 将来価値] [, 支払期日])

定期的なローンの返済や積立預金において定期支払額を求める

POISSON ポアソン 2016,2013,2010,2007 → 09.054

=POISSON(事象の数, 事象の平均, 関数形式)

ポアソン分布の確率分布、または累積分布を返す

POISSON.DIST ポアソン・ディストリビューション 2016,2013,2010 → 09.054

=POISSON.DIST(事象の数, 事象の平均, 関数形式)

ポアソン分布の確率分布、または累積分布を返す

POWER パワー 2016,2013,2010,2007 → 03.044

=POWER(数値, 指数)

「数値」の「指数」乗を返す

PPMT プリンシプル・ペイメント 2016,2013,2010,2007 → 10.010

=PPMT(利率, 期, 期間, 現在価値 [, 将来価値] [, 支払期日])

定期的なローンの返済で、指定した「期」に支払う元金を求める

PRICE プライス 2016,2013,2010,2007 → 10.046
=PRICE(受渡日, 満期日, 利率, 利回り, 償還価額, 頻度 [, 基準])
定期利付債の現在価格を求める

PRICEDISC プライス・ディスカウント 2016,2013,2010,2007 → 10.042
=PRICEDISC(受渡日, 満期日, 割引率, 償還価額 [, 基準])
割引債の現在価格を求める

PRICEMAT プライス・マット 2016,2013,2010,2007 → 10.061
=PRICEMAT(受渡日, 満期日, 発行日, 利率, 利回り [, 基準])
満期利付債の現在価格を求める

PROB プロバビリティ 2016,2013,2010,2007 → 09.046
=PROB(x範囲, 確率範囲, 下限 [, 上限])
離散型の確率分布表において、指定した範囲の確率の合計を求める

PRODUCT プロダクト 2016,2013,2010,2007 → 03.040
=PRODUCT(数値1 [, 数値2] ……)
「数値」の積を求める

PROPER プロパー 2016,2013,2010,2007 → 05.051
=PROPER(文字列)
「文字列」に含まれる英単語の先頭文字を大文字に、2文字目以降を小文字に変換する

PV プレゼント・バリュー 2016,2013,2010,2007 → 10.006
=PV(利率, 期間, 定期支払額 [, 将来価値] [, 支払期日])
定期的なローンの返済や積立預金において現在価値を求める

QUARTILE クアタイル 2016,2013,2010,2007 → 03.028
=QUARTILE(範囲, 位置)
「範囲」の数値の四分位数を求める

QUARTILE.EXC クアタイル・エクスクルード 2016,2013,2010
=QUARTILE.EXC(範囲, 位置)
「範囲」の数値の四分位数を求める

QUARTILE.INC クアタイル・インクルード 2016,2013,2010 → 03.028
=QUARTILE.INC(範囲, 位置)
「範囲」の数値の四分位数を求める

QUOTIENT クオーシャント 2016,2013,2010,2007 → 03.042
=QUOTIENT(数値, 除数)
「数値」を「除数」で割ったときの商の整数部分を求める

RADIANS ラジアン 2016,2013,2010,2007 → 08.015
=RADIANS(角度)
「角度」に指定した値をラジアン単位の角度に変換する

RAND ランド 2016,2013,2010,2007 → 03.071
=RAND()
0以上1未満の乱数を発生させる

RANDBETWEEN ランド・ビットウィーン 2016,2013,2010,2007 → 03.072
=RANDBETWEEN(最小値, 最大値)
「最小値」以上「最大値」以下の整数の乱数を発生させる

RANK ランク 2016,2013,2010,2007 → 03.018
=RANK(数値, 範囲 [, 順位])
「数値」が「範囲」の中で何番目の大きさにあたるかを求める

RANK.AVG ランク・アベレージ 2016,2013,2010 → 03.019
=RANK.AVG(数値, 範囲 [, 順位])
「数値」が「範囲」の中で何番目の大きさにあたるかを求める。同じ値には平均の順位が付く

RANK.EQ ランク・イコール 2016,2013,2010 → 03.018
=RANK.EQ(数値, 範囲 [, 順位])
「数値」が「範囲」の中で何番目の大きさにあたるかを求める

RATE レート 2016,2013,2010,2007 → 10.009
=RATE(期間, 定期支払額, 現在価値 [, 将来価値] [, 支払期日] [, 推定値])
定期的なローンの返済や積立預金において利率を求める

RECEIVED レシーブド 2016,2013,2010,2007 → 10.043
=RECEIVED(受渡日, 満期日, 投資額, 割引率 [, 基準])
割引債の満期日受取額を求める

REPLACE リプレイス 2016,2013,2010,2007 → 05.019
=REPLACE(文字列, 開始位置, 文字数, 置換文字列)
「文字列」の「開始位置」から「文字数」分の文字列を「置換文字列」で置き換える

REPLACEB リプレイス・ビー 2016,2013,2010,2007
=REPLACEB(文字列, 開始位置, バイト数, 置換文字列)
「文字列」の「開始位置」から「バイト数」分の文字列を「置換文字列」で置き換える

REPT リピート 2016,2013,2010,2007 → 05.011
=REPT(文字列, 繰り返し回数)
「文字列」を指定した「繰り返し回数」だけ繰り返して表示する

RIGHT ライト 2016,2013,2010,2007 → 05.038
=RIGHT(文字列 [, 文字数])
「文字列」の末尾から「文字数」分の文字列を取り出す

RIGHTB ライト・ビー 2016,2013,2010,2007
=RIGHTB(文字列 [, バイト数])
「文字列」の末尾から「バイト数」分の文字列を取り出す

ROMAN ローマン 2016,2013,2010,2007 → 05.053
=ROMAN(数値 [, 書式])
「数値」を指定した「書式」のローマ数字に変換する

ROUND ラウンド 2016,2013,2010,2007 → 03.047
=ROUND(数値, 桁数)
「数値」を四捨五入した値を求める

ROUNDDOWN ラウンドダウン 2016,2013,2010,2007 → 03.051
=ROUNDDOWN(数値, 桁数)
「数値」を切り捨てた値を求める

ROUNDUP ラウンドアップ 2016,2013,2010,2007 → 03.050
=ROUNDUP(数値, 桁数)
「数値」を切り上げた値を求める

ROW ロウ 2016,2013,2010,2007 → 07.028
=ROW([参照])
指定したセルの行番号を求める

ROWS ロウズ 2016,2013,2010,2007 → 07.026
=ROWS(配列)
「配列」に含まれるセルや要素の行数を求める

RRI アール・アール・アイ 2016,2013
=RRI(期間, 現在価値, 将来価値)
投資の成長に対する等価利率を返す

RSQ アール・エス・キュー 2016,2013,2010,2007 → 09.029
=RSQ(yの範囲, xの範囲)
「yの範囲」と「xの範囲」を元に回帰直線の決定係数を求める

RTD アール・ティー・ディー 2016,2013,2010,2007
=RTD(プログラムID, サーバー , トピック1 [, トピック2] ……)
RTDサーバーからデータを取り出す

SEARCH サーチ 2016,2013,2010,2007 → 05.016
=SEARCH(検索文字列, 対象 [, 開始位置])
「検索文字列」が「開始位置」から数えて何文字目にあるかを調べる

SEARCHB サーチ・ビー 2016,2013,2010,2007
=SEARCHB(検索文字列, 対象 [, 開始位置])
「検索文字列」が「開始位置」から数えて何バイト目にあるかを調べる

SEC セカント 2016,2013
=SEC(数値)
「数値」で指定した角度の正割を求める

SECH ハイパボリック・セカント 2016,2013
=SECH(数値)
「数値」の双曲線正割を求める

SECOND セコンド 2016,2013,2010,2007 → 04.010
=SECOND(シリアル値)
「シリアル値」が表す時刻から「秒」にあたる数値を取り出す

SERIES シリーズ 2016,2013,2010,2007 → 07.047
=SERIES(系列名, 項目名, 数値, 順序)
グラフのデータ系列を定義する

SERIESSUM シリーズ・サム 2016,2013,2010,2007 → 08.035
=SERIESSUM(x, 初期値, 増分, 係数)
べき級数を求める

SHEET シート 2016,2013 → 07.054
=SHEET([値])
指定したシートのシート番号を求める

SHEETS シーツ 2016,2013 → 07.055
=SHEETS([範囲])
指定した範囲のシート数を求める

SIGN サイン 2016,2013,2010,2007 → 03.039
=SIGN(数値)
「数値」の正負を表す値を返す

SIN サイン 2016,2013,2010,2007 → 08.017
=SIN(数値)
「数値」で指定した角度の正弦を求める

SINH ハイパボリック・サイン 2016,2013,2010,2007 → 08.025
=SINH(数値)
「数値」の双曲線正弦を求める

SKEW スキュー 2016,2013,2010,2007 → 09.013
=SKEW(数値1 [, 数値2] ……)
母集団の歪度の推定値を返す

SKEW.P スキュー・ピー 2016,2013
=SKEW.P(数値1 [, 数値2] ……)
引数を母集団そのものとみなして歪度を返す

SLN ストレートライン 2016,2013,2010,2007
=SLN(取得価額, 残存価額, 耐用年数)
旧定額法を使用して減価償却費を求める

SLOPE スロープ 2016,2013,2010,2007 → 09.025
=SLOPE(yの範囲, xの範囲)
「yの範囲」と「xの範囲」を元に回帰直線の傾きbを求める

SMALL スモール 2016,2013,2010,2007 → 03.031
=SMALL(範囲, 順位)
「範囲」の数値のうち小さいほうから数えて「順位」番目の数値を返す

SQRT スクエアルート 2016,2013,2010,2007 → 03.045

=SQRT(数値)

「数値」の正の平方根を求める

SQRTPI スクエアルート・パイ 2016,2013,2010,2007 → 08.014

=SQRTPI(数値)

「数値」を円周率に掛けて、その平方根を求める

STANDARDIZE スタンダーダイズ 2016,2013,2010,2007 → 09.017

=STANDARDIZE(値, 平均値, 標準偏差)

標準化変量を求める

STDEV スタンダード・ディビエーション 2016,2013,2010,2007 → 09.010

=STDEV(数値1 [, 数値2] ……)

引数を標本とみなして母集団の標準偏差の推定値を返す

STDEVA スタンダード・ディビエーション・エー 2016,2013,2010,2007

=STDEVA(数値1 [, 数値2] ……)

引数を標本とみなして母集団の標準偏差の推定値を返す。文字列は0とみなされる

STDEV.P スタンダード・ディビエーション・ピー 2016,2013,2010 → 09.009

=STDEV.P(数値1 [, 数値2] ……)

引数を母集団そのものとみなして標準偏差を返す

STDEVP スタンダード・ディビエーション・ピー 2016,2013,2010,2007 → 09.009

=STDEVP(数値1 [, 数値2] ……)

引数を母集団そのものとみなして標準偏差を返す

STDEVPA スタンダード・ディビエーション・ピー・エー 2016,2013,2010,2007

=STDEVPA(数値1 [, 数値2] ……)

引数を母集団そのものとみなして標準偏差を返す。文字列は0とみなされる

STDEV.S スタンダード・ディビエーション・エス 2016,2013,2010 → 09.010

=STDEV.S(数値1 [, 数値2] ……)

引数を標本とみなして母集団の標準偏差の推定値を返す

STEYX スタンダード・エラー・ワイエックス 2016,2013,2010,2007 → 09.030

=STEYX(yの範囲, xの範囲)

「yの範囲」と「xの範囲」を元に回帰直線の標準誤差を求める

SUBSTITUTE サブスティチュート 2016,2013,2010,2007 → 05.021

=SUBSTITUTE(文字列, 検索文字列, 置換文字列 [, 置換対象])

「文字列」中の「検索文字列」を「置換文字列」で置き換える

SUBTOTAL サブトータル 2016,2013,2010,2007 → 02.025

=SUBTOTAL(集計方法, 範囲1 [, 範囲2] ……)

「集計方法」で指定した関数を使用して「範囲」のデータを集計する

SUM サム 2016,2013,2010,2007 → 02.001

=SUM(数値1 [, 数値2] ……)

「数値」の合計を求める

SUMIF サム・イフ 2016,2013,2010,2007 → 02.009

=SUMIF(条件範囲, 条件 [, 合計範囲])

「条件」に合致するデータの合計を求める

SUMIFS サム・イフ・エス 2016,2013,2010,2007 → 02.015

=SUMIFS(合計範囲, 条件範囲1, 条件1 [, 条件範囲2, 条件2] ……)

「条件」に合致するデータの合計を求める。「条件」を複数指定できる

SUMPRODUCT サム・プロダクト 2016,2013,2010,2007 → 03.041

=SUMPRODUCT(配列1 [, 配列2] ……)

「配列」の対応する要素の積を合計する

SUMSQ サム・スクエア **2016,2013,2010,2007** → **08.005**
=SUMSQ(数値1 [, 数値2] ……)
「数値」の2乗の和を求める

SUMX2MY2 サム・エックスジジョウ・マイナス・ワイジジョウ **2016,2013,2010,2007** → **08.007**
=SUMX2MY2(配列1, 配列2)
「配列1」と「配列2」の要素同士の平方差を合計する

SUMX2PY2 サム・エックスジジョウ・プラス・ワイジジョウ **2016,2013,2010,2007** → **08.006**
=SUMX2PY2(配列1, 配列2)
「配列1」と「配列2」の要素同士の平方和を合計する

SUMXMY2 サム・エックス・マイナス・ワイジジョウ **2016,2013,2010,2007** → **08.008**
=SUMXMY2(配列1, 配列2)
「配列1」と「配列2」の要素同士の差の平方を合計する

SWITCH スイッチ **<Office 365のExcel 2016のみ対応>** → **06.006**
=SWITCH(式, 値1, 結果1 [, 値2, 結果2] …… [, 既定値])
「式」が「値」に一致するかどうかを調べ、最初に一致した「値」に対応する「結果」を返す

SYD サム・オブ・イヤーズ・ディジット **2016,2013,2010,2007**
=SYD(取得価額, 残存価額, 耐用年数, 期)
級数法を使用して減価償却費を求める

T ティー **2016,2013,2010,2007** → **07.044**
=T(値)
「値」で指定した文字列を文字列に変換する

TAN タンジェント **2016,2013,2010,2007** → **08.019**
=TAN(数値)
「数値」で指定した角度の正接を求める

TANH ハイパボリック・タンジェント **2016,2013,2010,2007** → **08.027**
=TANH(数値)
「数値」の双曲線正接を求める

TBILLEQ ティー・ビル・イー・キュー **2016,2013,2010,2007**
=TBILLEQ(受渡日, 満期日, 割引率)
米国財務省短期証券の債券換算利回りを求める

TBILLPRICE ティー・ビル・プライス **2016,2013,2010,2007**
=TBILLPRICE(受渡日, 満期日, 割引率)
米国財務省短期証券の現在価格を求める

TBILLYIELD ティー・ビル・イールド **2016,2013,2010,2007**
=TBILLYIELD(受渡日, 満期日, 現在価格)
米国財務省短期証券の利回りを求める

T.DIST ティー・ディストリビューション **2016,2013,2010** → **09.075**
=T.DIST(x, 自由度, 関数形式)
t分布の確率密度、または累積分布を返す

TDIST ティー・ディストリビューション **2016,2013,2010,2007** → **09.078**
=TDIST(x, 自由度, 尾部)
t分布の「x」に対する上側確率、または両側確率を返す

T.DIST.2T ティー・ディストリビューション・2テール **2016,2013,2010** → **09.077**
=T.DIST.2T(x, 自由度)
t分布の「x」に対する両側確率を返す

T.DIST.RT ティー・ディストリビューション・ライトテール **2016,2013,2010** → **09.076**
=T.DIST.RT(x, 自由度)
t分布の「x」に対する上側確率を返す

TEXT テキスト 2016,2013,2010,2007 → 05.055

=TEXT(値, 表示形式)

「値」を指定した「表示形式」の文字列に変換する

TEXTJOIN テキストジョイン <Office 365のExcel 2016のみ対応> → 05.030

=TEXTJOIN(区切り文字, 空のセルは無視, 文字列1 [, 文字列2] ……)

区切り文字を挟みながら文字列を連結して返す

TIME タイム 2016,2013,2010,2007 → 04.015

=TIME(時, 分, 秒)

「時」「分」「秒」の数値から時刻を表すシリアル値を求める

TIMEVALUE タイム・バ 2016,2013,2010,2007 → 04.018

=TIMEVALUE(時刻文字列)

「時刻文字列」をその時刻を表すシリアル値に変換する

T.INV ティー・インバース 2016,2013,2010

=T.INV(確率, 自由度)

t分布の左側確率からt値を返す

TINV ティー・インバース 2016,2013,2010,2007 → 09.079

=TINV(確率, 自由度)

t分布の両側確率からt値を返す

T.INV.2T ティー・インバース・2テール 2016,2013,2010 → 09.079

=T.INV.2T(確率, 自由度)

t分布の両側確率からt値を返す

TODAY トゥデイ 2016,2013,2010,2007 → 04.004

=TODAY()

システム時計を元に現在の日付を返す

TRANSPOSE トランスポーズ 2016,2013,2010,2007 → 07.039

=TRANSPOSE(配列)

「配列」の行と列を入れ替えた配列を返す

TREND トレンド 2016,2013,2010,2007 → 09.036

=TREND(yの範囲 [, xの範囲] [, 新しいx] [, 切片の扱い])

回帰直線に基づいて「新しいx」に対するyの予測値を返す

TRIM トリム 2016,2013,2010,2007 → 05.035

=TRIM(文字列)

文字列から余分なスペースを削除する

TRIMMEAN トリム・ミーン 2016,2013,2010,2007 → 02.055

=TRIMMEAN(配列, 割合)

上位と下位から指定した「割合」のデータを除外して平均値を求める

TRUE トゥルー 2016,2013,2010,2007

=TRUE()

論理値TRUEを返す

TRUNC トランク 2016,2013,2010,2007 → 03.052

=TRUNC(数値 [, 桁数])

「数値」を切り捨てた値を返す

T.TEST ティー・テスト 2016,2013,2010 → 09.096

=T.TEST(配列1, 配列2, 尾部, 検定の種類)

2つの「配列」で指定した標本から母平均の差を検定し、片側確率、または両側確率を返す

TTEST ティー・テスト 2016,2013,2010,2007 → 09.096

=TTEST(配列1, 配列2, 尾部, 検定の種類)

2つの「配列」で指定した標本から母平均の差を検定し、片側確率、または両側確率を返す

TYPE タイプ 2016,2013,2010,2007 → 06.022
=TYPE(データ)
「データ」の型を表す数値を返す

UNICHAR ユニコード・キャラクター 2016,2013 → 05.006
=UNICHAR(数値)
「数値」をユニコードとみなして対応する文字を返す

UNICODE ユニコード 2016,2013 → 05.005
=UNICODE(文字列)
「文字列」の1文字目のユニコードを10進数の数値で返す

UPPER アッパー 2016,2013,2010,2007 → 05.049
=UPPER(文字列)
「文字列」に含まれるアルファベットを大文字に変換する

VALUE バリュー 2016,2013,2010,2007 → 05.057
=VALUE(文字列)
「文字列」を数値に変換する

VAR バリアンス 2016,2013,2010,2007 → 09.008
=VAR(数値1 [, 数値2] ……)
引数を標本とみなして母集団の分散の推定値(不偏分散)を返す

VARA バリアンス・エー 2016,2013,2010,2007
=VARA(数値1 [, 数値2] ……)
引数を標本とみなして母集団の分散の推定値(不偏分散)を返す。文字列は0とみなされる

VAR.P バリアンス・ピー 2016,2013,2010 → 09.007
=VAR.P(数値1 [, 数値2] ……)
引数を母集団そのものとみなして分散を返す

VARP バリアンス・ピー 2016,2013,2010,2007 → 09.007
=VARP(数値1 [, 数値2] ……)
引数を母集団そのものとみなして分散を返す

VARPA バリアンス・ピー・エー 2016,2013,2010,2007
=VARPA(数値1 [, 数値2] ……)
引数を母集団そのものとみなして分散を返す。文字列は0とみなされる

VAR.S バリアンス・エス 2016,2013,2010 → 09.008
=VAR.S(数値1 [, 数値2] ……)
引数を標本とみなして母集団の分散の推定値(不偏分散)を返す

VDB バリアブル・ディクライニング・バランス 2016,2013,2010,2007
=VDB(取得価額, 残存価額, 耐用年数, 開始期, 終了期 [, 率] [, 切り替えなし])
倍額定率法を使用して減価償却費を求める

VLOOKUP ブイ・ルックアップ 2016,2013,2010,2007 → 07.002
=VLOOKUP(検索値, 範囲, 列番号 [, 検索の型])
「範囲」の1列目から「検索値」を探し、見つかった行の「列番号」の列にある値を返す

WEBSERVICE ウェブ・サービス 2016,2013 → 07.062
=WEBSERVICE(url)
Webサービスからデータを返す

WEEKDAY ウィークデイ 2016,2013,2010,2007 → 04.050
=WEEKDAY(シリアル値 [, 種類])
「シリアル値」が表す日付から曜日番号を求める

WEEKNUM ウィーク・ナンバー 2016,2013,2010,2007 → 04.046
=WEEKNUM(シリアル値 [, 週の基準])
「シリアル値」が表す日付から週数を求める

WEIBULL ワイブル 2016,2013,2010,2007 → 09.072

=WEIBULL(x, α, β, 関数形式)

ワイブル分布の確率密度、または累積分布を返す

WEIBULL.DIST ワイブル・ディストリビューション 2016,2013,2010 → 09.072

=WEIBULL.DIST(x, α, β, 関数形式)

ワイブル分布の確率密度、または累積分布を返す

WORKDAY ワークデイ 2016,2013,2010,2007 → 04.027

=WORKDAY(開始日, 日数 [, 祭日])

土曜日と日曜日、および指定した「祭日」を非稼働日として、「開始日」から「日数」前後の稼働日を求める

WORKDAY.INTL ワークデイ・インターナショナル 2016,2013,2010 → 04.033

=WORKDAY.INTL(開始日, 日数 [, 週末] [, 祭日])

指定した「週末」および「祭日」を非稼働日として、「開始日」から「日数」前後の稼働日を求める

XIRR エクストラ・アイ・アール・アール 2016,2013,2010,2007 → 10.039

=XIRR(範囲, 日付 [, 推定値])

指定された「範囲」「日付」を元に内部利益率を返す

XNPV エクストラ・ネット・プレゼント・バリュー 2016,2013,2010,2007 → 10.038

=XNPV(割引率, キャッシュフロー, 日付)

「割引率」「キャッシュフロー」「日付」を元に正味現在価値を求める

XOR エックスオア 2016,2013

=XOR(論理式1 [, 論理式2] ……)

すべての「論理式」の排他的論理和を求める

YEAR イヤー 2016,2013,2010,2007 → 04.007

=YEAR(シリアル値)

「シリアル値」が表す日付から「年」にあたる数値を取り出す

YEARFRAC イヤー・フラクション 2016,2013,2010,2007

=YEARFRAC(開始日, 終了日 [, 基準])

「開始日」から「終了日」までの期間が1年に占める割合を求める

YEN エン 2016,2013,2010,2007

=YEN(数値 [, 桁位置])

「数値」を「桁位置」で四捨五入して、「¥」記号付きの桁区切りスタイルの文字列として返す

YIELD イールド 2016,2013,2010,2007 → 10.045

=YIELD(受渡日, 満期日, 利率, 現在価格, 償還価額, 頻度 [, 基準])

定期利付債の利回りを求める

YIELDDISC イールド・ディスカウント 2016,2013,2010,2007 → 10.040

=YIELDDISC(受渡日, 満期日, 現在価格, 償還価額 [, 基準])

割引債の年利回りを求める

YIELDMAT イールド・マット 2016,2013,2010,2007 → 10.060

=YIELDMAT(受渡日, 満期日, 発行日, 利率, 現在価格 [, 基準])

満期利付債の利回りを求める

Z.TEST ゼット・テスト 2016,2013,2010 → 09.092

=Z.TEST(配列, 基準値 [, 標準偏差])

正規分布を使用して「配列」で指定した標本から母平均を検定し、「基準値」に対応する上側確率を返す

ZTEST ゼット・テスト 2016,2013,2010,2007 → 09.092

=ZTEST(配列, 基準値 [, 標準偏差])

正規分布を使用して、「配列」で指定した標本から母平均を検定し、「基準値」に対応する上側確率を返す

記号/数字

A

B

C

D

E

F

M

N

O

P

Q

R

さ

Index

な

は

ま

や

ら

わ

著者略歴

きたみ あきこ

東京都生まれ、神奈川県在住。テクニカルライター。
お茶の水女子大学理学部化学科卒。大学在学中に、分子構造の解析を通じてプログラミングと出会う。プログラマー、パソコンインストラクターを経て、現在はコンピューター関係の雑誌や書籍の執筆を中心に活動中。
主な著書に『10日でおぼえるExcel 関数 & マクロ入門教室』、『Excel 2010 乗換 & 併用ガイド』（以上翔泳社）がある。

● Office Kitamiホームページ
https://www.office-kitami.com/

ブックデザイン　森 裕昌（森デザイン室）
DTP　BUCH+

Excel関数 逆引き辞典パーフェクト 第3版

2016年7月19日　初版第1刷発行
2025年1月25日　初版第8刷発行

著　者　きたみ あきこ
発行人　佐々木 幹夫
発行所　株式会社 翔泳社　(https://www.shoeisha.co.jp)
印刷・製本　大日本印刷 株式会社

＊本書へのお問い合わせについては、iiページに記載の内容をお読みください。

＊落丁・乱丁はお取り替えいたします。03-5362-3705 までご連絡ください。

ISBN978-4-7981-4672-0　Printed in Japan